W0356724

Kohlhammer

Wichtiger Hinweis:

Die Verfasser haben größte Mühe darauf verwandt, dass die Angaben von Medikamenten, ihren Dosierungen und Applikationen dem jeweiligen Wissensstand bei Fertigstellung des Werkes entsprechen.
Da jedoch die Medizin als Wissenschaft ständig im Fluss ist, da menschliche Irrtümer und Druckfehler nie völlig auszuschließen sind, übernimmt der Verlag für derartige Angaben keine Gewähr.
Jeder Anwender ist daher dringend aufgefordert, alle Angaben auf ihre Richtigkeit zu überprüfen. Jede Dosierung oder Applikation erfolgt auf eigene Verantwortung des Benutzers.

Thomas Günnewig, Frank Erbguth (Hrsg.)

Praktische Neurogeriatrie

Grundlagen – Diagnostik – Therapie – Sozialmedizin

Mit Beiträgen von
Klaus Berger, Peter Berlit, Peter Clarenbach, Rolf R. Diehl,
Katharina Eger, Andreas Engelhardt, Frank Erbguth,
Hartmut Göbel, Edwin Großarth, Thomas Günnewig,
Wolfgang Heide, Frank Hentschel, Peter U. Heuschmann,
Walter Hewer, Horst Hirschfelder, Volker Hömberg, Walter Huber,
Helga Idel, Marek Jauss, Wolfgang H. Jost, Dieter Justinsky,
Manfred Kaps, Tilman Kaupper, Gudrun Kienitz, Marianne Kloke,
Günter Krämer, Peter Krauseneck, Hartmut Lehfeld,
Albert Christian Ludolph, Karl-Heinz Mauritz,
H. Maximilian Mehdorn, Marco Michels, Wolfgang Mühlberg,
Marco Mumenthaler, Günter Niklewski, Ruth Nobis-Bosch,
Christoph Oberwittler, Hannah Pellkofer,
Wolfgang von Renteln-Kruse, Peter Rieckmann, Alexander Rösler,
Rudolf Sack, Konrad Scheglmann, Andreas Schöpf, Jörn P. Sieb,
Cornel Sieber, Anne-Dorte Sperfeld, Thomas Stamm,
Andreas M. Stark, Manfred Stöhr, Michael Strupp, Frank Thömke,
Jens Trögner, Kurt Trübner, Peter Vieregge, Raymond Voltz,
Thomas Vömel, Dirk K. Wolter und Stephan Zierz

Verlag W. Kohlhammer

Dieses Werk einschließlich aller seiner Teile ist urheberrechtlich geschützt. Jede Verwendung außerhalb der engen Grenzen des Urheberrechts ist ohne Zustimmung des Verlags unzulässig und strafbar. Das gilt insbesondere für Vervielfältigungen, Übersetzungen, Mikroverfilmungen und für die Einspeicherung und Verarbeitung in elektronischen Systemen.

Die Wiedergabe von Warenbezeichnungen, Handelsnamen oder sonstigen Kennzeichen in diesem Buch berechtigt nicht zu der Annahme, dass diese von jedermann frei benutzt werden dürfen. Vielmehr kann es sich auch dann um eingetragene Warenzeichen oder sonstige gesetzlich geschützte Kennzeichen handeln, wenn sie nicht eigens als solche gekennzeichnet sind.

Es konnten nicht alle Rechtsinhaber von Abbildungen ermittelt werden. Sollte dem Verlag gegenüber der Nachweis der Rechtsinhaberschaft geführt werden, wird das branchenübliche Honorar nachträglich gezahlt.

1. Auflage 2006

Alle Rechte vorbehalten
© 2006 W. Kohlhammer GmbH Stuttgart
Umschlag: Gestaltungskonzept Peter Horlacher
Gesamtherstellung:
W. Kohlhammer Druckerei GmbH + Co. KG, Stuttgart
Printed in Germany

ISBN-10: 3-17-018615-9
ISBN-13: 978-3-17-018615-6

Verzeichnis der Autorinnen und Autoren

Berger, Klaus, Prof. Dr. med.
Institut für Epidemiologie und Sozialmedizin
Universitätsklinikum Münster
Domagkstr. 3
48149 Münster

Berlit, Peter, Prof. Dr. med.
Leiter der Neurologischen Klinik
Alfried-Krupp-Krankenhaus
Alfried-Krupp-Str. 21
45131 Essen-Rüttenscheid

Clarenbach, Peter, Prof. Dr. med.
Chefarzt der Neurologischen Klinik
Evangelisches Krankenhaus Bielefeld
Schildescher Str. 99
33611 Bielefeld

Diehl, Rolf R., PD Dr. rer. nat.
Neurologische Klinik
Alfried-Krupp-Krankenhaus
Alfried- Krupp-Str. 21
45131 Essen-Rüttenscheid

Eger, Katharina, Dr. med.
Oberärztin der Neurologischen Klinik
Martin-Luther-Universität Halle-Wittenberg
Ernst-Grube-Str. 40
06097 Halle/Saale

Engelhardt, Andreas, Prof. Dr. med.
Leiter der Neurologischen Klinik
Evangelisches Krankenhaus Oldenburg
Steinweg 13–17
26122 Oldenburg

Erbguth, Frank, Prof. Dr. med. Dipl. Psych.
Leiter der Neurologischen Klinik
Klinikum Nürnberg-Süd
Breslauer Str. 201
90471 Nürnberg

Göbel, Hartmut, Prof. Dr. med.
Ärztlicher Direktor der Schmerzklinik Kiel
Heikendorfer Weg 9–27
24149 Kiel

Großarth, Edwin, Dr. rer. nat.
Leitender Apotheker
Zentralapotheke St. Josef-Hospital
Gudrunstr. 56
44791 Bochum

Günnewig, Thomas, Dr. med.
Leitender Arzt der Abteilung Geriatrie/Neurologie
Elisabeth-Krankenhaus Recklinghausen
Röntgenstr. 10
45661 Recklinghausen

Heide, Wolfgang, Prof. Dr. med.
Chefarzt der Neurologischen Klinik
Allgemeines Krankenhaus Celle
Siemensplatz 4
29223 Celle

Hentschel, Frank, Prof. Dr. med.
Leiter der Abteilung Neuroradiologie
Zentralinstitut für seelische Gesundheit
Fakultät Mannheim der Universität Heidelberg
68158 Mannheim J5

Heuschmann, Peter U., PD Dr. med.
Institut für Epidemiologie und Sozialmedizin
Universitätsklinikum Münster
Domagkstr. 3
48149 Münster

Hewer, Walter, PD Dr. med.
Chefarzt der Gerontopsychiatrie und -psychotherapie
Vinzenz von Paul Hospital
Schwenninger Str. 55
78628 Rottweil

Hirschfelder, Horst, Prof. Dr. med.
Klinik und Institut für Physikalische und Rehabilitative Medizin
Klinikum Nürnberg
Breslauer Str. 201
90471 Nürnberg

Hömberg, Volker, Prof. Dr. med.
Ärztlicher Direktor der St. Mauritius Therapieklinik Meerbusch
Strümper Str. 111
40670 Meerbusch

Huber, Walter, Prof. Dr. phil.
Leiter der Abteilung Neurolinguistik
Neurologische Klinik
Rheinisch-Westfälische Technische Hochschule Aachen
Pauwelsstr. 30
52074 Aachen

Idel, Helga, Prof. Dr. med.
Direktorin des Instituts für Hygiene
Universität Düsseldorf
Postfach 101007
40225 Düsseldorf

Jauss, Marek, PD Dr. med.
Oberarzt der Neurologischen Universitätsklinik
Universität Gießen
Am Steg 14
35385 Gießen

Jost, Wolfgang H., Prof. Dr. med.
Leiter des Fachbereichs Neurologie/ Klinische Neurophysiologie
Deutsche Klinik für Diagnostik
Aukammallee 33
65191 Wiesbaden

Justinsky, Dieter
Staatsanwaltschaft Bochum
Westring 8
44787 Bochum

Kaps, Manfred, Prof. Dr. med.
Direktor der Neurologischen Klinik
Universität Gießen
Am Steg 14
35383 Gießen

Kaupper, Tilman, Dr. med.
Facharzt für Neurologie und Psychiatrie, Psychotherapie, Sozialmedizin
Mühlenstr. 27
45659 Recklinghausen

Kienitz, Gudrun, Dipl.-Psych.
Klinik für Frührehabilitation und Geriatrie
Westküstenklinikum Heide
Esmarchstr. 50
25746 Heide

Kloke, Marianne, Dr. med.
Zentrum für Palliativmedizin
Evangelische Huyssens-Stiftung
Kliniken Essen-Mitte
Henricistr. 92
45136 Essen

Krämer, Günter, Dr. med.
Medizinischer Direktor
Schweizerisches Epilepsie-Zentrum
Bleulerstr. 60
CH-8008 Zürich

Krauseneck, Peter, Prof. Dr. med. Dipl.-Psych.
Chefarzt der Neurologischen Klinik
Klinikum am Bruderwald
Buger Str. 80
96049 Bamberg

Lehfeld, Hartmut, Dr. phil. Dipl.-Psych.
Leiter der Gedächtnissprechstunde
Klinik für Psychiatrie und Psychotherapie
Klinikum Nürnberg
Prof.-Ernst-Nathan-Str. 1
90419 Nürnberg

Ludolph, Albert Christian, Prof. Dr. med.
Direktor der Abteilung Neurologie
Neurologische Klinik
Universitätsklinik Ulm
Oberer Eselsberg 45
89075 Ulm

Mauritz, Karl-Heinz, Prof. Dr. med.
Ärztlicher Direktor der Klinik Berlin
Fachbereich Neurologie
Kladower Damm 223
14089 Berlin

Mehdorn, H. Maximilian, Prof. Dr. med.
Direktor der Klinik für Neurochirurgie im
Universitätsklinikum Schleswig-Holstein
Campus Kiel
Schittenhelmstr. 10
24105 Kiel

Michels, Marco, Dr. med.
Oberarzt der Abteilung Geriatrie/
Neurologie
Elisabeth-Krankenhaus Recklinghausen
Röntgenstr. 10
45661 Recklinghausen

Mühlberg, Wolfgang, PD Dr. med.
Chefarzt der Klinik für Innere Medizin –
Abteilung 4
Geriatrie und Geriatrische Tagesklinik
Städtische Kliniken Frankfurt a. M.
-Höchst
Lehrstuhl Innere Medizin V (Geriatrie)
und Institut für Biomedizin des Alterns
der Universität Erlangen-Nürnberg
Gotenstr. 6–8
65929 Frankfurt a. M.-Höchst

Mumenthaler, Marco, Prof. Dr. med.
Spezialarzt FMH für Neurologie
Witikoner Str. 326
CH-8053 Zürich

Niklewski, Günter, Dr. med. Dr. phil.
Leiter der Klinik für Psychiatrie und
Psychotherapie
Klinikum Nürnberg
Prof. Ernst-Nathan-Str. 1
90419 Nürnberg

Nobis-Bosch, Ruth, Dipl.- Lehr- und
Forschungslogopädin
Abteilung Neurolinguistik
Universitätsklinikum der Rheinisch-
Westfälischen Technischen Hochschule
Aachen
Pauwelsstr. 30
52074 Aachen

Oberwittler, Christoph, Dr. med.
Chefarzt der Neurologischen Abteilung
St. Vincenz Krankenhaus Limburg
Auf dem Schafsberg
65549 Limburg/Lahn

Pellkofer, Hannah, Dr. med.
Institut für klinische Neuroimmunologie
Neurologie
Universitätsklinikum Großhadern
Marchioninistr. 13
81366 München

Renteln-Kruse, Wolfgang von,
Prof. Dr. med.
Chefarzt der Medizinisch-Geriatrischen
Klinik
Zentrum für Geriatrie und Gerontologie
Wissenschaftliche Einrichtung
der Universität Hamburg
Albertinenhaus
Sellhopsweg 18–22
22459 Hamburg

Rieckmann, Peter, Prof. Dr. med.
Neurologische Klinik
Universitätsklinik Würzburg
Josef-Schneider-Str. 11
97080 Würzburg

Rösler, Alexander, PD Dr. med.
Ltd. OA Medizinisch-geriatrische Klinik
Zentrum für Geriatrie und Gerontologie
Wissenschaftliche Einrichtung
der Universität Hamburg
Albertinenhaus
Sellhopsweg 18–22,
22459 Hamburg

Sack, Rudolf, Dr. med.
Chefarzt der Kardiologischen Abteilung
Elisabeth-Krankenhaus Recklinghausen
Röntgenstr. 10
45661 Recklinghausen

Scheglmann, Konrad, Dr. med.
Oberarzt der Klinik für Neurologie
Zentralklinikum Augsburg
Stenglinstr. 2
86156 Augsburg

Schöpf, Andreas, Dr. med.
Oberarzt der Abteilung Geriatrie/
Neurologie
Elisabeth-Krankenhaus Recklinghausen
Röntgenstr. 10
45661 Recklinghausen

Sieb, Jörn Peter, Prof. Dr. med.
Chefarzt der Klinik für Neurologie,
Geriatrie, Palliativmedizin
Hanse-Klinikum Stralsund
18435 Stralsund

Sieber, Cornel, Prof. Dr. med.
Leitender Arzt der Medizinischen
Klinik 2 – Geriatrie
Lehrstuhl für Innere Medizin V (Geriatrie)
der Universität Erlangen-Nürnberg
Prof.-Ernst-Nathan-Str. 1
90419 Nürnberg

Sperfeld, Anne-Dorte, Dr. med.
Neurologische Klinik
Universitätsklinik Ulm
Oberer Eselsberg 45
89081 Ulm

Stamm, Thomas, Dr. med.
Chefarzt der Klinik für Frührehabilitation
und Geriatrie
Westküstenklinikum Heide
Esmarchstr. 50
25746 Heide

Stark, Andreas M., PD Dr. med.
Oberarzt der Klinik für Neurochirurgie im
Universitätsklinikum Schleswig-Holstein
Campus Kiel
Schittenhelmstr. 10
24105 Kiel

Stöhr, Manfred, Prof. Dr. med.
ehem. Leiter der Neurologischen Klinik
Augsburg
Fritz-Strassmann-Str. 35
86156 Augsburg

Strupp, Michael, Prof. Dr. med.
Oberarzt der Neurologischen Klinik
Universitätsklinik Großhadern
Marchioninistr. 15
81377 München

Thömke, Frank, Prof. Dr. med.
Leitender Oberarzt der Neurologischen
Universitätsklinik
Langenbeckstr. 1
55101 Mainz

Trögner, Jens, Dr. med.
Oberarzt der Medizinischen Klinik 2 –
Geriatrie
Klinikum Nürnberg
Prof.-Ernst-Nathan-Str. 1
90419 Nürnberg

Trübner, Kurt, Dr. med.
Institut für Rechtsmedizin
Universitätsklinikum Essen
Hufelandstr. 55
45122 Essen

Vieregge, Peter, Prof. Dr. med.
Chefarzt der Neurologischen Klinik
Klinikum Lippe-Lemgo
Rintelner Str. 85
32657 Lemgo

Voltz, Raymond, Prof. Dr. med.
Direktor der Klinik und Poliklinik
für Palliativmedizin
Klinikum der Universität Köln
Kerpener Str. 62
50924 Köln

Vömel, Thomas, PD Dr. med.
Chefarzt der Inneren und Geriatrischen
Abteilung,
Hüttenhospital
Am Marksbach 28
44269 Dortmund

Wolter, Dirk K., Dr. med.
Chefarzt der Gerontopsychiatrie
Westfälische Klinik Münster
Postfach 202 252
48103 Münster

Zierz, Stephan, Prof. Dr. med.
Direktor der Universitätsklinik
für Neurologie
Martin-Luther-Universität Halle-
Wittenberg
Ernst-Grube-Str. 40
06097 Halle/Saal

Geleitwort

Mit dem vorliegenden Werk haben es die beiden Herausgeber verstanden, ein sich schon lange aufdrängendes Bedürfnis zu befriedigen. In der allgemeinen Medizin haben die drei Lebensphasen des Menschen mit ihren Besonderheiten schon immer eine gesonderte Beachtung gefunden, woraus die Pädiatrie, die allgemeine Innere Medizin und die Geriatrie hervorgegangen sind. Aber auch im Fach der Neurologie weisen die drei Lebensphasen ihre Besonderheiten auf. Folgerichtig entwickelte sich neben der klassischen Neurologie des Erwachsenen die Neuropädiatrie. Ebenso folgerichtig sollte sich auch die Neurologie des höheren Alters profilieren.

Wer als Fachneurologe ältere Menschen zu betreuen hat, weiß, was die Besonderheiten dieser Patientengruppe sind. Dass bei diesen Patienten gewisse alterskorrelierte neurologische Erkrankungen – wie zum Beispiel Schlaganfall, Demenz oder Parkinson – gehäuft vorkommen, ist banal. Weniger banal ist aber die Tatsache, dass gewisse Beschwerdebilder bei diesen Patienten ihre Besonderheiten haben und dass deren Pathogenese vielfach eine andere als bei jüngeren Individuen ist. Diesen Besonderheiten der Neurologie im Alter werden die Autoren des von Günnewig und Erbguth herausgegebenen Werkes gerecht.

In dem Band figurieren Beiträge von über 50 Autoren. Sie decken in systematischer Weise die geriatriespezifischen Aspekte neurologischer Erkrankungen des zentralen Nervensystems, des peripheren Nervensystems und der Muskulatur ab. Darüber hinaus finden auch die Besonderheiten der Epidemiologie, der physiologischen Veränderungen im Alter und des Umgangs mit älteren Patienten Berücksichtigung. Auch die spezifisch diagnostischen Instrumente im Alter wie zum Beispiel die Hirnleistungsdiagnostik und apparative Diagnostik werden abgehandelt. Auch die Therapien sowie auch ethische, rechtliche und sozialmedizinische Aspekte haben bei älteren Menschen ihre Besonderheiten. Auch sie werden je in ausführlichen Abschnitten gebührend berücksichtigt.

Das Buch füllt eine Lücke aus. Es stellt eine Art Handbuch der Neurogeriatrie oder der Gerontoneurologie dar, bevor diese Spezialität innerhalb der Neurologie einen offiziellen Status erreicht hat. Bei der zunehmenden Lebenserwartung des Menschen in den Industrieländern entspricht das Buch einem echten Bedürfnis. Es ist ihm eine große Verbreitung zu wünschen.

Zürich, im Frühjahr 2006
Marco Mumenthaler

Inhalt

Vorwort

Die inhaltliche Idee zu diesem Buchprojekt entstand im Rahmen des jährlichen neurogeriatrischen Symposiums in Recklinghausen: die dort gehaltenen Vorträge ließen klar erkennen, dass die Behandlung der unterschiedlichen neurologischen Erkrankungen im Alter neue diagnostische und therapeutische Herausforderungen darstellen, denen das übliche neurologische Lehrbuchwissen oder auch gängige Leitlinien nur unzureichend gerecht werden. Den Mangel an einer umfassenden und gleichzeitig konzisen deutschsprachigen Fokussierung auf das Thema „Neurogeriatrie" soll dieses Buch beheben.

Die vielzitierte demographische Entwicklung in der Mehrzahl der industrialisierten Länder erfordert spezifische Antworten auf Verläufe chronischer neurologischer Erkrankungen im höheren Alter, die sich in jüngeren Lebensjahren erstmanifestiert haben („gealterte neurologische Erkrankungen") und auf neurologische Neuerkrankungen im Alter.

Zwar treten einige häufige neurologische Erkrankungen wie die Parkinson-Krankheit und der Schlaganfall vorwiegend im höheren Lebensalter auf, aber auch hier wird in der Literatur dem hohen Anteil der altersassoziierten Multimorbidität oft nur unzureichend Rechnung getragen.

Die Neurologie hat sich in den letzten 20 Jahren von einem vorwiegend diagnostisch orientierten zu einem therapeutisch aktiven Fach entwickelt. Allerdings liegen zur Therapie neurologischer Erkrankungen im Alter nur wenige gezielte und aussagekräftige Studien vor; für einige Bereiche lassen sich jedoch empirisch abgesicherte Aussagen im Sinne der evidenzbasierten Medizin treffen. Wo diese nicht vorliegen, müssen auf Erfahrungswissen basierende, plausible diagnostische und therapeutische Strategien entwickelt werden. Diese sollten verhindern, dass einerseits sinnvolle Therapien den Patienten in hohem Alter oft unter Bezug auf intuitive nihilistische (Vor-)Urteile unberechtigt vorenthalten werden und dass andererseits inadäquate Maßnahmen durchgeführt werden, deren Sinn im Alter nicht (mehr) gegeben ist.

Neurogeriatrie ist mehr als „normale Neurologie im Alter" – sie gewinnt durch die erwähnten Aspekte neue qualitative Akzente. Vor diesem Hintergrund soll unser Buch durch Studien gesichertes empirisches Wissen und Erfahrungswissen im Bereich der Neurogeriatrie zusammenstellen und zu einem praktischen Lehrbuch komprimieren. Jenseits berufspolitischer Auseinandersetzungen über die Abgrenzung neurologischer, geriatrischer und gerontopsychiatrischer Kompetenzen werden von anerkannten Experten die Grundlagen der neurologischen Erkrankungen im Alter und deren diagnostische, therapeutische und sozialmedizinische Aspekte praxisnah unter Beachtung interdisziplinärer Schnittstellen bearbeitet. Dass alle angefragten Autoren ohne Zögern zur Mitarbeit an der „Praktischen Neurogeriatrie" bereit waren, unterstreicht die Relevanz des Themas. Den Autoren sei an dieser Stelle für ihr Engagement und dem Kohlhammer-Verlag – vor allem Frau Alina Piasny und Herrn Dr.

Ruprecht Poensgen – für ihre Unterstützung des Buchprojektes gedankt.
Wir hoffen, dass es bereits in der ersten Auflage gelungen ist, klinisch und ambulant tätigen Neurologen, Psychiatern, Geriatern, Allgemeinärzten und Internisten, die mit der Diagnostik, Therapie und Langzeitbetreuung älterer Patienten befasst sind, ein praktisches Kompendium der neurologischen Altersmedizin zur Verfügung zu stellen.

Recklinghausen und Nürnberg
im Frühjahr 2006

Thomas Günnewig
Frank Erbguth

I Einleitende didaktische Fallbeispiele

Marco Mumenthaler

Fall 1: Polyneuropathie oder doch nicht?

Der erfolgreiche 71-jähriger Diplomingenieur war bis zu seiner Pensionierung mit 65 Jahren gesund, körperlich und geistig besonders fit und aktiv. Seit seiner Pensionierung allerdings bemerkte er eine gewisse Gangunsicherheit und eine Schwäche des rechten Beines. Immer wieder fiel ihm eine Falltendenz nach rechts auf. Nach etwa einem Jahr kam eine gewisse Ermüdbarkeit hinzu, und seither auch zeitweise ein pelziges Gefühl beider Hände: Er hatte Schwierigkeiten, feine Gegenstände zu manipulieren und spürte nicht recht, was er in der Hand hielt. Etwa 4 Jahre nach der Pensionierung nahm die Gangunsicherheit deutlich zu und zugleich bemerkte er auch eine gewisse Schwäche für das Heben der Arme. Dies alles behinderte den sonst noch aktiven und auch geistig regen Mann. Zwar ging er noch 2mal pro Woche schwimmen, leistete aber deutlich weniger. Zeitweise trat geringfügig Urininkontinenz hinzu.
Wegen den Angaben über Parästhesien an den Händen wurde er schon im Alter von 69 Jahren auswärts mit Verdacht auf eine Polyneuropathie vom Hausarzt dem Neurologen zugewiesen. Klinisch fand der Neurologe keine objektivierbare Schwäche der unteren Extremitäten und dort keine Reflexabschwächung. An den oberen Extremitäten gab der Patient eine „diffuse Sensibilitätsstörung" der Hände an. Im Elektroneurogramm keine Verzögerung der Nervenleitgeschwindigkeit, weder an den oberen noch an den unteren Extremitäten, jedoch elektromyographisch Zeichen einer neurogenen Schädigung im M. biceps und im M. deltoideus beidseits. Vor allem gestützt auf die anamnestischen Angaben vermutete der Neurologe eine etwas atypische Polyneuropathie, allenfalls eine Mononeuritis multiplex.
Da in den folgenden zwei Jahren die Symptome zunahmen, wünschte der nunmehr 71-Jährige eine Zweitmeinung. Bei der erneuten neurologischen Untersuchung sechs Jahre nach Symptombeginn waren folgende Hauptbefunde vorhanden: Keine Anomalien im Bereich der Hirnnerven. An den oberen Extremitäten keine signifikante Muskelatrophie und keine Faszikulationen. Hingegen fand sich eine ausgesprochene motorische Schwäche proximaler Armmuskeln beidseits, jedoch keine Schwäche im Bereich der distalen Muskeln. Die Muskeleigenreflexe der oberen Extremitäten waren links pathologisch lebhaft. Die Sensibilität war zwar subjektiv an den Händen beidseits beeinträchtigt, jedoch war das Münzenerkennen tadellos und die Zweipunkte-Diskrimination an den Fingerkuppen mit 5 mm normal. Keine dissoziierte Sensibilitätsstörung. An den unteren Extremitäten leicht erhöhter Streckertonus bds. Keine Muskelatrophien und keine Faszikulationen, keine sichere Parese, jedoch pathologisch gesteigerte Muskeleigenreflexe und beidseits sicher positiver Babinski. Der Vibrationssinn ist distal auf 6/8 im Bereiche der Knöchel verkürzt bei sonst intakter Sensibilität. Der Gang ist etwas unsicher, nicht eigentlich ataktisch und nicht steppernd, jedoch etwas breiter. Im Romberg-Test Falltendenz nach rechts.

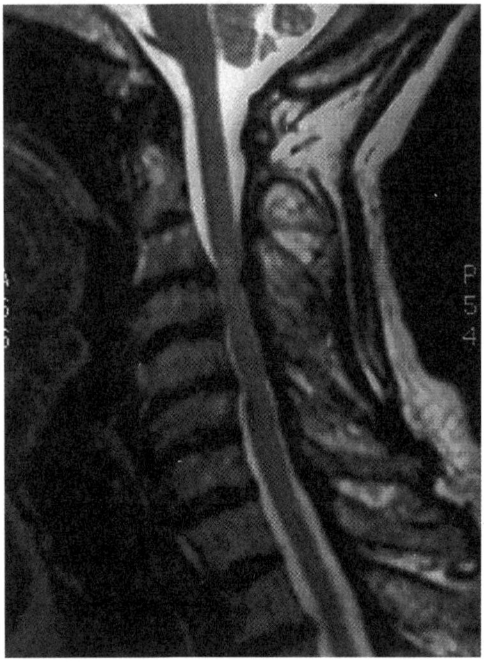

Abb. I.1 Myelopathie bei schwerer Zervikalspondylolyse

Aufgrund dieser Befunde und in Übereinstimmung mit der Anamnese waren **folgende Überlegungen** zu machen:

- Der beidseits erhöhte Streckertonus an den unteren Extremitäten zusammen mit den gesteigerten Reflexen und beidseits positivem Babinski belegten einen Befall beider Pyramidenbahnen.
- Die motorischen Ausfälle an den proximalen Armmuskeln sowie die subjektiven Angaben über veränderte Sensationen an den Händen wiesen auf eine Läsion im Bereiche des Halsmarkes hin. Da keine Ausfälle an den Hirnnerven vorhanden waren, sprach nichts für einen Mitbefall von Hirn oder Hirnstamm.

Auf der Suche nach einem Prozess im Bereich des Halsmarks zeigte ein MRT der Halsregion eine schwere **Myelopathie bei Zervikalspondylose** und bei vorbestehend engem Spinalkanal (**s. Abb. I.1**).

Fall 2: Verwirrtheitszustände

Die 83-jährige Hausfrau war früher gesund und psychisch ausgeglichen. Vor 6 Jahren wurde eine arterielle Hypertonie festgestellt und nicht ganz konsequent behandelt. Vor 4 Jahren hatte sie eine rechtsseitige Hemiparese, von der sie sich aber innerhalb von 3 Wochen fast vollständig erholte. Vor 2 Jahren wurde sie eines Morgens von ihrem jüngeren, noch rüstigen Ehemann neben dem Bett liegend auf dem Boden vorgefunden. Sie war verwirrt und desorientiert und hatte einen Schlüsselbeinbruch erlitten. Sie wurde in ein lokales Spital eingewiesen, wo die Verwirrtheit innerhalb von zwei Stunden abklang. Für das nächtliche Ereignis und die Spitaleinweisung hatte die Patientin eine Amnesie.

In den darauffolgenden 2 Jahren fiel den Angehörigen auf, dass sie am Tag häufig während Stunden „anders“ war: Sie reagierte in ungewohnter Weise verzögert und oft nicht adäquat, sie wirkte staunig und verloren. Einmal hatte sie sogar eingenässt. Anschließend war sie dann wieder ganz unauffällig und hatte jeweils eine Amnesie für die Störung. Derartige Ereignisse wiederholten sich alle paar Wochen und dauerten jeweils eine halbe bis zu zwei Stunden. Die klinisch-neurologischen Befunde waren bis auf minimale Restsymptome der durchgemachten rechtsseitigen Hemiparese unauffällig. Neuropsychologisch ein altersgemäßer Befund. Im Schädel-MRT fanden sich zahlreiche vaskuläre subkortikale Herde.

Aufgrund dieser Vorgeschichte und in Übereinstimmung mit den Befunden waren **folgende Überlegungen** zu machen:

- Die 83-jährige Hypertonikerin wies die Zeichen einer vaskulären Enzephalopathie auf.
- Sie hatte seit 2 Jahren anfallsartige Störungen.
- Diese waren durch Verwirrtheit, Desorientiertheit, unangemessenes Verhalten,

einmal mit Sturz und Klavikulafraktur und ein anderes Mal mit Urinverlust kombiniert.

Dies zusammen sprach für ein epileptisches Geschehen.

Obwohl ein Elektroenzephalogramm lediglich unspezifische Allgemeinveränderungen zeigte, wurde eine Behandlung mit Oxcarbazepin, 2mal 300 mg pro Tag, eingeleitet. Unter dieser Theapie blieb die Patientin in der Folgezeit frei von den oben beschriebenen anfallsartigen Störungen. Die Angehörigen sagten: „Wie aus einem Traum erwacht" .... „nicht mehr dauernd abwesend".

Erstmalige epileptische Anfälle im Alter (Altersepilepsie) sind häufiger als erstmalige epileptische Anfälle in der Jugend. 50 % der Epilepsien beginnen nach dem 60. Jahr. 90 % davon rezidivieren. Die Ursache sind meist vaskuläre Herde und 2/3 haben ein normales Elektroenzephalogramm. Nur in 1/4 der Fälle treten klassische Grand-mal-Anfälle auf. Besonders häufig sind Dämmerzustände und Verwirrtheit. Therapeutisch sind Lamotrigin und Gabapentin wirksam und werden meist gut ertragen.

Fall 3: Zunehmende Gangstörung

Der 79-jährige pensionierte Museumsdirektor war bis vor 20 Jahren gesund und sowohl geistig als auch körperlich sehr leistungsfähig. Vor 20 Jahren wurde bei ihm im Rahmen einer Routineuntersuchung eine arterielle Hypertonie festgestellt und seither mit wechselndem Erfolg behandelt. Den Rat, das seit Jugend betriebene Pfeifenrauchen aufzugeben, hat er nicht befolgt. Vor 15 Jahren Operation einer Diskushernie L4/L5. Seither gelegentliche, aber wenig intensive Lumbalgien.

Seit 2 Jahren störte ihn zunehmend ein Schweregefühl des linken Beines nach längerem Gehen. Dies war jeweils mit einer Unsicherheit und einem Schwächegefühl des linken Beines verbunden. Er war dann gezwungen anzuhalten, wobei allerdings keinerlei Schmerzen auftraten. Das blosse Stillstehen genügte, damit nach 2 oder manchmal auch erst nach 5 min die Schwäche des linken Beines wieder verschwand. Ein CT der Lendenwirbelsäule zeigte eine eindrückliche Stenose bei L4/L5. Es erfolgte eine interlaminäre Dekompression und Rezessotomie. Die Gangstörung blieb jedoch weiterhin bestehen. Die Gehstrecke wurde zunehmend kürzer. Auch der Gebrauch eines Stockes nützte nicht viel. Neurologisch außer fehlenden ASR beidseits und einem beidseits an den Malleolen auf 6/8 verkürzten Vibrationssinn keine Besonderheiten. Angiologisch keine signifikante Reduktion der arteriellen Durchblutung der unteren Extremitäten. Auch die Blutversorgung des Plexus lumbosacralis war gemäß Doppleruntersuchung nicht beeinträchtigt. Die klinisch anzunehmende Polyneuropathie vermochte die Gangstörung nicht zu erklären.

Aus diesem Grunde wurde nunmehr eine MRT-Untersuchung des Hals- und Brustmarkes durchgeführt. Diese ergab eine eindrückliche Signalstörung des Brustmarkes auf Höhe der Brustwirbelkörper 8–9. Die Signalstörung umfasste besonders die dorsalen Partien des Rückenmarks und war auf der linken Seite ausgeprägter als rechts. Sie nahm kein Kontrastmittel auf und es war eine leichte Verschmächtigung des Markes auf dieser Höhe nachweisbar (**s. Abb. I.2**).

Aufgrund dieser Anamnese und in Übereinstimmung mit den Befunden waren **folgende Überlegungen** zu machen:

- Das Beschwerdebild war lediglich durch eine belastungsabhängige motorische Schwäche der unteren Extremitäten gekennzeichnet.

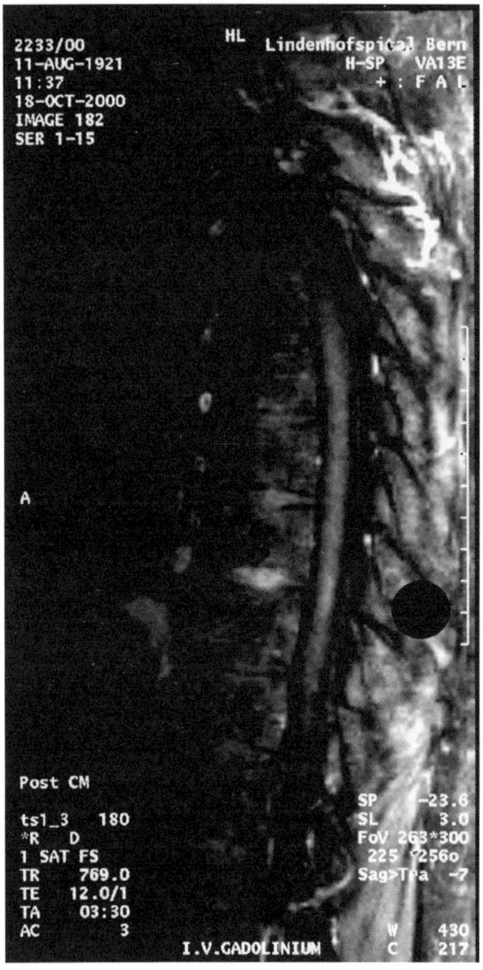

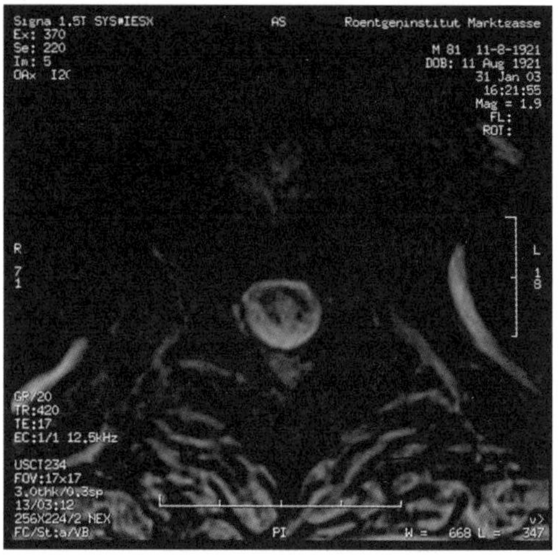

Abb. I.2 Vaskuläre Läsion des thorakalen Spinalmarkes

- Die Abhängigkeit von der motorischen Belastung durch das Gehen waren verdächtig auf eine vaskuläre Ursache.
- Der 79-jährige Mann hatte zusätzlich zum Lebensalter auch die arterielle Hypertonie sowie den Tabakkonsum als vaskuläre Risikofaktoren.
- Das Fehlen von Schmerzen oder sensiblen Ausfällen erlaubten eine übliche vaskuläre Claudicatio intermittens durch ungenügende Blutzufuhr zu den Muskeln der Beine, ebenso aber eine solche bei engem lumbalen Spinalkanal oder bei Ischämie des Plexus lumbalis auszuschließen.
- Die Veränderungen im MRT des Thorakalmarkes war mit einer ischämischen Läsion vereinbar.

Die Gangstörung mit belastungsabhängiger schmerzloser Beinschwäche links war im vorliegenden Fall Ausdruck einer **medullären Läsion des Thorakalmarkes infolge einer chronischen Ischämie** desselben. Diese ist Ausdruck einer spinalen Mikroangiopathie. Die regelmässige Einnahme eines Aggregationshemmers beeinflusste die Störung leider nicht.

1 Epidemiologie neurogeriatrischer Erkrankungen

Klaus Berger und Peter U. Heuschmann

Einleitung

Die **Lebenserwartung** von Frauen und Männern steigt in Deutschland ebenso wie in allen westlichen Industrienationen kontinuierlich stark an. Bei gleichzeitiger deutlicher Abnahme der Geburtenrate ist eine komplexe Veränderung der Bevölkerungsstruktur in Deutschland entstanden, die mit dem Stichwort „demographischer Wandel“ bezeichnet wird. Dies hat auch für die Häufigkeiten neurologischer Erkrankungen enorme Auswirkungen.

1.1 Altern aus bevölkerungsmedizinischer Sicht

Ein wichtiges Kennzeichen des demographischen Wandels ist die Zunahme der Altersgruppe der über 65-jährigen in den nächsten Jahrzehnten (**s. Abb. 1.1**). Die mittlere Lebenserwartung von Frauen stieg von 1900 bis 2000 von 48,3 Jahren auf 80,8 Jahre. Die Lebenserwartung für Männer erhöhte sich im gleichen Zeitraum von 44,8 auf 74,8 um glatte 30 Jahre (Statistisches Bundesamt 2003).
Vorausberechnungen für das Jahr 2050 prognostizieren einen weiteren Anstieg für Frauen auf 85,7–88,1 Jahre je nach angenommenem Szenario und für Männer auf 78,9 bis 82,6 Jahre. Die Gründe für diese Verlängerung der Lebenserwartung haben sich im Laufe des 20. Jahrhunderts verändert. Lag dem Zuwachs zu Beginn des Jahrhunderts überwiegend eine Reduktion der Säuglingsmortalität zugrunde, so ist seit Mitte des 20. Jahrhunderts auch eine Steigerung der Lebenserwartung in höherem Lebensalter zu verzeichnen.
Der demographische Wandel führt zu einer erheblichen Veränderung der Bedeutung verschiedener Krankheitsbilder. Neurologische Krankheiten und Syndrome sind davon in besonderer Weise betroffen. Viele dieser Erkrankungen sind so genannte **„typische Alterserkrankungen“**, deren Inzidenz mit steigendem Lebensalter deutlich ansteigt und infolgedessen die Altersgruppe der über 65-Jährigen besonders betrifft. Hierzu zählen häufige Erkrankungen wie der Schlaganfall, die große Gruppe der dementiellen Erkrankungen, die Parkinson-Syndrome und andere Bewegungsstörungen. Ein zweites wichtiges Merkmal dieser Krankheitsgruppe ist die Tatsache, dass die meisten dieser Erkrankungen einen chronischen Verlauf nehmen. Die große Mehrheit Betroffener stirbt nicht an der Erkrankung selbst, sondern nach chronischem, häufig langjährigem Verlauf an einer auftretenden Komplikation. Deshalb hat der demographische Wandel an erster Stelle Folgen für das Ausmaß des von vielen neurogeriatrischen Erkrankungen verursachten Funktionsdefizits und seine individuellen und ökonomischen Folgen und wirkt sich erst dann auf die Mortalität in dieser Krankheitsgruppe aus.
Die **fernere Lebenserwartung** 65-jähriger Frauen und Männer hat sich in dem relativ

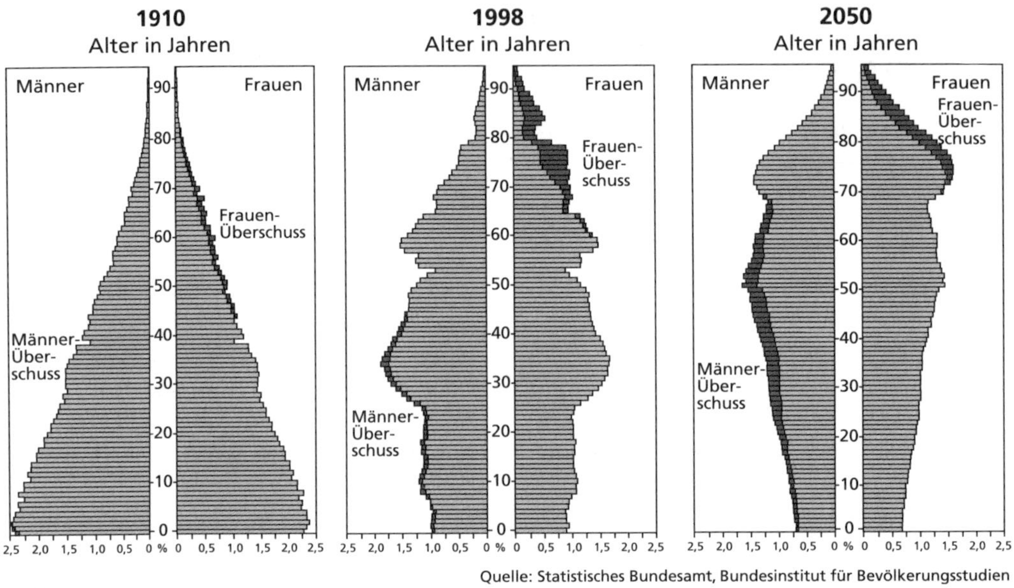

Abb. 1.1 Altersaufbau der Bevölkerung in Deutschland

kurzen Zeitraum von 10 Jahren zwischen 1991 und 2001 um 1,8 bzw. 1,7 Jahre verlängert (s. **Abb. 1.2**). Eine 65-jährige Frau besaß 1991 eine mittlere Lebenserwartung von 17,8 Jahren, d. h. sie konnte im Mittel damit rechnen 82,8 Jahre alt zu werden. Für eine 65-jährige Frau im Jahre 2001 stieg diese Erwartung auf 84,6 Jahre. Ähnlich erhöhte sich die Lebenserwartung 65-jähriger Männer im gleichen Zeitraum von 79,3 auf 81,0 Jahre (OECD Health Statistic 2003). Auch für Menschen im Alter von 80 Jahren und älter, lässt sich im genannten 10-Jahreszeitraum ein Zuwachs der ferneren Lebenserwartung feststellen. Er beträgt für Frauen und Männer etwa 1 Jahr. Damit hatte eine 80-jährige Frau im Jahr 2001 eine mittlere Lebenserwartung von weiteren 8,6 und ein gleichaltriger Mann von 7,2 Jahren. Der Unterschied der ferneren Lebenserwartung zwischen Männern und Frauen nimmt in beiden Altersgruppen ab und der Zuwachs an Lebenserwartung ist in dem genannten 10-Jahreszeitraum für beide Geschlechter in etwa gleich hoch.

Aus der Sicht Betroffener, aber auch aus bevölkerungsmedizinischer Sicht ist es ganz entscheidend, in welchem Gesundheits- bzw. Krankheitszustand der Zuwachs an Lebenserwartung verbracht werden wird. Diese Frage hat großen Einfluss auf die bereitzustellenden Ressourcen und ebenfalls Bedeutung für das zukünftige Krankheitsspektrum im höheren Lebensalter. Es existieren unterschiedliche Vorhersagen, wie sich bei einer Zunahme der Lebenserwartung die Prävalenz von funktionellen Einschränkungen bzw. Behinderungen in einer Bevölkerung verändert. **Abb. 1.3** zeigt die Auswirkungen von zwei grundsätzlich unterschiedlichen Szenarien. Unter dem Szenario der **Krankheitskompression** gelingt es, durch Prävention und Therapie den Beginn typischer Alterserkrankungen ebenfalls ins höhere Lebensalter zu verschieben. In diesem Szenario würde der überwiegende Teil der Morbidität auf einen kurzen Zeitraum, der am Ende der gewachsenen Lebenserwartung liegt, komprimiert. Diese Szenario wird dadurch gestützt, dass in ver-

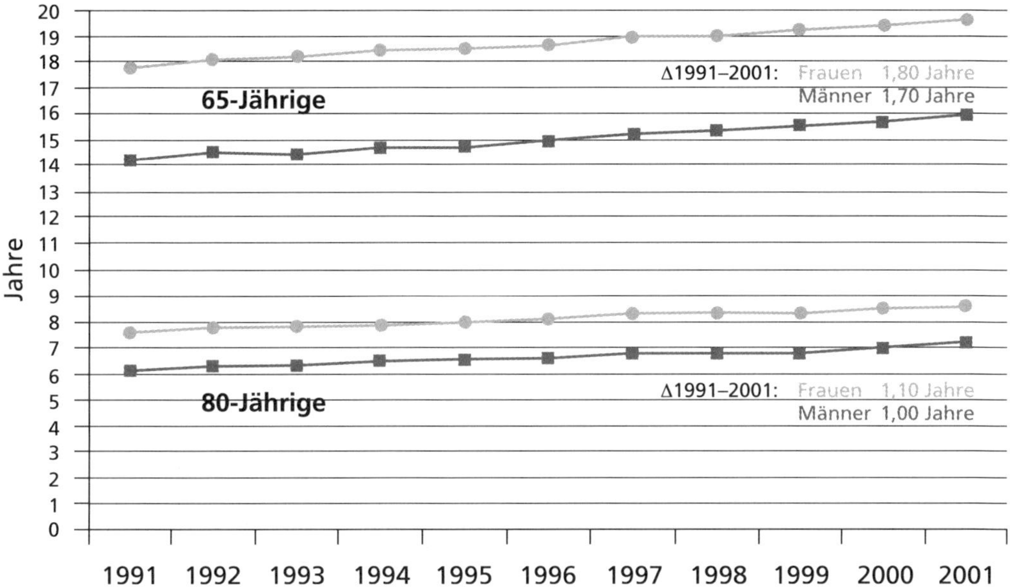

Abb. 1.2 Zunahme der Lebenserwartung 65- und 80-jähriger Frauen und Männer in Deutschland im Zeitraum 1991–2001

schiedenen Bevölkerungen der Anteil der Lebensjahre mit Behinderung zu sinken scheint, wenn die Lebenserwartung zunimmt (Murray und Lopez 1997). Eine Krankheitskompression könnte beispielsweise erreicht werden, wenn durch die Beeinflussung von vaskulären Risikofaktoren (z. B. des Hypertonus oder des Rauchens) in jüngerem und mittlerem Erwachsenenalter das Auftreten einer vaskulären Demenz im Mittel um 2 Jahre nach hinten verschoben wird.

Im zweiten Szenario, dem der **Krankheitsextension**, liegt der Beginn typischer Alterserkrankungen zum gleichen Alterszeitpunkt wie heute auch. Bei gleichwertiger oder weiter verbesserter Therapie insbesondere chronischer Erkrankungen führt dieses Szenario dann bei steigender Lebenserwartung zu einer Verlängerung der Phase des Lebens mit chronischer Erkrankung und entsprechenden Funktionseinbußen. Aus der Sicht Betroffener, aber auch in der gesundheitsökonomischen Betrachtung, ist das zweite Szenario mit sehr viel höheren Lasten und Kosten verbunden. Auch würden die Kosten über einen längeren Zeitraum anfallen.

Bereits heute steigen die **durchschnittlichen Krankheitskosten pro Kopf** in Deutschland zwischen dem 15. und dem 85. Lebensjahr um den Faktor 12 an. Die Kosten für Hochbetagte (über 85 Jahre) liegen mit 12 430 Euro im Jahr 2002 aber immer noch gut doppelt so hoch wie die durchschnittlichen Kosten in der Altersgruppe 65 bis 84 Jahre (Statistisches Bundesamt). Ab dem 30. Lebensjahr verdoppeln sich die durchschnittlichen Krankheitskosten etwa alle 15 Lebensjahre. Von den 2 710 Euro durchschnittlicher Krankheitskosten pro Kopf in Deutschland entfielen im Jahr 2002 etwa 5 % auf Erkrankungen des Nervensystems und etwa 10 % auf psychische Störungen. Krankheiten des Kreislaufsystems stellten hier mit 430 Euro im Mittel den höchsten Anteil. In der Altersgruppe über 65 Jahre blieb der Anteil von

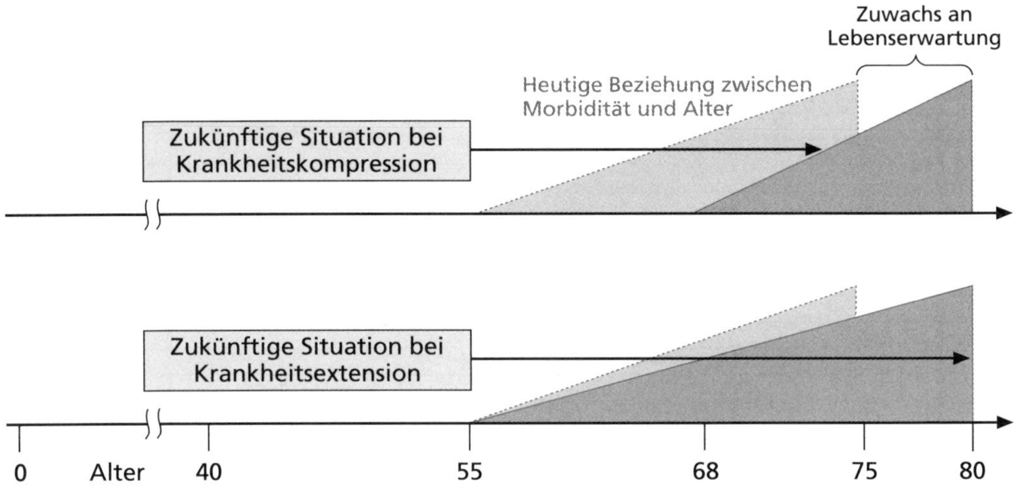

Abb. 1.3 Einfluss der Zunahme der Lebenserwartung auf die Krankheitshäufigkeit in zwei Szenarien

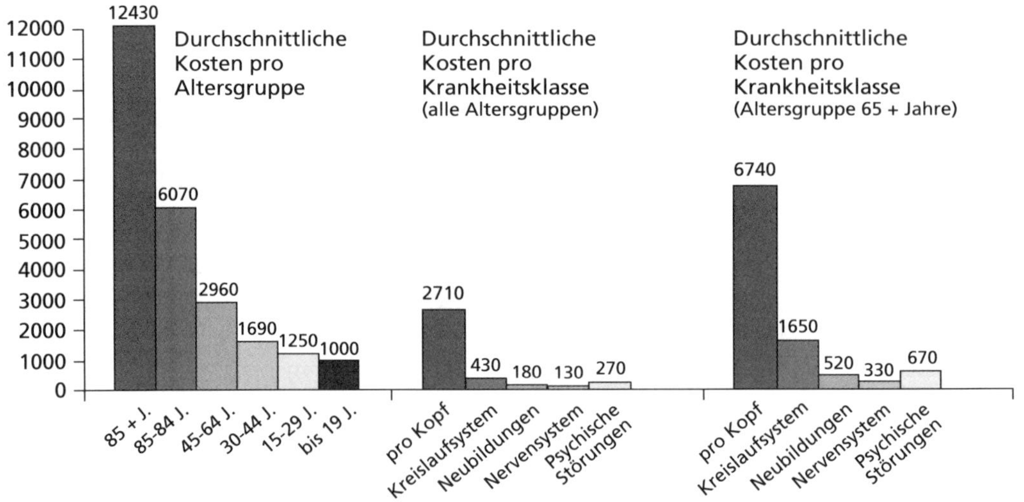

Abb. 1.4 Durchschnittliche Krankheitskosten pro Kopf in ausgewählten Krankheitsklassen und Altergruppen 2002 (in Euro)

Erkrankungen des Nervensystems und der psychischen Störungen in etwa gleich hoch (5 bzw. 10 %), während der Kostenanteil der Herz-Kreislauf-Erkrankungen zunahm (s. **Abb. 1.4**).

1.2 Risikofaktor Alter

Das Alter stellt für viele Krankheiten den wichtigsten Indikator für das absolute Risiko zu erkranken dar. Individuelles Alter korreliert hoch mit der Summe an Einzelrisiken, die während des Lebens angesammelt wurden und spiegelt somit die Dauer der persönlichen Exposition für bestimmte Risikofaktoren wider. Der individuelle Lebensstil über Jahrzehnte, insbesondere bei verhaltensabhängigen Risikofaktoren wie Rauchen, Übergewicht und körperlicher Aktivität, spielen, neben verschiedenen Umwelt- und Arbeitsbedingungen, eine bedeutende Rolle. Aufgrund der wachsenden Zahl Älterer wird der Anteil der Bevölkerung mit mehr als einem Risikofaktor ansteigen.

Eine zielgerichtete **Prävention** bis ins hohe Alter könnte einerseits die Auswirkungen bestimmter Risikofaktoren für eine alternde Gesellschaft minimieren. Andererseits bringt sie häufig spezifische Probleme mit sich. Eine Problematik besteht darin, dass bei vielen Risikofaktoren (z. B. beim Rauchen oder dem Bluthochdruck) eine Prävention oder Behandlung bereits in jungen Jahren einsetzen muss, aufgrund der Langfristigkeit des erhöhten Risikos. Beispielsweise stellt eine schon in jungem oder mittlerem Erwachsenenalter bestehende Hypertonie einen entscheidenden Risikofaktor für die Entwicklung einer Demenz im hohen Alter dar. Aufgrund der im europäischen Vergleich in Deutschland sehr hohen durchschnittlichen Blutdruckwerte in allen Altersgruppen (Wolf-Maier et al. 2003) ist diese Auswirkung besonders bedrohlich. Eine weitere Problematik bringt die medikamentöse Behandlung von Risikofaktoren im höheren Lebensalter mit sich. Durch das Auftreten multipler Risikofaktorkonstellationen bei älteren Patienten ist häufig der Einsatz mehrerer Medikamente erforderlich, was zu Wechselwirkungen sowie spezifischen Problemen der Arzneimitteltherapie führt. Schließlich ergibt sich das Problem, dass das auch im hohen Alter große Potential „einfacher“ Präventionsmaßnahmen, wie

- die Ernährungsumstellung,
- das Einstellen des Rauchens oder
- vermehrte körperliche Aktivität,

häufig nicht oder nur unzureichend genutzt wird.

1.3 Häufigkeit neurogeriatrischer Erkrankungen

Bevölkerungsstudien zur Prävalenz und Inzidenz insbesondere von neurologischen Erkrankungen finden sich in Deutschland allgemein in deutlich geringerer Zahl als in anderen europäischen Staaten, wie beispielsweise den Niederlanden oder skandinavischen Ländern. Hier besteht erheblicher Nachholbedarf. Soweit für Deutschland verfügbar, wird in den nachfolgenden Kapiteln auf krankheitsspezifische einzelne Prävalenzen oder Inzidenzen eingegangen.

Die Augsburger Seniorenstudie ist eine der ganz wenigen Datengrundlagen in Deutschland, die es erlauben, die Prävalenzen gleich mehrerer neurologischer Erkrankungen in der älteren Allgemeinbevölkerung abzuschätzen (Berger et al. 2000, Rothdach et al. 2000). Sie bietet damit auch die Möglichkeit, die Häufigkeit der ganzen Krankheitsgruppe, basierend auf typischen vaskulären und extrapyramidalmotorischen Erkrankungen des höheren Lebensalters, zu beurteilen. Die Seniorenstudie ist eine Follow-up-Untersuchung des bevölkerungsbasierten Augsburger MONICA-Projekts (Monitoring Trends and Determinants of Cardiovascular Diseases, Keil et al. 1998). Hauptzielsetzung der Studie war die Erhebung der Prävalenz verschiedener neurologischer Erkrankungen durch eine standardisierte, ärztlich durchgeführte neurologische Untersuchung und eine apparative Diagnostik. Für die Studie konnten 385 Einwohnerinnen und Einwohner der Stadt Augsburg in der Altersgruppe 65 bis 83 Jahre rekrutiert werden.

Das **Restless-Legs-Syndrom**, der **Schlaganfall** und die **TIA** stellten die häufigsten Einzelerkrankungen dar (**s. Tab. 1.1**). Ein oder mehrere, diskrete **extrapyramidalmotorische Symptome**, d. h. Rigor oder Tremor oder Bradykinese, die auf der UPDRS (Unified Parkinson's Disease Rating Scale) als zumindest diskret ausgeprägt (Kategorie 1) eingestuft wurden, fanden sich bei 34 % der Teilnehmer. Patienten mit einem durch die neurologische Untersuchung gesicherten Parkinson-Syndrom wurden hierbei ausgeschlossen. Aber selbst bei einer restriktiveren Definition des Begriffs extrapyramidalmotorische Symptome, die eine zumindest leichte bis mäßige Ausprägung fordert, ist die Prävalenz dieser Symptomgruppe mit 7,4 % hoch. Extrapyramidalmotorische Symptome, die nicht die Kriterien des Parkinson-Syndroms bzw. des Morbus Parkinson erfüllen, zählen damit zu den häufigsten neurologischen Syndromen im höheren Lebensalter. Bei etwa 20 % der Studienteilnehmer finden sich ferner anamnestische Hinweise auf eine ernsthafte Kopfverletzung in der Vergangenheit, mit einem deutlichen Überwiegen der Männer. Bei 37,7 % aller Studienteilnehmer wurde zumindest eine der aufgeführten neurologischen Erkrankungen diagnostiziert bzw. in der Anamnese erhoben. Wird die Übersicht in **Tabelle 1.1** auf die ersten sieben Erkrankung beschränkt, beträgt die Prävalenz einer oder mehrerer Erkrankungen immer noch 23,4 %. Die Augsburger Seniorenstudie konnte auch zeigen, dass Personen mit neurologischen Erkrankungen deutlich größeren Hilfebedarf bei den Aktivitäten des täglichen Lebens (ADL) sowie stärkere Einschränkungen in der selbst empfundenen Lebensqualität im Vergleich zu Teilnehmern ohne neurologische Erkrankung aufwiesen. Eine besonders deutliche Beziehung zwischen diskreter Ausprägung und funktionellen Limitationen fand sich für die große Gruppe mit extrapyramidalmotorischen Symptomen.

Auf der Altersbezogenheit vieler neurologischer Erkrankungen ruht die Annahme, dass die Häufigkeit dieser Krankheitsgruppe bei steigender Lebenserwartung in den nächsten Jahrzehnten deutlich zunehmen wird. Auch wenn der Zuwachs an Lebenserwartung in relativ engen Grenzen über 30–50 Jahre im voraus bestimmt werden kann, bleibt die Prädiktion der Anzahl derjenigen, die von bestimmten Krankheitsbildern betroffen sein werden, schwierig. Alle Vorausberechnungen stützen sich stets auf eine Reihe von Annahmen. Beispielhaft ist die Zahl prävalenter **Parkinson-Fälle** für das Land Hessen im Jahr 2002 berechnet und eine Prädiktion für das Jahr 2030 durchgeführt worden (**s. Tab. 1.2**). Die Zahlen bieten die Möglichkeit für eine umschriebene größere Region die Zunahme an Betroffenen einer behandlungs- und betreuungsintensiven Erkrankung zu bestimmen. Es gibt keine bevölkerungsbasierte Studie für diese Region, die die Prävalenz des Parkinson-Syndroms erhoben hätte. Deswegen wurden für die Berechnung die Prävalenzen aus einer gepoolten Analyse verschiedener europäischer Bevölkerungsstudien (de Rijk et al. 2000) zugrunde gelegt, sowie die zehnte koordinierte Bevölkerungsvorausberechnung des Hessischen Landesamtes für Statistik benutzt. Die Zahl der berechneten Parkinsonfälle beinhaltet die Annahmen, dass die Prävalenz des Parkinson-Syndroms in Hessen genauso hoch ist wie in den Ergebnissen der gepoolten Auswertung und dass die Prävalenz innerhalb der verschiedenen Altersgruppen im Zeitraum bis 2030 gleich bleibt. Die errechneten Zahlen zeigen eine Zunahme der Zahl prävalenter Parkinsonfälle in dem 30-Jahres-Zeitraum um etwa 9 000 (von 16 133 auf 25 109) oder etwas mehr als 50 %. Der größte absolute Zuwachs tritt dabei in den Altersgruppen 75 Jahre und älter auf. Auch in einem Szenario, in dem durch gesundheitspolitische Steuerung die Behandlung verstärkt in den ambulanten Bereich verlagert wird, ist aufgrund des starken Zuwachses an Betroffe-

Tab. 1.1 Prävalenz neurologischer Erkrankungen in der Augsburger Seniorenstudie

Erkrankung	Alle n = 385	Männer n = 203	Frauen n = 182
1. Schlaganfall [1]	6,8 %	8,4 %	5,0 %
a – Hirninfarkt	3,4 %	3,5 %	3,3 %
b – Hirnblutung	1,0 %	1,5 %	0,6 %
c – Unklarer Subtyp	2,3 %	3,5 %	1,1 %
2. TIA *	3,1 %	3,0 %	3,3 %
3. Haltetremor	5,3 %	6,5 %	3,9 %
4. Ruhetremor	3,2 %	2,5 %	3,9 %
5. Kopfwackeltremor	1,8 %	1,5 %	2,2 %
6. Parkinson-Syndrom	1,3 %	1,5 %	1,1 %
7. Restless-Legs-Syndrom	9,8 %	6,1 %	13,9 %
8. Anamnest. Kopfverletzung [2, 3]	19,2 %	23,2 %	14,8 %
9. Anamnest. Anfallsleiden [2]	1,1 %	1,0 %	1,1 %
10. Diskrete extrapyramidal-motorische Symptome [4]	34,0 %	41,5 %	25,7 %
11. Moderate extrapyramidal-motorische Symptome [5]	7,4 %	8,0 %	6,7 %
Mindestens eine Erkrankung 1–7	*23,4 %*	*22,7 %*	*24,2 %*
Mindestens eine Erkrankung 1–9	*37,7 %*	*40,4 %*	*34,6 %*
Keine genannte Erkrankung	*62,3 %*	*69,6 %*	*65,4 %*

[1] basierend auf einem Schlaganfallfragebogen und einer neurologischen Untersuchung
[2] Selbstangaben
[3] definiert als Commotio cerebri mit Bewusstlosigkeit oder Schädelfraktur oder traumatische Hirnblutung
[4] UPDRS Score = 1 des entsprechenden Symptoms in einer standardisierten, neurologischen Untersuchung
[5] UPDRS Score = 2 des entsprechenden Symptoms in einer standardisierten, neurologischen Untersuchung

nen in dieser langfristigen Perspektive immer noch mit einem leichten Anstieg von stationären Behandlungsfällen zu rechnen. Die Zunahme der Lebenserwartung, die auch für zukünftige Parkinsonpatienten gilt, wird in dieser Perspektive im Mittel zu längeren Krankheitsdauern mit komplizierteren Verläufen, für die ein ambulantes Behandlungssetting Grenzen aufweist, führen.

Die zukünftige Zahl Demenzkranker wird im Unterschied zur Prädiktion von Parkinson-Erkrankten häufig öffentlich diskutiert. Dabei steht der zukünftige Ressourcenbedarf in der Pflege zumeist im Vordergrund. Die diskutierten Häufigkeiten variieren stark. Sie hängen von den berücksichtigten Demenzformen und Schweregraden ab, weisen jedoch einheitlich auf eine deutliche Zunahme der Häufigkeit hin. Basierend auf den Prävalenzzahlen aus Bevölkerungsstudien wurde die Zahl der **Demenzkranken** in Deutschland in der Altersgruppe der über 65-Jährigen im Jahr 2000

Tab. 1.2 Hochgerechnete Zahl prävalenter Parkinsonfälle in Hessen am 31.12.2002[1] und im Jahr 2030[2]

Altersgruppe (Jahre)	Angenommene Prävalenz [1] des Parkinson-Syndroms	Gesamtbevölkerungszahl		Berechnete Zahl prävalenter Parkinson-Fälle	
		2001	2030	2001	2030
<65	?	4 375 805	4 006 535	?	?
65–69	0,6 %	308 820	473 699	1 853	2.842
70–74	1,0 %	244 422	374 845	2.444	3 748
75–79	2,4 %	209 012	283 051	5 016	6 793
80–84	3,1 %	141 870	206 819	4 398	6 411
85–89	2,7 %	63 669	119 428	1 719	3 224
≥90	2,5 %	40 521	83 645	1 013	2.091
Gesamt *	1,6 %*	5 384 119	5 548 022	16 133	25 109*

[1] Die Prävalenzen beruhen auf dem Neuro-Monitorprojekt (de Rijk et al. 2000)
[2] Die Vorausberechnung stützt sich auf die Bevölkerungsvorausberechnung des hessischen Landesamtes für Statistik für das Jahr 2030
* bezogen auf die Altersgruppen ab 65 Jahre. Für jüngere Jahrgänge sind keine Zahlen verfügbar

auf 953 500 Personen geschätzt (Bickel 2001). Diese Zahl schliesst alle Demenzformen ein und legt eine mittlere Prävalenz von 7,2 % in der genannten Altersgruppe zugrunde. Die gleiche Studie schätzt, dass die Zahl Erkrankter bis zum Jahr 2050 auf gut zwei Millionen (2 046 200) Betroffene zunehmen wird, unter der Annahme, dass die Prävalenz in jeder Altersgruppe gleich bleibt. Der absolute Anstieg um etwas über eine Million Fälle in diesem 50-Jahre-Zeitraum würde damit ausschließlich durch eine steigende Lebenserwartung erklärt. Prädiktionen wie die oben beschriebenen ermöglichen es, den ambulanten und stationären Ressourcenbedarf im Gesundheitssystem für verschiedene Krankheitsbilder abzuschätzen. Für häufige Alterserkrankungen bzw. solche, die mit hohen Kosten für Betroffene und das Gesundheitssystem, wie die Parkinson-Erkrankung oder die verschiedenen Demenzformen, einhergehen, stellen sie wertvolle Zusatzinformationen dar.

Zusammenfassung

Bei gleichbleibender oder sich nur gering verändernder Mortalität und Morbidität werden neurologische, neurodegenerative und psychische Erkrankungen des Alters aufgrund der weiter steigenden Lebenserwartung eine sehr viel stärkere Bedeutung innerhalb des Gesundheitssystems bekommen. Aufgrund dieser Entwicklung wird die Zahl der Personen, die aufgrund ihrer Funktionseinschränkungen und/oder Behinderungen auf fremde Hilfe oder institutionelle Pflege angewiesen sind, deutlich ansteigen. Die Versorgung dieser Personengruppe wird zu einem Hauptproblem der alternden Gesellschaft werden. Die sogenannte „Krankheitskompression“ mit dem gesunden Altern als Ziel ist deshalb ein Szenario, das es vorrangig zu erreichen gilt.

Literatur

Berger K, Hense HW, Rothdach A et al. (2000) A single question about prior stroke versus a stroke questionnaire to assess stroke prevalence in populations. Neuroepidemiology 19:245–257

Bickel H (2001) Demenzen im höheren Lebensalter: Schätzungen des Vorkommens und der Versorgungskosten. Zeitschrift für Gerontologie und Geriatrie 34:108–115

Keil U, Liese A.D., Hense H.W. et al. (1998) Classical risk factors and their impact on incident non-fatal myocardial infarction and all-cause mortality in southern Germany. Results from the MONICA Augsburg cohort study 1984-1992. Eur Heart J 19:1197–1207

Murray CJ, Lopez AD. (1997) Regional patterns of disability-free life expectancy and disability-adjusted life expectancy: global Burden of Disease Study. Lancet 349:1347–52

Rijk MC de, Launer LJ, Berger K et al. (2000) Prevalence of Parkinson's disease in Europe: A collaborative study of population-based cohorts. Neurologic Diseases in the Elderly Research Group. Neurology 54:S21–S23

Rothdach AJ, Trenkwalder C, Haberstock J et al. (2000) Prevalence and risk factors of RLS in an elderly population – The MEMO Study. Neurology 54:1064–1068

Statistisches Bundesamt (2003) Bevölkerung Deutschlands bis 2050 – Ergebnisse der 10. koordinierten Bevölkerungsvorausberechnung. Statistisches Bundesamt Wiesbaden

Statistisches Bundesamt, Destatis – Gesundheitswesen, verfügbar unter http://www.destatis.de/basis/d/gesu/gesutab23.php

OECD Health Statistic 2003, verfügbar über die Gesundheitsberichtserstattung des Bundes: http://www.gbe-bund.de/pls/gbe/trecherche.prc_them_rech

Wolf-Maier K, Cooper RS, Banegas JR, Giampaoli S, Hense HW, Joffres M et al. (2003) Hypertension prevalence and blood pressure levels in 6 European countries, Canada, and the United States. JAMA 289:2363–69

2 Physiologische Veränderungen im Alter

Jens Trögner und Cornel Sieber

Einleitung

Alterungsvorgänge betreffen alle Organsysteme, doch sind deren Reservekapazitäten sehr verschieden. Auch spielt eine große Rolle, inwieweit die verschiedenen Gewebetypen ein Regenerationspotential aufweisen. Hier weist beispielsweise der Magen-Darm-Trakt im Gegensatz zum Herz-Kreislauf- und zentralen Nervensystem geringere Altersveränderungen auf, was sich auch an der alterspezifischen Morbidität und Mortalität durch Erkrankungen dieser Organsysteme zeigt. Versucht man die Multimorbidität des alternden und alten Menschen unter einem Begriff zu subsumieren, trifft das Konzept der „frailty“ (Gebrechlichkeit) wohl am Besten zu. Die Ausführungen in diesem Kapitel sind klinisch ausgerichtet und verzichten deshalb auf genetische und molekularbiologische Aspekte.

2.1 Grundsätzliches zu physiologischen Altersveränderungen

Auch wenn die allermeisten Körperfunktionen über die Jahre hinweg relativ konstant bleiben, kommt es dennoch zu meist unmerklichen und häufig langsam progredienten Veränderungen. Allerdings münden physiologische Veränderungen im Laufe des Lebens nicht zwangsläufig in Erkrankungen und ermöglichen grundsätzlich ein erfolgreiches Altern. Physiologisches Altern muss getrennt werden von Einflüssen durch den persönlichen Lebensstil und die mit dem Altern zunehmenden Folgen durch Akkumulation chronischer, teilweise okkulter Krankheiten. So weisen in den westlichen Industrienationen rund die Hälfte aller über 60-Jährigen Stenosierungen der Koronararterien auf, von denen wiederum nur 50 % klinisch manifest werden. Andererseits kommt es bei lebenslang sportlich Aktiven nicht zur „alterstypischen“ Zunahme des Gesamtkörperfettanteils (Rowe et al. 1990). Daher müssen die Ergebnisse epidemiologischer Studien zu physiologischen Altersveränderungen mit Zurückhaltung interpretiert werden. Allerdings ist die Trennung physiologischer und anderweitig bedingter Körperveränderungen für den medizinischen Alltag nicht essentiell. Hier kommt es vielmehr auf die Abschätzung an, mit welchen Risiken in der jeweiligen Altersgruppe zu rechnen ist. Einige Autoren unterscheiden zwischen „erfolgreichem“ und „normalem“ Altern, wobei letzteres die Einflüsse durch Lebensführung und Krankheitsakkumulation mit einschließt. Diese Auftrennung ist sinnvoll für das wissenschaftliche Verständnis und beeinflusst die positive oder negative Haltung, die wir persönlich und als Gesellschaft zum Altersvorgang einnehmen. Ein negatives Altersbild resultiert ganz wesentlich aus der Vorstellung, dass Altern grundsätzlich Verlust bedeuten müsse. Es ist die Hauptquelle des sogenannten „Ageism“ (etwa: soziale „Altersdiskriminierung“ oder medizinischer „Altersnihilismus“) und kann dazu führen, den Wert präventiver Strategien oder die Behandelbarkeit von Gesundheitsstörungen zu negieren.

2.2 Herz-Kreislauf-System

Es kommt im Laufe des Lebens physiologisch zu einem Verlust von Elastinfasern und zu einer Veränderung in der Zusammensetzung der Kollagenfasern. Dadurch nimmt die Elastizität vieler Gewebe ab, was an der Haut äußerlich sichtbar wird. Im Bereich der Gefäße kommt es zu einer Versteifung vor allem der Aorta und der großen Arterien mit einer Verminderung der Windkesselfunktion. Es resultiert eine höhere Pulswellengeschwindigkeit und eine Steigerung des systolischen Blutdrucks (isolierte systolische Hypertonie). Die Pulswelle wird vorzeitig in der Peripherie reflektiert, was den systolischen Blutdruck zusätzlich erhöht. Über den gesamten Schlagzyklus betrachtet, wird der Blutfluss diskontinuierlicher und führt zur Verminderung der Koronarperfusion, die ja nur in der Diastole erfolgen kann. Endothelzellen werden heterogener in ihrer Form, Größe und Anordnung mit Begünstigung eines turbulenten Strömungsprofils und vermehrter Einlagerung von Lipiden, Kollagenen und mineralischen Stoffen in die Gefäßwand. Zusätzlich hypertrophiert die glatte Muskulatur der Media, mutmaßlich durch einen im Alter erhöhten Sympathikotonus (s. Kap. 33). Alle diese Vorgänge erleichtern die Entstehung arteriosklerotischer Veränderungen.

Myozyten sind ausdifferenzierte, nicht mehr teilungsfähige Zellen. Ihre Anzahl nimmt im Laufe des Lebens durch Apoptose ab. Sie werden teilweise durch Bindegewebszellen ersetzt, auch hypertrophieren kompensatorisch die verbleibenden Myozyten. Die Ventrikelmasse bleibt im Wesentlichen konstant, die Compliance nimmt jedoch ab. Es resultiert eine Verlangsamung der frühdiastolischen Ventrikelfüllung, die weitgehend durch eine beschleunigte enddiastolische Füllungsgeschwindigkeit kompensiert wird (E/A-Ratio). Letztere ist insbesondere von der atrialen Kontraktionskraft abhängig, was die Anfälligkeit älterer Herzen für eine Pumpinsuffizienz beim Auftreten von Vorhofflimmern erklärt. Obwohl die diastolische Füllungsrate mit dem Alter abnimmt (6–7 % pro Dekade), entwickelt nur eine Minderheit ansonsten gesunder Individuen eine manifeste Herzinsuffizienz, da das Herz über entsprechende Kompensationsmechanismen verfügt (Frank-Starling-Mechanismus etc.) (Pugh 2001).

Eine Abnahme der Schrittmacherzellen im Sinuskonten begünstigt in Zusammenhang mit der erhöhten Vorhofdehnung durch die verminderte Ventrikelcompliance (s. o.) das Auftreten von Vorhofflimmern (>10 % der über 70-Jährigen). Intrazellulär wird Kalzium langsamer von den Myofibrillen einerseits und vom endoplasmatischen Retikulum andererseits freigesetzt, was die Dauer des Aktionspotentials verlängert und die Verkürzungsgeschwindigkeit vermindert (Rowe et al. 1990).

2.3 Bronchopulmonales System

Auch bei der bronchopulmonalen Funktion spielt die Abnahme der Elastizität der Gewebestrukturen eine bedeutsame Rolle. Die Thoraxwand wird steifer und in der Lunge selbst wird eine Lösung der terminalen Atemwege vom elastischen Fasergerüst beobachtet, was neben der Abnahme der Lungencompliance zum partiellen expiratorischen Kollaps der kleinen Atemwege führt. Im Sinne eines sog. Altersemphysems nehmen statische Lungenvolumina im Laufe des Lebens zu (totale Lungenkapazität, funktionelle Residualkapazität, Residualvolumen). Durch den Kollaps der kleinen Atemwege kommt es zu einer progredienten Abnahme des maximalen expiratorischen Flusses, messbar mit dem sog. Tiffenau-Test (= forciertes Einsekundenvolumen, FEV1). Hier findet sich ein Maximum zwischen dem 20. und 30. Lebensjahr und eine anschließendes Absinken um etwa 25–30 ml pro Jahr. Aus dem partiellen Kollaps terminaler Atemwege resultieren Inhomogenitäten in der Ventilation, was zusammen mit der Abnahme der Diffusionskapazität der Alveolarmembran zum Absinken des Sauerstoffpartialdrucks beiträgt, der ab dem 30. Lebensjahr im Mittel um etwa 0,3 % jährlich absinkt.

Die Sensitivität zentraler und peripherer Chemorezeptoren für Hyperkapnie und Hypoxämie nimmt zwischen dem 30. und 70. Lebensjahr um 40–50 % ab. Die an Kraft verlierende Atemmuskulatur begünstigt zusätzlich das Auftreten von Schlaf-Apnoe-Syndromen.

Die maximale Sauerstoff-Aufnahmekapazität gilt als Maß für die körperliche Leistungsfähigkeit („Fitness") und wird bestimmt durch die bronchopulmonale Funktion, die Blutzirkulation und die Muskelmasse. Sie nimmt von der Kindheit bis etwa zum 20. Lebensjahr zu, hält über einige Jahre ein Plateau und fällt dann langsam um 15–30 ml/min/Jahr ab. Dem Absinken der Belastungskapazität kann durch regelmäßiges körperliches Training entgegengewirkt werden; sogar eine partielle Umkehr der chronologischen Entwicklung ist möglich. Mit dem Alter vermindern sich die mukozilliäre Klärungsfunktion und der Hustenreflex, wodurch eine erhöhte Anfälligkeit für bronchopulmonale Infekte entstehen kann.

2.4 Niere

Altersbedingt nimmt die Nierenmasse von etwa 250 auf 180 g ab, vornehmlich durch kortikale Atrophie, der histologisch eine Sklerosierung kleiner Gefäße zugrunde liegt. Infolge Atrophie und vaskulärer Veränderungen halbiert sich der renale Blutfluss in etwa bis zum 80. Lebensjahr. Klinisch bedeutsam ist die glomeruläre Filtrationsrate (GFR), die als Maß der Exkretionskapazität bei der Arzneimittelgabe beachtet werden muss. Die GFR sinkt progredient um rund 10 ml/min/Dekade ab dem 40. Lebensjahr. Longitudinale Untersuchungen haben allerdings gezeigt, dass etwa ein Drittel der älteren Menschen diese Verminderung nicht erfährt.

Üblicherweise wird die GFR im klinischen Alltag durch die Kreatininclearence abgeschätzt. Hier ist zu beachten, dass mit abnehmender Muskelmasse auch der Anfall an Kreatinin aus dem Muskelstoffwechsel abnimmt. Die Beziehung zwischen Kreatinin im Serum und der Clearence ist exponentiell. Bei einer leicht einschränkten Clearence ist der Serumwert noch normal (sogenannter kreatininblinder Bereich) und steigt dann überproportional mit der weiter fallenden Clearence an. Insbesondere bei alten, sarkopenischen (muskelverarmten) Menschen kann ein normaler Kreatinin-Serumwert fälschlich eine normale Nierenfunktion vortäuschen.

Bei der Verordnung nephrotoxischer oder über die Niere ausgeschiedener Medikamente mit geringer therapeutischer Breite ist es ratsam, die Kreatininclearence entweder zu messen (Sammelurin) oder zu berechnen. Für die Berechnung eignet sich die Formel von Cockroft und Gault: GRF = ([140 – Alter] x Körpergewicht [kg])/Kreatinin im Serum [mg/dl]) x 72. Bei Frauen müssen wegen der geringeren Muskelmasse 15 % abgezogen werden.

2.5 Gastrointestinaltrakt

Nach Erhebungen der Berliner Altersstudie sind etwa 43 % der über 70-Jährigen zahnlos. Nur rund 10–20 % der Unter- bzw. Oberkieferprothesen wurden als funktionell gut beurteilt, d. h. die Mehrheit der älteren Menschen verfügt nicht über einen suffizienten Zahnersatz (Nitschke 1996). Dadurch können insbesondere vollwertige Nahrungsbestandteile nur unzureichend aufgenommen werden. Die mangelnde Kaufähigkeit ist eine der Ursachen von Mangelernährung im Alter.
Der Magen-Darm-Trakt selbst erfährt nur geringe, klinisch wenig relevante Altersveränderungen. Die Anzahl der enteralen Nervenzellen (Plexus myentericus, Plexus submucosus) nimmt in Laufe des Lebens um etwa 40–60 % ab, was tendenziell zu einer Verlangsamung der Darmmotilität insbesondere im Kolon führt, während Sekretion und Absorption als mukosale Funktionen nicht wesentlich beeinträchtigt sind (Wade 2002). Die Lebermasse nimmt in Relation zum Körpergewicht um etwa 20 % im Laufe des Lebens ab, als Adaptation auf eine 35–40 %ige Reduktion des hepatischen arteriellen Blutflusses. Es gibt Hinweise auf Veränderungen einzelner Enzymaktivitäten (z. B. Abnahme des Cytochrom-P450-Gehalts oder der Phase-I-Oxydation), wobei die ohnehin große interindividuelle Variabilität die Bewertung erschwert. Insgesamt gesehen bleiben Darm- und Leberfunktion lebenslang relativ konstant.

2.6 Körperzusammensetzung

Mit zunehmendem Alter ändert sich die Körperzusammensetzung teilweise erheblich, wobei hier der Lebensstil und etwaige Krankheiten erheblichen Einfluss haben. Es kommt zum Verlust an Knochen- und Muskelmasse sowie zur Abnahme des Gesamtkörperwassers zugunsten des Fettanteils mit einer progredienten Umverteilung vom subkutanen zum intraabdominellen Fett. Letzteres ist einer der wesentlichen Parameter für die Insulinresistenz, vermutlich über die erhöhte, katecholamin-abhängige Lipolyse unter Bildung freier Fettsäuren. Die erhöhte Insulinkonzentration im Plasma ist wiederum einer der Risikofaktoren für kardiovaskuläre Schädigungen.
Hauptort der Glukosemetabolisation ist der Muskel. Entsprechend führt eine Reduktion der Muskelmasse zwangsläufig zur Beeinträchtigung der Zuckerverwertung. Die Abnahme der Muskelmasse (**Sarkopenie**) geht parallel zu neurologischen Veränderungen wie der Abnahme der Nervenfasern und der Transportkapazität für das „calcitonin gene-related peptide" (CGRP) (s. u.) sowie der Verkleinerung der motorischen Endplatten, was alles in allem zu einer Reduktion der Muskelkraft führt (Ward 2003). Im Sinne eines „Teufelskreises" nimmt die körperliche Aktivität weiter ab mit negativen Effekten auf die Knochenmasse, den Fettgehalt, die metabolische Situation und die physische Fitness (Ausdauer, Kraft, Koordination).
Aus der veränderten Körperzusammensetzung ergeben sich Konsequenzen für die Pharmakotherapie. Allgemein muss mit einer steigenden Halbwertszeit lipophiler Substanzen (z. B. Diazepam) gerechnet werden.

2.7 Nervensystem

Etwa die Hälfte aller funktionellen Einschränkungen bei älteren Menschen (65+) wird durch Beeinträchtigung nervaler Strukturen verursacht. Betroffen ist insbesondere die Mobilität. Gang- und Gleichgewichtsprobleme treten bei rund 20–40 % der Personen über 80 Jahre auf (Verdu 2000). Rund 25 % der Personen über 65 Jahren entwickelt eine signifikante Hochtonschwerhörigkeit, die zum größten Teil (85 %) auf Degenerationen der Rezeptoren im Innenohr zurückgeht. Eine weitere alterstypische Veränderung ist die Verminderung der Akkomodationsfähigkeit.

Neuronen sind ausdifferenzierte, nicht mehr teilungsfähige Zellen, die im Laufe des Lebens durch Apoptose oder anderweitige Schädigungen zugrunde gehen und nicht ersetzt werden können. Das Gehirngewicht nimmt mit dem Alter ab und beträgt bei einem 75-Jährigen noch rund 56 % eines 30-Jährigen, was sich von der Relation her in etwa mit der Abnahme der enteralen Nervenzellen deckt (s. o.). In der kranialen Bildgebung (CCT, MRT) findet sich entsprechend eine altersabhängige interne wie externe Atrophie. Der Zelluntergang führt dank der auch im Alter vorhandenen Plastizität des zentralen Nervensystems nicht zum linearen Funktionsverlust. So weisen ältere Menschen bei der Durchführung standardisierter Aufgaben zwar eine schwächere Aktivität in den korrespondierenden Gehirnregionen auf, dafür aber eine offenbar kompensatorische Aktivierung in zusätzlichen kortikalen und subkortikalen Regionen (Ward 2003). Strukturell trifft man häufig eine altersabhängige Leukokariosis an, deren Ursprung in Veränderungen der kleinen, tiefliegenden Hirnarterien liegt. Unabhängig von den bekannten kardiovaskulären Risikofaktoren ist das Alter per se der stärkste Risikofaktor für diese „age-related white matter changes (ARWMC)" (s. Kap. 9.4). Sie werden für eine Reihe von alterstypischen Funktionseinschränkungen verantwortlich gemacht wie Gang- und Balancestörungen, Abnahme kognitiver Leistungen, Altersdepression u. a. (Pantoni 2005).

Das periphere Nervensystem weist eine altersabhängige Abnahme der Nervenleitgeschwindigkeit auf. Deren Ursachen liegen partiell in der abnehmenden Anzahl und Dichte myelinisierter und vor allem nicht-myelinisierter Fasern. Der Durchmesser der Nervenfasern wird kleiner und erscheint weniger rund. Auch die Myelindicke nimmt insgesamt ab. Die zugrunde liegenden Mechanismen sind noch unklar; offenbar spielt eine Einschränkung im ATP-abhängigen Energieumsatz eine zentrale Rolle, da speziell energieabhängige Prozesse wie etwa die axonale Transportkapazität mit dem Alter abnehmen (Verdu 2000). In Bezug auf die Muskelkraft ist der verminderte Transport von CGRP von Bedeutung, da dieses Funktionen der motorischen Endplatte steuert. Nicht nur die Nervenzelle selbst zeigt Veränderungen, auch Begleitzellen, wie etwa die Schwann-Zellen sind davon betroffen. Reparaturvorgänge bei Schädigung peripherer Nerven sind im Alter verzögert, häufiger inkomplett aber prinzipiell erhalten (z. B. verzögerte Myelin-Clearance, verlangsamtes und asynchroneres Sprouting, Verlust von „nerve growth factor"-Rezeptoren) (Kerezoudi 1999).

Altersabhängige Veränderungen finden sich ebenfalls im autonomen Nervensystem (s. Kap. 33). Möglicherweise als Antwort auf den zunehmenden Fettgehalt des Körpers wird eine chronische Überaktivität des sympathischen Systems beschrieben, die zu einem erhöhten Vasotonus, einer verminderten Extremitätendurchblutung und einer Regulationsstarre für adrenerge Reize führt (Seals 2004). Klinisch resultiert eine Abnahme der Herzfrequenzvariation („Frequenzstarre") und eine Reduktion der Baroreflexantwort mit Beeinträchtigung der Orthostasereaktion. Auch die Hypertrophie der glatten Muskulatur in der Tunica media der Gefäßwand (s. o.) sowie die reduzierte Leber- und Darmdurchblutung (s. o.) könnten auf den erhöhten Sympathikotonus zurückzuführen sein.

In der Summe führt die neuronale Degeneration zu unterschiedlichen, klinisch relevanten Effekten. Bedeutsam ist die progrediente Abnahme der Muskelkraft und Koordinationsfähigkeit. So sinkt die maximale isometrische Kraftentwicklung des M. quadriceps um rund 2 % pro Jahr (Verdu 2000). Selbst bei regelmäßig sportlich Aktiven ist – bei gleich bleibender Muskelmasse – eine altersabhängige Abnahme der Maximalkraft zu verzeichnen (Runge 2004).
Im Bereich der Sensibilität kommt es zu einem Anstieg der Schwellen für thermale, taktile und Vibrationsreize, was im Bereich der unteren Extremität zu einer Beeinträchtigung der posturalen Kontrolle führt.

2.8 Bedeutung der Altersveränderungen für die Medizin

Die physiologischen Altersveränderungen sind nicht mit Krankheit gleichzusetzen. Glücklicherweise verfügt der Körper über eine hohe kompensatorische Reservekapazität. So sind beispielsweise die beschriebene Einschränkung der glomerulären Filtrationsrate oder die Verminderung der bronchopulmonalen Funktion im Alltag inapparent. Sie beeinträchtigen in ihrer Summe jedoch die maximale Leistungsfähigkeit und die Fähigkeit, eine Auslenkung der Homöostase rasch ausgleichen zu können. Die Veränderung der Gang- und Balancefähigkeit verursacht erst dann ein Problem, wenn interkurrente Belastungen wie etwa ein rutschiger Untergrund ausgeglichen werden müssen. Bei einem Sturz mit proximaler Femurfraktur addieren sich sensorische (Visus, Tiefensensibilität), muskuläre (Sarkopenie, Muskelkraft), neurologische (Koordinationsfähigkeit), vegetative (Orthostase) und andere (Knochendichte) altersbedingte Funktionseinschränkungen. Die verminderte Adaptationsfähigkeit erklärt die im Alter verlängerte Rekonvaleszenzphase nach Erkrankungen.
Die Gesamtheit der Altersveränderungen lässt sich unter dem Begriff der **„Frailty"** (Gebrechlichkeit) subsumieren, die den fragilen Gesamtzustand (Hoch)betagter wohl am Besten beschreibt. Immer mehr kann dieses klinische Bild auch pathophysiologisch oder laborchemisch erfasst werden, indem sich Zeichen eines (sub)klinischen chronischen Entzündungszustandes mit Erhöhung des sensitiven C-reaktiven Proteins, sowie von Interleukin-6 und tumor necrosis factor-alpha (TNF-alpha) finden lassen. Pathophysiologisches Verständnis kann künftig deshalb auch helfen, physiologische von pathologischen Altersveränderungen besser zu differenzieren und womöglich auch spezifischere Interventionsoptionen zu etablieren.

Literatur

Kerezoudi E, Thomas PK (1999) Influence of Age on Regeneration on the Peripheral Nervous System. Gerontology 45:301–6

Nitschke I, Hopfenmüller W (1996) Die zahnmedizinische Versorgung älterer Menschen. In: Mayer KU, Baltes PB, eds. Die Berliner Altersstudie. Akademie Verlag, Berlin, S 185–219

Pantoni L, Basile AM, Pracucci G, Asplund K, Bogousslavsky J, et al. (2005) Impact of Age-Related Cerebral White Matter Changes on the Transition to Disability – The LADIS Study: Rationale, Design and Methodology. Neuroepidemiology 24:51–62

Pugh KG, Wei JY (2001) Clinical Implications of Physiological Changes in the Aging Heart. Drugs & Aging 18(4):263–76

Rowe JW, Schneider EL (1990) Organ Systems: Aging Processes. In: Abrass IB, Berkow R, (eds) The Merck Manual of Geriatrics. Rahway NJ, Merck Sharp & Dohme Research Laboratories, pp 303ff

Runge M, Rittweger J, Russo CR, Schiessl H, Felsenberg D (2004) Is muscle power output a key factor in the age-related decline in physical performance? A comparison of muscle cross section, chair-rising test and jumping power. Clin Physiol Funct Imaging 24:335

Seals DR, Dinenno FA (2004) Collateral damage: cardiovascular consequences of chronic sympathetic activation with human aging. Am J Physiol Heart Circ Physiol 287:H1895-H905.

Verdú E, Ceballos D, Vilches JJ, Navarro X (2000) Influence of aging on peripheral nerve function and regeneration. J Peripher Nerv Syst 5:191–208

Wade PR (2002) Aging and Neural Control of the GI Tract. I. Age-related changes in the enteric nervous system. Am J Physiol Gastrointest Liver Physiol 283:G489–G95

Walston J, McBurnie MA, Newman A, Tracy RP, Kop WJ, Hirsch CH, Gottdiener J, Fried LP (2002) Cardiovascular Health Study. Arch Intern Med 162:2333–2341

Ward NS, Frackowiak RSJ (2003) Age-related changes in the neural correlates of motor performance. Brain 126:873–88

3 Besonderheiten der Pharmakotherapie im Alter

Wolfgang Mühlberg und Cornel Sieber

Einleitung

Bei der Pharmakotherapie älterer Menschen sind einige Besonderheiten zu beachten. Diese betreffen alternsabhängige Veränderungen der Pharmakokinetik und Pharmakodynamik. Die mit dem Alter zunehmende Multimorbidität ist meist mit einer mehr oder weniger zwangsläufigen medikamentösen Polypragmasie verbunden. Aus diesen Faktoren resultiert weltweit eine deutlich erhöhte Rate unerwünschter Arzneimittelwirkungen (UAW) und -interaktionen bei älteren Patienten.

UAW mit dem Charakter einer akuten Erkrankung sind bei älteren Menschen ein ernstzunehmendes gesundheitspolitisches und ökonomisches Problem: sie sind bei älteren Patienten in 5–23 % der Fälle der Grund für eine stationäre Einweisung, bei 1,75 % der Anlass für einen ambulanten Arztbesuch und bei einem von 1000 Patienten die Todesursache (Tamblyn 1996). Von den Krankenhauseinweisungen wegen UAW waren 19–36 % auf Irrtümer bzw. Kunstfehler bei der ärztlichen Verschreibung zurückzuführen.

3.1 Veränderungen der Pharmakokinetik im höheren Lebensalter

Die **Nierenfunktion** des älteren Menschen ist eingeschränkt: mit dem Alter nimmt die Kreatinin-, Inulin- und PAH-(p-Aminohippursäure)-Clearance ab, die Nierendurchblutung ist vermindert. **Je älter der Patient, umso geringer ist die diagnostische Aussagekraft des Serumkreatinins als Parameter der Nierenfunktion**, da mit dem Alter die Muskelmasse und damit die endogene Kreatininproduktion abnimmt, so dass trotz verminderter Kreatininclearance das Serumkreatinin normal sein kann. Bei einer Darstellung der Parameter Kreatinin und Harnstoff zeigte sich, dass mit dem Alter nicht nur die Mittelwerte der Nierenretentionswerte, sondern auch die Streubreiten zunehmen (s. **Abb. 3.1**).

Für multimorbide geriatrische Patienten ist es charakteristisch, dass die **Plasmaspiegel vieler Medikamente** bei gleicher Dosis stark variieren. Für die Therapiesicherheit hilfreich wären daher diagnostische Kriterien, die es ermöglichen, das Risiko eines toxischen oder potentiell toxischen Arzneimittelspiegels annähernd abzuschätzen.

In einer Untersuchung (Mühlberg 1997, basierend auf 17 klinischen Pharmakokinetik-Studien mit insgesamt 256 multimorbiden geriatrischen Patienten) wurde mit Hilfe pharmakokinetischer und biometrischer Methoden (ROC-Analyse) ein optimaler „cut-

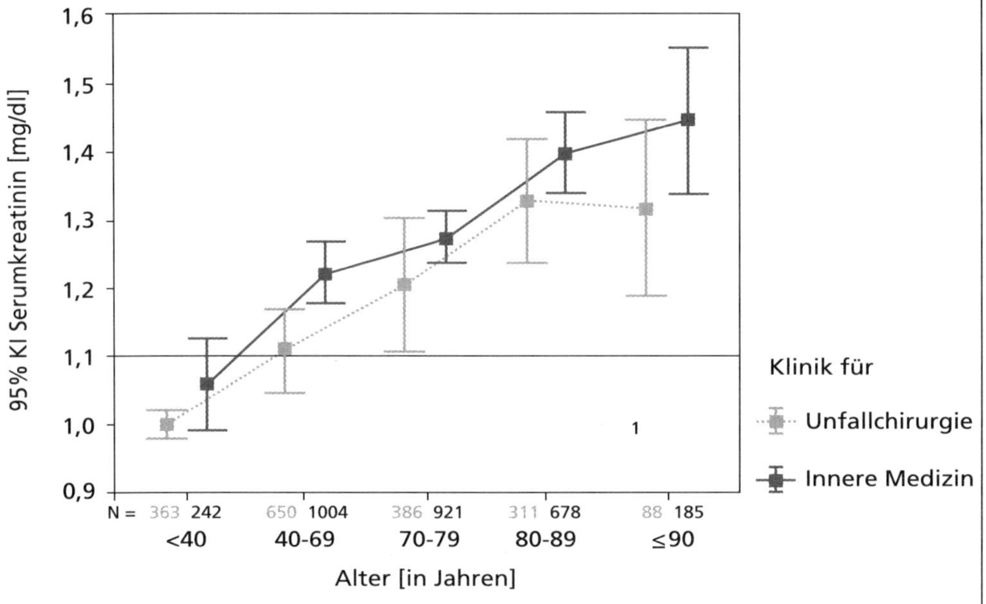

Abb. 3.1 Anstieg der mittleren Serumkreatininwerte mit zunehmendem Alter (Patienten einer internistischen und einer unfallchirurgischen Klinik)

off"-Wert (mit maximaler diagnostischer Sensitivität und Spezifität) der Kreatininclearance (Formel von Cockgroft und Gault) ermittelt, bei dessen Unterschreiten diejenigen geriatrischen Patienten erfasst werden, die im Therapieverlauf toxische oder potentiell toxische Medikamentenspiegel entwickeln (Zielkriterium **s. Abb.** 3.2). Für sieben Pharmaka (Furosemid, Spironolacton, Hydrochlorothiazid, Enalapril, Cefotaxim, Pentoxifyllin und Lorazepam) wurde ein gemeinsamer Schwellenwert (**Kreatininclearance < 40 ml/min**) ermittelt, bei dessen Unterschreiten Patienten mit dem o. g. Zielkriterium mit einer mittleren Sensitivität von 89,8 % und einer Spezifität von 80 % erfasst bzw. „diagnostiziert" wurden. Für das Lebensalter konnte ein vergleichbarer Schwellenwert nicht ermittelt werden.

Auch die **Leberfunktion** älterer Patienten ist eingeschränkt: mit dem Alter nimmt die funktionsfähige Leberzellmasse ab, die Leberdurchblutung ist vermindert. Inwieweit die für den hepatischen Arzneimittelabbau verantwortlichen mikrosomalen Cytochrom P450-Familien und Unterfamilien (z. B. CYP3A4, CYP2C9, CYP2D6 u. a.) in ihrer metabolischen Kapazität im Alter abnehmen, ist noch nicht geklärt.

3.2 Akute Vergiftungen im Alter

Obwohl akute Vergiftungen im Alter eine erhöhte Morbidität und Mortalität aufweisen, findet man nur wenig Literatur zu dieser Thematik (Juurlink et al. 2003). Dies gilt besonders für hochbetagte Patienten (> 80 Jahre).

In einer retrospektiven Langzeitstudie wurde die Frage untersucht, ob sich die Häufig-

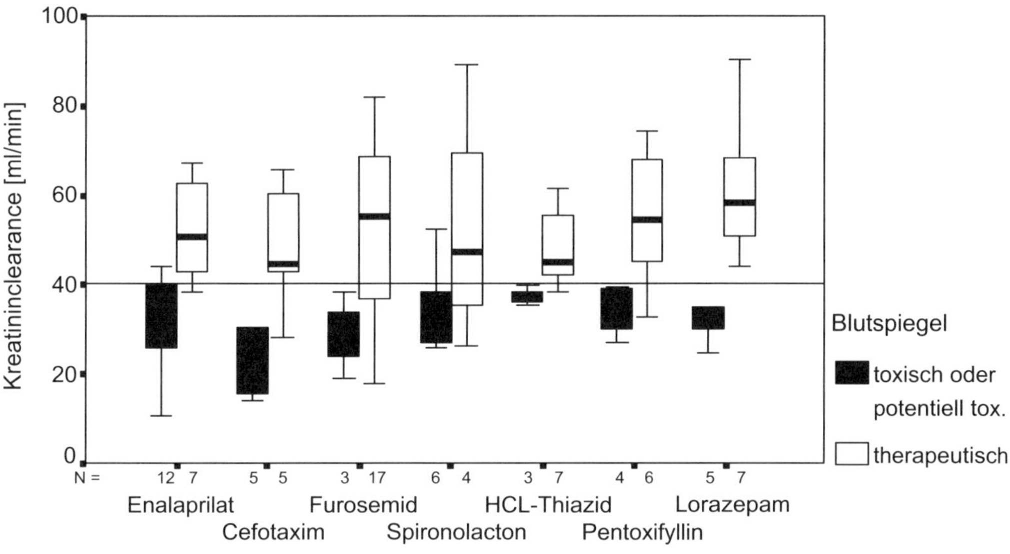

Cutoff-Wert (Creat.-Cl.) < 40,15 ml/min, mittl. Sens. 89,8%, Spez. 83,3%

Abb. 3.2 Pharmakaspezifische Schwellenwerte (Kreatininclearance <40 ml/min) bei geriatrischen Patienten mit (potentiell) toxischen Medikamentenspiegeln (nach Platt D (Hrsg) (1999) Pharmakotherapie im Alter. Stuttgart: Wissenschaftliche Verlagsgesellschaft)

keit und der Verlauf akuter Vergiftungen bei älteren und hochbetagten Patienten von denen jüngerer Patienten unterscheiden (Mühlberg et al. 2005). 5 883 Patienten (davon 351 > 65 Jahre), die wegen einer akuten Vergiftung in den Jahren 1982, 1992 und 1997 auf einer toxikologischen Intensivstation lagen, wurden in die Studie aufgenommen. Die Jahre 1982, 1992 und 1997 wurden ausgewählt, um über einen Zeitraum von 15 Jahren mögliche zeitabhängige Veränderungen der Häufigkeit und des Verlaufs akuter Vergiftungen zu untersuchen.

Die Verweildauer auf der toxikologischen Intensivstation, ein „Marker" für die Schwere und die Komplikationsrate des klinischen Verlaufs einer akuten Vergiftung, war im Mittel bei den älteren und besonders bei den hochbetagten Patienten deutlich (p <0,001) verlängert (**s. Abb. 3.3**). Die altersabhängige Zunahme der Verweildauer wurde jedoch nur bei Vergiftungen mit Pharmaka und bei Mischintoxikationen (mit mindestens einem Pharmakon) beobachtet, nicht jedoch bei Vergiftungen mit Alkohol, Drogen, Chemikalien, pflanzlichen/tierischen Giften oder anderen Giftstoffen.

Die Patienten mit dem höchsten Letalitätsrisiko durch eine akute Vergiftung waren ältere Patienten, die einen Suizidversuch unternommen hatten. Die Gesamt-Letalität der 3 740 Vergiftungspatienten betrug 0,24 %. Bei den Patienten > 65 Jahren war die Letalität 9-fach auf 2,17 % erhöht.

Hohes Alter, Suizidversuch und Medikamente als Vergiftungsursache (allein oder als Mischintoxikation) sind offenbar die Hauptrisikofaktoren für eine erhöhte Komplikationsrate (mit verlängerter intensivmedizinischer Verweildauer) bei akuten Vergiftungen. Generell wird mit zunehmendem Alter die Prognose von Intoxikationen

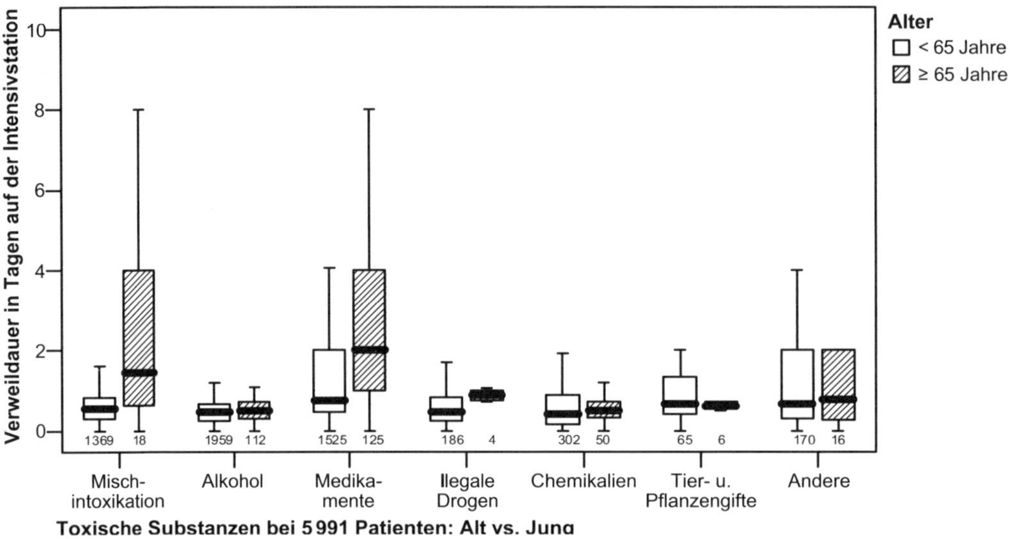

Abb. 3.3 Verweildauer jüngerer (< 65 Jahre) und älterer Patienten (≥ 65 Jahre) auf der toxikologischen Intensivstation nach akuten Intoxikationen mit verschiedenen Giftarten (nach Mühlberg et al. 2005)

schlechter, doch hat offenbar jede Substanzklasse von Giften (Medikamente, Drogen, Alkohol, Chemikalien u. a.) ihr eigenes spezielles Risikoprofil beim älteren Patienten (Mühlberg et al. 2005).

3.3 Häufige unerwünschte Arzneimittelwirkungen bei älteren Patienten

Fradet et al. (1996) folgerten aus den Ergebnissen einer Studie, dass ältere Patienten geradezu eine Domäne für iatrogene Erkrankungen darstellen. In ihrer Untersuchung waren bei Patienten über 65 Jahre fast 8 % aller Krankenhauseinweisungen durch unerwünschte Arzneimittelwirkungen bedingt. Bei 87 älteren Patienten manifestierten sich diese Nebenwirkungen in Form von Elektrolytentgleisungen (21 Fälle), Leberschäden und gastrointestinalen Beschwerden (19 Fälle), kardiologischen (16 Fälle) und neurologischen Komplikationen (13 Fälle) sowie endokrinen (10 Fälle) und hämatologischen Erkrankungen (6 Fälle). Die am häufigsten beteiligten Pharmaka waren Antihypertensiva (36 %, davon 20,5 % Diuretika), Psychopharmaka (24,8 %) und entzündungshemmende Pharmaka (17,8 %).

3.3.1 Nebenwirkungen und Interaktionen im Alter: einzelne Pharmakagruppen

Im Alter ist bei Gabe von **Statinen** die Gefahr der unerwünschten Nebenwirkung „Rhabdomyolyse" durch Interaktionen erhöht (s. Kap. 30). Ursache ist vor allem die **Polymedikation** älterer Patienten, insbesondere bei zusätzlicher Gabe von Pharmaka, die über CYP3A4 metabolisiert werden (Farnier 2001). In einer britischen Studie erhielten 301 geriatrische Patienten in 11 Pflegeheimen im Durchschnitt gleichzeitig vier Pharmaka und 42 % der

Patienten hatten Medikamente, die potentiell miteinander interagieren (Nolan und O'Malley 1989).
Bei älteren Patienten, die wegen UAW stationär behandelt werden müssen, sind **nichtsteroidale Antiphlogistika (NSAR)** die häufigste Ursache. Das Risiko einer Ulkusblutung mit letalem Ausgang ist bei älteren Patienten um den Faktor 4 erhöht. Erhöht ist auch die Gefahr eines akuten Nierenversagens im Alter bei hochdosierter Diuretikatherapie und gleichzeitiger NSAR-Gabe (Buffum und Buffum 2000).
Ebenso besteht bei älteren Patienten ein stark erhöhtes Risiko eines Atem- und Herzstillstands bei gleichzeitiger Gabe von Midazolam (Dormicum) und einem Opioid (Nordt und Clark 1997).
Nebenwirkungen von **Neuroleptika** (Phenothiazin- und Thioxanthen-Derivate, Butyrophenone) bei älteren Patienten sind u. a. orthostatische Kreislaufstörungen und extrapyramidal-motorische Syndrome. Durch die Blockade cholinerger Synapsen kann die im Alter ohnehin häufige Obstipation weiter verstärkt oder ausgelöst werden. Choreatiforme Bilder nach längerer Gabe von Phenothiazinen sind bei älteren Patienten fünfmal häufiger als bei jüngeren. Wegen der neurologischen Nebenwirkungen besteht bei älteren Menschen auch ein erhöhtes Risiko für Stürze und konsekutive Frakturen.
Mit dem Alter nimmt das physiologische Schlafbedürfnis ab (s. Kap. 36). Ein- und Durchschlafstörungen zählen mit zu den häufigsten Klagen älterer Patienten. Unter den Schlaf- und Beruhigungsmitteln sind die **Benzodiazepine** die am häufigsten verordneten und am besten untersuchten Medikamente (Greenblatt et al. 1991 a, b). Obwohl der Gesamtverbrauch von Benzodiazepinen in den letzten Jahren abnahm, blieb der Verbrauch an Schlafmitteln bei alten Menschen unverändert hoch. Analysen der Verbrauchsdaten von Anxiolytika und Schlafmitteln bei ambulanten Patienten zeigen, dass die älteren Patienten überproportional häufig vertreten sind. Eine Arbeitsgruppe kam zu dem Schluß, dass der Verbrauch an Schlafmitteln mit dem Lebensalter zunimmt (Greenblatt et al. 1991 a, b). Eine repräsentative Untersuchung in Großbritannien über den Schlafmittelverbrauch unter alten Menschen ergab, dass 73 % ihre Schlafmittel bereits über ein Jahr lang einnahmen, 25 % hatten schon über zehn Jahre regelmäßig Schlafmittel benützt! Eine regelmäßige und protrahierte Einnahme von Schlafmitteln (meist über mehrere Jahre) scheint somit bei älteren Benützern eher die Regel als die Ausnahme darzustellen. Der Verbrauch bei älteren Patienten in Kliniken oder Heimen ist sogar noch höher als bei solchen, die in der eigenen Wohnung leben.
Gales und Menard (1995) untersuchten den Zusammenhang zwischen Medikamenten und der Häufigkeit von Stürzen bei älteren Patienten (s. Kap. 35). Sie verglichen 100 Patienten mit Stürzen mit einer gleich großen Kontrollgruppe. Die gestürzten Patienten hatten im Vergleich zur Kontrollgruppe einen doppelt so hohen Benzodiazepinverbrauch. Zudem wurden bei diesen Patienten Benzodiazepine in weit höherer Dosierung als üblich verordnet. Ferner wurden bei diesen Patienten überzufällig häufig eine Herzinsuffizienz, eine Therapie mit Herzglykosiden oder die Verordnung von mehr als drei psychoaktiven Pharmaka beobachtet.
Die Benzodiazepinpräparate Lorazepam und Alprazolam wiesen bei geriatrischen Patienten mehrgipflige Plasmakonzentrationsverläufe (mit Zweit- und Drittgipfeln) auf (Mühlberg et al. 1997). Zu einem unerwarteten späteren Zeitpunkt erneut auftretende Wirkungsmaxima könnten ebenfalls zu einem erhöhten Sturzrisiko beitragen.

3.3.2 Faktoren häufiger unerwünschter Arzneimittelwirkungen im Alter (UAW)

Die wichtigsten Risikofaktoren für UAW im Alter sind:

- **Gebrechlichkeit:** Die physiologischen Kompensationsmechanismen sind erschöpft. So führt z. B. eine Blutungsanämie unter der Gabe von Antiphlogistika rascher zur Dekompensation bei vorbestehender Herzinsuffizienz.
- **Multimorbidität:** Durch zahlreiche gleichzeitig eingenommende Medikamente wird die Interaktions- und Nebenwirkungswahrscheinlichkeit gesteigert.
- **Niedriges Körpergewicht, eingeschränkte Nierenfunktion:** es besteht ein geringeres Verteilungsvolumen, eine längere Halbwertszeit und ein höherer Plasmaspiegel des betreffenden Pharmakons.

3.4 Medikamenten-induzierte Krankheitsbilder im Alter

Die nachfolgend geschilderten **medikamenteninduzierten** Krankheitsbilder treten bei älteren Patienten besonders häufig auf (Zeeh und Platt 1994).

3.4.1 Anticholinerge Syndrome

Zahlreiche Medikamente haben anticholinerge Wirkungen, die meist unerwünscht sind und zu schweren Beeinträchtigungen führen können wie Mundtrockenheit, Mydriasis, verminderter Darmperistaltik, Obstipation, Harnverhaltung, Tachykardie, Unruhe, akuter Verwirrtheit (Delir), Halluzinationen, Krampfanfällen und Bewusstseinsstörung.

Zu den Medikamenten, die zum anticholinergen Syndrom führen können, gehören:

- Analgetika (Pethidin),
- Antiarrhythmika,
- Antidepressiva (vor allem Trizyklika),
- Antiemetika,
- Antihistaminika, Sedativa,
- Antiparkinsonmittel,
- Neuroleptika,
- Spasmolytika.

3.4.2 Verwirrtheitszustände

Alterstypische, aber dennoch oft schwierig zu identifizierende Nebenwirkungen von Pharmaka sind außerdem kognitive Störungen, Verwirrtheitszustände und Delirien. Besonders gefährdet sind Patienten mit vorbestehenden Schädigungen des Gehirns (zerebrovaskuläre Läsionen, Parkinson-Syndrome) sowie sehr alte Patienten, die viele Medikamente einnehmen (s. Kap. 39).

Zu den Medikamenten, die bei alten Menschen einen akuten Verwirrtheitszustand bewirken können, gehören:

- Analgetika (Morphin und Derivate),
- Antiarrhythmika,
- Antidepressiva,
- Antihypertensiva,
- Antiparkinsonmittel (Risiko für anticholinerge Substanzen höher als für dopaminerge),
- Antiphlogistika, nichtsteroidale,
- Benzodiazepine,
- Kortikosteroide (in hohen Dosen),
- Herzglykoside,
- Neuroleptika, auch atypische Neuroleptika,
- Theophyllin.

3.4.3 Stürze

Stürze (s. Kap. 35) sind eine wichtige Ursache für die Morbidität alter Menschen. Von

rüstigen, 65-jährigen Bewohnern eines Altenwohnheims stürzten während eines Jahres ca. 40 %, von zu Hause lebenden über 75-Jährigen 32 %. Obwohl nur 3,5–6 % aller Stürze zu einem Knochenbruch führen, resultieren absolut gesehen aus den Stürzen hohe Frakturzahlen: Für eine Großstadt mit einer Million Einwohnern und einem Anteil an alten Menschen von 20 % bedeutet dies pro Jahr über 3 000 sturzbedingte Frakturen. Häufiges Stürzen führt zu einem Verlust an Selbstvertrauen und behindert das Leben in der Gesellschaft. Oft werden die Patienten hilfs- und schließlich pflegebedürftig. Besonders ungünstig ist die Prognose nach einer Hüftfraktur im hohen Alter. 20 % dieser Patienten sterben innerhalb eines halben Jahres.
Zu den Mechanismen und Medikamenten, die zu einem gesteigerten Sturzrisiko führen können, gehören:

- Benzodiazepine,
- Insulin, Sulfonylharnstoffe,
- Antihypertensiva, Nitrate,
- Neuroleptika (bei atypischen Neuroleptika weniger EPMS),
- Antidepressiva,
- Aminoglykoside, Furosemid (Vestibularisschädigung/-dysfunktion).

3.4.4 Synkopen (s. Kap. 32)

Medikamentös bedingter Blutdruckabfall und eine orthostatische Dysregulation treten im Alter häufig auf nach Gabe von

- **Diuretika:** verstärkter Flüssigkeitsverlust bei vermindertem Durstgefühl im Alter, durch Hypovolämie überschießender Druckabfall wegen verminderter Ansprechbarkeit der Barorezeptoren im Alter.
- **Digitalis und Diuretika:** erhöhte Gefahr der Bradykardie wegen erniedrigter Reizschwelle des Vagus im Alter. Über Hypokaliämie zusätzlich gesteigerte Digitalisempfindlichkeit und Rhythmusstörungen.
- **Antihypertensiva:** verminderte Ansprechbarkeit der Barorezeptoren und reduzierter peripherer Venentonus im Alter.
- **Psychopharmaka und Nitrate:** besonders hohes Risiko bei zerebrovaskulärer Insuffizienz und lange bestehendem Hochdruck (gestörte Autoregulation der zerebralen Durchblutung).

3.4.5 Akutes Nierenversagen

Besonders gefährlich bei älteren Patienten mit Herzinsuffizienz ist die Kombination eines Schleifendiuretikums mit einem Thiazid-Präparat und NaCl-armer Kost. Bei nichtsteroidalen Analgetika und auch bei Cox-2-Hemmern besteht die Gefahr einer Vasokonstriktion der Niere wegen der fehlenden vasodilatatorischen Wirkung der Prostaglandine. Kaliumsparende Diuretika (Triamteren, Amilorid), besonders in Kombination mit Thiaziden, erniedrigen die im Alter ohnehin reduzierte glomeruläre Filtrationsrate.

Zusammenfassung

Die Besonderheiten der Pharmakotherapie älterer Menschen betreffen alternsabhängige Veränderungen der Pharmakokinetik und Pharmakodynamik und den Einfluss der mit dem Alter zunehmenden Multimorbidität. Meist ist mit der Multimorbidität mehr oder weniger zwangsläufig auch eine Polypragmasie verbunden. Aus all diesen Faktoren resultiert weltweit eine deutlich erhöhte Rate unerwünschter Arzneimittelwirkungen und Interaktionen bei älteren Patienten.
Die Nierenfunktion des älteren Menschen ist eingeschränkt. Im Alter empfiehlt sich eine Dosisreduktion bei renal eliminierten

Pharmaka, wenn die errechnete Kreatininclearance <40 ml/min ist.

Das Serumkreatinin alleine ist im Alter kein sicherer Parameter der Nierenfunktion!

Die Häufigkeit unerwünschter Arzneimittelwirkungen (UAW) im Alter korreliert mit der Zahl gleichzeitig verordneter Medikamente. Wegen der Polymedikation älterer Patienten ist bei Statinen die Gefahr einer Rhabdomyolyse erhöht (Interaktionen über CYP3A4). Bei NSAR ist im Alter das Risiko einer letalen Ulkusblutung um das 4-fache erhöht.

Die **differentialdiagnostischen Leitsymptome** der häufigsten UAW im Alter sind: Synkopen (bei Diuretika, Digitalis, Antihypertensiva und Psychopharmaka), Verwirrtheitszustände (bei Benzodiazepinen, Antidepressiva, Neuroleptika, Parkinsonmitteln und Antihypertensiva) und Stürze (bei Benzodiazepinen (!), Antidepressiva, Neuroleptika, Antihypertensiva und Sulfonylharnstoffen).

Im Gegensatz zu Intoxikationen mit anderen Giftarten haben akute Vergiftungen mit Arzneimitteln im Alter einen protrahierten und komplikationsreicheren Verlauf.

Literatur

Buffum M, Buffum JC (2000) Nonsteroidal antiinflammatory drugs in the elderly. Pain Manag Nurs 1:40–50

Farnier M (2001) Hyperlipidemia in the elderly. Presse Med 30:957–963

Fradet G, Legac X, Charlois T, Ponge T, Cottin S (1996) Iatrogenic drug-induced diseases, requiring hospitalisation, in patients over 65 years of age. 1-year retrospective study in an internal medicine department. Revue de medecine interne 17(6):456–460

Gales BJ, Menard SM (1995) Relationship between the administration of selected medications and falls in hospitalized elderly patients. Annals of Pharmacotherapy 29(4):354–358

Greenblatt DJ, Harmath JS, Shader RI (1991a) Clinical pharmacokinetics of anxiolytics and hypnotics in the elderly. Clinical Pharmacokinetics 21:165–177

Greenblatt DJ, Harmath JS, Shader RI (1991b) Clinical pharmacokinetics of anxiolytics and hypnotics in the elderly. Clinical Pharmacokinetics 21:262–273

Juurlink DN, Mamdani M, Koop A, Laupacis A, Redelmeier DA (2003) Drug-drug interactions among elderly patients hospitalized for drug toxicity. JAMA 289:1652–1658

Mühlberg, W (1997) Untersuchungen zur Pharmakokinetik und Toxikologie multimorbider geriatrischer Patienten. Habilitationsschrift, Erlangen-Nürnberg

Mühlberg W, Rieck W, Arnold E, Ott G, Lungershausen E (1997) Pharmacokinetics of alprazolam in elderly patients with multiple diseases. Archives of Gerontology and Geriatrics 25:91–100

Mühlberg W, Becher K, Heppner HJ, Wicklein S, Sieber C (2005) Acute poisoning in old and very old patients: a longitudinal retrospective study of 5883 patients in a toxicological intensive care unit. Z Gerontol Geriatr 38:182–189

Nolan L, O'Malley K (1989) Adverse drug reactions in the elderly. Br J Hosp Med 41:446–457

Nordt SP, Clark RF (1997) Midazolam: a review of therapeutic uses and toxicity. J Emerg Med 15:357–365

Tamblyn R (1996) Medication use in seniors: challenges and solutions. Therapie 51(3):269–282

Zeeh J, Platt D (1994) Pharmakotherapie im Alter. Therapiewoche 44:272–282

4 Besonderheiten der Visite und der Kommunikation

Thomas Günnewig

Einleitung

Die ärztliche Visite der Alterspatienten im Krankenhaus und prinzipiell auch bei hausärztlichem Besuch im Pflegeheim dient nicht nur der Planung und Überprüfung von Diagnostik und Therapie bezüglich der vorliegenden Erkrankungen, sondern auch der

- Kommunikation mit dem Patienten: Vertrauen herstellen, Ängste nehmen, anstehende Untersuchungen erklären, der sensorischen Deprivation entgegenwirken, Bedürfnisse aktiv erkennen,
- Prophylaxe von Behandlungskomplikationen oder Erkennen von Zweiterkrankungen durch klinische Kontrolluntersuchungen,
- Sicherstellung der Patientencompliance,
- Bewertung der Ressourcen bzw. der Kompetenz in den Aktivitäten des täglichen Lebens (ADL) zur Planung der weiteren Versorgung.

4.1 Kommunikation bei der Visite

Zu Beginn des Visitengespräches sollte der Patient vorhandene Seh- und Hörhilfen anlegen. Die Funktion dieser Hilfen sollte überprüft werden (Lese- oder Fernsichtbrille, Hörgerät mit erschöpften Batterien). Das Visitengespräch sollte in Augenhöhe stattfinden (Aufsetzen des Patienten aus dem Liegen, Hinsetzen des Untersuchers). Das Sprechen sollte langsam und genügend laut erfolgen. „Lautes Schreien" führt zu einem vermehrten Anteil hoher Stimmfrequenzen, die bei einer Altershochtonschwerhörigkeit reduziert wahrgenommen werden. Bei vorhandenen kognitiven Störungen sollte ggf. eine Verständniskontrolle durch Fragen während des Gespräches erfolgen. Die nonverbale Kommunikation hat sich einer ruhigen und zugewandten Gesprächssituation anzupassen (Blickkontakt, Körperhaltung, Bewegungstempo). Die zumindest anfangs wiederholte Vorstellung des Arztes mit Name und Funktion ist bei Patienten mit kognitiven Störungen sehr sinnvoll, da sonst die ärztliche Visite nicht erinnert wird und Angehörige sich evtl. später beim Stationspersonal über vermeintliche Missachtung beschweren. Ärztinnen werden von alten Patienten häufig als Pflegepersonal verkannt. Daher ist insbesondere für junge Kolleginnen die eindrückliche und gut verständliche Vorstellung wesentlich.

4.2 Beobachtung der Patientenressourcen bei der Visite

Die Zimmervisite gibt Einblick in die Alltagsaktivität des Patienten während des

Krankenhausaufenthaltes. Zu achten ist auf benutzte Bücher, Zeitschriften, Tageszeitungen und den Gebrauch von TV und Radio.
Patienten mit kognitiven Störungen können nur bedingt Bedürfnisse formulieren oder den Schwesternruf bedienen. Daher sollte z. B. bei der Sitzmobilisierung auf eine ausreichend warme Kleidung und auf ein erreichbares gefülltes Trinkglas geachtet werden. Zu überprüfen ist, ob der Patient eigenständig sein Wasserglas aus der Trinkflasche nachfüllen und dann aus dem Glas trinken kann. Praktische Konsequenz kann die Anordnung der „kontrollierten Einfuhr" und des vermehrten Trinkangebots durch das Pflegepersonal sein.

4.3 Befunderhebung bei der Visite

Die klinische Befundkontrolle in der Visite dient folgenden Zielen:

- **Hilfsmittel**: Brille, Hörgerät, Mobilitätshilfen, Schuhe und Tageskleidung vorhanden oder im Pflegeheim verblieben (kann prinzipiell Aufgabe des Pflegepersonal sein; die Kontrollpflicht liegt beim behandelnden Arzt).
- **Mundhöhle:** Hydrierung, Beläge, Essensreste bezüglich Aspirationsgefahr, vorhandene, fehlende oder locker sitzende Gebissprothesen, letztere evtl. mit Aspirationsgefahr.
- **Haut:** Exsikkose, Infektherde, drohender oder eingetretener Dekubitus mit der Konsequenz der Eskalation von Prophylaxe oder Therapie.
- **Intravenöse Zugänge:** Beschwerden einer Braunüleninfektion werden bei Patienten mit kognitiven Störungen, Aphasie oder bei Zugang mangels Alternative auf der Hemipareseseite spontan nicht berichtet und der Lokalbefund oftmals von langärmeliger Nachtwäsche überdeckt.
- **Auskultation Lunge:** Mehrfache Kontrolle bei Infusionstherapie, da im Rahmen einer bislang nicht bekannten latenten diastolischen Herzinsuffizienz das intravenöse Volumen rasch zu einem Prälungenödem führen kann.
- **Pulskontrolle:** Trotz wiederholten Langzeit-EKGs findet sich bei täglicher Pulskontrolle häufiger eine bislang nicht diagnostizierte Arrhythmia absoluta oder Bradykardie ggf. mit Therapiekonsequenz.
- **Mobilität:** Die Aufforderung zum Aufstehen aus dem Bett mit Gang über den Stationsflur lässt Transferfähigkeit, Gangsicherheit bzw. Sturzgefahr, Gebrauch von Gehhilfsmitteln, Nutzung unzureichenden Schuhwerks (zu hohe oder schief gelaufene Absätze, fehlender Fersenriemen, unzureichende Passform bei Beinödemen mit frei schwebender Ferse) und die Orientierung bei Zimmerrückkehr beurteilen.
- **Medikamenteneinnahme:** Zu achten ist auf liegengebliebene Tabletten auf dem Nachtschrank, dem Essensteller, im Bett oder auf dem Fußboden mit der Konsequenz einer kontrollierten Tabletteneinnahme durch das Pflegepersonal.
- **Nachtschrankvisite** (prinzipiell mit Patienteneinverständnis) mit möglichen Hinweisen auf: Sammeln von Essensresten oder Inkontinenzwäsche bei Demenz, Selbstmedikation (parallele Fortführung der hausärztlichen Medikamente = Doppeldosierungen, Einnahme von „Schlafmitteln"), Diätfehler bei entgleistem Diabetes mellitus.

4.4 Fremdanamnese

Nicht-kognitive Verhaltensstörungen lassen sich in der Arztvisite vom Patienten selber oft nicht erfragen. Hilfreich ist dann der Austausch mit dem Pflegepersonal, der tägliche Blick in die Pflegedokumentation, falls die Visite ohne Pflegebegleitung erfolgt, und ggf. die Fremdanamnese des Mitpatienten.
Wiederholt sollte die Orientierung von Alterspatienten geprüft werden, da eine Desorientierung aus unterschiedlichsten Gründen während des Krankenhausaufenthaltes auftreten kann (Umgebungswechsel, Delir Tage nach Aufnahme, iatrogen-pharmakogen, nicht fortgeführte und bislang unbekannte Tranquilizereinnahme, falsche oder fehlende Aufnahmebefundung).

4.5 Angehörige

Die Integration von Angehörigen in die ärztliche Visite – am besten sogar die Oberarzt- oder Chefarztvisite – ist häufig sehr sinnvoll und bietet Vorteile:

- ärztliche Beobachtung der familiären Interaktion von Patient und Angehörigen bezüglich Fürsorglichkeit, Versorgungskompetenz oder Überforderung bei häuslicher Weiterversorgung,
- ärztlicherseits Transparenz über Diagnose, eventuelle Komplikationen und getroffene Prophylaxen, Therapieplanung, prognostische Abschätzung und Planung der weiteren Versorgung, um Fehlinformationen an die Angehörigen durch den kognitiv gestörten Patienten zu vermeiden, Vorbehalte im Rahmen eines Informationsdefizits auszuräumen oder überprotektives und forderndes Verhalten von Angehörigen zu entschärfen,
- Fremdanamnesemöglichkeit bezüglich Aktivitäten des täglichen Lebens vor Krankenhausaufnahme, Nutzung von Hilfsmitteln etc.,
- Angehörigenberatung z. B. bezüglich sturzgefährdendem Schuhwerk, Hilfsmittelgebrauch, flankierenden sozialen Maßnahmen usw.,
- Fremdanamnese bezüglich Evaluierung des Behandlungsergebnisses durch Demonstration von Transfer oder Gehfähigkeit, auch Hilfsmittel gestützt, da die Einschätzung der prämorbiden Ausgangslage vor Krankenhausaufnahme bei Multimorbidität durch Patienten aufgrund eigener Angaben oftmals schwer einzuschätzen ist.

Die Kontaktaufnahme mit Angehörigen kann erleichtert werden, indem man ein standardisiertes, eingeschweißtes Schild „Angehörige bitte beim Arzt/Pflegepersonal melden“ am Bettgalgen befestigt.

Literatur

Geisler L. (2002) Arzt und Patient – Begegnung im Gespräch. PMI-Verlag Frankfurt

5 Dekompensation neurologischer Erkrankungen durch Komorbidität

Thomas Günnewig

Einleitung

Häufiger Grund einer stationären Einweisung von Alterspatienten ist die subakute oder akute Progredienz bekannter chronisch neurologischer Funktionsdefizite. Typischerweise betrifft dies extrapyramidal motorische Erkrankungen, Demenzen oder residuale Paresen nach zerebraler Ischämie; letztere häufig mit der Einweisungsdiagnose „Reapoplex?“. Dies gilt auch für polyätiologisch bedingte Hauptsymptome wie Gang- oder Schluckstörung bei Multimorbidität. Nach Ausschluss eines Rezidivs oder einer Neuerkrankung, z. B. einer zur residualen Pareseseite korrespondierenden neuen Hemisphärenischämie, erklärt sich die oftmals auch vage in der Krankenhauseinweisung genannte „Verschlechterung des Allgemeinzustands“ durch ein ätiologisches Modell von:

1. bekannter zerebraler Läsion (Narbe, Defekt, Zelldegeneration),
2. Prädisposition (**s. Tab. 5.1**) bezüglich der individuellen Vulnerabilität,
3. Reservekapazitäten zur Aufrechterhaltung der Homöostase (s. Kap. 2) und
4. endogenen oder exogenen Faktoren (**s. Tab. 5.2**).

5.1 Prädisposition und Faktoren der Dekompensation im Alter

Bei hoher Prädisposition im Sinne der altersbedingten individuellen Vulnerabilität ist nur ein schwach wirksamer Faktor erforderlich, damit eine Dekompensation bislang stabiler Funktionsdefizite des Nervensystems eintritt. Entsprechend ist bei niedriger Prädisposition und entsprechend geringer Vulnerabilität bzw. guter Reservekapazität des Organismus ein stärkerer Faktor (**s. Tab. 5.2**) oder die Kombination mehrerer gering wirksamer Faktoren zur Dekompensation erforderlich.

Tab. 5.1 Prädisposition

- Hohes Lebensalter,
- Schweregrad der neurologischen Grunderkrankung,
- Häufung und Ausmaß somatischer Komorbidität,
- Schmerz,
- Mangelernährung,
- Sucht (Alkohol, Medikamente),
- Psychische Erkrankung (Demenz, Depression, Trauer),
- Umgebungswechsel (Pflegeheimbezug, Umzug, Krankenhausaufenthalt, Urlaub).

Die therapeutische Konsequenz für die Rekompensation neurologischer Defizite ergibt sich durch die differentialdiagnostische Abklärung von

Tab. 5.2 Endogene und exogene Faktoren der Dekompensation im Alter

Faktoren	Differentialdiagnostische Aspekte
Fieberhafte Infekte	Bronchopulmonales System, Harnwege, Haut (Dekubitus, Dermatitis bei Inkontinenz, Ulcus cruris, Superinfektion bei pAVK oder Diabetes mellitus)
Exsikkose/Dehydratation	Fieber, Diuretika, verminderter Durstantrieb, unzureichendes Trinkangebot bei motorischer Inkompetenz, hohe Sommertemperaturen, kombinierte Faktoren
Metabolische Störungen	Diabetes mellitus: Akute Hypo- oder Hyperglykämie, chron. Hyperglykämie Niereninsuffizienz Leberinsuffizienz Elektrolytentgleisung
Medikamente	Polypharmazie mit Interaktion, betrifft insbesondere Cyp-Systeme Relative Medikamentenüberdosierung durch Kompartimentverschiebung (Exsikkose, Gewichtveränderung) Dosierungsfehler von Arzt oder Patient (Selbstmedikation, Doppeleinnahme stat.: Hausarztverordnung/Krankenhausmedikation) Kumulation bei Leber- oder Niereninsuffizienz Chron. Intoxikation bei Tablettenabhängigkeit oder iatrogen (Antikonvulsiva, Lithium, Primidon, Anticholinergika z. B. bei Tremortherapie, Kumulation von Benzodiazepinen)
Kardiopulmonales System	Arterielle Hypo- oder Hypertonie, hypertensive Krise, Brady- oder Tachykardie bzw. Arrhythmien mit kardialem Low-Output Pulmonale Hypoxie
Magen-Darm-Trakt	Diarrhö mit Exsikkose, Malnutrition, gestörte Medikamentenresorption Koprostasefolgen (Inappetenz, Schmerz, medikamentöse Resorptionsstörung)
Entzugssyndrom	Alkohol, Sedativa
Chirurgischer Eingriff	Dauer von Narkose und OP, perioperative Hydrierung, Blutverlust
Schädel-Hirn-Trauma	Unzureichende Anamnese, fehlende Fremdanamnese, prolongierte Rekonvaleszenz v. a. bei vorbestehenden Demenzerkrankungen
Epileptischer Anfall	Prolongiertes postiktales Psychosyndrom Prolongiertes fokales neurologisches Defizit (Todd-Parese, Aphasie)

- neu aufgetretenen Zweit- oder Rezidiverkrankungen,
- Identifizierung einer oder mehrerer Faktoren,
- Beseitigung bzw. Therapie der Faktoren.

Abhängig von der individuellen Prädisposition ist von einer schnellen, protrahierten oder partiellen Remission auszugehen, die aber auch bei einem kompletten Aufbrauch der Reservekapazität oder irreversibler Schädigung durch die Faktoren komplett fehlen kann.

5.2 Demaskierung „latenter" neurologischer Defizite

Die Ätiologie bezüglich Prädisposition, Vulnerabilität und Faktoren beziehen sich dabei auf Patienten vorwiegend mit vaskulären oder traumatischen Strukturdefekten des ZNS, die sich entweder klinisch stumm und dann mit leerer Anamnese oder mit einer Restitutio at integrum manifestiert haben. Oben genannte Faktoren induzierten dann bei entsprechender Komorbidität das klinische Symptom. Beispielhaft ist die postiktuale Hemiparese nach symptomatischem epileptischem Anfall bei zerebralem Defekt mit regelrechtem neurologischem Befund im anfallsfreien Intervall zu nennen.

Die Remission ist in der Regel gut, da bei der bisherigen Symptomfreiheit trotz Strukturdefekt von einer guten Reservekapazität des Organismus auszugehen ist.

6 Anamnese und klinischer Befund in der Neurogeriatrie

Thomas Günnewig

Einleitung

Die **Anamnese** in der Neurogeriatrie ist zeitaufwendig und komplett oft nur in mehreren Schritten aufgrund von Erschöpfung, Vigilanzschwankung, bei kognitiven Defiziten und vergessenen Alterkrankungen mit Ergänzung durch die Fremdanamnese zu erheben. Durch **Multimorbidität** werden Beschwerden unterschiedlichster Erkrankungen und Zeitdauer vermischt geschildert und beschreiben dabei ein für den Patienten zusammengehöriges, aber **ätiologisch polymorphes Beschwerdebild**. Dies betrifft beispielsweise:

- Schmerzen bei zervikaler Radikulopathie und Rotatorenmanschettensyndrom; Coxarthrose, Fersensporn, Osteoporose und Lumboischialgie oder den postischämischen Thalamusschmerz,
- Harninkontinenz bei Harnwegsinfekt, neurologischer Systemerkrankung und urogenitalen Störungen (Prostatahypertrophie, Multipara mit Gebärmuttersenkung),
- Gangstörung bei extrapyramidaler Erkrankung, degenerativer Wirbelsäulenerkrankung mit Kyphose und/oder axialer Imbalance durch eingeschränkte Beweglichkeit der Gelenke bei Cox- oder Gonarthrose bzw. TEP und Schmerzen,
- Kraftminderung einer Extremität bei neurogener Parese, arthrogener Bewegungseinschränkung durch Arthrose oder Frakturfolgen, arthrogenem Schmerz mit Pseudoparese.

Das Beschwerdebild kann zum einen aggravierend oder hypochondrisch bzw. im Rahmen einer affektiven Erkrankung verfärbt geschildert werden. Zum anderen zeigen Alterspatienten eine fehlende Krankheitseinsicht mit mangelnder Perzeption aufgrund kognitiver Störungen, bagatellisieren in der Schilderung oder verkennen Auswirkungen einer Alterserkrankung als Prozess des normalen Alterns. Funktionelle Einbußen im Alltag werden insbesondere dann nicht berichtet.

6.1 Eigenanamnese

Die neurogeriatrische Anamnese erfragt neben den üblichen medizinischen Standards regelmäßig:

- Medikamente (besonders „weiche" Medikamente wie Augentropfen, Laxanzien, Schlafmittel ggf. unter Rückfrage bei den verordnenden Ärzten),
- Den Tagesablauf und die Aktivitäten des täglichen Lebens (ADL),
- Die Wohnsituation einschließlich potenzieller Stolperfallen (Wohnetage, Treppengeländer, Badezimmerausstattung, Teppichkanten),
- Mobilitätshilfsmittel bezüglich erfolgter Verordnung, tatsächlicher Nutzung und evtl. Reparaturbedarf. Angehörige sollten gebeten werden, die Hilfsmittel mitzubringen, um eine Überprüfung von Funktionszustand, Höheneinstellung (Rollator) bzw. Akzeptanz und therapeutisches

Training am eigenen Gerät zu ermöglichen,
- Die Kompetenz bezüglich Geldangelegenheiten, Kontoführung und Schriftverkehr bezüglich aktueller und früherer Gewohnheiten und deren Änderung,
- Aktiv die erlittenen Erkrankungen im Angebotssystem anstatt der freien Abfrage „welche Krankheiten hatten Sie?" und besonders heute seltenere und vor Jahrzehnten deutlich häufigere Erkrankungen (Tuberkulose, Diphtherie, Poliomyelitis, venerische Erkrankungen im Krieg usw.),
- Den Impfstatus (v. a. Tetanus),
- Eine Patientenverfügung bzw. Vorsorgevollmacht (Kopie in die Patientenakte) und den Patientenwillen bezüglich einer gewünschten Therapieeskalation oder -begrenzung (dokumentieren) bei eventuellen Komplikationen.

6.2 Fremdanamnese

Prinzipiell ist beim Patienten, sofern erkrankungsbedingt möglich, die Erlaubnis zur Fremdanamnese einzuholen. Ansprechpartner sind Angehörige, Lebenspartner, Hausarzt, Pflegepersonal und z. B. Haushaltshilfen. Bei Bewusstseinsstörungen (z. B. Synkope, epileptischer Anfall) ist die Anamnese auf Augenzeugen (Feuerwehr, Supermarktangestellte etc.) zu erweitern.

Bedarfsweise sind alle in der Eigenanamnese aufgeführten notwendigen Punkte auch fremdanamnestisch zu erfragen. Evaluiert werden muss auch die Belastbarkeit und evtl. Überforderung pflegender Angehöriger, die sich oft diskrepant zu den Angaben des Patienten darstellt.

Auch finden sich im familiären Umfeld unterschiedlichste Konstellationen wie z. B. Angehörige desinteressiert oder nicht vorhanden, plötzliche Überprotektion aus Schuldgefühlen oder unüberbrückbare räumliche Distanzen, die jeweils die ärztliche Kommunikation und bei rechtsgültiger Vertretung die Therapie- und Versorgungsplanung beeinflussen können.

6.3 Neurologischer Untersuchungsbefund

Die Prinzipien der klinisch neurologischen Untersuchung gelten auch im Alter und beziehen sich auf:

- Seitensymmetrie von rechts und links,
- Symmetrie zwischen oberen und unteren Extremitäten,
- Auftreten zwingend pathologischer Zeichen,
- Eindeutige Minderung bzw. Erlöschen neurologischer Funktionen.

Einige neurologische Funktionen ändern im Alter jedoch ihre quantitative Ausprägung, ohne eine wesentliche qualitative Veränderung zu erfahren. Dies gilt beispielsweise für die Vibrationswahrnehmung. Oft fehlt allerdings eine wissenschaftlich klar begründete Schwelle zwischen „noch alterentsprechend" oder „bereits pathologisch". Häufig wird die Erhebung neurologischer Untersuchungsbefunde durch primär nichtneurologische Erkrankungen beeinträchtigt wie z. B. die Prüfung des Armvorhalteversuches durch Schultergelenksaffektionen. Nachfolgend dargestellte **altersphysiologische Veränderungen** sind beim neurologischen Untersuchungsbefund zu erwarten.

6.3.1 Hirnnerven

Es sind vorwiegend **sensorische Funktionen** betroffen. So findet sich eine Hyp-/Anosmie bei 65- bis 74-Jährigen in 7,6 % und bei über 84-Jährigen in 50 % (Kaye et al.

1994). Beim Geschmack ist die Qualität „süß“ am geringsten eingeschränkt. Die progrediente Erhöhung der Hörschwelle führt zur Presbyakusis und betrifft vorwiegend hohe Tonfrequenzen und erklärt die erschwerte Wahrnehmung von Klingeln, Telefon, Wecker, Kinderstimmen und sehr lauter Stimmlage.
Die **Sehkraft** reduziert sich bezüglich Dunkeladaptation, Akkommodation, Kontrastsensibilität und Lichtmengenanteil auf der Retina. Die Pupillen werden miotisch und zeigen eine verringerte Lichtreaktion. Eine **Anisokorie** von >1 mm findet sich bei 10 % aller 65- bis 74-Jährigen und bei 82 % der über 85-Jährigen, wobei bei der Hälfte keine verursachende Erkrankung gefunden wurde. Auch fehlt die Pupillenreaktion bei 5 % der 64- bis 75-Jährigen und bei 19 % der über 85-Jährigen, wobei auch hier in etwa der Hälfte der Probanden keine pathologische Ursache gefunden wurde (Odenheimer et al. 1994).
Bei der **Blickmotorik** zeigen sich horizontal keine wesentlichen Einschränkungen und vertikal nach oben erreichen 29 % der über 80-Jährigen nicht mehr die normale Blikkauslenkung von 45°. Die vertikale Blickmotorik nach unten wird mit 49° Auslenkung als normal beschrieben und ist bei den 50- bis 54-Jährigen bei 6 %, den 56- bis 69-Jährigen in 10 % und den über 80-Jährigen bei 61 % verringert (Lawrence 1985).
Eindeutige Grenzwerte, die den Beginn einer **vertikalen Blickparese** definieren, existieren nicht. Laut Konvention sollten mindestens 20° Blickauslenkung vertikal nach oben oder unten erreicht werden. Geringere Auslenkungen sind als pathologisch zu werten.
Bei dem funduskopischen Befund einer Optikusatrophie ist als nicht neurogene Ursache das chronische Glaukom zu nennen.
Asymmetrien von Nasolabialfalte und Mundwinkelinnervation sind je nach Ausprägung noch physiologisch zu werten und können durch Vergröberung von Gesichtsasymmetrien oder Gebissveränderungen bedingt sein.
Gelegentlich finden sich einseitige, ausgeprägte Zungenatrophien ohne Nachweis einer Ursache. Zu erfragen sind Operationen an den Halsweichteilen oder dort erfolgte stumpfe Traumata als mögliche Ursache.

6.3.2 Motorik

Vergleiche von gesunden 20-jährigen und 80-jährigen Männern zeigen einen **Kraftverlust der oberen Extremitäten** von 21–35 % und der unteren Extremitäten von 24–45 %, eine Abnahme der Fingerkoordination von 14–27 %, eine Abnahme der Reaktionszeit an den Händen von etwa 28 % und der Füße von etwa 24 % im Alter. Aktivitäten des täglichen Lebens wie z. B. Knöpfe oder Reißverschluss bedienen, Krawatte oder Hemd anziehen, Schneiden mit dem Messer oder die Geschwindigkeit der Handschrift erfordern bei den 80-Jährigen zwischen 21 und 43 % mehr Zeit (Potvin et al. 1980).
Die **Muskelatrophie** im Alter (Sarkopenie) (s. Kap. 2) wird optisch durch eine Atrophie des subkutanen Gewebes verstärkt und fällt am deutlichsten an den kleinen Handmuskeln auf. Lokale und nicht neurogene Extremitätenatrophien finden sich durch Inaktivität bei eingeschränkter und/oder schmerzhafter Gelenksfunktion bei TEP oder Pseudarthrose etc.
Der **Armhalteversuch** unterliegt nicht einer Veränderung durch das Alter an sich, kann jedoch sekundär durch eine degenerative oder algogene Einschränkung des Gelenkbewegungsumfangs alteriert sein. Fakultativ finden sich daher eine höhendifferente Armanteversion mit Ellenbogengelenksbeugung und primärer Pronationsstellung, die nur bei Zunahme der Pronation und Absinken trotz Schmerzlosigkeit als pathologisch zu werten ist. Gleiches gilt für den

Beinhalteversuch, der durch Koxarthrose oder Zustand nach TEP oder bei adipösen bzw. ödematösen Beinen rein gewichtsbedingt (aber dann symmetrisch) mit Absinken auffällig werden kann, zumal die Beinkraft proximal betont im Alter nachlässt.

6.3.3 Veränderungen von Stand und Gang

Nicht neurogene Ursachen, die Stand und Gang durch eine Körperachsenverschiebung im Sinne der **axialen Imbalance** beeinflussen, sind beispielsweise ausgeprägte Kyphosen bzw. Kyphoskoliosen, Beinlängendifferenzen mit Beckenschiefstand und asymmetrischer Muskelkraft, z. B. nach Hüftkopfnekrose, Pseudoarthrose oder Poliomyelitis. Ebenfalls wirkt sich eine insbesondere kombinierte Cox- und Gonarthrose mit eingeschränkter Streckfähigkeit der Gelenke ungünstig auf die Gleichgewichtsachse aus. Ferner können Belastungsschmerzen von Fuß-, Knie- oder Hüftregion v. a. bei zusätzlicher Belastung durch Adipositas den Gang negativ beeinflussen.
Nach Ausschluss relevanter Erkrankungen ist das Mitschwingen der Arme bei den 65- bis 74-Jährigen in 15 % und bei den über 85-Jährigen in 29 % reduziert; **Gangveränderungen** meist im Sinne breitbasiger und verkürzter Schrittsetzung sind bei den 65- bis 74-Jährigen in 5 % und bei den über 85-Jährigen in 20 % verändert (Kaye et al. 1994; s. Kapitel 18.7).
Die erschwerten Stand- und Gangprüfungen zeigen (Vergleich von gesunden 20 vs. 80-Jährigen) eine Funktionsverminderung des Seiltänzergangs mit Armbalance von 18 %, des Einbeinstands mit Augenkontrolle in 32 % und ohne Augenkontrolle in 100 % der Gestalt, dass Junge 30 s einbeinig ohne Visuskontrolle zu stehen vermögen und im Alter dieser Test ohne Ausnahme nach wenigen Sekunden abgebrochen wird (Potvin et al. 1980).

6.3.4 Reflexe

Die **Muskeleigenreflexe** zeigen im Alter tendenziell eine geringe Abnahme, sind aber bei Gesunden prinzipiell erhalten. Zu fordern ist auch im Alter eine Seitensymmetrie der Reflexe und nur geringe Reflexdifferenzen der oberen und unteren Extremitäten. An den Armen ist der Bizepssehnenreflex aufgrund der größeren Muskelmasse deutlicher als der Trizepssehnen- oder Radiusperiostreflex auszulösen.
Der Patellarsehnenreflex ist oftmals schwierig bei deformierender Gonarthrose oder Zustand nach Knie-TEP und adipösen Beinen zu erhalten, da die Patellarsehne kaum ertastet und gezielt perkutiert werden kann. Hilfreich ist es dann, den Patienten bei gebeugtem Knie die Ferse leicht von der Bettoberfläche anheben zu lassen, um die angespannte Patellarsehne zu tasten und dann in entspannter Lage den Reflex auszulösen.
Die Prävalenz des fehlenden Achillessehnenreflexes (ASR) wird in älteren Studien in bis zu 80 % der gesunden Altersbevölkerung beschrieben. Querschnittsuntersuchungen der gesunden Altersbevölkerung von San Marino zeigten in 5 Altersgruppen zwischen 67 und 87 Jahren fehlende ASR in 7 % und eine Areflexie der unteren Extremitäten in 2,3 % (Benassi et al. 1990).
Geriatrische Patienten im Krankenhaus zeigten in 6 % ein- oder bds. fehlende ASR, die in fast 50 % auf bestehende Begleiterkrankungen zurückgeführt wurden (Impallomeni et al. 1984). Demnach sind fehlende ASR zunächst als pathologisch zu werten und nur nach Ausschluss weiterer neurologischer Defizite bzw. Erkrankungen als altersphysiologische Variante anzusehen.
Die Bauchhautreflexe sind im Alter häufig nicht auslösbar. Dies stellt für sich allein kein pathologisches Phänomen dar. Das **Babinski-Zeichen** ist generell als pathologisch zu werten, wird aber in einigen Studien bei bis zu 5 % der Altersbevölkerung als isoliert auftretend beschrieben. Ein

„**Pseudobabinski**" kann beim Hallux valgus mit dorsaler Achsendeviation auftreten, die bei Fußsohlenreizung eine Großzehenbeugung unmöglich macht.

Primitivreflexe im Sinne der Enthemmungsphänomene zeigen sich im Alter häufiger als in mittleren Lebensjahren, stellen aber zunächst keine Pathologie dar, da sie auch in der Normalbevölkerung altersabhängig ansteigend (publizierte Zahlen differieren) vorkommen. Der Palmomentalreflex ist bei unter 50-Jährigen bis zu 27 % und bei Hochbetagten bis zu 60 % auslösbar. Der Schnauzreflex ist unter 60 Jahren in etwa 10 % und über 60 Lebensjahren bis zu 30 % nachweisbar. Der Saugreflex wird mit sehr unterschiedlicher Häufigkeit mit einer Varianz von 6–70 % im Alter gefunden. Somit sind diese Primitivreflexe nicht unbedingt Ausdruck einer Pathologie. Jedoch findet sich der Greifreflex, auch Wartenberg-Zeichen genannt, nicht als isoliertes Zeichen und ist außer bei Säuglingen immer hinweisend auf eine diffuse oder fokale zerebrale Funktionseinschränkung.

6.3.5 Sensibilität

Altersunabhängig gilt, dass sensible Reize an der Hand intensiver als am Fuß wahrgenommen werden. Die Zweipunktdiskriminierung ist nicht altersabhängig. Der **Lagesinn** zeigt mit unterschiedlichen Untersuchungsmethoden in Studien Defizite in bis zu 29 %, ist jedoch bei Bewertung von mind. 3 korrekten von 5 Antworten nur in 2 % pathologisch (Benassi et al. 1990) und nach 2 Probedurchgängen (Augen erst geschlossen und dann geöffnet) werden 5 korrekte Antworten in etwa 6 % verfehlt, sofern keine relevanten Erkrankungen vorliegen (Odenheimer et al. 1994). Somit ist der Lagesinn bei Gebrauch dieser Prüfmethoden als im Alter konstant erhalten anzusehen. Dagegen ist die taktile Sensibilität leicht reduziert und die Thermästhesie zeigt lediglich eine reduzierte Empfindung für Wärmereize an den Füßen.

Signifikant reduziert ist die **Vibrationsempfindung** ab dem 5. Lebensjahrzehnt. Die Pallästhesie ist am Oberkörper, an den Armen und Händen bei 80- vs. 20-Jährigen um 52–68 % reduziert; an den unteren Extremitäten nimmt die Vibrationsempfindung nach distal weiter ab und sinkt an der Tibia um 67 %, an den Malleoli um 86 % und an der Großzehe um 97 % (Potvin et al. 1980). Pathologisch erniedrigt wirkende Befunde bei der Vibrationsprüfung sollten immer gegen die Vibrationsempfindung der Stirn geeicht werden. Im hochbetagten Alter (> 80) sind malleoläre Vibrationsschwellen von 3/8 bei sonst fehlender Reflex- oder Sensibilitätspathologie als normal zu werten.

Bei ödematösen Extremitäten kann die Vibration nur gewertet werden, wenn das Ödem über den Malleoli weggepresst und die Stimmgabel direkt auf den Knochen aufgesetzt werden kann. Bei Vigilanzstörungen und kognitiven Störungen ist die Sensibilitätsprüfung lediglich bezüglich der Schmerzreaktion im Seitenvergleich aller vier Extremitäten sinnvoll zu bewerten.

Literatur

Benassi G et al. (1990) Neurological Examination in Subjects over 65 Years: An Epidemiological Survey. Neuroepidemiology 9:27–38

Impallomeni M et al. (1984) The Elderly And Their Ankle Jerks. Lancet 1:670–672

Kaye J et al. 1994. Neurologic Evaluation of the Optimally Healthy Oldest Old. Arch Neurol 51:1205–1211

Lawrence R et al. (1985) Neurologic Signs in Senescence. Arch Neurol 42:1154–1157

Odenheimer G et al. (1994) Comparison of Neurologic Changes in „Successfully Aging" Persons vs the Total Aging Population. Arch Neurol 51:573–580

Potvin AR et al. (1980) Human Neurologic Function and the Aging-Prozess. J Am Geriatr Soc 28:1–9

7 Geriatrisches Assessment

Wolfgang von Renteln-Kruse und Alexander Rösler

Einleitung

In Anlehnung an Rubenstein (1995) definiert sich das umfassende geriatrische Assessment als **multidimensionaler und interdisziplinärer Prozess mit dem Ziel, die medizinischen, psychosozialen und funktionellen Probleme sowie Ressourcen des Patienten zu erfassen und einen umfassenden Behandlungs- und Betreuungsplan zu entwickeln.**
Umfassendes geriatrisches Assessment wurde als diagnostischer Prozess entwickelt und erfüllt seine Zwecke besonders dann erfolgreich, wenn es tatsächlich als geriatrisch-methodisch wichtiger Bestandteil medizinischer Behandlungsprozesse verstanden und genutzt wird. Es ist deshalb vorteilhaft, von geriatrischem Assessment und Behandlungsplanung zu sprechen. Umfassend bezieht sich dabei auf die Erfassung der wesentlichen Dimensionen, denen entscheidende Bedeutung für unabhängige und selbstständige Lebensgestaltung im höheren Lebensalter zukommen. Geriatrisches Assessment ergänzt die medizinische Diagnostik, weil es die Folgen von Krankheiten auf die Alltagsbewältigung mittels standardisierter Verfahren objektiviert.
Wichtig – jedoch nicht unbedingt im Fokus traditionell diagnostischer Sichtweise – ist der gezielte Blick auf **Ressourcen alter Menschen,** die als Ansatzpunkte für erfolgreiche therapeutische Interventionen unabdingbare Voraussetzungen sind (Rehabilitationspotential).

7.1 Prinzipien des Assessments

Als Assessment-Verfahren werden Fragebögen und Performance-Tests verwendet. Erstere gehen z. T. nicht über die Möglichkeiten eines Screenings hinaus, d. h. sie weisen – bei auffälligem Befund – auf eine Störung hin, die weiterführender Untersuchungen bedarf (Beispiel MMSE). Performance-Tests hingegen messen konkret Funktionen, z. T. unter zeitlichen Vorgaben, also leistungsabhängig (Beispiel Timed Up & Go). Damit liefern sie Informationen zu alltagsrelevanten funktionellen Auswirkungen (Beispiel Gehbehinderung), die über den klinischen Untersuchungsbefund hinausgehen (Beispiel Gonarthrosebefund inkl. Messung der Freiheitsgrade des Gelenkes).
Das ideale Assessmentinstrument ist einfach und schnell durchführbar, weit verbreitet und preiswert. Weiterhin bestehen erforderliche methodische Grundvoraussetzungen eines guten Assessmentverfahrens (Reliabilität, Validität, Sensitivität, Spezifität).
Häufig werden Assessmentinstrumente in der Aufnahmeuntersuchung genutzt. Bei der Einführung eines Assessmentverfahrens in die eigene klinische Vorgehensweise kann es sinnvoll und zeitsparend sein, bestimmte Standardverfahren der neurologischen Untersuchung, wie beispielsweise die routinemäßige Spiegelung des Augenhintergrunds, zu überdenken und nur noch speziellen Fragestellungen vorzubehalten. Stattdessen kann dann regelhaft

eine standardisierte Visusprüfung durchgeführt werden (s. u.).
Frühe Arbeiten zum geriatrischen Assessment belegten dessen „diagnostische Überlegenheit“ beim Aufdecken funktioneller Störungen im Vergleich mit alleiniger klinischer Beurteilung. Gerade funktionelle Auswirkungen von Krankheit sind letztlich die Schrittmacher für die Entwicklung von Hilfs- und Pflegebedürftigkeit und beeinflussen damit häufig die Lebensqualität. Ihnen kommt deshalb zentrale Aufmerksamkeit in allen altersmedizinischen Bereichen zu, nämlich der Gesundheitsförderung im Alter, geriatrischer Prävention, Akutbehandlung, Rehabilitation sowie auch der Palliation.
Die wichtigsten **Dimensionen**, die sich in den Komponenten **des umfassenden geriatrischen Assessment** (Rubenstein 1995) finden, sind:

- Körperliche Gesundheit (traditionelle Problemliste, Indikatoren zum Krankheitsschweregrad),
- Allgemeine Funktionen (basale und instrumentelle Aktivitäten des täglichen Lebens, Gang und Balance, Ausmaß körperlicher Aktivität),
- Psychologische Gesundheit (Prüfungen der Kognition, affektive Skalen resp. Depression),
- Soziale und Umgebungsparameter (Bedürfnis und Ressourcen sozialer Unterstützung, adäquates Lebens-/Wohnumfeld und Sicherheitsaspekte).

Es existieren verschiedene Assessment-Verfahren für unterschiedliche Fragestellungen. Zu unterscheiden sind mehr- und eindimensionale Instrumente sowie solche, die krankheitsspezifisch oder nicht krankheitsspezifisch sind. Ebenso unterscheidet sich die Konzeption der Instrumente. Zum einen dienen sie der Diskriminierung zu einem bestimmten Zeitpunkt, zum anderen erlauben sie prognostische Aussagen oder erfassen Veränderungen über die Zeit. Viele Verfahren können nur für einen besonderen Zweck verwendet werden und nicht für alle gleichzeitig. Zudem fehlt häufig ein Goldstandard beim Vergleich mit herkömmlichen klinischen Parametern. Unterschiedliche Instrumente bzw. Zusammenstellungen von Instrumenten sind wegen unterschiedlicher Ziele und aus Gründen der Praktikabilität bzw. des Zeitaufwandes für spezielle Versorgungsbereiche geeignet (ambulant/stationär; Notaufnahme/Station, Sandholzer et al. 2004).
Zur praktischen Anwendung von Assessment-Verfahren und Durchführung von Performance-Tests gilt, dass die jeweilige Handlungsanweisung selbstverständlich streng eingehalten werden muss. Weiterhin soll die zu untersuchende Person bei der Befragung oder der Durchführung von Funktionsuntersuchungen in einem medizinisch stabilen Zustand sein. Denn der Untersuchte soll bezüglich seiner Fähigkeiten bzw. Einschränkungen beurteilt werden und nicht etwa der Einfluss von Akuterkrankungen auf diese Fähigkeiten. Die Untersuchungen eines umfangreichen Assessments, die i.d.R. von verschiedenen Mitgliedern des interdisziplinären Teams durchgeführt werden, müssen deshalb ggf. auch auf mehrere separate Untersuchungen verteilt werden. **Die zweckgebundene Anwendung von Assessment-Verfahren bedingt auch die sorgfältige Bewertung der Resultate und umsichtige Interpretation im gesamten Zusammenhang der übrigen diagnostischen Befunde.**

7.2 Ziele, Nutzen und Wirkungsweise

Die übergreifenden **Ziele** von geriatrischem Assessment sind:

- Verbesserung der diagnostischen Genauigkeit,
- Optimierung des Behandlungsprozesses,

- Verbesserung der Behandlungsergebnisse mit
  - Erreichung und Erhalt größtmöglicher Selbstständigkeit,
  - Verbesserung funktioneller Fähigkeiten,
  - optimierte Lebensbedingungen (geeigneter Ort angemessener Versorgung),
  - Vermeidung unnötiger Heimunterbringung.

Weitere Gründe sprechen für die systematische Verwendung standardisierter Assessment-Verfahren:

- Alltagsrelevante Funktionseinschränkungen sind durch die Anamnese nicht immer zu erschließen.
- Bewusstes oder unbewusstes Verschweigen von Beschwerden ist bei älteren Patienten häufig (sog. underreporting).
- Insbesondere prä-klinische und/oder latente Veränderungen entgehen leicht der Erfassung – Bei alten Patienten manifestieren sich Krankheiten nicht selten ausschließlich durch Funktionsverluste.
- Diskrepanzen zwischen Schweregrad der Erkrankungen und der Funktionsbehinderung sind häufig. In diesen Fällen kann das geriatrische Assessment hilfreich für eine realistische Einschätzung sein.
- Die Ergebnisse standardisierter Verfahren erleichtern die Zielformulierung im Behandlungsprozess, und insbesondere Performance-Tests können – wiederholt durchgeführt – Behandlungsergebnisse vergleichend abbilden.
- Sie erleichtern die Verständigung im interdisziplinären Team über Behandlungs- und Versorgungsziele und deren Planung.

Der **Nutzen** systematisch strukturierten Vorgehens unter Anwendung von Assessment-Verfahren im Rahmen randomisiert-kontrollierter Studien wurde u. a. in einer Metaanalyse ermittelt (Stuck et al. 1993). Die Kriterien erfolgreicher Behandlungen waren dabei der Grad der Selbstständigkeit, das Vermeiden bzw. Hinauszögern von Heimunterbringung und damit der Verbleib in der Häuslichkeit sowie die Mortalität. Als wesentliche Komponenten für den Erfolg konnten Kontinuität der Betreuung sowie der wirksame Einfluss auf die Umsetzung resultierender Therapieempfehlungen herausgearbeitet werden. Studien mit positiven Ergebnissen zeigten u. a., dass es in der Interventionsgruppe zu erhöhter Nutzung von z. B. ambulanten Hilfen kommt. Ebenso belegten entsprechende Untersuchungen im Bereich ambulanter hausärztlicher Versorgung, dass durch geriatrisches Assessment in einem hohen Prozentsatz zuvor nicht bekannte, jedoch eindeutig behandlungsbedürftige Befunde aufgedeckt werden.

7.3 Indikationen

Merkmale von Patienten mit erheblicher prognostischer Bedeutung bezüglich der Entwicklung von Hilfs- und Pflegebedürftigkeit sind vor allem funktionelle Beeinträchtigungen, Multimorbidität, nicht geplante Wiederaufnahmen ins Krankenhaus, zunehmende Immobilität, wiederholte Stürze sowie Erkrankungen mit erforderlichen Rehabilitationsmaßnahmen.
Als Ausschlusskriterien werden angesehen: Akuterkrankungen ohne drohende Einschränkung der Selbstständigkeit sowie terminale Erkrankungen und medizinisch instabile Situationen. Es wird davon ausgegangen, dass zwischen 10–40 % der älteren Krankenhauspatienten in Akutkrankenhäusern die Zielgruppe für ein geriatrisches Assessment darstellen.

7.4 Geriatrisches Basisassessment nach AGAST

Das durch die Arbeitsgruppe Geriatrisches Assessment BRD/Schweiz (AGAST) modifizierte Screening-Verfahren dient der Identifikation typischer geriatrischer Problemkonstellationen und Risiken und enthält insgesamt 15 Bereiche.
Empfohlen wird weiter, in der **1. Stufe** folgende Problembereiche einzubeziehen:

- Liegt eine relevante Störung der sprachlichen Kommunikation vor?
- Bestehen Verhaltensauffälligkeiten (z. B. Unruhezustände, Aggressivität, mangelnde Kooperation)?
- Droht oder besteht ein Dekubitus?
- Droht oder besteht Pflegebedürftigkeit oder deren Verschlimmerung?
- Besteht eine Indikation zu qualifizierten geriatrischen Maßnahmen?
- Möchte der Patient auch entsprechende Maßnahmen?

In der **2. Stufe** wurden für das Basisassessment folgende Instrumente empfohlen:

- **Barthel-Index** – grundlegende Selbstversorgungsfähigkeiten im Alltag,
- **Mini-Mental-State Examination** (MMSE) – Screening für kognitive Störungen,
- **Geriatrische Depressionsskala** (GDS) – Depression,
- **Soziale Situation** (SoS) – soziale Kontakte und Unterstützung, Aktivitäten, Wohnsituation, ökonomische Verhältnisse,
- **Handkraft** – Messung der maximalen Handgriffstärke der dominanten Hand,
- **Geldzählen** (The Timed Test of Money Counting nach Nikolaus) – Visus, manuelle Geschicklichkeit, und Teile kognitiver Leistungen,
- **Timed Up & Go** – körperliche Mobilität,
- **Motilitätstest nach Tinetti** – Funktionsprüfung von Balance und Gangbild,
- **Uhren Ergänzungs-Test** (gemäß Scoringsystem nach Watson) – Screening für Hirnleistungsstörungen.

Die Empfehlungen der Arbeitskommission der DGGG und DGG enthalten zusätzlich die ergänzende Prüfung von **Semitandem-Stand** und **Tandem-Stand** zur Gleichgewichtsbeurteilung. Der Barthel-Index, die MMSE, die GDS und der Timed Up & Go sind zur Diagnostik von Funktionen (Alltag, Kognition, Emotionalität und Mobilität) geeignet (Nikolaus 2001).

7.5 Klinisch relevante Assessmentinstrumente und -programme

Assessmentinstrumente sind Bestandteil der Versorgung in geriatrischen Abteilungen, Kliniken und Zentren. **Die Verwendung eines „standardisierten geriatrischen Assessments“ ist verbindlich für die Kodierung der momentan gültigen geriatrischen frührehabilitativen Komplexbehandlung** (8-550). Zu Behandlungsbeginn müssen mindestens folgende vier Bereiche erfasst werden: **Mobilität, Selbsthilfefähigkeit, Kognition** und **Emotion,** vor Entlassung mindestens die zwei Bereiche: **Selbstständigkeit** und **Mobilität.** Des Weiteren enthalten die Kodierregeln ein **„soziales Assessment“** zu den fünf Bereichen: **soziales Umfeld, Wohnumfeld, häusliche/außerhäusliche Aktivitäten, Pflege-/Hilfsmittelbedarf** und **rechtliche Verfügungen.**
Der **Barthel-Index** liefert eine globale Einschätzung **grundlegender Selbstversorgungsfähigkeiten im Alltag** und des hierfür erforderlichen Unterstützungsbedarfs. Er ist für die Planung und Verlaufskontrolle eines geriatrischen Behandlungsprozesses

geeignet. Sein herausragender Stellenwert liegt in seiner einfachen und schnellen Anwendbarkeit (Zeitaufwand 10 min). Seine entscheidende Aussagekraft liegt auf der Ebene der Einzelitems. Die Gesamtpunktezahl und ihre Veränderung sind mit der einem ordinal skalierten Instrument gegenüber gebotenen Zurückhaltung zu bewerten.

Die 10 Items des Barthel-Index betreffen: Essen, Aufsetzen & Umsetzen, Sich Waschen, Toilettenbenutzung, Baden/Duschen, Aufstehen & Gehen, Treppensteigen, An- & Auskleiden, Stuhl- und Harnkontinenz. Aufgrund unterschiedlichster Interpretationsanleitungen empfehlen die Autoren die Anwendung des Barthel-Index entsprechend des Hamburger Einstufungsmanuals der BAG (Bundesarbeitsgemeinschaft der Klinisch-Geriatrischen Einrichtungen, Lübke et al. 2004).

Der **Früh-Reha-Barthel-Index** zeigt zusätzliche funktionelle Besonderheiten des Patienten und hierdurch erforderliche pflegerische/therapeutische Maßnahmen in 7 Bereichen an (intensivmedizinisch überwachungspflichtiger Zustand, absaugpflichtiges Tracheostoma, intermittierende Beatmung, beaufsichtigungspflichtige Orientierungsstörung, beaufsichtigungspflichtige Verhaltensstörung mit Eigen- und/oder Fremdgefährdung, schwere Verständigungsstörung und beaufsichtigungspflichtige Schluckstörung).

Zur Einschätzung der minimalen Beweglichkeit (**Mobilität**) kann der **Timed Up & Go-Test** (Podsiadlo und Richardson 1991) verwendet werden (Zeitaufwand 5 min). Hierfür sitzt der zu Untersuchende auf einem Stuhl mit Armlehnen (Sitzhöhe ca. 46 cm). Die Arme liegen locker auf den Armlehnen, der Rücken liegt an der Rückenlehne an. Bei Aufforderung soll der Proband bis zu einer Linie gehen, die 3 m vom Stuhl entfernt auf dem Boden markiert ist, sich dort umdrehen und wieder zum Stuhl gehen und sich zurück in die Ausgangsposition begeben. Es darf ggf. ein Hilfsmittel, z. B. ein Gehstock, benutzt werden. Die Zeit wird gestoppt vom Beginn des Aufstehens bis zum Hinsetzen, und es darf ein Probelauf gemacht werden. Die Zeit wird in Sekunden gemessen.

Veränderungen werden abgebildet.

Beurteilung:

<20 s – Mobilität für den Alltag uneingeschränkt

20–29 s – Mobilität eingeschränkt, funktionelle Auswirkungen wahrscheinlich

>30 s – Ausgeprägte Mobilitätseinschränkung

Der **Semi-Tandem- und Tandem-Stand** liefert Informationen zur **statischen Balance.** Der Proband wird aufgefordert, mindestens 10 s in jeweils 3 Positionen zu stehen. Es wird gemessen, wie lange der Stand in derjeweiligen Stellung eingehalten werden kann.

1. Position: Füße Seite an Seite (berühren sich)
2. Position: Ferse des einen Fußes neben Großzehe des anderen (Semi-Tandem-Stand)
3. Position: Ferse des einen Fußes direkt vor den anderen Fuß (Tandem-Stand)

Wird die Position kürzer als 10 s eingehalten, besteht eine Balance-Störung.

Der **Motilitätstest nach Tinetti** (Tinetti 1986) liefert Informationen zu den Bereichen **Balance, Stand und Gang** (Zeitaufwand 5–10 min). Der Proband hat verschiedene Aufforderungen zu befolgen. Art und Sicherheit der Durchführung werden bewertet. Hilfsmittel, z. B. Gehstock, dürfen verwendet werden.

Im ersten Teil werden Stand und Balance beurteilt: Aufstehen, Stehen in den ersten Sekunden, Stehen mit geschlossenen Augen, Drehen auf der Stelle und wieder Hinsetzen. Weiter wird die Standfestigkeit des Probanden durch mehrere leichte Stöße gegen die Brust geprüft.

Im zweiten Teil, der Gehprobe, wird das Gangbild nach Schrittauslösung, Schrittlänge, Schritthöhe, Schrittsymmetrie, Gangkontinuität, Wegabweichung, Schrittbreite und Rumpfstabilität analysiert.
Insgesamt können maximal 28 Punkte in der Bewertung erreicht werden. Veränderungen werden abgebildet. Ein Wert von 20–23 P weist auf ein leicht erhöhtes, ein Wert < 20 P auf ein deutlich erhöhtes Sturzrisiko hin.
Im Rahmen des geriatrischen Assessments gilt der **„Mini-Mental-Status“** als Screeningstandard für kognitive Beeinträchtigungen trotz berechtigter Kritik an mangelnder Sensitivität für leichte kognitive Einschränkungen, fehlender differenzierter Auswertung nach Alter und Bildungsniveau und unterschiedlich angegebenen Grenzwerten.
Im deutschen Sprachraum bieten der Test zum Demenzscreening und zur Depressionsabgrenzung (TFDD®) sowie besonders der **DemTect®** sensitivere, jedoch etwas zeitaufwändigere Alternativen. Eine rasche Orientierung zu visuell-räumlichen Fähigkeiten, Aufmerksamkeit und planerischem Denken bietet der **Uhrentest** (s. Kap. 8).
Angesichts von Prävalenzraten von bis zu 27 % krankheitswertiger depressiver Symptome bei Befragten von mindestens 70 Jahren (Linden et al. 1998) und guter Behandlungsmöglichkeiten ist ein **Depressionsassessment** unabdingbar.
Ein einfaches Screening ist mit einer Sensitivität von 97 % und einer Spezifität von 67 % durch folgende zwei Fragen möglich (Arroll et al. 2003):

1. „Waren Sie in den letzten Monaten oft gedrückter Stimmung, depressiv oder hoffnungslos?“
2. „Hatten Sie in den letzten Monaten oft kein Interesse und kein Vergnügung etwas zu tun oder zu unternehmen?“

Speziell für das Assessment älterer Patienten ist die **Geriatrische Depressionsskala (GDS)** das am weitesten verbreitete Instrument (Yeasavage et al. 1982). Der ursprünglich 30 Fragen umfassende Bogen wird inzwischen vor allem in einer Kurzversion mit 15 Fragen angewandt. Fragen zu körperlichen Symptomen werden aufgrund der allgemeinen Häufigkeit körperlicher Beschwerden bei Älteren nicht gestellt. Andererseits gehen Depressionen im Alter jedoch häufig mit körperlichen Symptomen einher.
Die Befragung ist einfach durchführbar, wobei eine einfache Ja- oder Nein-Entscheidung verlangt wird und nach vergleichenden Untersuchungen von Vorteil ist (Lyness et al. 1997). Die Sensitivität der Kurzversion liegt bei 94 % (cutoff 5/6), die Spezifität bei 82 % (Nikolaus 2001). Die GDS ist valide und eine ausreichende Reliabilität wurde nachgewiesen.
Problematisch erscheinen einige Fragen, die häufig aufgrund bestehender Komorbidität mit Ja beantwortet werden, so die Fragen 2, 9 und 13. Es gibt Hinweise auf eine niedrige Akzeptanz der Skala bei der Anwendung durch ärztliches und pflegerisches Personal.
Wegen ihrer elementaren Alltagsbedeutung (**Erschwernisse der Kommunikation**, s. o.) wird weiter auf die Bereiche **Hören** und **Sehen** eingegangen.
Eine Untersuchung der Hörfähigkeit gehört zu jeder klinischen Untersuchung älterer Patienten. Bei bis zu zwei Dritteln der über 70-Jährigen sind Einschränkungen des Hörens beschrieben. Die Lebensqualität ist dadurch eingeschränkt. Nach Durchführung eines Screenings erhalten mehr Patienten ein Hörgerät. Bei älteren Patienten ist die erhaltene Hörfähigkeit ein Indikator zukünftiger Selbstständigkeit (Reuben et al. 1999).
Im Rahmen des geriatrischen Assessments ist der **„Flüstertest“** aufgrund seiner Praktikabilität und der Benutzung sprachlichen Materials am weitesten verbreitet. Seine Sensitivität wird mit bis zu 100 % angege-

ben, seine Spezifität liegt zwischen 80 und 89 % im Vergleich zum Reintonaudiogramm. Die Durchführung wird etwas unterschiedlich beschrieben: In der Regel werden vom Untersucher 3 jeweils unterschiedliche Zahlen aus einem Abstand von 50 cm (in anderen Quellen 15 cm) hinter dem Patienten nach kompletter Ausatmung geflüstert (6-1-9 für das linke Ohr, 2-7-3 für das rechte Ohr, das jeweils kontralaterale Ohr wird zugehalten). Wird eine Zahl nicht erkannt, ist eine weitere diagnostische Klärung, zunächst in Form einer unmittelbar folgenden Ohrspiegelung angezeigt. Prinzipiell werden Zahlwörter mit tiefen Frequenzen (5, 9) von Patienten mit Schallleitungsschwerhörigkeit (z. B. Zerumen) relativ schlecht, Zahlwörter mit hohen Frequenzen (4, 7) von Patienten mit Schallempfindungsschwerhörigkeit (z. B. Presbyakusis) relativ schlecht gehört.

Über 14 000 in Hausarztpraxen untersuchte Briten (75-jährig oder älter, Testungsabstand 15cm hinter dem Proband) waren in 26 % bei diesem Test auffällig. Bei 10 % dieser Probanden erbrachte die Testwiederholung nach Entfernung von Cerumen ein normalisiertes Ergebnis. Über die Hälfte der auffälligen Probanden hatte keine Hörgerätversorgung (Smeeth et al. 2002). Zur Erfassung der Folgen von Höreinschränkungen haben Ventry und Weinstein einen Hör-Handicap Fragebogen entwickelt, der in einer deutschen Fassung 10 Items enthält. Er ist reliabel. Korrelationen mit audiometrischen Daten zeigten, dass emotionale und soziale Folgen einer Höreinschränkung interindividuell beträchtlich schwanken (Weinstein und Ventry 1983).

Der Wert eines **Screenings der Sehschärfe** asymptomatischer älterer Patienten wurde bisher nicht nachgewiesen (Smeeth et al. 2003). Andererseits führten Früherkennung und rechtzeitige Behandlung bestimmter Visusstörungen zu einer Verbesserung der Sehkraft in einem signifikanten Anteil älterer Patienten (Sandholzer et al. 2004). Ein Grund für diesen scheinbaren Widerspruch liegt möglicherweise in der Tatsache, dass trotz eines ausreichenden Visus unter Test-, d. h. Idealbedingungen, die Sehleistungen unter nicht-idealen, der Umwelt angepassten Bedingungen bei Älteren stärker eingeschränkt sind als bei Jüngeren. So führt beispielsweise die Kombination von physiologischer Verengung der Pupille zusammen mit einer vermehrten Lichtabsorption durch Hornhaut und Linse bis zu einer 90 %igen Reduktion der Intensität weißen Lichtes auf der Retina im Vergleich eines 80- zu einem 25-Jährigen (Schneck und Haegerström-Portnoy 2003).

Bestimmte, mit dem Alter assoziierte Sehstörungen sind, wie die Katarakt oder Refraktionsfehler, gut behandelbar. Da Einschränkungen des Visus mit einem reduzierten funktionalen Status, einer eingeschränkten Lebensqualität, vermindertem sozialen Kontakt, vermehrten Depressionen und vermehrter Sturzneigung assoziiert sind, handelt es sich zweifellos um eine hochgradig relevante Einschränkung. Ein Screening wird aufgrund indirekter Evidenz empfohlen (Sandholzer et al. 2004).

Die Untersuchung einer Sehstörung am Krankenbett erfolgt üblicherweise mit einer **Sehprobentafel** mit einer Kombination aus Buchstaben, Zahlen, sog. Snellen-Haken oder Landolt-Ringen im Taschenformat (Jaeger-Tafeln), die in Leseentfernung gezeigt wird. Der Patient benutzt ggf. vorhandene Sehhilfen. Jedes Auge wird einzeln geprüft. Der Visus wird üblicherweise in einem Bruch angegeben, in dem im Zähler die „Ist-Entfernung" der Sehprobentafel und im Nenner die „Soll-Entfernung", aus der das jeweilige Zeichen bei einem Visus von 1,0 noch sichtbar ist, angegeben wird. Die Vorstellung beim Augenarzt wird bei einem geprüften Visus von maximal 20/40 empfohlen.

Eine orientierende Gesichtsfeldprüfung erfolgt im Rahmen der klinischen Untersuchung. Andere, wichtige Hinweise auf Sehstörungen wie z. B. **Einschränkungen im Kontrastsehen, Farbensehen und der Helligkeitsadaptation im Alter** ergeben sich meist nur auf Nachfrage. Ein strukturierter und umfassender Fragebogen zu Sehstörungen im Alter ist der **Visual Activities Questionnaire** (download unter http://www.eyes.uab.edu/tools/visualactivities.html, „Visual Activities Questionnaire" abrufen). In den USA sind zudem einfache Testverfahren zur Evaluierung von Kontrastsehen und Helligkeitssehen kommerziell erhältlich (z. B. Pelli-Robson Contrast Sensitivity Chart, MARS-Test, SKILL-card, Übersicht und Adressen bei Schneck und Haegerström-Portnoy, 2003).

Informationen zum **„sozialen Assessment"** (s. o.) sind im Zusammenhang mit der **Versorgungs- bzw. Entlassungsplanung** praktisch wertvoll und handlungsrelevant. Die für die OPS-Kodierung „Rehabilitation" erforderlichen Daten sind ohnehin Routine-Bestandteil der geriatrischen Anamnese. Es hat sich bewährt, diese Angaben zusammen mit den Assessment-Daten in der **Teambesprechung** verfügbar zu haben. Ausführlichere Hinweise zu „häuslichen/außerhäuslichen Aktivitäten" liefert die Erfassung der **Instrumentellen Aktivitäten des täglichen Lebens (IAdL)** (Nikolaus 1999).

Wegen ihrer Häufigkeit und großen prognostischen Bedeutung (Komplikationen) sowie therapeutischer Konsequenzen gelten **Schluckstörungen** und – hiermit eng verknüpft – der **Ernährungsstatus** als klinisch wichtige Bereiche für ein entsprechendes Assessment. Hinweise für systematische Vorgehensweisen finden sich unter: www.dgnkn.de/Leitlinien/Dysphagie.pdf und AWMF online: Leitlinien der Deutschen Gesellschaft für Ernährungsmedizin (Ernährungsstatus; bzw. Aktuel Ernaehr Med 2003; 28, Suppl. 1: S10–S25).

Literatur

Arroll B, Khin N, Kerse N (2003) Screening for depression in primary care with two verbally asked questions: cross sectional study. BMJ.15; 327:1144–6

Linden M, Kurtz G, Baltes MM, Geiselmann B, Lang FR, Reischies FM, Helmchen H (1998) Depression bei Hochbetagten. Nervenarzt 69(1): 27–37

Lübke N, Meinck M, von Renteln-Kruse W (2004) Der Barthel-Index in der Geriatrie. Eine Kontextanalyse zum Hamburger Einstufungsmanual. Z Gerontol Geriat 37:316–326

Lyness JM, Noel TK, Cox C, King DA, Conwell Y, Caine ED (1997) Screening for depression in elderly primary care patients. A comparison of the Center for Epidemiologic Studies-Depression Scale and the Geriatric Depression Scale. Arch Intern Med 24;157:449–54

Nikolaus T (2001) Das geriatrische Assessment – Aktueller Erkenntnisstand hinsichtlich der Eignungskriterien (Diskrimination, Prädiktion, Evaluation, Praktikabilität). Z Gerontol Geriat 34 (Suppl I):I/36–I/42

Nikolaus T (1999) Physische Gesundheit. In: Nikolaus T, Pientka L (Hrsg) Funktionelle Diagnostik. Assessment bei älteren Menschen. Meyer Verlag, Wiebelsheim, S 1–17

Pelli, D. G., Robson, J. G., & Wilkins, A. J. (1988). The design of a new letter chart for measuring contrast sensitivity. Clinical Vision Sciences, 2(3):187–199

Podsiadlo D, Richardson S (1991) The Timed „Up & Go": A test of basic functional mobility for frail elderly persons. J Am Geriatr Soc 39:142–148

Reuben DM, Mui S, Damesyn M, Moore AA, Greendale GA (1999). The prognostic value of sensory impairment in older persons. J Am Geriatr Soc 47: 1029–31

Rubenstein LZ (1995) An overview of comprehensive geriatric assessment: rationale, history, program models, basic components. In: Rubenstein LZ, Wieland D, Bernabai R (eds) Geriatric assessment technology: The state of the art. Editrice Kurtis, Milan

Sandholzer H, Hellenbrand W, Renteln-Kruse W von, Van Weel C, Walker P et al. (2004) STEP – Europäische Leitlinie für das standardisierte evidenzbasierte präventive Assessment älterer Menschen in der medizinischen Primärversorgung. Dtsch Med Wochenschr 129:S183–S226

Schneck ME, Haegerstrom-Portnoy G (2003) Practical assessment of vision in the elderly. Ophthalmol Clin North Am 16:269–87

Smeeth L, Fletcher AE, Hanciles S, Evans J, Wormald R (2003). Screening older people for impaired vision in primary care: cluster randomised trial. BMJ 327:1027

Stuck AE, Siu AL, Wieland GD, Adams J, Rubenstein LZ (1993) Comprehensive geriatric assessment: A meta-analysis of controlled trials. Lancet 342:1032–1036

Reuben DB, Mui S, Damesyn M, Moore AA, Greendale GA (1999) The prognostic value of sensory impairment in older persons. J Am Geriatr Soc 47:930-5

Weinstein BE, Ventry IM (1983) Audiometric correlates of the Hearing Handicap Inventory for the elderly. J Speech Hear Disord 8:379–84

Yesavage JA, Brink TL, Rose TL, Lum O, Huang V, Adey M, Leirer VO (1982) Development and validation of a geriatric depression screening scale: a preliminary report. J Psychiatr Res 17: 37–49

8 Hirnleistungsdiagnostik

Hartmut Lehfeld

Einleitung

Erkrankungen und Schädigungen des Gehirns sind in der Regel mit Beeinträchtigungen der kognitiven Funktionen verbunden. Art und Ausmaß der Funktionsausfälle hängen dabei wesentlich von der Ausdehnung und Lokalisation der Läsion ab. Aufdeckung und Beschreibung dieser Funktionsstörungen sind Aufgaben der psychologischen bzw. neuropsychologischen Hirnleistungsdiagnostik, deren wichtigste Untersuchungsmethode im klinischen Alltag der Einsatz psychometrischer Testverfahren darstellt.

8.1 Ziele der Hirnleistungsdiagnostik

Die Grenzen zwischen psychologischen und neuropsychologischen Testverfahren sind fließend. Als Anhaltspunkt für eine Abgrenzung mag der Hinweis dienen, dass im Rahmen der neuropsychologischen Diagnostik versucht wird, die messbaren Leistungsdefizite eines Patienten mit einer neurologischen Schädigung oder Funktionsstörung in Verbindung zu bringen. Die Beziehung zwischen Testleistung und ihrer hirnorganischen Grundlage steht dagegen nicht im Mittelpunkt der psychologischen Testdiagnostik. Hier geht es vorrangig um die Beurteilung der kognitiven Leistungsfähigkeit eines Patienten in Relation zu einer gesunden Vergleichsgruppe (normorientiert) oder in Bezug auf ein Leistungskriterium (kriteriumsorientiert). In der psychologischen wie in der neuropsychologisch ausgerichteten Hirnleistungsdiagnostik werden vor allem Störungen der Wahrnehmung, der Intelligenz, des Gedächtnisses, der Aufmerksamkeit sowie exekutiver, sprachlicher und psychomotorischer Funktionen untersucht.

Die Verwendung mehr oder weniger standardisierter Aufgaben zur Überprüfung der kognitiven Fähigkeiten von Patienten lässt sich bis ins 19. Jahrhundert zurückverfolgen. Beispiele für seit langem gebräuchliche Techniken sind die Prüfung der Merkfähigkeit anhand von drei Begriffen, Rechenaufgaben oder das Erklären von Sprichwörtern. Auch wenn diese Aufgaben nicht die Kriterien erfüllen, die an psychologische Tests im engeren Sinn zu stellen sind, erlauben sie eine orientierende Beurteilung der geistigen Leistungsfähigkeit und sind deshalb fester Bestandteil der Erhebung des psychischen Befundes. Da in den meisten Fällen eine Diagnose auch ohne den Einsatz (neuro-)psychologischer Testverfahren gestellt werden kann, erhebt sich die Frage nach der Notwendigkeit ihrer Verwendung.

Testbefunde, die Auskunft über die kognitive Leistungsfähigkeit eines Patienten geben, können zur **Bestätigung einer Verdachtsdiagnose** beitragen, dies insbesondere bei klinisch zweifelhaften oder leichten Ausprägungsgraden von Hirnleistungsstörungen, die sich der Erfassung anhand einfacher Aufgaben im ärztlichen Explorationsgespräch entziehen. Weiterhin ermöglicht der Einsatz von Testverfahren die **differenzierte Beschreibung des kognitiven**

Leistungsprofils eines Patienten. Eine sorgfältig durchgeführte Hirnleistungsdiagnostik sollte immer verschiedene Funktionsbereiche einbeziehen und dabei nicht nur auf die Erfassung der Einbußen, sondern auch der erhaltenen Fähigkeiten und Ressourcen abzielen. Gelegentlich kann ein Testprofil auch **Anhaltspunkte für differentialdiagnostische Entscheidungen** liefern, falls ein bestehendes Beeinträchtigungsmuster als typisch für eine bestimmte Erkrankung identifiziert werden kann.

Ein weiteres Ziel testpsychologischer Untersuchungen stellt die quantitative **Beurteilung des Ausprägungsgrads** von Hirnleistungsstörungen dar. Über Normtabellen lassen sich individuelle Testergebnisse in Beziehung zu den Leistungen einer Vergleichsgruppe gesunder Personen setzen, was die Abschätzung des Störungsgrads erlaubt. Da ein Test ein quantitatives Maß der Leistungsfähigkeit liefert, kann ein Testwert als **Kommunikationshilfe** über das Leistungsvermögen eines Patienten unter verschiedenen Behandlern genutzt werden. Weiterhin ermöglichen quantitative Testwerte **interindividuelle Vergleiche**, was beispielsweise für die Bildung von homogenen Patientengruppen für wissenschaftliche Untersuchungen genutzt werden kann.

Liegen über einen Patienten mehrere Testbefunde vor, die zu unterschiedlichen Zeitpunkten erhoben wurden, wird eine **Verlaufsbeschreibung** möglich. Idealerweise werden zur Vermeidung von Lerneffekten für Verlaufsuntersuchungen Testverfahren eingesetzt, für die Parallelformen vorliegen. Wurden zwischen den einzelnen Messzeitpunkten therapeutische Maßnahmen durchgeführt, gestattet die Verlaufsbetrachtung die **Beurteilung des Therapieerfolgs**.

8.2 Besonderheiten der Untersuchungssituation

Bei der testpsychologischen Untersuchung älterer Patienten gilt es, einige Besonderheiten zu beachten, die die Testsituation grundlegend von Testungen bei jüngeren Probanden unterscheiden: Eine **reduzierte allgemeine Belastbarkeit** führt gerade bei multimorbiden älteren Patienten dazu, dass der Einsatz längerer Testbatterien häufig nicht möglich ist, um die Ergebnisse nicht durch Ermüdung oder Überforderung zu verfälschen. **Einschränkungen des Sensoriums** erschweren oder verhindern den Einsatz von Testaufgaben, die ein ausreichendes Seh- oder Hörvermögen voraussetzen. Ebenso sind **Störungen sprachlicher Funktionen** bei der Testauswahl zu berücksichtigen. Patienten kommen häufig nicht aus eigenem Antrieb zur Untersuchung, sie werden von Angehörigen oder – im Krankenhaus – von der Station zur testpsychologischen Untersuchung angemeldet. **Kooperationsbereitschaft und Motivation** der Patienten können deshalb nicht als selbstverständlich vorausgesetzt werden. Von Dritten angemeldete Patienten stehen der Untersuchung mitunter argwöhnisch bei **misstrauisch-gereizter Grundhaltung** gegenüber. Häufig sind ältere Patienten in der Untersuchungssituation **ängstlich, angespannt, nervös oder gehemmt.** Dazu kann neben der ungewohnten „Prüfsituation“ mit unklaren Anforderungen auch die unbekannte Umgebung beitragen. Da sie ihr eigenes Leistungsvermögen nur unzureichend einschätzen können, reagieren ältere Patienten oft mit zusätzlicher Aufregung auf die Ankündigung des Untersuchers, dass einige Aufgaben zur Prüfung ihres Leistungsvermögens mit ihnen durchgeführt werden sollen. Aus ebendiesen Überlegungen wird empfohlen, auf das Wort „Test“ zu verzichten und es stattdessen mit Begriffen wie „Aufgaben“ o. ä. zu umschreiben. Ältere Patienten zeigen häufiger als jüngere Personen auch **Einschränkungen der Motorik und Mobilität** beispielsweise durch Tremor, Rigor, Spastik oder Ataxie. Dies wirkt sich in der Testsituation insbesondere dann nachteilig aus, wenn die dominante Hand betroffen ist und so der Umgang mit Testmaterial oder mit Papier und Bleistift erschwert ist. Daneben kommt es vor, dass immobile Patienten im Rollstuhl, im Liegewagen oder im Krankenbett untersucht werden müssen. **Erhöhte Klagsamkeit und eine geringe Frustrationstoleranz** können sich ebenfalls nachteilig auf den Ablauf der Untersuchung und damit die Ergebnisse auswirken.

8.3 Praktisches Vorgehen bei der Untersuchung

Für die Testpraxis empfiehlt es sich bereits bei der Vereinbarung eines Termins den Patienten darauf hinzuweisen, dass – falls benötigt – **Lesebrille, funktionierendes Hörgerät oder Leselupe** zur Untersuchung mitzubringen sind. Bereits **vorhandene Arztunterlagen**, auch wenn sie weiter zurück datieren, erleichtern manchmal die diagnostische Einschätzung aktuell bestehender kognitiver Defizite – insbesondere, wenn Ergebnisse früherer Testungen dokumentiert sind, die eine Verlaufsbeurteilung gestatten. Bei Testungen in der Klinik können stationäre Patienten gelegentlich keine Auskunft darüber geben, warum sie im Krankenhaus sind oder unter welchen Umständen sie stationär aufgenommen wurden. Auch im ambulanten Bereich ist durch Befragung des Patienten der Grund für die Anmeldung nicht immer zweifelsfrei zu eruieren. Da Demenzpatienten zur Bagatellisierung, depressive Patienten zu einer Übertreibung vorhandener Beeinträchtigungen neigen, ist es für eine diagnostische Beurteilung von Patienten, bei denen kognitive Einbußen abzuklären sind, stets wünschenswert, die **Einschätzung und Sichtweise eines Angehörigen oder des Stationspersonals** zu erfragen. Zu beachten ist jedoch, dass die eigentliche testpsychologische Untersuchung mit dem Patienten stets allein in einer störungsfreien Umgebung durchgeführt werden soll.

Generell zu beachten ist, dass der Patient im Rahmen eines kurzen **Aufklärungsgesprächs**, das jeder Testung vorausgehen sollte, über den Sinn und Zweck der testpsychologischen Untersuchung, ihren Ablauf sowie die voraussichtliche Dauer informiert werden sollte. Dies gilt auch für Patienten mit kognitiven Beeinträchtigungen. Ein derartiges Gespräch sollte auch zur **Herstellung einer positiven Beziehung** zwischen Patient und Untersucher genutzt werden, die dem Patienten auch die Unsicherheit und Nervosität nehmen soll. Dies kann beispielsweise durch Fragen nach der Familie, Hobbys oder der früheren Berufstätigkeit geschehen. Manchmal kann es angebracht sein, einem älteren Menschen, der der Testsituation sehr ängstlich gegenübersteht, die Hand auf den Arm zu legen oder auf andere Weise beruhigend auf ihn einzuwirken. Nicht versäumt werden sollte auch, im Gespräch Erkundigungen darüber einzuholen, wie **der Patient sein eigenes Leistungsvermögen in verschiedenen Bereichen einschätzt** (Gedächtnis, Konzentrationsfähigkeit, Orientierungsvermögen), **wie er im Alltag zurechtkommt und ob er Auto fährt.** Wichtig ist es weiterhin, den Patienten nach seiner **momentanen Befindlichkeit** zu befragen sowie nach **Begleiterkrankungen** oder **situativen Umständen,** die das Abschneiden in den eingesetzten Untersuchungsverfahren möglicherweise negativ beeinflussen könnten. Wesentlich ist auch die Kenntnis der aktuellen Medikation, da diese die kognitive Leistungsfähigkeit des Probanden herabsetzen und somit das Testergebnis verfälschen kann. Mit der Zeit wird der Testanwender ein Gespür dafür entwickeln, wann die eigentliche testpsychologische Untersuchung beginnen kann.

Die Instruktion zu einer Testaufgabe sollte **dem intellektuellen Niveau des Patienten angepasst** sein. Hat der Untersucher Zweifel, ob der Patient die Aufgabe verstanden hat, sollte er die Instruktion noch einmal – vielleicht mit anderen Worten – wiederholen. Die „neutrale" Rolle des Untersuchers, die in testpsychologischen Untersuchungen im Normalbereich empfohlen wird, um objektive Untersuchungsbedingungen zu schaffen, sollte bei der Testung älterer Patienten zugunsten eines empathischeren Vorgehens mit **Aufmunterungen und positiven Rückmeldungen** auch bei Leistungseinbußen aufgegeben werden.

Ebenso selbstverständlich wie das Vorgespräch sollte auch die **Rückmeldung der Testergebnisse** sein. Wo eine solche unterbleibt, fühlen sich der Patient und seine Angehörigen nicht ausreichend informiert und ernst genommen; es entsteht Raum für Unzufriedenheit, Befürchtungen und Spekulationen.

8.4 Kriterien zur Auswahl von Testverfahren

Angesichts der Vielzahl der in Gebrauch befindlichen Testverfahren und des sich ständig vergrößernden Angebots fällt der Überblick zunehmend schwerer. Eine Orientierung erlauben Testsammlungen und Übersichtsartikel, in denen alterstaugliche Testverfahren zusammengestellt sind (z. B. Ivemeyer und Zerfaß 2002, Gutzmann und Frölich 2003, Rösler et al. 2003).

Die Auswahl eines Tests wird zunächst von der **Fragestellung** bestimmt, die den Ausgangspunkt einer jeden testpsychologischen Untersuchung darstellen sollte. Da bei Verlaufsuntersuchungen beispielsweise aufgrund wiederholter Testabnahmen mit Lerneffekten zu rechnen ist, eignen sich hierfür vor allem Tests, die in mehreren **Parallelformen** vorliegen, zwischen denen zu den verschiedenen Untersuchungszeitpunkten gewechselt werden kann. Aufgrund der Abhängigkeit vieler kognitiver Leistungen vom Alter und dem prämorbiden Leistungsniveau des Patienten erlauben im Allgemeinen solche Verfahren eine adäquatere Störungsgradbestimmung, für die eine **Altersnormierung** sowie eine **Normierung für unterschiedliche prämorbide intellektuelle Ausgangsniveaus** vorliegt. Bei der Verwendung von Testübersetzungen, zumeist aus dem Englischen oder Amerikanischen, ist darauf zu achten, dass Angaben zur **Validität im deutschen Sprachraum** vorliegen.

Da (neuro-)psychologische Tests Messinstrumente sind, die nach wissenschaftlichen Regeln konstruiert und evaluiert sind, sollten sie selbstverständlich auch Minimalanforderungen an die „harten" Testgütekriterien der **Objektivität, Reliabilität** und **Validität** genügen. Besondere Bedeutung besitzt dabei die „ökologische Validität", d. h. der Grad der Genauigkeit, mit dem aus einem Testresultat auf alltagsrelevante Leistungen geschlossen werden kann.

Neben den wissenschaftlichen Gütekriterien sind bei der Testauswahl in jedem Fall auch Aspekte der **Praktikabilität** und der **Ökonomie** zu berücksichtigen. Dazu zählen beispielsweise die Belastung des Patienten durch die Testabnahme, eine dem Leistungsvermögen des Patienten angemessene Testschwierigkeit, der Zeitbedarf für die Testdurchführung im Hinblick auf die vorhandenen personellen Ressourcen oder – soweit es sich um Testungen in der Arztpraxis handelt – die Abrechnungsfähigkeit des Testeinsatzes.

Um die Kooperationsbereitschaft und Motivation des Patienten während der Testdurchführung aufrecht zu erhalten, sollte die Auswahl eines Verfahrens auch im Hinblick auf seine **Akzeptanz** erfolgen. Im Altersbereich tragen dazu neben der Kürze des Verfahrens vor allem die patientenfreundliche Aufmachung des Untersuchungsmaterials, der Aufforderungscharakter und die Transparenz der Testaufgaben oder eine „spielerische" Form der Testbearbeitung bei.

8.5 Testverfahren zur Erfassung von Hirnleistungsstörungen

Das theoretische Verständnis für die in psychometrischen Testverfahren geprüften Leistungen wird erleichtert, wenn als Bezugsrahmen ein – hier stark vereinfacht dargestelltes – Modell der menschlichen Informationsverarbeitung zugrunde gelegt wird. Gemäß diesem Modell steuern Aufmerksamkeitsprozesse die Aufnahme von Informationen aus der Umwelt, die – für den Fall, dass sie im Gedächtnis behalten werden sollen – mehrere, sequentiell angeordnete Gedächtnisspeicher durchlaufen. Für die Hirnleistungsdiagnostik spielen dabei vor allem das **Kurzzeitgedächtnis** (primäres Gedächtnis), das **Langzeitgedächtnis** (sekundäres Gedächtnis) und das **Altgedächtnis** (tertiäres Gedächtnis) eine Rolle, die sich unter anderem in der Speicherkapazität und „Haltbarkeit" der Information unterscheiden. So verfügt das Kurzzeitgedächtnis über einen begrenzten Speicherplatz und eine maximale Speicherdauer von etwa 1 min. Ohne aktives Wiederholen der dort gehaltenen Informationen (z. B. stilles Aufsagen einer Telefonnummer) gehen diese verloren, wenn sie nicht vorher ins Langzeitgedächtnis übertragen werden. Die Menge der pro Zeiteinheit ins Langzeitgedächtnis übertragbaren Information hängt dabei wesentlich von der **Informationsverarbeitungsgeschwindigkeit** ab, die in der Kognitiven Psychologie als ein Aspekt der **Aufmerksamkeit** behandelt wird. Daraus wird ersichtlich, dass sich kognitive Teilfunktionen in der Regel nicht unabhängig voneinander erfassen und beurteilen lassen.

Gemäß dem vorgestellten Modell prüfen Testaufgaben, die den Abruf von unmittelbar zuvor präsentierten Stimuli (z. B. Bilder, Wörter) erfordern, in erster Linie das Kurzzeitgedächtnis. Bei Aufgaben zur Beurteilung der **Lernfähigkeit** wird das Reizmaterial dabei mehrmals hintereinander dargeboten und abgefragt. Die Untersuchung des Langzeitgedächtnisses erfolgt über die Reproduktionsleistung nach Verzögerung, in der der Patient durch die Bearbeitung anderer Aufgaben abgelenkt wird. Die Testung des Altgedächtnisses wird über die Abfrage von Inhalten vorgenommen, die der Patient bereits vor Beginn der Erkrankung aufgenommen hat. Dabei wird zwischen dem **„semantischen" Gedächtnis** und dem **„episodischen" Gedächtnis** unterschieden: Während im semantischen Gedächtnis Informationen ohne Bezug zur Zeit oder zum Kontext ihres Erwerbs gespeichert werden („memory for facts"), werden im episodischen Gedächtnis biographisch bedeutsame Inhalte aufbewahrt („memory for events"). Neben der Untersuchung der verschiedenen Gedächtnisspeicher und der Verarbeitungsgeschwindigkeit spielen in der Praxis Testaufgaben zur Prüfung **sprachlicher Funktionen** (z. B. Wortflüssigkeit, Benennensleistung), der **selektiven und geteilten Aufmerksamkeit**, der **Orientierung, konstruktiver Fähigkeiten** (z. B. Abzeichnen geometrischer Figuren, Zeichnen einer Uhr) und **exekutiver Funktionen** (Vorgänge der Handlungsplanung, -initiierung und -steuerung) eine herausragende Rolle.

Geht es um eine orientierende Beurteilung bestehender Funktionseinbußen der Hirn-

Tab. 8.1 Kurztests zum Screening kognitiver Beeinträchtigungen bei älteren Patienten

Test	erfasste Funktionen bzw. Aufgabenstellung	Altersnormierung	Parallelformen	Zeitbedarf (min)	Anmerkung
DemTect	Gedächtnis, kognitive Flexibilität, Wortflüssigkeit	ja	nein	5–10	besonders zur Erfassung leichter kognitiver Einbußen geeignet
MMSE	Orientierung, Gedächtnis, Aufmerksamkeit, Sprache	nein	nein	5–10	weltweit verbreitetes Demenzscreening
Mikro-Mental Test	Gedächtnis, Benennen, Orientierung, Uhrentest	nein	nein	5–10	in Anlehnung an den MMSE entwickelt
RDST	Wortflüssigkeit, kognitive Flexibilität	ja	nein	5	Kurzform des DemTect
SKT	Gedächtnis, Aufmerksamkeit im Sinne der Verarbeitungsgeschwindigkeit	ja	5	10–15	gut geeignet zur Testwiederholung, separate Beurteilung von Gedächtnis- und Aufmerksamkeitsstörungen möglich
TFDD	Gedächtnis, Orientierung, Apraxie, Uhrentest, Wortflüssigkeit	nein	nein	10	enthält zusätzlich ein kurzes Depressionsscreening
Uhrentest	Zeichnen einer Uhr	nein	nein	2–5	Verhaltensbeobachtung wichtig, Kombination mit anderen Verfahren empfehlenswert

Testverfahren und Autoren: **DemTect** (Kessler et al. 2000); **MMSE** (Mini-Mental Status Test; dt. Version Kessler et al. 1990); **Mikro-Mental-Test** (Rapp et al. 2002); **RDST** (Rapid Dementia Screening Test; Kalbe et al. 2002); **SKT** (Syndrom-Kurz-Test; Erzigkeit 1989, 2001); **TFDD** (Test zur Früherkennung von Demenzen mit Depressionsabgrenzung; Ihl et al. 2000); **Uhrentest** (mehrere Versionen, z. B. Shulman et al. 1986, Sunderland et al. 1989)

leistung kann für eine erste Einschätzung der Einsatz eines Kurztests zum Screening kognitiver Beeinträchtigungen genügen. Hat das Screening ein grenzwertiges oder auffälliges Ergebnis erbracht, kann bei Bedarf eine differenziertere testpsychologische Diagnostik eingeleitet werden. In der Praxis des niedergelassenen Arztes ist der Einsatz von Screeninginstrumenten aus Zeitgründen vermutlich meist ohne Alternative. In **Tabelle 8.1** finden sich gängige Kurztests aufgelistet, die sich bei der Objektivierung kognitiver Beeinträchtigungen – zumeist bei Demenzverdacht – bewährt haben.

Für eine differenzierte Querschnitts- und Verlaufsdiagnostik, die Planung rehabilitativer Maßnahmen sowie für Forschungszwecke stehen weitere Verfahren zur Verfügung, die zumeist in Spezialeinrichtungen wie ärztlichen Schwerpunktpraxen, Gedächtnissprechstunden oder neuropsychologischen Abteilungen Verwendung finden. Bei den in **Tabelle 8.2** aufgeführten, im

Tab. 8.2 Testbatterien und Tests zur Untersuchung kognitiver Einzelfunktionen bei älteren Patienten

Test	erfasste Funktionen bzw. Aufgabenstellung	Altersnormierung	Parallelformen	Zeitbedarf (min)	Anmerkung
ADAS	Gedächtnis, Orientierung, Benennen, Abzeichnen, Befolgen von Anweisungen	nein	5	30–45	Verwendung vor allem in klinischen Studien
AKT	Konzentrationsfähigkeit, Vigilanz	ja	nein	5	sprachunabhängiger Durchstreichtest
CERAD	Gedächtnis, Benennen, Wortflüssigkeit, Abzeichnen, MMSE	ja	nein	30–40	Standardverfahren in Gedächtnissprechstunden
DT	MMSE, Gedächtnis, Wortflüssigkeit, Orientierung, Apraxie	ja	nein	30	Differenzierung demenzieller Alterserkrankungen angestrebt
NAI	Gedächtnis, Verarbeitungsgeschwindigkeit, kognitive Flexibilität	ja	nein	40–45	umfangreiches Inventar aus Leistungstests und Beurteilungsskalen
SIDAM	Gedächtnis, MMSE, Orientierung, intellektuelle Leistungsfähigkeit, Konstruktive Fähigkeiten, Aphasie, Apraxie	nein	nein	30	halbstrukturiertes, an den Diagnosekriterien des ICD-10 orientiertes Interview
TMT	Teil A: Verarbeitungsgeschwindigkeit, Teil B: kognitive Flexibilität	ja	nein	10	Verbindungstest (Zahlen und Buchstaben); Vergleich der beiden Testteile von diagnostischem Interesse
WMS-R	Kurz- und Langzeitgedächtnis, Aufmerksamkeit	bis 75 Jahre	nein	45–60	umfangreiche neuropsychologische Batterie zur Untersuchung zahlreicher Gedächtnisfunktionen

Testverfahren und Autoren: **ADAS** (Alzheimer's Disease Assessment Scale; dt. Version Ihl und Weyer 1997); **AKT** (Alters-Konzentrations-Test; Gatterer 1990); **CERAD** (Consortium to Establish a Registry for Alzheimer's Disease; dt. Version Monsch 1997); **DT** (Demenztest; Kessler et al. 1988); **NAI** (Nürnberger Alters Inventar; Oswald und Fleischmann 1995); **SIDAM** (Strukturiertes Interview zur Diagnose von Demenzen; Zaudig et al. 1991); **TMT** (Trail Making Test; Reitan 1958); **WMS-R** (Wechsler Memory Scale-Revised; dt. Version Härting et al. 2000)

deutschen Sprachraum validierten Instrumenten handelt es sich zum einen um ausführlichere Testbatterien, deren Einzeltests teilweise auch separat eingesetzt werden können. Einige der Batterien enthalten neben den kognitiven Testaufgaben optional verwendbare Skalen zur Symptom- und Verhaltensbeurteilung (ADAS, DT, NAI, SIDAM). Zum anderen wurden in die Übersicht einige im Altersbereich häufig verwendete Verfahren zur Untersuchung kognitiver Einzelfunktionen aufgenommen.

8.6 Hirnleistungsstörungen bei einzelnen Krankheitsbildern

8.6.1 Alzheimer-Demenz (DAT)

Einbußen im Bereich des Gedächtnisses und weiterer kognitiver Funktionen sind die Leitsymptome eines dementiellen Syndroms. Die größte Sensitivität für eine beginnende Alzheimer-Demenz (DAT) besitzen dabei **Aufgaben zum verzögerten Abruf** von Gedächtnismaterial aus dem Langzeitgedächtnis (sekundären Gedächtnis). Da die Ergebnisse eines Patienten je nach Darbietungsmodalität (visuell, akustisch) und Art des verwendeten Stimulusmaterials (verbal, bildhaft) unterschiedlich ausfallen können, sollte die Gedächtnisprüfung, falls möglich, anhand verschiedener Aufgaben vorgenommen werden. Um die diagnostischen Kriterien des Demenzsyndroms zu erfüllen, erscheint neben der Prüfung des Gedächtnisses die Untersuchung weiterer kognitiver Funktionen sinnvoll. Bei der Früherkennung der DAT haben sich hierbei Aufgaben zur Wortflüssigkeit, den visuokonstruktiven Fähigkeiten und der geteilten Aufmerksamkeit bewährt.

Mit dem Ziel einer verbesserten Frühdiagnostik haben in den letzten Jahren Versuche der Definition von Hochrisikogruppen besondere Aufmerksamkeit erfahren. Als eine solche gelten Patienten mit leichten kognitiven Störungen, deren Testleistungen gegenüber der Altersnorm zwar als reduziert beurteilt werden müssen, die aber nicht die Kriterien eines Demenzsyndroms erfüllen. Als relativ gut operationalisierter Ansatz können gegenwärtig die sog. Petersen-Kriterien des „Mild Cognitive Impairment" (MCI) gelten. Diese fordern für die amnestische Unterform des MCI eine im Vergleich zum Mittelwert gesunder Personen um 1,5 Standardabweichungen reduzierte Gedächtnisleistung, altersgemäße kognitive Leistungen in anderen Funktionsbereichen sowie eine gut erhaltene Alltagskompetenz. Da empirische Studien zeigen, dass etwa 10 % der MCI-Patienten innerhalb eines Jahres eine Demenz entwickeln, empfiehlt sich bei Patienten, die in diese „Grauzone" zwischen „normalem" Altersabbau und leichter Demenz fallen, die regelmäßige testpsychologische Verlaufskontrolle im Abstand von etwa einem halben Jahr.

8.6.2 Vaskuläre Demenz (VD)

Aufgrund der unterschiedlichen Lokalisation der Hirnschädigung zeichnen sich vaskulär bedingte Hirnfunktionsstörungen im Vergleich zur Alzheimer-Demenz durch eine größere Vielfalt der Beeinträchtigungsmuster aus. Vor der unkritischen Reduktion vaskulär bedingter kognitiver Ausfälle auf einen an der Alzheimer-Psychopathologie orientierten Demenzbegriff wird dabei gewarnt (Gertz et al. 2002). Testdiagnostisch gilt es bei Patienten mit vaskulär bedingten Einbußen, ein Demenzsyndrom von umschriebenen neuropsychologischen Syndromen wie Amnesie, Aphasie oder Apraxie ohne Demenz klar abzugrenzen.

Wie bei der DAT fordern auch die diagnostischen Kriterien der VD den Nachweis von kognitiven Einbußen in mehreren Bereichen. Patienten mit VD sollen dabei infolge der Heterogenität der zugrunde liegenden Schädigung jedoch eine ungleiche Verteilung der kognitiven Funktionsdefizite zeigen. Für die psychometrische Hirnleistungsdiagnostik bedeutet dies, dass sich in den Testergebnissen von Patienten mit VD neben deutlich eingeschränkten Leistungen in einigen Bereichen auch relativ unbeeinträchtigte Funktionen finden müssten. Auf der Grundlage empirischer Untersuchungsergebnisse wurde diese Ungleichverteilung der Defizite jedoch in Frage gestellt (Boston et al. 2001).

Im Hinblick auf eine testpsychologische Abgrenzung von DAT und VD haben einige Studien zeigen können, dass bei VD vor allem die Aufmerksamkeit, die psychomotorische Geschwindigkeit und – insbesondere bei subkortikalen Formen – exekutive Funktionen (s. o.), weniger die Gedächtnisleistungen von Beeinträchtigungen betroffen sind. Da in einer Reihe anderer Untersuchungen jedoch keine Unterschiede in den neuropsychologischen Profilen beider Demenzformen aufgefunden werden konnten, muss die Datenlage als inkonsistent und der differentialdiagnostische Aussagewert der genannten Merkmale gegenwärtig als begrenzt bezeichnet werden. Ungeachtet dessen wurde angeregt, die Diagnose einer VD weniger am Vorliegen von Gedächtniseinbußen zu orientieren als vielmehr an Störungen der Exekutivfunktionen auszurichten (Roman et al. 2004).

Da Schlaganfälle zu den häufigsten neurologischen Krankheitsbildern gehören (s. Kap. 10), stellt die testpsychologische Abklärung möglicher kognitiver Einbußen bei dieser Patientengruppe eine praxisrelevante Fragestellung dar. Schätzungen zufolge entwickeln 15–25 % der Patienten innerhalb des ersten Jahres nach dem Schlaganfall eine Demenz, bei anderen bleiben kognitive Beeinträchtigungen bestehen, deren geringer Schweregrad die Diagnose eines Demenzsyndroms nicht rechtfertigt. Diese vaskulär bedingten Defizite der Hirnleistung werden unter der Bezeichnung „vascular CIND“ (cognitive impairment, no dementia) als Risikofaktoren für die Demenzentwicklung weiter erforscht. Eine neuere Arbeit, die die kognitiven Profile von Schlaganfallpatienten mit unterschiedlichen Schweregraden kognitiver Folgeschäden verglich (Stephens et al. 2004), kam zu dem Ergebnis, dass Aufmerksamkeit und Exekutivfunktionen auch bei solchen Patienten leicht reduziert waren, bei denen nach dem Schlaganfall keine diagnostisch relevanten kognitiven Störungen zurückgeblieben waren. Akzentuierter waren diese Defizite jedoch bei CIND-Patienten, bei denen sich darüber hinaus Störungen des Gedächtnisses und sprachlicher Funktionen fanden. Schlaganfallpatienten mit Demenz wiederum zeigten ähnliche Leistungsprofile wie Patienten mit CIND, bei ihnen waren jedoch eine weitere Zunahme der Gedächtnisprobleme sowie Orientierungsstörungen zu beobachten.

8.6.3 Andere Demenzformen

Gegenüber der DAT und der VD spielen andere Demenzerkrankungen im Alter zahlenmäßig eine nachgeordnete Rolle. Frontotemporale Demenz und Lewy-Body-Demenz (DLB) gehören dabei zu den nach der Alzheimer-Demenz häufigsten degenerativen Erkrankungen. Der Vergleich mit pathologisch erhobenen Prävalenzzahlen legt den Schluss nahe, dass beide Erkrankungen klinisch deutlich unterdiagnostiziert werden.

Vorliegende testpsychologische Befunde zur Frontalhirndemenz wurden dahingehend kommentiert, dass das Beeinträchtigungsmuster gegenüber Gesunden psychometrisch nur schwer zu spezifizieren ist (Benke und Donnemiller 2002). Unterschiede zwischen Alzheimer- und Frontalhirndemenz, die sich in einigen Untersuchungen vor allem in exekutiven und visuokonstruktiven Leistungen (letztere mit Leistungsvorteilen der Patienten mit Frontalhirndemenz) zeigten, waren nicht konsistent replizierbar. Der standardisierten Hirnleistungsdiagnostik kommt deshalb bei Frontalhirndemenzen vor allem in Kombination mit den Ergebnissen anderer Untersuchungsmethoden, beispielsweise bildgebender Verfahren, Aussagekraft zu.

Die DLB lässt sich im psychometrischen Untersuchungsbefund von der Alzheimer-Demenz durch eine deutlichere Verlangsamung der kognitiven Verarbeitungsgeschwindigkeit, durch visuell-räumliche Störungen und Fluktuationen der Aufmerksamkeit sowie durch weniger ausgeprägte Gedächtnis- und Sprachstörungen abgrenzen. Wie bei der Frontalhirndemenz gilt auch bei der DLB, dass psychopathologische Symptome den testpsychologischen Befund ergänzen müssen.

Das Demenzrisiko von Patienten mit M. Parkinson ist gegenüber gesunden Personen etwa um den Faktor sechs erhöht, bis zu 40 % der Parkinson-Patienten entwickeln im Verlauf der Erkrankung ein dementielles Syndrom. Frühe kognitive Beeinträchtigungen bei M. Parkinson zeigen sich im Bereich der Aufmerksamkeit sowie bei der Bearbeitung exekutiver Aufgaben, die Problemlösen, kognitive Flexibilität oder Wortflüssigkeit prüfen.

8.6.4 Depression

Aufgrund der Überschneidungen im Symptombild stellt die Unterscheidung von Depression und Demenz eine im ambulanten wie im stationären Bereich häufig zu treffende differentialdiagnostische Aufgabe dar, die insbesondere bei leichteren Ausprägungsgraden der Symptomatik Schwierigkeiten bereiten kann. Bereits Anfang des letzten Jahrhunderts wurde für kognitive Einbußen bei Depression der Begriff der „Pseudodemenz" geprägt, der aber heute als obsolet angesehen werden muss (Niklewski und Baldwin 2003).

Die Unterscheidung der Hirnleistungsstörungen bei Demenz und Depression wurde sowohl klinisch als auch psychometrisch versucht. Aus einem Kriterienkatalog, der aus der klinischen Erfahrung formuliert wurde (die sog. „Wells-Kriterien"), konnte beispielsweise der differentialdiagnostische Nutzen der Diskrepanz zwischen den beklagten Beeinträchtigungen und der testpsychologisch gemessenen Leistungsfähigkeit empirisch bestätigt werden. Weitere sich in der Testsituation manifestierende Merkmale Depressiver sind ihre schlechte Testmotivation, das Fehlen von Auffassungsstörungen bei der Instruktion der Aufgaben, Leistungsschwankungen im Testprofil (d. h. schwerere Aufgaben werden gelöst, Fehler bei leichten Aufgaben), das Fehlen von Orientierungsstörungen sowie die Stimmungsabhängigkeit der erbrachten Leistungen.

Werden demente und depressive Patienten anhand psychometrischer Testresultate miteinander verglichen, erweisen sich Aufgaben zum verzögerten Abruf von Gedächtnismaterial als besonders trennscharf, bei denen Depressive deutlich weniger Einbußen aufweisen als Demenzpatienten. Demgegenüber tendieren depressive Patienten bei Wiedererkennensaufgaben zu falsch-negativen Antworten, d. h. zur fälschlichen Zurückweisung tatsächlich präsentierter Stimuli, was auf ein konservatives Antwortverhalten bei Unsicherheit zurückgeführt wurde. Demenzpatienten dagegen zeichnen sich durch eine unkritische „Ja-sage-Tendenz" aus, die zum vermehrten Auftreten falsch-positiver Antworten führt. Ein weiteres empirisch bestätigtes Merkmal, das eher für eine Depression spricht, ist die niedrigere „Vergessensrate". Das bedeutet, dass depressive Patienten in Aufgaben zum verzögerten Abruf einen höheren Prozentsatz von zuvor gelernten Stimuli erinnern als Demenzpatienten. Weiterhin neigen Depressive bei der Gedächtnisprüfung weniger als Demenzpatienten zu Intrusionen, d. h. zu Antworten, die „erfunden" werden, um Gedächtnislücken zu füllen (Konfabulationen). Relativ gut bestätigt ist auch der sog. „primacy"-Effekt bei Depressiven im Vergleich zum „recency"-Effekt der Demenzpatienten. Dies bedeutet, dass Depressive die zuerst gelernten Stimuli einer Liste besser erinnern, Demente die zuletzt gelernten. Verhältnismäßig gute Leistungen erbringen Depressive auch bei Aufgaben zur Untersuchung visuokonstruktiver Fähigkeiten und der Benennensleistung.

Schlussbemerkung

In den letzten Jahren hat die zunehmende Verbreitung von Verfahren zum Demenzscreening zu einem vermehrten Einsatz testpsychologischer Untersuchungsinstrumente bei älteren Patienten geführt. Aufgrund der genannten Vorzüge der Verwendung standardisierter, wissenschaftlich fundierter Untersuchungsmethoden ist diese Entwicklung auf der einen Seite sehr zu begrüßen. Auf der anderen Seite besteht jedoch die Gefahr, dass die Verbreitung von Tests ohne die gleichzeitige Unterweisung ihrer Durchführung und Interpretation eine unkritische Verwendung begünstigt. Eine solche läge etwa dann vor, wenn die Diagnose bzw. der Ausschluss eines dementiellen Syndroms vom Abschneiden des Patienten in Relation zu einem „cut-off"-Wert abhängig gemacht wird. Es soll an dieser Stelle deshalb deutlich darauf hingewiesen werden, dass ein psychometrischer Testwert keine Diagnose (und auch keine Nicht-Diagnose) begründen kann, und dass die Interpretation eines Testbefundes ohne Kenntnis des Patienten und der Umstände, unter denen das Testergebnis zustande gekommen ist, nicht fachgerecht durchgeführt werden kann. Dies sollte der Testanwender berücksichtigen, wenn er aus der Vielzahl der vorhandenen und bewährten Tests die für seine Zwecke geeigneten Untersuchungsverfahren auswählt. Dabei auch heute noch zu beherzigende Vorschläge wurden bereits Ende des 19. Jahrhunderts gemacht: „Sie sollen so vielgestaltig wie möglich sein, um die größte Anzahl psychischer Fähigkeiten zu umfassen; sie sollen sich besonders auf die höheren Fähigkeiten beziehen, ihre Ausführung soll nicht länger als eine halbe Stunde für je ein Individuum währen; sie sollen auch Abwechslung geben, um die Versuchsperson nicht allzu sehr zu ermüden und zu langweilen; sie sollen dem Milieu angepasst sein, dem das Individuum angehört und endlich weder komplizierte Apparate noch besondere Veranstaltungen beanspruchen" (Binet und Henry 1896, zit. n. Arnold 1979, S. 70).

Literatur

Arnold K (1979) Beginn der Anwendung psychologischer Tests in der Psychiatrie. In: Erzigkeit H et al. (Hrsg.) Messung und Messverfahren in der Psychopathologie. Vless-Verlag, Vaterstetten München

Benke T, Donnemiller E (2002) Die Diagnose der Frontotemporalen Demenz. Fortschr Neurol Psych 70:243–251

Boston PF, Dennis MS, Jagger C, Jarmann M, Lamers C (2001) Unequal distribution of cognitive deficits in vascular dementia – is this a valid criterion in the ICD-10? Int J Geriatr Psych 16: 422–426

Gertz HJ, Wolf H, Arendt T (2002) Vaskuläre Demenz. Nervenarzt 73:393–404

Gutzmann H, Frölich L (2003) Klinische Untersuchung und Psychometrie. In: Förstl, H (Hrsg) Lehrbuch der Gerontopsychiatrie und –psychotherapie, 2. aktual. und erw. Aufl. Thieme, Stuttgart New York

Ivemeyer D, Zerfaß R (2002): Demenztests in der Praxis. Ein Wegweiser. Urban & Fischer, München

Niklewsi G, Baldwin B (2003) Depressive Erkrankungen. In: Förstl H (Hrsg) Lehrbuch der Gerontopsychiatrie und -psychotherapie. 2., aktual. und erw. Aufl. Thieme, Stuttgart New York

Roman GC, Sachdev P, Royall DR, Bullock RA et al. (2004) Vascular cognitive disorder: a new diagnostic category updating vascula cognitive impairment and vascular dementia. J Neurol Sci 226:81–87

Rösler M, Frey U, Retz-Junginger P, Supprian T, Retz W (2003) Diagnostik der Demenzen: Standardisierte Untersuchungsinstrumente im Überblick. Fortschr Neurol Psych 71:187–198

Stephens S, Kenny RA, Rowan E, Allan L et al. (2004) Neuropsychological characteristics of mild vascular cognitive impairment and dementia after stroke. Int J Geriatr Psych 19:1053–1057

9 Apparativ-neurologische Diagnostik im Alter

9.1 Elektrophysiologie

Konrad Scheglmann und
Manfred Stöhr

Einleitung

Bei Erkrankungen des peripheren (PNS) und des zentralen Nervensystems (ZNS) gehören neurophysiologische Untersuchungsmethoden zum unentbehrlichen Rüstzeug. Während die bildgebenden Verfahren in der Lage sind, strukturelle Veränderungen aufzudecken, liegt die Bedeutung der neurophysiologischen Methoden im Nachweis funktioneller Veränderungen. Bildgebende und neurophysiologische Verfahren gewähren somit einander ergänzende Einblicke in Struktur und Funktion des Nervensystems. Bei Erkrankungen, die ohne gröbere morphologische Veränderungen verlaufen, wie z. B. viele Epilepsien, metabolische und hypoxische Enzephalopathien, besonders Immunneuropathien, sind ausschließlich elektrophysiologische Methoden in der Lage, aussagekräftige diagnostische und prognostische Befunde zu liefern.

9.1.1 Elektroenzephalographie (EEG)

EEG-Ableitungen erlauben die Aufdeckung globaler und herdförmiger zerebraler Funktionsstörungen und ermöglichen als einzige Untersuchungsmethode den Nachweis einer fokal oder generalisiert gesteigerten zerebralen Erregbarkeit und können Hinweise auf die Prognose verschiedener Hirnerkrankungen geben (Zschocke 1995).

Im Hirnstrombild gesunder Erwachsener dominiert meist eine okzipital akzentuierte Alpha-Aktivität um 10 Hz, während ab dem 50.–60. Lebensjahr bei manchen gesunden Personen eine Tendenz zur Verlangsamung des Grundrhythmus beobachtet wird, so dass Frequenzwerte von 7–8 Hz noch im Normalbereich liegen können, es sei denn, dass Vorableitungen eine höhere Frequenz aufwiesen.

Indikationen zur EEG-Diagnostik im Alter unterscheiden sich nicht wesentlich von denen im Erwachsenenalter, wobei die folgenden Einsatzgebiete dominieren:

- Metabolische Enzephalopathien (z. B. im Coma diabeticum, bei Niereninsuffizienz, Leberzirrhose, Elektrolytentgleisungen),
- Toxische Enzephalopathien (z. B. Vergiftung mit Schlafmitteln und Psychopharmaka),
- Hypoxischer Hirnschaden nach Reanimation,
- Epilepsien,
- Hirninfarkt, Hirnblutung, Hirntumor,
- Differentialdiagnose der Demenzen,
- Schlaf-Apnoe-Syndrom,
- EEG-Ableitungen in Narkose bei komatösen Zuständen.

Eine häufige Indikation für die EEG-Ableitung sind unklare Bewusstseinsstörungen, von der Somnolenz bis zum Vollbild des Komas. Sofern diesen eine metabolische Störung zugrunde liegt, wie z. B. eine Niereninsuffizienz, Leberzirrhose oder Elektrolytentgleisung, findet sich zunächst eine Grundrhythmusverlangsamung mit zuneh-

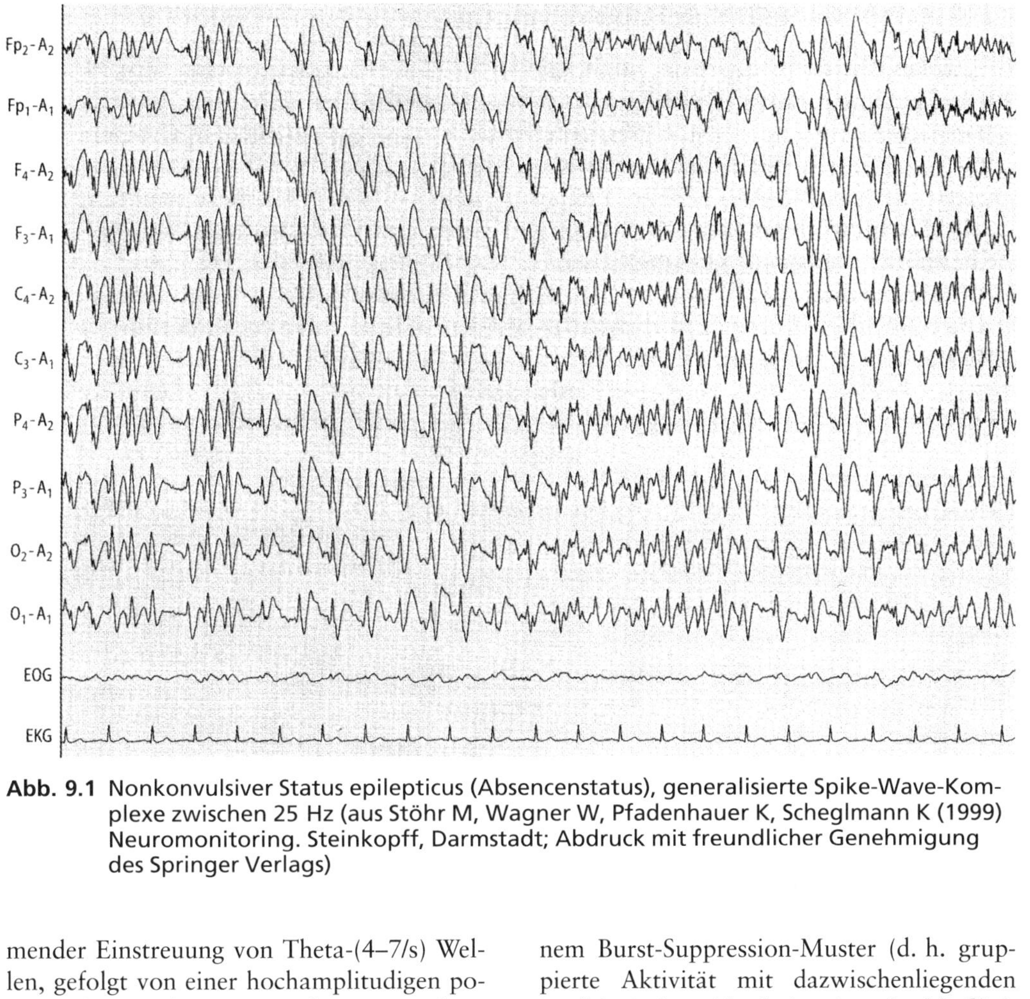

Abb. 9.1 Nonkonvulsiver Status epilepticus (Absencenstatus), generalisierte Spike-Wave-Komplexe zwischen 25 Hz (aus Stöhr M, Wagner W, Pfadenhauer K, Scheglmann K (1999) Neuromonitoring. Steinkopff, Darmstadt; Abdruck mit freundlicher Genehmigung des Springer Verlags)

mender Einstreuung von Theta-(4–7/s) Wellen, gefolgt von einer hochamplitudigen polymorphen Delta-(1–3/s) Aktivität. Relativ charakteristisch sind periodisch auftretende triphasische Potentiale oder Komplexe aus steilen langsamen Wellen in generalisierter Ausprägung (Stöhr und Kraus 2002). Auch bei diversen Intoxikationen lässt sich eine mit deren Ausprägung parallel laufende Grundrhythmus-Verlangsamung erkennen, während Vergiftungen mit Benzodiazepinen und Barbituraten typischerweise durch eine diffuse Alpha-Beta-Aktivierung (12–15/s) mit geringer oder fehlender Reaktion auf Außenreize charakterisiert sind. Erst mit zunehmender Komatiefe treten aber auch hier Theta- und Delta-Wellen auf, gefolgt von einem Burst-Suppression-Muster (d. h. gruppierte Aktivität mit dazwischenliegenden isoelektrischen Abschnitten) und schließlich einem Null-Linien-EEG.

Unverzichtbar ist das EEG bei der Erkennung eines non-konvulsiven Status epilepticus, der sich bei älteren Patienten oft in Form einer Bewusstseinstrübung oder eines Verwirrtheitszustandes manifestiert und häufig nicht erkannt wird. Je nachdem ob es sich um einen Status komplex-fokaler Anfälle oder um einen im Rahmen eines Benzodiazepinentzugs auftretenden Absencen-Status handelt, finden sich unterschiedliche EEG-Muster. Bei letzterem zeigt sich in der Regel eine eindrucksvolle bilateral synchrone 2–5 Hz Spike-Wave-Aktivität (**s. Abb. 9.1**).

In der Differentialdiagnose der Demenzen spielt das EEG besonders bei der Erkennung seltener Ursachen eine Rolle. Im Initialstadium des Morbus Alzheimer zeigt sich zunächst lediglich eine leichte Verlangsamung des Grundrhythmus, die mit zunehmender dementieller Entwicklung immer ausgeprägter wird. Wie auch bei chronisch vaskulären Enzephalopathien können herdförmige Veränderungen hinzutreten. Diagnostisch aufschlussreicher sind demgegenüber die Befunde bei der Creutzfeld-Jakob-Erkrankung in Form von periodischen triphasischen Wellen, die mit einer Frequenz von 1–2 Hz und in generalisierter Ausprägung erscheinen.
Patienten mit hypoxischer Hirnschädigung nach kardiopulmonaler Reanimation bieten weniger diagnostische als prognostische Probleme. Eine ungünstige Prognose kann unterstellt werden, wenn nach 8 h ein Null-Linien-EEG oder eine generalisierte epileptische Aktivität, bzw. nach 24 ein Burst-Suppression-Muster oder im weiteren Verlauf ein Alpha-Koma, d. h. frontal betonte Alpha-Aktivität ohne Reaktion auf Außenreize, besteht.
Eine vernachlässigte Aufgabe besteht in der adäquaten Narkosesteuerung im Alter, d. h. Überdosierungen der Narkotika zu vermeiden. Mit zunehmendem Alter findet sich nämlich eine Abnahme des Dosisbedarfs, sowohl um eine bestimmte Narkosetiefe zu erreichen, als auch um diese aufrechtzuerhalten. Verwendet man die bei Erwachsenen üblichen Dosen, erreichen ältere Patienten ein tieferes Narkosestadium mit den diesem immanenten Risiken. Vermutlich sind hierauf die häufigen postoperativen Gedächtnisstörungen zurückzuführen, was sich wohl in einem Teil der Fälle vermeiden ließe, da die fortlaufende Frequenzanalyse des EEG hilft, zu tiefe Narkosestadien zu vermeiden (Stöhr et al. 1999).
Für die Interpretation der Hirnstrombilder älterer Patienten gibt es keine prinzipiell andersartigen Richtlinien als bei Jüngeren. Man rechnet lediglich mit einer größeren noch im Normbereich liegenden Schwankungsbreite der Grundtätigkeit. So kann bei einem gesunden 80-Jährigen ein Grundrhythmus von 10 Hz ebenso normal sein wie einer von 7 Hz, so dass die Annahme einer pathologischen Verlangsamung nur im Verlauf oder bei Unterschreitung der 7 Hz-Grenze erfolgen sollte. Außerdem finden sich im Alter häufiger Einstreuungen von Theta-Wellen (4–7 Hz), denen zumindest bei bilateral symmetrischem Auftreten keine sicher pathologische Bedeutung zukommt.

9.1.2 Elektromyographie (EMG) und Neurographie (NG)

Zur Diagnostik neuromuskulärer Erkrankungen sind Ableitungen der Muskelströme (EMG) sowie Messungen der motorischen und sensiblen Nervenleitgeschwindigkeiten (NG) unverzichtbar. Die zum Einsatz kommenden Methoden und der Untersuchungsgang sind bei älteren und jüngeren Patienten identisch, während sich die Interpretation der erhobenen Befunde auf alterskorrigierte Normwerte stützen muss.
Indikationen für eine elektromyographische und neurographische Diagnostik umfassen eine Vielzahl neuromuskulärer Erkrankungen, aber auch einige zentralnervöse Leiden wie Tremor, Myoklonien, Spasmen und Dystonien (Stöhr 2005):

- Enpasssyndrome (z. B. Karpaltunnel-Syndrom, Ulnaris-Kompressions-Syndrome, Meralgia paraesthetica),
- Nervenverletzungen,
- Nervenwurzelläsionen (zervikal und lumbosakral),
- Fazialisparesen (z. B. idiopathisch, Borreliose, Zoster oticus),
- Polyneuropathien,
- Vorderhornerkrankungen (amyotrophe Lateralsklerose, Post-Polio-Syndrom),

- Myopathien (z. B. Polymyositis, Myasthenia gravis, endokrine Myopathien),
- Blasen-Mastdarm- und Sexualfunktionsstörungen,
- Zentralnervöse Erkrankungen (z. B. Dystonien, Blepharospasmus, Tremor, Myoklonien).

Aus der Vielzahl der Indikationen sollen einige der bevorzugt bei älteren Patienten auftretenden Erkrankungen näher besprochen werden. Hierzu zählen die im höheren Alter gehäuft vorkommenden Polyneuropathien (PNP, s. Kap. 28) mit meist distal- und beinbetonten Sensibilitätsstörungen und Paresen. Wie aus **Tab. 9.1** hervorgeht, lassen sich Polyneuropathien aufgrund unterschiedlicher morphologischer Veränderungen und deren Lokalisation in 8 Untergruppen unterteilen, innerhalb derer nach der jeweiligen Ursache gefahndet werden kann. Die wichtigste mittels neurophysiologischer Messungen mögliche Differenzierung ist die zwischen einer zugrundeliegenden **Axondegeneration** und einer **Demyelinisierung** (fokaler oder systematischer Markscheidenverlust). Erstere führt zum Verlust motorischer und/oder sensibler Nervenfasern, was zur Amplitudenerniedrigung der motorischen und sensiblen Antwortpotentiale führt. Darüberhinaus gelingt in der Nadel-Elektromyographie der Nachweis sogenannter Denervierungspotentiale, sowie eines gelichteten Aktivitätsmuster bei maximaler Willkürinnervation in Folge eines Verlustes motorischer Einheiten. Dieser Schädigungstyp liegt u. a. der alkoholischen PNP – vielen zytostikainduzierten PNP und einigen hereditären Formen – zugrunde.

Eine im Vordergrund stehende Demyelinisierung führt einerseits zur Herabsetzung der motorischen und sensiblen Nervenleitgeschwindigkeiten (NLG), andererseits – besonders im akuten Stadium – zu einem partiellen Leitungsblock, d. h. zur Blockierung einlaufender Impulse am Läsionsort. Damit ist das motorische Antwortpotential bei einer Nervenstimulation proximal der Läsion deutlich niedriger, als bei Reizung distal davon. Von besonderer Bedeutung sind derartige Leitungsblockierungen beim Nachweis einiger Immunneuropathien (Guillain-Barré-Syndrom, multifokale motorische Neuropathie, Gammopathie-assoziierte Formen). Unter den Polyneuropathien vom demyelinisierenden Typ sind von größter diagnostischer Bedeutung die diabetische und urämische PNP, bei denen Leitungsverzögerungen distal betont und symmetrisch auftreten. Wegen der therapeutischen Konsequenz noch wichtiger sind die akuten und chronischen Immunneuropathien, die sich durch multisegmentale Prozesslokalisation auszeichnen. Sofern diese proximale Nervenabschnitte betreffen sind konventionelle neurographische Techniken vielfach unergiebig und müssen ergänzt werden durch die F-Wellen-Diagnostik, die Hochvoltstimulation und motorisch evozierte Potentiale.

Vorderhornerkrankungen treten vorwiegend bei älteren Menschen auf, so das Post-Polio-Syndrom, das sich meist erst Jahrzehnte nach der akuten Polio-Infektion mit fortschreitenden Lähmungen manifestiert. Die amyotrophe Lateralsklerose (ALS) führt nicht nur zur Degeneration peripherer sondern auch zentraler Motoneurone mit entsprechender Kombination periphere (schlaffer) und zentraler (spastischer) Lähmungen. Mittels neurophysiologischer Techniken lassen sich beide Manifestationen nachweisen, wobei der elektromyographische Nachweis von Faszikulationen und Denervierungspotentialen am wichtigsten ist. Um den systematischen Charakter der Erkrankung zu sichern, müssen die genannten Formen von pathologischer Spontanaktivität in mindestens drei der folgenden Etagen nachgewiesen werden: Motorischer Hirnnervenbereich (Zunge oder M. masseter) zervikale, thorakale und lumbosakrale Segmente. Am ergiebigsten sind dabei Ableitungen aus distalen

Tab. 9.1 Unterteilung der Polyneuropathien in Abhängigkeit von Schädigungstyp, Prozesslokalisation und betroffener Faserpopulation

Morphologie:	**Demyelinisierung**			**Kombination aus Demyelinisierung und Axondegeneration**	**Axondegeneration**			
Lokalisation des Prozesses	systemisch (distal betont)		segmental	systemisch (distal)	neuronal (Nervenzellen)		Axon (distal)	fokal (multifokal)
Betroffene Faser population:	Gemischt (sensomotorisch)	sensibel	Motorisch mehr als sensibel	gemischt (sensomotorisch)	motorisch	sensibel	gemischt	gemischt
Wichtige Formen:	HMSN I & II (neurale Muskelatrophie)	Anfangsstadien von diabetischer Polyneuropathie	Guillain-Barré-Syndrom, chronische Polyradikulitis, Gammopathien, multifokale motorische Neuropathie, AIDS (Frühstadium)	Diabetes, Urämie	Spinale Muskelatrophie	Friedreich, HSN, akute sensible Neuropathie, Cisplatin, Neoplasmen	Intoxikationen (Alkohol), HSMN II AIDS (Spätstadium), Porphyrie, Amyloidose	Diabetische Schwerpunktneuropathie, Kollagenosen, Lepra, AIDS, Borreliose

Arm- und Beinmuskeln, sowie aus der thorakalen paravertebralen Rückenmuskulatur (Stöhr 2005).

Bei der Interpretation neurographischer Messungen empfiehlt sich die Verwendung alters-korrelierter Normwerte (Ludin 1993) wie sie in **Abb. 9.2 und 9.3** dargestellt sind.

Generell gilt, dass es mit zunehmendem Alter zu einem (physiologisch) progredienten Verlust motorischer und sensibler Axone innerhalb des PNS kommt, so dass die motorischen und sensiblen Antwortpotentiale einer gleichsinnigen Amplitudenerniedrigung unterliegen. Da von diesem Prozess bevor-

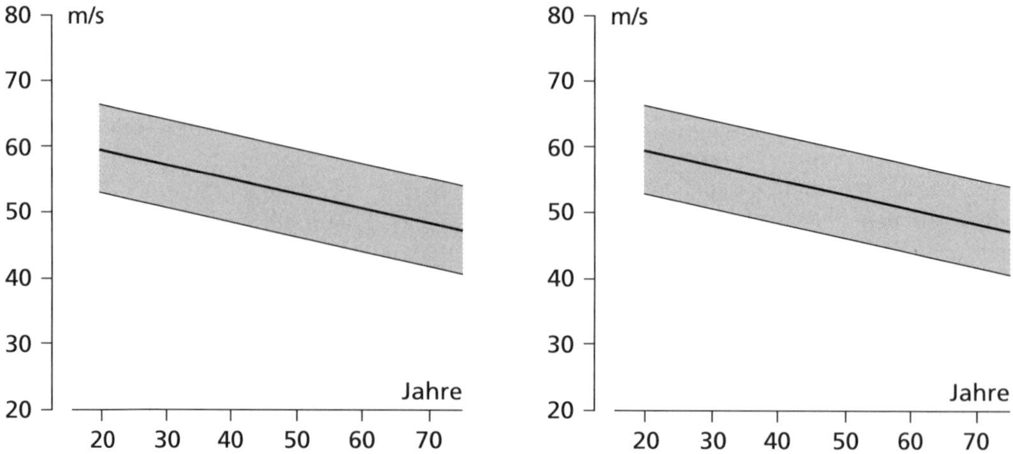

Abb. 9.2 N. medianus. Altersabhängige Normbereiche der NLG, links: motorische NLG Ellenbogen-Handgelenk, rechts: sensible NLG Handgelenk-D II (orthodrom)

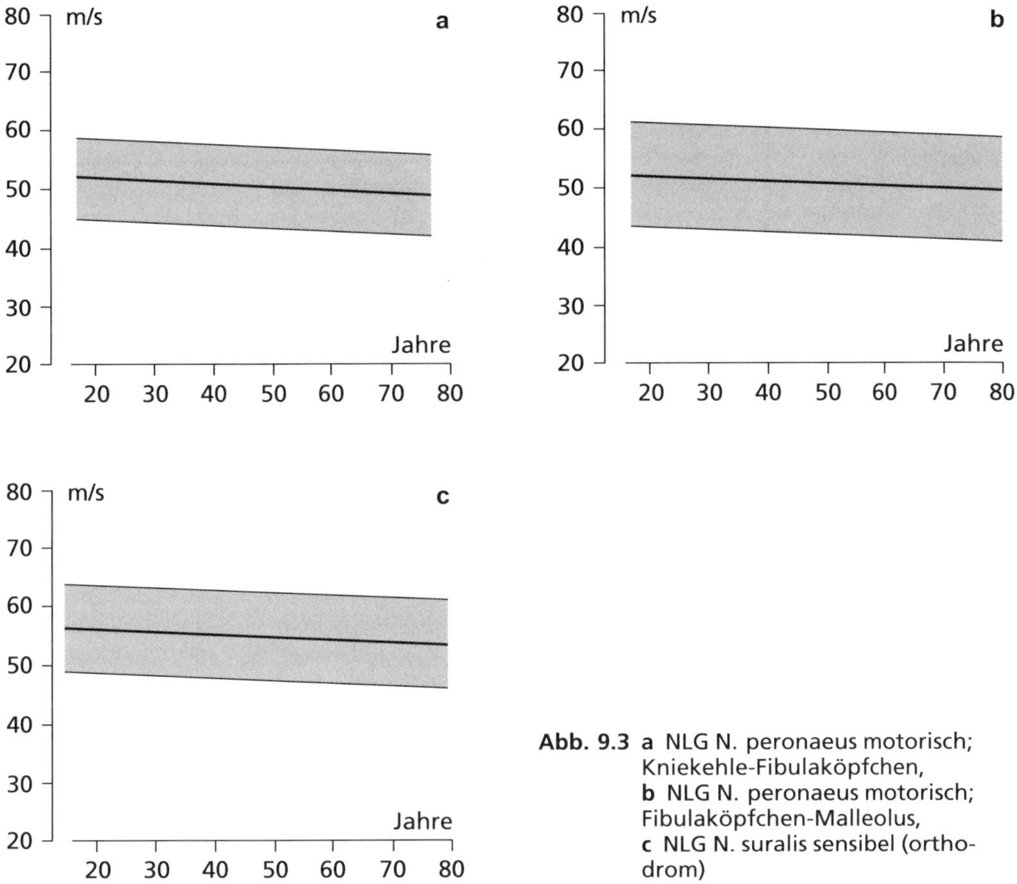

Abb. 9.3 **a** NLG N. peronaeus motorisch; Kniekehle-Fibulaköpfchen, **b** NLG N. peronaeus motorisch; Fibulaköpfchen-Malleolus, **c** NLG N. suralis sensibel (orthodrom)

zugt die schnell leitenden Axone betroffen sind, resultiert daneben eine leichte Abnahme der motorischen und sensiblen Nervenleitgeschwindigkeiten.

Von manchen Autoren (Rivner et al. 2001) wird ein Verlust des motorischen Antwortpotentials im M. extensor digitorum brevis sowie ein fehlendes Nervenaktionspotentials des N. suralis als altersphysiologischer Befund angesehen. Auch wenn man diese Ansicht nicht teilt, ist unbestritten, dass die Befundinterpretation mit zunehmendem Alter immer zurückhaltender erfolgen muss, um falsch-pathologische Befunde zu vermeiden.

9.1.3 Evozierte Potentiale

Evozierte Potentiale sind sinnesspezifische Antworten der primären sensorischen Großhirnrindenareale auf sensible, akustische, bzw. visuelle Reize, die Informationen über die Funktionsfähigkeit der einzelnen Sinnesbahnen liefern. Bei Applikation elektrischer Reize an Arm- oder Beinnerven lassen sich zusätzliche Antwortpotentiale über den peripheren und spinalen Anteilen der somatosensiblen Leitungsbahnen registrieren, so dass auch diese Abschnitte überprüft werden können. Bei den motorisch evozierten

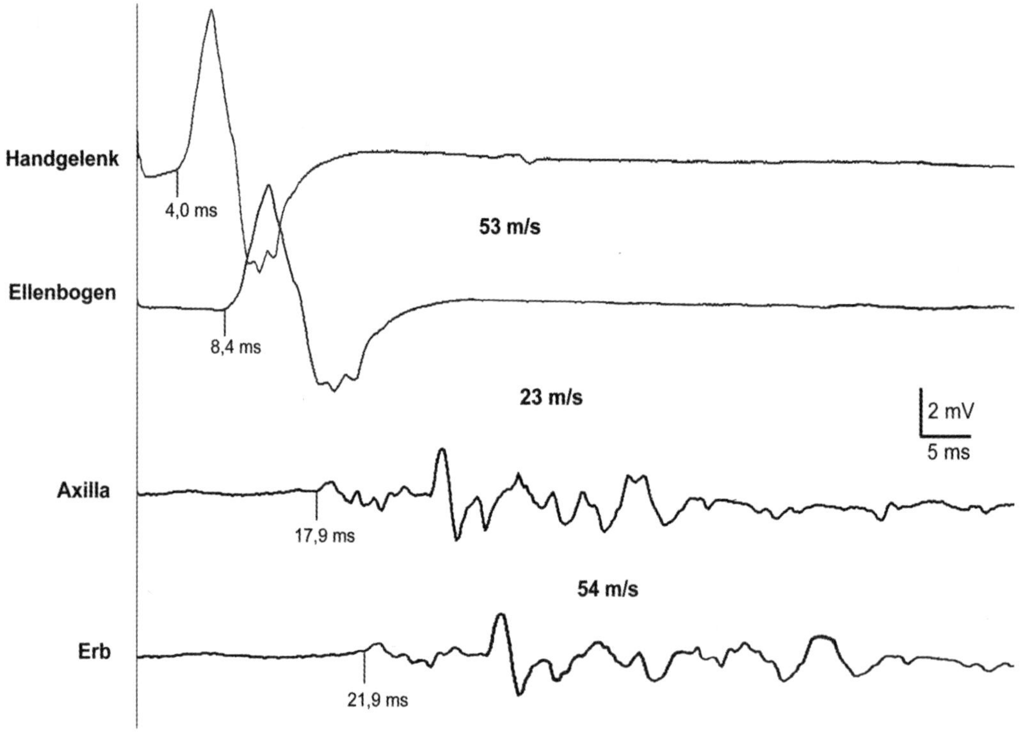

Abb. 9.4 NLG des N. medianus motorisch. Hochgradig reduzierte NLG zwischen Ellenbogen und Axilla, zugleich ausgeprägte Leitungsdispersion als Befund der fokalen Demyelinisierung. Immunneuropathie vom MADSAM-Typ „Lewis Sumner"

Potentialen erfolgt die Stimulation mittels Magnetspule über der primären motorischen Rinde (und ggf. zusätzlich im Bereich zervikaler bzw. lumbosakraler Nervenwurzeln) und die Ableitung von einem Gesichts-, Arm-, oder Beinmuskel (Stöhr et al. 2005).
Indikationen für die Messung evozierter Potentiale ergeben sich bei einer Vielzahl von Erkrankungen des ZNS und des PNS:

- Frühe akustisch evozierte Potentiale (FAEP): Akustikusneurinom, Hirnstammprozesse, „Einklemmung", Hirntod,
- Motorisch evozierte Potentiale (MEP): multiple Sklerose. Myelopathien, Immun-Neuropathien mit proximaler Schwerpunktbildung,
- Somatosensibel evozierte Potentiale (SEP): multiple Sklerose, Myelopathien, Intensivmonitoring, Sepsisenzephalopathie, Prognostik schwerer Hirnschäden, Hirntod,
- Visuell evozierte Potentiale (VEP): Optikusneuritis, multiple Sklerose, Chiasmaläsionen.

Spätmanifestationen einer multiplen Sklerose verlaufen öfters unter dem Bild einer schleichend progredienten spastischen Paraparese. Hierbei liefern die mittels MEP und SEP nachweisbaren Leitungsverzögerungen in den entsprechenden Rückenmarksbahnen entscheidende diagnostische Hinweise.
Wie bereits im EMG-Kapitel ausgeführt, besteht eine wichtige diagnostische Aufgabe darin, aus der Vielzahl der Polyneuropathiepatienten die gut behandelbaren Immunneuropahien heraus zu filtern (s. Kap.

28), wozu sich die mittels Magnet- und besonders Hochvoltstimulation evozierten motorischen Reizantworten (MEP) hervorragend eignen (**s. Abb. 9.4**).

Eine große Bedeutung besitzen die evozierten Potentiale in der Intensivmedizin. So erleiden viele ältere Patienten vor allem nach Herz- und Bauchoperationen eine Sepsis, die ihrerseits das kombinierte Auftreten einer Critical-illness-Polyneuropathie und einer Sepsisenzephalopathie zur Folge haben kann. Bei dieser nicht seltenen Konstellation zeigt die SEP-Ableitung nach N.-medianus-Stimulation eine Erniedrigung der Reizantwort vom Erb-Punkt (Armplexus) als Hinweis auf die axonale Polyneuropathie. Überraschenderweise ist das kortikale Antwortpotential nicht gleichsinnig erniedrigt, sondern im Gegenteil oft amplitudengesteigert, bis hin zur Ausbildung von Riesenpotentialen, wobei diese Riesenpotentiale sich parallel zur klinischen Besserung normalisieren. Dieser Befund deutet auf eine bevorzugte Schädigung inhibitorischer Neuronenverbände hin (**s. Abb. 9.5**).

Zahlreiche ältere Patienten mit Herzerkrankungen oder Asthma bronchiale erfahren im Lauf ihrer Erkrankung eine kardiopulmonale Reanimation, die vielfach keine ausreichende zerebrale Zirkulation sichern kann, so dass eine hypoxische Hirnschädigung resultiert. Hier ist eine rasche und zuverlässige prognostische Einschätzung wünschenswert, wobei klinische und EEG-Kriterien im Einzelfall nicht die erforderliche absolute Sicherheit gewährleisten (Stöhr et al. 2005). Dem gegenüber erlauben SEP-Befunde bereits in der Frühphase eine sichere Prognose, insofern der bilaterale Verlust der kortikalen Reizantworten eine infauste Prognose beweist, so dass die Weiterbehandlung auf der Intensivstation beendet werden kann.

Von den VEP-Latenzen wissen wir, dass sie im Alter leicht zunehmen, ansonsten stehen aber für die Interpretation der evozierten Potentiale keine alterskorrelierten Normwerte zur Verfügung. Aus den oben beschriebenen neurographischen Veränderungen im Alter lässt sich jedoch ableiten, dass die MEP und SEP-Latenzen in den peripheren Abschnitten eine leichte Latenzzunahme zeigen, so dass geringe Überschreitungen der gängigen Normwertgrenzen toleriert werden sollten. Im Bezug auf die Amplituden gilt die Regel, dass die peripheren und spinalen Reizantworten niedriger werden, während die kortikalen Potentiale mit normaler Größe registriert werden können.

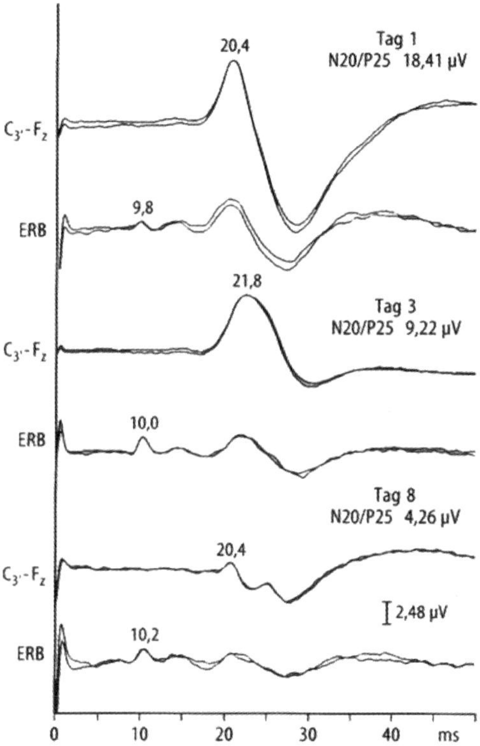

Abb. 9.5 SEP im Verlauf einer schweren Sepsis, dargestellt sind die kortikalen Reizantworten (obere Spur) und die Reizantworten über Erb (untere Spur) am Tag 1, 3, 8. Das kortikale Riesenpotential am Tag 1 bildet sich parallel zur klinischen Besserung bis zum Tag 8 zurück (aus Stöhr M, Wagner W, Pfadenhauer K, Scheglmann K (1999) Neuromonitoring. Steinkopff, Darmstadt; Abdruck mit freundlicher Genehmigung des Springer Verlags)

9.2 Lumbalpunktion und Liquordiagnostik

Frank Erbguth

Einleitung

Zu den wichtigsten neurologischen Untersuchungsverfahren gehört die liquorchemische, mikrobiologische und zytologische Beurteilung des Liquor cerebrospinalis nach Lumbalpunktion (LP). Sie dient sowohl dem Ausschluss als auch der Bestätigung neurologisch relevanter Pathomechanismen wie Entzündung, Infektion, Subarachnoidalblutung, intrakranielle Druckerhöhung, oder neoplastischer meningealer Infiltration. Indikationen für eine therapeutische LP sind die Druckentlastung bei Normaldruckhydrozephalus und die intrathekale Medikamentengabe. Bei einer täglichen Produktion von ca. 500 ml Liquor in den Plexus der Ventrikel beträgt die Gesamtliquormenge nur ca. 150–170 ml, was einem „Liquor-Turnover" von 3- bis 4-mal pro Tag entspricht. Die Resorption findet in den Pachioni-Granulationen der Konvexität statt. Bei einer intakten Blut-Liquor-Schranke gelangen Proteine und Zellen aus dem Blut nur in geringem Ausmaß in den Liquor, so dass der Serumproteingehalt um den Faktor 100–200 höher ist, als der Liquorproteingehalt (Fishman 1992). Unter pathologischen Bedingungen können aber bei gestörter Blut-Liquor-Schranke Serumproteine und Zellen in verstärktem Maße in den Liquor penetrieren oder es können Proteine und Zellen bei Entzündungen im Liquorraum gebildet werden (z. B. intrathekale bzw. autochthone Produktion spezifischer Antikörper gegen Erreger). Aus diesen Befunden und ihren Konstellationen ergeben sich wichtige diagnostische Aussagen. **Altersspezifika** bestehen für die Durchführung der Lumbalpunktion, die im Alter aufgrund degenerativer Veränderungen oder Voroperationen häufig erschwert ist und für einzelne Liquorparameter wie beispielsweise das Gesamtprotein oder den Liquor-Serum-Albumin-Quotienten, deren Referenzwerte im Alter erhöht sind.

9.2.1 Lumbalpunktion

Punktionsort

Grundsätzlich ist anstelle einer Lumbalpunktion auch eine mediale oder laterale (Höhe C1/C2) **Subokzipitalpunktion** möglich, die bei schwer degenerativen LWS-Veränderungen im Alter oft technisch sogar einfacher durchführbar ist. Allerdings ist sie aufgrund ihrer höheren Komplikationsmöglichkeiten streng zu indizieren und darf nur vom Erfahrenen durchgeführt werden. Für die **Lumbalpunktion** sind alle Punktionshöhen kaudal des Conus medullaris – also ab LWK 2 – möglich, wobei die häufigste Punktionshöhe der Zwischenraum der Dornfortsätze LWK3/4 ist, der sich auf der Verbindungslinie der Beckenkämme anatomisch leicht identifizieren lässt. Üblicherweise wird beim gekrümmt sitzenden oder liegenden Patienten zwischen zwei Dornfortsätzen in der Mittellinie streng sagittal mit leicht nach kranial gerichteter Nadelführung punktiert. Bei älteren Patienten ist aufgrund degenerativer LWS-Veränderungen oder Voroperationen mit Fremdmaterial eine mediane Punktion oft frustran. Dann ist unter Röntgen-Durchleuchtung eine **paramediane Punktionstechnik** notwendig, die den Vorteil hat, dass sie keine Krümmung des Rückens voraussetzt und daher gut in Bauchlage unter Durchleuchtung durchgeführt werden kann.

Kontraindikationen

- **Hirndruck (deutliche Erhöhung):** In manchen Fällen ist allerdings eine Abwägung zu treffen zwischen einer vital notwendigen diagnostischer Information mit therapeutischen Konsequenzen. Bei diffuser Gehirnschwellung ohne Kompression der basalen Zisternen ist eine LP oft noch möglich. Gerade im höheren Lebensalter ist eine Funduskopie bei bewusstseinsgetrübten Patienten als Indikator für einen erhöhten Hirndruck unsicher und muss durch eine zerebrale Bildgebung ersetzt werden. Sofern wegen Hirndrucks eine externe Liquordrainage notwendig wird – z. B. ätiologisch unklare akute hydrozephale Konstellation mit Bewusstseinstrübung – kann die Liquordiagnostik aus dem zu gewinnenden Ventrikelliquor erfolgen. Bei bewusstseinsklaren Patienten kann vor der LP auf eine zerebrale Bildgebung – wenn diese ausschließlich zum Ausschluss von Hirndruck durchgeführt werden müsste – verzichtet werden.

- **Erhöhtes Blutungsrisiko:** bei Gerinnungsstörungen (Thrombozyten <40 000 µl, Quick <50 %, PTT >60 sec.) oder Antikoagulation ist eine LP kontraindiziert.
- **Purulente Infektionen im Punktionsbereich:** wenn sichtbare Hautinfektionen oder vordiagnostizierte tiefer im Gewebe liegende infizierte Bereiche oder Abszesse auf dem Punktionsweg nicht umgangen werden können, ist eine LP wegen der Verschleppungsgefahr von Keimmaterial kontraindiziert.

Komplikationen

Insgesamt ist die LP bei Beachtung der o. g. Kontraindikationen und Asepsis ein risikoarmer Eingriff. Häufigste Komplikation ist das durch Liquorverlust und -unterdruck ausgelöste **postpunktionelle Kopfschmerzsyndrom** (Häufigkeit: Sprotte-Kanüle = ca. 5 %, Quincke-Kanüle = ca. 30 %), welches sich typischerweise beim Aufrichten deutlich verstärkt. Es tritt meist innerhalb der ersten zwei Tage nach Punktion auf und klingt innerhalb von 4–5 Tagen ab. Die Therapie entspricht der eines Liquorunterdrucksyndroms mit Flüssigkeitszufuhr, Koffein, Theophyllin, evtl. Kortikosteroiden oder bei Persistenz einer epiduralen Eigenblutinjektion.

Selten treten **Blutungen** oder **Infektionen** im Bereich des Stichkanals auf oder schlimmstenfalls eine **eitrige Meningitis** (<0,1 %). **Hirnnervenstörungen** (beschrieben: N. III, IV, V, VI, VII, VIII) innerhalb der ersten Tage nach LP sind beschrieben und remittieren meistens nach spätestens 6 Wochen spontan. Besonders nach wiederholten Punktionen (z. B. bei älteren Patienten wegen eines Normaldruckhydrozephalus) kann sich ein chronisches **Subduralhämatom** ausbilden. Möglich ist auch eine unbeabsichtigte **Spinalanästhesie** durch zu tiefe Injektion des Lokalanästhetikums.

Vorbereitung und Durchführung der LP

Nach Ausschluss der genannten Kontraindikationen und Aufklärung des Patienten werden die notwendigen Materialien bereitgelegt: atraumatische Kanüle („Sprotte-Nadel") mit 20/22 G, 8–10 cm lang, evtl. geschliffene Ersatzkanüle („Quincke-Nadel") bei erfolgloser Punktion aufgrund degenerativer Erkrankung mit der „Sprotte-Nadel", unsterile und sterile (Mikrobiologie) Liquorröhrchen, Hautdesinfektionsmittel, sterile Handschuhe, je nach Hygienevorschrift evtl. steriles Abdecktuch, Lokalanästhetikum mit Spritze und Kanüle.

- **Medialer Zugang:** Nach der Lagerung (sitzend oder liegend mit angezogenen Beinen) Markierung der Einstichstelle, anschließend Applikation der Lokalanästhesie (bei Verwendung von Sprotte-Nadeln zur Hautpenetration nötig, wenn kein Trokar verwendet wird) mit gleichzeitiger Sondierung der Nadelpassage zwischen den Dornfortsätzen. Punktionsnadel etwa mit einem Winkel von 10–20° abweichend von der Senkrechten Richtung kranial parallel zur Dornfortsatzreihe vorschieben.
- **Paramedianer Zugang:** Punktion ca. 1–2 cm seitlich der Dornfortsätze, mit Vor-

Tab. 9.2 Normwerte und Altersabhängigkeit der Liquorbasiswerte

Parameter	Normwert	Liquor-/Serum-Quotient	altersabhängig
Zellzahl	<5/µl		Nein
Liquoreröffnungsdruck	5–20 cmH_2O		Nein
Gesamtprotein	150–500 mg/l		Ja
Glukose	50–80 % der Serumglukose		Nein
Laktat	1,1–1,9 mmol/l		Nein
Albumin	<0,29 g	<9–10-mal 10^3	Ja
IgG	20–40 mg/l	<5-mal 10^3	Ja
IgA	1,5–6 mg/l	<3,5-mal 10^3	Ja
IgM	<1,0 mg/l	<0,8-mal 10^3	Ja
Oligoklonale Banden	keine		Nein
Erregerdiagnostik	unauffällig		Nein

schieben der Kanüle lateral der Lig. interspinalia; Durchstechen der paraspinalen Rückenmuskulatur und Erreichen des Lig. flavum. Weiteres Vorgehen wie bei medialem Zugang.

- Nach sichtbarem Liquorrückfluss evtl. bei entsprechender Fragestellung (z. B. Frage nach Pseudotumor cerebri) Messung des Liquoreröffnungsdrucks mittels ZVD-Messsystem.
- Abtropfen des Liquors in die entsprechenden Analyseröhrchen; erste Tropfen bei blutiger Tingierung verwerfen; entnehmbar sind maximal 15 ml (außer beim Normaldruckhydrozephalus mit dann jeweils 30–50 ml); Kanülenentfernung.

Zur **Vermeidung des postpunktionellen Kopfschmerzes** (s. o.) hat sich in Studien bewährt (Engelhardt 1992, Evans et al. 2000, Müller et al. 1994, Strupp et al. 1998, Strupp et al. 2001):

- die Verwendung möglichst dünnkalibriger Kanülen,
- die Verwendung atraumatischer Kanülen („Sprotte-Nadeln") statt geschliffener Kanülen („Quincke-Nadeln") (ca. 30 % vs. ca. 5 % postpunktionelle Syndrome),
- Die Re-Insertion des steril gehaltenen Mandrins vor Entfernung der Punktionskanüle.

Zu beachten sind etwaige zeitkritische Transport- und Lagerungsbedingungen des Liquors für bestimmte Untersuchungen (z. B. Zytologie <30 min., zügiges Einfrieren z. B. für manche Proteinbestimmungen). Zur Basisdiagnostik des Liquors gehören: Inspektion (z. B. trüb, blutig) und Bestimmung von Zellzahl, Zellbild, Liquorglukose, Liquorlaktat, Gesamtprotein, Albumin, IgA, IgM und IgG sowie oligoklonaler Immunglobulinbanden **(s. Tab. 9.2)** (Thompson 1995, Zettl et al. 2005).

9.2.2 Liquordiagnostik

Die Normwerte im lumbalen Liquor (different vom subokzipital oder ventrikulär gewonnenen Liquor) und etwaige Altersabhängigkeiten sind in **Tab. 9.2** zusammengestellt.

Andere in höherem Alter ansteigende Normwerte gibt es auch für Angiotensin-Converting-Enzym (ACE), Neuronenspezifische Enolase (NSE) und β2-Mikroglobulin.

Der Liquoreröffnungsdruck ist z. B. bei Pseudotumor cerebri („beninge intrakranielle Hypertension") erhöht und bei Liquorunterdrucksyndromen erniedrigt.

Die **Zellzahl** wird visuell in der Fuchs-Rosenthal-Zählkammer (Volumen = 3,2 µl) bestimmt – die Zellzahl sollte möglichst nicht mehr in „Drittelzellen", sondern als „Zellen pro µl" angegeben werden. Durch Zugabe Samson-Lösung lassen sich bereits orientierend Granulozyten und Lymphozyten unterscheiden. Bei Blutbeimengung kann anhand des Blutbildes und der Erythrozytenzahl im Liquor kalkuliert werden, wie viele Leukozyten durch die Blutbeimengung im Liquor „erklärbar" sind.

Für die **zytologische lichtmikroskopische Beurteilung** werden die Zellbestandteile von 0,5–1,0 ml Liquor in einer Sayk-Sedimentierkammer oder per Zytozentrifuge auf einem Objektträger konzentriert, getrocknet und anschließend gefärbt. Auch bei 0 Zellen/µl ist durch die Anreicherung meist eine Beurteilung von Zellen möglich. Die meisten Fragestellungen lassen sich mit der zweistufigen Pappenheim-Färbung (May-Grünwald plus Giemsa) beantworten; bestimmte **Färbungen** zielen auf Zusatzinformationen z. B. Gram-Färbung zur Bakteriendifferenzierung, Ziehl-Neelsen-Färbung zum Nachweis säurefester Stäbchen, Berliner-Blau-Eisenfärbung zum Nachweis von Siderophagen nach SAB, Tuschefärbung bei Mykosenverdacht oder PAS-Färbung zur Diagnostik des zerebalen M. Whipple. Durch den Einsatz **monoklonaler Antikörper** lassen sich bestimmte Antigene identifizieren insbesondere maligne Zellen. Die **Durchflusszytometrie** findet beim Verdacht auf eine leukämische oder lymphatische Meningeosis Anwendung; Immunfärbungen kommen zur Lymphozyten- oder Tumorzelldifferenzierung zum Einsatz.

Normale Zellbestandteile im Liquor sind neben vereinzelten Ependym- oder Plexuszellen Lymphozyten und Monozyten ohne Aktivierungszeichen – jedoch keine Granulozyten (außer bei artifizieller Blutbeimengung). Monozyten und Lymphozyten können aktiviert sein (zytoplasmatische Vakuolen bzw. basophiles Zytoplasma); es können Phagozytosematerial der Makrophagen (z. B. Lipophagen, Erythrophagen, Siderophagen) oder Plasmazellen erkennbar sein (lockerer Kern mit Radspeichenstruktur und perinukleärem Hof). Die jeweiligen zytologischen Muster erlauben vor allem Unterscheidungen und Beurteilungen hinsichtlich:

1. Akuität und Art von Entzündungen,
2. Alter und Resorptionsphasen von Subarachnoidalblutungen und
3. Beimengung und Typisierung maligner Zellen.

Liquorchemie

Die Referenzwerte für **Glukose und Laktat** gelten auch im höheren Alter und sind bei bakteriellen Entzündungen und malignen Zellen erniedrigt bzw. erhöht.

Proteindiagnostik: Die Werte des Gesamtprotein sind im Alter höher und liegen vorwiegend im oberen Grenzbereich von 300–500 mg/l. Gut erfasst ist die Altersabhängigkeit der Funktion der Blut-Liquor-Schranke auch anhand des Liquor-Serum-Quotienten für Albumin (Q_{Alb}). Da altersbedingt die Liquorproduktion und die Liquorflussgeschwindigkeit abnehmen, steigt der Q_{Alb}-Wert (bis 10-mal 10^3) im Alter an und wird nach der Formel kalkuliert: $Q_{Alb} = 4 + (Alter/15)$; damit liegt der Wert für einen 30-Jährigen bei 6-mal 10^3, aber für einen 90-Jährigen bei 10-mal 10^3. Die Proteindiagnostik ermöglicht Aussagen über Schrankenstörungen und/oder intrathekale Proteinsynthesen durch den Vergleich der Liquor-Serum-Quotienten unterschiedlicher Immunglobuline mit dem Q_{Alb} als Maß der

Schrankenfunktion. Anschaulicher als die Tabellierung der Normwerte ist die Darstellung im Diagramm nach Reiber („Reiber-Schema"), in dessen Beurteilung auch die Altersabhängigkeit der Blut-Liquor-Schrankenfunktion einfließt.

Die Trennung der **oligoklonalen Gammaglobuline** mittels isoelektrischer Fokussierung dient dem eventuellen Nachweis von mehreren klonalen scharfen Banden im Liquor, die im Serum fehlen und somit eine intrathekale Immunreaktion beweisen. Sie kommen typischerweise bei autoimmunen (z. B. MS) und erregerbedingten (z. B. Borreliose) Entzündungsprozessen vor.

Mikrobiologische Bestimmungen umfassen mikroskopische oder kulturelle Erregernachweise sowie Antikörperbestimmungen einschließlich Antikörperspezifitätsindex (ASI) zwischen Liquor und Serum (in der Regel bei >2 beweisend für eine intrathekale Antikörpersynthese). Bei der Diagnose der Herpes- oder Tuberkuloseenzephalitis kommen PCR-Verfahren zum Einsatz.

9.3 Gefäßultraschall

Marek Jauss und Manfred Kaps

Einleitung

Um einen Bezug zu klinischen Entscheidungen mit Hilfe von Ultraschall herzustellen, erfolgt, nach einer kurzen Erläuterung der Untersuchungsverfahren, die Gliederung entsprechend der Bedeutung pathologischer Untersuchungsbefunde in unterschiedlichen Behandlungsphasen von zerebrovaskulären Erkrankungen.

9.3.1 Untersuchungsverfahren

Extrakranielle Dopplersonographie

Zur dopplersonographischen Darstellung der extrakraniellen hirnversorgenden Arterien werden Ultraschallsysteme verwendet, welche mit einer Stiftsonde nach dem Continous-Wave-Prinzip arbeiten (CW-Doppler). Dabei werden bei kontinuierlicher Schallemission alle im Schallstrahl befindlichen bewegten Objekte erfasst, so dass nahe nebeneinander liegende Gefäße nicht gut differenziert werden können. Während ältere Geräte die Differenz zwischen dem ausgesendeten und empfangenen Ultraschallsignal als Schallsignal im hörbaren Frequenzbereich im Lautsprecher mit zusätzlicher Darstellung in Form der Hüllkurve wiedergeben, erfolgt bei allen heutzutage erhältlichen Geräten zusätzlich eine Darstellung des Frequenzspektrums im zeitlichen Verlauf.

Transkranielle Dopplersonographie

Die dopplersonographische Darstellung der intrakraniellen Arterien war erst nach der Entwicklung der Pulsed-Wave-Technik (PW-Doppler) möglich. Dabei wird das Signal intermittierend in kurzen Pulspaketen ausgesendet. Da Schallwellen je nach Entfernung Ihres Reflexionsortes unterschiedliche Laufzeiten haben, kann durch eine selektive Öffnung des Empfangsfilters die Messtiefe selektiv festgelegt werden. Da die Sondenpositionierung auf dem Knochenfenster im Bereich der Temporalschuppe für alle intrakraniellen Gefäße mit Ausnahme der A. basilaris identisch ist, muss durch Auswertung von Flussrichtung und Messtiefe die Zuordnung des Dopplersignals zu den jeweiligen intrakraniellen Gefäßen erfolgen. So kann die **A. cerebri media** in 55 mm Tiefe mit einem Flusssignal mit Flussrichtung auf die Sonde zu gemessen werden, die **A. cerebri anterior** wird bei 65 mm Tiefe dargestellt von der Sonde weg verlaufend. Die **A. cere-**

bri posterior kann im proximalen Abschnitt bei etwa 60 mm dargestellt werden (auf die Sonde zu) und im distalen Abschnitt in der gleichen Tiefe mit Flussrichtung von der Sonde weg. Die Identifikation dieses Gefäßes kann durch Darstellung der Flussverminderung nach Augenschluss des Untersuchten erfolgen. Die **A. basilaris** wird durch transnuchale Beschallung, also durch das Foramen magnum hindurch, dargestellt. Mit dieser Methode können z. B. umschriebene intrakranielle Gefäßstenosen dargestellt oder kompensatorische Flussveränderungen im Circulus willisi nachgewiesen werden.

Eine Einschränkung ergibt sich aus der Tatsache, dass bei etwa 10 % der Untersuchten, mit zunehmender Häufigkeit im Alter, die Temporalschuppe für Ultraschall nicht ausreichend penetrabel ist. Um diese Schwierigkeit zu umgehen, wurden lungengängige Ultraschallkontrastmittel entwickelt, welche in nahezu allen Fällen eine Gefäßdarstellung ermöglichen (Gerriets et al. 1999). Kommerziell sind in Deutschland die Präparate Levovist® (Schering, Berlin) und Sonovue® (Altana Pharma, Konstanz) verfügbar. Sonovue® erzielt im Vergleich mit Levovist® einen etwas längeren Kontrasteffekt, allerdings ist zu beachten, dass Sonovue® für die Anwendung bei Patienten mit Herzinsuffizienz oder akutem Koronarsyndrom nur eingeschränkt zugelassen ist (Details unter http://www.cbg-meb.nl/uk/docs/nieuws/dd-sonovue.pdf).

Bei Dauerableitung über der A. cerebri media können bei verschieden Krankheitsbildern, insbesondere bei ipsilateraler symptomatischer Stenose der A. carotis interna oder bei Vorhofflimmern so genannte mikroembolische Signale (MES) abgeleitet werden. Morphologisch handelt es sich dabei vermutlich um kleine thrombotische Partikel, welche bei Passsage durch das Messvolumen einen kurzzeitigen Signalanstieg hervorrufen und als charakteristische Piepslaute im Dopplersignal zu identifizieren sind. Eine Relevanz hat die Untersuchungsmethode der **Emboliedetektion** zum Therapiemonitoring zur Abklärung eines progredienten Hirninfarktes oder zur Entscheidungsfindung für die Karotisintervention bei schwierigen Indikationssituationen erlangt.

Extrakranielle Farbduplexsonographie

Bei der Duplexsonographie werden in das B-Bild farbkodierte Messwerte einer dopplersonographischen Messung eingeblendet. Damit wird der Fluss in den Gefäßen in direkter räumlicher Beziehung zu morphologischen Veränderungen wie z. B. Plaques oder Stenosen sichtbar gemacht. Ausgehend von diesen Informationen kann gezielt ein Messvolumen in einen umschriebenen Gefäßabschnitt gelegt werden um eine akustische und spektrale Darstellung des Flusssignals zu erhalten. Im Bereich der Halsgefäße können alle extrakraniellen hirnversorgenden Arterien einschließlich Ihrer Abgänge sichtbar gemacht werden.

Darüber hinaus ermöglicht die Darstellung der Gefäßwände im B-Bild die Bestimmung der Intima-Media-Dicke.

Transkranielle Farbduplexsonographie

Mit der Entwicklung niederfrequenter Duplexsonden und spezieller Signalnachverarbeitung wurde auch die Darstellung der intrakraniellen Hirnbasisarterien durch das temporale Knochenfenster möglich. Der Untersuchungsablauf gleicht dem der transkraniellen Dopplersonographie. Wie bei der extrakaniellen Duplexsonographie wird auch hier die Zuordnung des Dopplersignals durch das gleichzeitige Vorliegen der Ortsinformation im B-Bild deutlich vereinfacht, die Untersuchungszeit kann daher verkürzt werden, außerdem ist eine winkelkorrigierte Messung der Flussgeschwindigkeiten möglich. Die Anwendung der transkraniellen Farbduplexsonographie setzt, mehr noch als die transkranielle Dopplersonographie, ein gutes Knochenfenster voraus.

9.3.2 Untersuchungen in der Akutphase des Hirninfarktes

Durch Kenntnis der hämodynamischen Situation eines Patienten mit akutem Hirninfarkt kann die Gefährdung, eine klinische Verschlechterung oder einen Rezidivinfarkt zu erleiden, erkannt werden und es können daraus therapeutische Konsequenzen gezogen werden. Man erhält Informationen, um eine invasive Therapie mit besonderem Bedacht zu indizieren. Geriatrische Patienten profitieren in besonderem Maße davon, dass die Ultraschalluntersuchung als bettseitige Untersuchung rasch durchführbar ist (Gerriets et al. 2002), nicht-invasiv ist und die klinische Überwachung während der Untersuchung möglich ist. Eine gute Übereinstimmung mit anderen Darstellungstechniken der Gefäße ist durch Studien belegt (Gerriets et al. 2002).

Extrakranielle Gefäße

In der Akutphase liegt die Bedeutung der Doppler- und duplexsonographischen Untersuchung der extrakraniellen Gefäße in der Abklärung der Infarktätiologie und der Einschätzung der akuten Gefährdung des Patienten im Hinblick auf eine Progredienz der Symptome. So kann ein sonographisch schnell und einfach zu diagnostizierender Karotisverschluss bei unzureichender Kollateralversorgung eine engmaschige Blutdrucküberwachung und ggf. eine medikamentöse Intervention zum Anheben des Blutdrucks notwendig machen. Eine Dissektion kann häufig ebenfalls mit Ultraschall nachgewiesen werden, insbesondere da im Gegensatz zur Angiographie auch die Gefäßwand detailliert dargestellt werden kann. Diese Ursache für einen Hirninfarkt spielt im höheren Alter allerdings nur eine untergeordnete Rolle.

Intrakranielle Gefäße

Akuter Verschluss oder Stenose der A. cerebri media

Bei Patienten mit akutem Hirninfarkt, die innerhalb von 3 h nach Symptombeginn zur Aufnahme kommen, muss zunächst die Indikation für eine systemische Thrombolyse geprüft werden. Unter Zugrundelegung der Zulassungsbestimmungen von Actilyse® (rt-PA) ist die Thrombolyse bei Patienten mit „Symptomen, die sich vor Infusionsbeginn rasch bessern“ oder bei Patienten über 80 Jahren kontraindiziert (s. Kap. 10). Hier kann ein Gefäßbefund bei der Entscheidung für oder gegen eine systemische Thrombolyse außerhalb der Zulassung hilfreich sein. Beispielsweise würde die spontane Besserung der Symptomatik bei persistierendem Mediaverschluss (**s. Abb. 9.6**) in der transkraniellen Doppleruntersuchung möglicherweise eine Therapieentscheidung zugunsten der Thrombolyse bewirken, während ein normaler Gefäßbefund bei rückläufigen neurologischen Defiziten eher gegen eine rt-PA-Gabe spricht.

Eine Stenose der A. cerebri media (**s. Abb. 9.7**) kann Folge eines teilrekanalisierten embolischen Verschlusses sein oder einer lokalen Arteriosklerose, dann meistens in Assoziation mit Arteriosklerose an anderen Orten des Gefäßsystems. Für eine Embolie spricht eine spontane Wiedereröffnung noch in der Akutphase. In derartigen Fällen sollte die Suche nach einer Emboliequelle mit erhöhter Priorität durchgeführt werden, mit der therapeutischen Konsequenz einer möglichen Marcumartherapie. Im anderen Fall, also bei dem Befund einer persistierenden Mediastenose, ist eher von einer lokalen Arteriosklerose auszugehen. Diese Patienten profitieren nicht von einer oralen Antikoagulation, so dass hier Thrombozytenaggre-

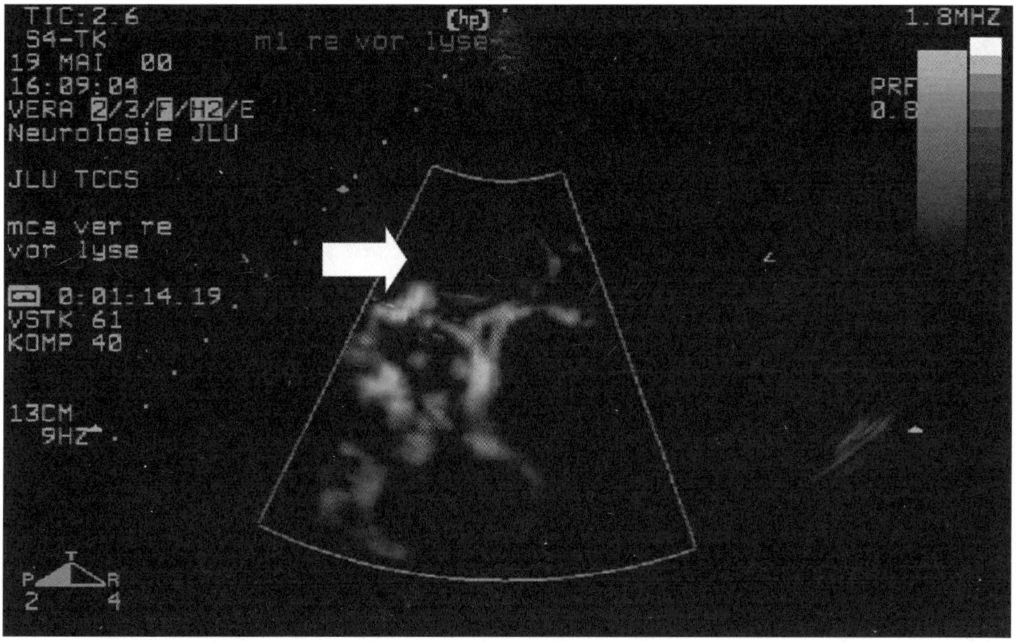

Abb. 9.6 Transkranielle Farbduplexsonographie: Akuter Verschluss der A. cerebri media, nach Injektion von Ultraschallkontrastmittel fehlende Darstellung des Flusssignals (Pfeil) (© Universität Gießen)

gationshemmern der Vorrang zu geben ist (Chimowitz et al. 2005).

Akuter Verschluss oder Stenose der A. basilaris

Das klinische Bild mit Bewusstseinsstörung, Hirnnervenausfällen und Strecksynergismen zusammen mit Pendelfluss in den Vertebralarterien oder in der A. basilaris ist Hinweis auf eine Basilaristhrombose. Bei unbehandelt infauster Prognose ist ein Therapieversuch mit intraarterieller rt-PA-Gabe gerechtfertigt, wenn die Symptome nicht schon über einen längeren Zeitraum bestehen oder ein Hirnstamminfarkt im CT bereits demarkiert ist, ein hohes Alter ist dabei keine absolute Kontraindikation. Für diese Fragestellung eignet sich die Ultraschalluntersuchung als Screeningmethode, um auf diese Weise die Indikation zu invasiven Prozeduren wie Angiographie und evtl. lokalen Thrombolyse zu stellen. Ein negativer Ultraschallbefund schließt allerdings bei entsprechenden klinischen Symptomen eine Basilarisstenose nicht aus.

9.3.3 Ultraschallsignalverstärker

Bei unklaren Befunden oder eingeschränkten Schallbedingungen (Knochenfenster), welche im Alter deutlich häufiger auftreten, kann die Gabe von Ultraschallkontrastmitteln (s. **Abb. 9.6**) nötig sein, insbesondere wenn davon eine Therapieentscheidung abhängig gemacht werden soll. Die Indikation sollte großzügig gestellt werden, insbesondere da auf diese Weise auch Untersuchungszeit eingespart werden kann, welche der Akutversorgung des Patienten zugute kommt.

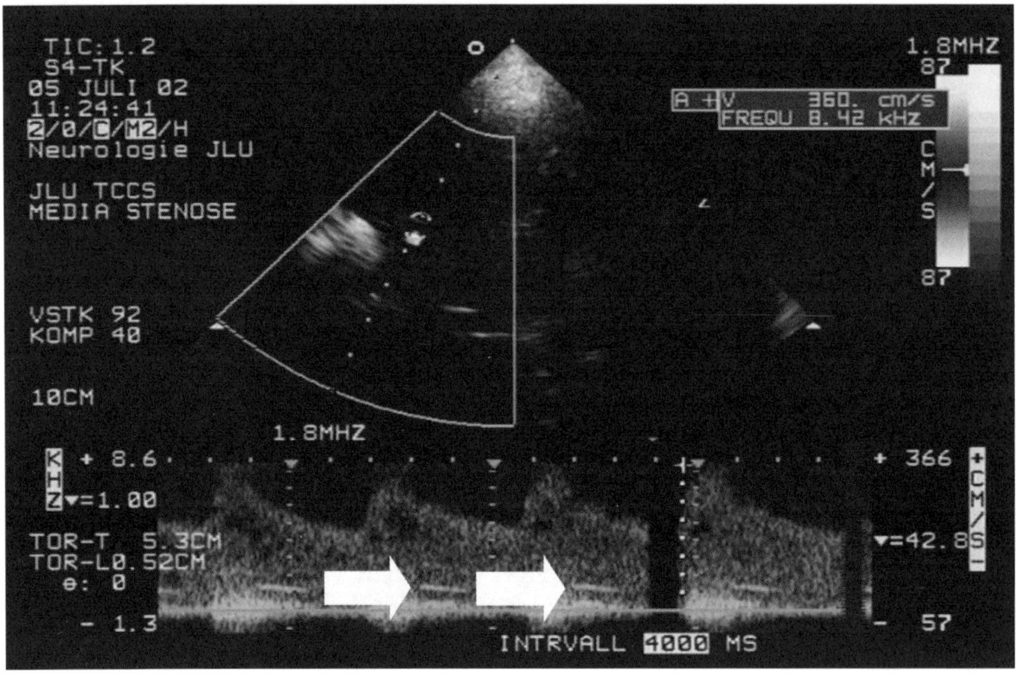

Abb. 9.7 Musical Murmurs als Beispiel einer Spektrumstörung bei Stenose der A. cerebri media (s. Pfeil) (© Universität Gießen)

9.3.4 Gefäßultraschall zur Wahl der Sekundärprophylaxe

Nach einem Hirninfarkt muss die geeignete Sekundärprävention gewählt werden. Der Nachweis pathologischer Gefäßveränderungen kann dabei durch die Ultraschalldiagnostik erfolgen, die Untersuchung ist beliebig wiederholbar und geeignet eine Progredienz zu erfassen.

Extrakranielle Gefäße

Stenose der A. carotis interna

Die Erfassung einer Stenose der A. carotis interna mit der möglichen Konsequenz einer Thrombendarteriektomie oder einer Stent-Implantation gehört zum häufigsten Einsatzgebiet der Ultraschalldiagnostik der hirnversorgenden Arterien. Eine Untersuchung mit der CW-Sonde ist, soweit hieraus therapeutische Konsequenzen gezogen werden, mit einer Farbduplexsonographie zu ergänzen. Die Indikation für einen Eingriff an der A. carotis interna besteht ab einer hochgradigen Stenose, welche nach angiographischen Kriterien mit mehr als 70 % Lumeneinengung einhergeht. Doppler- und duplexsonographisch liegen lokal meist Spektrumstörungen mit Intensitätszunahme des niederfrequenten Strömungsanteils vor. Poststenotisch besteht eine verminderte systolische Strömungsgeschwindigkeit. Die systolische Maximalfrequenz beträgt mehr als 7 KHz. Zusätzlich kann der lokale Stenosegrad durch Erfassen des Gefäßdurchmessers mit der Duplexsonographie erfolgen. Die Wertung der einzelnen Kriterien findet sich in **Abb. 9.6.**

Subclavian-Steal-Syndrom

Das Subclavian-Steal-Syndrom wird bei der differentialdiagnostischen Abklärung des

Tab. 9.3 Merkmale einer hochgradigen Stenose (>70 %) der A. carotis interna (nach Kaps 2005; Abdruck mit freundlicher Genehmigung des Thieme Verlags)

Stenosegrad	**≤60 %**	**70 %**	**80 %**	**90 %**	**>90 %**	**Verschluss**
B-Bild				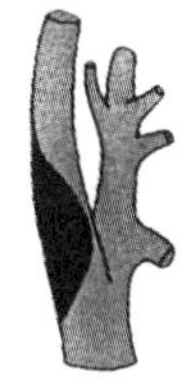		
Intrasten. syst. Maximalfrequenz	<4 kHz	7 kHz	10 kHz	>10 kHz	variabel	0
Intrasten. syst. Maximalgeschw.	<120 cm/s	200 cm/s	300 cm/s	>300 cm/s	variabel	0
Intrasten. enddiastolische Geschw.	<40 cm/s	≥40 cm/s	≥130 cm/s	≥130 cm/s	variabel	0
Poststen. syst. Maximalfrequenz	>2 kHz	>2 kHz	>2 kHz	<2 kHz	minimal	0
Poststen. syst. Maximalgeschw.	>60 cm/s	>60 cm/s	>60 cm/s	<60 cm/s	minimal	0
Indirekte Kriterien						
A. supratrochlearis	Orthogr.	Orthogr.	(≥ 80% variabel: vermindert, Nullfluss, retrograd)			
ACI/ACC-Index	≥1,5	≥2	≥4	≥4	nicht verwertbar	nicht verwertbar

unsystematischen Schwindels häufig in Erwägung gezogen, ist allerdings nur in sehr seltenen Fällen tatsächlich die Ursache. Die Diagnose ist insbesondere duplexsonographisch gut zu stellen, da die A. vertebralis zwischen den Querfortsätzen der Halswirbelkörper gut identifiziert werden kann und eine Strömungsumkehr auf diese Weise sicher erfasst wird. Kompressionsmanöver (eine retrograde Strömung nimmt bei ipsilateraler Oberarmkompression ab) bestätigen die Diagnose.

Intrakranielle Gefäße

Intrakranielle Stenosen

Die Stenose der A. cerebri media kann entweder Folge einer Teilrekanalisation nach Embolie oder eine lokale Arteriosklerose sein. Anders als bei extrakraniellen Stenosen erfolgt die Graduierung über die maximale Strömungsgeschwindigkeit, da eine Darstellung des Gefäßlumens nur indirekt über das Flusssignal möglich ist. Das wichtigste allgemeine dopplersonographische Kriterium für eine Stenose ist die umschriebene Strömungsbeschleunigung mit Zunahme der Blutflussgeschwindigkeit um mindestens 20 % (Seidel 2005). Für die **A. cerebri media** wird ab einer **systolischen Maximalgeschwindigkeit von 220 cm/s von einer Stenose über 50 %** ausgegangen, für die **A. basilaris** liegen diese Werte bei **140 cm/s** (Baumgartner et al. 1999). Fehlerquellen für falsch positive Befunde können funktionelle Stenosen bei Kollateralen, ein gewundener Gefäßverlauf oder eine arteriovenöse Malformation sein. Ein falsch negativer Befund kann bei langstreckigen Stenosen oder bei Tandemstenosen erhoben werden. Wie auch bei extrakraniellen Stenosen muss klar zwischen symptomatischen und asymptomatischen Befunden unterschieden werden, die anamnestisch geschilderten Symptome sollten sich klar auf das entsprechende Gefäßgebiet zurückführen lassen und nicht auf unspezifische Symptome wie z. B. unsystematischen Schwindel oder Gedächtnisstörungen beschränken. Bei symptomatischen intrakraniellen Stenosen ist trotz einer hohen Rezidivrate eine Thrombozytenaggregation aufgrund geringerer Nebenwirkungen der Antikoagulation überlegen (Chimowitz et al. 2005). Eine Stenose der A. basilaris sollte zusätzlich zur Ultraschalluntersuchung mit einer anderen Methode (z. B. CT- oder MR-Angiographie) gesichert werden. Studien liegen für die Frage nach therapeutischen Konsequenzen nicht vor, im Falle einer symptomatischen Basilarisstenose wird in vielen Zentren eine Antikoagulation durchgeführt. In speziellen Fällen ist auch eine interventionelle Behandlung zu erwägen.

9.3.5 Gefäßultraschall in der Primärprävention

Als nicht-invasive Verfahren sind Ultraschalluntersuchungen ideal, um das individuelle Risiko für zerebrovaskuläre Ereignisse bei asymptomatischen Patienten einzuschätzen. Über das Erkennen von Gefäßstenosen hinaus spielen die Messung der Intima-Media-Dicke (IMT), die Bestimmung des Ankle-Brachial-Index (ABI) und die Emboliedetektion eine wichtige Rolle.

Extrakranielle Gefäße

Asymptomatische Stenose der A. carotis interna

Untersuchung und Beurteilung unterscheidet sich nicht von Patienten mit symptomatischer Karotisstenose. Für therapeutische Entscheidungsfindung spielt, mehr noch als bei einer symptomatischen Karotisstenose, die Kollateralversorgung und der kontralaterale Gefäßstatus eine Rolle. Bezüglich der Indikationsstellung zur Karotis-Thrombendarteriektomie (TEA) oder zum Karotis-Stent sei auf Kap. 10 verwiesen.

Intima-Media-Dicke zur Beurteilung des individuellen Risikoprofils

Zur Beurteilung des kardiovaskulären Risikos eignet sich die Bestimmung der IMT der A. carotis communis. Bisherige Studien belegen, dass die IMT ein sinnvoller Parameter zur Bestimmung von Risikoprofilen in großen Populationen ist, eine Einschätzung des individuellen Risikos eines Patienten kann mit dem IMT-Wert jedoch nicht erfolgen. Die Messung ist ohnehin nur sinnvoll, wenn keine anderen Gefäßwandveränderungen wie eine Stenose oder Plaques der A. carotis interna vorliegen, da in diesem Falle von einem Risikopatienten auszugehen ist. Die IMT sollte mit einer Hochfrequenzsonde (>7 Mhz) nach Fokuseinstellung in der sondenfernen Wand gemessen werden (Touboul et al. 2004). Die Messung beinhaltet in jedem Fall die distale A. carotis communis, zusätzliche Messungen in der A. carotis interna und im Bulbus sollten separat dokumentiert werden. Die Grenzflächen müssen senkrecht von Schallstrahl getroffen werden. Die Auswertung durch Einzelmessungen der Gefäßwandabschnitte stellt einen Kompromiss dar, da die Auswertung multipler Messpunkte (bis zu 150) entsprechender Software vorbehalten ist. Die Messung erfolgt in der Systole, die IMT liegt im Normalfall bei 0,5–1,0 mm.

Intrakranielle Gefäße

Asymptomatische intrakranielle Stenosen

Da der Verlauf einer asymptomatischen intrakraniellen Stenose gutartig ist (Kremer et al. 2004), ist eine medikamentöse Therapie ausreichend, wobei man sich bei geriatrischen Patienten eher für eine Thrombozytenaggregationshemmung entscheiden wird.

9.3.6 Periphere Gefäße und die Bedeutung für die Risikobeurteilung

Doppler-Druckmessung (Ankle-Brachial-Index) der Beinarterien

Zur Bestimmung des Knöchel-Arm-Index (Ankle-Brachial-Index oder ABI) wird dopplersonographisch am liegenden Patienten nach einer Ruhepause von mindestens 15 min der systolische Druck an A. brachialis, A. dorsalis pedis und A. tibialis posterior gemessen. Der Knöchel-Arm-Index berechnet sich aus dem Verhältnis des jeweils höheren systolischen Druckes der Fußarterien und dem systolischem Druck der Armarterie. Werte zwischen 0,9 und 1,3 gelten als „normal", Werte <0,8 sind nicht nur mit einer pAVK sondern auch mit einem bis zu 5-fach erhöhtem Risiko verbunden, im weiteren Verlauf einen Hirninfarkt oder eine Hirnblutung zu erleiden (Tsai et al. 2001). Obwohl assoziiert mit den klassischen Risikofaktoren wie Diabetes, Rauchen und Hypercholesterinämie ist der prädiktive Wert des ABI höher als für die vorgenannten Faktoren. Aufgrund der einfachen Durchführbarkeit und der Assoziation eines erniedrigten ABI mit anderen Risikofaktoren für ein zerebrovaskuläres Ereignis ist diese Untersuchung als Screening für Risikopatienten gut geeignet.

9.3.7 Leitsymptom Sturz oder Schwindel

Diese Leitsymptome sind bei geriatrischen Patienten häufig Anlass, Ultraschalluntersuchungen der hirnversorgenden Arterien durchzuführen. Nur selten werden dabei Befunde erhoben, welche zweifelsfrei eine Beziehung zwischen Gefäßbefund und klinischer Symptomatik herstellen (z. B. Basilarisstenose bei Drop-Attacks). Schwerpunkt der Ultraschalluntersuchung zur Schwindelabklärung wird das vertebrobasiläre System sein. Der häufige Befund einer klinisch bedeutungslosen Vertebralishypoplasie lässt sich dabei durch das Fehlen zervikaler Kollateralen und einer kräftigen Vertebralarterie der Gegenseite erhärten. Stenosen der A. vertebralis sind am ehesten im Abgangsbereich zu erwarten, hier werden systolische Maximalgeschwindigkeiten über 120 cm/s als pathologisch betrachtet (Ackerstaff et al. 1984), zusätzlich Hinweise für das Vorliegen einer Vertebralisabgangsstenose können auch hier Spektrumsstörungen im Stenosebereich und eine verminderte systolische Anstiegssteilheit in nachgeschalteten Segmenten sein.

9.4 Bildgebende Diagnostik

Frank Hentschel

Einleitung

Das unter dem Aspekt der Neurogeriatrie abgehandelte Spektrum zeigt, dass im höheren Lebensalter keine grundsätzlich neuen, mit dem Alter assoziierten neurologischen Krankheiten auftreten, wenn man von den Altersdemenzen absieht. Die neurogeriatrischen Erkrankungen werden daher mit den bekannten Methoden der strukturellen oder funktionellen Bildgebung unter Berücksichtigung altersgruppenspezifischer Besonderheiten diagnostiziert. Zu diesen Besonderheiten zählen:

1. Altersassoziierte und altersakzentuierte strukturelle und funktionelle physiologische Veränderungen. Diese können mögliche pathologische Prozesse überlagern oder ungerechtfertigt als „pathologisch" interpretiert werden (**s. Tab. 9.4**).
2. Multimorbidität und deren Auswirkung auf die Methodenwahl und Durchfüh-

rung diagnostischer Verfahren. Eine Veränderung des Risikoprofils gegenüber dem mittleren Lebensalter ist bei der Wahl der Methoden zu berücksichtigen.
3. Besonderheiten bei der Aufklärung und Einwilligung als Voraussetzung für die Durchführung diagnostischer Maßnahmen.

Tab. 9.4 Altersassoziierte Veränderungen

1.	Hirnatrophie mit konsekutiver Liquorraumerweiterung
2.	Läsionen der weißen Hirnsubstanz (z. B. Leukoaraiose, White matter lesions = WML)
3.	Periventrikuläres Band
4.	Eisenablagerungen, vorwiegend in den Basalganglien
5.	Zerebrale Durchblutung, BOLD-Effekt und Glukoseutilisation

9.4.1 Altersassoziierte Veränderungen

Das Problem der **altersassoziierten physiologischen Veränderungen** besteht darin, dass diese sich nur quantitativ, nicht aber qualitativ von pathologischen Prozessen unterscheiden. So wird eine altersassoziierte **Hirnatrophie** sowohl in neuropathologischen Untersuchungen als auch bei unterschiedlichen linearen, planimetrischen und volumetrischen Messungen an gut definierten Patientengruppen gefunden. Dennoch ist fast 30 Jahre nach Einführung der Schnittbilddiagnostik noch immer keine für den Einzelfall (!) verbindliche diagnostische Zuordnung zu den Gruppen „altersphysiologisch" vs. „pathologisch" verfügbar. Gleiches gilt für die mikroangiopathischen kompletten lakunären und inkompletten Infarkte, syn. **„white matter lesions"** (WML), und das **periventrikuläre Band.** Unterschiedliche Wertungen reichen von „Prädiktor für die Lebenszeit" bis „inzidentiell, pathophysiologisch bedeutungslos". Die alternative Quantifizierung von „white matter hyperintensities" (WMH) lässt die neuropathologisch gesicherte Pathophysiologie der WML außer Acht. Dabei ist der statistische Zusammenhang von WML in Ausprägung und Lokalisation mit neuropsychologischen Skores gesichert. Über einfach zu ermittelnde WML-Scores ist somit eine Differenzierung von altersnormalen und pathologischen Skores bei klinisch-neuropsychologisch gesicherter Demenz auch für den Einzelfall (!) möglich (Hentschel et al. 2003).

Auch die **Eisenablagerungen** als Folge von Mikroblutungen sind mit dem Lebensalter korreliert. Sie werden mit einer Häufigkeit von 6–8 % zufällig gefunden, ohne in Beziehung zur diagnostischen Fragestellung zu stehen. Der Befund tangiert die Indikationsstellung zu einer oralen Antikoagulation, weil ein erhöhtes intrazerebrales Blutungsrisiko assoziiert scheint.

Die altersassoziierten Veränderungen funktioneller Parameter sind bedeutsam für die Hirndurchblutung und deren Quantifizierung in der funktionellen MRT und in innovativen MR-Sequenzen bei der frühen Diagnostik von Hirninfarkten. Dies gilt ebenso für die zerebralen Metaboliten in der MR-Spektroskopie und die Glukoseutilisation im PET. Dabei können die alterassoziierten physiologischen größer sein als die von einem Krankheitsprozess induzierten Parameteränderungen!

Zudem ist aus neurogeriatrischer Sicht zu berücksichtigen, dass sich alle lebenslang einwirkenden Ereignisse am Organ Gehirn abbilden, wie z. B. frühkindliche Schädigungen durch Ischämie oder Blutung mit konsekutiver Ventrikelasymmetrie und fokaler Akzentuierung subarachnoidaler Liquorräume, aber auch nutritiv-toxische, traumatische oder iatrogen-operative Schädigungen im Laufe des Lebens. Hier gilt es, die klinisch-anamnestischen Angaben zu berücksichtigen und den Zusammenhang von klinischen und bildgebenden Befunden kritisch zu hinterfragen.

Bei inzidentellen radiologischen Befunden wie z. B. Falx- oder Kalottenmeningeomen oder Aneurysmen ist das höhere Lebensalter insofern bedeutsam, als die geringere Lebenserwartung resp. eine konsekutive Hirnatrophie die Wahrscheinlichkeit einer symptomatischen Beeinträchtigung verringern und eine konservative Therapiestrategie nahelegen können.

9.4.2 Bildgebende Methoden und Verfahren

Relevant sind die Verfahren der Röntgen-Computertomographie (CT), der Magnetresonanztomographie (MRT), der nuklearmedizinischen Methoden Einzel-Photonen-Emissions-Tomographie (SPECT) und Positronenemissionstomographie (PET) (Grundlagen bei Ewen 1998, Hentschel 2000).Von der Röntgen-Nativdiagnostik ist in der Neurogeriatrie kein wesentlicher Beitrag zu erwarten, der nicht auch im Zusammenhang mit diagnostisch weiterführenden Schnittbilduntersuchungen zu erfassen wäre. Eine Ausnahme stellt die medico-legale Dokumentation einer Fraktur dar (**s. Tab. 9.8**). Die risikoarmen Schnittbildverfahren können als Screeningmethoden die Indikationen zur vor allem im Alter riskobehafteteren zerebralen und spinalen digitalen Subtraktionsangiographie (DSA) reduzieren. Gleiches gilt für die konventionelle Myelographie. Für diese Methode haben sich allerdings unter funktionellen Aspekten Indikationen auch im Zusammenhang mit der CT als Post-Myelographie-CT erhalten.
Die Elektronenstrahltomographie hat einen beschränkten Indikationskreis, der sich gegenüber der Weiterentwicklung der CT-Mehrzeilengeräte und der MRT besonders bezüglich der Diagnostik der Herzkranzgefäße behaupten muss.

Computertomographie

Die CT wird zunehmend häufiger als Mehrzeilen-Untersuchung mit kürzeren Untersuchungszeiten und der Rekonstruktionsmöglichkeit aus einem Volumendatensatz durchgeführt (**s. Tab. 9.5**). In der Konkurrenz der strukturellen Schnittbildverfahren hat die CT ihre Bedeutung in der Diagnostik von knöchernen und mit dem Knochen assoziierten Prozessen der Kalotte, des Gesichtsschädels, der Schädelbasis, der Wirbelsäule und des Spinalkanals behauptet (**s. Tab. 9.8**). Der Strahlenschutzaspekt des Röntgenverfahrens ist angesichts der Entwicklungslatenz eines strahleninduzierten Malignoms für ältere Patienten nicht in gleicher Weise wie für jüngere bedeutsam. Innovative Verfahren der CT sind die strukturelle Bildgebung mit Volumenrekonstruktion (z. B. Rendering zerebraler Aneurysmen), die Untersuchungen der Hirnperfusion (z. B. in der Frühdiagnostik zerebraler Infarkte) mittels intravenöser Applikation von nichtionischem, jodhaltigem Dichtekontrastmittel. Die Kontrastmittelgabe ist auch Voraussetzung für die CT-Angiographie.

Magnetresonanztomographie

Die Bildgebung mit MRT erfolgt ohne Exposition mit ionisierender Strahlung in einem Permanentmagneten (**s. Tab. 9.5**). Nach Anregung mittels Gradientenschaltung ermöglicht die nach einer definierten Zeit gemessene Restmagnetisierung eine sehr sensitive Abbildung physiologischer und pathologisch veränderter Gewebe. Die technischen Parameter sind Repetitions- oder Pulswiederholungszeit (T_R), Echo- oder Auslesezeit (T_E) und für einige Untersuchungen die Inversionszeit (T_I). Diese wenigen Parameter ergeben in sinnvoller Variation Bilder mit unterschiedlichem diagnostischen Inhalt:

- T1-gewichtete (T1w) Bilder mit vornehmlich anatomischer struktureller Information ohne und mit Kontrastmittel,

- Mehrfachauslesung (Doppelecho) generiert T2w und Protonen-gewichtete Bilder mit hoher Kontrastauflösung der Gewebe,
- die Inversion von Signalen führt zu Sequenzen für spezielle Fragestellungen, z. B. FLAIR (fast flow attenuated inversion recovery) zur Detektion von Läsionen der weißen Hirnsubstanz.

Weitere diagnostische Informationen ergeben sich durch die Applikation von Kontrastmittel, wodurch das gewebetypische Signalverhalten verändert wird (**s. Tab. 9.8**).
Im Gegensatz zu den Dichtekontrastmitteln auf der Basis von Jod bei der CT treten bei den **MRT-Kontrastmitteln**, üblicherweise ein Schwermetall-Salz, regelhaft keine Allergien oder anderweitige unerwünschte Reaktionen auf. Klinisch irrelevant ist die KM-induzierte Pseudohypokalzämie.
Im Gegensatz zur CT-Angiographie ist die MR-Angiographie ohne KM-Applikation möglich, indem die Restmagnetisierung von angeregtem Blut entsprechend dem Durchfluss in einem nichtangeregten Gewebevolumen gemessen wird (time of flight = TOF). Allerdings sind auch Subtraktionsmessungen unter Verwendung von Kontrastmittel möglich.
Besonders in der frühen Diagnostik von zerebralen Ischämien haben sich die von T2w-Sequenzen abzuleitenden Diffusions- und Perfusions-gewichteten MR-Sequenzen bewährt. Die für die Demenzentwicklung bedeutsamen Hirnparenchymläsionen lassen sich sensitiv mit FLAIR-Sequenzen darstellen und quantifizieren. Besonders sensitiv und früh aussagekräftig ist die diffusionsgewichtete MRT auch für die Diagnostik von Prionosen (z. B. Creutzfeldt-Jakob-Erkrankung).
Neben der strukturellen Diagnostik haben sich die **MR-Spektroskopie (MRS)** und die funktionelle MRT (f-MRT) als eigenständige Methoden etabliert, deren diagnostische Informationen über die strukturellen Techniken von CT und MRT hinausgehen und eine Brücke schlagen zu den Ergebnissen der nuklearmedizinischen Verfahren (**s. Tab. 9.8**). Bei der MRS wird die Verteilung von im Organismus häufig vorkommenden Kernen wie Wasserstoff, aber auch Phosphor oder Fluor über deren strukturbedingten „chemical shift“ gemessen. Die Information wird entweder lokal quantifiziert (Spektren) oder zur Bildgebung (chemical shift-imaging) benutzt. Veränderungen von Metaboliten gegenüber Referenzspektren physiologischer Gewebe haben eine diagnostische Bedeutung besonders auch für die Differentialdiagnose und das Grading von Tumoren.
Bei der **funktionellen MRT** werden durch möglichst spezielle Paradigmen („event related“) funktionell verknüpfte zerebrale Regionen aktiviert. Messbare Variable ist die Relaxationszeitänderung in Abhängigkeit vom Blutsauerstoffgehalt (blood oxygen level dependent; BOLD). Die quantitative Ausprägung und die lokale Ausdehnung oder auch (Dis-)Lokalisation der detektierten zerebralen Aktivierung sind von eminenter Bedeutung für das Verständnis der zerebralen Funktion und der Kompensationsvorgänge des Gehirns. Klinisch-praktische Bedeutung hat diese Methode bereits für die Planung von neurochirurgischen Eingriffen zur Schonung wichtiger Funktionsareale.

Nuklearmedizin

Mit nuklearmedizinischen Verfahren können durch die Quantifizierung von zerebraler Durchblutung und Stoffwechsel und durch die Darstellung von Transmittern grundlegende Erkenntnisse zur Hirnfunktion gewonnen werden (**s. Tab. 9.5**). Vorteil der Methodik ist die Sensitivität für Stoffwechselprozesse und die Möglichkeit, ein großes Volumen diagnostisch zu erfassen.
Neue Aspekte ergeben sich mit der intravitalen Visualisierung und Quantifizierung von Amyloid zur frühzeitigen Identifikation der Risikopopulation mit der Option eines frühen Therapiebeginns bei der Alzheimer-Demenz. Analoge, aber strukturelle Befunde wurden dazu auch als „molekula-

res Imaging“ mit MRT erhoben. Innovativ ist auch die Kombination von PET und CT mit gleichzeitiger Registrierung von metabolischen und strukturellen Daten zur PET-CT. Damit entfällt einerseits eine Koregistrierung mit Bildfusion. Andererseits wird im Tumorstaging z. B. im Kopf-Hals-Bereich gegenüber der alleinigen PET eine größere diagnostische Genauigkeit erreicht, die durch KM-Gabe bei der CT noch weiter verbessert werden kann.

Prinzipielle Nachteile der Methoden sind die Belastung durch inkorporierte ionisierter Strahlung, relativ lange Untersuchungszeiten und besonders die geringe regionale Verfügbarkeit.

Die momentane **praktische diagnostische Bedeutung** nuklearmedizinischer Methoden für die Patienten der Neurogeriatrie ist eher als gering einzuschätzen. Bedeutsam sind nuklearmedizinische Zusatzinformationen bei den extrapyramidalen Bewegungsstörungen (O‘Brien et al. 2004) oder bei der Primärtumor- und Metastasensuche beim paraneoplastischen Syndrom (Younes-Mhenni et al. 2004).

Tab. 9.5 Bildgebende Methoden und Verfahren zur Diagnostik in der Neurogeriatrie

Methode	Vorzüge	Grenzen/Einschränkungen	Indikation
CT	hohe Dichteauflösung; gute Verfügbarkeit; geringe Kosten; schnelle Durchführung; (fast keine) Einschränkung durch ferromagnetische Implantate	geringe Kontrastauflösung; Strahlenexposition	Diagnostik struktureller Befunde als Ursache neurogeriatrischer Erkrankungen (Tumoren, Liquorzirkulationsstörungen, Blutungen, Ischämien, toxische und entzündliche Prozesse und deren Residuen und Komplikationen)
– mit KM	Blut-Hirn-Schranke; Verbesserung der Kontrastauflösung;	wie CT	Blut-Hirn-Schranken-Funktion; Gefäßdarstellung; Oberflächenrendering (z. B. Aneurysma); virtuelle Endoskopie; Messung des relativen Blutvolumens
– Angiographie	Gefäßdarstellung	wie CT mit KM	Gefäßdarstellung intra- und extrazerebral; Diagnostik von Aneurysmen und Missbildungen
MRT	hohe Kontrast- und Ortsauflösung im Parenchym; keine Strahlenexposition	höhere Kosten, geringere Verfügbarkeit gegenüber CT; Einschränkungen bei ferromagnetischen Implantaten; Kontraindikation bei aktiven Implantaten	Differenzierung von physiologischen und pathologischen Geweben (diagnostisches Spektrum s. CT); Funktionelle Abläufe; Liquor- oder Blutfluss; Oberflächenrendering; virtuelle Endoskopie
– mit KM	Blut-Hirn-Schranke	wie MRT	Blut-Hirn-Schranken-Funktion; Differenzierung von floriden Prozessen (z. B. MS)
– Angiographie	nicht oder minimal invasive Gefäßdarstellung intra- und extrazerebral	ohne KM mit eingeschränkter räumlicher Auflösung	Diagnostik von Gefäß- und Blutflussveränderungen; AVM; Fisteln

Tab. 9.5: Fortsetzung S. 112

Methode	Vorzüge	Grenzen/Einschränkungen	Indikation
– DW/-PWI	qualitative und quantitative Verteilung der Protonen	räumliche Auflösung	Diffusions- und Perfusionsmessungen; Quantifizierung der Anisotropie
– MTR	Quantifizierung der molekularen Zusammensetzung des Gewebes	„work in progress"	Erfassung von Myelinisierungsstörungen und deren Dynamik; MS; „molecular imaging" mit geringem technischen und zeitlichen Aufwand
– DTI	intravitale Darstellung von funktionellen Bahnsystemen und deren Intaktheit	„work in progress"	Funktionelle Verschaltung; Anisotropie, Diffusivität; axonale Degeneration
MRS	molekulare Analyse des Hirngewebes resp. von Transmittern und Energieträgern intravital	gebunden an MR-Basistechnik auf hohem technischen Niveau	relative oder absolute Diagnostik auf molekularer Ebene (Metabolitenspektren oder Metabolitenbild)
f-MRT	Erfassung von evozierten funktionellen Abläufen intravital (BOLD-Effekt)	gebunden an MR-Basistechnik auf hohem technischen Niveau; Limitierung in der Zeit durch Blutfluss; große inter- und intraindividuelle Varianz	Analyse von induzierten zerebralen Funktionsänderungen/Aktivierungen nach Ort, Zeit und Intensität in Abhängigkeit vom geprüften Paradigma („event related")
SPECT	gute Verfügbarkeit, relativ geringe Kosten im Vergleich zu PET, ungünstiger gegenüber CT und MRT	ionisierende Strahlung; geringe Orts- und Zeitauflösung; lange Untersuchungsdauer	zerebrale Durchblutung; funktionelle chemisch-metabolische Bildgebung; Neurotransmitter; Rezeptorbindung; Blut-Hirn-Schranke
PET	vergleichsweise bessere Orts-(und Zeit-)auflösung gegenüber SPECT, – schlechter als MRT resp. f-MRT	ionisierende Strahlung, hohe Kosten; beschränkte Verfügbarkeit; zeitlich und örtlich eingeschränkt verfügbare Liganten; lange Untersuchungsdauer	wie SPECT mit besserer räumlicher Auflösung; Energiestoffwechsel; absolute Quantifizierung; Markierung mit unterschiedlichen Liganten; „work in progress" bei der Entwicklung von (weiteren) spezifischen Liganten

Legende (alphabetisch): AVM = Arterio-venöse-Missbildung; BOLD = Blood oxygen level dependent; CT = (Röntgen-)Computertomographie; DSA = Digitale Subtraktionsangiographie; DTI = Diffusion tensor imaging; DWI = Diffusionsgewichtete Bildgebung; f-MRT = funktionelle MRT; KM = Kontrastmittel; MRS = MR-Spektroskopie; MRT = Magnetresonanztomographie; MS = Multiple Sklerose; MTR = Magnetization transfer Ratio; PET = Positronenemissionstomographie; PWI = Perfusionsgewichtete Bildgebung; US = Ultraschall; SPECT = Single- oder Einzel-Photonen-Emissions-Computertomographie

9.4.3 Untersuchungsvoraussetzungen und Risiken

Computertomographie

Die radiologischen Schnittbilduntersuchungen finden regelhaft in Rückenlage, nur in Ausnahmefällen in Bauch- oder einer speziellen, der Indikation angepassten Lage statt. Die Gantry stellt als „kurze Röhre“ üblicherweise kein Problem für die Patienten dar. Die Notwendigkeit einer Sedierung oder Narkose ergibt sich damit ausschließlich aus dem aktuellen Krankheitsbild. Die Untersuchung dauert in Abhängigkeit von der Fragestellung, der Untersuchungsregion und der Notwendigkeit von Kontrastmittelgabe zwischen 10 und 20 Minuten. Nur bei der CT mit Kontrastmittelgabe sind **Kontraindikationen** zu beachten und daher eine Anamnese zur Allergiedisposition, zu Schilddrüsenfunktionsstörungen, Niereninsuffizienz und Diabetes mellitus, einschließlich der Medikation zu erheben (s. **Tab.** 9.6).

Im Falle einer **allergischen Disposition** ist unter einer Risiko-Nutzen-Abwägung die KM-Applikation nach einer Prämedikation möglich. Die Prämedikation bedingt eine Fahruntauglichkeit für etwa 3 h. Aufgrund des Jodgehalts (resp. Jodid auch im sog. nichtionischen KM !) der Dichtekontrastmittel muss die **Schilddrüse bei einer Überfunktion** blockiert werden (Rendl und Saller 2001). Bei eingeschränkter **Nierenfunktion** oder bekannten Risikofaktoren für eine Nephropathie sind Vorkehrungen wie reduzierte KM-Menge und (intravenöse) Gabe von Flüssigkeit mit forcierter Ausscheidung zu treffen. Wichtig ist in jedem Fall die Information des Radiologen durch den überweisenden Arzt (Informationspflicht des Überweisers s. Rechtsgrundlagen). Alternativ ist die Untersuchung z. B. mit Ultraschall oder MRT durchzuführen, sofern nicht dafür Kontraindikationen vorliegen. Eine selten genutzte, aber mögliche Modifikation ist die Anwendung des Gadoliniumsalz-haltigen MRT- Kontrastmittels, für das diese Kontraindikationen nicht gelten.

Da das Kontrastmittel intravenös appliziert wird, ist eine schriftliche Einverständniserklärung zu erwirken. Metalle im Strahlen-

Tab. 9.6 Empfehlungen bei relativen Kontraindikationen für nichtionische Dichtekontrastmittel (ergänzt nach Hentschel 2000)

Anamnese	Labor	Therapie/Medikation
Diabetes mellitus, Metforamin-HCl-Therapie		Metforamin-Pause 24 h vor und nach KM
Allergische Disposition		Dimetindenmaleat (z. B. Fenistil) 0,1 mg/kgKG und Cimetidin (z. B. Tagamed) 5 mg/kgKG als Kurzinfusion oder langsam i.v.
Hyperthyreose, thyreotoxische Krise; autonome Schilddrüsenfunktion	Basales TSH erhöht	„Schilddrüsenblockade" mit Natriumperchlorat (z. B. 3-mal 20 Tropfen Irenat) oder Thiamazol (z. B. Favistan 20 mg/Tag); Beginn 1 Tag vor KM-Gabe, über 10–14 Tage fortzuführen; notfallmäßig auch Tagesdosis von Irenat oder Favistan 4 h vor Untersuchung
Nephropathie	Kreatinin $\leq 1{,}5$ mg/dl	„forcierte Diurese" nach KM

Die Angaben in der Tabelle sind Empfehlungen, im Einzelfall ist das Procedere abzusprechen und ggf. ein Anästhesist einzubeziehen. Selbstverständlich ist die laborklinische Befundkontrolle der Risikopatienten bis zur Normalisierung der Werte.

gang oder biomechanische und elektronische Implantate können die Untersuchung durch Artefakte beeinträchtigen, sind aber keine Kontraindikation für die CT.

Magnetresonanztomographie

Die MRT-Untersuchung stellt regelhaft höhere Ansprüche an den Patienten. Klaustrophobe Patienten können die Untersuchung verweigern oder vorzeitig abbrechen. Hier hat sich die Prämedikation mit z. B. 4 mg Midazolam, unter Berücksichtigung der Atemdepression durch das Medikament auch mit Haloperidol bewährt. Dabei ist Midazolam neben der i.v.-Gabe auch intranasal mittels Pumpspray (keine vom BMG zugelassene Dareichungsform) zu applizieren (Münte 2002). Auch Placebogaben (NaCl) führen bei einigen Patienten zum Ziel. Die wiederholt publizierte Kalziumspiegelminderung im Serum nach KM-Gabe wurde als artifizielle Pseudohypokalzämie identifiziert (Kang et al. 2004). Die von vielen Patienten als unangenehm bis bedrohlich empfundene Geräuschentwicklung bis zu 140 dB kann durch „Ohrstöpsel" um 10–30 dB reduziert werden.
Unbedingt beachtet werden müssen **Metallinkorporationen** und besonders elektromechanische und elektronisch **aktive Implantate (s. Tab. 9.7)**. Bei den aktiven Implantaten sind die Risiken einer Fehlfunktion zu berücksichtigen, die durch das permanente Magnetfeld oder Magnetfeldänderungen durch die Gradientenschaltung induziert werden können. Bei einer Feldstärke von 0,5 T wird keine konkrete Gefährdung des Patienten registriert. Während einige Autoren eine MR-Untersuchung von Schrittmacherträgern bei 0,5 T unter einem kardiologischen „stand-by" als nicht mehr grundsätzlich kontraindiziert ansehen, wird von anderer Seite ein grundsätzliches MRT-Verbot bei Defibrillator- und Schrittmacherträgern gefordert. Damit sind bei Schrittmacherträgern allenfalls im Ausnahmefall bei umfassenden Vorkehrungen zur kardio-respiratorischen Wiederbelebung MRT-Untersuchungen zu erwägen (Kanal et al. 2004, Loewy et al. 2004). Unabhängig von publizierten Einzelmeinungen gilt **herstellerseitig** (und damit auch haftungsrechtlich!) das Verbot einer Untersuchung bei aktiven Implantaten! Dagegen wird nach Untersuchungen von Auslenkungswinkel und Temperaturerhöhung bei gängigen technischen und biologischen Herzklappenprothesen für die untersuchten Modelle eine Unbedenklichkeit attestiert (Kalden et al. 2000).
Bedeutsam ist im dynamischen Magnetfeld vor allem die Wärmeentwicklung sowie auch die durch Metalle verursachten Suszeptibilitätsstörungen mit Auslöschartefakten, die die diagnostische Aussage beeinträchtigen können. Diese Artefakte sind zu vermeiden, indem alle Metallgegenstände vor der Untersuchung abgelegt werden. Ist dies nicht möglich oder sind Implantate wie TEP zu berücksichtigen, dann ist in Abhängigkeit von der räumlichen Beziehung zur Untersuchungsregion zu prüfen, ob die Artefakte durch Lagerung des Patienten resp. spezielle Sequenzen mit Veränderung der Signalauslesung zu vermeiden oder auf ein diagnostisch vertretbares Maß zu reduzieren sind. Damit schließen nichtfunktionelle Metallinkorporationen eine MR-Untersuchung nicht aus. Der Überweisende sollte aber darauf hinweisen, damit entsprechende Vorkehrungen zur Minderung von Artefakten erfolgen können.

Nuklearmedizin

Nuklearmedizinische Untersuchungen werden in Abhängigkeit von der Indikation und vom zu untersuchenden Organ meistens im Liegen durchgeführt. Die Bedingungen sind etwa mit denen der CT zu vergleichen. Bedeutsam für die Patienten sind die Untersuchungszeiten und die Strahlen-

Tab. 9.7 Verhalten von Metallen und aktiven Implantaten im Magnetfeld

Gegenstand	Anzahl der Modelle [n]/ Feldstärke [T]	Material/Modelle	Zusammenfassende Beurteilung	Literatur
Intrakranielle Aneurysma-clips	14/3 T	Kobalt, Chrom, Molybdän, Nickel	Sicher im Hochfeld-MR	Sommer et al. 2004
Koronarstents	19/3 T	Edelstahl, Tantal, Karbon; z. T. beschichtet	Sicher im Hochfeld-MR	
Iliakalstents	20/3 T	Kobaltlegierungen, Edelstahl, Nitrinol; z. T. beschichtet	19/20-Stents sind sicher im Hochfeld-MR; ein potentielles Sicherheitsrisiko: Edelstahlstent (Zenith, Fa. Cook) wies eine erhebliche Ablenkung auf	
Intrakranielle Stents	1/3 T	Nitrinol-Stent, Boston Scientific Coop.	Keine relevante Erwärmung, keine Verlagerung im Magnetfeld; geringe Bildartefakte	Nehra et al. 2004
Herzschritt-macher	12/0,5 T	Unterschiedliche Typen der Firmen: Medtronic, Vitatron, Intermedics, Teletronics, Pacesetter, Biotronic, CPI, Siemens	Bei Testung **in vitro** Aktivierung des Reed-Kontaktes in den asynchronen Modus im statischen Feld, resp. intermittierende Inhibition und Triggerung nach Starten der MR-Untersuchung; geringe magnetische Anziehung und Rotation des SM im statischen Feld	Sommer et al. 1998
Herzschritt-macher	9/0,5 T		Bei Testung **in vivo** Umschaltung in Asynchronmodus mit regelrechter Stimulation; keine subjektiven Beschwerden der Patienten	
Herzklappen-prothesen	17/1,5 T	Unterschiedliche technische (12) und biologische (5) Prothesen von z. B. Baxter, ON-X, Omniscience, Sorin, Ultracor, Björn-Shiley Monostrut, SJM, Mitroflow	Temperaturerhöhung maximal + 0,5°C; keine relevanten Anziehungskräfte (Auslenkungswinkel <0,2°)	Kalden et al. 2000

belastung in Abhängigkeit von der Fragestellung und der daraus abzuleitenden Wahl des Nukleopharmakons.

9.4.4 Rechtsgrundlagen

Die radiologische Untersuchung ist an eine **Indikation** gebunden (RöV, § 23), die einer Rechtfertigung bedarf, indem sie für den Patienten einen Gewinn bedeuten muss, der sich in der Sicherung ebenso wie im Ausschluss einer vermuteten Krankheit ausdrückt, und größer als das Risiko der Methode sein muss. Die **Indikationsstellung** zur bildgebenden Diagnostik mit ionisierender Strahlung erfolgt unter Mitwirkung des überweisenden Arztes, die Untersuchung selbst ist vom ausführenden Radiologen zu verantworten. Die RöV schreibt darüber hinaus vor, dass die **Strahlenbelastung** des Patienten so gering als zur Erreichung des diagnostischen Zieles notwendig sein muss. Damit ist stets abzuwägen, ob das gleiche diagnostische Ergebnis auch mit einer nicht an ionisierende Strahlung gebundenen Methode wie z. B. Ultraschall oder MRT erreicht werden kann.
Hinsichtlich der ärztlichen **Verantwortung von Überweiser und Untersucher** geht die Rechtsprechung bei einer Spezialuntersuchung von einer „horizontalen Arbeitsteilung" aus (BGH NJW 1994). Danach kann der untersuchende Arzt darauf vertrauen, dass der Überweisende den Patienten in seinem Verantwortungsbereich sorgfältig untersucht und die Indikation ordnungsgemäß gestellt hat. Dies ist besonders bedeutsam bei der Untersuchung von Patienten, bei denen wegen einer Demenz oder aus anderen Gründen eine Aufklärung vor Ort nicht verstanden werden könnte. Der auf Überweisung in Anspruch genommene Arzt ist nicht verpflichtet, die Krankengeschichte des Patienten erneut abzuklären. Er kann vielmehr davon ausgehen, dass dem Überweisenden grundsätzlich bekannt ist, dass z. B. Patienten mit einem Herzschrittmacher von einer Untersuchung auszuschließen und daher auch nicht zur MRT zu überweisen sind. Es ist nicht Verpflichtung des Radiologen, jeden Patienten einer Gesamtkörperuntersuchung zu unterziehen um sicher zu stellen, dass keine die Untersuchung ausschließenden Implantate vorliegen!
Unbenommen davon ist auch bei horizontaler Arbeitsteilung jeder Beteiligte verpflichtet, spezifischen Gefahren entgegenzuwirken. Das bedeutet konkret, dass der die Untersuchung durchführende Arzt über spezifische Gefahren und Kontraindikationen aufzuklären und sich sinnvollerweise diese Aufklärung auch schriftlich bestätigen lassen sollte.

9.4.5 Aufklärung und Dokumentation

Allgemein kann man davon ausgehen, dass ein Patient, der sich auf Überweisung durch einen Arzt zu einer radiologischen Untersuchung einfindet, dieser Untersuchung zustimmt. Diese Zustimmung setzt voraus, dass der Patient volljährig ist bzw. keine Betreuung angeordnet wurde. Ist der Patient im Rahmen einer elektiven Diagnostik nicht geschäftsfähig, bedarf es der Zustimmung des vom Gericht eingesetzten Betreuers. Ein Verstoß gegen diese Grundsätze kann juristisch als Körperverletzung gewertet werden. Die Anforderungen an die Aufklärung sind im Vergleich zu therapeutischen für diagnostische Maßnahmen ungleich höher. Gefordert wird insbesondere bei invasiver Diagnostik eine umfassende Aufklärung aller möglichen Komplikationen unabhängig vom statistischen Risiko. Ein eventueller Verzicht des Patienten auf eine Aufklärung muss dokumentiert werden. Die Form der Aufklärung und die Dokumentation sind nicht verbindlich festgelegt. Empfohlen wird die Dokumentation in den Krankenunterlagen. Den Unterschriften des Patienten und möglicher Zeugen wird juristisch eine eher geringe Bedeutung beigemessen. Sie können jedoch hilfreich sein, denn nur 20 % der Patienten wissen 14 Tage nach der nachweislich erfolgten Aufklärung, dass sie aufgeklärt wurden. Zu 40 % werden die Informationen über relevante Risiken nicht erinnert, weitere 40 % der Patienten können sich an den Inhalt einer Aufklärung gar nicht erinnern (Müller 1993).

Die Verletzung der Dokumentationspflicht ist kein eigener Haftungstatbestand, die mögliche Verletzung der Aufklärungspflicht aber stellt einen Anfangstatbestand dar, über den haftungsrechtliche Probleme zu erörtern sind. Ist der Nachweis über eine adäquate Aufklärung über allgemeine und spezielle Risiken der Methode nicht zu erbringen, kehrt sich die Beweislast um, d. h. der Arzt muss beweisen, dass kein Fehlverhalten vorliegt. Das aber dürfte bei fehlender Dokumentation schwierig sein.

9.4.6 Praktische Hinweise für den überweisenden Neurogeriater

Im Rahmen der personellen Selbstbestimmung ist der Patient berechtigt, in den Prozess der Diagnostik und Therapie einbezogen zu werden. Zunehmend wird dies auch vom Patienten gefordert und der Arzt mit konkreten Fragen konfrontiert. Dabei sollte der überweisende Arzt informiert sein und die Aufklärung als „vertrauensbildende Maßnahme“ und nicht als notwendiges Übel begreifen. Die Bereitschaft, sich neben den aktuellen Beschwerden und Ängsten auch noch einer z. T. aufwändigen Untersuchung zu unterziehen, ist bei dem aufgeklärten ungleich größer als beim nichtinformierten Patienten! Daher gilt:

1. Der überweisende Arzt sollte die Methode kennen, die er seinem Patienten „zumutet“;
2. Der Arzt sollte seinen Patienten bereits vor Überweisung aufklären und dabei **methodenspezifische Besonderheiten** erwähnen:
   - **CT:** Röntgen-Strahlen-Exposition, die aber durch die diagnostische Fragestellung und unter Berücksichtigung des Lebensalters (Manifestation einer statistisch möglichen Tumorinduktion) zu rechtfertigen ist.
     Bei absehbarer Indikation zur Kontrastmittelgabe (z. B. Tumorsuche, Ausschluss einer Metastase...), Erweiterung der Anamnese um mögliche Allergien oder pathologische Reaktionen auf vorangegangene KM-Gaben. Bei allergischer Disposition ggf. Notwendigkeit einer Prämedikation, die die Fahrtauglichkeit über bis zu 3 h beeinträchtigt. Der ambulante Patient sollte sich besser nicht als Kraftfahrer zur Untersuchung einfinden!
     Neben allergischen Nebenwirkungen durch die Lösungsmittel des KM sind der Jod-Stoffwechsel, d. h. die Schilddrüsenaktivität und die den Stoffwechsel des Jods möglicherweise beeinflussenden Medikamente bedeutsam. Die Erweiterung der Untersuchung mit KM in einer Sitzung ist nur dann möglich, wenn bei Überfunktionsstörung die aktuellen Schilddrüsenfunktionsparameter bekannt sind und eine evtl. notwendige Blockade vorgenommen wurde. Niereninsuffizienz und Diabetes mellitus stellen ebenfalls Probleme dar.
   - **MRT:** Statisches und dynamisches Magnetfeld: bedeutsam sind Interaktion mit Metallen und besonders mit mechanischen, elektromechanischen und elektronischen aktiven Implantaten (Herzschrittmacher, Medikamentenports, Shunt- Systeme...); Hinweis auf methodisch bedingte Geräusche und relative Enge des Untersuchungstunnels (ca. 65–80 cm Durchmesser, aber mit Beleuchtung und Ventilati-

on). Im Einzelfall ist eine Untersuchung auch in einem „open"-Gerät möglich, wobei zu bedenken ist, dass bisher nur (maximal) Mittelfeldgeräte verfügbar sind. Wo in der Umgebung solche speziellen Geräte verfügbar sind, sollte der überweisende Neurogeriater seinem Patienten auf Anfrage mitteilen können!

- **Nuklearmedizinische Methoden PET und SPECT:** Inkorporation von Radionukliden, relativ lange Untersuchungsdauer, die sich aus der Zeit zwischen Verabreichung des Nukleopharmakons und dem Untersuchungsbeginn (Verteilung) und der eigentlichen Untersuchung zusammensetzt. Da eine bestimmte Impulszahl für die Bildrekonstruktion notwendig ist, ist eine vom angewendeten Nukleopharmakon abhängige Untersuchungszeit zu veranschlagen. Vom inkorporierten Pharmakon abhängige Festlegungen zur Verweildauer und zum Umgang mit den Ausscheidungen.

Tab. 9.8 Synopsis von (einigen) diagnostischen Fragestellungen und Indikation zur bildgebenden Diagnostik

Fragestellung	Methodenempfehlung	Kommentar
Schädel-Hirn-Trauma	CT zum Ausschluss einer traumatischen intrakranialen Komplikation (SDH, EDH, Parenchymblutung...)	Keine Schädel-Nativdiagnostik, wenn nicht eine juristische Fragestellung (Fraktur ist Folge einer schweren Körperverletzung!) zu klären ist. Der Nachweis einer Fraktur hat medizinisch praktisch keine Bedeutung, da sich keine therapeutischen Konsequenzen ergeben und traumatische intrakraniale Komplikationen nicht auszuschließen sind.
Intrakraniale Raumforderung	MRT, bei Kontraindikation (Herzschrittmacher etc.) auch CT, ggf. mit KM	Die Sensitivität für Kontrastunterschiede ist für die Diagnostik von Parenchymveränderungen von größerer Bedeutung als die Dichte. Mittels MRT sind eine weitergehende artdiagnostische Zuordnung und ein Grading möglich. Die diagnostische Bedeutung der MR-Spektroskopie ist für die einzelnen Tumoren noch zu prüfen.
Liquorzirkulationsstörungen	MRT, bei Kontraindikation (Herzschrittmacher etc.) auch CT, ggf. mit KM	Die MRT ermöglicht im Gegensatz zur CT die direkte Darstellung der liquorableitenden Strukturen der Mittellinie und Strömungsbehinderungen durch Tumoren oder Residuen. Beurteilung der Strömung an den Engstellen im Aquaeductus mesencephali und im kranio-zervikalen Übergang. Die Versuche der Quantifizierung haben bisher keinen Beitrag zur Prädiktion eines Shunterfolges beim sog. Normaldruckhydrozephalus gebracht.
Entzündliche Prozesse	MRT>>CT; nativ und mit KM	Darstellung fokaler Störungen der Blut-Hirn-Schranke (mit KM) entzündlicher oder myelinoklastischer Genese; Störung der Anisotropie mittels MTR und DTI; Quantifizierung im Verlauf.

Fragestellung	Methodenempfehlung	Kommentar
Neurodegenerative oder nutritiv-toxisch bedingte Prozesse oder Residuen	MRT, bei Kontraindikation (Herzschrittmacher etc.) auch CT, ggf. mit KM	Mit der MRT sind die fokal akzentuierten Atrophiefolgen mit diagnostischer und differentialdiagnostischer Bedeutung besser als mit CT und zudem in beliebiger Schichtorientierung möglich. Das trifft besonders für die Darstellung des limbischen Systems zu. Die Kontrastempfindlichkeit ermöglicht die Beurteilung der Kernstrukturen, einschl. Substantia nigra bei der Differenzierung von parkinsonähnlichen Bewegungsstörungen.
Vaskuläre Prozesse	MRT, bei Kontraindikation (Herzschrittmacher etc.) auch CT, ggf. mit KM	Die Sensitivität für Kontraste und die von der Diffusion abgeleiteten Sequenzen ermöglichen eine frühe Erfassung von ischämischen strukturellen Gewebeveränderungen innerhalb von weniger als 1 h. Die CT ist in einem Zeitfenster von etwa 6 h nicht sicher diagnostisch.
DD Ischämie vs. Blutung	CT >MRT	Die Sensitivität für Dichteunterschiede prävaliert hier die CT besonders auch bei kleinen Blutungen resp. starker Vermischung im Subarachnoidalraum.
Blutungsquelle	MRT, CT MR- und CT-Angiographie Volumenrendering Virtuelle Endoskopie; Goldstandard: DSA	AVM etc. und deren lokale Parenchymveränderungen sind durch die Kontrastsensitivität im MRT besser darzustellen. Extrazerebrale Aneurysmen sind im Angiogramm mit CT und MRT gut, infratentoriell mit CT nur eingeschränkt abzugrenzen. Ein Volumenrendering kann die diagnostische Aussage ergänzen.
Extrazerebrale Gefäßprozesse	MRT, CT MR- und CT-Angiographie Volumenrendering Virtuelle Endoskopie; Goldstandard: DSA	Die Untersuchungen haben hier nur Screening-Charakter. Der MR- Angiographie wird ein diagnostisches Potential zugesprochen, entscheidend sind US resp. die DSA.
Hirnnervenausfälle	MRT bei intrakranialer Exploration, sofern keine Kontraindikation (Herzschrittmacher etc.); alternativ oder/ und CT zur Exploration der knöchernen Schädelbasis, ggf. mit KM	Mit der MRT sind die Hirnnerven im Subarachnoidalraum abzugrenzen. Auch die Schädelbasis ist im MRT darzustellen, knöcherne Destruktionen und Prozesse sind aber weiterhin Domäne der CT.
Spinale Prozesse	MRT/CT	Für die Diagnostik von Tumoren, vaskulären und entzündlichen Prozessen gelten Aussagen wie für die zerebrale Diagnostik. Für die Diagnostik knöcherner Veränderungen ist die CT vorzuziehen.

Legende s. Tab. 9.5

9.4.7 Synopsis von diagnostischer Fragestellung und Methodenempfehlung

Unter praktischen Gesichtspunkten werden die methodischen Erörterungen zur bildgebenden Diagnostik und die diagnostischen Fragestellungen des Neurogeriaters als methodenorientierte Empfehlungen in **Tab. 9.8** zusammengefasst.

Literatur

Kap. 9.1

Ludin HP (1993) Praktische Elektromyographie, 4. Aufl. Enke, Stuttgart

Rivner et al. (2001) Influence of age and height on nerve conduction. Muscle & Nerve 24:134–1141

Stöhr M, Wagner W, Pfadenhauer K, Scheglmann K (1999) Neuromonitoring. Steinkopff, Darmstadt

Stöhr M (2005) Klinische Elektromyographie und -neurographie – Lehrbuch und Atlas, 5. Aufl. Kohlhammer, Stuttgart

Stöhr M, Kraus R (2002) Einführung in die klinische Neurophysiologie. Steinkopff, Darmstadt

Stöhr M, Dichgans J, Buettner UW, Hess CW (2005) Evozierte Potentiale. Springer, Berlin Heidelberg New York Tokio

Zschocke S (1995) Klinische Elektroenzephalographie. Springer, Berlin Heidelberg New York Tokio

Kap. 9.2

Engelhardt A, Oheim S, Neundorfer B (1992) Post-lumbar puncture headache: experiences with Sprotte's atraumatic needle. Cephalalgia 12:259

Evans RW, Armon C, Froman EM et al. (2000) Assessment: prevention of post-lumbar puncture headaches. Neurology 55:909–914

Fishman RA (1992) Cerebrospinal fluid in diseases of the nervous system, 2nd ed. WB Saunders, Philadelphia

Müller B, Adelt K, Reichmann R et al. (1994) Atraumatic needle reduces the incidence of post-lumbar puncture syndrome. J Neurol 241:376–380

Strupp M, Brandt T, Müller A (1998) Incidence of post-lumbar puncture syndrome reduced by reinserting the stylet: a randomized prospective study of 600 patients. J Neurol 245:589–592

Strupp M, Schueler O, Straube A et al. (2001) „Atraumatic" Sprotte needle reduces the incidence of post-lumbar puncture headaches. Neurology 57:2310–2312

Thompson EJ (1995) Cerebrospinal fluid. J Neurol Neurosurg Psychiatry; 248:127–130

Zettl UK Lehmitz R, Mix E (2005) Klinische Liquordiagnostik. 2. Aufl. De Gruyter, Berlin

Kap. 9.3

Ackerstaff RG, Hoeneveld H, Slowikowski JM, Moll FL, Eikelboom BC, Ludwig JW (1984) Ultrasonic duplex scanning in atherosclerotic disease of the innominate, subclavian and vertebral arteries. A comparative study with angiography. Ultrasound Med Biol 10(4):409–418

Baumgartner RW, Mattle HP, Schroth G (1999) Assessment of >/=50 % and <50 % intracranial stenoses by transcranial color-coded duplex sonography. Stroke 3 (1):87–92

Chimowitz MI, Lynn MJ, Howlett-Smith H et al. (2005) Comparison of warfarin and aspirin for symptomatic intracranial arterial stenosis. N Engl J Med 352(13):1305–1316

Gerriets T, Goertler M, Stolz E et al. (2002) Feasibility and validity of transcranial duplex sonography in patients with acute stroke. J Neurol Neurosur Ps 73(1):17–20

Gerriets T, Seidel G, Fiss I, Modrau B, Kaps M (1999) Contrast-enhanced transcranial color-coded duplex sonography: efficiency and validity. Neurology 52(6):1133–1137

Kaps M (2005) Stenosen und Verschlüsse des extrakraniellen Karotissystems. In: Kaps M, von Reutern GM, Stolz E (Hrsg) Ultraschall in der Neurologie, 2. Aufl. Thieme, Stuttgart, New York, S 114–132

Kremer, C., Schaettin, T., Georgiadis, D. und Baumgartner, R. W. (2004) Prognosis of asymptomatic stenosis of the middle cerebral artery. J Neurol Neurosur Ps 75(9):1300–1303

Seidel G (2005) Stenosen und Verschlüsse der intrakraniellen Hirnarterien. In: Kaps M, von Reutern GM, Stolz E (Hrsg) Ultraschall in der Neurologie, 3. Aufl., Thieme, Stuttgart New York, S 164–177

Touboul PJ, Hennerici MG, Meairs S et al. (2004) Mannhei intima-media thickness consensus. Cerebrovasc Dis 18(4):346–349

Tsai AW, Folsom AR, Rosamond WD, Jones DW (2001) Ankle-brachial index and 7-year ischemic stroke incidence: the ARIC study. Stroke 32(8):1721–1724

Kap 9.4

Ewen K (Hrsg) (1998) Moderne Bildgebung. Referenzreihe Radiologische Diagnostik. Thieme, Stuttgart New York

Hentschel F (2000) Radiologische Bildgebung in der Psychiatrie. In: Stoppe G, Hentschel F, Munz DL.(Hrsg) Bildgebende Verfahren in der Psychiatrie. Thieme, Stuttgart New York, pp 2–37

Hentschel F, Kreis M, Damian M, Krumm B (2003) Mikroangiopathische Läsionen in der weißen Hirnsubstanz: Quantifizierung und Korrelation mit psychologischen Testergebnissen. Nervenarzt 74:55–61

Kalden P, Prüfer D, Schreiber W et al.(2000) In-vitro-Untersuchung von biologischen und technischen Herzklappenprothesen im MRT: Beurteilung möglicher Anziehung und Erhitzung der Implantate. Fortschr Röntgenstr 172:184–188

Kanal E, Borgstede JP, Barkovich AJ et al.(2004) American college of radiology white paper on MR safety: 2004 update and revisions. Am J Roentgenol 18226:1111–1114

Kang HP, Scott MG, Joe BN et al. (2004) Model for predicting the impact of gadolinium on plasma calcium measured by the o-cresolphthalein method. Clin Chem 50:741–746

Loewy J, Loewy A M, Kendall EJ (2004) Reconsideration of pacemakers and MR imaging. RadioGraphics 24:1257–1268

Müller RT (1993) Erfahrungen mit einem computergestützten Konzept zur ärztlichen Aufklärung. Dtsch Ärzteblatt 9:B1827–B1831

Münte S, Hollenhorst J, Friedrich L, et al. Intranasale Midazolamapplikation zur Anxiolyse bei der Magnetresonanztomographie. Klin Neurorad 2002(12):82–87

Nehra A, Moran CJ, Cross DT, Derdeyn CP. (2004) MR safety and imaging of neuroform stents at 3 T. AJNR Am J Neuroradiol 25:1476–1478

O'Brain JT, Colloby S, Fenwick J, et al. (2004) Dopamine transport loss visualized with FP-CIT- SPECT in the differential diagnosis of dementia with Lewy bodies. Archiv of Neurology 61:919–925

Rendl J, Saller B. (2001) Schilddrüse und Röntgenkontrastmittel. Dt Ärztebl 98:A402-406

Sommer T, Lauck G, Schimpf R et al.(1998) MRT bei Patienten mit Herzschrittmachern: in-vitro- und in-vivo- Evaluierung bei o,5 Tesla. Fortschr Röntgenstr 168:36–43

Sommer, T, Maintz D, Schmiedel A, et al. (2004) Hochfeld –Magnetresonanztomographie: Magnetische Anziehungs- und Rotationskräfte auf metallische Implantate bei 3,0 T. Fortschr Röntgenstr 176:731–738

Verordnung zur Änderung der Röntgenverordnung (RöV) und anderer atomrechtlicher Verordnungen vom 18.06.2002 (BGBl.I S.1869–1907

Younes-Mhenni S, Janier MF, Cinotti L, et al. (2004) FDG-PET improves tumor detection in patients with paraneoplastic neurological syndromes. Brain 127:2331–2338

10 Zerebrovaskuläre Erkrankungen

Frank Erbguth

Einleitung

Zerebrovaskuläre Erkrankungen – zumeist Hirninfarkte und Hirnblutungen – stellen nach neueren WHO-Statistiken hinter den kardiovaskulären Erkrankungen weltweit die zweithäufigste Todesursache dar – noch vor den Krebserkrankungen. Nicht-tödlich verlaufende Schlaganfälle sind in Europa die häufigste Ursache für lebenslange Behinderung im höheren Lebensalter. Die Erkrankungshäufigkeit nimmt zwar mit dem Alter durch die Zunahme entsprechender Risikofaktoren zu, gleichzeitig steigt jedoch auch die Effektivität primärpräventiver und sekundärpräventiver Strategien – gemessen an der absoluten prozentualen Risikoreduktion oder der entsprechenden „Number needed to treat (NNT)". Auch die Maßnahmen der Akuttherapie sind im Alter nicht grundsätzlich von geringerem Nutzen; es besteht aus den vorliegenden Daten jedenfalls kein begründeter Anlass für einen im Alltag der Schlaganfallversorgung oft anzutreffenden Nihilismus oder Relativismus, diese oder jene therapeutische oder präventive Maßnahme allein aus Altersgründen nicht (mehr) zu indizieren: in entsprechenden Studien erhielten bis zu 70 % der alten Patienten, die einen ersten Schlaganfall überlebt hatten, keine adäquate Sekundärprophylaxe (Landi et al. 2003). Bei kritischer Risikostratifizierung profitieren auch alte Patienten von der Fortschritten der Schlaganfalltherapien und -präventionen.

10.1 Epidemiologie und Pathophysiologie

Nach den Daten des populationsbezogenen Erlanger Schlaganfallregisters beläuft sich die Zahl erstmaliger Schlaganfälle pro Jahr auf 182 Fälle/100 000 Einwohner (Kolominsky-Rabas et al. 1998). Rechnet man Rezidivereignisse hinzu, beläuft sich die Zahl etwa auf 250 Fälle/100 000 Einwohner. Diese Rate steigt bei über 75-Jährigen auf bis zu 4 000 Schlaganfälle/100 000 Einwohner an. Achtzig Prozent der Schlaganfälle sind auf eine zerebrale Ischämie („Hirninfarkt") zurückzuführen, etwa 15 % beruhen auf einer spontanen intrazerebralen Blutung und die restlichen 5 % werden durch Subarachnoidalblutungen oder Sinusvenenthrombosen verursacht.

Die meisten Risikofaktoren für **Hirninfarkte** treten erst in höherem Lebensalter auf bzw. nehmen an Verbreitung und Ausprägung zu. So führen z. B. Diabetes und Hypertonus, die eine arteriosklerotische Mikro- und Makroangiopathie der Hirngefäße induzieren, zu vermehrten lakunären Infarkten oder Grenzzoneninfarkten. Das ebenfalls im Alter gehäufte nicht-rheumatische Vorhofflimmern ist ursächlich für die steigende Altersprävalenz embolischer Territorialinfarkte des Gehirns.

Die im Alter gehäufte Zahl **intrazerebraler Blutungen** geht zurück auf die

- steigende Hypertonusprävalenz im Senium (vorwiegend Stammganglienblutungen),

- steigende Zahl antikoagulierter Patienten (Blutungen aller Lokalisationen),
- altersassoziierte Hirngefäßerkrankung der Amyloidangiopathie („kongophile Angiopathie“, vorwiegend Lobärblutungen).

10.2 Statistische und praktische Bedeutung von Ereignis- und Risikoreduktion

Bei der Beurteilung unterschiedlicher präventiver und therapeutischer medizinischer Strategien zur Risikovermeidung oder Reduktion von (unerwünschten) Ereignissen oder Zuständen – wie beispielsweise dem Schlaganfall oder einem schlechtem „outcome“ nach Schlaganfall – muss zur Einordnung der Bedeutung der jeweiligen Strategie neben der meist angegebenen „relativen Risikoreduktion“ (RRR) auch die „absolute Risikoreduktion“ (ARR) betrachtet werden. So kann beispielsweise eine vermeintlich gleiche Wirkung zweier Medikamente mit jeweils „50 %-iger Risikoreduktion“ in zwei unterschiedlichen Szenarien eine ganz unterschiedliche Bedeutung haben in Abhängigkeit davon, auf welchem „Risikoniveau“ sich die 50 %-ige Reduktion abspielt. Reduziert ein Medikament oder ein Eingriff ein Ereignis von einer Häufigkeit von 20 % auf 10 % (RRR = 50 %), so entspricht dies einer ARR von 10 %. Dies bedeutet, dass man 10 Patienten behandeln muss („number needed to treat“ = NNT), damit ein Ereignis (z. B. Schlaganfall) verhindert werden kann. Ganz anders stellt sich die Situation bei einem niedrigeren Risikoniveau dar: reduziert eine Präventionsstrategie oder eine Therapie ein Ereignis von einer Häufigkeit von 1 % auf 0,5 % (RRR wiederum 50 %), so entspricht dies einer ARR von 0,5 %. Dies bedeutet, dass man 200 Patienten (!!) mit dem Medikament/Verfahren behandeln müsste („NNT“), um ein Ereignis zu verhindern. Da ältere Patienten meistens ein höheres Ereignis- oder Risikoniveau aufweisen, sind die darauf gerichteten Strategien statistisch effektiver.

10.3 Diagnostik

Die klinische und apparative Akutdiagnostik beim akuten Schlaganfall oder die Diagnostik der Risikofaktoren weist im Alter keine grundsätzlichen Besonderheiten auf.
Apparative Akutdiagnostik: Labordiagnostik, CT oder MRT (evtl. Diffusions-/Perfusionswichtungen), (Langzeit-)EKG, nichtinvasive Gefäßdiagnostik mittels Ultraschall und evtl. CT- oder MRT-Angiosequenzen, transthorakale (TTE) oder transösophageale (TEE) Echokardiographie. Die Indikationsstellung zur TEE kann bei klinisch fehlender Konsequenz oder klarer klinischer Präventionsstrategie (z. B. absolute Kontraindikation gegen orale Antikoagulation, bereits klinisch klare Indikation zur Antikoagulation) zurückhaltend gestellt werden.

10.4 Akuttherapie

Die einzigen evidenzbasiert (Klasse I) als effektiv evaluierten Therapieverfahren bei akutem Hirninfarkt sind die

- i.v.-Thrombolyse mit rekombinantem Gewebsplasminogen-Aktivator (rt-PA),
- Behandlung auf einer Stroke-Unit,
- Frühe Sekundärprophylaxe mit Acetylsalicylsäure (ASS).

Für die neuroprotektiven Basistherapien wie Blutzuckersenkung, Blutdruckoptimierung auf hohem Niveau und Bekämpfung

von Fieber liegen zumindest deutliche Hinweise auf ihre Effektivität vor.
Alle Maßnahmen sind grundsätzlich auch im höheren Lebensalter wirksam; die dazugehörige wissenschaftliche „altersspezifische" Datenlage ist allerdings von unterschiedlicher Qualität.

10.4.1 Intravenöse Thrombolyse mit rt-PA im Alter

Während eine systemische Lyse mit Streptokinase wegen schwerwiegenden Nebenwirkungen nicht durchgeführt werden darf, ist die Effektivität der intravenösen Thrombolyse mit rt-PA innerhalb eines 3 h-Fensters bei der Behandlung ischämischer Hirninfarkte in mehreren Studien nachgewiesen worden und wird mit dem Dosisprotokoll der NINDS-Studie empfohlen: 0,9 mg/kg/KG, Maximaldosis 90 mg, 10 % der Gesamtdosis als Bolus, die restlichen 90 % anschließend per Infusion über 60 min. Die intraarterielle Behandlung proximaler Verschlüsse der A. cerebri media mit pro-Urokinase führte innerhalb eines 6 h-Zeitfensters zu einer signifikanten Verbesserung der Symptome und kann daher auch angewendet werden – bei allerdings deutlich aufwändiger Logistik. Akute Basilarisverschlüsse wurden meist mit intraarterieller Urokinase- oder rt-PA-Thrombolyse behandelt; in Fallserien konnte auch eine systemische rt-PA-Gabe gute Ergebnisse zeigen.
In einigen Subgruppenanalysen und in der retrospektiven Risikoanalyse der Deutschen Schlaganfall-Register weisen über 70-jährige lysierte Patienten eine schlechtere Prognose und ein höheres Blutungsrisiko auf als jüngere Patienten (Larrue et al. 1997, Heuschmann et al. 2004). Dennoch zeigt sich in Fallzusammenstellungen kein Nachteil des höheren Alters (Schwark 2004, Stoll 2005) und auch die randomisierten Studien (ECASS I, II und NINDS) zeigten keine grundsätzliche Altersbeschränkung, wie sie wissenschaftlich unbegründet und willkürlich vom Bundesinstitut für Arzneimittel und Medizinprodukte (BfArM) in der Zulassung für die rt-PA i.v.-Lyse beim Hirninfarkt zunächst auf 75 Jahre und mittlerweile auf 80 Jahre festgelegt wurde. Entsprechend richtet sich eine wissenschaftliche Stellungnahme der „Deutschen Gesellschaft für Neurologie" gegen eine kategorische Altersbeschränkung. Grundsätzlich ist in höherem Alter bei der Indikationsstellung zur Thrombolyse eine kritische Patientenauswahl mit Blick auf die häufigere Prävalenz von Kontraindikationen angebracht. Möglicherweise ist die Hinzunahme von perfusionsgewichteten und diffusionsgewichteten MRT-Daten und entsprechender Kalkulation des sogenannten „mismatch" als Ausmaß der noch zu „rettenden" Penumbrazone eine Hilfe in der Risikostratifizierung der Lyse bei Hochbetagten. Die Lyse sollte in erfahrenen Zentren durchgeführt werden, da in Institutionen, die weniger als 5 Thrombolysen pro Jahr durchführen, die Sterblichkeit doppelt so hoch ist, als wenn keine Therapie durchgeführt würde (Heuschmann et al. 2004).

10.4.2 ASS und Heparin

Die Gabe von **Acetylsalicylsäure (ASS)** innerhalb von 48 h nach akutem Hirninfarkt wurde unter anderem in zwei großen Studien mit zusammen rund 40 000 Patienten untersucht. Es wurde gezeigt, dass durch die Gabe von 160 oder 300 mg ASS 7 Schlaganfälle/1 000 behandelte Patienten und 5/1 000 Todesfälle vermieden werden können bei zusätzlichen 2/1 000 intrazerebralen Blutungen. Trotz berechtigter methodischer Kritik an diesen großen Studien kann diese positive statistisch signifikante „Netto-Wirkung" der ASS-Gabe (50–325 mg) als Grundlage der gerinnungsaktiven Akuttherapie gelten. Ungeklärt ist, ob die intravenöse Gabe von ASS wirksamer ist als die orale Gabe.

Die **akute Antikoagulation mit Heparin** ist in Deutschland vor allem bei bestehenden (potentiellen) kardialen Emboliequellen eine vielfach praktizierte Behandlung im Sinne der frühen Sekundärprävention. Da die Antikoagulation langfristig die effektivste Sekundärpräventionsstrategie ist, sind die postiven Überlegungen zur frühen PTT-gesteuerten Vollheparinisierung zwar plausibel, aber nicht wissenschaftlich begründet. Studien mit niedermolekularem Heparin oder Heparinoiden konnten keine Überlegenheit beispielsweise gegenüber Plazebo oder ASS zeigen. Die Leitlinien belassen dennoch den Plausibilitätsüberlegungen eine gewisse Relevanz und erachten eine therapeutische Heparinisierung für pragmatisch vertretbar bei kardialem Thrombusnachweis, flottierender Thrombus im Aortenbogen oder in den hirnversorgenden Gefäßen, Dissektionen der A. carotis interna oder A. vertebralis und mechanischen Herzklappen.

10.4.3 Allgemeine neuroprotektive Basismaßnahmen

Blutdruckoptimierung

Es ist pathophysiologisch plausibel und tierexperimentell gestützt, dass bei aufgehobener Autoregulation in zerebralen Ischämiearealen zur Aufrechterhaltung der lokalen Perfusion arterielle Blutdruckwerte von etwa 180/100 mmHg zu tolerieren bzw. anzustreben sind. Die medikamentöse Blutdrucknormalisierung kann nach ca. drei Tagen begonnen werden. Eine Indikation zur Blutdrucksenkung in der Akutphase des Hirninfarktes besteht allerdings bei akutem Myokardinfarkt, bei der Herzinsuffizienz, beim akuten Nierenversagen oder bei der akuten hypertensiven Enzephalopathie. Blutdruckentgleisungen (sys. >220 mmHg, diast. >120 mmHg) sollten medikamentös nicht abrupt gesenkt werden (cave: Nifendipin). Bewährt hat sich die Gabe von: Kalziumantagonisten (z. B. Nitrendipin), ACE-Hemmern, Clonidin (150 µg s.c. oder i.v.) oder Urapidil (5–25 mg i.v.).

Hyperglykämie

Gerade ältere Schlaganfallpatienten haben oft einen vorbestehenden Typ 2-Diabetes und in der Akutphase des Schlaganfalls kommt es häufig zu Exazerbationen der Hyperglykämie. Es gibt deutliche Hinweise, dass ein erhöhter Glukosespiegel mit einer deutlich schlechteren Prognose verbunden ist. Daher sollte ab einem Blutglukosespiegel von über 180 mg/dl eine konsequente Senkung mit Insulin durchgeführt werden. Zwar wird meistens ein s.c.-Regime empfohlen (z. B. 4 I.E. s.c. bei BZ>180 mg/dl, 6 I.E. bei BZ>220 mg/dl, 8 I.E. bei BZ >300 mg/dl), eine verlässliche enge Blutzuckereinstellung lässt sich allerdings vor allem wegen der verbreiteten Insulinresistenz oft nur mittels Perfusor erreichen, bedingt allerdings einen erhöhten Überwachungsbedarf.

Erhöhte Körpertemperatur

Erhöhungen der Körpertemperaturen sind experimentell und klinisch mit einer schlechteren Prognose des Schlaganfall verbunden. Körpertemperaturen über 37,5°C sollten daher antipyretisch z. B. mit Paracetamol und/oder physikalisch (Wickel) behandelt werden.

10.4.4 Komplikationen

Hirnödem und Dekompressionskraniotomie im Alter

Durch eine Dekompressionsoperation bei „malignen" raumfordernden Hirninfarkten im Gefäßgebiet der A. cerebri media kann die Sterblichkeit von ca. 70–80 % auf ca. 30 % gesenkt werden. Allerdings sind die funktionellen Ergebnisse bei älteren Patienten in mehreren kleinen Studien und Fallserien z. T. sehr schlecht, so dass eine Dekompressionsoperation bei raumfordernden Mediainfarkten nach dem 60.–65. Lebensjahr nicht mehr für indiziert gehalten wird (Foerch et al. 2004).

Pneumonie und Aspiration

Eine der häufigsten Akutkomplikationen von Schlaganfällen sind bakterielle Aspirationspneumonien, die für 15–20 % der Todesfälle nach einem Schlaganfall verantwortlich sind. Ursächlich sind Bewusstseinsstörungen, fehlende Schutzreflexe und Schluckstörungen. Pneumonien erfordern eine rasche und gezielte antibiotische Therapie und Fieberbekämpfung. Ob eine Antibiotikaprophylaxe die Prognose des Schlaganfalls verbessert, ist im Moment Gegenstand von prospektiven Studien. In einer Studie hatte sich eine enterale Sondenernährung als günstig erwiesen, wobei eine vorübergehende nasogastrale Sonde einer PEG überlegen war (Dennis et al. 2005; s. Kap. 24).

Harnwegsinfekte

Harnwegsinfekte sind häufige Schlaganfallkomplikation durch die Verwendung von Transurethralkathetern. Eine Antibiotikaprophylaxe ist nicht nötig; bei manifestem Harnwegsinfekt erfolgt eine Antibiotikagabe.

Beinvenenthrombosen

Bis zu 5 % der Schlaganfallpatienten versterben an Lungenembolien. Dieses Risiko kann durch eine frühe Mobilisierung/Physiotherapie und durch eine subkutane Prophylaxe mit niedrigmolekularem Heparin bei bettlägerigen Patienten oder solchen mit hochgradigen Beinparesen gemindert werden. Elastische Kompressionsstrümpfe werden zwar häufig zur Thromboseprophylaxe empfohlen, können jedoch durch Verrutschen und falschen Sitz die venöse und arterielle Perfusion auch nachteilig beeinflussen.

Dekubitus

Regelmäßiges Lagern von Schlaganfallpatienten beugt der Entwicklung von Dekubitalgeschwüren vor. Hochrisikopatienten können auf luft- oder flüssigkeitsgefüllten Matratzensystemen gelagert werden.

Post-Stroke-Depression und Epilepsie

Je nach Auswahl der diagnostischen Kriterien entwickeln 10–30 % der Patienten nach einem Schlaganfall eine Depression im Sinne der „major depression", die bereits in der Akutphase nach dem Schlaganfall einsetzen kann. In Studien reduzierte die Gabe nicht-trizyklischer Antidepressiva wie z. B. Mirtazapin bereits in der Akutphase des Schlaganfall die Zahl auftretender Depressionen (s. Abschn. 10.6.1). Epileptische Anfälle nach Schlaganfall treten in der Akutphase seltener als im späteren Verlauf auf. Zwischen 2 % und 10 % aller Patienten entwickeln innerhalb der ersten 2 Jahre nach einem Schlaganfall eine Epilepsie (s. u. und Kap. 14).

10.4.5 Stroke-Unit-Behandlung im Alter

Die Behandlung auf einer Stroke Unit (auch unterschiedlicher Konzeptionen) reduziert

verglichen mit einer „Normalstation" die Sterblichkeit um 18–46 %, Tod oder Abhängigkeit um 29 % und die erforderliche Weiterbehandlung in einem Pflegeheim oder vollständige häusliche Pflege um ca. 25 %. Dieser Effekt ist unabhängig von Geschlecht und Alter der Patienten sowie vom Typ des Schlaganfalls, so dass Alter per se keinen prinzipiellen Ausschluss von der Stroke-Unit-Behandlung bedeuten kann. Übersteigt der Bedarf an Bettenkapazität das Angebot, ist allerdings die Multimorbidität oder die fehlende Indikation zur Thrombolyse – die bei älteren Patienten häufiger anzutreffen sind – ein mögliches Entscheidungskriterium gegen eine Stroke-Unit-Behandlung. Auch auf anderen Stationen führt die Behandlung durch ein multidisziplinäres Team aus Ärzten, Pflegepersonal, Physio- und Ergotherapie sowie Logopädie und Sozialarbeit zu besseren Ergebnissen.
In einer italienischen Studie schnitt bei älteren Patienten von durchschnittlich 82 Jahren eine ambulante und häusliche Behandlung eines leichten Schlaganfalls nicht schlechter ab, als eine Krankenhausbehandlung; dieses Konzept setzt jedoch eine entsprechende ambulante Logistik voraus und muss auf seine Tauglichkeit breiter untersucht werden (Riauda et al. 2004).

10.4.6 Rehabilitation

Die Rehabilitation beginnt noch in der Akutklinik als Bestandteil eines multidisziplinären Konzepts (s. o.) und wird in den Kapitel 40 bis 43 näher beschrieben.

10.5 Primär- und Sekundärprävention

10.5.1 Hochdruck und Schlaganfall im Alter

Das Schlaganfallrisiko ist bei einem arteriellen Hypertonus um das 3- bis 6-fache erhöht. Eine blutdrucksenkende **Primärprävention** senkt das Schlaganfallrisiko um 30–40 %. Im Alter ab 65 Jahren liegt häufig eine „isolierte systolische Hypertonie" mit einem syst. Blutdruck von >160 mmHg und einem diast. Blutdruck von <90 mmHg vor. Eine solche Konstellation besteht im Alter von 80 Jahren bei 20 % der Männer und 30 % der Frauen; sie ist Ausdruck des Elastizitätsverlusts der arteriellen Gefäße. Bei dieser Hypertonieform ist das Schlaganfallrisiko umso größer, je höher die systolischen und je niedriger die diastolischen Blutdruckwerte sind. Letztere Beobachtung führte zum „Mythos" eines „Bedarfshypertonus" zur Sicherstellung der zerebralen Perfusion im Alter und damit verbunden zu einer unangemessen legeren Handhabung der antihypertensiven Therapie bei Älteren. Fakt ist, dass ein erhöhter „Pulsdruck" als Differenz zwischen systolischem und diastolischem Blutdruck eng mit dem Schlaganfallrisiko korreliert, womit sich ein steigendes Schlaganfallrisiko mit sinkendem diastolischen Druck bei konstanter Systole erklärt. Auch bei der isolierten systolischen Hypertonie im Alter bewirkt in der **Primärprävention** eine Senkung des Hypertonus eine 30–40 %-ige relative Risikoreduktion von Schlaganfallereignissen. Zur **Sekundärprävention** einer antihypertensiven Behandlung nach einem Schlaganfall liegen die Daten der Progress- und der Moses-Studie vor (Durchschnittsalter 65 bzw. 68 Jahre). Die Progress-Studie konnte zeigen, dass eine antihypertensive Kombinationsbehandlung mit dem ACE-Hemmer Perindopril und dem „atypischen" Diuretikum Indapamid nach einem Schlaganfall die Rezidivrate gegenüber einer Standardtherapie um 43 % senken konnte. Dabei profitierten auch Patienten ohne hypertensive Werte, was Spekulationen über einen vasoprotektiven Effekt der Therapie nährte. Auch weisen die Ergebnisse der Progress-Studie und der Syst-Eur-Studie darauf hin, dass eine sekundärpräventive antihypertensive Therapie das Risiko einer „vaskulären Demenz" durch Reduktion strategischer Infarkte etwa um die Hälfte senkt. In der MOSES-Studie war unter Eprosartan bei gleicher Blutdrucksenkung wie unter Nitrendipin die Zahl erneuter zerebrovaskulärer Ereignisse um 25 % niedriger.

10.5.2 Statine im Alter?

Erhöhte Cholesterinspiegel ließen sich bislang epidemiologisch nicht eindeutig als Risikofaktor für einen Schlaganfall identifizieren und auch ihre Senkung mit Gemfibrozil in der Sekundärprävention bewirkte zwar eine Reduktion der Herzinfarkt- nicht aber der Schlaganfallhäufigkeit. Interventionsstudien mit HMG-CoA-Reduktase-Hemmern („Statinen") allerdings zeigten bei Patienten mit vorhergegangenen koronaren Ereignissen eine Senkung der Hirninfarkthäufigkeit zwischen 20 und 40 %. In der 2002 und 2004 publizierten „MRC/BHF Heart Protection Studie" konnte das Hirninfarktrisiko unter 40 mg Simvastatin um 25 % (RRR) von 5,7 auf 4,3 % gesenkt werden (ARR = 1,4 %). Dies galt auch bei Nicht-Vorliegen erhöhter Gesamtcholesterin- oder LDL-Werte. Allerdings profitierten Patienten, die zuvor ein zerebrovaskuläres Ereignis hatten, erstaunlicherweise nicht von der Statintherapie in der Weise, dass sie weniger neue Schlaganfälle entwickelten, sondern dass sie weniger kardiovaskuläre Ereignisse erlitten. Es bestehen Überlegungen, dass die Statine jenseits ihrer cholesterinsenkenden Wirkung eigene vasoprotektive und antiinflammatorische (= pleiotrope) Effekte aufweisen könnten. Im Moment sind die entsprechenden Leitlinien noch zurückhaltend und empfehlen zur Schlaganfallprimärprävention Statine nur bei gleichzeitig bestehender koronarer Herzkrankheit; in der **Sekundärprävention** wird eine Indikation beim Vorhandensein vaskulärer Risikofaktoren gesehen bis die Ergebnisse laufender Multicenterstudien hier eindeutigere Aussagen ermöglichen. Die auf die Gruppe älterer Patienten (70–82 Jahre) fokussierte PROSPER-Studie zeigte, dass mit 40 mg Pravastatin in 3,2 Jahren zwar signifikant die Zahl der KHK-Todesfälle als auch die Häufigkeit „Nicht-tödlicher Herzinfarkte plus KHK-Todesfälle" um 24 % bzw. 19 % gesenkt werden konnte (ARR 0,9 bzw. 2,1), jedoch das Schlaganfallrisiko nicht signifikant reduziert wurde. Die Tatsache, dass nach 3,2 Jahren bei fast 3 000 behandelten Patienten nur ein Unterschied aller Todesfälle von 8 (306 Verumgruppe vs. 298 Plazebogruppe) auftrat, berechtigt zu kritischen pharmakoökonomischen Überlegungen.

10.5.3 Homozystein

Zwar ist eine Hyperhomozysteinämie offensichtlich ein unabhängiger Risikofaktor für einen Schlaganfall, bisher konnte aber nicht gezeigt werden, dass eine Gabe von Vitaminen der B-Gruppe und Folsäure das Schlaganfallrisiko senkt, obwohl sich nachgewiesenermaßen der Homozysteinspiegel senken lässt. Weitere Studien sind initiiert.

10.5.4 Antikoagulation bei Vorhofflimmern im Alter

Mehrere große randomisierte Untersuchungen haben eine primär- und sekundärprophylaktische relative Hirninfarktrisikoreduktion der oralen Antikoagulation beim

Vorhofflimmern (INR 2–3; bei höherem Embolierisiko bis 3,5) um 60–70 % belegt. Die Antikoagulation mit Marcumar beim Vorhofflimmern im Alter wird allerdings oft aufgrund von Bedenken hinsichtlich eines erhöhten Blutungsrisikos zurückhaltend indiziert. So zeigen Studien, dass eine indizierte Antikoagulation bei Vorhofflimmern nur bei 37 % der über 80-Jährigen durchgeführt wird im Vergleich zu 73 % bei unter 70-Jährigen. Alter ist damit der wesentliche „Risikofaktor" für eine unberechtigt vorenthaltene Antikoagulation. Es ist durch Studien belegt, dass nicht nur das Alter per se keine Kontraindikation darstellt, sondern auch, dass die präventive Effektivität der Antikoagulation aufgrund des hohen Ereignisrisikos für einen Schlaganfall in den hohen Altersgruppen am höchsten ist. Allerdings steigen auch die Risiken für eine bedrohliche Blutung (vor allem Hirnblutung) mit dem Alter. Daher ist eine kritische Patientenauswahl und Indikationsstellung notwendig, die sich kaum auf „evidenzbasierte" Daten stützen kann und häufig mehr ärztliche „Kunst" als „Wissenschaft" darstellt. Relativ gesicherte Kontraindikationen für eine Antikoagulation im hohen Alter sind: Kognitive und auditive Defizite, häufige (!) verletzungsträchtige Stürze, Polypharmakotherapie, ausgeprägte mikroangiopathische Hirngewebsveränderungen und ein schwer beherrschbarer Hypertonus. Obwohl das Risiko der Antikoagulation für traumatische und nicht-traumatische intrazerebrale Blutungen bei stark sturzgefährdeten Patienten erhöht ist, werden mögliche Kontraindikationen bei Senioren – insbesondere Stürze – eher überbewertet: erst nach über 100 Stürzen treten unter Marcumar bedrohliche Blutungen auf (Man-Son-Hing und Laupacis 2003). Inwieweit neuere antikoagulative Strategien z. B. mit direkten Thrombininhibitoren bei älteren Patienten eine verbesserte Nutzen-Risiko-Balance bieten, bleibt abzuwarten.

10.5.5 Andere kardiale Emboliequellen

Bei angeborenen oder erworbenen **Klappenfehlern** bzw. mechanischen Kunstklappen erweist sich die orale Antikoagulation mit Marcumar als effektiv. Das jährliche Schlaganfallrisiko beträgt 1–4 % bei mechanischen und 0,2–2,9 % bei Bioprothesen. Empfohlen wird eine INR von 2,5–3,5, ein empirisch guter Kompromiss zwischen möglichst effektiver Thromboseprophylaxe und Vermeidung von Blutungskomplikationen. Patienten mit Bioklappen in Mitralposition werden für 3 Monate antikoaguliert und danach mit ASS behandelt. Schlaganfälle beim akuten Herzinfarkt werden in ca. 2,5 % der Fälle in den ersten 6 Wochen registriert. Eine dauerhafte Antikoagulation sollte bei Herzinfarktpatienten mit schlechter Ventrikelfunktion und begleitendem Vorhofflimmern durchgeführt werden. Die Bedeutung eines persistierendes offenen Foramen ovale (**PFO**) als primärer Risikofaktor ist für paradoxe Hirnembolien derzeit noch nicht endgültig geklärt. In Studien wurde allenfalls eine Kombination eines PFO mit einem Vorhofseptumaneurysma als mögliche Indikation für einen interventionellen Schirmverschluss erarbeitet. Das Durchschnittsalter der studierten Patienten lag allerdings um 40 Jahre, so dass bei älteren Patienten angesichts der deutlichen Zunahme konkurrierender Hirninfarktrisikofaktoren eine invasive Therapie bestenfalls in Einzelfällen (z. B. mehrfache Hirninfarktassoziation zu einem Valsalva-Manöver) erfolgen sollte.

10.5.6 Karotisendarterektomie

Die klinische Praxis zeigt das paradoxe Phänomen, dass bei Patienten mittleren Alters oft unberechtigte Indikationen für eine Karotisendarterektomie (TEA) gestellt werden (z. B. bei nur geringgradigen symptomatischen oder mittelgradigen asymptomatischen Stenosen), während bei Patienten in hohem Alter die Indikation bei symptomatischen hochgradigen Stenosen unberechtigterweise oft eher zurückhaltend gestellt wird.

Grundsätzlich führt eine TEA bei Patienten mit **hochgradigen asymptomatischen Stenosen** (>70 %) nach der Studienlage (ACAS, ACST) zwar zu einer etwa 50 %-igen Risikoreduktion der Schlaganfallereignisse – allerdings auf sehr geringem Risikoniveau, so dass eine NNT von 60–80/Jahr resultiert, um einen Schlaganfall zu verhindern. Entscheidend ist, dass das niedrige perioperative Morbiditätsrisiko der Studien von 3–5 % in der Realität keinesfalls überschritten werden darf, da sonst die Effektivität der Operation sich in einen Schaden verkehrt.

Bei **hochgradigen symptomatischen Stenosen** über 70 % haben die große amerikanische und die europäische Studie eine 60–80 %-ige relative Risikoreduktion durch die Operation – verglichen mit alleiniger medikamentöser Therapie – belegen können. Bei 50–69 %igen Stenosen ist der Vorteil der Operation sehr klein und betrifft nur Männer. Damit sich diese Ergebnisse in der Praxis realisieren, müssen die perioperativen Komplikationen unter 5–7 % liegen (30-Tage-Komplikationsrate).

Subgruppenanalysen der **älteren Patienten** der beiden Studien zu symptomatischen Stenosen konnten eindrucksvoll zeigen, dass die Patienten von einer indizierten TEA statistisch umso mehr profitieren, je älter sie sind. Beträgt die „Number needed to treat" bei unter 65-Jährigen 10, so beträgt sie bei über 75-Jährigen nur 3. Dies gilt allerdings nur bei sorgfältiger Patientenauswahl und exzellenter Operationsexpertise mit niedrigen Komplikationsraten.

Die positiven Daten zur **Stenteinlage und Angioplastie** verdichten sich und legen nahe, dass das Verfahren mit emboliegeschütztem Vorgehen ähnliche Ergebnisse wie die TEA erreichen kann. Durch die geringere Invasivität könnte dieses Verfahren gerade für ältere multimorbide Patienten mit hohem Operationsrisiko durch die Narkosevermeidung an Bedeutung gewinnen. Langzeitverläufe (z. B. Restenosierungsraten) sind allerdings noch nicht ausreichend untersucht.

10.5.7 Thrombozytenfunktionshemmung (TFH)

Der **primärprophylaktische Einsatz** von **ASS** führte in großen Studien nicht zu einer Verminderung von zerebrovaskulären Ereignissen. Allerdings waren die Patienten der Metaanalyse überwiegend männlich, nur etwa 57 Jahre alt und das jährliche Schlaganfallrisiko in den Gruppen war mit ca. 0,3 % relativ niedrig. Bei hohen Ereignisraten bestand andeutungsweise ein positiver Effekt für ASS, der sich in der aktuellsten Studie bei Frauen über 75 Jahren ebenfalls zeigte. Daher ist die negative Bewertung einer ASS-Primärprophylaxe in den Leitlinien nur bei Patienten unter 65 Jahren wissenschaftlich gerechtfertigt; bei älteren Patienten fehlen jedoch entsprechend sichere Daten für eine Empfehlung für oder gegen ASS als Primärprophylaktikum. Ebenso ist auch die verbreitete Gabe von ASS bei asymptomatischen Karotisstenosen wissenschaftlich nicht ausreichend gesichert.

In der **Sekundärprävention** konnte durch mehrere Metaanalysen gezeigt werden, dass bei Patienten nach einer TIA oder einem Schlaganfall durch Thrombozytenfunktionshemmer (meist ASS) das Risiko eines nicht-tödlichen Schlaganfalls um 13–25 % reduziert wird. Bei einer Untergruppe mit hohem Risiko (begleitende KHK, pAVK) war die Risikoreduktion sogar mit 31 % noch höher. Strittig war über lange Zeit die optimale ASS-Dosis (35–1 300 mg). Verschiedene Metaanalysen fanden keinen Effektivitätsunterschied zwischen den verschiedenen Dosierungen, so dass im Hinblich auf die geringeren gastrointestinalen Nebenwirkungsraten niedriger Dosen eine Gabe zwischen 50 und 325 mg ASS empfohlen wird. In Deutschland hat sich wie den meisten europäischen Ländern analog zur Kardioprotektion eine Dosis von 100 mg ASS pro Tag etabliert.

Ticlopidin (Tiklyd®) als erstes kommerziell erhältliches Thienopyridin (Hemmung des ADP-Metabolismus der Plättchen) zeigte sich der Gabe von ASS überlegen, wird jedoch heute wegen der Gefahr einer Neutropenie in den ersten drei Monaten der Einnahme kaum noch verwendet.

Clopidogrel (Plavix®, Iscover®) hat Ticlopidin weitgehend ersetzt. In der CAPRIE-Studie mit fast 20 000 Patienten wurden 75 mg Clopidogrel mit 325 mg ASS doppelblind und randomisiert bei Patienten mit koronarer, peripherer und zerebrovaskulärer Manifestation der arteriellen Gefäßerkrankung verglichen (CAPRIE Steering Committee 1996). Clopidogrel senkte den kombinierten Endpunkt aus Schlaganfall, Herzinfarkt und vaskulärem Tod signifikant um 8,7 % (RRR) bzw. 0,51 % (ARR von 5,83 auf 5,32 %). Die drei Patientenuntergruppen der Studie (Herzinfarkt, Schlaganfall und periphere Verschlusskrankheit) profitierten unterschiedlich: so hatten Clopidogrel-behandelte Patienten mit pAVK und mit Schlaganfall eine stärkere Risikoreduktion verglichen mit der Herzinfarktgruppe. Clopidogrel erwies sich gegenüber ASS und auch Ticlopidin als ausreichend sicher: so finden sich in nur 0,1 % schwere Neutropenien. Bei Subgruppen mit hohem vaskulären Risiko wurden relative Risikoreduktionen (RRR) um 40 % und absolute Risikoreduktionen (ARR) um 7 % erreicht. Empfohlen wird Clopidogrel, wenn eine ASS-Unveträglichkeit besteht oder ein Hochrisikoprofil besteht. Ungeklärt ist, welche gerinnungshemmende Strategie einzusetzen ist, wenn es zu einem zerebrovaskulären Ereignis unter einem bestimmten Thrombozytenfunktionshemmer (meist ASS) kommt (sogenannte „Versagertherapie“). Plausibilitätsgründe und psychologische Erwägungen führten hier zu einer bevorzugten Verwendung von Clopidogrel, wofür allerdings keine wissenschaftlichen Belege vorliegen. Darauf und auf hohe Medikamentenkosten im Vergleich zu ASS verweist die bezüglich Clopidogrel restriktive Bekanntmachunge des „Bundesausschuss der Ärzte und Krankenkassen“ von 2004, die jedoch mittlerweile gerichtlich als unbegründet beurteilt wurde. Bei einer Ulkusproblematik kann in Anlehnung an eine Studie alternativ zu einer Clopidogrelgabe auch die Kombination aus ASS 80 mg plus 2-mal 20 mg Esomeprazol täglich gegeben werden.

Dipyridamol ist die vierte klinisch relevante thrombozytenfunktionshemmende Substanz, deren Effektivität als Monotherapie und in Kombination mit ASS (Aggrenox®) vor allem in der ESPS-2 mit 6602 Patienten (Diener et al. 1997) untersucht und belegt wurde. In früheren Studien konnte die nicht-retardierte Substanz allerdings keine überzeugende Effektivität zeigen. In der vierarmigen Studie (ASS 2-mal 25 mg/Tag, retardiertes Dipyridamol 2-mal 200 mg/Tag, ASS 2-mal 25 mg/Tag plus retardiertes Dipyridamol 2-mal 200 mg und Plazebo) ergab die Kombinationsbehandlung eine 37 %-ige relative Risikoreduktion verglichen mit Placebo, während ASS alleine zu einer Schlaganfallrisikoreduktion von 18 % und Dipyridamol alleine von 16 % führte. Die Kombination führte zu 23,1 % weniger zerebrovaskulären Ereignissen als eine ASS-Monotherapie (ARR ca. 5 %). Wesentliche Nebenwirkungen der Medikation in ESPS-2 beinhalteten leichte gastrointestinale Probleme und Kopfschmerzen. Kopfschmerzen waren bei Patienten unter der Kombinationstherapie mit 8,1 % an Therapieabbrüchen schuld, in 8 % bei Dipyridamol alleine, 1,9 % bei ASS-alleine und 2,4 % bei Plazebo. Kardiale Ereignisse waren in den Dipyridamolgruppen nicht häufiger als in den Gruppen, die mit ASS behandelt wurden. Diese positive Studie führte zur Zulassung der fixen Kombination (= 25 mg ASS plus 200 mg retardiertes Dipyridamol, 2-mal/Tag – empfohlen wird zur Kopfschmerzmeidung die einschleichende Gabe von 1-mal tgl. über 5 Tage). Eine neuere Metaanalyse stützt die Ergebnisse für die Dipyridamol-ASS-Kombination auch dann, wenn die Daten der ESPS-2-Studie aus der Analyse herausgenommen werden.

In der MATCH-Studie zeigte sich, dass die Kombination von ASS und Clopidogrel in der Effektivität der Monotherapie mit Clopidogrel nicht überlegen ist, aber zu einer Verdopplung von schweren Blutungsereignissen führt. In der laufenden PROFESS-Studie wird unter anderem ein Vergleich zwischen Clopidogrel und der Kombination Dipyridamol plus ASS geprüft. In den aktuellen Leitlinien wird aus retrospektiv analysierten Studiendaten eine Plausibilitätsempfehlung zum differenzierten Einsatz von TFH gegeben: demnach soll die Kombination ASS plus Dipyridamol bei Patienten mit einem Hirninfarkt und Rezidivrisiko > 4 % pro Jahr gegeben werden (= 3 und mehr Punkte im „Essener Risk Score"); bei zusätzlicher pAVK wird Clopidogrel empfohlen. Patienten mit geringem Rezidivrisiko (< 4 %/Jahr) erhalten ASS.

Insgesamt ist wissenschaftlich nicht belegt, wie sich bei Patienten mit kombinierten Risiken eine Kombination der oben aufgeführten Präventionsstrategien auswirkt (z. B. ASS plus Statine plus Antihypertensivum). Aus Plausibilitätsgründen wäre eine additive oder multiplikative Wirkung zu erwarten, was englische Epidemiologen zum Anlass nahmen, eine präventive „Sechser-Pille" aus 6 Substanzen (Diuretikum, ACE-Hemmer, β-Blocker, Statin, Aspirin, Folsäure) vorzuschlagen, die eine 80 % Risikoreduktion in der Primärprävention versprechen sollte. Gegenseitige hemmende Wirkungen sind jedoch auch nicht auszuschießen.

10.6 Mittelfristige Schlaganfallkomplikationen im Alter

10.6.1 „Post-Stroke-Depression"

Je nach Auswahl der diagnostischen Kriterien entwickeln 10–30 % der Patienten nach einem Schlaganfall eine Depression im Sinne der „major depression". Depressionen in der Vorgeschichte sind dabei ein Hauptrisikofaktor. Therapeutisch liegen für die SSRI die besten Studienergebnisse vor.

10.6.2 „Vaskuläre Epilepsie"

Zwischen 2 % und 10 % aller Patienten entwickeln innerhalb der ersten 2 Jahre nach einem Schlaganfall eine Epilepsie. Diese vaskuläre Epilepsie als symptomatische Epilepsie durch postischämische Gliosen ist eine Hauptursache für Altersepilepsie (s. Kap. 14). Eine antiepileptische Behandlung nach dem ersten vaskulären Anfallsereignis führt im Lauf der nächsten 2 Jahre zu einer 85 %-igen Anfallsfreiheit vs. 61 % bei Nichtbehandlung.

10.7 Hirninfarkte und vaskuläre Demenz

Vaskuläre Läsionen führen deutlich seltener zu einer Demenz als primär degenerative Erkrankungen z. B. vom Alzheimer-Typ (s. Kap. 11). Das Konzept der vaskulären Demenz war lange Zeit geprägt von der Auffassung einer „Multiinfarktdemenz" durch multiple klinisch und zeitlich distinkte lakunäre oder territoriale Hirninfarkte. Zwar tragen multiple Lakunen zu den kognitiven und exekutiven Einschränkungen der Patienten mit vaskulärer Demenz bei, im Vordergrund steht jedoch der Pathomechanismus der schleichenden subkortikalen Demyelinisierung bedingt durch den arteriellen Bluthochdruck im Sinne der subkortikalen arterioklerotischen Enzephalopathie (SAE).

10.8 Intrazerebrale Blutungen

Lokalisatorisch können zerebrale Blutungen subkortikal im Stammganglienbereich oder in den lobären Rindenstrukturen supra- und infratentoriell auftreten. Ursächlich überwiegen im Alter

- Hypertonusbedingte Blutungen: Stammganglien, Kleinhirn, Hirnstamm, seltener supratentorielle Lobärblutungen,
- Lobärblutungen durch altersassoziierte Amyloidangiopathie („kongophile Angiopathie"),
- Antikoagulanzienbedingte Blutungen aller Lokalisationen.

Die Diagnose einer **zerebralen Amyloidangiopathie (CAA)** ist letztlich nur histologisch – und damit meistens autoptisch – möglich, allerdings sind hohes Lebensalter, rezidivierende Lobärblutungen, vorausgehende Demenz und/oder zerebrale Mikroangiopathie in der Bildgebung hinweisende klinische Kriterien. Die CAA ist die häufigste Ursache von Lobärhämatomen bei Patienten über 60 Jahre; 30 % entwickeln eine Demenz. Es kommt zu Amyloidablagerungen vor allem in leptomeningealen Gefäßen und in perforierenden Arteriolen. Es besteht keine Assoziation zu einer systemischen Amyloidose. Bei 8 % der Autopsien von Menschen über 70 Jahre findet sich eine CAA; meist ist sie sporadisch; es gibt auch familiäre Fälle mit Manifestation im jüngeren Alter.

Bei einer oralen **Antikoagulation** als Ursache einer intrazerebralen Blutung besteht häufig das Problem, dass eine Fortführung der gerinnungshemmenden Therapie aus vitaler Indikation (z. B. mechanische Herzklappen) notwendig ist. Hier zeigte sich eine vorübergehende Umstellung auf Heparin (i.v-PTT-gesteuert oder niedermolekular therapeutisch dosiert) als ausreichend sicher und effektiv. Eine Wiederaufnahme der oralen Antikoagulation muss vom individuellen Risikoprofil abhängig gemacht werden.

Bei den klinischen Symptomen und dem Verlauf sind ältere Patienten bei kleinen und mittelgroßen Blutungen oft erstaunlich gering von Bewusstseinsstörungen betroffen, da es durch die altersbedingte Hirnsubstanzminderung zu geringeren Hirndruckproblemen kommt.

Zwar eignen sich größere Lobärblutungen eher als tiefe Stammganglienhämatome für operative Evakuierungen; bei einer vorbestehenden Demenz im Falle einer Amyloidangiopathie und ausgeprägter Komorbidität wird eine medizinische Indikation allerdings sehr kritisch und zurückhaltend zu sehen sein.

Inwieweit eine sich abzeichnende Prognoseverbesserung durch die Begrenzung der Hämatomvergrößerung intrazerebraler Blutungen durch Gabe von rekombinantem aktiviertem Faktor VII auch bei älteren Patienten relevant ist, muss sich erst noch erweisen.

10.9 Subarachnoidalblutungen (SAB)

Subarachnoidalblutungen treten mit einer jährlichen Inzidenz von ca. 10/100 000 auf; bei ca. 75 % liegt ein rupturiertes Aneurysma zugrunde. Im Alter nimmt der Anteil nicht-aneurysmatischer Ursachen z. B. Hy-

pertonus, Mikroangiopathie zu. Nicht-aneurysmatische SABs treten häufig in „präpontiner Lokalisation“ auf.
Die charakteristischen Symptome sind heftige Kopfschmerzen und Meningismus verbunden mit unterschiedlichen neurologischen Defiziten. Die Schwere der SAB wird nach Hunt und Hess oder der Skala des Weltverbandes der Neurochirurgen (WFNS SAH Scale) World Federation skaliert mit Grad 0 (unrupturiertes asymptomatisches Aneurysma bzw. keine Defizite) bis Grad 5 (Koma, Dezerebration).
Die Diagnose der SAB erfolgt durch CT oder MRT – bei unauffälliger Bildgebung und bestehendem klinischem Verdacht – mittels einer Liquoruntersuchung. Die Aneurysmen werden mittels selektiver Katheterangiographie oder Schnittbildangiographien nachgewiesen.
Therapeutisch stehen die Verfahren des operativen Aneurysmaclippings oder des endovaskulären Coilings zur Verfügung. Angestrebt wird im Stadium I–III eine Früh-Operation/Frühintervention. Häufigste Komplikationen der aneurysmatischen SAB sind

- Nachblutungen ohne operative oder interventionelle Sanierung (erster Tag 5 %, 15 Tage 1,5 % pro Tag, erste 6 Monate 50 %, danach 3 % pro Jahr),
- Hydrozephalus (10 %),
- Gefäßspasmen mit konsekutiven zerebralen Ischämien.

Die Sterblichkeit ist abgängig von der Größe des Aneurysmas, der Symptomatik (Hunt & Hess Grad) und dem Ausmaß der Komplikationen (z. B. Sterblichkeit 13 % bei Somnolenz vs. 72 % bei Koma).
Alternativ steht die Therapie mittels interventionellem Coiling und operativem Clipping zur Verfügung. Schwierig operativ zugängliche Aneurysma-Lokalisationen (z. B. Basilariskopf) sind vorzugsweise mittels Coiling zu versorgen; eine generelle Priorisierung der Verfahren kann im Moment noch nicht erfolgen. Es gibt allerdings berechtigte Überlegungen, bei älteren Patienten mit Operationsrisiken eine endovaskuläre Therapie vorzuziehen (Lubicz et al. 2004).
Bei inzidentellen Aneurysmen – oft als Zufallsbefund in der Bildgebung entdeckt – hängt die Rupturgefahr von der Größe des Aneurysmas ab. Wurde früher eine Rupturrate von 1–2 % pro Jahr angenommen, so beträgt sie bei kleinen Aneurysmen (< 10 mm) nur ca. 0,05 % pro Jahr und bei Aneurysmen >10 mm 0,5 % pro Jahr. Bei einer asymptomatischen Erstentdeckung im höheren Alter dürfte also das zu erwartende kumulative Risiko einer SAB maximal bei 10 % liegen und damit die zu erwartende perioperative Morbidität und Mortalität eines operativen oder interventionellen Eingriffs unterschreiten.

10.10 Sinusvenenthrombosen

Während einige Risikofaktoren für Sinusvenenthrombosen wie Kontrazeptiva und Wochenbett im Alter wegfallen, treten neue vor allem durch Veränderung der Blutviskosität beispielsweise durch Exsikkose hinzu. Verdächtig sind einzelne oder multiple z. T. hämorrhagische Hirninfarkte, die keinen arteriellen Versorgungsgebieten zugeordnet werden können; auch primäre venöse Blutungen kommen vor. Der Nachweis erfolgt durch Schnittbild-Angiographien (CT- oder MRT-Angiographie) oder durch die transfemorale Katheterangiographie. Nachwievor gilt die PTT-wirksame Heparinisierung als Therapie der Wahl – auch bei bereits bestehender Blutung.

10.11 Andere zerebrovaskuläre Erkrankungen und Konstellationen

10.11.1 Hypertensive Enzephalopathie

Bei akuten exzessiven systolischen Blutdruckanstiegen kann es zu einer **Störung der vaskulären zerebralen Autoregulation** – die bei älteren Patienten eine erhöhte Vulnerabilität aufweist – mit konsekutiver regionaler Vasodilatation und -konstriktion und Entwicklung einer Blut-Hirn-Schrankenstörung kommen. Daraus entwickelt sich ein vasogenes Hirnödem mit petechialen Blutungen vorwiegend im Parietal- und Okzipitallappen. Pathologisch finden sich Ringblutungen um fibrinverschlossene Kapillaren. Es ist nicht geklärt, warum das Versorgungsgebiet der A. cerebri posterior bei der hypertensiven Enzephalopathie besonders vulnerabel ist. Klinisch entwickeln sich Kopfschmerzen, Übelkeit, Erbrechen, Sehstörungen, Bewusstseinsstörungen, generalisierte oder fokale Krampfanfälle, Hemiparesen, Aphasien und Hemianopsien. Am Augenhintergrund können Netzhautexsudate und -blutungen und ein Papillenödem beobachtet werden. In leichten Fällen sind CT und MRT meist unauffällig, bei ausgeprägten Formen lassen sich ausgedehnte symmetrische Marklagerveränderungen vorwiegend im Okzipitallappen nachweisen. Diese sind nach rechtzeitiger Kontrolle des Hypertonus komplett oder teilweise reversibel. Diese Läsionstopographie wird als **„posteriore Leukenzephalopathie"** bezeichnet und findet sich beispielsweise auch bei der Eklampsie oder der Behandlung mit Immunsuppressiva (Hagemann 2004). Eröffnungsdruck und Proteingehalt (bis ca. 100 mg/dl) des Liquors sind oft erhöht. Durch eine Senkung des Blutdrucks ist die Symptomatik fast immer innerhalb von Tagen rückläufig. Zielbereich der Blutdruckeinstellung ist eine Senkung des arteriellen Mitteldrucks um etwa 25 % und die Senkung des diastolischen Druckes auf Werte von ca. 100 mmHg. Ein Blutdruckmonitoring ist notwendig, um starke Druckschwankungen und zu abrupte Blutdruckabfälle zu vermeiden. Zum therapeutischen Einsatz kommen vorwiegend Urapidil, Kalziumantagonisten, Nitroglycerin, Clonidin.

10.11.2 Komplikationen der Herzchirurgie

Neurologische Folgen herzchirurgischer Eingriffe – deren Indikation auch in hohem Lebensalter zunehmend häufig gestellt wird – umfassen vor allem Schädigungen des Gehirns, seltener des Rückenmarks und der peripheren Nerven (7 % Plexusparesen). Bei 2–5 % der Eingriffe kommt es zu fokalen zerebralen Ischämien, bei 0,3 % zu fatalen multifokalen oder diffusen zerebralen Ischämien und bei bis zu 80 % zu meist rasch vorübergehenden leichten enzephalopathischen Manifestationen mit Störungen der Kognition, der Affekte und des Verhaltens (Arrowsmith 2000). Bei subtiler neuropsychologischer Testung lassen sich bei älteren Patienten in bis zu 40 % persistierende Defizite nachweisen.

10.11.3 Komplikationen der kardiopulmonalen Reanimation

Im Rahmen einer kardiopulmonalen Reanimation (CPR) kommt es häufig zu einer globalen zerebralen Hypoxie und/oder Ischämie, aus der sich eine (post-)hypoxische Enzephalopathie entwickelt. Bei schwerer Ausprägung finden sich spastische Tonuserhöhungen mit positiven Pyramidenbahnzeichen, Beuge- und Strecksynergismen, vegetative Entgleisungen mit Tachykardie, arterieller Hypertonie und Hyperthermie und Myoklonien, die vorwiegend im Gesichtsbereich und Schultergürtel oder generalisiert als **„Lance-Adams-Syndrom"** auftreten. Aus dem initial schlaffen Tonus im Koma entwickelt sich meist eine Tonuserhöhung mit Streck- und Beugesynergismen. Epileptische Anfälle sind selten; allerdings werden manchmal hirndruckbedingte Synergismen und heftige generalisierte Myoklonien als epileptische Anfälle fehlgedeutet.

Diagnose und Prognose

Im CT oder MRT kann in schweren Fällen die meist raumfordernde hypoxisch-ischämische Hirnschwellung, die Auflösung der Mark-Rinden-Abgrenzung, Hypodensitäten der Stammganglien und selten Grenzzonenischämien gesehen werden. Für eine möglichst treffsichere Prognose hilft neben den klinischen Befunden die bewertende Zusammenschau von EEG, Bildgebung, Medianus-SEP und **biochemischen Markern des Hirnzelluntergangs** (CK-BB, NSE, S-100) (Müllges und Stoll 2002). Therapeutisch stehen nach wie vor keine spezifischen medikamentösen neuroprotektiven Maßnahmen zur Verfügung, neuere positive Ergebnisse der **Hypothermiestudien** nach CPR legen diese Maßnahmen nahe (The Hypothermia After Cardiac Arrest Study Group 2002). Zumindest sollte eine Vermeidung von Hyperthermie und Fieber erfolgen.

Literatur

Alamowitch S et al. (2001) Symptomatic Carotid Endarterectomy Trial (NASCET) Group. Risk, causes, and prevention of ischaemic stroke in elderly patients with symptomatic internal-carotid-artery stenosis. Lancet 357:1154–1160

Arboix A et al. (2000) Acute stroke in very old people: clinical features and predictors of in-hospital mortality. J Am Geriatr Soc 48:36–41

Arboix A et al. (2000) Lacunar infarcts in patients aged 85 years and older. Acta Neurol Scand 101:25–29

Arboix A et al. (2002) Clinical features and functional outcome of intracerebral hemorrhage in patients aged 85 and older. J Am Geriatr Soc 50:449–454

Bhalla A et al. (2004) Older stroke patients in Europe: stroke care and determinants of outcome. Age Ageing 33:618–624

Dennis MS et al. (2005) FOOD Trial Collaboration. Effect of timing and method of enteral tube feeding for dysphagic stroke patients (FOOD): a multicentre randomised controlled trial. Lancet 365:764–772

Di Carlo A et al. (1999) Stroke in the very old: clinical presentation and determinants of 3-month functional outcome: A European perspective. European BIOMED Study of Stroke Care Group. Stroke 30:2313–2319

Elkind MSV (2003) Stroke in the elderly. Mount Sinai J Med 70:27–37

Ferrucci L et al. (2001) Treatment of isolated systolic hypertension is most effective in older patients with high-risk profile. Circulation 104: 1923–1926

Foerch C et al. (2004) Functional impairment, disability, and quality of life outcome after decompressive hemicraniectomy in malignant middle cerebral artery infarction. J Neurosurg 101: 248–254

Forette F et al. (2002) The prevention of dementia with antihypertensive treatment. Arch Int Med 162:2046–2052

Gage BF et al. (2001) Warfarin therapy for an octogenarian who has atrial fibrillation. Ann Intern Med 134:465–474

Gainotti G, Marra C (2002) Determinants and consequences of post-stroke depression. Curr Opin Neurol 15:86–89

Gilad R et al. (2001) Antiepileptic treatment in patients with early postischemic stroke seizures: a retrospective study. Cerebrovasc Dis 12:39–43

Heuschmann PU et al. (2004). Predictors of in-hospital mortality in patients with acute ischemic stroke treated with thrombolytic therapy. JAMA 292:1831–1838

Jorge RE et al. (2003) Mortality and poststroke depression: a placebo-controlled trial of antidepressants. Am J Psychiat 160:1823–1829

Kolominsky-Rabas PL et al. (1998) A prospective community-based study of stroke in Germany–the Erlangen Stroke Project (ESPro): incidence and case fatality at 1, 3, and 12 months. Stroke 29:2501–2506

Landi F et al. (2003) Antithrombotic drugs in secondary stroke prevention among a community dwelling older population. J Neurol Neurosur Ps 74:1100–1104

Larrue V et al. (1997) Hemorrhagic transformation in acute ischemic stroke. Potential contributing factors in the European Cooperative Acute Stroke Study. Stroke 28:957–960

Lubicz B et al. (2004) Endovascular treatment of ruptured intracranial aneurysms in elderly people. Am J Neuroradiol 25:592–595

Man-Son-Hing M, Laupacis A (2003) Anticoagulant-related bleeding in older persons with atrial fibrillation: physicians' fears often unfounded. Arch Intern Med 163:1580–1586

Marine JE, Goldhuber SZ (1998) Controversies surrounding long-term anticoagulation of very elderly patients in atrial fibrillation. Chest 13:115–1118

Norman PE et al. (2003) Long-term relative survival in elderly patients after carotid endarterectomy: a population-based study. Stroke 34:95–98

Olindo S et al. (2003) Acute stroke in the very elderly: epidemiological features, stroke subtypes, management, and outcome in Martinique, French West Indies. Stroke 34:1593–1597

Ricauda NA et al. (2004) Home hospitalization service for acute uncomplicated first ischemic stroke in elderly patients: a randomized trial. J Am Geriatr Soc 52:278–283

Schwark C et al. (2004) Thrombolysis and old age. Vortrag 28. Intern Stroke Conf

Shepherd J et al. for the PROSPER study group (2002) Pravastatin in elderly individuals at risk of vascular disease (PROSPER): a randomised controlled trial. Lancet 360:1623–1630

Stoll A et al. (2005) Thrombolyse bei Patienten über 80 Jahren mit ischämischem Schlaganfall. ANIM 2005 Klagenfurt

Tanne D et al. (2001) Management of acute ischaemic stroke in the elderly: tolerability of thrombolytics. Drugs 61:1439–1453

Tanne D et al. (2000) Intravenous tissue plasminogen activator for acute ischemic stroke in patients aged 80 years and older. The tPA Stroke Survey experience. Stroke 31:370–375

Weisbord SD et al. (2001) Is warfarin really underused in patients with atrial fibrillation? J Gen Intern Med 16:743–749

11 Demenzen und andere Erkrankungen mit Störungen des Gedächtnisses

*Thomas Günnewig**

Einleitung

Normales Altern bedeutet für die Kognition weitgehend unversehrte perzeptive, praktische und linguistische Fähigkeiten mit prinzipiell erhaltener Lernfähigkeit bei allerdings reduzierter kognitiver Schnelligkeit. Das reduzierte kognitive Arbeitstempo kann jedoch durch die größere Erfahrung ausgeglichen werden. Gedächtnisstörungen (GS) sind ein unspezifisches Symptom unterschiedlicher Erkrankungen:

- Delirien,
- Amnesien,
- Demenzen,
- Affektive und andere psychische Störungen.

Abzugrenzen sind reversible und permanente Amnesien von leichten GS bis hin zur schweren Demenz. Die ätiologische Zuordnung von GS führt regelhaft zu handlungsrelevanten Konsequenzen in den Bereichen Diagnostik, Therapie und Beratung (s. **Tab. 11.1**). Eine sensorische Funktionsminderung kann insbesondere bei kombinierter Hypakusis und Visuseinschränkung eine GS vortäuschen.

Tab. 11.1 Ätiologische Differenzierung von Störungen des Gedächtnis (nach Bickel 2002)

Syndrom	Differentialdiagnose	Intervention
Spontan reversible Amnesie	Leichtgradiges Schädel-Hirn-Trauma	Stolpersturz: Sturzprophylaxe Synkope: Ursachenklärung und Therapie
	Transiente globale Amnesie	Differentialdiagnose, Beratung, Pharmakohygiene
Persistierendes amnestisches Syndrom	Schädel-Hirn-Trauma (SHT)	Genese, Sturzprophylaxe, Rehabilitation
	Ischämie/ICB von Thalamus und Temporallappen	Ursachenklärung, Sekundärprophylaxe
	Vit. B1-Mangel	Malnutrition, toxisch
Dementielles Syndrom	Potentiell reversible Demenz	Kausale Therapie
	Progrediente Demenz	Symptomatische Therapie, Behandlung von Kofaktoren, Sekundärprophylaxe
	Schwerstgradige Demenz	Beratung der Angehörigen: Pflegeversorgung, gesetzlicher Betreuung, Therapie nach Maß

* Mit Dank an H. Förstl, München, für die Unterstützung und kritische Durchsicht.

11.1 Amnestische Syndrome

11.1.1 Transiente globale Amnesie

Die transiente globale Amnesie (TGA) ist eine ätiologisch und pathophysiologisch nicht geklärte, akut beginnende Gedächtnisstörung. Es werden arterielle und venöse Faktoren sowie Mechanismen einer „spreading depression" diskutiert. Prägnant ist die anterograde Amnesie für die Zeit ab Beginn der TGA, da neue Gedächtnisinhalte nicht mehr gespeichert und innerhalb von kürzester Zeit vergessen werden. Die zeitliche Ausdehnung der retrograden Amnesie ist variabel und betrifft nie das Altgedächtnis, so dass die Orientierung zur Person immer erhalten bleibt. Gestört ist in der Regel die zeitliche und situative Orientierung. Typischerweise sind die Betroffenen wach, reagibel, wirken ratlos, unsicher und meist gering verlangsamt und fragen wiederholt nach der aktuellen Situation. Unspezifische Begleitsymptome mit Kopfschmerz, unsystematischer Schwindel und Übelkeit werden berichtet.

Der **neurologische Körperbefund** bei einer TGA ist regelrecht.

Die Attacken treten meist zwischen dem 50. und 70. Lebensjahr auf und zeigen keine Geschlechterpräferenz. Das Rezidivrisiko beträgt 18 % (Gandolfo 1996) und wird mit jährlich etwa 3 % eingeschätzt.

Die **diagnostischen Kriterien** (Caplan 1985, Hodges und Warlow 1990) sind:

- akut beginnende und ausgeprägte Neugedächtnisstörungen,
- Bezeugung der Symptomatik durch eine dritte Person,
- Rückbildung binnen 24 h,
- Ausschluss von: neurologischen Herdzeichen, Ausfall exekutiver Funktionen, Bewusstseinsstörung, Desorientierung zur Person, Trauma und Epilepsie.

Differentialdiagnostisch sind fokale epileptische Anfälle mit Bewusstseinsstörung und entsprechender Gedächtnislücke (komplex fokale Anfälle, non-konvulsiver Status), die in der Regel kürzer andauern und sich häufiger ereignen, abzugrenzen. Gehäuft finden sich dann rückblickend oder im Verlauf weitere epileptische Anfälle mit differenter Anfallssemiologie. Abzugrenzen sind auch ein Schädel-Hirn-Trauma, Intoxikationen, eine zerebrale Blutung/Ischämie im Thalamus oder Temporallappen. Die Herpesenzephalitis lässt sich durch den reduzierten Allgemeinzustand und die rapide Befundverschlechterung (neurologische Herdzeichen, progrediente Bewusstseinsstörung, epileptischer Anfall) unterscheiden. Die psychogene Amnesie ist im Alter extrem selten.

Bei eindeutigem Syndrom einschließlich stützender Fremdanamnese ist eine zerebrale Bildgebung nicht zwingend erforderlich (Leitlinien DGN 2005).

Bei atypischem Verlauf oder zweifelhafter Diagnose empfiehlt sich je nach Fragestellung ein CCT (zerebrale Ischämie) oder ein zerebrales MRT (fokaler Epilepsieherd).

Eine Therapie der TGA ist weder erforderlich noch möglich; der Verlauf ist selbstlimitierend. Ein erhöhtes Schlaganfallrisiko besteht nicht, was den Betroffenen mitgeteilt werden sollte, da die TGA häufig eine deutliche Verunsicherung hinterlässt, zumal die Amnesie zwar rasch schrumpft, aber in der Regel nur partiell reversibel ist. Allerdings sollte immer eine Medikamentenanamnese erfolgen, da einige Medikamente (u. a. Midazolam, Propofol, Triazolam) Amnesien induzieren können. Zukünftig kann dann das auslösende Agens gemieden werden.

11.1.2 Schädel-Hirn-Trauma

Die möglichen Symptome eines leichtgradigen Schädel-Hirn-Traumas (SHT) (früher Commotio cerebri genannt) sind:

1. die antero- und/oder retrograde Amnesie,

2. die Bewusstlosigkeit,
3. die Bewusstseinsstörung, auch Umdämmerung genannt.

Bei der Umdämmerung handelt es sich um scheinbar geordnet ablaufende Handlungen, die sich aber nicht in den situativen Kontext einfügen und meist von einer Amnesie gefolgt sind.
Unspezifische Begleitsymptome eines SHT sind Kopfschmerz, Übelkeit und Erbrechen, die als isolierte Symptome auch nach einer Schädelprellung mit peripher vestibulären Symptomen im Rahmen einer Commotio labyrinthii auftreten und dann häufig zur Fehldiagnose eines SHT verleiten.

11.1.3 Persistierende amnestische Syndrome

Diese finden sich nach schwergradigem SHT, bei hypoxämischem Hirnschaden und nutritiv-toxisch bei Vitamin B1-Mangel im Rahmen eines Korsakow-Syndroms (s. Kap. 26 u. 38).

11.2 Leichte kognitive Beeinträchtigung (LKB)

Die leichte kognitive Beeinträchtigung (LKB) beschreibt eine heterogene Gruppe mindestens einige Wochen anhaltender kognitiver Defizite in dem Übergangsbereich von normalem Altersgedächtnis und Demenz. Ein gebräuchliches Synonym ist das „Mild cognitive impairment (MCI)".
Klinisch sind die beklagten Symptome zunächst wenig objektivierbar. Die Patienten berichten von einer leichten Beeinträchtigung und beschreiben ein gehäuftes Verlegen von Gegenständen, eine Konzentrationsschwäche, ein Suchen nach Worten und das Vergessen neu vorgestellter Namen oder soeben gelesener Textinhalte.

Der Erkrankungsbeginn kann akut oder schleichend und der weitere Verlauf progredient, stabil oder reversibel sein.
Die **neurologische Diagnostik** zeigt meist regelrechte Befunde. **Testpsychologisch** liegt das Ergebnis der Mini-Mental-State-Untersuchung (MMSE) bei der LKB in einem Punktwertkorridor von 23–28 mit einer Spezifität von 92 % und einer Sensitivität von 96 % (Zaudig 1992). Auch der Demtect® gibt Schwellenwerte (9–12 Punkte) für die LKB an. Die Diagnose darf nicht allein aufgrund eines Testergebnisses gestellt werden.
Das Syndrom der LKD ist je nach Verlauf auf unterschiedliche Ursachen zurückzuführen. Gehäuft finden sich kardiovaskuläre, neurologische oder psychische Erkrankungen; ebenso auch pharmakologische und toxische Einflüsse. Schwankende Verläufe und Remissionen sind auf die Akuität bzw. Remission von Komorbiditäten zurückzuführen. Bei langjährig gleichbleibender kognitiver Leistung ist von einer stationär verbleibenden eigenen Erkrankung auszugehen. Allerdings erfolgt jährlich bei etwa 10–15 % der Betroffenen die **Konversion in eine Demenz** mit entsprechender Zunahme von klinischen Beschwerden und Abnahme der testpsychologischen Leistungsfähigkeit. Daher sollten Patienten mit einer LKB, die als isoliertes Symptom über mehrere Wochen anhält und nicht durch eine einschränkende Komorbidität (z. B. Schlafapnoe-Syndrom, chronische Hypoxie, metabolische Entgleisung, Pharmaka) zu erklären ist, diagnostisch wie ein dementielles Syndrom geklärt werden. **Differentialdiagnostisch** ist eine Depression, die in bis zu 35 % der Betroffenen zu einer kognitiven Einschränkung führt, zu berücksichtigen.
Aufgrund der Konversionsgefahr in eine Demenz sind regelmäßig Kontrolluntersuchungstermine im Abstand von 6 Monaten anzuraten, zumal der Betroffene in der Regel selber eine beginnende Demenz fürchtet.

Eine Behandlung mit Antidementiva ist gemäß nationaler und internationaler Leitlinien bei der LKB nicht indiziert (AkdÄ 2004, Müller et al. 2003).

11.3 Demenzen

11.3.1 Definition und Epidemiologie

Das dementielle Syndrom ist klinisch definiert als eine erworbene und länger andauernde Beeinträchtigung der geistigen Leistungsfähigkeit, die nach ICD 10-Klassifikation mindestens 6 Monate bestehen muss. Ausgehend vom prämorbiden Leistungsniveau findet sich zunächst eine Abnahme der Leistungen des Neugedächtnisses bei Aufnahme, Speichern und Wiedergabe von Informationen; später treten auch Lücken im Altgedächtnis auf. Das Denkvermögen zeigt Defizite in der Verarbeitungsgeschwindigkeit von Informationen, des Ideenflusses und bei der Urteilsbildung. Die Ablenkbarkeit durch parallele Stimuli nimmt zu; Konzentration und Aufmerksamkeit sind reduziert. Grundsätzlich sind als **Differentialdiagnose** immer depressive Störungen mit kognitiven Symptomen, ein Delir, pharmakogene Einflüsse und die normale Abnahme der physiologischen Leistungsfähigkeit bei angeborener Intelligenzminderung zu bedenken.

Ätiologisch überwiegen in der europäischen Bevölkerung nach heutiger Lehrmeinung deutlich die primär degenerativen Demenzen (**s. Tab. 11.2**). Allerdings finden sich in autoptischen Studien zur Ätiologie der Demenz z. T. deutliche Streubreiten bezüglich der Häufigkeit einer primär degenerativen und vaskulären Genese. Bei hochbetagten Alten lassen langjährig bestehende Risikofaktoren, die gehäufte Komorbidität und die bildmorphologisch darstellbaren zerebralen Veränderungen eine eindeutige ätiologische Zuordnung der Demenz nicht immer zu. Eine „wahrscheinliche" Mischgenese findet sich empirisch im klinischen Alltag häufiger als bei den üblicherweise genannten 10–15 % der Betroffenen. Diesbezüglich zeigte eine autoptische Kohortenstudie (n = 209) Hochbetagter (Alter 70–103 Jahre) des „Medical Research Counsil Cognitive Function and Aging Study" (MRC-CFAS 2001) in England und Wales Alzheimer-typische Veränderungen bei 64 % der Dementen und 33 % der kognitiv Gesunden; ebenso fand sich eine zerebrovaskuläre Pathologie bei 46 % der Dementen und 33 % der kognitiv Gesunden. Daher ist bei der Demenz im Senium der Anteil mit zerebraler Komorbidität wahrscheinlich deutlich höher als bisher gemeinhin angenommen wird.

Tab. 11.2 Ätiologie der Demenzen

Ätiologie	Anteil in Prozent
Primär degenerative Demenzen	65–70
Gemischte Demenz: primär degenerativ und vaskulär	ca. 15
Vaskuläre Demenz	10–15
„Potentiell reversible" Demenzen	max. 10

Die Differenzierung der Demenzätiologie hat praktische Konsequenzen für die kausale, symptomatisch pharmakologische oder sekundär prophylaktische Therapie. Eine größere autoptische Studie (Kohorte mit 675 post-mortem Untersuchungen) überprüfte die Korrelation der klinischen Diagnose mit den pathoanatomischen Befunden: für die Demenz vom Alzheimer-Typ (DAT) zeigte sich in 85 %, für die gemischte Demenz und die vaskuläre Demenz (VD) in 61 % und für die Parkinson-Demenz bzw. deren Mischtyp mit DAT in 51 % eine Übereinstimmung (Jellinger et al. 1990). Daher sollte im Krankheitsverlauf die ätiologische Zuordnung der Demenz regelmäßig überprüft werden, um eine adäquate Therapie sicherzustellen.

11.3.2 Diagnostische Kriterien

Nach ICD-10 müssen Störungen von Gedächtnis und Denkvermögen so ausgeprägt sein, dass sie die Aktivitäten des täglichen Lebens wesentlich beeinträchtigen. Zur Abgrenzung des Delirs ist eine Dauer der Störung von mehr als 6 Monaten gefordert (**s. Tab. 11.3**).

Tab. 11.3 Kriterien eines Demenzsyndroms nach ICD-10

1. Störung des Gedächtnisses	• Aufnahme und Wiedergabe neuer Informationen
	• später Verlust früher erlernter und vertrauter Inhalte
2. Störungen des Denkvermögens	• Störung der Fähigkeit zum vernünftigen Urteilen
	• Verminderung des Ideenflusses
	• Beeinträchtigung der Informationsverarbeitung
3. Störung der emotionalen Kontrolle	Störung des Sozialverhaltens
	Störung der Motivation

11.3.3 Häufigkeit und Risikofaktoren

Derzeit wird die Zahl der mittelschweren und schweren Demenzen in der BRD auf 1,2 Mio. geschätzt. In der kanadischen Altenbevölkerung waren 75,2 % kognitiv unbeeinträchtigt. Leichte kognitive Störungen fanden sich bei 16,8 % und eine manifeste Demenz lag bei 8 % vor (Graham et al. 1997). Bei den Risikofaktoren steht das Alter an erster Stelle (**s. Abb. 11.1**). Aufgrund der höheren Lebenserwartung sind häufiger Frauen betroffen. Fallstudien weisen auf ein höheres Alzheimer-Risiko bei Frauen hin; bei Männern findet sich häufiger als bei Frauen eine vaskuläre Demenz.

Weitere Risikofaktoren für die Entwicklung einer Demenz, insbesondere vom Alzheimer-Typ, sind niedriges Bildungsniveau, Übergewicht bei älteren Frauen, übermäßiger Alkoholkonsum und entgegen früherer Meinung aktives Rauchen. Diskutiert werden die Risikobelastung durch erhöhten Fettverzehr, der protektive Effekt durch ungesättigte Fettsäuren, Fischkonsum und Vitamin E. Erhöhte Homozysteinserumspiegel korrelieren mit dem Risiko einer DAT (Seshadri 2002), wobei die protektive Wirkung der Vitamineinnahme zur Homozysteinsenkung rein hypothetisch ist. Die Östrogensubstitution hat einen möglichen protektiven Effekt bei DAT, wirkt aber nicht therapeutisch. Die Kombination von Östrogen und Gestagen erhöht allerdings das Demenzrisiko. Zum Nutzen der Vitamin E- und -C-Einnahme existieren widersprüchliche Daten und der beste protektive Effekt ist bei der kombinierten Hochdosisbehandlung gefunden worden. Vaskuläre Risikofaktoren wie arterielle Hypertonie und Diabetes mellitus sind Prädiktoren der kognitiven Beeinträchtigung im höheren Lebensalter. Statine und nichtsteroidale Antiphlogistika verringern nach heutigen Daten das Demenzrisiko, werden aber international nicht zur Prophylaxe empfohlen (Müller et al. 2003).

11.3.4 Diagnostik bei Demenz

Die Organdiagnostik dient der Differenzierung von primär degenerativen und symptomatischen Demenzen sowie deren Mischtypen (**s. Tab. 11.4**). Es gibt keinen „typischen" neurologischen Körperbefund bei der Untersuchung eines dementen Patienten. Die DAT zeigt anfangs in der neurologischen Körperuntersuchung normale

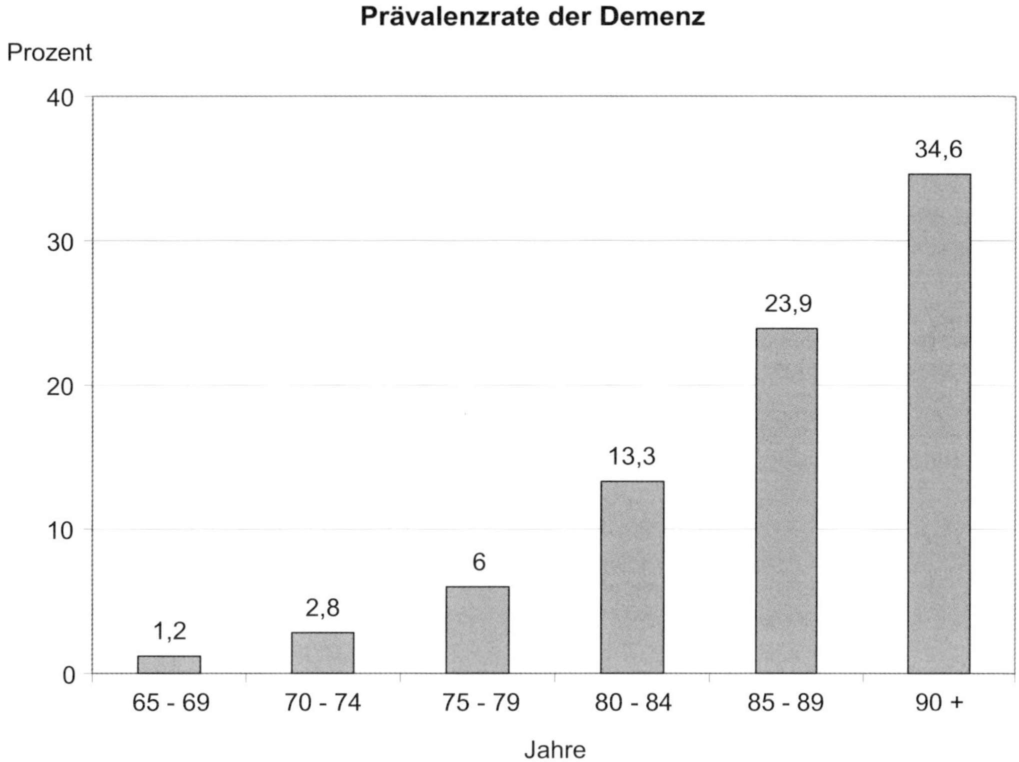

Abb. 11.1 Prävalenzrate der Demenz (nach Bickel 2000)

Befunde. Altersphysiologische (s. Kap. 6) oder durch Komorbidität bedingte Veränderungen des Neurostatus kommen vor. Dagegen weisen Patienten mit einer „subkortikalen arteriosklerotischen Enzephalopathie" (SAE) oder einem Normaldruckhydrozephalus eine Gangapraxie mit „magnetisch klebenden Füßen und breitem Gang" und Patienten mit Parkinson- oder Lewy-Körperchen-Demenz (DLB) extrapyramidalmotorische Zeichen wie Rigor und Hypokinese auf.

11.3.5 Differentialdiagnose der Demenz

Differentialdiagnostisch sind Erkrankungen mit Demenz-imitierenden Symptomen hinsichtlich der kognitiven Leistungen abzugrenzen, insbesondere bei chronisch anhaltenden Defiziten. Vorrangig ist die „Pseudodemenz" bei **depressiver Erkrankung** zu nennen, die in bis zu 35 % mit kognitiven Leistungseinbußen einhergeht; dabei können die affektiven Störungen nur gering ausgeprägt sein (**s. Tab. 11.5**)

Im Einzelfall ist die Differentialdiagnose von Demenz und depressiver Pseudodemenz sehr schwierig, zumal eine depressive Reaktion ein frühes Symptom einer beginnenden Demenz sein kann. Dann empfiehlt sich ein konsequenter Therapieversuch mit Antidepressiva.

Das **chronische Delir** kann vor allem bei gravierender Komorbidität (Malignom, hochgradige Herzinsuffizienz etc.) Monate andauern und ist charakterisiert durch die

Tab. 11.4 Diagnostikschema bei Demenzabklärung im Alter

Obligate Diagnostik	
Anamnese und Fremdanamnese	Erfassung von Beschwerden, Alltagsaktivitäten und prämorbidem Leistungsniveau
Allgemeiner medizinischer und neurologischer Körperbefund	Erfassung internistischer und neurologischer Erkrankungen bezüglich Genese und Komorbidität
Labor	BSG, Blutbild, Kreatinin, Elektrolyte, Leberenzyme, Glukose (ggf. HbA1c), TSH bas., Vit. B 12, Folsäure, Urinstatus
Zerebrale Bildgebung • MRT bei Neuerkrankung oder spezieller Fragestellung • CCT als Basisscreening	Darstellung von zerebralen Läsionen und spezifisch behandelbaren Demenzursachen und -risikofaktoren
Fakultative Diagnostik	
Labor	Bei speziellen Fragestellungen: TPHA, Homozystein, Vaskulitisparameter, Stoffwechseldiagnostik bei juveniler Manifestation
Liquoranalyse	Zum Ausschluss chronisch entzündlicher ZNS-Erkrankungen, Tau-Protein und Aβ-Protein als sensitive, aber unspezifische Marker bei DAT, 14-3-3-Protein (empfindlichster Marker) bei Creutzfeldt-Jakob-Krankheit (CJK)
EEG	Nur bei CJK spezifischer Befund mit im Verlauf auftretenden periodischen Sharp-wave-Komplexen, ansonsten in der Regel unspezifische Verlangsamung oder Herdbefunde
Weitere internistische Diagnostik	Ätiologie oder Komorbidität: kardiovaskulär, Schlaf-Apnoe-Syndrom, metabolisch
Hirnleistungsdiagnostik	Gewichtung und Verlauf von Störungen des Gedächtnis, Denkvermögens und exekutiver Funktionen

typische Fluktuation der Symptomatik (s. Kap. 39). Die Abgrenzung zur DLB mag daher schwer fallen. Denkbar sind auch Doppelerkrankungen von Demenz und Delir. Das **reversible Frontalhirnsyndrom**, z. B. durch ein raumforderndes Meningeom, fällt durch die CT-Diagnostik auf. Die **chronische Intoxikation** im Alter findet sich bei Tranquilizereinnahme, Primidontherapie im Rahmen einer Tremorbehandlung, Anticholinergikagabe im Senium und chronischer Lithiumintoxikation bei der Prophylaxe affektiver Erkrankungen. Die **Bradyphrenie** bei idiopathischem Parkinson-Syndrom kann als Demenz verkannt werden. Dies gilt auch für die langsam **progrediente Aphasie**, z. B. durch Tumor, insbesondere, wenn die Fremdanamnese nicht zu erheben ist. Das Ganser-Syndrom (histrionische Pseudodemenz) findet sich im Alter extrem selten. Ein Teil dieser Differentialdiagnosen wird auch den potentiell reversiblen Demenzformen zugerechnet werden. Dies gilt insbesondere für die chronische Intoxikation.

Tab. 11.5 Differentialdiagnose Demenz versus Depression

Kriterium	Alzheimer-Demenz	Depressive Pseudodemenz
Verlauf	Beginn zeitlich vage allmählich progredient	Beginn zeitlich abgrenzbar • wechselnde Ausprägung
Typ. Zeichen	Bagatellisierend	Eher Betroffenheit, Krankheitsgefühl
	Weniger Klagen über Denkstörung	Deutliche Klagen über Denkstörung
	Unpräzise Schilderung	Detaillierte Schilderung
	Anstrengung bei Aufgaben • Bemühen um Lösungsversuch • willige Mitarbeit	„Ich weiß nicht" • Wenig Anstrengung • Resignation
	Lebensgeschichte unauffällig	Früher schon psychische Störungen
	Gedächtnis, Orientierung u. Konzentration gleichermaßen betroffen	Diskrepanz zwischen schlechtem Gedächtnis und guter Orientierung
	Im Alltag hilfslos	Alltagsroutine meist intakt
Depressive Zeichen	Im Verlauf bis zu 78 %	Depressive Gefühle, Schlafstörung, Grübeln, Gewichtsverlust, Suizidideen
Therapieversuch bei Depression	Besserung der depressiven Begleitsymptome möglich, aber nicht der kognitiven Defizite	Gute globale Besserung
Krankheitsverarbeitung	Tendenz zur Untertreibung Später wenig Krankheitsgefühl	Tendenz zur Übertreibung Ausgeprägtes Leiden
Leitsymptome	Neugedächtnisstörung, Werkzeugstörung	Antriebsmangel Versagensgefühl
Typisch	Umschriebene Fehlleistungen • Fehlbedienung von Geräten • Verlaufen, Umherirren • fehlerhafte Handlungsfolge • Sprachzerfall	Globale Leistungsschwäche

11.4 Alzheimer-Demenz

Einleitung

Die **Pathogenese** der Alzheimer-Demenz (DAT) ist vielschichtig und zeigt sich morphologisch (extrazelluläre Amyloidablagerungen, intrazelluläre Neurofibrillenbündel), neuronal (Verlust hippocampaler und anderer Synapsen, cholinerge und geringer serotonerge Neutransmitterdefizite) und genetisch (bei den sich früh manifestierenden familiären Formen). Letztere finden sich in ca. 2 % entweder bei Mutation des Präsenilin-1-Gens mit Manifestation um das 45. Lebensjahr und Krankheitsdauer von im Mittel 6 Jahren oder des Präsenilin-2-Gens mit etwas späterer Manifestation und etwas längerer Krankheitsdauer.

Die **diagnostischen Kriterien von DAT** beziehen sich auf:

- Vorliegen des Demenzsyndroms,
- schleichender Beginn mit langsamer Verschlechterung, ggf. Plateauphase,
- fehlende Hinweise auf System- oder Hirnerkrankung mit Demenzfolge,
- kein plötzlicher Beginn, neurologische Herdzeichen fehlen im frühen und mittleren Stadium.

Die morphologischen Veränderungen gehen der klinischen Manifestation bis zu 3 Jahrzehnte voraus. Zeichen der LKB finden sich in der Prädemenzphase über bis zu 5–7 Jahre. Der weitere zeitliche Krankheitsverlauf ist variabel, dauert am längsten bei Manifestation in der 7. Dekade und verkürzt sich bei Hochbetagten. Dementsprechend ist auch die Dauer der einzelnen Krankheitsstadien variabel, während die Krankheitssymptome fließend in das nächste Krankheitsstadium übergehen. Der Risikofaktor „Alter" ist bei der DAT noch gewichtiger als bei den übrigen Demenzen und verdoppelt sich ab dem 65. Lebensjahr alle 5 Jahre.

11.4.1 Symptome und Schweregrade der Alzheimer-Demenz

Die **leichtgradige DAT** führt zu einer **Störung des Neugedächtnisses**. Diese lässt Gesprächsinhalte, verabredete Tagesstrukturen, Zeitungs- und TV-Inhalte oder Namen vergessen. Die Konzentration nimmt ab und die Erschöpfbarkeit zu. Das gestörte Denkvermögen behindert die Bewältigung komplexer Aufgabenstellungen (Finanzmanagement, Briefverkehr). Die Wahrnehmung der Defizite ist nicht oder nur gering eingeschränkt. Sprachstörungen äußern sich durch Wortfindungs- und Benennungsunsicherheiten und die inhaltlichen Gesprächsdefizite können meist fassadenhaft durch Floskeln kompensiert werden. Eine räumliche Orientierungsstörung zeigt sich nur in ungewohnter Umgebung (Urlaub, ungewohnte Fahrstecken, Radtouren, Krankenhausaufnahme). Antrieb und Interesse lassen nach. Affektiv finden sich depressive Verstimmungen, Reizbarkeit und/oder Ängste.

Die **mittelschwere DAT** ist durch das **Erlöschen von Lernfähigkeit und Neugedächtnis** charakterisiert. Die Altgedächtnisstörung führt zu einer retrograd wachsenden biographischen Amnesie. Daher werden mitgealterte Angehörige und zuletzt bewohnte Wohnorte nicht mehr „wieder erkannt" und als fremd und z. T. als bedrohlich und ängstigend empfunden. Die Ehefrau wird als „Mutter" oder „Fremde" erkannt (sog. Capgras-Syndrom). Emotional hochbesetzte Lebensereignisse dominieren das Gespräch und werden noch erstaunlich gut erinnert. Tagesereignisse werden in ihrer Bedeutung verkannt; die fehlende Erinnerung an den Tagesablauf durch spontan assoziierte Altgedächtnisinseln, die pseudohalluzinatorisch oder wie eine Wahngewissheit berichtet werden, ersetzt („ich habe meine Mutter besucht"); rationale Ereignisse werden pseudologisch erklärt (umgefallenes Wasserglas oder Urinpfütze auf dem Fußboden: „Es hat geregnet" oder „Das war jemand anderes" oder verlegte Geldbörse: „Ich bin beklaut worden"). Das Krankheitsempfinden nimmt in der Regel gänzlich ab. Unruhe, Aggression und Affektlabilität können wechseln. Die räumliche Orientierung in gewohnter Umgebung ist gestört. Apraxien behindern Alltagshandlungen wie Entkleiden oder Körperpflege. Betroffene brauchen kontinuierliche Unterstützung.

Bei der **schwergradigen Demenz** ist auch das **Altgedächtnis** bis auf rudimentäre Fragmente erloschen. Die Orientierung zur Person ist allenfalls partiell erhalten. Der Sprachzerfall ist weit fortgeschritten und zeigt nur noch Floskeln und Echolalie. Unruhe und Störungen des Tag/Nacht-Rhythmus herrschen vor. Schmerzen können nicht mehr klar artikuliert werden. Der gezielte Antrieb ist erloschen und durch ungerichtete Unruhe, Nesteln oder Schreien ersetzt. Bei allen Alltagsverrichtungen besteht komplette Hilflosigkeit. Die Kontinenz ist global gestört.

In der **terminalen Phase** der Alzheimer-Demenz mit schleichendem und schwierig abgrenzbarem Einsetzen des unmittelbaren **Sterbeprozesses** finden sich häufig Kommunikationsunfähigkeit, Inappetenz bezüglich Hunger und Durst bei gleichzeitiger Schluckapraxie, Dekubitalulzera, Kontrakturen und häufig sind zumindest bei der notwendigen Patientenlagerung Schmerzen zu beobachten.

Eine Untersuchung in Pflegeheimen im Bundesstaat New York, USA, zeigte, dass bei schwerstgradig Dementen die Überlebenszeit im Vergleich zu Malignompatienten massiv überschätzt wird. So wurde bei der Heimaufnahme dementer Patienten bei 1,1 % der schwerstgradig Betroffenen ein Versterben innerhalb der ersten 6 Monate erwartet. Tatsächlich verstarben 71 % dieser Patientengruppe innerhalb dieser 6 Monate. Bei 55 % der dementen Bewohner lag eine Nicht-Reanimationsorder und bei 1,4 % der Bewohner eine Nicht-Krankenhauseinweisungsorder vor (Mitchel et al. 2004). Daraus folgt, dass der Umgang mit plötzlich auftretenden, vital bedrohlichen Erkrankungen Angehörige oder das Pflegeheimpersonal dann häufiger unvorbereitet trifft. Entscheidungen über Durchführung oder Verzicht auf medizinische Notfallmaßnahmen sollten daher vorsorglich getroffen werden. Sinnvoll sind hierfür schriftliche Handlungsanweisungen im Rahmen einer Patientenverfügung oder durch den gesetzlichen Vertreter (Betreuung oder Vorsorgevollmacht, s. Kap. 45).

Bei präterminal Dementen erfolgte bei 25 % der Betroffenen eine Sondenernährung, in 49 % wurden Laboruntersuchungen und in 11 % eine Fixierung durchgeführt. Dekubitalulzera fanden sich bei 14,7 %, Obstipation bei 13,7 %, Schmerzen bei 11,5 % und Dyspnoe bei 8,2 %. Zu folgern ist, dass in Pflegeheimen präterminale Demenzpatienten in ihrer Sterbephase verkannt und nicht optimal palliativ betreut werden (Mitchel et al. 2004).

Anhand der MSSE (Mini Suffering State Examination Scale) fand sich bei sterbenden Demenzpatienten in 63 % ein hohes und in 29,6 % ein mittleres Leidensniveau (Aminoff und Adunsky 2004).

Todesursache ist an erster Stelle eine Bronchopneumonie, gefolgt von kardiovaskulären Erkrankungen. Eine skandinavische Studie zeigte eine erhöhte Mortalität und Rezidivrate für Schlaganfälle bei Dementen über 65 Jahre im Vergleich zu kognitiv Gesunden gleichen Alters. Die 28-Tage-Mortalität nach Schlaganfall war bei dementen Patienten 3-fach erhöht; die 1-Jahres-Mortalität lag bei Dementen 2-fach höher und die 1-Jahres-Rezidivrate bei Dementen betrug 28 % gegenüber 8 % bei kognitiv Gesunden (Appelros und Viitanen 2005). Eine ätiologische Zuordnung der Demenz erfolgte allerdings nicht.

11.4.2 Pharmakotherapie kognitiver Störungen

Voraussetzungen zur Pharmakotherapie kognitiver Störungen (KS) sind die korrekte Diagnose und ein bestehendes Gesamtkonzept mit nicht-pharmakologischen Maßnahmen (Tagesstrukturierung, soziale Integration, Pflegeunterstützung etc.). Patienten mit Demenz reagieren vor allem dann günstig auf **Acetylcholinesterasehemmer** (AChE-Hemmer), wenn deutliche Schwankungen der geistigen Leistungsfähigkeit, optische Halluzinationen und möglicherweise zusätzliche Parkinson-Zeichen vorliegen (Pakrasi et al. 2003). Die BfArM-Zulassung der „modernen“ Antidementiva **(s. Tab. 11.6)** gilt derzeit für die DAT in bestimmten

Tab. 11.6 Moderne Antidementiva

Substanz	Gruppe	Wirkung	Evidenz	Gabe	Tagesdosis
Donepezil	AChE-Hemmer	Selektive Hemmung von AChE	↑↑	1-mal abends	5–10 mg
Galantamin	Modulator nikotinischer ACh-Rezeptoren	Hemmung von AChE, Potenzierung nikotinischer Ach-Rezeptoren	↑↑	2-mal tgl. Filmtbl. oder 1-mal tgl. 16 oder 24 mg Retardkps.	8–24 mg
Memantin	NMDA-Glutamatrezeptor-Antagonist	Nicht kompetitiver Antagonist des NMDA-Rezeptors	↑	1–2-mal tgl.	10–30 mg
Rivastigmin	AChE-Hemmer	Hemmung von AChE und BuChE	↑↑	2-mal tgl.	3–12 mg

Krankheitsstadien und für Rivastigmin auch bei der Parkinsonassoziierten Demenz.

Insbesondere die AChE-Hemmer sind entsprechend des zerebral vorliegenden cholinergen Defizits als Mittel der ersten Wahl bei leichtgradiger und mittelschwerer DAT zu betrachten. Die Antidementiva unterscheiden sich in der Neurotransmitterwirkung, da sie substanzspezifisch teilweise auch die Butyrylcholinesterase (BuChE) oder die nikotinischen ACh-Rezeptoren beeinflussen. Wirkung und Nebenwirkungen dieser Pharmaka sind dosisabhängig. Die **Verträglichkeit** steigt, je langsamer die Dosierung eingeschlichen wird. Auch nichtkognitive Symptome können sich bessern.

Nebenwirkungen sind:

- supraventrikuläre Bradykardien,
- gastrointestinale Blutungen (cave: parallele Gabe von Steroiden oder nicht-steroidalen-Antirheumatika),
- fakultativ auch Bronchialasthma,
- Harnblasenobstruktion und
- eine prokonvulsive Wirkung bei Epilepsie.

Bei Unverträglichkeit oder Wirkungslosigkeit einer Substanz wird der **Substanzwechsel** auf einen anderen AChE-Hemmer angeraten. Memantin, welches das glutamaterge System über die NMDA-Rezeptoren beeinflusst, stellt eine Alternative bei Unverträglichkeit der AChE-Hemmer im mittelschweren Stadium oder bei Behandlung im schwergradigen Stadium dar (cave: Niereninsuffizienz, Kombinationsbehandlung mit Amantadin obsolet).

Ebenfalls sind in Deutschland die sog. **Nootropika** (Ginkgo biloba, Nimodipin, Dihydroergotoxin, Piracetam) zur Demenzbehandlung zugelassen. Sie finden ihre Anwendung bei Unverträglichkeit der „modernen" Antidementiva.

Widersprüchliche, aber z. T. gute Studienergebnisse finden sich für Ginkgo biloba; Dosisempfehlung 2-mal 120 mg tgl.

Der **Vergleich internationaler Leitlinien zur Demenzbehandlung** (USA, Neuseeland, Kanada, Frankreich, Italien, Spanien, UK, Singapur und der EFNS – „Europäische Neurologische Gesellschaft") zeigt, dass **AChE-Hemmer** als Goldstandard gelten, die Anwendung bei MMSE-Werten zwischen 10 und 26 und die Kontrolluntersuchung nach 2–6 Monaten empfohlen wird. Galantamin wird aufgrund der späteren Zulassung und den zuvor erstellten Leitlinien nur in 4 Leitlinien empfohlen. **Memantin** wird nur in den 2 deutschen Leitlinien aufgeführt (unterbewertete Evidenz?). Auch die positiven Studien der Antidementiva bei vaskulärer

Demenz und Lewy-Körperchen-Demenz sind in den internationalen Leitlinien kaum berücksichtigt. Die o. g. in Deutschland gebräuchlichen **Nootropika** werden nur in den deutschen Leitlinien empfohlen bzw. erwähnt und international gar nicht berücksichtigt. Allerdings stuft die Cochrane Library diese als möglicherweise wirksam ein. **Selegilin** wird in einer der zwei USA-Leitlinien und in Singapur empfohlen. **Vitamin E** wird in 2 USA-Leitlinien und ebenfalls in Singapur und bedingt in Kanada empfohlen (Müller et al. 2003).

Dauer der Pharmakotherapie

Aus medizinischen, ethischen und kostenökonomischen Gründen sollte mit dem Betroffenen respektive Angehörigen oder gesetzlichen Betreuer frühzeitig über den zu erwartenden Nutzen der Pharmakotherapie sowie die möglichen Gründe einer Therapiebeendigung gesprochen werden, da ansonsten bei Therapiebeendigung das Gefühl des „Vorenthaltens" entstehen kann. Gründe des Therapieabbruchs können sein:

1. unzuverlässige Medikamenteneinnahme (ggf. ambulanter Pflegedienst),
2. rasche Progredienz der Symptome (Non-Responder) und
3. ein inzwischen schwergradiges Krankheitsstadium mit kompletter Pflegeabhängigkeit und Verlust des ursprünglichen Therapieziels, nämlich Erhalt der Selbstständigkeit und Meidung der Pflegeheimunterbringung.

Wenn ein Auslassversuch zu einer Verschlechterung führt und somit eine Therapiewirkung noch vorhanden war, sollte die Medikation wieder fortgesetzt werden. Daher sind engmaschige Kontrolluntersuchungen bei einem Auslassversuch sinnvoll.

Zukünftige Therapieansätze

Die Impfimmunisierung mit rekombinantem Abeta42-Peptid wurde wegen einer in 6 % auftretenden Meningoenzephalitis beendet. Die gewünschte Antikörperbildung gegen β-Amyloid zeigte sich in bis zu 58,8 % (Bayer et al. 2005). Eine Vakzineoptimierung wird angestrebt und noch Jahre bis zur evtl. klinischen Reife benötigen.
Ein weiterer experimenteller Therapieansatz ist die intrazerebrale Implantation von autologen Hautzellen mit integriertem NGF-Gen (nerve growth factor) zur Stimulation des Wachstums sterbender cholinerger Zellen.

11.4.3 Nicht-kognitive Störungen

Alle Patienten mit Alzheimer-Demenz zeigen im Krankheitsverlauf nicht-kognitive Störungen (NKS). Am häufigsten finden sich Agitiertheit, Depressivität (**s. Abb. 11.2**). NKS erschweren die häusliche Pflege für Angehörige und führen zur Pflegeheimunterbringung und stationärer Behandlung.
Depressive Störungen bei DAT manifestieren sich in jedem Stadium und haben eine Mischgenese aus Neurotransmitterstörung, Reaktion auf die Erkrankung und Pharmakanebenwirkung (vor allem Neuroleptika). Die Behandlung mit Antidepressiva (AD) soll frühzeitig und konsequent erfolgen. AD mit anticholinergem Profil wie z. B. Trizyklika, sollten gemieden werden, da sonst das cholinerge Defizit primär degenerativer Demenzen verstärkt wird. Bei gewünschter Sedierung empfehlen sich z. B. Trazodon, Mirtazapin und Nefazodon. Bei gewünschter Aktivierung sind SSRI, Moclobemid oder Venlafaxin ratsam (**s. Tab. 11.6**). Die Dosis ist immer in Hinblick auf Nebenwirkungen biologisch individuell zu titrieren, da es im Alter und bei Demenz Niedrig- und Hochdosisresponder gibt.
Bei **gestörtem Tag/Nacht-Rhythmus** ist die Belastung der meist gleichalten Partner oder der berufstätigen Kinder enorm. Ursächlich ist zu klären, ob Angst, Agitation, Pharmakanebenwirkungen mit Aktivierung (Pent-

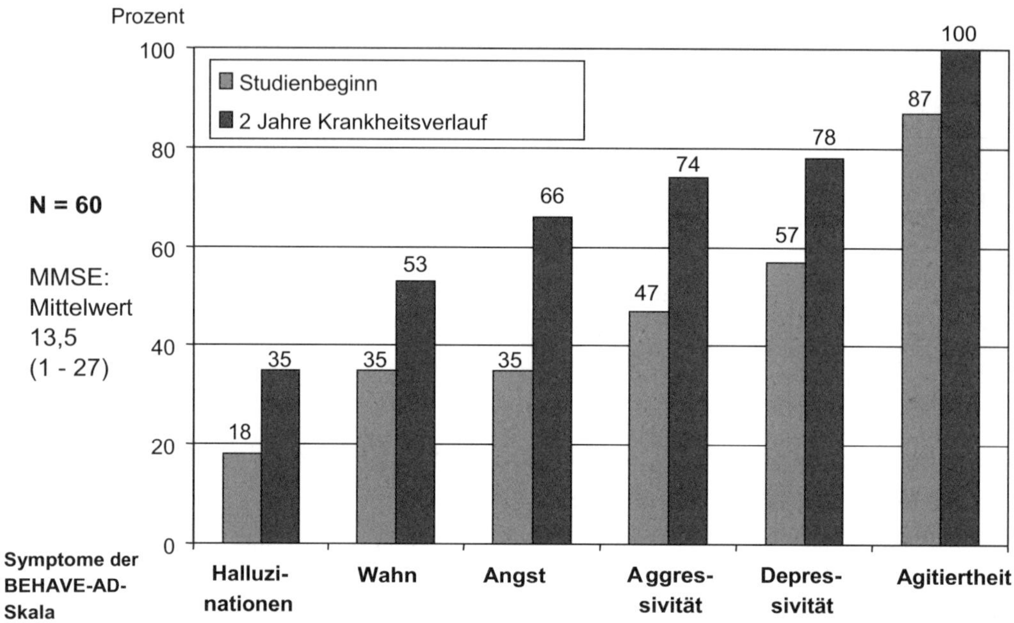

Abb. 11.2 Häufigkeit von nicht-kognitiven Störungen bei der Alzheimer-Demenz (nach Haupt et al. 2000)

oxifyllin, Piracetam, etc.) oder beispielsweise ein Restless-legs-Syndrom (Diagnosekriterien des RLS bei Demenz s. Kap. 18) mit nachfolgender Tagesmüdigkeit die Beschwerden verursacht. Ansonsten erfolgt die symptomatische Therapie **(s. Tab. 11.6)**. Neben der Pharmakotherapie ist die Tagesaktivierung, ausreichende körperliche Bewegung, die Schlafhygiene (falsche Erwartungen, Biographie berücksichtigen, Nykturietherapie), ein Versuch mit koffeinreichem Kaffee vor dem Nachtschlaf und ggf. die institutionelle Nachtpflege hilfreich.

Halluzinationen und Wahn werden mit hoch- oder niederpotenten Neuroleptika therapiert **(s. Tab. 11.7)**. Insbesondere bei Parkinsonsymptomen sind atypische Neuroleptika (v. a. Quetiapin, Clozapin) zu bevorzugen. Für Risperidon (z. B. Risperdal®) gilt in der Demenzbehandlung eine Anwendungsbeschränkung auf „schwere chronische Aggressivität mit Selbst- oder Fremdgefährdung oder psychotische Symptome mit erheblicher Beeinträchtigung", da bei alten Demenzpatienten (Altersspanne 73–97 Jahre) vermehrt zerebrovaskuläre Ereignisse z. T. mit Todesfolge beobachtet worden sind.

Angst kann isoliert vorkommen oder durch Wahn oder Depressivität verursacht sein. Bei isolierter Angst empfiehlt sich Lorazepam (intraoral schnell resorbierbare Applikationsform bei akutem Handlungsbedarf: Tavor Expidet®). Buspiron wirkt erst nach einigen Wochen und wird bei dieser Indikation in Deutschland kaum und in anderen Ländern deutlich häufiger verwendet.

Aggressivität spricht sowohl auf Neuroleptika als auch Antikonvulsiva an **(s. Tab. 11.7)**. Bei Therapieresistenz, auch bezüglich Schlafstörung und Unruhe, kann Distraneurin (guter antikonvulsiver Nebeneffekt; cave: bronchotracheale Verschleimung) mit guter Titrierbarkeit in Saftform gegeben werden. Die Abhängigkeitsproblematik bei längerfristiger Gabe ist bei Demenz zu vernachlässigen.

Tab. 11.7 Pharmakotherapie nicht-kognitiver Störungen

Zielsymptome	Substanz (Handelsname)	Durchschnittliche Tagesdosis mg (min – max.)
Halluzinationen	Risperidon (Risperdal®) Olanzapin (Zyprexa®) Quetiapin (Seroquel®) Haloperidol (Haldol®) Clozapin (s. unten)	1 (0,25–2) 5 (2,5–10) 100 (25–400) 1 (0,5–3) 6,25–50 zur Nacht
Agitation/Aggression	Risperidon (Risperdal®) Olanzapin (Zyprexa®) Quetiapin (Seroquel®) Haloperidol (Haldol®) Trazodon (Thombran®) Buspiron (Bespar®) Propranolol Carbamazepin Lorazepam	1 (0,25–2) 5 (2,5–10) 100 (25–400) 1 (0,5–3) 100 (50–400) 15 (15–30) 120 (80–240) 400 (200–1200) 1 (0,5–6)
Depression	Citalopram (Serital®) Sertralin (Zoloft®) Venlafaxin (Trevilor®) Nefazodon (Nefadar®) Mirtazapin (Remergil®) Nortriptylin (Nortrilen®) Trazodon (Thombran®)	20 (10–40) 50 (25–200) 100 (50–225) 400 (200–600) 15 (7,5–30) 50 (50–100) 50 (100–400)
Angst	Lorazepam (Tavor®) Buspiron (Bespar®) Propranolol Oxazepam (s. unten)	1 (0,5–6) 30 (15–45) 120 (80–240) 20 (10–60)
Schlaflosigkeit	Trazodon (Thombran®) Zolpidem (Ximovan®) Zaleplon (Sonata®) Oxazepam (s. unten)	50 (50–200) 7,5 10 10 (5–30)
Apathien	Donepezil (Aricept®) Rivastigmin (Exelon®) Galantamin (Reminyl®) Memantin (Ebixa®)	10 (5–10) 9 (6–12) 16 (8–24) 20 (10–30)

Clozapin: Diverse Hersteller: z. T. mit „kontrollierter Verschreibung (Leponex)", Generika-Hersteller ohne Verschreibungskontrolle; jeweils Blutbildkontrolle 18 Wochen lang wöchentl., dann monatlich; Aufklärungspflicht.
Oxazepam: Abhängigkeitspotential beachten.

11.4.4 Organische Komplikationen

Durch Komorbidität kann bei akuten Erkrankungen eine abrupte Demenzverschlechterung und bei dekompensierten chronischen Erkrankungen eine beschleunigte Demenzprogression hervorgerufen werden (s. Kap. 5).

Prinzipiell sind dann immer Infekte (Lunge, Harnwege, Haut), eine Exsikkose und Nebenwirkungen einer bestehenden Pharmakotherapie differentialdiagnostisch zu bedenken. Darüber hinaus finden sich vom Patienten nicht berichtete bzw. von Pflegepersonen unbeobachtete **Stürze** mit:

- **Schädel-Hirn-Trauma** (früher Commotio cerebri) mit prolongierter oder nur partieller Rekonvaleszenz auf das vorherige Befindlichkeitsniveau bezüglich Vigilanzeinschränkung, kognitiven Leistungseinbußen oder Alltagsaktivitäten.
- **Chronisch subduralem Hämatom** ohne subjektive Beschwerdeäußerung; je weiter die Demenz fortgeschritten ist, desto zurückhaltender wird die Indikation zur Operation gestellt. Bewertungsmaßstab ist der Verlust an Lebensqualität durch das Hämatom und den resultierenden neurologischen Defiziten.
- **Anhaltenden schmerzbedingten Gehstörungen durch inapparente Fraktur**: Sturz wurde beobachtet; die Röntgen-Diagnostik ist primär unauffällig. Eine erneute Röntgen-Kontrolle ist nach 1–3 Wochen sinnvoll, da der Nachweis des Frakturspaltes von Oberschenkelhals- oder Beckenknochen erst bei der Kontrolle (ggf. erst durch Schnittbildgebung nachweisbar) sichtbar wird. Der Schmerz wird vom Betroffenen oftmals nicht spontan geklagt, nur der Schongang ist auffällig. Therapie: Analgetika und Krankengymnastik. Immobilisation meiden!

Delir

Ein Delir, synonym akuter Verwirrtheitszustand, findet sich in 20–50 % bei DAT und anderen Demenzen. Charakteristisch sind fluktuierende Aufmerksamkeitsstörungen, Störungen der Kognition mit Desorientierung, ein pathologischer Tag/Nacht-Rhythmus mit variierender Nachtaktivität und Tagesschläfrigkeit (s. Kap. 39). Halluzinationen, meist optisch, sind nicht obligat. Differenziert wird ein **hyperaktives Delir** mit motorischer Unruhe, affektiver Reizbarkeit bis hin zur Aggression, Schreckhaftigkeit und ungezielten Tätigkeiten.

Abzugrenzen ist das im Alter recht häufige **hypoaktive Delir** mit reduzierter und oft fluktuierender Wachheit, psychomotorischer Verlangsamung bis hin zur Apathie und wenig auffallendem Nesteln an Kleidung, Bettdecke oder das ziellose Greifen in die Luft.

Mischtypen des Delirs mit einem Wechsel von hyperaktiven und hypoaktiven Symptomen kommen ebenfalls vor.

Die Genese ist bei hoher Vulnerabilität durch die Demenz multifaktoriell (s. Kap. 5). Der Auslöser muss nicht immer offensichtlich sein. Die **Therapie** besteht in:

- Sanierung des Auslösers bzw. diverser Noxen (z. B. Exsikkose, Fieber, Infekt, Herzinsuffizienz, Pharmaka; s. Kap. 5 u. 39) einschl. der „Pharmakohygiene".
- Gabe von Neuroleptika (Atypika sind wegen des möglichen Parkinsonoids durch klassische Neuroleptika zu bevorzugen).
- Non-pharmakologisch: Orientierungshilfe und Tagesstruktur geben, Mobilisieren, Kommunikation sicherstellen (Brille, Hörgerät), für Sicherheit sorgen (Weglauf- oder Sturzgefahr, Fremdaggressivität).

Epileptische Anfälle

Demenz ist ein unabhängiger Risikofaktor für **unprovozierte epileptische Anfälle** bzw. eine **symptomatische Epilepsie**. Das Epilepsierisiko ist 10-fach erhöht und 10–22 % der Demenzkranken haben einen oder mehrere epileptische Anfälle. Die Eigen- und Fremdanamnese ist oft mangelhaft. Überwiegend finden sich generalisierte tonisch-klonische Anfälle. Postiktal ist die Remission von sprachlichen und kognitiven Defiziten prolongiert.

Epileptische Anfälle können unprovoziert ohne äußeren Einfluss und provoziert durch externe Faktoren auftreten. Die Anfallsprovokation kann durch Medikamente (Neuroleptika, einige Antibiotika, Antidepressiva, Theophyllin, div.), durch einen fieberhaften Infekt und/oder bei massiver

Exsikkose erfolgen. Der Provokationsfaktor ist dann zu sanieren (Absetzen von Medikamenten, Infekt- bzw. Fieberbehandlung, Rehydrierung). Eine antikonvulsive Einstellung ist zunächst nicht notwendig.
Unprovozierte Anfälle sollten bei hohem Rezidivrisiko nach dem ersten Anfall mit einem kognitiv gut verträglichen Antikonvulsivum, z. B. Lamotrigin oder Levetiracetam behandelt werden, da ein hohes Verletzungsrisiko im Alter bei Osteoporose und Sturz besteht und die gleichaltrigen Angehörigen durch einen Anfall verängstigt und überfordert sind. Zudem kann die Hospitalisierung gemieden werden.

Unzureichende Nahrungsaufnahme

Die unzureichende Nahrungsaufnahme ist unter dem Aspekt des „Verhungern-Lassens" in Pflegeheimen als vermeintliches „Versagen" der pflegerischen institutionellen Verantwortung ein zunehmendes Problem, da in einigen Regionen die behördliche Heimaufsicht eine Body-Mass-Index-Kontrolle verlangt und mittlerweile in Einzelfällen bei abnehmendem Körpergewicht von institutioneller Seite eine gerichtliches Verfahren angeregt wird, um die PEG-Sondenernährung auch gegen den Willen eines gesetzlich bestellten Betreuers durchführen zu können. Nachweislich ist die Gewichtsabnahme bei DAT ein negativer Prädiktor für die Mortalität (White et al. 1998). Die gestörte Nahrungsaufnahme kann durch den krankheitsassoziierten Appetenzverlust mit fehlendem Hunger- und Durstgefühl, durch ein ungewohntes Speisenangebot bei Institutionalisierung und Unkenntnis der biographischen Essgewohnheiten und durch eine Schluckapraxie in fortgeschrittenem Krankheitsstadium zu erklären sein.
Im **schwergradigen Stadium** sind gehäuft ein anormales Essverhalten mit verbaler Essverweigerung, Nahrungsretention in der Wangentasche, aktives Zusammenbeißen der Zähne beim Anreichen der Mahlzeit und das Ausspucken von Nahrung zu beobachten. Inkonstant wird das Nahrungsangebot dann aber wieder akzeptiert. Dieses Verhalten spricht gegen einen organisch bedingten Auslöser und für die krankheitsimmanente Inappetenz. Lösungsansatz ist das mehrfach tägliche Nahrungsangebot auch zu unkonventionellen Zeiten, um den geeigneten Moment der Nahrungsakzeptanz abzupassen. Ebenso kann die oral notwendige Medikation (z. B. Kardiaka bei Herzinsuffizienz mit Dyspnoe) auf eine Einmaltagesdosis umgestellt werden. Normiertes Verhalten gesunder Menschen kann nicht unreflektiert auf schwergradig Demenzerkrankte übertragen werden.
Komorbide Erkrankungen führen ebenfalls zum Appetenzverlust: Gastroduodenales Ulkus, Koprostase, Meteorismus, Herzinsuffizienz, Exsikkose, Nebenwirkungen einer Pharmakotherapie, Wahn mit Vergiftungsängsten und eine begleitende Depression. Pharmaka und Stress im Rahmen der nicht-kognitiven Störungen begünstigen **gastroduodenale Ulzera**. Beschwerden werden kaum geklagt, jedoch zeigt die Körperuntersuchung dann einen umschriebenen epigastralen Druckschmerz. Ein „normales" Ulkus könnte auch ohne Gastroskopie mit einem Protonenpumpenhemmer behandelt werden; in der Krankenhaussituation sollte aber eine schnelle und gezielte Problemlösung durch die Diagnostik angestrebt werden. Eine Gastroskopie ist wegen der therapeutischen Konsequenzen im Falle einer Helicobacter-Gastritis oder eines Bezoars sinnvoll bzw. sollte bei unauffälliger Spiegelung frühzeitig nach weiteren Ursachen der Inappetenz gesucht werden (Meteorismus, abführende Maßnahmen, Pharmakapause, etc.).
Koprostase und **Meteorismus** fallen bei der Körperuntersuchung ebenso wie die **Herzinsuffizienz** auf und führen nach adäquater Therapie zu einer Verbesserung der Nahrungsaufnahme. Eine **Exsikkose** verstärkt

die Demenz immanente Schluckapraxie. Bei vermutlicher **Pharmakanebenwirkung** empfiehlt sich ein Auslassversuch. Eine wahnhafte Essstörung wegen **Vergiftungsängsten** ist anamnestisch nicht unbedingt einfach zu erfragen, da der „fremde" Arzt zunächst keine Vertrauensperson darstellt. Hilfreich ist gezieltes Nachfragen und die Fremdanamnese (Pflegepersonal) und ggf. ein Therapieversuch mit Neuroleptika.

Die **Indikation zur perkutanen enteralen Gastrostomie** (PEG) richtet sich nach geäußertem bzw. mutmaßlichem Patientenwillen (Patientenverfügung) und den Grundsätzen der Bundesärztekammer, Leiden zu stillen, wenn Durst und Hunger vorhanden sind.

Für eine PEG sprechen:

- Die Vereinfachung der häuslichen Pflege bei erschöpfender, Stunden dauernder Essunterstützung durch die Angehörigen zur Vermeidung einer alternativen Pflegeheimunterbringung und
- die erforderliche Pharmakagabe bei nicht-kognitiven Störungen, die die Aufrechterhaltung des häuslichen Pflegeversorgung in Frage stellen.

Kontrovers diskutiert werden Studienergebnisse, die keine bedeutsame Verlängerung der Überlebenszeit bei Dementen durch PEG-Anlagen nachweisen konnten.

Gegen die PEG-Anlage sprechen:

- entfallende menschliche Zuwendung bei Sondenernährung, insbesondere im Pflegeheim;
- die offene Frage der erloschenen Grundbedürfnisse (Hunger und Durst) bei schwergradiger Demenz.

Aus ethischer Sicht bleibt je nach Zeitpunkt und Schweregrad der Demenz zu überlegen, ob die evtl. Lebensverlängerung durch PEG einer palliativen Situation gerecht wird unter der Voraussetzung, dass Hunger und Durst fehlen. Eine mögliche gesetzliche Lösung zur Beendigung der künstlichen Ernährung unter Berücksichtigung der Rechtsprechungslage (v. a. BGH-Urteile) wird im Moment politisch kontrovers beurteilt (s. Kap. 45 u. 46).

11.4.5 Nicht-pharmakologische Therapien

Neben den Pharmaka besteht die mehrdimensionale Demenztherapie aus regelmäßiger körperlicher Bewegung, Erhalt der psychosozialen Integration mit Meiden von Isolierung, ausgewogener Ernährung, Krankenpflege, Angehörigenberatung und eine Adaptation der Umwelt an den nicht mehr lernfähigen Dementen (s. Kap. 42). Letzteres bedeutet praktisch: ein Nachtlicht im Hausflur zur Beleuchtung des WC-Weges, ein sicheres Versperren der Wohnungstür bei Weglaufgefahr, das Beseitigen von Stolperfallen (Teppichkanten usw.) und die Sicherung von Gas- und Elektroherden insbesondere bei noch allein lebenden Dementen. Prinzipiell sollte die Wohnsituation noch allein lebender Dementer von den Angehörigen auf Unfallrisiken überprüft werden.

11.4.6 Beratung pflegender Angehöriger

Pflegende Angehörige haben die berechtigte Sorge, selber zu erkranken und nicht mehr für ihren Partner sorgen zu können. Die tägliche Rund-um-die-Uhr-Pflege führt zu körperlicher und seelischer Überlastung im Rahmen der häuslichen Langzeitpflege. Wesentlich ist die Behandlung nicht-kognitiver Störungen (Tag/Nacht-Rhythmus, Aggression) und das Entlastungsangebot durch Tages- oder Nachtpflege, Kurzzeitpflege oder die wöchentlich regelmäßig mehrstündige Entlastung durch einen „Senioren-Sitter".

Die Demenz-bedingte Veränderung der Persönlichkeit führt zu einer Entfremdung zwischen Kranken und Pflegenden, die die

Kommunikation belastet. Appelle an Vernunft und Einsichtsfähigkeit des Erkrankten sind nutzlos und überfordern.
Hilfreich in der Kommunikation sind:

- kurze, einfache Sätze,
- geduldige, verständnisvolle Haltung,
- Loben, wenn angebracht,
- nicht diskutieren, sondern ablenken,
- feste Gewohnheiten, einfache Regeln,
- Vermeiden von Überforderung,
- Reizüberflutung meiden (große Gesellschaft, Unterhaltung parallel zu TV oder Radio).

Sinnvolle Alltagstipps sind:

- Ortswechsel meiden (Umzug, Urlaubsreisen),
- Wohnungseinrichtung nicht verändern,
- Bedienungsfreundliches Telefon beibehalten,
- Tagesablauf beibehalten,
- Große Merktafel,
- Küchenherd und Wohnungseingang sichern,
- Nachtbeleuchtung zur Orientierungshilfe.

Angewendete Techniken der **Validation**, einer empathischen interventionellen Gesprächstechnik, können (nicht immer kongruent zum medizinischen Standpunkt) helfen, das Demenz-bedingte Fehlverhalten zu verstehen und den Umgang mit den Erkrankten zu erleichtern. Praktisch bewährt hat sich die Integration von gleichalten Partnern, Kindern bzw. Enkelkindern im ärztlichen Beratungsgespräch.
Als Literatur zur Validation empfiehlt sich „Validation in Anwendung und Beispielen" (s. Literaturverzeichnis, Feil 2000).
Angehörige können sich bei der Deutschen Alzheimer Gesellschaft oder dem Alzheimerforum im **Internet** informieren bezüglich Erkrankung, rechtlichen und finanziellen Fragen, und praktischen Alltagstipps unter: www.deutsche-alzheimer.de
www.alzheimerforum.de

11.4.7 Aufklärung des Patienten

Aus ethischer und rechtlicher Sicht besteht prinzipiell Aufklärungspflicht des Arztes gegenüber dem Patienten. Nur so wird eine selbstbestimmte Zukunftsplanung, die Errichtung einer Patientenverfügung und die gemeinsame familiäre Krankheitsbewältigung ermöglicht. Bei fortgeschrittenem Krankheitsstadium zeigt sich häufig, dass Patienten das Aufklärungsgespräch vergessen und die von den Angehörigen gefürchteten Gesprächsfolgen (Depression, Suizid) nicht eintreten.

11.5 Demenz mit Lewy-Körperchen

Leitlinien für die klinische und pathologische Diagnose der Demenz mit Lewy-Körperchen (DLB) wurden 1996 definiert (McKeith et al. 1996). Neuropathologisch finden sich zytoplasmatische Einschlusskörperchen, die auch bei DAT und M. Parkinson gefunden werden und zu kontroversen Diskussionen über die Krankheitsentität und Häufigkeit der DLB Anlass geben. Das cholinerge Defizit ist ausgeprägter als bei DAT. Etwa 15–20 % der Demenzerkrankungen werden in Autopsiestudien der DLB zugeordnet. Das typische Erkrankungsalter liegt zwischen 60 und 68 Jahren. Die mittlere Krankheitsdauer beträgt etwa 7 Jahre.
Diagnosekriterien sind:

- fluktuierende Kognition mit variierender Aufmerksamkeit und Konzentration,
- rezidivierende visuelle Halluzinationen,
- rigide, hypokinetische Parkinson-Symptome, die der Demenz bis zu einem Jahr vorausgehen können

(2 Symptome wahrscheinliche DLB, 1 Symptom mögliche DLB).

Unterstützende DLB-Kriterien sind: wiederholte Stürze, Synkopen, Bewusstseinsverluste, gravierende und z. T. prolongierte Überempfindlichkeit auf Neuroleptika mit schwerem Parkinsonoid, systematisierte Wahnstörungen unter Ausschluss von weiteren Erkrankungen, die das klinische Bild erklären können.

Differentialdiagnostisch ist wegen der Fluktuation von Kognition und Vigilanz und den optischen Halluzinationen vorrangig das Delir und eine hepatische Enzephalopathie zu berücksichtigen. Eine Parkinson-Diagnose sollte hinsichtlich einer DLB revidiert werden, wenn rasch (innerhalb eines Jahres) eine Demenz und Halluzinationen folgen und ein länger anhaltendes Delir auszuschließen ist. Ferner sind die subkortikale arteriosklerotische Enzephalopathie, die progressive supranukleäre Blickparese, die Multisystematrophie und selten die Creutzfeldt-Jacob-Erkrankung mit ihrem typischerweise raschen Verlauf abzugrenzen.

Therapeutisch wird die Gabe von atypischen Neuroleptika bei nicht-kognitiven Störungen oder Halluzinationen empfohlen, um das hohe Risiko eines schwergradigen Parkinsonoids durch klassische Neuroleptika zu meiden. Eine positive Wirkung von AChE-Hemmern, respektive Rivastigmin (McKeith et al. 2000), ist bei DLB nachgewiesen.

Die motorischen Parkinson-Symptome sprechen in bis zu 75 % (divergierende Angaben in der Literatur) auf L-Dopa an. Dopaminagonisten sind in der Regel schlecht verträglich und induzieren Wahn oder Halluzinationen.

11.6 Frontotemporale Degeneration (FTD) und Lobäratrophie

Die FTD und die Lobäratrophie sind eine heterogene Krankheitsgruppe, die in Autopsiestudien zwischen 3 und 20 % der primär degenerativen Demenzen ausmachen und insbesondere bei der präsenilen Manifestation in bis zu 20 % zu finden sind. Der früher benutzte Begriff der Pick-Erkrankung wird nur noch für eine seltene histologisch definierte Manifestation der FTD gebraucht.

11.6.1 Frontotemporale Degeneration

Die **obligaten klinischen Kriterien** der FTD sind (Neary et al. 1998):

- eine langsame Progredienz mit Vergröberung von Sozialverhalten,
- Veränderung der Persönlichkeit,
- Affektabflachung und
- fehlender Krankheitseinsicht.

Stützende Kriterien sind: vernachlässigte Hygiene und Erscheinung, Starrsinn, erschwerte Umstellungsfähigkeit, Ablenkbarkeit, mangelndes Durchhaltevermögen, Hyperoralität, stereotype Verhaltensweisen. Kommunikation und Sprache zeigen ein breites Spektrum von Rededrang und Echolalie bis Aspontaneität und Mutismus (Neary et al. 1998).

Im Verlauf stellen sich recht frühzeitig mehrere Primitivreflexe und dann Inkontinenz und extrapyramidale Störungen ein. Mittels zerebraler Bildgebung zeigt sich die fronto-temporal betonte Atrophie. Differentialdiagnostisch ist die Abgrenzung zur DAT nicht immer einfach. Ein cholinerges Defizit besteht nicht, so dass die Therapie nur symptomatisch mit Neuroleptika und bei depressiver Störung mit Antidepressiva erfolgt.

11.6.2 Primär progressive Aphasie (PPA)

Die PPA (Synonym: Mesulam-Syndrom) (Neary et al. 1998) ist selten, tritt zwischen dem 50. und 70. Lebensjahr auf und beginnt mit einer bis zu 7 Jahre andauernden monosymptomatischen, nicht-flüssigen Aphasie. Diese fällt durch Wortfindungsstörungen, gestörtes Sprachverständnis und Probleme beim Benennen auf – zunächst ohne kognitive Defizite. Nach 5–7 Jahren treten kognitive Störungen hinzu, gefolgt von neurologischen Auffälligkeiten (bukkofaziale Apraxie, extrapyramidale Störungen, Inkontinenz, Primitivreflexe, fakultativ kontralaterale leichtgradige Hemiparesen). **Differentialdiagnostisch** ist eine Dysarthrie, DAT und eine Creutzfeldt-Jacob-Erkrankung (schnelle Progredienz, frühe neurologische Defizite, insbesondere Myoklonien) abzugrenzen. Die **zerebrale Bildgebung** zeigt nach etwa 2-jähriger Krankheitsdauer eine isolierte oder zumindest linkstemporal betonte Hirnatrophie in der sprachdominanten Hemisphäre; zuvor kann eine SPECT-Untersuchung ein entsprechendes Perfusionsdefizit zeigen. Es existiert keine gesicherte **medikamentöse Behandlung.**

11.6.3 Semantische Demenz (SD)

Die ebenfalls seltene SD (Neary et al. 1998) zeigt im Gegensatz zur PPA eine flüssige Spontansprache mit Verlust von Wortbedeutungen, semantischen Paraphasien und Störungen der Objektidentifikation bei gut erhaltener Lesefähigkeit. Die Sprachstörung täuscht zunächst eine Gedächtnisstörung vor, die sich erst im Verlauf einstellt und testpsychologisch differenzieren lässt. Das Erkrankungstempo ist unterschiedlich. Die mittlere Überlebenszeit ab Krankheitsbeginn liegt bei etwa 8 Jahren.

11.6.4 Posteriore kortikale Atrophie

Diese seltene Demenzvariante fällt zunächst durch unspezifisch visuelle Störungen (Verschwommensehen, gestörte Tiefenwahrnehmung, Mikropsie, Makropsie) und später durch illusionäre Verkennung von Gegenständen (Kleidungsstück wird als Mensch verkannt) und optische Halluzinationen auf. Später stellen sich Gesichtsfelddefekte und eine kortikale Blindheit ein. Anfängliche geringe kognitive Defizite entwickeln sich zur Demenz. Die zerebrale Bildgebung zeigt eine progrediente Atrophie der Okzipitallappen. Eine Therapie ist nicht bekannt.

11.7 Neurologische degenerative Systemerkrankungen mit Demenz

Am häufigsten findet sich eine Demenz beim **idiopathischen Parkinson-Syndrom** (IPS). Die Prävalenz wird mit 30–60 % angegeben. In Abgrenzung zur Demenz mit Lewy-Körperchen (DLB) zeigt sich die IPS-assoziierte Demenz frühestens 2 Jahre nach Beginn der motorischen Beschwerden. Klinisch bestehen vorrangig Defizite der Aufmerksamkeits-, exekutiven und visuospatialen Funktionen. Formale Diagnosekriterien wie bei der DLB liegen nicht vor. Rivastigmin zeigte in einer Studie bei der IPS-assoziierten Demenz eine positive Wirkung und führte neben Nausea und Emesis als dritthäufigster Nebenwirkung zu Tremor in 10,2 % der Verum- und 3,9 % in der Plazebogruppe (Emre et al. 2004). Anticholinerg wirksame Medikamente sind wegen ihrer delirogenen Potenz zu meiden. **Weitere extrapyramidalmotorische Systemerkrankungen**, die mit einer Demenz einhergehen, sind insbesondere die progressive supranukleäre Blickparese, aber auch die Multisystematrophie, die kortikobasale Degeneration und die Chorea Huntington. Differentialdiagnostisch zu berücksichtigen sind bei extrapyramidal motorischer Symptomatik die DLB und das medikamentös induzierte Parkinson-Syndrom (zu erfragen ist eine Neuroleptikaexposition respektive Fluspirilen – Imap® – dem Patienten oft nur als „Aufbauspritzenkur“ bekannt). Die Exposition mit Neuroleptika kann Wochen und im Einzelfall Monate zurückliegen. Ferner wird eine Demenz u. a. selten bei der amyotrophen Lateralsklerose, der spastischen Spinalparalyse und den hereditären Ataxien beobachtet.

11.8 Vaskuläre Demenzen (VD)

11.8.1 Pathomechanismus und klinischer Verlauf

Die VD ist nach Autopsiestudien etwa fast so häufig wie die Mischdemenz (s. u.) und stellt somit die dritthäufigste Demenzursache dar. Die gebräuchlichen Diagnostikkriterien (z. B. ICD 10, NINDS-AIREN) sind z. T. sehr ausführlich, da sie den unterschiedlichen Pathomechanismus mit ebenfalls unterschiedlichen klinischen Verläufen berücksichtigen. Allerdings sind diese Kriterien z. T. noch zu stark am „Multiinfarktkonzept“ (s. u.) mit einem stufenweisen Demenzverlauf und obligaten zusätzlichen fokalen neurologischen Symptomen orientiert, während heute eher die Form der schleichenden Demyelinisierung der subkortikalen arteriosklerotischen Enzephalopathie (SAE) vom „Binswanger-Typ“ im Vordergrund steht. Die **klinische Symptomatik** kann sich demnach abrupt mit stufenförmiger Verschlechterung oder chronisch progredient einstellen. Immer sind zerebrale Läsionen in der Bildgebung und meistens objektivierbare neurologische Symptome wie z. B. eine Gangapraxie, extrapyramidale Störungen oder Pyramidenbahnzeichen in der Körperuntersuchung nachzuweisen. Das Profil der kognitiven Störungen entspricht häufig einem „dysexekutiven“ Syndrom, bei dem eher Störungen des Planens und Ausführens als Störungen des Gedächtnisses im Vordergrund stehen. Ätiologisch lassen sich unterscheiden

- Makroangiopathische Infarkte in strategischer Lokalisation oder multiple Infarkte,
- Mikroangiopathische lakunäre Infarkte,
- Perivaskuläre diffuse Demyelinisierung.

11.8.2 Multiinfarktdemenz

Die Multiinfarktdemenz entsteht durch multiple lakunäre Läsionen oder Territorialinfarkte mit abrupt stufenförmiger Verschlechterung durch rezidivierende vaskuläre Ereignisse. Bleibende kognitive Einbußen nach einem ersten Infarkt zeigen sich bei großem Ischämie- oder Blutungsdefekt oder einer strategisch wichtigen Lokalisation (z. B. Thalamus, Gyrus angularis, Frontalhirn). **Differentialdiagnostisch** abzugrenzen sind immer eine sensorische oder globale Aphasie und eine Depression nach Schlaganfall („post-stroke-depression“).

11.8.3 Demenz bei subkortikaler arteriosklerotischer Enzephalopathie

Der chronisch progrediente Verlauf der VD findet sich bei der **subkortikalen arteriosklerotischen Enzephalopathie** (SAE). Die neurologische Symptomatik der SAE ist charakterisiert durch eine Gangapraxie, Harninkontinenz, Rigor, Hypokinese und gelegentlich auch pseudobulbäre Sprech- und Schluckstörungen. Bekannt sind die Hauptrisikofaktoren arterielle Hypertonie (Risiko 5,2-fach) und Rauchen (Risiko 3,4-fach). Homozystein, welches einen Risikofaktor bei der Alzheimer-Demenz darstellt, ist offensichtlich auch ein Hauptrisikofaktor (Risiko 5,7-fach) für die zerebrale Mi-

kroangiopathie (Faßbender et al. 1999), die zum klinischen Bild der SAE bzw. zur vaskulären Demenz führen kann. Es liegen widersprüchliche Befunde über das Ausmaß cholinerger Defizite in unterschiedlichen Hirnarealen bei vaskulärer Demenz vor. Im klinischen Alltag finden sich Patienten mit bildmorphologisch ausgeprägter, symptomatischer SAE und anamnestisch fehlenden Risikofaktoren bezüglich Hypertonus und Rauchen, die massiv erhöhte Homozysteinserumspiegel aufweisen. In der Patientenberatung sollte auf die Therapieoption mit Folsäure und ggf. in Kombination mit Vitamin B12 und B6 hingewiesen werden, wenn auch der therapeutische bzw. sekundärprophylaktische Wert der Vitaminsubstitution im Moment nicht belegt ist. Essentiell ist die Behandlung der arteriellen Hypertonie als vaskuläre Demenzsekundärprophylaxe neben der Sanierung der weiteren Gefäßrisikofaktoren. Die sekundärprophylaktische Wirkung von Thrombozytenaggregationshemmern bei SAE ist bislang nicht nachgewiesen.
Differentialdiagnostisch ist bei ausgeprägter Demenz, geringgradigen fokal neurologischen Symptomen und ebenfalls nur leichtgradigem vaskulärem Schädigungsmuster in der zerebralen Bildgebung, die Ätiologie des Mischtyps wahrscheinlicher. Ebenfalls geht die Demenz bei Normaldruckhydrozephalus gehäuft mit einer vaskulären Komorbidität einher und ist dann schwieriger von einer monoätiologischen subkortikalen arteriosklerotischen Enzephalopathie abzugrenzen.

11.8.4 Zerebrale Amyloidangiopathie (CAA)

Die CAA oder „kongophile Angiopathie" ist eine eigenständige Gefäßerkrankung mit Überlappung zur risikofaktoren-assoziierten zerebralen Mikroangiopathie und zu primär degenerativen Hirnerkrankungen. Die CAA ist wahrscheinlich genetisch disponiert, ätiologisch unabhängig von einer primäre Amyloidose und führt im Verlauf zu lobären – oft kugelförmigen – Blutungen, die je nach Lokalisation auch asymptomatisch verlaufen können. Der Nachweis multipler und z. T. klinisch stumm verlaufender Kugelblutungen erfolgt durch das MRT mit der Darstellung von kortikalen Hämosiderinablagerungen. Die Demenz entwickelt sich meist kombiniert schleichend mit stufenförmiger Verschlechterung.

11.8.5 Sonstige vaskuläre Demenzen

Selten ist die VD Leitsymptom bei einer isolierten **zerebralen Vaskulitis**, einer „**C**erebral **A**utosomal **D**ominant **A**rteriopathy with **S**ubcortical **I**nfarcts and **L**eukoencephalopathy" (**Cadasil**) oder einer beidseitigen hochgradigen und sonst asymptomatischen **Karotisstenose**. Die Indikation zur Karotis-TEA ist dann individuell zu stellen.

11.8.6 Therapie der vaskulären Demenz

Ein methodisches Problem von Therapiestudien zur „reinen" vaskulären Demenz liegt in der klinisch nicht auszuschließenden Mischung mit der DAT. Dadurch könnten positive Therapieeffekte beispielsweise von Acetylcholinesterasehemmern auf die Beeinflussung der degenerativen Komponente zurückzuführen sein (s. u.). Positive medikamentöse Studienergebnisse mit unterschiedlichen Fallzahlen und methodischer Qualität liegen für Donepezil, Rivastigmin, Galantamin und Memantine vor.

11.9 Demenz vom Mischtyp

Autopsiestudien zeigen in mindestens 15 % eine Mischgenese von DAT und VD. In den

Therapiestudien mit AChE-Hemmern bleibt unklar, ob die positiven Wirkungen z. B. für Galantamin durch die Wirkung auf den degenerativen Demenzanteil zurückzuführen sind. Ein Behandlungsversuch ist gerechtfertigt, wenn keine Kontraindikationen vorliegen. Wesentlich ist zudem die Behandlung der vaskulären Risikofaktoren, wenn auch der individuelle Benefit schwer nachzuweisen ist und keine guten Studiendaten dazu vorliegen.
Da Patienten mit einer senilen DAT aufgrund des Alters, der (Mangel?)-Nutrition und der Komorbidität ein höheres Risiko für eine weitere Demenz-verstärkende Erkrankung ausweisen, sollte auch bei mehrjähriger Erkrankung und bislang fehlender Diagnostik eine systematische Basisuntersuchung mit zerebraler Bildgebung, Labordiagnostik und Medikamentenanamnese erfolgen, sofern die Lebensqualität durch die Sanierung eines Demenz-verstärkenden Kofaktors profitieren könnte und die Diagnostik keine unzumutbare Belastung darstellt.

11.10 Demenz bei Virus- und Prionenerkrankungen

HIV-Enzephalopathien betreffen überwiegend Menschen jungen und mittleren Alters. Zukünftig wird die Zahl alter HIV-Patienten aufgrund der therapiebedingt verbesserten Überlebenszeit anwachsen, so dass die Differentialdiagnose der HIV-induzierten Demenz im Alter an Wichtigkeit zunehmen wird.
Die sporadische **Creutzfeldt-Jacob-Krankheit** zeigt in Deutschland in den letzten Jahrzehnten eine gleichbleibende Prävalenz von ca. 1:1 000 000. Typisch ist eine rasch fortschreitende Demenz mit zuvor auftretenden oder nachfolgenden fokal neurologischen Symptomen (vor allem Myoklonien, initial Ataxie und Gangstörung, später Rigor, Paresen und Spastik). Diagnostisch zeigen sich – z.T vorübergehend – periodische Sharp-Wave-Komplexe“ in 75 % und im Liquor gelingt der Nachweis des relativ spezifischen 14-3-3-Proteins. Eine Behandlung ist nicht möglich. Die akzidentelle Übertragung des Prions durch medizinische Maßnahmen ist strikt zu meiden.
Selten, aber im Alter gehäuft (Tumorerkrankung, Organtransplantation, immunsuppressive Therapie), führt die **progressive multifokale Leukenzephalopathie** innerhalb von Wochen zur Demenz. Parallel treten Hemiparese, Hemianopsie bis hin zur kortikalen Blindheit und zerebelläre Störungen auf. Die Krankheit verläuft innerhalb von Monaten letal. Die Diagnose erfolgt mittels MRT (unspezifisch!) und dem PCR-Nachweis des JC-Genoms im Liquor. Im höheren Lebensalter ist eine Hirnbiopsie kaum indiziert und allenfalls bei behandelbarer Differentialdiagnose zu diskutieren.

11.11 Andere, potentiell reversible Demenzen

Zwar werden in der Literatur potenziell reversible Demenzen mit etwa 10 % angegeben. Darunter fallen auch depressive Störungen, die eigentlich nicht als Demenz zu werten sind. Nur ein kleiner Teil der genannten 10 % ist partiell oder voll reversibel. Diese sollten aber nicht übersehen werden:

- Schilddrüsendysfunktion, insbesondere Hypothyreose bis zum klinischen Bild des akinetischen Mutismus,
- Obstruktives Schlafapnoe-Syndrom,
- Vitamin B12-Mangel (auch ohne Gastrektomie),
- Vitamin B1-Mangel (meist im Rahmen eines Alkoholmissbrauchs),

- Chronische Hyperglykämie oder Hypoglykämie bei Diabetes mellitus,
- Hyperkalzämie (Nebenschilddrüsenerkrankungen, Tumor assoziiert, Dialyse, Substitution),
- Medikamente (insbesondere Anticholinergika, Lithium, Benzodiazepine, Primidon),
- Chronisch subdurales Hämatom,
- Hirntumor, insbesondere frontales Meningeom,
- Normaldruckhydrozephalus.

Literatur

Aminoff BZ, Adunsky A (2004) Dying dementia patients: too much suffering, to little palliation. Am J Alzheimers Dis Other Demen 19(4):343–7

AkdÄ – Arzneimittelkommission der Deutschen Ärztschaft (Hrsg)(2004) Arzneiverordnung in der Praxis: Demenz, 3. Aufl., Berlin

Appelros P, Viitanen M (2005) What Causes Increased Stroke Mortality in Patients with Prestroke Dementia? Cerebrovasc Dis 19:323–327

Bayer AJ et al. (2005) Evaluation of the safety and immunogenicity of synthetic Abeta42 (AN1792) in patients with AD. Neurology 64(1):94–101

Bickel H (2000) Demenzsyndrom und Alzheimer-Krankheit: Eine Schätzung des Krankenbestandes und der jährlichen Neuerkrankungen in Deutschland. Gesundheitswesen 62:211–218

Caplan L (1985) Transient global amnesia. In: Vinken PJ, Bruyn GW and Klawans HL, eds. Handbook of Clinical Neurology. Vol. 45. Elsevier, Amsterdam, pp 205–218

Emre M et al. (2004) Rivastigmine for Dementia Associated with Parkinson's Disease. N Engl J Med 351:2509–18

Faßbender K et al. (1999) Homocysteine in cerebral macroangiopathy und microangiopathy. Lancet Vol 353:1586–1587

Feil N (2000) Validation in Anwendung und Beispielen. Der Umgang mit verwirrten alten Menschen, 6. Aufl. Ernst Reinhardt Verlag, München Basel

Gandolfo C et al. (1992) Prognosis of transient global amnesia: a long term follow–up study. Eur Neurol 32:52–57

Graham JE et al. (1997). Prevalence and severity of cognitive impairment with and without dementia in an elderly population. Lancet 349:1793–1796

Haupt M, Kurz A, Jänner M (2000) A 2-Year Follow-Up of Behavioural and Psychological Symptoms in Alzheimer's Disease. Dementia and Geriatric Cognitive Disorders 11:147–152

Hodges, JR, Warlow CP (1990) The aetiology of transient global amnesia. A case–control study of 114 cases with prospective follow-up. Brain 113:639–657

Jellinger K et al. (1990) Clinicopathological analysis of dementia disorders in the elderly. J Neurol Sci 95(3):239–258

Leitlinien DGN (Deutsche Gesellschaft für Neurologie) (2005) Transiente globale Amnesie. Erstelldatum 12.05.2002. Internet: www.dgn.org

McKeith IG et al. (1996) Consensus guidelines for the clinical and pathologic diagnosis of dementia with Lewy body (DLB): Report of the consortium on DLB international workshop. Neurology 47:1113–1124

McKeith IG et al. (2000) Efficacy of rivastigmine in dementia with Lewy bodies: a randomised, double-blind, placebo-controlled international study. Lancet 356:2031–2036

Mitchel SL et al. (2004) Dying with advanced dementia in the nursing home. Arch Intern Med 9; 164(39):321–326

MRC-CFAS (2001) Pathological correlates of late-onset dementia in a multicentre community-based population in England and Wales. Lancet 357:169–175

Müller U et al. (2003) Nationale und internationale Demenz-Leitlinien im Vergleich. Fortschr Neurol Psychiat 71:285–259

Neary D et al. (1998) Frontotemporal lobar degeneration: a consensus on clinical diagnostic criteria. Neurology 51:1546–1554

Pakrasi S et al. (2003) Clinical predictors of response to Acetyl cholinesterase inhibitors: experience from routine clinical use in Newcastle. Int J Geriatr Psychiat 18:879–886

Seshadri S et al. (2002) Plasma homocysteine as a risk factor for dementia and Alzheimer's disease. N Engl J Med 348:476–483

White H et al. (1998) The association of weight change in Alzheimer's disease with severity of disease and mortality: A longitudinal analysis. J Am Geriatr Soc 46:1223–1227

Zaudig M (1992) A new systematic method of measurement and diagnosis of „Mild cognitive impairment" and dementia according to ICD-10 and DSM-III-R-criteria. International Psychogeriatrics, Vol. 4(suppl. 2):203–219

12 Infektionserkrankungen des ZNS

Frank Erbguth

Einleitung

Als Erreger von ZNS-Infektionen kommen grundsätzlich Bakterien, Viren, Pilze, Parasiten und Würmer in Frage. In der Regel handelt es sich bei nicht-immunkompromittierten Patienten um bakterielle und virale Infektionen, während Pilze, Parasiten und Würmer bei immunsupprimierten Patienten und damit auch häufiger im Alter oder in besonderen Expositionslagen wie beispielsweise Auslandsaufenthalten differentialdiagnostisch in Frage kommen. Zwar gelten hinsichtlich des klinischen Bildes, der Diagnostik und Therapie der ZNS-Infektionen im Sinne der Meningitis, Meningoenzephalitis (ME) oder Meningo-enzephalomyelitis des alten Menschen grundsätzlich die gleichen Prinzipien wie bei der Behandlung jüngerer Patienten, allerdings sprechen das altersabhängige Erregerspektrum und die deutlich erhöhte Sterblichkeit der älteren Patienten bei schwereren bakteriellen Infektionen von etwa 50 % gegenüber 25 % bei jüngeren Patienten doch für nennenswerte Besonderheiten der Infektionserkrankungen des ZNS im Alter. Auch bestehen altersspezifische Impfempfehlungen: so zielt die seit 1998 ausgesprochene Impfempfehlung der „Ständigen Impfkommission" (STIKO) am Robert Koch-Institut (RKI) hinsichtlich einer Pneumokokkenvakkzine speziell auf über 60-Jährige (s. Kap. 52).

12.1 Terminologie und Epidemiologie

Klinisch und pathophysiologisch betreffen die ZNS-Infektionen entweder ausschließlich die Hirnhäute als „Meningitis" – meist als unkomplizierte virale Meningitis – oder das Gehirn als „Enzephalitis" beispielsweise durch Herpes-simplex-Viren. Oft sind sowohl das Gehirn als auch die Meningen im Sinne der „Meningo-Enzephalitis" (ME) beteiligt. Einige Entzündungen wie beispielsweise die Frühsommer-Meningoenzephalitis (FSME) zeigen auch myelitische Symptome im Sinne der „Meningoenzephalomyelitis". Neben dem diffusen Befall können außer bei Viren auch Abszesse oder Empyeme im Gehirn und im Bereich des Rückenmarks entstehen.

Die Häufigkeit von ZNS-Infektionen liegt sicher deutlich höher als die beim RKI erfolgten Meldungen, aus denen sich eine jährliche Inzidenz von ca. 4/100 000 Einwohner errechnen lässt, wobei über die Gesamtheit der Infektionen keine besonderen Gipfel in bestimmten Altersgruppen vorliegen. Im Bereich der internistischen Intensivmedizin (Schuster et al.1990) wird davon ausgegangen, dass 1–2 % der Patienten mit einer ZNS-Infektion zur Behandlung kommen und ca. 1–2 % während des Intensivstationsaufenthaltes eine Meningoenzephalitis entwickeln. Da im Alter seltener Meningokokkeninfektionen mit generell niedrigerer Sterblichkeit (ca. 7–8 %) als in jüngeren Jahren auftreten und es aufgrund der relativen Immundefizienz – z. B. durch einen Typ-2-Diabetes – häufiger zu Infektionen mit höherer Sterblichkeit wie Pneumokokken (ca. 25–30 %), Listerien (ca. 30 %) und gramnegative Stäbchen (ca. 30 %) kommt, ist die Prognose der bakteriellen Meningitis im Alter schlechter. Auch bei den nicht-bakteriellen Infektionen stellt höheres Lebensalter einen negativen Prognoseprädiktor dar. Ernüchternd ist generell die Tatsache, dass die Sterblichkeit der bakteriellen Meningitis zwischen 1962 und 2004 mit ca. 20–25 % stabil bleibt – trotz eines mittlerweile breiteren Antibiotikaspektrums und moderner Intensivmedizin. Dies ist vor allem auf die sekundären – von Antibiotika nicht beeinflussten – periinfektiösen inflammatorischen zerebralen und extrazerebralen Komplikationen der im Alter häufigen Pneumokokken-ME zurückzuführen (z. B. vaskulitische Hirninfarkte, Hirnödem, Hydrozephalus, Multiorganversagen, epileptische Anfälle).

12.2 Alterspezifische Probleme der Diagnostik

Die klassische Symptomkonstellation der ME nämlich Fieber, Kopfschmerz, Meningismus und Bewusstseinsstörung ist gerade im Alter bei fast 50 % der Betroffenen nicht in der vollen Ausprägung zu finden. Insbesondere die Prüfung des „Meningismus“ ergibt bei älteren Patienten trotz Infektion in 20–30 % einen „falsch negativen“ Befund. Andererseits gibt es aber im Alter oft „falsch positive“ Meningismus-Befunde“ durch andere Ursachen einer Nackensteife wie degenerative HWS-Veränderungen oder Rigor bei M. Parkinson. Anamnese, klinischer Verlauf und neurologischer Befund in der Frühphase einer ME sind gerade bei älteren Patienten oft atypisch und unspezifisch und konkurrieren mit anderen Symptomausprägungen der Multimorbidität z. B. mit metabolischen Störungen oder Exsikkose. Besonders in der Differentialdiagnose des Symptoms „Verwirrtheit“ sind vordergründig wahrscheinlichere Ätiologien wie Glukosestoffwechselstörung, zerebrovaskuläre Erkrankung oder eine alleinige Exsikkose zu bewerten; diese können allerdings auch als Begleitsymptom oder Folge einer ZNS-Infektion auftreten. Die Diagnose „ZNS-Infektion“ aber darf angesichts ihrer kausalen Behandelbarkeit nicht verzögert gestellt oder verpasst werden. Oft können bereits initial die Komplikationen einer ME auftreten, insbesondere bei der altersgehäuft auftretenden Pneumokokken-ME: epileptische Anfälle, vaskulitisbedingte Hirninfarkte oder Hydrozephalus, die dann als vorschnelle vermeintliche Hauptdiagnose in den Vordergrund treten (z. B. aufgrund der zerebralen Bildgebung) und die eigentliche ursächliche ZNS-Infektion maskieren. Im Zweifelsfall muss eine Lumbalpunktion mit Liquoruntersuchung zur Bestätigung oder zum Ausschluss der Differentialdiagnose ME durchgeführt werden. Argumente aus der geriatrischen Literatur, dass eine pragmatisch verabreichte Antibiotikatherapie unter Verzicht auf eine Liquoruntersuchung bei alten Patienten im Zweifelsfall auch eine ME miterfassen würden, sind nicht durch empirische Daten belegt. Hinsichtlich der Liquorparameter Leukozytenzahl, Gesamtprotein und Albuminquotient (Blut-Liquor-Schrankenfunktion) rücken die Normwerte im Alter in den oberen Normgrenzbereich. Vor der Liquorpunktion verwirrter Alterspatienten ist eine bildgebende Untersuchung (CT oder MRT) zum Ausschluss einer Raumforderung unterschiedlicher Genese zwingend.

12.3 Erregerspektrum

Lediglich für bakterielle Erreger sind altersabhängige Variationen des Spektrums empirisch nachgewiesen. Die häufigsten Erreger sind:

- Streptococcus pneumoniae,
- Listeria monocytogenes,
- Gramnegative Erreger (z. B. E. coli).

Durch die Haemophilus-influenzae-Impfung kommt diese ME zwar bei Kindern und Jugendlichen praktisch nicht mehr vor; Erwachsene und ältere Patienten können jedoch noch betroffen sein. Auch nosokomiale ME kommen im Alter gehäuft vor, da vermehrt extrazerebrale Infektionsfoci z. B. Osteomyelitiden auftreten oder auch häufige Ursachen für iatrogen durch Infiltrationen und Injektionen (lumbale „Schmerzspritzen") eingebrachte Infektionen vorliegen, die über die hämatogene Streuung oder Durchwanderung zur Staphylokokken-ME führen. Aufgrund der Immunkompromittierung kann es zu ZNS-Infektionen mit Tuberkulose und Listerien kommen. Bei viralen Infektionen (Enteroviren, Herpesviren) ist keine altersspezifische Erregerdominanz zu erwarten: hier handelt es sich bei den unkomplizierten Meningitiden vorwiegend um Enteroviren.

12.4 Meldepflicht

Im Rahmen des Infektionsschutzgesetzes sind an neurologisch relevanten Erkrankungen durch den klinisch tätigen Arzt namentlich zu melden:

- Krankheitsverdacht,
- Erkrankung sowie Tod an Botulismus,
- humaner spongiformer Enzephalopathie,
- Meningokokkenmeningitis bzw. -sepsis,
- Poliomyelitis (jede akute schlaffe Lähmung gilt als Verdacht!) und
- Tollwut.

Durch den Laborarzt ist eine namentliche Meldung des direkten oder indirekten Nachweises folgender neurologisch relevanter Krankheitserreger zu melden, soweit die Nachweise auf eine akute Infektion hinweisen: Campylobacter sp.(darmpathogen), Clostridium botulinum oder Toxinnachweis, Coxiella burnetii, Escherichia coli, enterohämorrhagische (EHEC) und sonstige Stämme, FSME-Virus, Haemophilus influenzae (nur bei direktem Nachweis aus Liquor oder Blut), Hepatitis-A bis -E-Virus, Legionella sp., Leptospira interrogans, Listeria monocytogenes (nur bei direktem Nachweis aus Blut, Liquor oder anderen normalerweise sterilen Substraten sowie aus Abstrichen von Neugeborenen), Masernvirus, Mycobacterium tuberculosis/africanum, Mycobacterium bovis (nur für den direkten Erregernachweis sowie nachfolgend für das Ergebnis der Resistenzbestimmung; vorab auch für den Nachweis säurefester Stäbchen im Sputum), Neisseria meningitidis (nur für den direkten Nachweis aus Liquor, Blut, hämorrhagischen Hautinfiltraten oder anderen normalerweise sterilen Substraten), Poliovirus, Rabiesvirus, Rotavirus. Nichtnamentlich ist bei folgenden Krankheitserregern der direkte oder indirekte Nachweis zu melden: Treponema pallidum, HIV, Echinococcus sp., Plasmodium sp.

12.5 Chemoprophylaxe nach Exposition

Nur für die Meningokokkeninfektion besteht die Notwendigkeit einer Chemoprophylaxe (Rifampicin 2-mal 600 mg p.o. für 2 Tage oder Einmaldosis Ciprofloxacin 500 mg) für Personen mit engem Kontakt

(z. B. mehr als 4 h im gleichen Raum innerhalb der letzten 14 Tage). Ältere Personen sind bei Meningokokken meist nicht die primär Erkrankten, sondern die sekundär Infizierten durch Exposition.

12.6 Spezielle ZNS-Infektionen

12.6.1 Bakteriell-eitrige Meningoenzephalitiden

Epidemiologie und Klinik

In Fallserien war die Sterblichkeit im Alter auf ca. 50 % durch den erhöhten Anteil von Erregern wie Pneumokokken, Listerien und gramnegativen Erregern verdoppelt, die per se mit einer erhöhten Sterblichkeit einhergehen. Außerdem war die Diagnosestellung oft verspätet erfolgt und die erste Antibiotikagabe oft verspätet und inadäquat begonnen worden. Diabetes mellitus war der häufigste Grund für eine Immunkompromittierung. Das klassische Leitsymptom „Kopfschmerz, Meningismus und Fieber" war in etwa 50 % erfüllt, trat aber meistens hinter das Leitsymptom Bewusstseinsstörung und Verwirrtheit zurück. Obwohl in einer Untersuchung Fieber zu 100 % beobachtet wurde, waren in anderen Serien Fieber und eine Leukozytose wenig sensitive Diagnosekriterien. Sensitiver für das Entzündungsgeschehen als eine Leukozytose erwies sich ein positiver CRP-Befund. Die Einwanderung der Erreger erfolgt meist hämatogen, seltener aufgrund einer Nachbarschaftsinfektion oder durch offene Einbringung traumatisch (offene Verletzung) oder iatrogen (z. B. Punktionen, Injektionen, Operationen, Liquordrainagen). Insbesondere bei der Pneumokokken-ME bestehen bei 10 % der älteren Patienten bereits initial fokale neurologische Defizite.

Diagnostik

Grundsätzlich sollte bei jeder Liquoruntersuchung unter dem Verdacht einer ZNS-Infektion eine Blutkultur abgenommen werden, da diese in bis zu 80 % der ambulant erworbenen bakteriellen ME positiv ist. Bei der Liquordiagnostik ist die Erkrankung meist durch die typischen Zellzahlerhöhungen mit >1 000 Neutrophilen pro µmm, Protein- und Laktaterhöhung und Glukoseerniedrigung zu sichern. Da bei älteren Patienten oft bei Fieber aus pragmatischen Gründen antibiotische „Anbehandlungen" begonnen werden, kann der liquorzytologische Befund jedoch im Sinne eines „bunten Bildes" aus Granulozyten, Monozyten und z. T. aktivierten Lymphozyten die Differentialdiagnose zu atypischen Erregern oder Viren erschweren. Nur in 60 % der Liquorproben gelingt ein Erregernachweis. In jedem Lebensalter kann es zu „apurulenten" foudroyanten Verläufen kommen, bei denen sich im Liquor mikroskopisch anfangs eine sehr geringe Zellzahl bei massenhafter Präsenz von Bakterien findet. Eventuelle Infektionsfoki müssen durch entsprechende Bildgebung (z. B. HR-CT der knöchernen Schädelstrukturen, MRT abszessverdächtiger Regionen, Rö-Thorax, evtl. transösophageales Echokardiogramm) identifiziert werden.

Therapie

Solange ein Erregernachweis (noch) nicht erfolgt ist, muss eine breite kalkulierte Antibiotikatherapie mit einem Drittgenerations-Cephalosporin (z. B. 3–6-mal 2 g Cefotaxim oder 1-mal 2–4 g Ceftriaxon) in Kombination mit Ampicillin (3–6-mal 2 g) erfolgen, da gerade bei älteren Patienten mit zusätzlichen immunkompromittierenden Faktoren wie beispielsweise Diabetes eine erhöhte Listerienhäufigkeit zu erwarten ist und Drittgenerations-Cephalosporine eine „Listerienlücke" aufweisen. Mittlerweile ist belegt (Gans et al. 2002), dass

Tab. 12.1 Erregerorientierte Antibiotikatherapie bei Meningoenzephalitis abweichend vom „Standardschema"

Erreger	1. Wahl	2. Wahl
Staphylokokken	Oxacillin evtl. + Rifampicin oder Fosfomycin	Fosfomycin + Rifampicin Linezolid
Pseudomonas aeruginosa	Ceftazidim + Aminoglykosid	Piperacillin + Aminoglykosid oder Ciprofloxazin oder Meropenem
Listeria monocytogenes	Ampicillin (evtl + Aminoglykosid)	Meropenem
Enterokokken	Ampicillin + Aminoglykosid	Vancomycin oder Linezolid
Gramneg. Enterobakterien (z. B. E. coli, Klebsiellen)	Ceftriaxon evtl. + Aminoglykosid	Meropenem

die lange umstrittene additive Gabe von Kortikosteroiden bei bakterieller ME eine 41 %ige relative Reduktion der Sterblichkeit (bei der Pneumokokken-ME sogar von 50 %) sowie eine deutliche Reduktion schwerer Folgezustände bewirkt. Daher sollten 10 mg Dexamethason alle 6 h über 4 Tage gegeben werden, wobei die erste Gabe analog zum Studienprotokoll etwa 15 min vor (!) der ersten Antibiotikagabe erfolgen sollte. Die positive Kortisonwirkung ist auf die Pneumokokken-ME beschränkt, wirkte sich aber bei anderen Erregern nicht negativ aus. Da gerade bei älteren Patienten die Pneumokokken-ME ursächlich für die schlechte Prognose ist, ist insbesondere in dieser Altersgruppe mit einem therapeutischen Gewinn zu rechnen. Ergibt die mikrobiologische Untersuchung einen anderen Erreger als Pneumokokken, kann die Kortikosteroidgabe vorzeitig beendet werden. Mit den Daten einer afrikanischen Studie (Malyneux et al. 2002) – allerdings an Kindern – kann dem Einwand begegnet werden, dass bei immunkompromittierten älteren Patienten eine Kortikosteroidgabe möglicherweise negative Folgen hätte: zwar zeigten Kortikosteroide in der Population mit mindestens 25 % HIV-Infizierten keinen Vorteil, jedoch auch keinen Nachteil. Nach positivem Erregernachweis kann die Antibiotikatherapie erregerspezifisch adaptiert werden (**s. Tab. 12.1**). Abhängig vom Schweregrad der Erkrankung und ihrem Verlauf ist die Antibiotikatherapie der Pneumokokken-ME über 10–14 Tage, die der Listerien und Enterobakterien über 2–3 Wochen durchzuführen. Neben den allgemeinen extrazerebralen Komplikationen einer bakteriellen Infektion (Sepsis, Multiorganversagen) kommt es vor allem bei der Pneumokokken-ME bis zu 75 % zu zerebralen Komplikationen wie Hirnödem, arterielle Vaskulitis mit zerebralen Ischämien, Hydrozephalus, Hirnabszess, epileptische Anfälle, septische oder aseptische Sinusvenenthrombosen und in bis zu 40 % zu extrazerebralen systemischen bakteriämie- bzw. sepsisassoziierten Komplikationen (Kastenbauer und Pfister 2003).

12.6.2 Bakterielle nicht-eitrige Infektionen

Tuberkulose

Eine Neurotuberkulose kann als Meningitis, Meningoenzephalitis, Myelitis und mit Tuberkulomen auftreten; der Beginn ist meist subakut. Etwa 10 % der Tuberkulosekranken zeigen eine ZNS-Infektion. In der zerebralen Bildgebung können sich ein (basales) meningeales Enhancement, vaskulitisbedingte Ischämien, Tuberkulome und Granulationsgewebe im Bereich der basalen Meningen zeigen. Eine besondere Häufung der TB im Alter besteht nicht – ist aber auch hier mit einer schlechteren Prognose verbunden (Sterblichkeit 20–40 %). Hinweise liefert das „bunte" Liquorzellbild aus Granulo-, Mono-, und Lymphozyten – aber auch mit Makrophagen und Plasmazellen verbunden mit einer Proteinerhöhung auf 100–500 mg/dl und niedriger Liquorglukose (<50 % des Serumwertes). Der mikroskopische Nachweis säurefester Stäbchen im Liquor gelingt nur selten und Kulturergebnisse (Sensitivität von nur 50–80 %) liegen erst nach ca. 4 Wochen vor. Daher kommt der PCR eine wichtige Bedeutung zu. Die Therapie besteht in einer Viererkombination aus

- INH + Vitamin B6 INH: 5–10 mg/kg/d; B6: 100 mg/d
- Rifampicin 10 mg/kg/d (max: 750 mg)
- Ethambutol 20 mg/kg/d
- Pyrazinamid 35 mg/kg/d (max. 2g)

Bei Leberenzymsteigerung auf über das Fünffache des oberen Grenzwertes sind Dosisreduktionen zu erwägen. Auch bei der Tuberkulose hat eine additive achtwöchige Kortikosteroidbehandlung einen geringen Vorteil erbracht (Woche 1: 0,4 mg/kg/KG i.v. täglich; Woche 2: 0,3 mg/kg/KG, Woche 3: 0,2 mg und Woche 4: 0,1 mg, dann über 4 Wochen ausschleichen von 4 mg auf 1 mg täglich. Die Gesamtbehandlungsdauer umfasst 12 Monate. Komplikationen entstehen durch: Hydrozephalus, raumfordernde Tuberkulome, Vaskulitis, Abszesse, spinale Beteiligungen und Störungen des zentralen Wasser- und Elektrolythaushalts (Syndrom der inadäquaten ADH-Sekretion = SIADH, zerebrales Salzverlustsyndrom = CSWS).

Lues

Im Alter stellt sich in geringerem Maß die Frage nach Neuinfektionen als die einer Spätmanifestation bei bislang nicht diagnostizierter Lues oder einer erneuten Behandlungsbedürftigkeit bei Wiederaufflakkern einer nicht ausgeheilten Infektion. Die weitgehende Abschaffung des obligatorischen Luesscreenings mittels des TPHA-Tests beinhaltet die Gefahr, das vielgestaltige Symptombild der Lues fehlzudiagnostizieren. Die Frage nach einer aktiven und damit behandlungsbedürftigen Erkrankung lässt sich mittels des 19S-IgM-FTA-Abs-Tests im Blut und VDRL-Test im Blut sowie einer Liquorpleozytose klären. Die Behandlung erfolgt mit Penicillin G 3- bis 4-mal 10 Mio. I.E./Tag i.v. oder Ceftriaxon 1-mal 2 g/Tag für 14 Tage.

Borreliose

Die Neuroborreliose kann als frühe lokale (Erythema migrans) oder disseminierte Erkrankung (Symptomdauer < 6 Monate; v. a. Meningopolyradikuloneuritis „Bannwarth") oder als späte chronische Infektion (Acrodermatitis, Polyneuropathie, Enzephalomyelitis) verlaufen. Die häufigste neurologische Manifestation ist das Bannwarth-Syndrom, welches durch seine radikulären Schmerzen gerade im Alter aufgrund der konkurrierenden Häufigkeit von Wirbelsäulendegenerationen und Bandscheibenvorfällen als solche verkannt werden kann. Die Liquoruntersuchung (einschließlich Liquor-Serum-Quotient) ist in Zweifelsfällen entscheidend. Die Prävalenz positiver serologischer Borrelientiter (IgG und IgM) ohne Krankheitsaktivität als „Durchseuchungstiter" nimmt im Alter zu und erreicht je nach Exposition in Süddeutschland Werte von 5–20 % für IgG und 0,5–5 % für IgM. Dies stellt insofern ein Problem dar als bei unspezifischer Beschwerdeschilderung (z. B. Schwindel, Müdigkeit, Kopfschmerzen, Gelenkschmerzen) häufig „Borrelientiter" veranlasst werden und dann bei positivem Ergebnis unter der (Fehl-)Diagnose „Borreliose" mehrwöchige Antibiotikazyklen verabreicht werden. Bei zu erwartender Persistenz der Beschwerden eskalieren dann derartige Antibiotikatherapien und nähren den Mythos von vermeintlich desaströsen Verläufen chronischer (Neuro-)Borreliosen. Bei nachgewiesener Neuroborreliose bzw. dem dringenden Verdacht erfolgt eine 14-tägige i.v-Gabe eines Drittgenerations-Cephaloporins (wegen der täglichen Einmalgabe und der besten Datenlage 2 g Ceftriaxon/Tag).

12.6.3 Andere bakterielle ZNS-Infektionen

Listerien

Die bei älteren und immunsupprimierten Patienten häufiger auftretenden Listerien-Infektionen treten als Meningitis, ME mit fokaler Akzentuierung im Kleinhirn- und Hirnstamm oder als Abszess auf. Drittgenerations-Cephalosporine sind nicht wirksam, so dass Ampicillin (12 g/Tag) evtl. in Kombination mit einem Aminoglykosid oder Meropenem gewählt werden muss.

Coxiella burnetti

An das durch Coxiella burnetti ausgelöste Q-Fieber ist bei Tierkontakten z. B. bei Landwirten, Tierärzten oder Angestellten in Schlachtbetrieben zu denken. Die Infektion ist sehr selten und zeigt keine Prädisposition im Alter. Ähnliches gilt für die Infektion mit **Leptospiren**. Im Verdachtsfall verbunden mit der Unwirksamkeit der initial kalkulierten Antibiotikatherapie sollte dann die Behandlung mit Doxyzyklin (200 mg/Tag) erfolgen.

12.7 Virale Infektionen

Virusinfektionen erreichen das Gehirn zumeist im Rahmen eines systemischen Befalles entweder hämatogen oder über nervale Strukturen (z. B. Fila olfactoria). Die klinisch unspezifische Präsentation besteht in einer Meningitis, einer Enzephalitis oder einer Myelitis. In mehr als der Hälfte der Fälle mit Enzephalitis lässt sich das verursachende Virus nicht nachweisen. Für ZNS-Infektionen kommen in Frage: DNA-Viren wie Herpesviren, Papovaviren, Adenoviren und RNA-Viren wie Paramyxo-, Orthomyxo-, Rhabdo-, Arena-, Flavi-, Toga-, Reo- und Picornaviren. Der Liquor zeigt leichte bis mäßige lymphozytäre Pleozytosen (Zellzahl < 500 Zellen $^3/\mu l$); initial können polymorphkernige Pleozytosen differentialdiagnostische Abgrenzungschwierigkeiten zu bakteriellen Infektionen bereiten. In der Regel besteht im Unterschied zu den bakteriell-eitrigen Infektionen keine Leuozytose oder CRP-Erhöhung. Eine Unterscheidung ist auch mittels der Bestimmung von Prokalzitonin im Serum möglich (erhöht bei bakterieller und normal bei viraler Genese).

12.7.1 Virusmeningitis

Im Gegensatz zu jungen Patienten kann es bei älteren multimorbiden Patienten schwer sein, klinisch eine rein meningitische Verlaufsform von einer enzephalitischen Mitbeteiligung zu unterscheiden (z. B. durch vorbestehende kognitive Defizite). Die auch im Alter häufiger nachweisbaren leichten unspezifischen EEG-Veränderungen tragen dann nicht zur Klärung bei. Daher wird pragmatisch häufiger als bei Jüngeren sicherheitshalber eine Behandlung mit Aciclovir i.v. (s. 6.3.2) begonnen werden und solange fortgeführt, bis eine Herpes-Enzephalitis durch eine negative PCR praktisch ausgeschlossen ist. Die Therapie ist symptomatisch analgetisch und antipyretisch.

12.7.2 Herpes-simplex-Enzephalitis

Die meist durch HSV-Typ-1 verursachte nekrotisierend-hämorrhagische Herpesenzephalitis (jährliche Inzidenz ca. 3/1 Mio. EW.) kann im Alter manchmal etwas weniger foudroyant verlaufen; möglicherweise führen auch im Alter häufigere Hirnvolumenminderungen zu weniger gravierenden Hirndruckproblemen. Befallen ist vorwiegend der mesiale Temporallappen. Die Diagnostik erfolgt durch die Liquoruntersuchung einschließlich PCR (Sensitivität 95–100 %) und zerebraler Bildgebung (Sensitivität vor allem im Frühstadium: SPECT > MRT > CT). Die Therapie muss bereits im Verdachtsfall mit 3-mal 10 mg/kg/Tag erfolgen. Durch die Aciclovirtherapie ist die Sterblichkeit von ca. 70 % auf ca. 15 % gesunken. Aufgrund möglicher Nierenfunktionsstörungen muss v. a. bei älteren Patienten auf ausreichende Flüssigkeitszufuhr und langsame Infusion geachtet werden; bei vorbestehenden Nierenfunktionsstörungen muss eine Dosisadaptation an die Kreatininclearance durch Verlängerung der Dosisintervalle vorgenommen werden (z. B. bei Clearance 10–25 ml/min = Kreatinin ca. 3–6 mg/dl → tägliche Einmalgabe).

12.7.3 Frühsommer-Meningoenzephalitis (FSME)

Die durch zeckenübertragene Flaviviren verursachte Infektion ist an Endemiegebiete vor allem in Süddeutschland und Österreich (Urlaub!) gebunden. Meist besteht ein 2-gipfliger Verlauf: nach einem unspezifischen Prodromalstadium kommt es nach kurzer Latenz zu meningitischen (70 %), meningoenzephalitischen (20 %) und myelitischen (polioähnlich; 10 %) Verläufen. Eine kausale Therapiemöglichkeit besteht nicht; die passive Immunisierung nach Zeckenstich durch Gabe von FSME-Hyperimmunglobulin ist obsolet.

12.7.4 Progressive multi-fokale Leukenzephalopathie (PML)

Bei Immunsuppression (meist AIDS-, tumor- oder medikamentenbedingt) kann es zur opportunistischen Infektion der Oligodendrozyten mit dem JC-Virus kommen, die subakut zu diffusen und lokalen zerebralen Defiziten führt. Typisch, aber unspezifisch, sind multiple MRT-hyperintense nicht raumfordernde Läsionen, die keine Gadoliniumanreicherung aufweisen. Der Liquor ist meist unauffällig; eine Liquor-PCR bringt bei hoher Spezifität in ca. 80 % ein positives Ergebnis für JC-DNA. Als ultima ratio muss die Ätiologie der Läsionen bioptisch gesichert werden. Eine sicher wirksame kausale Therapie besteht nicht.

12.7.5 Varizella-Zoster-Infektion

Jährlich erkranken ca. 300 000 Deutsche an einem „Herpes zoster“. Die Infektion tritt bei älteren Patienten meist als Reaktivierung einer latenten Varizella-zoster-Infektion bei Immunsuppression und seltener bei Malignomen (umfangreiche Tumorsuche nicht zwingend) auf. Das höhere Lebensalter ist eine klare Prädisposition für die Erkrankung: die Inzidenz steigt von ca. 1/1 000 bei 20-Jährigen auf das etwa 6-fache (6/1 000) im Alter. Die Infektion manifestiert sich meistens monoradikulitisch mit den entsprechenden typischen Hauteffloreszenzen („Gürtelrose“), selten polyradikulitisch (GBS-ähnlich), myelitisch oder enzephalitisch. Auch vaskulitische Komplikationen des ZNS sind beschrieben.

„Gürtelrose": es treten dermatombezogen Bläschen am Rumpf oder den Extremitäten auf verbunden mit Schmerzen, Sensibilitätsstörungen und Paresen. Die Schmerzen können der Bläschenbildung 3–4 Tage vorhergehen. Sonderformen sind der **„Zoster ophthalmicus"** im Versorgungsgebiet des 1.Trigeminusastes mit Keratitis und der **„Zoster oticus"** mit Bläschen an Gehörgang oder Ohrmuschel und einer peripheren Fazialisparese sowie Läsion des N. vestibulocochlearis. Aufgrund der Zosterradikulitis besteht häufig eine Liquorpleozytose, die nicht per se beweisend für eine enzephalitische Verlaufsform ist. Die virustatische Akutbehandlung beschleunigt die Abheilung der Bläschen und reduziert die Wahrscheinlichkeit einer postherpetischen Neuralgie um ca. 45 %: bei immunkompetenten Patienten kann Valaciclovir 3-mal 1 000 mg oral für 7 Tage oder Famciclovir 3-mal 500 mg gegeben werden; bei immunkompromittierten Patienten oder komplizierten Infektionen wird Aciclovir i.v. gegeben.

Eine problematische Komplikation ist die postherpetische Neuralgie, die ebenfalls bevorzugt bei älteren Patienten auftritt: während jüngeren Patienten selten betroffen sind, steigt ihre Häufigkeit nach dem 60. Lebensjahr auf 45 % und nach dem 70. Lebensjahr auf 70 % an. Die Schmerzen dauern bei über 10 % der Patienten über 6 Monate an, nach einem Jahr sind noch 3 % betroffen. Es kommt zu teilweise attackenförmigen brennend-bohrenden Schmerzen im Manifestationsgebiet. Für die Therapie gilt grundsätzlich der Behandlungsalgorithmus für neuropathische Schmerzen:

1. Antikonvulsiva (v. a. Carbamazepin, Gabapentin, Pregabalin),
2. zyklische Antidepressiva,
3. retardierte Opioide und
4. topische Substanzen (z. B. Capsaicin- oder Lokalanästhetika-Creme).

Die Substanzen werden zunächst in Monotherapie, bei Nichtansprechen in Kombination gegeben.

12.8 Pilzinfektionen

12.8.1 Allgemeines

Hauptrisikofaktor für ZNS-Infektionen mit Pilzen ist eine Immunsuppression, wie sie im Alter durch Malignome, Transplantation und im Rahmen einer Kortikoidtherapie oder postoperativ und posttraumatisch vor allem im intensivmedizinischen Kontext auftreten kann. Liquordiagnostisch findet sich eine lymphozytäre Pleozytose und in der zerebralen Bildgebung meistens ringförmige Abszedierungen oder Raumforderungen. Die Therapie umfasste bislang vor allem Amphotericin B (evtl. in nebenwirkungsärmerer liposomaler Form) in Kombination mit Flucytosin. Aufgrund der schwerwiegenden Nebenwirkungen gerade bei multimorbiden älteren Patienten, ist dem nebenwirkungsärmeren Vorikonazol der Vorzug zu geben; bei Therapieresistenz steht Caspofungin zur Verfügung.

12.8.2 Kryptokokkose

Die häufigste Pilzinfektion des ZNS entwickelt sich unter einem menigitisch-enzephalitischen klinischen Bild bei im MRT oft nachweisbaren kleinen Granulomen und Kryptokokkomen. Der Liquor zeigt ein „buntes" Bild; gelegentlich lassen sich die Erreger mit einem Tuschepräparat anfärben.

12.8.3 Candidiasis

Insbesondere bei größeren abdominellen Operationen in Kombination mit einer

Neutropenie tritt bei etwa 2 % aller Fälle von Candidasepsis ein ZNS-Befall in Form einer Meningoenzephalitis auf.

12.8.4 Aspergillose

Neben den unspezifischen Liquorveränderungen finden sich vor allem in der Bildgebung Hinweise durch hämorrhagische Infarkte, Abszesse und Zerebritis. Da ein Nachweis systemisch oft schwer zu führen ist, ist als ultima ratio eine Biopsie aus entsprechenden Arealen notwendig.

12.9 Ausgewählte Infektionen mit Parasiten und Würmern

12.9.1 Toxoplasmose

Von der Infektion mit Toxoplasma gondii sind neben Feten in der (Früh-)Schwangerschaft vor allem medikamentös oder im Rahmen von AIDS immunsupprimierte Patienten betroffen (mittlerweile gibt es auch ältere HIV-infizierte Patienten). Es kommt zu diffus enzephalitischen und multipel abszedierenden Verläufen. Neben der unspezifischen klinisch fokalen oder diffusen zerebralen Symptomen zeigen sich vor allem in der zerebralen Bildgebung fokale Herde (CT: hypodens, MRT-T2w: hyperintes) mit Ödem und KM-Anreicherung. Der Liquor ist nur teilweise lymphozytär-entzündlich verändert. Gelingt der Nachweis der Toxoplasmose durch serologische Untersuchungen von Serum und Liquor (hier auch PCR) nicht, so ist eine Hirnbiopsie aus einem betroffenen Areal anzustreben. Die Therapie besteht aus:
Pyrimethamin 100 mg am Tag 1 gefolgt von 50 mg/Tag plus Folsäure 30 mg/Tag plus Sulfadiazin 100 mg/kg/Tag für 3–6 Wochen. Sulfadiazin kann bei Unverträglichkeit durch Clindamycin (4-mal 600–1000 mg/Tag i.v.) ersetzt werden.

12.9.2 Neurozystizerkose

Der Mensch kann als Endwirt durch eine Infektion mit dem Schweinebandwurm Taenia solium nach Genuss von rohem Schweinefleisch erkranken. Bei zerebralem Befall kommt es zur Meningitis, zu intrazerebralen Zysten und Parenchymläsionen; auch das Rückenmark kann befallen sein. Die Liquordiagnostik ist wenig ergiebig. Richtungsweisend ist die Darstellung der Zysten mit Wandenhancement in der zerebralen Bildgebung. Die Therapie besteht in der Gabe von Albendazol 15 mg/kg/Tag über 7 Tage oder Praziquantel 50 mg/kg/Tag in drei Einzeldosen für 2 Wochen. Es kann zunächst zu einer Verschlechterung der Symptomatik mit Hirndrucksteigerung kommen so dass eine additive Kortikosteroid-Behandlung (z. B. mit Dexamethason 4-mal 4 mg/Tag) indiiziert sein kann.

12.10 Hirnabszesse

Am häufigsten sind Hirnabszesse (jährliche Inzidenz ca. 5/1 Mio. EW) durch Bakterien (häufigste Erreger: Streptokokken, Staphylokokken, Anaerobier, Listerien) verursacht, können aber auch bei Infektionen mit Pilzen, Toxoplasmen, Amöben und Helminthen auftreten. Zu etwa 50 % entwickeln sich die Abszesse per continuitatem (otogen, sinugen, dentogen), zu 20 % nach offenen Schädel-Hirn-Traumen bzw. neurochirurgischen Operationen und zu 30 % sekundär hämatogen bei anderen Infektionsfoki. Die meist fokale klinische Symptomatik mit Fieber (60 %) und eventuell epileptischen Anfällen (40 %) entwickelt sich subakut. Die Verdachtsdiagnose stellt sich meistens nach erfolgter zerebraler Bildgebung (DD: Tumor); vor einer LP muss auf Hirndruckzeichen geachtet werden; ein unauffälliger Liquorbefund schließt einen Abszess nicht aus. Wenn die erweiterte Fokussuche keine Klarheit bringt, ist bei ätiologisch unklaren Prozessen eine stereotaktische Biopsie bzw. Aspirationspunktion notwendig. Diese kann auch aus therapeutischen Gründen notwendig werden. Auch offene neurochirurgische Sanierungen können notwendig werden. Bei geringem Abszessdurchmesser (< 1–2 cm) oder stereotaktisch ungünstiger Lokalisation und geringen neurologischen Ausfällen ist eine empirische bzw. nach Erregernachweis an anderer Stelle eine entsprechend gezielte Antibiotikatherapie prioritär. Antibiotisch ist bei unbekanntem Erreger eine Kombination aus einem Drittgenerations-Cephalosporin plus Metronidazol sinnvoll; postoperativ oder posttraumatisch sollte Fosfomycin addiert werden; im Falle von nachgewiesenen Erregern ist unter Umständen eine gezielte Anpassung notwendig (z. B. Staphylokokken: Oxacillin, Methicillin bzw. Fosfomycin plus Rifampicin; evtl. Linezolid).

Literatur

Attia J et al. (1999) Does this adult patient have acute meningitis? JAMA 281:175–181

Beek D van de et al. (2004). Clinical Features and Prognostic Factors in Adults with Bacterial Meningitis. N Engl J Med 351:1849–1859

Behrman RE et al. (1989) Central nervous infections in the elderly. Arch Int Med 149:1596–1615

Choi C (2001) Bacterial meningitis in aging adults. Clin Inf Dis 33:1380–1385

De Gans J et al. (2002) New Engl J Med

Gorse GJ et al. (1984) Bacterial meningitis in the elderly. Arch Int Med 144:1603–1607

Hussein AS, Shafran SD (2000) Acute bacterial meningitis in adults. A 12-year review. Medicine 79:360–368

Kaiser R et al. (2006) Increased severity and mortality of tick-borne meningoencephalitis in the elderly. Lancet (z. Publikation eingereicht)

Kastenbauer S, Pfister HW (2003) Pneumococcal meningitis in adults: spectrum of complications and prognostic factors in a series of 87 cases. Brain 126:1015–1025

Metersky ML et al. (1997) Retrospective analysis : are fever and altered mental status indications for lumbar puncture in a hospitalized patient who has not undergone neurosuergery? Clin Infect Dis 25: 285–288

Molyneux EM et al. (2002) Dexamethasone treatment in childhood bacterial meningitis in Malawi: a randomised controlled trial. Lancet 360: 211–218

Norman DC (2000) Fever in the elderly. Clin Infect Dis 31:148–151

Papaiordanou PM De O et al. (1999) Bacterial meningitis in the elderly: an 8-year review of cases in a University Hospital. Braz J Infect Dis 3:111–117

Scheld WM, Whitley RJ, Marra CM (2004) Infections of the Central Nervous System. 3. Aufl. Lippincott, Williams & Wilkins, Philadelphia

Täuber MG (1997) To Tap or not to tap ? Clin Infect Dis 25:289–291

Thwaites GE et al. (2004) Dexamethasone for the treatment of tuberculous meningitis in adolescents and adults. N Engl J Med 351:1741–1751

13 Multiple Sklerose

Peter Rieckmann und Raymond Voltz

Einleitung

Die Multiple Sklerose (MS) ist eine chronisch entzündliche Erkrankung des zentralen Nervensystems und tritt vorwiegend im jüngeren Erwachsenenalter auf. Sie ist nach Traumata und degenerativen Gelenkerkrankungen die dritthäufigste Ursache für schwere Behinderungen in dieser Altersgruppe. Insgesamt wird die **Prävalenz** auf derzeit ca. 120 000 MS Erkrankte in Deutschland geschätzt. Das Auftreten einer MS nach dem 50. Lebensjahr (sog. spätmanifeste MS) wird eher als seltenes Ereignis eingestuft. Erst seit Nutzung der aktuellen McDonald-Diagnosekriterien findet sich erstmals keine Altersbeschränkung mehr für die Diagnose einer MS. Nach wie vor finden sich aber in den meisten Therapiestudien noch eine obere Altersgrenze in den Einschlusskriterien, so dass es kaum evidenzbasierte Daten zum Einsatz der neuen immunmodulatorischen Präparate für ältere MS Patienten gibt.

13.1 Epidemiologie

In größeren Querschnittsuntersuchungen aus Europa und Nordamerika zur Prävalenz der MS fand sich ein **Manifestationsalter über 50 Jahre** bei 4–8 % der MS Erkrankten. Erste Symptome jenseits des 60. Lebensjahres lassen sich mit einer Prävalenz von 0,6 % nachweisen. Die Erkrankung verläuft in dieser Altersgruppe häufiger als progredientes myelitisches Syndrom mit pyramidalen Ausfällen und zerebellärer Beteiligung. Entsprechende Gangstörungen finden sich daher bei 60–70 % der Patienten als Erstsymptom. Der Verlauf ist meistens rascher progredient als bei jüngeren Patienten. Ebenso finden sich jenseits des 50. Lebensjahres häufiger atypische Verlaufsformen, so dass sich oft eine schwierige differentialdiagnostische Abgrenzung zu anderen Erkrankungen (zerebrovaskuläre Erkrankungen, hypertensive Enzephalopathien, kompressive Myelopathien, Vaskulitiden, metabolische Störungen sowie degenerative Erkrankungen) ergibt. Unter Beachtung der aktuellen diagnostischen Kriterien mit entsprechenden typischen Veränderungen im Kernspintomogramm, Latenzverzögerungen in den evozierten Potentialen und oligoklonalen Banden im Liquor ist eine sichere Diagnosenstellung auch in dieser Altersgruppe bereits in der Frühphase der Erkrankung möglich.

13.2 Definition

Als Spätmanifestation der MS wird der Erkrankungsbeginn nach dem 50. Lebensjahr angesehen. In einer ersten Auswertung des Deutschen MS-Registers unter 3 500 Patienten begann die Erkrankung bei 6 % nach dem 50. Lebensjahr (Flachenecker et al. 2005). Im Vergleich hierzu war die Manifestation vor dem 20. Lebensjahr mit 7,5 % in ähnlicher Häufigkeit vertreten.

13.3 Ätiologie und Pathophysiologie

Bei der MS finden sich vorwiegend periventrikulär angeordnete lympho-monozytäre Rundzellinfiltrate im ZNS mit begleitender Demyelinisierung und auch bereits frühzeitig Hinweise für axonale Schädigungen. Für das Zustandekommen dieser Herde wird eine Autoimmunreaktion gegenüber Bestandteilen des zentralen Myelins angenommen. Sowohl Umweltfaktoren, wie Infektionen, als auch eine genetisch bedingte Veranlagung mit konsekutiver Störung der Immunregulation scheinen hierbei eine wichtige Rolle zu spielen (Gold und Rieckmann 2004). Neben den entzündlichen Veränderungen scheint auch eine erhöhte Vulnerabilität des zentralen Myelins und eine axonale Dysfunktion zur Progredienz der Erkrankung mit beizutragen. Hierdurch kommt es im Verlaufe der Erkrankung dann zu einer zunehmenden zerebralen Atrophie mit histologisch nachweisbaren neuronalen Verlusten. So finden sich bei einer Vielzahl von sekundär-progredienten Krankheitsverläufen nach neuen histopathologischen Untersuchungen zahlreiche Plaques auch im Bereich der grauen Substanz und es konnte gezeigt werden, dass diese kortikalen Läsionen häufig mit kognitiven Einbußen assoziiert sind. Es wird angenommen, dass bei der Spätmanifestation der MS mit dem häufig rascher progredienten Krankheitsverlauf zusätzlich zu diesen Veränderungen auch der natürliche Alterungsprozess des Gehirns sowie eine initial subklinisch verlaufende Dissemination der Erkrankung eine wichtige Rolle spielen.

13.4 MS im Alter

13.4.1 Klinisches Bild und Symptome

Bei 60 % der Patienten mit Erkrankungsbeginn nach dem 50. Lebensjahr findet sich initial auch ein schubförmiger Verlauf, jedoch ist der Übergang in den sekundär-progredienten Bereich bereits bei der Hälfte innerhalb von 5 Jahren zu verzeichnen. Somit sind im Vergleich zur Gesamtsituation bei der MS im höheren Lebensalter (besonders bei Männern) häufiger primär-progrediente Verlaufsformen und auch ein rascherer Übergang in den sekundär-progredienten Verlauf zu verzeichnen. Etwas häufiger findet sich bei der Erstmanifestation im Alter auch ein polysymptomatischer Beginn (35 % vs. 25 % in der Gesamt-MS-Population). Der Hauptunterschied findet sich bei den initialen Symptomen, die bei spätem Beginn zu über 60 % im pyramidal-motorischen Bereich liegen, gefolgt von zerebellären und Hirnstammfunktionsstörungen. Wesentlich seltener finden sich initial sensible Funktionsstörungen oder eine einseitige Sehnervenentzündug (**s. Tab. 13.1**). Auffällig ist zudem, dass schubförmig aufgetretene Symptome fast immer mit einer Residualstörung abheilen. Interessanterweise waren kognitive Funktionsstörungen bei 8 % der über 50-jährigen Patienten Anlass für eine erweiterte Diagnostik, bei der sich im Rahmen der Demenzabklärung aufgrund bildgebender und liquordiagnostischer Untersuchungen die Diagnose einer MS ergab. Besonders in dieser Altersgruppe findet sich immer noch ein langes Intervall zwischen Erstsymptomen und Erstdiagnose von im Mittel 3,8 Jahren.

Tab. 13.1 Erstsymptome bei Erkrankungsbeginn nach dem 50. Lebensjahr (nach Hooge und Redekop 1992, Martinelli et al. 2004)

Initialsymptom	Prozent
Spastische Paresen	67 %
Kognitive Störungen	32 %
Autonome Störungen	28 %
Ataxie	25 %
Hirnstammfunktionsstörungen	22 %
Sensible Störungen	15 %
Optikusneuritis	8 %

13.4.2 Diagnose und differentialdiagnostische Abgrenzung

Multimorbidität spielt in der Altergruppe ab 50 Jahren eine wichtige Rolle und stellt daher eine besondere Anforderung an differentialdiagnostische Überlegungen zu multifokalen neurologischen Symptomen. Arterieller Hypertonus, Hypercholesterinämie und Diabetes mellitus als wichtige Risikofaktoren für vaskulär bedingte Organschäden können sich als transiente ischämische Attacken, Myelopathie oder Optikusneuropathie manifestieren. Schließlich kann es auch bei zerebralem Befall systemischer Vaskulitiden zu multifokalen neurologischen Ausfällen kommen, die eine Abgrenzung gegenüber der MS oft nur anhand umfangreicher Untersuchungen möglich machen (Martinelli et al. 2004). Die wichtigsten Differentialdiagnosen MS-verdächtiger Symptome im Alter sind in **Tabelle 13.2** zusammengefasst.

Bei den im Alter vorherrschenden chronischen Verlaufsformen der MS stehen daher degenerative Wirbelsäulenerkrankungen mit Myelonkompressionen, metabolisch, nutritiv oder ischämisch bedingte Schädigungen des ZNS sowie neurodegenerative Erkrankungen differentialdiagnostisch im Vordergrund. Eine genaue Anamnese, Erfragung eventuell früher aufgetretener Krankheitssymptome und Beachtung der etablierten Diagnosekriterien bilden daher die Grundlage für einen rationalen Algorithmus zur Ab-

Tab. 13.2 Typische Differentialdiagnosen bei MS mit spätem Manifestationsalter

Syndrom	Mögliche Ursachen
Myelopathie	Zervikale Myelopathie, Tabes dorsalis Vit. B12-Mangel, Spinalis-anterior-Syndrom, Arteriovenöse Malformation, Syringomyelie, Sarkoidose, Lupus erythematodes, infektiös (HIV, HSV, HTLV-1, Picornaviren), Wirbelkörpermetastasen
Zerebelläres Syndrom	Alkoholfolgeschäden, AV-Malformation, Heredoataxien, Zöliakie, paraneoplastische Genese, Zoster-Zerebellitis, Intoxikation (Phenytoin, Lithium), Vit. E-Mangel, Miller-Fisher-Syndrom, Normaldruckhydrozephalus
Zerebrale Herdsymptome	TIA, Schlaganfall, Vaskulitis Tumoren, Lymphome, Metastasen Postiktale Todd-Paresen, Borreliose, Syphilis, Abzsess
Hirnstammausfälle	(s. o. Zerebrale Herdsymptome), Wernicke-Enzephalopathie, Paraneoplastische Genese, Hirnnervenparesen, Myasthenie, Intoxikationen, Miller-Fisher-Syndrom, Vestibularis-Neuropathie
Einseitige Visusstörung	Erkrankungen der vorderen Augenabschnitte (Katarakt, Glaukom) Netzhauterkrankungen Anteriore und posteriore ischämische Optikusneuropathie (AION/PION) Toxische Optikusneuropathie

sicherung einer MS auch im höheren Lebensalter.

Die etablierten **Diagnosekriterien nach McDonald** (McDonald et al. 2001) sowie die Kriterien für die Definition eines Schubes müssen genau beachtet werden, da ja eine wichtige Grundvoraussetzung ihrer Anwendung besagt, dass die Symptomatik „durch nichts besser als durch eine MS" erklärt werden kann. Beim Nachweis MS-verdächtiger Symptome sollte daher zunächst eine **MR-tomographische Untersuchung** der klinisch vermuteten Lokalisation erfolgen. Aufgrund der oft im Vordergrund stehenden spastischen Paresen gehört zur bildgebenden Diagnostik neben einer MRT des Kopfes immer auch eine Untersuchung des gesamten Spinalmarks. Hierdurch kann sowohl die Sensitivität als auch die Spezifität der Diagnose einer MS mit spätem Beginn erhöht werden (Seze et al. 2005). Bei der Auswertung der MR-Bilder sollte vor allen Dingen auf die Konfiguration und Lage der Herdsetzungen geachtet werden – gerade in der differentialdiagnostischen Abgrenzung zu ischämischen Erkrankungen. In den letzten Jahren haben sich insbesondere aufgrund einer hohen Spezifität bei nur geringen Sensitivitätseinbußen die MRT-Kriterien nach Barkhof (**s. Tab. 13.3**) durchgesetzt.

Tab. 13.3 Anwendung der Barkhof-MR-Kriterien bei der Diagnose einer MS* (nach Barkhof et al. 1997)

>9 T2-Läsionen **oder** =1 Gadolinium anreichernde Läsion
>3 periventrikuläre Läsionen
≥1 juxtakortikale Läsion
≥1 infratentorielle Läsion

* mindestens 3 der 4 Kriterien müssen für die Diagnose einer MS erfüllt sein

Bei Nachweis periventrikulär angeordneter, perpendikular auf die Ventrikel zuweisender Herdsetzungen, Nachweis von juxtakortikalen, die U-Fasern umfassenden Herden oder bei infratentoriellen Herdsetzungen, insbesondere im Kleinhirnbindearm, und Nachweis Gadolinium anreichernder Läsionen, erhöht sich die diagnostische Spezifität des Kernspintomogramms in Ergänzung zu der klinischen Symptomatik und den Ergebnissen der **Lumbalpunktion**. Nach Ausschluss relevanter Erkrankungen der vorderen Augenabschnitte oder der Netzhaut stellt insbesondere der Nachweis einer Latenzverzögerung in den **visuell evozierten Potentialen** einen wichtigen Baustein in dem Nachweis einer demyelinisierenden Läsion im Bereich der Sehbahn dar. **Obligate Laboruntersuchungen** umfassen neben Serumchemie, Blutzucker, HbA1c, großem Blutbild, TSH, ACE und Vitamin B12, die Borrelien-, HIV- und Luesserologie, Rheumafaktor, Immunfixation und Autoantikörper (ANA, ENA, ANCA) sowie in Abhängigkeit von der primären Symptomatologie auch weitere Erregerdiagnostik oder den Nachweis überlangkettiger Fettsäuren.

Für die sichere Diagnose einer auf das Zentralnervensystem beschränkten chronisch-entzündlichen Erkrankung ist die Durchführung der Lumbalpunktion und die Bestimmung einer intrathekalen IgG-Produktion nach dem Quotientenschema (Reiber-Felgenhauer-Diagramm) oder Nachweis oligoklonaler IgG-Banden im Liquor unerlässlich. Gerade bei klinisch nicht typischen MS-Symptomen spielt diese Zusatzdiagnostik zur sicheren Abgrenzung gegenüber degenerativen oder vaskulären Erkrankungen eine wichtige Rolle. So konnten z. B. in einer Untersuchung an Patienten über 60 Jahre mit primär dementiellem Syndrom in 20 % entzündliche Liquorveränderungen nachgewiesen werden und bei 12 % insgesamt ergab sich schließlich die Diagnose einer MS.

13.4.3 Alterstypische Komorbidität

In der bisher größten zu dieser Thematik vorliegenden Studie wurde die Komorbidität bei über 5 000 amerikanischen MS-Patienten im Alter (**s. Tab. 13.4**) über 64 Jahre untersucht. Im Vergleich zu einer gleichaltrigen Kontrollgruppe aus anderen Gründen hospitalisierter Patienten fanden sich bei den MS-Patienten häufiger Harnwegsinfekte (30,7 %), Dekubitalulzera (9,2 %) sowie Pneumonien und Blasenentleerungsstörungen (Fleming und Blake 1994). Interessanterweise waren sonst typisch mit dem Alter korrelierte Erkrankungen wie arterielle Hypertonie, Herzinsuffizienz, koronare Herzkrankheiten und chronisch obstruktive Lungenerkrankungen sowie Diabetes mellitus signifikant seltener als Entlassungsdiagnose bei MS-Patienten zu finden als in der Kontrollgruppe. In Untersuchungen aus Schottland, Kanada und Finnland fand sich bei MS-Patienten eine geringere kardiovaskuläre Sterblichkeit als in der Kontrollpopulation. Lediglich kürzlich veröffentlichte Daten des dänischen MS Registers (1949–1996) weisen eine höhere kardiovaskuläre Mortalität aus, welche die Autoren auf die geringere körperliche Aktivität der Patienten mit höheren Behinderungsgraden zurückführen (Bronnum-Hansen et al. 2004). In fast allen Studien fand sich bei MS-Erkrankten eine verminderte Sterblichkeit an malignen Erkrankungen. Die Ursache hierfür ist aber bisher nicht befriedigend geklärt. Neben der insgesamt doch noch im Mittel um knapp 10 Jahre verkürzten Lebenserwartung von MS-Patienten könnte die Maskierung eines Tumorleidens aufgrund schwerwiegender, MS-assoziierter Funktionsstörungen, aber auch eine bessere immunologische Kontrolle bösartig entarteter Zellen hierbei eine Rolle spielen.

Die **erhöhte Rate von Suiziden** als Todesursache bei MS fand sich besonders bei Betroffenen im mittleren Lebensalter und innerhalb der ersten 10 Jahre nach Erkrankungsbeginn. Eine direkte Korrelation mit dem Ausmaß der Behinderung ergab sich hierbei nicht.

Übereinstimmend konnte in allen Studien, die Daten zur Sterblichkeit über Beobachtungszeiträume von über 40 Jahren auswerteten, gezeigt werden, dass sich die Lebenserwartung von MS-Patienten seit den 1970iger Jahren vor allem aufgrund der Prävention von Komplikationen durch rehabilitative Maßnahmen und Verbesserung der symptomatischen Therapien derjenigen von gleichaltrigen, nicht MS-Erkrankten immer mehr angeglichen hat. Ein positiver Effekt der Mitte der 1990iger Jahre einsetzenden immunmodulatorischen Therapie auf die Sterblichkeit ließ sich bisher nicht nachweisen (Bronnum-Hansen et al. 2004).

Tab. 13.4 Komorbiditäten bei MS im Alter (nach Krankenhausdiagnosen) (nach Fleming und Blake 1994)

Erkrankung	Häufigkeit
Osteopenie	37 %
Harnwegsinfekte	30,7 %
Dekubitalulzera	9,2 %
Malignome	6,8 %
Arterielle Hypertonie	7,4 %
Pneumonien	6,3 %
Herzinsuffizienz	5,4 %
Blasenfunktionsstörungen	4,9 %
Chronisch obstruktive Lungenerkrankung	4,6 %
Koronare Herzkrankheit	3,8 %
Diabetes mellitus	3,1 %

Bezüglich der durch die MS verursachten Krankheitskosten konnte in den meisten Untersuchungen der letzten 10 Jahre gezeigt werden, dass ein direkter Zusammenhang zwischen dem Ausmaß der Behinderung und den durch die MS entstandenen

Kosten besteht (Flachenecker und Rieckmann 2003). Interessanterweise ergaben sich in der bereits zitierten Studie von Fleming et al. aufgrund der geringeren kardiovaskulären und tumorbedingten Komorbidität von MS-Patienten im höheren Lebensalter niedrige direkte Krankheitskosten in der Gruppe der MS-Betroffenen im Vergleich zur Kontrollgruppe.

13.5 Versorgungssituation älterer MS-Patienten

Insgesamt gibt es wenig systematische Daten zur Lebenssituation älterer MS Patienten in Deutschland. Im Rahmen des deutschen MS-Registers waren zum Zeitpunkt der Erhebung 13 % der Patienten älter als 55 Jahre. Interessanterweise gaben 25 % der Befragten zwischen 55 und 65 Jahren an, dass sie noch erwerbstätig seien. 43 % bezogen Erwerbsunfähigkeitsrente und 45 % waren bereits altersberentet. Von den Genannten lebten 58 % mit Partner oder in der Familie, 38 % waren alleinstehend und nur 4 % waren bereits pflegebedürftig in einem Heim. Nach einer Umfrage des Landesverbandes Berlin zur Situation von MS-Betroffenen in höherem Lebensalters wurden neben Schmerzen und Spastik rezidivierende Blasenentleerungsstörungen (70 %) als ein wichtiges, die Lebensqualität einschränkendes Symptom genannt. Zwei Drittel berichteten auch über Schlafstörungen und bei knapp der Hälfte fanden sich Hinweise für das Vorliegen einer Depression.

Beim Einsatz moderner immunmodulatorischer Medikamente findet sich in der Altersgruppe über 55 Jahren mit 22 % gegenüber 66,4 % der Jüngeren ein deutlicher Unterschied, was vermutlich in der geringeren Prävalenz des schubförmigen Verlaufes bei den älteren Patienten seine Ursache hat. Aufgrund der meist vorhandenen spastischen Gangstörung sind viele der Patienten über kurz oder lang sturzgefährdet und sollten frühzeitig an den Gebrauch von Hilfsmitteln (dynamische Peronäus-Schiene, Gehwagen oder Rollstuhl) herangeführt werden, um Sekundärkomplikationen wie Schenkelhalsfrakturen oder degenerative Gelenkschäden durch Fehlbelastung vermeiden zu können.

13.6 Palliative Versorgung von MS-Patienten

Trotz zunehmend effektiverer Immunmodulation und symptomatischer Therapie sind noch immer >10 % aller MS-Patienten schwerstbetroffen (EDSS ≥ 8), nach 15 Jahren Krankheitsdauer sogar bis zu 30 %. Auch wenn die Lebenserwartung eines MS-Patienten zum Zeitpunkt der Diagnosestellung kaum erniedrigt ist, so liegt sie jedoch bei einem EDSS von 8 um etwa das Vierfache niedriger. Todesursachen sind vor allem: Aspiration und/oder Pneumonie, Lungenembolie, Ateminsuffizienz, Niereninsuffizienz, Harnwegsinfekte, gefolgt von Suizid (etwa 20 %, relatives Risiko um das 7,5-fache erhöht), Tumoren sowie Herzinfarkt und Schlaganfall.

Der Betreuung dieser schwerstbetroffenen Patienten bis zu ihrem Tod im Sinne einer adäquaten Palliativtherapie ist daher ein wichtiger Bereich ärztlich-neurologischer Tätigkeit; ebenso muss jeder Form aktiver Euthanasie entgegengetreten werden (Subcommittee 1996). Wird eine solche praktiziert (z. B. Niederlande), betrifft sie MS-Patienten besonders: bereits 1996 starben 5 % – also jeder 20. – aller MS-Patienten in den Niederlanden durch aktive Euthanasie (Onwuteaka-Philipsen et al. 2003). Die Verbesserung der palliativen Betreuung ist daher auch als Antwort auf aktive Euthanasie zu verstehen. Ziel aller Maßnahmen sollte eine bestmögliche Lebensqualität für den Betroffenen und die Angehörigen sein (Pöllmann et al. 2005).

13.6.1 Aufklärung, Information, Patientenverfügung

Im Gespräch mit Schwerstbetroffenen und ihren Angehörigen sollten, vor allem bei rezidivierenden lebensbedrohlichen Komplikationen, auch heikle Fragen (z. B. Reanimation) frühzeitig besprochen werden. Bei sich abzeichnenden kognitiven Defiziten muss rechtzeitig auf die Möglichkeit von Willensäußerungen in Form einer Patienten- oder Betreuungsverfügung (s. Kap. 45) hingewiesen werden. Wichtig sind schriftliche Erklärungen zu Reanimation nach Herz-Kreislauf-Stillstand, Intubation und Beatmung und Sondenernährung in der terminalen Lebensphase.
Schwerpunkte der palliativ-medizinischen Versorgung von MS-Patienten sind:

- Ausreichende symptomatische Behandlung entsprechend den vorstehenden Empfehlungen, Einbeziehung des multidisziplinären Behandlungsteams,
- Rechtzeitiges Gespräch über die gewünschten bzw. nicht gewünschten Maßnahmen in lebensbedrohlichen Situationen, intensive Einbeziehung der Bezugspersonen,
- Bei kognitiven Einschränkungen rechtzeitiges Erstellen einer Patienten- bzw. Betreuungsverfügung.

13.6.2 Multidisziplinäres Betreuungsteam

Die Betreuung erfolgt durch ein multidisziplinäres Team. Hierzu gehören neben den Angehörigen und oft auch professionellen Pflegekräften, insbesondere der Hausarzt und der Neurologe, bei Bedarf auch Urologen, Psychiater, Schmerztherapeuten, Krankengymnasten, Sozialarbeiter, Ergotherapeuten, Psychologen, Logopäden, Diätassistenten, Seelsorger und natürlich Selbsthilfegruppen.
Die Behandlung wird durch ausreichende symptomatisch-medikamentöse Maßnahmen ergänzt. Die vom behandelnden Arzt wahrgenommenen, oft eher körperlichen Symptome sind dabei nicht immer diejenigen, die auch den Patienten am meisten belasten (Voltz et al. 1997).

13.6.3 Angehörige

Gerade bei den schwerstbetroffenen Patienten müssen auch die Angehörigen intensiv in die Kommunikation und Entscheidungen einbezogen werden, da diese oft neben der direkten Pflege auch emotional stark involviert sind, ganz besonders in der Trauerphase nach dem Tod des Betroffenen. Die Begleitung der Angehörigen kann durch Zusammenarbeit mit den örtlichen Hospiz- oder Palliativeinrichtungen verbessert werden.

13.6.4 Depression und Suizid

Suizidgedanken oder gar der Wunsch nach aktiver Euthanasie treten bei MS-Patienten häufig nicht in Abhängigkeit von körperlichen Beschwerden auf, sondern sind eher Folge von Einsamkeit oder Arbeitslosigkeit, einer fehlenden sozialen Unterstützung und eines fehlenden religiösen Hintergrunds (Feinstein 2002).
Hier ist die Vermittlung von psychosozialen Hilfsangeboten (z. B. über die Deutsche Multiple Sklerose Gesellschaft: www.dmsg.de) als prophylaktische Maßnahme sinnvoll. Ggf. besteht die Indikation zu einer antidepressiven Therapie (s. oben). Wichtig ist auch die Zusicherung einer optimalen Symptombehandlung und jederzeitigen Erreichbarkeit des Behandlungsteams.

13.6.5 Sterbephase

In den letzten Tagen seines Lebens soll dem Patienten seine Situation so leidensarm wie möglich gestaltet werden. Dabei soll die Würde des Patienten erhalten bleiben, das Sterben weder beschleunigt noch verzögert werden und die Angehörigen zur Begleitung des Sterbenden befähigt und vom Team unterstützt werden.

Ärztlicherseits müssen in dieser Situation alle zur Symptomkontrolle notwendigen Medikamente gegeben werden. Viele Medikamente sind in der Sterbephase jedoch absetzbar, wie Herz-Kreislauf-Medikation, Antidiabetika, Antibiotika, Antidepressiva, Laxantien, Steroide, Diuretika, evtl. NSAID.

Vorher bestehende Symptome (z. B. Schmerzen, Unruhe, delirantes Syndrom) können in der Sterbephase deutlich zunehmen, so dass ggf. die entsprechende Therapie und die klinische Überwachung intensiviert werden müssen. Auch können neue Symptome auftreten, welche entweder MS-bezogen oder spezifisch für die Sterbephase sind (z. B. terminale Rasselatmung, s. nachfolgenden Kasten).

Therapie der terminalen Rasselatmung

- Ausschluss eines Schubes,
- Aufklärung der Angehörigen,
- Hyperhydratation vermeiden,
- vorsichtiges Absaugen und Seitenlagerung,
- 10–20 mg **N-butyl-Scopolamin** sc. (keine Nebenwirkungen am ZNS),
- Alternativ **Scopolamin hydrobromicum** 0,4 mg sc. alle 4 h,
- falls nötig zusätzlich **Midazolam** 5 mg sc.

Literatur

Barkhof F, Filippi M, Miller D et al. (1997) Comparison of MRI criteria at first presentation to predict conversion to clinically definite multiple sclerosis. Brain 120:2059–2069

Bronnum-Hansen H, Koch-Henriksen N, Stenager E (2004) Trends in survival and cause of death in Danish patients with multiple sclerosis. Brain 127:844–850

Feinstein A (2002) An examination of suicidal intent in patients with multiple sclerosis. Neurology 59:674–678

Flachenecker P, Rieckmann P (2003) Early Intervention in Multiple Sclerosis: Better Outcomes for Patients and Society? Drugs, 63:1525–1532

Flachenecker P, Zettl K, Götze U, Haas J, Schimrigk S, Elias W, Pette M, Eulitz M, Hennig M, Bertram J, Hollweck R, Neiss A, Daumer M, Pitschnau-Michel D, Rieckmann P (2005) MS-Register in Deutschland: 1. Design und erste Ergebnisse der Pilotphase. Der Nervenarzt, im Druck

Fleming ST, Blake RL Jr (1994) Patterns of comorbidity in elderly patients with multiple sclerosis. J Clin Epidemiol 47 :1127–1132

Gold R, Rieckmann P (2004) Pathogenese und Therapie der Multiplen Sklerose. UniMed, Bremen

Hooge JP, Redekop WK (1992) Multiple sclerosis with very late onset. Neurology 42:1907–1910

Martinelli V, Rodegher M, Moiola L, Comi G (2004) Late onset multiple sclerosis: clinical characteristics, prognostic factors and differential diagnosis. Neurol Sci 25 Suppl 4:S350–355

McDonald W, Compston A, Edan G, Goodkin D, Hartung H, Lublin F (2001) Recommended diagnostic criteria for multiple sclerosis: Guidelines from the international panel on the diagnosis of multiple sclerosis. Ann Neurol 50:121–127

Onwuteaka-Philipsen BD, van der Heide A, Koper D et al. (2003) Euthanasia and other end-of-life decisions in the Netherlands in 1990, 1995, and 2001. Lancet,362:395–399

Pöllmann W, Busch C, Voltz R (2005) Quality of life in multiple sclerosis Messinstrumente, Bedeutung, Probleme und Perspektiven. Nervenarzt 76:154–169

Seze J de, Delalande S, Michelin E, Gauvrit JY, Mackowiak MA, Ferriby D, Stojkovic T, Defebvre L, Pruvo JP, Vermersch P (2005) Brain MRI in late-onset multiple sclerosis. Eur J Neurol 12:241–244

The American Academy of Neurology Ethics and Humanities Subcommittee (1996) Palliative care in neurology. Neurology, 46:870–872

Voltz R, Borasio GD (1997) Palliative therapy in the terminal stage of neurological disease. J Neurol 244 (Suppl 4):S2–10

14 Epileptische Anfälle und Epilepsien

Günter Krämer

Einleitung

Ein **epileptischer Anfall** ist eine kurzdauernde Störung des Gehirns aufgrund pathologisch vermehrter und synchronisierter Entladungen kortikaler oder subkortikaler Nervenzellverbände mit daraus resultierenden Störungen in Abhängigkeit von Ort, Ausmaß und Ausdehnung der Entladungen. Neben Bewusstseinsstörungen und Verkrampfungen der Muskulatur sind z. B. Veränderungen des Denkens, Verhaltens, Gedächtnisses, Fühlens oder Empfindens möglich. Ein **unprovozierter epileptischer Anfall** ist ein Anfall, der ohne erkennbaren Zusammenhang mit auslösenden Bedingungen und Situationen auftritt. Demgegenüber ist ein **provozierter Anfall oder epileptischer Gelegenheitsanfall** ein akuter symptomatischer Anfall, dessen Auftreten an bestimmte, als anfallsprovozierend bekannte Bedingungen geknüpft ist. Die bekanntesten Beispiele für solche Bedingungen im höheren Lebensalter sind akute Krankheiten mit direkter oder indirekter Beteiligung des Gehirns wie zerebrale Durchblutungsstörungen, metabolisch-toxische Schädigungen einschließlich toxischer Nebenwirkungen von Antibiotika oder anderen Medikamenten sowie Alkohol- und Medikamentenentzug, Hirntumoren, Schädel-Hirn-Traumen und Demenzen; andere Auslöser können in Schlafentzug oder fieberhaften Infekten bestehen. Ein **Sofort-, „Immediat"- oder Frühestanfall** ist ein seltener, innerhalb von Sekunden bis wenigen Minuten nach einer Hirnschädigung auftretender epileptischer Anfall. Ein **Frühanfall** tritt innerhalb der ersten Woche nach einer akuten Schädigung des Gehirns auf. Ein **Spätanfall** zeigt sich mit einer Latenz von mehr als einer Woche nach erfolgter Hirnschädigung.

14.1 Definitionen und Klassifikationen

Als **Epilepsien** werden eine Gruppe ätiologisch heterogener Krankheiten des Gehirns bezeichnet, bei denen es in der Regel zum Auftreten von mindestens zwei unprovozierten epileptischen Anfällen ohne jeweils aktuell erkennbaren Grund oder Auslöser im Abstand von mindestens 24 h gekommen ist. Ein erster epileptischer Anfall oder auch mehrere epileptische Anfälle innerhalb von 24 h (einschließlich eines Status epilepticus) ist also noch nicht gleichbedeutend mit einer Epilepsie, sondern rechtfertigt diese Diagnose nur, wenn sich zum Beispiel im EEG oder in der bildgebenden Diagnostik Anhaltspunkte für ein erhöhtes Rezidivrisiko ergeben. Als **Spätepilepsien** werden alle sich erst im Erwachsenenalter, aber nicht notwendigerweise erst jenseits des 60. Lebensjahres manifestierenden Epilepsien bezeichnet. Als **Epilepsien des höheren Lebensalters** werden üblicherweise Epilepsien mit Erstmanifestation jenseits des 60. oder 65. Lebensjahres bezeichnet. Dies legt aber noch nicht fest, ob es sich um eine Epilepsie mit Erstmanifestation in

Tab. 14.1 Vereinfachte Einteilung der wichtigsten Anfallsformen

	primär generalisiert	**primär fokal**
Petit mal	Absencen	einfache fokale Anfälle
	atonische Anfälle	• z. B. motorisch (inkl. Jackson-Anfälle)
	tonische Anfälle	• z. B. sensibel
	myoklonische Anfälle	komplexe fokale Anfälle (= „psychomotorische" Anfälle)
Grand mal	primär generalisierte tonisch-klonische Anfälle (= Aufwach-Grand mal)	sekundär generalisierte tonisch-klonische Anfälle (= „diffuses" oder Schlaf-Grand mal)

diesem Lebensabschnitt oder eine schon früher aufgetretene Krankheit handelt. Zur Unterscheidung wird daher bei einer erstmals im höheren Lebensalter auftretenden Epilepsie von einer **Altersepilepsie** und bei einer seit vielen Jahren bestehenden Erkrankung von einer **„gealterten Epilepsie"** gesprochen.

Die von einer Kommission der Internationalen Liga gegen Epilepsie (ILAE) 1981 und 1989 vorgeschlagenen **Klassifikationen der epileptischen Anfallsformen und Syndrome** (Commission 1981 und 1989) sollen in erster Linie bezwecken, mit Hilfe einer einheitlichen Terminologie auch Hinweise auf die Ursache, Prognose und Behandlung zu ermöglichen. So wird unterschieden zwischen nachweisbar einer bestimmten Ursache (= symptomatischen Anfällen bzw. Epilepsien) bzw. einer vermuteten Ursache (= kryptogenen Anfällen bzw. Epilepsien) zuzuschreibenden Störungen und solchen mit einer genetischen Prädisposition (= idiopathische Anfälle bzw. Epilepsien). Eine im Vergleich zu dieser, in der Praxis häufig schwer anzuwendenden ILAE-Klassifikation wesentlich einfachere Einteilung der wichtigsten Anfallsformen unter Berücksichtigung der traditionellen Begriffe Petit mal bzw. Grand mal ist in **Tab. 14.1** dargestellt.

14.2 Epidemiologie der Altersepilepsie

Nachdem Epilepsien lange Zeit als eine meist in der Kindheit und Jugend beginnende Erkrankung galten, ist inzwischen das höhere Lebensalter der Altersabschnitt mit der am stärksten wachsenden Häufigkeit epileptischer Anfälle und Epilepsien (Krämer 1998). Die Inzidenz liegt jenseits des 60. oder 65. Lebensjahres inzwischen über derjenigen in der Kindheit und Jugend bzw. bis zum 20. Lebensjahr. Epilepsien werden immer mehr zu einer Alterskrankheit und heute beginnen schon mehr Epilepsien in der zweiten als in der ersten Lebenshälfte. Epileptische Anfälle sowie Epilepsien sind nach Durchblutungsstörungen des Gehirns und Demenzen die dritthäufigste neurologischen Störung im höheren Lebensalter (Tallis et al. 1991).

Die **Inzidenz akuter symptomatischer Anfälle** liegt um das 60. Lebensjahr bei etwa 50 pro 100 000 Menschen und steigt danach bis zum 80. Lebensjahr für Frauen bis auf 100 und für Männer sogar auf über 150 pro 100 000 an (Hauser und Annegers 1997). Die **Inzidenz von unprovozierten Anfällen und Epilepsien** entspricht bei 60-Jährigen derjenigen akuter symptomatischer Anfälle, steigt aber danach rascher an. Sie beträgt bei 70-Jährigen schon etwa

100 pro 100 000 und liegt bei 80-Jährigen zwischen 150 und 200 pro 100 000. Die Wahrscheinlichkeit für einen 80-Jährigen, im Laufe seines Lebens eine Epilepsie gehabt zu haben oder noch zu bekommen beträgt etwa 3,5 %, während sie für einen 20-Jährigen unter 1 % liegt. Auch die **Prävalenz** von epileptischen Anfällen und Epilepsien steigt mit dem Alter an. Bei über 75-Jährigen liegt die Prävalenz „aktiver" Epilepsien bei 1–1,5 % und bei Risikogruppen wie z. B. Alters- und Pflegeheimbewohnern noch deutlich höher.

14.3 Ätiologie

Sowohl epileptische Anfälle als auch Epilepsien können symptomatisch, vermutlich symptomatisch (= „kryptogen") oder idiopathisch sein. Die Ursache **symptomatischer Anfälle oder Epilepsien** ist klar erkennbar, im höheren Lebensalter z. B. eine in engem zeitlichen Bezug zum erstmaligen Auftreten der Anfälle erlittene Hirnschädigung in Form eines Schlaganfalls, eines schweren Schädel-Hirn-Traumas oder eines Hirntumors. Bei **vermutlich symptomatischen (oder kryptogenen) Anfällen oder Epilepsien** ist eine solche Ursache ebenfalls mit überwiegender Wahrscheinlichkeit anzunehmen, allerdings mit den derzeit zur Verfügung stehenden diagnostischen Methoden nicht zweifelsfrei nachzuweisen. **Idiopathische Anfälle oder Epilepsien** sind nachweisbar oder vermutlich genetisch determinierte Formen, die sich ausnahmsweise auch einmal erst im höheren Lebensalter manifestieren können.

Ätiologisch beruhen von den sich erstmals im höheren Lebensalter manifestierenden epileptischen Anfällen und Epilepsien etwa 50 % auf zerebralen Gefäßprozessen, gefolgt von Hypoglykämien und anderen systemischen metabolischen sowie toxischen Störungen (ca. 15 %), Hirntumoren (10 %), Schädel-Hirn-Traumen (5 %), Demenzkrankheiten (unter 5 %) und Infektionen des ZNS (etwa 1 %; Krämer 1998). Die genaue Pathophysiologie ist wie im jüngeren Lebensalter in der Regel unbekannt.

Nach **Hirninfarkten** ist bei 10–15 % mit einer Epilepsie zu rechnen. Große Mediainfarkte gehen mit dem höchsten Risiko einher; zusätzliche Risikofaktoren sind u. a. hämorrhagische Infarkte, eine Beteiligung der Hirnrinde (aber auch kortikale „Inseln") sowie erhöhte Blutfette. Die früher im deutschsprachigen als Präkursiv-Anfälle (bzw. –Epilepsie) bezeichneten, einem Hirninfarkt vorausgehenden, „prämonitorischen" epileptischen Anfälle wurden kürzlich durch eine englische Studie bestätigt (Cleary et al. 2004). Dies bedeutet, dass im höheren Lebensalter Hirninfarkte und erstmals auftretende epileptische Anfälle bzw. Epilepsien wechselseitige Risikofaktoren sind. Nach **intrazerebralen Blutungen** treten bei 5 bei 10 % symptomatische Frühanfälle auf; bei etwa 5 % eine Epilepsie. Nach einer Subarachnoidalblutung (SAB) ist das Risiko höher; auch hier sind die meisten Ereignisse Frühanfälle, und eine Spätepilepsie manifestiert sich nur bei etwa 10 %. Bei einer **subkortikalen arteriosklerotischen Enzephalopathie** (SAE; vaskuläre Enzephalopathie) wird eine Epilepsie-Häufigkeit von bis zu 18 % beschrieben. Bei arteriovenösen Malformationen, Hirnvenen- und Sinusthrombosen sowie Kavernomen sind Anfälle und Epilepsien zwar häufig und u. U. Erstsymptom, manifestieren sich aber i.d.R. schon vor dem höheren Lebensalter.

14.4 Klinisches Bild

Auch aufgrund der teilweise vieldeutigen Symptomatik von epileptischen Anfällen erfolgt bei älteren Menschen im Vergleich

zu Jüngeren häufig eine verzögerte Diagnosestellung. Die Gründe dafür bestehen u. a. darin, dass generalisierte tonisch-klonische Anfälle (GTKA; Grand-mal-Anfälle) eher die Ausnahme sind. In einer kürzlich abgeschlossenen großen nordamerikanischen multizentrischen Therapiestudie (Rowan et al. 2005) dominierten ganz eindeutig fokale Anfälle: Weitaus am häufigsten waren komplexe fokale Anfälle (KFA), die zusammen mit einfachen fokalen Anfällen (EFA) und einer Kombination fokaler Anfälle etwa 60 % aller Anfallsformen ausmachten, zusätzlich traten bei etwa jedem achten Patienten sowohl fokale als auch generalisierte Anfälle auf. Isolierte GTKA wurden nur bei etwa jedem vierten Patienten beobachtet.
Zusätzlich hat sich gezeigt, dass die Semiologie epileptischer Anfälle im höheren Lebensalter häufiger vergleichsweise oligosymptomatisch und damit weniger eindrucksvoll als bei jüngeren Patienten ist. Kurze „Abwesenheiten" führen bei älteren Menschen auch außerhalb von Pflegeheimen nicht sofort zur Beunruhigung und neurologischen Abklärung und Automatismen bei komplexen fokalen Anfällen können im höheren Lebensalter beispielsweise nur in einem Reiben oder Wischen mit einer Hand bestehen, ohne dass „oro-alimentäre" Kau- und Schmatzbewegungen beobachtet werden, die bei jüngeren Patienten selten fehlen. Besonders bei der Alzheimer-Krankheit und anderen Demenzen im höheren Lebensalter können myoklonischer Anfälle mit bilateral-symmetrischen heftigen Muskelzuckungen ohne sichere Bewusstseinsstörung auftreten, die auch als „senile myoklonische Anfälle" bezeichnet werden.

14.5 Diagnose

Die Standarddiagnostik von epileptischen Anfällen und Epilepsien im höheren Lebensalter besteht aus

- Anamnese (inklusive möglichst genauem Erfragen der Umstände und Merkmale vor, während und nach den aufgetretenen Störungen sowie Risikofaktoren sowie Fremd- und Medikamentenanamnese),
- Klinisch-neurologischem Status (inklusive psychiatrischer und internistischer Untersuchung sowie neuropsychologischer Abschätzung, ob ein ausreichendes Verständnis für die Krankheit und Therapie sowie Compliance vorliegt),
- Zerebraler Bildgebung,
- EEG, EKG (ggf. Langzeitableitungen),
- Laborparameter: Blutbild, Elektrolyte, Leber- und Nierenparameter, Urinstatus, gelegentlich auch Liquordiagnostik (cave: leichte postiktale Pleozytose).

Bei der klinisch-neurologischen Untersuchung älterer Menschen sind die in diesem Lebensabschnitt anders als bei jüngeren Patienten „normalen" Abweichungen wie schwach reagierende Pupillen, eingeschränkte Okulomotorik beim Aufwärtsblick, abgeschwächte Muskeleigenreflexe und Sensibilität in Rechnung zu stellen. **Objektivierbare klinische Befunde** zur retrospektiven Diagnostik generalisierter tonisch-klonischer Anfälle sind neben einem lateralen Zungenbiss das sogenannte Forellenphänomen mit petechialen Hautblutungen im Gesicht, am Hals und an halsnahen Brustabschnitten sowie eine Todd-Parese als Folge der Erschöpfung neuronaler Aktivität. Diese kann neben der Motorik auch sensible oder sensorische Funktionen wie Sprache oder Sehen betreffen und dann als Aphasie oder Hemianopsie imponieren. Enuresis und Enkopresis sind zwar typisch, aber weder häufig noch pathognomonisch.

Eine postiktale Todd-Parese kann im höheren Lebensalter bis zu vier Tage bestehen; entsprechende sensible Störungen können sich auch als Schmerzen äußern. Auch beim psychischen Befund ist zu berücksichtigen, dass postiktale Störungen wie z. B. ein Verwirrtheitszustand im höheren Lebensalter ohne weiteres über mehrere Tage oder sogar eine Woche anhalten kann. Nach generalisierten tonisch-klonischen Anfällen kann es zu einem verzögerten CK-Anstieg mit Anstieg bis auf über 10 000 U/l kommen.

Nach wie vor ist das **Elektroenzephalogramm** (EEG) bei der Diagnostik und Verlaufskontrolle von epileptischen Anfällen und Epilepsien auch im höheren Lebensalter von großer Bedeutung. Zu beachten ist, dass es neben einer Verlangsamung und Amplitudenabnahme des α-Grundrhythmus um bis zu 1 Hz pro Jahrzehnt jenseits des 60. Lebensjahres und einer Abnahme der Reagibilität besonders in beiden Temporalregionen und häufiger mit einer Linksbetonung zur Mehreinlagerung von Theta-Wellen kommt. Während der Stellenwert des EEG bei Verlaufskontrollen bekannter Epilepsien demjenigen in anderen Altersabschnitten entspricht, kann ein Standard-EEG bei der Entscheidung, ob es sich bei einer erstmaligen Störung im höheren Lebensalter um einen epileptischen Anfall gehandelt hat oder nicht, meist nicht allzu viel beitragen. Im Vergleich zu jüngeren Epilepsiepatienten ist die **Häufigkeit interiktaler epileptiformer EEG-Aktivität** deutlich geringer. Der häufigste EEG-Befund außerhalb einer Allgemeinveränderung bzw. Verlangsamung des Grundrhythmus besteht bei Epilepsien im höheren Lebensalter in umschriebenen Verlangsamungen. Besondere Erwähnung verdienen die sogenannten periodischen lateralisierten epileptiformen Entladungen (englisch: periodic lateralized epileptiform discharges oder kurz PLEDs) im EEG, die nahezu regelhaft mit meist fokalen und oft sekundär generalisierten Anfällen bis zum Status epilepticus einhergehen. Eine klinische Situation mit zwingend indizierter EEG-Diagnostik ist der Verdacht auf einen nichtkonvulsiven Status. In Zweifelsfällen können Langzeitableitungen weiterhelfen, gelegentlich auch ein telemetrisches Videomonitoring.

Bei jeder Erstmanifestation von epileptischen Anfällen und erst recht einer Epilepsie ist neben einer klinisch-neurologischen und EEG-Diagnostik in jedem Fall auch eine **zerebrale Bildgebung** indiziert. Dabei sollte heute in der Regel primär eine Magnetresonanztomographie (MRT) durchgeführt werden; bei begründeten Zweifelsfällen wie Verdacht auf intrazerebrale Verkalkungen kann sekundär gelegentlich eine ergänzende Computertomographie (CT) sinnvoll sein. Spezielle Untersuchungstechniken wie Magnetresonanzangiographie (MRA), Magnetresonanzspektroskopie (MRS), funktionelle Magnetresonanztomographie (fMRT), Einzelphotonenemissions-Computertomographie (single photon emission computerized tomography; SPECT) oder Positronenemissionstomographie (PET) sind nur sehr selten indiziert.

14.6 Alterstypische Komorbidität

Bezüglich der alterstypischen Komorbidität von epileptischen Anfällen und Epilepsien sind die auch ätiologisch relevanten (s. o.) Gefäßprozesse, metabolischen und toxischen Störungen, Hirntumoren, Schädel-Hirn-Traumen und Demenzkrankheiten relevant, die in diesem Buch in anderen Kapiteln jeweils ausführlicher behandelt werden. Außerdem sei auf den später folgenden Abschnitt zu alterstypischen Komplikationen von epileptischen Anfällen und Epilepsien sowie ihrer Therapie verwiesen.

Gesondert hervozuheben ist die psychiatrische Komorbidität mit Depressionen oder Psychosen. Bei 30–50 % der älteren Epilepsiepatienten ist eine behandlungsbedürftige Depression zu erwarten, die präiktal, iktal, postiktal oder interiktual beginnen kann. Ätiologisch sind dabei neben einer Transmitterstörung Medikamenteneffekte und psychologische Faktoren in Erwägung zu ziehen. Die Suizidrate ist deutlich erhöht. Eine prokonvulsive Wirkung von Antidepressiva wird häufig überschätzt und ist einer der Gründe für eine unterbleibende Behandlung. Anfallskorrelierte psychotische Reaktionen können ebenfalls iktal, periiktal und interiktual auftreten, gelegentlich auch kontinuierlich als Folge eines Hirnschädigung (speziell temporal oder parietal im Bereich der dominanten Hemisphäre) oder als Medikamentenebenwirkung. Bei einer erforderlichen neuroleptischen Therapie sind bei Erregungszuständen niedrigpotente Wirkstoffe wie Melperon oder Pipamperon indiziert, bei einer Positivsymptomatik empfiehlt sich der Einsatz von Olanzapin, Quetiapin oder Risperdon, bei Negativsymptomatik von Olanzapin.

14.7 Differentialdiagnose

Im höheren Lebensalter sind einige spezifische Differentialdiagnosen von epileptischen Anfällen zu beachten. Fokale postiktale Zeichen wie etwa eine Todd-Parese sind häufiger als bei jüngeren Betroffenen, weshalb bei älteren Menschen nach epileptischen Anfällen häufiger die Fehldiagnose eines Schlaganfalls gestellt wird (**s. Tab. 14.2**). Todd-(Hemi-)Paresen werden bei anamnestisch bekannten Schlaganfällen oft voreilig auf einen erneuten Infarkt bezogen. Bei einfach-sensiblen fokalen Anfällen geben Anfallspatienten im Gegensatz zu in der Regel von Anfang an halbseitigen Gefühlsstörungen bei TIAs meist eine langsam zunehmende Ausbreitung eines Kribbelgefühls oder anderer Missempfindungen an. Es muss auch bedacht werden, dass TIAs oder umschriebene Infarkte auch zu epileptiformen EEG-Veränderungen und Anfällen führen können, und es besteht die Möglichkeit von auch im höheren Lebensalter erstmals auftretenden nichtepileptischen psychogenen Anfällen.

Tab. 14.2 Differentialdiagnose von epileptischen Anfällen im Alter

epileptisch	nicht-epileptisch
komplexer fokaler Anfall	Verwirrtheitszustand
de novo-Absencenstatus	Psychose
einfacher fokaler Anfall	transitorisch ischämische Attacke (TIA)
Epilepsia partialis continua	extrapyramidal-motorische Störungen
Sturzanfälle	Synkope, drop attack
Todd-Parese	Schlaganfall

Besonders häufig sind umschriebene „positive“ oder „negative“ Symptome wie Muskelzuckungen, Paresen oder Kribbelgefühle Anlass zu differentialdiagnostischen Problemen. So wurden sowohl umschriebene repetetive Muskelzuckungen kontralateral zu hochgradigen Karotisstenosen ohne Anhalt für eine epileptische Genese als auch inhibitorische epileptische Anfälle mit rezidivierendem Schwächegefühl im Arm und aphasischen Sprachstörungen und damit Vortäuschen von TIAs beschrieben. Differentialdiagnostische Probleme können auch bei der Abgrenzung epileptisch oder vaskulär bedingter attackenweise auftretender Sehstörungen bestehen. Einige weitere wichtige Differentialdiagnosen zu epileptischen Anfällen im höheren Lebensalter bestehen in Synkopen (**Tab. 14.3**), einer transienten globalen

Tab. 14.3 Differentialdiagnose von epileptischen Anfällen im Alter und Synkopen

Merkmal	epileptischer Anfall	Synkope
Prodromalzeichen	vor Anfall häufiger Aura, aber fast nie „Schwarzwerden" vor den Augen	vor Ereignis häufig „Schwarzwerden" vor den Augen, Kribbeln, Tinnitus o. Ä.
Körperhaltung	beliebig	oft im Stehen
Beginn	plötzlich	langsam
Vitalfunktionen	rascher Puls, erhöhter Blutdruck, meist rosige oder zyanotische Gesichtsfarbe	langsamer Puls, niedriger Blutdruck, meist blasse Gesichtsfarbe und Kaltschweißigkeit
Motorik	ausgeprägte tonische, klonische oder myoklonische Zuckungen	Bewegungslosigkeit oder leichte klonische oder myoklonische Zuckungen
lateraler Zungenbiss	kommt vor	kommt nicht vor
Inkontinenz	gelegentlich	sehr selten
Erholung	langsam, unabhängig von Körperlage	meist rasch, besonders im Liegen

Amnesie und Verwirrtheitszuständen sonstiger Genese. Sonstige differentialdiagnostisch abzugrenzende Störungen im höheren Lebensalter sind z. B. Stürze unklarer Genese oder nichtepileptische Sturzanfälle bei erhaltenem Bewusstsein vermutlich vaskulärer Genese (sog. „drop attacks"). Auch im höheren Lebensalter häufig und oft mehr oder weniger diffus geklagte Schwindelbeschwerden können an Epilepsie denken lassen bzw. einmal epileptischer Genese sein und es ist zu bedenken, dass insbesondere komplexe fokale Anfälle durch begleitende Herzrhythmusstörungen mit Tachykardien bis über 160/min diagnostisch in die Irre führen können. Bei nächtlichen Beschwerden sind auch Schlafstörungen wie das Schlaf-Apnoe-Syndrom oder Parasomnien einzubeziehen.

14.8 Therapie

Die Grundlage der Therapie von epileptischen Anfällen und Epilepsien im höheren Lebensalter besteht in der Gabe von Antiepileptika, deren Stellenwert sich aus ihrer Wirksamkeit und Verträglichkeit ergibt. Gerade im höheren Lebensalter mit einer häufigen bestehenden Komorbidität und Polytherapie sind Verträglichkeitsaspekte besonders wichtig (Arroyo und Krämer 1998). Hochwirksame Medikamente mit schlechter Verträglichkeit sind für eine breite klinische Anwendung ebenso wenig geeignet wie zwar sehr gut verträgliche, aber nicht ausreichend wirksame Präparate. Die nach wie vor am häufigsten eingesetzten Antiepileptika sind Carbamazepin und Valproat. Dabei galt Carbamazepin bislang als „Goldstandard" für fokale und sekundär generalisierte Anfälle, während Valproat besonders bei primär generalisierten Anfällen der Vorzug gegeben wurde. Allerdings liegen weder für diese beiden etablierten Antiepieleptika noch für Phenytoin oder Barbiturate **kontrollierte Doppelblindstudien** für das höhere Lebensalter vor.

Die **Auswahl des Antiepileptikums** muss individuell unter Berücksichtigung von Komorbiditäten, Komedikationen und nicht zuletzt auch der Behandlungskosten getroffen werden. **Eine initiale Monotherapie ist bei fehlendem Therapieerfolg bis an die individuelle Nebenwirkungsgrenze auf- und auszudosieren.** Bei Bedarf erfolgt eine überlappende Umstellung auf eine weitere, alternative Monotherapie. Stellt sich auch darunter keine Anfallsfreiheit ein, sollte vor Beginn einer Kombinationstherapie nochmals überprüft werden, ob die Compliance ausreichend gegeben ist und ob eine bislang unerkannte progrediente Grunderkrankung vorliegt. Generell ist die Verträglichkeit von Antiepileptika im höheren Lebensalter vermindert, was ein Argument für den Einsatz sogenannter neuer Antiepileptika sein kann.

Erfreulicherweise liegen für einige der **neuen Antiepileptika** inzwischen **kontrollierte Doppelblindstudien für das höhere Lebensalter** vor. Dabei wurde unter Berücksichtigung der häufigsten Ätiologien mit umschriebenen vaskulären Hirnschädigungen als Vergleichssubstanz bisher stets Carbamazepin gewählt. Aussagekräftige Daten liegen jetzt für zwei der neuen Antiepileptika vor, nämlich für **Lamotrigin** (drei publizierte Studien, davon eine mit nachträglicher Subgruppenanalyse, sowie die nordamerikanische Vergleichsstudie [Brodie et al. 1999, Nieto-Barrera et al. 2001, Rowan et al. 2005]) und für **Gabapentin** (Rowan et al. 2005).

Allein bezogen auf die Wirksamkeit haben Lamotrigin und Gabapentin sich bisher in keiner kontrollierten Studie als überlegen erwiesen. Schon in der ersten englischen Vergleichsstudie (Brodie et al. 1999) zeigte sich aber ein drastischer Unterschied in dem für die Bevorzugung im klinischen Alltag entscheidenden Parameter einer Fortführung der Behandlung – unter doppelblinden Bedingungen – als Summe aus Wirksamkeit und Verträglichkeit. Ein halbes Jahr nach Behandlungsbeginn führten noch rund 70 % der Lamotrigingruppe, aber nur noch etwa 40 % der Carbamazepingruppe die Behandlung damit fort, während sie bei den anderen ganz überwiegend aus Verträglichkeitsgründen vorzeitig beendet bzw. umgestellt worden war. Zum Abbruch führende Hautallergien traten beispielsweise unter Lamotrigin nur bei 3 %, unter Carbamazepin jedoch – trotz langsam einschleichender Dosierung mit in den ersten beiden Wochen nur 100 mg/Tag – bei fast 20 % auf.

Dass es sich bei diesem Ergebnis um einen validen Befund handelt, zeigte die nachträgliche Subgruppenanalyse einer europäischen Vergleichsstudie von Lamotrigin und Carbamazepin. Auch hier hatten sich schon für jüngere Erwachsene deutliche Verträglichkeitsvorteile von Lamotrigin gezeigt, die im höheren Lebensalter besonders deutlich waren (Nieto-Barrera et al. 2001). Wie in der ersten Studie wurde eine Lamotriginbehandlung nach etwa einem halben Jahr bei etwa 70 % fortgeführt, eine Carbamazepinbehandlung aber nur bei etwa 40 %.

Bei der bislang aussagekräftigsten Studie zur Behandlung der Epilepsie im höheren Lebensalter mit einem doppelblindem Vergleich von Lamotrigin und Gabapentin mit Carbamazepin handelt es sich um eine an amerikanischen Veterans Administration (VA)-Krankenhäusern durchgeführte Studie bei insgesamt fast 600 vorwiegend männlichen Patienten mit einem Durchschnittsalter von über 70 Jahren (Rowan et al. 2005). Die Tageszieldosen von 600 mg für Carbamazepin, 1500 mg für Gabapentin und 150 mg für Lamotrigin wurden sowohl nach drei als auch nach zwölf Monaten ziemlich exakt eingehalten, lediglich bei Gabapentin ergab sich nach einem Jahr ein leichter Trend zur Dosissteigerung.

Die Liste der Komorbiditäten war beeindruckend (Hypertonus 64,4 %, Schlaganfall 52,7 %, kardiale Erkrankungen 48,8 %, Diabetes mellitus 26,6 % und Karzinom in der Anamnese bei 22,5 %) und spiegelt den klinischen Alltag wieder. Gerade auch daran wird deutlich, warum sich die Ergebnisse von Therapiestudien mit Antiepileptika bei jüngeren Erwachsenen, die meist abgesehen von ihrer Epilepsie gesund sind, nicht ohne weiteres auf das höhere Lebensalter übertragen lassen. Entsprechend hoch lag auch die Rate einer medikamentösen Polytherapie mit einem Mittelwert von 6,7 anderen chronisch einzunehmenden Medikamenten.

Das Ergebnis der Studie bestätigt für Lamotrigin in eindrucksvoller Weise die Befunde der bereits referierten früheren Untersuchungen und konnte erstmals auch für Gabapentin einen Vorteil gegenüber Carbamazepin nachweisen (beide sind statistisch hoch signifikant mit p-Werten < 0,001). Betrachtet man für Lamotrigin und Gabapentin zum Vergleich mit den früheren Studien das Ergebnis nach einem halben Jahr, ist die Fortführungsrate mit etwa 70 % für Lamotrigin und 40–50 % für Carbamazepin praktisch identisch mit dem der beiden ersten Studien (Brodie et al. 1999, Nieto-Barrera et al. 2001).

Von den **neuen Antiepileptika** haben – unabhängig vom Lebensalter – bislang nur Gabapentin, Lamotrigin, Oxcarbazepin und Topiramat eine **Monotherapiezulassung**. Während Oxcarbazepin wegen der im höheren Lebensalter gehäuften Inzidenz schwerer symptomatischer Hyponatriämien zurückhaltend zu bewerten ist und ebenso wie für Topiramat noch keine aussagekräftigen Studien vorliegen, haben Lamotrigin und in einer Studie auch Gabapentin sich gegenüber der bisherigen Standardtherapie mit Carbamazepin als eindeutig überlegen erwiesen. Die entsprechenden Unterschiede sind nicht nur statistisch signifikant, sondern auch klinisch relevant.

Über die in den Studien untersuchten Kurzzeitverträglichkeitsvorteile dieser beiden neuen Antiepileptika sind weitere potentielle Vorteile wie die fehlende hepatische Enzyminduktion hervorzuheben, die insbesondere zu einem geringeren Risiko medikamentöser Interaktionen führt. Ein großer Vorteil besteht aus klinischer Sicht in der praktisch fehlenden Sedierung. Immer wieder berichten ältere Epilepsiepatienten nach einer erfolgreichen Umstellung über eine erhöhte Vigilanz und vermehrte Aktivität. Beim Lamotrigin trägt dazu auch die inzwischen ebenfalls eindeutig belegte antidepressive Wirkung bei. Die Notwendigkeit einer langsamen Ein- und Aufdosierung von Lamotrigin über mehrere Wochen kann eine vorübergehende zusätzliche antiepileptische Abschirmung erforderlich machen, die beispielsweise mit Clobazam oder auch Levetiracteam erfolgen kann.

Die hier dargestellten Ergebnisse der einzigen bislang vorliegenden kontrollierten Studie zur antiepileptischen Therapie im höheren Lebensalter bedeuten nicht, dass eine **Behandlung von Epilepsien im höheren Lebensalter mit Carbamazepin oder Valproat** (das bedauerlicherweise bislang bei Vergleichsuntersuchungen mit neuen Antiepileptika nicht berücksichtig wurde) als obsolet oder gar Kunstfehler anzusehen wäre. Es ist eine nach wie vor vertretbare Strategie, auch aus ökonomischen Gründen, in der Regel zunächst mit diesen bewährten Antiepileptika zu beginnen. In Abhängigkeit von individuellen Besonderheiten der Betroffenen oder aber bei auftretenden Verträglichkeitsproblemen sollte aber der Einsatz von Lamotrigin oder Gabapentin geprüft werden. Inwieweit sich in Zukunft noch weitere neue Antiepileptika wie zum Beispiel Levetiracetam oder auch Topiramat dazugesellen, hängt vom Ergebnis der zu dieser Bewertung erforderlichen kontrollierten Studien ab.

14.9 Alterstypische medikamentöse Interaktionen

Antiepileptika werden meist über viele Jahre eingenommen, im höheren Lebensalter oft gemeinsam mit anderen Medikamenten. Durch Interaktionen kann es sowohl zu Veränderungen der erwünschten und unerwünschten Wirkungen der Antiepileptika als auch der anderen Pharmaka kommen. Bei der überwiegenden Zahl der dokumentierten medikamentösen Interaktionen handelt es sich um pharmakokinetische Interaktionen. Diese führen zu Veränderungen der Wirkstoffkonzentration, die im klinischen Sprachgebrauch auch als Blut-, Plasma- oder Serumspiegel bezeichnet werden. Die Wirkstoffkonzentration kann zwar auch in anderen Körperflüssigkeiten wie Liquor, Speichel oder Tränen und auch in festen Körperbestandteilen wie etwa den Haaren bestimmt werden, was aber in der klinischen Routine keine Rolle spielt.

Pharmakokinetische Interaktionen beruhen bei den etablierten bzw. „alten“ Wirkstoffen meist auf einer Induktion bzw. Inhibition der für die Metabolisierung zuständigen Leberenzyme, daneben auf Wechselwirkungen bei der Resorption aus dem Magen-Darm-Kanal, der Proteinbindung und Verteilung in den verschiedenen Organen oder der Ausscheidung. Pharmazeutische Interaktionen (chemische und physikalisch-chemische Reaktionen im Körper von der Resorption eines Medikamentes) und pharmakodynamische Interaktionen (antagonistisch-hemmende oder synergistisch-additive bis -potenzierende Mechanismen auf zellulärer oder molekularer Ebene im Gehirn) bleiben weitgehend unberücksichtigt.

Die weitaus meisten pharmakokinetischen Interaktionen werden bei den etablierten bzw. „alten“ Wirkstoffen durch Anregung bzw. Hemmung der für den Abbau zuständigen Leberenzyme (Zytochrom-P-450-Oxidasen) oder durch Konkurrenz um die Bindung an Plasmaproteine hervorgerufen. Bei einigen der neueren Antiepileptika spielen auch Interaktionen bei der Glukuronidierung – als einem weiteren, bislang eher vernachlässigten hepatischen Eliminationsmechanismus – eine wichtige Rolle. Häufiger kommt es gleichzeitig zu einer pharmakokinetischen und pharmakodynamischen Interaktion, die sich in ihren Auswirkungen gegenseitig aufheben. So führt bei den meisten etablierten Antiepileptika mit Enzyminduktion die zusätzliche Gabe eines zweiten Mittels aufgrund einer Stimulierung des Abbaus zwar zu einer verringerten Plasmakonzentration, diese kann aber durch die antiepileptische Wirkung des hinzugegebenen Medikamentes kompensiert werden.

Kaum eine Interaktion von Antiepileptika untereinander oder mit anderen Medikamenten ist so ausgeprägt, dass man die betreffenden Medikamente bei Beachtung der Interaktion nicht gleichzeitig verabreichen darf. Allerdings sind viele Interaktionen interindividuell unterschiedlich ausgeprägt und auch deswegen schwer vorhersehbar. Dann besteht die Notwendigkeit engmaschiger klinischer und häufig auch laborchemischer Kontrollen. Die folgenden tabellarischen Übersichten fassen unter Verzicht auf Zitierung der umfangreichen Primärliteratur die Interaktionen für die in der Epilepsietherapie eingesetzten Wirkstoffe Carbamazepin (CBZ), Ethosuximid (ESM), Felbamat (FBM), Gabapentin (GBP), Lamotrigin (LTG), Levetiracetam (LEV), Oxcarbazepin (OXC), Phenobarbital (PB), Phenytoin (PHT), Primidon (PRM), Tiagabin (TGB), Valproinsäure (VPA), Vigabatrin (VGB) und Zonisamid (ZNS) zusammen (Krämer 2004). Für Benzodiazepine wie Clobazam oder Clonazepam gibt es nur vereinzelte Hinweise auf Interaktionen. Sie bleiben daher ebenso wie einige andere nur selten eingesetzte Wirkstoffe (z. B. Acetazolamid, Kaliumbromid oder Sultiam) ohne Berücksichtigung.

Nach einer Darstellung der pharmakokinetischen Interaktionen der Antiepileptika untereinander (s. **Tab. 14.4**) folgen tabellarische Übersichten zu Interaktionen mit Psychopharmaka (s. **Tab. 14.5**), mit Antibiotika/Chemotherapeutika sowie Virustatika (s. **Tab. 14.6**), mit Analgetika/Antipyretika, Antazida, Antiemetika und Zytostatika (s. **Tab. 14.7**), mit Kalziumantagonisten, Kardiaka, Antikoagulanzien, Statinen sowie Vitaminen (s. **Tab. 14.8**) und mit Hormonen/Steroiden, Narkotika sowie sonstigen Medikamenten (s. **Tab. 14.9**).

Die Tabellen sind folgendermaßen zu lesen: In der ersten Spalte wird das zugegebene Medikament/Antiepileptikum angegeben, in den Spalten rechts davon das beeinflusste Antiepileptikum/Medikament. So ist z. B. aus Tabelle 14.4 zu ersehen, dass die Zugabe von Topiramat zu Phenytoin zu einem mittelmäßigen bis starken Anstieg der Phenytoinkonzentration führen kann. Aus der Tabelle 14.5 ist z. B. zu ersehen, dass die Zugabe von Desipramin zu einer mittelmäßigen bis starken Erhöhung der Serumkonzentration von Carbamazepin führt, während es gleichzeitig zu niedrigeren Serumkonzentrationen von Desipramin kommt, als dies bei einer Einnahme ohne die antiepileptische Komedikation zu erwarten wäre.

Tab. 14.4 Pharmakokinetische Interaktionen von Antiepileptika untereinander

Zugabe von	Effekt auf ... (vorbestehendes Antiepileptikum)															
	CBZ	ESM	FBM	GBP	LTG	LEV	MSM	OXC	PB	PHT	PRM	TGB	TPM	VPA	VGB	ZNS
Carbamazepin	↓	↓	⇓	(↑)/0	⇓	0		↓/0	(↑)/↓	↑/↓	↓ (PB ↑)	⇓	⇓	⇓	0	⇓
Ethosuximid	0/(↓)	0			0	0			↑	(↑)/0	(PB ↑)/0	0	0	⇓/0		
Felbamat	↓ (E ↑)		0		0	0		0	⇑	⇑	PB↑			⇑	↑/0	
Gabapentin	0	0	↑/0	0	0	0			0	(↑)/0	0	0	0	0		↑
Lamotrigin	↓ (E↑/0)	0		↑/0	(↓)	0			0	0	0			0/↓	0	
Levetiracetam	0	0		0	0	0			0	(↑)/0	0	0	0	0	0	
Mesuximid	↓/⇓				⇓		0		↑	↑	PB ↑			⇓		
Oxcarbazepin	0/(↓)				↓/⇓			0	↑/0	↑/0	0			0/↓		
Phenobarbital	⇓ (E ↑)	↓	↓/0	(↓)/0	⇓	0	↑	↓/0	(↓)	↑/↓	↓ (PB ↑)	⇓	⇓	⇓	0	⇓
Phenytoin	⇓ (E ↑)	↓/↑	⇓	(↓)/0	⇓	0	↑	↓/0	⇑	(↑)	↓ (PB ↑)	⇓	⇓	⇓	0	⇓
Primidon	⇓ (E ↑)	↓	⇓	(↓)/0	⇓	0			↑/0	↑/↓	(↓)	⇓	⇓	⇓	0	
Tiagabin	0			0		0			0	0	0	0		(↓)/0		

Tab. 14.4: Fortsetzung S. 193

Zugabe von	Effekt auf ... (vorbestehendes Antiepileptikum)															
	CBZ	**ESM**	**FBM**	**GBP**	**LTG**	**LEV**	**MSM**	**OXC**	**PB**	**PHT**	**PRM**	**TGB**	**TPM**	**VPA**	**VGB**	**ZNS**
Topiramat	0	0		0	(↑)	0			0	⇑	0		0	⇓		
Valproat	(↑)/ ↓ (E ⇑)	↑/↓	↑	(↓)/ 0	⇑	0		0	⇑	↑/↓ (fA ↑)	↑/↓ (PB ↑)	0	↓/0	↓	0	0
Vigabatrin	↑/0	0	0		0	0			0/↓	↓	0/↓			0	0	
Zonisamid	↑/0				0					0				0		0
	CBZ	ESM	FBM	GBP	LTG	LEV	MSM	OXC	PB	PHT	PRM	TGB	TPM	VPA	VGB	ZNS

CBZ = Carbamazepin, ESM = Ethosuximid, FBM = Felbamat, GBP = Gabapentin, LTG = Lamotrigin, LEV = Levetiracetam, OXC = Oxcarbazepin, PB = Phenobarbital, PHT = Phenytoin, PRM = Primidon, TGB = Tiagabin, VPA = Valproinsäure, VGB = Vigabatrin, ZNS = Zonisamid

0	keine Beeinflussung der Serumkonzentration
0/(↑) bzw. 0/(↓)	sowohl keine Beeinflussung als auch leichte Erhöhung bzw. Erniedrigung möglich
0/↑ bzw. 0/↓	sowohl keine Beeinflussung als auch Erhöhung bzw. Erniedrigung möglich
(↑) bzw. (↓)	leichte Erhöhung bzw. Senkung der Serumkonzentration
↑ bzw. ↓	mittelmäßige Erhöhung bzw. Senkung der Serumkonzentration
↑/↓	sowohl Erhöhung als auch Senkung der Serumkonzentration möglich
⇑ bzw. ⇓	starke Erhöhung bzw. Senkung der Serumkonzentration
INI	Initialen von anderen Medikamenten (Nicht-Antiepileptika)
XXX ↑ oder XXX ↓	Erhöhung bzw. Senkung der Serumkonzentration anderer Medikamente
E bei CBZ	CBZ-Epoxid
fA	freier Anteil
OXC	Oxcarbazepin; Serumkonzentration bezieht sich auf den Metaboliten Hydroxymethylcarbamazepin
TOX	toxische Symptome ohne Änderung der Serumkonzentration

Tab. 14.5 Pharmakokinetische Interaktionen von Antiepileptika mit Psychopharmaka

Zugabe von	Effekt auf ... (vorbestehende Medikation) oder Effekt der Antiepileptika (= »INI« ↑/↓)															
	CBZ	**ESM**	**FBM**	**GBP**	**LTG**	**LEV**	**MSM**	**OXC**	**PB**	**PHT**	**PRM**	**TGB**	**TPM**	**VPA**	**VGB**	**ZNS**
Alprazolam	ALP ↓															
Amitriptylin	AMI ↓									↑				0/ AMI ↑		
Benzodiazepine	↑/↓		BEN ↑						0/ BEN ↓	↑/↓/ BEN ↓	BEN ↓			0/ (↓)/ BEN ↑		
Bupropion	BUP ⇓													↑		
Chlorpromazin	CHL ↓								CHL ↓	↑/↓	CHL ↓			↑		
Citalopram	↑/ CIT ↓									↑						

Tab. 14.5: Fortsetzung S. 194

Zugabe von	Effekt auf ... (vorbestehende Medikation) oder Effekt der Antiepileptika (= »INI« ↑/↓)															
	CBZ	ESM	FBM	GBP	LTG	LEV	MSM	OXC	PB	PHT	PRM	TGB	TPM	VPA	VGB	ZNS
Clobazam			CLO ↑													
Clomipramin	↑/ CLO ↓								↑/ CLO ↓					CLO ↑		
Clozapin	CLO ↓		CLO ↓						CLO ↓	CLO ↓			CLO ↓	CLO ↓		
Desipramin	⇑/ DES ↓															
Doxepin	DOX ↓															
Escitalopram	ESC ↓															
Fluoxetin	↑/0									⇑/ FLU ↓	FLU ↓			⇑		
Fluvoxamin	↑ (E ↑)/ FLU ↓									⇑/ FLU↓	FLU ↓					
Haloperidol	↑/0/ HAL ↓	HAL ↓							HAL ↓	HAL ↓	HAL ↓		HAL (↑)	0		
Imipramin	↑/ IMI ↓									↑						
Johanniskraut	0/(↓)								JOH ↓	JOH ↓						
Lithium	TOX									TOX			LIT (↓)			
Lorazepam														LOR ↑		
Loxapin	E ↑/ LOX ↓									↑/0						
Mianserin	MIA ↓								MIA ↓							
Mirtazapin	MI-R↓									MI-R↓						
Nefazodon	↑/ NEF ↓															
Nortriptylin	NOR ↓								NOR ↓	↑/↓				NOR ↑/0		
Olanzapin	OLA ↓									OLA ↓						
Paroxetin	0/ PAR ↓								PAR ↓	0/ PAR ↓	PAR ↓			0/ PAR ↑		
Perphenazin	PER ↓															
Phenelzin	↑															
Protriptylin									PRO ↓							

Tab. 14.5: Fortsetzung S. 195

Zugabe von	Effekt auf ... (vorbestehende Medikation) oder Effekt der Antiepileptika (= »INI« ↑/↓)															
	CBZ	**ESM**	**FBM**	**GBP**	**LTG**	**LEV**	**MSM**	**OXC**	**PB**	**PHT**	**PRM**	**TGB**	**TPM**	**VPA**	**VGB**	**ZNS**
Quetiapin	QUE ↓		QUE ↓						QUE ↓	QUE ↓			QUE ↓			
Risperidon	↑/RIS ↓									↑						
Reboxetin																
Sertindol	↑/ SER ↓		SER ↓						SER ↓	↑/ SER ↓			SER ↓			
Sertralin	↑/0 SER ↓				⇑					↑/0						
Thioridazin	0								↑/⇓/ THI ↓	↑/↓						
Tranylcypromin	TRA ↓								↑		↑					
Trimipramin																
Trazodon	TRA ⇓								TRA ↑	⇑	TRA ↑					
Venlafaxin	0									0				0		
Viloxazin	⇑							↑/0	↑	⇑						
	CBZ	ESM	FBM	GBP	LTG	LEV	MSM	OXC	PB	PHT	PRM	TGB	TPM	VPA	VGB	ZNS

Legende s. Tab. 14.4

Tab. 14.6 Pharmakokinetische Interaktionen von Antiepileptika mit Antibiotika/Chemotherapeutika sowie Virustatika

Zugabe von	Effekt auf ... (vorbestehende Medikation) oder Effekt der Antiepileptika (= »INI« ↑/↓)															
	CBZ	**ESM**	**FBM**	**GBP**	**LTG**	**LEV**	**MSM**	**OXC**	**PB**	**PHT**	**PRM**	**TGB**	**TPM**	**VPA**	**TGB**	**ZNS**
Antibiotika/Chemotherapeutika																
Chloramphenicol									↑/ CHL ↓	⇑/ CHL ↓/0	↑/ CHL ↓					
Ciprofloxacin										⇑						
Clarithromycin	↑ (E ↓)									↑						
Clofazimin										↓						
Cotrimoxazol										↑						
Doxycyclin	DOX ↓								DOX ↓	DOX ↓	DOX ↓					
Erythromycin	⇑		0					0	ERY ↓	↑/0		0		⇑	0	
Fluconazol	⇑/ FLU ↓									⇑/ FLU ↓						
Flurithromycin	↑ (E ⇓)															

Tab. 14.6: Fortsetzung S. 196

Zugabe von	**Effekt auf ... (vorbestehende Medikation) oder Effekt der Antiepileptika (= »INI« ↑/↓)**															
	CBZ	**ESM**	**FBM**	**GBP**	**LTG**	**LEV**	**MSM**	**OXC**	**PB**	**PHT**	**PRM**	**TGB**	**TPM**	**VPA**	**TGB**	**ZNS**
Griseo-fulvin									GRI ↓		GRI ↓					
Isoniazid	⇑	↑							↑	⇑	↑			⇑		
Itraconazol	⇑/ ITR ↓									ITR ↓						
Josamycin	↑															
Ketoco-nazol	⇑/ KET ↓									↑/ KET ↓						↑
Meben-dazol	MEB ↓									MEB ↓						
Metroni-dazol	↑/ MET ↓								MET ↓	↑/ MET ↓	MET ↓					
Miconazol	⇑								⇑	⇑						↑
Nitrofu-rantoin										↓						
PAS									↑							
Ponsino-mycin	↑ (E ↓)															
Prazi-quantel	PRA ↓									PRA ↓						
Rifabutin										↓						
Rifampicin		↓			↓				⇓/RIF ↓	⇓	⇓					
Sulfo-namide										⇑						
Trime-thoprim										⇑						
Troleando-mycin	⇑															
Virustatika																
Aciclovir										↓						
Delavirdin									DEL ↓	DEL ↓						
Indinavir	⇑/ IND ↓								IND ↓	IND ↓						
Nelfinavir	⇑/ NEL ↓								NEL ↓	NEL ↓						
Nevirapin										↓						
Ritonavir	⇑/ RIT ↓				↓				RIT ↓	RIT ↓						
Saquinavir	⇑/ SAQ ↓								SAQ ↓	SAQ ↓						
Zidovudin										↑/↓				ZID ↑		
	CBZ	ESM	FBM	GBP	LTG	LEV	MSM	OXC	PB	PHT	PRM	TGB	TPM	VPA	VGB	ZNS

Legende s. Tab. 14.4

Tab. 14.7 Pharmakokinetische Interaktionen von Antiepileptika mit Analgetika/Antipyretika, Antazida, Antiemetika und Zytostatika

Zugabe von	Effekt auf … (vorbestehende Medikation) oder Effekt der Antiepileptika (= »INI« ↑/↓)														
	CBZ	ESM	FBM	GBP	LTG	LEV	MSM	OXC	PB	PHT	PRM	TGB	TPM	VPA	VGB	ZNS
Analgetika/Antipyretika																
Acetylsalicylsäure	0									↓/fA ↑				↓/fA ↑		
Azapropazon										⇑						
Bromfenac	BRO ↓						BRO ↓		BRO ↓	BRO ↓	BRO ↓					
(Dextro-) Propoxyphen	⇑						↑	↓/0	↑	⇑	↑					
Ibuprofen										⇑						
Mefenaminsäure										↓/fA ↑				↓/fA ↑		
Paracetamol	PAR ↓				↓		PAR ↓		PAR ↓	PAR ↓	PAR ↓					
Phenylbutazon									PHE ↓	↑/↓ (fA ↑)						
Tramadol	TRA ↓															
Antazida																
Aluminium-OH/Mg			0	(↓)						↓/0				↑		
Cimetidin	↑/0			↑			CIM ↓	0	↑/ CIM ↓	⇑	CIM ↓	(↑)	(↑)	↑		0
Omeprazol	↑									↑						
Ranitidin	0								0	(↑)/0				0		
Sucralfat										↓						
Antiemetika																
Granisetron	GRA ↓								GRA ↓	GRA ↓	GRA ↓					
Ondansetron	ODA ↓								ODA ↓	ODA ↓	ODA ↓					
Tropisetron	TRO ↓								TRO ↓	TRO ↓	TRO ↓					
Zytostatika																
Adriamycin	↓															
Bleomycin										⇓						
Busulfan										BUS ↓						
Carboplatin									0	⇓						
Carmustin									CAR ↓	⇓						
Ciclosporin A	CIC ↓						CIC ↓	CIC ↓	CIC ↓	CIC ↓	CIC ↓			CIC 0/↓		↑
Cisplatin	↓									⇓				↓		

Tab. 14.7: Fortsetzung S. 198

Zugabe von	Effekt auf ... (vorbestehende Medikation) oder Effekt der Antiepileptika (= »INI« ↑/↓)															
	CBZ	**ESM**	**FBM**	**GBP**	**LTG**	**LEV**	**MSM**	**OXC**	**PB**	**PHT**	**PRM**	**TGB**	**TPM**	**VPA**	**VGB**	**ZNS**
Cyclo-phosphamid							CYC ↓		CYC ↓	CYC ↓	CYC ↓					
Doxoru-bicin	↓						DOX ↓		DOX ↓	↓	DOX ↓			↓		
Ifosfamid									IFO ↓							
Metho-threxat							MET ↑		MET ↑	FA ↑/ MET ↑	MET ↑					
Tamoxifen										↑						
Teniposid									TEN ↓	TEN ↓						
UFT (Uracil/ Tegafur)										⇑						
Vincristin	VIN ↓															
	CBZ	ESM	FBM	GBP	LTG	LEV	MSM	OXC	PB	PHT	PRM	TGB	TPM	VPA	VGB	ZNS

Legende s. Tab. 14.4

Tab. 14.8 Pharmakokinetische Interaktionen von Antiepileptika mit Kalziumantagonisten, Kardiaka, Antikoagulanzien, Statinen sowie Vitaminen

Zugabe von	Effekt auf ... (vorbestehende Medikation) oder Effekt der Antiepileptika (= »INI« ↑/↓)															
	CBZ	**ESM**	**FBM**	**GBP**	**LTG**	**LEV**	**MSM**	**OXC**	**PB**	**PHT**	**PRM**	**TGB**	**TPM**	**VPA**	**VGB**	**ZNS**
Kalziumantagonisten																
Diltiazem	⇑								DIL ↓	⇑	DIL ↓					
Felodipin	FEL ↓							FEL ↓	FEL ↓	FEL ↓	FEL ↓					
Isradipin									ISR ↓							
Nicardipin									NIC ↓							
Nifedipin	↑								NIF ↓	⇑						
Nimodipin	NIM ↓								NIM ↓	NIM ↓	NIM ↓			NIM ↑		
Nisoldipin										NIS ↓						
Nivaldipin	NIV ↓								NIV ↓	NIV ↓	NIV ↓					
Verapamil	⇑/ VER ↓							(↓)	VER ↓	VER ↓	VER ↓					
Kardiaka																
Amiodaron	↑/0									⇑/ AMI ↓						

Tab. 14.8: Fortsetzung S. 199

Zugabe von	Effekt auf ... (vorbestehende Medikation) oder Effekt der Antiepileptika (= »INI« ↑/↓)															
	CBZ	**ESM**	**FBM**	**GBP**	**LTG**	**LEV**	**MSM**	**OXC**	**PB**	**PHT**	**PRM**	**TGB**	**TPM**	**VPA**	**VGB**	**ZNS**
Chinidin									CHI ↓	CHI ↓	CHI ↓			0		
Digitoxin/ Digoxin	DIG ↓					0			DIG ↓	↑/ DIG ↓	DIG ↓	0	DIG (↓)			
Disopyr-amid									DIS ↓	DIS ↓						
Lidocain									LID ↓	LID ↓						
Mexiletin										MEX ↓						
Propa-fenon									PRO ↓							
Propra-nolol									PRO ↓	↑/ PRO ↓				0		
Antikoagulanzien																
Heparin										fA ↑						
Phenpro-coumon	PHE ↓		PHE ↑					0	↑/ PHE ↓	↑/ PHE ↓	PHE ↓	0		PHE ↑		
Warfarin	WA-R ↓					0		0	WA-R ↓	WA-R ↑/ ↓	WA-R ↓					
Statine																
Atorva-statin	ATO ↓								ATO ↓	ATO ↓	ATO ↓					
Ceriva-statin	CER ↓								CER ↓	CER ↓	CER ↓					
Fluvastatin	FLU ↓								FLU ↓	FLU ↓	FLU ↓					
Lovastatin	LOV ↓								LOV ↓	LOV ↓	LOV ↓					
Simvastatin	SIM ↓								SIM ↓	SIM ↓	SIM ↓					
Vitamine und Ähnliches																
Folsäure	FOL ↓				FOL (↓)				FOL ↓	⇓/ FOL ↓	FOL ↓			FOL ↓		
Isotre-tinoin	↓(E ↓)															
Vitamin B_6									⇓/B_6 ↓	⇓	↓					
Vitamin D	VID ↓								VID ↓	VID ↓	VID ↓					
Vitamin K	VIK ↓								VIK ↓	VIK ↓	VIK ↓					
	CBZ	ESM	FBM	GBP	LTG	LEV	MSM	OXC	PB	PHT	PRM	TGB	TPM	VPA	VGB	ZNS

Legende s. Tab. 14.4

Tab. 14.9 Pharmakokinetische Interaktionen von Antiepileptika mit Hormonen/Steroiden, Narkotika sowie sonstigen Medikamenten

Zugabe von	**Effekt auf ... (vorbestehende Medikation) oder Effekt der Antiepileptika (= »INI« ↑/↓)**															
	CBZ	**ESM**	**FBM**	**GBP**	**LTG**	**LEV**	**MSM**	**OXC**	**PB**	**PHT**	**PRM**	**TGB**	**TPM**	**VPA**	**VGB**	**ZNS**
Hormone/Steroide																
Danazol	⇑ (E↓)									↑						
Dexamethason	DEX ↓								DEX ↓	↑, fA ↑/ DEX ↓	DEX ↓					
hormonelle Kontrazeptiva	HOR ↓	HOR ↓	HOR ↓	0	⇓/ HOR 0	0		HOR ↓	HOR ↓	HOR ↓	HOR ↓	0	HOR (↓)	0	0	0
Kortison	COR ↓								COR ↓	COR ↓	COR ↓					
Metyrapon	MET ↓								MET ↓	MET ↓	MET ↓					
Narkotika																
Fentanyl	FEN ↓															
Halothan										⇑						
Methadon	MET ↓								MET ↓	MET ↓	MET ↓					
Midazolam	MID ↓								MID ↓	MID ↓	MID ↓					
Pethidin									PET ↓	PET ↓						
Sonstige Medikamente																
Acetazolamid	⇑								↓/0	↑	↓/0					
Allopurinol	↑									⇑						
Aminophyllin/ Theophyllin	↓/ AMI ↓								AMI ↓	↓/ AMI ↓	AMI ↓	0				
Baclofen	↑/ BAC ↓															
Chinin	↑															
Chlorphenamin										⇑						
Clofibrat										↑						
Colestyramin														↓		
Diazoxid										⇓						
Dichloralphenazon										↓						
Disulfiram	↑								↑/0	⇑						
Donezepil	DON ↓								DON ↓	DON ↓	DON ↓					
Etrenitat	ETR ↓															

Tab. 14.9: Fortsetzung S. 201

Zugabe von	**Effekt auf ... (vorbestehende Medikation) oder Effekt der Antiepileptika (= »INI« ↑/↓)**															
	CBZ	**ESM**	**FBM**	**GBP**	**LTG**	**LEV**	**MSM**	**OXC**	**PB**	**PHT**	**PRM**	**TGB**	**TPM**	**VPA**	**VGB**	**ZNS**
Fentanyl	⇑															
Fenyramidol										⇑						
Furosemid									↑/ FUR ↓	↑/ FUR ↓	FUR ↓					
Gemfibrozil	↑															
Interferone									↑							
Mefloquin														↓		
Metformin													↑/ MET ↓/↑			
Methoxypsoralen										MET ↓						
Nicotinamid	↑								↑		↑					
Oxiracetam	OXI ↓															
Pantoprazol	0															
Procainamid										PRO ↓						
Tacrolimus										TAC ↓						
Terfenadin	fA ⇑									0						
Theophyllin/ Aminophyllin	↓/ THE ↓								THE ↓	↓/ THE ↓	THE ↓	0				
Ticlopidin	⇑									⇑						
Tizanidin										⇑						
Tolbutamid									TOL↑	↓/fA ↑ TOL↑						
Ziprasidon	ZIP ↓															
	CBZ	ESM	FBM	GBP	LTG	LEV	MSM	OXC	PB	PHT	PRM	TGB	TPM	VPA	VGB	ZNS

Legende s. Tab. 14.4

14.10 Alterstypische Komplikationen

Eine lange Zeit zu wenige beachtete typische Komplikation epileptischer Anfällen und Epilepsien sowie ihrer Therapie im höheren Lebensalter besteht in **Störungen der Knochenmineraldichte und Frakturen**. Die Häufigkeit von Frakturen ist deutlich erhöht, und anfallsassoziierte Frakturen sind bei Epilepsien im höheren Lebensalter auch ohne Trauma häufiger. Frakturen können auf anfallsbedingten Stürzen oder anderen Komplikationen einschließlich Nebenwirkungen von Antiepileptika wie Ataxie oder Gangstörungen anderer Genese beruhen, darüber hinaus auf einer erhöhten Frakturneigung aufgrund einer gestörten Knochenmineraldichte. Es ist schon längere Zeit bekannt, dass über das bekannte Osteoporoserisiko post-menopausaler Frauen hinaus eine zusätzliche Gefährdung besonders für solche Epilepsiepatienten im höheren Lebensalter besteht, die mit enzyminduzierenden Antiepileptika wie Carbamazepin, Phenobarbital, Phenytoin oder Primidon behandelt werden. Nachdem man zunächst davon ausgegangen war, dass Valproinsäure nicht mit diesem Problem behaftet ist, stellte sich bald heraus, dass dies ebenso der Fall ist. Etwa 40 % der weiblichen und 15 % der männlichen Epilepsiepatienten jenseits des 50. Lebensjahres erleiden mindestens eine osteoporotisch bedingte Fraktur.

Es empfiehlt sich, bei einer Epilepsie im höheren Lebensalter möglichst solche Antiepileptika zu meiden, von denen bekannt ist, dass sie eine Osteoporose verstärken. Dies gilt besonders bei Patienten mit einer Osteopenie oder solchen mit einem Risiko, eine Osteoporose zu entwickeln (wie z. B. immobile Patienten). Sofern auf Antiepileptika mit negativen Effekten auf den Knochenstoffwechsel nicht verzichtet werden kann, sollte in regelmäßigen Abständen die Knochenmineraldichte bestimmt und gegebenenfalls eine Gabe von Vitamin D erfolgen. Die empfohlene Tagesdosis von Kalzium beträgt an dem 65. Lebensjahr für Männer und Frauen 1500 mg. Bei gegebener Indikation sollte auch eine Therapie mit Biphosphonaten oder Parathormon eingeleitet werden.

Die Informationen zu neuen Antiepileptika und ihren Auswirkungen auf die Knochenmineraldichte sind derzeit noch unvollständig und erlauben noch keine abschließende Bewertung. Unabhängig von der Auswahl des eingesetzten Antiepileptikums sollten Epilepsiepatienten im höheren Lebensalter vermehrt im Hinblick auf mögliche Störungen der Knochenmineraldichte kontrolliert werden. Eine asymptomatische Osteoporose wird von betroffenen Epilepsiepatienten nicht als Nebenwirkung angegeben und kann auch nicht durch eine klinische Untersuchung erfasst werden. Weitere systematische Studien zur Fraktur- und Osteoporoseproblematik bei Epilepsiepatienten im höheren Lebensalter sind erforderlich (Krämer 2005).

14.11 Auswirkung auf die Straßenverkehrstauglichkeit

In Deutschland richtet sich die Beurteilung der Kraftfahrtauglichkeit von Menschen mit epileptischen Anfällen und Epilepsien nach dem früher missverständlich als „Gutachten" bezeichneten und seit der fünften Auflage in „Begutachtungs-Leitlinien" umbenannte Text „Krankheit und Kraftverkehr" (s. Kap. 50). Er ist 2000 in einer überarbeiteten sechsten Auflage als „Begutachtungs-Leitlinien zur Kraftfahrereignung" erschienen, bei der fast alle Änderungsvorschläge der Führerscheinkommission der Deutschen Sektion der Internationalen Liga gegen Epilepsie (Krämer et al. 1999) und auch Harmonisierungsbemühungen auf europäischer Ebene berücksichtigt worden sind. Der aktuelle Text lautet wie folgt (Gruppe 1 entspricht im wesentlichen dem früheren Führerschein Klasse III und den neuen Klassen A, B, B+E mit den Unterklassen A1 und B1; Gruppe 2 entspricht im wesentlichen dem früheren Führerschein Klasse II und den neuen Klassen C, C+E, D, D+E mit den Unterklassen C1, C1+E und D1+E). Da für ältere Patienten die Fahrtauglichkeit für Gruppe-2-Fahrzeuge in der Praxis keine Rolle spielt, werden hier nur die **Leitlinien** für die Gruppe 1 wiedergegeben (Lewrenz 2000):

1. Wer unter persistierenden epileptischen Anfällen oder anderen anfallsartig auf-

tretenden Bewusstseinsstörungen leidet, ist in der Regel nicht in der Lage, den gestellten Anforderungen zum Führen von Kraftfahrzeugen der Gruppe 1 gerecht zu werden, solange ein wesentliches Risiko von Anfallsrezidiven besteht.

2. Gleiches gilt bei nicht-epileptischen Anfällen mit akuter Beeinträchtigung des Bewusstseins oder der Motorik wie narkoleptischen Reaktionen, affektiven Tonusverlusten, kardiovaskulären Synkopen, psychogenen Anfällen u. a.
3. **Ausnahmen von der Regel** sind unter anderem gerechtfertigt
   - bei einfachen fokalen Anfällen, die keine Bewusstseinsstörung und keine motorische, sensorische oder kognitive Behinderung für das Führen eines Fahrzeugs zur Folge haben und bei denen nach mindestens einjähriger Verlaufsbeobachtung keine relevante Ausdehnung der Anfallssymptomatik und kein Übergang zu komplex-fokalen oder generalisierten Anfällen erkennbar wurde,
   - bei ausschließlich an den Schlaf gebundenen Anfällen nach mindestens dreijähriger Beobachtungszeit.
4. Ein wesentliches **Risiko von Anfallsrezidiven** ist **nicht** anzunehmen
   - nach einem einmaligen Anfall (nach einer Beobachtungszeit von 3–6 Monaten),
   - wenn der Anfall an bestimmte Bedingungen geknüpft war (Gelegenheitsanfall) – wie z. B. an Schlafentzug, Alkoholkonsum oder akute Erkrankungen (Fieber, Vergiftungen, akute Erkrankungen des Gehirns oder Stoffwechselstörungen) – und der Nachweis erbracht wurde, dass jene Bedingungen nicht mehr gegeben sind. Bei Gelegenheitsanfällen im Rahmen einer Alkoholabhängigkeit ist eine zusätzliche Begutachtung durch Fachärzte für Neurologie, Psychiatrie oder Rechtsmedizin erforderlich.
   - wenn die neurologische Abklärung weder Hinweise auf eine ursächliche morphologische Läsion noch auf eine beginnende idiopathische Epilepsie ergeben hat.
   - wenn der Betroffene ein Jahr anfallsfrei geblieben ist und kein wesentliches Risiko weiterer Anfälle besteht. Bei langjährig bestehenden, bislang therapieresistenten Epilepsien beträgt die erforderliche anfallsfreie Zeit 2 Jahre. Das Elektroenzephalogramm (EEG) muss dabei nicht von den für Epilepsie typischen Wellenformen frei sein. Eine massiv ausgeprägte Spike-wave-Tätigkeit im EEG, eine im Verlauf nachgewiesene Zunahme von generalisierten Spike-wave-Komplexen und fokalen Sharp waves sowie die Persistenz einer Verlangsamung der Grundaktivität können Indikatoren für eine Rezidivneigung sein.
   - nach Anfällen, die nur kurze Zeit (etwa 2 Wochen) nach Hirnoperationen oder Hirnverletzungen aufgetreten sind, nach einem anfallsfreien Intervall von einem halben Jahr.

Gleichzeitig bestehende **weitere körperliche oder psychische Krankheiten und Störungen** bzw. sonstige Besonderheiten sind bei der Begutachtung mit zu berücksichtigen, ggf. durch Hinzuziehung weiterer, für die jeweilige Fragestellung zuständige Fachärzte mit verkehrsmedizinischer Qualifikation.

Bei **Beendigung einer antiepileptischen Therapie** (Ausschleichen) mit Absetzen der Antiepileptika ist den Betroffenen für die Dauer der Reduzierung und des Absetzens des letzten Medikamentes sowie die ersten 3 Monate danach zu raten, wegen des erhöhten Risikos eines Anfallsrezidivs kein Kraftfahrzeug zu führen. Ausnahmen sind in gut begründeten Fällen möglich (lange Anfallsfreiheit, insgesamt wenige Anfälle, Epilepsie-Syndrom mit niedrigem Rezidivrisiko, erfolgreiche epilepsiechirurgische Behandlung).

Im Falle eines **Anfallsrezidivs** genügt in der Regel eine Fahrunterbrechung von 6 Monaten, wenn vorher die vorgeschriebene anfallsfreie Frist eingehalten wurde.

Bei Fahrerlaubnisinhabern oder Fahrerlaubnisbewerbern, die dauernd mit Antiepileptika behandelt werden müssen, dürfen keine **Intoxikationen** oder andere **unerwünschte zentralnervöse Nebenwirkungen** erkennbar sein.

Es dürfen keine die erforderliche Leistungsfähigkeit ausschließenden **hirnorganischen Veränderungen** vorliegen.

Bei Fahrerlaubnisinhabern beider Gruppen sind **Kontrolluntersuchungen** in Abständen von 1, 2 und 4 Jahren erforderlich. Mit zunehmender Dauer der Anfallsfreiheit verlieren EEG-Befunde an Bedeutung.

Begründung (Auszug):

Es ist unerheblich, ob anfallsartig auftretende Bewusstseinsstörungen diagnostisch als epileptische Anfälle anzusehen sind oder nicht. Auch Anfälle mit Prodromen schließen nicht die Annahme aus, dass es beim Führen eines Kraftfahrzeuges zu gefährlichen epileptischen Reaktionen kommen kann.

Ob eine besondere Gefahrenlage durch ein Anfallsleiden besteht, ist stets im Einzelfall zu klären. Es gibt z. B. postoperative und posttraumatische Anfälle, die schon nach kürzerer Zeit wieder verschwinden, so dass ein anfallsfreies Intervall von mindestens zwei Jahren nicht unbedingt abgewartet zu werden braucht. Das gleiche gilt für operativ behandelte Epilepsiekranke, die nach der Operation mindestens 1 Jahr anfallsfrei geblieben sind. Jede Beurteilung muss den besonderen, hier keineswegs vollständig aufgezählten Umständen gerecht werden. Dem Betroffenen muss zugemutet werden, den günstigen Verlauf im Einzelfall zu belegen. Aus diesem Grunde kann aus ärztlicher Sicht das Kriterium einer eventuell positiven Beurteilung nicht allein die vom Erkrankten selbst behauptete Zeit der Anfallsfreiheit sein. Die Angabe muss vielmehr durch den **Nachweis einer regelmäßigen ärztlichen Überwachung** und – soweit möglich – durch **Fremdanamnese** gesichert werden. Außerdem sind entsprechende Zuverlässigkeit und Selbstverantwortung eine wichtige persönliche Voraussetzung.

Mit ausreichender Wahrscheinlichkeit lässt sich die günstige Entwicklung nur durch wiederholte, dem Einzelfall angepasste Kontrolluntersuchungen untermauern. In Zweifelsfällen können das EEG und Antiepileptika-Serumspiegelbestimmungen hinzugezogen werden, ausnahmsweise auch eine Langzeit-EEG-Untersuchung. Es ist nicht gerechtfertigt, allein aus dem EEG Konsequenzen für die Beurteilung der Eignung zum Führen von Kraftfahrzeugen zu ziehen.

14.12 Reisemedizin: krankheitsbedingte Empfehlungen

Auch im höheren Lebensalter ist eine zunehmende Mobilität inklusive von Fern- und Flugreisen zu verzeichnen. Besonderheiten für Epilepsiepatienten bestehen dabei u. a. im Hinblick auf Zeitverschiebungen im adäquaten Fortführen der Dauermedikation sowie der Prophylaxe von Schlafentzug, daneben in Reiseimpfungen und einer Malariaprophylaxe sowie Beschränkungen der Transportbedingungen von Fluggesellschaften. Grundsätzlich sollten Menschen mit einer Epilepsie die in **Tab. 14.10** aufgeführten Aspekte vor einer Reise berücksichtigen. Bei ausreichender Vorbereitung und adäquaten Schutzmaßnahmen sind Reisen auch für ältere Menschen mit Epilepsie meist ohne größere Probleme möglich. Die Beratung sollte dabei eine Zusammenarbeit zwischen dem

Neurologen und Hausarzt oder Internisten, bei Bedarf auch einen Tropen- und Reisemediziner beinhalten. Zu Einzelheiten muss auf die Spezialliteratur verwiesen werden (Bauer et al. 2003).

Tab. 14.10 Allgemeine gesundheitliche Reisevorbereitungen bei Fernreisen

- Konsultation des Arztes mindestens zwei Monate vor einer Reise in die Tropen, sonst vier Wochen vor der Abreise,
- Notwendige Impfungen (bei Tropenreisen ggf. auch Malariaprophylaxe) mit Eintragung in den internationalen Impf- und Notfallausweis,
- Konsultation der Fluggesellschaft vor Buchen der Reise bei Einschränkung der Reisefähigkeit, insbesondere der Flugreisefähigkeit,
- Information zu hygienischen und klimatischen Verhältnissen sowie zur ärztlichen Versorgung am Reiseort,
- Bei Bedarf Auslandskranken- und -rückholversicherung abschließen (cave: Ausschluss vorbestehender Erkrankungen),
- Kopie des aktuellen Arztbriefes oder gesonderte Bescheinigung mit der aktuellen antiepileptischen Medikation (Inhaltsstoffe und Dosierung) mitnehmen, bei Bedarf auch in englischer Sprache,
- Ausreichend Antiepileptika inklusive Notfallmedikation mitnehmen und Dritte über deren Anwendung informieren,
- Weitere Reiseapotheke nach individuellen Bedürfnissen zusammenstellen, unter Berücksichtigung von Reiseziel und Dauermedikation,
- Schlafregulierung vor Flugreisen (z. B. Meiden von Schlafmangel),
- Regelung der Fahrtauglichkeit am Reisezielort/-land beachten.

Bei ängstlichen Patienten sowie solchen mit einem nennenswerten Anfallsrisiko während der Reise ist die vorübergehende zusätzliche Gabe eines Benzodiazepins am Tag vor der Reise sowie dem Tag der Reise selbst sinnvoll. Dabei hat sich wegen der vergleichsweise geringen Sedierung z. B. Clobazam (Frisium) in einer Dosis von 10–15 mg bewährt. Gegebenenfalls sollte der Patient die Wirkung des Benzodiazepins an einem Wochenende vor Antritt der Reise überprüfen.

14.13 Prognose

Die **Prognose** von epileptischen Anfällen und Epilepsien im höheren Lebensalter ist meist gut, das heißt bei gegebener Verträglichkeit wird im Vergleich zu jüngeren Patienten häufiger eine Anfallsfreiheit erreicht. Das **Rezidivrisiko** ist am höchsten bei persistierenden kortikalen Veränderungen und epilepsietypischen Potentialen im EEG sowie bei einer zunächst schwer einstellbaren Epilepsie bzw. einer langen Zeitdauer bis zum Erreichen der Anfallsfreiheit. Nach einer mehrjährigen Anfallsfreiheit kann bei einer Epilepsie die Beendigung einer antiepileptischen Therapie diskutiert werden, wegen der meist symptomatischen Genese wird man sich aber nur ausnahmsweise dazu entschließen. Dabei sind neben den (Status- und Verletzungsgefahr) auch die sozialen Konsequenzen (z. B. Verlust der Fahrtauglichkeit) zu berücksichtigen. Sollten sich Patient und Arzt für einen Absetzversuch entscheiden und es kommt zu einem Anfallsrezidiv, kann durch Wiederaufnahme der vorher erfolgreichen Medikation in ca. 90 % der Fälle wieder eine Anfallsfreiheit erlangt werden.

14.14 Flankierende Maßnahmen

Neben den betroffenen Patienten sollten – mit deren Zustimmung – auch Angehörige sowie gegebenenfalls professionelle Betreuer über eine neu aufgetretene Epilepsie im höheren Lebensalter und damit im Zusammenhang stehende Fragen wie vermehrte Beachtung einer unfallsicheren

Einrichtung, Einnahme der verordneten Medikamente oder das Führen eines Anfallskalenders informiert werden. Gerade bei älteren Patienten hat es sich bewährt, tabellarische Einnahmeschemata der Medikation einschließlich der Einnahmezeitpunkte mitzugeben. Ist eine zuverlässige Einnahme durch die Patienten selbst beispielsweise wegen einer Demenz nicht mehr möglich, muss eine ausreichende Kontrolle durch Bezugspersonen gewährleistet sein.

Das Ausmaß einer verständlichen und angemessenen Information der Patienten sowie gegebenenfalls auch ihrer Angehörigen und die Compliance sind auch bei der Behandlung von Epilepsien im höheren Lebensalter unmittelbar miteinander verknüpft. Ein sehr wichtiger Faktor ist auch die Einnahmehäufigkeit von Medikamenten, wobei sich mit zunehmender Zahl eine rückläufige Compliance zeigt. Insgesamt ist die Compliance von älteren Patienten im Vergleich zu jüngeren in der Regel aber nicht schlechter, in einigen Untersuchungen sogar deutlich besser. Eine dennoch unregelmäßige oder sogar fehlende Einnahme der Medikamente ist von den älteren Patienten oft nicht beabsichtigt, sondern u. a. ebenfalls Folge von Begleiterkrankungen wie Sehstörungen, zunehmender Vergesslichkeit bis hin zu einer Demenz oder körperlicher Behinderungen mit eingeschränkter Mobilität. Oft tragen auch zu komplizierte Einnahmeschemata von zahlreichen verschiedenen Medikamenten mit zu häufiger Applikation am Tag und unterschiedlicher Beziehung zu Mahlzeiten zu einer gestörten Compliance bei. Schließlich sind soziale Faktoren wie Alleinleben oder Heimaufenthalt von Bedeutung.

Besonders bei ohnehin seltenen Anfällen bleibt ein gelegentliches Vergessen der Medikation meist ohne unmittelbare negative Konsequenzen. Daraus ziehen manche Betroffene den trügerischen Schluss, dass sie die Medikamente überhaupt nicht benötigen, was eine weiter abnehmende Compliance begünstigt. Einige bewährte Maßnahmen zur Verbesserung der Compliance im höheren Lebensalter sind nachfolgend zusammengestellt.

Zehn „goldene Regeln“ zur Verbesserung der Compliance im höheren Lebensalter bei epileptischen Anfällen und Epilepsien:

1. Verständliche und ausreichende Information der Betroffenen und evtl. auch ihrer Angehörigen über ihre Krankheiten und die damit verbundenen Risiken und Behandlungsmöglichkeiten (incl. der Berücksichtigung von Störungen des Lesens, Hörens, Sprachverständnisses und Gedächtnisses),
2. Information der Betroffenen und evtl. auch ihrer Angehörigen über jedes einzelne Medikament und seine Risiken,
3. Beachtung von medizinischen und psychosozialen Problemen und Zielsetzungen (incl. finanzieller und organisatorischer Aspekte),
4. Verordnung von möglichst wenigen unterschiedlichen Medikamenten mit möglichst einfachen Medikationsschemata (nur 1–2 Einnahmen am Tag, keine geteilten oder geviertelten Dosen etc.),
5. Erfragen und evtl. Erproben von Methoden zur Prophylaxe von vergessenen Einnahmen (incl. Plazieren der Medikamente z. B. auf Nachttisch und am Frühstückstisch, Herausnehmen der Medikamente aus Packungen mit Kindersicherungen, Benutzen von Tages- oder Wochendosetten etc.),
6. Einnahmeanweisungen von den Patienten verbal wiederholen lassen,

7. Benutzung eines Anfallskalenders und Sicherstellung einer ausreichenden Überwachung zur Erfassung schwerwiegender unerwünschter Wirkungen,
8. Regelmäßige Gelegenheit für die Betroffenen und bei Bedarf auch ihre Angehörigen, Fragen zu den einzelnen Medikamenten zu stellen,
9. Angebot von Telefonkontakten bei Besonderheiten,
10. Aushändigung von schriftlichem Informationsmaterial incl. tabellarischer Darstellung der verschiedenen Medikamente mit Einnahmezeitpunkten und evtl. Besonderheiten (vor, bei oder nach Mahlzeit, mit oder ohne Flüssigkeit etc.) incl. Vorgehen bei Vergessen einer Dosis.

Literatur

Arroyo S, Krämer G (2001) Treating epilepsy in the elderly: safety considerations. Drug Safety 24:991–1015

Bauer J, Burchard G-D, Krämer G, Lösch R (2003). Reisen und Epilepsie. Z Epileptol 16: 19–38

Brodie MJ, Overstall PW, Giorgi L, The UK Lamotrigine Elderly Study Group (1999) Multicentre, double-blind, randomised comparison between lamotrigine and carbamazepine in elderly patients with newly diagnosed epilepsy. Epilepsy Res 37:81–87

Cleary P, Shorvon S, Tallis R (2004) Late-onset seizures as a predictor of subsequent stroke. Lancet 363:1184–1186

Commission on Classification and Terminology of the International League Against Epilepsy (1981) Proposal for revised clinical and electroencephalographic classification of epileptic seizures. Epilepsia 22:489–501

Commission on Classification and Terminology of the International League Against Epilepsy (1989) Proposal for revised classification of epilepsies and epileptic syndromes. Epilepsia 30:389–399

Hauser WA, Annegers JF (1997) Epidemiology of acute symptomatic seizures. In: Engel J Jr, Pedley TA (eds) Epilepsy. A Comprehensive Textbook, Vol 1. Raven-Lippincott, Philadelphia New York, pp 87–91

Krämer G (1998) Epilepsien im höheren Lebensalter. Klinik und Besonderheiten der Pharmakotherapie. Thieme, Stuttgart New York

Krämer G, Bauer J, Runge U, Lewrenz H (1999) Epilepsie und Führerschein: Stellungnahme der Führerscheinkommission der Deutschen Sektion der Internationalen Liga gegen Epilepsie zur geplanten 6. Auflage der „Begutachtungs-Leitlinien zur Kraftfahreignung“. Epilepsieblätter 12:72–78

Krämer G (2004) Interaktionen. In: Fröscher W., F.Vasella, A.Hufnagel (Hrsg) Die Epilepsien. Grundlagen – Klinik – Behandlung. Zweite, völlig neu bearbeitete und erweiterte Auflage. Schattauer Verlag, Stuttgart New York, S 602–615

Krämer G (2005) Besondere Bedeutung von Knochenstoffwechselstörungen bei Epilepsien im höheren Lebensalter. Z Epileptol 18:184–187

Lewrenz H (Bearbeiter) (2000) Begutachtungs-Leitlinien zur Kraftfahrereignung des Gemeinsamen Beirats für Verkehrsmedizin beim Bundesminister für Verkehr, Bau- und Wohnungswesen und beim Bundesministerium für Gesundheit. 6. Aufl. Berichte der Bundesanstalt für Straßenwesen (Reihe „Mensch und Sicherheit“). Wirtschaftsverlag NW, Verlag für neue Wissenschaft, Bremerhaven

Nieto-Barrera M, Brozmanova M, Capovilla G et al. (Lamictal vs. Carbamazepine Study Group) (2001) A comparison of monotherapy with lamotrigine or carbamazepine in patients with newly diagnosed partial epilepsy. A comparison of monotherapy with lamotrigine or carbamazepine in patients with newly diagnosed partial epilepsy. Epilepsy Res 46:145–155

Rowan AJ, Ramsay RE, Collins JF et al., VA Cooperative Study 428 Group (2005) New onset geriatric epilepsy: a randomized study of gabapentin, lamotrigine, and carbamazepine. Neurology 64:1868–1873

Tallis R, Hall G, Craig I, Dean A (1991) How common are epileptic seizures in old age? Age & Ageing 20:442–448

15 Hirnnervenerkrankungen

Frank Thömke und Wolfgang Heide

Einleitung

Schädigungen einzelner Hirnnerven führen zu ganz charakteristischen Ausfällen (s. **Tab. 15.1**). Dabei gibt es zwar keine besonderen Formen, die ausschließlich im höheren Lebensalter auftreten, wohl aber solche, die als Symptom von Erkrankungen entstehen, die bevorzugt in diesem Lebensabschnitt auftreten. Hierbei handelt es sich in erster Linie um Patienten mit einem vaskulären Risikoprofil, v. a. mit Diabetes mellitus und Hypertonus oder mit malignen Erkrankungen.

Schädigungen einzelner Hirnnerven werden bei Patienten mit relevanten Gefäßrisikofaktoren auf mikrovaskuläre Infarkte der

Tab. 15.1 Die einzelnen Hirnnerven und ihre Funktionen

Hirnnerven	Innervation	Funktionen
I Nervi olfactorii		Riechen
II N. opticus		Sehen
III N. oculomotorius	**extraokuläre Muskeln**	
	M. rectus medialis	Adduktion des Auges
	M. rectus superior	Hebung (und Innenrotation) des Auges
	M. rectus inferior	Senkung (und Außenrotation) des Auges
	M. obliquus inferior	Außenrotation (und Hebung) des Auges
	M. levator palpebrae	Hebung des Augenlides
	parasympathische Innervation	
	M. sphincter pupillae	Verengung der Pupille
	M. ciliaris	Akkomodation (Regulation der Brechkraft der Linse)
IV N. trochlearis	M. obliquus superior	Innenrotation (und Senkung) des Auges
V N. trigeminus	sensible Innervation von Gesicht, Nase, Mundhöhle	
	Innervation der Kaumuskulatur	
	propriozeptive Afferenzen von der Kaumuskulatur	

Hirnnerven	Innervation	Funktionen
VI N. abducens	M. rectus lateralis	Abduktion des Auges
VII N. facialis	mimischen Muskulatur und des Platysma	
	Glandula lacrimalis	Tränensekretion
	Glandulae sublingualis	Speichelsekretion
	Geschmack: Afferenzen von den vorderen 2/3 der Zunge	
	sensible Afferenzen vom Mittelohr und Tuba Eustachii (mit N. IX)	
VIII N. vestibulocochlearis	Gleichgewicht: Afferenzen vom Labyrinth (Bogengänge, Sakkulus, Utrikulus)	
	Gehör: Afferenzen von der Cochlea	
IX N. glossopharyngeus	Schlundmuskulatur (mit N. X)	
	Glandula parotis	Speichelsekretion
	Geschmack: Afferenzen vom hinteren 1/3 der Zunge	
	sensible Afferenzen vom hinteren 1/3 der Zunge und Rachen	
	sensible Afferenzen vom Mittelohr und Tuba Eustachii (mit N. VII)	
X N. vagus	Schlund- und Kehlkopfmuskulatur (mit N. IX)	
	parasympathische Innervation der Brust- und Bauchorgane	
	Afferenzen von den Bauchorganen	
XI N. accessorius	M. sternocleidomastoideus	dreht den Kopf zur Gegenseite
	M. trapezius	hebt die Schulter
XII N. hypoglossus	Zungenmuskulatur	

peripheren Hirnnervenabschnitte nach Austritt aus bzw. Eintritt in den Hirnstamm infolge einer Erkrankung der Vasa nervorum zurückgeführt. Diese Annahme basiert auf histopathologischen Untersuchungen einiger Patienten mit teilweise schon Jahre zurückliegenden Okulomotoriusparesen, bei denen kleine Ischämieareale im peripheren Nervenverlauf gefunden worden waren. Allerdings wurden gleichartige Veränderungen auch bei Patienten beschrieben, die keine Okulomotoriusparese gehabt hatten. Umschriebene Infarkte im Bereich der durch den Hirnstamm verlaufenden intra-axialen Hirnnervensegmente können ebenfalls zu isolierten Hirnnervenausfällen führen und wurden in den vergangenen 15 Jahren zunehmend häufig als einziges Symptom von Hirnstamminfarkten und -blutungen berichtet (**s. Tab. 15.2**), deren

Tab. 15.2 Einseitige Hirnnervenausfälle als einziges Symptom magnetresonanztomographisch, seltener computertomographisch nachgewiesener Hirnstamminfarkte und -blutungen (für die Literaturstellen der meist kasusistischen Mitteilungen s. Thömke 2002)

Hirnnerv	Betroffenes Areal	Anzahl Patienten
N. oculomotorius	Mittelhirninfarkt	30
	Mittelhirnblutung	9
N. trochlearis	Mittelhirnblutung	6
	Mittelhirninfarkt	4
N. abducens	Ponsinfarkt	15
	Ponsblutung	2
N. trigeminus	Ponsbutung	5
	Ponsinfarkt	3
N. facialis	Ponsinfarkt	3
	Ponsblutung	1
N. vestibulocochlearis – vestibulärer Anteil	Ponsinfarkt	2

Nachweis meist magnetresonanz-, seltener computertomographisch erfolgte (Thömke 1999, 2002).

Hirnnervenschädigungen bei bösartigen Erkrankungen entstehen entweder durch eine direkte Einwirkung des Tumors auf den/die jeweiligen Nerven oder indirekt infolge einer intrakraniellen Ducksteigerung. Bei den tumorassoziierten Hirnnervenausfällen überwiegen Metastasen oder eine Meningeosis carcinomataosa bzw. lymphomatosa gegenüber hirneigenen Tumoren. Dabei kann die Verteilung der betroffenen Hirnnerven Rückschlüsse auf den Ort der Schädigung geben.

Nn. olfactorii

s. Kap. 25

15.1 N. opticus und Netzhaut

15.1.1 Vaskuläre Erkrankungen der Netzhaut

Beim **Zentralarterienverschluss** kommt es zu einer plötzlichen schmerzlosen Erblindung eines Auges, während bei **Zentralarterienastverschlüssen** Teile des Gesichtfeldes erhalten bleiben und meist ein sektorförmiges Skotom entsteht. Ursache ist ein akuter Ausfall der Durchblutung der gesamten oder von Teilen der Netzhaut infolge von Embolien in die A. centralis retinae oder einzelner ihrer Äste, die im höheren Lebensalter ihren Ausgang von arteriosklerotischen Wandveränderungen und hochgradigen Stenosen der gleichseitigen A. carotis interna nehmen oder kardiogen verursacht werden.

Klinisch ist bei erblindeten Patienten auf der betroffenen Seite die direkte Lichtreaktion der Pupille ausgefallen, bei Astverschlüssen ist die Pupillenreaktion normal, im Gegensatz zu Optikusläsionen. Ophthalmoskopisch findet sich typischerweise eine wegen des Netzhautödems grau-weiß verfärbte Netzhaut, abgesehen von der kirschrot imponierenden Makula (dort schimmert die Aderhaut durch), und die Arterien sind eng gestellt mit Kaliberschwankungen.

Da die Ganglienzellen der Retina schon nach 1–1½ h irreversibel geschädigt sind, kommen auch umgehend eingeleitete Behandlungsversuche fast immer zu spät. Durch Bulbusmassagen kann versucht werden, den Embolus bzw. die Emboli in die Gefäßperipherie zu befördern. Die intravenöse Gabe von Carboanhydrasehemmern soll über einen verminderten Augeninnendruck zu einer verbesserten Durchblutung der Netzhaut führen. Eine systemische Fibrinolyse, bei der in Einzelfällen Besserungen beschrieben worden sind, ist mit potentiellen Blutungskomplikationen behaftet und nur bei ausgesuchten Patienten innerhalb der ersten (max. 6 h) durchführbar (Arnold et al. 2005). Gezielter und besser wirksam ist die lokale intraarterielle Fibrinolyse, die möglichst rasch durch einen interventionell tätigen Neuroradiologen durchgeführt werden sollte und trotz der relativ kurzen Ischämietoleranz der retinalen Ganglienzellen noch bis zu 24 h nach Auftreten des Zentralarterienverschlusses zu einer Symptomrückbildung führen kann (Schumacher 1993).

Da **Zentralarterien- und Zentralarterienastverschlüsse** immer das Symptom degenerativer oder entzündlicher Gefäßerkrankungen sind, muss eine umfassende **vaskuläre Diagnostik** erfolgen (Duplexsonographie der extrakraniellen Gefäße, ggf. transthorakale bzw. transösophageale Echokardiographie), insbesondere muss auch eine Arteriitis temporalis (s. Kap. 22) durch die Bestimmung der Entzündungsparameter mit BSG, CRP und anderer Akutphasenproteine ausgeschlossen werden.

Amaurosis fugax meint eine nur Sekunden bis einige Minuten, selten auch 1–2 h, andauernde, plötzlich auftretende schmerzlose einäugige Blindheit oder Gesichtsfeldausfälle. Auch hierbei handelt es sich meist um embolische Zentralarterien- oder Zentralarterienastverschlüsse, die sich aber spontan wieder auflösen, analog den transitorisch ischämischen Attacken (TIA) des Gehirns. Ursachen und notwendige Diagnostik entsprechen dem bleibender Zentralarterienverschlüsse. Insbesondere hochgradige ispilaterale A. carotis interna-Stenosen sollten wegen der Gefahr im weiteren Verlauf auftretender Schlaganfälle nicht übersehen werden, allerdings ist das Schlaganfallrisiko signifikant geringer als nach TIA mit zerebralen Symptomen.

Eine sich oft über Tage bis einige Wochen hinziehende Gesichtsfeldeinschränkung und Visusverschlechterung kennzeichnet **Verschlüsse der Zentralvene** oder ihrer Äste. Riskofaktoren sind ein Hypertonus, Diabetes mellitus, Hypercholesterinämie, eine hohe Blutviskosität, Nikotinabusus und Gerinnungsstörungen.

15.1.2 Erkrankungen des N. opticus

Läsionen des N. opticus lassen sich neben dem unterschiedlichen Fundusbefund aufgrund folgender klinischer Kriterien von retinalen Läsionen unterscheiden:

- Leitsymptom ist meist eine deutliche Visusminderung mit zentralem oder parazentralem Skotom, kein sektorförmiges oder peripheres Skotom.
- Es kommt auf dem betroffenen Auge zu einer Farbentsättigung, d. h. Farben werden im Seitenvergleich blasser und oft auch dunkler/grauer wahrgenommen.
- Das betroffene Auge zeigt eine relative afferente Pupillenstörung beim Wechselbelichtungs-(Swinging-flashlight)-Test: In einem partiell abgedunkelten Raum werden die Pupillen alternierend in ra-

schem Wechsel von 2–3 s beleuchtet, vorzugsweise mit einer eher diffusen Lichtquelle von schräg unten. Normalerweise kommt es jeweils nach dem Wechsel zu einer kurzen phasischen Pupillenkonstriktion. Bei Optikusläsionen fehlt diese, oder es kommt sogar zu einer transienten leichten Pupillenerweiterung (Wilhelm 1998).

Leitsymptom der bevorzugt ab dem 6.–7. Lebensjahrzehnt auftretenden **ischämischen Optikusneuropathien** ist der plötzliche schmerzlose Gesichtsfeld- oder Visusverlust auf einem Auge. Hierbei wird eine häufigere **anteriore** ischämische Optikuneuropathie (AION) von der seltenen **posterioren** ischämischen Optikusneuropathie (PION) abgegrenzt. Während die genaue Pathogenese der PION unklar ist, werden als Ursache der AION Papilleninfarkte im Zinn-Haller-Gefäßkranz angenommen. Dabei handelt es sich in aller Regel um partielle Infarkte, die zu einer bei der Ophthalmoskopie erkennbaren blassen Schwellung der Papille oder von Papillensegmenten mit streifigen Einblutungen, die zu entsprechenden Gesichtsfeldausfällen führen („Apoplexia papillae"). Häufigste Ursache ist eine Mikroangiopathie dieser kleinen Arterien infolge Arteriosklerose bei Hypertonus und/oder Diabetes mellitus. Die diagnostische Abklärung entspricht der bei Zentralarterienverschlüssen. Eine in ihrer Wirksamkeit belegte Therapie gibt es bislang nicht.

Ein wichtiger Entstehungsmechanismus einer AOIN sind entzündliche Gefäßverschlüsse bei einer **Arteriitis temporalis** (s. Kap. 22), die ebenfalls bevorzugt im höheren Lebensalter auftreten. Dabei entwickeln ca. 25 % der Patienten mit Arteriitis temporalis im Verlauf eine AOIN. Bei begründetem Verdacht, insbesondere bei hoher BSG und begleitenden heftigen Kopfschmerzen, ist auch ohne sichere histologische Diagnose umgehend eine Behandlung mit Steroiden einzuleiten (Beginn mit 1 mg Prednisolon/kgKG). So kann der drohende Visusverlust des anderen Auges vermieden werden, da bei eingetretener Schädigung eines Auges das andere noch gesunde Auge eine hohe Wahrscheinlichkeit hat, innerhalb der nächsten Tage zu erblinden.

Die wichtigste Differentialdiagnose zur ischämischen Optikusneuropathie im Alter sind **Kompressionssyndrome des N. opticus**. Ursächlich sind entweder Tumoren des N. opticus selbst (Optikusgliome) oder der ihn umgebenden Hirnhäute (Optikusscheidenmeningeome) oder eine Kompression durch fremde Tumoren sowohl im Canalis opticus als auch im intrakraniellen Verlauf, insbesondere Orbitatumoren, Metastasen, Meningeome des Keilbeins, des Nervus olfactorius oder des Tuberculum sellae, oder durch große Hypophysenadenome. Alternativ kann die Kompression durch ein Riesenaneurysma der A. carotis interna bedingt sein oder durch eine endokrine Orbitopathie beim M. Basedow, bei der in 5 % der Fälle der N. opticus durch die Infiltration und entzündliche Schwellung der Augenmuskeln und des orbitalen Bindegewebes komprimiert und dauerhaft geschädigt werden kann. Leitsymptom der kompressiven Optikusläsion ist meist kein plötzlicher, sondern ein langsam fortschreitender Visusverlust mit Gesichtsfeldausfällen, die je nach Lokalisation des Tumors nicht unbedingt das parazentrale Gesichtsfeld, sondern oft eher die Peripherie betreffen, z. B. temporal oder im Sinne einer Quadrantenanopsie. Fast immer geht mit der Visusstörung eine relative afferente Pupillenstörung einher sowie meist eine Optikusatrophie mit scharf begrenzter abgeblasster Papille, selten mit Papillenödem. Die visuell evozierten Potentiale (s. Kap. 9.1) können genauso verzögert oder amplitudengemindert sein wie bei der AION oder bei der Optikusneuritis. Unter Kortison kommt es zu einer Funktionsverbesserung infolge des antiödematösen Effektes, dies kann eine Optikusneuritis vortäuschen. Somit ist bei langsam progredienten Optikussymptomen immer eine entsprechende kernspintomographische Abklärung nativ und nach Kontrastmittelgabe erforderlich. Oft lässt sich die Diagnose an typischen Begleitsymptomen erkennen, wie zum Beispiel dem Exophthalmus und der Lidretraktion bei der endokrinen Orbitopathie, einem Exophthalmus bei orbitalen Tumoren, einer Chemosis oder von Augenmuskelparesen bei Tumoren im Bereich der Sinus cavernosus, einer Anosmie bei Olfaktoriusmeningeomen. Solche Begleitsymptome können aber auch völlig fehlen. Die kompressive Optikusneuropathie kann rasch zur Erblindung führen, insofern ist meist eine rasche neurochirurgische Intervention erforderlich. Differentialdiagnostisch können auch granulomatöse Entzündungen zu einer Kompression oder Neuropathie des N. opticus führen, wie z. B. der Morbus Wegener, der Morbus Boeck oder die Tuberkulose.

Eine weitere Schädigungsursache für den N. opticus ist die **Stauungspapille**, die im hohen Lebensalter nicht aufgrund eines Pseudotumor cerebri entsteht, sondern entweder infolge einer intrakraniellen Drucksteigerung durch Tumoren oder Metastasen, oder infolge einer Meningeosis carcinomatosa mit Infiltration der Optikusscheiden. Diagnostisch wegweisend ist das typische Fundusbild mit randunscharfer, prominenter, vergrößerter Papille, gestauten Venen und streifenförmigen Blutungen am Papillenrand, ätiologisch die Kernspintomographie sowie ggf. bei Verdacht auf Meningeosis die Liquoruntersuchung.

Optikusneuritiden findet man im hohen Alter nur selten, meist im Rahmen von systemischen entzündlichen Erkrankungen wie Kollagenosen oder granulomatösen Entzündungen, aber auch als relativ seltene Komplikation eines Zoster ophthalmicus. Dann ist eine hochdosierte intravenöse Aciclovirtherapie erforderlich.

Gerade auch im hohen Alter kommen **Optikusneuropathien metabolischer Genese** vor, z. B. führt ein Vitamin B12-Mangel zu einer retrobulbären Optikusneuropathie, auch ein Vitamin B2-Mangel oder ein Mangel an Nicotinamid können eine Optikusneuropathie zur Folge haben. Der Vitamin B12-Mangel spielt neben anderen Faktoren eine Rolle bei der **Tabak-Alkohol-Amblyopie**, bei der sich innerhalb weniger Tage bis Wochen ein progredienter Visusverlust mit zentralen oder zentrozökalen Skotomen und dann eine irreversible Optikusatrophie entwickelt, auf Grund einer Demyelisierung des papillomakulären Bündels des N. opticus mit nachfolgendem Faserverlust. Die Erkrankung tritt bei etwa 1 von 200 hospitalisierten Alkoholikern auf und ist möglicherweise die Extremvariante einer Optikusaffektion, die in den meisten Fällen subklinisch bleibt. Als pathogenetischen Mechanismus vermutet man eine Beeinträchtigung mitochondrialer Funktionen in bestimmten Anteilen der Retina. Therapeutisch ist eine rasche und hochdosierte Substitution von Vitaminen des B-Komplexes, eine Korrektur der Mangelernährung und natürlich eine Tabak- und Alkoholkarenz erforderlich.

15.1.3 Zentrale Sehstörungen

Als **Differentialdiagnose zu Retina- oder Optikuserkrankungen** haben Sehstörungen im Alter oft eine zentrale zerebrale Ursache (Huber und Kömpf 1998). Am häufigsten sind **Infarkte** im Versorgungsgebiet der A. cerebri posterior, die zu kontralateralen homonymen Quadranten- oder Hemianopsien führen. Pathogenetisch liegt häufig eine kardiale Hirnembolie bei Vorhofflimmern zugrunde. Temporo-okzipitale oder parietale Hirninfarkte verursachen höhere visuelle Wahrnehmungsstörungen wie visuellen Neglect, Raumorientierungsstörungen oder Agnosien. Letztere sind auch Leitsymptom bei der visuellen Variante der Alzheimer-Demenz, der **posterioren korti-**

kalen Atrophie. Posteriore Hirnläsionen, auch Tumoren, können einfache (Phosphene) oder komplexe visuelle Halluzinationen verursachen, die entweder als Reizphänomen geschädigter visueller Kortexareale (bei frischen Infarkten) oder als visuelle Aura im Rahmen einer symptomatischen Epilepsie zu erklären sind. **Epileptische Halluzinationen** sind stereotyp, oft farbig, bei okzipitalem Fokus initial hemianop konfiguriert und breiten sich über das Gesichtsfeld aus, zum Teil begleitet von einer Blickwendung. Bei temporalem Fokus sind die Halluzinationen komplex und häufig multimodal, das Bewusstsein kurzzeitig verändert oder getrübt („dreamy state").

Eine fast nur im hohen Alter auftretende Störung mit visuellen Halluzinationen ist das **Charles-Bonnet-Syndrom**, bei dem bei normalem Bewusstsein lang andauernde komplexe, meist gegenständliche visuelle Halluzinationen auftreten, oft variable Bilder oder Szenen aus der Erinnerung. Zugrunde liegt in 90 % eine hochgradige Visusminderung, meist aufgrund einer Augenerkrankung (z. B. Makuladegeneration oder sogar Enukleation eines Auges), während sich für eine psychiatrische oder neurologische Erkrankung, eine Demenz oder eine Läsion der zentralen Sehbahn oder des visuellen Kortex kein Anhalt findet. Man erklärt diese Halluzinationen als Enthemmungs(„Release")-Phänomen, d. h. die visuelle Deafferentierung führt zur Freisetzung visueller Repräsentationen (Kömpf 1998).

15.2 Okulomotorische Hirnnerven

15.2.1 Vaskuläre okulomotorische Hirnnervenparesen

Hierbei handelt es sich um die wohl bedeutendste Gruppe okulomotorischer Hirnnervenausfälle. Betroffen sind Patienten, bei denen nach Ausschluss anderer Ursachen eine **Ischämie des peripheren Nervs** angenommen wird, wenn relevante Gefäßrisikofaktoren (Diabetes, Hypertonus, Zeichen einer generalisierten Arteriosklerose usw.) vorliegen. Dabei sind, wie auch bei anderen zerebrovaskulären Erkrankungen, typischerweise Patienten im höheren Lebensalter erkrankt, wobei die **diabetischen Okulomotorius- und Abduzensparesen** die größte klinische Bedeutung haben (Huber und Kömpf 1998, Leigh und Zee 1999, Thömke 2002).

In verschiedenen Untersuchungen größerer (und heterogener) Gruppen lag der Anteil vaskulärer Okulomotoriusparesen zwischen 17,2 und 23,8 % (im Gesamtdurchschnitt bei 19,8 % von 1 260 Patienten), der vaskulärer Tochlearisparesen zwischen 4,9 und 35,8 % (im Gesamtdurchschnitt bei 14,7 % von 741 Patienten), und der vaskulärer Abduzensparesen zwischen 8,9 und 36,5 % (im Gesamtdurchschnitt bei 16,9 % von 2 187 Patienten) (Thömke 2001).

N. oculomotorius: Bei der Mehrzahl (ca. 70–80 %) diabetischer Okulomotoriusparesen besteht keine Pupillenstörung (Hopf und Gutmann 1990, Thömke et al. 1995). Starke, meist frontal betonte oder um das Auge herum lokalisierte Kopfschmerzen sind ein häufiges Begleitsymptom. Sie sind unterschiedlich häufig bei 40–90 % der Patienten mitgeteilt worden und können auch schon vor Auftreten der Parese in Erscheinung treten. Sie werden auf eine Irritation afferenter, im N. oculomotorius verlaufender Fasern des trigeminalen Systems zurückgeführt.

Nn. trochlearis und abducens: Vaskuläre Paresen weisen gegenüber Schädigungen dieser Nerven durch andere Uraschen keine klinischen Besonderheiten auf.

Neben der Annahme mikroangiopathischer Infarkte des Nervenstamms nach Austritt aus bzw. Eintritt in den Hirnstamm wurden in den vergangenen Jahren zunehmend häufig auch Patienten mit isolierten einseitigen okulomotorischen Hirnnervenschädigungen bei bildgebend dokumentierten Hirnstamminfarkten und -blutungen mitgeteilt (**s. Tab. 15.2**) (Thömke 1999 und 2002). Klinisch sind diese Hirnnervenausfälle nicht von solchen bei Schädigungen peripherer Nervenabschnitte nach Austritt aus dem Hirnstamm zu unterscheiden.

Das klinische Spektrum von Okulomotoriusparesen bei Schädigungen des intramesenzephalen Nervenabschnitts umfasst:

- komplette, alle vom N. oculomotorius innervierten Muskeln betreffende Paresen mit und ohne Beteiligung der pupillomotorischen Fasern,
- inkomplette Paresen, die eine Schädigung des Ramus superior (Mm. levator palpebrae und rectus superior) oder Ramus inferior (Mm. rectus inferior, rectus medialis und obliquus inferior) imitieren,
- isolierte Paresen einzelner extraokulärer Muskeln oder des M. sphincter pupillae.

Umschriebene Mittelhirninfarkte scheinen eine wesentlich wahrscheinlichere Erklärung inkompletter vaskulärer Okulomotoriusparesen zu sein: Die Axone zu den vom N. oculomotorius innervierten Augenmuskeln verlaufen im Mittelhirn viel weiter voneinander entfernt als im Nerv außerhalb des Hirnstamms, so dass bei einem Infarkt des peripheren Nervs schwerer ausgeprägtere Paresen zu erwarten sind, die aufgrund der Anordnung der Axone im N. oculomotorius alle extraokularen Muskeln in etwa gleicher Ausprägung betreffen müssten. Darüber hinaus wurde im Verlauf diabetischer Okulomotoriusparesen nie eine aberrierende Regeneration gesehen, die bei Schädigungen peripherer Nervensegmente außerhalb des Hirnstammes gesehen werden kann.

Epidemiologie

Ausfälle okulomotorischer Hirnnerven sind möglicherweise nicht so selten wie gemeinhin angenommen. Die Häufigkeit solcher Störungen lässt sich bislang nur für Okulomotorius- und Abduzensparesen abschätzen, wobei die Daten der wenigen vorliegenden Untersuchungen zum Teil erheblich voneinander abweichen. So lag der Anteil isolierter Okulomotoriusparesen an allen MR-tomographisch nachgewiesenen Mittelhirninfarkten zwischen 0 und 9 % (Bogousslavsky et al. 1994; Kumral et al. 2002b). Isolierte Abduzensparesen wurden bei 6 von 150 Patienten mit einem Ponsinfarkt beschrieben (Kumral et al. 2002a). Da gut ein Drittel aller Infarkte im vertebrobasilären Stromgebiet den Pons, ca. 1/6 den ponto-medullären Übergang, und 10 % das Mittelhirn betreffen (Marx et al. 2004), wären aufgrund dieser Daten bei ca. 2 % aller Patienten mit Infarkten im hinteren Kreislauf Abduzens- oder Okulomotoriusparesen als einziges Symptom zu erwarten. Diese Größenordnung entspricht eigenen Erfahrungen mit MRT-dokumentierten Läsionen. Hier ist aber einschränkend zu berücksichtigen, dass die Mehrzahl dieser Patienten ohne hochauflösende MRT-Dünnschichten untersucht worden sind, der wirkliche Anteil also durchaus höher liegen kann, worauf auch abnorme elektrophysiologische Befunde hindeuteten (Thömke 1999). So fanden sich bei 40 von 50 aufeinander folgenden Patienten mit einer Okulomotorius- und bei 20 von 40 mit einer Abduzensparese elektrophysiologische Hinweise auf ursächliche Mittelhirn- bzw. Ponsläsionen (Thömke 2002). Diese Befunde deuten darauf hin, dass bei Patienten im mittleren und höheren Lebensalter mit vaskulären Risikofaktoren, insbesondere Diabetes mellitus und Hypertonus, kleine Mittelhirn- bzw. Ponsinfarkte die möglicherweise bedeutendste Ursache von Okulomotorius- und Abduzensparen sind.

Diagnostik

Der MR-tomographische Nachweis eines Infarktes oder einer Blutung im Verlauf eines intra-axialen Hirnnervenabschnitts belegt überzeugend die Ursache des Hinnervenausfalls. Durch Untersuchung mit dünneren (2–3 mm) Schichten und die Einführung neuerer Techniken (z. B. diffusionsgewichtete MRT, FLAIR [fluid attenuated inversion recovery]-Sequenzen) konnte die Nachweisrate solcher Läsionen sicher erhöht werden. Allerdings kann die Größe funktionell relevanter Hirnstammläsionen unter der Nachweisgrenze der MRT liegen. Auch muss eine läsionelle Beeinträchtigung von Hirnstammstrukturen nicht notwendigerweise deren strukturelle Integrität stören oder gar zerstören, so dass mit der MRT keine Läsion nachzuweisen ist. Dies belegen verschiedene Studien, bei denen bei zentralpathologischen elektrophysiologischen Veränderungen von Blink- und Masseterreflex, akustisch evozierten Potentialen sowie von Sakkaden und langsamen Augenfolgebewegungen keine korrespondierenden MRT-Läsionen (Thömke 2002) nachzuweisen waren.

Funktionell relevante Hirnstammläsionen können auch durch elektrophysiologische Untersuchungen wahrscheinlich gemacht werden. Hierzu müssen zwei grundsätzliche Voraussetzungen erfüllt sein:

1. Zentrale Hirnstammreflexbögen und Hirnstammnetzwerke, über die bestimmte Augenbewegungen generiert werden, müssen eine enge anatomische Beziehung zu den jeweiligen intra-axialen Hirnnervensegmenten haben.
2. Die Besserung oder Rückbildung abnormer elektrophysiologischer Befunde sollte mit einer Besserung oder Rückbildung der jeweiligen Hirnnervenparese einhergehen.

Verlauf: Hirnnervenausfälle infolge umschriebener Hirnstamminfarkte bilden sich nahezu immer innerhalb einiger Wochen bis einiger (maximal 6) Monate vollständig zurück.

15.2.2 Okulomotorische Hirnnervenparesen bei malignen Erkrankungen

Maligne Erkrankungen als Ursache okulomotorischer Hirnnervenausfälle haben beim N. abducens die größte und beim N. trochlearis die geringste Bedeutung. So lag der Anteil solcher Paresen in verschiedenen Untersuchungen größerer (und heterogener) Gruppen beim N. abducens zwischen 6,7 und 30,9 % (im Gesamtdurchschnitt bei 20,0 % von 2 187 Patienten); beim N. oculomotorius zwischen 3,8 und 18,2 % (im Gesamtdurchschnitt bei 11,6 % von 1 260 Patienten), und beim N. trochlearis zwischen 4,1 und 8,3 % (im Gesamtdurchschnitt bei 5,6 % von 576 Patienten) (Thömke 2001).

15.2.3 Differentialdiagnose okulomotorischer Hirnnervenparesen

Eine vollständiger Ausfall des N. oculomotorius oder N. abducens macht keinerlei differentialdiagnostische Schwierigkeiten, wohl aber partielle Okulomotoriusläsionen. Hier sind im höheren Lebensalter wegen der großen Bedeutung zerebrovaskulärer Erkrankungen als zentrale Störungen in erster Linie die internukleäre Ophthalmoplegie (besser: Ophthalmoparese), sowie die Ocular Tilt Reaction und Skew Deviation zu nennen (Thömke 2001, Heide und Kömpf 2005).

Internukleäre Ophthalmoplegie (INO): Ursache ist eine Schädigung des Fasciculus longitudinalis medialis (MLF) auf der Seite der Adduktionsparese. Axone der internukleären Neurone des Abduzenskerns kreuzen auf Kernniveau zur Gegenseite und steigen im MLF zu den Rectus-medialis-Motoneuronen im Okulomotoriuskern der Gegenseite auf. Im Gegensatz zu einer inkompletten Okulomotoriusparese ist bei den meisten Patienten mit einer INO die Adduktion bei der Konvergenz erhalten, weil die supranukleären Impulse von Konvergenzneuronen im Mittelhirn stammen und bei MLF-Läsionen ausgespart bleiben. Die weit verbreitete Annahme, dass eine unilaterale INO üblicherweise Ausdruck eines Hirnstamminfarktes und eine bilaterale INO nahezu pathogonomisch für eine multiple Sklerose sei, ist in dieser Form nicht haltbar. So führen Hirnstamminfarkte zwar häufiger zu ein- als zu beidseitigen INOs, sind aber in größeren Kollektiven noch bei ca. 20–30 % der Patienten Ursache einer bilateralen INO. Diese Hirnstamminfarkte gehen meist mit weiteren klinischen Zeichen eines Pons- oder Mittelhirnläsion einher, können aber auch einziges Symptom eines Hirnstamminfarktes sein.

Okular Tilt Reaction und **Skew Deviation**: Es handelt sich um recht häufig bei Hirnstammläsionen auftretende Störungen, die bei 30 bzw. 20 % einseitiger Hirnstamminfarkte gesehen werden. Ursache ist eine Schädigung „gravizeptiver" Bahnen, über die Informationen von den Otolithen und den vertikalen Bogengängen nach Umschaltung im Vestibulariskern zu den okulomotorischen Kerngebieten des Mittelhirns und dem Nucleus interstitialis (Cajal) im rostralen Mittelhirn geleitet werden. Die okular Tilt Reaction ist eine Symptomkombination aus (a) einer Vertikaldivergenz der Augen, (b) einer konjugierten Verrollung beider Augen in Richtung des tiefer stehenden Auges, und (c) einer Kopfneigung zur Seite des tiefer stehenden Auges. Die Vertikaldivergenz der Augen mit Verrollung beider Augen in Richtung des tiefer stehenden Auges ohne Kopfneigung wird als Skew Deviation (Hertwig Magendie-Schielstellung) bezeichnet. Die meist gleichzeitig vorhandenen klinischen Zeichen einer gestörten Hirnstamm- und/oder Kleinhirnfunktion erlauben häufig die differentialdiagnostische Abgrenzung zu peripheren Paresen einzelner Augenmuskeln mit vertikaler Funktionsrichtung. Bei fehlenden zusätzlichen Zeichen einer Hirnstammschädigung kann eine Skew Deviation eine Heberparese des tiefer stehenden oder eine Senkerparese des höher stehenden Auges vortäuschen. Da bei der Skew Deviation die Ausprägung der Vertikaldivergenz typischerweise (wenn auch nicht immer) in allen Blickrichtungen gleich ist, kann hierdurch oft eine Senker- oder Heberparese ausgeschlossen werden, bei denen die Vertikaldivergenz beim Blick in Funktionsrichtung des paretischen Muskels zunimmt. Die selteneren Formen der okular Tilt Reaction und Skew deviation, bei denen die Vertikaldivergenz in verschiedenen Blickrichtungen nicht konstant ist, können über den Nachweis der Verrollung beider Augen (z. B. Fundusfotographie, Maddox-Stäbchentest) von einer inkompletten Okulomotorius- oder einer Trochlearisparese abgegrenzt werden. Die übrigen Differentialdiagnosen von Okulomotorius-, Trochlearis- und Abduzensparesen (s. **Tab. 15.3**) sind im höheren Lebensalter von nur geringer Bedeutung.

Schädigung okulomotorischer Hirnnervenkerne: Klinisch kann im Einzelfall ein Hirnnervenausfall infolge einer Schädigung des im Hirnstamm verlaufenden Nervenabschnittes (Faszikel) nicht von einer Schädigung des Nerven nach Austritt aus bzw. vor Eintritt in den Hirnstamm abgegrenzt werden. Die gilt – mit Ausnahme von Okulomotorius- und Abduzenskernläsionen – auch für die Differentialdiagnose infra-

oder pränukläre Hirnnervenschädigung vs. Kernschädigung.

Tab. 15.3 Differentialdiagnose erworbener okulomotorischer Hirnnervenausfälle

N. oculomotorius
- Internukleäre Ophthalmoplegie
- Skew deviation
- Kongenitale Okulomotoriusparese
- Duane-Syndrom, Typ 2
- Strabismus deorso-adductorius
- Vertikales Retraktionsyndrom
- Monokuläre Heberparese
- Monokuläre Senkerparese
- Brown-Syndrom
- Endokrine Orbitopathie
- Okuläre Myasthenie
- Okuläre Myositis

N. trochlearis
- Skew deviation
- Kongenitale Trochlearisparese
- Strabismus surso-adductorius
- Endokrine Orbitopathie
- Okuläre Myasthenie
- Okuläre Myositis

N. abducens
- Kongenitale Abduzensparese
- Duane-Syndrom, Typ 1
- Duane-Syndrom, Typ 3
- Moebius-Syndrom
- Konvergenzspasmus
- Supra- bzw. pränukleäre Abduktions-Parese
  - „hintere" internukleäre Ophthalmoplegie
  - „pseudo-sixth" (Pseudo-Abduzensparese)
  - „acute thalamic esotropia" (akute thalamische Esotropie)
- Endokrine Orbitopathie
- Okuläre Myasthenie
- Okuläre Myositis

Ein okulomotorischer Hirnnervenausfall infolge einer Schädigung des im Hirnstamm verlaufenden Nervenabschnittes kann klinisch nicht von einer Schädigung des Nerven nach Austritt aus dem Hirnstamm abgegrenzt werden. Allerdings ergeben sich bei Okulomotorius- und Abduzenskernläsionen – im Gegensatz zu den übrigen Hirnnerven – klinische Unterschiede zwischen einer Kern- und einer Nervenschädigung.

Bei einer **Okulomotoriuskernschädigung** findet sich neben der (a) ipsiläsionellen Okulomotoriusparese eine (b) kontraläsionelle – insgesamt also bilaterale – Rectus superior-Parese und eine (c) kontraläsionelle – insgesamt also bilaterale – Ptose.

a) Die **ipsiläsionelle Okulomotoriusparese** ist meist, aber nicht immer vollständig, wobei der M. sphincter pupillae, der M. rectus superior und der M. levator palpebrae ausgespart sein können.

b) **Bilaterale Rectus superior-Parese:** Die Axone der Rectus superior-Motoneurone kreuzen und ziehen durch den Rectus superior-Subnukleus der Gegenseite. Eine einseitige Kernläsion wird also die ipsiläsionellen Rectus superior-Motoneurone für den kontraläsionellen M. rectus superior schädigen und oft auch die gekreuzten Axone der kontraläsionellen Rectus superior-Motoneurone für den ipsiläsionellen M. rectus superior. Dies führt zu einer bilateralen Rectus superior-Parese und imponiert klinisch wie eine supranukleäre Blickparese nach oben.

c) **Bilaterale Ptose:** Die Motoneurone für den M. levator palpebrae beider Seiten liegen im Nucleus centralis caudalis, einem einzigen Kerngebiet median und dorsal am kaudalen Ende des Okulomotoriuskernkomplexes. Eine Schädigung dieses Kerns betrifft also die Lidheber-Motoneurone beider Seiten und führt so zur bilateralen Ptose. Bei unvollständigen, nur die rostralen Anteile des Okulomotoriuskernkomplexes betreffenden Läsionen kann der Nucleus centralis caudalis ausgespart sein, so dass keine bilaterale Ptose auftritt.

Von den bislang mitgeteilten Patienten mit einer Okulomotoriuskernschädigung hatten über die Hälfte eine bilaterale Rectus superior-Parese **und** eine bilaterale Ptose und ca. 1/3 eine bilaterale Rectus superior-Parese **ohne** kontraläsionelle, also ohne bi-

laterale, Ptose. Eine bilaterale Ptose ohne ipsiläsionelle, also ohne bilaterale Rectus superior-Parese wurde dagegen nur ausnahmsweise beobachtet.
Allerdings gibt es noch Berichte über einzelne Patienten mit MR-tomographisch nachgewiesenen Läsionen (Infarkt, Tumor) in der Region des Okulomotoriuskerns, die den klinischen Befund einer isolierten, vollständigen oder partiellen ipsiläsionellen Okulomotoriusparese zeigten, hier könnten zum Teil auch die Okulomotorius-Faszikel mitgeschädigt sein.
Eine einseitige **Schädigung des Abduzenskerns** führt zu einer **ipsiläsionellen horizontalen Blickparese** (= ipsiläsionelle Abduktions- und kontraläsionelle Adduktionsparese). Im Abduzenskern liegen ohne strenge räumliche Trennung (a) die Motoneurone für den ipsilateralen M. rectus lateralis und (b) internukleäre Neurone, deren Axone auf der Ebene des Abduzenskerns zur Gegenseite kreuzen und im Fasciculus longitudinalis medialis zu den Rectus medialis-Motoneuronen im Okulomotoriuskern der Gegenseite aufsteigen. So führt die einseitige Schädigung des Abduzenskerns zur

a) Läsion der Rectus lateralis-Motoneurone, was zur ipsiläsionellen Rectus lateralis-Parese führt und
b) Läsion der internukleären Neurone, was zur kontraläsionellen Rectus medialis-Parese führt, so dass insgesamt eine ipsiläsionelle horizontale Blickparese resultiert. Eine „nukleäre Abduzensparese“ gibt es nicht!

15.2.4 Okulomotorische Auffälligkeiten älterer Menschen

Gesunde ältere Menschen können eine Reihe okulomotorischer Auffälligkeiten aufweisen, die bei jüngeren Menschen Ausdruck einer Schädigung des ZNS wären. So kann im Einzelfall die **Unterscheidung pathologisch/altersphysiologisch** unmöglich sein. Zu diesen Befunden zählen:

- Eingeschränkte Blickwendung nach oben,
- Konvergenzschwäche,
- Diskret sakkadierte langsame Folgebewegungen,
- Square Wave Jerks (Gegenrucke) sind unwillkürlich auftretende rasche horizontale Augenbewegungen (Sakkaden), die das Fixieren eines Sehobjektes unterbrechen. Dabei werden die Augen rasch vom fixierten Objekt weg bewegt und nach einem kurzen Intervall (Größenordnung: 150–200 ms) durch eine weitere Sakkade zurück zum ursprünglichen Fixationspunkt bewegt. Die Amplitude dieser unwillkürlichen Augenbewegungen liegt zwischen 1 und 5°. Klinisch imponieren Square Waves als feinschlägige horizontale Oszillationen der Augen, die die Fixation unterbrechen,
- Abnehmende Sakkadengeschwindigkeit.

Besonders hervorzuheben ist in diesem Zusammenhang die mit zunehmenden Alter zunehmend eingeschränkte Blickwendung nach oben (Chamberlain 1971), so dass eine vertikale Blickparese nach oben vorgetäuscht werden kann. Wenn gleichzeitig die Konvergenz beeinträchtigt ist, was mit zunehmenden Alter häufiger der Fall ist, dann kann eine solche Kombination aus einer Konvergenzschwäche und eingeschränkter vertikaler Blickwendung nach oben eine Mittelhirnschädigung vortäuschen. Darüber hinaus zeigen ältere Menschen oft auch eine gewisse Sakkadierung der langsamen Folgebewegungen. Bei allen diesen Auffälligkeiten ist der Übergang zu pathologisch zu wertenden Veränderungen fließend. Dabei kann als Faustregel gelten, dass solche okulomotorischen Auffälligkeiten wesentlich wahrscheinlicher altersphysiologisch sind, wenn weitere Hinweise auf eine Schädigung des ZNS fehlen.
Die bei gesunden älteren Menschen möglicherweise auftretenden kleinamplitudigen

Square Wave Jerks haben meist keine funktionelle Bedeutung. Schließlich ist die mit zunehmendem Alter eintretende Abnahme der Sakkadengeschwindigkeit und zunehmende Latenz der Initiierung von Sakkaden weder klinisch fassbar noch funktionell bedeutsam.

15.3 N. trigeminus

15.3.1 Vaskuläre Schädigungen des intrapontinen N. trigeminus

Die klinisch bedeutsamste Ursache von Sensibilitätsstörungen im Gesicht sind wohl akute Durchblutungsstörungen im vertebrobasilären Stromgebiet, die dann, wie z. B. beim Wallenberg-Syndrom, mit weiteren Zeichen einer Hirnstammschädigung einhergehen. Isolierte Symptome eine sensiblen Trigeminusneuropathie infolge zerebrovaskulärer Ponserkrankungen sind dagegen ausgesprochen selten (s. **Tab.15.2**).

15.3.2 Zoster ophthalmicus

Beim Herpes Zoster handelt es sich um eine keineswegs seltene entzündliche Erkrankung des Nervensystems, die jährlich bei 3–5 von 1 000 Einwohnern auftritt, wobei die höchsten Erkrankungsraten im höheren Lebensalter gesehen werden. Zehn bis 15 % eines Herpes Zoster sollen den 1. Trigeminusast, den N. ophthalmicus betreffen. Typischerweise treten zunächst stechende, brennende oder kribbelnde schmerzhaft-unangenehme Mißempfindungen im Versorgungsgebiet des N. ophthalmicus auf, ehe – fast immer innerhalb von 3–4 Tagen – hier die diagnostisch richtungsweisenden Bläschen auftreten. Nicht selten kommt es zu Paresen extraokulärer Muskeln mit und ohne Ptosis, die auf eine Beteiligung okulomotorischer Hirnnerven hinweisen. Die wohl größte Gefahr besteht in einer komplizierenden Keratitis mit Hornhautulzerationen.

Aciclovir (5-mal 800 mg) oder Famciclovir (3-mal 250 mg) oder Brivudin (1-mal 125 mg) p.o. für 7 Tage verkürzt die Dauer der akuten einschießenden Schmerzen und führt zu einer schnelleren Abheilung der Bläschen, sofern die Behandlung rechtzeitig, d. h. bis spätestens 48–72 h nach Auftreten der Hautveränderungen begonnen wird. Bei kompliziertem Verlauf (Beteiligung anderer Trigeminusäste oder Hirnnerven oder des N. opticus) oder bei immunsupprimierten Patienten sollte die Aciclovirtherapie intravenös erfolgen (3-mal 10 mg/kgKG). Die Wahrscheinlichkeit postherpetischer Schmerzen wird durch eine rechtzeitige antivirale Therapie vermindert. Zur Behandlung der postherpetischen Neuralgie hat sich Amitriptylin (beginnend mit 25 mg retard zur Nacht, Steigerung in 25 mg-Schritten bis auf maximal 25–25–25–75 mg) bewährt. Oft und insbesondere bei einschießenden Schmerzen werden zusätzlich Antikonvulsiva gegeben (z. B. Carbamazepin, Gabapentin oder Pregabalin). Als adjuvante Therapie ist bei abgeheilten Effloreszenzen Capsaicin-Salbe (4–5-mal tgl.) sinnvoll.

Trigeminusneuralgie

s. Kap. 22

15.4 N. facialis

15.4.1 Idiopathische Fazialisparese

Die Häufigkeit der idiopathischen Fazialisparese (Bell-Lähmung) nimmt mit zunehmendem Alter offenbar nicht zu, sondern ab. Allerdings ist die Prognose dieser Lähmung im Alter deutlich schlechter als im mittleren Erwachsenenalter (Peitersen 2002). Darüber hinaus sind ein Diabetes und Hypertonus, an denen ja viele ältere Menschen leiden, zusätzliche Faktoren, die mit einer schlechten Prognose assoziiert sind und oft eine Kontraindikation für die ansonsten empfohlene Steroidtherapie darstellen (Kastrup 2003).

15.4.2 Fazialisparesen bei malignen Erkrankungen

Für die Annahme, dass die Häufigkeit von Schädigungen des N. facialis durch Tumoren der Schädelbasis, des Pons oder einer Meningeosis carcinomatosa mit zunehmendem Alter ansteigt, liegen keine Studiendaten vor.

15.4.3 Zoster oticus

Eine im Alter häufigere Ursache peripherer Fazialisparesen ist der Zoster oticus, der meist mit typischen Schmerzen und Bläschen im äußeren Gehörgang und einem peripheren Vestibularisausfall einhergeht. Oft zeigt der Liquor eine lymphozytäre Pleozytose. Die Therapie besteht in intravenösem Aciclovir (3-mal 5–10 mg/kgKG) über 7–10 Tage.

Spasmus hemifacialis

s. Kap. 18b

N. vestibulocochlearis

s. Kap. 16

15.5 Kaudale Hirnnerven

15.5.1 Gemeinsamkeiten der Entstehung

Als Ursache kaudaler Hirnnervenausfälle stehen im höheren Lebensalter Meningeome oder maligne Tumoren der Schädelbasis und eine Meningeosis carcinomatosa bzw. lymphomatosa im Vordergrund. Eine insgesamt seltene, aber zunehmend häufiger beobachtete – und möglicherweise unterschätzte – Ursache von Hirnnervenläsionen ist die A. carotis interna-Dissektion, wobei insbesondere die kaudalen Hirnnerven, besonders der N. hypoglossus betroffen sind. Gleichzeitig tritt fast immer ein ipsilateraler halbseitiger Kopfschmerz und meist auch ein ipsilaterales Horner-Syndrom auf (Schädigung des Plexus caroticus [postganglionäre Fasern vom Ganglion cervicale superius]).

15.5.2 N. glossopharyngeus und N. vagus

Schädigungen von N. glossopharyngeus und N. vagus sollen wegen der gemeinsamen Innervation der Schlundmuskulatur gemeinsam behandelt werden. Eine alleinige Schädigung des N. glossopharyngeus bleibt gar nicht so selten unbemerkt, da das leichte ispiläsionelle Herabhängen des Gaumensegels („Kulissenphänomen") und die Lähmung der Rachenhinterwand oft zu keinen subjektiven Symptomen führt, solange der N. vagus noch intakt ist. Umgekehrt führt ein isolierter einseitiger Vagusausfall bei intaktem N. glossopharyngeus ebenfalls zu keiner relevanten Schluckstörung, wohl aber zu heiserem Sprechen infolge der Stimmbandlähmung. Gemeinsame Glossopharyngeus- und Vagus-Läsionen werden dann zu einer Schluckstörung (Lähmung des Pharyngsmuskulatur) und einer nasalen Sprache (Gaumensegellähmung) führen.

15.5.3 N. accessorius

Neben Tumoren der Hirnbasis und malignen Infiltrationen der Meningen treten Läsionen des N. accessorius oft auch bei einer Neck-Dissektion und nach Lymphknotenbiopsien auf. Klinisch imponiert ein Herabhängen der Schulter bei der Lähmung oberer Trapeziusanteile und eine Schwäche beim Drehen des Kopfes zur Gegenseite (Lähmung des M. sternocleidomastoideus).

15.5.4 N. hypoglossus

Die Läsion des N. hypoglossus führt zu einer im Verlauf mit einer Atrophie einhergehenden Lähmung einer Zungenhälfte. Dabei weicht die herausgestreckte Zunge zur Seite der Lähmung ab.
Differentialdiagnostisch ist eine supranukleäre Zungenlähmung abzugrenzen. Diese ist einerseits nicht so ausgeprägt wie die Lähmung infolge einer Nervenschädigung, da die supranukleären Projektionen zu den Motoneuronen der Zungenmuskulatur im Hypoglossuskern zu etwa gleichen Teilen von beiden Hemisphären kommen. So kann der Ausfall der Pyramidenbahn einer Seite durch die intakten Projektionen der anderen Seite zum Teil kompensiert werden. Darüber hinaus führen einseitige N. hypoglossus-Läsionen im Verlauf einiger Wochen bis Monate zu einer erkennbaren Atrophie der betroffenen Zungenhälfte, die bei zentralen Zungenlähmungen fehlt.
Ein **gemeinsamer Ausfall von N. glossopharyngeus, N. vagus und N. accessorius** ist aus anatomischen Gründen bei Prozessen im Bereich des Foramen jugulare (z. B. Glomustumor) möglich.

Literatur

Arnold M, Koerner U, Remonda L, Nedeltchev K, Mattle HP, Schroth G, Sturzenegger M, Weber J, Koerner F (2005) Comparison of intra-arterial thrombolysis with conventional treatment in patients with acute central retinal artery occlusion. J Neurol Neurosurg Psychiatry 76:196–199

Bogousslavsky J, Maeder P, Regli F, Meuli R (1994) Pure midbrain infarction: Clinical syndromes, MRI, and etiologic patterns. Neurology 44:2032–2040

Chamberlain W (1971) Restriction in upward gaze with advancing age. Am J Ophthalmol 71:341–346

Heide W, Kömpf D (2005) Augenbewegungsstörungen. In: Wallesch W (Hrsg) Neurologie. Urban & Fischer, im Druck

Hopf HC, Gutmann L (1990) Diabetic 3rd nerve palsy: evidence for a mesencephalic lesion. Neurology 40:1041–1045

Huber A, Kömpf D (1998) Klinische Neuroophthalmologie. Thieme Verlag, Stuttgart New York

Kastrup O (2003) Idiopathische Fazialisparese. In: Brandt Th, Dichgans J, Diener HC (Hrsg.) Therapie und Verlauf neurologischer Erkrankungen. Kohlhammer, Stuttgart, S 141–146

Kömpf (1998) Visuelle Halluzinationen. In: Huber A, Kömpf D (Hrsg) Klinische Neuroophthalmologie. Thieme, Stuttgart New York S 401–408

Kumral E, Bayülkem G, Evyapa D (2002a) Clinical spectrum of pontine infarction. Clinical-MRI correlations. J Neurol 249:1659–1670

Kumral E, Bayulkem G, Akyol A, Yunten N, Sirin H, Sagduyu A (2002b) Mesencephalich and associated posterior circulation infarcts. Stroke 33:2224–2231

Leigh RJ, Zee DS (1999) The Neurology of Eye Movements. Oxford University Press, New York

Marx JJ, Thömke F, Mika-Gruettner A, Fitzek S, Vucurevic G, Urban PP, Stoeter P, Dieterich M, Hopf HC (2004) Diffusionsgewichtetes MRT bei vertebrobasilären Ischämien. Anwendung, Sensitivität und prognostischer Wert. Nervenarzt 75:341–346

Peitersen E (2002) Bell's palsy: The spontaneous course of 2 500 peripheral facial nerve palsies of different etiologies. Acta Otolaryngol Suppl 549:4–30

Schumacher M, Schmidt D, Wakhloo A (1993) Intra-arterial fibrinolytic therapy in central retinal artery occlusion. Neuroradiology 35:600–605

Thömke F, Tettenborn B, Hopf HC (1995) Third nerve palsy as the sole manifestation of midbrain ischemia. Neuro-ophthalmology 15:327–335

Thömke F (1999) Isolated cranial nerve palsies due to brainstem lesions. Muscle Nerve 22: 1168–1176

Thömke F (2001) Augenbewegungsstörungen. Thieme, Stuttgart New York

Thömke F (2002) Brainstem diseases causing isolated ocular motor nerve palsies. Neuro-ophthalmology 28:53–67

Wilhelm H (1998) Methoden zur Untersuchung der Pupillomotorik. In: Huber A, Kömpf D (Hrsg) Klinische Neuroophthalmologie. Thieme, Stuttgart New York S 222–228

16 Schwindel im Alter

Michael Strupp

Einleitung

Schwindel ist keine Krankheitseinheit, sondern umfasst fächerübergreifende multisensorische und sensomotorische Syndrome unterschiedlicher Ätiologie und Pathogenese. Schwindel stellt neben Kopfschmerz eines der häufigsten Leitsymptome nicht nur in der Neurologie dar. Wie eine Befragung von über 30 000 Personen zeigte, liegt die Prävalenz von Schwindel als eine Funktion des Alters zwischen 17 % und 32 %, bis zu 39 % bei den Hochbetagten über 80 Jahren (Davis und Moorjani 2003). Schwindel beeinträchtigt nicht nur die Lebensqualität, sondern führt gerade im fortgeschrittenen Alter zu Stürzen mit einem erheblichen Risiko sekundärer Behinderungen durch Frakturen und Kopfverletzungen. Das Symptom „Schwindel" kann Ausdruck sein von

a) **Gangstörungen**, z. B. auf dem Boden eines Normaldruckhydrozephalus, eines Parkinson-Syndroms, einer Multisystematrophie, subkortikalen vaskulären Enzephalopathie oder Polyneuropathie,
b) **Synkopen oder Präsynkopen**, z. B. bedingt durch kardiale Erkrankungen (vor allem Rhythmusstörungen) oder Medikamente sowie
c) **peripheren oder zentralen vestibulären Erkrankungen**.

Dieses Kapitel befasst sich vorwiegend mit den primär vestibulären Störungen als Ursache von Schwindel im Alter. Anamnese, klinische Untersuchung und Diagnostik sollten dabei besonders darauf abzielen, die behandelbaren Schwindelformen zu identifizieren und dann einer entsprechenden spezifischen Therapie zuzuführen.

16.1 „Alterung" sensorischer Systeme

Mit zunehmendem Alter kommt es zu physiologischen Veränderungen des visuellen, vestibulären und sensomotorischen Systems. Neben den bekannten altersbedingten Störungen am Auge werden auch degenerative strukturelle Veränderungen im peripher- und zentral-vestibulären sowie propriozeptiven System beschrieben (Brandt 1999). So konnten altersbedingte Veränderungen der somatosensorischen Haltungs- und Gangkontrolle nachgewiesen werden, die zusammen mit dem physiologischen Alterungsprozess und möglichen anderen (per se subklinischen) Veränderungen im Alter zu Gangunsicherheit und Schwindel führen können.

16.2 Schwindel als Syndrom

Schwindel ist ein multisensorisches Syndrom unterschiedlichster Ätiologie und Pathogenese. Die meisten Schwindelformen entstehen durch Läsionen oder Funktionsstörungen des peripheren oder zentralen vestibulären Systems. Die charakteristische

Symptomkombination aus Schwindel, Übelkeit, Nystagmus und Ataxie lässt sich aus der gestörten Interaktion mehrer Sinnessysteme ableiten, die an der Orientierung im Raum und der Gleichgewichtsregulation beteiligt sind. Der wahrgenommene Schwindel, eine unangenehme Verzerrung statischer Raumkoordinaten oder eine kombinierte Eigen-/Umweltbewegungsillusion, basiert auf einer kortikalen Störung der Raumorientierung. Ein Nystagmus entsteht durch eine richtungsspezifische Tonusimbalance des vestibulo-okulären Reflexes. Die Stand- und Gangunsicherheit sind Folge gestörter vestibulospinaler Reaktionen. Die vegetativen Begleiterscheinungen wie Übelkeit und Erbrechen werden über eine Aktivierung des medullären Brechzentrums ausgelöst.

16.3 Anamnese und Untersuchung

Gerade bei den vieldeutigen Angaben der Patienten, unter Schwindel zu leiden, ist eine sorgfältige Anamnese und klinische Untersuchung von zentraler Bedeutung (Brandt et al. 2004). So kommen für das Beschwerdebild Schwindel eine Vielzahl sensorischer Wahrnehmungen in Frage: Dreh- oder Schwankschwindel, Stand- und/ oder Gangunsicherheit, Schwäche, Kraftlosigkeit aber auch Verschwommensehen und Schwarzwerden vor Augen (etwa bei der orthostatischen Hypotension). Durch eine sorgfältige Anamnese und Untersuchung kann man herausarbeiten, was der Patient mit dem Begriff Schwindel meint. In diesem Zusammenhang bezeichnet man als Schwindel alle subjektiven und objektiven Illusionen einer Bewegung des eigenen Körpers oder der Umgebung, i.S. von Drehen oder Schwanken im Raum. Zur Einordnung der anamnestischen Angaben des Patienten sind die folgenden Unterscheidungskriterien der verschiedenen Schwindelsyndrome hilfreich:

- **Die Art des Schwindels:** Drehschwindel wie Karusselfahren (z. B. Neuritis vestibularis) oder Schwankschwindel wie Bootfahren (z. B. phobischer Schwankschwindel) oder Benommenheitsschwindel (z. B. Medikamentenintoxikation).
- **Die Dauer des Schwindels:** Schwindelattacke über Sekunden bis Minuten (vestibuläre Paroxysmie), über Stunden (z. B. Morbus Menière, vestibuläre Migräne), Dauerschwindel über Tage bis wenige Wochen (z. B. Neuritis vestibularis), Schwankschwindelattacke von Minuten bis Stunden (z. B. Hirnstamm-TIA).
- **Die Auslösbarkeit/Verstärkung des Schwindels:** Ruhe (z. B. Neuritis vestibularis), Gehen (z. B. bilaterale Vestibulopathie), Kopfdrehung (z. B. Vestibularisparoxysmie;), Kopflagerung (z. B. benigner peripherer paroxysmaler Lagerungsschwindel), ferner Husten, Pressen oder – als Tullio-Phänomen – laute Töne bestimmter Frequenz (z. B. Perilymphfistel) oder in bestimmten sozialen oder Umgebungssituationen (z. B. phobischer Schwankschwindel).

Weitere Fagen sollten auf mögliche **Begleitsymptome** zielen, wie z. B.

- **otogene Symptome** wie Hypakusis oder Tinnitus,
- andere mögliche **Hirnstammsymptome** wie Doppelbilder, Gefühlsstörungen im Gesicht (periorale Parästhesien) oder an den Extremitäten, Schluck-, Sprechstörungen, Lähmungen oder Feinmotorikstörungen,
- **Kopfschmerzen**, Hinweise für Migräne.

Die **apparativen Zusatzuntersuchungen** sind – bei sorgfältiger Anamneseerhebung und klinischer Untersuchung – in vielen Fällen von untergeordneter Bedeutung. Die wichtigsten Zusatzuntersuchungen sind die

Elektronystagmographie und neuro-orthoptische Verfahren (z. B. Messung der Augentorsion durch Fundusphotographie und psycho-physische Bestimmung der Subjektiven Visuellen Vertikalen). Zur **Klärung der Ätiologie** (DD Ischämie, Blutung, Tumor, Entzündung) sind bildgebende Verfahren wie kraniale Computer- oder Kernspintomographie, Doppler- und Duplexsonographie und Liquorpunktion notwendig.

16.4 Häufige vestibuläre Schwindelformen

Zu den häufigsten peripher vestibulären Schwindelformen des älteren Patienten gehören: Benigner peripherer paroxysmaler Lagerungsschwindel, Neuritis vestibularis, bilaterale Vestibulopathie, Morbus Menière und die Vestibularisparoxysmie. Zu den zentralen vestibulären Formen gehören die „vestibuläre Migräne" und z. B. Schwindel bei ischämischen Läsionen, meist des Hirnstamms oder Zerebellums.

16.5 Periphere vestibuläre Schwindelsyndrome

16.5.1 Benigner peripherer paroxysmaler Lagerungsschwindel

Der benigne periphere paroxysmale Lagerungsschwindel (BPPV) ist die häufigste Schwindelform, vor allem des höheren Alters (Brandt et al. 2004). Er ist so häufig, dass etwa ein Drittel aller über 70-Jährigen ihn schon einmal oder mehrfach erlebt hat. Er ist charakterisiert durch kurze Drehschwindelattacken mit gleichzeitigem rotierendem Lagerungsnystagmus zur Stirn und zum unten liegenden Ohr, ausgelöst durch Kopfreklination oder Kopf- bzw. Körperseitlagerung (nach Dix-Hallpike, **Abb. 16.1**) zum betroffenen Ohr. Drehschwindel und Nystagmus treten nach der Lagerung mit einer kurzen Latenz von Sekunden in Form eines Crescendo-Decrescendo-Verlaufs von maximal 30–60 s auf. Der Nystagmus entspricht einer ampullofugalen Erregung des hinteren vertikalen Bogengangs des unten liegenden Ohrs.

Der BPPV kann von der Kindheit bis zum Senium auftreten, ist aber zumindest für die idiopathische Form eine **typische Alterserkrankung** mit einem Maximum in der 6. bis 7. Lebensdekade. Etwa 90 % aller Fälle müssen als degenerativ oder idiopathisch (Frauen:Männer = 2:1) eingeordnet werden, während die symptomatischen Fälle (Frauen:Männer = 1:1) am häufigsten auf ein Schädeltrauma oder eine Neuritis vestibularis zurückgeführt werden. BPPV tritt auch auffällig häufig bei verlängerter Bettruhe durch andere Erkrankungen oder nach Operationen auf. Zehn Prozent der spontanen und 20 % der traumatischen Fälle zeigen einen beidseitigen, meist asymmetrisch betonten BPPV. Der seltenere BPPV des horizontalen Bogengangs wird durch Kopfdrehung im Liegen ausgelöst.

Benigne wird der BPPV genannt, weil er meist innerhalb von Wochen oder Monaten spontan abklingt; in einigen Fällen kann er jedoch über Jahre anhalten. Unbehandelt persistiert der BPPV bei etwa 30 % der Patienten, bei weiteren 20–30 % kommt es innerhalb von Monaten oder Jahren zu Rezidiven.

Die Canalolithiasishypothese kann alle Symptome des Lagerungsnystagmus erklären (Brandt et al. 1994). Anstelle fest auf der Cupula haftender Teilchen werden bei der **Canalolithiasis** frei im Bogengang bewegliche, aus vielen Otokonien zusammengesetzte und das Lumen des Bogengangs annähernd ausfüllende „schwere Agglome-

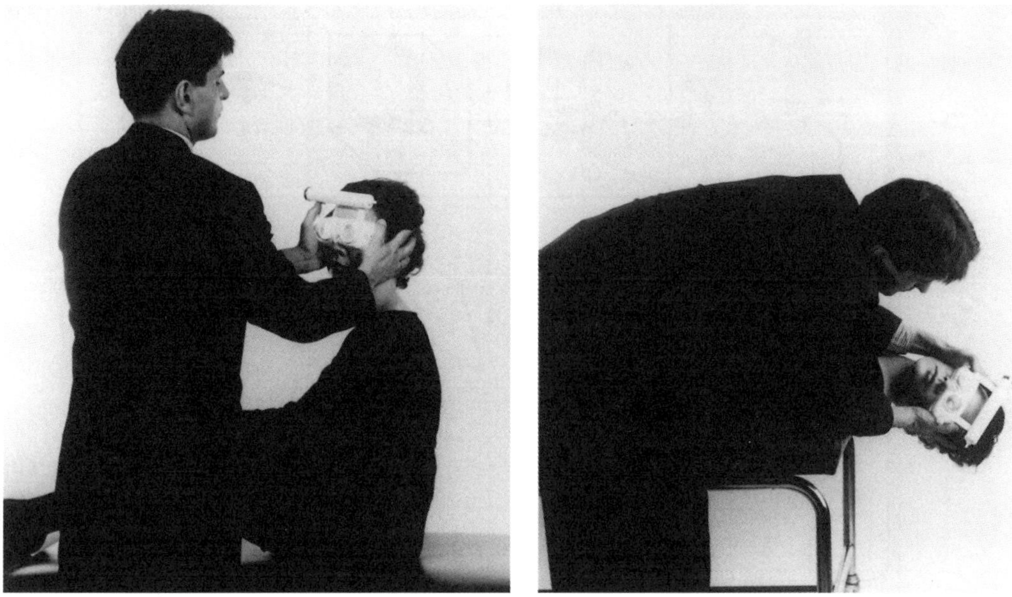

Abb. 16.1 Das sog. Dix-Hallpike-Manöver wird bei der Frage nach einem möglichen benignen peripheren paroxysmalen Lagerungsschwindel (BPPV), ausgehend von einem vertikalen (meist dem hinteren) Bogengang durchgeführt. Bei dem sitzenden Patienten wird zunächst der Kopf um 45° zu einer Seite gedreht und der Patient anschließend schnell auf den Rücken gelegt, dabei sollte der Kopf hyperextendiert sein. Liegt ein BPPV z.B. des linken hinteren Bogengangs vor, so wird durch dieses Manöver ein mit Latenz einsetzender crescendo-decrescendo-artiger Nystagmus ausgelöst, der aus Sicht des Patienten entgegengesetzt dem Uhrzeigersinn zum linken Ohr und zur Stirn schlägt und der seine Richtung beim Aufrichten des Patienten in die sitzende Position ändert.

rate“ als Ursache des Lagerungsschwindels angenommen.

Therapie mit Befreiungsmanövern: Durch rasche Kopflagerungen kann der Pfropf aus dem Bogengang herausgespült werden und verursacht dann keinen Lageschwindel mehr. In Modifikation des 1980 (noch unter der Vorstellung der Cupulolithiasis von Brandt und Daroff) vorgeschlagenen, bereits wirkungsvollen Lagetrainings empfehlen wir heute, dass der Patient – entsprechend des 1988 von Sémont (Sémont et al. 1988) modifizierten „Befreiungsmanövers“ – aus der auslösenden Position mit einer Kippung über 180° zur Gegenseite gelagert wird (**s. Abb. 16.2**) (Brandt et al. 1994). Epley (Epley 1992) hat 1992 ein anderes Befreiungsmanöver durch Drehung des liegenden Patienten in Kopfhängelage vorgeschlagen. Alle Manöver sind wirksam und durch den Mechanismus der Canalolithiasis erklärbar.

16.5.2 Neuritis vestibularis (akuter einseitiger partieller Vestibularisausfall)

Der akute einseitige Vestibularisausfall ist durch die **Leitsymptomen** über Tage anhaltender heftiger Dauerdrehschwindels, Nystagmus, Fallneigung und Erbrechen charakterisiert (Übersicht bei Strupp und Brandt 1999). Die Neuritis vestibularis ist

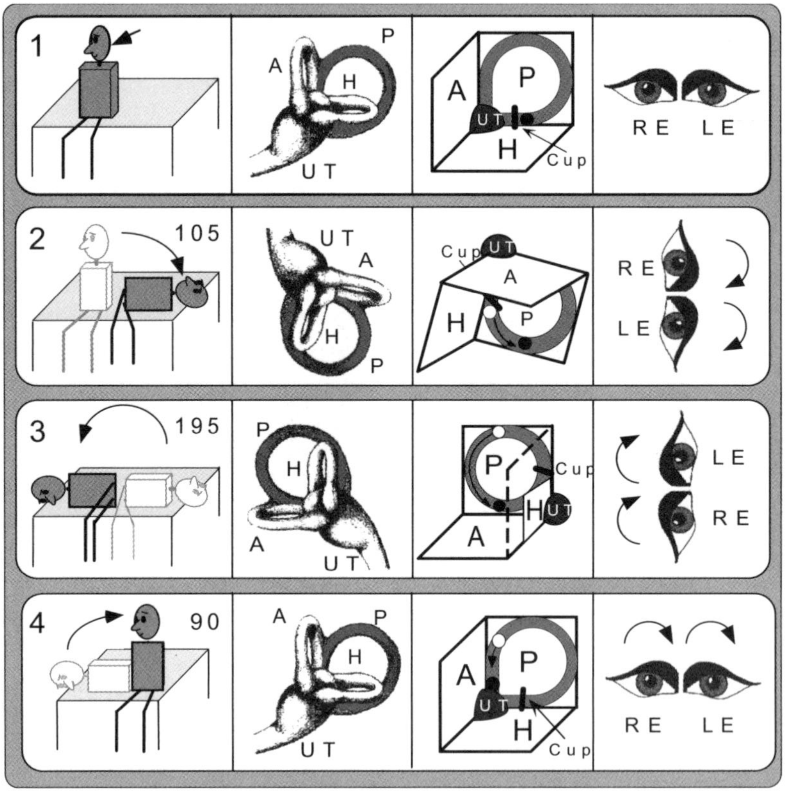

Abb. 16.2 Schematische Darstellung des **therapeutischen Lagerungsmanövers** (nach Sémont) bei einem Patienten mit linksseitigem benignem paroxysmalem Lagerungsschwindel (BPPV). In den Spalten sind von links nach rechts angegeben: Die Position des Kopfes und Körpers, die Position des Labyrinths im Raum, die Position und Bewegung der (gegenüber der Endolymphe) spezifisch schwereren Teilchen (Pfropf) im posterioren Bogengang (die zu einer Auslenkung der Cupula führen) sowie, ganz rechts, die Richtung des Nystagmus. Die spezifisch schwereren Teilchen sind dargestellt als ein offener Kreis (entspricht der Position innerhalb des posterioren Bogengangs vor der jeweiligen Lageänderung) und schwarz gefüllter Kreis (entspricht der Position am Ende der jeweiligen Lageänderung). Abb. aus: Brandt T, Steddin S, Daroff R B (1994) Therapy for benign paroxysmal positioning vertigo, revisited. Neurology 44:796–800.
(1) In sitzender Ausgangsposition wird der Kopf um 45° zum nicht betroffenen (»gesunden«) Ohr gedreht. Die Teilchen befinden sich am Boden des posterioren Bogengangs.
(2) Lagerung des Patienten nach li., d.h. zum betroffenen Ohr unter Beibehaltung der Kopfposition: Dies löst eine Bewegung der Teilchen im Bogengang entsprechend der Schwerkraft aus und führt zu einem rotierenden, erschöpflichen Nystagmus zum unten liegenden Ohr. Diese Position sollte der Patient ca. 1 min einnehmen.
(3) Im nächsten Schritt wird der Patient unter Beibehaltung der Kopfdrehung, im raschen Schwung zum nicht betroffenen Ohr gekippt, wobei nun die Nase nach unten zeigt. Jetzt bewegen sich die Teilchen in Richtung des Ausgangs des posterioren Bogengangs, auch diese Position soll etwa 1 min beibehalten werden.
(4) Der Patient richtet sich langsam auf und die Teilchen gelangen in den Utriculusraum, wo sie keinen Drehschwindel mehr auslösen können. Abkürzungen: A, P, H = anteriorer, posteriorer und horizontaler Bogengang, CUP = Cupula, UT = Utrikulus, RE = rechtes Auge, LE = linkes Auge.

eine dem Hörsturz und der idiopathischen Fazialisparese analoge entzündliche Erkrankung (Theil et al. 2001). Sie stellt die zweithäufigste Ursache peripher vestibulären Schwindels dar. Beim raschen Kopfdrehtest und der thermischen Prüfung zeigt sich eine Un- bzw. Untererregbarkeit des ipsilateralen horizontalen Bogengangs. Das **klinische Syndrom der Neuritis vestibularis** ist gekennzeichnet durch:

- Anhaltenden Drehschwindel (kontraversiv) mit pathologischer Einstellung des subjektiven Geradeaus und Kippung der visuellen Vertikale (ipsiversiv),
- Gangabweichung, Fallneigung und Vorbeizeigen (ipsiversiv),
- Horizontal rotierenden Spontannystagmus (kontraversiv) mit Scheinbewegungen (Oszillopsien),
- Übelkeit und Erbrechen,
- Einseitige Funktionsstörung des horizontalen Bogengangs im raschen Kopfdrehtest nach Halmagyi-Curthoys (**s. Abb. 16.3 a–c**) (Testung des vestibulo-okulären Reflex) und der kalorischen Prüfung.

Differentialdiagnostisch müssen die maximal einen Tag anhaltenden Attacken des M. Menière sowie Labyrinth- oder Vestibularisnervläsionen anderer Ursache ausgeschlossen werden. Hilfreich sind hier jeweils die Begleitsymptome wie Schmerzen und Bläschen beim Herpes zoster; entzündliche Augenzeichen und Hörstörungen beim Cogan-Syndrom; Hirnstammzeichen bei lakunären Infarkten oder MS-Plaques im Bereich der Eintrittszone des VIII. Hirnnerven.
Die Beschwerden klingen langsam über 1–2 Wochen ab; in 3–5 Wochen ist in der Regel in Ruhe subjektive Beschwerdefreiheit erreicht. Die Erholung ist das Ergebnis verschiedener Vorgänge:

1. Periphere Erholung der Labyrinthfunktion (häufig inkomplett);
2. Substitution des Funktionsausfalls durch das kontralaterale vestibuläre System, sowie durch somatosensorische (Halspropriozeption) und visuelle Afferenzen und
3. zentrale Kompensation des peripheren vestibulären Tonusungleichgewichts.

Im Verlauf kommt es bei der Neuritis vestibularis etwa in 40–50 % zu einer vollständigen Erholung der peripheren vestibulären Funktion, in 20–30 % nur zu einer partiellen Erholung, in weiteren 20–30 % persistiert das einseitige Defizit. Auch bei bleibendem peripherem Defekt bilden sich alle „statischen“ (ohne Kopfbewegung) Symptome wie Spontannystagmus, Schwindel und Fallneigung zurück. Der Defekt zeigt sich lediglich noch in Form „dynamischer“ Funktionsstörungen: Bei hochfrequenten Kopfbewegungen treten durch Insuffizienz des vestibulo-okulären Reflexes retinale Bildwanderungen und Oszillopsien auf.
Die virale und/oder autoimmunologische Genese der Neuritis vestibularis ist wahrscheinlich, aber bislang noch nicht bewiesen. Hierfür sprechen: Das endemische Auftreten zu bestimmten Jahreszeiten, autoptische Studien (die entzündliche Degenerationen des Vestibularisnerven zeigten) sowie der Nachweis von Herpes-simplex-Virus Typ I DNA und des sog. latency associated transcript in vestibulären Ganglienzellen (Theil et al. 2001).
Symptomatische Therapie: Antivertiginosa (z. B. 100 mg Dimenhydrinat Supp. 1- bis 3-mal/Tag) sollten nur innerhalb der ersten Tage und nur bei schwerer Übelkeit und Brechreiz gegeben werden, da sie die zentrale Kompensation des peripheren Vestibularisausfalls verzögern.
„Kausale Therapie“: Wie in einer plazebokontrollierten vierarmigen Studie gezeigt werden konnte, führt eine Behandlung mit Glukokortikoiden (initial 100 mg/Tag Methylprednisolon, Dosis alle drei Tage um 20 mg reduzieren) zu einer signifikanten

Verbesserung der Erholung der peripher vestibulären Funktion. Die Gabe von Vaciclovir bzw. die Kombination von Glukokortikoiden mit Valaciclovir hat keinen bzw. keinen zusätzlichen Effekt (Strupp et al. 2004).

Physikalisch-medizinische Therapie: Ein weiteres Behandlungsprinzip ist die Förderung der zentralen Kompensation durch physikalische Therapie (Strupp et al. 1998). Die sog. zentrale Kompensation ist kein einheitlicher Vorgang, sondern umfasst unterschiedliche neuronale und strukturelle Mechanismen, die an unterschiedlichen Orten (vestibulo-spinal, vestibulo-okulär) mit unterschiedlichem Zeitgang stattfinden, mit inkomplettem Ergebnis vor allem für hochfrequente Kopfbeschleunigungen. Die zentrale Gegenregulation (Kompensation) einer einseitigen Labyrinthläsion wird gefördert und beschleunigt, wenn Bewegungsreize inadäquate und intersensorisch inkongruente afferente Signale auslösen. Vestibuläre Trainingsprogramme, erstmals schon 1944 von Cawthorne empfohlen, umfassen unter Berücksichtigung heutiger Kenntnisse der Vestibularisfunktion:

1. willkürliche Augenbewegungen und Fixationen zur Verbesserung der gestörten Blickstabilisation,
2. aktive Kopfbewegungen zur Neueineichung des vestibulo-okulären Reflexes und
3. Balance-, Zielbewegungen und Gehübungen zur Verbesserung der vestibulospinalen Haltungsregulation und Zielmotorik.

16.5.3 Bilaterale Vestibulopathie

Der bilaterale vestibuläre Funktionsausfall ist eine seltene, aber häufig und insbesondere im höheren Alter nicht diagnostizierte Erkrankung der Labyrinthe und/oder der Vestibularisnerven unterschiedlicher Ätiologie.

Klinische Leitsymptome sind:

1. Gangunsicherheit, vor allem in Dunkelheit oder auf unebenem Grund,
2. Oszillopsien bei Kopfbewegungen oder beim Gehen und
3. Störungen des räumlichen Gedächtnisses (Übersicht in Brandt et al. 2004).

Die **Diagnose** lässt sich mittels des Halmagyi-Curthoys-Kopfimpulstests (**s. o. und Abb. 16.3 a–c**) und der Elektronystagmographie mit kalorischer Prüfung und den Drehprüfungen sichern. Die bilaterale Vestibulopathie kann durch die Gabe von ototoxischen Substanzen (insbesondere Aminoglykoside), eine bakterielle Menigitis oder auch autoimmunologische Erkrankungen sowie ein beidseitiges Akustikusneurinom bei der Neurofibromatose Typ II verursacht sein; ein gehäuftes Auftreten wird bei zerebellären Erkrankungen beobachtet. In etwa 50 % bleibt die Ätiologie unklar.

Die Langzeitprognose der bilateralen Vestibulopathie ist schlecht untersucht. Erholung der Hörstörung und der vestibulären Funktion ist möglich bei postmeningitischen Fällen, falls durch seröse und nicht durch eitrige Labyrinthitis verursacht. Eine partielle Erholung ist bei weniger als 10 % der Patienten mit simultaner oder sequentieller idopathischer bilateraler Vestibulopathie beschrieben.

Die Behandlung der verschiedenen Ursachen der bilateralen Vestibulopathie hat drei Ziele: 1. Prophylaxe des progredienten Vestibularisausfalls, 2. Erholung der vestibulären Funktion, und 3. Förderung der Kompensation (oder Substitution) des vestibulären Funktionsausfalls durch physikalische Therapie. Die **Prävention** ist am wichtigsten für die Gruppe der Patienten mit ototoxischer Labyrinthschädigung, vor allem durch Aminoglykoside. Prävention und Erholung sind möglich bei den zu selten diagnostizierten **Autoimmuninnenohrerkrankungen**. Zunächst werden Kortikosteroide (z. B. Prednisolon 60 mg/Tag) ver-

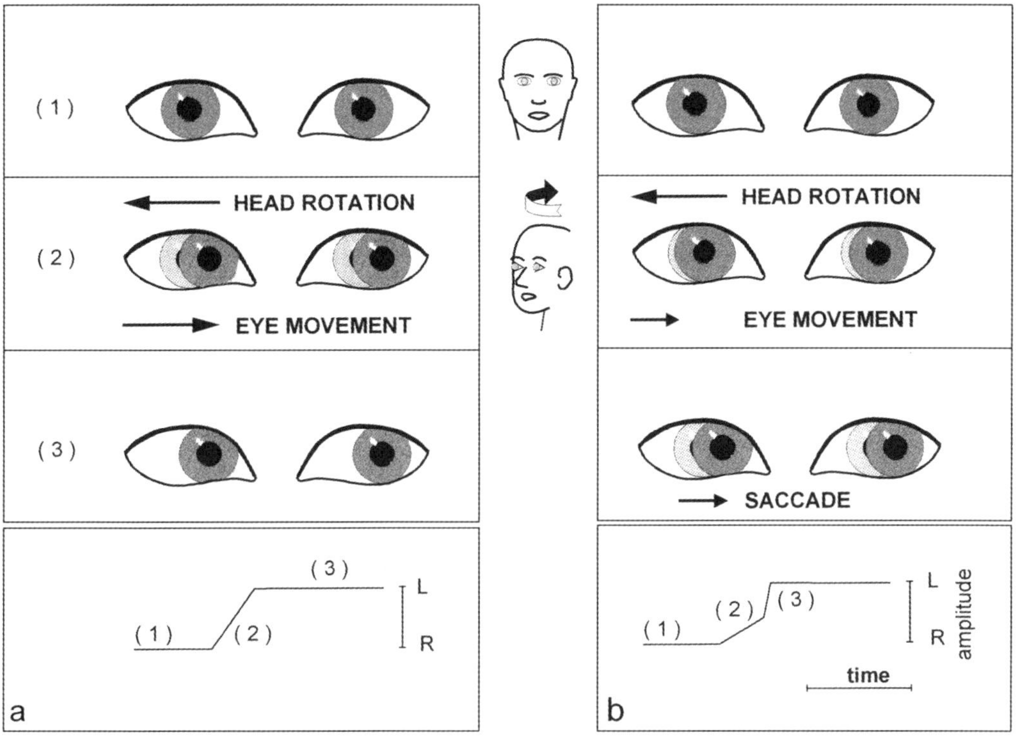

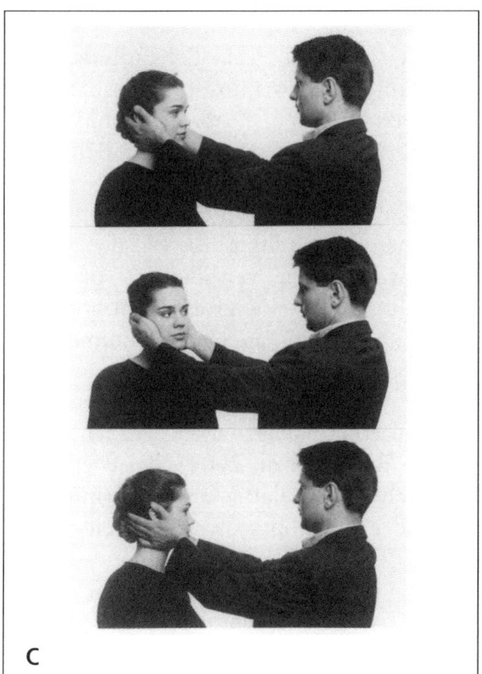

Abb. 16.3 Klinische Untersuchung des horizontalen vestibulo-okulären Reflexes (VOR) mit dem Kopfimpulstest. Zur Prüfung des horizontalen VOR hält man den Kopf des Patienten zwischen beide Hände, bittet diesen, ein Ziel zu fixieren und führt schnelle horizontale Kopfbewegungen nach rechts und links durch: beim Gesunden führen diese Kopfrotationen zu raschen entgegengesetzten kompensatorischen Augenbewegungen. a) Bei einseitigem Labyrinthausfall, der in b) am Beispiel des Ausfalls des rechten horizontalen Bogengangs erläutert ist, bewegen sich die Augen während der Kopfrotation mit dem Kopf mit und der Patient muss eine Einstellsakkade machen, um das Ziel fixieren zu können. In c) ist die Untersuchungssituation dargestellt. Abb. a und b aus: Halmagyi GM, Curthoys IS (1988) A clinical sign of canal paresis. Arch Neurol 45:737-739.

sucht, bei mangelhaftem Ansprechen zusätzlich Cyclophosphamid oder Azathioprin; außer beim Cogan-Syndrom liegen keine kontrollierten prospektiven Studien vor. Die **physikalische Therapie** von Gang und Gleichgewicht wird von den Patienten gern angenommen, erleichtert die Anpassung an den Funktionsausfall, verbessert aber langfristig offenbar nicht signifikant die Balanceleistungen.

16.5.4 Morbus Menière

Der M. Menière entsteht durch einen endolymphatischen **Labyrinthhydrops** mit periodischen Rupturen der Trennmembran zwischen Endo- und Perilymphraum, welche anfallsartig die Minuten bis Stunden dauernden Attacken auslösen. Ursache ist eine Resorptionsstörung im Saccus endolymphaticus durch perisakkuläre Fibrose bzw. eine Obliteration des Ductus endolymphaticus mit Unterbrechung der sogenannten longitudinalen Endolymphzirkulation. Hydrops- und Otolithenverlagerungen können Dauerschwankschwindel auslösen; die Drehschwindelattacke ist durch Rupturen des Endolymphschlauches mit Kalium induzierter Depolarisation des Nervus vestibularis bedingt (Übersicht in Brandt et al. 2004).

Die **klassische Menière-Attacke** ist außer den subjektiven **Symptomen** Drehschwindel, Tinnitus, Ohrdruck und Hörminderung auch durch einen horizontal rotierenden Nystagmus, gerichtete Fallneigung, sowie Blässe, Schweißneigung, Nausea und Erbrechen gekennzeichnet. Die einzelnen Attacken treten meist ohne Prodromi oder erkennbare Auslöser, ohne tageszeitliche Bindung, auch aus dem Schlaf heraus, auf, wobei in etwa einem Drittel der Fälle eine Verstärkung des Ohrgeräusches, subjektiven Ohrdrucks und der Hörminderung wie eine Aura den dann abrupt einsetzenden Drehschwindel ankündigt. Dieser wiederum klingt in einem langsamen Decrescendo über Minuten oder mehrere Stunden langsam ab.

Der bevorzugte Beginn der Erkrankung liegt zwischen der 4. und 6. Lebensdekade (Männer etwas häufiger als Frauen), selten in der Kindheit. Die Erkrankung beginnt einseitig mit unregelmäßiger, zunächst zunehmender, dann wieder abfallender Frequenz der Attacken, die im weiteren Verlauf auch das andere Ohr betreffen können. Je länger man Patienten mit M. Menière verfolgt, desto häufiger sieht man bilaterale Erkrankungen. Inzwischen ist allgemein anerkannt, dass der Verlauf insgesamt relativ benigne ist mit einer spontanen Remissionsrate von etwa 50 % innerhalb von 5–10 Jahren. Es ist wahrscheinlich, dass die spontane Remission der Menière-Attacken dann eintritt, wenn es zu einer permanten Fistel der Trennmembran zwischen Endo- und Perilymphe kommt, was einen kontinuierlichen asymptomatischen Abfluss der überflüssigen Endolymphe erlaubt.

Attackenbehandlung: Die akute Attacke ist selbst begrenzt. Schwindel und Nausea können durch Antivertiginosa vermindert werden, wie sie auch zur Behandlung anderer akuter Labyrinthfunktionsstörungen eingesetzt werden, z. B. Dimenhydrinat 100 mg als Suppositorium oder Benzodiazepine.

Prophylaktische Therapie: Ziel der prophylaktischen Behandlung ist es, den Endolymphhydrops zu vermindern. Literaturübersichten über eine große Zahl von Therapiestudien kommen übereinstimmend zu dem Ergebnis, dass positive Effekte in Bezug auf die Attackenfrequenz nur für Betahistin und Diuretika nachgewiesen wurden (Übersicht in Brandt et al. 2004). Bei wiederholten Drehschwindelattacken, evtl. mit fluktuierender Innenohrschwerhörigkeit, Tinnitus oder Ohrdruck, sind deshalb indiziert:

- Betahistindihydrochlorid, 3-mal 2 Tbl./Tag à 24 mg über 6–12 Monate mit Dosisreduktion je nach Verlauf (gleichzeitig

Führen eines Schwindelkalenders, um den Therapieeffekt dokumentieren zu können),
- bei unzureichender Besserung kann zusätzlich zu Betahistin ein Therapieversuch mit Hydrochlorothiazid plus Triamteren (z. B. Dytide H® ½–1 Tbl. morgens) erfolgen,
- die von HNO-Kollegen zunehmend empfohlene Gabe von Steroiden ist bislang durch Studien nicht belegt.

Selten ergibt sich bei medikamentös therapieresistenten häufigen Menière-Attacken und vestibulären Drop-attacks die Indikation für eine intratympanale Instillation ototoxischer Antibiotika (1 ml mit einer Konzentration von 20–40 mg/ml Gentamycin) in mehrwöchentlichem Abstand. Früher wurden die Instillationen täglich vorgenommen, bis nachgewiesen worden war, dass die ototoxischen Effekte von Gentamycin verspätet auftreten können, weshalb heute allgemein **Einzelinstillationen** in mehrwöchentlichem Abstand empfohlen werden, obwohl ein Konsensus zur Dosis und den Applikationsabständen bislang nicht erzielt wurde. Seit die früher allerorten übliche Sakkotomie, zunächst als Shunt-Operation gedacht, schließlich als Plazebo-Eingriff erkannt wurde (Thomson et al. 1981) und heute obsolet ist, kommen nur noch deutlich weniger als 1 % der Patienten für operative Maßnahmen in Betracht.

16.5.5 Vestibularisparoxysmie

Die Vestibularisparoxysmie – bedingt durch eine **neurovaskuläre Kompression** im Austrittsbereich des VIII Hirnnerven – ist durch die folgenden **5 Merkmale** charakterisiert (Brandt und Dietrich 1994):

- Kurze, häufige Attacken eines Schwankoder Drehschwindels für Sekunden bis Minuten,
- In einigen Fällen Auslösung der Attacken durch bestimmte Kopfpositionen oder Beeinflussung der Attacke durch Änderung der Kopfhaltung,
- Selten Hörminderung und Tinnitus während oder zwischen den Attacken,
- Selten messbare auditive oder vestibuläre Defizite bei neurophysiologischen Funktionstests (kalorische Spülung oder AEP),
- Besserung durch Carbamazepin.

Ähnlich der Trigeminusneuralgie gibt es offenbar zwei Häufigkeitsgipfel mit frühem Beginn bei vertebro-basilären Gefäßanomalien und spätem Beginn durch Gefäßelongation im Alter. Der Verlauf ist meist chronisch. Wir empfehlen die **Therapie** mit Carbamazepin (Tegretal®, Timonil®) in niedriger Dosis (200–600 mg/Tag), bei Unverträglichkeit alternativ Phenytoin (Zentropil®) oder Gabapentin (Neurontin®).

16.6 Zentrale vestibuläre Schwindelsyndrome

16.6.1 „Vestibuläre Migräne"

Die „vestibuläre Migräne" eine Form der Migräne mit Aura hat einen **zweiten Altersgipfel** um das 60. Lebensjahr. Der meist akute einsetzende und reversible Dreh- oder Schwankschwindel (Dauer: Minuten bis zu Stunden) tritt meist vor dem (in der Regel nackenbetonten) Kopfschmerz auf (Dieterich und Brandt 1999); **bei etwa 30 % aller Patienten fehlt der Kopfschmerz**, was die Diagnose erschwert. Bei vielen Patienten hat – bei meist positiver Familienanamnese – in jüngeren Jahren eine Migräne mit oder ohne Aura bestanden. Klinisch-neurologisch finden sich bei der Mehrzahl der Betroffenen auch **im Intervall** leichte zentrale Okulomotorikstörungen und/oder zentrale vestibuläre Störungen, z. B. in Form einer Blickfolgesakkadierung oder einem Blickrichtungsnystagmus. **Differentialdiagnostisch** ist zu bedenken, dass auch Infarkte oder Blutungen im Bereich des Kleinhirns oder Hirnstamms mit Schwindel und Kopfschmerz einhergehen können (s. u.). Zur **prophylaktischen Behandlung der Migräne** sollten – falls keine internistischen Kontraindikation bestehen – Beta-Blocker (z. B. Metoprololtartrat, Beloc-Zok® 1-0-0) für mindestens 8–12 Wochen gegeben werden; diese Dauer ist notwendig, um den Therapieeffekt beurteilen zu können (gleichzeitig Schwindelkalender führen). Zur Behandlung der Attacken empfehlen wir die Gabe z. B. von Aspirin® bzw. Paracetamol und Metoclopramid (z. B. Paspertin® supp.).

16.6.2 Schwindel bei zerebrovaskulären Erkrankungen

Der sog. und viel zu häufig diagnostizierte **zerebrovaskuläre Schwindel** ist (meist) ein zentraler vestibulärer Schwindel, der in der Regel als Teil eines komplexen neurologischen Syndroms mit begleitenden Okulomotorikstörungen und weiteren neurologischen Ausfällen, meist des Hirnstamms (z. B. Wallenberg-Syndrom) vorkommen kann; diese Diagnose wird u.E. zu oft gestellt. Hier können Angaben über die Dauer der Beschwerden und die Begleitsymptome diagnostisch und topographisch hilfreich sein. Kurzdauernde Dreh- oder Schwankschwindelattacken treten beispielsweise bei transienten ischämischen Attacken im vertebrobasilären Strombahngebiet auf, während hingegen über Stunden bis Tage anhaltende Syndrome z. B. Folgen eines Hirnstamminfarktes oder einer -blutung sein können. Gerade bei älteren Patienten mit Gefäßrisikofaktoren stehen häufig ischämische Läsionen als Ursache für akut einsetzenden Dreh- und Schwankschwindel mit weiteren o. g. Hirnstammsymptomen im Vordergrund. Als besonders gefährliche Schwindelform sei hier die **Basilaristhrombose** genannt, die sich aufgrund ihrer teilweise raschen Progredienz neben Dreh- oder Schwankschwindel und multiplen Hirnstammzeichen im Verlauf mit einer zunehmenden Vigilanzstörung bis hin zum Koma präsentieren kann. Bei klinischem Verdacht muss der Patient notfallmäßig in eine Klinik mit der Möglichkeit zur raschen Durchführung einer Computertomographie oder Magnetresonanztomographie (ggf. Angiographie) gebracht werden, um nach Blutungsauschluss eventuell eine systemische oder interventionelle (intraartrielle) Lysebehandlung durchführen zu können (s.u).

16.7 Nicht-primär vestibuläre Ursachen von Schwindel im Alter

Unsere Balance beruht auf redundanten Informationen aus drei Sinnessystemen: Visuelle, somatosensorische (propriozeptive) und vestibuläre Eingänge. Kommt es zu Störungen in einem dieser drei Systeme, d. h. (a) Visusminderung durch primär **ophthalmologische Erkrankungen** (z. B. Maculadegeneration, Katarakt) oder (b) **Polyneuropathie** (z. B. durch Diabetes melllitus), kann dies die Ursache von Schwankschwindel und Gangunsicherheit sein.

Häufig – und meist unterschätzt – wird Schwindel durch **Medikamente** verursacht; auch hier ist die sorgfältige Anamnese Schlüssel zur Diagnose, wobei auf den zeitlichen Zusammenhang zwischen Beginn der jeweiligen medikamentösen Behandlung und Symptombeginn zu achten ist (ggf. Auslassversuch). Schwindel wird sehr oft als unerwünschte Wirkung auf den „Waschzetteln" verschiedenster Medikamente genannt. Eine kausale Zuordnung ist aber in der Regel nur nach Ausschluss anderer Ursachen (s. o.) sowie einem nachgewiesen zeitlichen Zusammenhang zwischen Einnahme und Auftreten der Beschwerden möglich. Durch Medikamente verursachter Schwindel äußert sich meist als Schwankschwindel und zwar nach dem Aufrichten oder beim Stehen und Gehen. Drehschwindel ist praktisch nie durch Medikamente bedingt; Ausnahme können ototoxische Substanzen mit einer asymmetrischen Schädigung der Vestibularorgane sein.

Darüber hinaus spielen im Alter **Bewegungsmangel** und **Multimorbidität** eine wichtige Rolle bei der Entstehung von Schwindel und Gangunsicherheit. In einer Untersuchung an 740 Patienten über 65 Jahren, die über Schwindel klagten, konnte lediglich bei 21 % eine spezifische Ursache gefunden werden, während die übrigen 79 % die unbefriedigende Diagnose einer „Presbyataxie" erhielten. Diese große Zahl verdeutlicht, dass hier in Zukunft durch gezielte Anamnese und Untersuchung zwischen Funktionsstörungen des visuellen, vestibulären und propriozeptiven Systems unterschieden werden muss, um die Symptome möglichst genau diagnostisch einordnen und behandeln zu können.

Zusammenfassend sollten unsere diagnostischen und therapeutischen Bemühungen darauf zielen, die älteren Patienten mit gut behandelbaren Schwindelformen zu erkennen und zu therapieren, um sie vor Unsicherheit und damit verbundenem Rückzug aus dem Alltagsleben zu bewahren und vielmehr zu körperlichen aber auch psychosozialen Aktivitäten zu motivieren.

16.8 Schwindel als Notfall

Bei akut einsetzendem **Dreh-** und **Schwankschwindel** in Kombination mit anderen **Hirnstammzeichen** (Doppelbilder, Schluck-, Sprechstörungen, periorale Parästhesien, Sensibilitätsstörungen oder Paresen der Extremitäten) und/oder einer **Vigilanzminderung** bis hin zum Koma sowie evtl. **Pyramidenbahnzeichen** (positives Babinski-Zeichen) immer an das Vorliegen einer **Basilaristhrombose** denken. Akutmaßnahmen: Vitalfunktionen sichern und sofortige Einweisung in ein Zentrum mit CT oder MRT zur weiteren Diagnostik und Therapie.

Zusammenfassung

- Die Inzidenz von Schwindel und Gleichgewichtsstörungen steigt mit zunehmendem Lebensalter. Beide gehören zu den am häufigsten genannten Beschwerdebildern bei Patienten über 75 Jahren.
- Die meisten peripheren und zentralen vestibulären Schwindelformen lassen sich durch eine sorgfältige Anamnese und neuro-ophthalmologische und -otologische Untersuchung ohne apparative Zusatzdiagnostik einordnen.
- Zu den häufigsten primär vestibulären Schwindelformen im Alter gehören der benigne periphere paroxysmale Lagerungsschwindel, die bilaterale Vestibulopathie, die „vestibuläre Migräne" und seltener zentrale vestibuläre Störungen durch ischämische Läsionen; letztere meist im Bereich des Hirnstamms oder Zerebellum.
- Die diagnostische Einordnung der Symptome Schwindel und Gangunsicherheit bei älteren Patienten muss dazu führen, die behandelbaren Erkrankungen zu identifizieren und so auch sekundäre Folgeschäden wie z. B. Stürze im Alter zu vermeiden.

Literatur

Brandt T (1999) Vertigo; Its Multisensory Syndromes, 2 edn. Springer, Berlin Heidelberg New York Tokio

Brandt T, Dieterich M (1994) Vestibular paroxysmia: vascular compression of the eighth nerve? Lancet 343:798–799

Brandt T, Dieterich M, Strupp M (2004) Vertigo – Leitsymptoms Schwindel. Steinkopff, Darmstadt

Brandt T, Steddin S, Daroff R B (1994) Therapy for benign paroxysmal positioning vertigo, revisited. Neurology 44:796–800

Davis A, Moorjani P (2003) The epidemiology of hearing and balance disorders. Textbook of Audiological Medicine, Luxon ML, Furmann IM, Martini A, Stephens D, (eds) Dunitz, London, pp 89–99

Dieterich M, Brandt T (1999) Episodic vertigo related to migraine (90 cases): vestibular migraine? J. Neurol. 246:883–892

Epley J M (1992) The canalith repositioning procedure: for treatment of benign paroxysmal positioning vertigo. Otolaryngol. Head Neck Surg. 107:399–404

Halmagyi GM, Curthoys IS (1988) A clinical sign of canal paresis. Arch. Neurol. 45:737–739

Sémont A, Freyss G, Vitte E (1988) Curing the BPPV with a liberatory maneuvre. Adv. Otorhinolaryngol. 42:290–293

Strupp M, Arbusow V, Maag K P, Gall C, Brandt T (1998) Vestibular exercises improve central vestibulospinal compensation after vestibular neuritis. Neurology 51:838–844

Strupp M, Brandt T (1999) Vestibular neuritis. Adv. Otorhinolaryngol. 55:111–136

Strupp M, Zingler V, Arbusow V et al. (2004) Methylprednisolone, valacyclovir, or the combination for vestibular neuritis. N. Engl. J. Med. 351:354–361

Theil D, Arbusow V, Derfuss T, Strupp M, Pfeiffer M, Mascolo A, Brandt T (2001) Prevalence of HSV-1 LAT in human trigeminal, geniculate, and vestibular ganglia and its implication for cranial nerve syndromes. Brain Pathol. 11:408–413

Thomson J, Bretlau M, Tos M, Johnson J (1981) Placebo effect in surgery of Menière's disease. Arch. Otolaryngol. 107:271–277

17a Hirn- und Rückenmarkstumoren – Grundlagen und konservative Behandlung

Peter Krauseneck

Einleitung

In der Neuroonkologie hat sich das 60. Lebensjahr als Beginn des „Alters" eingebürgert, was mehr durch Denken in Dekaden und statistische Auswertungen von Studien, als durch die Biologie des Alterns bedingt ist.

Eine Reihe von Studien bei malignen hirneigenen Tumoren zeigen statistisch eine deutliche Verschlechterung der Prognose jenseits des 60. Lebensjahres. Insbesondere bei primär zerebralen malignen Lymphomen zeigt sich bei über 60-Jährigen auch eine erheblich schlechtere Verträglichkeit der Ganzhirnbestrahlung mit einer hohen Rate rascher Demenzentwicklung binnen eines Jahres (Abrey et al. 1998). Dies gilt in deutlich geringerem Maße auch für Hochdosischemotherapien mit Methotrexat oder Cytosin-Arabinosid. In den Studien werden aber keine Alternativberechnungen für 55 oder 65 Jahre angeboten, so dass wie überall in der Geriatrie keine scharfe Altersgrenze angegeben werden kann. Von eigenen Auswertungen multizentrischer Großstudien bei malignen Gliomen (Neuro-Oncology Working Group 2003) wissen wir, dass bis hinab zu 40 Jahren jede Altersteilung zu signifikant unterschiedlichen Überlebenszeiten zugunsten der jüngeren Altersgruppe führt.

Die Klassifikation der Hirntumoren ist altersunabhängig (**s. Tab. 17.1**), so dass hier auf die neuroonkologischen Lehrbücher verwiesen werden kann (Grisold et al. 2000, Schlegel et al. 2003).

Tab. 17.1 WHO-Gradierung von Hirntumoren

	Grad I	Grad II	Grad III	Grad IV
Astrozytäre Tumoren				
Pilozytisches Astrozytom	*			
Astrozytom		*		
Anaplastisches Astrozytom			*	
Pleomorphes Xanthoastrozytom		*	*	
Glioblastoma multiforme				*
Oligodendrogliome				
Isomorphes Oligodendrogliom		*		
Anaplastisches Oligodendrogliom			*	
Mischgliome				
Oligo-Astrozytom		*		
Anaplastisches Oligo-Astrozytom			*	
Ependymale Tumoren				
Myxopapilläres Ependymom	*			
Ependymom		*		
Anaplastisches Ependymom			*	

Tab. 17.1: Fortsetzung S. 238

	Grad I	Grad II	Grad III	Grad IV
Meningeale Tumoren				
Meningeom mit 11 Varianten	*			
Atypisches Meningeom		*		
Papilläres Meningeom		*	*	
Anaplastisches Meningeom			*	
Plexus-Tumoren				
Plexus-Papillom	*			
Plexus-Karzinom			*	
Neuronal/gliale Tumoren				
Gangliogliom	*	*		
Desmopl. infant. Gangliogliom	*			
DNT	*			
Zentrales Neurozytom	*			
Pinealis-Tumoren				
Pineozytom		*		
Pineoblastom				*
Embryonale Tumoren				
Medulloblastom				*
Andere PNET				*
Neuroblastom				*
Ependymoblastom				*
Schwann-Zell-Tumoren				
Neurinom	*			
Neurofibrom	*			
MPNST			*	*
Metastasen				*

DNT= dysembryoplastischer neuroepithelialer Tumor, PNET=primitiver neuroektodermaler Tumor, MPNST= maligner peripherer Nervenscheidentumor

17.1 Epidemiologie

Im Gegensatz zu vielen anderen Organtumoren nehmen hirneigene Tumoren generell mit dem Alter nicht zu, sondern haben je nach Entität unterschiedliche Altersgipfel (**s. Abb. 17.1**). Medulloblastome/PNET und Ependymome treten ganz überwiegend im Kindesalter auf, wobei erstere jenseits des 50. Lebensjahres praktisch nicht mehr vorkommen. Eine Zunahme mit dem Alter zeigen Meningeome, primär zerebrale Lymphome und besonders die Hirnmetastasen. Da sich die Bildgebung und die klinischen Symptome dieser 3 Tumorarten sehr stark ähneln können, ist auch im Alter eine histologische Sicherung der Art des Hirntumors erforderlich.

Die häufigsten **Hirntumoren** im Alter sind Metastasen, die ganz überwiegend im Hirnparenchym, seltener auch in Knochen und Dura auftreten. An zweiter Stelle stehen die Meningeome, gefolgt von den malignen Gliomen und primär zerebralen Lymphomen. Die übrigen Entitäten sind selten.

Spinal überwiegen bei weitem die Wirbel- und Durametastasen. Daneben finden sich noch öfter Meningeome und Neurinome, d. h. extramedulläre Tumoren. Intramedulläre Tumoren, auch intramedulläre Metastasen sind selten.

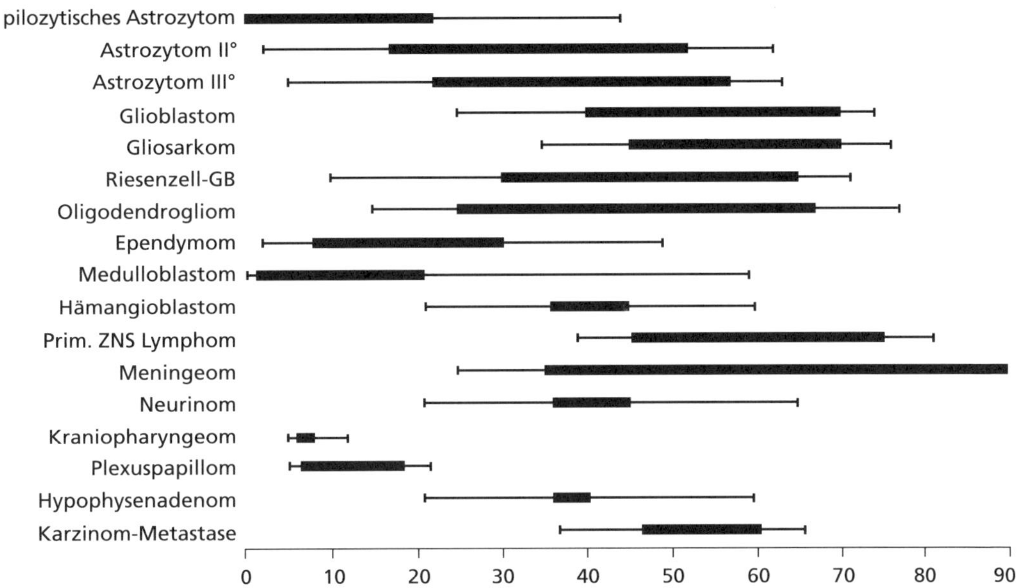

Abb. 17.1 Typische Altersverteilung der häufigsten Hirntumoren (nach Grisold et al. 2000)

17.2 Ätiologie und Pathophysiologie

Die unterschiedlichen Altersgipfel sind Hinweis auf die große Bedeutung der genetischen Veranlagung. Virus-induzierte Hirntumoren sind bisher nur im Tierexperiment bekannt geworden. Die deutlich erhöhte Inzidenz hoher EBV-Titer bei primär zerebralen Lymphomen wird als Epiphänomen – allerdings mit (negativer) prognostischer Aussagekraft – angesehen. Eine Beziehung zu Elektrosmog/elektromagnetischer Strahlung/Handy-Gebrauch konnte mit neuesten Daten praktisch ausgeschlossen werden. Röntgen-/Gammabestrahlung des Kopfes bei Kindern führte zu einer etwas erhöhten Inzidenz von Meningeomen im Erwachsenenalter. Massive Immunsuppression, auch im Rahmen von AIDS, prädestiniert für die Entwicklung primär zerebraler Lymphome. Hirnmetastasen nehmen entsprechend der zunehmenden Häufigkeit vieler Primärtumoren im Alter zu. Spezifische Risiken im Alter sind nicht bekannt.

Pathophysiologisch gibt es einige wenige **Besonderheiten im Alter**: Das meist geringere Hirnvolumen durch die Atrophie lässt mehr Raum für den Tumor. Die Ödemneigung des Gehirns ist mangels Masse etwas vermindert. Eindeutige Belege eines veränderten Tumorwachstums im Alter existieren nicht, aber niedriggradige Gliome sind bei über 50-Jährigen eine Rarität, und auch die Grad III-Tumoren werden jenseits dieser Grenze immer seltener; Glioblastome Grad IV nehmen dagegen zu. Es ist unklar, ob dies ein biologisches Phänomen des Alters oder Ergebnis der anzunehmenden langen vorangegangenen Wachstumsperiode mit allmählicher Zunahme der Malignität ist. Es gibt Hinweise dafür, dass der Malignisierungsprozess im Alter zumindest bei einem Teil der Patienten wesentlich schneller verläuft.

Bei spinalen Tumoren sind im Alter die Kompensationsmöglichkeiten für eine kompressionsbedingte Ischämie schlechter. Auch der Ausfall des N. phrenicus oder mehrerer thorakaler Segmente der Atemhilfsmuskeln wird schlechter verkraftet. Höhere Komplikationsraten sind die Folge.

17.3 Klinisches Bild

Die häufigsten Erstsymptome von Hirntumoren wie Kopfschmerzen, epileptische Anfälle, fokalneurologische Symptome und Persönlichkeitsveränderungen zeigen keine Altersunterschiede. Statistisch kommen bei malignen Gliomen epileptische Anfälle häufiger bei jüngeren Patienten vor und sind von daher mit einer besseren Prognose assoziiert. Bei älteren Patienten prädisponieren Komorbiditäten und Vorerkrankungen zu Einbußen der Hirnleistung mit organischem Psychosyndrom, welches daher auch im hohen Alter den Ausschluss eines Hirntumors erfordert. Bei spinalen Tumoren gibt es hinsichtlich der klinischen Symptome keine Besonderheiten bei älteren Patienten. Hartnäckige Rückenschmerzen bei langjährigen Rauchern müssen auch schon vor dem 60. Lebensjahr an eine Metastase eines Bronchialkarzinoms denken lassen.

Die Einschätzung des Allgemeinzustandes und ggf. Operationsrisikos folgt denselben Regeln wie bei jüngeren Patienten, wobei aber die kardiale und pulmonale Situation, sowie die Abklärung einer Thromboseneigung stets besonderer Aufmerksamkeit bedürfen. Hirntumoren prädisponieren genauso wie andere Malignome zu Thrombosen. Auch Chemotherapie, die häufig nötigen Glukokortikosteroide und ggf. vorhandene Lähmungen erhöhen das altersbedingt ohnehin erhöhte Thromboserisiko.

17.4 Grundsätzliches zu Diagnostik, Therapie und Prognose

Nach den amtlichen Sterbetafeln hat in Deutschland der 60-Jährige noch eine Lebenserwartung von ca. 20 Jahren, der 70-Jährige noch von ca. 15, der 80-Jährige noch von ca. 8 und der 90-Jährige noch von ca. 5 Jahren. Bei Frauen liegen die Zahlen noch höher. Das bedeutet, dass die normale Lebenserwartung praktisch immer höher ist, als die mediane Überlebenszeit der in der Regel vorliegenden malignen Tumorerkrankung, so dass die häufige intuitive ärztliche Empfindung, dass der Patient ohnehin bald sterben werde, falsch ist.

Frühere große randomisierte Therapiestudien haben Patienten über 70 oder gar über 60 ausgeschlossen, so dass erst in den letzten Jahren größere Phase-II-Studien und soeben eine Phase-III-Studie zu den älteren Patienten veröffentlicht wurden. Sowohl in der allgemeinen Onkologie als auch in der Neuroonkologie zeigen aber Untersuchungen der letzten Jahre, dass die Strahlentherapie wie auch die übliche, selbst hochdosierte Chemotherapie jenseits des 60. Lebensjahres bei fehlender bedeutsamer Komorbidität nicht mehr Nebenwirkungen verursacht als bei jüngeren Patienten. **Von daher lässt sich also eine Einschränkung von Diagnostik und Therapie im Alter nicht rechtfertigen.**

Andererseits ist der mögliche Gewinn an Lebensjahren u. U. gering und die Therapie möglicherweise belastend und im seltenen Einzelfall sogar verschlechternd. Im Gegensatz zu den meisten anderen onkologischen Erkrankungen ist bei malignen Gliomen und primär zerebralen Lymphomen ein höheres Alter ein gewichtiger und unabhängiger, ungünstiger prognostischer Faktor. Allerdings profitiert auch in den hohen Altersgruppen immer einAnteil von 10–20 %

erheblich von der Therapie. Daher sollte auch beim relativ gesunden Alterspatienten das höhere Therapierisiko eingehend mit ihm selbst und ggf. seiner Familie besprochen und und bei der individuellen Therapieentscheidung berücksichtigt werden. Häufig ist die Vereinbarung hilfreich, eine Strahlen-/Chemotherapie probeweise zu beginnen und bei schlechtem Erfolg oder Nebenwirkungen frühzeitig abzubrechen.
Ein wichtiges Zusatzkriterium ist der Allgemeinzustand des Patienten, der unabhängig vom Alter prognostisch sehr bedeutsam ist und daher quantifiziert werden muss. Die **Karnofsky-Skala** (s. Tab. 17.3) und die noch simplere **ECOG-Skala** (s. Tab. 17.2) berücksichtigen weder Begleiterkrankungen noch geriatrisches Assessment, sondern richten sich ganz nach den globalen Alltagsfähigkeiten und der Hilfsbedürftigkeit der Patienten. Sie sind aber dennoch reliabel und haben sich in vielen Bereichen gut bewährt, so dass der so quantifizierte Allgemeinzustand als wesentlicher, gesicherter prognostischer Faktor für Therapieentscheidungen herangezogen werden muss. Künftig wird ein differenzierteres geriatrisches Assessment zu fordern sein.

Tab. 17.2 Einschätzung des Allgemeinzustandes nach ECOG/RTOG etc.

Grad	Nach WHO (Zubrod, ECOG, AJCC)
0	Normale körperliche Aktivität; keine besondere Pflege erforderlich
1	Gering eingeschränkte körperliche Aktivität; leichte Arbeit möglich; nicht bettlägerig
2	Arbeitsunfähig; meist selbständige Lebensführung; Pflege und Unterstützung notwendig; weniger als 50 % bettlägerig
3	Keine Selbstversorgung möglich; kontinuierliche Pflege oder Hospitalisierung erforderlich; mehr als 50 % der Tageszeit bettlägerig
4	100 % krankheitsbedingt bettlägerig

Eine invasive Diagnostik, insbesondere eine erweiterte, aufwendige Primärtumorsuche ist häufig mangels Konsequenzen nicht gerechtfertigt. Generell ist wegen der ggf. eingeschränkten Therapieoptionen und Prognose im Alter auch vor einer Standarddiagnostik gezielt Konsens mit dem Patienten herzustellen, ob die resultierenden Therapiemaßnahmen auch gewünscht werden. Nur bei eventueller Therapiekonsequenz ist eine invasive Diagnostik auch sinnvoll.

17.5 Diagnostik

Außer den genannten Einschränkungen durch ggf. fehlende therapeutische Konsequenz unterscheidet sich die Diagnostik bei älteren Patienten nicht von der bei jüngeren. Das Kernspintomogramm ist **Goldstandard** sowohl für kraniale als auch für spinale Tumoren. Zerebrovaskuläre Veränderungen und selten eine Vaskulitis können differentialdiagnostische Probleme aufwerfen. Gleiches gilt für die Differenzierung der häufig vorkommenden Meningeome, Metastasen und primär zerebralen Lymphome, die sehr ähnliche Bilder mit kräftiger homogener Kontrastmittelaufnahme in CT und MRT machen können. Beim Mammakarzinom gibt es koinzident vermehrt z. T. multiple Meningeome, so dass ggf. die Diagnose von Hirnmetastasen bioptisch gesichert werden muss.
Auch im Alter empfiehlt sich statt einer aufwändigen Primärtumorsuche bei Verdacht auf Metastasen frühzeitig eine stereotaktische oder operative Diagnosesicherung, da die Komplikationsraten gering sind und wertvolle Zeit für eine gezielte Therapie gewonnen wird.
Strahlennekrosen treten regelhaft nach hochdosierter Einzeitbestrahlung, häufig nach hypofraktionierten Schemata oder Zweitbestrahlung und gelegentlich nach

Tab. 17.3 Gängige Einschätzung des Allgemeinzustandes in der Onkologie. Wichtig ist, dass beide hier angegebenen Kategorien berücksichtigt werden

Karnofsky-Aktivitäts-Skala	
A Fähig zu normaler Aktivität und Arbeit, keine besondere Pflege notwendig.	**100 %** – Normal, keine Beschwerden, keine Krankheitszeichen sichtbar.
	90 % – Fähig zu normaler Aktivität, keine Symptome oder Zeichen der Krankheit.
	80 % – Normale Aktivität unter Anstrengung, einige Krankheitszeichen oder –Symptome.
B Arbeitsunfähig, fähig zu Hause zu leben und für die meisten persönlichen Dinge zu sorgen, unterschiedlich viel Hilfe ist notwendig.	**70 %** – Sorgt für sich selbst, unfähig zu normaler Aktivität oder zu aktiver Arbeit.
	60 % – Braucht gelegentlich Hilfe, ist aber fähig, für die meisten seiner Angelegenheiten selbst zu sorgen.
	50 % – Braucht beträchtliche Hilfe und oft medizinische Pflege.
C Unfähig für sich selbst zu sorgen. Benötigt entweder Fürsorge oder Krankenhauspflege. Die Krankheit kann schnell fortschreiten!	**40 %** – braucht besondere Pflege und Hilfe.
	30 % – Stark behindert! Krankenhausaufnahme ist indiziert, noch keine Lebensgefahr!
	20 % – Krankenhausaufnahme notwendig, sehr krank, aktive unterstützende Therapie notwendig.
	10 % – Sterbend.

üblicher Radiochemotherapie, selten auch nach konventioneller Radiotherapie allein auf. Im CT und im Standard-MRT gleichen sie einem Tumorrezidiv. Die differentialdiagnostische Abgrenzung ist mittels diffusionsgewichtetem MRT oder der MR-Spektroskopie und am besten mittels SPECT oder PET mit radioaktiv markierten Aminosäuren möglich.

17.6 Therapie

17.6.1 Aufklärung und Wahrhaftigkeit

Nur eine adäquate, wahrhaftige und gleichzeitig die Hoffnung und günstigen Verläufe betonende Aufklärung wird die notwendige Vertrauensbasis schaffen, dem Patienten die Angst vor den Therapien nehmen und ihm oder/und seinen Familienangehörigen nächtelange frustrane Internetrecherchen ersparen. Die Einbeziehung der Familienangehörigen ist fast immer wichtig und sinnvoll. Man sollte sich vergewissern, dass die Kommunikation in der Familie der Krankheitsbewältigung nicht im Wege steht!

17.6.2 Eigeninitiative der Patienten – „Alternativtherapien"

Der Wunsch vieler Patienten nach einem selbst erbrachten Beitrag zur Tumorbekämpfung und die häufige Unheilbarkeit der Tumorerkrankung öffnet das Feld für Vitaminverkäufer, Heilpraktiker, Außenseiter, Scharlatane und Internetmanie. Dieses

Thema sollte vom Arzt aktiv angesprochen werden. Gute Aufklärung und Eingehen auf die Bedürfnisse des Patienten kann viel Schaden verhüten. Wichtig und hilfreich ist für viele auch der Hinweis, dass ausgewogene Ernährung und Sport nicht nur gesund sind, sondern auch die Immunabwehr stimulieren. Zusätzliche Anwendung von Mistel- und Weihrauchpräparaten interferiert nicht mit der Chemotherapie. Hingegen sind andere pflanzliche Präparate z. T. enzyminduzierend oder konkurrieren metabolisch im Zytochrom-P450-System, wie z. B. Johanniskraut, was zu (verstärkter) Toxizität führen kann. Thymuspräparate und hochdosierte Vitamine wirken nicht und könnten unter Umständen sogar das Tumorwachstum stimulieren.

17.6.3 Supportive Pharmakotherapie

Bei der symptomatischen und begleitenden Therapie bei Hirntumoren ist im Alter aufgrund der eingeschränkten Organfunktion und der häufigen Komorbidität mit mehr Nebenwirkungen z. B. bei der antiepileptischen Therapie zu rechnen.

Kortikosteroide

Es gilt die wichtige Regel „So viel wie nötig, so wenig wie möglich!“
Der häufig empfohlene, rein historisch begründete Einsatz vollsynthetischer, fluorierter Derivate wie Dexamethason bringt keine Vorteile, aber eine erhöhte Nebenwirkungsrate an Myopathie, Cushing-Syndrom, Diabetes und psychischen Veränderungen. Daher sind äquivalente Dosen von Prednison oder bei Leberschädigung Prednisolon zu empfehlen. Der Umrechnungsfaktor ist 5–7. Somit entsprechen 4-mal 4 mg Dexamethason täglich 1-mal 100 mg Prednison. Wegen der langen Halbwertszeiten genügt fast immer eine 1-mal tägliche Gabe, selten wird bei Zunahme der Symptome zur Nacht eine 2. Gabe nötig.
Eine Langzeitgabe sollte vermieden werden, ist aber bei einigen Patienten nicht zu umgehen, wobei durch vorsichtige Reduktion die niedrigste erforderliche Dosis ermittelt werden muss. Besondere Beachtung ist den unspezifischen Hirndrucksyndromen Müdigkeit, Abgeschlagenheit. Interesselosigkeit zu widmen, die mit höheren Kortisondosen oft gebessert werden können.
Bei gleichzeitiger Chemotherapie ist das Risiko einer oralen/oropharyngealen Candidiasis besonders hoch, die der Patient selbst meist erst im Spätstadium bemerkt. Mundinspektion und rechtzeitige Therapie mit oralen Lösungen wie Nystatin® ist daher erforderlich. Das an sich geringe Risiko einer Nebennierenrindeninsuffizienz nach Absetzen einer längeren Kortisontherapie steigt mit dem Alter etwas an.

Osmotherapie

Wirksamste Substanzen sind Mannit 20 % und Sorbit 40 %, die aber über einen zentralvenösen Zugang gegeben werden müssen. Sie werden intrazellulär nicht abgebaut und bergen daher bei längerer Gabe die Gefahr des Rebounds. Die im Alter ohnehin häufig eingeschränkte Nierenfunktion wird weiter gefährdet. Vorzuziehen ist daher Glyzerin, das in 10 % Lösung peripher i.v. gegeben werden kann, intrazellulär abgebaut wird und nur zu ca. 30 % renal ausgeschieden wird. Die verfügbaren 500 ml Flaschen sollten in rasch infundierte Einzelportionen von 100 ml aufgeteilt werden, um den osmotischen Effekt zu verstärken. Eine orale Glyzeringabe in 85 % Lösung (Deutsches Arzneibuch) ist auch möglich, wobei 40 ml oral dem Effekt von 50 ml 40 % Sorbit i.v. entsprechen und eine ca. 3-stündige Hirndrucksenkung bewirken. Tagesdosen über 6-mal 40 ml sind aber wegen der Gefahr der osmotischen Entgleisung (insbesondere bei mangelnder Flüssigkeitszufuhr) und der Magenverträglichkeit problematisch. Niedrigere Dosen von 2- bis 4-mal 30–40ml sind als Dauertherapie, auch zur Einsparung von Kortison durchaus geeignet. Allerdings wird der stark süße Geschmack auch bei Zugabe von z. B. Zitronensaft als Citrus-Glyzerin von manchen Patienten nicht toleriert. Schlechte Magenverträglichkeit kann zu Erbrechen führen, was differentialdiagnostisch von Hirndruckerscheinungen abzugrenzen ist.

Antiepileptische Therapie/ Enzyminduktion

Eine Metaanalyse konnte zeigen, dass eine prophylaktische Gabe von Antiepileptika bei anfallsfreien Tumorpatienten wirkungslos und daher nicht indiziert ist. Selbst eine perioperative Prophylaxe ist umstritten. Postoperativ sollte daher nach 2–4 Wochen stets ein Absetzversuch gemacht werden, um die drohenden Nebenwirkungen zu vermeiden.
Da enzyminduzierende Substanzen wie Carbamazepin, Barbiturate oder Phenytoin zum Wirkverlust bei Zytostatika führen können, die über das Zytochrom-P 450-System abgebaut werden, müssen beispielsweise Taxole 3–4-mal höher dosiert werden, um gleiche Wirkspiegel zu erreichen, wie ohne Enzyminduktion. Nitrosoharnstoffe, Temozolomid, VM 26 als in der Gliomtherapie gängige Substanzen sind allerdings nicht davon betroffen.
Ca. ein Drittel der Hirntumorpatienten entwickeln Anfälle und bedürfen einer antiepileptischen Therapie. Mittel der 1. Wahl ist derzeit das nicht enzyminduzierende Valproat. Breite Erfahrungen mit den neueren Mitteln (z. B. Topiramat, Levetiracetam) liegen noch nicht vor.

17.7 Besonderheiten der Therapiemodalitäten im Alter

17.7.1 Operation (s. Kap. 17b)

Alter per se stellt keine Einschränkung der OP-Indikation dar. Wesentliche prognostische Faktoren sind sowohl bei gutartigen Meningeomen wie auch bei bösartigen Gliomen der präoperative Allgemeinzustand und die Komorbidität. Auch bei Glioblastomen haben Patienten nach bestmöglicher Tumorentfernung eine eindeutig bessere Prognose als nach Biopsie. Bei Metastasen ist der Primärtumorstatus zu berücksichtigen.

17.7.2 Strahlentherapie

Unterschiede in Wirksamkeit und Verträglichkeit im Alter sind für die konventionellen Dosierungen nicht bekannt, so dass die klassischen Indikationen prinzipiell auch im Alter gelten.
Generell hängt die Verträglichkeit stark von Einzeldosis, Gesamtdosis und Größe des Bestrahlungsvolumens ab. Ganzhirnbestrahlungen werden im Alter deutlich schlechter vertragen und führen als Spätreaktion nahezu regelmäßig zu einer kognitiven Beeinträchtigung unterschiedlichen Ausmaßes. Akutreaktionen und die frühe verzögerte Reaktion (Somnolenzsyndrom) sind nicht häufiger. Die Spätreaktion mit einer dementiellen Entwicklung frühestens nach 6 Monaten nimmt zwar im Alter zu, hängt aber weit stärker vom Bestrahlungsvolumen ab. Dies erklärt die hohe Komplikationsrate bei primär zerebralen Lymphomen oder multiplen Metastasen, die mit einer Ganzhirnbestrahlung behandelt werden müssen. Bei lokal umschriebener Bestrahlung kann das Risiko vernachlässigt werden (Geinitz et al. 2003).

Bei den hochmalignen Tumoren hält die Diskussion an, ob man angesichts der kurzen Überlebens- aber langen Bestrahlungszeiten auf diese ganz verzichten oder ein verkürztes Schema mit höheren Einzelfraktionen unter Inkaufnahme einer höheren Nebenwirkungsrate anwenden sollte.

Eine vor kurzem als Vortrag veröffentlichte französische Studie (Delattre et al. Edinburgh Mai 2005) randomisierte Glioblastompatienten ≥70 Jahre zwischen einer rein palliativen Behandlung und einer konventionellen Strahlentherapie. Die bestrahlten Patienten lebten signifikant länger, wobei der Lebenszeitgewinn nicht wesentlich länger war als die Bestrahlungsdauer.

Bei hypofraktionierten Schemata sind in der Kurzzeitbeobachtung die Nebenwirkungen auch bei einer Verkürzung auf 6 mal 5 statt 30-mal 1,8–2,0 Gray nicht unterschiedlich, aber bei längeren Verläufen treten mehr kognitive Beeinträchtigungen auf. In einer sorgfältigen „Matched-pair-Analyse" dieser Dosierungsschemata lebten die konventionell behandelten Patienten mit malignen Gliomen mit 7 Monaten im Median 2 Monate länger als die mit dem 6 mal 5 Gy Schema behandelten, was wegen der geringen Fallzahl nicht signifikant war (McAleese et al. 2003).

Derzeit sprechen folgende Gründe für das konventionelle Vorgehen:

- In allen Altersstufen gibt es einen nicht unerheblichen Anteil von länger Überlebenden. Gerade bei den Therapierespondern riskiert man dann progrediente kognitive Einbußen.
- Strahlennekrosen können bei hohen Einzeldosen schon nach wenigen Monaten auftreten. Sie wirken sich in jeder Hinsicht wie ein Tumorrezidiv aus und werden überdies häufig auch fälschlich als solches verkannt. Patienten werden dann nicht mehr adäquat behandelt (Operation, Langzeitheparingabe s.c.).
- Die Tendenz zum aktiveren neurochirurgischen Vorgehen schafft bessere Voraussetzungen für die Radiotherapie und eine zusätzliche Chemotherapie verbessert die Ergebnisse weiter.
- Die Behandlung kann heute ambulant durchgeführt werden, so dass die Bestrahlungszeit für den Patienten durchaus sinnvoll nutzbar ist.
- Die Kostenersparnis ist gering.

Bei der Untergruppe von Patienten mit sehr schlechter Prognose und einer Lebenserwartung von unter 6 Monaten ist andererseits ein hypofraktioniertes Schema oder ein völliger Verzicht auf Radiotherapie gerechtfertigt. Für diese prognostische Abschätzung spielt aber das Alter nur eine untergeordnete Rolle. Viel wichtiger sind Histologie (Glioblastom = ungünstig), Allgemeinzustand (Karnofsky <50 % = ungünstig) und Operabilität (nicht resektabel, tiefsitzend, bilateral oder Hirnstammtumor = ungünstig).

17.7.3 Radiochirurgie

Die millimetergenaue, hochfokussierte Bestrahlung als „stereotaktische Konvergenzbestrahlung" oder „Gammaknife" ist heute breit verfügbar und kann bis zu einer Tumorgöße von 3–4 cm Durchmesser außerhalb des Mittellinienbereichs angewendet werden. Sie stellt für nicht-invasiv wachsende Tumoren wie Metastasen, Akustikusneurinome und ungünstig gelegene Meningeome speziell im Alter eine Alternative zur Operation dar, da häufig ein erhöhtes Operationsrisiko besteht.

Die Schwerionenbestrahlung – in Deutschland nur in Heidelberg/Darmstadt verfügbar – ist noch in der Erprobungsphase, hat aber offensichtlich bei Chordomen eindeutige Vorteile.

17.7.4 Chemotherapie

Wurden früher ältere Patienten in der Onkologie regelhaft aus Studien ausgeschlossen, so ist in den letzten Jahren gerade das gegenteilige Bemühen festzustellen, um für die wachsende Zahl der Alterspatienten (45 % der Krebspatienten sind über 70 Jahre) solide Daten in die Hand zu bekommen. Überraschenderweise fand sich beispielsweise bei Bronchialkarzinomen, dass ältere Patienten bei gleichem Allgemeinzustand die Chemotherapie nicht schlechter, bzw. sogar gelegentlich besser vertragen als Jüngere. Auch bei den malignen Gliomen gab es in den letzten Jahren einige Studien zur alleinigen adjuvanten Chemotherapie bei älteren Patienten, die einerseits zeigten, dass die postoperativen Überlebenszeiten im Median nur ca. 6 Monate betrugen, aber dennoch gleich oder leicht besser wie die der Strahlentherapie waren. Andererseits war die Verträglichkeit, insbesondere von ACNU und Temozolomid sehr gut. Die Überlebenszeiten bei kombinierter adjuvanter Chemoradiotherapie lagen bei 10–14 Monaten, was für einen eindeutigen Vorteil auch bei den älteren Patienten spricht (**s. Tab. 17.4**).
Einschränkend muss gesagt werden, dass diese guten Überlebenszeiten in der Regel bei Patienten in gutem Allgemeinzustand und geringer postoperativer Tumormasse erzielt wurden.
Subgruppenanalysen der neuesten randomisierten Studien zu den malignen Gliomen ergaben ebenfalls erheblich längere Überlebenszeiten und deutlich mehr „Langzeitüberleber" mit einer kombinierten Radiochemotherapie, so dass diese auch bei den älteren Patienten in gutem Allgemeinzustand ohne nennenswerte kognitive Einschränkungen zum Standard werden sollte. Die EORTC-Studie zu Temozolomid zeigte, dass der Erfolg der Chemotherapie stark vom Status der Alkyltransferasen als Repairenzyme abhängt. Möglicherweise ist daher die Bestimmung des Methylierungsstatus des Promoter-Gens der Alkyltransferase künftig als aussagekräftiger prognostischer Faktor hilfreich für die Auswahl älterer Patienten für eine alkylierende Chemotherapie.

17.8 Praktische Handlungsanweisungen für die häufigsten Tumoren

17.8.1 Meningeome

Meningeome haben in der Regel auch und besonders im Alter eine gute Spontanprognose. Häufig werden asymptomatische oder oligosymptomatische Meningeome nur beobachtet, wobei letztere häufiger nachkontrolliert werden müssen. Bei symptomatischen Tumoren ist das Alter alleine keine Kontraindikation einer Operation. Eine Nachbestrahlung wird generell bei inkompletter Resektion eines Grad II oder III Meningeoms empfohlen (**s. Kap. 17 b**).

17.8.2 Glioblastome/maligne Gliome

Das Vorgehen unterscheidet sich prinzipiell nicht vom Vorgehen bei Jüngeren. Operation und Strahlentherapie sind weitgehend standardisiert:
Die Ergebnisse der letzten 3 publizierten randomisierten Studien bei malignen Gliomen (Lit) zur Chemotherapie zeigen, dass das **PCV-Schema** mit Procarbazin, CCNU und Vincristin offenbar ungünstiger ist. Es gibt auch keine andere randomisierte Studie, die den Wert von PCV definitiv beweist. Selbst bei den Oligodendrogliomen war eine Studie mit postoperativem PCV und verzögerter Radiotherapie (RT) gegen RT allein mit nahezu identischen Überlebenszeiten enttäuschend (Cairncross et al.

Tab. 17.4 Therapieergebnisse bei malignen Gliomen im Alter. Die kombinierte Radiochemotherapie ist den Einzeltherapien deutlich überlegen. Nur die Studie von Stupp et al. war randomisiert.

Autor	**n**	**Alter, KPS**	**Behandlung**	**Medianes Überl. (Mon.)**	**6 Mon. Überl.**	**12 Mon. Überl.**
Chang et al. 2003	59	„Poor prognosis"	RT 20-mal 2,5	7	–	25 %
Roa et al. 2004	47	Alter >60 KPS >50	30-mal 2 Gy	5,1	44,7 %	–
	48		15-mal 2,7 Gy	5,6	41,7 %	–
Chinot et al.2004	32	Alter >70	Temozolomide	6,4	60 %	25 %
Glantz et al. 2003	32	Alter >70	Temozolomide	6	–	11,9 %
	54	–	Radiotherapie	4,1	–	9,3 %
Brandes et al. 2003	24	Alter > 64 KPS ≥ 60	RT 59 Gy	5,3	46 %	8,3 %
	32		RT 59 Gy + PCV	6,9	56 %	15,6 %
	23		RT 59 Gy + Temozolomide	10,7	87 %	47,4 %
Autor	**n**	**Alter, KPS**	**Behandlung**	**Medianes Überl. (Mon.)**	**18 Mon. Überl.**	
EORTC Stupp et al. 2005	105	50–60 J. KPS ≥ 70	RT	11,9	19,7 %	
	98		RT + TMZ	14,0	37,8 %	
	100	60–70 KPS ≥ 70	RT	11,9	19 %	
	98		RT + TMZ	11,8	33,1 %	

2004, ASCO Abstrakt). In einer Studie an 79 konsekutiv behandelten älteren Patienten (Brandes et al. 2003) zeigte sich, dass PCV zusätzlich zur RT nur marginal bessere Überlebenszeiten brachte, während zusätzliches Temozolomid diese nicht unerheblich verbesserte (s. **Tab. 17.4**). PCV war auch in dieser Studie hämatotoxischer als Temozolomid, was bei Vergleich verschiedener Studien generell zutrifft.

Von daher verbleibt als Alternative ACNU plus VM 26 und Temozolomid, wobei ersteres Schema in der 2003 publizierten NOA-01 Studie mit 17,3 Monaten zu deutlich längerer medianer Überlebenszeit bei Glioblastomen geführt hat, als Temozolomid in der EORTC-Studie mit 14,6 oder PCV mit 9,5 Monaten in der britischen Studie. Die Toxizität ist vergleichbar gering, die Praktikabilität mit 3 Tagen Kurzinfusion alle 6–8 Wochen für ACNU plus VM 26 und 5 Tagen oraler Einnahme nach spezieller Vorschrift alle 4 Wochen für Temozolomid ebenfalls ähnlich gut, so dass die bessere Wirksamkeit für ACNU plus VM 26 als 1. Wahl spricht. Bei vielen Patienten wird im Rezidiv-/Progressionsfall allerdings ohnehin die Alternative zum Einsatz kommen. Temozolomid ist um ein Vielfaches teurer.

Glioblastombehandlung bei Älteren in **gutem** Allgemeinzustand (d. h. Karnofskystatus ≥ 50 %):

- bestmögliche Resektion,
- konventionelle Radiotherapie, z. B. 32-mal 1,8 Gy,
- Chemotherapie mit ACNU plus VM 26 (oder Temozolomid).

Glioblastombehandlung bei Älteren in **reduziertem** Allgemeinzustand (d. h. Karnofskystatus <50 %):

- Biopsie/Resektion,
- Hypofraktionierte Radiotherapie,
- Keine Chemotherapie,
- Grenzfälle sind individuell zu entscheiden.

17.8.3 Metastasen

Die generell mit 3–8 Monaten im Median geringe Lebenserwartung nimmt im Alter noch deutlich ab. Ein kurativer Ansatz ist im Ausnahmefall durch Operation möglich, z. B. bei solitärer Hirnmetastase eines gut operablen oder unbekannten Primärtumors. Die Therapiestrategie hängt von Zahl, Lokalisation, Größe, Allgemeinzustand, sowie Art und Ausdehnung des Primärtumors ab. Wichtig ist, dass im MRT nach zusätzlichen kleinen Metastasen oder einer meningealen Beteiligung gefahndet werden muss, so dass bei Solitärmetastasen vor Festlegung der Therapie ein MRT durchgeführt werden muss.

Solitäre (einzige Metastase)/singuläre (nur eine) Hirnmetastase

Die Verläufe sind bei Patienten, die operiert werden können, günstiger, so dass symptomatischen Patienten in gutem Allgemeinzustand ohne ausgedehnte Metastasierung („mit beherrschtem Grundleiden“) und ohne schwere Begleiterkrankung bei singulären Metastasen mit günstiger Lokalisation die Operation *unabhängig* vom Alter angeboten werden sollte.
Bei einer Größe bis 3- max. 4 cm kann alternativ die hochfokussierte Gammaknife- oder stereotaktische Konvergenzbestrahlung, oft als Einzeitbestrahlung, durchgeführt werden. Sie vermeidet die Operation, geht aber häufig mit akuter, gelegentlich auch prolongierter Ödemreaktion einher. Die Überlebenszeiten und auch die lokale Tumorkontrolle unterscheiden sich nach den vorliegenden, nicht randomisierten Daten nicht wesentlich von denen der Operation. Radiosensible Primärtumoren wie kleinzellige Bronchialkarzinome werden bevorzugt so bestrahlt.
Eine zusätzliche Ganzhirnbestrahlung verbessert nach Operation oder fokussierter RT bei den meisten Primärtumoren zwar die lokale Tumorkontrolle, verlängert aber die Überlebenszeit nicht, so dass hierüber im Einzelfall zu entscheiden ist.

Multiple Metastasen

In der Regel ist die Ganzhirnbestrahlung Therapie der Wahl. Eine Operation kann bei besonders günstigen Voraussetzungen auch noch bei 2 (–3) Metastasen in Betracht kommen. Variationen des Bestrahlungsschemas haben nicht zu einer Beeinflussung der Überlebenszeiten geführt, so dass unter rein palliativen Gesichtspunkten eine verkürzte Bestrahlung mit 10-mal 3 Gy Standard ist. Da allerdings schon nach Ablauf von 6 Monaten mit Strahlenspätschäden gerechnet werden muss (DeAngelis 2004), sollte bei günstigerer Prognose (guter Allgemeinzustand, beherrschtes Grundleiden, noch Standardchemotherapie möglich) konventionell mit 20-mal 2 Gy bestrahlt werden. Eine lokale Dosisaufsättigung größerer Herde ist sinnvoll und risikoarm. Auch eine sequentielle Therapie von hochfokussierter RT und Ganzhirnbestrahlung oder umgekehrt ist z. B. bei Rezidiv möglich.

Rolle der Chemotherapie bei Hirnmetastasen

Eine Reihe von Studien legt nahe, dass Hirnmetastasen gleich gute bzw. schlechte Remissionsraten haben wie Metastasen in anderen Körperregionen, sofern ein für den

Primärtumor adäquates Chemotherapieschema noch zur Verfügung steht. Daher sollte die Durchführung einer wenig aggressiven systemischen **primärtumoradaptierten** Chemotherapie durchaus erwogen werden, zumal bei Ansprechen ein guter palliativer Effekt und eine Prophylaxe anderweitiger Metastasierung zu erzielen ist. Die Blut-Hirn-Schranke ist bei manifesten Hirnmetastasen nicht mehr relevant, da eigene, fenestrierte Tumorgefäße gebildet werden. Für die Entstehung neuer Hirnmetastasen und die Erreichbarkeit von Mikrometastasen für die Chemotherapie spielt die Blut-Hirn-Schranke indes eine Rolle, so dass von daher auch der Einsatz liquorgängiger Zytostatika begründet werden kann. Die Daten zum Einsatz von Temozolomid in dieser Indikation sind selbst beim Melanom widersprüchlich.

Meningeosis neoplastica

Die Therapie unterscheidet sich nicht von der bei jüngeren Patienten, wobei sich die ohnehin schlechte Prognose mit zunehmendem Alter vor allem wegen der hohen Inzidenz schwerer organischer Psychosyndrome weiter verschlechtert.
Die Kombination mit kleineren soliden Tumoranteilen ist nicht selten. Sofern lokale Symptome durch Schwerpunktbildung oder solide Anteile der Meningeosis erklärbar sind, ist eine regionale Bestrahlung sinnvoll. Eine Neuraxis-Bestrahlung ist ultima ratio. Als Standard gilt noch die intrathekale Chemotherapie, die wegen des guten palliativen Effekts in der Initialphase sehr sinnvoll ist. In den letzten Jahren wird der systemischen Chemotherapie zunehmend mehr Bedeutung zugemessen als der intrathekalen. Empfohlen wird 2- bis 3-mal pro Woche Gabe von 20–25 mg Methotrexat oder 60 (40–100) mg Ara-C lumbal, wegen der besseren Verträglichkeit und des symptomatischen Effektes evtl. ergänzt um 10–40 mg Triamcinolonkristallsuspension. Die Durchführung kann als Monotherapie oder Schaukeltherapie mit wechselnder Gabe von MTX und Ara-C für 2–3 Wochen erfolgen. Thio-Tepa kann ebenfalls verwendet werden, ist aber wegen der schwer einschätzbaren und nicht antagonisierbaren Hämatotoxizität 2. Wahl. Erfolgsparameter sind das klinische Ansprechen und das Absinken der Zellzahl, des Liquoreiweißes und des Liquorlaktats. Der Nachweis maligner Zellen ist im Verlauf wenig zuverlässig. Die Anlage eines Ventrikelkatheters mit Ommaya- oder Rickham-Reservoir wird trotz der theoretischen Vorteile im Alter nur selten bei günstiger Prognose in Betracht kommen. Bei der Injektion in das Reservoir vermindern gründliche Desinfektion und Vermeidung der mit einer Rasur verbundenen lokalen Hautläsion (Haare mit Schere entfernen!) die Infektionsgefahr.

17.8.4 Primär zerebrale Lymphome (PCL)

Bei einem medianen Manifestationsalter von ca. 55 Jahren bei immunkompetenten Patienten ist die oben angesprochene Spättoxizität der Ganzhirnbestrahlung bei Älteren für die Behandlungsstrategie hochrelevant. Eine kombinierte Radiochemotherapie führt auch bei Patienten unter 60 J. in 15 % zu schwerer Neurotoxizität (DeAngelis et al. 1989). In einer sehr großen deutschen multizentrischen Studie wird daher zur Zeit geprüft, ob auf die Bestrahlung verzichtet werden kann, da die hochdosierte Methotrexattherapie als bestwirksame Chemotherapie und Standard bei einem erheblichen Teil (35–80 %) der Pat. zur Vollremission führt. Bei einer Dosis von 4 g/qm Körperoberfläche war die Toxizität mild und die diesbezügliche Abbruchrate bei Älteren nur tendenziell aber nicht signifikant höher. Lediglich mehr Dosisreduktionen waren erforderlich (Jahnke et al.

2005). Kombinierte Chemotherapien wie das BEAM-Schema oder das „Bonner Protokoll“ (s. Spezialliteratur) sind möglicherweise wirksamer, aber deutlich toxischer, so dass sie nur in kontrollierten Studien Anwendung finden sollten. Die klassischen Lymphomprotokolle aus der allgemeinen Onkologie sind ungeeignet. Kleinere Studien legen eine Wirksamkeit auch von PCV, Topotecan u. a. nahe.
Die Ganzhirnbestrahlung sollte mit möglichst niedriger Einzel- (≤ 1,8 Gy pro Tag) und Gesamtdosis (≤ 50 Gy) durchgeführt werden, wobei bei Dosen unter 45–40 Gy die Rezidivrate steigt.

> Primär zerebrale Lymphome im Alter:
>
> - möglichst in Studien behandeln,
> - keine primäre Radiochemotherapie,
> - mit Hochdosis-Methotrexat beginnen,
> - Ganzhirnbestrahlung bei frühem Rezidiv/Progression,
> - bei spätem Rezidiv erneute Chemotherapie (wiederum Hochdosismethotrexat, falls Ansprechen bei Primärbehandlung, alternativ PCV).

17.9 Spinale Tumoren

Aufgrund der durch die altersbedingten vaskulären Veränderungen stärker eingeschränkten Regenerationsfähigkeit des Rückenmarks ist eine frühzeitige Beseitigung einer Kompression noch bedeutsamer als bei jungen Patienten. Stärker in die Differentialdiagnose einzubeziehen sind die ischämischen Syndrome des Rückenmarks, die meist akut, aber selten auch subakut und stotternd auftreten. Initiale Schmerzen und bei Lokalisation im Konus-Kauda-Bereich eine häufig fehlende dissoziierte Empfindungsstörung führen zu Verwechslungen mit Tumoren oder Bandscheibenvorfällen.
Außerdem verschieben sich die Inzidenzen hin zu den Wirbelsäulenmetastasen, die mit der steigenden Krebshäufigkeit im Alter zunehmen. Gelegentlich treten noch Meningeome, (solitäre) Plasmozytome und selten Neurinome auf. Gliome und Ependymome sind eine Rarität, wie auch die primären Knochentumoren.
Bei spinalen Metastasen mit Rückenmarkskompression ist die **Prognose** trotz der nicht lebensbedrohlichen Lokalisation genauso schlecht wie bei Hirnmetastasen mit medianen Überlebenszeiten im Bereich von 6 Monaten.

17.9.1 Diagnostik

Die Standards im Alter (klinische Höhendiagnostik, gezielte Bildgebung möglichst mittels MRT) unterscheiden sich nicht von Jüngeren.
Im Einzelfall sind somatosensorisch evozierte Potentiale und Liquordiagnostik – insbesondere zum Ausschluss einer neoplastischen Meningeosis – hilfreich.

17.9.2 Therapie

In der Akutbehandlung spinaler Symptome stehen Kortikosteroide an erster Stelle. Bei asymptomatischen, gehfähigen Patienten sind sie nicht angezeigt. Tagesdosen von 8–16 mg Dexamethasonäquivalent sind angemessen, da eine Hochdosistherapie in einer randomisierten Studie die Ergebnisse nicht verbessern konnte. Deren Anwendung ist sinnvoll bei auf Kortison sensiblen Primärtumoren wie Lymphomen und bei klinischer Verschlechterung unter Standardtherapie.
Wegen der hohen Thrombosegefahr ist bei para- bzw. tetraparetischen Patienten eine Heparinprophylaxe zu empfehlen.

Eine Operation muss so frühzeitig wie möglich erfolgen, da sich schwerere und/oder länger bestehende Ausfälle schlechter zurückbilden. Hat ein kompletter Querschnitt 6 h bestanden, ist eine Rückbildung durch die Operation in aller Regel nicht mehr zu erwarten.
Benigne Tumoren sind operativ heilbar und das Alter spielt für die Indikationsstellung praktisch keine Rolle.
Bei malignen Tumoren muss heute eine pathophysiologisch begründete Operationstechnik angewandt werden, die häufig Wirbelkörperersatz und Stabilisierungstechniken verlangt. Diese aufwendigen und belastenden Operationen sind vor allem im thorakalen Bereich im Alter sehr komplikationsträchtig, so dass die Strahlentherapie dann in den Vordergrund rückt (s. Kap. 17b). Wichtig ist hierbei, dass die modernen Konzepte der Feldanpassung und Toxizitätsvermeidung befolgt werden. Bezüglich der optimalen Dosierung können angesichts der Studienlage keine eindeutigen Aussagen gemacht werden. Je nach Situation, Primärtumor und Akuität der Symptomatik kommen vor allem 2 Konzepte in Frage, wobei sich bei älteren Patienten eher das erste Konzept anbietet:

1. Erzielung einer raschen Tumorverkleinerung durch hohe Initialdosen, z. B. 3 Tage 5 Gy, gefolgt von 5 Tagen 3 Gy oder durchgehend 4 Gy über 7 Tage.
2. Langfristige Stabilisierung mit möglichst geringem Strahlenrisiko bei prognostisch günstigen Patienten durch z. B. 20-mal 2 Gy oder 25- bis 28-mal 1,8 Gy.

Als generelle Handlungsanweisung mit Modifikation im Einzelfall kann angeführt werden:

Operationsindikation

1. Spinale Instabilität oder **knöcherne** Kompression des Rückenmarks,
2. Verschlechterung unter Strahlentherapie,
3. Rückenmarkskompression bei bislang unbekannter oder lang zurückliegender neoplastischer Erkrankung,
4. Rezidiv in einem vorbestrahlten Wirbelsäulenabschnitt.

Bei malignen Tumoren wird stets mit konventionellem Dosierungsschema nachbestrahlt, sofern noch keine RT erfolgte.
Primäre Strahlentherapie
In Situationen ohne Op-Indikation, insbesondere bei radiosensitiven Tumoren wie Lymphom, multiples/solitäres Myelom, kleinzelliges Bronchialkarzinom.
In rein **palliativen Situationen**, wenn

1. Lebenserwartung <3 Monate,
2. mehrere Wirbelkörperhöhen betroffen,
3. Paraplegie seit mehr als 6 h,
4. schwere Begleiterkrankungen vorliegen.

Chemotherapie

Die Rolle der Chemotherapie ist begrenzt und hängt stark von der Chemosensitivität des Tumors/Primärtumors und vom zeitlichen Verlauf ab. So kann bei langsamem Verlauf eines chemosensiblen Tumors zunächst auch die Chemotherapie allein versucht werden. In der Regel wird sie zusätzlich zur Operation und/oder Strahlentherapie bei chemosensiblen Tumoren eingesetzt.

Literatur

Abrey LE, DeAngelis LM, Yahalom J (1998) Long-term survival in primary CNS lymphoma. J Clin Oncol 16:859–863
Bernardi D, Michieli M, Rupolo M, et al. (2005) Is high-dose chemotherapy with peripheral stem cell rescue a suitable option for elderly patients affected by aggressive non-Hodgkin's lymphoma? Annals of Oncology 16:837–838
Brandes AA, Vastola F, Basso U et al. (2003) A prospective study on glioblastoma in the elderly. Cancer 97:657–662
Brenner H, Stegmaier C, Ziegler H (2005) Long-term survival of cancer patients in Germany

achieved by the beginning of the third millennium. Annals of Oncology 16:981–986

DeAngelis LM, Delattre Y, Posner JB (1989) Radiation induced dementia in patients cured of brain metastases. Neurology 39:789–796

DeAngelis LM, Seiferheld W., Schold SC et al. (2002) Combination chemotherapy and radiotherapy for primary central nervous system lymphoma: Radiation Therapy Oncology Group Study 93-10. J Clin Oncol 20:4643–4648

Flickinger JC, Kondziolka D, Niranjan A, Maitz A, Voynov G, Lunsford LD (2004) Acoustic neuroma radiosurgery with marginal tumor doses of 12 to 13 Gy. Int J Radiat Oncol Biol Phys 60(1):225–30

Geinitz H, Liesefeld S, Zimmermann F et al. (2003) Strahlentherapie im Alter: Indikationen, Effektivität und Verträglichkeit. Deutsches Ärzteblatt 46:B2500–B2508

Grant R, Lang BC, Page MA et al. (1995) Age influences chemotherapy response in astrocytomas. Neurology 45:929–933

Grisold W, Krauseneck P, Müller B (2000) Praktische Neuroonkologie. Springer, Wien New York

Jahnke K, Korfel A, Martus P et al. (2005) High-dose methotrexate toxicity in elderly patients with primary central nervous system lymphoma. Annals of Oncology 16:445–449

Muacevic A, Kreth FW (2003) Quality-adjusted survival after tumor resection and/or radiation therapy for elderly patients with glioblastoma multiforme. J Neurol 250:561–568

Nakamura M, Roser F, Michel J, Jacobs C, Samii M (2003) The natural history of incidental meningeomas. Neurosurgery 53(1):62–71

Neuro-Oncology Working Group of the German Cancer Society (2003) Neuro-Oncology Working Group 01 trial of nimustine plus teniposide versus nimustine plus cytarabine chemotherapy in addition to involved-field radiotherapy in the first-line treatment of malignant glioma. J Clin Oncol 21:3276–3284

Piribauer M, Fazeny-Dörner B, Rössler K et al. (2003) Feasibility and toxicity of CCNU therapy in elderly patients with glioblastoma multiforme. Anti-Cancer Drugs 14:137–143

Roa W, Brasher PMA, Bauman G et al. (2004) Abbreviated course of radiation therapy in older patients with glioblastima multiforme: a prospective randomized clinical trial. J Clin Oncol 22:1583–1588

Schlegel U, Weller M, Westphal M (2003) Neuroonkologie. Thieme, Stuttgart New York

Stupp R, Mason W, van den Bent MJ et al. (2005) Radiotherapy plus concomitant and adjuvant temozolomide for newly diagnosed glioblastoma multiforme. N Engl J Med 352:987–996

Vuorinen V, Hinkka S, Farkkila M, Jaaskelainen J (2003) Debulking or biopsy of malignant glioma in elderly people – a randomised study. Acta Neurochir (Wien) 145(1):5–10

Whittle IR, Basu N, Grant R et al. (2002) Management of patients aged over 60 years with malignant glioma: good clinical status and radiotherapy determine outcome. Brit J Neursurg 16:343–347

17b Besonderheiten der neurochirurgischen Tumortherapie im Alter

H. Maximilian Mehdorn und Andreas M. Stark

Einleitung

Die zunehmende Alterung der deutschen Bevölkerung spiegelt sich auch in dem Patientengut einer neurochirurgischen Klinik wieder. Zum Beispiel stieg der Anteil der über 70-jährigen Patienten, die an einem Meningeom operiert wurden, während der vergangenen 30 Jahre überproportional von ca. 2 % auf ca. 20 %. Diese Zunahme beruht zum großen Teil auf Fortschritten in der Neurochirurgie (Mikroneurochirurgie, Neuronavigation, intraoperative funktionelle Untersuchungen), in den bildgebenden Verfahren (Magnetresonanztomographie, intraoperative Bildgebung) und der Neuroanästhesie. Sie verdeutlicht aber auch die Notwendigkeit spezieller Behandlungsstrategien bei älteren Patienten.
Die wenigen, zu diesem Thema existierenden Studien zeigen, dass ein höheres Alter allein kein Grund zum Ausschluss von der operativen Behandlung sein muss (Laumer et al. 1992, Maurice-Williams und Kitchen 1993).
Die Ergebnisse der neurochirurgisch-operativen Therapie werden vor allem durch die folgenden fünf Faktoren beeinflusst:

1. **Die Biologie der Grunderkrankung** – Neben der klinischen Symptomatik spielt die Wachstumstendenz des Tumors eine große Rolle bei der Abwägung zwischen dem möglichen Nutzen einer Operation und einer abwartenden Haltung.
2. **Das biologisches Alter und die allgemeine Leistungsfähigkeit des Patienten** – Das Gehirn des älteren Menschen weist aufgrund der eingetretenen Hirnatrophie eine höhere Toleranz gegenüber Raumforderungen auf. Das bedeutet zum einen, dass intrakranielle Tumoren länger asymptomatisch bleiben und häufiger abwartend kontrolliert werden können. Zum anderen ist aber auch die Entfaltungstendenz des Gehirns nach der Operation geringer und somit das Risiko von postoperativen subduralen und epiduralen Nachblutungen erhöht (Laumer et al. 1992).
3. **Die Nebenerkrankungen** – Das perioperative Risiko ist bei älteren Patienten aufgrund von Komorbidität, vor allem Herz-, Gefäß-, Lungen- und Stoffwechselerkrankungen, deutlich erhöht.
4. **Die Qualität der operativen Versorgung** – Die Erfahrung des Operateurs und der effektive Einsatz von Hilfsmitteln zur Zugangsplanung und Tumorentfernung (Neuronavigation, intraoperativer Ultraschall, Ultraschallzertrümmerer) ist Voraussetzung für eine schonende und zugleich zügige Operationsweise.
5. **Die ambulante Betreuung nach Entlassung** – Je nach dem Zustand des Patienten und der Art des Tumors ist die Nachbehandlung (z. B. Krankengymnastik, Ergotherapie, Logopädie) und die Nachuntersuchung (neurologische Untersuchung, augenärztliche Untersuchung, MRT) durchzuführen.

In diese Überlegungen sind zudem alternative konservative Therapiemethoden und insbesondere der Wunsch und die Erwartungen des Patienten mit einzubeziehen.

Beim wachen und kooperativen Patienten kann intensiv diskutiert werden, inwieweit sich Wunschvorstellungen realisieren lassen. Bei dem in der Wahrnehmung und in der Wahrnehmungsverarbeitung eingeschränkten Patienten müssen ggf. Hilfsinstrumente (Patientenverfügung, Äußerungen der Angehörigen) Berücksichtigung finden.
Die wesentlichen, im Alter vorkommenden neurochirurgisch relevanten Tumoren sind:

- Intrakraniell:
  - hirneigene Gliome, insbesondere das Glioblastom,
  - Hirnmetastasen,
  - Meningeome.
- Spinal:
  - Wirbelmetastasen,
  - Meningeome,
  - Neurinome.

Diese Tumorarten sollen im Folgenden kurz hinsichtlich ihrer **speziellen Indikationsstellung und Therapiemöglichkeiten bei älteren Menschen** dargestellt werden. Generell sollte bei jedem Verdacht auf einen malignen intrakraniellen Tumor eine histologische Sicherung angestrebt werden. Allein dadurch kann eine zuverlässige Diagnose erstellt werden, die Voraussetzung für eine effektive Behandlung ist. Die Gewinnung der Histologie kann offen über eine osteoplastische Trepanation, ggf. mit Tumorteilentfernung zur Druckentlastung, oder auch stereotaktisch erfolgen. Ausnahmen sollten nur bei multimorbiden, präfinalen Patienten gemacht werden, für die jede weitere Maßnahme eine unnötige Belastung darstellt.

17.10 Intrakranielle Tumoren

17.10.1 Glioblastome

Das Glioblastom (GBM, WHO Grad IV) ist mit einem Anteil von 12–15 % aller intrakraniellen Tumore und 50–60 % aller Astrozytome der häufigste und bösartigste hirneigene Tumor. Mehr als 50 % der Patienten sind bei der Diagnosestellung bereits über 60 Jahre alt. Bei der Genese wird eine „de Novo“ Entstehung innerhalb von drei Monaten von einer sekundären Progression über niedriger maligne Astrozytome oder Oligodendrogliome unterschieden (Kleihues und Cavenee 2000, Stark et al. 2005). Trotz der recht guten Abgrenzbarkeit der Tumore in der Bildgebung (s. **Abb. 17.4**) ist das Glioblastom mit einer diffusen Infiltration des umgebenden Hirngewebes mit Ausbildung von sogenannten „Guerilla-Zellen“ verbunden. Auch nach makroskopisch kompletter Tumorentfernung treten daher regelmäßig Rezidive auf. Das mediane Überleben aller GBM-Patienten liegt knapp unter einem Jahr, allgemein anerkannte prognostische Faktoren sind allein das Patientenalter und die allgemeine Leistungsfähigkeit. In der Literatur werden u. a. die Komorbidität, die Resistenz der Tumoren gegen die Behandlung, Neurodegeneration und eine unterschiedliche Behandlung für die wesentlich schlechtere Prognose älterer GBM-Patienten (genaue Daten sind nicht verfügbar) verantwortlich gemacht (Brandes und Monfardini 2003). Nach neueren Studien sind allerdings die **Operation, die Strahlentherapie und die Chemotherapie** auch bei älteren Patienten (je nach Studie >55–65 Jahre) effektiv (Brandes et al. 2003, Patwardhan et al. 2004). Diese Beobachtung deckt sich auch mit eigenen Ergebnissen. Wir untersuchten prognostische Faktoren in 267 Patienten, die zwischen 1991 und 2001 in der Neuro-

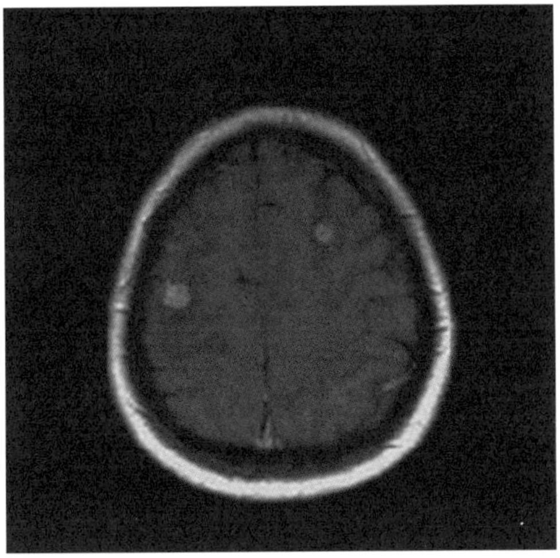

Abb. 17.2 Zwei oberflächliche kleine Hirnmetastasen, die beide einer hochfokussierten Bestrahlung unterzogen werden könnten. Auch Operation wäre möglich und beim Fehlen weiterer Metastasen sinnvoll

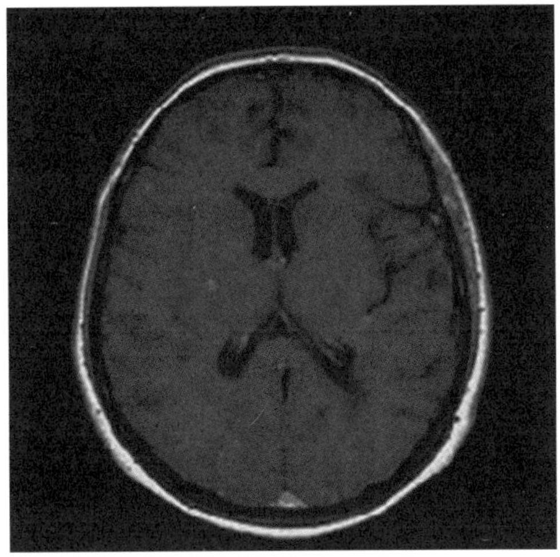

Abb. 17.3 Beispiel des Nachweises zusätzlicher kleiner Metastasen im MRT, die in der Computertomographie nicht sichtbar waren.

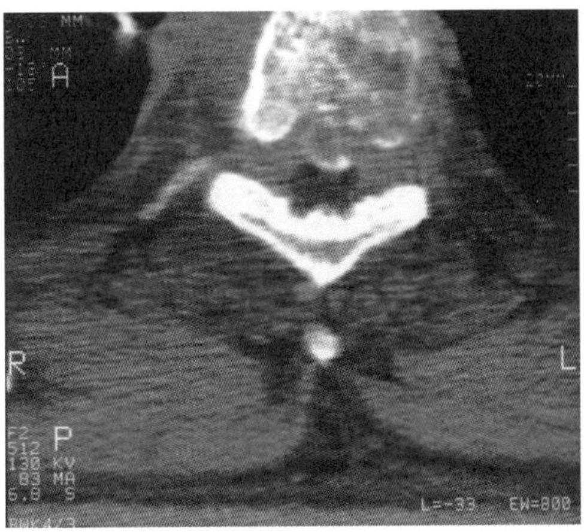

Abb. 17.4 Beispiel einer ventrolateralen Raumforderung bei Wirbelsäulenmetastase. Eine Laminektomie ist nicht angezeigt, sondern Tu-Entfernung und Stabilisierung von ventrolateral

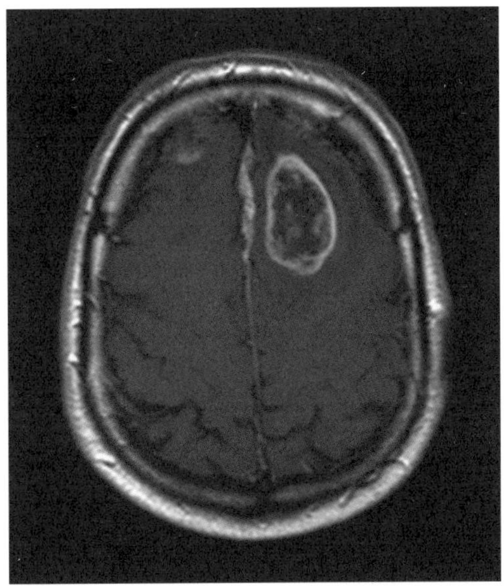

Abb. 17.5 Links-frontales Glioblastom bei einem 66-jährigen Patienten mit einer Aphasie und Wesensänderung (T1-gewichtete MRT nach Kontrastmittelgabe). Operative Behandlung.

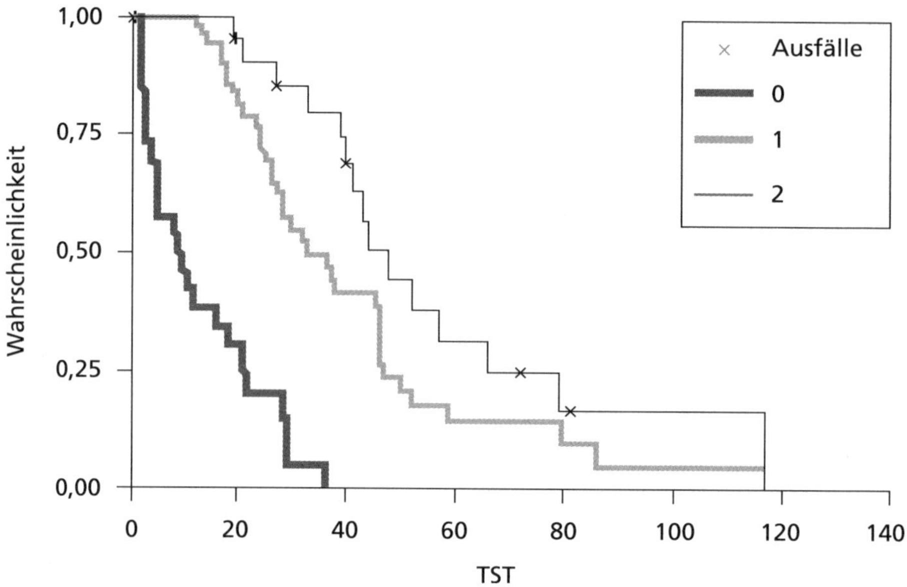

Abb. 17.6 Zusammenhang zwischen Behandlung und Überlebenszeit bei Patienten > 60 Jahren. 0 = Erstoperation als alleinige Behandlungsmaßnahme; 1 = Erstoperation und Strahlentherapie =54 Gy; 2 = Erstoperation, Strahlentherapie und Reoperation. TST = Gesamtüberlebenszeit in Wochen.

chirurgischen Universitätsklinik Kiel erstmals an einem Glioblastom operiert worden waren. 52 % der Patienten waren zum Operationszeitpunkt bereits über 60 Jahre alt, 19 % waren über 70 Jahre alt. Wie in **Abb. 17.6** dargestellt, fand sich dabei ein Zusammenhang zwischen der Behandlung und der Überlebenszeit. Das **mediane Überleben** der älteren Patienten über 60 Jahre betrug bei alleiniger Operation 10 Wochen, bei zusätzlicher Strahlentherapie 33 und bei zusätzlicher Reoperation 44 Wochen. Die Gabe von Chemotherapie war mit einer weiteren Zunahme des medianen Überlebens von einigen Wochen assoziiert. Diese Daten zeigen, dass die vorhandenen multidisziplinären Therapieverfahren (Operation, Strahlentherapie, Reoperation) nicht alleine aufgrund des fortgeschrittenen Alters der Patienten vorenthalten werden sollten. Ein therapeutischer Nihilismus bei älteren Glioblastompatienten ist nicht angezeigt.

Die Anwendung von Chemotherapie (s. Kap. 17a) beim Glioblastom ist nicht einheitlich. Eine Vielzahl von Substanzen wird zu unterschiedlichen Stadien der Erkrankung (Erstmanifestation, Rezidiv, Progredienz) eingesetzt. Eine der moderneren Substanzen ist das alkylierende Chemotherapeutikum Temozolomid (Temodal®), das das progressionsfreie Intervall verlängern und auch bei älteren Patienten relativ nebenwirkungsarm angewendet werden kann. Durch die kombinierte Temozolomid/Strahlentherapie kann darüber hinaus das mediane Überleben gegenüber alleiniger Strahlentherapie um ca. 2½ Monate verlängert werden (Stupp et al. 2005). Zur suffizienten Beurteilung der Chemotherapie und Radio-/Chemotherapie bei älteren Menschen mit einem Glioblastom ist die Durchführung spezieller Studien notwendig.

17.10.2 Hirnmetastasen

Neben der zunehmenden Alterung der Bevölkerung ist auch die Verbesserung der Therapie der Primärtumoren für eine immer größere Anzahl von älteren Patienten mit Hirnmetastasen verantwortlich. Im eigenen Kollektiv sind bereits 45 % der operierten Patienten über 60 Jahre und 12 % über 70 Jahre alt. Heutzutage können bis zu drei operativ erreichbare Metastasen in 1–2 Sitzungen entfernt werden. Dabei wird die Neuronavigation vorwiegend zur Zugangsplanung verwendet. Da Metastasen sich überwiegend gut vom Hirngewebe abgrenzen lassen, ist eine vollständige Entfernung in der überwiegenden Anzahl der Fälle möglich. Dennoch liegt das **mediane Überleben** generell deutlich unter einem Jahr. Ca. 50 % der Patienten versterben an wieder auftretenden Hirnmetastasen, entweder am Resektionsort oder an anderer Stelle, die verbliebene Hälfte verstirbt an der Progredienz der systemischen Tumormanifestation. Bei tiefliegenden Metastasen kann die fokussierte Bestrahlung (stereotaktische Radiochirurgie) erwogen werden. Wie beim Glioblastom, sind auch bei der Hirnmetastasierung allein jüngeres Patientenalter und eine gute allgemeine Leistungsfähigkeit allgemein anerkannte **Prognosefaktoren** (Stark et al. 2005). Zur **Behandlungsplanung** werden jedoch häufig weitere Parameter wie z. B. die Ausdehnung des Primärtumors, die Anzahl intra- und extrakranieller Metastasen und das Vorliegen von Begleiterkrankungen herangezogen. Der prognostische Wert dieser Faktoren ist jedoch nicht gesichert. Bei den eigenen Untersuchungen anhand von 177 in der Neurochirurgischen Universitätsklinik Kiel operierten Patienten wurde insgesamt ein medianes Überleben von 41 Wochen festgestellt. Bei Patienten über 60 Jahren lag das mediane Überleben nur noch bei 22 Wochen. Hier zeigte sich allerdings auch eine signifikante Assoziation zwischen Behandlung und Überleben (s. **Abb. 17.7**). Danach betrug das mediane Überleben bei Patienten, die einmal operiert und danach strahlentherapeutisch behandelt wurden, 20 Wochen. Bei zusätzlicher Rezidivoperation betrug das mediane Überleben dagegen 87 Wochen. Diese Ergebnisse sind aufgrund der vorgenommenen Patientenselektion entsprechend der allgemeinen Leistungsfähigkeit (Karnofsky Performance Score von 60–70) zwar mit einer erheblichen Verzerrung behaftet. Sie zeigen aber, dass bei älteren Patienten mit guter Performance die therapeutischen Maßnahmen inklusive Reoperation ausgeschöpft werden können und sollten. Bezüglich weiterer Prognosefaktoren war bei den älteren Patienten das Vorhandensein von mehr als drei Hirnmetastasen mit einem kürzeren Überleben assoziiert. Demgegenüber hatte der Nachweis extrakranieller Metastasen keine prognostische Relevanz.

Neben den häufigen intraparenchymalen Metastasen können, gerade bei älteren Patienten, auch Absiedlungen in den Schädelknochen oder in die Dura auftreten. **Symptomatische Knochenmetastasen** sollten nach Möglichkeit operativ entfernt werden, eine adjuvante Bestrahlung ist zu erwägen. Die seltenen **Durametastasen** können sich zum einen in Form einer subduralen Flüssigkeitsansammlung manifestieren und sind dann bildmorphologisch von einem chronischen Subduralhämatom nicht zu unterscheiden. Eine weitere Manifestation ist die solide Raumforderung, die wiederum bildmorphologisch von einem Meningeom kaum zu unterscheiden ist.

17.10.3 Meningeome

Diese zumeist gutartigen, von den Deckzellen der Arachnoidea mater ausgehenden Tumore stellen etwa 15 % aller intrakraniellen Tumoren und werden heute auch bei älteren Patienten in zunehmender Weise er-

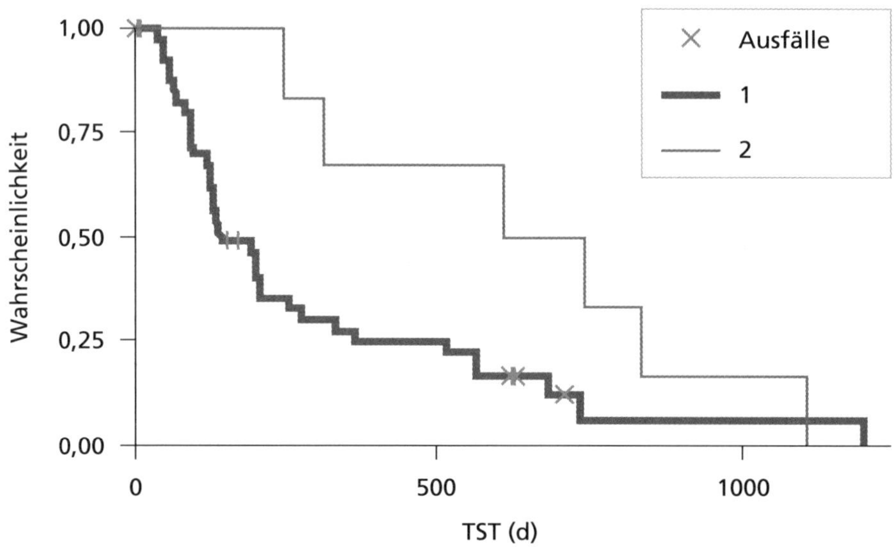

Abb. 17.7 Zusammenhang zwischen Behandlung und Überleben bei Patienten über 60 Jahren, die an einer oder mehreren Hirnmetastasen operiert wurden (1 = Operation und Strahlentherapie, 2 = Operation, Strahlentherapie und Reoperation bei Rezidiv; TST(d) = Gesamtüberlebenszeit in Tagen).

folgreich operiert. 95 % der Tumoren entsprechen dem WHO Grad I. Nach vollständiger Entfernung ist die Rezidivrate bei WHO I-Meningeomen gering. Atypische (WHO II) und anaplastische Meningeome (WHO III) sind dagegen mit einer höheren Rezidivrate vergesellschaftet, hier sollte eine postoperative Bestrahlung erwogen werden. Symptomatische und progrediente Meningeome sollten nach Möglichkeit operativ entfernt werden. Die **Operationsindikation** ist dabei auch von der **Lokalisation** abhängig. Während sich Konvexitätsmeningeome und Falxmeningeome zumeist problemlos entfernen lassen, muss bei parasagittalen Meningeomen mit einer Infiltration der Sinus gerechnet werden. Weitere Prädilektionsstellen sind die Olfaktoriusrinne, die Keilbeinflügel und der Kleinhirnbrückenwinkel. Zu der adjuvanten Strahlentherapie ist ggf. die Brachytherapie zu erwägen. Gerade bei älteren Patienten mit erheblichen Begleiterkrankungen ist es häufig sinnvoll, auf eine **komplette Entfernung** ausgedehnter Schädelbasismeningeome zu verzichten, sondern eine **Teilresektion** zur Dekompression benachbarter Hirnareale vorzunehmen und **ggf. adjuvante, strahlentherapeutische Therapieverfahren** anzuwenden. Diese können sowohl in der konventionellen Bestrahlung, aber auch in der Brachytherapie liegen. Kleine asymptomatische Meningeome mit geringer Wachstumstendenz können primär beobachtet werden (Mehdorn et al. 1989).

17.10.4 Im Alter seltenere Tumoren

Die folgenden Tumoren treten bei älteren Menschen deutlich seltener als bei jüngeren auf und sollen deshalb nur kurz erwähnt werden.

Das **Akustikusneurinom** geht entgegen seiner allgemein üblichen Bezeichnung von Schwann-Zellen des vestibulären Anteils des achten Hirnnerven aus. Zu seiner Be-

handlung stehen prinzipiell die mikrochirurgische Tumorexstirpation und die stereotaktische Radiochirurgie zur Verfügung. Für eine Operation sprechen (1) eine Tumorgröße über 2,5 cm Durchmesser, (2) eine Hirnstammsymptomatik durch Tumorkompression, (3) der Wunsch des Patienten nach Entfernung (häufig!) und (4) keine schwerwiegenden Vorerkrankungen.
Bei bildmorphologischem Verdacht auf ein **primär intrazerebrales Lymphom** sollte zügig eine bioptische Sicherung erfolgen. Dabei sind ggf. applizierte Kortikoide präoperativ abzusetzen, um die histologische Diagnose zu vereinfachen. Bestätigt sich die Verdachtsdiagnose, so sollte unverzüglich eine kombinierte Radio-/Chemotherapie erfolgen, da Lymphome einen rasch progredienten Verlauf nehmen können.
Ependymome, **Tumoren der Pinealisloge**, **Chordome** und **Chondrome** kommen im Alter sehr selten vor und sollen hier keine Berücksichtigung finden.

17.11 Spinale Tumoren

Spinale Tumoren können nach der Lokalisation in extradurale (primäre Wirbeltumoren, Wirbelmetastasen), intradurale/extramedulläre (Meningeome, Neurinome, Metastasen) und intramedulläre (Astrozytome, Ependymome) eingeteilt werden. Zahlenmäßig kommt bei älteren Menschen der Behandlung von Wirbelkörper- und Wirbelbogenmetastasen die weitaus größte Bedeutung zu. Intraspinale Meningeome und Neurinome sind im höheren Lebensalter seltener als bei jüngeren Menschen, primäre Wirbeltumoren und Astrozytome stellen eine Rarität dar.
Bei der Entscheidung über eine operative Intervention ist zu bedenken, dass die Regenerationsfähigkeit des Rückenmarkes bei hochgradiger Schädigung gering ist. Eine vollständige, tumorbedingte Querschnittlähmung wird sich in aller Regel trotz entlastender Maßnahmen nicht wesentlich zurückbilden. Ein inkomplettes Querschnittsyndrom kann sich allerdings nach Entlastung deutlich bessern. Ziel der operativen Behandlung ist die Dekompression nervaler Strukturen und die Erhaltung bzw. Wiederherstellung der Wirbelsäulenstabilität (Moskopp und Wassmann 2005). Im Folgenden soll nun auf die im Alter häufigeren intraspinalen Tumore eingegangen werden.

17.11.1 Extradurale Tumoren: Wirbelsäulenmetastasen

Bei **solitären Wirbelmetastasen** sollte versucht werden, den Tumor vollständig zu entfernen. Dafür ist häufig eine **Korporektomie** mit Anlage eines Schrauben-Stab-Systems zur Stabilisierung der Wirbelsäule notwendig. Dieser mehrstündige, belastende Eingriff ist bei älteren Patienten mit einer erheblichen Letalität und Morbidität verbunden. Die Entscheidung muss meist individuell unter Berücksichtigung des Gesamtkonzeptes getroffen werden. Im Falle einer **akuten Verschlechterung** und insbesondere bei inkompletter Parese durch Wirbelkörpermetastasen sollte schnellstmöglich eine das Rückenmark dekomprimierende Operation, meist in Form einer **Laminektomie**, durchgeführt werden. Dieser Eingriff kann bei kurzzeitiger Symptomatik zu einer schnellen Besserung der Befunde führen, beseitigt aber den Tumor in aller Regel nicht und ist eher als Überbrückungsmaßnahme vor einer weiterführenden Behandlung, z. B. einer größeren Operation oder einer Strahlentherapie, zu sehen. Isolierte Wirbelbogenmetastasen können dagegen durchaus mit einer Laminektomie kurativ behandelt werden.

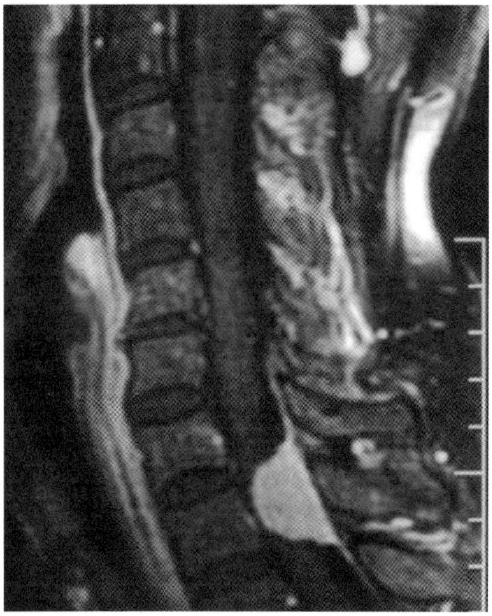

Abb. 17.8 Langsam progrediente Ataxie und Hyp-/Dysästhesie bei intraspinalem Meningiom in Höhe BWK 1. Operative Behandlung.

17.11.2 Intradurale extramedulläre Tumoren: Meningeome, Neurinome

Diese meist langsam wachsenden Tumoren werden, gerade bei älteren Menschen, häufig verzögert diagnostiziert. Sie manifestieren sich zumeist durch langsam progrediente Gefühls- und Bewegungsstörungen, die oft als Polyneuropathie, Spinalkanalstenose oder Hüftbeschwerden gedeutet werden. Der Schlüssel zur Diagnose ist die genaue neurologische Untersuchung und die spinale MRT. Bei der Untersuchung sind charakteristischerweise die Muskeleigenreflexe an den unteren Extremitäten gesteigert, es kann dabei zu Kloni und Reflexzonenverbreiterungen kommen. Die Sensibilitätsstörungen sind segmental, häufig bestehen vegetative Störungen. Auf der **kontrastmittelangehobenen MRT** stellen sich Neurinome und Meningeome als homogen anreichernde Strukturen dar, Meningeome weisen häufig eine durale Ausziehung (dural tail) auf, sind jedoch MR-tomographisch nicht mit ausreichend hoher Sicherheit von Neurinomen zu unterscheiden (s. **Abb. 17.8**). Beide Tumoren sind in aller Regel gut abgrenzbar und auch vollständig zu entfernen, bei Meningeomen muss in aller Regel eine **Duraplastik** erfolgen. Alternative Behandlungsmöglichkeiten gibt es hier nicht, so dass eine Besserung der Symptomatik nur durch die Operation zu erreichen ist.

Literatur

Brandes AA, Monfardini S (2003) The treatment of elderly patients with high-grade gliomas. Semin Oncol 30 (Suppl 19):58–62

Brandes AA, Vastola F, Basso U, Berti F, Pinna G, Rotilio A, Gardiman M, Scienza R, Monfardini S, Ermani M (2003) A prospective study on glioblastoma in the elderly. Cancer 97:657–662

Kleihues P, Cavenee WK (2000) Pathology and Genetics of Tumours of the Nervous System. IARC Press, Lyon

Laumer R, Fahlbusch R, Brustle O (1992) Intensive therapy of elderly patients in neurosurgery. Specifics of the postoperative phase in advanced age. Fortschr Med 110(13):241–4

Maurice-Williams RS, Kitchen N (1993) The scope of neurosurgery for elderly people. Age Ageing 22(5):337–42

Mehdorn HM, Kusatz B, Grote W (1989) Spontanverlauf bei Patienten mit nicht-operierten intrakraniellen Meningeomen und Operationsindikation im Altersbezug. In: Fischer HC (Hrsg) Verhdl Dt Ges f Neurologie 5. Springer, Berlin Heidelberg New York Tokio, S. 306–309

Moskopp D, Wassmann H (2005) Neurochirurgie. Schattauer, Stuttgart New York

Patwardhan RV, Shorter C, Willis BK, Reddy P, Smith D, Caldito GC, Nanda A (2004) Survival trends in elderly patients with glioblastoma multiforme: resective surgery, radiation, and chemotherapy. Surg Neurol 62(3):207–213

Stark AM, Tscheslog H, Buhl R, Held-Feindt J, Mehdorn HM (2004) Surgical treatment for brain metastases: prognostic factors and survival in 177 patients.

Neurosurg Rev, Epub ahead of print; www.springerlink.com

Stark AM, Nabavi A, Mehdorn HM, Blömer U (2005) Glioblastoma multiforme – report of 267 cases treated at a single institution. Surg Neurol 63:162–169

Stupp R, Mason WP, van den Bent MJ et al. (2005) European Organisation for Research and Treatment of Cancer Brain Tumor and Radiotherapy Groups; National Cancer Institute of Canada Clinical Trials Group. Radiotherapy plus concomitant and adjuvant temozolomide for glioblastoma. N Engl J Med 352(10):987–96

18a Extrapyramidale Erkrankungen und Bewegungsstörungen

Peter Vieregge

18.1 Idiopathisches Parkinson-Syndrom (IPS)

Einleitung

Als Parkinsonismus bezeichnet man die Kombination von mindestens zwei der Symptome Ruhe-/Haltetremor, Muskelrigor, Hypo-/Akinese, Haltungsinstabilität. Der Erkrankungsgipfel des IPS liegt zwischen dem 58. und 66. Lebensjahr mit leichtem Überwiegen des männlichen Geschlechts. Die **Prävalenz** beträgt in westlichen Industrieländern etwa 160/100 000 Einwohner und steigt mit dem Alter. Dies gilt nicht für die Inzidenz: Sie nimmt nach dem 80. Lebensjahr nicht mehr zu. Auch neuropathologisch unterscheiden sich Läsionsverteilung und -ausmaß in der Substantia nigra beim IPS von „normalen" Altersveränderungen. Folglich ist das IPS **kein** alleiniger Ausdruck eines beschleunigten Alterns. Zudem zeigen beim ersten Erscheinen motorischer Symptome als Ausdruck des Befalls der S. nigra nichtmotorische Hirnstammareale neuropathologisch bereits Zelldegenerationen (dorsaler Vaguskern, Raphekerne u. a.). In den Folgestadien sind limbischer und Neokortex regelhaft befallen. So bilden die neurodegenerativen Erkrankungen mit vorherrschender Lewy-Körper- oder Neuritenpathologie möglicherweise ein Spektrum ab, dessen zusätzliche Bedingungsfaktoren das Ausmaß des klinischen Prägnanztyps bestimmen („rein" motorisches Frühsyndrom mit aromatischer Geruchsstörung bei einem 45-jährigen Patienten mit „Early-onset-Parkinson" vs. initial sofort manifestierende Demenz mit blander Hypokinese bei einem 69-Jährigen mit „Diffuser Lewy-Körper-Krankheit").

18.1.1 Symptome und Diagnosekriterien

Das IPS wird nach **klinischen Kriterien** (UK Parkinson's Disease Society Brain Bank Kriterien) diagnostiziert: Gefordert sind Bradykinese und mindestens eines der folgenden: 4- bis 6-Hz-Ruhetremor oder Muskelrigor oder Haltungsinstabilität, die nicht durch visuelle, vestibuläre, zerebelläre oder propriozeptive Störungen erklärbar ist. Unterstützende Kriterien sind: einseitiger Beginn und persistierende Seitenasymmetrie im Verlauf, progressive Erkrankung mit Verlauf über 10 Jahre, ausreichendes (70–100 %) Ansprechen auf L-Dopa (bis zu 1,5 g/d), positiver L-Dopa-Effekt über mehr als 5 Jahre, Auftreten L-Dopa-assoziierter Dyskinesien.

Als klinische **Ausschlusskriterien eines IPS** finden sich:

- Anamnese für:
  - Hirninfarkt,
  - Schädel-Hirn-Trauma,
  - Enzephalitis.
- Neuroleptika bei Beginn der Symptome,
- Ausschließlich einseitige Zeichen nach 3 Jahren,
- Remissionen,

- Okulogyre Krisen,
- Supranukleäre Blickparese,
- Früh ausgeprägte autonome Störungen,
- Zerebelläre und Pyramidenbahnzeichen,
- Frühe (d. h. 1. Jahr nach Erkrankungsbeginn) Demenz mit Sprach-, Gedächtnisstörungen,
- Apraxie,
- Tumor/Hydrozephalus int. in CCT/MRT,
- Fehlendes Ansprechen auf hohe Dosen L-Dopa (wenn Malabsorption ausgeschlossen).

Im Gegensatz zur Erkrankung in früheren Lebensspannen sind axiale motorische Störungen, besonders des Ganges und der Haltungsregulation häufige **Frühsymptome eines IPS im Alter.** Sie führen zur richtigen Diagnose, wenn die hypokinetische Zusatzsymptomatik neurologisch präzise erfasst wird (Seitenasymmetrie, wo immer möglich, herausarbeiten; gelingt meist nach Ausschaltung der visuellen Kontrolle): Hypomimie, Dysarthrie plus Hypophonie (= Dysarthrophonie), monotone Stimme, Dysphagie (Hypersalivation), reduzierte Armpendelsynchronie, reduzierte Fingerfertigkeit, Bradydiadochokinese, Mikrographie, kleinschrittiger Gang, gestörte Wendebewegungen im Gehen und Liegen. Der typische, meist asymmetrische 4- bis 6-Hz-Ruhetremor wird initial und im Verlauf oft vermisst. Ein Haltetremor initial oder im Verlauf schließt die Diagnose IPS nicht aus. Charakteristisch ist der Gang mit nach vorn gebeugtem Rumpf, flektiertem Nacken und angewinkelten Armen. Der Patient geht kleinschrittig, langsam, oft schlurfend mit verminderter Fußabrollbewegung, in den frühen Stadien (Hoehn-Yahr-Stadium I/II) ohne verbreiterte Schrittbasis. Auffällig sind verminderte assoziierte Mitbewegungen von Kopf, Rumpf, und Armen. Treten im Verlauf der Erkrankung spontane oder induzierte Pulsionsphänomene hinzu (ab Stadium Hoehn-Yahr III), wird die Schrittbasis breiter. Die Funktion der Haltungsreflexe mit langer Latenz wird mit dem (nicht normierten) „Zugtest" geprüft (der Untersucher steht hinter dem Pateinten und zieht ihn an den Schultern zu sich leicht nach hinten: Retropulsion; zwei Ausgleichsschritte gelten als normal). Charakteristisch in späteren Stadien ist eine Startverzögerung („**Freezing**"). Als **Festination** (lat. „festinare" = sich beeilen, beschleunigen) bezeichnet man initiale kurze, sehr rasche (Trippel)-Schritte, bevor oder falls überhaupt der übliche Gehrhythmus erreicht wird. Diese Störung kann auch zum Sturz führen.
Das IPS **schreitet** bei Ersterkrankung im Alter **schneller fort,** besonders wenn es sich um den erwähnten axialen Prägnanztyp im Gegensatz etwa zum tremordominanten handelt. Hierzu tragen neurologische (zerebrovaskuläre Erkrankungen) und nichtneurologische Komorbiditäten (Herz-Kreislauf- und deg. Gelenkserkrankungen) und ihre Polypharmakotherapie bei. Der Verlauf des IPS selbst wird nach den klassischen Stadien von Hoehn und Yahr graduiert **(s. Tab. 18.1).**

Tab. 18.1 Stadieneinteilung des IPS nach Hoehn und Yahr

Stadium	Beschreibung
I	Einseitiger Befall
II	Bilaterale Erkrankung ohne Gleichgewichtsstörung
III	Fortgeschrittene Erkrankung, Haltungsinstabilität, aber körperlich unabhängig
IV	Schwere Behinderung, Stehen und Gehen allein möglich
V	Ohne Hilfe rollstuhlpflichtig oder bettlägerig

18.1.2 Differentialdiagnose

Die Differentialdiagnose des IPS umfasst in erster Linie die in diesem Kapitel abgehandelten Erkrankungen (s. Kap. 18.2, 18.3, 18.5, 18.7). Beim meist bilateral symmetrisch ausgeprägten **medikamentös-induzierten PS** sind Ruhetremor und Freezing des Gehens selten. Die **frontale Gangstörung** des vaskulären PS (VP) kann nicht mit dem Vollbild eines IPS verwechselt werden. Sie spricht auf L-Dopa-Therapie meist nicht an (s. Kap. 18.3). Ähnliches gilt für den isolierten Halte- bzw. Aktionstremor beim **essentiellen Tremor** (ET). Zudem stehen für die nähere Eingrenzung nuklearmedizinische Verfahren zur Verfügung: Die SPECT-Darstellung des vesikulären Dopamintransporters mit verschiedenen radioaktiv markierten Tropan-Derivaten ist beim VP und ET normal, beim IPS reduziert. Die Messung der kardialen Aufnahme des SPECT-Tracers 123-I-MIBG, die bei IPS i.G. zu allen genannten DD deutlich vermindert ist, wird bei älteren Patienten wegen der häufigen kardialen Komorbidität nur in Ausnahmefällen weiterhelfen.

18.1.3 Pharmakotherapie

Eine ursächliche Behandlung des neurodegenerativen Prozesses „IPS" ist nicht möglich. Maßgebliches **Therapieziel** ist es, die **Alltagsfähigkeiten** des alten IPS-Patienten zu erhalten. Vor Behandlung eines IPS-Symptoms muss daher beantwortet werden:

- Stehen die zu erwartende Wirkung der medikamentösen Therapie und ihre mögliche **Nebenwirkung** in einem vertretbaren Verhältnis?
- Lässt die geriatrische **Komorbidität** die Einnahme des Medikaments zu?
- Wird es im Rahmen der **Polypharmakotherapie** zu unerwünschten Wechselwirkungen der Medikamente untereinander kommen?
- Welche Rolle wird die altersabhängige **Pharmakokinetik** spielen?
- Wird der Patient das Medikament sachgemäß und zuverlässig einnehmen (**„Compliance"**)?

Sinnvoll ist darüberhinaus eine medizinisch-biologische Einschätzung des zu erwartenden IPS-Verlaufs unter dem Gesichtspunkt vorhandener Begleiterkrankungen und biologischer (insbesondere kognitiver) Reserven. Hierfür ist das vermutete Auftreten L-Dopa-abhängiger Dyskinesien und Fluktuationen wenig relevant. Diese treten bei bis zu 60 % vor allem der jüngeren Patienten nach 5–8 Jahren auf. Man benutzt im Alter einfache Medikamentenschemata mit gut bekannten Substanzen kurzer Halbwertszeit. Bei IPS-Patienten **über 70 Jahren** wird mit L-Dopa-Monotherapie (bis 600 mg/d) behandelt. Man beginnt ambulant mit 50 mg morgens und steigert um 50 mg alle 3 Tage (stationär kann u. U. schneller aufdosiert werden) bis zu einer Tagesgesamtdosis von 4-mal 100 mg. Eine Dosis über 100 mg pro Einnahmezeitpunkt wird nicht empfohlen. Bei Bedarf sollten häufigere Einnahmezeitpunkte gewählt werden. Nächtliche Akinesen werden mit abendlichen L-Dopa-Retard-Gaben angegangen (z. B. Nacom ret®, Madopar Depot®). Möglich ist auch die Vorbereitung einer auf dem Nachttisch befindlichen löslichen L-Dopa-Präparation. Diese leistet auch für den Tagesstart – sogleich am Morgen noch im Bett eingenommen – gute Dienste (Madopar LT®, Präparate anderer Hersteller sind z. T. auch gut wasserlöslich und somit schnell resorbierbar). L-Dopa hat synergistische Effekte mit Antihypertensiva. Metoclopramid und Antazida beeinflussen die **L-Dopa-Resorption** negativ. Dies gilt auch für die Obstipation. Eine Obstipationstherapie spart mitunter eine L-Dopa-Dosissteigerung. Auch eine gastrointestinale Motilitätsstörung stört die L-Dopa-Resorption. Sie spricht in der Regel gut auf die Gabe von Domperidon 30 min vor der Parkinson-Medikation an.

Kommt es zur **Wirkungsabschwächung der Einzeldosis** („Wearing-off"; frühmorgens: „Early-morning-dystonia"), so werden die Einnahmeintervalle unter Fraktionierung der Einzeldosen verkürzt und/oder die COMT-Hemmer Entacapone oder Tolcapone hinzugegeben. In der fixen Kombination mit L-Dopa, Carbidopa und Entacapone (z. B. Stalevo®) wird die Zahl der einzunehmenden Tabletten reduziert, so dass sich die Compliance verbessert. Gelegentlich stellen sich Schlafstörung, Halluzinationen bzw. Psychose nach der 1:1-Umstellung von den Einzelpräparaten zum Kombinationspräparat ein. Dies belegt manchmal retrospektiv eine vorher unvollständige Compliance des Patienten. Es sollte mit der Streckung der Einnahmeintervalle und/oder der Reduktion einzelner L-Dopa-Dosen reagiert werden. Unter Entacapon kann es zu Diarrhöen mit nachfolgender Dehydratation und gestörter Medikamentenresorption kommen.

Als **alternative Initialtherapie** bietet sich 200-100-100 mg Amantadin-HCL (Adekin®, Amixx®) oder maximal 3-mal 200 mg Amantadinsulfat (PK Merz®, Tregor®) an (**Dosis** alle drei Tage um 100 mg erhöhend **einschleichen**). Die letzte Dosis sollte um 15.00 Uhr gegeben werden, da das Präparat die Schlafarchitektur stören kann. Es wird über die Niere ausgeschieden, so dass Niereninsuffizienz auch wegen des Risikos einer pharmakogenen Psychose eine Kontraindikation ist. Vorsicht ist bei gleichzeitiger Gabe von Diuretika (gel. Kreatininkontrolle bei Grenzwerten oder im Sommer sinnvoll) geboten. Neben anticholinergen Effekten kann es zu Übelkeit, Livedo reticularis und Unterschenkelödemen kommen. Wegen synergistischer Wirkung auf die kardiale Reizleitung (QT-Verlängerung) soll Amantadin nicht mit Memantine kombiniert werden.

Leichte Formen eines IPS können initial auch mit Selegilin 5 mg (Amindan®, Antiparkin®, Movergan®) oder Rasagilin 1 mg (Azilect®) morgens als Einzeldosis oder in Kombination mit Amantadin behandelt werden. Die Dosis der Selegilin-Schmelztablette Xilopar® kann im Einzelfall halbiert werden, da durch die orale Resorption die hohe First-Pass-Metabolisierung in der Leber umgangen wird. Selegilin soll nicht zusammen mit SSRI, nichtselektiven MAO-Hemmern, Triptanen oder Pethidin gegeben werden.

Medikamente anderer Substanzklassen werden im Alter nur unter Beachtung ihres Nebenwirkungsspektrums und der individuellen Komorbidität des Patienten eingesetzt werden. Wegen zunehmender psychiatrischer Nebenwirkungen, Schlafstörungen, Funktionsstörungen des autonomen Systems und vor allem wegen Komorbiditäten und kognitiven Einbußen sind komplexe Medikamentenschemata im Alter häufig nicht anwendbar. Der Patient muss daher zuweilen unbefriedigende Kompromisse in der ihm noch verbleibenden motorischen Alltagsbewältigung hinnehmen. **Anticholinergika** sind generell kontraindiziert. Zur Therapie langjähriger IPS-Patienten, die schwere Wirkungsfluktuationen ins Alter mitbringen, wird auf spezielle Literatur verwiesen (Oertel et al. 2003, Conrad und Ceballos-Baumann 2005).

18.1.4 Sonstige Therapien

Krankengymnastische und ergotherapeutische Maßnahmen sollten regelmäßiger Bestandteil der Verordnung sein. Eine Therapie auf dem Laufband oder mit Bewegungsbädern (cave: Synkope) muss individuell angepasst werden. Gleiches gilt für die Verordnung eines sog. „Freezing-Stocks": Wenn die posturalen Reflexe nicht hinreichend unter Kontrolle sind, kann er zur „Sturzfalle" werden. Ob logopädische Maßnahmen einen Effekt über die Therapiedauer hinaus haben, ist strittig.

18.1.5 Sondersituationen und Komplikationen

Sondersituation bzw. Komplikationen eines IPS im Alter erfordern weitere **Therapieanpassungen**: Wird eine **Allgemeinnarkose** notwendig, so muß L-Dopa 12 h vor der Gabe von Fluothane und Halothan abgesetzt werden, da diese Substanzen den Herzmuskel für Katecholamine sensibilisieren. Opioide können die L-Dopa-Wirkung herabsetzen. Eine gefürchtete Komplikation ist die **akinetische Krise**. Sie kann nach Unterbrechung der L-Dopa-Zufuhr auftreten (fehlende Einnahme des Präparates infolge Hilflosigkeit durch Sturz, Exsikkose, Operationen, ferner durch hohes Fieber, Medikamentenumstellungen, Elektrolytstörung etc.). Es liegt für mindestens 48 h eine schwere Immobilität entsprechend Hoehn-Yahr-Stadium V vor. Symptome sind Temperaturerhöhung über 38°C, CK-Erhöhung mit Rhabdomyolyse, profusem Schwitzen, Tachykardie, Hyper- oder Hypotonie, Urininkontinenz, Ruhetremor, Arrhythmie, Dyspnoe, Leukozytose. Man behandelt mit 2- bis 3-mal 500 ml Amantadinsulfat (PK-Merz) i.v. mit Pneumonie- und Thromboseprophylaxe. Ein identisches klinisches Bild mit derselben Therapiekonsequenz bietet das **maligne neuroleptische Syndrom** durch zu starke Blockade der D2-Dopaminrezeptoren. Die Anamnese erlaubt die Differenzierung von der akinetischen Krise.

18.1.6 Nichtmotorische Symptome und ihre Therapie

Typische **Miktionsbeschwerden** sind vermehrter Harndrang (Urge) und Dranginkontinenz mit Pollakis- und Nykturie. Die häufigste Ursache ist die Detrusor-Sphinkter-Dyssynergie, eine reflektorisch ausgelöste vorzeitige Blasenentleerung bei gleichzeitiger bradykinetisch bedingter verzögerter Relaxation des M. sphincter urethrae ext. Konsekutiv finden sich ungenügende Blasenentleerung, Restharngefühl und sekundäre Hyperreflexie. Eine Prostatavergrößerung kann ähnliche Beschwerden verursachen. Vor einer Prostatektomie sollte beim Altersparkinson auf jeden Fall urodynamisch gemessen werden (Gefahr der Postprostatektomie-Inkontinenz bei schwachem Sphinkter). Neben Toilettentraining (Miktion nach Uhrzeit, nicht situationsabhängig) und Beckenbodengymnastik auf dem Pezziball kann mit Alphablockern (z. B. Tamsolusin: Alna®, Omnic® 0,4 mg) oder Parasympatholytika (Trospiumchlorid: Spasmex® 2 mal 5 bis 3 mal 10 mg) behandelt werden (Dosen einschleichen; cave: anticholinerge Nebenwirkungen, besonders nachts).

Schlafstörungen sind eigen- und fremdanamnestisch in ihren Charakteristika eingrenzbar (Einschlafen, Durchschlafen, Atempausen, Bewegung/Umdrehen im Schlaf, Restless-legs-Syndrom (RLS), Träume, Sprechen/Schreien im Schlaf, Grübeln, Miktion, Früherwachen, Schmerzen, Selbst- und Fremdverletzung, Tagesmüdigkeit). Wesentliche Hilfe unter stationären Bedingungen ist das Schlafprotokoll einer neurologisch erfahrenen Nachtschwester und der evtl. Einsatz eines nächtlichen Schlafapnoe-Screening-Geräts. Ambulant ist die Fremdanamnese des Partners oder des Pflegegheimpersonals hilfreich.

Einschlafstörungen haben 2/3 der IPS-Patienten. Neben der Prüfung der üblichen Schlafhygiene (Umgebung? Zu lange Ruhephasen tagsüber? Depression? Genussmittel? RLS? etc.) und kardiopulmonaler Begleiterkrankungen soll die Einnahme von Amantadin und MAO-B-Hemmern auf ca. 15.00 Uhr begrenzt werden. Finden sich neben den Einschlafstörungen abendliche illusionäre Verkennungen oder (meist optische) Halluzinationen, sollte die motorische Kompetenz erhalten und entweder Clozapin (initial 6,25 oder 12,5 mg) (Leponex®, Elcrit®) oder Quetiapin (Seroquel®

25–75 mg) zur Nacht gegeben werden. Bei depressiven Schlafstörungen ist ein sedierendes Antidepressivum z. B. Doxepin 25–50 mg, Mirtazapin 15–45 mg oder Trazodon 25–100 mg zur Nacht möglich – cave: anticholinerge Nebenwirkungen bei den Trizyklika.

Durchschlafstörungen bei alten IPS-Patienten haben drei wesentliche krankheitsbezogene Ursachen:

1. **Nächtliche Akinese** mit/ohne Miktionsdrang. Gesunde Schläfer drehen sich 11-mal pro Stunde, eine Vorbedingung für erholsamen Schlaf. IPS-Patienten drehen sich nur 5,4-mal. Man überprüft Miktionsverhalten und begleitende kardiopulmonale Insuffizienzen. Man gibt L-Dopa-retard-Präparate, alternativ lösliche L-Dopa-Präparationen mehrfach pro Nacht.
2. **Schlafbezogene Atmungsstörungen** überwiegend als Variante der motorischen Störung (selten zentrales, häufig obstruktives Schlaf-Apnoe-Syndrom). Ein Teil der Obstruktion bessert sich durch Erhöhung der L-Dopa-Dosis. CPAP-Geräte werden von weniger als 50 % der IPS-Patienten akzeptiert. Sie haben das Gefühl, Maske und Gerät ausgeliefert zu sein. Zudem profitieren sie wegen der in der Regel polyätiologischen Schlafstörung von der Behandlung nicht in gleichem Ausmaß wie andere Schlafapnoepatienten.
3. **Periodische Beinbewegungen** finden sich bei 25 % der IPS-Patienten. Sie müssen gegen hyperkinetische Bewegungsunruhe bei relativer dopaminerger Überdosierung abgegrenzt werden (Beschreibung der Bewegungsmuster im Schlafprotokoll der Nachtschwester). Auch hier werden Retard- oder rasch lösliche Präparationen des L-Dopa eingesetzt. Medikament zweiter Wahl ist Clonazepam z.N. 0,5–2 mg (z. B. Rivotril®).

Die **REM-Schlafverhaltensstörung** ist demgegenüber seltener, muss aber gezielt – auch von Angehörigen – erfragt werden. Die Patienten träumen lebhaft, sprechen laut und agieren die Träume aus, so dass sie zum Teil den Bettpartner oder sich selbst verletzen. Hier ist Clonazepam 0,5–2 mg z. N. Therapie der Wahl. Plötzliche **Tagesmüdigkeit** mit kurzzeitigem Einnicken ist Teil des IPS und nicht medikamentenspezifisch. Wechselnde Vigilanz im Laufe eines Tages ohne wesentliche erklärende Schlafstörung oder Komorbidität sollte an die Demenz mit Lewy-Körperchen denken lassen (s. Kap. 11).

Angehörige und Behandler benötigen Verständnis für die **kognitiven Störungen** der IPS-Patienten. Neben der „Bradyphrenie“ als kognitiver Umstellungserschwerung liegen allgemein bei bis zu 50 % der IPS-Erkrankten **depressive Störungen** vor. Sie äußern sich als Gesundheitssorgen, Pessimismus, Gereiztheit, Stimmungslabilität oder Antriebsminderung. Versagensgefühle und Selbstvorwürfe bis hin zu Schuld- oder Versündigungswahn sind selten. Wie sich Häufigkeit und klinische Charakteristika der Depression beim IPS im Alter verhalten, ist unbekannt. Die medikamentöse Therapie der Depression ist wichtig, weil die Verstimmung und erst in zweiter Linie die motorische Behinderung die „Lebensqualität“ des Patienten und die seiner pflegenden Angehörigen beeinträchtigt. Empfohlen werden Serotoninwiederaufnahmehemmer vom Typ des Paroxetin, Citalopram und Sertralin (nicht mit MAO-Hemmern zusammen geben). Trizyklika sind beim IPS allgemein am besten untersucht (Nortriptylin), sollten aber im Alter wegen der anticholinergen Begleitwirkungen nicht eingesetzt werden.

Halluzinatorische **Psychosen** bis zum Medikamentendelir können bei bis zu 30 % der älteren IPS-Patienten auftreten. Sie – und weniger die motorische Behinderung – sind ein Hauptanlass einer Heimeinweisung. Bei genauer Beobachtung entwickelt sich eine charakteristische Reihenfolge von prämonitorischen Störungen mit zunächst Durchschlafstörungen mit lebhaften Träumen, gefolgt von abendlichen illusionären Verkennungen, überwiegend optischen Halluzinationen, paranoiden Symptomen, Verwirrtheit bis hin zum Delir. Häufige **Auslöser einer Psychose** sind: Milieuwechsel (Krankenhauseinweisung per se), Exsikkose, akute Infekte, Traumata, abrupte Dosisänderungen der Anti-Parkinson-Medikamente (Erhöhungen und Absenkungen), in Unkenntnis eingeführte psychotogene, nichtneurologische Begleitmedikamente (z. B. Theophyllin, Opiate).

Die **Therapie der Psychose** ist vorrangig gegenüber der zu fürchtenden motorischen Verschlechterung durch Reduktion der Anti-Parkinson-Medikamente. Zur Besserung der Psychose werden – in dieser Reihenfolge – unter Flüssigkeitssubstitution abgesetzt: Anticholinergika, Trizyklika, Selegilin, Amantadin, Dopaminagonisten, COMT-Hemmer. Zuletzt wird L-Dopa auf die niedrigst vertretbare Dosis zurückgenommen. Klassische Neuroleptika, vor allem mittel- und hochpotente, sind zur Behandlung der Psychose kontraindiziert. **Antipsychotikum der ersten Wahl** ist Clozapin 6,25 mg zur Nacht (Leponex®, Elcrit®) in leichten Fällen. Es verschlechtert nicht die Motorik und ist steigerbar bis auf 3- bis 4-mal 25 mg. Es hat einen von der antipsychotischen Wirkung unabhängigen anticholinergen Begleiteffekt, der einen positiven Einfluß auf den Ruhetremor erklärt. Die Sedation soll milde gehalten werden. Das Mittel kann dosisabhängig schwere Enzephalopathien mit Sopor/Koma, Myoklonien und zerebralen Anfällen verursachen. Wegen der Gefahr toxischer Agranulozytosen, ist für einen Teil der Clozapinpräparate eine kontrollierte Verschreibung angeordnet. Eine **Alternative** ist Quetiapin (Seroquel®) mit Dosen von 25–75 mg z.N.

Eine IPS-assoziierte Demenz liegt vor, wenn die Demenz frühestens zwei Jahre nach Beginn der extrapyramidal-motorischen Symptome auftritt. Sie soll durch Ausbreitung des pathologischen Prozesses mit Lewy-Körper-Bildung in neokortikale Areale verursacht werden. Die klinische Häufigkeit der IPS-Demenz wird mit 30–60 % angegeben. Höheres Erkrankungs- und Lebensalter, visuelle Halluzinationen, schwere motorische Behinderung besonders axialer (nicht-dopaminerger) Funktionen sind mit der Entwicklung einer Demenz beim IPS assoziiert. Eine Verbesserung gegenüber Plazebo in kognitiven und Verhaltensparametern ist für Rivastigmin (Exelon®) bei der IPS-Demenz in etwa gleichem Ausmaß wie bei M. Alzheimer unter einer Dosis von 9–12 mg/Tag zu erwarten (Emre et al. 2004). Prädiktoren für ein Ansprechen dieser Behandlung beim individuellen IPS-Patienten gibt es bisher nicht. Wichtige Nebenwirkungen können Übelkeit, Erbrechen, Durchfall und Zunahme des Tremors sein.

18.1.7 Reisemedizin

Problematisch für IPS-Patienten sind heiße Klimate, die zu Exsikkose mit ihren Komplikationen führen können. Der Patient sollte eine Liste internationaler Handelsnamen der für ihn bedeutsamen Medikamente mit sich führen (bei der Deutschen Parkinson Vereinigung erhältlich). Bei Überschreitung der Zeitzonen sollten die Medikamentenintervalle beim ersten Zubettgehen auf die neue Zeit umgestellt werden.

Adresse: Deutsche Parkinson Vereinigung, Moselstr. 31, 41464 Neuss; Tel. 02131/410167; Internet: http://www.parkinson-vereinigung.de

18.2 Atypische Parkinson-Syndrome auf neurodegenerativer Grundlage

18.2.1 Progressive supranukleäre Blicklähmung (PSP)

Die meist sporadische PSP, früher als Steele-Richardson-Olszewski-Syndrom bezeichnet, ist nach dem IPS die zweithäufigste Form eines neurodegenerativ verursachten PS. Bis zu 50 % der Fälle werden zu Lebzeiten nicht diagnostiziert. Das **Erkrankungsalter** liegt meist zwischen 50–70 Jahren. Die **Überlebenszeit** beträgt im Median 6 Jahre. Die PSP wird den sog. Tauopathien zugerechnet: Pathologisch sieht man Neurofibrillenveränderungen und/oder Neuropilfäden in verschiedenen Hirnarealen bei unterschiedlichem Ausmaß des Nervenzellverlustes. In Kortex und subkortikalen Kernen liegen Einschlüsse mit einer pathologischen Ansammlung hyperphosphorylierter Tau-Isoformen.

Das **klinische Bild** ist im Gegensatz zum IPS **symmetrisch** ausgeprägt. Initiale Klagen über „Schwindel" sind entweder früher Ausdruck einer Haltungsinstabilität oder einer gestörten Okulomotorik. Die PSP wird nicht selten im traumatologischen Umfeld diagnostiziert, wohin die Patienten wegen der Sturzfolgen gelangen. Man findet dann je nach Krankheitsstadium einen breitbasigen, kurzschrittigen, langsamen **Gang** bei aufrechter Oberkörperhaltung; eine supranukleäre vertikale **Blickparese** nach unten, der im Verlauf eine horizontale Blickparese folgt; **Parkinsonismus** (Bradykinese, Rigor der axialen mehr als der Extremitätenmuskeln), der sich auf L-Dopa nicht oder nur vorübergehend gering bessert; **Dystonie** der Nackenmuskeln mit Retrocollis; Dysarthrie und Dysphagie; **psychiatrisch** sind Apathie, Depression, Angststörung und Frontallappensyndrom (gestörte Abstraktionsfähigkeit und Wortflüssigkeit, frontale Enthemmungszeichen, motorische Perseveration) häufig. Es fehlen L-Dopa-assoziierte Dyskinesien oder motorische Fluktuationen. Diagnostisch wertvoll sind die okulomotorischen Befunde: PSP-Patienten bieten wesentlich öfter als IPS-Patienten einen Blepharospasmus oder eine Levatorinhibition. Der wegen der Blickparese nahezu kontinuierlich innervierte M. frontalis verleiht dem PSP-Patienten zusammen mit der niedrigen Blinkrate charakteristischerweise einen erstaunt oder ängstlich wirkenden Gesichtsausdruck, der sich von dem des typischen IPS-Patienten unterscheidet.

Vertikale Blickparese, Gangstörung und Affektinkontinenz sind auch Kernsymptome der im Einzelfall wichtigen Differentialdiagnose „vaskuläre Enzephalopathie" (MRT!). Bildgebend zeigt sich bei der PSP eine Mittelhirnatrophie mit Verschmächtigung der Vierhügelplatte, die im axialen MRT als sog. Mickey-Mouse-Zeichen imponiert. Die SPECT-Untersuchung der Dopamintransporterliganden ist pathologisch.

Die **medikamentöse Therapie** beginnt bei deutlicher Bradykinese pragmatisch mit L-Dopa (bis 1500 mg/Tag unter Beachtung der Nebenwirkungen). In der Regel bessern sich die motorischen Symptome hierauf aber nur bedingt und vorübergehend. Andere ZNS-wirksame Pharmaka (Memantine, Amantadin, Amitryptilin) bleiben dem Einzelfall vorbehalten. Dystone Symptome sind der lokalen Injektionstherapie mit Botulinumtoxin zugänglich. Die Gangunsicherheit lässt sich durch Fußgewichte, erhöhte Schuhabsätze oder Physiotherapie angehen. Bei Dysphagie hilft breiige Kost, ggf. PEG. Eine gute Hilfe für Alltagsverrichtungen bei vertikaler Blickparese nach unten ist ein Brillengestell mit Umlenkspiegel (Fa. Breitfeld u. Schliekert, Karben; Einsetzen der passenden Refraktionsgläser nach Bestimmung der Fokussierungsentfernung, z. B. Tischhöhe (**s. Abb. 18.1**)).

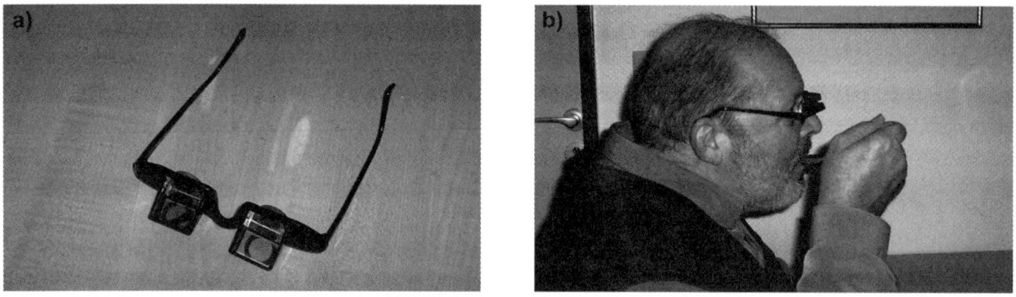

Abb. 18.1 Umlenkbrille bei vertikaler Blickparese: die Blickumlenkung ermöglicht die Sichtkontrolle von Teller, Messer und Gabel beim Essen; a) Umlenkbrille; b) Patient benutzt die Umlenkbrille für verschiedene Tätigkeiten

18.2.2 Multisystematrophie (MSA)

Die MSA ist eine progrediente Störung des extrapyramidal- und pyramidal-motorischen Systems sowie der zerebellären, autonomen und Urogenitalfunktion. Stehen hypokinetisch-rigide Symptome im Vordergrund, wird die Bezeichnung striatonigrale Degenerationserkrankung (SND) oder MSA-P benutzt. Wenn zerebelläre Zeichen vorherrschen, nennt man den Prägnanztyp olivo-ponto-zerebelläre Atrophie (OPCA) oder MSA-C. Autonome Störungen sind jeweils früh im Verlauf vorhanden. Stehen sie auch im Verlauf im Vordergrund, so wurde diese Variante bis vor kurzem als Shy-Drager-Syndrom bezeichnet. Die Erkrankung beginnt jenseits des 70. Lebensjahrs selten. Die Kombination eines Parkinsonismus mit autonomen Störungen entspricht in diesem Lebensalter zuallererst der Diagnose IP-S. An eine MSA sollte dann gedacht werden, wenn ein PS-Patient nach weniger als fünf Jahren Krankheitsdauer einen Rollstuhl benötigt (Komorbiditäten ausgeschlossen) und ein Ruhetremor fehlt.

18.2.3 Kortikobasale Degenerationserkrankung (CBD)

Auch die CBD ist im Alter selten. Sie wird als Tauopathie angesehen. Der klassische Patient bietet eine Kombination aus: neuropsychologischen Störungen wie ideomotorischer Apraxie, „Alien-limb-Syndrom" (= Fremdheitsgefühl einer Extremität gegenüber), Aphasie, Sehstörung und Frontalhirnsyndrom, sowie Bewegungsstörungen (asymmetrische Akinese und Rigidität, asymmetrische Extremitätendystonie, Haltungsinstabilität, orolinguale Dyskinesien, Athetose, fokaler Stimulus-sensitiver Myoklonus, Aktionstremor) und weiteren Symptomen (kortikale Sensibilitätsstörung, supranukleäre Blicklähmung, Babinski-Zeichen, Pseudobulbärparalyse). Besonders „Parkinson-Patienten" mit Apraxie oder Neglect, aber ohne Ruhetremor und ohne vaskuläre Komorbidität sollten an diese Differentialdiagnose denken lassen.

18.3 Symptomatische oder sekundäre Parkinson-Syndrome

Neben den atypischen PS im Rahmen neurodegenerativer Erkrankungen (Kap. 18.2) und dem essentiellen Tremor (Kap. 18.5) sind symptomatische oder sekundäre PS die wichtigste Differentialdiagnose zum IPS. Im Alter sind dies das medikamentös induzierte PS und das vaskuläre PS.

18.3.1 Medikamentös induziertes Parkinson-Syndrom (mPS)

Die wesentliche verursachende Stoffgruppe eines mPS sind D2-Dopaminrezeptor-Blocker, i.e. Neuroleptika, Antiemetika/Antivertiginosa wie Trifluperazin, Perphenazin, Kalziumantagonisten (Flunarizin, Cinnarizin), Metoclopramid sowie Dopaminspeicher-Entleerer (Reserpin, Tetrabenazin), des Weiteren im Einzelfall die Einnahme von Lithium, Valproat, Phenytoin, Fluoxetin, Fluvoxamin, Paroxetin, Risperidon, Amiodaron, Verapamil, Tacrin, Disulfiram. Psychiatrische Patienten unter Dopaminrezeptorblockern entwickeln das mPS in den ersten Wochen der Behandlung. Die Rückbildung nach Absetzen der Neuroleptika kann bis zu drei Monate dauern (Nguyen et al. 2004). In einem Viertel aller Fälle ist das PS nicht oder nur partiell reversibel. Dies ist für Patienten mit anlaufender oder beginnender Demenz wichtig, bei denen aus der Alltagsroutine heraus (Altenheime!) wegen z. B. abendlicher Unruhe schnellhin niedrig- oder mittelpotente Neuroleptika verordnet werden. Entwickelt sich unter einer vergleichsweise niedrigen Dosis dann in kurzer Zeit ein ausgeprägtes PS, so ist diagnostisch die Demenz mit Lewy-Körperchen zu erwägen. Bei ihr ist ausgeprägte „Neuroleptikaempfindlichkeit" ein hilfreiches Diagnosekriterium.

Erster Schritt zur **Diagnose** eines PS ist die Medikamentenanamnese. Patienten mit unspezifischen Magen- und Schwindelbeschwerden, Schlafstörungen oder sog. „Hirnleistungsstörungen" erhalten oft Magenmittel, Antivertiginosa (Kalziumantagonisten) und „Aufbauspritzen" (Pimozid i.m.). Das mPS zeigt im Gegensatz zum IPS keine klinische Seitenasymmetrie. Münzzähltremor und Freezing sollen beim mPS nicht vorhanden sein. Es findet sich gelegentlich ein meist bilateraler Pro- und Supinationstremor (Frequenz 7–9 Hz) von relativ großer Amplitude an Unterarmen und Händen mit deutlicher Haltekomponente. Häufig unscheinbar, aber diagnostisch wichtig sind choreatische, meist orale oder linguale **Hyperkinesien**, die beim IPS nur im Zusammenhang mit L-Dopa-Einnahme beobachtet werden. Daneben kann man bei längerdauernder Neuroleptikaexposition das sog. **Rabbit-Syndrom** sehen: einen mittel- bis hochfrequenten Kiefer- und Lippentremor mit oder ohne vorgestülpte Lippen, der sich bis zum Mundboden ausbreiten kann. Bemerkenswert häufig geht das mPS mit einem chronisch-depressiven Syndrom einher.

Therapeutisch sollte die als Ursache des mPS vermutete Substanz abgesetzt werden. Anticholinergika verbieten sich wegen der Organnebenwirkungen und wegen ihres vermuteten negativen Effektes auf den kortikalen Acetylcholin-Metabolismus. L-Dopa und Dopaminagonisten sind wegen der postsynaptischen Rezeptorblockade nicht sinnvoll. Partiell erfolgreich ist oft der Einsatz der NMDA-Rezeptor-Blockade durch 200–400 mg Amantadin (auch parenteral).

18.3.2 Vaskuläres Parkinson-Syndrom

Das Konzept eines arteriosklerotischen bzw. vaskulären Parkinsonismus (VP) ist eines der umstrittensten der Neurologie. Ein reines VP (Akinese plus eines der Symptome Rigor oder Tremor oder posturale Instabilität) als Folge eines Territorialinfarkts bei Fehlen von Hinweisen auf IPS ist eine Rarität (Peralta et al. 2004). Eher sieht man VP mit „atypischen" Zeichen (Pyramidenbahnzeichen, Pseudobulbärsymptome, früh im Verlauf auftretende Urin- u. Affektinkontinenz) im Laufe von multilakunären oder Multi-Infarkt-Syndromen bzw. bei einer subkortikalen vaskulären Enzephalopathie (SAE) mit und ohne Demenz. Steht die breitbasige „frontale Gangstörung" mit und ohne Initiierungsstörung (s. Kap. 18.7) im Vordergrund, wird auch von Lower-Body-Parkinson oder **vaskulärem Pseudo-Parkinson-Syndrom** i.R. einer SAE mit oder ohne Demenz gesprochen. Die Charakteristika beider Gruppen überlappen sich: Die Patienten sind meist älter als 60 Jahre, haben mehr als einen vaskulären Risikofaktor, die Hypokinese findet sich hauptsächlich an der unteren Extremität, ein Ruhetremor wird nicht beobachtet. Die Häufigkeit dieser PS wird mit ca. 6 % angenommen. Die SPECT-Untersuchung des Dopamintransporters ist im Gegensatz zu IPS und anderen neurodegenerativen PS normal (Gerschlager et al. 2002).

Therapeutisch wird L-Dopa bis zu 1 000 mg/Tag über mindestens 3 Monate empfohlen, für die Gangstörung bis zu 600 mg Amantadin/Tag. Positive Effekte werden auch von der großvolumigen (35–40 ml) Liquorentnahme analog dem Vorgehen beim NPH (s. u.) berichtet (Ondo et al. 2002).

18.4 Chorea – Athetose – Ballismus

Unwillkürliche, unregelmäßige, abrupt auftretende, kurzzeitige, nicht repetitive und zufällig verteilte Muskelkontraktionen mit Bewegungseffekt bezeichnet man als **Chorea.** Sie kann alle Körperregionen betreffen. **Ballismus** wird als gesteigerte choreatische Bewegung vor allem der proximalen Muskeln angesehen. Chorea und Ballismus gelten als Kontinuum hyperkinetischer Syndrome. **Athetose** wird als distale Dystonie oder langsame Chorea eingeordnet.

Im Alter sind symptomatische Formen der Chorea am häufigsten. Bei jedem Patienten muss die Medikamentenanamnese im Sinne einer möglichen tardiven Dyskinesie erhoben werden (s. u.). Die sog. **senile Chorea** ist pathologisch uneinheitlich. Sie umfasst in etwa in der Hälfte der Fälle sporadische Patienten einer Huntington-Chorea mit Beginn nach dem 70. Lebensjahr. **Spontane oro-fazial-mastikatorische Dyskinesien** werden als frühe oder abortive Form einer senilen Chorea aufgefaßt, und sind häufiger als die generalisierte Chorea. Ob die bei diesen Patienten oft anzutreffende Zahnlosigkeit Ursache oder Folge des Syndroms ist, wird kontrovers gesehen. Weitere wichtige Ursachen einer Chorea im Alter sind: Sydenham-Chorea mit persistierender Symptomatik, syst. Lupus erythematosus, zerebrale Ischämie, Hypo-/Hypernatriämie, Hypo-/Hyperkalzämie, Hypo-/Hyperglykämie, Hyperthyreoidismus, Hypoparathyreoidismus, Nierenversagen oder eine Medikamentenexposition (Neuroleptika, L-Dopa, Dopaminagonisten, Amantadin, Anticholinergika, Phenytoin, Carbamazepin, Valproat, Amphetamin, Theophyllin, Koffein, Östrogene, Anabolika, Antihistaminika, Trizyklika, Lithium, Metoclopramid, Digoxin, Verapamil). Bei der **Hemichorea** überwiegen ätiologisch Durchblutungsstörungen im Bereich des Putamen, des N. caudatus, der Capsula interna und des Thalamus. Die Therapie sekundärer Chorea-Syndrome zielt auf die Besserung bzw. Beseitigung der Ursache. Das hyperkinetische Syndrom wird symptomatisch mit 50-50-0 mg Tiaprid behandelt. Man steigert unter Kontrolle des Symptoms wöchentlich um 100 mg (cave: hypokinetische Störung bei zu rascher bzw. zu hoher Aufdosierung).

Der vaskulär bedingte **Hemiballismus** entsteht durch lakunäre Infarkte oder kleine Hämorrhagien im Bereich des N. subthalamicus und hat meist eine spontane Rückbildung. Eine medikamentöse Unterstützung ist daher oft nur in den ersten Tagen nach dem Hirninfarkt mit Tiaprid (s. o.) erforderlich. Bilateraler Ballismus („**Biballismus**") ist nach Medikamenten beschrieben (Phenytoin, Carbamazepin, L-Dopa, Dopaminagonisten).

18.5 Tremor

Einleitung

Tremor ist gekennzeichnet durch unwillkürliche, rhythmische Kontraktionen einzelner Muskeln oder Muskelgruppen. Die Tremorformen werden nach der Schlagzahl pro Sekunde unterschieden. Weitere Unterscheidungen beziehen sich auf die Bedingung, unter der ein Tremor sichtbar wird: In Ruhe, bei Aktion, in der Haltebedingung bzw. bei gezielten oder ungezielten Bewegungen.

18.5.1 Essentieller Tremor

Der Essentielle Tremor (ET) ist der **häufigste Tremor** des alten Menschen. Die Prävalenz liegt bei ca. 400 Fällen pro 100 000 Einwohnern. Der Beginn der Erkrankung liegt meist nach dem 30. Lebensjahr und nimmt von da an zum Alter stetig zu. Etwa 5 % aller Menschen im Alter über 65 Jahren haben ET. **Männer** und **Frauen** sind **gleichermaßen** betroffen. Bei ca. 50 % der ET-Patienten ist die Familienanamnese im Sinne eines dominanten Erbgangs für ET positiv. Die **Diagnose** eines ET ist klinisch. Am häufigsten findet sich ein bilateraler, meist symmetrischer **Halte- und/oder Aktionstremor** der Hände (und Unterarme) ohne Ruhetremor und ohne weitere neurologische Abweichungen. Der ET beginnt oft an der dominanten Hand. Er kann verschiedene Körperregionen gleichzeitig mit unterschiedlicher Verteilung betreffen (in abnehmender Häufigkeit): Hände, Kopf, Beine, Stimmlippen, Kiefer/Zunge. Der Kopftremor ist ein „Ja-" oder ein „Nein"-Tremor. Er kann isoliert auftreten.

Einige Patienten haben den Tremor bei Aktion. Beim **Stimmtremor** fordert man z. B. den Patienten auf, einen Ton gleichmäßig singend auszuhalten. Man hört dann die Schwingungen der Stimmlippen als unterschiedliches Tonvolumen. Die Frequenz des klassischen ET liegt bei 7–10 Hz mit einem Spektrum zwischen 4 und 12 Hz. Alle Faktoren, die einen physiologischen Tremor begünstigen, verstärken auch den ET (Kälte, Kaffee-, Nikotingenuss). 50 % der Patienten stellen eine Reduktion der Tremorstärke nach Alkoholeinnahme fest. Bei einigen ET-Patienten verstärkt sich der Tremor bei **intentionalen Bewegungen**. Manche Patienten mit lang dauerndem ET bieten einen gestörten Seiltänzergang. Diese und weitere neurophysiologische Befunde belegen, dass das **Kleinhirn** in die Pathophysiologie des ET einbezogen ist.

Die wesentliche **Differentialdiagnose** des ET ist das **tremordominante IPS**. In **Ruhe**, d. h. zum Beispiel im entspannten Liegen, ist ein ET in der Regel nicht nachweisbar. Dies ist – neben seinem symmetrischen Auftreten – eine wichtige klinische Unterscheidung zum Tremor des IPS-Kranken. Der **Geruchssinn** für aromatische Geruchsstoffe, der beim IPS gemindert ist oder fehlt, ist bei ET-Patienten ungestört. Ein Haltetremor der oberen Extremität kann für fünf Jahre das einzige Symptom des IPS sein, ehe weitere Symptome der Erkrankung hinzutreten. In diesem frühen Stadium kann die verminderte Anreicherung von **Dopamintransporterliganden in der SPECT-Untersuchung** von Dopamintransporterliganden das IPS anzeigen. Dagegen ist diese Untersuchung beim ET auch im Verlauf **normal**.

Die **medikamentöse Behandlung** des ET erfolgt mit **Propanolol** (z. B. Dociton®). Man beginnt mit 3-mal 10 mg und steigert alle 7 Tage um 30 mg Tagesdosis bis auf 3-mal 80 mg. Ist mit dieser Dosis keine befriedigende Wirkung erreichbar, sollte über Wochen wieder ausgeschlichen werden (cave: Müdigkeit, Depression, Impotenz, kardiale Arrhythmie, obstruktive Lungenerkrankung). Als zweites Medikament beginnt man mit **Primidon** (z. B. Mylepsinum®)

62,5 mg und steigert wöchentlich um 62,5 mg bis auf ca. 3-mal 125 mg. Den Erfolg begrenzende Nebenwirkungen sind Sedation, Kopfschmerzen, Schwindel, kognitive Störungen etc. Eine Serumspiegelbestimmung zur Wirkungs- oder Nebenwirkungsbeurteilung ist überflüssig. Propanolol und Primidon können auch in Kombination wirksam sein. Als dritte Wahl kann **Clonazepam** 1–6 mg/d versucht werden. Die Abhängigkeitsgefährdung ist nach unseren Erfahrungen im Alter ein untergeordneter Gesichtspunkt gegenüber der Erhaltung oder Verbesserung der Alltagsfähigkeiten. Weitere Medikamente beim ET sind vor allem die neueren Antikonvulsiva mit Wirkung im GABAergen System (allesamt in dieser Indikation nicht zugelassen): Gabapentin, Lamotrigin, Levetiracetam und Topiramat. Auch Clozapin oder Trazodon können helfen. **Stereotaktische Verfahren** zur Behandlung des ET kommen bei älteren Patienten nur im Ausnahmefall infrage.

Mit **zunehmendem Alter** verringert sich bei vielen Patienten die Tremorfrequenz, während die Tremoramplitude zunimmt. Diese Dynamik wird von vielen Patienten als **„Progredienz"** bzw. „Verschlimmerung" ihres Tremors mit Behinderung der **Aktivitäten des täglichen Lebens** wahrgenommen. So können die Patienten feine Bewegungssteuerungen kaum noch selbständig durchführen: Schreiben, Essen, Trinken, Rasieren, Zuknöpfen eines Hemdes, aber auch das Halten oder Eingießen eines Glases können schwierig oder unmöglich werden. Negative Wirkungen i.S. des **sozialen Rückzugs** können entstehen, wenn es den Patienten unangenehm wird, dass der Tremor für Außenstehende sichtbar ist. Ähnliches gilt für sog. **aufgaben- oder positionsspezifische Tremores.** Hier wird der Tremor bei einer spezifischen motorischen Aufgabe sichtbar (am häufigsten: primärer Schreibtremor; bei handwerklichen Tätigkeiten). Es empfiehlt sich immer ein Behandlungsversuch mit Propanolol. Differentialdiagnostisch ist der sog. dystone Tremor abzugrenzen (s. Kap. 18.9).

18.5.2 Orthostatischer Tremor

Beim orthostatischen Tremor (OT) kommt es im ruhigen Stehen zu einer 13–18 Hz-Oszillation der Oberschenkel- und Hüftmuskeln, die bei Erreichen einer kritischen „Resonanzfrequenz" zum Einknicken der Kniegelenke und Hinstürzen der Patienten führen kann. Diese fürchten daher erzwungene Situationen des Stehens (Einkaufskasse, Ansprache durch Bekannte auf offener Straße). Viele fühlen sich stand- und gangunsicher. Im Sitzen und Liegen findet sich der OT nicht. Manche Patienten mit OT haben einen Haltetremor der oberen Extremität (oft mit einer Frequenz von 7–9 Hz). Diese subharmonische Oszillation ist an Rumpf und Extremitäten bemerkenswert synchron. Ein Teil der OT-Patienten entwickelt im Verlauf Parkinson-Symptome, so dass der OT nicht allein eine Variante des ET ist. An Medikamenten kommen (in dieser Reihenfolge, aber mit beschränktem Erfolg) Clonazepam allein oder kombiniert mit Primidon, ferner Gabapentin oder L-Dopa zum Einsatz (Gerschlager et al. 2004).

18.5.3 Sonstige Tremorformen

Der **Tremor des chronischen Alkoholikers** ist ein meist asymmetrischer Haltetemor der Hände mit einer Frequenz um 8 Hz ohne positive Familienanamnese für Tremor. Eine Beziehung zum Alter oder zur Dauer der Alkoholexposition besteht nicht. Propanolol hilft. Ein Tremor-Ataxie-Syndrom mit Beginn ab dem 50. Lebensjahr findet sich bei männlichen Trägern des **Fragilen-X-Syndroms.** Ihm liegt eine Vermehrung auf über 200 CGG-Repeats auf dem X-Chromosom zugrunde. Träger der sog. „Prämutation" mit 55–200 CGG-Repeats zeigen ein breitbasiges Gangbild mit einem Halte- und Intentionstremor der Arme. Assoziierte Symptome können eine periphere Neuropathie, eine proximale Beinschwäche und ein kognitiver Abbau sein. Eine spezifische Therapie ist bisher nicht beschrieben. Bei **peripheren Neuropathien** kommt ein 6–8 Hz-Tremor (Halte- und oder Aktionstremor) vor (hereditäre sensomotorische Neuropathie; paraproteinämische IgM-Neuropathie; Guillain-Barré-Strohl-Syndrom in Rückbildung). Die Deutung des Vorkommens dieses Tremors ist noch unklar. Propanolol kann versucht werden. Weitere symptomatische und medikamentöse Ursachen eines Tremors sind: Hyperthyreose, Acetylcholin, Acetylcholinesterasen, Neuroleptika, Metoclopramid, Trizyklika, Valproinsäure, Phenytoin, Lithium, Kokain, Epinephrin, Bronchodilatoren (Beta-Agonisten), Theophyllin, Koffein, Amphetamin, Kortikosteroide, Mexiletin, Amiodaron, Vincristin, Adriablastin, Ciclosporin A.

18.6 Myoklonus

Myoklonien sind unwillkürliche, plötzlich auftretende, kurzdauernde Muskelzuckungen mit sichtbarem Bewegungseffekt. Nach dem Ausmaß der betroffenen Muskelregionen unterscheidet man fokale, segmentale, multifokale und generalisierte Myoklonien. Myoklonien können permanent, attackenförmig oder singulär vorkommen mit rhythmischer, arrhythmischer oder oszillierender Wiederholung. Myoklonien können provoziert werden durch optische oder somatosensible Reize oder durch Bewegung. In letzterem Falle heißen sie **Haltemyoklonus, Aktionsmyoklonus oder Intentionsmyoklonus**. Die Generatoren myoklonischer Aktivität sind neurophysiologisch meist bestimmbar (Kortex, Basalganglien, Hirnstamm, Rückenmark, Peripherie). Neurophysiologie, anamnestische und klinische Daten führen zur Charakterisierung **myoklonischer Syndrome.**
Das **kortikale Myoklonussyndrom** entsteht über fokale oder multifokale synchrone Aktivität kortikospinaler Neurone. Sie sind durch sensorische Reize triggerbar. EEG-Potentiale treten vor der EMG-Aktivität der betroffenen Extremität auf. Kortikale SEPs zeigen hochamplitudige P1-N2-Komponenten. Eine Variante des kortikalen Myoklonus ist die **Epilepsia partialis continua.** Hier sind die Myoklonien in einer bestimmten Körperregion oft über Tage oder Wochen sichtbar. Mögliche Ursachen sind Hirnläsionen bei oder nach Operation eines subduralen Hämatoms, nach Kontusion oder traumatischer Hirnblutung, im Rahmen von oder nach ischämischen Hirninfarkten, bei hirneigenen oder metastatischen Tumoren. Die **Asterixis** (auch **flapping tremor**) ist ein **negativer kortikaler Myoklonus** (mit ableitbaren SEP-Riesenamplituden). Hier sistiert plötzlich und unwillkürlich eine tonische oder phasische Bewegung mit maximaler Dauer von 200 msec. Beim Vorhalten der Unterarm- und Handmuskeln fallen die Hand oder einzelne Finger plötzlich herab. Es handelt sich nicht um eine aktive Beugung, sondern um eine neurophysiologisch identifierbare Innervationspause.
Beim **retikulären Myoklonussyndrom** zeigen sich die Myoklonien bilateral proximal betont. Die Generatoren liegen im Hirnstamm. Die Polygraphie demonstriert, dass die Impulse zu den Hirnnervenkernen auf- und zu den Vorderhornzellen der Extremitätenmuskeln absteigen. **Aktionsmyoklonien** sind heftigste Entladungen, die beim Versuch ausgelöst werden, Muskeln willkürlich zu innervieren oder tonische Aktivität aufzubauen. Wenn Aktionsmyoklonien generalisiert sind, werden erst die proximalen, dann die distalen Extremitätenmuskeln rekrutiert, ferner erst der M. sternocleidomastoideus, dann die darüberliegenden

Hirnnervenkerne. Ausgeprägte **Einschlafmyoklonien** können das eigene Einschlafen und das des Bettpartners beeinträchtigen. Der physiologische **nächtliche fragmentarische Myoklonus** bietet kleinamplitudige multifokale Zuckungen der Gesichts- und Handmuskeln im REM-Schlaf und darf nicht mit nächtlicher Epilepsie verwechselt werden. **Postsynkopale Myoklonien** sollten nicht länger als Epilepsie verkannt werden: Nach selbstinduzierten Synkopen können für einige Sekunden nach Wiedererlangung des Bewusstseins arrhythmische oder rhythmische Zuckungen an Schultern, Beckengürtel oder proximalen Extremitäten sichtbar werden (Lempert et al. 1994).

Im **Alter** sind die symptomatischen Myoklonuserkrankungen am häufigsten (Caviness et al. 1999). In erster Linie sind dies Aktionsmyoklonien im Rahmen posthypoxischer Enzephalopathien („Lance-Adams-Syndrom"; z. B. nach kardiopulmonaler Reanimation oder nach Kreislaufversagen anderer Genese: Asthma bronchiale, OP-Zwischenfälle). Am eindrücklichsten zeigen sich die generalisierten (retikulären) Myoklonien im Stehen und während der ersten Schritte des Gehens, so dass der Patient ohne Hilfe sturzgefährdet ist.

Klinisch bedeutsam ist der Myoklonus bei **metabolischen Enzephalopathien**: Hepatische Enzephalopathie, respiratorische Insuffizienz, Niereninsuffizienz, Hashimoto-Enzephalopathie, Hyperthyreose, diabetische Ketoazidose, Hypoglykämie, Elektrolyt- und pH-Verschiebungen. Die Pathophysiologie der hepatischen Enzephalopathie ist nicht völlig geklärt. Der Ammoniakspiegel im Serum korreliert unzureichend mit dem klinischen Bild. Das EEG bietet eine Hilfe zur Einteilung: Im Stadium II imponiert die Asterixis, im Stadium III ist der kortikale Myoklonus mit multifokalen, spontanen Entladungen typisch. Ähnliche Konstellationen bietet die Niereninsuffizienz in Abhängigkeit vom aktuellen Kreatininwert.

Medikamentös-induzierte Myoklonussyndrome spielen bei multimorbiden Patienten in der Praxis eine zunehmende Rolle, sind neurophysiologisch allerdings wenig charakterisiert. Wesentlich sind: MAO-Hemmer, Trizyklika, Lithium, Penicillin, Ticarcillin, Carbenicillin, Cephalosporine, Etomidate, Valproinsäure, Carbamazepin, Vigabatrin, Verapamil, Nifedipin, Methadon, Morphin, Oxycodon, Levodopa, Clozapin, Ifosfamid, Chlorambucil. Man bessert diese Syndrome, indem man das als toxisch vermutete Medikament vom Behandlungsplan streicht.

Typische **„entzündliche"** Hirnerkrankungen, die mit Myoklonien einhergehen, sind die Hashimoto-Enzephalopathie und die Jakob-Creutzfeldt-Krankheit. Die neurologischen Befunde bis hin zum Nachweis des 14-3-3-Proteins im Liquor können bei beiden Erkankungen ähnlich sein. Die Hashimoto-Enzephalopathie wird mit Steroiden behandelt.

Im Rahmen **neurodegenerativer** Krankheiten sieht man den stimulus-sensitiven Myoklonus, meist auf kutanen Reiz: am häufigsten bei der kortikobasalen Degenerationserkrankung, aber auch bei IPS, der Demenz mit Lewy-Körperchen und bei Spätformen des M. Alzheimer. Pharmakologisch können außer Valproinsäure auch Propanolol oder Serotonin-Wiederaufnahme-Hemmer hilfreich sein.

Die paraneoplastischen Myoklonus-Syndrome sind im Alter selten (s. Kap. 31).

Insgesamt werden symptomatische Myoklonien – von den erwähnten Sonderindikationen abgesehen – mit Valproinsäure (600–2400 mg; 2–4 Tagesdosen; alle 2 Tage um 300 mg steigern), Clonazepam (2–8 mg; 2–4 Tagesdosen; alle 2 Tage um 1 mg steigern) oder Piracetam (9–24 g; 2–3 Tagesdosen; nicht nach 16.00 Uhr: Schlafstörung; Dosissteigerung unproblematisch) behandelt. Bei unzureichender Wirkung oder frühen/erheblichen Nebenwirkungen können die Substanzen kombiniert werden.

Levetiracetam soll eine günstige Wirkung auf den posthypoxischen Myoklonus haben (Krauss et al. 2001). Maßgebliches Behandlungskriterium ist die Besserung der Alltagsaktivität des Patienten.

18.7 Gangstörung

Einleitung

Gestörtes Gehen und Stehen sind keine Krankheit, sondern häufige neurologische Symptome. Im Alter ist für ein normales Gehen neben einer intakten Sensorik vor allem die Erhaltung der aufrechten Rumpfposition und die Verlagerung des Körperschwerpunkts wichtig. Die **aufrechte Haltung** wird durch ständige diskrete Körperschwankungen (u. a. Haltungsreflexe kurzer und langer Latenz) reguliert. Sie verhindern die Adaptation an sensorische Stimuli und stabilisieren den kontinuierlichen Fluss einströmender Lageinformation. Körperschwankungen nehmen im Alter unter dem Einfluss nachlassender Kraft, Propriozeption, Sehstärke und kognitiver Flexibilität zu. Die Seitverlagerung des **Körperschwerpunkts** auf das abstoßende Standbein ist Vorbedingung für das Starten und die Vorwärtsverlagerung des Rumpfes Vorbedingung für die propulsiven Schreitbewegung.

18.7.1 Anamnese und Untersuchung

Alte Menschen schildern ihre Gehstörung oft unspezifisch („Schwäche, Gleichgewichtsstörung, Schwindel, Schmerz"). Sedativa oder Polypharmakotherapie sind für solche Beschwerden als Ursache zu beachten. Man analysiere gezielt **Stürze** und ihre Begleitumstände, besonders die evtl. begleitende Bewusstseinsstörung. Diese macht eine **alleinige** Gehstörung als Ursache des neurologischen Syndroms von vornherein unwahrscheinlich. Da Stürze und Gehstörung bei längerdauernder Ausprägung einen sozialen Rückzug zur Folge haben, richte man das Augenmerk auch auf **depressive** Symptome. Die **klinische Untersuchung** des Gehens beachtet besonders die in **Tab. 18.2** angegebenen Abläufe.

Tab. 18.2 Neurologische Untersuchung des Gehens

- Freies Sitzen (Rumpfhaltung)
- Aufstehen (mit/ohne Armhilfe)
- Rumpfhaltung im Stehen
- Standbasis (breit/eng)
- Start- und Wendebewegung (frei/verzögert; kleine Schritte initial)
- Freies Gehen (flüssig/gebremst; symmetrisch/asymmetrisch)
- Schrittlänge (normal/verkürzt; symmetrisch/asymmetrisch)
- Gelenkexkursionen/Abrollverhalten (Hüft-, Knie-, Sprunggelenk normal/reduziert)
- Rumpfbewegung beim Gang
- Armpendelsynchronie
- Ein-/Zweibeinhüpfen
- Rückwärtsgang, Hackengang, Spitzengang, Strichgang
- Romberg-/Unterberger-Test
- Beschleunigtes Gehen

Unabhängig von spezifischen neurologischen Defiziten verändert das Individuum seinen Gang, wenn es eine vermeintliche oder tatsächliche Gefährdung seines Gleichgewichts befürchtet. Es wechselt zu einem breitbasigen Gehen, zu einem verlängerten bilateralen Fuß-Boden-Kontakt und kürzeren Schritten mit der Folge einer Verringerung der Gehgeschwindigkeit. Bei älteren Menschen mit Sturzerfahrung und/oder multisensorischen Defiziten können sich mit der Angst zu stürzen (**„fear of falling"**) derartige **protektive Gangstrategien** ausbilden. Ein empfindlicher Test zur Sturzprognose älterer Menschen ist die Störbarkeit des automatisierten Gangablaufs während gleichzeitiger kognitiver Aufgaben („stops walking while talking").

18.7.2 Senile Gangstörung

Der häufigste Typus einer Gehstörung des alten Menschen ist die **senile oder idiopathische Gangstörung.** Im Vordergund stehen hypokinetisch-rigide und/oder ataktische Gangmuster. Der Gang ist langsam, übervorsichtig, kleinschrittig, mit verlängertem bilateralen Fuß-Boden-Kontakt und kaum veränderbarer Gehgeschwindigkeit. Wegen der häufigen internistischen oder orthopädischen Komorbidität hat das Gangmuster oft protektiven Charakter (Vieregge 1996). Eine unmittelbar neurologische Ursache der Gehstörung kann nicht erkannt werden. Die beste Korrelation zu den altersabhängigen Veränderungen in Gang und Gleichgewicht bietet die Leukoaraiosis vor allem des frontalen Marklagers (Vieregge 1996, Baloh et al. 2003). Als Hauptursache der Gangstörung wird eine Veränderung zentraler Anteile der für die Haltungsregulation verantwortlichen Long-loop-Reflexe angenommen. Die Störung verschlechtert sich schleichend. Die Patienten haben im Längsschnitt eine erhöhte kardiovaskuläre Mortalität (Bloem et al. 2000). Eine kausale Therapie der Gehstörung steht nicht zur Verfügung.

18.7.3 Zerebelläre Gangstörung

Die zerebelläre Gangataxie tritt besonders bei Affektion des Kleinhirnwurms bzw. des Lobus anterior auf. Der Patient geht breitbasig mit einer leichten Vorwärtsneigung des Rumpfes. Der Bewegungsablauf wirkt schwankend, unregelmäßig, unharmonisch, unsicher mit auffälliger Rumpfinstabilität. Diese zeigt sich im freien Sitzen (ohne Lehne und Armhilfe). Die Beinbewegungen sind dysmetrisch (ungleichmäßige Schrittfolge und -länge). Komplizierte Gangarten verstärken das defizitäre Gangmuster. Die mittelliniennahen Strukturen des Kleinhirn (Vermis) stehen für Gleichgewichtsregulation, der Lobus anterior für Rumpfkontrolle und -koordination, während die Kleinhirnhemispären für die Koordination der Extremitätenbewegung verantwortlich sind. Reine Kleinhirnwurm-/Vorderlappenläsionen können der Diagnose entgehen, wenn eine Gang- und Standanalyse unterbleibt.

Zerebelläre Gangataxien werden verstärkt bei Ausschaltung der visuellen Kontrolle als auch bei raschen Haltungskorrekturen (Starten, Stoppen, unerwartetes Hindernis, unebener Grund usw.). Prototyp eines Kleinhirnwurm-/Lobus anterior-Syndroms ist die **alkoholbedingte Kleinhirnspätatrophie.** Ursachen einer **Kleinhirnhemisphärenatrophie im Alter** sind medikamentös-toxische Einflüsse (Diphenylhydantoin, Lithium, einige Zytostatika). Zur DD orthostatischer Tremor und FXTAS vgl. Kap. 18.5.

Eine wirksame **medikamentöse Therapie** der zerebellären Gangstörung ist nicht belegt. Im Einzelfall rechtfertigt sich vor allem bei degenerativen Ataxien der kritische und u. U. zeitlich begrenzte Einsatz von Amantadinhydrochlorid (200–300 mg/Tag; Botez et al. 1996). Über Effekte der physikalischen Therapie ist nichts Systematisches publiziert.

18.7.4 Sensible Gangataxie

Bei der sensiblen Gangataxie verhindert der Verlust der propriozeptiven (und exterozeptiven) Afferenz die für die Gangfunktion essentielle Rückkoppelung und zentrale Integration von Informationen über aktuelle Körper- und Gelenkstellungen im Raum, über die momentan ablaufenden Bewegungen, über den aktuellen Zustand der Muskelkontraktion, über die Beschaffenheit des Untergrundes usw. Patienten ohne diese Information gehen unsicher, breitbasig, kleinschrittig, vorsichtig, z. T. stampfend und sind auf Grund der fehlenden sensiblen Information von der visuellen Information abhängig. Gehen auf unebenem Grund oder bei Dunkelheit oder die Durchführung komplizierter Gangarten vergrößert die Gangunsicherheit. Wichtigste Ursachen sind **Polyneuropathien** („Pseudotabes diabetica", Vitamin B12-Mangel, paraproteinämisch, paraneoplastisch, Zytostatikaexposition).

Im Alter spielen multiple Einbußen des sensorischen Systems eine besondere Rolle. Altersassoziierte Störungen der Propriozeption sind oft nicht in der Lage, eine gravierende Abnahme des Visus und/oder der vestibulären Funktion zu kompensieren. Patienten mit protektiv anmutenden Gangmustern müssen auf solche **multisensorischen Defizite** untersucht werden. Patienten mit bilateralen vestibulären Defiziten (M. Meniere, Antibiotikaexposition) werden in ihrem Gangmuster ob des Ausdrucksgehalts gelegentlich als „phobisch" klassifiziert: Die Patienten gehen langsam, breitbasig, mit Seitabweichen, vermeiden übermäßige Rotationen von Kopf und Rumpf, um Oszillopsien zu reduzieren. Sie zeigen kaum Armschwung, oder fixieren die Arme auf dem Rücken, oder klammern sich an die Begleitperson. Wird die Propriozeption im **Matratzentest** (Stehen auf einer Matratze) reduziert oder aufgehoben, so sacken die Patienten bei Ausschaltung der optischen Kontrolle zu Boden. Medikamente helfen bei der multisensorischen Gangstörung nicht. Der Einsatz sensorischer Stimuli zur Kompensation sensibler Defizite muß geübt werden (Gehstock, visuelles Training, Gleichgewichtstraining usw.).

18.7.5 Frontale Gangstörung

Der häufigste **neurologische Prägnanztyp** einer Gangstörung im Alter ist die sog. **frontale Gangstörung** (Synonyme: frontale Gangataxie, Gangapraxie, marche á petit pas, Abasie-Astasie u.v. a.m.). Als Ursache dieser Gangstörung werden bilaterale Affektionen der nah an den Vorderhörnern der Seitenhörner durch das frontale Marklager zum oder vom Frontalhirn ziehenden Bahnverbindungen angesehen. Die frontale Gangstörung ist nosologisch unspezifisch. Am häufigsten findet sie sich beim vaskulären Pseudo-Parkinson-Syndrom (s. Kap. 18.3), bei der subkortikalen vaskulären Enzephalopathie mit und ohne Demenz (SAE) oder beim sog. Normaldruckhydrozephalus (NPH; s. Kap. 18.10). Die Patienten haben Schwierigkeiten aufzustehen. Es findet sich eine Startverzögerung, scheinbares Festkleben der Sohlen am Boden und ein langsamer, trippelnd-breitbasiger Gang. Der Oberkörper wird gerade gehalten, der Armschwung ist vermindert oder rudernd-ausfahrend mit Angst zu stürzen. Trippeln beim Wenden ist im Verlauf oft das erste Symptom. Externe Hilfen (z. B. Halten einer Hand) können den Gang stabilisieren, aber nicht in dem Maße wie bei sensiblen Ataxien (Vieregge 1996). Kurzzeittherapie mit Amantadin i.v. kann über die Effekte gleichzeitiger Physiotherapie hinaus quantitative Gangparameter verbessern (Bäzner et al. 2001).

Von der frontalen Gangstörung abgegrenzt wird das **Syndrom der isolierten Starthemmung** als einzigem bzw. vorherrschendem Symptom („primary progressive freezing gait"; Achiron et al. 1993). Die Gangstörung erinnert an die des IPS-Kranken mit Start- und Umdrehschwierigkeiten. Bei den Patienten ist aber das Gehen, sobald es einmal in Gang gekommen ist, weitgehend normal, die Haltung aufrecht, das Mitschwingen der Arme erhalten, die Schrittlänge und -breite normal. Es werden keine initialen Trippelschritte beobachtet. Im Verlauf treten posturale Instabilität und bei den meisten Patienten Symptome einer Bradykinese auf (Factor et al. 2002). Die ätiologische Einordnung der Störung ist offen. Strukturell und funktionell sind Läsionen von Kortex und weißer Substanz des Frontallappens (Factor et al. 2002), aber auch Pallidumläsionen (Feve et al. 1993) gefunden worden. Levodopa hilft gegen die Störung nicht.

18.7.6 Psychogene Störung

Eine ausschließlich **psychogene Gangstörung** mit bizarren Bewegungsmustern entwickelt sich im Alter selten. Sie ist stets eine Ausschlussdiagnose. Die Charakteristika funktioneller Gangstörungen sind: normaler Reflexstatus, ungewöhnliche Begrenzungen sensibler Defizite, intakte Muskeltrophik, normale zerebrale Bildgebung, normale sensibel- oder motorisch-evozierte Potentiale, assoziierte synergistische, aber energieaufwendige Mitbewegungen, in kein gängiges neurologisches Bild einzupassende Gang- oder Standmuster (z. B. bizarrer Romberg-Test), auffällige „Überanstrengung" der Muskulatur ohne adäquaten Bewegungseffekt (Kokontraktion), unvermittelte Besserungen bzw. Verschlechterungen sowie ein fehlender Leidensdruck.

Gelegentlich wird diese Gangstörung als Folge eines Sturzes mit sekundär „phobischer" Verarbeitung bei vorbestehender organischer Gangstörung unterschiedlicher Genese als kombinierte Gangstörung mit dem Eponym „Post-Fall-Syndrom" bezeichnet (s. Kap. 35).

Literatur

Achiron A, Ziv I, Goren M, Goldberg H, Zoldan Y, Sroka H, Melamed E (1993) Primary progressive freezing gait. Mov Disord 8:293–297

Baloh RW, Ying SH, Jacobson KM (2003) A longitudinal study of gait and balance dysfunction in normal older people. Arch Neurol 60:835–839

Bäzner H, Oster M, Henning O, Cohen S, Hennerici MG (2001) Amantadine increaes gait steadiness in frontal gait disorder due to subcortical vascular encephalopathy: a double-blind randomized placebo-controlled trial based on quantitative gait analysis. Cerebrovasc Dis 11:235–244

Bloem BR, Gussekloo J, Lagaay AM, Remarque EJ, Haan J, Westendorp RG (2000) Idiopathic senile gait disorders are signs of subclinical disease. J Am Geriatr Soc 48:1098–1101

Botez MI, Botez-Marquard T, Elie R, Pedraza OL, Goyette K, Lalonde R (1996) Amantadine hydrochloride treatment in heredodegenerative ataxias: a double-blind study. J Neurol Neurosurg Psychiatry 61:259–264

Caviness JN, Alving LI, Maraganore DM, Black RA, McDonnell SK, Rocca WA (1999) The incidence and prevalence of myoclonus in Olmsted County, Minnesota. Mayo Clin Proc 74:565–569

Conrad B, Ceballos-Baumann AO (2005) Bewegungsstörungen in der Neurologie. Thieme, Stuttgart NewYork

Emre M, Aarsland D, Albanese A et al. (2004) Rivastigmine for dementia associated with Parkinson's disease. N Engl J Med 351:2509–2518

Factor SA, Jennings DL, Molho ES, Marek KL (2002) The natural history of the syndrome of primary progressive freezing gait. Arch Neurol 59:1778–1783

Feve AP, Fénelon G, Wallays C, Rémy P, Guillard A (1993) Axial motor disturbances after hypoxic lesions of the globus pallidus. Mov Disord 8:321–326

Gerschlager W, Bencsits G, Pirker W, Bloem BR, Asenbaum S, Prayer D, Zijlmans JC, Hoffmann M, Brücke T (2002) (123I)beta-CIT SPECT distinguishes vascular parkinsonism from Parkinson's disease. Mov Disord 17:518–523

Gerschlager W, Münchau A, Katzenschlager R, Brown P, Rothwell JC, Quinn N, Lees AJ, Bhatia KP (2004) Natural history and syndromic associations of orthostatic tremor: a review of 41 patients. Mov Disord 19:788–795

Krauss GL, Bergin A, Kramer RE, Cho YW, Reich SG (2001) Suppression of post-hypoxic and post-encephalitic myoclonus by levetiracetam. Neurology 56:411–412

Lempert T, Bauer M, Schmidt D (1994) Syncope: a videometric analysis of 56 episodes of transient cerebral hypoxia. Ann Neurol 36:233–237

Nguyen N, Pradel V, Micallef J, Montastruc JL, Blin O (2004) Drug-induced Parkinson syndromes. Therapie 59:105–112

Oertel WH, Deuschl G, Eggert K et al. (2003) Parkinson-Syndrom. In: Diener HC (Hrsg) Leitlinien für Diagnostik und Therapie in der Neurologie. Thieme, Stuttgart New York, S 38–57

Ondo WG, Chan LL, Levy JK (2002) Vascular parkinsonism: clinical correlates predicting motor improvement after lumbar puncture. Mov Disord 17:91–97

Peralta C, Werner P, Holl B, Kiechl S, Willeit J, Seppi K, Wenning G, Poewe W (2004) Parkinsonism following striatal infarcts: incidence in a prospective stroke unit cohort. J Neural Transm 111:1473–1483

Vieregge P (1996) Idiopathische Gangstörung im Alter. Klinische Phänomenologie und quantitative Erfassung. Hans Huber, Bern

18b Extrapyramidale Erkrankungen und Bewegungsstörungen

Thomas Günnewig

18.8 Medikamentös verursachte Dyskinesien

Einleitung

Pharmaka, die zu einer Blockade der zerebralen Dopaminrezeptoren führen, können „früh" bei Behandlungsbeginn und „spät" bei längerfristiger Einnahme oder nach Behandlungsende reversible oder nicht-reversible Bewegungsstörungen hervorrufen. **Tardive Dyskinesien** liegen vor, wenn

- eine Exposition mit Dopaminrezeptorblockern (DRB) stattgefunden hat,
- die Symptome innerhalb von 6 Monaten unter DRB-Einnahme auftreten und
- die Beschwerden auch 1 Monat nach Beendigung der DRB-Gabe noch bestehen (Stacy und Jankovic 1991).

Fast immer finden sich Neuroleptika als Auslöser dieser Bewegungsstörungen; andere Medikamente können jedoch auch zu Dyskinesien führen. Neuroleptika werden im Alter wegen der steigenden psychischen Komorbidität und insbesondere bei der Behandlung nicht-kognitiver Symptome im Rahmen einer Demenz häufiger als im jüngeren Lebensalter eingesetzt. Die häufigeren Risikofaktoren im Alter bezüglich der Entwicklung von pharmakogenen Dyskinesien und die Gefahr der Chronizität dieser iatrogen induzierten Störungsbilder sind bei der täglichen Neuroleptika-Verordnungspraxis zu berücksichtigen.

18.8.1 Prävalenz und Risikofaktoren von Dyskinesien

Untersuchungen zur Altersprävalenz von Dyskinesien zeigen deutliche Unterschiede: So fanden sich bei 4 % der gesunden Altersbevölkerung (Durchschnittsalter 72,3 Jahre) spontane Dyskinesien ohne vorherige Neuroleptika-Exposition (Kane et al. 1982). Allerdings fanden sich unwillkürliche Bewegungen bei weiteren nicht-exponierten 240 Patienten im Alter zwischen 60 und 99 Jahren in der Gruppe der kognitiv Gesunden bei 29 % und in der Gruppe der Dementen bei 38 % (Delwaite und Desseilles 1977). Nach einer Therapie mit Neuroleptika über 43 Wochen fanden sich bei 31 % der älteren Patienten (Median = 77 Jahre) Dyskinesien (Saltz et al. 1991). Die Prävalenz orofazialer Dyskinesien steigt bei gesunden Älteren an und beträgt 0,8 %, 6,0 % und 7,8 % in der 6., 7. und 8. Lebensdekade (Klawans und Barr 1982).
Alter ist der wichtigste **Risikofaktor** für Dyskinesien und korreliert linear mit deren Ausprägungsgrad. Das weibliche Geschlecht wird als Risikofaktor (1,7-fach) kontrovers diskutiert. Alkoholkonsum, Rauchen und ein manifester Diabetes verstärken das Risiko für Dyskinesien ebenso wie psychische Erkrankungen und zerebrale Defektschäden.

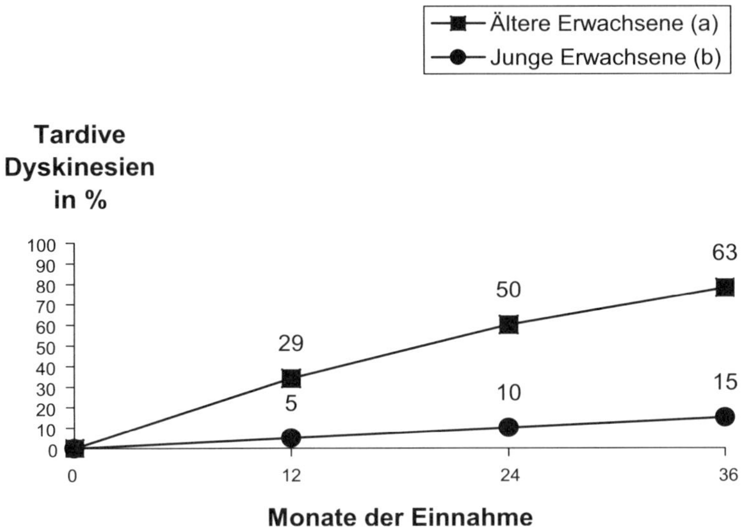

Abb. 18.2 Altersbezogene kumulative Inzidenz von Neuroleptika-induzierter tardiver Dyskinesie (nach Jeste 2004)

18.8.2 Risiko bei Neuroleptikatherapie

Das Risiko länger persistierender oder irreversibler Dyskinesien nach Neuroleptikaexposition ist im Alter 5- bis 6-fach erhöht (Jeste et al. 1995). Die kumulative 2-Jahres-Inzidenz bei Gabe von konventionellen Neuroleptika liegt im Alter bei ca. 50 % (Jeste 2004) (s. **Tab. 18.3**).

Bei vulnerablen Risikopatienten mit blanden vorbestehenden (Borderline-)Dyskinesien von maximal 2 Punkten auf der „Abnormal Involuntary Movement Scale" (AIMS) ist das Risiko unter klassischen Neuroleptika für definitiv persistierende Dyskinesien 2-fach höher als bei Gabe von atypischen Neuroleptika (Dolder und Jeste 2003).

Bei Älteren (Median 66 Jahre) mit psychischen Erkrankungen findet sich nach 9 Monaten Behandlung ein etwa 4-fach höheres Risiko für tardive Dyskinesien unter Therapie mit Haloperidol im Vergleich zu Risperdal (Dosis jeweils 1 mg) (Jeste und Lacro 1999).

Weitere Untersuchungen zeigten ein Risiko für tardive Dyskinesien bei älteren psychisch Kranken für Olanzapin mit etwa 2,5 % und für Quetiapin von unter 3 %. Für Clozapin ist bislang noch keine Induktion von tardiven Dyskinesien nachgewiesen worden.

18.8.3 Dyskinesien durch andere Pharmakagruppen

Selten können auch andere Medikamentengruppen Dyskinesien oder Akathisie auslösen. Zu nennen sind: Kalziumantagonisten vom Cinnarizin-Flunarizin-Typ und Diltiazem, Tetrabenazin mit akuter Akathisie, Serotoninwiederaufnahmehemmer mit sporadischer Akathisie oder Dyskinesien, Phenytoin und Anticholinergika mit seltenen Dyskinesien und Metoclopramid als Antiemetikum.

18.8.4 Akute Frühdyskinesien

Das pathologische Bewegungsmuster kann phänotypisch überwiegend choreatiform (schnell, einschießend, proximal betont und als isolierte Einzelbewegung), athetoid (langsam, sich windend, undulierend und distal betont), dyston (langsam und mit anhaltender Muskelkontraktur, auch Bewegungsverhalt), dyskinetisch (rhythmisch, sich stereotyp wiederholend) oder als Mischtyp auftreten. Frühdyskinesien manifestieren sich zu 90 % in den ersten 5–7 Behandlungstagen und klingen in der Regel rasch nach Beendigung der Behandlung mit DRB ab. Die Häufigkeit der akuten Dyskinesien nimmt im Alter ab.
Zu differenzieren sind: 1. Dyskinesien mit stereotypen orobukkolingualen Hyperkinesen und/oder akuten Dysphagien, 2. dystone Syndrome mit Blepharospasmus und/oder Kieferbeteiligung und 3. eine Akathisie mit der Unfähigkeit still zu sitzen bzw. ruhig eine Körperlage einzuhalten.
Therapeutisch sinnvoll ist der Verzicht auf DRB, an zweiter Stelle die Dosisreduktion von DRB, die Gabe von Anticholinergika bei akuter Schluckstörung (cave: Delirinduktion) und die kurzfristige Behandlung der Akathisie mit Clonazepam und/oder einem lipophilen Betablocker (z. B. Propranolol, Metoprolol).

18.8.5 Tardive Syndrome

Tardive Bewegungsstörungen können zu gravierenden gesundheitlichen und sozialen Konsequenzen führen, da die Störungen persistieren und die therapeutischen Optionen limitiert sind. Mögliche gesundheitliche und soziale Folgen tardiver Syndrome sind:

- Eingeschränkte Mobilität – erhöhtes Risiko von Stürzen und Verletzungen,
- Körperliche Entstellung – Stigmatisierung und sozialer Rückzug,
- Einschränkung von Artikulation und Kommunikation,
- Schluckstörung,
- Möglicherweise beschleunigte Abnahme der Kognition.

Tardive Dyskinesie

Tardive Dyskinesien treten in 40 % isoliert oro-bukko-lingual auf (Woerner et al. 1998) und äußern sich durch Grimassieren, Kauen, Lippen schmatzen, Zungenprotrusionen (Fliegenfängerzunge) oder Wangenausstülpungen durch Zungenbewegungen (Bonbon-Zeichen). In geringer Ausprägung werden die Symptome vom Patienten anders als von seiner Umgebung nicht bemerkt oder nicht als störend empfunden. Extremitäten und Körperstamm sind meist mitbeteiligt. Zu beobachten sind forcierte Atembewegungen bei Zwerchfellbeteiligung, rhythmische Becken-, Oberkörper- und Kopfbewegungen sowie Schluckstörungen. Wie viele extrapyramidalmotorische Störungen nehmen Dyskinesien unter psychischer und körperlicher Belastung zu und sistieren im Schlaf.
Differentialdiagnostisch sind bei deutlicher Beteiligung der Extremitäten eine senile Chorea, Hyperkinesen unter einer bestehenden Parkinson-Medikation, ein Restless-legs-Syndrom, eine Akathisie und eine psychomotorische Unruhe abzugrenzen. Problematisch ist die im Alter und insbesondere bei Demenz oft schwer zu erfragende Exposition mit Neuroleptika in früheren Jahren. So wurde beispielsweise das Neuroleptikum Fluspirilen (z. B. Imap®) gegenüber Patienten öfter als „Aufbauspritze“ bei depressiven Störungen und Erschöpfungssyndromen benannt.

Tardive Akathisie

Eine tardive Akathisie findet sich in bis zu 30 % der Alterspatienten nach Exposition mit DRB. Patienten berichten eine innere Unruhe, einen Bewegungsdrang und gele-

Tab. 18.3 Symptome der Akathisie vs. Restless-legs-Syndrom

	Akathisie	**Restless-Legs-Syndrom**
Symptome	Innere Unruhe im ganzen Körper mit Bewegungsdrang	Bewegungsunruhe u. sensible Missempfindungen lokal in den Extremitäten
Objektivierbare Bewegungen	Ungerichtete Bewegungen, auf der Stelle treten, Fußtippen, wippende Körperbewegungen	Aufstehen, Umhergehen, rhythmische motorische Aktivitäten
Auslösesituationen	Keine Auslösesituationen	Einschlafen, Ruhe
Körperlage	In allen Körperlagen	Typischerweise im Liegen, evtl. im Sitzen
Beeinflussbarkeit der Symptome	Persistenz der Symptome trotz Veränderung der Körperlage	Beschwerdefreiheit oder -besserung durch Bewegung, Temperaturabhängigkeit
Prävalenz	Nach oder unter Einnahme von Neuroleptika chronische Manifestation bis 30 %	ca. 10 %
Verlauf	• Kontinuierlich, • abhängig von der Neuroleptikadosis	Progredienz der Symptome Zu Beginn intermittierend mit beschwerdefreien Intervallen

gentlich ein Gefühl „als müssten sie aus der Haut fahren“. Überwiegend sind die unteren Extremitäten – seltener Arme und Körperstamm – betroffen. Typische Akathisiebewegungen sind im Stand Gewichtswechsel von einem Bein auf das andere und in sitzender Position das stereotype Übereinanderkreuzen der Beine. In schweren Fällen bewegen Patienten ständig ihre Beine oder laufen dauernd umher, ohne eine wesentliche Erleichterung zu empfinden.

Differentialdiagnostisch ist ein Restless-legs-Syndrom (**s. Tab. 18.3**) und vor allem eine psychomotorische Unruhe bei psychischer Grunderkrankung abzugrenzen. Klinisch ist die Akathisie mitunter sehr schwer und insbesondere bei der akuten Manifestation von einer psychomotorischen Unruhe abzugrenzen. Hilfreich ist dann die Reaktion des Patienten auf die Veränderung der Neuroleptikadosis. Bei Dosissteigerung sollte die psychomotorische Unruhe ab- und die Akathisie zunehmen. Umgekehrt gilt dies auch für eine Dosissenkung.

18.8.6 Prävention und Therapie der tardiven Dyskinesie und Akathisie

Die effektivste Maßnahme besteht mangels effizienter Therapien in der **Prävention tardiver Störungen** durch:

- Überprüfung der Indikation von Neuroleptika und Vermeidung fehlindizierter Verordnungen,
- Vermeidung von klassischen Neuroleptika und bevorzugte Gabe atypischer Neuroleptika im Alter (zumindest dann, wenn neben dem Alter ein weiterer Dyskinesierisikofaktor vorliegt),
- Verordnung von Neuroleptika möglichst kurz und in der niedrigst wirksamen Dosis,
- Sanierung von Zahnstatus und evtl. Prothese zur Prävention oro-bukko-lingualer Dyskinesien durch sensorische Störfoki.

Bei **Manifestation eines tardiven Syndroms** empfiehlt sich der folgende therapeutische

Algorithmus, um eine bestmögliche (Teil-) Remission zu erzielen:

- Verzicht auf die induzierenden Pharmaka, meist klassische Neuroleptika,
- Bei Unentbehrlichkeit der verursachenden Pharmaka sollte eine Dosisreduktion angestrebt werden,
- Umstellung von klassischen auf atypische Neuroleptika.

Clozapin stellt die beste Alternative zur Symptomlinderung hinsichtlich der tardiven Störungen dar. Allerdings hat Clozapin im Alter ein höheres Risiko der Agranulozytose und ist bei immobilen Patienten mit dem organisatorischen Problem regelmässiger Blutbildkontrollen behaftet. Es besteht eine Aufklärungspflicht, je nach Hersteller eine kontrollierte Verordnung und die Eindosierung erfolgt meist in 6,25 mg Schritten. Als Alternative ist Quetiapin und nachfolgend in dieser Reihenfolge Olanzapin und Risperidon zu nennen.

- Bei deutlichem Leidensdruck und bereits erfolgter Neuroleptikakarenz kann ein atypisches Neuroleptikum, am besten Clozapin oder Quetiapin, eindosiert werden.
- Sonstige: Tetrabenazin ist eine Off-Label-Verordnung, induziert Depression und Akathisie und ist nur bedingt wirksam. Anticholinergika haben im Alter eine hohe Rate unerwünschter Nebenwirkungen. Clonazepam ist vor allem subjektiv wirksam, birgt aber das Problem der Langzeittherapie mit Kumulation, Tachyphylaxie, Sedierung und Sturzgefahr. Bei wenig komplexen Dyskinesiemustern kann auch eine lokale symptomatische Injektion mit Botulinumtoxin in die betroffenen Muskeln effektiv sein. Die bei jüngeren Patienten in Einzelfällen sehr effektive Tiefenhirnstimulation ist im Moment für ältere Patienten noch nicht ausreichend validiert.

Prinzipiell ist nach Verzicht auf Neuroleptika innerhalb von 5 Jahren eine **spontane Remission** der tardiven Syndrome möglich. Die kürzere Lebenserwartung alter Menschen erfordert jedoch bei gesundheitlich oder sozial relevanten Symptomen einen Behandlungsversuch mit atypischen Neuroleptika, wenn auch die Erfolgsaussichten eingeschränkt sind und mittelfristig die Dyskinesien zunehmen können. Dies unterstreicht den wichtigen Aspekt der Prävention von tardiven Dyskinesien.

18.9 Dystonien

Einleitung

Dystonien sind als Syndrom unwillkürlicher, anhaltender Muskelkontraktionen mit repetitiven Bewegungen und/oder abnormen Haltungen definiert. Im Gegensatz zum Jugendalter, in der gehäuft generalisierte Dystonien des Körpers oder einer Körperseite auftreten, finden sich im Alter typischerweise fokale dystone Störungen einer Körperregion bzw. segmentale Dystonien benachbarter Körperregionen. Wie alle extrapyramidal motorischen Erkrankungen variiert die Ausprägung der Symptome bei Dystonien stark, insbesondere unter Stress, individuell verschiedenen Willküraktivitäten und externen Reizen. Häufig lassen sich fokale Dystonien durch ein sensorisches Trickmanöver mittels taktiler Reize (z. B. Anlegen von Finger oder Hand an die symptomatische Körperregion) vorübergehend bessern. Auch im Alter überwiegen eindeutig die idiopathischen Formen. Symptomatische Formen finden sich als tardive Dystonie nach Medikamentenexposition (v. a. Neuroleptika), posttraumatisch und nach vaskulären bzw. entzündlichen Erkrankungen des ZNS. Die idiopathischen Dystonieformen zeigen zu Beginn in der Regel eine fluktuierende Symptomatik eventuell mit beschwerdefrei-

en Intervallen und meistens eine Symptomzunahme im Verlauf mit Erreichen eines stabilen Symptomplateaus.
Diagnostisch ist die Erhebung des neurologischen Befundes, eine zerebrale Bildgebung (bei langjähriger Erkrankung im Alter nicht zwingend) und die Medikamentenanamnese obligat. Nach dem 60. Lebensjahr ist die Diagnostik bezüglich eines Morbus Wilson oder einer Neuroakanthozytose nicht mehr erforderlich.
Botulinumtoxininjektionen sind die Therapie der Wahl bei fokalen Dystonien, wenn auch nicht alle Indikationen durch das BfArM zugelassen sind. Zur Verfügung steht der Serotyp A (Botox, Dysport und neuerdings Xeomin, von dem eine verringerte Antikörperbildung erwartet wird) und der Serotyp B (Neurobloc), der meist bei bereits erfolgter Antikörperbildung gegen den Serotyp A eingesetzt wird.

18.9.1 Blepharospasmus

Typisches Manifestationsalter ist die 5.–7. Lebensdekade. Bevorzugt sind Frauen betroffen. Angaben zur Prävalenz schwanken zwischen 16 und 133/1 Mio Einwohner (Defazio und Livrea 2002).
Nach anfänglich unspezifischen Beschwerden mit Augenbrennen, Trockenheits- oder Fremdkörpergefühl kommt es zu unwillkürlicher Lidverkrampfung mit langsam tonischer oder schnell frequent myoklonischer Lidspaltenverengung bis hin zum anhaltenden Lidschluss, der bei schwerer Ausprägung eine mehrstündige funktionelle Blindheit am Tag erreichen kann. Als Symptomvariante findet sich die Unfähigkeit der Lidöffnung mit kompensatorisch vermehrter M. frontalis-Aktivierung (synonym: Lidöffnungsinhibitionstyp, Lidöffnungsapraxie, palpebraler Blepharospasmus).
Differentialdiagnostisch sind eine senile Oberlidektasie, entzündliche Augenerkrankungen, ein spastisches Entropium und neurologischerseits eine kaum zu verkennende okuläre Myasthenie, ein seltener bilateraler Spasmus hemifacialis, ein langjähriger motorischer Tic (keine Progression im Alter) und eine als Rarität geltende psychogene Lidstörung zu berücksichtigen.
Ein typisches diagnostisches Problem im Alter kann bei intermittierenden Symptomen und momentan unauffälligem klinischem Befund bei der Erstvorstellung entstehen, da die psychischen Begleitymptome der reaktiven depressiven Verstimmung und des sozialen Rückzugs fälschlicherweise zur Diagnose einer psychosomatischen Störung verleiten.
Lokale periorbitale Botulinumtoxin (BTX)-Injektionen sind **therapeutischer Goldstandard** und können problemlos auch bei effektiver Marcumarisierung (bei Hämatomneigung Coolpacks vor Injektion über die Augen legen) verabreicht werden. Bewährt haben sich lidrandnahe und bei ausgeprägter Klinik zusätzliche Injektionspunkte an der lateralen Orbita. Nebenwirkungen finden sich in 22,5 % (Lagophthalmus 4,9 %, Ptosis 4,1 %, Hämatom 3,9 %, Tränenfluss 3,7 %, Fremdkörpergefühl 1,6 % etc.) (Laskawi und Roggenkämper 1999).
In etwa 25 % der Blepharospasmuspatienten finden sich zusätzliche oromandibuläre, pharyngeale und laryngeale dystone Komponenten, womit die diagnostischen Kriterien eines **Meige-Syndroms** erfüllt sind.
Oromandibuläre Dystonien können als Kieferschluss- oder Kieferöffnungstyp auftreten und zum Teil massiv die Nahrungsaufnahme behindern.
Weitere fokale Dystonien sind die Adduktor-**spasmodische Dysphonie** mit laryngealer Manifestation, die zu einer gepressten Stimme und subjektivem Engegefühl im Hals führt, die Abduktor-spasmodische Dysphonie mit leiser gehauchter Stimme und die seltene **pharyngeale Dystonie** mit Schluckstörungen.

18.9.2 Spasmus hemifacialis

Der Spasmus hemifacialis gehört nicht zu den Dystonien, wird aber aufgrund des gleichen Therapieprinzips hier abgehandelt. Pathophysiologisch wird ähnlich wie bei der Trigeminusneuralgie von einer komprimierenden bzw. pulsatil irritierenden arteriellen Gefäßschlinge, die den Nerv im Bereich der Schädelbasis kreuzt, ausgegangen. Mit zunehmendem Alter steigt die Häufigkeit des Spasmus. Vorwiegend sind Frauen betroffen. **Klinisch** ist anfangs ausschließlich und später vorwiegend der M. orbicularis oculi mit arrhythmischen spastischen Lidschlussbewegungen betroffen. Im Krankheitsverlauf weitet sich die Symptomatik meist auf sämtliche vom Nervus facialis innervierten Gesichtsmuskeln aus. Gelegentlich sind Platysma und M. stapedius beteiligt. Letzterer verursacht dann spasmus-synchrone Ohrgeräusche. Im Laufe der Erkrankungsjahre entwickelt sich häufig eine Mundwinkel betonte Fazialisparese. **Differentialdiagnostisch** kann ein seltener Hirnstamm- oder Schädelbasisprozess mittels Bildgebung (MRT oder HR-CT) ausgeschlossen werden. Selten finden sich Tumor- oder entzündungsbedingte Affektionen des N. facialis in seinem extrakraniellen Verlauf.

Therapie der Wahl sind Botulinumtoxininjektionen. Eine medikamentöse Behandlung (z. B. Antikonvulsiva) ist wenig Erfolg versprechend und führt im Alter meist zu inakzeptablen Nebenwirkungen. Die Dekompressions-OP nach Janetta ist im Alter bestenfalls in Einzelfällen indiziert.

Abzugrenzen sind die nach peripherer Fazialisparese mit Defektheilung durch regenerative Fehlsprossung der Axone auftretende **Synkinesien**, die sich als synchrone pathologische Mitbewegungen von Auge und Mundwinkel – meist begleitet von vermehrter Tränensekretion – zeigen. BTX ist wegen der Gefahr einer iatrogenen Parese des vorgeschädigten M. orbicularis oculi niedriger zu dosieren.

18.9.3 Zervikale Dystonien

In Deutschland leben etwa 7 000–8 000 Patienten mit einer zervikalen Dystonie (ZD). Spontane Manifestationen im 7. Lebensjahrzehnt kommen vor; meist beginnt die Erkrankung zwischen dem 20. und 50. Lebensjahr. Frauen sind etwas häufiger betroffen. Sekundäre (tardive) Formen nach Gabe von Dopaminrezeptorantagonisten (v. a. Neuroleptika) finden sich in etwa 5 % und zeigen sich vorwiegend als Retrocollis, spasmodische Kopfbewegungen und oromandibulo-linguale Dyskinesien (Molho et al. 1998). Sekundäre Formen nach HWS-Trauma wurden beschrieben; der Kausalzusammenhang wird kontrovers beurteilt.

Im langjährigen Krankheitsverlauf finden sich bei ZD gehäuft eine Skoliose in 39 %, eine sekundäre zervikale Radikulopathie in 32 % und lokale Schmerzen in 68 % (Jankovic et al. 1991).

Die Symptome der ZD sind eine seitliche Rotation (Torticollis), eine laterale Neigung des Kopfes (Laterocollis), eine Kopfneigung nach hinten (Retrocollis) oder nach vorne (Anterocollis). Die Fehlbewegung kann tonisch, kloniform und/oder tremorös imponieren. Am häufigsten besteht eine kombinierte Fehlhaltung.

Im Alter finden sich folgende Patientensubgruppen:

- Vor Jahren erkrankt und langjährig behandelt,
- Langjährig erkrankt und Erstbehandlung,
- Sporadische Spätmanifestation.

Differentialdiagnostisch sind bei plötzlichem Beginn Frakturen oder Entzündungen im HWS-Bereich, bei langsamem Beginn ein Tumor der Halsweichteile oder eine Fibrose nach Radiatio und neurologischerseits Bandscheibenvorfälle mit Entlastungsfehlhaltung, Tumoren der hinteren Schädelgrube und bei den Augenmuskelparesen insbesondere eine N. trochlearis-Affektion zu berücksichtigen.

Therapie der Wahl ist auch im Alter die BTX-Injektion. Marcumar stellt eine Kontraindikation dar, jedoch können im Einzelfall oberflächlich liegende Halsmuskeln nach ausführlicher Patientenaufklärung mit einer 27 G-Nadel und entsprechend langer Kompression bei einem INR < 2,5 infiltriert werden. Im Alter ist die Abnahme der Muskelmasse durch Sarkopenie und BTX induzierter Atrophie bei der Dosiswahl zu beachten. Häufige und wichtigste Nebenwirkung ist die Schluckstörung mit Aspirationsgefahr und Pneumoniefolge. Allerdings zeigen ZD-Patienten in bis zu 30 % schon vor Beginn einer BTX-Therapie Dystonie bedingte Schluckstörungen. Anamnese, Risikoaufklärung und Dosiswahl sind insbesondere im Alter darauf auszurichten.

18.9.4 Extremitätendystonien

Die häufigste Extremitätendystonie (ED) ist der Schreibkrampf, der sich selten im 7. Lebensjahrzehnt manifestiert. Die Therapienachfrage bei ED ist im Alter gering, da nach Berufsende weitestgehend auf das Schreiben verzichtet werden kann.
Seltener, aber bedeutender sind die Fußdystonien mit dystoner Großzehendorsalextension („Pseudobabinski"), dystonen Zehenfehlstellungen oder Equinovarus-Fußfehlhaltung. Diese finden sich spontan oder assoziiert bei idiopathischem Parkinson-Syndrom (IPS) bzw. Multisystematrophie oder progressiver supranukleärer Blicklähmung. Da Fußdystonien zu Belastungsschmerzen beim Gehen und Gangunsicherheit führen, kann eine BTX-Therapie sehr hilfreich und bei gut identifizierbarem Zielmuskel auch einfach durchführbar sein. Problematisch ist die Off-Label-Indikation hinsichtlich der Kostenerstattung. Beim Parkinson-Syndrom sollte zunächst die dopaminerge Medikation verändert werden.

18.10 Normaldruckhydrozephalus

Einleitung

Der Normaldruckhydrozephalus (NPH) wird über die klinische Trias Gangstörung, Urininkontinenz und kognitive Defizite bei gleichzeitiger bildmorphologisch nachgewiesener Erweiterung nur der intrazerebralen Ventrikel („innere Liquorräume") definiert. Zu unterscheiden ist der idiopathische NPH und der sekundäre NPH mit ca. je 50 % Häufigkeitsanteil. Der **sekundäre NPH** kann sich nach Subarachnoidalblutung (SAB) (23 %), Schädel-Hirn-Trauma (12,5 %), Meningitis (4,5 %) und seltener nach zerebraler Ischämie oder Blutung und Erkrankungen mit hohem Liquoreiweiß entwickeln und führt unbehandelt in schweren Fällen bis hin zur Tetraspastik und Demenz mit akinetischem Mutismus.
Die Pathophysiologie des sekundären NPH wird insbesondere nach SAB mit einer arachnoidalen Liquorresorptionsstörung erklärt. Beim primären NPH ist dies strittig; es besteht eine korrelative – möglicherweise auch kausale – Beziehung zu zerebrovaskulären Risikofaktoren.
In jeder großen Hausarztpraxis mit hohem Seniorenanteil ist mit 1–2 NPH-Patienten zu rechnen, da eine Tür-zu-Tür-Untersuchung in Starnberg bei über 65-jährigen Personen eine Prävalenz des NPH von 0,4 % zeigte (Trenkwalder et al. 1995).
Die alterstypische **Komorbidität** zeigt eine arterielle Hypertonie in 83 % (3/4 davon mit unzureichender antihypertensiver Einstellung), kardiovaskuläre Erkrankungen in bis zu 71 %, einen Diabetes mellitus in 49 % und eine Hypercholesterinämie in 82 % (Krauss et al. 1996).

18.10.1 Klinischer Befund

Die Gangstörung ist nahezu obligat und zeigt sich mit initialer Gangunsicherheit, später dann mit „magnetischem" Gang mit breit gesetzten, kurzen und „klebenden" Schritten, gestörter Ganginitiation in 30 % und Freezing in 50 %. Typischerweise ist das Armmitpendeln kaum eingeschränkt. Eine Urininkontinenz tritt in etwa 40 % auf. Bei den kognitiven Defiziten (initial leichtgradig) dominieren Antriebsmangel, psychomotorische Verlangsamung, affektive Indifferenz, Aspontaneität und progrediente Gedächtnisstörungen insbesondere der konstruktiven und exekutiven Funktionen (s. Kap. 8). Je nach Diagnosezeitpunkt findet sich die Trias in etwa 50 %. **Differentialdiagnostisch** sind die subkortikale arteriosklerotische Enzephalopathie (SAE), primär degenerative Demenzen (s. u.), die Gruppe der Parkinson-Erkrankungen und die Kombination dieser Erkrankungen mit NPH abzugrenzen.

18.10.2 Diagnostik

Diagnostischer Standard ist die **kraniale Computertomographie** zur Darstellung der Ventrikelerweiterung bei fehlender Hirnrindenatrophie (Evans-Index = Ventrikelvorderhorndurchmesser/Gesamthirndurchmesser >0,33) und die diagnostische **Liquorentnahme.** Dieser sog. „spinale Tap-Test" wird mit 30–50 ml lumbaler Liquorentnahme durchgeführt und kann an Tag 3 und 5 wiederholt werden. Eine signifikante Symptombesserung (Schrittlänge, globales Gangbild, Tinnetti-Test (s. Kap. 7 u. 18.7), Kontinenz, Kognition) erhärtet die Verdachtsdiagnose. Krankengymnastik sollte wegen des verfälschenden Trainingseffektes gemieden werden. Interkurrente Erkrankungen sollten saniert sein, damit durch die erfolgreiche Therapie von Begleiterkrankungen kein falsch positives Testergebnis entsteht.

Im **zerebralen MRT** können das „Flow-void-Phänomen" (= beschleunigter Liquordurchfluss im Aquädukt) als Diagnosehinweis und differentialdiagnostisch relevante ventrikelferne vaskuläre Läsionen insbesondere bei SAE dargestellt werden. Liquorinfusionsstudien und die Isotopenzisternographie sind klinisch von geringem Wert oder umstritten.
Die invasive kontinuierliche **Liquordruckmessung** kann die pathognomonischen B-Wellen darstellen; ein negativer Befund schließt einen NPH jedoch nicht aus und Normwerte anhand gesunder Kontrollgruppen fehlen.

18.10.3 Therapie

Therapeutische Alternativen sind entweder die regelmäßige z. B. alle 3 Monate oder bei erneuter klinischer Verschlechterung durchgeführte **„therapeutische" Liquorpunktion** mit jeweils ein- bis dreimaliger Entnahme von 30–50 ml Liquor oder die operative Anlage eines ventrikulo-atrialen bzw. ventrikulo-peritonealen Shuntsystems. Bei multimorbiden Alterspatienten oder eindeutig konkurrierenden Erkrankungen ist die rezidivierende Lumbalpunktion wegen der geringeren Komplikationsrate zu empfehlen.
Die Indikation zur **Shuntanlage** besteht bei kompletter Symptom-Trias, dominierender Gangstörung, moderaten kognitiven Defiziten, geringer vaskulärer Komorbidität im MRT, eindeutiger Besserung nach Liquorentlastungspunktion und insbesondere definiertem Krankheitsbeginn < 2 Jahre.
Problematisch ist die Beratung des Alterspatienten und seiner Angehörigen aufgrund der **Prognose nach Shuntanlage** und der zu erwartenden Komplikationsrate. Hierzu existieren divergierende publizierte Ergebnisse. Demnach profitiert der sekundäre NPH mehr von der Shunt-Anlage als der idiopathische NPH. Im Langzeitverlauf

über 3 Jahre nach Shuntanlage zeigt der idiopathische NPH eine bleibende Besserung in fast 25 % (Malm et al. 2000). Die niederländische Multicenterstudie zeigt eine über Monate anhaltende Besserung in etwa 50 % (Zitat aus: Leitlinien DGN 2005).
In die Patientenberatung sind allerdings die **Shuntkomplikationen** mit einzubeziehen. Hierbei finden sich vorrangig Hygrome in ca. 20 % durch die Sogentlastung des Shunts und insgesamt im Langzeitverlauf Shuntkomplikationen (Infektionen, Shuntdysfunktionen) in ca. 38 % mit dem Risiko eines permanenten neurologischen Defizites nach OP von etwa 6 % (Klinge und Paulus 2004).
Somit liegt die **Risikorelation** von andauernder klinischer Besserung versus postoperativem permanentem neurologischem Defizit entsprechend der gut abschneidenden niederländischen Multicenterstudie und der gemittelten statistischen Komplikationen bestenfalls bei 8:1. Dazu kommt die Belastung durch Shuntkomplikationen mit evtl. notwendiger Shuntrevision.
Bezüglich der **Komorbiditäten** ist auch eine Besserung der Gangstörung bei vaskulärem Parkinson nach großvolumiger Liquorentnahme beschrieben worden (Ondo et al. 2002). Auch fand sich bei durchschnittlich 44 % im Rahmen einer Shuntanlage biopsierter und zuvor klinisch und mittels CCT diagnostizierter NPH-Erkrankungen histologisch eine Alzheimer-Demenz (Savolainen et al. 1999).

Schlusswort

Symptom-Trias und bildgebende Diagnostik führen zur Verdachtsdiagnose eines NPH. Die Therapieberatung erfolgt individuell unter Beachtung von Dauer der Beschwerden, Reaktion auf Liquorentnahme, biologischem Alter und Komorbidität unter Aufklärung über Nutzen und Risiken der Shuntanlage.

18.11 Restless-legs-Syndrom

Einleitung

Das bereits 1945 vom schwedischen Neurologen Karl Ekbom als eigenständige klinische Entität beschriebene Restless-legs-Syndrom (RLS) gehört zu den häufigsten neurologischen Erkrankungen. RLS wurde allerdings erst in den letzten 10 Jahren bei Ärzten und Patienten angemessen gewürdigt. Die Prävalenz von RLS zeigt einen deutlichen Schwerpunkt im Alter. Das wichtigste Diagnostikinstrument ist die Anamnese. Daher ist eine gute Kenntnis der Diagnosekriterien unabdingbar.

18.11.1 Epidemiologie

Die meisten epidemiologischen Studien in Industrieländern einschließlich Deutschland zeigen eine durchschnittliche **Prävalenz** um 10 % mit zunehmender Häufung im Alter (bis max. 20 %) und Bevorzugung des weiblichen Geschlechts. In Deutschland betrug die Prävalenz bei über 4000 Probanden altersunabhängig 10,6 % mit einem Maximum bei Männern in der 7. Dekade von 13,2 % und bei Frauen in der 6. Dekade von 19,4 % (Berger et al. 2004). Die immer noch unzureichende Kenntnis des Krankheitsbildes zeigte sich in der „Augsburger Memostudie“ (Rothdach et al. 1999), in der ältere Männer in 9,8 % und ältere Frauen in 13,9 % ein RLS aufwiesen, jedoch keiner der Betroffenen adäquat behandelt worden war.
Die RLS-Studien zeigen eine gehäufte Assoziation mit gravierenden somatischen Erkrankungen, eine höhere Depressionsinzidenz und eine verringerte Lebensqualität.

18.11.2 Ätiologie und Pathophysiologie

Anamnestisch und klinisch kann zwischen einem idiopathischen (primären) und einem symptomatischen (sekundären) RLS unterschieden werden, wobei die Symptomatik selbst bei beiden Formen identisch ist. Familienuntersuchungen weisen gerade bei früher Krankheitsmanifestation auf einen genetischen Faktor hin. Es konnten bislang drei mit RLS assoziierte Genloci auf Chromosom 12q, 9p und 14q gefunden werden. Vor dem 60. Lebensjahr sind etwa 50–60 % als **idiopathisch** (familiär) einzuordnen; die symptomatische Genese nimmt im Alter zu. Ein **symptomatisches RLS** findet sich bei diversen neurologischen und metabolischen Störungen oder auch iatrogen pharmakologisch induziert und ist daher z. T. kausal behandelbar.
Die letztendliche **Pathophysiologie** des RLS ist bislang ungeklärt. Untersuchungen mit der Positronenemissionstomographie zeigen geringe Veränderungen der dopaminergen Neurotransmission in den Basalganglien, aber auch Störungen im Hirnstamm und auf spinaler Ebene.

18.11.3 Symptome und Diagnosekriterien

Im Jahr 2002 hat die Internationale Restless legs study group (IRLSSG 2002) die **Diagnosekriterien** überarbeitet (Allen et al. 2003). Obligatorisch sind die 4 **Minimalkriterien:**

1. Bewegungsdrang der Beine, verursacht oder begleitet durch Missempfindungen in den Beinen (manchmal besteht ein Bewegungsdrang ohne Missempfindungen; manchmal sind auch andere Körperregionen betroffen),
2. Der Bewegungsdrang oder die Missempfindungen beginnen oder verschlechtern sich während Ruhezeiten oder bei Inaktivität im Sitzen oder Liegen,
3. Der Bewegungsdrang oder die Missempfindungen werden durch Bewegung (z. B. Laufen oder Dehnen) teilweise oder vollständig gebessert, zumindest solange die Aktivität anhält.
4. Der Drang, sich zu bewegen oder die Missempfindungen sind abends oder in der Nacht schlimmer oder treten ausschließlich am Abend oder nachts auf (bei schweren Symptomen mag die abendliche oder nächtliche Verschlechterung nicht mehr bemerkbar sein – diese muss aber anfangs bestanden haben).

Etwa ein Drittel der RLS-Patienten beklagt auch Beschwerden in den Armen. Mit zunehmendem Schweregrad können auch Beckenregion, Körperstamm und als Rarität das Gesicht betroffen sein.
Häufig schildern die Patienten ihre **Missempfindungen** als:
Kribbeln, Ameisenlaufen, Ziehen, Brennen, Reißen, Schnürgefühl, Zuckungen, Hitze oder Kälte und des Öfteren kann die Missempfindung nicht näher charakterisiert und nur als unangenehm und in etwa 50 % als schmerzhaft beschrieben werden.
Mit dem Schweregrad und der Erkrankungsdauer nimmt die Beschwerdelinderung durch Bewegung ab.
Weitere **unterstützende Diagnosekriterien** sind:

- eine positive Familienanamnese (ca. 50–60 %),
- eine Besserung durch die Behandlung mit dopaminergen Substanzen,
- das Auftreten von **periodischen Beinbewegungen** tagsüber (PLM = periodic limb movements), oder im Schlaf (PLMS = periodic limb movements during sleep).

PLM bzw. PLMS sind als rhythmische Dorsalextension von Großzehe und Sprunggelenk mit Flexion von Knie und Hüfte mit einer Dauer von 0,5–5 s und seriellem Auf-

treten charakterisiert. Allerdings finden sich PLM(S) auch ohne RLS gehäuft im Alter auch ohne bemerkte Schlafstörung und ferner bei anderen Erkrankungen wie z. B. dem Schlaf-Apnoe-Syndrom.
Assoziiert mit RLS ist ein fluktuierender Verlauf bei langjähriger Erkrankung mit früher Manifestation, prinzipiell eine Beschwerdezunahme mit zunehmender Erkrankungsdauer und bei Spätmanifestation eine recht schnelle Symptomverstärkung.
Typisch für das RLS sind missempfindungsbedingte **Schlafstörungen** entweder in Form von Einschlaf- oder/und Durchschlafstörungen mit häufigem Erwachen oder aber in Form von reduzierter Schlafeffizienz mit nachfolgender Tagesmüdigkeit, Konzentrationsschwäche und gehäufter Depressivität.

18.11.4 RLS-Diagnosekriterien bei Demenz

Da sich die Diagnose nahezu ausschließlich aus der Anamnese ergibt, wurden für demente Patienten wegen der eingeschränkten Anamnesemöglichkeit Hilfskriterien (s. nachfolgende Aufzählung) von der IRLSSG entwickelt (Allen et al. 2003). Analog können die Kriterien auch bei anderen Kommunikationsstörungen wie bspw. einer globalen Aphasie angewendet werden.
Unabdingbare Diagnosekriterien eines „wahrscheinlichen" RLS bei Demenzkranken (alle Kriterien müssen erfüllt sein):

1. Beinbeschwerden, die sich durch Reiben, Kneifen oder Stöhnen zeigen, während die Beine gehalten werden,
2. Bewegungsaktive untere Extremitäten (Herumlaufen; Zuckungen; Drehen, Austreten oder Strampeln im Bett; Reiben der Beine auf der Matratze; Radfahrbewegungen; Unfähigkeit sitzen zu bleiben usw.),
3. Beinbeschwerden mit Auftreten oder Verstärkung in Ruhe bzw. Inaktivität,
4. Besserung der Beinbeschwerden durch Bewegungen,
5. Kriterium 1 und 2 treten nur abends oder nachts auf oder sind dann stärker als tagsüber vorhanden.

Weitere unterstützende Kriterien eines „wahrscheinlichen" RLS bei Demenzkranken sind: Besserung auf dopaminerge Substanzen, bekannte RLS-Anamnese vor Beginn der Demenzerkrankung (Fremdanamnese), positive Familienanamnese im ersten Verwandtschaftsgrad, beobachtete typische PLM tagsüber oder PLMS im Schlaf, Nachweis von PLMS im Rahmen eines Schlafmonitorings, signifikante Einschlafprobleme, bessere Schlafqualität tags als nachts, Fixierungsbedarf in der Nacht (bei Pflegeheimunterbringung), niedrige Ferritinspiegel, Niereninsuffizienz, Diabetes mellitus oder Zeichen der Polyneuropathie bzw. Radikulopathie.
Die Diagnose des RLS bei dementen Patienten ist schwierig, da sie letztendlich nur auf der Fremdanamnese oder der klinischen Beobachtung unter fehlender Eigenanamnese beruht. Die **Differentialdiagnose** des RLS **bei Demenz** schließt daher folgende Erkrankungen ein:
Schmerzhafte Polyneuropathie, schmerzhafte Arthropathie, Neuroleptika-induzierte Akathisie, Pruritus, Wadenkrämpfe, pAVK, Angsterkrankung, agitierte Depression und nicht-kognitive Störungen bei Demenz mit ungerichtetem Bewegungsdrang bzw. Tag/Nacht-Umkehr.

18.11.5 Besonderheiten im Alter

Es sind 4 Verlaufstypen zu charakterisieren:

- idiopathische Erstmanifestation im Alter (auch nach dem 80. Lebensjahr),
- langjähriger idiopathischer Verlauf mit Symptomverstärkung im Alter,
- symptomatische Genese im Alter,

- idiopathischer Verlauf und symptomatische Verstärkung durch Zweiterkrankung oder Pharmaka.

Während ein Teil der RLS-Patienten differenziert ihre Beschwerden berichten, schildern andere Patienten ihre Symptome nur sehr vage und diffus und verleiten zu einer Fehlinterpretation. Aufgrund von arthrogener und vaskulärer Komorbidität im Alter vermischen sich die RLS-Symptome mit Beschwerden anderer Erkrankungen. Stets ist bei der häufigen Polypharmazie die Medikamentenanamnese zu erheben.

18.11.6 Diagnostik

Die **neurologische Körperuntersuchung** ist bei idiopathischem RLS unauffällig, mag sich aber bei langjährigem Verlauf durch Begleiterkrankungen, die ggf. das RLS additiv verstärken, pathologisch verändern. Bei symptomatischem RLS ist das Untersuchungsergebnis je nach Genese im zentralen oder peripheren (z. B. Polyneuropathie) System entsprechend pathologisch. Dies kann durch eine weitere Diagnostik (z. B. Neurographie, EMG) erhärtet werden.

Das **Basislabor** besteht aus: Blutbild, Serum-Eisen, ggf. Ferritin, Glucose, Kreatinin, Kalzium, TSH basal, Vitamin B12 und Folsäure.

Das **symptomatische RLS** findet sich bei Polyneuropathien in 20–25 %, bei der Niereninsuffizienz bzw. Urämie abhängig vom Kreatinwert in 22–30 % mit regelhafter Rückbildung nach Nierentransplantation und ebenfalls bei der rheumatoiden Arthritis in ca. 25 %, dort vor allem bei seropositiven Patienten. Im Alter ist neben einer Radikulopathie insbesondere auch die degenerative Lumbalkanalstenose, in Einzelfällen bei adipösen Frauen die epidurale spinale Lipomatosis, häufiger das Parkinson-Syndrom mit Manifestation insbesondere in der mehr akinetischen Extremität, Eisenmangel, Zustand nach Billroth-II-Magen-Operation, eine Hypovitaminose oder eine Schilddrüsenstoffwechselstörung mit Über- oder Unterfunktion für ein RLS verantwortlich. Selten zeigt sich das RLS symptomatisch nach Schlaganfall in Form einer Halbseiten- oder Quadrantenmanifestation.

Dementsprechend ist die **apparative Diagnostik** abhängig von der symptomatischen Genese bei der Radikulopathie um ein CT oder MRT lumbal, bei der Polyneuropathie um Neurographie und EMG und bei einer Halbseitenmanifestation um eine zerebrale Bildgebung zu erweitern.

Wesentlich ist die **Medikamentenanamnese**, da diverse Pharmaka ein RLS symptomatisch verursachen oder die Beschwerden der idiopathischen Form verstärken. Dazu gehören: klassische Neuroleptika (vornehmlich die Butyrophenone wie Haloperidol), aber auch atypische Neuroleptika wie Olanzapin, bei den Antidepressiva insbesondere Tri- und Tetrazyklika, Metoclopramid, ferner H2-Blocker wie Cimetidin und ebenfalls Lithium. Nicht trizyklische bzw. moderne Antidepressiva haben auch eine RLS induzierende Potenz, wobei dem Trazodon die geringste Nebenwirkung zugeschrieben wird.

Die **Schlaflabordiagnostik** kann ein RLS aufdecken, das sich lediglich durch eine gestörte Schlafeffizienz ohne Einschlaf- oder Aufwachstörungen manifestiert und dann zu Tagesmüdigkeit und Konzentrationsschwäche führt. Sinnvoll ist die Schlaflabordiagnostik auch in seltenen Fällen der unsicheren Verdachtsdiagnose, wenn die dopaminerge Therapie keine Diagnosebestätigung erbringt.

18.11.7 Differentialdiagnose

Zu bedenken sind **Neuropathien** mit Parästhesien und/oder Schmerzen, **lumbosakrale Radikulopathien**, im Alter insbesondere die lumbale **Spinalkanalstenose**, das Syndrom

der „painful legs and moving toes“ (Dysästhesien mit Zehenbewegungen unklarer Ätiologie; evtl. als RLS-Minorvariante zu verstehen), ferner die Varikosis und die pAVK und hinsichtlich der monosymptomatischen Tagesmüdigkeit das obstruktive Schlaf-Apnoe-Syndrom.
Die **Neuroleptika-induzierte Akathisie** (s. Kap. 18.8, **Tab. 18.3**) zeigt im Gegensatz zu RLS Unruhebeschwerden im ganzen Körper mit Bewegungsdrang und/oder auch unbemerkten unwillkürlichen Bewegungen wie z. B. Trippelschritten auf der Stelle, ferner wippende repetitive Körperbewegungen; Auslösesituationen wie Ruhe oder Entspannung liegen nicht vor. Die Beschwerden manifestieren sich in allen Körperlagen und persistieren trotz Veränderung dieser und zeigen keine zirkadiane Rhythmik. Immer findet sich eine bestehende oder zurückliegende Neuroleptikabehandlung.

18.11.8 Therapie

Die **Therapieindikation** bei RLS stellt sich bei Leidensdruck des Patienten, Schlafstörungen oder wenn Tagesmüdigkeit die Leistungsfähigkeit im Alltag beeinträchtigt. **Therapie der Wahl** ist zunächst bei **Einschlafstörungen** L-Dopa-Standard, ½–2 Tbl. (z. B. Restex® Tbl.) ca. 30 min vor der Bettruhe; bei **Durchschlafstörungen** mit Erwachen in der mittleren und späten Nacht retardiertes L-Dopa 1–2 je 100 mg (z. B. Restex® Kps.) unmittelbar vor dem Einschlafen und alternativ/additiv die Einnahme von löslichem L-Dopa mit schneller Resorption mitten in der Nacht. Bei **Ein- und Durchschlafstörungen** kann L-Dopa-Standard und retardiertes L-Dopa zu den obigen Einnahmezeiten kombiniert werden. Die **maximale L-Dopa-Tagesdosis** beträgt 400 bis (500) mg.
Unter L-Dopa-Therapie klagen hochbetagte Patienten gehäuft Nausea, unsystematischen Schwindel, Unruhe, Alpträume, kognitive Beeinträchtigung, Gangunsicherheit und zum Teil zoenästhetisch anmutende Missempfindungen. Bei ZNS-Nebenwirkungen empfiehlt sich ein Versuch mit ausschließlich retardierter L-Dopa-Form oder der Wechsel des Decarboxylasehemmers z. B. von Benserazid auf Carbidopa (z. B. Nacom oder Isicom®) und umgekehrt.
Positive Studien mit Dopaminagonisten (Ropinirol, Pramipexol und Cabergolin) haben Patienten bis zum 79. Lebensjahr eingeschlossen. Allerdings sind Dopaminagonisten bei Patienten über dem 80. Lebensjahr häufig schlecht verträglich. Prinzipiell empfiehlt sich daher ein langsames Einschleichen in niedrigster Dosis und bei gastrointestinalen Nebenwirkungen die Kombination mit Domperidon 10–20 mg vor Einnahme von L-Dopa bzw. Dopaminagonist. Neben den L-Dopa typischen Nebenwirkungen findet sich unter Agonisteneinnahme gehäuft eine Kreislaufdysregulation. Als Dosierung empfiehlt sich bei Ropinirol im Alter bis 2 mg/Tag, bei Pramipexol bis maximal 3-mal 0,18 mg/Tag, bei Carbergolin bis 2 mg/Tag; auch in Kombination mit L-Dopa.
Aus Erfahrung sind Analgetika bzw. Opiate bei hochbetagten Patienten und schlechter Verträglichkeit der Agonisten Mittel der zweiten Wahl, insbesondere bei komorbiden schmerzhaften Erkrankungen des Bewegungsapparates. Tramadol ist dem Tilidin in der Wirkung unterlegen. Retardpräparate zeigen eine längere Wirkung als die Tropfengabe.
Eine **Therapieintensivierung** ist insbesondere mit Oxycodon beginnend mit 5–10 mg abends und/oder zur Nacht und bei kognitiven oder psychotischen Nebenwirkungen mit der Opiatrotation (in Studien nicht untersucht) auf Palladon als Alternative möglich (cave: Inappetenz, Gewichtsabnahme und Obstipation bei Opiodtherapie).
Bei vorrangigen **PLMS-Beschwerden** nachts kann Valproat mit zunächst 150–300 mg abends die PLMS-Frequenz senken, ebenso

wie Gabapentin in individueller Dosititration v. a. bei komorbidem neuropathischem Schmerz. Bei Schlafstörungen durch Dopaminergika (dann nächtliche Unruhe und Alpträume) oder aber persistierenden Schlafstörungen (wahrscheinlich autologes RLS-Symptom) trotz guter Besserung der RLS-Beschwerden durch Dopaminergika kann Clonazepam 0,5–1 mg oder alternativ Oxazepam zur Nacht verabreicht werden.
Im Behandlungsverlauf mit Dopaminergika kann das Phänomen der **Augmentation** auftreten. Hierunter versteht man eine Beschwerdezunahme bei Anheben der Dopaminergikadosis, eine verkürzte beschwerdefreie Latenz in Ruhezeiten unter Dopaminergika, eine Ausbreitung der Symptome auf bislang unbetroffene Körperregionen, einen zeitlichen Wirkverlust der Dopaminergika und insbesondere eine Abnahme der Beschwerdeintensität bei Dosisreduktion der Dopaminergika. Therapiealternativen sind dann Tilidin und Opiate.

18.11.9 Besonderheiten bei RLS und Operation

Beschwerdeverstärkend sind eine Neuroleptanalgesie und dopaminantagonistische Antiemetika wie Metoclopramid oder Atosil. Erwünscht sind Anästhesien mit Isoflourane-Sevuflourane und Spinalanästhesien. Letztere sollten bei periodischen Beinbewegungen in der Anamnese mit einer periduralen Morphingabe ergänzt werden, da intraoperative Beinbewegungen den OP-Ablauf stören können.
Da bei älteren Patienten gehäuft Knie- und Hüft-TEP-Operationen mit partieller oder kompletter Immobilisation postoperativ erfolgen, sollte bei RLS-Betroffenen konsequent eine intensive RLS-Therapie mit L-Dopa und bei unzureichender Wirkung mit Tilidin oder Oxycodon oral, alternativ mit transdermalem Fentanylpflaster oder einer Opiatpumpe erfolgen.

Selbsthilfegruppen

Deutscher RLS e.V., Schillerstr. 3 a, 80336 München, Tel. 089-550 288
Internet: www.restless-legs.org
Deutsche Dystonie Gesellschaft e.V., Rissener Landstr. 85, 22587 Hamburg, Tel. 040-870 82 804, Internet: www.dystonie.de
Bundesverband Torticollis e.V., Eckernkamp 39, 59077 Hamm, Tel. 02389-536 988, Internet: www.BVTorticollis.de

Literatur

Allen et al. (2003) Restless legs syndrom: diagnostic criteria, special considerations and epidemiology. Sleep Medicine 4:101–119

Berger et al. (2004) Sex and the risk of restless legs syndrome in the general population. Arch Intern Med 164:196–202

Defazio G, Livrea P (2002) Epidemiology of primary blepharospasm. Mov Disord 17:7–12

Delvaide PJ, Desseilles M (1977) Spontaneous buccolinguo facial dyskinesia in the elderly. Acta Neurol Scand 56:256–262

Dolder CR, Jeste DV (2003) Incidence of Tardive Dyskinesia with Typical versus Atypical Antipsychotics in Very High Risk Patients. Biol Psychiat 53:1142–1145

Jankovic J et al. (1991) Cervical dystonia: clinical findings and associated movement disorders. Neurology 41 (7):1088–91

Jeste DV, Caliguiri MP, Paulsen JS et al. (1995) Risk of tardive dyskinesia in older patients: A prospective longitudinal study of 266 patients. Arch Gen Psychiat 52:756–765

Jeste DV, Lacro JP et al. (1999) Lower Incidence of Tardive Dyskinesia with Risperidone Compared with Haloperidol in Older Patients. J Am Geriatr Soc 47:716–719

Jeste DM (2004) Tardive Dyskinesia Rates With Atypical Antipsychotic in Older Adults. J Clin Psychiat 65 (suppl 9):21–24

Kane JM, Weinhold P, Kinon B et al. (1982) Prevalence of Abnormal Involuntary Movements („Spontaneous Dyskinesias“) in the Normal Elderly. Psychopharmacology 77:105–108

Klawans HL, Barr A (1982) Prevalence of spontaneous lingual-facial-buccal dyskinesias in the elderly. Neurology 32:558–559

Klinge P, Paulus W (2004) Die Diagnose und Behandlung des Normaldruckhydrocephalus. Akt Neurol 31:439–448

Krauss JK et al. (1996) Vascular risk factors und arteriosclerotic disease in idiopathic normal-pressure hydrocephalus of the elderly. Stroke 27:24–29

Laskawi R, Roggenkämper P (1999) Der Blepharospasmus und seine Therapie. In: Laskawi u. Roggenkämper (Hrsg) Botulinum-Toxin-Therapie im Kopf-Hals-Bereich. Urban & Vogel, München, S 48–67

Leitlinien (2005) der Deutschen Gesellschaft für Neurologie (DGN). Internet: www.dgn.org

Malm et al. (2000) Three-year survival and functional outcome of patients with idiopathic aduld hydrocephalus syndrome. Neurology 55: 576–578

Molho ES et al (1998) Clinical comparison of tardive and idiopathic cervical dystonia. Mov Disord 13 (3):486–489

Ondo WG, Chan LL, Levy JK (2002) Vascular parkinsonism: clinical correlates predicting motor improvement after lumbar puncture. Mov Disord 17:91–97

Rothdach et al (1999) Prevalence of restless legs syndrome in an elderly general population: the MEMO-Study. Neurology 52(Suppl 2) p A 287; A S44.006

Saltz BL, Woerner MG, Kane MD et al. (1991) Prospective Study of Tardive Dyskinesia Incidence in the Elderly. JAMA 266:2402–2406

Stacy M, Jankovic J (1991) Tardive Dyskinesia. Curr Opin Neuro Neurosurg 4:343–349

Savolainen S et al. (1999) Prevalence of Alzheimer's disease in patients investigated for presumed normal pressure hydrocephalus: a clinical and neuropathological study. Acta Neurochir (Wien); 141(8):849–853

Trenkwalder C et al. (1995) Starnberg trial on epidemiology of Parkinsonism and hypertension in the elderly. Prevalence of Parkinson's disease and related disorders assessed by a door-to-door survey of inhabitants older than 65 years. Arch Neurol 52:1017–1022

Woerner MG, Alvir JMJ, Saltz BL et al. (1998) Prospective study of tardive dyskinesia in the elderly: rates and risk factors. Am J Psychiat 155:1521–1528

19 Spinale und radikuläre Erkrankungen

Marek Jauss

Einleitung

Spinale und radikuläre Erkrankungen können unter einer Vielzahl von Symptomen auftreten und stellen sowohl bei akutem als auch bei chronisch-progredientem Verlauf eine differentialdiagnostische Herausforderung dar. Auf der einen Seite werden Symptome wie radikuläre oder segmentale Schmerzen häufig als unspezifisch eingeordnet oder Paresen werden verkannt und als Folge eines reduzierten Allgemeinzustands eingeordnet. In anderen Fällen werden Lokalschmerzen aufgrund degenerativer Erkrankungen wie Om- oder Coxarthrose oder Osteoporose fälschlich als radikulär aufgefasst und in Zusammenhang mit gleichzeitig vorliegenden, asymptomatischen degenerativen Wirbelsäulenveränderungen gebracht, ohne dass letztere zu einer umschriebenen Nervenwurzel- oder Myelonschädigung führen. Beides führt dazu, dass eine spezifische neurologische Abklärung entweder verzögert wird oder lokalisatorisch fehlerhaft vorgenommen wird.

19.1 Klinische Untersuchung

Wenn es klinisch gelingt, spezifische Symptome herauszuarbeiten, welche nur bei einer spinalen Schädigung auftreten wie z. B. eine dissozierte Sensibilitätsstörung, oder segmentale Symptome, kann eine weitere Diagnostik, insbesondere gezielte Bildgebung durchgeführt werden (s. **Tab. 19.1**).

Tab. 19.1 Tipps zur klinischen Untersuchung spinaler Syndrome

- Bei der Sensibilitätsprüfung immer erst auf der vermutlich nicht betroffenen Seite bzw. den nicht betroffenen Abschnitten beginnen, um einen Eindruck von der Kooperationsfähigkeit des Patienten zu gewinnen
- Reproduzierbarkeit der Befunde prüfen (z. B. hypästhetische Areale sowohl vom Kranken ins Gesunde als auch umgekehrt eingrenzen)
- Schmerzwahrnehmung muss von Spitz-Stumpf-Diskrimination unterschieden werden
- Scheinbar segmentale Sensibilitätsstörungen im Thorakal- und Abdominalbereich müssen auch dorsal verifiziert werden (an die Differentialdiagnose Guillan-Barré-Syndrom denken, wenn die Sensibilitätsstörungen nur ventral vorliegt)
- Alle sensiblen Qualitäten prüfen (einschl. Warm-Kalt-Empfinden)
- Bei dem Fehlen sicherer segmentaler Symptome kann eine Myelonläsion auch oberhalb der klinisch fassbaren Bahnsymptome liegen
- Bei kooperationsbedingt schwieriger Sensibilitätsprüfung kann auch der Befund autonomer Störungen (Höhe des Ausfalls der Schweißsekretion, Horner-Syndrom) lokalisatorische Hinweise geben

Pseudoradikuläre Syndrome bei orthopädischen Leiden z. B. im Schultergelenk oder in der Hüfte können von zervikalen Radikulopathien abgegrenzt werden, da erstere nie zu neurologischen Defiziten führen, das setzt allerdings eine korrekte Untersuchungstechnik mit Differenzierung einer Parese von schmerzbedingter Minderinnervation voraus. Eine Bildgebung sollte nur erfolgen, wenn eine umschriebene Symptomatik vorliegt und eine gezielte Fragestellung besteht. Eine ungezielte Bildgebung der Wirbelsäule fördert bei einem großen Anteil betagter Menschen pathologische Zufallsbefunde zu Tage, welche nicht in Zusammenhang mit der vorliegenden Symptomatik stehen. Die Zuordnung pathologischer Veränderungen zu den eigentlichen Beschwerden ist in Zeiten leicht verfügbarer und sehr sensitiver diagnostischer Verfahren die schwierigste Aufgabe des Arztes.

Wenn dann, bei tatsächlichem Vorliegen eines neurologischen Defizits, eine operative Intervention indiziert ist, sollte eine genaue Abgrenzung der einzelnen Schmerzsyndrome erfolgen und der Patient differenziert aufgeklärt werden, für welche Schmerzen durch eine Operation eine Besserung zu erwarten ist (z. B. radikuläre Schmerzen bei zervikaler Spondylose) und welche Schmerzen durch eine Operation nicht verringert werden (z. B. Lokalschmerz über dem Akromionklavikulargelenk) um dem Patienten eine realistische Nutzen-Risiko-Abwägung zu ermöglichen.

19.2 Symptome spinaler Erkrankungen

Das typische spinale Syndrom besteht aus der Kombination einer segmentalen Störung wie z. B. Schmerzen im entsprechenden Dermatom und den so genannten Bahnsymptomen (**s. Tab. 19.2**). In der Frühphase können jedoch diffuse Schmerzen und segmentferne, unspezifische Beschwerden im Vordergrund stehen. Raumfordernde Prozesse in der HWS bewirken oft bewegungsabhängige Schmerzen, insbesondere beim Beugen mit Ausstrahlung in die Schulterblätter i.S. eines Lhermitte-Zeichens. Eine Spastik muss nicht zwingend vorliegen, diese tritt oft nur bei langsam progredienter Myeloneinengung auf. Im Falle einer akuten Schädigung, z. B. beim Spinalis-anterior-Syndrom kann aber auch ein schlaffer Muskeltonus i.S. eines spinalen Schocks vorliegen. Dass Harnverhalt, klinisch auch als Inkontinenz bei Überlaufblase mit hohem Restharn, zu den möglichen Hinweisen auf spinale Schädigung zählt, ist allgemein bekannt. Weniger bekannt ist, dass dieses auch für Orthosthaseneigung, Anhidrose, Magen-Darm-Atonie bis hin zum Subileus zutreffen kann. Auch klinische Untersuchungsbefunde wie Bauchdeckenatonie (als segmentales Symptom) in Zusammenhang mit einer Gangstörung (als Bahnsymptom) lassen an eine spinale Schädigung denken; zur Differentialdiagnose **s. Tab. 19.3**.

19.3 Symptome radikulärer Erkrankungen

Bei der typischen, monoradikulären Schädigung liegt eine Kombination aus abgegrenzter Sensibilitätsstörung und motorischen Ausfällen der entsprechenden Muskeln vor, diesbezüglich sei auf die entsprechenden Lehrbücher der neurologisch-topischen Diagnostik verwiesen. Gerade bei multimorbiden Patienten ist die Kenntnis der möglichen Symptomkombinationen der Schlüssel dazu, einen neurologischen Befund herauszuarbeiten und differentialdiagnostisch (**s. Tab. 19.4**) von Schmerzen oder Minderinnervation aufgrund einer Begleiterkrankungen abzugrenzen. Wenn z. B. bei der Untersuchung von distalen Paresen der unteren Extremität die Gluteal- und Adduktorengruppe nicht mituntersucht wird, ist die Fehldiagnose einer Ischiadikus- oder Femoralisparese anstelle einer radikulären

Tab. 19.2 Spinale Bahnen und klinische Symptome

Spinale Bahn	Klinisches Symptom
Hinterstrang-syndrom	Gangunsicherheit („Hinterstrangataxie"), reduziertes Vibrationsempfinden, gel. Schilderung des Gefühls „wie in einem Fass eingesperrt zu sein"
Zentromedulläres Syndrom	Segmentale dissoziierte Empfindungsstörung, trophische Störungen, klinisch häufig Verletzungen, insbes. Verbrennungen
Spinalis-posterior-Syndrom	Meist vaskulär: Hinterstrangsymptome ohne Paresen und mit erhaltenen Muskeleigenreflexen
Brown-Sequard-Syndrom	Mechanisch oder entzündlich: Segmentale Hyperpathie oder Hypästhesie, ipsilaterale Pyramidenbahnschädigung und Hinterstrangschädigung, kontralaterale dissoziierte Sensibilitätsstörung
Spinalis-anterior-Syndrom	Meist vaskulär: Segmentale Parästhesien und Schmerzen, Pyramidenbahnschädiung und dissoziierte Sensibilitätsstörung kaudal der Läsion, autonome Störungen distal der Läsion
Sulcocommissuralis Syndrom	Meist vaskulär: Schlaffe Paresen ipsilateral bei Vorderhornschädigung, gürtelförmige Parästhesien und Schmerzen, dissoziierte Sensibilitätsstörung kontralateral

Tab. 19.3 Differentialdiagnose zentraler Paresen oder andere Bahnsymptome

Zervikale Myelopathie	Zusätzlich zur Paraparese bestehen radikuläre Symtome (HWS-CT, HWS-MRT, Myelographie)
Amyotrophe Lateralsklerose	Atrophie, Faszikulationen, Hirnnervenbeteiligung (EMG)
Chronische Verlaufsform der MS	Zerebrale Symptome, Nachweis durch kraniales MRT
Funikuläre Myelose	Zusätzlich zu spinalen Symptomen (insbes. Hinterstrangataxie) können zentralnervöse Symptome bestehen, anamnestisch findet sich gelegentlich eine Exazerbation nach Lachgasnarkose (B 12-Spiegel prüfen)
Spinale Raumforderung	Nachweis durch spinales MRT
Tumor im Bereich der Mantelkante	Nachweis durch kraniales CT

Schädigung leicht möglich, da die unteren lumbalen Wurzeln auch proximale Muskeln innervieren. Hier differenziert insbesondere das **Trendelenburg-Zeichen**. An dieser Stelle sei auch an die Bedeutung des Ausfalls der Schweißsekretion bei der Abgrenzung einer Plexusschädigung von einer Schädigung der Nervenwurzeln bei dann erhaltener Schweißsekretion erinnert.

19.4 Zentrale (medulläre) spinale Syndrome – vaskuläre Läsionen

19.4.1 Spinale Ischämie

Spinale Ischämien können durch Verschlüsse der von der Aorta abgehenden spinalen Arterien verursacht werden. Oft findet sich ein Nebeneinander aus mechanischer Kompression, beispielsweise bei engem Spinalkanal und Arteriopathie, auch ein Aortenaneurysma oder eine vaskulär

Tab. 19.4 Differentialdiagnose einer radikulären Schädigung

mechanisch	
Osteochrondose, Spondylarthrose	Monoradikuläre Syndrome, (meist C5–C7 bzw. L4–S1), Cave: Kaudasyndrom
Claudicatio spinalis	Intermittierende, häufig bilaterale Schmerzen oder Hypästhesie über ein oder mehrere Dermatome, schlaffe Paresen nach Belastung, Besserung in aufrechter Stellung
Periphere Nervenkompressionssyndrome	Verteilung der Ausfälle nicht radikulär (Befund einer lokalen Nervenschädigung durch NLG-Messung z. B. CTS)
M. Bechterew, Wirbelkörpermetastasen, Spontanfraktur nach Osteoporose oder Metastase, Spondylitis	Intermittierende, häufig bilaterale Schmerzen oder Hypästhesie über ein oder mehrere Dermatone, schlaffe Paresen nach Belastung, Lokalschmerzen über der Wirbelsäule
bei Tumorleiden	
Tumoren der Nervenwurzeln (Neurinom, Metastasen, Meningeom)	Monoradikuläre Schmerzen, bei fortschreitendem Tumorwachstum auch über mehrere Höhen und bilateral
Radikuläre Schädigung nach Bestrahlung	Schmerzlose Paresen und Atrophien, mehrere Nervenwurzeln betreffend
Plexusläsion	z. B. bei TU-Infiltration, beim oberen Plexus cervicalis oft Horner-Syndrom, sens. NLG oft pathologisch
Meningeosis carcinomatosa	Polyradikuläre Symptomatik, neuropsychologische Ausfälle
entzündlich	
Radikulitis bei Virusinfekt (Herpes zoster, Herpes simplex)	Liquorpleozytose, Effloreszenzen (Zoster)
Radikulitis bei Borreliose	Schmerzen (meist nächtlich), Liquorpleozytose, anamnestisch evtl. Erythema chronicum migrans
Metabolische Radikulopathien (meist mit Plexusbeteiligung)	Meist bei Diabetes mellitus, oft mehrere Nervenwurzeln betroffen, akutes Schmerzsyndrom, Besserung wenn motorische Ausfälle auftreten (paravertebrales EMG normal, sens. NLG oft pathol.)
sonstige Ursachen	
Pseudoradikuläre Beschwerden bei orthopädischen Erkrankungen, z. B. bei einer Periarthropathia humeroscapularis oder bei Schultertraumen oder entzündlichen Erkrankungen	neurologischer Untersuchungsbefund unauffällig, schmerzbedingte Minderinnervation, an Bestimmung der BSG denken, das EMG ist typischerweise normal

vermittelte Strahlenmyelopathie kommen **ätiologisch** in Betracht. Spinalarterien können darüberhinaus durch Tumoren komprimiert werden, arteriovenöse Fisteln können zu venöser Stauung führen (Foix-Alajouanine-Syndrom). Die Symptome entwickeln sich oft progredient über Stunden, **Leitsymptom** sind dabei häufig Schmerzen, teilweise thorakal gürtelförmig entsprechend einem hyperpathischen Segment. Fehldiagnosen im Initialstadium, zum Beispiel die Verkennung als akutes Koronarsyndrom bei Patienten mit entsprechenden Risikofaktoren, sind daher nicht selten. **Computertomographisch** findet man lediglich bei dem Vorliegen eines spinalen Tumors oder schwerer degenerativer Veränderungen einen richtungsweisenden Befund. **Kernspintomographisch** kann ein medulläres Ödem in der T2-Sequenz dargestellt werden, oftmals gelingt dieses allerdings nur in der axialen Schicht, so dass vor der Kernspinuntersuchung eine genaue klinische Höhenzuordnung notwendig ist. Gelegentlich zeigt eine Kernspinuntersuchung auch Wirbelkörperinfarkte als indirekten Hinweis auf eine Ischämie des Myelons. Eine Myelographie kann z. B. eine medulläre Auftreibung bei Vorliegen eines postischämischen Ödems zeigen oder, im Falle einer Gefäßfehlbildung, erweiterte Gefäße darstellen. Bei einer Myelonläsion im thorakalen Bereich ist außerdem an ein Aortenaneurysma zu denken welches farbduplexsonographisch nachgewiesen werden kann. **Therapeutisch** wird in der Akutphase antikoaguliert (PTT wirksame Heparintherapie), ob dadurch jedoch der Spontanverlauf beeinflusst werden kann, ist nicht gesichert, auch unter dem Gesichtspunkt einer Thromboseprophylaxe ist, zumindest bei dem Vorlegen einer Plegie, eine PTT-wirksame Heparintherapie in der Akutphase zu empfehlen.

19.4.2 Spinale Blutung

Die Anamnese verläuft rascher als bei der spinalen Ischämie, meistens stehen Schmerzen im Vordergrund. Diese sind bei der spinalen Subarachnoidalblutung diffus und mit Meningismus bzw. Lasègue-Zeichen verbunden, bei einer epiduralen oder intramedullären Blutung sind die Schmerzen oft segmental. Differentialdiagnostisch sollte bei extramedullären Raumforderungen an Abszesse gedacht werden. Die operative Entlastung von extramedullären Hämatomen ist bei schweren, aber inkompletten Ausfällen indiziert. Trotz des Vorliegens einer Blutung sollte frühzeitig mit einer Thromboseprophylaxe begonnen werden.

19.4.3 Spinale Gefäßmalformation

Eine spinale Gefäßfehlbildung muss nicht durch die akuten Symptome einer spinalen Ischämie oder spinalen Blutung symptomatisch werden, sondern kann unter den Symptomen einer chronischen Myelopathie, evtl. mit radikulärer Beteiligung durch fluktuierende Paresen, Schmerzen oder Sensibilitätsstörungen auf sich aufmerksam machen.

Neben der Gruppe der angeborenen Gefäßmissbildungen, welche sich auch im hohen Alter erstmals manifestieren können, werden auch erworbene arteriovenöse Kurzschlussverbindungen in der Dura mater in die Gruppe der Gefäßmalformationen mit einbezogen. Eine Schädigung des Rückenmarks kann, abhängig vom Typ der jeweiligen Fehlbildung durch Blutung, venöse Stauung, arterielle Durchblutungsstörung, Raumforderung oder eine Arachnitis infolge spinaler Subarachnoidalblutung entstehen.

Arterio-venöse Malformationen (AVM) teilt man in fistulöse, glomeruläre und sehr große, sog. juvenile AVM ein, letztere spielen mit dem Erkrankungsmaximum in jungen Jahren bei geriatrischen Patienten nur eine geringe Rolle. Im Gegensatz hierzu steht die **angiodysgenetische Myelomalazie** (Foix-Alajounaine-Syndrom) mit einem Erkrankungsgipfel jenseits der 6. Lebensdekade. Bei diesem Krankheitsbild erfolgt eine Myelon- oder Kaudakompression durch venöse Ektasien, welche Folge einer AV-Fistel sind. Häufig sind Männer in oder jenseits der 6. Lebensdekade betroffen. Die **Therapie** erfolgt interventionell neuroradiologisch durch Embolisation oder operativ.

Kavernome (livid-blaue, blutgefüllte und von Endothel ausgekleidete Gefäßräume) werden symptomatisch durch Blutungen in die Umgebung oder durch eine Zunahme des Kavernomvolumens.

Spinale durale arteriovenöse Fisteln sind arteriovenöse Kurzschlüsse zwischen duraversorgenden („radikulomeningealen“) Arterien und den das Rückenmark drainierenden Oberflächenvenen. Die Fehlverbindung ist dort lokalisiert, wo die radikuläre Vene die

Dura mater durchbohrt, also in enger Nachbarschaft zur Nervenwurzel. Die eigentlichen, das Rückenmark versorgenden Arterien sind nicht beteiligt, allerdings führt ein durch venösen Rückstau bedingtes Ödem des Rückenmarkes zu einer progredienten, anfangs noch reversiblen, Querschnittssymptomatik. Betroffen sind überwiegend Männer, das mittlere Erkrankungsalter beträgt 60 Jahre.

Diagnostik der Wahl ist das MRT, unklare Befunde können weiter durch ein Myelographie abgeklärt werden, eine selektive DSA der Spinalarterien bleibt spezialisierten Zentren vorbehalten.

Allgemein akzeptiert wird eine **Behandlungsindikation bei symptomatisch gewordenen Gefäßmissbildungen**. Im Einzelfall ist bei AVMs und Kavernomen auch ein abwartendes Verhalten gerechtfertigt, wenn aufgrund der Lokalisation ein hohes Behandlungsrisiko anzunehmen ist.

Spinale durale AV-Fisteln sollten wegen der kurz- und mittelfristig schlechten Prognose bei meist guter Behandlungschance ohne Zeitverzug ausgeschaltet werden, wobei nach Leitlinien der Deutschen Gesellschaft für Neurologie DGN in der Regel den endovaskulären Verfahren der Vorrang eingeräumt wird. Eine Ausnahme bilden die Kavernome, welche endovaskulär nicht erreichbar sind, insgesamt ist bei Kavernomen die Notwendigkeit einer Intervention allerdings ohnehin gering.

Therapeutische Alternativen bei den spinalen duralen AV-Fisteln sind die operative Ausschaltung oder die Embolisation der Fehlverbindung mit liquidem Embolisat. Der chirurgische Eingriff ist bei präoperativ exakter Lokalisation der Fistel technisch einfach und führt fast immer zu ihrer vollständigen Ausschaltung. Die endovaskuläre Behandlung ist weniger invasiv, erreicht jedoch auch in spezialisierten Zentren keine so hohe Rate an technischer Durchführbarkeit und erfolgreicher Ausschaltung (Thron et al. 2001).

19.5 Zentrale (medulläre) spinale Syndrome – mechanische Läsionen

19.5.1 Zervikale Myelopathie

Häufigste mechanische Ursache einer zentralen Rückenmarkschädigung ist die zervikale spondylotische Myelopathie, welche sich meistens aus der Kombination einer angelegten Enge des Spinalkanals mit degenerativen Veränderungen entwickelt. Begünstigend kann eine chronische Polyarthritis oder ein Morbus Bechterew hinzukommen. Obwohl ca. 75 % der über 65-Jährigen degenerative Veränderungen der Wirbelsäule aufweisen, entwickelt nur ein kleiner Teil eine Myelopathie. Fortschreitende degenerative Veränderungen der Halswirbelsäule führen nahezu ausschließlich bei prädisponierendem engem Spinalkanal mit Schwerpunkt im mittleren und unteren Abschnitt der HWS zu einer Einengung und einer Kompression des zervikalen Myelons oder dessen Blutgefäße.

Typischerweise findet man die Kombination einer Schädigung der langen Bahnen (lebhafte Reflexe, ggf. Pyramidenbahnzeichen, Paraparese) und radikuläre Ausfälle durch Foraminalstenosen.

Klinisches Bild

Das klinische Bild der zervikalen Myelopathie ist eine variable Kombination radikulärer Ausfälle an den oberen Extremitäten und Symptomen einer Rückenmarksschädigung mit dem klinischen Befund von sog. Bahnsymptomen (Radikulomyelopathie). Neurologisch finden sich häufig Zeichen einer Schädigung der zu den Beinen führenden Anteile der Pyramidenbahn mit spastischer Tonuserhöhung und einem breitbasigen unsicheren Gangbild, wohingegen Störungen der Blasen- und Mastdarmfunktion eher gering ausgeprägt sind. Als Ausdruck einer zervikalen Wurzelschädigung bestehen Atrophien und Paresen der Handmuskeln mit Störungen der Feinmotorik und radikuläre Schmerzsyndrome.

Für die Quantifizierung der Funktionseinbußen wird international das Japanese Orthopaedic Association (JOA) Scoring System verwendet, welches motorische und sensible Funktionen der oberen und unteren Extremitäten sowie die Blasenfunktion berücksichtigt (Yonenobu et al. 2001); eine deutsche Adaptation ist in den Leitlinien der DGN zu finden.

Die Variabilität des Erscheinungsbildes der zervikalen spondylotischen Myelopathie ist Ausdruck einer komplexen und im Einzelfall unterschiedlichen Interaktion verschiedener mechanischer und vaskulärer Faktoren. Durch die Kompression von Myelon und Nervenwurzeln kommt es zur direkten Schädigung des axonalen Transports und der neuronalen Integrität. Zu dem durch die Enge bedingten statischen Druck kommt eine dynamische Komponente, die sich bei Bewegung (insbesondere Flexion) verstärkt. Darüber hinaus scheinen auch vaskuläre Faktoren (Drosselung der arteriellen Blutzufuhr, Reduktion des venösen Abflusses durch den Druck) sowie ein Myelonödem zur Pathologie beizutragen.

Differentialdiagnose und Diagnostik

Die differentialdiagnostischen Erwägungen schließen neben degenerativen Veränderungen (Spondylose) auch Traumata, Tumoren, entzündliche Erkrankungen, spinale Ischämien und neurodegenerative Erkrankungen ein.

Das **MRT der HWS** als Standarduntersuchung kann bei entsprechenden klinischen Hinweisen auf radikuläre Schädigung oder atrophische Paresen der oberen Extremitäten bei V. a. Vorderhornbeteiligung durch transversale Schichten ergänzt werden. Eine Röntgennativdiagnostik der HWS zur Beurteilung der knöchernen Verhältnisse sollte ebenfalls erfolgen.

Weitere Untersuchungen beinhalten das **EMG** (zum Nachweis radikulärer Ausfälle), SSEP und Magnetstimulation zur Beurteilung einer Schädigung der langen Bahnen, evtl. in Funktionsstellung, sowie zur Beurteilung der Blasenfunktion die Restharnsonographie und das Basislabor mit Entzündungsparametern und Borrelienserologie. Bei den geringsten differentialdiagnostischen Zweifeln sollte eine **Lumbalpunktion** zum Ausschluss eines entzündlichen Prozesses durchgeführt werden.

Konservative Therapie

Ein konservativer Therapieversuch ist bei geringer Funktionsstörung (JOA > 13–14) und geringer klinischer Progredienz insbesondere im höheren Lebensalter gerechtfertigt. Die konservative Therapie muss von engmaschigen klinischen Untersuchungen und bildgebenden Verlaufskontrollen nach 3–6 Monaten begleitet sein.

Eine Immobilisation des Halses durch eine Halskrawatte kann im Akutstadium nötig sein, diese sollte aber nicht länger als 2 Monate getragen werden. Bedarfsweise sollten Antiphlogistika, Analgetika und ggf. Muskelrelaxantien und Kortikoide verabreicht werden. Physiotherapeutische und physikalische Therapiemaßnahmen sollten möglichst bald eingeleitet werden, um einen Muskelaufbau und somit eine Stabilisierung der HWS zu erzielen. Kontrolluntersuchungen sollten anfänglich engmaschig durchgeführt werden. Bei Befundverschlechterung erfolgt eine Re-Evaluation therapeutischer Optionen.

Operative Therapie

Bei der **Indikationsstellung zum chirurgischen Vorgehen** ist zu berücksichtigen, dass degenerative Veränderungen der HWS häufig vorkommen und nur dann ein operatives

Vorgehen indiziert ist, wenn die klinische Symptomatik eindeutig mit den bildgebenden Befunden korreliert. Eine rasch progrediente Querschnittsymptomatik stellt eine **absolute Operationsindikation** mit hoher Dringlichkeit dar. Eine Operation ist mit **elektiver Indikationsstellung** bei Gangstörung, deutlicher Feinmotorikstörung der Hände oder Blasenstörung zu erwägen. Ziel ist neben einer zu erhoffenden Besserung insbesondere die Stabilisierung und Verhinderung weiterer Progredienz.

Eine Indikation zur operativen Therapie ergibt sich bei einer raschen Progredienz der klinischen Symptomatik, insbesondere bei progredienten, funktionell relevanten motorischen Ausfällen (schlechter als KG 3/5 bei Radikulopathie), dem Auftreten autonomer Störungen (Blase, Mastdarm, Potenz), einem unzureichenden Erfolg durch konservative Therapie bei Progredienz der neurologischen Symptomatik, eindeutiger neuroradiologischer Befund und Verschlechterung der elektrophysiologischen Befunde oder über mehr als 4 Wochen nicht therapierbare Schmerzen, wobei es sich dabei meist um Schmerzmanifestation bei einer zusätzlichen radikulären Mitbeteiligung handelt.

Das **Operationsergebnis**, gerade bei älteren Patienten, kann nur bedingt prognostiziert werden. So wurden in einem Cochrane Review (Fouyas et al. 2002) zwei Studien mit insgesamt 130 Patienten ausgewertet, wobei in der operierten Gruppe kurzfristige Effekte wie Rückgang von Schmerzen und Paresen häufiger als in der konservativ behandelten Gruppe waren, ein Effekt, welcher in einer Nachuntersuchung nach 1 Jahr nicht mehr nachweisbar war. In einer anderen Studie war, bei Patienten mit lediglich geringen neurologischen Ausfällen, kein Effekt der operativen Behandlung nachzuweisen.

Das **Standardverfahren zur Beseitigung einer Nervenwurzelkompression** ist die offene, mikrochirurgische Diskektomie über einen anterioren Zugang, Die Komplikationsrate dieser Operation ist gering, die Patienten müssen über Nachblutung, Wundheilungsstörung, Verletzung von Gefäßen (A. carotis, A. vertebralis), Verletzung der Nervenwurzel und des Rückenmarks und Rekurrensparese aufgeklärt werden. Um eine Höhenminderung des Intervertebralraums und eine segmentale Instabilität zu vermeiden, wird als zweiter operativer Schritt eine interkorporelle Spondylodese vorgenommen. Die meisten Erfahrungen bestehen mit autologen Knochenspänen aus dem Beckenkamm. Da die Knochenspanentnahme potentiell mit Komplikationen behaftet ist (postoperative lokale Schmerzen, Meralgia paraesthetica, Fraktur der Spina iliaca anterior superior) können alternative Materialien verwendet werden (z. B. Knochenzement, Titan- oder Carbon-Cage).

Bei lateralen oder intraforaminalen Bandscheibenvorfällen kann die Nervenwurzel auch über einen dorsalen Zugang durch eine Foraminotomie mit Sequestrektomie dekomprimiert werden, ähnlich wie das Vorgehen im Lumbalbereich.

Für die Nervenwurzeldekompression mit minimal-invasiven, perkutanen oder endoskopischen Verfahren fehlen Langzeitergebnisse, die einen Vorteil gegenüber den offenen Methoden belegen, weshalb bei problematischen Patienten wie z. B. bei hochbetagten Patienten die konventionellen Operationsmethoden angewendete werden sollten.

19.5.2 Spinale Tumoren und Spinalkanalkompressionen

Die häufigste Ursache eines spinalen Tumors bei geriatrischen Patienten ist die **spinale Metastase**. Dabei findet sich oft ein Bronchial-Ca, Mamma-Ca oder ein Prostata-Ca als Primärtumor. Schmerzen sind dabei ein **Frühsymptom**, noch vor neurologi-

schen Ausfällen, so dass jeder Tumorpatient mit neu aufgetretenen Schmerzen im Vertebralbereich auf Metastasen hin abgeklärt werden sollte.
Andere mögliche Tumoren im Spinalkanal bzw. im Foramen intervertebrale können Neurinome oder Meningeome sein. Das Ependymom wächst meist intramedullär.
Ursachen knöcherner Einengung können Osteoporose, traumatische Wirbelkörperschäden oder eine Spondylodiszitis (akut oder postentzündlich) sein, wobei dabei auch immer an eine tuberkulös verursachte Spondylodiszitis zu denken ist. Die Entscheidung für oder gegen eine operative Therapie hängt von der Malignität, des Stadiums des Primärtumors oder bei gutartigen Tumoren von der Schwere der neurologischen Ausfälle ab, welche auch nach Operation nur in etwa der Hälfte der Fälle reversibel ist (Porchet et al. 2003). Bei kleineren, gutartigen Tumoren, welche bei der heutigen Qualität der Bildgebung häufig nebenbefundlich erhoben werden, ist ein zunächst abwartendes Vorgehen mit Verlaufskontrollen gerechtfertigt (**s. Abb. 19.1**).

19.6 Zentrale (medulläre) spinale Syndrome – entzündliche Läsionen

19.6.1 Epiduraler spinaler Abszess

Begünstigt durch Immunsuppression wie z. B. nach Kortikoidbehandlung und/oder Diabetes mellitus kann sich ein epiduraler Abszess mit nachfolgender Kompression des Spinalkanals und einer Myelopathie entwickeln, wobei letztere nicht nur mechanisch sondern auch vaskulär, z. B. durch eine Begleitvaskulitis, bedingt sein kann. Der Erreger ist fast ausschließlich Staphylococcus aureus, meistens ist eine operative Dekompression erforderlich (Pilkington et al. 2003).

19.6.2 Myelitis

Entzündliche Läsionen können Ausdruck einer primär-chronischen spinalen Verlaufsform einer MS sein. Rasch aufgetretene Querschnittssymptome mit Pleozytose und Nachweis eines entzündlichen Herdes im MRT weisen auf eine akute Myelitis hin. Während eine Autoimmunpathogenese eher typisch für jüngere Menschen ist, so ist in höherem Alter an eine Zoster- oder Herpesvirus induzierte Myelitis zu denken. Der antikörperspezifische Index im Liquor kann den Verdacht erhärten, meistens wird man jedoch bereits vor dem Vorliegen von Ergebnissen der Laboruntersuchung ein Behandlung mit Aciclovir beginnen.
Der Ausschlusses einer Lues und einer HIV Infektion sollte bei Abklärung von spinalen Syndromen auch bei geriatrischen Patienten nicht in Vergessenheit geraten.

19.7 Periphere (radikuläre) spinale Syndrome – mechanische Läsionen

19.7.1 Zervikale Radikulopathien

Im Unterschied zu den lumbalen Radikulopathien sind im HWS-Bereich häufiger **degenerative knöcherne Veränderungen** (Osteochondrose, Unkovertebralgelenkarthrose, Spondylarthrose, Spondylolisthese) mit Einengung der Foramina intervertrebralia für Radikulopathien verantwortlich als Bandscheibenvorfälle, so dass geriatrische Patienten eher von einer zervikalen als von einer lumbalen Radikulopathie betroffen sind. Auch **andere Ursachen** wie Tumoren (z. B. Knochenmetastasen oder Meningeome) Hämatome oder entzündliche Veränderungen (Abszesse, Spondylodiszitis, Lyme-Radikulopathie) sind im Alter häufiger.

Akut oder subakut auftretende einschießende **Schmerzen** und/oder **Parästhesien** im Ausbreitungsgebiet einer oder mehrerer Nervenwurzeln fehlen nur selten. Die Ausbreitung der **Sensibilitätsstörungen** entspricht den Dermatomen der betroffenen Nervenwurzeln, wobei die Schmerzempfindung eher als die Berührungsempfindung betroffen ist. **Motorische Ausfälle** mit konsekutiven Muskelatrophien betreffen die Kennmuskeln, wobei die Paresen meist inkomplett sind, da die einzelnen Kennmuskeln ihre Innervation über mehrere Nervenwurzeln erhalten. Entsprechend kommt es zu Abschwächung oder Ausfall der zugehörigen Reflexe.

Bei den meisten Radikulopathien liegen erhebliche Veränderungen im Bereich der Halswirbelsäule mit einer Steilstellung vor, einem paravertebralen muskulären Hartspann, einem lokalen Klopf- oder Druckschmerz über der Wirbelsäule sowie einer Zunahme der Beschwerden bei Drehung oder Neigung des Kopfes zur betroffenen Seite. Zusätzlich können ein Husten-, Press- und Niesschmerz sowie andere Nervendehnungszeichen vorkommen, selten kommt es zu einem Lhermitte-Zeichen (d. h. einem elektrisierenden Gefühl entlang der Wirbelsäule evtl. bis in die Gesäßregion, ausgelöst durch HWS-Bewegungen). Bei den selteneren **polyradikulären Prozessen** kommt es zu einem mehrsegmentalen Ausfall und bei medianen Bandscheibenvorfällen oder anderen raumbeschränkenden Prozessen kommt es zusätzlich zu Zeichen langer Bahnen als Folge einer zervikalen Myelopathie (Therapie siehe dort) mit einer paraspastisch bedingten Gangstörung, Reflexsteigerung an den Beinen, verbreiterten reflexogenen Zonen, unerschöpflichen Kloni und Pyramidenbahnzeichen sowie Blasenentleerungsstörungen. Das entspricht der zervikalen Myelopathie, in diesem Fall sollte die Behandlung entsprechend dieses Krankheitsbildes erfolgen.

Unabhängig von dem Muster der neurologischen Ausfälle muss bei erhöhten Entzündungswerten eine Spondylodiszitis ausgeschlossen werden.

Lediglich bei progredienten, funktionell relevanten Ausfällen oder bei, trotz intensiver konservativer Therapie, persistierenden Schmerzen, ist die Therapie operativ. Meistens ist eine **multimodale konservative Therapie** ausreichend. Wie bei der zervikalen Myelopathie sollte dabei die Ruhigstellung der HWS durch Krawatte allenfalls für wenige Tage erfolgen. Die **physikalische Therapie** umfasst Rückenschule, Entspannungsübungen, Lockerungsübungen, wobei Wärmeanwendungen meist erfolgreicher als Kryotherapie ist. Die medikamentöse Therapie entspricht dem Vorgehen bei lumbaler Radikulopathie (s. Abschn. 19.7.2).

19.7.2 Lumbale Radikulopathie

Mechanische Kompression einer oder mehrerer Nervenwurzeln durch Bandscheibenprotrusion oder Prolaps führt zu umschriebenen radikulären Schmerzen. Obwohl altersbedingter Flüssigkeits- und Elastizitätsverlust des Nucleus pulposus und Rissbildung im Anulus fibrosus einen Bandscheibenvorfall begünstigt, handelt es sich nicht um eine typisch geriatrische Erkrankung, die höchste Prävalenz ist vielmehr im Alter von 30–39 Jahren. Häufiger als bei jüngeren Menschen ist die Therapie bei geriatrischen Patienten konservativ und nicht operativ:

- Entlastung und Ruhigstellung allenfalls für wenige Tage, da kein sicherer Therapieeffekt nachgewiesen wurde,
- Physiotherapie: Bewegungstherapie im Wasserbad, Entspannungsübungen, Lockerungsübungen; Rückenschule sowie Kräftigung der Rücken- und Bauchmuskulatur erst nach Abklingen der akuten Symptomatik,

- Lokale Wärmeanwendungen, ggf. Kryotherapie,
- Analgetika: nach WHO-Leitlinie (s. Kap. 23),
- Nichtsteroidale Antiphlogistika für einen begrenzten Zeitraum: Diclofenac 3-mal 25–50 mg, Indometacin 2- bis 3-mal 25 mg/Tag,
- Trizyklische Antidepressiva bei chronischen Schmerzen: Amitryptilin ret. 25–75 mg/Tag als abendliche Einmalgabe,
- Myotonolytika (z. B. Diazepam 5–10 mg 2-mal/Tag, Tetrazepam 50–300 mg/Tag),
- Lokale epidurale Kortikosteroidgabe (Wurzelblockade) bei Therapieresistenz,
- Antibiotische Behandlung bei Lyme-Borreliose, Spondylodiszitis (Therapie über ausreichend langen Zeitraum),
- Nicht Bestandteil der meisten Therapieempfehlungen sind Flupirtin (Katadolon®) und Tolperison (Mydocalm®), welche in Einzelfällen durchaus wirkungsvoll sind.

Eine relative OP-Indikation sind progrediente motorische Ausfälle (Bewegung gegen Schwerkraft nicht möglich) und trotz ausreichender intensiver konservativer Maßnahmen über > 2–4 Wochen nicht therapierbare Schmerzen bei bildmorphologisch gesicherter Wurzelkompression.
Unabhängig vom Alter ist das Kaudasyndrom mit der Trias Blasenstörung, Mastdarmstörung (fehlender Analreflex, schlaffer Sphinktertonus) und Reithosenanästhesie eine absolute OP-Indikation.

19.8 Periphere (radikuläre) spinale Syndrome – ischämische Läsionen

19.8.1 Claudicatio spinalis

Das klinische Bild der Claudicatio spinalis ist geprägt durch belastungsabhängiges **Auftreten von neurologischen Symptomen** wie Paresen und Sensibilitätsstörungen. Frauen sind ca. 3-mal häufiger als Männer betroffen, das Symptombild tritt in höherem Lebensalter, d. h. in der Regel in der siebten oder achten Lebensdekade auf.
Im Gegensatz zur Claudicatio intermittens bei pAVK, welche zuvor durch Gefäßuntersuchung ausgeschlossen werden sollte, stehen beim Syndrom des engen Spinalkanals Schmerzen im Hintergrund. Eine beginnende Schwäche der Beine äußert sich zunächst in einer zunehmenden Verkürzung der Gehstrecke mit schweren, allerdings nicht unbedingt schmerzhaften Beinen. Wie bei der Schaufensterkrankheit besteht nach kurzer Ruhepause wieder eine verbesserte Belastungsfähigkeit. Anamnestisch wird eine Besserung der Beschwerden bei Rumpfbeugung angegeben, was dazu führt, dass bergauf gehen leichter fällt als bergab gehen oder auch das Fahrradfahren weniger Probleme als das Gehen bereitet. In schwereren Fällen reicht bereits die Lageänderung aus der Horizontalen oder aus dem Sitzen zum Stehen für die Beschwerdeentwicklung aus. Typischerweise tendieren die Patienten im Stehen zu einer gewissen vornübergebeugten Haltung, insbesondere in schweren Fällen, da dies offensichtlich zu einer Druckentlastung im Spinalkanal führt (s. Kap. 20). Im Gegensatz zum Bandscheibenvorfall handelt es sich beim lumbal engen Spinalkanal eher um eine typische Alterskrankheit, da hier ein additiver Effekt von anlagebedingter Enge, degenerative Hypertrophie von Facettengelenken und interspinalen Bändern

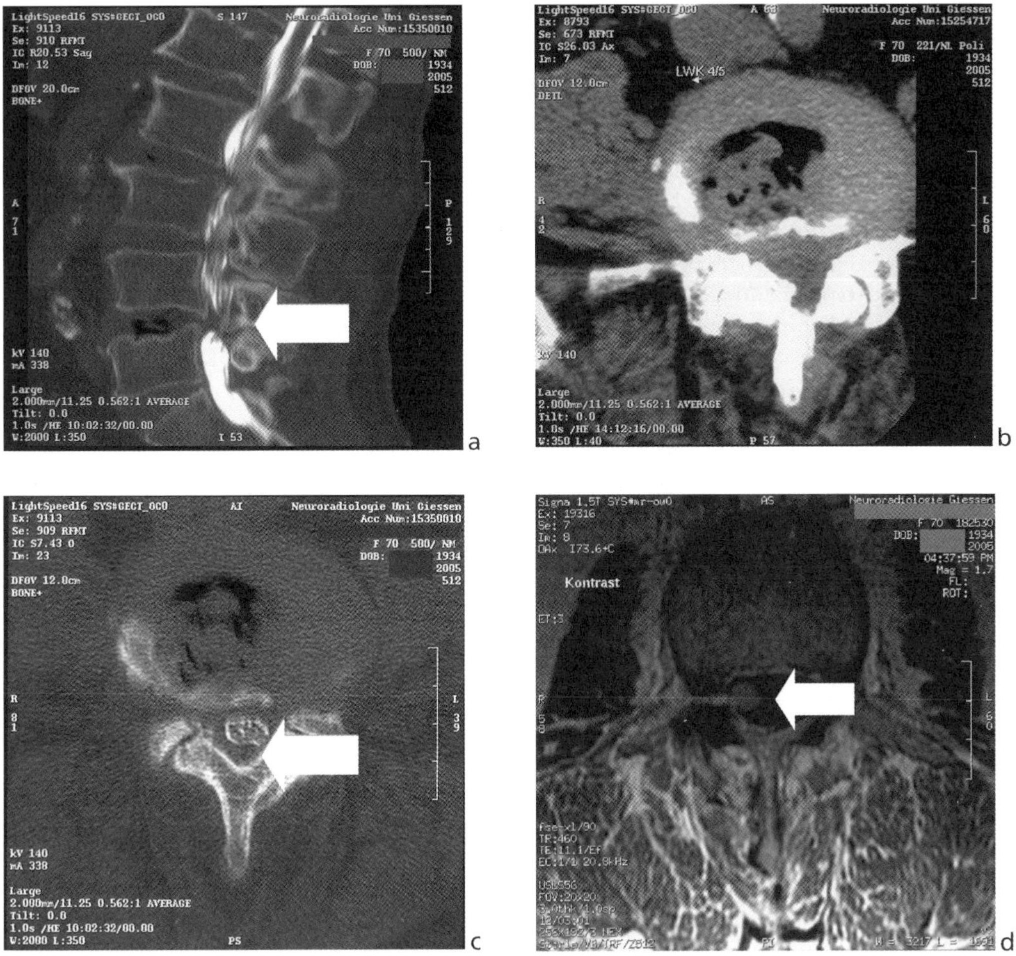

Abb. 19.1 71-jähriger Patient mit belastungsabhängigen Paresen der L5 versorgten Muskulatur bei Claudicatio spinalis. a) Sagittale Darstellung von Wirbelsäule und Myelon im T2-gewichteten MRT mit Maximum der Einengung zwischen LWK 4 und LWK 5 (Pfeil). b) Axiale Computertomographie auf der Höhe der Bandscheibe zwischen LWK 4 und LWK 5 ohne Kontrastmittel. Lufteinschlüsse in der Bandscheibe und deutliche Einengung des Spinalkanals. c) Erst nach Kontrastmittelgabe in den Duralraum im post-myelographischen CT zeigt sich im Vergleich zu Abb. 19.1 b eine zusätzliche Spinalkanaleinengung von dorsal durch verdickte Ligamenta flava (Pfeil). d) Nebenbefundlich findet sich an der Nervenwurzel L2 ein Neurinom (Pfeil), welches mit der klinischen Symptomatik in keinerlei Zusammenhang steht (T1-gewichtete Sequenz nach KM-Gabe) (© Prof. Traupe, Abt. Neuroradiologie, Justus-Liebig-Universität Gießen)

sowie Bandscheibenprotrusionen auf mehreren Höhen und Wirbelkörperzusammenbrüche und -sinterungen bei Osteoporose besteht (**s. Abb. 19.1**).

Klinik und Differentialdiagnose

Die **klinische Untersuchung** sollte eine Beurteilung in Ruhe und nach Belastung durch eine entsprechende Gehstrecke umfassen, da z. B. Paresen oder Reflexausfälle erst nach Belastung nachweisbar sind, weshalb die Diagnose nicht selten mit großer Verzögerung gestellt wird. Erst wenn zu der allgemeinen Verengung des lumbalen Spinalkanals eine zusätzliche Kompression einer einzelnen Wurzel durch einen umschriebenen Bandscheibenvorfall auftritt, so können entsprechende radikuläre Zeichen klinisch erkennbar werden. **Differentialdiagnostisch** muss an orthopädische Ursachen betreffend die Lendenwirbelsäule im Sinne einer Spondylolisthese oder Retrolisthese gedacht werden, diese führen häufig zu einer Einengung des lumbalen Spinalkanals und werden deshalb in diesem Sinne mitbehandelt. Gelegentlich können jedoch auch beginnende bilaterale Coxopathien mit belastungsabhängigen Schmerzen von der Hüfte her bis zu den Knien, die keineswegs immer bei längerem Gehen sistieren, differentialdiagnostisch Schwierigkeiten bereiten. Dies gilt auch für Erkrankungen der Kniegelenke oder für orthopädische Störungen im Fußbereich, wenn sie sich vor allem belastungsbedingt verschlechtern. Allerdings dürfte hier eine Unterscheidung bereits aufgrund einer guten Anamneseführung und der klinischen Untersuchung gelingen. Schwierigkeiten ergeben sich jedoch unweigerlich, wenn ein enger Spinalkanal mit einer Coxopathie gepaart ist und es nicht immer klar wird, welche der beiden Störungen in erster Linie zum Beschwerdebild beiträgt.

Diagnostik und Therapie

Entscheidend sind Kernspintomographien der LWS, wobei hier auch die Möglichkeit von Funktionsaufnahmen im offenen MRT in Erwägung gezogen werden muss. Dabei kann das Ausmaß der Einengung des Spinalkanals und insbesondere die Höhe gut determiniert werden. Meist finden sich bei entsprechender Symptomatik Einengungen zumindest auf zwei Etagen, und nicht selten zusätzlich Bandscheibenvorfälle mit Kompression einzelner Nervenwurzeln. Wenn ein operatives Vorgehen ins Auge gefasst wird, wird die Diagnostik durch ein lumbales CT bzw. eine CT-Myelographie mit Kontrastmittel ggf. mit Funktionsaufnahmen ergänzt.

Bei persistierenden und in der Tendenz zunehmenden Beschwerden stellt sich immer wieder die Frage einer **operativen Dekompression** im Bereich der Lendenwirbelsäule, insbesondere auch die Frage nach dem richtigen Zeitpunkt. **Ausschlaggebend für eine Operation** können klare Verhältnisse in den bildgebenden Befunden mit deutlicher Definition der Höhe der Einengung sein, ferner umschriebene radikuläre Beschwerden mit neurologischen Ausfällen und auch entsprechende Veränderungen in der Elektrophysiologie. **Gegen eine Operation sprechen** eine Multimorbidität der nicht selten schon älteren Patienten, zusätzliche degenerative Veränderungen in den Hüft- oder anderen Beingelenken und letztlich auch eine unklare Situation in der Bildgebung mit nicht ganz eindeutiger Definition der Höhe der lumbalen Einengung.

Elektromyographisch ist die Suche nach pathologischer Spontanaktivität bei Patienten mit einer Claudicatio spinalis ohne radikuläre Ausfälle meist unergiebig, da bei der langsamen Einengung des Spinalkanals die Fasern genügend Zeit haben, sich den veränderten Verhältnissen anzupassen. Der Nachweis pathologischer Spontanaktivität ist daher eher die Ausnahme. Man findet vermehrt Potentiale motorischer Einheiten mit Zeichen eines chronischen, neurogenen Umbaus, mit Zunahme der Potentialamplitude, und einer geringen Zunahme der Potentialdauer.

Die **konservative Therapie** entspricht der des Bandscheibenvorfalls in der post-akut Phase mit Krankengymnastik und Antiphlogistika. Die **Indikation zur chirurgischen Therapie** wird zurückhaltend gestellt und kann bei therapieresistenten Beschwerden und insbesondere dem Auftreten von relevanten neurologischen Ausfällen nötig werden. Dann ist meistens eine ausführliche Diagnostik einschließlich einer Myelographie notwendig, um Art und Umfang der operativen Intervention genau planen zu können. Das operative Verfahren ist üblicherweise die **Laminektomie**, es birgt jedoch das Risiko einer postoperativen Instabilität, insbesondere dann, wenn die Laminektomie multisegmental erfolgt und die Facettengelenke mitreseziert werden. In jüngster Zeit werden daher weniger extensive Operationstechniken zur operativen Dekompression favorisiert. Diese mikrochirurgisch durchgeführte interlaminäre Fensterung oder **Teilhemilaminektomie** kombiniert mit **Foraminotomie** ist weit weniger invasiv und der Erhalt von spinalen Strukturen verringert des Risiko einer postoperativen Instabilität (Spetzger et al. 1997a, Spetzger et al. 1997b). Eine Studie über den Langzeitverlauf nach Laminektomie bei Spinalkanalstenose bei über 80-Jährigen (Galiano et al. 2005) konnte zeigen, dass auch über einen längeren Verlauf (2,7 Jahre +/– 1,2 Jahre) die Mobilität verbessert und der Analgetikagebrauch reduziert werden konnte.

19.9 Periphere (radikuläre) spinale Syndrome – entzündliche Läsionen

19.9.1 Spondylodiszitis

Der Befall der Wirbelsäule im Rahmen einer infektiösen Erkrankung ist heutzutage relativ selten und die Inzidenz wird mit ca. 2–7 % aller Osteomyelitiden angegeben, mit einem häufigeren Auftreten bei männlichen Patienten. Der Altersgipfel liegt in der Regel in der 6. Dekade, jedoch ist eine Erkrankung in jedem Lebensalter möglich. Bei älteren Patienten ist, insbesondere bei dem Vorliegen von Diabetes mellitus oder Kortikoidgabe, an eine Spondylodiszitis zu denken. Immunsuppression oder eine Tumorkachexie können Infektionen an der Wirbelsäule ebenfalls begünstigen. Das Erregerspektrum beschränkt sich typischerweise auf den Staphylococcus aureus, die Besiedelung erfolgt vornehmlich hämatogen und betrifft initial die endplattennahen Areale des Wirbelkörpers. Klinisch ist das Bild oft bis auf initial progrediente Schmerzen unspezifisch, doch mittels bildgebender Diagnostik (Schrankenstörung und Ödem) kann die Diagnose gestellt werden. Ein Erregernachweis im Punktat ist nur selten nötig, da der Keim meist gut antibiotisch abgedeckt werden kann und durch eine Punktion Keimmaterial nach intraspinal verschleppt werden kann. Im Vordergrund der Therapie steht die gezielte Antibiotikatherapie über mindestens 6–8 Wochen bzw. bis zur Normalisierung des CRP. Eine Indikation zur Operation mit osteosynthetischer Stabilisierung und Spondylodese besteht in der Regel bei ausgeprägten kompressionsbedingten neurologischen Ausfällen, knöcherner Instabilität sowie Abszessen. Die KM-Anreicherung in der MRT-Bildgebung kann bis zu Monate nach Normalisierung der Entzündungsparameter nachweisbar sein.

Nach dem radikalen Débridement des Infektherdes liegt meist eine ausgeprägte Instabilität vor, so dass eine instrumentierte Stabilisierung der befallenen Abschnitte angezeigt ist (Müller et al. 2004).

19.9.2 Erregerbedingte oder autoimmunvermittelte Radikulitis

Während bei jüngeren Menschen die Borreliose die Hauptursache für eine erregerbedingte Radikulitis ist, steht bei älteren Patienten die Zosterradikulitis im Vordergrund. Eine Liquorpleozytose und der Nachweis von intrathekaler Immunglobulinsynthese mit einem positiven antikörperspezifischen Index (ASI) bei Herpes zoster erhärtet die Verdachtsdiagnose (Therapie s. Kap. 12).

19.10 Andere Ursachen

19.10.1 Strahlenfolgen im Kaudabereich

Unter dem klinischen Bild eines Kaudasyndroms mit zusätzlicher Paraparese kann sich, teilweise noch Jahre nach Bestrahlung, eine Radikulopathie entwickeln. Die Diagnose ergibt sich aus dem Zustand nach Bestrahlung, z. B. der paraaortalen Lymphknoten und dem Ausschluss anderer Ursachen, insbesondere nach Ausschluss von erneutem Tumorbefall. Weil eine vaskuläre Komponente mitvermutet wird, wird gelegentlich, ohne sicherem Wirksamkeitsnachweis, eine Marcumartherapie empfohlen, wobei unseres Erachtens bei geriatrischen Patienten die Kontraindiaktionen streng beachtet werden sollten.

19.10.2 Meningeosis neoplastica

Hier stehen polyradikuläre Symptome mit Sensibilitätsstörungen und radikulär verteilten Paresen im Vordergrund. Fakultativ können Meningismus und Symptome einer ZNS-Beteiligung im Sinne einer hirnorganischen Wesensveränderung dazukommen. Die Diagnosestellung erfolgt durch den Nachweis maligner Zellen im Liquorsediment in Verbindung mit erhöhtem Laktat und erniedrigter Glukose. Meistens ist ein Primärtumor bekannt, wobei es sich überwiegend um ein kleinzelliges Bronchial-Ca, oder ein Mamma-Ca oder ein Lymphom handelt. Differentialdiagnostisch muss eine Plexusinfiltration oder eine paraneoplastische Radikulitis (Denny-Brown-Syndrom) abgegrenzt werden (Therapie s. Kap. 17a).

Literatur

Fouyas, IP, Statham PF und Sandercock PA (2002) Cochrane review on the role of surgery in cervical spondylotic radiculomyelopathy. Spine 27(7):736–747

Galiano K, Obwegeser AA, Gabl MV, Bauer R und Twerdy K (2005) Long-term outcome of laminectomy for spinal stenosis in octogenarians. Spine 30(3):332–335

Müller EJ, Russe OJ und Muhr G (2004) Osteomyelitis der Wirbelsäule. Orthopäde 33(3):305–315

Pilkington SA, Jackson SA und Gillett GR (2003) Spinal epidural empyema. Br J Neurosurg 17(2):196–200

Porchet F, Sajadi A und Villemure JG (2003) Spinale Tumoren – Klinik, Klassifikation und chirurgische Aspekte. Schweiz Rundsch Med Prax 92(45):1897–1905

Spetzger U, Bertalanffy H, Naujokat C, von Keyserlingk DG und Gilsbach JM (1997a) Unilateral laminotomy for bilateral decompression of lumbar spinal stenosis. Part I: Anatomical and surgical considerations. Acta Neurochir 139(5): 392–396

Spetzger U, Bertalanffy H, Reinges MH und Gilsbach JM (1997b) Unilateral laminotomy for bilateral decompression of lumbar spinal stenosis. Part II: Clinical experiences. Acta Neurochir 139(5):397–403

Thron A, Mull M und Reith W (2001) Spinale Gefäßmalformationen. Radiologe 41(11):949–954

Yonenobu K, Abumi K, Nagata K, Taketomi E und Ueyama K (2001) Interobserver and intraobserver reliability of the japanese orthopaedic association scoring system for evaluation of cervical compression myelopathy. Spine 26(17): 1890–1894

Leitlinien

Lumbale Radikulopathie
http://www.dgn.org/61.0.html

Spinale Gefäßmalformationen
http://www.dgn.org/184.0.html

Zervikale Radikulopathie
http://www.dgn.org/141.0.html

Zervikale Spondylotische Myelopathie
http://www.dgn.org/101.0.html

20 Neuroorthopädie

Horst Hirschfelder

Einleitung

Schmerzen im Bereich des Bewegungsapparates sind im Alter sehr häufig anzutreffen. Bei der Multimorbidität ist oft keine eindeutige Ursache von Schmerzsyndromen zu finden, häufig liegt ein Mischbild mit neurologischem und muskuloskelettalem Ursprung vor. Durch sorgfältige Anamneseerhebung und einfache klinische Testverfahren ist eine Differenzierung meist möglich.

20.1 Schmerzsyndrome der Wirbelsäule

20.1.1 Segmentale Störung der Bewegungssegmente

Während im Erwerbsalter Bandscheibenveränderungen im Vordergrund von Störungen des Bewegungssegmentes stehen, kommt es im Alter mehr zu Störungen im dorsalen Anteil der Bewegungssegmente mit Spondylarthrose. Über die Innervierung der Gelenkkapseln entsteht eine **pseudoradikuläre Schmerzausstrahlung** entlang der Muskelkette, die den Kennmuskeln dieses Segmentes (referred pain) entspricht. Durch Osteophyten der Gelenkfacetten kommt es zusätzlich zu einer Kompression der Nervwurzeln im Recessus oder im Neuroforamen, so dass auch **radikuläre Symptome** auftreten. Die Spondylarthrose ist meist progredient, Beschwerden sind allerdings von der Aktivität der Gelenkarthrose abhängig.

Diagnostisch findet sich ein Reklinationsschmerz. Mit segmentaler Untersuchung kann die betroffene Segmenthöhe bestimmt werden. Durch Rotationstestung erhöht sich in Rotationsrichtung der Druck im Gelenk, so dass die betroffene Seite differenziert werden kann.

Sagittal gestellte Gelenkfacetten können zu einer degenerativen Spondylolisthesis führen. Im Gegensatz zur Spondylolisthesis aufgrund einer in der Jugend erworbenen Spondylolyse mit Spaltbildung der Interartikularportion kommt es bei der **degenerativen Spondylolisthesis** zu einer Einengung des Spinalkanales. Diese kann zu einer Nervenwurzelkompression mit Ausbildung einer radikulären Symptomatik und/oder zu einer Claudicatio intermittens spinalis führen. Prognostisch kommt es häufig zu einer spontanen Einsteifung des betroffenen Bewegungssegmentes, dadurch resultiert eine lokale Schmerzreduzierung oder sogar Schmerzfreiheit.

Anamnestisch spricht der lokale Kreuzschmerz besonders ausgeprägt nach Ruheperioden für eine **Segmentinstabilität**. Der Patient berichtet über morgendliche Kreuzschmerzen, erst unter Muskelaktivität bessern sich die Schmerzen in einem Zeitraum von einer halben bis einer Stunde deutlich. Diagnostisch ist bei der segmentalen Untersuchung ein Schmerz durch sagittalen Druck auf die beteiligten Dornfortsätze auszulösen, Schmerzprovokation gelingt in Reklination, dagegen ist Inklination meist schmerzlindernd.

Während die degenerative Spondylolisthesis vornehmlich an der unteren Lendenwirbelsäule, bevorzugt im Segment L4/5 vorkommt, führt eine Segmentinstabilität an der oberen Lendenwirbelsäule zu einer degenerativen Skoliose mit einem Scheitelpunkt typischerweise in Höhe L2/3. Durch das Drehgleiten ist eine mechanische Kompression einer oder mehrerer Nervenwurzeln besonders im Konkavbereich der Krümmung möglich. Neben segmentbezogenen Schmerzen kommt es auch zur Störung der lumbalen Statik. Dadurch entsteht ein muskulärer, mehr diffus angegebener Kreuzschmerz. Die Skoliose demaskiert sich durch die Rotation, klinisch erkennbar am Lendenwulst, wohingegen die Dornfortsatzreihe nur eine diskrete skoliotische Krümmung anzeigt.

Bei allen Segmentinstabilitäten steht die **klinische Untersuchung** im Vordergrund, um das aktuell schmerzhafte Segment festzustellen. Hierfür stehen die Techniken der Manualtherapie für eine segmentale Diagnostik zur Verfügung. Ein Röntgenbild der LWS wird beim alten Patienten nicht nur in einer, sondern in mehreren Etagen degenerative Veränderungen zeigen, die sehr häufig klinisch irrelevant sind. Dennoch ist das Röntgenbild notwendig, um andere Pathologien wie lokale Entzündungen oder tumoröse Destruktionen auszuschließen. Weitere **bildgebende Verfahren** mit CT oder MRT sind dann indiziert, wenn eine invasive Therapie mit lokalen Infiltrationen oder operative Maßnahmen diskutiert werden.

Grundsätzlich ist die **Therapie** konservativ: ausreichend Analgetika entsprechend dem WHO-Schema (s. Kap. 23), konventionelle NSAID nur kurzzeitig bei akutem Schmerz. Therapiebasis ist die Physiotherapie, die besonders auf eine Entlastung der dorsalen Strukturen der Bewegungssegmente ausgerichtet ist. Zur Unterstützung der Muskulatur kann ein elastisches Mieder angewandt werden. Bei einem typischen Facettenschmerz, klinisch erkennbar am Reklinationsschmerz sowie mit dem segmentalen paravertebralen Federungstest, sind lokale Infiltrationen mit Lokalanästhetikum auch mit kristallinem Kortikoid in das betroffene Gelenk hilfreich, bei radikulärer Symptomatik auch die Anwendung von Periduralanästhesien. Spondylodesen aufgrund von Segmentinstabilitäten sind beim alten Patienten zwar nicht häufig indiziert, können allerdings bei nicht beeinflussbaren, invalidisierenden Schmerzen eine große Erleichterung für den Patienten bringen.

20.1.2 Strukturelle Störungen der Wirbel

Akute Schmerzen an der Wirbelsäule können auch durch eine lokale Knochenpathologie bedingt sein; häufig durch die **Osteoporose** beim alten Menschen. Es können sich spontane osteoporotische Sinterungen einzelner oder mehrerer Wirbelkörper entwickeln. Diese Sinterungen sind stabil, d. h. eine neurologische Komplikation ist nicht zu befürchten. Bei Stürzen kann es beim osteoporotisch vorgeschädigten Wirbeln eher zu Frakturen kommen, die dann gelegentlich auch Zeichen einer instabilen Verletzung (s. Kap 34) zeigen. Eine osteoporotische Sinterung verursacht vorübergehend heftige Bewegungsschmerzen der Wirbelsäule. In der Regel tritt innerhalb von 3–4 Wochen eine Schmerzreduktion durch Verfestigung der Spongiosa ein.

Bei einem Wirbelsäulenschmerz im hohen Alter muss auch die Möglichkeit von **Knochenmetastasen** bedacht werden. Zunehmend wird beim alten Menschen auch eine **Spondylitis** oder **Spondylodiszitis** diagnostiziert, die initial mit lokalen, oft sehr ausgeprägten Schmerzen auch im Liegen einhergehen.

Diagnostisch ist ein Röntgenbild nötig, um eine osteoporotische Sinterung, eine Entzündung oder einen Tumor zu differenzieren. Bei einer osteoporotischen Sinterung ist keine zusätzliche Bildgebung notwendig. Lediglich bei Diskussion einer Vertebroplastie ist eine Szintigrafie oder MRT zur Differenzierung einer akuten von einer älteren osteoporotischen Sinterung notwendig. **Therapeutisch** ist mit ausreichender Analgetikagabe eine Schmerzarmut (s. Kap. 23) anzustreben, wobei auch die Gabe von Opioiden notwendig werden kann. Nur bei ungenügender Schmerzreduktion ist das vorübergehende Tragen einer fixierenden Orthese indiziert. Passive Maßnahmen mit Wärmeanwendung und Massagen helfen bei akuten Schmerzen. Schwerpunkt der Krankengymnastik besteht im akuten Schmerzstadium in der Anleitung zu schmerzarmen Bewegungsübergängen, in der Folgezeit in der Sekundärprophylaxe der Osteoporose. Eine begleitende Medikation gegen die Osteoporose (Vit D und Kalzium als Basis sowie Biphosphonate oder evtl. selektive Östrogenrezeptoren-modulierende Substanzen oder Strontiumderivate) ist etablierter Standard.

20.1.3 Störung der Wirbelsäulenstatik

Bandscheibenveränderungen im Alter bedingen einen Höhenverlust im Bewegungssegment und führen zu einer Minderung der Körpergröße. **Osteoporotische Sinterungen**, die typischerweise an der Brustwirbelsäule zu Keilwirbeln, an der Lendenwirbelsäule zu Fischwirbeln führen, verändern zusätzlich auch das Wirbelsäulenprofil. Die Ausbildung einer Kyphose führt zu einer kompensatorischen lumbalen Lordose, die durch Schwäche der Rumpfmuskulatur noch verstärkt wird. Es entwickelt sich ein sternosymphaler Haltungstyp mit Verkürzung der tonischen Haltemuskulatur des Rückens und Abschwächung der phasischen Bewegungsmuskulatur. In der Folge entwickeln sich diffuse, nicht lokalisierbare Schmerzen aufgrund der muskulären Fehlbeanspruchung, die nicht selten als Ganzkörperschmerzen angegeben werden.

Diagnostisch ist neben der unverkennbaren Veränderung der Statik eine Verspannung der paravertebralen Muskulatur zu tasten. Eine weiterführende bildgebende Diagnostik ist meist entbehrlich.

Therapeutisch ist nur ein Einfluss über die Muskulatur möglich. Bei starken Beschwerden sind passive Maßnahmen zur Muskelpflege wie Wärmeanwendung, Massagen und Elektrotherapie hilfreich. Möglichst schnell soll zu aktiver Krankengymnastik übergegangen werden, wobei eine Dehnung der verkürzten Muskulatur und eine Kräftigung der abgeschwächten Muskulatur im Vordergrund steht. Auch im Alter ist ein Ausdauertraining möglich, ein Koordinationstraining dient der Sturzprophylaxe (s. Kap. 35). Orthesen sollen nur gezielt eingesetzt werden, wenn stärkere Belastungen der Wirbelsäule (z. B. bei Hausarbeit) erwartet werden.

20.2 Schmerzsyndrome der oberen Extremität

20.2.1 Vertebragene Schmerzen der oberen Extremität

Schulter-Arm-Schmerzen werden im Alter weniger häufig angegeben, können aber erhebliche Auswirkungen auf den Alltag haben. Brachialgien als radikulärer oder pseudoradikulärer Schmerz werden von degenerativen Veränderungen der Halswirbelsäule ausgelöst. Sowohl die **Unkarthrose** der Wirbelkörper als auch die **Spondylarthrose** der Wirbelgelenke führen über reaktive Gelenksvergrößerungen zu einer Einengung der Neuroforamina mit mechanischer Irritation der abgehenden Nervenwurzeln und typischen radikulären Symptomen. Im Gegensatz dazu sind pseudoradikuläre Schmerzen

nicht streng einem Dermatom zuzuordnen, vielmehr sind ganze Muskelketten betroffen, die eine reaktive Tonuserhöhung aufzeigen.
Eine Bewegungseinschränkung der Halswirbelsäule kann primär nicht für die Schmerzbeurteilung herangezogen werden. **Diagnostische Bedeutung** hat aber die Auslösung von Armschmerzen bei Bewegung der HWS, da eine ipsilaterale Reklination/Seitneigung zu einer Einengung des Neuroforamen mit Provokation von radikulären Schmerzen führt. Bei der segmentalen Untersuchung finden sich eine lokale Minderbeweglichkeit und eine segmentale Verhärtung des Subkutangewebes. Armbewegungen können über eine Dehnung im Bereich des Plexus ebenfalls zur Brachialgie führen und dürfen nicht mit einem arthrogenen Schmerz der Schulter verwechselt werden. Die klinische Untersuchung von HWS und Schultergelenken bringt meist genügend relevante Information. Im **konventionellen Röntgenbild** der HWS werden beim alten Patienten in mehreren Etagen degenerative Veränderungen zu finden sein, so dass dem Röntgenbild wenig Erkenntnis über die segmentale Pathologie zukommt, aber es kann mögliche Instabilitäten, Entzündungen oder tumoröse Veränderungen aufzeigen.
Therapeutisch wird dem Patienten die Vermeidung von schmerzhaften Bewegungen empfohlen. Im akuten Zustand sind kurzzeitig konventionelle NSAID und Myotonolytika einzusetzen. Physikalische Maßnahmen zur Muskeldetonisierung sind hilfreich; bei radikulärem Schmerz auch die Elektrotherapie mit Längsdurchflutung der Extremität. Physiotherapie wird im akuten Stadium noch nicht angewandt, sondern erst im subakuten oder chronischen Verlauf, dann auch zur Sekundärprophylaxe. Orthetische Maßnahmen mit zervikaler Abstützung sind meist kontraproduktiv. Operative Maßnahmen werden nur in Ausnahmefällen bei konservativ nicht beeinflussbaren Schmerzen oder bei Auftreten von Paresen indiziert sein.

20.2.2 Periphere Engpasssyndrome

Schmerzsyndrome der oberen Extremität werden auch durch periphere Engpasssyndrome (s. Kap. 28), speziell durch das **Karpaltunnelsyndrom**, ausgelöst, das z. B. als Folge einer in Fehlstellung verheilten distalen Radiusfraktur auftreten kann. Auch synovitische Reizzustände der Sehnen im Karpalfach führen zur Kompression des Nerven, besonders ausgeprägt bei Patienten mit rheumatoider Arthritis. Die Diagnose ist bei entsprechender Anamnese mit nächtlichen Ruheschmerzen (Brachialgia nocturna), entsprechender klinischer Symptomatik und neurophysiologischer Diagnostik sicherzustellen.
Die Behandlung erfolgt beim alten Patienten nach den gleichen Grundsätzen wie beim jüngeren Patienten. Wenn konservative Versuche mit Antiphlogistika und ruhigstellenden Schienen über Nacht keinen genügenden Erfolg bringen, besteht eine Indikation zur operativen Dekompression.

20.2.3 Arthrogene Schmerzen der oberen Extremität

Schulter-Arm-Schmerzen werden auch durch muskuloskelettale Störungen des Humeroskapulargelenkes hervorgerufen.
Schulterbeschwerden werden häufig von der **Rotatorenmanschette** verursacht. Die beteiligten Sehnen, besonders die Supraspinatussehne, zeigen Verdünnung und Einrisse von Mikroeinrissen bis zur kompletten Ruptur. Im Falle einer kompletten Ruptur der Supraspinatussehne kann es zu einer **Pseudoparese des Armes** kommen, da der hängende Arm nicht mehr aktiv abgespreizt werden kann. Der Patient hilft sich

mit einer Schlenkerbewegung, bis der Musculus deltoideus die weitere Abduktion aktiv übernehmen kann. Degenerativ bedingt ist ein Riss der langen Bizepssehne möglich, klinisch erkennbar am verdickten und nach distal verlagerten Muskelbauch, der praktisch nie zu einer funktionell bedeutsamen Abschwächung der Bizepsfunktion führt.

Bei Störung der Rotatorenmanschette klagen die Patienten über belastungsabhängige Schmerzen bei der Schulterabduktion. **Klinisch** finden sich bei Störung der Supraspinatussehne ein Abduktionsschmerz und ein Druckschmerz über dem Tuberculum majus, bei Störung der Infraspinatussehne ein Innenrotationsschmerz und ein Druckschmerz am Tuberculum minus.

Durch die degenerative Verdünnung der Rotatorenmanschette resultiert eine pathologische Gelenkführung, der Oberarmkopf tritt höher unter das Akromion und engt den Platz für die Supraspinatussehne ein. Bei gleichzeitiger Fehlform des Akromions kann es zu einem typischen **Impingement** der Supraspinatussehne kommen, wie auch durch eine Fehlstellung des Humeruskopfes nach einer subkapitalen Humerusfraktur.

Klinisch führend ist das **Zeichen des „schmerzhaften Bogens"**, das einen nur geringen Abduktionsschmerz in leichter Abspreizung erkennen lässt, am stärksten ist der Schmerz in 90-Grad-Abspreizung, vermindert wieder bei weiterer Anhebung des Armes. Der Schmerz kann forciert werden, wenn in Abspreizung gleichzeitig eine Innenrotation durchgeführt wird, wohingegen durch Außenrotation die Supraspinatussehne entlastet wird. Dies kann differentialdiagnostisch genutzt werden, da bei einer **Bursitis** die Außenrotation meist keine Schmerzentlastung bringt. Zusätzliche degenerative Kalkdepots können zu einer subakromialen Raumnot beitragen.

Die **Differentialdiagnose** zwischen einem neurologisch induziertem **Schulter-Arm-Schmerz** und einer schultergelenksbedingten Schmerzausstrahlung ist bei der klinischen Untersuchung meistens möglich; allerdings finden sich auch gelegentlich Doppelerkrankungen. Für ein Schulterproblem spricht ein Armschmerz unter passiver und aktiver Bewegung des Schultergelenkes, besonders im Bewegungsraum oberhalb der Schulterebene. Ein schmerzhafter Bogen lässt auf ein subakromiales Impingement schließen. Hochakute Reizzustände mit Erwärmung, Schwellung und Rötung sind Hinweise auf eine akute Bursitis, auch degenerativer Kalkdepots können gelegentlich heftige Reizzustände auslösen. Ein Gelenkempyem muss ausgeschlossen werden (lokale Injektion in der Vorgeschichte?). Eine subkapitale Humerusfraktur ist bei entsprechender Anamnese klinisch leicht zu diagnostizieren, Schulterluxationen sind im Alter eine Seltenheit. Ein Röntgenbild der Schulter in zwei Ebenen lässt Verletzungsfolgen, Fehlstellungen oder Kalkdepots erkennen.

Therapeutisch wird bei hochakutem Reizzustand der Schulter diese kurzzeitig ruhig gestellt; hochdosierte Analgetika und Antiphlogistika werden unterstützt von lokaler Kryotherapie eingesetzt. Zu beachten ist, dass eine zu frühe physiotherapeutische Übungsbehandlung den Reiz verstärken und Kapselverklebungen fördern kann. Bei chronischem Schulterschmerz können mit Physiotherapie Kapselverklebungen gelockert und mit einer Trainingstherapie der schulterumgreifenden Muskulatur der Schmerz reduziert werden. Bei der Behandlung von Schulterschmerzen ist vom Patienten und vom Therapeuten erfahrungsgemäß viel Geduld notwendig. Steht der chronische Schmerz im Vordergrund, kommt für den alten Patienten die Röntgenreizbestrahlung in Frage. Bei einem akuten Reizzustand kann auch eine Injektionsbehandlung mit einem Lokalanästhetikum und kristallinem Kortison unter strenger Sterilität angewandt werden. Rotatorenmanschettenteilrupturen werden beim alten Patienten nicht mehr operativ versorgt.

20.3 Schmerzsyndrome der unteren Extremität

20.3.1 Vertebragene Schmerzen der unteren Extremität

Irritationen von Nervenwurzeln mit radikulärem Schmerzbild und radikulären Ausfällen sind im Alter weniger durch Bandscheibenschäden sondern häufiger durch Spondylarthrosen oder Gleitwirbel verursacht. Durch die Gelenkfacettenvergrößerungen kommt es zu einer peripheren lumbalen Stenose mit Einengung der Recessus und der Neuroforamina. Es bildet sich eine radikuläre, segmental begrenzte Symptomatik aus. Ist der Spinalkanal durch eine primäre lumbale Stenose bereits eng angelegt, genügt oft eine nur geringe Spondylophytenbildung und osteophytäre Facettenvergrößerung zur Ausbildung einer zentralen **Lumbalkanalstenose** mit Einengung des gesamten Spinalkanals.

Bei einer peripheren Stenose mit Einengung des Recessus oder des Neuroforamens werden bei der Anamnese und der klinischen Untersuchung die Beschwerden haltungsabhängig angegeben. Besonders in Lordose werden Ischialgien ausgelöst, durch gleichzeitige ipsilaterale Seitbeugung wird das Neuroforamen eingeengt und kann somit als Provokationstest für eine radikuläre Nervenkompression genutzt werden. Vom neuropathischen Schmerz muss ein pseudoradikuläres Schmerzsyndrom abgegrenzt werden, das über die Muskulatur zu diffusem, keinem Dermatom zugehörigen Schmerz führt. Pseudoradikuläre Schmerzen werden auch häufig von den Ileosakralgelenken ausgelöst. Für eine **Funktionsstörung des Ileosakralgelenkes** spricht, wenn ein lokaler Druckschmerz oder ein Verschiebeschmerz durch tangentialen Schub des Os ileum gegen das Os sacrum auslösbar ist. Das Vorlaufphänomen mit unterschiedlicher Mitbewegung der Spina posterior bei Vorbeugung ist positiv, es findet sich eine unterschiedliche Beinlänge im Liegen und Sitzen.

Beim Vorliegen einer zentralen Lumbalkanalstenose lässt sich die neurologische Symptomatik häufig nicht bestimmten einzelnen Nervenwurzeln zuordnen. Das Vollbild ist gekennzeichnet von der **Claudicatio intermittens spinalis**.

Die Anamnese ist typisch: nach einer Gehstrecke, die manchmal nur einige Meter beträgt, kommt es zu Schmerzen in den Beinen. Im Gegensatz zu einer Claudicatio aufgrund einer peripheren Gefäßverschlusserkrankung genügt bei der spinalen Form der Claudicatio nicht ein einfaches Stehenbleiben, es muss eine **Entlordosierung der Wirbelsäule** z. B. im Sitzen oder durch Vornüberbeugen erfolgen. In Lordosierung wird der Spinalkanal durch eine Faltung der Ligamenta flava zusätzlich eingeengt, in Inklination straffen sich die Ligamenta flava und erweitern somit den Platz für die Nervenwurzeln. Neben Schmerzen können auch vorübergehende Paresen auftreten, selbst flüchtige Blasen- und Mastdarmstörungen sind während einer lumbalen Claudicatio-spinalis-Symptomatik beschrieben worden.

Die Symptome sind gezielt zu erfragen und werden dann meistens typisch geschildert. Bei der **klinischen Untersuchung** lässt sich eine Claudicatio-Symptomatik auslösen, indem der Patient in forcierter Reklination über 30 s gehalten wird. Eine Entlordosierung und eine leichte Inklination der Wirbelsäule führt zu promptem Verschwinden der Symptome. Die Untersuchung muss im Stehen erfolgen, da im Liegen unter Reduzierung der Lordose die typischen Befunde oft nicht zu erheben sind. In der Regel ist ein konventionelles Röntgenbild zur Beurteilung einer lumbalen spinalen Stenose nicht ausreichend; hier sind moderne **Schnittbildverfahren** mit CT und MRT nötig, um die Lokalisation und das Ausmaß der spinalen Enge zu erfassen. Bei Diskrepanz zwischen Klinik und bildgebender Diagnostik ist die **Myelographie** mit Funk-

tionsaufnahmen in Re- und Inklination indiziert, um eine funktionelle Einengung des Spinalkanals zu dokumentieren.
Zur **konservativen Therapie** steht die Physiotherapie zur Verfügung, die besonders auf Entlordosierung der Lendenwirbelsäule ausgerichtet sein muss. Diese wird unterstützt durch Benutzung eines Rollators, der dem Patient hilft, in leichter Vorbeugung abgestützt zu laufen. Dadurch kann die Laufstrecke oft erheblich verlängert werden. Orthetisch kann ein Flexionsmieder eingesetzt werden. Wenn diese konservativen Maßnahmen nicht ausreichen, ist die **operative Revision des Spinalkanales** mit knöcherner Erweiterung indiziert, um eine Entlastung der Nervenwurzeln zu erreichen. Dies ist auch beim alten Patienten möglich und angebracht, um eine Verbesserung der Lebensqualität mit einem vergrößerten Aktionsradius zu gewährleisten. Eine gleichzeitige Spondylodese ist indiziert, wenn der Kreuzschmerz als Zeichen der segmentalen Instabilität im Vordergrund steht und mit konservativen Mitteln nicht genügend beeinflussbar bleibt.

20.3.2 Arthrogene Schmerzen der unteren Extremität

Beinschmerzen können auch durch Arthrose der Hüft- und Kniegelenke ausgelöst werden. Nicht selten ist allerdings ein Zusammentreffen von wirbelsäulenbedingten und arthrosebedingten Beinschmerzen zu finden und kann dann bei der Abgrenzung der führenden Pathologie Schwierigkeiten bereiten. Im Gegensatz zur Claudicatio spinalis ist der typische **Arthroseschmerz** ein Anlaufschmerz, der nach einigen Schritten Besserung zeigt und erst nach einer gewissen Gehstrecke wieder zu Schmerzen führt. Typisch für eine Hüftgelenkserkrankung – im Alter am häufigsten **Coxarthrose** – ist der Leistenschmerz, der gelegentlich Schwierigkeiten bei der Abgrenzung zu einer Irritation des Nervus ileoinguinalis oder des Nervus genitofemoralis bereitet. Ein Trochanterschmerz, der manchmal eine S1-Wurzelsymptomatik imitiert, wird durch den erhöhten Tonus der pelvitrochantären Muskulatur verursacht, die mit Außenrotation dem erhöhten Gelenkdruck entgegenarbeitet. Muskulär bedingt kann es zu ausstrahlenden Schmerzen nach distal in den Oberschenkelbereich ventral bis zum Kniegelenk oder medial entlang der Adduktorengruppe kommen.
Das Kapselmuster der Hüfte bewirkt in Innenrotation/Abduktion einen erhöhten Druck, so dass bei der klinischen Untersuchung in forcierter Innenrotation in Flexion der Hüfte oder Abduktion/Innenrotation in Extension der Hüfte der typische Leistenschmerz ausgelöst wird. Bei einer **Trochantertendopathie** lässt sich ein Druckschmerz dorsal am Ansatz der pelvitrochantären Muskulatur auslösen. Eine larvierte Beugekontraktur der Hüften muss beachtet werden, da diese Beugekontraktur mit einer Ventralkippung des Beckens kompensiert wird, die wiederum eine lordotische Einstellung der Wirbelsäule mit möglicher Auslösung einer Claudicatio-spinalis-Symptomatik verursachen kann.
Schmerzen bei Gonarthrose bereiten meist keine diagnostischen Schwierigkeiten in der Abgrenzung zu neurologischen Schmerzbildern. Klinisch sind Deformität, Bewegungseinschränkung, patellarer Facettenschmerz neben möglichen Zeichen einer akuten Entzündung vorherrschend. **Verspannungen der Fascia lata**, die am lateralen Tibiakopf ansetzt, können manchmal mit einer S1-Wurzelreizsymptomatik verwechselt werden. Eine Provokation durch Adduktion des Beines in Extension ist ein klinisches Zeichen für eine mechanische Irritation der Fascia lata. Eine schonungsbedingte Schwäche der kniestabilisierenden Muskulatur bei Schmerzen des Kniegelenkes besteht schon bei Beginn der Belastung und ist somit

von einer Claudicatio-spinalis-Symptomatik leicht abzugrenzen.

Diagnostisch ist für die Beurteilung des Arthroseausmaßes an den Gelenken ein **konventionelles Röntgenbild** notwendig, das möglichst im Stehen unter Belastungssituation angefertigt werden soll. Das Ausmaß der Arthrose im Röntgenbild sagt nichts über den aktuellen Aktivierungsgrad einer Arthrose aus, dieser muss klinisch beurteilt werden.

Therapeutisch werden bei aktiviertem Reizzustand einer Arthrose kurzzeitig NSAID gegeben. Physikalische Maßnahmen (Massagen und Wärmeapplikation) führen zur Detonisierung der Muskulatur, Knieschmerzen sprechen gut auf Iontophorese an. Mit Unterarmgehstützen kann eine deutliche Gelenkentlastung erreicht werden, bei Gehunsicherheit wird ein Rollator bevorzugt. Eine Beeinflussung einer Knieachsenfehlstellung kann mit Schuhaußenranderhöhung bei Varusfehlstellung oder Schuhinnenranderhöhung bei Valgusfehlstellung erreicht werden. Hilfreich kann die intraartikuläre Kortisoninjektion sein. Ist der Aktionsradius des alten Patienten durch den therapieresistenten Arthroseschmerz wesentlich eingeschränkt, ist ein operativer Gelenkersatz sinnvoll indiziert. Bei gegebener Indikation soll dann ein operativer Eingriff nicht zu lange hinausgezögert werden, da später bei zunehmender Multimorbidität eine Operationsfähigkeit möglicherweise nicht mehr gegeben ist.

Literatur

Benini A (1991) Lumbale segmentale Instabilität, Wirbelkanalstenose, Bandscheibenvorfall. Pathophysiologische, klinische und chirurgische Aspekte. In: Benini A, Magerl F (Hrsg) Die degenerative Instabilität der Lendenwirbelsäule. Huber, Bern Göttingen Toronto

Bork H,Ludwig F, Middeldorf S (2005) Patientenschulung. In: Stein V und Greitemann B (Hrsg) Rehabilitation in Orthopädie und Unfallchirurgie. Springer, Berlin Heidelberg New York Tokio

Bucholz RW (1996) Orthopaedic Decision Making, 2. Aufl. Mosby, St. Louis

Dvorak J, Dvorak, Schneider W, Tritschler T (1999) Manuelle Therapie bei Lumbovertebralsyndromen. Orthopäde 28:939–945

Felder H, Deubel G, Merkel M (1998) Ambulante Rehabilitation, Therapeutische Verfahren. Thieme, Stuttgart New York

Hoppenfeld S (1992) Klinische Untersuchung der Wirbelsäule und der Extremitäten, 2. Aufl. Fischer, Stuttgart Jena NewYork

Krismer M, Haid C, Ogon M, Behensky H, Wimmer C (1997) Biomechanik der lumbalen Instabilität. Orthopäde 26:516–520

Peters A, Friebe H (2005) Osteoporose: Diagnostik-Prävention-Therapie. In: Stein V, Greitemann B (Hrsg) Rehabilitation in Orthopädie und Unfallchirurgie. Springer, Berlin Heidelberg New York Tokio

Schmitz K, Polinski K (2002) Die Adaptabilität älterer und alter Menschen mit chronischen Rücken- und Nackenschmerzen. Orthopädische Praxis 38:98–101

Wünschmann B, Sigl T, Schwarzkopf S, Stucki G (2003) Physikalisch-medizinisches Behandlungskonzept beim Syndrom des engen Spinalkanals. Orthopäde 32:865–868

Zimmermann M (2004) Der chronische Schmerz. Orthopäde 33:508–511

21 Motoneuronerkrankungen

Anne-Dorte Sperfeld und Albert Christian Ludolph

Einleitung

Die Motoneuronerkrankungen (MND) umfassen Krankheitsentitäten, die grundsätzlich in jedem Lebensalter auftreten können. Im höheren Lebensalter spielt die Amyotrophe Lateralsklerose (ALS) die Hauptrolle. Langsam progrediente spinale Muskelatrophien (SMA) können allerdings im Alter zu verstärkter Behinderung beitragen. MND sind durch eine mehr oder weniger starke progrediente Degeneration vorwiegend des motorischen Nervensystems gekennzeichnet. Zum motorischen System gehören die Pyramidenzellen im motorischen Kortex (erstes Motoneuron) mit ihren Axonen (Pyramidenbahn) und die Alpha-Motoneurone (zweites Motoneuron) im Hirnstamm und im Vorderhorn des Spinalmarks mit ihren jeweiligen Axonen (peripher-motorische Nerven). Die Klassifikation orientiert sich an den klinischen Zeichen des Vulnerabilitätsmusters, an der Krankheitsdynamik, an den neuropathologischen und den zunehmenden molekulargenetischen Befunden. So ist die vorwiegende bzw. ausschließliche Affektion der Pyramidenbahn Kennzeichen der spastischen Spinalparalyse und auch der primären Lateralsklerose. Eine ausschließliche Affektion des zweiten Motoneurons ist die Ursache der spinalen Muskelatrophien bzw. Vorderhornerkrankungen. Die häufigste, bekannteste und auch schwerste Form der MND ist die ALS, die durch eine rasch fortschreitende Degeneration sowohl des ersten als auch des zweiten Motoneurons gekennzeichnet ist. Im folgenden sollen die wichtigsten motorischen Systemdegenerationen vorgestellt werden.

Amyotrophe Lateralsklerose (ALS)

Wesentliches Kennzeichen der ALS ist eine rasch progrediente Degeneration der Axone der Betz-Riesenzellen im Motorkortex, der Pyramidenbahn („Lateralsklerose"), der bulbären Hirnnervenkerne sowie der motorischen Vorderhornzellen mit konsekutiver Atrophie der Zielmuskeln („Amyotrophie").

Vorderhornerkrankungen (Spinale Muskelatrophien, SMA)

Diese klinisch heterogene Subgruppe ist durch einen selektiven Untergang motorischer Neurone des Vorderhorns des Rückenmarks und im Hirnstamm charakterisiert. Folgen sind prognostisch sehr unterschiedliche schlaffe, myatrophe Paresen sowie eine Hypo- bzw. Areflexie. Neben sporadischen und autosomal-rezessiven Formen sind auch wenige autosomal-dominante Varianten bekannt.

Spastische Spinalparalysen (SSP)

Das Kennzeichen dieser sowohl sporadisch autosomal-rezessiv aber zumeist autosomal dominant vererbt auftretenden Erkrankungen (hereditäre spastische Paraparese – HSP) ist der alleinige oder dominante Untergang der Zellen des 1. Motoneurons mit konsekutiver Spastik, insbesondere der Beine. Das Bild ist klinisch symmetrisch; ein wichtiges Unterscheidungsmerkmal zur seltenen fokal beginnenden primären Lateralsklerose (PLS).

21.1 Amyotrophe Lateralsklerose (ALS)

Das **neuropathologische Korrelat** dieser Erkrankung ist eine rasch progressive Degeneration der Betz-Zellen im motorischen Kortex und ihrer Axone, der motorischen Vorderhornzellen sowie der bulbären Hirnnervenkerne. Die **Pathogenese** dieses Krankheitsbildes, welches zur respiratorischen Insuffizienz führt, ist heterogen und umfasst Veränderungen des Zytoskeletts, der mitochondrialen Funktion, der Mikrogliaaktivierung, des Stoffwechsels reaktiver Sauerstoffspezies des Glutamatstoffwechsels sowie auch immunmodulatorische Aspekte (Strong et al. 2003, Cleveland 2003). Grundlegende Erkenntnisse lieferte der Nachweis von Mutationen im Gen der zytosolischen Form der Kupfer-Zink-Superoxiddismutase (Cu-Zn-SOD) auf Chromosom 21 bei ca. 10–15 % der Patienten mit autosomal dominanter familiärer ALS (Rosen et al. 1993). Es ist ein Enzym, welches freie zytotoxische Sauerstoffradikale entgiftet. Es gilt als bewiesen, dass ein toxischer Funktionszuwachs des mutierten Gens, nicht ein Funktionsverlust, die Ursache der Degeneration der Motoneurone ist (Cleveland 2003). Als Folge dieser pathogenetischen Prozesse kommt es zu einer unphysiologischen Ansammlung von Bestandteilen des Zytoskeletons, den Neurofilamenten.

Wie bei anderen neurodegenerativen Erkrankungen treten die ersten morphologisch fassbaren Veränderungen schon lange Zeit vor dem Beginn der klinischen Symptomatik auf. Zu diesem Zeitpunkt ist bereits eine große Anzahl von Motoneuronen untergegangen.

Die **Inzidenz** der ALS liegt weltweit zwischen 1,2 und 2,6/100 000 (Strong et al. 2003) und zeigt wohl wegen der vermehrten Erfassung auch leicht betroffener Patienten, aber auch aufgrund optimierter Behandlungsmethoden eine ansteigende Tendenz. Vornehmlich aufgrund von nicht konsistenten epidemiologischen Daten und einer scheinbaren Clusterbildung finden immer wieder umweltbedingte Ursachen (z. B. Traumata, erhöhte physische Aktivität oder Exposition zu Schwermetallen) der ALS Erwähnung (Spencer et al. 2000). Ausreichend belegte **Risikofaktoren** für die ALS bleiben Alter und Geschlecht. Das **Haupterkrankungsalter** liegt zwischen 50 und 70 Jahren, wobei Männer häufiger betroffen sind als Frauen (etwa 1,5:1). Nur 5–10 % aller ALS-Patienten weisen eine positive Familienanamnese auf; sie leiden an einer autosomal-dominanten, autosomal-rezessiven oder x-chromosomalen familiären Variante (fALS), während 90–95 % der Erkrankungen sporadisch auftreten (sALS). Das mittlere Erkrankungsalter der fALS liegt mit 46 Jahren niedriger, das Geschlechterverhältnis ist ausgeglichen und die Erkrankungsdauer vergleichbar. Mutationen in der Cu/Zn-SOD1 sind für ungefähr 15 % der familiären und für ca. 1–2 % der sporadischen Erkrankungen verantwortlich.

Charakteristisches **Leitsymptom** der ALS ist ein Nebeneinander von Schädigungszeichen der des 1. Motoneurons und des 2. Motoneurons. Meist nur retrospektiv kann der Patient typische **Erstsymptome** wie fokale oder globale Muskelkrämpfe, fokale oder generalisierte Faszikulationen, gelegentlich vermehrte Erschöpfbarkeit oder seltener einen nicht erklärbaren Gewichtsverlust als Zeichen der Erkrankung erkennen. Etwa 10 % der Erkrankten erinnern sich an Parästhesien in der Initialphase. Dann treten bereits überwiegend fokal beginnende Paresen und Atrophien auf, die im Verlauf eine kontinuierliche Ausbreitung auf benachbarte Körperregionen zeigen. Nach eigenen Zahlen ist bei etwa 30–40 % der Patienten ein Beginn der Erkrankung an den oberen Extremitäten, insbesondere der kleinen Handmuskulatur, zu beobachten. Bei 25 % beginnen die Lähmungen an der Kau- und Schluckmuskulatur („progressive Bulbärparalyse“). Sehr selten ist ein Beginn an der Rumpfmuskulatur, wobei dann die Symptomatik einer alveolären Hypoventilation das klinische Bild bestimmen und zu erheblichen differentialdiagnostischen Schwierigkeiten führen kann.

Die bei bulbärem Beginn häufige initiale Artikulationsstörung wird eher von Angehörigen wahrgenommen, während die Kau- oder Schluckstörungen ein Anlass für den Patienten selbst sind, einen Arzt aufzusuchen. Die **progressive Bulbärparalyse** führt zu Faszikulationen und einer fortschreitenden Atrophie und Funktionsbeeinträchtigung der Zungen-, Schlund- und Gaumenmuskulatur. Die Kau- und Gesichtsmuskulatur sind weniger deutlich betroffen. Bedingt durch die Behinderung des spontanen Schluckvorgangs (Dysphagie) kommt es zu einer Pseudosialorrhö und über den pharyngotrachealen Speichelfluss zu Hustenattacken und einem erhöhten Aspirations- und Pneumonierisiko.

Frühe Paresen an den Beinen führen zur Gangunsicherheit, Stürzen oder zu Schwierigkeiten beim Aufrichten aus der Hocke. In der Regel breiten sich die Lähmungen von distal nach proximal aus. Nicht ungewöhnlich ist, dass bei fokalem Beginn der Erkrankung an den Beinen Bandscheibenoperationen vorgenommen werden, oder, bei Beginn an den Armen, fälschlicherweise an das Vorliegen einer zervikalen Myelopathie oder eines „HWS-Syndroms“ gedacht wird. Die Kernspintomographie stellt hier eine wesentliche Hilfe zum Ausschluss diagnostischer und therapeutischer Irrtümer dar.

Faszikulationen sind regelhaft vor dem Auftreten von Lähmungen zu beobachten und werden bevorzugt an der proximalen oder rumpfnahen Muskulatur bemerkt. Sie können durch äußere Faktoren wie Kälte oder physische Anstrengung provoziert werden. Im Verlauf des Krankheitsprozesses scheinen die Faszikulationen gröber zu werden, was mit dem durch Sprouting-Phänomene erklärten zunehmenden Territorium (Größe und Faserzahl) motorischer Einheiten erklärbar ist; im paretischen Muskel verschwinden sie dann fast völlig.

Es ist **pathognomisch** für die ALS, dass trotz des eindeutigen Vorliegens peripherer Atrophien und Paresen die Muskeleigenreflexe lebhaft bis gesteigert auslösbar sind. Seltener, gelegentlich nur vorübergehend und in Frequenz und Bedeutung häufig überschätzt, werden ein positives Babinski-Zeichen oder unerschöpfliche Kloni verzeichnet. Neben einer spastischen Tonuserhöhung kann eine Affektlabilität bis hin zum pathologischen Lachen und Weinen, zudem Mitbewegungen und Masseninnervationen des Gesichtes, ein gesteigerter Masseterreflex und ein positiver Palmomentalreflex beobachtet werden. Die ALS kann klinisch sowohl lange Zeit als isolierte Vorderhornerkrankung als auch seltener mit initial isoliertem Vorliegen einer Affektion der zentralen Motorik (Sonderform: primäre Lateralsklerose) imponieren.

Die verschiedenen Formen der ALS zeigen nicht selten eine bemerkenswerte phänotypische Variabilität hinsichtlich einer **extramotorischen Beteiligung**. So ist bekannt, dass milde neuropathologisch verifizierte Affektionen des autonomen (z. B. Störungen der gastrointestinalen Motilität) und des sensiblen Nervensystems (hauptsächlich Tiefensensibilitätsstörungen) sowie eine unabhängig von der Präsenz einer möglichen Bulbärparalyse leichte Störung der Wortflüssigkeit nicht ungewöhnlich sind und bis zu 5 % der ALS-Patienten Symptome einer frontalen Demenz aufweisen (Lomen-Hoerth et al. 2002). Interessant ist, dass eventuelle neuropsychologische Defizite bereits zu Beginn der Erkrankung nachweisbar sind und im Vergleich zu den motorischen Einschränkungen eine geringere Progressionsrate aufweisen (Schreiber et al. 2005).

Sphinkterstörungen gehören auch in Terminalphasen nicht zum klinischen Bild. Störungen der Okulomotorik sind im Rahmen des Spontanverlaufs der ALS sehr ungewöhnlich, können aber bei Patienten, deren respiratorische Insuffizienz durch Beatmung über ein Tracheostoma über eine lange Zeit behandelt wird, als komplexe supranukleäre Störungen bis hin zur kompletten horizontalen und vertikalen Blickparese auftreten. Eine Mitbeteiligung anderer Organe, wie z. B. eine Leber- und Pankreasbeteiligung oder der Haut ist bekannt. Letzteres ist insofern bemerkenswert, da trotz der zunehmenden Immobilisierung ALS-Patienten sehr **selten Dekubitalulzera** entwickeln. Der Grund liegt in einer bereits von Charcot erwähnten Hautveränderung, die wahrscheinlich durch eine veränderte Kollagenstruktur in unbekannter Weise der Pathogenese der Erkrankung zugeordnet wird.

Die Erkrankung verläuft progredient, wobei mehr als 5 % der Erkrankten länger als 10 Jahre überleben. Die mittlere Überlebensdauer wird mit 3,5 Jahren nach Beginn der Symptomatik geschätzt. Plötzliche Stillstände des Erkrankungsprozesses sind selten und sollten ebenso wie „Besserungen" immer zu erneuten differentialdiagnostischen Überlegungen Anlass geben. **Negative prognostische Faktoren** sind bulbärer Beginn, höheres Alter und eine niedrige Vitalkapazität. Eine günstigere Prognose haben jung Erkrankte, Patienten mit vorwiegend zentraler Symptomatik oder einer hohen Vitalkapazität. Die respiratorische Insuffizienz ist der limitierende Faktor für die Lebenserwartung der Patienten. Diese wird bei Patienten mit einer Bulbärparalyse häufiger durch eine Aspirationspneumonie, oder aber aufgrund der zunehmenden Paresen der Atemmuskulatur nach einem initialen Abfall des pO_2 über eine Hyperventilationsphase durch eine langsam progrediente CO_2-Narkose verursacht. Beide Komplikationen müssen aus differentialtherapeutischen Überlegungen unterschieden werden. Wird die terminale respiratorische Insuffizienz durch eine **invasive Heimbeatmung** über Jahre kupiert, kommt es zur Ausbildung einer Tetraplegie unter Einschluss der Okulomotorik, so dass die Kommunikationsfähigkeit des Patienten schließlich aufgrund der Deefferenzierung völlig erlöschen kann.

Die Einführung der ersten kausal orientierten **medikamentösen Therapie** durch **Riluzol**, die Effekte einer angepassten Ernährung über ein Gastrostoma, der zunehmende Einsatz der nicht-invasiven Heimbeatmung und die allgemein bessere symptomatische Behandlung der Patienten haben sich nachhaltig positiv auf Lebensqualität und Prognose ausgewirkt.

Die **Diagnose** einer ALS stützt sich vor allem auf das charakteristische klinische Bild. Familiäre Formen treten im höheren Lebensalter kaum auf. Die **Elektromyographie** als wichtigste Hilfsuntersuchung zeigt – häufig auch in nicht-paretischen Muskelgruppen – akute und chronisch neurogene Schädigungszeichen. Die Nervenleitgeschwindigkeiten sind nur geringgradig reduziert, wobei es bei Vorliegen massiver Atrophien auch zu einem ausgeprägten Verlust höherkalibriger Axone kommen kann und somit deutliche Reduktionen von Nervenleitgeschwindigkeiten gemessen werden können.

Da es bisher keinen spezifischen Marker für die sALS gibt und bei Beginn der Krankheit Schwierigkeiten in der Abgrenzung gegenüber anderen degenerativen und erworbenen MND bestehen können, sind differentialdiagnostische Überlegungen unabdingbar. Die wichtigsten Differentialdiagnosen und deren wegweisende Untersuchungen sind in der **Tab. 21.1** aufgeführt.

Tab. 21.1 Differentialdiagnose der ALS

Erkrankung	Charakteristika/Untersuchung
Paraneoplastisches Syndrom (Vorderhornaffektion, motorische Neuropathie)	Lymphoproliferative Erkrankungen ausschließen (Blutbild, Liquor, Immunelektropherese)
Neurometabolische Erkrankungen	Leukenzephalopathie, Multiorganbeteiligung, Nerv-/Muskelbiopsie, spez. Labor
Polyglucosan body disease	Urininkontinenz, PNP, ev. reduzierte Brancher-Enzymaktivität; Nervenbiopsie
Multisystematrophie	Klinik, Verlauf, Bildgebung (MRT, PET)
Poliomyelitis	Endemiegebiet, Antikörper, Liquor; Verteilungsmuster der Paresen
Poly-, Einschlusskörperchenmyositis	Klinik, Muskelbiopsie
Motorische und multifokal motorische Neuropathien (inkl. HMN)	Klinik, Verlauf, Elektrophysiologie
Zervikale Myelopathie	MRT der Wirbelsäule, ev. Urininkontinenz
Andere degenerative MND	Klinik, Verlauf, SMN- (s. Kap. 21.2) und Androgenrezeptorgen

21.2 Vorderhornerkrankungen/Spinale Muskelatrophien (SMA)

Ungefähr 10 % aller Patienten mit MND fallen auf die Gruppe der klinisch reinen Vorderhornerkrankungen (Traynor et al. 2000). Dieser Begriff umfasst alle Varianten, die durch einen fortschreitenden oder stationären, fokalen oder generalisierten selektiven Untergang motorischer Vorderhornzellen und Kerngebiete des Hirnstamms gekennzeichnet sind (Berg-Vos et al. 2003). Einige Patienten mit einem über Jahre hinweg persistierenden Vorderhornbefall gehen im weiteren Verlauf (dokumentiert bis 6 Jahre nach Symptombeginn) klinisch in eine ALS über. Klinische, pathologische und seit wenigen Jahren eine genetische und elektrophysiologische Evaluation lassen unterschiedliche Krankheitsbilder voneinander unterscheiden. Exemplarisch seien die **X-chromosomale spinobulbäre Muskelatrophie Typ Kennedy** (Sperfeld et al. 2002) und die SMA, welche mit einer Deletion im **„survival motor neuron gene,** (SMN)" auf Chromosom 5q13 assoziiert ist (Brahe et al. 1995), erwähnt. Beide Entitäten machen jedoch nicht den Großteil der Vorderhornerkrankungen aus. Im mittleren bis höheren Erwachsenenalter sind vornehmlich die seltenen adulten SMA von Relevanz, deren Grundlage bislang nicht identifiziert ist. Nicht nur aus diesem Grund wurde der Versuch einer **Definition von klinischen Subtypen** der adulten SMA unternommen (van den Berg-Vos et al. 2003). Dabei wurden 3 sich nach dem klinischen Verlauf orientierende Gruppen festgehalten: die langsam progressive SMA, die distale SMA, die segmentale SMA. Letztere wird klinisch zudem in proximale und distale Verlaufsformen unterschieden. Die Abgrenzung der distalen SMA zu den hereditären motorischen und sensorischen Neuropathien vom Typ II ist schwierig (Hanemann et al. 2002). Auf die bislang übliche Bezeichnung einzelner Phänotypen durch Eigennamen (z. B. Aran-Duchenne, Hirayama-Syndrom) wird in den neuen Klas-

sifikationen aus Gründen der Übersichtlich- und Vergleichbarkeit verzichtet.
Das Erkrankungsalter des Patienten beeinflusst die notwendigen differentialdiagnostischen Überlegungen. Im höheren Erwachsenenalter sind ein Hexosaminidase-A-Mangel, Muskeldystrophien und metabolische Myopathien wichtige **Differentialdiagnosen**. Wie bei allen MND kann die Kreatinkinaseaktivität im Serum erhöht sein. Kognitive Veränderungen gehören nicht zum typischen Bild der SMA. Die sensiblen Nervenleitgeschwindigkeiten sind normal und die motorischen Leitgeschwindigkeiten können bei schweren Manifestationsformen geringfügig reduziert sein. Die **Elektromyographie** zeigt die typischen Zeichen einer akuten und chronisch neurogenen Veränderung. In Einzelfällen ist, z. B. zur Abgrenzung einer Einschlusskörperchenmyositis, eine **Muskelbiopsie** notwendig. Diese zeigt im Falle einer SMA deutliche Zeichen der neurogenen Atrophie mit einer typischen Fasertypengruppierung.

21.3 Spastische Spinalparalyse

Unter dem Begriff Spastische Spinalparalysen (SSP), auch als hereditäre spastische Paraplegien (bzw. Strümpell-Lorrain-Syndrom) bezeichnet, wird eine Gruppe von neurodegenerativen Erkrankungen subsumiert, die durch eine langsam progrediente spastische Paraparese der unteren Extremitäten, eine leichte distal betonte Pallhypästhesie und eine zentrale Blasenentleerungsstörung charakterisiert sind. **Neuropathologisch** findet sich eine distale Degeneration des kortikospinalen Traktes sowie eine Degeneration der distalen zervikalen Anteile des Tractus gracilis. Seltener wurde über eine Affektion der spinozerebellären Trakte berichtet.

Die **Prävalenz** der SSP variiert in verschiedenen Studien durch unterschiedliche diagnostische Kriterien, epidemiologische Methoden und geografische Faktoren. Sie wird, populationsabhängig zwischen 0,1 und 12,1 pro 100 000 angegeben. Die Lebenserwartung ist normal. Frauen und Männer sind gleich häufig betroffen.
Die **Einteilung der SSP** kann nach verschiedenen Gesichtspunkten erfolgen: Neben sporadischen Varianten werden entsprechend dem Erbgang autosomal dominante, autosomal rezessive und x-chromosomale Formen unterschieden; wird nach dem klinischen Erscheinungsbild klassifiziert, werden unkomplizierte Formen (spastische Paraparese, Pallhypästhesie der unteren Extremitäten und Blasenentleerungsstörungen) von komplizierten Varianten (zusätzlich fakultativ: Epilepsie, dementielle Entwicklung, Katarakt, extrapyramidale Störungen, Amyotrophien, Dysarthrie, Polyneuropathie oder Hauterscheinungen) unterschieden. Erfolgt die Einteilung mit molekulargenetischem Ansatz, werden aktuell 21 verschiedene Formen der hereditären spastischen Paraplegien (HSP 1–21) unterschieden. Dabei ist bemerkenswert, dass einzelne Mutationen sowohl zu einer komplizierten als auch zu einer unkomplizierten Form der HSP führen können.
Der **Beginn der Erkrankung** ist sehr variabel und betrifft alle Altersabschnitte von der frühen Kindheit bis hin zur 8. Dekade. Meist liegt die Erstmanifestation vor dem 40. Lebensjahr. Obwohl einige Genprodukte bekannt sind, sind die jeweiligen Hypothesen zur Pathogenese noch unzureichend ausformuliert bzw. bewiesen (McDermott et al. 2000).
Charakteristisches **Leitsymptom** der Erkrankung ist die meist symmetrische spastische Paraparese mit gesteigerten Muskeleigenreflexen, Kloni, positivem Babinski-Zeichen und einer Gangstörung. Der erhöhte Muskeltonus kann zu einem charakteristischen Zehenspitzengang führen. Bei

schwer betroffenen Patienten kann es zum Auftreten einer Spastik im Bereich der oberen Extremitäten mit gesteigerten Muskeleigenreflexen, positivem Knips- und Trömner-Reflex sowie einem positiven Hoffmann-Zeichen kommen. Ganz selten sind Zeichen einer Pseudobulbärparalyse. Klinisches Korrelat der Beteiligung des Tractus gracilis ist eine Störung der Tiefensensibilität, insbesondere des Vibrationsempfindens, die häufig proportional der Spastik ist. Bei vielen Patienten wird im Laufe der Erkrankung eine zentrale Blasenentleerungsstörung evident. Sowohl der Beginn der Erkrankung als auch das Auftreten akzessorischer Symptome kann in einzelnen Familien variieren.

Besonders bei sporadischen Erkrankungen wird die Diagnose einer spastischen Spinalparalyse eine Ausschlussdiagnose sein.

Die **Diagnose** stützt sich vor allem auf das hochgradig charakteristische klinische Bild und einer möglichen Familienanamnese. Mild ausgeprägte Symptome können durch die wiederholte klinische Untersuchung hinsichtlich ihrer Progression festgehalten werden und so von stabilen Läsionen abgegrenzt werden.

Wichtige **Zusatzuntersuchungen** beinhalten: Vitamin B12-Stoffwechsel, die Liquoranalyse, und die Schlüsselparameter verschiedenster neurometabolischer Erkrankungen (z. B. die langkettigen Fettsäuren). Insbesondere bei sporadisch anmutenden Erkrankungen sollte ein MRT der Neuraxis durchgeführt werden, um morphologische Ursachen nicht zu übersehen.

21.4 Therapie der MND

Die Therapie der MND setzt sich aus kausal orientierten, palliativen und symptomatischen Interventionen zusammen. Oberste Beachtung sollte unter Wahrnehmung der ärztlichen Fürsorgepflicht die Wahrung der Autonomie des Patienten finden, sowie rechtliche Aspekte als auch die Behandlungskosten nicht nebensächlich werden lassen.

21.4.1 Kausalorientierte Therapie

Neuroprotektive Effekte sind trotz intensiver Forschung mit verschiedenen Wirkstoffen bislang nur für Patienten mit ALS für das Riluzol (100 mg/Tag) belegt (Bensimon et al. 1994).

21.4.2 Symptomorientierte Therapie

Verschiedene Symptome können zur Beeinträchtigung der Lebensqualität beitragen und bedürfen einer adäquaten Therapie.

Ursächlich für die **Sialorrhö** ist die Unfähigkeit, den produzierten Speichel (2–3 l/Tag) zu schlucken. Ungefähr 40 % aller Patienten mit MND beklagen dieses Symptom. Eine pharmakologische Intervention ist durch lokal oder über Hautpflaster applizierte Anticholinergika (z. B. Scopolaminpflaster) möglich. Der anticholinerge Begleiteffekt gängiger Thymoleptika führt häufig nur vorübergehend zu einer Reduktion der Speichelproduktion. Wenn die bewährten pharmakologischen Prinzipien versagen, kann Botulinumtoxin lokal in die Glandula parotis bzw. Glandula submandibularis injiziert werden.

Bei Muskelkrämpfen hat sich der Einsatz von Chininsulfat (bis zu 3-mal/Tag) bewährt. Neben der oralen Baclofen- oder Tizanidingabe kann die **Spastik** insbesondere bei der SSP auch mit einer intrathekalen Baclofenapplikation über eine Pumpe behandelt werden. Intensive Logopädie kann die Aufrechterhaltung der Restfunktion des **Sprechapparates** und gezieltes **Schlucktraining** ermöglichen. Dennoch sind die rechtzeitige Versorgung mit **Kommunikationshilfen** (s. Kap. 43) und die Aufklärung über eine endoskopisch perkutane **Gastrostomie** (PEG) (s. Kap. 24) wichtige Maßnahmen für eine nachhaltig verbesserte Lebensqualität.

Die **respiratorische Insuffizienz** wird durch die Paresen der Atemmuskulatur und/oder durch Atelektasen und Aspirationspneumonien hervorgerufen. Durch einen ansteigenden pCO_2 entstehen Symptome einer beginnenden **CO_2-Narkose**: nächtliche Schlafstörungen, morgendliche Kopfschmerzen, Unruhezustände, Tagesmüdigkeit und Konzentrationsstörungen. In dieser Situation wird sich der Allgemeinzustand des Kranken durch eine **nicht-invasive Maskenbeatmung** bessern. Ein verantwortungsvoller Umgang mit den therapeutischen Optionen hilft, die häufig im Notfall durchgeführten Intubationen und die resultierenden medizinisch-rechtlichen Probleme zu verhindern. Zudem können nicht selten im Verlauf von Infektionen des oberen Respirationstrakts Attacken quälender Hyperpnoe auftreten, die durch eine frühzeitige Antibiotikatherapie und bedarfsweise eine orale oder rektale Gabe von Morphinen angemessen behandelt werden können.

Die hauptsächlich bei der SSP zu beobachtenden **Blasenentleerungsstörungen** können durch Regelung des Miktionsverhaltens (Blasentraining) und den Einsatz gängiger Urologika (z. B. Oxybutinin 2-mal 5 mg) zufriedenstellend kupiert werden.

Die frühzeitige und vorausschauende **Versorgung mit adäquaten Hilfsmitteln** (z. B. Sitz-, Steh- und Gehhilfen, Rollstuhl, Greifzange) gehört zur sorgfältigen Betreuung von MND-Patienten. Eine krankengymnastische Übungsbehandlung mit passiven und aktiven Bewegungsübungen mäßiger Intensität mit dem Ziel, die Funktion des Bewegungsapparates soweit wie möglich zu erhalten, Kontrakturen- und Skelettdeformitäten zu vermeiden und Immobilisationsschäden vorzubeugen, ist absolut notwendig.

Literatur

Bensimon G, Lacomblez L, Meininger V (1994) A controlled trial of riluzole in amyotrophic lateral sclerosis. ALS/Riluzole Study Group. N Engl J Med; 330 (9):585–591

Berg-Vos RM van den, Berg LH van den, Visser J, de Visser M, Franssen H, Wokke JH. (2003) The spectrum of lower motor neuron syndromes. J Neurol 250:1279–1292

Brahe C, Servidei S, Zappata S, Ricci E, Tonali P, Neri G (1995) Genetic homogeneity between childhood-onset and adult-onset autosomal recessive spinal muscular atrophy. Lancet 346: 741–742

Cleveland JL (2003) A new piece of the ALS puzzle. Nat Genet 34:357–358

Hanemann CO, Ludolph AC (2002) Hereditary motor neuron disease, which is which. Amyotroph Lateral Scler Other Motor Neuron Disord 4:186–189

Lomen-Hoerth C, Anderson T, Miller B (2002). The overlap of amyotrophic lateral sclerosis and frontotemporal dementia. Neurology 59: 1077–1079

McDermott C, White K, Bushby K, Shaw P (2000) Hereditary spastic paraparesis: a review of new developments. J Neurol Neurosur Ps 69:150–160

Rosen DR, Siddique T, Patterson D, Figlewicz DA, Sapp P, Hentati A, Donaldson D, Goto J, O'Regan JP, Deng HX et al. (1993) Mutations in Cu/Zn superoxide dismutase gene are associated with familial amyotrophic lateral sclerosis. Nature 362:59–62

Schreiber H, Gaigalat T, Wiedemuth-Catrinescu U, Graf M, Uttner I, Muche R, Ludolph AC (2005) Cognitive function in bulbar- and spinal-onset amyotrophic lateral sclerosis A longitudinal study in 52 patients. J Neurol (in press)

Spencer PS, Schaumburg HH, Ludolph AC (2000) Experimental and Clinical Neurotoxicology. Oxford University Press, Oxford, pp 55–81

Sperfeld AD, Karitzky J, Brummer D, Schreiber H, Haussler J, Ludolph AC, Hanemann CO (2002) X-linked bulbospinal neuronopathy: Kennedy disease. Arch Neurol 59:1921–1926

Strong M, Rosenfeld J (2003) Amyotrophic lateral sclerosis: a review of current concepts. Amyotroph Lateral Scler Other Motor Neuron Disord 4:136–143

Traynor BJ, Codd MB, Corr B, Forde C, Frost E, Hardiman O (2000) Amyotrophic lateral sclerosis mimic syndromes: a population-based study. Arch Neurol 57:109–113

22 Kopf- und Gesichtsschmerz

Hartmut Göbel

Einleitung

Schmerzen finden sich beim alten Menschen sehr häufig. Eine Ausnahme sind offensichtlich jedoch Kopfschmerzen, welche in der letzten Lebensspanne nicht mehr so oft auftreten wie im jüngeren Alter. Die **Tab. 22.1** zeigt die zehn häufigsten Beschwerden in der deutschen Altenbevölkerung. Kopfschmerzen finden sich dabei an achter Stelle.

Tab. 22.1 Die zehn häufigsten Beschwerden in der deutschen Altenbevölkerung 2001. Aufgelistet sind die Antwortkategorien „erheblich" und „stark", die von den Befragten angegeben worden sind (Gunzelmann et al. 2002)

Beschwerden	Häufigkeit
Kreuzschmerzen	22,9 %
Gliederschmerzen	22,8 %
Nackenschmerzen	18,4 %
Erschöpfbarkeit	9,8 %
Müdigkeit in den Beinen	8,8 %
Mattigkeit	8,8 %
Müdigkeit	8,8 %
Kopfschmerzen	7,8 %
Herzklopfen	7,8 %
Schwächegefühl	6,9 %

22.1 Epidemiologie

Die 1-Jahres-Prävalenz für Kopfschmerzen über alle Alterspannen liegt in Deutschland bei 75 % der Männer und 80 % der Frauen. Mit zunehmendem Alter finden sich weniger Kopfschmerzerkrankungen in der Bevölkerung. Verschiedene epidemiologische Studien zeigen, dass die Häufigkeit von Kopfschmerzen in der Altersspanne 70 Jahre und älter zwischen 14 % und 53 % liegt. Häufig auftretende Kopfschmerzen finden sich in dieser Altersgruppe bei 11 %–17 %. Nur etwa 5 % der Männer und 10 % der Frauen jenseits des 70. Lebensjahrs klagen über schwere Kopfschmerzen. Während im jugendlichen Alter Kopfschmerzen die häufigsten Beschwerden darstellen, rücken sie im Alter über 65 Jahre auf den 8. Rang zurück. Für den einzelnen von Kopfschmerzen Betroffenen sind diese Zahlen jedoch wenig tröstend. Gerade im Alter können Kopfschmerzen besonders stark und lang anhaltend auftreten und die Lebensqualität der Patienten so dramatisch einschränken, dass nur noch der Suizid als Ausweg gesehen wird (Amendo et al. 2001, Franceschi 1997).

22.2 Altersabhängigkeit von Kopfschmerzerkrankungen

Die Migräne mit ihren zahlreichen Unterformen tritt in großer Häufigkeit in den

ersten vier Lebensdekaden auf, um dann mit zunehmendem Alter abzunehmen. Clusterkopfschmerzen und episodische Kopfschmerzen vom Spannungstyp finden sich im Erwachsenenalter mit weitestgehend stabiler Prävalenz. Ein zunehmende Häufigkeit mit steigendem Lebensalter zeigen chronische Kopfschmerzen vom Spannungstyp, intrakranielle Läsionen, medikamenteninduzierte Kopfschmerzen und metabolisch bedingte Kopfschmerzen. Letztere schließen Kopfschmerzen bei Anämie, Hypoxie, Hyperkalzämie, Hypernatriämie sowie chronischen Leber- und Nierenfunktionsstörungen ein. Auch zerebrovaskuläre Erkrankungen sind im höheren Alter für Kopfschmerzen häufiger verantwortlich als in jüngeren Jahren.
Typische Alterserkrankungen, die mit Kopfschmerzen einhergehen, sind:

- die Riesenzellarteriitis (Horton-Syndrom, Arteriitis temporalis) – eine seltene Entzündung der Kopfarterien (vor allem der Schläfenarterien),
- Hirntumoren und Hirnmetastasen,
- subdurales Hämatom (z. B. als Folge eines Schädel-Hirn-Traumas),
- Neuralgien (z. B. die Trigeminusneuralgie oder die postherpetische Neuralgie),
- zerebrale Gefäßprozesse (im Rahmen von Erkrankungen der Hirnarterien),
- entzündliche Prozesse im Bereich der Halswirbelsäule (Spondylarthritis),
- chronisch-obstruktive Atemwegserkrankungen,
- degenerative Erkrankungen des ZNS (z. B. bei Morbus Parkinson),
- schlafassoziierte Kopfschmerzen, engl. „hypnic headache" (Die Betroffenen werden ein- bis zweimal pro Nacht – und zwar in der Regel jede Nacht – durch einen Kopfschmerzanfall aus dem Schlaf gerissen, der eine halbe Stunde oder länger andauert.).

Auch im Alter finden sich somit **primäre und sekundäre Kopfschmerzen**. Da sekundäre Kopfschmerzen im Alter jedoch mit größerer Häufigkeit auftreten als in jüngeren Lebensjahren, muss die allgemeine und neurologische Untersuchung von älteren Patienten besonders sorgfältig erfolgen.
Auch beim Neuauftreten von primären Kopfschmerzen im höheren Alter muss immer an sekundäre Ursachen gedacht werden und sorgfältig nach strukturellen Läsionen gefahndet werden. Dies erfordert auch häufiger den Einsatz von Zusatzuntersuchungen in Form von Labordiagnostik oder bildgebenden Verfahren (Prencipe et al. 2001, Ruoff 1993, Solomon et al. 1990, Ward 2002).

22.3 Primäre Kopfschmerzformen

22.3.1 Migräne

Nur zirka 2–3 % der Migränepatienten erleiden ihre erste Migräneattacke jenseits des Alters von 50 Jahren. Über dem 65. Lebensjahr sind nur rund 2,9–10,5 % der Menschen überhaupt von Migräneattacken betroffen.
Mit dem Alter kann sich die **Phänotypologie der Migräneattacken** ändern. So ist die Häufigkeit von Migräneauren im Alter geringer als in jüngeren Jahren, Migränepatienten verlieren beim Älterwerden die Wahrscheinlichkeit für die Entstehung von Auren. Mit zunehmendem Voranschreiten des Alters können jedoch auch neue Migräneunterformen prägnant werden, zumeist die Migräneaura ohne Kopfschmerz. Bei dieser Form treten nur noch Auren auf, ohne dass eine Kopfschmerzphase folgt (Jelicic et al. 2000). Meist handelt es sich dabei um visuelle Auren, aber auch Schwindel und neuropsychologische Ausfälle sind häufige Aurasymptome. Die Kopfschmerzen verlieren an Intensität und Dauer. Die

Begleitsymptome werden milder. Früheres Erbrechen wird seltener oder sistiert ganz.
Begleiterkrankungen, die im Alter häufiger auftreten können als in jüngeren Jahren, können die Behandlung der Migräneattacken erschweren und die Symptome der Migräneanfälle intensivieren. Dies gilt beispielsweise für L-Dopa. Andererseits können Arzneimittel, die zur Behandlung von Erkrankungen im Alter vermehrt eingesetzt werden, den Migräneverlauf abschwächen, beispielsweise Betarezeptorenblocker oder Kalziumantagonisten zur Behandlung der Hypertonie. Eine zerebrale Minderperfusion, die paroxysmal aufgrund einer ischämischen Herzerkrankung auftritt, kann sich durch eine Behandlung mit Nitraten verbessern. Andererseits können jedoch gerade Nitrate zu **substanzinduzierten Kopfschmerzen** führen. Diese durch Nitrate ausgelösten Kopfschmerzen weisen sehr häufig auch die Phänotypologie von Migräneattacken auf und können dann nur schwer von spontanen Migräneattacken unterschieden werden.
Die **Attackenkupierung** der Migräne ist im Alter erschwert. Die Triptane sind nur bis zum 65. Lebensjahr zugelassen, da für höhere Altersjahrgänge keine klinischen Studien durchgeführt wurden. Besonders problematisch ist diese Situation, wenn Patientinnen oder Patienten bis zum 65. Lebensjahr sehr gut auf Triptane reagiert haben, d.h wenn diese sowohl hocheffektiv als auch verträglich waren. Bei gleichzeitiger Ineffektivität von Analgetika ist eine Beherrschung der Migräneattacken dann bei einem Verzicht auf Triptane praktisch nicht möglich.
Müssen **Triptane** wegen fehlender wirksamer Alternativen im Einzelfall eingesetzt werden, sollten zunächst die Triptane mit besonders guter Verträglichkeit erwogen werden. Im Vordergrund stehen dabei Frovatriptan, Naratriptan, Almotriptan und Eletriptan.
Ein Verzicht auf Triptane muss auch erfolgen, wenn Erkrankungen im Alter auftreten, die Kontraindikationen für Triptane darstellen, wie zum Beispiel eine schwere arterielle Hypertonie oder zerebrovaskuläre Erkrankungen. Alterserkrankungen können auch den Einsatz einer Reihe von Prophylaktika verbieten. Genannt seien hier Flunarizin bei einer Altersdepression oder trizyklische Antidepressiva bei Glaukom oder Herzerkrankungen.
Zur **Kupierung von Migräneattacken** mit einem Non-Triptan hat sich die Kombination eines Antiemetikums mit einem Analgetikum bewährt.
Bei den ersten Anzeichen einer entstehenden Migräneattacke können

- 20 mg Metoclopramid oral als Tropfen oder rektal als Suppositorium verabreicht werden. Alternativ können
- 20 mg Domperidon per os oder
- 50 mg Dimenhydrinat per os

eingenommen werden.
Die Gabe von **Antiemetika** hat sich in der Behandlung der Migräneattacke als sinnvoll erwiesen, da sie einerseits direkt gezielt die Symptome Übelkeit und Erbrechen reduziert, andererseits die Magenmotilität normalisieren kann. Durch Normalisierung der Magenstase während der Migräneattacke wird eine Verbesserung der Absorption von **Analgetika** ermöglicht. In neueren Studien zeigte sich zudem, dass Metoclopramid eine direkte, signifikante Effektivität in der Migränekupierung entwickelt.
Zur optimalen Nutzung dieses Effektes können nach einer Latenzzeit von 15 min

- 1 000 mg Acetylsalicylsäure als Brauselösung oder
- 1 000 mg Paracetamol als Brauselösung bzw. rektal oder
- 400 mg Ibuprofen als Brauselösung oder
- 50 mg Diclofenac-Kalium als Brauselösung oder
- 1 000 mg Phenazon per os

verabreicht werden.

Die Gabe als Brauselösung ist der Applikation in Tablettenform vorzuziehen, da diese eine schnellere und sicherere Resorption ermöglichen.

Die Nützlichkeit der Pause von 15 min zwischen der Einnahme des Antiemetikums und des Analgetikums beruht auf prinzipiellen Überlegungen und ist durch klinische Studien nicht sicher belegt. Die Effektivität von Präparaten, die die Applikation des Antiemetikums und des Analgetikums gleichzeitig z. B. in einer Kapsel ermöglichen, kann deshalb im Einzelfall genau so groß wie bei fraktionierter, zeitlich versetzter Gabe sein.

Als weitere Optionen wurden **nichtsteroidale Antiphlogistika** (NSAID) untersucht. Es liegen Studien über die Wirksamkeit von Naproxen, Naproxen-Natrium und Dolfenaminsäure vor.

Aufgrund unterschiedlicher Metabolisierungsmechanismen und der unterschiedlichen Verteilung von Fettgewebe sind **Pharmakokinetik und Pharmakodynamik** im Alter im Vergleich zu jüngeren Jahrgängen verändert. Daher können sich Verträglichkeit und Wirksamkeit von Arzneimitteln im Alter deutlich verändern. Zentrale Nebenwirkungen wie zum Beispiel Müdigkeit oder Konzentrationsstörungen sind im Alter häufiger anzutreffen als in jüngeren Jahren. Dies gilt insbesondere dann, wenn eine Dehydration vorliegt. Bei der **Therapieein- und -umstellung** gilt daher gerade im Alter, dass man sehr vorsichtig ein- und nur langsam aufdosiert. Dieses Vorgehen ist Voraussetzung für eine optimale Verträglichkeit und das Vermeiden von Nebenwirkungen.

Der Einsatz von **nichtsteroidalen Antiphlogistika** in der Attackentherapie kann im erhöhten Lebensalter mit größerer Wahrscheinlichkeit die Magenschleimhaut irritieren oder gar Ulzera bedingen. Darüber hinaus können Interaktionen mit Antikoagulanzien, Antihypertensiva, Digoxin und Hypoglykämika sowie Diuretika eintreten. Auch aus diesen Gründen sollten im höheren Lebensalter **verhaltensmedizinische Therapiemaßnahmen** besonders intensiv genutzt werden, um arzneimittelbedingte Nebenwirkungen zu reduzieren. Dazu gehören in erster Linie das Einhalten eines regelmäßigen Schlaf-Wach-Rhythmus, die Vermeidung von Triggerfaktoren, eine regelmäßige Ernährung und ausreichende Flüssigkeitszufuhr. Das Erlernen eines Entspannungstrainings sollte ebenfalls zum Therapieprogramm gehören. Aber auch das Vermeiden übermäßiger Koffeinzufuhr sollte bedacht werden. Schließlich sollte die Therapie von Begleiterkrankungen, insbesondere Depressionen, Streßstörungen sowie einer arteriellen Hypertonie berücksichtigt werden.

Die medikamentöse Vorbeugung der Migräne sollte dann erwogen werden, wenn

1. Attacken an mehr als 7 Tagen pro Monat auftreten,
2. Die Akutmedikation nicht ausreichend effektiv ist,
3. Schwere oder prolongierte Auren auftreten.

Als Migräneprophylaktika werden die in den Leitlinien empfohlenen Präparate eingesetzt. Als 1. Wahl gelten Betablocker (Metoprolol, Propanolol, Bisoprolol), Flunarizin, Valproat und Topiramat; als 2. Wahl Trizyklika, Gabapentin, Naproxen und Pestwurz.

Die Auswahl des Migräneprophylaktikums richtet sich in erster Linie nach der bestehenden Komorbidität. Besteht z. B. ein Bluthochdruck, empfiehlt sich der Einsatz eines Betablockers; bei Depressionen oder Schlafstörungen kann ein trizyklisches Antidepressivum, z. B. Amitriptylin oder das im Alter besser verträgliche Trimipramin, eingesetzt werden. Die Einnahme von Akutmedikation, gleichgültig ob Analgetika oder spezifische Migränemittel, an mehr als an zehn Tagen pro Monat sollte vermieden werden, da ansonsten ein sekundärer Kopfschmerz bei Analgetikaübergebrauch als Komplikation eintreten kann.

22.3.2 Kopfschmerzen vom Spannungstyp

Die Häufigkeit des episodischen Kopfschmerzes vom Spannungstyp ist in der Lebensspanne weitgehend konstant. Der chronische Kopfschmerz vom Spannungstyp findet sich dagegen im höheren Lebensalter häufiger. Während bis zum 30. Lebensjahr nur 2 % der Bevölkerung betroffen sind, leiden im Alter über 60 Jahre 4 % an dieser Kopfschmerzform.

Die Phänotypologie des Kopfschmerzes vom Spannungstyp wandelt sich im Alter: Die Kopfschmerzen werden häufiger, die Symptome intensiver und sie sind schwerer zu behandeln. Die Therapie des Kopfschmerzes vom Spannungstyp muss im Alter besonders auf aggravierende Faktoren der chronischen Verlaufsform ausgerichtet sein. Hierzu gehören:

- die oromandibuläre Dysfunktion (z. B. aufgrund einer Hyperaktivität des M. masseter oder des M. temporalis),
- Angst,
- Depression,
- Psychosozialer Stress,
- Muskulärer Stress,
- Medikamentenübergebrauch.

Bei der Behandlung von episodischen Kopfschmerzen vom Spannungstyp sollte besonders darauf geachtet werden, dass **Kombinationsanalgetika**, die psychotrope Substanzen wie zum Beispiel Koffein oder Codein beinhalten, beim älteren Patienten besonders ausgeprägt zentralnervöse Nebenwirkungen verursachen können und sehr schnell auch zu einer Abhängigkeit und Gewöhnung führen. Folge ist dann ein medikamenteninduzierter Dauerkopfschmerz mit weiterer Chronifizierung. Auch beim chronischen Kopfschmerz vom Spannungstyp muss darauf geachtet werden, dass dem Patienten verhaltensmedizinische Therapieverfahren eröffnet werden.

Als **Medikation der ersten Wahl** bei chronischem Kopfschmerz vom Spannungstyp werden die **trizyklischen Antidepressiva** aufgrund des 5-HT-wiederaufnahmehemmenden Mechanismus angesehen. Die Auswahl der Medikamente geschieht in der Reihenfolge: Amitriptylin, Doxepin, Imipramin, Nortriptylin und Desipramin.

Die **Dosierung im Alter** erfolgt mit der niedrigst möglichen Anfangsdosis und nur langsamer Steigerung zur Meidung von Nebenwirkungen und somit Besserung der Compliance. Die Reihenfolge ergibt sich aufgrund der verfügbaren Studien. Amitriptylin (im Einzelfall Tropfenapplikation in 3–5 mg Schritten) ist das weltweit am häufigsten eingesetzte und am besten untersuchte Medikament in der Prophylaxe des chronischen Kopfschmerzes vom Spannungstyp. Empirisch ist Trimipramin (auch in Tropfenpräparation erhältlich) manchmal verträglicher als Amitriptylin. Therapieempfehlungen raten allgemein von der täglichen Einnahme von Analgetika bei chronischen Kopfschmerz vom Spannungstyp zur Kopfschmerzkupierung wegen der Nebenwirkungen ab, insbesondere wegen der Gefahr der weiteren Chronifizierung und Analgetika induzierten Potenzierung des Kopfschmerzleidens im Sinne des Kombinationskopfschmerzes.

Gemeinsam ist allen Substanzen, dass sie anticholinerge Wirkungen besitzen. Während Amitriptylin leicht sedierend wirkt, wird Imipramin eine stimulierende Wirkung zugesprochen.

Der wesentliche Grund für die Einnahme von trizyklischen Antidepressiva zur Prophylaxe des Kopfschmerzes vom Spannungstyp besteht darin, dass diese Medikamente über lange Zeit ohne gravierende Nebenwirkungen (Gewöhnungs- oder Abhängigkeitseffekte) eingesetzt werden können. Zur Förderung der Compliance ist es sinnvoll, die Patienten über das nicht vorhandene Suchtpotential explizit zu infor-

mieren, da regelmäßig unausgesprochene Vorbehalte bestehen.
Die Nebenwirkungen einer Therapie mit trizyklischen Antidepressiva treten bereits in der ersten Woche auf und bleiben häufig während der gesamten Behandlungszeit konstant. Im Gegensatz dazu tritt die klinische Wirkung erst nach der dritten Woche auf und nimmt bei konstanter Nebenwirkungsrate weiter zu.
Zusammenfassend zeigen die Ergebnisse, dass trizyklische Antidepressiva die klinische Ausprägung von chronischem Kopfschmerz vom Spannungstyp signifikant reduzieren können, auch wenn das Kopfschmerzleiden schon seit langem besteht und viele vergebliche Therapieversuche durchgeführt worden sind. Die klinische Wirkung wird wahrscheinlich durch sensorische und nicht durch muskuläre Mechanismen bedingt.
Anfang der 1990er Jahre wurden modernere, selektiv wirkende 5-HT-Wiederaufnahmehemmer eingeführt. Diese haben eine besondere Wirkung auf Serotoninsubrezeptoren. Verfügbar sind u. a. Fluoxetin, Fluvoxamin, Trazodon und Ketanserin. Allerdings zeigen klinische Untersuchungen, in denen diese **selektiven Serotoninwiederaufnahmehemmer** eingesetzt wurden, keine überzeugende Wirkung in der Prophylaxe des Kopfschmerzes vom Spannungstyp. Studien, die eine Überlegenheit der selektiven Antidepressiva gegenüber den trizyklischen Antidepressiva belegen würden, sind derzeit nicht bekannt.
Gelegentlich werden **nichtsteroidale Antiphlogistika** (NSAID) bei chronischem Kopfschmerz vom Spannungstyp zur Kopfschmerzprophylaxe eingesetzt. Insbesondere werden dabei Substanzen mit langer Halbwertszeit verwendet. Kontrollierte Untersuchungen zum Einsatz solcher Substanzen liegen nicht vor. Es muss jedoch angenommen werden, dass die langzeitige Einnahme von NSAID zu einer Verschlimmerung und Chronifizierung des Kopfschmerzleidens im Sinne eines medikamenteninduzierten Kopfschmerzes beiträgt. Darüber hinaus ist die Verträglichkeit dieser Substanzen bei regelmäßiger Einnahme problematisch. Aus diesem Grunde sollten NSAID zur Prophylaxe des Kopfschmerzes vom Spannungstyp nicht verwendet werden.
Muskelrelaxantien werden aufgrund der Symptompräsentation der Patienten mit schmerzhafter, verspannter Muskulatur nach wie vor häufig eingesetzt. Eine überzeugende Wirkung konnte in den wenigen Studien, die zum Einsatz dieser Substanzen vorliegen, nicht gezeigt werden. Aufgrund der zentralen Nebenwirkungen mit Müdigkeit und Abhängigkeitsproblematik sollten insbesondere im Alter bei einem chronischen Leiden wie dem Kopfschmerz vom Spannungstyp solche Substanzen vermieden werden.
Bei Kopf- und Gesichtsschmerzen im Zusammenhang mit Dystonieerkrankungen (z. B. oromandibuläre Dystonie, Meige-Syndrom) ist belegt, dass lokale Injektionen von **Botulinumtoxin** durch erfahrene Anwender eine Besserung erbringen können. Die systematischen erhobenen Daten für den Einsatz von Botulinumtoxin bei Spannungskopfschmerz und Migräne sind widersprüchlich; Einzelfallbeobachtungen und offene Serien zeigen teilweise sehr positive Resultate. Ein methodisches Problem stellt die Tatsache dar, dass in plazebokontrollierten Studien meist ein standardisiertes Injektionsschema vorgegeben wurde, während plausiblerweise in offenen Serien und Einzelfällen nach den individuellen muskulären Schmerzsymptomen und Triggerpunkten injiziert wurde („follow the pain"). Zu beachten ist, dass die Kostenerstattung durch die gesetzliche Krankenversicherung bei der Indikation „Kopfschmerz" nicht gesichert ist (Off-label-Indikation").

22.3.3 Clusterkopfschmerzen

Clusterkopfschmerzen finden sich im höheren Alter nur sehr selten. Wenn vorhanden, bestehen sie in ihrer episodischen oder chronischen Verlaufsform schon seit vielen Jahren oder gar Jahrzehnten. De novo treten Clusterkopfschmerzattacken im Alter über 70 Jahre nur noch sporadisch auf.

Gesicherte Daten zur Änderung der Clusterkopfschmerzen im Alter liegen nicht vor. Die Erfahrung zeigt jedoch, dass auch die Kopfschmerzform im Alter milder wird, um schließlich ganz zu sistieren. Zur Attackenkupierung empfiehlt sich im Alter in erster Linie die Inhalation von Sauerstoff mit einer Sauerstoffmaske (Dosierung 10 l/min über 10 min). Die Inhalation von Sauerstoff ist dabei im Alter anscheinend weniger effektiv als in jüngeren Jahren (Mosek et al. 2001). Sumatriptan subkutan ist ab dem 65. Lebensjahr nicht zugelassen.

Zur präventiven Behandlung der Clusterkopfschmerzen empfiehlt sich primär der kurzzeitige Einsatz von Prednisolon in der Dosierung von 250 mg für drei Tage als Einmaldosis am Morgen und als Dauertherapie die Verwendung des Kalziumantagonisten Verapamil in einer mittleren Dosierung von Verapamil retard 2-mal 240 mg (s.a. Göbel 2004).

22.3.4 Schlafassoziierter Kopfschmerz (Hypnic Headache)

Bei Patienten über 65 Jahre wurde eine äußerst seltene Form von Kopfschmerzen beschrieben, die als „Hypnic Headache", d. h. schlafassoziierte Kopfschmerzen bezeichnet werden.

Die Betroffenen werden 1- bis 2-mal pro Nacht (und zwar in der Regel jede Nacht) durch einen Kopfschmerzanfall aus dem Schlaf gerissen, der eine halbe Stunde oder länger andauert. Da diese Schmerzattacken zumeist mit einer solchen zeitlichen Regelmäßigkeit ablaufen, als wären sie von einer Weckeruhr ausgelöst worden, spricht man im Englischen auch von „alarm clock headache". Schlafassoziierte Kopfschmerzen erwecken die Patienten an mehr als 15 Tagen pro Monat aus dem Schlaf und gehen mit einem beidseitigen Schmerz einher. Zwar ähnelt der zeitliche Verlauf dem von Clusterkopfschmerzattacken; es fehlen jedoch autonome Merkmale und das einseitige Auftreten. Die Kopfschmerzen können auf Lithium 200–600 mg zur Nacht oder auf Indometacin 100 mg vor dem Schlafengehen gut ansprechen. Frauen sind häufiger als Männer betroffen.

Die schlafassoziierten Kopfschmerzen müssen sorgfältig von Kopfschmerzen differenziert werden, die mit dem **Phänotyp des erhöhten intrakraniellen Druckes** auftreten. Bei intrakraniellen Raumforderungen treten typischerweise am Morgen nach dem Aufwachen oder aber auch während des Tages nach einem kurzen Schlaf Kopfschmerzen auf. Diese Kopfschmerzen remittieren nach dem Aufstehen bei aufrechter Körperstellung und zeigen damit das umgekehrte Verhalten des Kopfschmerzes vom **Phänotyp des erniedrigten intrakraniellen Druckes wie z. B. nach Lumbalpunktion.**

Aus diesem Grund sollten schlafassoziierte Kopfschmerzen sehr sorgfältig neurologisch evaluiert werden, einschließlich intrakranieller Bildgebung. Ein Behandlungsversuch mit Lithiumcarbonat in einer Dosierung von 200–600 mg zur Nacht führt in der Regel zu einer schnellen Verbesserung der Schmerzen. Gegebenenfalls kann eine Dosissteigerung erwogen werden. Allerdings muss, um mögliche Nebenwirkungen der Lithiumtherapie zu limitieren, beim älteren Patienten sorgfältig auf Nierenerkrankungen geachtet werden, ebenso auf eine Dehydration bei mangelnder Flüssigkeitszufuhr und verstärkter Diurese bei arterieller Hypertonie. Laborkontrollen sind für den Lithiumserumspiegel, Kreatinin, Elektrolyte und TSH basal erforderlich.

22.4 Sekundäre Kopfschmerzen

22.4.1 Zerebrovaskuläre Erkrankungen

Blutdruckschwankungen, aber auch eine konstante ständige schwere Hypertension mit diastolischen Blutdrücken über 120 mmHg, können Kopfschmerzen bedingen. Bei schwerer arterieller Hypertonie findet sich häufig ein Kopfschmerz im Bereich des Hinterhauptes und im Nackenbereich, der sich besonders intensiv am Morgen nach dem Aufstehen manifestiert. Zuweilen wird dieser Kopfschmerz mit degenerativen Veränderungen der Halswirbelsäule in Verbindung gebracht und die zugrunde liegende arterielle Hypertonie übersehen. Ein plötzlich steigender Blutdruck kann einen explosionsartigen sehr schweren Kopfschmerz bedingen. Ähnlich explosionsartig auftretende Kopfschmerzen können auch durch Verzehr von tyraminreichen Nahrungsmitteln oder blutdrucksteigernde Medikamente eintreten. Bei mildem arteriellen Bluthochdruck findet sich keine erhöhte Kopfschmerzprävalenz im Vergleich zu Kontrollgruppen.

Auch Durchblutungsstörungen im Sinne **transitorisch-ischämischer Attacken** oder ein manifester **Schlaganfall** unterschiedlichster Ursache können Kopfschmerzen auslösen. In der Regel sind diese Kopfschmerzen von kurzer Dauer und ihre Lokalisation findet sich im Bereich des zerebralen Ischämiebezirks. Der Kopfschmerzcharakter ist am häufigsten pulsierend und kann bei körperlicher Aktivität an Intensität zunehmen. Spezifische Merkmale können jedoch für diese Kopfschmerzen nicht angegeben werden, ein spezieller Phänotyp besteht nicht.

Kopfschmerzen können ebenfalls bei einer **intrazerebralen Blutung** auftreten. Bei kleinen intraparenchymalen Blutungen können sie jedoch komplett fehlen, so dass Kopfschmerzen in keiner Weise ein sicheres Symptom für eine zerebrale Blutung darstellen.

22.4.2 Arteriitis temporalis

Entzündliche Gefäßerkrankungen, insbesondere die Arteriitis temporalis, sind typische Alterserkrankungen. Die Arteriitis temporalis ist jedoch selten. Wenn sie vorhanden ist, ist eine dringliche Behandlung erforderlich, um eine Erblindung zu vermeiden.

Die Prävalenz der Arteriitis temporalis im 50. Lebensjahr wird mit 6,8 auf 100 000 Menschen angegeben, im 80. Lebensjahr findet sich eine Verzehnfachung der Prävalenz mit 73 auf 100 000 Menschen. Trotz der Seltenheit muss eine Arteriitis temporalis bei Patienten über 60 Jahren mit neu aufgetretenen Kopfschmerzen immer in Erwägung gezogen und die Blutsenkungsgeschwindigkeit (BSG) bestimmt werden. Auch findet sich meist eine Erhöhung des C-reaktiven Proteins (CRP).

Bei geringstem Verdacht sollte eine hochdosierte Kortikoidstoßtherapie durchgeführt werden. Eine Verzögerung des Therapiebeginns durch Warten auf eine Biopsie sollte nicht toleriert werden, zumal die Biopsie nur unzuverlässige Ergebnisse erbringt und im Fall eines negativen Ergebnisses keinen Einfluss auf die Therapieentscheidung hat.

Die **Kortikoidtherapie** erfolgt initial hochdosiert, z. B. mit Prednisolon 100 mg oral oder bei bereits eingetretener Visusminderung tgl. mit 1 000 mg intravenös. Kopfschmerzfreiheit tritt in der Regel innerhalb von 3 Tagen ein. Nach ca. 4 Wochen kann bei eingetretener Normalisierung von BSG bzw. CRP dann unter weiterer regelmäßiger BSG- bzw. CRP-Kontrolle eine langsame Dosisreduktion erfolgen. Bei Auftreten von klinischen Zeichen, insbesondere Kopfschmerzen, oder erneutem Anstieg der Laborparameter, muss unmittelbar eine erneute Dosiserhöhung des Prednisolon erfolgen, um Komplikationen zu vermeiden. Die Erhaltungsdosis, die häufig über 1–2 Jahre eingenommen werden muss, liegt meist im Bereich von 10 mg Prednisolon. Sind höhere Dosen erforderlich, können zur Vermeidung von Kortisonkomplikationen auch andere Immunsupressiva wie Azathioprin zum Einsatz kommen.

Die **Symptome der Arteriitis temporalis** beschränken sich nicht nur auf Kopfschmerzen. Eine allgemeine Schmerzempfindlichkeit der perikranialen Muskulatur kann bestehen (**s. Tab. 22.2**). Lokaler Druck auf Kopfareale kann die Schmerzen verstärken. Bei 25 % der Betroffenen findet sich begleitend eine Polymyalgia rheumatica mit Muskelschmerz und Gelenksteifigkeit. Andere Symptome umfassen Fieber, Gewichtsverlust, Nachtschweiß, Masseterspasmus, Amaurosis fugax bis hin zur Erblindung. Eine Herabgestimmtheit und Depression kann ebenfalls auftreten. Bei mangelnder Behandlung einer Arteriitis temporalis ist die Gefahr einer Erblindung bei 7–60 % der Patienten gegeben. Als weitere Komplikationen können transitorisch-ischämische Attacken sowie manifeste Schlaganfälle und selten auch Nekrosen der Zunge auftreten.

Die **BSG muss nicht erhöht sein**; bei über 90 % der Patienten finden sich jedoch Blutsenkungsgeschwindigkeit von über 30 mm/h, bei über 40 % von mehr als 100 mm/h. Die BSG kann durch verschiedenste Kopfschmerzmittel, insbesondere Acetylsalicylsäure und andere nichtsteroidale Antiphlogistika artifiziell reduziert sein. Die Arterienbiopsie sollte innerhalb von 48 h nach Start der Kortikoidtherapie durchgeführt werden, um ggf. noch Riesenzellen nachweisen zu können. Inadäquat wäre es, zunächst eine Biopsie zu veranlassen und dann erst nach Vorliegen der Ergebnisse eine Steroidtherapie zu starten. Auf eine Magenprotektion während der Steroidtherapie sollte geachtet werden.

Tab. 22.2 Klinische Merkmale der Arteriitis temporalis

Unspezifische Symptome	Befunde
Kopfschmerzen	Einschränkung der Kieferbeweglichkeit
Muskelschmerzen	Schwellung, Druckempfindlichkeit, Pulslosigkeit und Verhärtung der Arteria temporalis
Gelenkschmerzen	
Erschöpfbarkeit	
Depression	
	Fieber
	Gewichtsverlust
	Nachtschweiß
	Masseterspasmus
	Amaurosis fugax
	Erblindung

22.4.3 Intrakranielle Läsionen

Mit zunehmendem Lebensalter steigt die Wahrscheinlichkeit für das Auftreten **intrakranieller Raumforderungen**. Dennoch sind sie insgesamt selten. In jedem Fall muss beim älteren Patienten mit neuen Kopfschmerzen, die kontinuierlich zunehmen und insbesondere wenn sie von neurologischen Ausfällen begleitet werden, an eine Raumforderung gedacht und eine zerebrale Bildgebung veranlasst werden. Mögliche Ursachen für Kopfschmerzen können Hirntumoren, Metastasen, Subarachnoidalblutungen, Hydrozephalus, Meningitis oder auch chronische subdurale Hämatome sein.

22.4.4 Erkrankungen des Halses, des Schädels, der Augen, der Ohren und der Nase

Degenerative Erkrankungen der Halswirbelsäule nehmen mit dem Alter zu. Gleichwohl sind sie in der Regel nicht als Ursache von Kopfschmerzen verantwortlich zu ma-

chen. Okzipitale Kopfschmerzen beim älteren Patienten sollten sorgfältigen differentialdiagnostischen Erwägungen unterzogen und nicht stereotyp auf degenerative Veränderungen der Halswirbelsäule bezogen werden. Die Differentialdiagnose schließt die Migräne, den Kopfschmerz vom Spannungstyp, Kopfschmerzen bei arterieller Hypertonie aber auch Erkrankungen bei intrakraniellen Läsionen mit ein.
Das **Engwinkelglaukom** im Alter kann schwere Kopfschmerzattacken auslösen, die vom Auge in den gesamten Kopf ausstrahlen. Die Schmerzen werden von einer Augenrötung und Übelkeit begleitet. Ebenfalls treten Sehstörungen auf.
Entzündliche Erkrankungen von Hals, Nase und Ohren sind im Alter gelegentliche Ursache für Kopfschmerzen. Entzündungen des Ohres können durch die Ohrinspektion in der Regel leicht diagnostiziert werden. Während eine chronische Sinusitis selten für Kopfschmerzen verantwortlich ist, kann eine akute Sinusitis starke ein- oder beidseitige Kopfschmerzen bedingen, die mit Nasenausfluss und Fieber einhergehen können. Auch Entzündungen im Nasen-Rachen-Raum können für Kopfschmerzen verantwortlich sein.
Auch **Erkrankungen des Kiefergelenkes** mit schmerzhafter Kiefergelenksschwellung und Einschränkung der Beweglichkeit aufgrund verschiedener Ursachen können zu Kopfschmerzen führen.

22.4.5 Stoffwechselbedingte Kopfschmerzen

Hyperkapnie und Hypoxie, zum Beispiel bei einer chronisch obstruktiven Lungenerkrankung, können einen dumpf-drückenden, diffus lokalisierten Kopfschmerz bedingen. Gerade ältere Patienten wachen dann am Morgen mit einem dumpf-drückenden Kopfschmerz auf und erst eine Stunde nach dem Aufstehen stellt sich eine Besserung der Kopfschmerzen ein. Eine Überlagerung durch **Dehydration und Polyzythämie** kann zusätzlich bestehen. Häufig können diese Kopfschmerzen durch Koffeinzufuhr und Flüssigkeitssubstitution nach dem Aufstehen effektiv behandelt werden.
Eine ähnliche Grundlage haben Kopfschmerzen bei einer **Anämie,** die zu einer zerebralen Hypoxie führen kann. Auch **chronische Nierenerkrankungen** können zu einem dumpf-drückenden allgemeinen Kopfschmerz führen. Eine **Hyperkalzämie** im Rahmen eines multiplen Myeloms kann ebenfalls Kopfschmerzen verursachen. Zirka ein Drittel der Patienten mit **Morbus Parkinson** klagt über allgemeine Kopfschmerzen. Allerdings muss offen bleiben, ob diese Kopfschmerzen als Nebenwirkung der eingesetzten Medikation eintreten oder aber durch die Erkrankung per se bedingt werden.

22.4.6 Arzneimittelinduzierte Kopfschmerzen

Zahlreiche Arzneimittel, die im Alter für verschiedenste Erkrankungen eingesetzt werden, können zu Kopfschmerzen führen. Gleichzeitig kann die Pharmakokinetik verschiedenster Arzneimittel zur Behandlung von Alterserkrankungen mit nachlassenden Arzneimittelspiegel in den frühen Morgenstunden zu Kopfschmerzen beitragen. Als Beispiel sei hier die Zunahme des Blutdrucks am frühen Morgen bei nachlassender Wirkung von Antihypertensiva genannt.
Auch die Einnahme von Analgetika, insbesondere Kombinationsanalgetika im Alter zur Behandlung von Muskel- oder Gelenkschmerzen, kann bei Patienten mit primären Kopfschmerzen zu medikamenteninduzierten Dauerkopfschmerzen führen. Ein Schmerzmittelentzug ist bei regelmäßiger Analgetikaeinnahme oft zwingend erforderlich. Die Therapieprinzipien entsprechen der Behandlung des chronischen Spannungskopfschmerzes.

Die übermäßige Einnahme von Koffein oder von Alkohol kann Grundlage von Kopfschmerzen sein. Polypragmasie und Polymedikation im Alter kann aufgrund nicht bestimmbarer Interaktionen zu Kopfschmerzen als Nebenwirkungen der Arzneimitteltherapie führen.
Daher sollte gerade bei älteren Patienten immer versucht werden, eine möglichst geringe Anzahl von Arzneimitteln einzusetzen und jedes eingesetzte Medikament daraufhin zu überprüfen, ob es wirklich notwendig ist.

22.5 Trigeminusneuralgie

Neben der Arteriitis temporalis ist die **Trigeminusneuralgie** eine ebenso seltene wie typische Schmerzerkrankung im Alter. Aufgrund der prägnanten klinischen Symptomatik der Trigeminusneuralgie kann sie schnell diagnostiziert werden. Die **charakteristischen Merkmale** sind kurze einschießende trigeminusastbezogene Schmerzen im Sinne eines Schmerzblitzes. Die Schmerzparoxysmen können durch Triggermechanismen wie Kauen, Sprechen, Kälte, Zähneputzen etc. ausgelöst werden. Bei einigen Patienten kann zwischen den Schmerzparoxysmen auch ein Dauerschmerz bestehen.
Grundsätzlich stehen Substanzen zur medikamentösen Prophylaxe und invasive Therapieverfahren zur Behandlung der Trigeminusneuralgie zur Verfügung. Aufgrund der Kürze der Attacken ist hingegen eine Attackentherapie nicht möglich und Verfahren der nichtmedikamentösen Prophylaxe (physikalisch, verhaltensmedizinisch) sind durchweg unwirksam. In Hinblick auf die Verfügbarkeit hochwirksamer Therapieoptionen ist die Durchführung ineffektiver Verfahren wie z. B. Akupunktur obsolet.

22.5.1 Medikamentöse Therapie

Die klassische Trigeminusneuralgie (und Glossopharyngeusneuralgie) spricht üblicherweise initial gut auf eine Pharmakotherapie mit Antikonvulsiva an, was die pathophysiologische Vorstellung zur Schmerzentstehung untermauert (**s. Tab. 22.3**). Bereits geringe Dosierungen erbringen eine komplette Attackenfreiheit bei guter Verträglichkeit. Mit zunehmender Krankheitsdauer lässt dieser initial gute Behandlungseffekt jedoch häufig nach. Höhere Dosierungen werden erforderlich, es treten mehr Nebenwirkungen auf und schließlich können die Attacken nicht mehr komplett unterdrückt werden. Führt ein Substanzwechsel oder eine Medikamentenkombination nicht mehr zu einem ausreichenden Therapieerfolg, ist spätestens der Zeitpunkt für invasive Verfahren gekommen.
Die Auswahl der medikamentösen Prophylaktika erfolgt letztlich eher auf Basis empirischer Erfahrungen als aufgrund kontrollierter Studien. Die Therapieempfehlungen weisen jedoch von Land zu Land nur wenig Unterschiede auf.
Als Mittel der Wahl gelten Carbamazepin und Oxcarbazepin, wobei letzteres außer der Hyponatriämie in bis zu 24 % ein günstigeres Nebenwirkungsprofil aufweist. Bei Verträglichkeitsproblemen ist dann Gabapentin Mittel der 2. Wahl. Eine initial schnelle Aufdosierung kann durch Carbamazepin als Suspension, aber auch durch Phenytoin i.v. erfolgen. Auf Dauer hat Phenytoin jedoch gegenüber Carbamazepin und Oxcarbazepin deutliche Nachteile in der Verträglichkeit, so dass es nur 3. Wahl ist. Kann durch eine Monotherapie keine Schmerzfreiheit erreicht werden, empfiehlt sich versuchsweise eine Kombination mit der Substanz Baclofen, die einen anderen Wirkmechanismus aufweist. Lamotrigin ist zwar auch wirksam, die erforderliche langsame Aufdosierung zur Vermeidung von Hautreaktionen, behindert jedoch den be-

nötigten schnellen Therapieerfolg. Pregabalin stellt eine Alternative zum Gabapentin dar.

22.5.2 Invasive Therapie

Ist der Behandlungserfolg mit Medikamenten aufgrund fehlender Wirksamkeit oder schlechter Verträglichkeit nicht befriedigend, sind invasive Therapieverfahren indiziert (**s. Tab. 22.4**).

Die **mikrovaskuläre Dekompression nach Gardner und Jannetta** ist ausschließlich bei der klassischen Trigeminusneuralgie sinnvoll und im Alter eher zurückhaltend zu indizieren. Es handelt sich um eine kausale, nicht destruktive Therapie, bei der über eine subokzipitale Trepanation die Trigeminuswurzel durch ein Interponat vom komprimierenden Gefäß getrennt wird. Den sehr guten Langzeitergebnissen mit ca. 70 % anhaltender Schmerzfreiheit stehen das Operationsrisiko mit einer Letalität von ca. 1 % und Hirnnervenläsionen in bis zu 10 % der Fälle gegenüber. Am häufigsten ist hier ein irreversibler Hörverlust zu nennen.

Alternativ stehen mit der **perkutanen Thermokoagulation des Ganglion Gasseri nach Sweet**, der **perkutanen Mikrokompression des Ganglion Gasseri** mit Hilfe eines Ballonkatheters und der **perkutanen retroganglionäre Glyzerin-Instillation nach Hakanson** symptomatische, selektiv-destruktive Therapieverfahren zur Verfügung. Sie können sowohl bei der klassischen als auch der symptomatischen Trigeminusneuralgie angewandt werden.

Ziel ist in jedem dieser Verfahren eine selektive Schädigung der nicht oder nur dünn myelinisierten schmerzleitenden A-Delta- und C-Fasern unter Schonung der stärker myelinisierten Fasern für epikritische Sensibilität und Motorik. Gelingt diese selektive Schädigung nicht, sind insbesondere Dysästhesien, im Maximalfall auch eine Anaesthesia dolorosa als Komplikationen die Folge. Im Vergleich zur mikrovaskulären Dekompression ist das Operationsrisiko deutlich geringer, so dass diese Eingriffe bei Patienten im fortgeschrittenen Alter oder bei schlechtem Allgemeinzustand bevorzugt werden. Wirksamkeitsraten und Rezidivraten unterscheiden sich nicht wesentlich von der mikrovaskulären Dekompression.

Zu beachten ist, dass die Ergebnisse einer mikrovaskulären Dekompressionsoperation deutlich schlechter ausfallen, wenn im Vorfeld bereits ein selektiv-destruktives Therapieverfahren zum Einsatz gekommen ist.

Tab. 22.3 Medikamentöse Prophylaxe der Trigeminus- und Glossopharyngeusneuralgie

Rating	Substanz	Dosis	Wichtige Kontraindikationen	Wichtige Nebenwirkungen
⇑⇑ 1. Wahl	Carbamazepin	Initial 200–400 mg oral als Suspension, dann Aufdosierung beginnend mit 2-mal 200 mg in retardierter Form. Dosissteigerung bis Schmerzfreiheit oder inakzeptable Nebenwirkungen auftreten	absolut: • Vorliegen einer Knochenmarksschädigung • AV-Block • Behandlung mit MAO-Hemmern relativ: • Glaukom • Schwere Herz-, Nieren- oder Leberfunktionsstörung	häufig/gelegentlich: • Somnolenz, Sedierung • Ataxie • Kopfschmerzen • Nausea, Erbrechen • Akkommodationsstörungen, Diplopie • Allergische Hautreaktionen • Alopezie • Leberwerterhöhungen

Tab. 22.3: Fortsetzung S. 342

Rating	Substanz	Dosis	Wichtige Kontraindikationen	Wichtige Nebenwirkungen
⇑ 1. Wahl	Oxcarbazepin	Aufdosierung beginnend mit 2-mal 300 mg. Dosissteigerung bis Schmerzfreiheit oder inakzeptable Nebenwirkungen auftreten	absolut: • keine relativ: • Überempfindlichkeitsreaktion auf Carbamazepin	häufig: • Müdigkeit, Schwindel • Kopfschmerzen • Nausea, Erbrechen • Diplopie • Hyponatriämie häufig/gelegentlich: • Ataxie
⇑ 2. Wahl	Gabapentin	Aufdosierung auf 3-mal 300 mg in 3 Tagen. Dann Dosissteigerung bis 3 600 mg bis Schmerzfreiheit oder inakzeptable Nebenwirkungen auftreten	absolut: • Akute Pankreatitis relativ: • Nierenfunktionsstörung	häufig/gelegentlich: • Müdigkeit • Ataxie, Schwindel • Nervosität, Schlaflosigkeit • Kopfschmerzen • Nausea, Erbrechen, • Parästhesien
⇑⇑ 2. Wahl	Baclofen	In Kombination mit einem Antikonvulsivum Startdosis 3-mal 5 mg, Aufdosierung bis max. 75 mg	absolut: • Terminale Niereninsuffizienz Epilepsie relativ: • Schwere Leberfunktionsstörung • Magen-Darm-Ulzera Verwirrtheitszustände	häufig/gelegentlich: • Tremor, Ataxie • Müdigkeit, Schwindel • Parästhesien • Kopfschmerzen • Verwirrtheit • Depression, Euphorie • Hypotonie • Epileptische Anfälle
⇑ 3. Wahl	Phenytoin	Initial 250 mg i.v., dann 3-mal 100 mg oral bis 3-mal 500 mg	absolut: • AV-Block • Herzinsuffizienz • Vorliegen einer Knochenmarksschädigung relativ: • Pulmonale Insuffizienz • Hypotonie	häufig: • Ataxie, Schwindel • hochfrequenter Ruhetremor • Dyskinesien • Diplopie, Nystagmus • Kopfschmerzen, • zunehmende Erregbarkeit • Merkfähigkeitsstörungen und Störungen der intellektuellen Leistungsfähigkeit • Kleinhirnatrophie • Gingivahyperplasie

⇑⇑ Wirkung in kontrollierten Studien oder Metaanalysen und in der klinischen Anwendung eindeutig erwiesen.
⇑ In der klinischen Anwendung wirksam, es fehlen jedoch ausreichend positive kontrollierte Studien.
⇔ Wirksamkeit in Einzelfällen gegeben, es fehlen jedoch ausreichend positive kontrollierte Studien oder Studienergebnisse sind widersprüchlich.
Bei der Einstufung in Medikamente der 1., 2. oder 3. Wahl wurde insbesondere auch das Nebenwirkungspotential berücksichtigt.

22.6 Glossopharyngeusneuralgie

Auch die **Glossopharyngeusneuralgie** ist eine typische Alterserkrankung, wenngleich sie noch seltender als die Trigeminusneuralgie auftritt. Die Patienten verspüren hierbei den Schmerz im Rachenraum. Viele der betroffenen Patienten sprechen und essen nicht, da damit Schmerzattacken ausgelöst werden. Schnell wird hier fälschlicherweise

Tab. 22.4 Invasive Therapieverfahren bei der Trigeminusneuralgie

Rating	Verfahren	Indikation/Erfolgsrate	Wichtige Nebenwirkungen
Kausal, nicht-destruktiv			
⇑⇑ 1. Wahl	Mikrovaskuläre Dekompression nach Gardner und Jannetta	Klassische Trigeminusneuralgie: 70 % anhaltende Schmerzfreiheit, 10 % nur leichte Attacken	• OP-Letalität ca. 1 % • Hirnnervenläsionen vorübergehend bei ca. 10 %, anhaltend bei ca. 5 % der Patienten (besonders Hörverlust)
Symptomatisch, selektiv-destruktiv			
⇑⇑ 1. Wahl	Perkutane Thermokoagulation des Ganglion Gasseri nach Sweet	Klassische und symptomatische Trigeminusneuralgie des 2. und/ oder 3. Trigeminusastes (1. Ast erhöhtes Risiko für Hornhautschäden bei Dysästhesien)/70–80 % anhaltende Schmerzfreiheit	• Anaesthesia dolorosa <1 % • Dysästhesien 6 % • Selten Hirnnervenläsionen III, IV, VI, VII/3 motorisch
⇑⇑ 2. Wahl	Perkutane Mikrokompression des Ganglion Gasseri	Klassische und symptomatische Trigeminusneuralgie des 1. und/ oder 2. Trigeminusastes (3. Ast erhöhtes Risiko für Schädigung von motorischen Fasern)/80–90 % initiale Schmerzfreiheit, jedoch stark variierende Rezidivraten von 20–50 %	• Dysästhesien <10 %
⇑ 3. Wahl	Perkutane retroganglionäre Glyzerin-Instillation nach Hakanson	Klassische und symptomatische Trigeminusneuralgie/>90 % initiale Schmerzfreiheit, jedoch hohe Rezidivraten von ca. 40 %	• Anhaltende Dysästhesien <40 %

Legende s. Tab. 22.3

eine psychiatrische Erkrankung angenommen. In der neurologischen Untersuchung können jedoch mit Auslösung des Würgreflexes auch eindeutig Schmerzparoxysmen auslöst werden, die dann die Diagnosestellung und damit eine gezielten medikamentösen Behandlung (analog der Trigeminusneuralgie) ermöglichen.

22.7 Postherpetische Neuralgie

Auch die **postherpetische Neuralgie** ist eine typische Alterserkrankung. Der akute Herpes zoster tritt zunächst mit Parästhesien auf, die ebenfalls Trigeminusast-bezogen lokalisiert sind. Etwa vier Tage später treten vesikuläre Eruptionen auf. Die Bläschen gehen mit einem ausgeprägten schmerzhaften Brennen, Parästhesien und Dysästhesien einher. Bei einem Teil der Patienten finden sich zusätzlich stichartige oder stromstoßartige Schmerzen.

In der Regel kündigt sich ein akuter Herpes zoster durch Schmerzen an, die innerhalb von einer Woche von herpetischen Effloreszenzen im Versorgungsgebiet des betroffenen Nerven gefolgt werden. Neben den Schmerzen bestehen außerdem Parästhesien, Dysästhesien und eine Allodynie. Eine systemische **virustatische Behandlung** mit

Aciclovir i.v. (Zovirax) 3-mal 10 mg/kg/Tag sollte während der Phase der Hauteffloreszenzen durchgeführt werden. Zur virustatischen Lokalbehandlung kann Idoxuridin-Lösung 5 % 4-mal tgl. oder Vidarabin-Salbe 3 % 3-mal tgl. angewendet werden. Die Infusionsbehandlung mit Amantadin, 2-mal tgl. eine Infusion mit 500 ml (cave: Volumenbelastung im Alter – ggf. orale Dosis) für einen Zeitraum von 14 Tagen, kann ebenfalls zur Linderung der Schmerzen beitragen. Die Gabe von Prednison 1 mg/kgKG/Tag über sieben Tage kann den Schmerz und insbesondere das Auftreten von Komplikationen in Form von postherpetischer Neuralgie reduzieren. Die **Prednisongabe** sollte nach der Initialtherapie über 2–3 Wochen langsam reduziert werden. Bei einem Zoster ophthalmicus muss ein Augenarzt hinzugezogen werden, der eine Lokaltherapie einleitet.

Der Einsatz von Nervenblockaden wird sehr unterschiedlich bewertet. Zur primären analgetischen Therapie eignet sich die systemische Gabe von Analgetika, wie z. B. Acetylsalicylsäure, Paracetamol oder auch mittelpotente oder hochpotente Opioidanalgetika. Umschläge mit wässriger Lösung von Acetylsalicylsäure können ebenfalls zur symptomatischen Therapie der Schmerzen mit Erfolg eingesetzt werden. Das Auftragen von Capsaicin wird ebenfalls zur symptomatischen Therapie empfohlen.

Die **häufigste Komplikation** eines akuten Herpes zoster stellt die **postherpetische Neuralgie** dar. Zur Behandlung der postherpetischen Neuralgie gibt es bis heute kein allgemein standardisiertes Behandlungskonzept. Bei Vorliegen eines dysästhetischen, brennenden permanent bestehenden Schmerzes mit Allodynie, kann durch trizyklische Antidepressiva die Behinderung reduziert werden. Sollte sich unter Kontrolle des Schmerzkalenders ebenfalls keine ausreichende Linderung einstellen, kann man additiv ein niedrigpotentes Neuroleptikum einsetzen. Als Alternative zur Gabe von trizyklischen Antidepressiva oder niederpotenten Neuroleptika können auch Opioidanalgetika eingesetzt werden.

Bestehen dysästhetische Schmerzen mit im Vordergrund stehenden Kribbelparästhesien, kann die Applikation von Carbamazepin in einer Dosierung von 2-mal 200 mg Carbamazepin retard bis 2-mal 400 mg Carbamazepin retard hilfreich sein. Weitere Optionen sind Gabapentin (Aufdosierung auf 900 mg/Tag innerhalb von 3 Tagen: 1. Tag 300 mg, 2. Tag 600 mg, 3. Tag 900 mg) oder Pregabalin (Dosierung 2-mal 75 mg über 1–3 Tage, dann 2-mal 150 mg).

22.8 Allgemeine Regeln für die Schmerztherapie

Die Schmerztherapie im Alter sollte mehrere **Grundregeln** beachten. Zunächst sollte eine genaue Differenzierung der Schmerzursache vorgenommen werden und nozizeptive, neuropathische und psychiatrisch bedingte Schmerzen differenziert werden. In erster Linie sollte nach Möglichkeit die Grunderkrankung behandelt werden und eine Symptomkontrolle durch spezielle schmerztherapeutische Maßnahmen eingeleitet werden.

- Grundregeln der pharmakologischen Behandlung sind der Einsatz möglichst lang wirksamer Substanzen bei Dauerschmerzen und die Zurverfügungstellung von Akutmedikation bei Durchbruchschmerzen.
- Dabei sollte ein „End-of-Dose-Wirkverlust" beachtet werden und eine mögliche prophylaktische Einnahme vor schmerzverstärkenden Situationen erwogen werden.
- Vorhersehbare Nebenwirkungen sollten vermieden oder rechtzeitig behandelt werden, z. B. Übelkeit bei Neueinstellung mit einem Opioidanalgetikum oder Obstipation bei Gabe von Opioiden.

- Im Alter findet sich eine reduzierte Darmmotilität mit der erhöhten Gefahr einer gastrointestinalen Ulzeration bei Einsatz von NSAID.
- Auch ein reduzierter Magen-pH kann verstärkt zu einer gastrointestinalen Ulzeration führen.
- Die eingeschränkte hepatische und renale Funktion kann eine verlängerte Halbwertszeit von Analgetika bedingen, ein reduziertes Körperverteilungsvolumen führt zu erhöhtem Serumspiegel verschiedenster Substanzen und damit zu einer schnelleren und ausgeprägteren Wirkung sowie zu mehr Nebenwirkungen.
- Die Abklärung der Schmerzursache ist angesichts der häufigen Multimorbidität älterer Patienten in der Regel komplexer als bei jüngeren Patienten.
- Bei bekannten und behandelbaren Schmerzursachen ist nach Möglichkeit immer eine kausale Therapie anzustreben und gerade bei chronischen Schmerzen im Alter sollte immer eine interdisziplinär geplante Therapie dem Patienten eröffnet werden.
- Dabei ist zu berücksichtigen, dass die medikamentöse Schmerztherapie nur ein Baustein im Gesamtkonzept sein kann. Weitere Bausteine sind physiotherapeutische Verfahren, Techniken der Schmerzbewältigung, psychosoziale und invasive Therapiemethoden.

Auch wenn das Alter die Quelle vieler Erkrankungen und damit einhergehender Schmerzen ist, sind Kopfschmerzen im Alter weniger häufig als in jüngeren Jahren zu finden. Treten Kopfschmerzen im Alter jedoch neu auf, muss primär immer eine symptomatische Genese in Erwägung gezogen werden. Daher müssen Kopfschmerzen im Alter besonders aufmerksam evaluiert, technische diagnostische Verfahren zusätzlich zur klinischen Untersuchung herangezogen und die Therapie interdisziplinär organisiert werden.

Literatur

Amendo MT, Brown BA, Kossow LB, Weinberg FM (2001) Headache as the sole presentation of acute myocardial infarction in two elderly patients. Am J Geriatr Cardiol 10(2):100–101

Franceschi M, Colombo B, Rossi P, Canal N (1997) Headache in a population-based elderly cohort. An ancillary study to the Italian Longitudinal Study of Aging (ILSA). Headache 37(2):79–82

Gunzelmann T, Schumacher J, Brahler E (2002) The prevalence of pain in the elderly German population: results of population-based studies with the Giessen Subjective Complaints List (Giessener Beschwerdebogen GBB). Schmerz 16(4):249–54

Jelicic M, van Boxtel MP, Houx PJ, Jolles J (2000) Does migraine headache affect cognitive function in the elderly? Report from the Maastricht Aging Study (MAAS). Headache 40(9):715–9

Mosek A, Hering-Hanit R, Kuritzky A (2001) New-onset cluster headache in middle-age and elderly women. Cephalalgia 21(3):198–200

Prencipe M, Casini AR, Ferretti C et al. (2001) Prevalence of headache in an elderly population: attack frequency, disability, and use of medication. J Neurol Neurosurg Psychiatry 70(3): 377–81

Ruoff GE (1993) Headache in elderly patients. How to recognize and manage benign types. Postgrad Med 94(8):109-10, 113-6, 119–21

Solomon GD, Kunkel RS Jr, Frame J (1990) Demographics of headache in elderly patients. Headache 30(5):273–6

Ward TN (2002) Headache Disorders in the Elderly. Curr Treat Options Neurol 4(5):403–408

23 Schmerztherapie im Alter

Marianne Kloke

Einleitung

Die Prävalenz chronischer Schmerzen im Alter variiert stark mit der befragten Population (AGS Panel on Persistant Pain in Older Persons 2001; Brattberg et al. 1996; Constantini et al. 2002) und liegt zwischen 7 und 75 %. Die WHO geht in ihrer Stellungnahme „Better Palliative Care for Older People" davon aus, dass ein Drittel von ihnen unter Dauerschmerzen leidet (WHO 2004). Im Unterschied zu jüngeren Patienten sind Kopf- und Gesichtsschmerzen im Alter seltener, Schmerzen aus dem Halte- und Bewegungsapparat wesentlich häufiger. Neuropathische und ischämische Schmerzen nehmen ebenso wie Tumorschmerzen im Alter an Häufigkeit zu.

23.1 Schmerzdefinitionen

Die „International Association for the Study of Pain" (IASP) definiert Schmerz als unangenehmes Sinnes- und Gefühlserlebnis, das mit aktueller oder potentieller Gewebeschädigung verknüpft ist oder mit den Begriffen einer solchen Schädigung beschrieben wird. Somit wird deutlich, dass für das Symptom Schmerz das bio-psycho-soziale Krankheitskonzept besondere Gültigkeit besitzt. So wird der durch eine Gewebeschädigung verursachte nozizeptive Reiz auf allen Ebenen des Nervensystems erheblichen Modulationen unterworfen, so dass der perzipierte Schmerz keinesfalls in linearer Korrelation zur Intensität des Initialreizes stehen muss. Über die aktuellen gesellschaftlichen und psychischen Bedingungen hinaus sind lebensbiographische Prägungen des Schmerzverhaltens sowie subjektive Bedeutungszumessung sowohl gegenüber der Schmerzverursachung als auch gegenüber einer Schmerztoleranz wesentliche Einflussgrößen der Schmerzwahrnehmung. In der Konsequenz bedeutet dieses, dass Schmerz nur durch die Mitteilung des Patienten mess- und erfassbar ist; kurz: Schmerz ist, was der Patient mitteilt (Basler et al. 2001).

23.2 Besonderheiten des geriatrischen Schmerzpatienten

Dem geriatrischen Patienten fehlen durch den normalen Alterungsprozess ausreichende biologische, soziale und psychische Funktionsreserven. Er hat alltagsrelevante Behinderungen und ist konfrontiert mit einem drohenden oder bereits eingetretenen Verlust von Selbstständigkeit. Komorbiditäten schränken die Optionen diagnostischer und therapeutischer Maßnahmen erheblich ein. Persistierende Schmerzen beeinflussen die Aktivität und Partizipation am Leben weniger als das Ausmaß der Komorbidität (Schuler et al. 2004). Somit ist die optimale Behandlung bestehender Komorbiditäten eine conditio sine qua non für das Erreichen der wichtigsten Ziele einer Schmerztherapie im Alter: Steigerung der sozialen Integration und Verbesserung der Aktivitäten des täglichen Lebens.

23.3 Schmerzdiagnose beim geriatrischen Patienten

Als eindimensionale Instrumente zur Erfassung der Schmerzintensität eignen sich **numerische** (0 = kein Schmerz bis 10 = stärkster vorstellbarer Schmerz) oder **verbale Ratingskalen** (kein – leichter – mittlerer – starker Schmerz). Die wenigen zur Fragestellung der Schmerzwahrnehmung im Alter existierenden Studien belegen entweder eine gegenüber dem jüngeren Patienten gleiche oder sogar abgesenkte Reizschwelle (schmerzhafte Reize werden im Alter schmerzhafter wahrgenommen!), während die Diskriminierungsfähigkeit (Unterscheidung zwischen verschiedenen als schmerzhaft empfundenen Reizen) als gleich bis vermindert beschrieben wird. Beides hat für die Schmerzanamnese, -diagnose, -bewertung und auch -therapie gewichtige Auswirkungen. Da gerade beim alten Patienten die schmerzbedingte Funktionsbeeinträchtigung hohe Bedeutung hat, empfiehlt sich der Gebrauch mehrdimensionaler Instrumente. Als besonders geeignet erscheint die Göttinger Schmerzempfindungsskala, die mit Hilfe einer Adjektivliste die affektive (Leidensdruck) und die sensorische (physikalische Eigenschaften des Schmerzes) Dimension unterscheiden hilft. In Ergänzung zu den sensorischen und affektiven Schmerzkomponenten erfasst der **Pain Disability Index** das Schmerzverhalten bezüglich Behinderung und damit Einschränkung in den Aktivitäten des täglichen Lebens. Der „Arbeitskreis Schmerz im Alter" der „Deutschen Gesellschaft zum Studium des Schmerzes" hat ein **strukturiertes Schmerzinterview** entwickelt, das die zumeist reduzierte Belastbarkeit des alten Menschen in besonderer Weise berücksichtigt (Basler et al. 2001).

Kognitive Beeinträchtigungen wirken sich erheblich auf Schmerzperzeption und -kommunikation aus. Bei zunehmender **Demenz** gewinnen nonverbale Schmerzäußerungen wie Unruhe, wiederholtes, häufig unverständliches Verbalisieren bis hin zum Schreien, stark fluktuierende kognitive Fähigkeiten, verminderte funktionelle Fähigkeit bis hin zu Stürzen oder im Bett bleiben sowie ausgeprägte mimische Reaktionen ebenso wie übermäßiges Schwitzen, Tachykardie und Blutdruckentgleisungen an Bedeutung (Frampton 2003). Bei stark dementen Patienten empfiehlt sich die Anwendung der **Doloplus-Skala**, die aufgrund einer Verhaltensbeobachtung indirekte Schlüsse auf das Vorhandensein von Schmerzen zulässt (http://www.doloplus.com/).

23.4 Therapiegrundsätze

Vorrangige Ziele einer Schmerzbehandlung im Alter sind Zugewinn an Aktivität, Steigerung der Autonomie und Verbesserung der Lebensfreude. Gefordert ist ein multimodales und interdisziplinäres Therapiekonzept, dass die zumeist stark eingeschränkte soziale und psychische Belastbarkeit des Patienten berücksichtigen muss (Goodlin et al. 2005). Dies kann konkret bedeuten:

1. Behandlungsoptionen mit Aufsuchen einer Praxis (Arzt, Physio- oder Psychotherapie) sind häufig nicht oder nur niederfrequent zumutbar und müssen möglichst so organisiert werden, dass der Tagesrhythmus nicht gestört wird.
2. Jede Pharmakotherapie hat nicht nur die besonderen pharmakodynamischen und -kinetischen Bedingungen (s. Kap. 3) zu

berücksichtigen, sondern muss auch engmaschig einer Nutzen-Risiko-Analyse unterzogen werden. So führt sich eine wirksame Schmerztherapie ad absurdum, wenn z. B. die Gabe von trizyklischen Antidepressiva zur immobilisierenden Orthostasereaktion führt oder Synkopen eine eigenständige Versorgung verhindern.

3. Eine wesentliche Besonderheit der Schmerztherapie beim alten Menschen besteht darin, dass die Optionen einer erkrankungsmodifizierenden Therapie stark eingeschränkt und Verhaltens- oder Einstellungsänderungen allenfalls bedingt möglich sind.

23.5 Medikamentöse Schmerztherapie

23.5.1 Prinzipien

Für die medikamentöse Behandlung nichtmalignombedingter chronischer Schmerzen haben die WHO-Leitlinien zur Tumorschmerztherapie grundsätzliche Gültigkeit erlangt (WHO 1996). Bei ihrer Anwendung auf den geriatrischen Patienten werden sowohl Nutzen-Risiko-Abwägung als auch praktisch technische Grenzen häufiger ein Abweichen von diesen etablierten Prinzipien und die Entwicklung eines hoch individualisierten Konzeptes erfordern. Das gilt auch für die drei Grundprinzipien.
Erster Grundsatz: Zur Wahrung der Autonomie des Patienten und aus Sicherheitsgründen stellt die orale Gabe die Applikationsform der ersten Wahl dar. Die PEG–Applikation ist der oralen Gabe gleichwertig. Viele der in der Schmerztherapie verwandten Substanzen liegen in Tropfenform vor, fast alle Kapseln lassen sich ohne Verlust der Retardwirkung eröffnen (s. Kap. 24, **Tab. 24.8**) und für viele Medikamente existieren sogar flüssige Zubereitungen mit langer Wirkung. Für die Basistherapie werden bevorzugt retardierte Zubereitungen, für die Behandlung von Durchbruchschmerzen nicht retardierte Zubereitungsformen verwendet. Dieser Grundsatz wurde durch die Verfügbarkeit von transdermalen Systemen in Frage gestellt. Da alte Patienten zumeist unter stabilen Schmerzzuständen mit wenigen Schwankungen leiden, lassen sowohl die 72-stündige Wechselfrequenz als auch ihre Anwendbarkeit bei Schluck- und enteralen Resorptionsstörungen die Pflaster als gleichwertige Alternative erscheinen. Da deren Anwendungsvorschriften unbedingt beachtet werden müssen, wird der Wechsel oft durch Dritte erfolgen müssen. Neben langen An- und Abflutzeiten dieser Systeme sind die gerade im Alter nicht unbedeutende Resorptionssteigerung um bis zu 30 Prozent bei Fieber sowie die hohe Lipophilie der Substanzen nachteilig. Bei kurzfristigen Resorptions- (z. B. Diarrhö) oder Schluckstörungen (Emesis, Dysphagie) kann auf Suppositorien ausgewichen werden kann.
Zweiter Grundsatz: Die Gabe der Medikamente erfolgt entsprechend der Wirkdauer. Dieses Prinzip scheint für Medikamente mit einer langen Wirkdauer von 8–12 h durchaus realisierbar. Die meisten Alterspatienten dürften jedoch mit einem kurzen Einnahmeintervall überfordert sein (Wirkdauer von Metamizol und Paracetamol = 4 h). Auch gilt es, die veränderte Pharmakodynamik im Alter zu berücksichtigen, die häufig zu einer Verlängerung der Halbwertzeiten führt.
Dritter Grundsatz: Die Medikation wird stufenweise aufgebaut. Die Therapie wird mit Nicht-Opioiden (Stufe I) begonnen. Bei insuffizienter Analgesie werden sogenannte schwache Opioide dazugegeben. Lässt sich nach Erreichen der jeweils substanzspezifischen pharmakologischen Höchstdosen keine suffiziente Schmerzlinderung erreichen, werden die schwachen durch starke Opioidanalgetika ersetzt. Die WHO emp-

fiehlt in Abhängigkeit von Schmerztyp die Gabe von Ko-Analgetika. Mit Blick auf die durch die Multimorbidität bedingte Polypharmakotherapie bedarf auch dieses Prinzip für den älteren Menschen der kritischen Überprüfung. Jede Substanz hat ihre eigene Toxizität und ihre spezifischen Interaktionen. Die Wahrscheinlichkeit einer u. U. auch gefährlichen Wechselwirkung steigt mit der Zahl der eingenommenen Medikamente mehr als linear an.

23.5.2 Stufe I: Nicht-Opioidanalgetika

Saure (Acetylsalicylsäure, nichtsteroidale Antiphlogistika und selektive Cyclooxygenase-II-Hemmer) und nichtsaure Nicht-Opioidanalgetika (Metamizol und Paracetamol) haben unterschiedliche Wirkmechanismen, wobei die Analgesie bei beiden Gruppen sowohl peripher, spinal und zentral vermittelt wird. Ihnen gemeinsam ist die fiebersenkende Wirkung, über deren Wegfall als Warnsignal besonders der immungeschwächte Patient bereits im Vorfeld aufgeklärt werden muss. Alle Substanzen der Stufe I haben eine substanzspezifische Höchstdosis, die jedoch im Alter zumeist deutlich abzusenken ist. Bei den Nicht-Opioiden müssen Akut- und Langzeittoxizität gleichermaßen beachtet werden. Aufgrund ihrer komplexen Wirkmechanismen sind Nicht-Opioide grundsätzlich auch bei neuropathischen Schmerzen einsetzbar. Die verschiedenen **nichtsteroidalen Antiphlogistika (NSAID)** weisen keine prinzipiellen Unterschiede bzgl. Wirkprofil oder -stärke auf. Sie wirken antiphlogistisch, antiödematös und gut analgetisch. **Hauptindikationsgebiet** sind jedoch Knochenschmerzen und solche mit entzündlicher Begleitreaktion. Die gleichzeitige Gabe von zwei Substanzen dieser Gruppe führt durch Verdrängung aus der Eiweißbindung zu einer erheblichen Toxizitätssteigerung. Das Risiko von schwerwiegender gastrointestinaler, renaler und hepatischer Toxizität sowie von Blutbildschäden und zentralnervösen Symptomen (leichte Verwirrtheit bis zum Delir) ist grundsätzlich bei allen Substanzen gegeben. Von daher muss die Indikation zur Gabe von NSAID bei Risikogruppen und im Alter (**s. Tab. 23.1**) eng gestellt werden (Martin et al. 2005). Blutbild und Kreatinin sind zu kontrollieren. Die rektale Applikation mindert das gastrointestinale Risiko nicht. Die intramuskuläre Gabe ist obsolet, da sie keinen pharmakologischen Vorteil und nur applikationsspezifische Risiken (verkalkende Hämatome, Spritzenabszesse) bietet.

Die **selektiven Cyclooxygenase II (Cox II)-Hemmer** haben eine geringere gastrointestinale Toxizität, wobei die Zahl der Patienten, die mit einer Substanz behandelt werden müssen, um ein schwerwiegendes gastrointestinales Ereignis zu verhindern, je nach Substanz zwischen 120 und 140 Personen variiert. Die gleichzeitige Gabe von Acetylsalicylsäure (>300 mg/d) hebt diesen Vorteil der COX II-Hemmer auf; gleiches gilt vermutlich auch für die parallele Gabe von Glukokortikoiden. Da keine relevanten Unterschiede bezüglich der übrigen Organtoxizitäten bestehen, reduzieren sich ihre Vorteile auf die lange Wirkdauer und die fehlende Thrombozytenaggregationshemmung. Die in Deutschland zugelassenen Dosierungen sind nicht äquianalgetisch gegenüber mittel bis hoch dosierten traditionellen NSAID wirksam (Solomon et al. 2004).

Ein weiteres Problem stellen die klinisch relevanten Wechselwirkungen (**s. Tab. 23.2**) von NSAID mit zahlreichen anderen Substanzen dar, da NSAID über eine sehr hohe Eiweißbindung mit anderen hocheiweißgebundenen Substanzen kompetetieren.

Metamizol hat eine nahezu fehlende gastrointestinale, renale und hepatische Toxizität, zeigt aber im Vergleich zu den NSAID eine gesteigerte allergogene Potenz, deren klinisches Bild vom leichten Unwohlsein über Herzrasen, Schwitzen, Übelkeit bis

Tab. 23.1 Risiken und Intervention bei Therapie mit NSAID

Risikoorgan	Risikogruppe	Intervention
Magen-Darm-Trakt	Gastritis, Ulkusanamnese Höheres Alter Kortikoid-Komedikation ASS-Komedikation	Protonenpumpeninhibitoren, Misoprostol oder hochdosiert H2-Bocker senken das Risiko gastrointestinaler NW; Darmulzera dennoch möglich
Niere	Höheres Alter, vorbestehende Nierenerkrankung, arterielle Hypertonie, Herzinsuffizienz Flüssigkeitsdefizit, Diuretika-Gabe ACE-Hemmer-Gabe Gentamycin-/Aminoglykosid-Gabe	Kann bereits nach einmaliger Gabe zum akuten Nierenversagen führen, kumulative Toxizität möglich, Urinstatus kann unauffällig sein
Leber	Vorbestehende Schädigung	Synergistische Effekte meiden durch Reduktion von Pharmaka
Neuropsychiatrische Symptome	Höheres Alter Exsikkose, Fieber	Wechsel der Substanz kann hier effektiv sein.

Tab. 23.2 Wechselwirkungen von NSAID mit anderen Substanzen (Auswahl)

Wirkverstärkung	Wirkabschwächung	Toxizitätssteigerung
Antikoagulanzien, Alkohol, Kortikoide, Digoxin, Lithium, orale Antidiabetika, Methotrexat, Valproinsäure, Fentanyl	Diuretika Antihypertensiva	NSAID ASS ACE-Hemmer Methotrexat

hin zum anaphylaktischen Schock reicht. Die Gefahr einer allergisch-toxischen Knochenmarkschädigung wird häufig überschätzt, so stehen maximal fünf Fälle von Agranulozytose pro eine Million Einwohner unter Metamizol 0,25 Fällen ohne Analgetikum (Faktor 20) gegenüber. Die Mortalität ist unter Metamizol ausschließlich bezogen auf den Tod durch akute gastrointestinale Blutung um den Faktor 300 geringer als unter NSAID. Metamizol ist besonders geeignet bei Kapselspannungs- und viszeralen Schmerzen, eine spasmolytische Wirkung ist erst im oberen Dosisbereich zu erwarten. Die hyotensive Wirkung ist bei oraler (rektaler) Gabe zumeist klinisch vernachlässigbar, kann jedoch gerade bei zu schneller Infusion beim alten Menschen zu erheblichen orthostatischen Problemen führen.

Paracetamol hat eine Wirkdauer von 4 h bei begrenzter analgetischer Potenz. Das Hauptproblem liegt in der Hepatotoxizität, die bei definierten Risikogruppen (Alkoholabusus, vorbestehender Leberschädigung, gleichzeitige Einnahme von Cytochrom-P450-Induktoren wie Antikonvulsiva und Antidepressiva) auch schon bei Tagesdosen deutlich unterhalb von 6 g auftritt. Bei Langzeitgabe entwickelt sich eine Nephrotoxizität (Won et al. 2004).

23.5.3 Stufen II und III: Opioide

Opioide (Synonym: Opiate) haben keine objektive Organtoxizität und führen nach heutigem Wissensstand bei korrekter **Indikation und Therapie lege artis** nicht zur Sucht. Die einzige Konsequenz aus der

Tab. 23.3 Indikationen für eine Schmerztherapie mit Opioiden

Rückenschmerzen	erhebliche morphologische Veränderungen
Wirbelsäulendeformitäten	inoperable Spinalkanalstenose
chronische Radikulopathie	Z.n. mehrfachen Wirbelsäuleneingriffen
Gelenkschmerzen	chronisch entzündliche Erkrankungen: rheumatoide Arthritis, Spondylarthropathien, Autoimmunerkrankungen
degenerative Gelenkerkrankungen	Stoffwechselerkrankungen mit ossären Veränderungen: diabetische Arthropathie, Osteoporose, M. Paget
neuropathischer Schmerz	Erkrankungen des Gehirns, des Rückenmarkes und des peripheren Nervensystems: Thalamusschmerz, Phantomschmerz, Polyneuropathie
weitere	schmerzhafte Endstadien organischer Erkrankungen

sich regelhaft ausbildenden **körperlichen Gewöhnung** ist das langsame Ausschleichen und nicht das abrupte Absetzen des Opioids bei Beendigung der Therapie. Die Entwicklung der körperlichen Abhängigkeit führt nicht zu einer relevanten Tachyphylaxie bezüglich der analgetischen Wirkung.

Abzugrenzen sind jedoch zwei **Phänomene der Opiattherapie**: 1. ein **hyperalgetischer Status** bei wenigen Patienten mit lang andauernder hochdosierter Opioidgabe, dessen Kennzeichen eine diffuse Zunahme der Schmerzen durch Steigerung der Opioiddosis sind und 2. die **Opioidresistenz** bei individueller Disposition bei der ein eigentlich opioidsensibler Schmerz entweder primär oder sekundär nicht auf ein Opioid (Opioidklasse) anspricht und eine rasche und ausreichende Dosisseigerung nie zu einer adäquaten Schmerzlinderung führt. Da dieses Phänomen sich aber immer substanz(-gruppen)spezifisch ausbildet, ist hier ein Opioidwechsel fast immer erfolgreich (Bruera et al. 1996). Metaanalysen zeigen, dass nur jeder vierte Patient mit nicht-tumorbedingten Schmerzen durch Opioide eine fünfzigprozentige Schmerzreduktion erfährt und neuropathische Schmerzen grundsätzlich opioidsensibel sind. Im Wirkvergleich zeigen Ko-Analgetika und Opioide eine etwa gleich gute Erfolgsrate bei neuropathischem Schmerz.

Wegen falsch indizierter Behandlungen und resultierender iatrogener Abhängigkeit wurden in vielen Ländern von den Fachgesellschaften **Empfehlungen zur Therapie nicht tumorbedingter chronischer Schmerzen** erstellt (Breivik 2005, Kopf et al. 2003). Vorbedingungen für die Verordnung von Opioiden außerhalb der Behandlung von Tumorschmerzen sind u. a.: exakte Schmerzdiagnose, Erfassen des Befindens und des Funktionsniveaus das Ausschöpfen anderer Therapiemöglichkeiten, die vorherige Abklärung psychischer und physischer Komorbidität, die Berücksichtigung Komorbidität, die korrekte Indikation (**s. Tab. 23.3**),

Bei primären Kopfschmerzformen, posttraumatischen Kopfschmerzen, schmerzhaften Störungen des Gastrointestinaltraktes, funktionellen gynäkologischen, urologischen und kardialen Schmerzsyndromen, somatoformen Schmerzstörungen, hypochondrischen Störungen, posttraumatischer Belastungsstörung, coenästhetischen Psychosen, Hypochondrien, Angina pectoris, atypischer Gesichtsschmerz und Fibromyalgie sind Opioide nicht indiziert.

23.5.4 Wirkprofile von Opioiden

Opioide entfalten ihre Wirkung über drei Rezeptorklassen (μ, δ und κ) mit individueller Ausprägung: 1. der Expression im Nervensystem und anderen Geweben, 2. der Transportmechanismen und 3. der Verstoffwechselung (Cytochrom P-System, U-Glucuronyltransferase). Für den klinischen Alltag erlangt dies Relevanz, wenn opioidbedingte Nebenwirkungen persistieren oder sich trotz erheblicher Dosissteigerung nie eine analgetische Wirkung erzielen lässt. Mindestens zwei Drittel der dann durchgeführten Opioidrotation auf eine andere Substanz **(s. Tab. 23.5)** sind ausreichend effektiv. Weiterhin muss klinisch zwischen μ-Agonisten (Prototyp Morphin), μ-Antagonisten (Prototyp Naloxon) und partiellen Agonisten (z. B. Buprenorphin) unterschieden werden. Die Zugabe eines μ-Agonisten zum partiellen Antagonisten wird aufgrund der hohen Affinität des Buprenorphins vermutlich keine additive Wirkung haben. Die Zugabe von Buprenorphin zu einem Agonisten kann jedoch ein akutes Entzugssyndrom provozieren. Dieses ist auch bei der Antagonisierung einer Opioidwirkung mit Naloxon zu beachten: Nicht nur die unerwünschte, sondern auch die erwünschte Wirkung wird aufgehoben, und ein akutes Entzugssyndrom und erneute Schmerzen werden provoziert.

Alle stark wirkenden μ-Agonisten haben im Gegensatz zu den schwachen Opioiden und Partialagonisten keine pharmakologische **Höchstdosis.** Dosislimitierend sind hier alleine die Nebenwirkungen.

Derzeit ungeklärt ist, warum es Opioidwirkungen mit **Tachyphylaxieentwicklung** (Nausea, Emesis, Sedierung, Atemdepression, antitussive Wirkung) und solche ohne (Analgesie, Obstipation, Halluzinationen, Alpträume, Miktionsstörung, Pruritus) gibt. Wichtig ist, dass beim erneuten Auftreten opioidtypischer Nebenwirkungen mit Tachyphylaxieentwicklung stets andere Ursachen (z. B. Exsikkose, Hyperkalziämie, Organfunktionseinbußen) ausgeschlossen werden müssen.

Übelkeit und **Erbrechen** treten bei 40–60 % der Patienten in den ersten 10 Tagen auf und bedürfen besonders beim alten Patienten wegen des höheren Dehydrierungs- und Aspirationsrisikos einer prophylaktischen Therapie. Während Haloperidol (Einzeldosis 0,3–0,5 mg) überwiegend zentral antiemetisch wirkt, hat Metoclopramid zusätzlich peripher eine prokinetische Wirkung. Beide Substanzen können aber zentralnervöse Nebenwirkungen auslösen, so dass Domperidon zunächst das Mittel der ersten Wahl im Alter ist. Appetitmangel und Gewichtsverlust durch eine Magenentleerungsstörung, persistierende Müdigkeit und eine sich konsekutiv ausbildende depressive Stimmungslage können Nebenwirkungen der Opioide sein und bedürfen dann der gezielten Therapie (Prokinetikum, Dosisreduktion, Antidepressivum). **Obstipation** ist eine persistierende Opioidnebenwirkung durch eine verlängerte Kolontransitzeit, gesteigerte Wasserrückresorption, reduzierte intestinale Sekretion und Tonussteigerung der Sphinkteren. Die Obstipationsprophylaxe erfolgt mit einer Kombination von Substanzen unterschiedlicher Wirkmechanismen **(s. Tab. 23.4)**. Vermeintlich „harmlose" Laxantien wie Leinsamen (Resorptionsstörung fettlöslicher Vitamine), Früchtewürfel (Elektrolytverlust) und Sennesblättertee (schwerwiegende Elektrolytentgleisungen) sind zu meiden und ein vorbestehender Laxantienabusus ist besonders beim alten Patienten zu erfragen.

Miktionsstörungen werden im Alter als Alltagsproblem gesehen und nur selten frühzeitig mitgeteilt. Ein chronischer Harnverhalt verursacht auch aufgrund der Analgetikawirkung häufiger psychovegetative Symptome als Schmerzen. Hier ist der Einsatz von α-Sympathomimetika oder Analoga zu erwägen. Die **atemdepressorische Wirkung** korreliert mit der Aktivität am μ-Rezeptor

Tab. 23.4 Laxantien bei Opioid-induzierter Obstipation

Prinzip	Wirkweise	Laxantien	Hinweise
Aufweichende Mittel	⇑ Stuhlvolumen ⇑ Reflektorisch Motilität ⇑ Weichere Stuhlkonsistenz	Quellmittel	Plantago: bei Opioidgabe ungeeignet
		Salinische Laxantien	Glaubersalz: cave Elektrolytverschiebung
		Osmotische Laxantien 1. Wahl!!!	Laktulose: Wirkeintritt 2–10 h blähend, intakte Darmflora erforderlich, initial 48 h Latenz Macrogol: elektrolytneutral, Wirkeintritt 6–8 h, initial 48 h Latenz
Gleitmittel	⇑ Motilität ⇑ Intestinale Sekretion	Stimulierende Mittel	Dickflüssiges Paraffin: Wirkeintritt 6-12 h Aspirationsgefahr
		Irritantien	Bisacodyl: Wirkeintritt 6–10 h, Wirkaufhebung durch Antazida!! Na-Picosulfat: Wirkeintritt 6–8 h, Bauchkrämpfe möglich Sennae-Derivate (cave Elektrolytverschiebung, Bauchkrämpfe)
		Prokinetika	nur dünndarmwirksam
Experimentell	Über Opioidrezeptoren	Orale Naloxonlösung	Dosis individuell zu ermitteln, nicht Maßnahme der ersten Wahl
Ultima ratio	Irritativ und osmotisch	Na-Amidotrizoat	Vorsicht bei Hyperthyreose!!! (jodhaltig)
Lokale Maßnahmen	Lokal irritativ	Bisacodyl, Mikroklistiere	Bei opioidbedingter Erhöhung des Analspinktertonus und großer körperlicher Schwäche oft unterstützend wirkend
	Lokal aufweichend	Glyzerol,	
	Auslösen des rektokolischen Reflexes	Einläufe	Cave: Skybala-gefüllte Ampulle, erhöhter Analspinktertonus

und tritt als unerwünschte Nebenwirkung erst bei einer deutlichen Überdosierung auf. Will man diese zur Behandlung einer Dyspnoe therapeutisch nutzen, so muss die analgetisch suffiziente Dosis um mehr als 30 % gesteigert werden. Die antitussive Wirkung ist nicht μ-rezeptorkorreliert und erreicht bereits unterhalb der analgetisch ausreichenden Wirkung ihr Maximum. Bezogen auf äquianalgetische Dosen ist sie bei Codein, Dihydrocodein und Oxycodon größer als bei den anderen Agonisten.
Gehäuft finden sich im Alter **kognitive Störungen** und Delirien (s. Kap. 11 u. 39) aber auch Halluzinationen und Alpträume unter einer Opioidtherapie. Bei gegebener Opioidsensibilität des Schmerzes sollte dann ein auf ein anderes starkes Opioid umgestellt werden.

23.5.5 Schwache Opioide (Stufe II)

Alle Substanzen dieser Stufe haben das grundsätzlich gleiche Wirkprofil wie die starken Opioide, weisen aber eine Höchstdosis auf. Ihre äquianalgetische Wirkung beträgt 10–20 % von oralem Morphin (Beispiel: 400 mg Tramadol/Tag etwa gleich 60 mg orales Morphin/Tag).

Codein ist Bestandteil vieler Kombinationen. Es wirkt ausgeprägt obstipierend und antitussiv. Die Wirkdauer beträgt 4 h. **Dihydrocodein** hat ein ähnliches Wirkprofil wie Codein und existiert in einer normalen und retardierten Zubereitung. Die aktiven Metaboliten (u. a. Morphin) sind vielfach potenter und werden zumeist renal eliminiert (Dosisanpassung bei Niereninsuffizienz erforderlich).

Tramadol wirkt nicht nur als μ-Rezeptoragonist sondern gleichzeitig serotonerg und noradrenerg. Besonders bei alten Menschen sind Übelkeit, Schwindel, Tachykardie, Orthostase und Schwitzen gerade bei Verwendung der normal freisetzenden Zubereitungen nicht selten. Die Retardform ist unbedingt zu bevorzugen. Die Kombination mit einem selektiven Serotoninwiederaufnahmehemmer (z. B. Paroxetin) kann zu einem lebensbedrohlichen serotonergen Sydrom führen. Die zugelassene Tageshöchstdosis beträgt 600 mg (bei Niereninsuffizienz Dosisanpassung erforderlich).

Tilidin/Naloxon ist nur als orales Kombinationpräparat verfügbar. Tilidin ist Prodrug und muss hepatisch aktiviert, Naloxon als Antagonist inaktiviert werden. Dem Naloxon wird trotz einer ausgeprägten First-Pass-Elimination die gering obstipierende Wirkung zugeschrieben. Auch hier sollte die Retardform unbedingt bevorzugt werden.

23.5.6 Stark wirkende Opioide (Stufe III)

Alle verfügbaren Leitlinien nennen **Morphin** als Referenzsubstanz. Gründe hierfür sind die niedrigen Therapiekosten, die Verfügbarkeit aller Applikationsformen und die ausgedehnte substanzbezogene klinische Erfahrung. Die therapeutische Überlegenheit im Vergleich zu anderen stark wirkenden Opioiden ist nicht belegt. Die orale Bioverfügbarkeit beträgt bei intakter Leberfunktion 30 %, kann sich bei Leberzirrhose bis auf nahezu 100 % steigern. Aufgrund der geringen Eiweißbindung kompetitiert es nicht mit anderen Substanzen. Aktive Metaboliten führen bei Niereninsuffizienz zur Retention und zur selektiven intrazerebralen Anreicherung. Daher sollte Morphin bei Niereninsuffizienz nicht angewendet werden; **Hydromorphon** hat keine klinisch relevanten aktiven Metaboliten und eine geringe Eiweißbindung. Die orale Bioverfügbarkeit beträgt 40 % bei intakter Leberfunktion, nimmt bei Leberfunktionseinbußen jedoch erheblich zu. Die Substanz wird renal ausgeschieden, folglich sind Dosisanpassungen bei Niereninsuffizienz erforderlich. Oral steht sie sowohl als normal und verzögert freisetzende Zubereitung zur Verfügung. Hydromorphon eignet sich ausgezeichnet zur subkutanen Gabe (auch i.v. mgl.) Seine analgetische Potenz bezogen auf Gewichtseinheiten ist um den Faktor (5–)7,5 höher im Vergleich zu oralem Morphin.

Fentanyl kann parenteral, transdermal und transmukosal appliziert werden. Es ist eine hoch lipophile Substanz mit einer Eiweißbindung von bis zu 98 %. Es wird hepatisch rasch abgebaut, weniger als 10 % werden unverändert renal eliminiert. Hauptabbauendes Enzym ist P450 3A4, das eine hohe interindividuelle und geschlechtsbezogene (1,5–2 mal so aktiv bei Frauen) Variabilität aufweist. Es gibt Hinweise, dass Substrate, die ebenfalls über dieses Cytochrom metabolisiert werden, Effektivität und Toxizität von Fentanyl erheblich modulieren (z. B. Erythromycin, Rifampin und Ketoconazol induzieren CYP 3A4). Das transdermale System hat nicht zuletzt auf Grund der hohen Patientenakzeptanz (Mythos „Pflaster“, alle 3 Tage Wechsel, kein Tablettenschlucken) eine starke Verbreitung gefunden. Seine Indikation beschränkt sich jedoch auf den stabilen Dauerschmerz ohne tageszeitliche Schwankungen. Die Resorption kann bei septischen Temperaturen um 30 % gesteigert werden. Eine genaue Beachtung der Anwendungsvorschriften ist unverzichtbar. Auf Grund der trägen Kinetik (Anflutungszeit 18 h) ist es bei neu aufgetretener Schluckunfähigkeit nicht die adäquate Applikationsform. Bei reduzierter therapeutischer Breite im Alter kann ein langsamer Dosiseinstieg und -aufbau mit dem Niedrigdosispflaster (Freisetzungsrate von 12,5 mg/h) erfolgen. Fünf bis 10 % aller Patienten benötigen wegen der interindividuellen metabolischen Schwankungen einen Pflasterwechsel bereits nach 48 und nicht erst nach 72 h.

Aufgrund der hohen Lipophilie wird Fentanyl transmukosal resorbiert. Die Erfahrungen mit dem zur Therapie des Durchbruchschmerzes zugelassenem „Fentanyl-Lolly“ sind derzeit noch beschränkt, zumal in Abhängigkeit von der aktuellen Speichelproduktion und Schleimhautdurchblutung große intra- und interindividuelle Absorptionsunterschiede bestehen. In einigen Zentren wird Fentanyl als Nasenspray (individuelle Rezeptur) bei der Indikation Durchbruchschmerz verwendet.

L-Methadon ist nicht nur ein Agonist am μ- und ϑ-Rezeptor sondern auch ein Antagonist am NMDA-Rezeptor. Methadon hat daher ein breiteres Wirkspektrum und ist empirisch schmerzwirksamer als andere Opiate. Es ist bei Niereninsuffizienz anwendbar und in Tropfenform gut dosierbar. Seine hohe Proteinbindung, die höchst komplizierte individuelle Pharmakokinetik und viele klinisch relevante Interaktionen (u. a. Metabolisierung über CYP 3A4 und 2B6) machen es nur in der Hand des erfahrenen Schmerztherapeuten zum wichtigen und sicheren Opioid gerade für Risikopatienten. Die Berechung von Äquivalenzdosen muss sowohl die Höhe als auch Dauer der vorangegangenen Opioidmedikation berücksichtigen (Davis und Walsh 2001). Methadon stellt in der Hand des erfahrenen Therapeuten ein ganz wichtiges Opioid gerade für den alten Menschen dar.

Oxycodon steht als modifizierte Retardtablette (Wirkeintritt nach 30 min, Wirkdauer (8)–12 h) zur Verfügung. Es bindet am μ- und κ-Rezeptor und ist als Wechselopiod gut geeignet. Seine analgetische Potenz beträgt bezogen auf Gewichtseinheiten das Doppelte von oralem Morphin. In der Leber wird es zu einem aktiveren Metaboliten u. a. auch über das CYP 2D6 verstoffwechselt, anschließend renal eliminiert. Induktion oder Hemmung dieses Enzyms scheinen die Analgesie nicht, wohl aber die Toxizität zu verändern. Abbau und Elimination unterliegen hohen individuellen Schwankungen, scheinen aber im Alter nicht spezifisch alteriert zu sein.

Buprenorphin ist ein Partialagonist (s. o.). Während auch junge Patienten über ausgesprochene Anflutphänomene bei der sublingualen Einnahme berichten, erfolgen Auf- und Abbau eines effektiven Wirkspiegel bei Verwendung des Pflasters außerordentlich träge (volle Wirkstärke frühestens nach dem ersten Wechsel, zweimal wöchentlicher Wechsel möglich). Bei alten Menschen scheinen Kontaktekzeme bei Verwendung der Pflaster seltener zu sein. Vorteile der Substanz sind eine bis zu 70-prozentige Ausscheidung mit den Fäzes sowie eine geringe Spasmogenität an den intestinalen Sphinkteren. Mögliche relevante Interaktionen über das Cytochrom-P450-System (insbesondere CYP 3A4) werden erst seit kurzem diskutiert. Bezogen auf Gewichtseinheiten ist Buprenorphin etwas 20-fach so potent wie Morphin.

23.6 Schwierige Therapiesituationen

23.6.1 Durchbruchschmerzen

Durchbruchschmerzen sind Schmerzen, die unter einer ansonsten suffizienten Analgesie

Tab. 23.5 Umrechungsfaktoren beim Wechsel von Morphin auf ein anderes Opioid

Ausgangsopioid	Umrechnungsfaktor	Zielopioid
Morphin p.o.	0,5	Oxycodon p.o.
	(0,2)–0,13	Hydromorphon p.o.
	0,01	Fentanyl transdermal*
	individuell titrieren	L-Methadon p.o.
	0,03	Buprenorphin
Oxycodon p.o.	2	Morphin p.o.
Hydromorphon p.o.	(5)–7,5	
Fentanyl transdermal*	100	
L-Methadon p.o.	individuell titrieren	
Buprenorphin	30	

* eine transdermale Freisetzung von 25 µg/h entspricht 60–90 mg p.o. Morphin/Tag oder 0,6 mg i.v. Fentanyl/Tag

auftreten. Unverzichtbar ist hier die Unterscheidung zwischen dem paroxysmalen neuropathischen und dem bewegungs-/lagerungsinduzierten Typ. Neben der Schmerzanamnese können hier oft Untersuchungsmethoden, die eine Schädigung neuronaler Strukturen belegen, sehr hilfreich sein. Für die Behandlung des einschießend stechenden für wenige Minuten bis Sekunden anhaltenen neuropathischen Schmerzes (Prototyp Trigeminusneuralgie) sind Ko-Analgetika unverzichtbar (s. u.). Der nozizeptive Durchbruchschmerz lässt sich hingegen durch die zusätzliche Gabe von normal freisetzenden Opioidzubereitungen beherrschen. Hier gilt die Faustregel: **10 % der Tagesdosis entsprechen der Einzeldosis der Bedarfsmedikation,** die vor planbaren Belastungen (z. B. Körperpflege, Untersuchungen, Transfer, Krankengymnastik) bei Morphin- (z. B. Tabletten, Tropfen, Suppositorien) oder Hydromorphongabe (Kapseln, individuelle Tropfenrezeptur) erst nach 30 min wirkt und nach 60 min ihr Maximum erreicht. Die Anwendung des oralen transmukosalen Fentanyls (s. o.) dürfte für viele alte Menschen zu komplex und auch aus rein praktischen Gründen (z. B. Zahnprothesen, Mundtrockenheit, fehlendes Konzentrationsvermögen über 15 min) nicht umsetzbar sein.

23.6.2 Opioidwechsel bei intolerabler Nebenwirkung oder persistierenden Schmerzen

Der Wechsel eines Opioids (**s. Tab. 23.5**) kann zu einer entscheidenden Verbesserung von Wirkung und Verträglichkeit führen. Trotzdem sollten diese Wechsel nicht vorschnell erfolgen, da die rechnerisch ermittelbaren Äquivalenzdosen nur jeweils Näherungswerte darstellen, die im Einzelfall deutlich unter- oder auch überschritten werden (Auftreten von Entzugssymptomen oder Zeichen der Überdosierung). Bei persistierenden oder intolerablen opioidinduzierten Nebenwirkungen (vorherige Überprüfung der Kausalität erforderlich!) und Schmerzfreiheit ist gerade beim alten Menschen eine Dosisreduktion bis zum erneuten Auftreten von Schmerzen einem Wechsel vorzuschalten. Für den Wechsel wird die rechnerisch ermittelte Äquivalenzdosis um 30–50 % reduziert, diese auf Einzeldosen entsprechend der Substanzwirkdauer aufgeteilt und mit einer normal freisetzenden Form erneut die erforderliche Dosis titriert (Bruera et al. 1996). Es darf sofort mit der Retardform begonnen und mit der Normalform titriert werden.

Es gibt Hinweise, dass gelegentlich der Wechsel des Applikationsweges unter Beibehalten der Substanz zu einer besseren Verträglichkeit führt. Zu berücksichtigen ist dann die dosisrelevante veränderte Bioverfügbarkeit der Substanz (s. Tab. 23.6).

Tab. 23.6 Bioverfügbarkeit bei Wechsel des Applikationsweges

Substanz	Bioverfügbarkeit
Morphin p.o.	30 %
Morphin rectal	40 %
Hydromorphon p.o.	40 %
L-Methadon p.o.	80 %
Oxycodon p.o.	60–80 %
Fentanyl transdermal	0,25μg/h transdermal = 0,6mg/Tag i.v.
Buprenorphin s.l.	90 %

23.7 Ko-Analgetika in Abhängigkeit vom Schmerztyp

Definition

Ko-Analgetika sind Substanzen, die keine eigene antinozizeptive Wirkung entfalten, sehr wohl aber bei definierten Schmerzsyndromen wirksam sind. Die Indikation für Ko-Analgetika bedarf gerade beim alten Menschen einer sorgfältigen Nutzen-Risiko-Analyse wegen des eigenen Nebenwirkungsprofils, der Wahrscheinlichkeit relevanter Interaktionen und der nochmaligen Abnahme der therapeutischen Breite.

23.7.1 Neuropathische Schmerzen (s. auch Kap. 28)

Für den klinischen Alltag ist die Unterscheidung von spontanem versus provozierbarem und dauerhaftem versus paroxysmalem Schmerz hilfreich. Eine exakte Schmerzbeschreibung ist zur Bewertung des Therapieeffektes erforderlich. Besonders bei chronischen Schmerzen kann sich das primär betroffene Schmerzareal ausweiten.

Trizyklische Antidepressiva sind beim **Dauerschmerz** (Dysästhesie, Hyperpathie, Hyperalgesie) indiziert. Wichtig ist ein langsames Einschleichen. Zumeist reicht eine einmal tägliche Gabe, wobei auf 2 Wirkdosen aufgeteilt werden kann. Wesentliche Kontraindikationen sind Herzrhythmusstörung, Engwinkelglaukom und Orthostase. Für die ko-analgetische Wirksamkeit sind deutlich niedrigere Dosen erforderlich als für die psychotrope Wirkung. Meist verwendete Substanzen sind Amitriptylin und Doxepin (TD 10–75mg; Nebeneffekte: schlafanstoßend, sedierend, appetitsteigernd, Mundtrockenheit) und Clomipramin (TD 10–100 mg; eher antriebssteigernd, Abenddosis geringer).

Die selektiven Serotoninwiederaufnahmehemmer (z. B. Paroxetin) oder die noradrenergen spezifisch serotonergen Antidepressiva (z. B. Mirtazapin) sind bei der Indikation Schmerz nicht wirksam. Allerdings wird eine koanalgetische Wirksamkeit für Duloxetin beschrieben.

Antikonvulsiva (s. Kap. 22 u. 28) sind v. a. bei **paroxysmalen Schmerzen** wirksam. Die Substanz sollte individuell unter Berücksichtigung der Komorbidität, Interaktion und Kontraindikation ausgewählt werden. Wichtig ist die langsam einschleichende Dosierung. Spiegelbestimmungen sind nur bei Zweifel an der Compliance, nicht aber routinemäßig durchzuführen, da die Dosis individuell unter Beachtung der Wirkung-Nebenwirkungs-Relation titriert wird. Best untersuchte Substanz ist **Carbamazepin** (Aufdosierung meist in 100 mg Schritten, ED 200–(400) mg, (8–)12 stdl. Gabe). Kontraindikationen sind Herzinsuffizienz und Herzrhythmusstörungen (insbesondere AV-Block). Die Leber- und Blutbildtoxizität erfordert regelmäßige Laborkontrollen. Nebenwirkungen wie Schwindel, Übelkeit, Sedierung und Ataxie sind besonders im Alter problematisch. Das Interaktionspotential (CYP 3A4, 2D6) ist hoch. **Gabapentin** (ED 300–900 mg, TD bis 3600 mg, (6–)8 stdl. Gabe) und **Pregabalin** (ED 75–150 mg, TD 300–(600) mg, 12 stdl. Gabe) weisen keine relevanten Interaktionen wegen der niedrigen Eiweißbindung und der fehlenden Metabolisierung auf. Sie sind nicht organtoxisch und werden renal eliminiert. Bei Niereninsuffizienz oder Dialyse muss die Dosis reduziert werden. Eine verstärkte Ödembildung, Schwindel und Gangstörungen limitieren die Therapie. Bei schlecht eingestelltem Diabetis mellitus sollte eine Blutzuckerkontrolle erfolgen. Beide sind auch beim neuropathischen Dauerschmerz mit Reizsymptomen wirksam. Bei langsamer Dosissteigerung sind diese Medikamente für den alten Menschen gut geeignet. **Clonazepam** (ED 0,5–1 mg, 8–12 stdl. Gabe, TD 2–4 mg) soll ebenfalls eine ko-analgetische Wirkung bei paroxsysmalen Schmerzen aufweisen. Da es zur Gruppe der Benzodiazepine gehört, müssen Nebenwirkungen wie Sedierung, Muskelrelaxation, Stürze sowie die Induktion einer Abhängigkeit sorgfältig gegen den möglichen Vorteil (keine kardiale oder renale Kontraindikation) abgewogen werden. Beim schluckunfähigen Patienten (z. B. Terminalphase einer Erkrankung), der zuvor ein Antikonvulsivum zur Analgesie benötigte, ist Lorazepam ein geeigneter Ersatz, da es sublingual zur Verfügung steht und die Nebenwirkungen in dieser Situation therapeutisch erwünscht sein können. **Valproinsäure** ist ko-analgetisch gut wirksam, aber aufgrund des Neben- und Wechselwirkungspotentials eher als Mittel der 2. Wahl zu sehen. **Phenytoin** ist bei paroxysmalen Schmerzen wirksam, hat aber wegen der Neben- und Wechselwirkungen sowie Kontraindikationen im Alter keine Bedeutung. Es gibt Hinweise auf eine ko-analgetische Wirksamkeit von **Oxcarbazepin** und **Lamotrigin**.

Die ko-analgetische Wirkung von **Kortikosteroiden** erklärt sich vermutlich über antiödematöse und antiphlogistische Wirkungen. Sie sollten initial hoch dosiert und dann auf die klinisch erforderliche Dosis reduziert werden. Für **Kalzitonin** gilt die Wirksamkeit bei Deafferentierungs- und (Phantom-)schmerz als bewiesen. Unklar ist die Höhe der anzuwendenden Dosis (TD 50–200 IE s.c., i.v. oder nasal, (12–) 24 stdl. Gabe), die Therapiedauer und die Gleichwertigkeit aller Applikationsformen.

23.7.2 Muskelschmerzen bei Myogelosen

Muskelschmerzen infolge von Zwangs-/Schonhaltung oder auch als Ausdruck somatisierter psychischer Anspannung stellen keine Indikation zur Langzeittherapie mit Muskelrelaxantien vom Benzodiazepintyp dar. Sie reduzieren die Kraft der bereits (Kachexie-, Immobilitäts-)geschwächten Muskulatur nochmals, verstärken die Nebenwirkungen von Opioiden und gehen Interaktionen mit zahlreichen anderen Substanzgruppen ein (z. B. kann Clonazepam den Serumspiegel von Fentanyl um 50 % steigern). Die therapeutische Breite von Tetrazepam oder Clonazepam ist beim alten Menschen deutlich eingeschränkt. Flupirtin ist ein zentral wirkendes Nicht-Opioid, dem benzodiazepinähnliche Wirkungen zugeschrieben werden. Spezielle Erfahrungen beim alten Menschen existieren nicht.

23.7.3 Schmerzhafte Muskelspastik

Dieser sehr häufige Schmerztyp beim alten Menschen (z. B. nach Schlaganfall) bedarf einer Pharmakotherapie, wobei ein Balanceakt zwischen analgetisch gebotener Myotonolyse und Erhalt des für die Funktion erforderlichen Muskeltonus zu leisten ist. In der Schmerztherapie wird Baclofen (ED 5–10 mg, TD15–(60) mg, (8–)12 stdl. Gabe) mit dieser Indikation besonders bei zentraler Ursache am häufigsten verwendet. Vorsicht ist geboten bei gastrointestinalen Ulzera, zerebrovaskulären Erkrankungen (Gefahr der Entstehung eines Delirs), bei respiratorischer, renaler oder hepatischer Insuffizienz. Aber auch **Tizanidin** (ED 2,4 mg TD 24 mg, (6)–8 stdl. Gabe; einschleichende Dosierung), **Tolpiseron** (ED 50 mg TD 300 mg 8 stdl. Gabe; einschleichende Dosierung), **Dantrolen** (ED 25 mg, TD max 300 mg 8 stdl. Gabe; keine Langzeitanwendung, keine Kombination mit Ca-Antagonisten, peripheres Myotonolyticum) sind mögliche Alternativen.

23.7.4 Knochenschmerzen

Alle Bisphosphonate der dritten Generation wirken analgetisch bei Knochenschmerzen. Die Auswahl der Substanz richtet sich nach der jeweiligen substanzspezifischen Zulassung (Osteoporoseschmerz, Schmerzen bei Knochenmetastasen, Hyperkalziämie bei Malignomen) und leider weniger nach Praktikabilität der Therapie gerade für den alten Menschen. Bei den meisten Substanzen ist eine Dosisanpassung an die Nierenfunktion erforderlich.

Literatur

AGS Panel on Persistant Pain in Older Persons (2001) The management of persistant pain in older persones. J Am Geriat Soc 50:205–224

Ahmedzai S, Brooks D (1997) Transdermal fentanyl versus sustained release oral morphine in cancer pain: preference, efficiacy, and qualitiy of life. J Pain Sympt Manage 15.4:253–257

Ashby M, Fleming B, Wood M, Somogyi PD (1997) Plasma morphine and glucuronide (M3G and M6G) concentrations in hospice inpatients. J Pain Symp Mange 14.3:157–166

Basler JD, Bloem R, Casser HR et al (2001) Ein strukturiertes Interview für geriatrische Patienten. Schmerz 15:164–171

Brattberg G, Parker, MG, Thorsluns M (1996) The prevalence of pain among the oldest in Sweden. Pain 67:29–34

Breivik H (2005) Opioids in chronic non-cancer pain, indications and controversies. Eur J Pain (2):127–30

Bruera E. Pereira J. Watanbe S et al (1996) Opioid rotation in patients with cancer pain A retrospective comparison of dose ratios between methadone, hydromorphone and morphine Cancer 78.4:852–857

Buntin-Mushock C, Phillip L, Moriyama K, Palmer PP (2005) Age-dependent opioid escalation in chronic pain patients. Anesth Analg 100(6): 1740–5

Constantini M, Viterbori P, Flego G (2002) Prevalence of pain in Italian hospitals: results of a regional crosssectional survey. J Pain Symp Manage 23:221–230

Davis MP, Walsh D (2001) Methadone for relief of cancer pain: a review of pharmacokinetics, pharmacodynamics, drug interactions and protocols of administration Supp Care Cancer 9: 73–83

Expert Working Group of EAPC (1996) Morphine in cancer pain: modes of administration. Br Med J 1996 312:823–826

Expert Working Group of EAPC (2001) Morphine and alternative opioids in cancer pain: the EAPC recommendations. Br J Cancer 84(9):587–593

Frampton M (2003) Experienced assessment and management of pain in people with dementia. Age Aging 32:248–251

Freye E, Levy JV (2004) Use of opioids in the elderly – pharmacokinetic and pharmacodynamic considerations. Anasthesiol Intensivmed Notfallmed Schmerzther 39(9):527–37

Goodlin SJ, Austrian JS, Kerns RD, Reid MC (2005) Perceived barriers to trying self-management approaches for chronic pain in older persons. J Am Geriatr Soc 53(5):856–61

Kloke M, de Stoutz N (2004) Symptomorientierte onkologische Therapie – ein Leitfaden zur pharmakologischen Therapie, 3. Aufl. Springer, Berlin Heidelberg New York Tokio

Kopf A, Janson W, Stein C (2003) Opioid therapy in chronic non-malignant pain. Anaesthesist 52(2):103–14

Martin A, Mellotte G, O'Neill D (2005) Chronic kidney disease in the elderly; a silent epidemic. Ir Med J. 98(2):46–4

Mercadante S, Arvuri E (2002) Opioids and renal function. J Pain 5(1):2–19

Schuler M, Basler HD, Hesselbach S, Kaluza G, Sohn WM, Nikolaus T (2004) Einfluss von Schmerzen, Morbidität und psychologischen Variablen auf die funktionelle Beeinträchtigung

Älterer mit persistierenden Schmerzen. Z Gerontol Geriatr 37(4):257–64

Solomon DH, Schneeweis S, Glynn RJ, et al (2004) Relationship between selective Cycolo-xygenase-2inhibitors and acute myocardial infarction in older adults. Circulation 109:2068–2078

Tegeder I, Lötsch J, Geisslinger G (1999) Pharmacokinetics of opioids in liver disease Clin Pharmocokinet 37.1:17–40

Won AB, Lapane KL, Vallow S, Schein J, et al (2004) Persistent nonmalignant pain and analgesic prescribing patterns in elderly nursing home residents. J American Geriatrics Society 52(6):867–874

World Health Organisation (1996) Cancer Pain Relief. WHO Publishing Geneve 2nd edition

World Health Organisation (2004) Evidence of underassessment and undertreatment. Aus: Better palliative care for older people:20–26

24 Schluckstörungen

Edwin Großarth und Thomas Günnewig

Einleitung

Schluckstörungen sind im Alter und insbesondere bei neurologischen Grunderkrankungen häufig. Die Prävalenz liegt in der Allgemeinbevölkerung >55 Jahre bei 16–22 % und wird bei Pflegeheimbewohnern auf 30–40 %, bei Patienten im Akutkrankenhaus auf 10–15 % und bei neurologischen Patienten, je nach Stichprobenauswahl, mit 25–50 % angegeben. Schluckstörungen beeinträchtigen die Lebensqualität einschließlich der sozialen Gestaltungsmöglichkeit und bedingen medizinische Folgestörungen (Unterernährung und Gewichtsverlust, Exsikkose mit Folgeproblemen, Aspirationspneumonie), behindern die Medikamenteneinnahme und induzieren Leiden durch Hunger, Durst und Schluckangst. Schluckstörungen sind ein negativer Prädiktor für die Prognose bei einigen neurologischen Erkrankungen.
Bei den **neurogenen Dysphagien** (ND) gilt der Schlaganfall als häufigste Störung. Allerdings leiden schwerstgradig betroffene Demenzpatienten fast immer unter einer klinisch relevanten Schluckstörung.
Die **Häufigkeit** von ND wird angegeben mit: Schlaganfall in der Akutphase ca. 50 % und in der chronischen Phase ca. 25 %; M. Parkinson ca. 50 %; Multisystematrophie und progressive supranukleäre Blickparese im Verlauf sehr häufig; amyotrophe Lateralsklerose initial bei bulbärem Beginn typisch und im Verlauf bei allen Formen regelhaft; bei weiteren Erkrankungen wie z. B. Multiple Sklerose, Myasthenia gravis und nach Langzeitbeatmung häufig (Prosiegel et al. 2003).

24.1 Physiologie und Pathophysiologie

Der **Schluckakt** gliedert sich in die orale, pharyngeale und oesophageale Phase (**s. Tab. 24.1**). Neurogeriatrisch bedeutsam ist auch die präorale Phase, die sich auf die Wahrnehmung (gestört u. a. bei Demenz, Delir, Hemianopsie, Kortikaler Blindheit) und den motorischen Transport (Parese, Ataxie, Tremor, Akinese) von Speise und Getränken zum Mund bezieht.
Das bilaterale kortikale Schluckzentrum zeigt eine Hemisphärendominanz. Im Hirnstamm finden sich mehrere Schluckgeneratoren, die über Hirnnerven, motorische Endplatte, Muskeln und sensible Afferenzen den Schluckakt mit seinen 26 Muskelpaaren räumlich und zeitlich koordinieren. Eine ND kann sich daher pathoanatomisch auf jeder Ebene dieser Strukturen manifestieren.
Das Substrat von Schluckstörungen ist Speichel, Flüssigkeit, Nahrung, Kontrastmittel oder Fremdkörper (Gebiss). Schluckstörungen führen zur **Penetration** (Eintritt von Material bis auf Stimmbandebene) oder Aspiration (Material unterhalb der Glottisebene). Eine **Aspiration** kann **vor** dem Schlucken (prädeglutitiv) bei verzögertem/ausgefallenem Schluckreflex insbesondere bei Flüssigkeit auftreten, sie kann **während**

Tab. 24.1 Physiologie des Schluckaktes

1 – Orale Phase/Kauphase (willkürlich) • Mundschluss • Kaubewegung/Zerkleinerung • Einspeichelung • Zungenbewegung • Positionierung der Speise in der Zahnreihe • Bolusformung	**3 – Pharyngeale Phase** (rein reflektorisch) • Boluspropulsion durch Zunge • velopharyngealer Abschluss • Larynxanhebung • Epiglottis- u. Glottisverschluss • pharyngeale Peristaltik • Öffnung oberer Ösophagussphinkter
2 – Orale Phase (teilreflektorisch) • Bolustransport in Richtung Gaumen • Pharynxabdichtung d. Gaumensegel • Triggerung d. Schluckreflex (wenn Bolus vorderen Gaumenbogen passiert)	**4 – Ösophageale Phase** • Ösophagusperistaltik • Öffnung unterer Sphinkter

Tab. 24.2 Klinische Untersuchung bei Schluckstörungen

Spezielle Anamnese	Ess- und Trinkauswahl (Menge, Zeiten, Gewohnheiten) Speichelfluss, Kauschwäche Fieber, Gewichtsverlust Spontanhusten, Hustenreiz während/nach Schluckakt Verschlucken, Regurgitation, Erstickungsanfälle
Allgemeine Körperuntersuchung	Mundinspektion (Mundhöhle, Zunge, Gebiss) Palpation regio collis (Lymphknoten, Tumor)
Lokaler neurologischer Befund	intraorale Sensibilität (Wange, Zunge, Pharynx) Zungenmotilität/-atrophie Gaumensegel in Ruhe und bei Hebung Würgreflex (kann beim Gesunden fehlen), Sprache Masseterreflex und Primitivreflexe
HNO-Befund	Laryngoskopie

des Schluckens (intradeglutitiv) bei reduziertem laryngealem Verschluss von Epiglottis und Stimmlippen geschehen und sie kann sich **nach** dem Schlucken (postdeglutitiv) durch tracheales Abtropfen/Einatmen von Material aus vallekulären Schleimhautfalten ereignen.

24.2 Diagnostik

Wesentliche Hinweise auf eine ND ergibt die Anamnese und bei Demenz-Betroffenen die Fremdanamnese von Angehörigen und Pflegenden. Neben der allgemeinen Körperuntersuchung von Mundhöhle und Halsregion ist der allgemeine (ätiologische Hinweise) und der intraorale, lokale (spezieller Pathomechanismus) neurologische Untersuchungsbefund wesentlich. Die HNO-ärztliche Untersuchung ist essentiell und mit Laryngoskopie und ggf. Blauschluck (Nachweis von Retentionen in Plicae und Valleculae) überall durchführbar (**s. Tab. 24.2**).

Die funktionelle Befunderhebung von Schlucktherapeuten (Logopädie oder Ergotherapie) komplettiert den ärztlichen Befund. An technischer Diagnostik ergänzen

sich die **videofluoroskopische Untersuchung** und die **Videoendoskopie.** Sie stellen die sensitivsten Untersuchungsmethoden dar. Ein Überblick kann durch den Gastrographin-Ösphagus-Breischluck, alternativ mit Iotrolan, gewonnen werden. Bariumsulfat ist als Kontrastmittel wegen der Pneumoniegefahr bei Aspiration kontraindiziert. Als einfacher **Bedside-Test** ist der 50 ml-Wasser-Test (Trinken in 10 Schlucken) überall durchführbar und wird mit der Pharynxsensibilitätsprüfung mittels Wattestäbchen ergänzt (Martino et al. 2000).
Zu achten ist auf Aspiration (Husten, Verschlucken) oder Penetration (Husten oder nasse und gurgelnde Stimme) als Folge der Schluckstörung (**s. Tab 24.3**).

Tab. 24.3 Klinische Zeichen der Aspirationsgefährdung

- Speichelfluss aus dem Mund,
- Speichelabschlucken gestört,
- Speisereste im Mund (Wangentasche/Gaumen),
- Verschlucken mit Husten und Würgen,
- Regurgitation,
- Oraler oder nasaler Nahrungsaustritt,
- Pharyngeale Penetration mit nasser, gurgelnder Stimme,
- Unklare Fieberschübe!!!

Bei gestörter trachealer Sensibilität können **„stumme bzw. stille“ Aspirationen** mit Pneumonien (bei gestörter Pharynx- und Tracheasensibilität ohne Hustenreiz) auftreten. Warnzeichen sind unklares Fieber, fluktuierende oder persistierende CRP-Erhöhung, ohne dass die Rö-Thorax-Diagnostik pneumonische Infiltrate nachweisen muss.

24.3 Alterstypische Kofaktoren

Prädisponierende Faktoren einer Schluckstörung im Alter sind ein verminderter Geruchs- und Geschmackssinn (Haptik), eine abnehmende Speichelproduktion, eine vorzeitige muskuläre (Kau-)Erschöpfung, eine reduzierte Zungenmotilität durch Muskelfaserverlust und Zunahme an Bindegewebe, ein verlangsamter Schluckreflex, eine verlangsamte Motilität des Kehldeckelschlusses und ein defekter Zahnstatus oder eine nicht-haftende Gebissprothese. Der Verlust haptischer Reize wird verstärkt bei Visuseinschränkung mit mangelnder Wahrnehmung der Speise, dem Angebot ungewohnter oder nicht gemochter Mahlzeiten bei Fremdzubereitung im Heim und durch die Entstellung von Speisen durch Pürieren. Wesentlich sind auch **Xerostomie** fördernde Pharmaka (diverse Gruppen), psychische Erkrankungen, Multimorbidität, akute Infekte, Exsikkose und eine laienhaft präsentierte Essbegleitung in Institutionen (zu hektisch, zu große Löffelportionen, Fremdanreichen ohne Sichtkontrolle durch Patient von der Seite oder von hinten).
Bei Fremdversorgung im Heim oder Krankenhaus kann das Speiseangebot bei fehlender Kenntnis der Biographie mit lebenslang gepflegten Diätgewohnheiten, skurilen Speisevorlieben oder religiös motivierten Diäten kollidieren. Ein normatives Essverhalten ist dann vom Patienten nicht zu erwarten.

24.4 Differentialdiagnose der neurogenen Dysphagie (ND)

Die differentialdiagnostischen Ursachen der neurogenen Dysphagie (ND) sind vielfältig (**s. Tab. 24.4**). Als neurologisches Syndrom findet sich je nach Topik der Schädigung eine sensomotorische Hemiparese, eine pseudobulbäre Störung (bikortikale „zentrale“ Läsion mit gesteigertem Masseterreflex), eine Bulbärparalyse (Schä-

Tab. 24.4 Differentialdiagnose der neurogenen Dysphagie (ND)

Vaskuläre Genese	• Isolierte große Hemisphärenischämie • Hirnstammischämie • Multiinfarktsyndrom • Subkortikale arteriosklerotische Enzephalopathie • Intrazerebrale Blutung (analog zu Ischämien)
Schädel-Hirn-Trauma	• bei raumfordernder Kompression durch Ödem oder Blutung • Kontusionen
Neuromuskuläre Erkrankungen	• Myasthenie • Polymyositis • Motoneuronerkrankungen, vor allem amyotrophe Lateralsklerose
Multiple Sklerose	• Demenz, Ataxie, Spastik etc.
Primär-degenerative Demenzen	• Alzheimer-Demenz • Lewy-Körperchen-Demenz • frontotemporale Demenz
Extrapyramidale Erkrankungen	• Idiopathisches Parkinson-Syndrom • progressive supranukleäre Blickparese • Multisystematrophie • essentieller Tremor, v. a. präorale Schluckphase
Hirnnervenläsionen	• Schädelbasisprozess • Operation im HNO-Bereich • Radiatio (Kopf oder Hals)
Psychiatrische Erkrankungen	• Depression • Paranoid mit Vergiftungswahn • Geschmackszönästhesien
Psychogen	• klin. Untersuchungsbefund regelrecht • keine Aspirationshinweise • typ. Bolus-/Fremdkörpergefühl • demonstratives Schlucken und Räuspern • unbeobachtet oft ungestörter Essvorgang • **cave:** sorgfältiger Ausschluss einer Organogenese erforderlich

digung auf Hirnstammebene mit Ausfall motorischer und sensibler Hirnnerven: Zungenparese u. -atrophie, Würg- u. Masseterreflex nicht auslösbar), eine Schluckapraxie oder eine muskuläre (belastungsabhängige) Schwäche.

Beschwerdeverstärkend bei ND wirken sich sedierende Pharmaka oder Vigilanzstörungen, eine Xerostomie bzw. Exsikkose, oropharyngeale Pilzinfektionen, ein gastroösophagealer Reflux, Schmerzen und Analgetikanebenwirkungen, zervikale Wirbelsäulenoperationen mit anteriorem Zugang sowie Dyspnoe und eine falsche Lagerung beim Schluckakt aus.

24.5 Spezielle Krankheitsbilder

24.5.1 ND nach Schlaganfall

Die **90-Tage-Mortalität** nach Schlaganfall ist durch die Dysphagie um den Risikofaktor 2,6 erhöht (Sharma et al. 2001). **Aspirationspneumonien** finden sich bei 20 % der Patienten innerhalb der ersten 6 Monate (Mann 1999) und innerhalb von 5 Jahren nach stationärer Rehabilitation bei etwa 40 %. Insbesondere Hirnstammläsionen prädisponieren für eine „stille" Aspiration aufgrund der sensiblen Störung von Larynx und Pharynx. Patienten mit Hemiparese retinieren Essensreste in der paretischen Wangenseite. Nach jeder Mahlzeit muss die Mundhöhle kontrolliert und ggf. gesäubert werden. Bei Aspirationsgefährdung ist die strikte Nahrungskarenz erforderlich. Die Ernährung erfolgt zunächst über eine **nasogastrale Sonde**, da die parenterale Ernährung durch die Volumenbelastung im Alter bei kompensierter oder latenter diastolischer Herzinsuffizienz häufig zur Lungenstauung führt. Eine **perkutane endoskopische Gastrostomie** (PEG) wird allgemein bei prognostizierter Dysphagie von länger als 4–6 Wochen empfohlen. Da die nasogastrale Sonde (NGS) bei symptomatischen oder vorbestehenden hirnorganischen Psychosyndromen schlecht toleriert wird, besteht die Gefahr der Sondendislokation durch den Patienten. Gefährlich ist die partielle Sondendislokation mit aufgerolltem Sondenende in der Mundhöhle bei laufender Pumpenapplikation. Alternativ kann die Bolusapplikation von Sondenkost, eine Fixierung (s. Kap. 48) oder die frühzeitige PEG-Anlage, die bislang als vorteilhaft gegenüber der nasogastralen Sonde angesehen wurde, erfolgen. Allerdings zeigte die Food-3-Studie bei früher PEG-Versorgung in den ersten 4 Wochen in 7 % ein schlechteres Outcome als bei NGS. Nach PEG-Anlage sind die Angehörigen aufzuklären, dass die orale Verabreichung von Getränken und Speisen nur nach ärztlicher Rücksprache erfolgen darf.

24.5.2 ND bei idiopathischen (IPS) und atypischen (APD) Parkinson-Erkrankungen

Bei Umfragen berichten 40–50 % der Parkinson-Betroffenen über Schluckstörungen. **Typische Beschwerden** sind reduziertes Schlucktempo oder Gefühl des Steckenbleibens (35 %), nasse Stimme und Husten (20 %) und nächtlicher Speichelfluss (15 %) (Volonte et al. 2002). Videofluoroskopische Analysen zeigen Dysphagien bei fortgeschrittenem IPS in bis zu 90 %. Eine ND zeigt sich bei APD deutlich früher als beim IPS und tritt im Mittel bei progressiver supranukleärer Blickparese (PSP) nach 42 Monaten, bei der Demenz vom Lewy-Body-Typ nach 43 Monaten, bei der Multisystematrophie nach 67 Monaten und beim IPS erst nach 130 Monaten Krankheitsdauer auf. Jedoch beträgt die mittlere Überlebenszeit nach Beginn der Schluckstörung bei allen Parkinson-Formen 15–24 Monate (Müller et al. 2001).

Somit stellt der Beginn einer ND bei Parkinson-Erkrankungen einen negativen Prädiktor für die weitere Überlebenszeit bei allen Formen und ebenso eine Möglichkeit zur Differenzierung zwischen IPS und APD dar.

Selten fällt eine Gewichtsabnahme durch Dysphagie als Erstsymptom des IPS auf. Eine pharmakogene Verstärkung der ND bei IPS kann durch die L-Dopa induzierte/verstärkte Geschmacksstörung, Neuroleptika bedingte Kinesestörungen oder eine Xerostomie unter trizyklischen Antidepressiva oder Anticholinergika entstehen. Auch eine Ageusie und Hyposmie im Rahmen des IPS reduzieren die Speichelstimulation. Die hohe Prävalenz von ND bei IPS wird besonders relevant im Rahmen von akinetischen Krisen, Dyskinesien im Langzeitverlauf und bei Infektbedingter Verschlechterung.

Therapeutisch sinnvoll sind L-Dopa-Gaben 60 min vor den Mahlzeiten, häufige und kleine Portionen, Beseitigung von Obstipation und ein Trinkbecher mit Nasenausschnitt zur Erleichterung der Zielmotorik und Meiden einer Kopfreklination beim Trinken.

Positiv lässt sich die ND durch Stimmtraining und Muskeltonusaufbau im Rahmen der Schlucktherapie verbessern.

Die vertikale Blickparese bei PSP erschwert das Essen durch die fehlende Sicht auf den Speiseteller. Hilfreich ist bei nicht dementen PSP-Patienten die Versorgung mit einer Prismenbrille (s. Kap. 18.2).

24.5.3 Amyotrophe Lateralsklerose (ALS)

Die mittlere Überlebenszeit nach PEG-Anlage wird mit 211 Tagen angegeben (Gregory et al. 2002). Die Prognose bei PEG-Anlage ist ungünstiger, wenn der Gewichtsverlust mehr als 10 % und die forcierte Vitalkapazität <65 % beträgt (Chiò et al. 1999). Bei einer forcierten Vitalkapazität <50–60 % sollte die PEG-Anlage unter nicht-invasiver Beatmung, O_2-Zufuhr und milder Sedierung erfolgen oder eine perkutane radiologische Gastrostomie angelegt werden (Prosiegel et al. 2004).

24.6 Situation im Pflegeheim

Pflegeheimbewohner mit eingeschränker Nahrungsaufnahme zeigten in 55 % eine Schluckstörung, aber nur 22 % dieser Bewohner hatte zuvor schon eine ärztliche Untersuchung wegen Dysphagie erhalten (Kayser-Jones und Pengilly 1999). Unter 5 266 Pflegeheimbewohnern >65Jahre mit Kau- und Schluckproblemen fanden sich 10,5 % mit PEG-Versorgung. Diese hatten ein erhöhtes 1-Jahres-Mortalitätsrisiko von 1,4. Allerdings konnte bei 25 % der PEG-Versorgten innerhalb eines Jahres auf die PEG verzichtet werden, insbesondere wenn das Alter <87 Jahre lag (Mitchel 1998). Bei unzureichender oraler Nahrungsaufnahme zeigte sich eine 1-Jahres-Überlebensrate bei PEG-Versorgung von 50 % und bei nicht Sonden ernährten Pflegeheimbewohnern von 39 % (Rutberg et al. 2000). Pflegeheimbewohner erhielten in 31 % eine Diätversorgung; lediglich in 5 % war die Diätstufe adäquat, bei 91 % war die Schluckdiät zu restriktiv und in 4 % unzureichend eingeschränkt mit fortbestehender Aspirationsgefahr (Groher und McKaig 1995).

24.7 Therapie der ND im Alter

Die **therapeutischen Optionen** bestehen aus kausaler oder Symptom-orientierter Pharmakotherapie, allgemeinen (Lagerung) und speziellen (funktionell-therapeutischen) Maßnahmen, adaptativen Verfahren bei der Ernährung und im Alter deutlich selteneren operativen Interventionen.

24.7.1 Pharmakotherapie

Pharmakotherapeutisch empfiehlt sich bei **Verschleimung** Acetylcystein (nur bei ausreichendem Hustenstoß), bei gastroösophagealem Reflux ein Protonenpumpenhemmer und bei **Hypersalivation** durch vermindertes Abschlucken von Speichel ein transkutanes Scopolaminpflaster (cave: Nebenwirkungen

Tab. 24.5 Körperhaltung schluckgestörter Patienten beim Essen

- Sitz gerade und aufrecht
- Rückenunterstützung
- dreifacher 90°-Winkel: Fuß/Unterschenkel
Unter/Oberschenkel
Oberschenkel/Körperstamm
- symmetrische Armposition, leicht angewinkelt
- Schultern leicht nach vorn gebeugt
- Kopf leicht nach vorn gebeugt
- nach dem Essen weiter aufrecht sitzen (wegen Erschöpfung oder Schmerz nicht immmer realisierbar) oder Lagerung auf schiefer Ebene für ca. 30 min.
- cave: Kopf in Extension meiden

im Alter). Bei **Xerostomie** ist die künstliche Speichelapplikation der Pilocarpingabe vorzuziehen. Der **chronische Singultus** (länger als einen Monat) spricht in 60 % auf die Gabe von 20 mg Omeprazol tgl. bis 60 mg Domperidon tgl. (in der Studie wurde Cisaprid verwendet) und einschleichend Baclofen bis 45 mg tgl. an (Petroianu et al. 1998). Alternativ kann Gabapentin zusätzlich oder im Austausch mit Baclofen gegeben werden (Petroianu et al. 2000).
Pyridostigmin wird bei der Myasthenia gravis aber auch symptomatisch bei der ALS eingesetzt. L-Dopa kann einen positiven Effekt auf ND haben.

24.7.2 Nahrungszufuhr und Schlucktherapie

Vor der **oralen Nahrungszufuhr** sollten Patienten wach, zur Aufmerksamkeitsfokussierung oral stimuliert und schluckgerecht gelagert sein (**s. Tab. 24.5**). Bei bettlägerigen Patienten muss das Kopfteil fast senkrecht aufgestellt werden (falsche Lagerung, wenn der Patient dabei eine Knicklagerung im Oberkörper erfährt).
Zur **funktionellen Schlucktherapie** wird je nach Störungsbild neben kompensatorischen Haltungsänderungen und speziellen Schlucktechniken die Fazio-orale-Trakt-Therapie (F.O.T.T.; nach Kay-Coombs) empfohlen. Auch Monate nach eingetretener ND lassen sich noch funktionelle Besserungen erzielen. Eine restituierende Schlucktherapie ist allerdings bei mittel- und schwergradiger Demenz erfahrungsgemäß erfolglos. Als **Hilfsmittel** hat sich der Trinkbecher mit Nasenausschnitt zur Meidung der Kopfreklination bewährt.
Bei den **adaptativen** Therapien (**s. Tab. 24.6 u. 24.7**) wird in Abhängigkeit von der Schluckstörung die Konsistenz von Flüssigkeit (Andickungsmittel) und Speise (pürieren) angepasst. Bei **erforderlicher Nahrungskarenz** aufgrund einer Aspirationsgefährdung erfolgt die Versorgung mittels nasogastraler Sonde oder PEG (**s. Tab. 24.6 u. 24.7**).
Die **nasogastrale Sonde** (NGS) sollte bei längerer Anwendung aus weichem Silikonmaterial bestehen. Problematisch können nasopharyngeale Druckulzera, Flüssigkeitsretentionen der Nasennebenhöhlen, ein Reflux entlang der Sonde, eine tracheale Fehllage, Verletzungen von Nasopharynx und Ösophagus ebenso wie eine durch den Patienten erfolgte Dislokation mit oral liegendem Sondenende bei evtl. Pumpenapplikation sein. Wird die NGS nicht toleriert, muss entweder eine Fixierung (gerichtliche Betreuung mit Fixierungsgenehmigung) oder eine PEG-Anlage erfolgen, da die

Tab. 24.6 Klinische Störungsbilder, Aspirationsgefährdung und Vorgehensweise (nach Prosiegel und Wagner-Sonntag 2002)

Klinik (isolierte Störungsbilder)	Einschätzung der Aspirationsgefahr	Ernährung	Empfehlungen
Fazialisparese	gering, cave: orale Reste	meist oral möglich	Trinken mit Strohhalm, evtl. weiche oder passierte Kost
Zungenparese einseitig	gering bis mäßig, bes. bei Flüssigkeiten	meist oral möglich	sehr weiche Kost, dickere oder angedickte Flüssigkeiten
Zungenparese beidseits	mäßig bis groß, bes. bei fester Kost und Flüssigkeiten	höchstens teiloral, keine Medikamente oral	gut gleitfähige, passierte Kost
verzögerter/ erschwerter Schluckreflex	groß, bes. bei Flüssigkeiten	höchstens teiloral, keine Medikamente oral	passierte oder sehr weiche Kost
aufgehobener Schluckreflex	sehr groß	keine orale Ernährung, keine Medikamente oral	Speichel ausspucken lassen, ggf. Trachealkanüle
Velumparese	gering	Meist oral möglich	evtl. Flüssigkeiten andicken
Velumparese bds.	gering bis mäßig, nasale Penetration möglich	Meist oral möglich	evtl. Flüssigkeiten andicken
orale/pharyngeale Sensibilitätsstörung	groß bis sehr groß	höchstens teiloral, keine Medikamente oral	geschmacklichen Reiz erhöhen
Dysphonie (Stimmbandparese)	mäßig bis groß, bes. bei Flüssigkeiten	Meist (zumindest teilorale) möglich	Flüssigkeiten andicken
Aphonie (bds. Stimmbandparese)	sehr groß, auch bei Speichelschluck	keine orale Ernährung, keine Medikamente oral	ggf. Trachealkanüle
bukkofaziale Apraxie	nicht ableitbar	Essen unter Aufsicht	evtl. Breikost
fehlender Würgreflex	nicht ableitbar	nicht ableitbar	–
Aufmerksamkeits-/ Antriebs-/Vigilanz-Störung	groß	höchstens teiloral, Essen unter Aufsicht	sehr weiche oder passierte Kost

Cave: kombinierte Störungsbilder sind häufig; sie erhöhen die Aspirationsgefahr massiv!

großvolumige parenterale intravenöse Ernährung im Alter häufig zur manifesten Herzinsuffizienz führt.

Die **PEG-Anlage** ist ein elektiver Eingriff und zustimmungspflichtig (ggf. Betreuung einrichten). Kontraindikationen sind u. a. septische Temperaturen, Zustand nach Gastrektomie und eine negative Diaphanoskopie. Alternativ kann dann eine perkutane radiologische Gastrostomie erfolgen. Vor der PEG-Anlage wird die Antibiotikaprophylaxe und nach Sondenanlage der Ernäh-

Tab. 24.7 Häufige Störungsmuster und zugehörige Verfahren der funktionellen Schlucktherapie (Beispiele nach: Prosiegel und Wagner-Sonntag 2002)

Art der Störung	Restituierende Verfahren	Kompensatorische Verfahren	Adaptive Verfahren
gestörte orale Boluskontrolle	Stimulation der Zunge (Pinseln, Druck, Eis) Zungenübungen zur (Fein-)Beweglichkeit und Kräftigung	Haltungsänderung: Anteflexion des Kopfes	diätetische Maßnahmen: Breiige Nahrung, Andicken von Flüssigkeiten
verzögerte Schluckreflexauslösung	thermal-taktile Stimulation der Gaumenbögen	Haltungsänderung: Anteflexion des Kopfes Schlucktechnik: Supraglottisches Schlucken	diätetische Maßnahmen: Speisen mit besonders kalter oder warmer Temperatur, starke Geschmacksreize (z. B. Zitronensaft)
insuffizienter Glottisschluss	Stimmübungen	Haltungsänderung: Kopfdrehung zur kranken oder gesunden Seite (abhängig vom HNO-Befund) Schlucktechnik: Supraglottisches Schlucken	diätetische Maßnahmen: Andicken von Flüssigkeiten
Dysfunktion des oberen Ösophagussphinkters	Larynxelevationsübungen, Übungen zur Zungenrückenhebung	Schlucktechnik: Mendelsohn-Manöver	diätetische Maßnahmen: evtl. Flüssigkeiten möglich
reduzierte Pharynxperistaltik	modifiziertes Valsalva-Manöver (nach tiefer Einatmung „k" lange und kräftig halten), Pfeifen, Saugen, Fauchen	Haltungsänderung: Kopfneigung zur gesunden Seite, Kopfdrehung zur kranken Seite Schlucktechnik: Kräftiges Schlucken	diätetische Maßnahmen: Nahrung mit guter Fließfähigkeit (evtl. Nachschlucken)
sensible Störungen	Erhöhung des sensiblen Input (Eisstimulation der Zunge, der Gaumenbögen, der Wangenschleimhaut)	Schlucktechnik: Supraglottisches Schlucken, (falls „silent aspirations") Nachschlucken	diätetische Maßnahmen: sehr kalte Speisen Nahrungsplatzierung: Auf der Zungenhälfte mit der besseren Sensibilität

Cave: niemals im Liegen oder in halbliegender Position Flüssigkeit, Nahrung oder Medikamente verabreichen!

rungsbeginn 1–3 h später empfohlen. Die Medikamentenverordnung muss auf die PEG hinsichtlich der Applikationsfähigkeit abgestimmt werden (**s. Tab. 24.8**).

24.7.3 Operative Verfahren

Eine Tracheostomie bei persistierender Speichelaspiration mit Pneumonie oder die cricopharyngeale Myotomie bei Öffnungsstörung des oberen Ösophagussphinkters sind im Alter in Hinblick auf Prognose, Komorbidität und Patientenwillen abzustimmen.

24.8 Prozedere bei chronischer Erkrankung

Bei einer progredienten Grunderkrankung (ALS, IPS etc.) mit absehbar eintretender Schluckstörung sollten Patient und Angehörige frühzeitig über die mögliche Symptomprogredienz und die Warnzeichen einer Aspirationsgefährdung aufgeklärt werden. Regelmäßige Kontrolluntersuchungen sind sinnvoll. Bei beginnender ND sollte frühzeitig eine Essberatung und ein präventives Schlucktraining erfolgen. Das Körpergewicht ist zu kontrollieren.

24.9 Prinzipien der Medikamentengabe über Ernährungssonde

Für die Gabe von Medikamenten (**s. Tab. 24.8**) über PEG/Sonde sollte der Innendurchmesser, das Sondenmaterial und die Lage des Sondenendes bekannt sein. Die Tabellenangaben beziehen sich auf eine gastrale Sondenlage. Weitere Kriterien sind zu berücksichtigen: Empfindlichkeit des Arzneistoffes gegenüber Licht und Sauerstoff beim Mörsern, Applikationszeitpunkte, hygienische Erfordernisse und die möglichst geringe Zahl der ausreichend verdünnten Einzelgaben. Vor und nach Einzelgabe sollte mit 30 ml Wasser (kein Tee) gespült werden, jedes Präparat sollte einzeln in 10 ml Wasser, getrennt von Sondenkost, verabreicht werden. Pulver und Pellets können über Trichteradapter gegeben werden.
Falls eine **verstopfte Sonde** sich nicht durch Spülen mit Wasser oder Kochsalzlösung in einer 50 ml Spritze rekanalisieren lässt, können nach Beurteilung der Risiken folgende Spülhilfsmittel mit geringen Druck eingesetzt werden: 10 ml Pepsinwein, Cola, Vitamin C-Lösung oder Multibionta Ampullen (Auringer und Kreckel 1996, Probst 1997, Pfaff 2004).

24.10 Eignung und Applikation von Medikamenten bei PEG

Die Systematik der Auflistung (**s. Tab. 24.8**) erfolgt grundsätzlich nach den Indikationsgebieten der „Roten Liste". Antidiarrhoika, Antiemetika und Laxantien sind bei Magen-Darm-Mittel integriert. Psychopharmaka enthalten auch Hypnotika. Neben Handelspräparaten sind Generika aufgeführt, die sich auf die entsprechenden Arzneiformen der Firmen neuraxpharm, ratiopharm und Stada beziehen.
In der **Tab. 24.8** ist die **Sondenzubereitung der Medikamente** mit „+" für belegt/geprüft und „–" für nicht geprüft/nicht praktikabel/kontraindiziert gekennzeichnet (Fachinformationen, Firmenangaben, Auringer und Kreckel 1996, Probst 1997, Pfaff 2004).

Tab. 24.8 Medikamente: Sondengängigkeit und Teilbarkeit

Name des Präparates	Sondenapplikation möglich	teilbar	suspendierbar mörserbar	Öffnen der Kapsel	Anmerkung
Analgetika					
Gelonida Tabl.	+	–	+	–	
Ibuprofen Tabl.	+	+	+	–	Saft vorh.
Katadolon Kaps.	+	–	nicht mörsern	+	
MST Continus Kaps.	Sonde >Ch. 15	–	–	+	Ret-Granulat vorh.
Oxygesic Retardtabl.	nicht PEG-gängig	–	–	–	
Palladon retard Kaps.	Sonde >Ch. 15	–	–	+	
Paracetamol Tabl.	+	+	+	–	Saft vorh.
Sevredol Filmtabl.	–	+	–	–	altern.: Morphin Tr.
Valoron ret. Filmtabl.	nicht PEG-gängig	–	–	–	Tropfen vorh.
Tramadol Kaps.	+	–	+	–	Tropfen vorh.
Valoron ret. Filmtabl.	nicht PEG-gängig	–	–	–	Tropfen vorh.
Antiallergika					
Cetirizin	+	+	+	–	Saft vorh.
Fenistil Retardkaps.	nicht PEG-gängig	–	–	–	Tropfen vorh.
Antiarrhythmika					
Amiodaron Tabl.	+	+	+	–	
Sotalol Tabl.	+	+	+	–	
Tambocor Tabl.	+	–	+	–	
Verapamil 80 Filmtabl.	+	+	+	–	
Antiasthmatika					
Broncho retard Kaps.	+	–	+	+	altern.: Solosin Tr.
Spiropent Tabl.	+	+	+	–	altern.: verdünnte Tr.
Theophyllin retard Kaps.	+	–	+	+	altern.: Solosin Tr.
Antibiotika, Virustatika					
Aciclovir Filmtabl.	+	+	+	–	schwerlöslich
Amoxicillin Filmtabl.	+	+	+	–	Saft verdünnen

Tab. 24.8: Fortsetzung S. 372

Name des Präparates	Sondenapplikation möglich	teilbar	suspendierbar mörserbar	Öffnen der Kapsel	Anmerkung
Cefuroxim Filmtabl.	+	–	+	–	Saft vorh.
Ciprofloxacin Filmtabl.	+	+	+	–	altern.: Ciprobay Saft
Clarithromycin Filmtabl.	+	–	+	–	altern.: Klacid Saft
Clindamycin Kaps.	+	–	nicht mörsern	+	
Cotrimforte Tabl.	+	+	+	–	Saft verdünnen
DoxyM Tabl.	+	+	+	–	
Erythromycin Filmtabl.	+	+	+	–	Saft vorh.
Famvir Filmtabl.	+	–	+	–	
Fluconazol Kaps.	+	–	+	+	Saft vorh.
Metronidazol Tabl.	+	+	+	–	cave: CMR
Nitrofurantoin ret. Kaps.	+	–	nicht mörsern	+	
Ofloxacin 200/400 Filmtbl.	+	+	+	–	
Penicillin V Filmtabl.	+	+	+	–	Saft vorh.
Roxithromycin Filmtabl.	+	–	+	–	
Staphylex Kaps.	+	–	–	+	Saft vorh.
Unacid PD oral Filmtabl.	+	–	+	–	Saft vorh.
Antidementiva					
Aricept Filmtabl.	+	–	+	–	
Axura/Ebixa Filmtabl.	+	+	+	–	Tropfen vorh.
Exelon Kaps.	+	–	nicht mörsern	+	
Reminyl Filmtabl.	+	–	+	–	Lösung vorh.
Antidiabetika					
Glibenclamid Tabl.	+	+	+	–	
Glucophage Filmtabl.	–	–	+	–	duodenal unverträgl.
Metformin Filmtabl.	+	+	+	–	duodenal unverträgl.
Antiepileptika					
Antelepsin Tabl.	+	+	+	–	altern.: Rivotril Lsg.
Carbamazepin Tabl.	+	+	+	–	

Tab. 24.8: Fortsetzung S. 373

Name des Präparates	Sondenapplikation möglich	teilbar	suspendierbar mörserbar	Öffnen der Kapsel	Anmerkung
Ergenyl Filmtabl./ chrono	nicht PEG-gängig	–	–	–	Lösung vorh.
Gabapentin Kaps.	+	–	+	+	
Lamictal Tabl.	+	–	+	–	
Liskantin Tabl.	+	+	+	–	Saft vorh.
Lyrica Kaps.	+	–	–	+	
Neurontin Kaps.	+	–	–	+	
Orfiril retard Kaps.	Sonde verstopft	–	–	+	Saft vorh.
Petnidan Kaps.	nicht PEG-gängig	–	–	Inhalt flüssig	Saft vorh.
Phenhydan Tabl.	+	+	+	–	nüchtern
Rivotril Tabl.	+	+	+	–	Lösung vorh.
Tegretal Retardtabl.	+	+	nicht mörsern	–	Suspension vorh.
Topamax Filmtabl.	+	–	+	–	
Trileptal Filmtabl.	+	+	+	–	
Valproinsäure Filmtabl.	nicht PEG-gängig	–	–	–	Lösung vorh.
Antihypertonika					
Accupro, Accuzide Tabl.	+	+	+	–	
Amlodipin Tabl.	+	+	+	–	
Atenolol Filmtabl.	+	+	+	–	
Bayotensin Tabl.	nicht PEG-gängig	–	–	–	Bayotensin Akut
Beloc Zok Retardtabl.	+	+	nicht mörsern	–	sedimentiert rasch
Bisoprolol Filmtabl.	+	+	+	–	
Captopril Tabl.	+	+	+	–	
Carvedilol Tabl.	+	+	+	–	lichtempfindlich
Catapresan Tabl.	+	+	+	–	
Cibacen, Cibadrex Tabl.	+	+	+	–	
Diltiazem ratioph. Ret. Kaps.	+	–	+	+	
Diovan Filmtabl.	+	+	+	–	
Enalapril Tabl.	+	+	+	–	
Lisinopril Tabl.	+	+	+	–	
Metoprolol Tabl.	+	+	+	–	

Tab. 24.8: Fortsetzung S. 374

Name des Präparates	Sondenapplikation möglich	teilbar	suspendierbar mörserbar	Öffnen der Kapsel	Anmerkung
Propra Retardkaps.	+	–	–	+	
Ramipril Tabl.	+	–	+	–	
Selectol Tabl.	+	+	+	–	
Antikoagulantien					
Marcumar Tabl.	+	+	–	–	sedimentiert rasch
Antirheumatika					
Diclofenac 100 ret. Kaps.	+	–	–	+	Supp. vorh.
Indomet Kaps.	+	–	–	+	Supp.vorh.
Voltaren Dispers Tabl.	+	–	+	–	Supp. vorh.
Voltaren Resinat Kaps.	+	–	nicht mörsern	+	Supp. vorh.
Cholinergika					
Kalymin N Tabl.	+	+	+	–	altern. : Kalymin Amp.
Mestinon 10 Tabl.	+	–	+	–	
Mestinon 60 Drag.	+	–	+	–	
Ubretid Tabl.	+	+	+	–	
Diuretika					
Aldactone 25 mg Drag.	+	–	+	–	altern.: Aldact. Kaps
Furosemid Tabl.	+	+	+	–	altern. :Lasix liquid
HCT Tabl.	+	+	+	–	
Spironolacton Tabl.	+	+	+	–	
Torasemid Tabl.	+	+	+	–	
Triamteren comp. Filmtbl.	+	+	+	–	
Gichtmittel					
Allopurinol Tabl.	+	+	+	–	
Hypnotika					
Dormicum Tabl.	aus der Ampulle	+	+	–	ggf. Amp. als Nasenspray verwenden, keine Standarddosis
Zolpidem Filmtabl.	+	–	+	–	
Zopiclon Filmtabl.	+	–	+	–	bitter

Tab. 24.8: Fortsetzung S. 375

Name des Präparates	Sondenapplikation möglich	teilbar	suspendierbar mörserbar	Öffnen der Kapsel	Anmerkung
Kardiaka					
Digimerck Tabl.	+	+	+	–	
LanitopTabl.	+	+	+	–	Lösung vorh.
Koronarmittel					
Mono Mack Depot Tabl.	–	+	–	–	Tropfen vorh.
ISDN Retardkaps.	+	–	nicht mörsern	+	Isoket Spray/ sublin.
IS 5 mono Retardkaps.	+	–	nicht mörsern	+	
Kortikoide					
Fortecortin Tabl.	+	+	+	–	
Prednisolon Tabl.	+	+	+	–	
Urbason Tabl.	+	+	+	–	altern.: Urb. solubile
Lipidsenker					
Bezafibrat retard Tabl.	nicht PEG-gängig	–	–	–	
Sortis Filmtabl.	+	–	+	–	gut nachspülen
Simvastatin Filmtabl.	+	+	+	–	gut nachspülen
Magen-Darm-Mittel (Antidiarrhoika, Antiemetika, Laxantien)					
Domperidon Tabl.	+	–	+	–	altern.: Motilium Tr.
Kreon Kaps.	+	–	nicht mörsern	+	Verstopfungsgefahr
Laxans Tabl.	+	–	+	–	altern.: Supp.
Loperamid Filmtabl.	+	–	+	–	Lösung vorh.
MCP Tabl.	+	–	+	+	Tropfen vorh.
Movicol Pulver	+	+	+	–	altern.: Laxans Tr.
Navoban Kaps.	+	–	+	+	Amp. über Sonde
Nexium Mups Tabl.	+	–	nicht mörsern	–	in Apfelsaft disperg.
Omeprazol Kaps.	nicht PEG-gängig	–	–	–	Nexium Mups
Pantozol Tabl.	nicht PEG-gängig	–	–	–	Nexium Mups
Ranitidin Filmtabl.	+	+	+	–	Brausetabl.vorh.
Vomex A Drag.	+	–	+	–	altern.: Sirup/ Amp.

Tab. 24.8: Fortsetzung S. 376

Name des Präparates	Sondenapplikation möglich	teilbar	suspendierbar mörserbar	Öffnen der Kapsel	Anmerkung
Zofran Filmtabl.	+	–	+	–	Zydis lingual Tabl.
Muskelrelaxantien					
BaclofenTabl.	+	+	+	–	
Dantamacrin Kaps.	+	–	+	+	
Sirdalud Tabl.	+	+	+	–	
Tetrazepam Filmtabl.	+	+	+	–	
Osteoporosemittel					
Fosamax Tabl.	+	–	+	–	nüchtern einnehmen
Parkinsonmittel/extrapramidale Störungen					
Almirid Tabl.	+	+	+	–	
Amantadin Filmtabl.	+	+	+	–	altern.: PK Brause
Biperiden Tabl.	+	+	+	–	
Bromocriptin Tabl.	+	+	+	–	lichtempfindlich
Cabaseril Tabl.	–	+	+	–	
Comtess Filmtabl.	+	–	+	–	
Dopergin Tabl.	+	+	+	–	
Isicom Tabl.	+	+	+	–	
Levodopa comp. B/C Tabl.	+	+	+	–	
Madopar LT	+	+	nur in Wasser	–	
Nacom Tabl.	+	+	+	–	
Parkotil Tabl.	+	–	+	–	
PK Merz Tabl.	+	+	+	–	
Requip Filmtabl.	+	–	+	–	
Selegilin Tabl.	+	+	+	–	
Stalevo Tabl.	+	–	+	–	
Sifrol Tabl.	+	+	+	–	
Tiapridex Tabl.	+	+	+	–	
Psychopharmaka					
Abilify Tabl.	nicht PEG-gängig	–	–	–	
Amineurin Filmtabl.	+	+	+	–	
Amitryptilin retard Neurax	+	–	–	+	

Tab. 24.8: Fortsetzung S. 377

Name des Präparates	Sondenapplikation möglich	teilbar	suspendierbar mörserbar	Öffnen der Kapsel	Anmerkung
Aponal Filmtabl.	+	+	+	–	Tropfen vorh.
Citalopram Filmtabl.	+	+	+	–	
Clomipramin 10/25 Filmtabl.	+	–	+	–	
Diazepam Tabl.	+	+	+	–	Supp., Tropfen vorh.
Dipiperon Tabl.	–	+	–	–	Saft verdünnen
Distraneurin Kaps.	nicht PEG-gängig	–	–	–	Mixtur verdünnen
Doxepin Filmtabl.	+	+	+	–	Aponal Tr. vorh.
Edronax Tabl.	+	–	+	–	
Flunitrazepam Tabl.	+	+	+	–	
Fluoxetin Tabl.	+	+	+	–	Lösung vorh.
Haloperidol Tabl.	+	+	+	–	Tropfen vorh.
Insidon Filmtabl.	+	–	+	–	Tropfen vorh.
Leponex Tabl.	+	+	+	–	
Lorazepam Tabl.	+	+	+	–	Tavor Expidet vorh.
Maprotilin 75 mg Filmtabl.	+	+	+	–	
Melperon Tabl.	+	+	+	–	Lösung vorh.
Mianserin Tabl.	+	+	+	–	
Moclobemid Filmtabl.	+	+	+	–	
Nortrilen Drag.	+	–	+	–	
Oxazepam Tabl.	+	+	+	–	
Paroxetin Filmtabl.	+	+	+	–	altern.: Seroxat Sus.
Risperdal Filmtabl.	+	+	+	–	Lös. vorh./ Quicklet
Ritalin Tabl.	+	+	+	–	
Seroquel Filmtabl.	+	+	+	–	
Solian Tabl.	+	+	+	–	Lösung vorh.
Sulpirid Tabl.	+	+	+	–	altern.: Dogmatil Saft
Thombran Tabs	+	+	+	–	
Trevilor retard Kaps.	+	–	nicht mörsern	+	altern.: Trevilor Tabl.

Tab. 24.8: Fortsetzung S. 378

Name des Präparates	Sondenapplikation möglich	teilbar	suspendierbar mörserbar	Öffnen der Kapsel	Anmerkung
Truxal Drag.	+	–	+	–	Saft vorh.
Zyprexa Filmtabl.	+	–	+	–	Velotabs vorh.
Schilddrüsentherapie					
Carbimazol Tabl.	+	–	nicht mörsern	–	hautreiz., lichtempf.
Favistan Tabl.	+	+	+	–	hautreizend
Jodid Tabl.	+	+	+	–	
L-Thyroxin Tabl.	+	+	+	–	
Spasmolytika					
Buscopan Drag.	+	+	–	–	alternativ Ampulle über PEG
Thrombozyten-Hemmer					
Aggrenox Retardkaps.	–	–	–	–	
ASS 100/300 Tabl.	+	+	+	–	
Iscover/Plavix Filmtabl.	+	–	+	–	
Urologika					
Detrusitol Filmtabl.	+	–	+	+	
Methionin Filmtabl.	+	–	+	–	
Oxybutynin Tabl.	+	+	–	–	
Spasmex Tabl.	+	+	+	–	
Vitamine					
Folsäure Tabl.	+	+	+	–	
Vigantoletten Tabl.	+	+	+	–	
Vitamin B1/B6/B12 Tabl.	+	–	+	–	

Literatur

Auringer M, Kreckel H (1996) Sind Retardarzneiformen teilbar? Krankenhauspharmazie 17:478–483

Chiò A et al. (1999) Safety and factors related to survival after percutaneous endoscopic gastrostomy in ALS. Neurology 53:1123–1125

Gregory S et al. (2002) Gastrostomy insertion in ALS patients with low vital capacity: Respiratory support and survival. Neurology 58:485–487

Groher ME, McKaig TN (1995) Dysphagia and dietary levels in scilled nursing facilities. J Am Geriatr Soc 43:528–532

Kayser-Jones J, Pengilly K (1999) Dysphagia among nursing home residents. Geriatr Nurs 20(2):77–82

Mann G, Hankey G, Cameron D (1999) Swallowing Function After Stroke: Prognosis and Prognostic Factors at 6 Months. Stroke 30:744–748

Martino R, Pron G, Diamant N (2000) Screening for oropharyngeal dysphagia in stroke: insufficient evidence for guidelines. Dysphagia 15:19–30

Mitchel SL, Kiely DK, Lipsitz LA (1998) Does artificial enteral nutrition prolong the survival of institutionalized elders with chewing and swallowing problems?. J Gerontol A Biol Sci Med Sci 53(3):M207–13

Müller J et al. (2001) Progression of Dysarthria and Dysphagia in Postmortem–Confirmed Parkinsonian Disorders. Arch Neurol 58:259–264

Petroianu G et al. (1998) ETICS Study: Empirical therapy of idiopathic chronic singultus. Z Gastroenterol 36:559–566

Petroianu G et al. (2000) Gabapentin „Add-on Therapy“ for Idiopathic Chronic Hiccup. J Clin Gastroenterol 30:321–324

Pfaff A (2004) Internet: www.pharmatrix.info

Probst W (1997) Arzneimitteltherapie bei Patienten mit Ernährungssonde. PZ Prisma 4:3–12

Prosiegel M et al. (2004) Neurogene Dysphagien – Leitlinie der Deutschen Gesellschaft für Neurologie der Deutschen Gesellschaft für Neurotraumatologie und Klinische Neurorehabilitation – Erstellungsdatum 26.08.2004. Internet: http://www.bkl-ev.de/info/info_leitlinien.php

Prosiegel G (federführend) (2003) Qualitätskriterien und Standards für die Diagnostik und Therapie von Patienten mit neurologischen Schluckstörungen. Neurogene Dysphagien – Leitlinien 2003 der DGNKN. Neurol & Rehabil 9:157–181

Prosiegel M, Wagner–Sonntag E (2002) Schluckstörungen. In: Hamann G, Siebler M, von Scheidt W (Hrsg) Schlaganfall. Ecomed, Landsberg

Rutberg MA et al. (2000) Effectiveness of feeding tubes in nursing home residents with swallowing disorders. J Parenter Enteral Nutr 24:97–102

Sharma JC et al. (2001) What influences outcome of stroke–pyrexia or dysphagia? Int J Clin Pract; 55 (1):17–20

Volonte MA, Porta M, Comi C (2002) Clinical assessment of dysphagia in early phases of Parkinson's disease. Neurol Sci 23 (Suppl 2):121–122

25 Störungen des Riech- und Schmeckvermögens

Jörn P. Sieb

Einleitung

Störungen der Chemosensorik sind unter alten Menschen überaus häufig. Klinisch relevante Riechstörungen finden sich bei 60 % der 65- bis 80-jährigen Personen und bei den über 80-Jährigen sogar bei etwa 75 % (Klimek et al. 2000). Die Folgen für den alten Menschen sind weitreichend. Der Nahrungsgeschmack wird nicht mehr ausreichend oder verändert wahrgenommen. Das Interesse an der persönlichen Ernährung geht zurück oder es kann sich ein Widerwillen zu Essen und zu Trinken entwickeln. Die Nahrung wird einseitig und die Nahrungsmenge vermindert sich (Hetherington 1998, Morley 2001). Zu den weiteren **Risiken**, die aus einer Störung von Riechen und Schmecken erwachsen können, gehören auch der Konsum verdorbener Speisen und das Nicht-Bemerken von Rauch oder ausströmendem Gas.

25.1 Definition der Störungen

Jegliche Art von Störung des Riechvermögens wird als Dysosmie bezeichnet, jegliche des Schmeckens als Dysgeusie. Quantitative Störungen werden von qualitativen Störungen der Chemosensorik unterschieden, wobei die Einteilung und die Definition der Störungen in der Literatur nicht einheitlich ist (Klimek et al. 2000, Ackerman und Kasbekar 1997):

Quantitative Dysosmien:

- Selektive Anosmie: Aufhebung der Geruchswahrnehmung für ein/mehrere Aromen,
- Komplette Anosmie: vollständiges Fehlen des Riechvermögens,
- Hyposmie: vermindertes Riechvermögen (auch als selektive Hyposmie),
- Hyperosmie: gesteigertes Riechvermögen.

Qualitative Dysosmien:

- Parosmie: subjektiv „falscher" Riecheindruck, der nicht der allgemein anerkannten Riechqualität der Substanz entspricht (z. B. Kakosmie, d. h. Fehlwahrnehmung eines Riechstoffes als stinkend),
- Phantosmie: Geruchseindruck mit Objektivitätscharakter ohne tatsächliche Einwirkung eines Geruchsreizes.

Quantiative Dysgeusien:

- Selektive Ageusie: fehlendes Schmeckvermögen für ein/mehrere Qualitäten,
- Komplette Ageusie: vollständiges Fehlen des Schmeckvermögens,
- Hypogeusie: vermindertes Schmeckvermögen (auch als selektive Hypgeusie),
- Hypergeusie: gesteigertes Schmeckvermögen.

Qualitative Dysgeusien:

- Parageusie: subjektiv „falscher" Schmekkeindruck, der nicht der allgemeinen Geschmacksqualität entspricht,
- Phantgeusie: Schmeckeindruck mit Objektivitätscharakter ohne tatsächliche Einwirkung eines Geschmacksreizes.

Bei den Störungen des Riech- und Schmeckstörungen besteht differentialdiagnostisch ein weites Spektrum möglicher Ursachen. Im Alter kann eine Reduktion der bewussten und kognitiv reproduzierbaren Chemosensorik auf Änderungen an den sensorischen Organen, ihren nervalen Bahnen oder Projektionsarealen bzw. auf einer Abnahme von Aufmerksamkeit, Gedächtnisleistungen oder anderer kognitiver Funktionen beruhen (Klimek et al. 2000). Besonders häufig sind lokale Ursachen, wie eine vernachlässigte Mundhygiene, eine Xerostomie oder eine geriatrische Rhinitis, und medikamentös bedingte Störungen. Die **Tab. 25.1–25.4** geben dazu einen Überblick. Auch über ausgeprägte Veränderungen der Chemosensorik wird häufig nicht spontan berichtet, subtilere Störungen werden von den betroffenen alten Menschen meist selbst nicht wahrgenommen.

Tab. 25.1 Auswahl von Alterserkrankungen, die mit Riechstörungen einhergehen können

Gruppe	Erkrankung
Nasale Minderbelüftung	z. B. geriatrische Rhinitis
Demenz/neurodegenerative Erkrankungen	Alzheimer-Demenz, Lewy-Körperchen-Demenz
	M. Parkinson
	Multisystematrophie
Trauma	Schädel-Hirn-Trauma
Tumor	Olfaktoriusmeningeom
Weiteres	Diabetes mellitus
	Hämodialyse
	Mangelernährung, Zinkmangel

Die Angaben zur Erkennungsschwelle für die einzelnen Geschmacksqualitäten im Alter sind nicht einheitlich, möglicherweise ist jedoch die Wahrnehmung süßer Stimuli bis ins hohe Alter am besten erhalten. Dies könnte zu kompensatorischer Bevorzugung süßer Speisen führen und erklären, warum eine Adipositas bei Patienten mit Schmeckstörungen häufiger gefunden wird als beim entsprechenden Altersdurchschnitt (Klimek et al. 2000).

Tab. 25.2 Auswahl von Ursachen von Schmeckstörungen

Bestrahlung von Kopf/Nacken
Depression
Diabetische Neuropathie
Gingivitis (salzige Geschmacksempfindung)
Hämodialyse
Hyperaldosterinismus
Hypothyreoidismus
Infektionen (Herpes, HIV, Influenza)
Intoxikationen (Blei, Chrom, Kupfer) (metallische Geschmacksempfindung)
Knochenmarktransplantation
Leberzirrhose
M. Crohn (Zinkmangel)
Meningitis
Migräne (gustatorische Halluzinationen)
Multiple Sklerose
Onkologische Therapie
Parkinson-Syndrom
Periphere Fazialisparese (gute Rückbildungstendenz bei zirka 75 % der Fälle)
Sjögren-Syndrom (Xerostoma)
Tonsillektomie
Vitamin B_{12}-Mangel (perniziöse Anämie)
Zinkmangel

Zunehmend werden in der klinische Neurologie die Störungen des Riech- und Schmeckvermögens beachtet. Die zu deren Erfassung erforderlichen Messmethoden sind jedoch leider bislang nur in wenigen Zentren klinisch verfügbar (Müller et al. 2005). Wichtig ist, dass neben psychophysischen Methoden auch „objektive“ Verfahren zur Verfügung stehen, die von der Kooperation des Untersuchten weitestgehend unabhängig sind, wie die Ableitung von chemosensorisch evozierten Potentialen.

25.2 Neurodegenerative Erkrankungen

Erst in den vergangenen Jahren hat man zunehmend erkannt, dass olfaktorische Störungen prominentes Symptom des **M. Parkinson** sind und bei 80–90 % dieser Patienten beobachtet werden. Beim M. Parkinson geht die Riechstörung der Erstmanifestation motorischer Symptome um 4–6 Jahre voraus. Neuropathologisch ist beim M. Parkinson das olfaktorische System initial betroffen und Ausgangspunkt der voranschreitenden morphologischen Veränderungen (Braak et al. 2003). Aus dieser präklinischen Erfassung eines M. Parkinson über die initiale Riechstörung könnten sich innovative Ansätze für eine neuroprotektiv ausgerichtete Therapie ergeben (Ponsen et al. 2004). Riechstörungen von milder bis moderater Ausprägung werden bei der Multisystematrophie beobachtet. Die Riechschwelle soll durch die Behandlung mit dopaminergen oder cholinergen Medikamenten nicht beeinflusst werden, jedoch wurden Dysgeusien in Zusammenhang mit Anti-Parkinson-Medikamenten gebracht und zwar mit Levodopa, dem Dopaminagonisten Pergolid und Selegilin (**s. Tab. 25.4**).

Ähnlich ausgeprägt wie beim M. Parkinson finden sich Riechstörungen bei der **Lewy-Körperchen-Demenz** und bei der **Demenz vom Alzheimer-Typ** (Mesholam et al. 1998). Einige Arbeiten zeigen eine Korrelation zwischen dem Ausprägungsgrad der olfaktorischen Störung und der Schwere der Demenz. Die Erhöhung der Riechschwelle ist möglicherweise bei der Alzheimer-Demenz das erste Krankheitssymptom noch vor Beginn der kognitiven Veränderungen.

Bei **Motoneuronerkrankungen** ist das reduzierte Schnüffelvolumen wohl durch die bulbäre Störung bedingt. Dagegen ist das Riechvermögen unverändert bei Patienten mit progressiver supranukleärer Ophthalmoplegie, kortikobasaler Degeneration bzw. essentiellem Tremor.

25.3 Weitere altersbedingte Störungen

Lokale Ursachen

Wichtigste Ursache für Riechstörungen sind sinunasale Probleme. Die geriatrische Rhinitis beruht auf Altersveränderungen mit verminderter Bildung eines zunehmend mukösen Nasensekrets und einer reduzierten Durchblutung der Nasenschleimhaut. Die Aerodynamik der Nase ist zudem häufig verändert durch ein Absinken der Nasenspitze, so genannte „Altersnase", was auf einem Nachlassen des fibro-kartilaginösen Stützgerüsts beruht. Therapeutisch hilfreich ist bei der geriatrischen Rhinitis eine vermehrte Anfeuchtung der Nasenschleimhaut (Jordan und Mabry 1998). Bei Schmeckstörungen ist der Zahnstatus und die Mundhygiene zu beachten, da Zersetzungsprodukte die gustatorischen Rezeptorzellen beeinträchtigen können.

Infektiöse Ursachen

Zu der sogenannten postviralen Riechstörung kommt es typischerweise während einer Erkältungsepisode. Bei postviralen Riechstörungen soll es nicht selten zu Parosmien kommen, also einer qualitativ verzerrten Wahrnehmung von Gerüchen, wobei die meisten Düfte als unangenehme Gerüche registriert werden. Untersuchungen zur Altersabhängigkeit von postviralen Riechstörungen fanden einen Altersgipfel im sechsten und siebten Lebensjahrzehnt. Möglicherweise beruht dies auf einer verminderten Regenerationsfähigkeit des olfaktorischen Epithels. Da zumeist Influenzaviren zu Riechstörungen führen, können Impfungen prophylaktisch wirken.

Traumatische Ursachen

Posttraumatische Riechstörungen werden am häufigsten nach okzipitalen Traumen beobachtet, die zu einem Abriss der Filae olfactoriae über einem Coup-contre-coup-Mechanismus führen. Auch Frakturen im Bereich des Siebbeins führen häufig zu Riechstörungen.

Stoffwechselerkrankungen

Die zumeist nur geringfügig ausgebildeten Riech- und Schmeckstörungen bei Diabetes mellitus-Patienten werden auf eine diabetisch bedingte Mikroangiopathie und die Ausbildung einer peripheren Polyneuropathie zurückgeführt.

Medikamentöse Ursachen

Zahlreichen Medikamenten wird eine schädigende Wirkung auf die Chemosensorik zugeschrieben, was überwiegend lediglich auf Einzelbeobachtungen beruht (**s. Tab. 25.3 und 25.4**). Riech- und Schmeckstörungen werden vorwiegend in Zusammenhang mit Antibiotika, Antihypertensiva sowie anderen kardiovaskulären Medikamenten gebracht. Insbesondere die antihypertensive Behandlung mit ACE-Hemmern kann zu Riech- und Schmeckstörungen führen. Bei 5–8 % der damit behandelten Patienten soll es nach einer mehr als vierwöchigen Behandlungsdauer dazu kommen (Ackerman und Kasbekar 1997, Schiffman und Zervakis 2002).

Tab. 25.3 Medikamente und Toxine, die zu einer Riechstörung führen können (nach Ackerman und Kasbekar 1997)

Alpha-Interferon
Antibiotika: Ciprofloxacin, Doxycyclin
Beta-Blocker
Cadmium
Cytosinarabinosid
Enalapril
Flunisolid
Kalziumantagonisten: Amlodipin, Diltiazem, Felodipin, Nifedipin
Kokain
Lovastatin
Methotrexat
Silbernitrat (Agyrose)
Tabakkonsum
Terbinafin

Tab. 25.4 Auswahl von Medikamenten, die zu Schmeckstörungen führen können (nach Ackerman und Kasbekar 1997, Schiffman und Zervakis 2002)

Medikament	Änderung
Azetazolamid	Bittere Dysgeusie
Alkohol	
Allopurinol	Metallische Dysgeusie
Amilorid	Hypogeusie für salzig
Amphetamine	Bittere Dysgeusie
Amphotericin B	Hypogeusie
Auranofin	Metallische Dysgeusie
Beta-Laktam-Antibiotika	Metallische Dysgeusie
Bleomyzin	Ageusie
Bretylium	Hypogeusie für salzig
Captopril	Dysgeusie
Carbamazepin	Hypogeusie
Carboplatin	Hypogeusie
Cisplatin	Hypogeusie/Ageusie
Chlorhexidin-Mundspülungen	Hypogeusie für salzig
Cholinmagnesiuntrisalizylat	Ageusie
Diltiazem	Dysgeusie, Hypogeusie/Ageusie
Dipyridamol	Dysgeusie
EDTA	Dysgeusie
Enalapril	Dysgeusie, Ageusie
Ethambutol	Metallische Dysgeusie
Ethionamid	Metallische Dysgeusie
Etidronat	Ageusie
Flurazepam	Metallische Dysgeusie
Flunisolid	Ageusie
5-Flurouracil	Süße Dysgeusie
Glycopyrrolat	Ageusie
Hydrochlorothiazid	Ageusie
Interferon-γ	Metallische Dysgeusie
Isotretinoin	Ageusie für sauer
Levodopa	Hypogeusie
Lisinopril	Dysgeusie
Lithium	Metallische Dysgeusie
Lomefloxacin	Ageusie
Lovastatin	Ageusie
Methimazol	Ageusie
Metronidazol	Metallische Dysgeusie, Hypogeusie
Nifedipin	Dysgeusie, Hypogeusie, Ageusie
Nitroglycerin	Dysgeusie
Ofloxacin	Ageusie
Opiate	Ageusie
Penicillamin	Metallische Dysgeusie
Pergolid	Dysgeusie
Phenylbutazon	Ageusie
Propafenon	Metallische Dysgeusie
Propylthiouracil	Dysgeusie, Hypogeusie, Ageusie
Propranolol	Ageusie
Rifabutin	Ageusie
Selegilin	Dysgeusie
Spirinolacton	Ageusie
Sulfasalazin	Hypogeusie
Terbinafin	Ageusie
Tetrazykline	Metallische Dysgeusie
Tocainid	Metallische Dysgeusie
Triazolam	Ageusie

Literatur

Ackerman BH, Kasbekar N (1997) Disturbances of taste and smell induced by drugs. Pharmacotherapy 17:482–496

Braak H, Rub U, Gai WP, Del Tredici K (2003) Idiopathic Parkinson's disease: possible routes by which vulnerable neuronal types may be subject to neuroinvasion by an unknown pathogen. J Neural Transm 110:517–536

Hetherington MM (1998) Taste and appetite regulation in the elderly. Proc Nutr Soc 57:625–631

Jordan JA, Mabry RL (1998) Geriatric rhinitis: what it is, and how to treat it. Geriatrics 53:76, 81–76, 84

Klimek L, Moll B, Kobal G (2000) Riech- und Schmeckvermögen im Alter. Dtsch Ärztebl 97:A911–A918

Mesholam RI, Moberg PJ, Mahr RN, Doty RL (1998) Olfaction in neurodegenerative disease: a meta-analysis of olfactory functioning in Alzheimer's and Parkinson's diseases. Arch Neurol 55:84–90

Morley JE (2001) Decreased food intake with aging. J Gerontol A Biol Sci Med Sci 56 Spec No 2:81–88

Müller A, Landis BN, Zahnert T, Reichmann H, Hummel T (2005) Riechen: Normale Funktion und Störungen. Akt Neurol 32:15–27

Ponsen MM, Stoffers D, Booij J, Eck-Smit BL, Wolters EC, Berendse HW (2004) Idiopathic hyposmia as a preclinical sign of Parkinson's disease. Ann Neurol 56:173–181

Schiffman SS, Zervakis J (2002) Taste and smell perception in the elderly: effect of medications and disease. Adv Food Nutr Res 44:247–346

26 Vitaminstoffwechselerkrankungen

Christoph Oberwittler

Einleitung

Vitamine sind organische Verbindungen, die vom Menschen ganz überwiegend nicht synthetisiert werden können und daher in geringen Mengen mit der Nahrung zugeführt werden müssen. Niacin (Vitamin B5) kann in geringem Maß aus der essentiellen Aminosäure Tryptophan gebildet werden. Auch Vitamin D kann vom Menschen synthetisiert werden und ist daher streng genommen kein essentieller Nahrungsbestandteil. Vitamine werden im Stoffwechsel nicht als Bausteine anderer Moleküle oder Energieträger verwandt. Es werden 13 Verbindungen zu den Vitaminen gezählt. Nach der historisch bedingten Nomenklatur wurden die zunächst entdeckten wasserlöslichen Vitamine als B-Vitamine von dem fettlöslichen Vitamin A unterschieden. Vitamine wirken als Coenzym bei katalytischen Reaktionen (B-Vitamine, Vitamin K), als antioxidative Verbindungen (Vitamin C, E) oder haben hormonartige Wirkungen (Vitamine A, D). Vitamin A hat zusätzlich eine besondere Funktion beim Sehvorgang in der Retina (Rhodopsin). Vitamine können chemisch in wasserlösliche (B-Gruppe, C) und fettlösliche Vitamine (A, D, E, K) unterteilt werden. Von der Löslichkeit hängt die Resorption, Ausscheidung und damit auch die Speicherdauer ab.

26.1 Ernährung und Vitaminbedarf im Alter

Ältere Menschen haben einen reduzierten Kalorienbedarf, Knochen- und Muskelmasse nehmen relativ ab, während sich der Fettanteil relativ erhöht. Der Bedarf an Vitaminen in der Nahrung nimmt dagegen nicht ab. Im Alter kann die Ernährung und die ausreichende Versorgung mit Vitaminen neben unzureichendem Vitamingehalt in der Nahrung beeinträchtigt werden durch zahlreiche innere und äußere Faktoren. Die Abnahme der Durst- und Geschmackswahrnehmung, Kau- und Schluckstörungen, mentale Störungen, Immobilität und die soziale Situation, Nebenwirkungen der Medikation und konsumierende Erkrankungen können zu Fehlernährung und Vitaminmangelzuständen führen. Die häufigste Ursache eines Vitaminmangels im Alter sind gastrointestinale Erkrankungen mit gestörter Resorption der Vitamine und chronischer Alkoholismus. In der Anamnese älterer Patienten sollte daher immer nach der Ernährung und gastrointestinalen Symptomen bzw. Vorerkrankungen gefragt werden. Als **Screening für eine Mangelernährung im Alter** sind die Gewichtsabnahme der letzten 6 Monate (>5 %), der Body-Mass-Index (<25 kg/m^2) und das Serum Albumin (<3,5 g/dl) aussagekräftig.

Die **Ernährungssituation** verschlechtert sich häufig während einer stationären Behandlung **im Krankenhaus**. Dazu tragen die akute Erkrankung, aber auch die Nahrungszusammensetzung, untersuchungsbedingte Nüchternphasen und fehlende Kapazität zur Unterstützung der Nahrungsaufnahme bei. Interkurrente Infekte und Medikamente können den Vitaminbedarf erhöhen und in Verbindung mit einem latenten Vitaminmangel mit weitgehend entleerten Speichern klinische Symptome und manifeste Mangelerkrankungen auslösen. Die Symptomatik kann zunächst unspezifisch und bei älteren, multimorbiden Patienten wegen der sich überlagernden Erkrankungen schwer zu erkennen sein.

Ältere Patienten mit Fehlernährung oder hohem Risiko eines Vitaminmangels sollten daher prophylaktisch zusätzliche orale oder parenterale Vitamingaben erhalten, besonders wenn wegen akuter Erkrankungen eine weitere Verschlechterung der Nahrungszufuhr eintritt. Iatrogene Mangelzustände können auftreten, wenn eine ausreichende Substitution bei parenteraler Ernährung älterer Patienten vergessen wird. Dies betrifft ganz besonders das Vitamin B1 (Thiamin), dessen Speicher innerhalb von wenigen Tagen und Wochen aufgebraucht sein können. Die notwendige tägliche **Vitaminzufuhr bei enteraler Sondenernährung** wird erst erreicht, wenn 1 000–1 500 ml/Tag zugeführt werden. Verzögert sich die Phase des Kostaufbaus, sollte eine ergänzende Vitaminsubstitution je nach vorbestehenden Riskikofaktoren erfolgen.

26.2 Referenzwerte und Epidemiologie der Vitaminzufuhr

Der Bedarf der mit der Nahrung aufgenommenen Vitamine wird in Deutschland in den **Referenzwerten für die Nährstoffzufuhr** der Deutschen Gesellschaft für Ernährung (DGE 2005) für verschiedene Altersgruppen angegeben. Die empfohlenen Mengen (International: Recomended Dietary Allowence – RDA, Nutrition board NIH 1998) stützen sich überwiegend auf epidemiologische Untersuchungen mit einer Ist-Analyse der Nahrungsaufnahme in einer repräsentativen Bevölkerungsgruppe ohne klinische Mangelerscheinungen. Die Methode sagt nichts darüber aus, ob bei einer höheren als der tatsächlichen Zufuhr der Gesundheitszustand noch besser wäre. Aus älteren Studien mit Mangeldiäten und metabolischen Untersuchungen an jüngeren Freiwilligen sind Zufuhrmengen zur Aufrechterhaltung der Speicher bekannt. Die Referenzwerte sind statistisch so berechnet, dass 97,5 % der Bevölkerung bei Aufnahme der genannten Mengen keine Mangelerscheinungen bekommt (Mittlere Aufnahmemenge in einem Kollektiv plus 2 Standardabweichungen). Aufgrund dieser Sicherheitsmarge wird bei den meisten Menschen auch im Alter eine geringere Zufuhr ausreichen, um einem Mangel vorzubeugen. Andererseits kann selbst bei Einhaltung der Werte aufgrund individueller Faktoren trotzdem ein Mangel eintreten. Die Referenzwerte dienen als Richtwerte für Hersteller von vollbilanzierten Diäten und für die Heimverpflegung. Der Gehalt der Nahrung an Vitaminen in westlichen Industrieländern ist so ausreichend, dass ein alimentärer Vitaminmangel selten ist. Zusätzlich werden z. B. Zerealien und Fruchtsäfte mit Vitaminen angereichert. Sie eignen sich daher gut zur Sicherung einer adäquaten Zufuhr auch bei Älteren, wenn die Nahrungsaufnahme unzureichend ist und keine Resorptionsstörung vorliegt. Die Deutsche Gesellschaft für Ernährung (DGE) hat eine Unterschreitung der Zufuhrempfehlungen nur für Folsäure (in allen Altersgruppen) und für Vitamin B12 und D (bei Älteren) festgestellt und empfiehlt eine zusätzliche Substitution. In einigen Ländern (z. B. Australien, England, Dänemark) wird Mehl mit Thiamin und/oder Folsäure angereichert. Dadurch konnte die Inzidenz der Wernicke-Enzephalopathie in Australien deutlich gesenkt wer-

den. In den USA nimmt bereits ein Viertel der Gesamtbevölkerung Multivitaminpräparate ein (Nutrition Board NIH 1998). Gesundheitsschäden durch zu hohe Vitaminzufuhr sind für wenige Vitamine bekannt. Die oberen unbedenklichen Werte (Upper Tolerable Intake Level) müssen beachtet werden (s. **Tab. 26.1**).
Obwohl epidemiologische Studien zeigen, dass das Risiko eines Vitaminmangels im Alter deutlich erhöht ist, sind klinisch manifeste Vitaminmangelerkrankungen in westlichen Ländern auch im Alter selten. In der Neurogeriatrie sind hauptsächlich Mangelzustände der Vitamine B1 und B12 klinisch relevant. Funktionsstörungen und Läsionen des Nervensystems treten zwar auch bei weiteren Vitaminen der B-Gruppe (B2, B6, Folsäure) auf, sind jedoch sehr selten oder wegen des gemeinsamen Auftretens schwerer abgrenzbar.

Tab. 26.1 Übersicht über Zufuhrempfehlungen, Quellen und Wirkungen der Vitamine

Vitamin	Chemische Bezeichnung	Tagesbedarf[1] > 65 Jahre	Nahrungsquellen	Physiologische Funktion	Max. Tagesdosis[2]	Toxizität	Laborwert[3]	Analytik
A	Retinol (Retinylester, Provitamin: β-Carotin)	M: 1,0 mg W: 0,8 mg (1,0 mg Retinol= 3 000 I.E.[4])	Leber Fisch, Fleisch Milchprodukte, Eier	1. Proliferation und Differenzierung durch Regulation der Genexpression 2. Sehvorgang in der Retina (Rodopsin Komplex)	3 mg	Im Alter keine (Hirndruck steigernd, teratogen, lebertoxisch)	200–1200 µg/l	L, K
B1	Thiamin	1,0 mg	Vollkorngetreide, Reis, Kartoffeln, Fisch, Leber, Fleisch	1. Coenzym der Transketolase, α-Ketoglutaratdehydrogenase, Pyrovatdehydrogenase 2. Wirkung auf Na-Kanäle im ZNS	n.b.	keine	20–70 µg/l	L, K
B2	Riboflavin	1,2 mg	Hefe, Keime, Vollkorn, Eier, Fleisch, Fisch, Leber	Coenzym von Oxidoreduktasen (z. B. Atmungskette, MAO)	n.b.	keine	136–370 µg/l	L, K
(B3)	Niacin (Nicotinamid, Nicotinsäure)	13 mg	Fleisch, Leber, Vollkorn	Coenzym von Dehydrogenasen (Atmungskette, Fettsäuresynthese)	35 mg	Flush, gastrointestinale Symptome	keine	
(B5)	Pantothensäure	6 mg	Ubiquitär, Leber, Eier, Vollkorn, Fisch	Vorläufer von Coenzym A (zentraler Metabolit im Energie- und Lipidmetabolismus)	n.b.	keine	keine	
B6	Pyridoxin	M: 1,4 mg W: 1,2 mg	Ubiquitär, Keime, Vollkorn, Fleisch, Leber	Coenzym zahlreicher Enzyme im Aminosäurestoffwechsel	100 mg	Sensible Neuropathie	5–30 µg/l	
(B7)	Biotin	30–60 µg	Milchprodukte, Eier, Vollkorn, Hülsenfrüchte, Nüsse, Leber	Coenzym von Carboxylasen (Gluconeogenese, Aminosäurestoffwechsel)	n.b.	n.b.	>400 ng/l	
(B9)	Folsäure	400 µg	Gemüse, Keime, Vollkorn, Hefe, Eier, Bohnen, Spinat,	Übertragung von C1-Gruppen im Aminosäurestoffwechsel und bei der Purin- und DNA-Synthese	1 mg	n.b.	4,1–25 nmol/l	

Vitamin	Chemische Bezeichnung	Tagesbedarf[1] > 65 Jahre	Nahrungsquellen	Physiologische Funktion	Max. Tagesdosis[2]	Toxizität	Laborwert[3]	Analytik
B12	Cobalamin	3,0 µg	Fisch, Fleisch, Eier, Käse, Leber	Coenzym Zitratzyklus (Adenosylcobalamin), Methylgruppentransfer, Methioninsynthese aus Homozystein (Methylcobalamin mit Folsäure)	n.b.	n.b.	200–1000 ng/l, (Graubereich: 200–300 ng/l)	L, K
C	Ascorbinsäure	100 mg	Kartoffeln, Gemüse, Obst	Reversibles Redoxsystem, beteiligt in der Synthese von Katecholaminen, Kollagen, Gallensäuren, Carnithin, Förderung der Eisenresorption	2.000 mg	keine	2–20 mg/l	Z, T
D	Cholecalciferol (D3)	10 µg (1 µg D3= 40 I.E.)	Leber, Fisch, Käse, Fleisch	Calcium- und Phosphathomöostase, Calciumaufnahme, -einbau und -mobilisation aus dem Knochen, Aktivierung von Ca-Kanälen im Muskel	50 µg (2.000 I.E.)	Hyperkalzämie, Verkalkungen	30–70 ng/l (1,25-OH-D3)	Z, K, L
E	Tocopherol	M: 12 mg W: 11 mg	Pflanzenkeime, Weizenkeim-, Sonnenblumenkeim-, Olivenöl, Nüsse	Antioxidative Wirkung durch Reaktion mit Lipidperoxidradikalen	1000 mg	n.b.	5–18 mg/l (abhängig vom Lipidwert)	L, K
K	Phyllochinon	M: 80 µg W: 65 µg	Grüne Gemüse, Leber, Eier, Fleisch, Butter	Coenzym bei der Bildung von Gerinnungsfaktoren, Proteinen im Knochen und Matrixproteinen	n.b.	n.b.	0,17–0,68 µg/l	Z, T, L

[1]Deutsche Gesellschaft für Ernährung, Referenzwerte für die Nährstoffzufuhr (2000)
[2]Safe Upper Limit (UL), Food and Nutrition Board, Institute of Medicine (1998)
[3] Referenzwerte Labor Dr. Limbach, Heidelberg
[4] I.E. gilt nur im Tierversuch
L: Lichtschutz; **K**: Kühlung +2 bis +8°C; **T**: Tieffrieren -20°C, **Z**: Nach Entnahme zentrifugieren, **n.b.**: nicht bekannt

26.3 Diagnostik

Für die Diagnostik von Vitaminmangelerkrankungen ist die Beachtung von Risikofaktoren und Vorerkrankungen und das Erkennen typischer klinischer Beschwerden und Befunde entscheidend. Bestimmungen der Blutspiegel der Vitamine oder assoziierter Metaboliten sollten zur Diagnosesicherung eingesetzt werden. Vitaminspiegel können nicht für alle Vitamine bestimmt werden, sie sind zudem kostenintensiv und erfordern teilweise eine sorgfältige präanalytische Behandlung der Proben (Lichtschutz, schnelle Verarbeitung) (**s. Tab. 26.1**). Serumwerte der Vitamine spiegeln nicht immer die gespeicherte Menge wieder. So kann z. B. ein Vitamin B12-Wert im unteren Normbereich (Graubereich) einen klinisch relevanten Mangel nicht ausschließen. Deshalb eignen sich die Vitaminbestimmungen nicht als Suchtest, sondern sollten auch im Alter auf klinische Verdachtsfälle (hirnorganische Psychosyndrome, Demenzen, Polyneuropathien usw.) beschränkt bleiben. Die apparative Diagnostik richtet sich nach der jeweiligen neurologischen Symptomatik der einzelnen Vitaminmangelerkrankungen.

26.4 Vitamine in der Therapie

Vitamine sind nicht nur in Hinblick auf Mangelerkrankungen in der Neurogeriatrie relevant. Der für zerebrovaskuläre Erkrankungen wichtige Risikofaktor Homozystein (s. Kap. 10) wird von den Vitaminen B6, B12 und Folsäure gesenkt, auch wenn die Substitution bislang in zwei Studien nachweislich keinen therapeutischen Wert in der Sekundärprophylaxe vaskulärer Ereignisse hatte.

Die **therapeutische Gabe von Vitaminen zur Primär- oder Sekundärprophylaxe** von Alterserkrankungen ist Gegenstand von Langzeitstudien. Metaanalysen belegen eine Wirkung bisher nur für die Gabe von Vitamin D in Verbindung mit Kalzium zur Prophylaxe von Frakturen bei geriatrischen Patienten (Avenell et al. 2005). Vitamingaben sind indiziert als Begleittherapie einer Pharmakotherapie mit Isoniazid (Vitamin B6), Metothrexat (Folsäure) oder bei Antibiotikatherapie mit Gerinnungsstörungen (Vitamin K). Vitamin E kann möglicherweise die neurotoxischen Effekte von Chemotherapeutika auf den peripheren Nerven abmildern (Argyriou et al. 2005).

Studien mit verschiedenen Vitaminen (B1, B6, B12, Folsäure, C, E) zur **Prophylaxe** oder Beeinflussung von Malignomen, vaskulären Erkrankungen, Demenz, Parkinson und amyotropher Lateralsklerose waren negativ bzw. haben noch keine ausreichende Evidenzstärke, um einen Einsatz zu begründen. **Hypervitaminosen** und toxische Wirkungen durch hochdosierte Langzeittherapie sind selten und im Alter nicht relevant. Eine erhöhte Mortalität wurde allerdings in einer Metaanalyse bei hohen Dosierungen von Vitamin E beobachtet (Miller et al. 2005). Für wenige Vitamine sind Obergrenzen der verträglichen Tagesdosis bekannt (safe upper limit, **s. Tab. 26.1**). Eine unkritische hochdosierte Gabe von Vitaminen ohne klinische Indikation oder gesicherte Effekte ist nicht gerechtfertigt und sollte trotz weit verbreitetem Gebrauch nicht kritiklos propagiert werden.

26.5 Synoptische Übersicht Vitaminmangelerkrankungen

Eine Übersicht über Vitaminmangelerkrankungen geben **Tabelle 26.2 und 26.3**. Eine mangelnde Zufuhr ist prinzipiell bei jeder Form als Ursache möglich und wird daher in der Tabelle nicht wiederholt genannt. Ein alimentärer Mangel kommt als Ursache in westlichen Ländern nur bei sehr einseitiger Fehlernährung, besonders im Zusammenhang mit Alkoholismus, vor. Der Vitamin B1- und Vitamin B12-Mangel sind im Alter die häufigsten Vitaminmangelzustände mit neurologischen Störungen und werden an dieser Stelle daher ausführlicher behandelt. Vitaminmangelzustände der anderen Vitamine kommen nur sehr selten vor und betreffen eher jüngere Altersgruppen (spinozerebelläre Degeneration bei Vitamin E-Mangel, Epilepsie in Folge Vitamin B6-Mangel).

Tab. 26.2 Synopse Vitaminmangelerkrankungen

Vitamin	Chemische Bezeichnung	Ursachen	Krankheitsbild/ Symptome	Epidemiologie	Therapie bei Mangel	Diagnostik/ Anmerkungen
A	Retinol (Retinylester, Provitamin: β-Carotin)	Fettmalabsorption, Streng vegetarische Diät ohne Milchprodukte und Eier	Hyperkeratosen, Nachtblindheit, Xerophthalmie (Hornhauttrübung)	überwiegend Kinder (USA: ca 3 % zu niedrige Spiegel)	10 000–30 000 I.E.	Cave: Überdosierung kann zu Hirndrucksteigerung führen
B1	Thiamin	Anorexie, Hyperemesis, Alkoholismus, Malabsorption	Beriberi, PNP, Herzinsuffizienz Wernicke-Enzephalopathie, Korsakow-Syndrom	1–2 % in Obduktionsserien,	s. Kap. 26.6.5	
B2	Riboflavin		Stomatitis, seborrh. Dermatitis, Anämie, Neuropathie	sehr selten	Riboflavin 10 mg/ Tag p.o.	Auftreten einer Neuropathie durch isolierten B2-Mangel umstritten
(B3)	Niacin (Nicotinamid, Nicotinsäure)	Maismehlernährung, chronischer Alkoholismus, Malabsorption	„Pellagra" Erythem, Hyperkeratosen, Anorexie, Diarrhöen, Neuropathie, Enzephalopathie	isoliert selten, bei Alkoholismus meist in Kombination mit B1-, B6-Mangel	Nicotinsäureamid 200 mg p.o. 3-mal/Tag, Monosubstanz nicht als i.v.-Gabe verfügbar	Kein Labortest verfügbar, Thiamin-resistente Enzephalopathie bei Alkoholismus → Niacingabe!
(B5)	Pantothensäure	Starke Unterernährung	Fatigue, Kopfschmerzen, Muskelkrämpfe, burning feet	nur unter experimentellen Bedingungen beim Menschen nachgewiesen	Nur in Kombinations-präparaten verfügbar	
B6	Pyridoxin	Malabsorption, Therapie mit Isoniazid, Penicillamin, Hydralazin, Alkoholismus	Dermatitis im Gesicht, Stomatitis, Glossitis, Neuropathie, epileptische Anfälle (Kinder), Anämie	Isolierter Mangel sehr selten, bei Alkoholismus 30 % erniedrigte Serumspiegel	50–100 mg/Tag p.o. Isoniazidtherapie: 50 mg/Tag	Cave: Hochdosistherapie kann Neuropathie verursachen (s. Tab. 26.1)
(B7)	Biotin	Genuss von rohem Ei (bindet Biotin)	Dermatitis, Glossitis, Hyperästhesie, Anorexie	extrem selten	Biotin 5–10 mg/ Tag	
(B9)	Folsäure	Malabsorption im Dünndarm (Sprue, M. Crohn, Colitis), Alkoholismus, Therapie mit Metothrexat, Trimethoprim	Makrozytäre Anämie, Neuropathie, Myelopathie, Demenz	Neurologische Erkrankung sehr selten!	Initial 1–2 mg i.m., dann 1–5 mg/Tag p.o.	Cave: Folsäuretherapie der Anämie kann zusätzlichen B12-Mangel verschleiern!
B12	Cobalamin	Chronische Gastritis mit Achlorhydrie, Intrinsic-Factor-Mangel, Peniziosa, Erkrankungen terminales Ileum, vegetarische Ernährung ohne Milchprodukte	Makrozytäre Anämie, funikuläre Myelose, Neuropathie, Demenz	s. Kap. 26.7	5 Tage 1 000 μg/ Tag i.m., wöchentlich für 6–12 Wochen, alle 1–3 Monate auf Dauer	Subklinischer Mangel mit Serumwerten im Graubereich im Alter häufig. Dann Methylmalonylsäure u. Homocystein i. S. bestimmen
C	Ascorbinsäure	Alkoholismus, Rauchen vermindert Ascorbinsäurekonzentration	Skorbut: Schleimhautblutungen, Muskelschmerzen, Hyperkeratose, Gingivitis	sehr selten	1 000 mg/Tag	

Tab. 26.2: Fortsetzung S. 392

Vitamin	Chemische Bezeichnung	Ursachen	Krankheitsbild/ Symptome	Epidemiologie	Therapie bei Mangel	Diagnostik/ Anmerkungen
D	Calciferol	Mangelnde Lichtexposition, Phenytoin- und Phenobarbitaltherapie, Steatorhoe	Osteomalazie, Rachitis, proximale Myopathie	sehr selten	2.000–4 000 I.E./ Tag p.o.	EMG: Myopathisches Muster, alk. Phosphatase erhöht,
E	Tocopherol	Fettmalabsorption, Abetalipoproteinämie, Genetische Vitamin E-Resorptionsstörung	Spinozerebelläre Degeneration, Neuropathie	sehr selten, vorwiegend Jüngere	200–600 mg/Tag p.o.	
K	Phyllochinon	Malabsorptionssyndrome, Gallenwegsobstruktion Kumarintherapie, Breitspektrumantibiotika	Blutungen	iatrogen durch Therapie häufig	1–10 mg p.o., i.v. oder i.m.	Cave: Thrombogene Wirkung bei hochdosierter Gabe

Tab. 26.3 Neurologische Manifestationen bei Vitaminmangel (nach So und Simon 1995)

Neurologisches Syndrom	Vitaminmangel
Demenz, Enzephalopathie	Vitamin B12, Thiamin (B1), Folsäure, Nicotinamid
Epilepsie	Pyridoxin (B6)
Myelopathie	Vitamin B12, Folsäure, Vitamin E
Myopathie	Vitamin E, Vitamin D
Neuropathie bei Alkoholismus	Thiamin (B1), Vitamin B12, Folsäure

26.6 Vitamin B1 (Thiamin)-Mangel

26.6.1 Stoffwechsel des Thiamins

Thiamin ist wasserlöslich und wird im Jejunum überwiegend durch aktiven Transport, der schon bei normalen Mengen in der Nahrung gesättigt ist, resorbiert. Auch eine passive Diffusion ist bei höheren oralen Dosen in geringem Umfang möglich. In der Darmmukosa wird das im Stoffwechsel wirksame Thiaminpyrophosphat (TPP) gebildet und im Blut an Albumin gebunden transportiert. Die Speicher sind überwiegend in der Muskulatur und reichen nur für 1–3 Wochen. TPP wirkt als Coenzym der Pyruvatdehydrogenase und der α-Ketoglutaratdehydrogenase im Zitratzyklus, sowie im Pentosephosphatzyklus (Transketolase). Thiamin ist daher für stark Energie verbrauchende Zellen wie Neurone und Herzmuskelzellen besonders wichtig. Diese Schlüsselrolle im Kohlenhydratstoffwechsel erklärt auch, warum die Gabe von Glukose bei Patienten mit Thiaminmangel zu einer akuten klinischen Verschlechterung führen kann. Die Transketolaseaktivität in Erythrozyten ist ein wichtiger biochemischer Marker für den Thiaminstoffwechsel und aussagekräftiger als die Thiaminkonzentration im Serum. Genetische Polymorphismen der Transketolase sind wahrscheinlich für die individuell sehr unterschiedliche Sensitivität bei Thiaminmangel und Alkoholkrankheit verantwortlich.

Thiamin hat außerdem eine Wirkung auf Natriumkanäle und die Neurotransmitterbildung.

26.6.2 Ursachen und Manifestation des Thiaminmangels

Alkohol reduziert die Resorption von Thiamin und erhöht den Bedarf, ebenso wie fieberhafte Infekte und andere Steigerungen des Grundumsatzes. **Chronischer Alkoholismus** ist daher die häufigste Ursache eines Thiaminmangels.

Weitere Ursachen des Thiaminmangels sind:

1. Mangel- und Fehlernährung:
   - Heimernährung,
   - Parenterale Ernährung ohne ausreichende Thiamingabe,
   - Hyperemesis (gravidarum),
   - Anorexie, Diäten.
2. Gesteigerter Bedarf:
   - Diabetes mellitus,
   - Hämodialyse.
3. Dünndarmerkrankungen:
   - z. B. Zöliakie, Ileiitis terminalis, Blind-loop-Syndrom.

Die klassische Thiaminmangelerkrankung, die zur Entdeckung des Vitamins geführt hat, ist eine **axonale Neuropathie** (Beriberi) mit Parästhesien, Schmerzen und Paresen (s. Kap. 28). Thiaminmangel ist hauptsächlich verantwortlich für die **Wernicke-Enzephalopathie** und das **Korsakow-Syndrom.** Genaue Inzidenzzahlen liegen nicht vor. In Autopsieserien fanden sich die typischen neuropathologischen Läsionen der Wernicke-Enzephalopathie bei 1–4 % mit rückläufiger Tendenz in Ländern mit Thiaminanreicherung der Lebensmittel. Die Mehrzahl dieser Fälle war zu Lebzeiten nicht diagnostiziert worden. In den Niederlanden wurde eine Prävalenz des Korsakow-Syndroms von 4,8/10 000 Einwohner mit einem Durchschnittsalter von 62 Jahren beschrieben (Blansjaar et al. 1987).

Eine **Herzinsuffizienz** mit Ödemen kann ebenfalls mit Thiaminmangel assoziiert sein.

26.6.3 Klinische Symptomatik der Wernicke-Enzephalopathie

Die drei Hauptsymptome der akuten Wernicke-Enzephalopathie sind **Ataxie, Okulomotorikstörung und ein organisches Psychosyndrom.** Der Beginn ist häufig subakut mit Rumpfataxie und Gangunsicherheit. Nach Tagen folgen die **Okulomotorikstörung** mit einem Blickrichtungsnystagmus horizontal und vertikal, einer Abduktionsschwäche der Bulbi und einer konjugierten Blickparese, einer internukleären Opthalmoplegie bis hin zu im Extremfall aufgehobenen Bulbusbewegungen. Die Patienten klagen über Doppelbilder. Die Okulomotorikstörung ist zumindest in geringer Ausprägung bei fast allen Patienten vorhanden und daher diagnostisch richtungsweisend.

Das **organische Psychosyndrom** ist gekennzeichnet durch Verwirrtheit und Desorientiertheit zu Ort, Zeit und Situation und je nach Schwere mehr oder weniger stark eingetrübter Bewusstseinslage. Ein Koma zu Beginn der Erkrankung ist nicht typisch, kann aber eintreten, wenn Thiamin nicht rechtzeitig substituiert wird. Die Patienten verhalten sich indifferent und zeigen ausgeprägte Merkfähigkeits- und Gedächtnisstörungen.

Autonome Störungen mit Hypothermie, Hypotension, Tachykardie und Schwitzen sind häufig vorhanden.

Bei ca. 80 % finden sich Zeichen einer Neuropathie, die zu der Stand- und Gangunsicherheit beitragen kann. Der N. opticus kann beteiligt sein. Wenn es sich um Alkoholkranke handelt, besteht bei ca. 15 % gleichzeitig ein Entzugsdelir, das entsprechend behandelt werden muss (s. Kap. 38). Auch ohne Entzugsdelir besteht häufig eine innere Unruhe, die mit Benzodiazepinen oder niederpotenten Neuroleptika behandelt werden kann.

Die akute Wernicke-Enzephalopathie geht häufig über in das **Korsakow-Syndrom.**

Dieses charakteristische organische Psychosyndrom ist durch eine ausgeprägte Störung des retrograden und anterograden Gedächtnisses und der Merkfähigkeit (**amnestisches Syndrom**) gekennzeichnet. Die Patienten „konfabulieren", füllen im Gespräch inhaltliche Lücken mit Versatzstücken aus anderen Zusammenhängen. Das Korsakow-Syndrom kann auch die einzige Symptomatik eines Thiaminmangels sein und nach mehreren Phasen von Thiaminmangel irreversibel sein. In der Regel geht es aber aus einer mehr oder weniger ausgeprägten Wernicke-Enzephalopathie hervor. Beide Manifestationen sind zwei Phasen eines einzigen Krankheitsprozesses. Die neuropathologischen Läsionen sind identisch. Ein isoliertes Korsakow-Syndrom kann differentialdiagnostisch auch als Folge anderer Hirnerkrankungen auftreten, z. B. nach Enzephalitis.

26.6.4 Diagnostik

Die Wernicke-Enzephalopathie ist aufgrund der typischen Symptom- und Risikokonstellation mit Alkoholabusus und/oder Mangelernährung klinisch zu diagnostizieren. Die Bestimmung des Thiaminspiegels und der Transketolaseaktivität kann den Mangel beweisen, darf aber auf keinen Fall den Beginn der Therapie verzögern. Das **MRT** kann periaquäduktal im Mesenzephalon, im Thalamus und im Bereich der Corpora mamillaria signalintensive symmetrische Läsionen im FLAIR- und T2-Bild zeigen. Der **Liquor** ist unauffällig. Das **EEG** zeigt eine unspezifische Allgemeinveränderung. Die periphere Neuropathie und eine Optikusbeteiligung kann mit **NLG** und **evozierten Potentialen** nachgewiesen werden.
Beim Korsakow-Syndrom kann die **neuropsychologische Testung** den klinischen Befund ergänzen und die amnestischen Störungen und die kognitiven Defizite dokumentieren.

Differentialdiagnostisch sind andere Hirnstamm- und Kleinhirnerkrankungen wie Hirnstammenzephalitis, Hirninfarkte, Intoxikationen und postkontusionelle Schädigungen abzugrenzen.

26.6.5 Therapie der Wernicke-Enzephalopathie

Die Wernicke-Enzephalopathie ist ein **akuter Notfall** und muss bei klinischem Verdacht sofort mit hochdosierten Thiamingaben (100 mg) parenteral behandelt werden. Eine Verzögerung der Thiamingabe oder die parenterale Gabe von Glukose vor der Thiaminsubstitution kann zu einer raschen Verschlechterung und irreversiblen neurologischen Schäden führen. Wegen der Sättigungskinetik der Aufnahme und bei unklaren Resorptionsverhältnissen sollte bei akuter Wernicke-Enzephalopathie nicht oral behandelt werden. Die Gabe von 100 mg Thiamin i.v. als Kurzinfusion täglich ist ausreichend. Umstritten ist die Relevanz akuter Unverträglichkeitsreaktionen nach i.v.-Thiamingabe, die von einigen Autoren mit einer Häufigkeit von 1:100 000 angegeben wird und die von anderen Autoren bestritten wird. Nach 1 Woche und deutlicher Besserung der Symptome kann mit oralen Gaben von 50–100 mg weiterbehandelt werden bis ein klinisch stabiler Zustand erreicht ist.
Ein zusätzliches Entzugsdelir muss klinisch erkannt und entsprechend behandelt werden (s. Kap. 38). Die Ataxie sollte intensiv physiotherapeutisch behandelt werden. In der Akutphase ist eine neuropsychologische Therapie oft nicht möglich, sie sollte nach Besserung der Okulomotorik und der Ataxie einsetzen, wenn der Patient wieder besser konzentrationsfähig ist.
Risikopatienten sollten im Rahmen medizinischer Behandlungen besonders vor Glukoseinfusionen prophylaktisch Thiamingaben in der o. g. Dosierung erhalten, um die Speicher aufzufüllen.

26.6.6 Verlauf und Prognose

Bei frühzeitiger Behandlung mit Thiamin kommt es in der Regel innerhalb von Stunden und Tagen zu einer deutlichen Besserung der Okulomotorikstörungen, die Ataxie und Gangstörung sprechen oft weniger prompt an. Bei Therapieresistenz sollte die Diagnose überprüft werden. Die Mortalität der Wernicke-Enzephalopathie beträgt 15–20 %, überwiegend bedingt durch komplizierende Pneumonien und Leberversagen. Die mentalen Symptome bessern sich nur bei 20 % vollständig. Ein feinschlägiger Nystagmus lässt sich bei 60 % der Patienten dauerhaft nachweisen. Auch die ataktische Gangstörung bildet sich oft nicht vollständig zurück.

26.7 Vitamin B12 (Cobalamin)-Mangel

Cobalamin liegt in der Nahrung überwiegend an andere Eiweiße gebunden vor und benötigt auch zur Resorption und Transport im Körper jeweils spezielle Transportproteine. Es ist wasserlöslich und hat trotzdem wegen des sehr effektiven enterohepatischen Kreislaufs eine lange Speicherkapazität von mehreren Jahren. Der Tagesbedarf liegt bei 3µg.

26.7.1 Stoffwechsel von Cobalamin, Folsäure und Homozystein

Das an Nahrungsprotein gebundene **Cobalamin** wird im Magen bei saurem pH unter Wirkung von Pepsin freigesetzt und an Glykoproteine aus dem Speichel gebunden. Unter Einwirkung von Pankreastrypsin wird es wieder freigesetzt und an den im Magen gebildeten Intrinsic Factor (IF) gebunden. Nur in dieser gebundenen Form kann das Cobalamin durch Anbindung an spezifische Rezeptoren der Darmmukosa im terminalen Ileum durch Endozytose aufgenommen werden. In der Darmmukosa erfolgt die Abspaltung vom IF und die Bindung an ein weiteres Transportprotein, Transcobalamin II, das den Transport im Blut ermöglicht. In der Leber werden aus Cobalamin die Coenzyme Adenosylcobalamin und Methylcobalamin gebildet.

Dieser komplizierte Aufnahmemechanismus ist an verschiedenen Stellen störbar. Ältere Menschen sind besonders gefährdet, einen unzureichenden Vitamin B12-Status oder einen klinisch manifesten Mangel zu entwickeln. Etwa 30–50 % der älteren Menschen haben eine atrophische Gastritis mit Mangel an Magensäure, was zur unzureichenden Freisetzung des Cobalamin vom Nahrungseiweiß führt. Folge der atrophischen Gastritis kann ferner ein IF Mangel sein. Die **Prävalenz eines subklinischen Vitamin B12-Mangels** liegt im Alter daher bei ca. 10–20 %, wenn man als biochemische Marker den Homozystein- und Methylmalonsäurewert heranzieht (Wolters 2003). Eine weitere Ursache sind frühere Magen- und Darmoperationen ohne ausreichende Substitution. Selten ist die klassische perniziöse Anämie mit Autoantikörpern gegen IF und Parietalzellen mit der Folge fehlender Resorption. Erkrankungen des terminalen Ileums führen zu Störung der Endozytose des IF-Cobalaminkomplexes. Schließlich sind Defekte des Transcobalamin-Transportproteins bekannt. Strenge Vegetarier können einen B12-Mangel entwickeln, haben aber im Erwachsenenalter selten eine klinisch manifeste B12-Mangelerkrankung.

Folsäure ist ein Polyglutamat und wird in der Dünndarmmukosa in Form von Monoglutamaten durch aktiven Transport aufgenommen. Die wirksame Form ist das Tetrahydrofolat (THF). Im Blut wird es an Albumin und Transferrin gebunden transportiert. Folat unterliegt einem enterohepatischen Kreislauf und wird auch bei Mangel in der Niere effektiv rückresorbiert. Biochemisch wirkt THF als Coenzym bei der Übertragung von Methylgruppen und Formylgruppen. Beim Abbau von Homozystein zu Methionin und anderen Aminosäuren übernimmt THF C1-Reste, überträgt sie in der Purin- und DNA-Synthese. Folsäureantagonisten haben daher zytostatische Wirkungen (Metothrexat). An diesen Reaktionen ist auch Cobalamin (B12) beteiligt, ein Mangel an B12 wirkt sich direkt auf den Folsäurestoffwechsel aus.

Folsäuremangel führt wie Mangel an Vitamin B12 zu einer makrozytären Anämie, aber selten zu neurologischen Störungen. Funikuläre Myelosen (s. u. und Kap. 19) wie bei B12-Mangel sind in Einzelfällen beschrieben. Gleiches gilt für die Neuropathie.

Homozystein ist eine Aminosäure, die nicht in Proteine eingebaut wird und eine Intermediärform darstellt. Aus Homozystein wird unter Mitwirkung von Vitamin B12 und Folsäure die schwefelhaltige Aminosäure Methionin. Unter Mitwirkung von Vitamin B6 wird aus Homozystein die Aminosäure Zystein gebildet. Ein erhöhter Homozysteinspiegel ist als unabhängiger Risikofaktor für das Auftreten von kardiovaskulären Ereignissen identifiziert worden. Die Rolle von Homozystein für die Entwicklung einer Demenz wird diskutiert. Der Homozysteinspiegel steigt im Alter und bei gestörter Nierenfunktion. Er kann durch die Gabe von Vitamin B12 (100–300 µg), Folsäure (1–2 mg) oder B6 (100 mg) gesenkt werden. Interventionsstudien mit Senkung des Homozysteinspiegels zur Sekundärprophylaxe von Herzinfarkten und Schlaganfällen über wenige Jahre waren bisher negativ. Dies schließt eine Rolle als Risikofaktor für das Entstehen einer Arteriosklerose über lange Zeiträume nicht aus. Das Risiko steigt bei einem Homozysteinspiegel über 10 µg/dl (Nüchternabnahme, sofort zentrifugieren) linear an. Hohe Homozysteinwerte über 25 µg/dl können auf einen genetischen Polymorphismus der Methyltetrahydrofolat-Reduktase (MTHFR) hinweisen.

26.7.2 Vitamin B12-Mangelerkrankungen

Ein Mangel an Vitamin B12 kann neben einer makrozytären Anämie zu neurologischen Krankheitsbildern führen, die wiederum unabhängig von makrozytären Blutbildveränderungen auftreten und diesen lange vorausgehen können. Die wichtigsten Formen sind die **funikuläre Myelose** (s. Kap. 19), eine **Demenz** (s. Kap. 11) bzw. eine **organische Psychose** (s. Kap. 39) und eine **Polyneuropathie** (s. Kap. 28). Eine Erkrankung des N. opticus mit Verzögerung der visuell evozierten Potentiale kann in Folge eines B12-Mangels auftreten. Beschrieben sind auch Einzelfälle mit reversiblen Leukenzephalopathien (Vry et al. 2004) und Störungen der Orthostasereaktion bei erniedrigten Vitamin B12-Werten im Alter, die sich nach Substitution besserten (Moore et al. 2004). Bei der seltenen Tabak-Alkohol-Amblyopie kommt es zu einer Nervus-optikus-Schädigung, die auf einen Mangel an B-Vitaminen, wahrscheinlich auch B12, zurückgeführt wird.

26.7.3 Funikuläre Myelose

Pathogenetisch kommt es zu einer subakuten Degeneration des Hinterstrangs und Seitenstrangs im Rückenmark und einer Polyneuropathie. Entsprechend finden sich

- Störungen der Tiefensensibilität mit Lagesinn- und Vibrationsempfindungsstörung und sensibler Ataxie,
- Distal symmetrische Polyneuropathie mit Parästhesien, Hypästhesie und Hypalgesie,

- Paresen, Reflexabschwächungen, aber auch -steigerungen, positive Pyramidenbahnzeichen,
- Psychische und kognitive Veränderungen mit Depressionen, organischen Psychosyndromen und dementiellen Entwicklungen.

Die **Syndromdiagnose** erfolgt durch neurophysiologische Methoden (s. Kap. 9.1) wie Tibialis-SEP, motorisch evozierter Potentiale und Elektroneurographie und ggf. Elektromyographie.
Im spinalen MRT finden sich symmetrische, meist scharf begrenzte Signalanhebungen im Bereich der Hinterstränge und evtl. Seitenstränge. Unter parenteraler Substitution mit Vitamin B12 ist bei früher Diagnosestellung und geringer Symptomausprägung eine restitutio ad integrum möglich; in den meisten Fällen kommt es zwar nur zu einer partiellen Symptomrückbildung – jedoch auch zur Vermeidung einer weiteren Progredienz.

26.7.4 Labordiagnostik des Vitamin B12-Mangels

Wenn klinisch der Verdacht eines B12-Mangels besteht, sollte versucht werden, dies laborchemisch zu verifizieren und die genaue Ursache einer Resorptionsstörung zu ermitteln, da dies für die Langzeitbehandlung wichtig ist. Zum differenzierten Vorgehen wurde ein Algorithmus vorgeschlagen (Green und Kinsella 1995). Zunächst sollte der **Vitamin B12-Serumwert** gemessen werden (nüchtern, Lichtschutz!). Eine deutliche Erniedrigung beweist den Mangel. Im Graubereich zwischen 200 und 300 ng/l sollten als biochemische Marker eines Mangels das Homozystein und die Methylmalonsäure (MMS) im Blut bestimmt werden, die beide bei Mangel an Vitamin B12 ansteigen. Homozystein kann auch bei reinem Folsäuremangel erhöht sein, MMS nur bei B12-Mangel. Blutbild und ggf. eine Knochenmarksuntersuchung sind ebenfalls hilfreich.
Der **Resorptionstest mit und ohne Intrinsic-Factor-Gabe** (Schilling-Test) kann eine Resorptionsstörung im terminalen Ileum nachweisen. Der Test erfasst aber nicht die durch Säuremangel im Magen bei chronischer Gastritis fehlende Spaltung des Cobalamin vom Nahrungseiweiß, da das im Test verwandte kristalline B12 nicht im sauren Milieu abgespalten werden muss. Liegt der Resorptionsstörung nur eine **Achlorhydrie** zugrunde, kann oral gegebenes kristallines Vitamin B12, aber nicht das nahrungsgebundene B12, noch ausreichend resorbiert werden. Wenn sofort hochdosiert parenteral mit B12 behandelt wurde, ohne einen Resorptionstest zu machen, kann keine Aussage über die enterale Resorptionsfähigkeit getroffen werden. Bei klinisch weniger schweren Formen des B12-Mangels oder ambulanten Patienten könnte man als pragmatisches Vorgehen z. B. bei hochbetagten Patienten, für die eine Endoskopie zu belastend wäre, Vitamin B12 oral geben (z. B. 300 µg) und nach einiger Zeit den Blutspiegel kontrollieren. Bei Nachweis eines Mangels sollte aber möglichst eine endoskopische und histologische Diagnostik angestrebt werden. Eine **chronische Helicobacter-positive Gastritis**, die man antibiotisch behandeln könnte, kann zu einer B12-Resorptionsstörung führen.

26.7.5 Therapie eines Vitamin B12-Mangels

Bei neurologischen Mangelerkrankungen und dem Nachweis einer Resorptionsstörung sollte parenteral (i.m., s.c. oder i.v.) hochdosiert mit 1 000 µg/Tag über 5–10 Tage behandelt werden, dann wöchentlich für 6 Wochen, dann monatlich bis vierteljährlich. Es reichen wahrscheinlich 12 Gaben mit je 1 000 µg aus, um die Speicher wieder zu füllen. Anschließend ist eine Erhaltungstherapie ausreichend, die oft lebenslang durchgeführt werden muss. Es ist möglich, dass selbst bei Intrinsic-Factor-Mangel hochdosierte orale Gaben von 1 000 µg in geringem Umfang passiv resorbiert werden können. Wenn nur eine unzureichende Säurebildung vorliegt, kann kristallines B12 noch resorbiert werden (s. o.). Im Zweifel sollte aber die parenterale Gabe zumindest zu Beginn der Therapie bevorzugt werden. Wichtig ist die langzeitige klinische Überwachung und Substitution mit Vitamin B12 bei nachgewiesenen Resorptionsdefiziten.

Literatur

Argyriou AA, Chroni E, Koutras A, Ellul J, Papapetropoulos S, Katsoulas G, Iconomou G, Kalofonos HP (2005) Vitamin E for prophylaxis against chemotherapy- induced neuropathy. A randomized controlled trial. Neurology 64:26–31

Avenell A, Gillespie WJ, Gillespie LD, O'Connell DL (2005) Vitamin D and Vitamin D analogues for preventing fractures associated with involutional and post-menopausal osteoporosis. The Cochrane Collaboration. J. Wiley and Sons, London

Biesalski HK, Grimm P (2004) Taschenatlas der Ernährung. Thieme, Stuttgart

Blansjaar BA, Vielvoya GJ, Van Dijk JG, Rijnders RJ (1987) Prevalence of the Korsakow Syndrom in the Hague, The Netherlands. Acta Psychiatr Scand 75:604–607

Deutsche Gesellschaft für Ernährung (DGE). Referenzwerte für die Nährstoffzufuhr. www.dge.de

Green R, Kinsella LJ (1995) Current Concepts in the diagnosis of cobalamin deficiency. Neurology 45:1435–1440

Miller ER (2005) Meta Analysis: high-dosage vitamin E supplementation may increase all-cause mortality. Ann Intern Med 142:37–46

Moore A, Ryan J, Watts M, Pillay I, Clinch D, Lyons D (2004) Orthostatic tolerance in older patients with vitamin B12 deficiency before and after vitamin B12 replacement. Clin Auton Res 14:60–66

Nutriton Board NIH (1998) Dietary Reference Intakes for Thiamin, Riboflavin, Niacin, Vitamin B6, Folate, Vitamin B12, Pantothenic Acid, Biotin, and Choline. National Academic Press, Washington

Reiners K (2004) Vitaminkrankheiten. In: Hoffmann GF, Grau AJ (Hrsg) Stoffwechselerkrankungen in der Neurologie. Thieme, Stuttgart New York

So YT, Simon RP (1996) Deficiency Diseases of the Nervous system. In: Bradley WG, Daroff RB, Fenichel GM, Marsden CD (eds) Neurology in Clinical Practice. II. Butterworth-Heinemann, Boston Oxford

Vry MS, Haerter K, Kastrup O, Gizewski E, Frings M, Maschke M (2005) Vitamine-B_{12}-deficiency causing isolated and partially reversible leukoencephalopathy. J Neurol 252:980–982

Wolters M et al. (2003) B vitamin status and concentrations of homocysteine and methymalonic acid in elderly german women. Am J Clin Nutr. 78:765–772

WHO. Keep fit for life. Meeting the nutritional needs of older persons. 2002. www.who.int/nut/documents/nut_older_persons

27 Neurologische Manifestationen metabolischer Erkrankungen

Frank Erbguth

Einleitung

Störungen des Stoffwechsels und des Wasser- und Elektrolythaushaltes können sowohl zu zentralnervösen Symptomen (= metabolische Enzephalopathie) als auch zu neuromuskulären Störungen – meistens als Myopathie – führen. Diese Symptome sind bei bekannter metabolischer Grunderkrankung leichter einzuordnen als bei Erstmanifestation. Die häufigste Manifestation bei akutem Verlauf ist eine „Enzephalopathie" mit den unspezifischen Leitsymptonen **Bewusstseinsstörung ohne monofokale neurologische Ausfälle, generalisierte – selten auch fokale – epileptische Anfälle und vegetative Störungen. Bei chronischen Verläufen stehen kognitive Störungen („Demenz") im Vordergrund.** Ausnahmen von der diffusen Manifestation bei metabolischen Enzephalopathien stellen die fokal begrenzten oder akzentuierten strukturellen Schädigungsmuster bei der Wernicke-Enzephalopathie, der zentralen pontinen (CPM) oder extrapontinen (EPM) Myelinolyse, der Schädigung der Basalganglien im Rahmen einer CO- oder Methylalkoholvergiftung oder nach hypoxischer oder hepatischer Enzephalopathie (Kunze 2002) dar. Fokale Akzentuierungen finden sich auch bei urämischer und hypoglykämischer Enzephalopathie, ohne dass es dabei zu strukturellen Läsionen kommen muss. Gerade bei älteren Patienten führen vorbestehende subklinische fokale Hirnläsionen (z. B. ein älterer Hirninfarkt oder posttraumatischer Gewebsdefekt) dazu, dass neu aufgetretene Enzephalopathien mit einer fokalen Symptomakzentuierung (z. B. Hemiparese) einhergehen (s. Kap. 5).
Differentialdiagnostisch müssen Enzephalopathien gegenüber Intoxikationen, Entzugssyndromen, entzündlichen und vaskulären ZNS-Erkrankungen und anderen – vor allem bilateralen – stukturellen Hirnläsionen abgegrenzt werden. Für die Differentialdiagnose zunächst unklarer Bewusstseinsstörungen kann der englische Akronym-Merksatz „I WATCH DEATH" zu Hilfe genommen werden: Infection, Withdrawal, Acute metabolic, Trauma, CNS pathology, Hypoxia, Deficiencies, Endocrinopathies, Acute vascular, Toxins/Drugs, Heavy metals. In der Regel ist die Assoziation des klinischen Bildes mit einer klinischen und labordiagnostischen Konstellation wegweisend für die Verdachtsdiagnose.
Bei älteren Patienten bestehen oft mehrere konkurrierende Ursachen einer neu aufgetretenen Enzephalopathie, so dass bei der diagnostischen Zuordnung prioritär zunächst alle Differentialdiagnosen mit dringlicher und vitaler Behandlungsindikation ausgeschlossen werden müssen (z. B. Meningitis durch Liquoruntersuchung). Oft führt die Summation mehrerer enzephalopathiefördernder Faktoren im Rahmen einer Dekompensation zur akuten Manifestation (z. B. vorbestehende Demenz + Exsikkose + dopaminerge Medikamente + Hyperglykämie + Fieber). Es ist wissenschaftlich nur unzureichend dokumentiert, ob das Gehirn des älteren Patienten eher

vulnerabler für metabolische Normabweichungen ist oder ob es durch häufigere Schwankungen diesbezüglich robuster ist. In allen Fällen, in denen sich Hirndruck entwickelt, ist aufgrund des häufig im Alter geringeren Hirnvolumens weniger schnell mit Dekompensationen zu rechnen.

Die neuromuskulären Manifestationen metabolischer Störungen sind zwar seltener als die Enzephalopathien, werden jedoch häufiger übersehen, weil sie oft vorschnell einem altersbedingten Muskelabbau oder anderen Gründen einer Immobilität zugeschrieben werden.

Die apparative neurologische und sonstige Zusatzdiagnostik dient vor allem dem differentialdiagnostischen Ausschluss anderer Ursachen der neurologischen Symptomatik.

27.1 Störungen des Glukosestoffwechsels

27.1.1 Ketoaziotisches und hyperosmolares Coma diabeticum

Bei der **diabetischen Ketoazidose** (pH-Wert <7,3) (**vorwiegend Typ-1-Diabetes**) führt der Insulinmangel zu ausgeprägter Hyperglykämie mit schwerer Ketoazidose und Hyperosmolarität. Es kommt im Rahmen der osmotischen Diurese zu einem ausgeprägten Wasser- und Elektrolytverlust und durch die Lipolyse zur Bildung von Ketonkörpern. Die allgemeine Symptomatik umfasst: Müdigkeit, Übelkeit, Erbrechen, Polydipsie, Polyurie, Kussmaul-Atmung, Azetongeruch und „pseudoperitonitische" abdominelle Schmerzen. Eine Enzephalopathie mit allen Stadien quantitativer **Bewusstseinsstörungen** tritt bei 80 % der Patienten auf. Oft bestehen Auslöser, unter denen die Stoffwechselsituation dekompensiert wie beispielsweise Infekte, Absetzen einer Insulintherapie oder Glukokortikoidgaben.

Die **hyperosmolare nicht-ketoazidotische Form der Hyperglykämie** tritt in der Regel als **Komplikation des Typ-2-Diabetes** – und damit häufiger im Alter – auf und ist assoziiert mit Dehydratation, Operationen, Infektionen, Sepsis und Gabe von Kortikosteroiden oder Thiaziden. Es besteht eine Hyperglykämie und Hyperosmolarität ohne Ketoazidose. Als neurologische Symptomatik zeigt sich eine progrediente Bewusstseinstrübung bis hin zum Koma. Auch werden häufig fokale Zeichen wie Aphasie, Halbseitenymptome, Pyramidenbahnzeichen und fokale Anfälle – auch als Anfallsstatus – beobachtet, ohne dass bildgebend strukturelle Hirnläsionen nachweisbar sind.

Diagnostik

Bei der diabetischen Hyperosmolarität ist die Hyperglykämie im Vergleich zur ketoazidotischen Situation deutlich ausgeprägter (Glukose >600 mg/dl vs. >250 mg/dl) begleitet von einer erhöhten Serumosmolarität (>320 mosm/l) und Hypernatriämie. Bei der diabetischen Ketoazidose finden sich neben der Hyperglykämie eine Azidose (pH<7,3) mit Anionenlücke (>16 mmol/l), erniedrigtes Bikarbonat (<5 meq/l), erhöhte Ketonkörper im Blut und Urin und eine Hypernatriämie als Folge der Dehydratation.

Therapie

Wichtigstes Therapieprinzip ist die Insulingabe begleitet von einer Rehydrierung und Kaliumsubstitution unter einem dichten Monitoring von Blutglukose, Elektrolyten und der Serumosmolarität. Die Rehydrierung darf nicht zu rasch erfolgen (500–1 000 ml/h in den ersten 4 h, dann für weitere 2–4 h 250–500 ml/h), um die Bildung eines Hirnödems zu vermeiden.

Prognose

Bei der Ketoazidose kommt es meistens zur kompletten neurologischen Restitution. Bei älteren Patienten kann es zu letalen Verläufen im Rahmen einer Multimorbidität z. B. im Zusammenhang mit Infektionen, zerebrovaskulären Erkrankungen, Nierenversagen und Gerinnungsstörungen kommen. Beim hyperosmolaren Coma diabeticum dagegen ist die Sterblichkeit generell mit fast 30 % hoch. Im Falle des Überlebens sind allerdings keine dauerhaften neurologischen Folgen zu erwarten.

27.1.2 Hypoglykämische Enzephalopathie

Die Hypoglykämie (Blutglukose <45–50 mg/dl) ist die häufigste Komplikation des **Diabetes mellitus** vor allem bei **Typ 1.** Eine Hypoglykämie kann aus unterschiedlichen Gründen entstehen: iatrogen unter einer Therapie mit oralen Antidiabetika bzw. Insulin oder bei inadäquater parenteraler Ernährung, patientenseitig durch unzureichende Mahlzeiten bei Weiterführung der antidiabetischen Therapie, durch akzidentelle oder suizidale Insulinzufuhr, nach Alkoholgenuss und ferner bei Sepsis oder Organversagen.

Symptomatik

Es kommt zu **Symptomen** wie Tachykardie, Palpitationen, Blässe, Heißhunger, Schweißausbruch, Tremor, Angstgefühle, Unruhe, Sehstörungen, Pyramidenbahnzeichen, Koordinationsstörungen, generalisierte und fokale Anfälle und Bewusstseinstörungen bis hin zum Koma. Sensomotorische Halbseitenstörungen einschließlich Aphasien lassen manchmal zunächst an einen Schlaganfall denken. Bei autonomer Neuropathie oder Einnahme von β-Blockern werden die autonomen Warnzeichen einer Hypoglykämie teilweise unterdrückt. Es können sich schwere Defektzustände mit persistierendem apallischen Syndrom in **Analogie zur schweren hypoxischen Enzephalopathie** entwickeln. Wiederholte Hypoglykämien können zu bleibenden oder progredienten kognitiven Störungen bis hin zur Demenz führen.

Diagnostik und Differentialdiagnostik

Blutglukosewerte <45 mg/dl beweisen eine Hypoglykämie. Wie bei allen metabolischen Enzephalopathien besteht das differentialdiagnostische Problem, dass bei entsprechender Laborkonstellationen andere Ursachen einer diffusen oder fokalen neurologischen Symptomatik (z. B. Meningoenzephalitis, zerebrale Ischämie) nicht durch vorschnelle Zuordnung zur hypoglykämischen Konstellation übersehen werden dürfen. Umgekehrt gilt aber auch: die zentralnervösen Symptome der Hypoglykämie können zerebrovaskuläre oder entzündliche Erkrankungen imitieren.

> Obwohl eine Glukosebestimmung zur verpflichtenden Routine im Management plötzlicher Symptome gehört, wird sie doch immer wieder bei suggestiven Konstellationen vermeintlich anderer Ursachen einer Bewusstseinsstörung vergessen.

Therapie

Leichte Hypoglykämien können die Patienten selbst durch orale Kohlehydrate (z. B. süße Limonade, Traubenzucker) behandeln; bei schwerer Hypoglykämie muss eine rasche i.v.-Zufuhr von **Glukose** erfolgen: zunächst 50 ml Glukose 20 % oder 50 % gefolgt von 500 ml Glukose 5–10 %. Angestrebt wird ein Glucosespiegel > 100mg/dl. Zur Erfassung von Rezidiv-Hypoglykämien ist ein dichtes Monitoring der Blutglukosespiegels notwendig. Meistens erfolgt eine schnelle Besserung der Symptomatik. Tritt diese nicht innerhalb von 10 min ein, müssen andere potentielle Differentialdiagnosen überprüft werden.

27.1.3 Diabetische Neuropathie (s. Kap. 28)

27.2 Schilddrüsenerkrankungen

27.2.1 Hypothyreose

Symptomatik

Eine Schilddrüsenunterfunktion kann zu einer **Enzephalopathie, Neuropathie oder Myopathie** führen. Zeichen der Enzephalopathie sind psychotische oder delirante Symptome (z. B. Depression, Psychose) oder kognitive Störungen (z. B. Vergesslichkeit, Demenz) bis hin zum Koma (**„Myxödemkoma“**). Zusätzliche Symptome sind Bradykardie, Hypotonie, Hypothermie und Herzinsuffizienz. Exogene Auslöser sind Sedativagabe, Infekte oder Operationen. Die Schilddrüsenserumwerte erlauben die korrekte Diagnose. Bei Myxödempatienten kommt es häufig zu einer **Mononeuropathie des N. medianus im Karpaltunnel** mit den typischen Symptomen einer Brachialgia nocturna paraesthetica. Bei ca. 30 %–60 % der Patienten finden sich die Symptome einer vorwiegend sensiblen distal symmetrischen Polyneuropathie. Auch Hirnnervenstörungen (v. a. Fazialisparese durch Kompression im Fallop-Kanal) wurden beschrieben. Bei 30–80 % der Myxödempatienten bestehen sensoneurale Hörstörungen, deren genaue Ursache nicht bekannt ist. Unter einer Substitution sind die Neuropathien und die Hörstörungen meistens reversibel. Die hypothyreote **Myopathie** präsentiert sich typischerweise als **proximal betonte Muskelvergrößerung** mit Schwäche und schmerzhaften Muskelkrämpfen bei abgeschwächten Reflexen. Die Atemmuskulatur ist in der Regel nicht befallen. Kreatinkinase und Myoglobin im Serum sind meistens deutlich erhöht; im EMG finden sich nur selten myopathische Veränderungen. Unter Substitution ist die Prognose gut.

Therapie

Die **Substitution** erfolgt in den schweren Fällen einer Enzephalopathie hochdosiert mittels 500 µg L-Thyroxin als Bolus gefolgt von 100 µg täglich. Ansonsten wird einschleichend mit 25 µg/d begonnen bis 125–150 µg/d. Ziel ist eine Normalisierung des TSH basal innerhalb von ca. 4 Wochen.

27.2.2 Enzephalopathie bei Hashimoto-Thyreoiditis

Bei der Hashimoto-Thyreoiditis (Frauen: Männer = 7:1) werden zum Teil schwere immunvermittelte Enzephalopathien beobachtet, die bei schwerem Verlauf klinisch der Jakob-Creutzfeldt-Erkrankung ähneln können. Es wird eine **„diffus-progressive“** und eine **„vaskulitische“ Verlaufsform** unterschieden (Hartmann et al. 2000). Zu etwa 75 % besteht eine Euthyreose, zu etwa 20 % eine Hypothyreose und sehr selten eine Hyperthyreose. Diagnostisch zeigt sich bei 70 % eine Erhöhung des basalen TSH. Antimikrosomale Antikörper und Anti-thyroid-Peroxidase-Antikörper finden sich bei 90 % der Patienten, Antithyroglobin ist nur bei 60 % nachweisbar, antineuronale Antikörper sind selten nachweisbar. Im MRT finden sich evtl. in den T2-gewichteten Aufnahmen bilaterale meist symmetrische Signalanhebungen im Bereich des Temporallappens und Hippokampus. Auch vaskulitische Hirninfarktmuster wurden beschrieben. Im Liquor sind Proteinerhöhungen häufig. Das EEG zeigt meistens

Allgemeinveränderungen. Parallel zur Substitutionstherapie sollte eine immunsuppressive **Therapie** (kurzfristig Kortikosteroide; evtl. längerfristig andere Immunsuppressiva). Eine langsame Rückbildung der Symptome ist möglich, aber nicht zwingend.

27.2.3 Neurologische Symptome bei Hyperthyreose

Bei der Schilddrüsenüberfunktion kann es zur Enzephalopathie oder Myopathie kommen. Manifeste Hyperthyreosen werden im Alter häufiger erst bei Auftreten neurologischer Komplikationen mit zerebraler kardioembolischer Ischämie bei symptomatischer Arrhythmia absoluta oder **Thyreotoxikose** entdeckt. Die Symptome der Thyreotoxikose sind vielfältig und reichen von Nervosität, Reizbarkeit und Schlafstörungen bis hin zu deliranten Bewusstseinsstörungen einschließlich der Entwicklung eines Komas (**„Basedow-Koma“**). Die **„apathische Hyperthyreose“** ist gekennzeichnet durch Lethargie, Depressivität und kognitive Beeinrächtigungen. Zusätzlich entwickeln sich Temperaturerhöhung, Tachykardien, Durchfälle und Exsikkose. Auslöser sind neben der spontanen Manifestation abruptes Absetzen von Thyreostatika, Infektionen, Traumata und jodhaltige Medikamente oder Röntgen-Kontrastmittel. Durch die zunehmende Durchführung von CT-Angiographien in der zerebrovaskulären Notfalldiagnostik sind vermehrt Thyreotoxikosen in Neurologischen Kliniken zu erwarten. Therapeutisch werden Thyreostatika verabreicht; symptomatisch werden Betablocker gegeben. Bei thyreotoxischer Krise wird die Gabe von Glukokortikoiden (z. B. 100 mg/Tag) empfohlen.

Etwa 75 % der Patienten mit Hyperthyreose entwickeln eine **proximal akzentuierte Myopathie** (s. Kap. 30) mit Schwäche und Atrophie, die auch die Atemmuskulatur betreffen kann. Die Serumparameter CK, Myoglobin und LDH sind meistens normal; im EMG findet sich meistens ein myopathisches Muster. Ziel der Therapie ist das Erreichen einer euthyreoten Stoffwechsellage. Eine die Thyreostatikatherapie ergänzende Gabe von Betablockern kann die Muskelfunktion bessern (Kaminsky 1994).

27.2.4 Periodische thyreotoxische Lähmung

Fünf bis 10 % der Patienten mit einer Thyreotoxikose entwickeln rezidivierende, Stunden anhaltende Attacken mit Muskelschwäche, an der auch die Atemmuskulatur beteiligt sein kann. Die klinische Symptomatik gleicht der familiären **hypokaliämischen periodischen Lähmung.** Der Serumkaliumspiegel ist während der Attacken meist vermindert. Mögliche Trigger der Attacken sind kohlehydratreiche Mahlzeiten, Insulingabe, Kälte oder Ruhe nach körperlicher Belastung. Unter einer Normalisierung der Stoffwechsellage sistieren die Attacken meistens. Auch Betablocker können eine Attacke verkürzen oder verhindern. Während einer Attacke ist auf einen hochnormalen Kaliumspiegel zu achten.

27.2.5 Endokrine Orbitopathie

Meistens liegt der endokrinen Orbitopathie eine Hyperthyreose zugrunde; sie ist jedoch grundsätzlich unabhängig von der Schilddrüsenfunktion. Klinisch bestehen Exophthalmus, Ophthalmoplegie, seltener Lidschlag (Stellwag-Zeichen), bleibende Retraktion des Oberlids bei Blicksenkung. Bei etwa 10 % kommt es zu einer kompressiven Schädigung des N. opticus mit evtl. notwendiger operative Orbitadekompression. Diagnostisch wegweisend sind Schilddrüsenwerte und positive TSH-Rezeptor-Antikörper. Eine Bildgebung der Orbita (Ultraschall, CT, MRT) ist vor allem für den differentialdiagnostischen Ausschluss von Raumforderungen anderer Genese (z. B. Tumor, Sinus-Cavernosus-Thrombose, okuläre Myositis) hilfreich. Neben der Thyreostatikabehandlung wird eine Glukokortikoidtherapie (100 mg Prednisolon absteigend über 10 Wochen) empfohlen (Kastrup 2004).

27.3 Porphyrien

Die wichtigste Porphyrie mit einer erblichen Stoffwechselstörung der **Hämbiosynthese** in der Leber bzw. den Erythrozyten ist die **akute intermittierende Porphyrie (AIP)** mit einer Prävalenz von ca. 10/100 000. Die Erstmanifestation ist zwar im Alter selten, muss aber dennoch anamnestisch erfragt werden (als mögliche Differentialdiagnose unklarer neurologischer Symptome und zur Vermeidung attackenauslösender Medikamente).

Symptome

Angesichts des vielgestaltigen klinischen Bildes ist die Diagnose schwierig zu stellen; das „Daran-Denken" ist der Schlüssel zur Diagnose bei abdominellen Symptomen z. B. kolikartig, Darmmotilitätsstörungen (Erbrechen, Obstipation, auch Diarrhö) in Verbindung mit Adynamie, Verwirrtheit, Kopfschmerzen, Krampfanfällen und einer schweren rasch progredienten motorisch akzentuierten Polyneuropathie (Thadani et al. 2000).

Die neurologischen Manifestationen sind: **Polyneuropathien** (schmerzhaft, ähnlich wie ein Guillain-Barré-Syndrom) mit a**utonomer Neuropathie** (abdomineller Schmerz, Obstipation, arterieller Hypertonus, Tachykardie), **Hirnnervenneuritis** (Fazialisparesen, Störungen der okulomotorischen Hirnnerven, kaudale Hirnnervenstörungen mit Dysphagie) und **ZNS-Beteiligungen mit** quantitativen und qualitativen Bewusstseinsstörungen, affektiven Störungen (v. a. Angst), Verhaltensstörungen sowie fokalen und generalisierten Krampfanfällen.

Eine Vielzahl von Medikamenten können Attacken auslösen (einsehbar zusammen mit als sicher geltenden Medikamenten in der „Roten Liste").

Diagnostik

Einen wertvollen diagnostischen Hinweis stellt die **rötliche Verfärbung des Urins** nach ca. 30 min nach der Miktion bzw. dem Kathetereintritt. Das Fehlen der Verfärbung schließt allerdings eine AIP nicht aus. Als Screeningnachweis eignet sich der **Hoesch-/Schwartz-Watson-Test** auf Porphobilinogen (PBG); die **Diagnosesicherung** erfolgt durch Nachweis der exzessiv erhöhten Porphyrinvorläufer Delta-Aminolävulinsäure und PBG sowie Porphyrine im Urin. Die Differentialdiagnose der verschiedenen Porphyrieformen wird in einem zweiten Schritt in Urin-, Stuhl- und Blutproben durchgeführt.

Therapie

(1) Verzicht auf porphyrieauslösende Medikamente bzw. Ersatz durch „porphyriekompatible". (2) Suppression der Hämsynthese durch i.v.-Gabe von 400–500 g Glukose unter Zugabe von 200–300 mg/Tag Pyridoxinhydrochlorid. (3) Gabe von Hämarginat (Normosang®). **Symptomatische Therapie** der Schmerzen mit ASS oder Opioiden, der Hypertonie/Tachykardie mit Propanolol, bei Unruhe/Erbrechen mit Chlorpromazin oder Chloraldehyd, bei Krampfanfällen Gabe von Magnesium (Serumspiegel 2,5–7,5 mval/l) oder Gabapentin.

27.4 Erkrankungen von Hypothalamus und Hypophyse

27.4.1 Hyperkortisolismus (M. Cushing)

Beim Hyperkortisolismus (z. B. durch Hypophysenadenom oder iatrogen) kommt es im Rahmen einer **Enzephalopathie** vorwiegend zu kognitiven und affektiven Symptomen wie Konzentrations- und Merkfähigkeitsstörungen, Reizbarkeit, emotionaler Labilität und Depressivität. Psychotische Episoden kommen vor. Die **Kortisonmyopathie** mit schweren proximalen Muskelschwächen und Atrophien kann bei einem endogenen als auch unter einem iatrogenen Hyperkortisolismus auftreten (s. Kap. 30).

27.4.2 Akromegalie

Je nach Größe des Adenoms kann es zur Kompression des Chiasma mit Sehstörungen bis hin zur **bitemporalen Hemianopsie** kommen. Etwa 1/3 der Akromegaliepatienten entwickelt ein meist bilaterales **Karpaltunnelsyndrom**. Sensomotorische symmetrische Polyneuropathien werden auch bei Patienten ohne einen die Akromegalie begleitenden Diabetes mellitus gefunden. Der Pathomechanismus ist unklar. Bei etwa 50 % der Akromegaliepatienten findet sich eine **proximale Muskelschwäche** (s. Kap. 30).

27.4.3 Hypophysenapoplexie

Zu einem akuten neurologischen Krankheitsbild kann es durch Ischämie und/oder Einblutung in Hypophysentumoren mit akuten heftigsten Kopfschmerzen, Nackensteife, Nausea, Sehstörungen, Augenmuskellähmungen, Visusverlust und Bewusstseinsstörungen kommen. In manchen Fällen wird das z. T. **dramatische Krankheitsbild** durch ein vermeintlich unauffälliges Notfall-CT (wegen Artefakten erschwerte Beurteilung der Sellaregion) nicht oder erst verspätet diagnostiziert. Die Therapie besteht in einer Kortisongabe und in den meisten Fällen einer (Notfall-)Operation.

27.4.4 Tumoröse und granulomatöse Hypothalamuserkrankungen

Tumoröse Raumforderungen oder granulomatöse Entzündungen können über eine Schädigung des Hypothalamus zu globalen hypothalamischen Symptomen mit dem Ausfall mehrerer hormoneller Achsen führen. Am häufigsten führt die Sarkoidose in etwa 5 % der Fälle zu einer hypothalamischen Beteiligung. Seltenere Ursachen sind Infiltrationen von Metastasen oder Lymphomen.

27.4.5 Diabetes insipidus

Beim **„zentralen" Diabetes insipidus**, der häufigsten partiellen hypothalamischen Störung, kommt es zu einem Wasserverlust durch Mangel an hypothalamischer Stimulation der Ausschüttung von Antidiuretischem Hormon (ADH). Ursachen sind infiltrative Hirntumoren oder -metastasen einschließlich Lymphomen, granulomatösen Entzündungen (z. B. TB, Sarkoidose) oder Hypophysenchirurgie, ZNS-Infektionen, Hirnblutungen und anderweitig verursachter Hirndruck. Die Symptomatik besteht in einer **Polyurie** bis über 20 l/Tag und entsprechender Polydipsie und Exsikkose bis hin zum Schock. Im Urin findet sich ein spezifisches Gewicht <1005 und eine Osmolalität <300 mosmol/kgKG. Im Serum finden sich Erhöhungen von Natrium, Hämatokrit und der Plasmaosmolalität. Eine differentialdiagnostische Klärung kann durch den Durstversuch erfolgen. Therapeutisch wird **Desmopressin** substituiert (2-mal 10–20 µg/Tag intranasal oder Tabletten 3-mal 0,2–1,2 mg/Tag oder 2–4 µg s.c. oder i.v.). Bei schnellem Anstieg des Serumnatriums und der Osmolartität besteht die Möglichkeit der Entwicklung eines osmotischen Demyelinisierungs-Syndroms (pontine oder extrapontine Myelinolyse = CPM/EPM).

27.4.6 Syndrom der inadäquaten ADH-Sekretion (SIADH)

Meistens durch ektopische Produktion von ADH kommt es durch **erhöhte Wasserretention** zur iso- oder hypervolämischen Verdünnungshyponatriämie, die in der Regel nicht zur Ödembildung führt. Ursache sind meistens paraneoplastische Prozesse (v. a. kleinzelliges Bronchial-Ca, Pankreas-Ca, Lymphome), ZNS-Erkrankungen (z. B. Subarachnoidalblutung, Enzephalitis, Trauma oder Hirntumor) oder ein Guillain-Barré-Syndrom. Diagnostisch wegweisend ist eine Hyponatriämie, bei der die Serumosmolalität niedriger ist (meist <260 mosmol/l) als die Urinosmolalität (>300 mosmol/kg). Das Natrium im Urin ist erhöht (Na^+-Ausscheidung >25 mmol/l bei normaler Zufuhr), das Plasma-ADH ist meist normal bis erhöht. Im Gegensatz zum zerebralen Salzverlustsyndrom („cerebral salt waste syndrome" = CSWS) ist die Urinmenge vermindert und es besteht **eine positive Flüssigkeitsbilanz** (**s. Tab. 27.1**). Die **Therapie** besteht in einer Flüssigkeitsrestriktion (ca. 800 ml/Tag); bei symptomatischen Patienten kann eine Natriumkorrektur mit hypertonen Lösungen erfolgen, allerdings unter langsamer Korrektur (<10 mmol/Tag) wegen der Gefahr eines induzierten osmotischen Demyelinisierungssyndroms. Ist die Flüssigkeitsrestriktion kontraindiziert oder führt bei symptomatischem Verlauf nicht zum Erfolg, kann ein Therapieversuch mit Demeclocyclin 900–1200 mg/Tag (in Deutschland nicht im Handel) erfolgen. Kasuistisch erfolgreich waren auch Therapien mit Lithium 300 mg/Tag oder Phenytoin 500–750 mg/Tag.

Tab. 27.1 Unterschiede SIADH vs. CSWS

Parameter	SIADH	CSWS
Extrazellulärvolumen	↑	↓
Wasserbilanz	↑	↓
Hautturgor	↑→	↓
Gewicht	↑→	↓
ZVD	↑→	↓
Hämatokrit	↓	↑
Urin-Na^+-Konzentration	↑	↑↑
Serumharnsäure, Serum-K^+	↓→	→

27.4.7 Zerebrales Salzverlustsyndrom („cerebral salt waste syndrome" CSWS)

Anders als beim SIADH kommt es beim in der neurologischen Intensivmedizin häufig gesehenen CSWS zur Hyponatriämie nicht durch Wasserretention, sondern durch Natriurese (Natriumausscheidung >50 mmol/l) (**s. Tab. 27.1**) mit Polyurie und Verminderung des Extrazellulärvolumens und konsekutivem Volumenmangel. Ursächlich sind die gleichen Konstellationen und Erkrankungen wie beim SIADH. Pathophysiologisch kommt es am ehesten zu einer Freisetzung des atrial-natriuretischen Faktors (ANF) aus dem Bereich des 3. Ventrikels und dem Hypothalamus. Die Therapie besteht aus einer **Substitution von Na^+ und Wasser** und einer Gabe von Fludrocortison 0,2–0,4 mg/Tag.

27.5 Erkrankungen der Nebennierenrinde

An eine primäre oder sekundäre **Nebennierenrindeninsuffizienz (Morbus Addison)** sollte bei einer Kombination von hypotoner Kreislaufsituation mit Hypoglykämie und rezidivierenden Synkopen, einer generalisierten Muskelschwäche mit Krämpfen und einer Pigmentierungsstörung der Haut gedacht werden.

27.6 Paraproteinämische Enzephalopathie

Selten kommt es zum „**Coma paraproteinämicum**" im Rahmen eines Hyperviskositätssyndroms bei **Morbus Waldenström** oder einem **Multiplen Myelom.** Kopfschmerzen, Benommenheit und Bewusstseinsstörungen bis hin zum Koma gehen auf hyperviskositätsbedingte **Störungen der zerebralen Mikroperfusion** zurück.

27.7 Elektrolyt- und Osmolaritätsstörungen

27.7.1 Hyponatriämische Enzephalopathie

Eine Hyponatriämie (Serumnatrium <135 mmol/l) ist die häufigste Elektrolytstörung und findet sich bei etwa 3 % aller Krankenhauspatienten. Es werden hypovolämische, isovolämische, hypervolämische und isoosmolare Hyponatriämien unterschieden. Häufige Ursachen einer Hyponatriämie in der Neurologie sind das SIADH (s. o.), das zerebrale Salzverlustsyndrom (CSWS) (s. o.), vermehrte Zufuhr freien Wassers (z. B. „Wasserintoxikation" durch exzessives Trinken bei Psychosen), Niereninsuffizienz, diuretische Therapie, Medikamententherapie (z. B. Carbamazepin/Oxcarbazepin) und Hypovolämien. Pathophysiologisch kommt es zu einer Wasserverschiebung im Gehirn von extra- nach intrazellulär mit der möglichen Entwicklung eines **Hirnödems.**

Chronische oder sich langsam entwickelnde Hyponatriämien werden meist problemlos toleriert; nur bei raschem Abfall des Serumnatriums unter 125 mmol/l und fast immer unter 110 mmol/l treten deutliche Symptome der Enzephalopathie auf. Die Entwicklung eines massiven Hirnödems kann zur Herniation führen (Hamann 2001). Die Natriumsubstitution erfolgt angepasst an die Ursache, Akuität und Ausprägung der Hyponatriämie selbst und ihrer Symptome. In jedem Falle muss eine schnelle Anhebung des Serumnatriumspiegels um mehr als 0,5 mmol/l pro Stunde vermieden werden und darf nur anfangs zur Korrektur einer mit bedrohlichen Symptomen einhergehenden Hyponatriämie ausnahmsweise mit 1–2 mmol/l pro Stunde erfolgen, um die Entwicklung einer pontinen oder extrapontinen Myelinolyse (CPM/EPM) zu vermeiden (Brown 2000).

27.7.2 Pontine und extrapontine Myelinolyse

Bei der zentralen pontinen Myelinolyse (ZPM) kommt es zu einer akuten vorwiegend fokal-symmetrischen Demyelinisierung im Hirnparenchym meist im Zusammenhang mit Alkoholismus und/oder abrupten primär extrazellulären osmotischen Verschiebungen; bei etwa 10 % der Fälle treten isoliert oder zusätzlich extrapontine Demyelinisierungen (EPM) auf. Hauptursache der ZPM/EPM sind eine schnelle Korrektur einer Hyponatriämie **(s. Tab. 27.2)**, andere abrupte Steigerungen der Osmolarität z. B. bei ausgedehnten Verbrennungen und Lebertransplantationen. Im Rahmen des mittlerweile häufigen Einsatzes der Kernspintomographie bei älteren schwerkranken Intensivpatienten wurde inzwischen eine Vielzahl von Ursachen mit der möglichen Entwicklung einer ZPM/EPM in Zusammenhang gebracht, wobei sich im Einzelfall sowohl die Frage erhebt, ob es sich bei nachzuweisenden Signalstörungen im Bereich des Hirnstamms oder der Basalganglien wirklich um osmotisch bedingte Demyelinisierungen handelt, als auch die Frage, ob die gefundene Kondition wirklich ursächlich oder nur koinzident mit einer Demyelinisierung ist. Neuerdings wird die Erkrankung als „Osmotisches Demyelinisierungs-Syndrom" bezeichnet; sie kann bei Hyponatriämien durch langsame Korrektur weitgehend – aber nicht komplett – vermieden werden. Die häufigsten Ursachen einer Hyponatriämie sind in **Tab. 27.2** aufgelistet.

Tab. 27.2 Häufigste Ursachen einer Hyponatriämie

- SIADH (Syndrom der inadäquaten ADH-Sekretion): z. B. bei Malignomen, akuten ZNS-Erkrankungen, Lungenerkrankungen, endokrinen Erkrankungen (z. B. Myxödem), Leberzirrhose, Herzinsuffizienz
- Zentrales Salzverlustsyndrom (CSWS)
- Iatrogen z. B. Infusionsbehandlung, Medikamente (Diuretika, Zytostatika, Antidiabetika, Antidepressiva, Barbiturate, Antikonvulsiva v. a. Carbamazepin/Oxcabazepin)
- Lebererkrankungen z. B. Zirrhose, M. Wilson
- Malnutrition, Kachexie
- Adrenokortikale Insuffizienz

An Symptomen treten auf bei

- **Pontiner Lokalisation (ZPM):** Antriebsstörungen, Bewusstseinsstörungen (Delir, Somnolenz bis Koma), Tetraparesen, Ataxie, Veränderungen der Muskeleigenreflexe (anfangs Abschwächung oder -verlust, dann Steigerung), Pyramidenbahnzeichen, Hirnstammfunktionsstörungen wie Dysarthrie und Ophthalmoplegie.
- **Extrapontiner Lokalisation (EPM):** Antriebsstörungen, emotionale Störungen, Bewusstseinsstörungen, Ataxie, extrapyramidale Symptome (Hypo- und Akinese, Choreoathetose, Dystonie, Rigor, Tremor), Dysarthrie, Gangstörungen, Katatonie, Mutismus, Myoklonien, Myokymien.

Die sensitivste diagnostische Methode ist die Kernspintomographie (MRT), mit der sich die meist symmetrischen Demyelinisierungen in der T1-Wichtung als hypointens und in den T2-gewichteten Aufnahmen als hyperintens nachweisen lassen, wobei es häufig zu einem KM-Enhancement kommt. Trotz symmetrischer Läsionstopographie sind die Befunde der MRT zwar im Einzelfall typisch, aber eben nicht spezifisch in der Diagnostik einer ZPM/EPM. Wichtige Differentialdiagnosen sind entzündliche oder vaskuläre Demyelinisierungen beispielsweise bei M. Behçet, Vaskulitis, M. Binswanger oder Encephalomyelitis disseminata.

Prävention

Entscheidend ist die behutsame kontrollierte Anhebung des Serumnatriumspiegels bei einer Hyponatriämie abhängig von der Symptomatik: Bei geringer Symptomatik ist durch Flüssigkeitsrestriktion ein Na-Anstieg in den ersten 24 h um weniger als 8–10 mmol/l bzw. unter 0,5 mmol/l pro Stunde anzustreben. Nur bei schwerer symptomatischer Hyponatriämie z. B. mit Hirnödem kann in den ersten 3–4 h eine stündliche Erhöhung um 1–2 mmol/l akzeptiert werden, da das Risiko von Schäden durch die Hyponatriämie als gewichtiger zu veranschlagen ist als dasjenige der zu schnellen Korrektur. Allerdings sollte dann auch die Gesamterhöhung in 24 h 8–10 mmol/l nicht überschreiten. Nach dem Erreichen leicht hyponatriämischer Werte (ca.125–130 mmol/l) sollte die Natriumzufuhr eingestellt werden. Da eine begleitende Hypokaliämie ebenfalls einen Risikofaktor für eine ZPM/EPM darstellt, sollte auch der Serumkaliumspiegel ausgeglichen werden.

Therapie und Prognose

Es existiert keine hinreichend evidenzbasierte und wissenschaftlich begründete spezifische Therapie der ZPM. Die früher aufgrund der vorwiegend post mortem gestellten Diagnose naturgemäß als schlecht geltende Prognose wird in neueren Übersichtsarbeiten als deutlich besser dargestellt: Bei fast 70 % der Betroffenen zeigte sich ein gutartiger Verlauf.

27.7.3 Hypernatriämische Enzephalopathie

Zur Hypernatriämie führen: (1) Wasserverlust (Diabetes insipidus, extrarenale Flüssigkeitsverluste) (2) Wasserverlust kombiniert mit geringem Natriumverlust (exzessives Schwitzen, Fieber, osmotische Diurese) und (3) Natriumzufuhr (Infusionen, v. a. Antibiotika, Cushing, Hyperaldosteronismus). Inwieweit eine enzephalopathische Symptomatik auftritt, hängt von der Akuität und der absoluten Höhe (Osmolalität >320 mOsmol, Serum-Na^+ >160 mmol/l) der Hypernatriämie ab. Die Enzephalopathie ist Ausdruck der **osmotischen Dehydratation** mit Schrumpfung des Intrazellulärraums aufgrund der erhöhten Serumosmolarität und der mikrovaskulären Hyperviskositätsschäden mit kapillären Blutungen oder venösen Stauungen.
Es kommt zu Bewusstseinsstörungen; epileptische Anfälle treten bevorzugt in der Rehydrierungsphase auf. Bei schnellem Anstieg der Osmolarität kann es zur Entwicklung einer pontinen oder extrapontinen Myelinolyse (CPM/EPM) kommen (Brown 2000). Die Therapie besteht in der Rehydratation mit isotonischen oder halbisotonischen Kochsalzlösungen, wobei eine Korrektur um 1 (bis 2) mmol Natrium pro Stunde nicht überschritten werden sollte, da es andernfalls zu fatalen zerebralen Ödemen kommen kann. Auch die Zufuhr freien Wassers sollte wegen der möglichen Ausbildung eines Hirnödems vermieden werden.

27.7.4 Neurologische Folgen anderer Elektrolytstörungen

Zu einer **Enzephalopathie und neuromuskulären Störungen** kann es auch bei pathologischen Veränderungen des **Kalzium-, Phosphat- oder Magnesiumhaushalts** kommen. Vor allem Serumveränderungen des Kalziums und Phosphats stellen eine der häufigeren Ursachen reversibler organischer Psychosyndrome und Demenzen dar.

Hyperkalzämie und Hyperphosphatämie

Die Ursachen der **Hyperkalzämie** (>2,6 mmol/l) sind vielfältig. Ab etwa 3 mmol/l kommt es zu Durstgefühl, Müdigkeit, Kopfschmerzen, Übelkeit, Erbrechen und Bewusstseinsstörungen bis hin zum Koma und eventuell zu Krampfanfällen. Therapiert wird mit Flüssigkeitsersatz, Kaliumsubstitution, Schleifendiuretika, Ionenaustauschern, Natriumbicarbonat und i.v. Biphosphonaten und evtl. Dialyse. Weitere mittelfristige Therapien bestehen in einer Hemmung der ossären Kalziumfreisetzung beispielsweise mittels Pliamycin, Galliumnitrat, Kortikosteroiden oder Kalzitonin. Eine Hyperphosphatämie tritt meist zusammen mit einer Hyperkalzämie auf, so dass die Kausalität der Symptome nur schwer voneinander unterscheidbar zuzuordnen ist.

Hypokalzämie, Hypo- und Hypermagnesiämie

Bei der **Hypokalzämie** und **Hypomagnesiämie** kann es zur Enzephalopathie kommen. Bei der Hypokalzämie sind diese Symptome von Tetanie mit Chvostek- oder Trousseau-Zeichen begleitet. Die Therapie besteht in der entsprechenden Substitution. Bei schweren Hypomagnesiämien wurden Muskelschwächen, Polyradikulitis, Ataxie, Bewusstseinsstörungen, Hirnstamm- und Hirnnervenstörungen beschrieben, wobei auch reversible MRT-Läsionen in Stammganglien, Thalamus und im Okzipitallappen gesehen wurden. Eine **Hypermagnesiämie** kann durch exzessive Magnesiumzufuhr bei eingeschränkter Nierenfunktion auftreten und ist mit quantitativen Bewusstseinstörungen bis hin zum Koma verbunden.

Hypophosphatämie

Da die **Hypophosphatämie** meist im Rahmen einer kompletten (insuffizienten) **parenteralen Ernährung** in komplexen intensivmedizinischen Behandlungssituationen auftritt, kann nicht sicher entscheiden werden, ob die beobachteten Symptome ausschließlich durch die Hypophosphatämie zu erklären sind oder auch im Zusammenhang mit der Grunderkrankung oder anderen Faktoren. Beobachtet werden **Rhabdomyolysen**, subakute bis akute **Tetraparesen** mit Reflexverlust (DD: Critical Illness Polyneuropathy, GBS) und Enzephalopathien mit quantitativen Bewusstseinsstörungen und deliranten Sympomen.

Hyperparathyreoidismus

Beim **primären Hyperparathyreoidismus** kommt es im Rahmen der Hyperkalzämie zu zentralnervösen Symptomen. Meist tritt beim primären Hyperparathreoidismus auch eine proximale Myopathie mit Schwäche und Muskelsteifigkeit auf. Die Höhe des Kalziumspiegels korreliert nicht mit dem Ausmaß der Paresen.

Beim **sekundären Hyperparathyreoidismus** ähnelt die Myopathie der beim primären Hyperparathyreoidismus. Durch die oft ursächliche Niereninsuffizienz mit urämischer Neuropathie und Myopathie kann die Symptomatik überlagert werden.

Hypoparathyreoidismus

Beim Hypoparathyreoidismus wird die neurologische Symptomatik durch die Hypokalzämie und Hypophosphatämie bestimmt. Bei chronischem Hypoparathyreoidismus kommt es bei etwa einem Viertel der Patienten zu symmetrischen Verkalkungen im Stammganglienbereich, eventuell auch im Kleinhirn, die als **Morbus Fahr** bezeichnet werden und **meistens asymptomatisch** sind. Selten werden **extrapyramidale Syndrome** mit parkinsonoiden, choreatischen, dystonen und athetotischen Bewegungsstörungen und neuropsychologischen Auffälligkeiten gesehen. Die zunächst paradox erscheinende Tatsache, dass es bei einer Hypokalzämie zu zerebralen Verkalkungen kommt, ist pathopysiologisch noch nicht ausreichend aufgeklärt; eine lokale Mukopolysaccharid- und Proteinaktivität mit Kalziumanreicherung in den Stammganglien wird diskutiert.

Die Bezeichnung „**Morbus Fahr**" wird sehr unscharf gebraucht und bezeichnet weniger eine Entität als ein Syndrom mit bilateral symmetrischen Gehirnverkalkungen. Diese sind meist ein Zufallsbefund bei der zerebralen Bildgebung ohne dass anamnestische, klinische oder laborchemische Auffälligkeiten vorhanden wären; die Häufigkeit beträgt etwa 0,5–1 %. Bei den familiären idiopathischen Gehirnverkalkungen (**familial idiopathic brain calcification = FIBC**) liegen normale Kalzium- und Parathormonwerte vor; klinisch kann es jedoch zu ausgeprägten extrapyramidalen Symptomen ähnlich der kortikobasalen Degeneration kommen. Beim **Pseudohypoparathyreoidismus** liegt zwar auch eine Erniedrigung von Kalzium und Phosphat vor, jedoch ist das Parathormon nicht erniedrigt, sondern erhöht.

27.8 Nierenerkrankungen

27.8.1 Urämie

Eine Urämie kann durch unterschiedliche pathologische Mechanismen zu Enzephalopathien (UE), Neuropathien und Myopathien führen. Die **Enzephalopathien** treten akut oder subakut bei der Entwicklung eines Nierenversagens auf. Wenn gleichzeitig ein maligner Hypertonus vorliegt, kann es zu Abgrenzungsschwierigkeiten zur hypertensiven Enzephalopathie kommen. Das Spektrum der UE reicht von leichten zerebralen Dysfunktionen in frühen Stadien der Urämie bis hin zum Koma bei Exazerbationen; oft sind **epileptische Anfälle** und **Myoklonien** assoziiert; der klinische Verlauf kann stark fluktuieren. Die absolute Höhe des Serumharnstoffs korreliert insgesamt schlecht mit dem Ausmaß der Symptomatik. Jede Enzephalopathie bei Nierenversagen ist grundsätzlich immer verdächtig auf eine urämische Genese; wobei andere Ursachen auszuschließen sind. Verwirrend können die Befunde der Liquoranalyse sein, da vereinzelt Befunde einer „aseptischen Meningitis" beschrieben wurden mit Zellzahlen bis zu 250 Lymphozyten/µl und Proteinerhöhungen bis zu 1 000 mg/l und zudem ein **Meningismus** bestehen kann. Die zerebrale Bildgebung dient der Ausschlussdiagnostik. Bei chronischer UE wurden im MRT diffuse Hirnatrophien und selten reversible T2-Signalanhebungen in den Basalganglien, dem periventrikulären Marklager und der inneren Kapsel beschrieben.

50 bis 90 % der Patienten mit Urämie und Hämodialyse entwickeln eine axonale, sekundär auch demyelinisierende distal symmetrische **Polyneuropathie**. Auch kann sich eine **autonome Neuropathie** mit Hypohidrose, orthostatischen Kreislaufregulationsstörungen, hämodynamischer Instabilität, Impotenz, Miktions- und Defäkationsstörungen entwickeln. Meistens tritt unter der Dialyse eine Besserung der Polyneuropathie auf; eine komplette Rückbildung ist nicht zu erwarten und tritt bestenfalls bei sehr leichten Fällen auf. Nach einer Nierentransplantation kommt es zu relativ deutlichen Rückbildung der Symptome. Besserungen der autonomen Neuropathie sind unter Dialyse und nach Transplantation eher gering und benötigen längere Zeiträume.

Bei bis zu einem Drittel der Patienten mit Urämie kommen auch Mononeuropathien vor, wobei meist der **N. medianus im Karpaltunnel** betroffen ist. Zur proximalen urämischen **Myopathie** kommt es auch durch begleitende metabolische Störungen wie sekundärem Hyperparathyreoidismus, Hypokalzämie und Hyperphosphatämie. Die Muskelenzyme im Serum sind nicht erhöht, das EMG zeigt ein myopathisches Muster. **Therapeutisch** kann Vitamin D verabreicht werden und die Stoffwechselsituation optimiert werden. Eine ischämische Muskelschädigung kann auch im Rahmen der **gangränösen Kalzifikation** bei chronischer Niereninsuffizienz (Kalziphylaxie-Syndrom) auftreten.

Neben den primär idiopathischen Formen des Restless-Legs-Syndrom (RLS) (s. Kap. 18) ist das mit einer Urämie assoziierte RLS mit etwa 20–35 % dessen häufigste symptomatische Form. Nach einer Nierentransplantation kommt es nach Normalisierung der Retentionswerte zur Vollremission. Das medikamentöse Therapieregime mit Gabe von L-Dopa und/oder Dopaminagonisten entspricht dem Vorgehen bei den idiopathischen Formen.

27.8.2 Dialysekomplikationen

Dialyse-Dysäquilibrium-Syndrom (DDS)

Das DDS mit Bewusstseinsstörungen und Muskelkrämpfen wurde früher unter schneller Dialyse (zu rasche Entwicklung eines **osmotischen Gradienten** zwischen Plasma und Gehirn mit intrazellulärer Azidose und Entwicklung eines Hirnödems) häufig beobachtet. Mittlerweile sind schwere Fälle eines DDS selten geworden. Es tritt während, gegen Ende oder bis 24 h nach einer Dialysebehandlung auf und kann mehrere Stunden bis Tage anhalten (Schellinger et al. 2003). Prädisponierende Faktoren sind: junges oder hohes Alter, hohe Harnstoffspiegel, schnelle Dialyse, große Dialysemembranen und Hypoosmolarität des Dialysats. Durch langsame Dialyse mit langsamen Durchflussraten in kurzen Abständen und osmotisch aktiven Zusätzen zum Dialysat lässt sich ein DDS weitgehend vermeiden.

Dialyseenzephalopathie

Die mittlerweile nur noch selten beobachtete Dialyseenzephalopathie wurde früher in schwerer lebensbedrohlicher Form durch **aluminiumhaltige Dialysate** verursacht. Es kam im Gehirn zu aluminiumhaltigen Ablagerungen. Heute können aluminiumhaltige Medikamente und eine Begünstigung der Aluminiumresorption durch **Hyperparathyreoidismus** oder Zitrusfrüchte und ein verstärkter Aluminiumtransport in die Hirnzellen aufgrund eines Eisenmangels zur **Dialyseenzephalopathie** mit affektiven Störungen, Demenz, extrapyramidalen Störungen und epileptischen Anfällen führen. Bei hohen Aluminiumspiegeln (>200 µg/l) wird eine Behandlung mit Desferoxamin empfohlen.

Dialyse-assoziiertes Subduralhämatom

Bei 2–3 % der Dialysepatienten – vor allem im höheren Alter – kommt es zu einem spontanen Subduralhämatom, dessen Ursache meist in den Urämie- und Dialyse-assoziierten Gerinnungsstörungen ohne nennenswertes Trauma liegt. Da die klinische Manifestation oft langsam progredient verläuft und bei bilateralen Hämatomen auch keine fokalen neurologischen Auffälligkeiten auftreten, kann das Subduralhämatom leicht übersehen werden und die Symptomatik vorschnell der metabolischen Situation des dialysierten Urämiepatienten zugeschrieben werden.

27.9 Gastrointestinale Störungen

27.9.1 Resorptionsstörungen

Maldigestionen und Malabsorptionen können aus unterschiedlichen Gründen entstehen und können zu Erkrankungen von Gehirn, Rückenmark, Nerven und Muskeln führen. Die wesentlichen **Malabsorptionssyndrome** betreffen die **Vitamine B12, B1, B6, D, E und Niacin** (s. Kap. 26 und **Tab. 27.3**).

Tab. 27.3 Neurologische Folgen meist malresorptiv bedingter Vitaminmangelzustände

Vitaminmangelerscheinungen	Neurologische Manifestation
Vitamin B12 (perniziöse Anämie)	Polyneuropathie, funikuläre Myelose, Demenz
Vitamin B1	Polyneuropathie (Beriberi), Wernicke-Enzephalopathie
Vitamin B6-Mangel	Polyneuropathien (schmerzhaft); evtl. unter INH-Therapie
Vitamin D-Mangel	Schmerzhafte Osteomalazie mit proximaler Myopathie
Vitamin E-Mangel	Polyneuropathie, zerebelläre Ataxie, zerebelläre Okulomotorikstörungen
Niacin-Mangel (Pellagra)	Polyneuropathie, Enzephalopathie (Psychosen, kognitive Störungen)

27.9.2 Hepatische Enzephalopathie (HE)

Die hepatische Enzephalopathie (HE) tritt bei akuten oder chronischen Lebererkrankungen auf und ist grundsätzlich reversibel. Die Symptomatik ist dabei abhängig von der Akuität und dem Ausmaß der Leberschädigung und der Ausprägung von Leberumgehungskreisläufen. Zum akuten Leberversagen kommt es z. B. bei Leberzirrhose, Virushepatitis, Reye-Syndrom, Schwangerschaft, Morbus Wilson, Lebervenenthrombose, Multiorganversagen, Medikamentenintoxikation oder als -nebenwirkung. Auslösefaktoren der HE oder ihrer Exazerbationen sind gastrointestinale oder sonstige Blutungen, eiweißreiche Mahlzeiten, Infektionen, Obstipation, Operationen, Blutdruckabfälle, Bluttransfusionen, Dehydratation z. B. durch Diuretikagabe und Gabe von Sedativa (z. B. Benzodiazepine).

Pathophysiologie

Insgesamt muss von einer multifaktoriellen Genese der HE als Ergebnis komplexer Wirkungen auf den Hirnstoffwechsel ausgegangen werden, wobei 3 pathophysiologische und wahrscheinlich zusammenwirkende Hypothesen (1. Ammoniak-Neurotoxin-Hypothese, 2. Theorie der falschen Neurotransmitter, 3. Gamma-Amino-Buttersäure [GABA]-Hypothese) diskutiert werden.

Symptomatik

Die HE ist in fünf Schweregrade von der latenten Form (Grad 0) bis hin zum Koma (Grad 4) eingeteilt (Ferenci 2001, Schellinger 2003). Bei schweren (Grad III) und schwersten (Grad IV) Formen der HE kommt es zu Bewusstseinsstörungen, Desorientiertheit, Delir und schließlich zum Koma. Begleitet werden diese Symptome meist von Koordinationsstörungen, Myoklonien, Asterixis (als „negativer Myoklonus"), erhöhtem Muskeltonus und einer Hyperreflexie. Bei fortgeschrittener Entwicklung eines Hirnödems kann es zur Herniation kommen. Bei rechtzeitiger Diagnose und entsprechender Therapie sind die Symptome potentiell reversibel.

Diagnostik

In der Regel bestätigt eine Erhöhung des Serumammoniakspiegels die Verdachtsdiagnose. Im CT und MRT kann in schweren Fällen ein Hirnödem nachgewiesen werden. Im MRT können in den T1-gewichteten Aufnahmen symmetrische Hyperintensitäten im Bereich der Stammganglien und vor allem dem Pallidum nachgewiesen werden, die auf eine Managanakkumulation bei schwerer Leberzirrhose zurückzuführen sind.

Therapie

Bei akutem kompletten Leberversagen ist im Alter eine **Lebertransplantation** kaum indiziert, so dass prioritär die Komplikationen wie beispielsweise die **Gerinnungsstörungen** therapiert werden müssen. Eine Reduktion der Ammoniakproduktion und -absorption erreicht man durch Proteinrestriktion und **Hemmung der ureaseproduzierenden Bakterien** im Darm. Gabe von Laktulose führt (1) zur Entfernung von Substraten, die im Darm zu Ammoniak metabolisiert werden und (2) über die Azidifizierung des Kolons zur Unterbrechung der ureasebedingten Ammoniakbildung. Auch die Verabreichung von oralen Antibiotika (z. B. Neomycin, Metronidazol) dient diesem Ziel. Eine Steigerung der Ammoniakmetabolisierung erreicht man durch Gabe von L-Ornithin-L-Aspartat. Die Bildung „falscher Neurotransmitter" soll durch die Gabe von Infusionslösungen erreicht werden, die reich an verzweigtkettigen und arm an aromatischen Aminosäuren sind. Eine Hemmung der GABA-ergen Benzodiazepinrezeptoren kann zumindest kurzfristig durch die Gabe von Flumazenil erreicht werden. Eine Senkung der Sterblichkeit ist mit der Flumazenilgabe jedoch auch bei dauernder oder wiederholter Anwendung nicht möglich.

27.9.3 Pankreatische Enzephalopathie

Im Zusammenhang mit einer akuten Pankreatitis oder Pankreaskarzinomen wurden wiederholt Symptome einer Enzephalopathie vorwiegend mit Bewusstseinsstörungen beobachtet und als „pankreatische Enzephalopathie" bezeichnet. Eine schlüssige ätiopathologische Definition liegt nicht vor und es ist ungeklärt, ob die Enzephalopathie eine eigenständige Erkrankung darstellt oder ob sie nicht Ausdruck sekundärer Enzephalopathien bei pankreatitis-assoziiertem Multiorganversagen, Sepsis, pankreasbedingten Gerinnungsstörungen oder sogar eines paraneoplastischen Geschehens ist. Eine Assoziation der klinischen Schwere zur Höhe der Serumspiegel von Amylase und Lipase scheint zu bestehen (Ruggieri et al. 2002). Im MRT wurden Läsionen beschrieben, die phänomenologisch denen beim osmotischen Demyelinisierungssyndrom entsprechen.

27.10 Septische Enzephalopathie

Die septische Enzephalopathie ist die häufigste Enzephalopathie auf Intensivstationen. Sie ist definiert als akute, reversible und generalisierte Einschränkung zerebraler Funktionen – vor allem des Bewusstseins im Zusammenhang mit einer Sepsis. Je nach weiter oder enger Definition von „Sepsis" und je nach Phase einer systemischen Infektions- und/oder Entzündungserkrankung (SIRS, Sepsis, schwere Sepsis, Schock) findet man eine Beteiligung des Gehirns im Sinne einer Enzephalopathie aufgrund der hohen Vulnerabilität des ZNS bei 25–70 % der Erkrankten. Die Diagnosestellung wird durch die intensivmedizinischen Behandlungsmaßnahmen wie Beatmung mit Analgosedierung erschwert, die eine Beurteilung der Gehirnfunktion nur in begrenztem Maß zulassen. Zudem ist die differentialdiagnostische Zuordnung problematisch, da bei einem septischen Multiorganversagen mehrere potentiell „enzephalopathische" Konstellationen (z. B. metabolisch, organdysfunktional, medikamentenassoziiert) bestehen. Ätiologisch wird ein multifaktorielles Geschehen im Rahmen der Inflammation durch Mediatoren sowie Stoffwechsel- und Transmitterstörungen angeschuldigt.

Die Symptomatik kann als Initialsymptom der Sepsis auftreten und besteht aus: Bewusstseinsstörungen, epileptischen Anfällen, Myoklonien und evtl. Spastik und Rigor. Die Schwere lässt sich in Analogie zur hepatischen Enzephalopathie von Grad I bis IV (Koma) graduieren.

Die Diagnose wird vor allem durch Ausschluss der folgenden konkurrierenden Differentialdiagnosen gestellt:

Enzephalopathie durch

- Metabolische/Multiorgankomplikationen (z. B. urämisch, elektrolytbedingt, endokrin, hepatisch; z. B. Gerinnungsstörung mit konsekutiver Hirnblutung),
- Hypoxie,
- Bakteriämie mit (Mikro-)Abszessen, septisch embolischer und metastatischer Herdenzephalitis, Meningoenzephalitis; mykotischen Aneurysmen,
- Komplikationen der Grunderkrankung z. B. durch spontane/therapeutische Immunkompromittierung z. B. Ciclosporin, Tacrolismus,

- Behandlungsfolgen z. B. Analgosedierung, Katecholamine.

Entsprechend kommen bildgebende Verfahren (MRT, CCT), neurophysiologische Verfahren (EEG, SEP) und die Liquordiagnostik zum Einsatz.

Literatur

Arrowsmith JE et al. (2000) Central nervous system complications of cardiac surgery. Brit J Anaesth 84:378–393

Berlit P, Sawicki PT (2004) Neurologie – Innere Medizin interdisziplinär. Thieme, Stuttgart New York

Brown WD (2000) Osmotic demyelination disorders: central pontine and extrapontine myelinolysis. Curr Opin Neurol 13:691–697

Burn DJ, Bates D (1998) Neurology and the kidney. J Neurol Neurosur Ps 65:810–821

Butterworth RF (2000) Hepatic encephalopathy: a neuropsychiatric disorder involving multiple neurotransmitter systems. Curr Op Neurol 13: 721–727

Ferenci P (2001) Hepatische Enzephalopathie. Dtsch Med Wochenschr 126 (Suppl 1):S76–80

Hagemann G et al. (2004) Recurrent posterior reversible encephalopathy syndrome (PRES). J Hum Hypertens 18:287–289

Hamann GF (2001) Bedeutung von Störungen des Elektrolyt-und Wasserhaushaltes in der Neurologischen Intensivmedizin. Akt Neurol 28:103–113

Hartmann M et al. (2000) Hashimoto-Enzephalopathie. Nervenarzt 71:489–494

Heckmann JG, Erbguth F, Neundörfer B (1998) Delayed postanoxic demyelination registry. Neurology 51:1235–1236

Kaminsky HJ, Ruff RL (1994) Endocrine myopathies. In: Engel AF, Franzini-Armstrong C (eds) Myology, section 5. Mc Graw-Hill, New York, pp 1726–1753

Kastrup O. Mann K (2004) Neurologische Komplikationen endokriner Erkrankungen. In: Berlit P, Sawicki PT (Hrsg) Neurologie – Innere Medizin interdisziplinär. Thieme, Stuttgart New York, S 51–64

Kunze K (2002) Metabolic encephalopathies. J Neurol 249:1150–1159

Moe SM, Sprague SM (1994) Uremic encephalopathy. Clin Nephrol 42:251–256

Müllges W, Stoll G (2002) Hypoxisch-ischämische Enzephalopathie. Akt Neurol 29:431–446

Ruggieri RM, Lupo I, Piccoli F (2002) Pancreatic encephalopathy: a 7-year follow up case report and review of the literature. Neurol Sci 23: 203–205

Schellinger PD et al. (2003) Hepatische Enzephalopathie. Nervenarzt 74: 1078–1087

Schellinger PD et al. (2003) Neurologische Komplikationen renaler Erkrankungen. Akt Neurol 30:375–381

Thadani H, Deacon A, Peters T (2000) Diagnosis and management of Porphyria. BMJ 320:1647–1651

The Hypothermia After Cardiac Arrest Study Group (2002) Mild therapeutic hypothermia to improve the neurologic outcome after cardiac arrest. N Engl J Med 346:549–556

28 Peripheres Nervensystem

Andreas Engelhardt

Einleitung

Schmerzen in den Extremitäten sind bei älteren Menschen häufig und gehören zu den alltäglichen Klagen beim Hausarzt. Einige Betroffene berichten zugleich über Missempfindungen wie Einschlafgefühl, Stechen, Kribbeln, Brennen, Elektrisieren. Dann werden die Schmerzen als neuropathisch bezeichnet, da sie durch eine Funktionsstörung peripherer Nerven verursacht sind. Seltener werden von den Patienten selbst auch eine schmerzlose Schwäche und Verschmächtigung einzelner Muskelgruppen, Neigung zu Muskelkrämpfen oder eine zunehmende Unsicherheit beim Stehen und Gehen als erstes Zeichen einer Nervenläsion beobachtet.

Schädigungen des peripheren Nervensystems können sich im Bereich der Nervenwurzeln (Radikulopathie), der großen Nervengeflechte an Armen und Beinen (Plexopathie), an einzelnen Nerven (Mononeuropathie) oder ausgebreitet (Polyneuropathie) manifestieren. Wegen ihrer praktischen Bedeutung sollen im Folgenden vor allem kompressionsbedingte Mononeuropathien (Engpasssyndrome) und die im Alter wichtigsten Polyneuropathien (PNP) abgehandelt werden.

28.1 Plexusläsionen und Mononeuropathien

28.1.1 Läsionen des Plexus cervicobrachialis

Der Plexus cervicalis (C1–C4) wird nur selten isoliert geschädigt. Im Alter ist in erster Linie an Tumoren im Halsbereich oder an Zoster als Ursache zu denken. Sehr viel häufiger findet sich eine Läsion des Plexus brachialis (C5–Th1/2). Klinisch wird eine obere Armplexusparese (Duchennne-Erb) (Schädigung der aus den Wurzeln C5 und C6 stammenden Axone) von einer unteren Armplexusparese (Déjerine-Klumpke; Segmente C8 und Th1) unterschieden. Bei der unteren Armplexusparese ist in vielen Fällen auch ein Horner-Syndrom als Zeichen einer Mitbeteiligung des Halssympathikus vorhanden.

Während bei jüngeren Patienten traumatische Schädigungen als Ursache für eine Armplexusparese weitaus führend sind, sollte in höherem Lebensalter insbesondere an ein **Malignom** im Bereich der Lungenspitze (Pancoast-Tumor) gedacht werden. Die Infiltration des Armplexus führt initial zu heftigen Schmerzen zumeist im Bereich des unteren Armplexus an der Ulnarseite des Unterarmes und der Hand, häufig bereits in der Anfangsphase verbunden mit einem Horner-Syndrom. Es folgen rasch progrediente atrophische Lähmungen der kleinen Handmuskulatur. Klinisch ähnliche Armplexusläsionen nach

Bestrahlungen können zumeist durch die Anamnese bereits abgegrenzt werden.
Bei der **neuralgischen Schulteramyotrophie** handelt es sich um eine Armplexusläsion entzündlich-allergischer Genese, die ebenfalls mit heftigen Schmerzen im Schulter- und Oberarmbereich beginnt. Wenige Tage nach dem Auftreten der Schmerzen kommt es zu atrophischen Lähmungen der Schultermuskulatur, seltener auch der Hand- und Unterarmmuskeln. Die Armplexusneuritis tritt eher in jüngerem bis mittlerem Erwachsenenalter auf. Nach Serumgaben, Impfungen und Injektionen kann allerdings auch bei älteren Patienten ein der neuralgischen Schulteramyotrophie klinisch völlig entsprechendes Bild einer Armplexusneuritis auftreten. Die Prognose ist zumeist gut.

Phrenikusparese

Eine Läsion des aus C4 stammenden N. phrenicus führt zu einseitiger Zwerchfelllähmung mit Atemnot bei Anstrengung. Eine doppelseitige Phrenikusparese ist vital bedrohlich. Als Ursache kommen insbesondere infiltrierende Bronchialkarzinome in Frage.

28.1.2 N. medianus (Karpaltunnelsyndrom, Interosseus-anterior-Syndrom)

Das durch Kompression des N. medianus unter dem Retinaculum flexorum im volaren Handbereich verursachte **Karpaltunnelsyndrom** (KTS) ist mit einer jährlichen Inzidenz von etwa 300 pro 100 000 und einer Prävalenz von 2,3 % die häufigste Mononeuropathie. Es tritt bevorzugt ab dem 5. Lebensjahrzehnt und insbesondere im Klimakterium auf. Frauen sind etwa viermal häufiger als Männer betroffen. Neben hormonellen Einflüssen wirken im Alter auch Verengungen des Karpaltunnels durch Bindegewebsvermehrung, durch Substanzeinlagerung etwa im Rahmen einer Amyloidose, degenerative Gelenkveränderungen bei Polyarthrose oder der rheumatoiden Arthritis, eine gesteigerte Ödemneigung und Adipositas begünstigend. Auch bei Diabetes mellitus findet sich vermehrt ein KTS; ebenso bei akuten Traumen und Beschäftigungen mit häufigen repetitiven Beuge- und Streckbewegungen im Handgelenk.
Das Auftreten heftiger nächtlicher Schmerzen verbunden mit Einschlafgefühl und Kribbeln der betroffenen Hand (Brachialgia paraesthetica nocturna) ist sehr typisch. Die Missempfindungen werden von den Patienten zumeist in allen Fingern der Hand angegeben, Schmerzen oft im ganzen Arm. Ausschütteln der Hand führt zumindest im Anfangsstadien zur Erleichterung. Bei fortschreitender Denervierung kommt es zu anhaltender bei der Sensibilitätsprüfung nachweisbarer Hypästhesie und Hypalgesie im Bereich des Thenars und Daumens, des Zeigefingers, Mittelfingers und der angrenzenden Hälfte des Ringfingers. Eine atrophische Parese der Thenarmuskulatur ist bereits ein Spätsymptom. Das Beklopfen des Nervenstamms am Handgelenk (Tinel-Zeichen) und Druck auf den Karpaltunnel über 2 min kann ebenso wie forcierte Beugung oder Streckung der Hand (Phalen-Test) auch in latenten Fällen zu Missempfindungen und Taubheitsgefühl in den betroffenen Fingern führen. Bei Parese des M. opponens pollicis kann ein Glas nicht lückenlos umfasst werden („Flaschenzeichen“), die Fingerspitze von Daumen und Mittelfinger können keinen oder nur einen kraftlosen Kreisbogen bilden.
Elektroneurographisch findet sich eine verlängerte distal-motorische Latenz zwischen Handgelenk und Thenarmuskulatur sowie eine verminderte sensible Nervenleitgeschwindigkeit im distalen Medianusbereich. Falls bereits eine axonale Schädigung vorliegt kann diese elektromyographisch in der betroffenen Muskulatur nachgewiesen werden. In der Hälfte der Fälle lässt sich auch an der nicht betroffenen gegenseitigen Hand ein subklinisches KTS neurophysio-

logisch nachweisen. Neuerdings ist auch die neurosonographische Darstellung des im Karpaltunnel komprimierten Nerven möglich.
Therapeutisch kann bei leichteren Symptomen zunächst eine konservative Behandlung mit Tragen einer dorsalen Unterarmschiene nachts, Gaben von nichtsteroidalen Antiphlogistika oder lokalen Injektionen von Glukokortikoiden evtl. auch unterstützt durch Diuretika versucht werden. Gerade bei Patienten über 50 Jahre, lange anhaltenden Parästhesien oder bereits bestehenden Lähmungserscheinungen sollte jedoch nicht zu lange mit der operativen Spaltung des Ligamentum carpi transversum gezögert werden. Durch endoskopische und begrenzt offene minimal invasive operative Zugänge kann ein großer Schnitt im Bereich der Hohlhand mit entsprechenden postoperativen Beschwerden vermieden werden. Das Ligament sollte histologisch auf das Vorliegen einer Amyloidose geprüft werden (Kongorotfärbung oder Immunhistochemie).
Ein weiteres deutlich selteneres Engpasssyndrom des N. medianus ist das **Interosseus-anterior-Syndrom** (Kiloh-Nevin-Syndrom). Es ist zunächst durch Schmerzen im proximalen Unterarmbereich gekennzeichnet, denen eine Parese des M. flexor pollicis longus und des M. flexor digitorum profundus an Zeige- und Mittelfinger sowie der Unterarmpronation folgt. Daumen und Zeigefinger können nicht zu einem „O“ geformt werden. Bildet sich die Parese innerhalb von 3–6 Monaten nicht spontan zurück, sollte eine operative Exploration erfolgen.
Ausstrahlende Schmerzen zwischen Schulter und volarem Unterarmbereich können auch durch das **Pronator-teres-Syndrom** hervorgerufen sein, das überwiegend bei Frauen auftritt. Repetitive Pro- und Supinationsbewegungen (z. B. beim Tennisspielen) wirken begünstigend. Sensibilitätsstörungen und Paresen im Innervationsgebiet des Medianus sind gering oder fehlend. Oft findet sich nur ein Druckschmerz über dem M. pronator teres sowie Schmerzprovokation durch Pronation und Supination des Unterarms bei gebeugtem Ellenbogen.

28.1.3 N. ulnaris (Sulcus-ulnaris-Syndrom, Loge-de-Guyon-Syndrom)

Im Bereich des **Sulcus ulnaris** zwischen Epicondylus medialis humeri und dem Olekranon ist der N. ulnaris wegen seiner oberflächlichen Lage einer von außen wirkenden Druckschädigung vermehrt ausgesetzt. Kurz nach Verlassen des Sulcus ulnaris tritt der Nerv in den eigentlichen Kubitaltunnel ein, der durch kräftige Bindegewebsstreifen (humeroulnare aponeurotische Arkade) gebildet wird. Weiter distal tritt der Nerv im Handwurzelbereich zwischen Os pisiforme und Hamulus ossis hamati nochmals durch einen fibrösen Tunnel (**Loge de Guyon**), so dass es auch hier zu einem Kompressionssyndrom kommen kann. Druckschäden im Bereich des Sulcus ulnaris treten insbesondere durch Aufliegen des Unterarms auf der Tischplatte, im Bereich der Loge de Guyon auch durch Druck gegen die Handfläche z. B. durch einen Fahrradlenker auf. Eine Ulnarisschädigung im Bereich des Sulcus äußert sich zunächst in Parästhesien und Taubheitsgefühl der Finger IV und V mit Begrenzung in der Mittellinie des Ringfingers. Später tritt eine atrophische Parese des Hypothenars (M. abductor digiti minimi) sowie ein charakteristisches Einsinken der Musculi interossei insbesondere zwischen dem 1. und 2. Strahl (M. adductor pollicis brevis) auf. Ein Blatt Papier kann nicht zwischen dem gestreckten Daumen und dem Zeigefinger festgehalten werden (Froment-Zeichen). Durch Parese der Interphalangealgelenke ist eine rasche Streckung des Zeigefingers bei der sog. Nasenstüberbewegung („signe de la chiquenaude“)

nicht möglich. Die Fingerspreizer sind paretisch, die Spatia interossea entsprechend eingesunken. In fortgeschrittenen Stadien resultiert eine typische „Krallenhand". Elektrophysiologisch lässt sich ein signifikanter Abfall der Nervenleitgeschwindigkeit im Sulcusbereich oder ein Leitungsblock nachweisen. Bei fortschreitenden Beschwerden und insbesondere Lähmungserscheinungen ist die Operation mit Neurolyse, die auch endoskopisch minimal invasiv durchgeführt werden kann, indiziert. Bei ausgeprägten osteoarthrotischen Veränderungen im Sulcusbereich muss eine langstreckige Volarverlagerung des Nerven vorgenommen werden.

28.1.4 N. radialis (Supinatorlogensyndrom, Radialtunnelsyndrom, Cheiralgia paraesthetica)

Druckläsionen des N. radialis treten am häufigsten in der Axilla und im Oberarmbereich auf. Bei besonders tiefem Schlaf nach Alkoholgenuss und zusätzlichem Liegen des Oberarms auf einer harten Unterlage kommt es am nächsten Morgen zu einer typischen „Fallhand" durch Lähmung der Hand- und Fingerextensoren (sog. Parkbanklähmung). Insbesondere bei älteren Patienten ergibt sich die **Differentialdiagnose** zu einem Hirninfarkt. Bei der peripheren Radialisparese finden sich zumeist auch diskrete Sensibilitätsstörungen in dem umschriebenen Autonomgebiet des Nerven im radialen Handrückenbereich. Die Prognose der Druckschädigung ist gut.
Bei einer Schädigung des Ramus profundus des N. radialis im Bereich des Durchtritts durch den M. supinator am Unterarm tritt eine isolierte Parese der Fingerextensoren mit nur leichter Schwäche des M. extensor carpi ulnaris ohne begleitende Sensibilitätsstörungen auf (**Supinatorlogensyndrom, Interosseus-posterior-Syndrom**). Häufig ist ein Druckschmerz im Bereich des M. supinator vorhanden. Prädisponierend sind repetitive Pronations- und Supinationsbewegungen des Unterarms, insbesondere Tennis- und Geigespielen. Bei beschäftigungsbedingter Lähmung ist die Prognose nach Schonung gut. In der Akutphase wirken lokale Kortisoninjektionen günstig. Langfristig sind operative Eingriffe den physikalischen Behandlungsmethoden oder auch bloßem Abwarten gegenüber nicht überlegen.
Auch das **Radialtunnelsyndrom** wird durch Kompression des N. interosseus posterior hervorgerufen. Nächtliche und beim Schreiben zunehmende Schmerzen im proximalen Unterarmbereich stehen hier ganz im Vordergrund, so dass sich die Differentialdiagnose zu einer Epicondylitis radialis humeri („Tennisellenbogen") stellt. Das Schmerzmaximum liegt jedoch etwa vier Querfinger distal des lateralen Epikondylus. Als diagnostisch wertvolles Provokationsmanöver gilt der „Mittelfingertest" mit Schmerzzunahme bei gestrecktem Arm und zusätzlicher Extension des Mittelfingers gegen Widerstand.
Längeres Schneiden mit einer Schere kann zu einer Druckschädigung des Ramus superficialis des N. radialis im Bereich seines sensiblen Endastes an der Daumeninnenseite führen (**Cheiralgia paraesthetica**). Die Prognose ist nach Unterbrechung der Tätigkeit gut.

28.1.5 Läsionen des Plexus lumbosacralis

Die ventralen Äste von L1–L4 bilden den Plexus lumbalis, die Spinalnerven aus L4–S3 den Plexus sacralis. Schädigungen des Plexus lumbosacralis treten in höherem Lebensalter relativ häufig auf. Dies wird verständlich aus den häufigsten **Ursachen** für eine Beinplexusläsion: **Frakturen** im Beckenbereich, operative Eingriffe am Hüftgelenk und **Tumorinfiltration** durch kolorektale Tumoren, Prostata-, Ovarial- oder Uteruskarzinome. **Radiogene** Beinplexusläsionen können Folge einer Bestrahlung im kleinen Becken sein, wobei Schäden insbesondere bei einer Strahlendosis von über 60 Gy zu erwarten sind. Die Manifestationszeit zwischen Ende der Bestrahlung und dem Auftreten einer Plexusparese beträgt häufig mehrere Jahre. Retroperitoneal liegende **Hämatome** im Bereich des M. psoas entstehen zumeist als Komplikation bei Heparin- oder Marcumartherapie und sind daher im höheren Alter ebenfalls häufiger zu erwarten als in jüngeren Jahren. Dies gilt auch für Plexusläsionen bei Diabetes mellitus.

Bei einer Schädigung des Plexus lumbalis sind neben **Lähmungen** der Hüftbeuger und Kniestrecker sowie der Oberschenkeladduktoren auch **Sensibilitätsstörungen** im Bereich des Leistenbandes, des proximalen Oberschenkels und der Genitalregion und ausstrahlende Schmerzen vorhanden. Die Schädigung des Plexus sacralis umfasst im proximalen Bereich die Gesäßmuskulatur, sensibel den N. pudendus und den die Oberschenkelrückseite versorgenden N. cutaneus femoris posterior. Der Hauptanteil bildet jedoch der N. ischiadicus mit dem N. peronaeus und N. tibialis.

28.1.6 N. cutaneus femoris lateralis (Meralgia paraesthetica)

Die Kompression der Nerven im Bereich des Leistenbandes führt zu Schmerzen und Missempfindungen sowie anhaltendem Taubheitsgefühl im Bereich der Oberschenkelaußenseite. Die meisten Patienten geben einen schmerzhaften Druckpunkt medial der Spina iliaca anterior superior an. Während bei jüngeren Menschen eher das Tragen zu enger Kleidungsstücke („Jeans-Krankheit") ursächlich in Frage kommt, findet sich die **Meralgia paraesthetica** bei älteren Menschen gehäuft zusammen mit Coxarthrose oder nach längerem Liegen mit gestrecktem Hüftgelenk. Die Behandlung besteht überwiegend in der Vermeidung auslösender Situationen.

28.1.7 N. femoralis

Der N. femoralis versorgt motorisch die Hüftbeuger und Kniestrecker sowie sensibel über die Rami cutanei anteriores und den N. saphenus mediale und anteriore Hautbereiche des Ober- und Unterschenkels. Der PSR ist bei einer Femoralisläsion abgeschwächt. Durch Lähmung des M. sartorius kann der „Schneidersitz" nicht eingenommen werden. Die Ursachen einer Femoralisläsion entsprechen der Läsion des Lumbalplexus, wobei insbesondere Operationen am Hüftgelenk, bei Leistenhernien, nach Hysterektomie und bei gefäßchirurgischen Eingriffen im Beckenbereich in Frage kommen. Auch das Anlegen eines Torniquets bei Knieoperationen in Blutleere kann zu reversiblen Femoralisparesen führen. Retroperitoneale und im Beckenbereich liegende raumfordernde Prozesse müssen ausgeschlossen werden. **Differentialdiagnostisch** ist vor allem eine Wurzelläsion L3/4 abzugrenzen, bei der Sensibilitätsstörungen auch im Bereich der Oberschenkelstreckseite vorhanden sind und der Adduktorenreflex abgeschwächt ist. Bei einer Schädigung von L4 ist auch der M. tibialis anterior betroffen.

Mononeuropathien im Bereich des N. saphenus, dem sensiblen Endastes des N. femoralis, finden sich vorwiegend nach Stripping der V. saphena magna zur Varizenbehandlung, gelegentlich auch als Kompressionssyndrom des Nerven im Hunter-Kanal. Der Ramus infrapatellaris des N. saphenus kann zu einem Kompressionssyndrom medial und distal der Patella führen, das auch als Neuropathia patellae bezeichnet wird. Bei Knieoperationen kann der Ramus infrapatellaris ebenfalls geschädigt werden.

28.1.8 N. obturatorius

Eine isolierte Schädigung des N. obturatorius mit Parese der Oberschenkeladduktoren und einem umschriebenen Sensibilitätsausfall im Bereich des medialen Oberschenkels ist selten und sollte stets an einen Prozess im kleinen Becken denken lassen.

28.1.9 N. gluteus superior und inferior

Eine Schädigung des N. gluteus superior führt wegen der Parese des M. gluteus medius und minimus zu einem Absinken des Beckens auf der nicht betroffenen Seite beim Anheben des Beines (Trendelenburg-Zeichen, „Watschelgang"), wobei einige Patienten das Absinken der Hüfte durch extreme Seitneigung des Oberkörpers auf die (betroffene) Standbeinseite kompensieren (Duchenne-Hinken). Eine Schädigung des N. gluteus inferior führt zu einem Ausfall des M. gluteus maximus und somit der Hüftstrecker. Aufstehen aus dem Sitz und Treppensteigen ist damit beeinträchtigt. Typisch ist eine tiefer stehende Gesäßfalte auf der betroffenen Seite. Ursächlich ist auch hier an Prozesse im kleinen Becken insbesondere kolorektale Tumoren zu denken. Ein Kompressionssyndrom im Bereich des Foramen infra- bzw. suprapiriforme tritt insbesondere bei Patienten mit Spondylolisthesis auf.

28.1.10 Piriformis-Syndrom

Intensive Schmerzen in der Gesäßregion insbesondere im Bereich des Foramen ischiadicum majus und Zunahme der Schmerzen bei Flexion und Innenrotation der Hüfte kennzeichnen das Piriformis-Syndrom, das durch Sturz auf das Gesäß oder äußere Druckwirkung z. B. durch Sitzen auf einer Geldbörse hervorgerufen werden kann. Bei anhaltenden Schmerzen wird die Diagnostik mittels CT oder MRT empfohlen. Durch CT-gesteuerte Injektionen mit Botulinumtoxin kann ex iuvantibus ein Erfolg erzielt werden.

28.1.11 N. ischiadicus

Der aus den Segmenten L4–S3 stammende N. ischiadicus ist der längste und kaliberstärkste periphere Nerv des Körpers. Bereits in seinem proximalen Abschnitt ist er gebündelt in seine Endäste N. fibularis (peroneus) und N. tibialis. Die Fasern des N. fibularis (peroneus) sind gegenüber Schädigungen sehr viel empfindlicher als die des N. tibialis.
Ursachen einer proximalen Ischiadikusschädigung sind insbesondere operative Eingriffe am Hüftgelenk und im Bereich des Oberschenkels. Postoperativ kommt es innerhalb von Wochen zumeist zu einer Rückbildung der Paresen, in Extremfällen kann diese jedoch bis zu drei Jahre beanspruchen. Zu den häufigsten **iatrogenen Schäden** überhaupt gehören Spritzenlähmungen des N. ischiadicus durch fehlerhafte intragluteale Injektionen. Auch bei korrektem Injektionsort kann es allerdings durch intraarterielle Injektion zu einer ausgedehnten Nekrose der Haut, der Muskulatur und peripherer Nerven im Gesäßbereich mit schlechter Prognose kommen (**Nicolau-Syndrom**). In beiden Fällen ist ein bereits während der Einspritzung erfolgender in das Bein ausstrahlender Sofortschmerz charakteristisch. Die Schweißsekretion im Bereich der Fußsohle ist bei einer Ischiadikusläsion reduziert, während bei einer Wurzelschädigung S1 diese intakt bleibt. Aus versicherungsrechtlichen Gründen sollte deshalb in diesen Fällen ein Nin-

hydrintest der Fußsohle im Seitenvergleich durchgeführt werden. Druckschädigungen des N. ischiadicus werden insbesondere bei mageren Menschen durch längeres Sitzen auf einer harten Unterlage ausgelöst, andererseits insbesondere bei adipösen Patienten auch durch langes Sitzen auf der Toilettenschüssel.

28.1.12 N. tibialis (Tarsaltunnelsyndrom, Morton-Metatarsalgie)

Ein typisches jedoch seltenes Kompressionssyndrom des N. tibialis ist das **Tarsaltunnelsyndrom**. Der Nerv wird hierbei hinter dem Malleolus medialis unter dem Retinaculum musculorum flexorum komprimiert. Schmerzhafte Missempfindungen in der Fußsohle insbesondere beim Gehen stehen im Vordergrund der Beschwerden. Das Tinel-Zeichen über dem Tarsaltunnel ist positiv. Sensibilitätsstörungen betreffen die vorderen 2/3 der Fußsohle. Bei ausgeprägterer Schädigung kommt es zu typischer Krallenzehenbildung. Die Diagnose wird durch Nachweis einer neurogenen Schädigung im EMG des M. abductor hallucis oder einer verlängerten distal motorischen Latenz oder einer verzögerten sensiblen Nervenleitgeschwindigkeit des N. tibialis gestützt. Bei Diabetikern tritt das Kompressionssyndrom häufiger auf. Eine operative Dekompression durch Spaltung des Retinaculums und Mobilisation des N. tibialis im Bereich des distalen Unterschenkels ist in typischen Fällen erfolgreich.

Die überwiegend bei Frauen auftretende schmerzhafte Neuropathie im Bereich des Köpfchen Metatarsale III und IV (**Morton-Metatarsalgie**) ist auf eine Schädigung des interdigitalen sensiblen Endastes des N. tibialis zurückzuführen. Durch diagnostische und repetitiv ggf. therapeutische, dorsale Injektion eines Lokalanästhetikums werden die Beschwerden schlagartig beseitigt. Die ursächliche Behandlung besteht in der Beseitigung eines in der Regel vorhandenen kleinen Neuroms.

28.1.13 N. fibularis (peroneus)

Die **Druckschädigung** des N. fibularis im Bereich des Fibulaköpfchens ist die häufigste Ursache einer Peroneuslähmung. Gefährdet sind insbesondere magere Patienten. Durch langes Sitzen mit übereinander geschlagenen Beinen, durch fehlerhafte Lagerung in Narkose und als Folge von Druck durch Schienen und Gipsverbände treten Lähmungen der Fuß- und Zehenextensoren mit typischem „Steppergang" auf. Besonders häufig ist sie nach Knieoperationen. Diabetiker und Krebspatienten neigen besonders zu Druckschädigungen des Fibularis. Beschäftigungslähmungen waren früher bei Feldarbeitern in hockender Stellung („Rübenzieherlähmung") heute eher nach langem Knien bei Fußbodenarbeiten üblich. Bei kompletter Fibularisparese sind Hackenstand und Zehenextension nicht möglich („Fallfuß"). Sensibilitätsstörungen liegen im Bereich des antero-lateralen Unterschenkels, des Fußrückens und bei Schädigung des N. fibularis profundus im Interdigitalraum zwischen erster und zweiter Zehe. Ein signifikanter Abfall der Nervenleitgeschwindigkeit im Bereich des Fibulaköpfchens kann die Diagnose sichern. Zur Differentialdiagnose einer Schädigung der Wurzel L5 ist die klinische und elektromyographische Untersuchung des M. gluteus medius und des M. tibialis posterior erforderlich, die bei radikulärer Schädigung ebenfalls betroffen sind.

Ein distales Kompressionssyndroms des N. fibularis profundus im Bereich des Fußrückens bei seinem Durchtritt unter dem Retinaculum extensorum ist durch Schmerzen im Bereich des Fußrückens und des Spatium interosseum I sowie eine Parese der kleinen Zehenstrecker gekennzeichnet. Es wird auch als **vorderes Tarsaltunnelsyndrom** bezeichnet. Längeres Tragen höherer Absätze soll dieses Syndrom hervorrufen.

28.1.14 N. suralis

Der N. suralis ist ein rein sensibler Nerv, der ein unterschiedlich großes Areal im Bereich des lateralen Malleolus sowie des angrenzenden Fußrückens und Fußrandes versorgt. Kompressionsbedingte Neuropathien des Suralis werden überwiegend durch unpassendes Schuhwerk oder Varizenoperationen verursacht. Bei der **Suralisbiopsie** im Rahmen der PNP-Abklärung treten nicht nur sensible Ausfälle im angegebenen Bereich sondern in einem hohen Prozentsatz auch Schmerzen und Missempfindungen auf, die teilweise bis zu einem Jahr anhalten. Erklärt wird dies mit einer Tendenz der Hautnerven, schmerzhafte Neurome zu bilden.

28.2 Polyneuropathien (PNP)

PNP entstehen durch Schädigung mehrerer oder aller peripherer Nerven. Am häufigsten ist die **distal-symmetrische Manifestationsform** mit strumpfförmigen Sensibilitätsstörungen und peroneal betonten Paresen an den unteren Extremitäten. Seltener sind Formen mit asymmetrischer Extremitätenbeteiligung (**Schwerpunkt-PNP**) durch zusätzlichen Ausfall einzelner Nerven. Sind mehrere abgrenzbare Einzelnerven betroffen, wird diese Form als **Mononeuritis multiplex** oder Mononeuropathia multiplex bezeichnet. Die verschiedenen Manifestationstypen lassen gewisse Rückschlüsse auf mögliche Ursache der PNP zu.

28.2.1 Physiologische Altersveränderungen („Alters-PNP")

Die Dichte der myelinisierten Fasern im peripheren Nerv nimmt im Laufe des Lebens kontinuierlich ab. Mit 80 Jahren ist sie auf die Hälfte des Wertes eines 20-Jährigen abgesunken. Auch die neurophysiologischen Parameter, wie Amplitude der Summenaktionspotentiale, Nervenleitgeschwindigkeit und Latenzen evozierter Potentiale, zeigen eine altersabhängige Reduktion (s. Kap. 9.1). Durch Verdickung der Basalmembranen und durch Vermehrung von Bindegewebe ist auch die metabolische Funktion im peripheren Nervensystem störanfälliger.
Jedem Neurologen sind die abgeschwächten Achillessehnenreflexe ansonsten gesunder älterer Menschen geläufig. Als Folge der kontinuierlichen Reduktion der großkalibrigen myelinisierten Fasern (Aβ-Fasern) zeigt das Vibrationsempfinden bei Prüfung mit der Stimmgabel nach Rydel-Seiffer am Malleolus medialis eine Verminderung, die bei Männern etwas stärker ausgeprägt ist als bei Frauen (Martina et al. 1998). Die gestörte Tiefensensibilität führt zu Unsicherheit bei Stand und Gang insbesondere bei Dunkelheit. Vermindertes Vibrationsempfinden und fehlende ASR lassen zwar an eine PNP denken, sind jedoch ab einem Alter über 65 Jahren nicht unbedingt als pathologisch zu werten und rechtfertigen nicht die Annahme einer eigenständigen „Alters-PNP“. Im Bereich der Hände fällt ein Einsinken der Spatia interossea sowie eine Verschmächtigung des Daumen- und Kleinfingerballens durch Muskelatrophie auf. Dieses Bild kennzeichnet die „**Altershand**“ (senile Atrophie, Greisenatrophie). Regelmäßig ist auch eine Atrophie der kleinen Fußmuskeln insbesondere der Zehenstrecker vorhanden, wobei hier zusätzlich eine kontinuierliche Druckschädigung durch lebenslanges Tragen von Schuhwerk eine Rolle spielt. Bei hochbe-

tagten Menschen umfasst die Atrophie der Muskulatur regelmäßig auch Unterschenkel und Unterarme, später die gesamte Skelettmuskulatur.

28.2.2 Anamnese und klinische Befunde

Bereits zu Beginn ihrer Erkrankung klagen Patienten mit PNP häufig über unangenehme Missempfindungen (Parästhesien) wie Brennen, Kribbeln, Wattegefühl, Einschnürgefühl, Elektrisieren im Bereich der Füße. Die Beschwerden sind zumeist in Ruhe akzentuiert und mit der Angabe von Dauerschmerzen oder paroxysmalen einschießenden Schmerzen verbunden (neuropathische Schmerzen). Häufig werden Berührungswahrnehmungen als schmerzhaft erlebt (**Allodynie**), so dass selbst der Kontakt mit der Bettdecke an den Füßen nicht ertragen wird. Schmerzhafte Reize werden als überstark und lange anhaltend beschrieben (Hyperalgesie). Bei fortgeschrittenen Sensibilitätsstörungen werden hingegen Schmerzreize nicht mehr wahrgenommen, so dass es im Bereich von Druckstellen zu schmerzlosen Ulzera kommen kann. Störungen der vegetativen Nervenfunktionen (autonome Neuropathie) und die typische dünne, trockene Altershaut begünstigen diese Entwicklung.

Die meisten PNP führen zunächst zu einem Befall großkalibriger myelinisierter Fasern. Die Verminderung des Vibrationsempfindens im Bereich distaler Extremitätenabschnitte (Malleolus medialis, Großzehengrundgelenk) gehört daher zu den frühesten Auffälligkeiten bei der klinischen Untersuchung. Eine Lagesinnstörung im Bereich der Großzehe tritt später hinzu. Die Patienten berichten über zunehmende Unsicherheit bei Stand und Gang – häufig als „Schwindel" berichtet – insbesondere in der Dunkelheit. In besonderen Fällen sind jedoch die kleinen schmerzleitenden C-Fasern und marklose Fasern zuerst geschädigt, was zu sehr unangenehmen Brennschmerzen bei nur gering ausgeprägten neurologischen Ausfällen führt (Small-fiber-Typ).

Die Paresen sind zumeist ebenfalls distal akzentuiert und bevorzugen die vom N. fibularis (peroneus) innervierte Muskulatur. Extensorenschwäche der Zehen führt zu typischen Krallenzehen. Eine Fußheberschwäche mit Steppergang verstärkt die Neigung zu Stolpern und Stürzen. Bei ausgeprägter motorischer Beteiligung sind Muskelatrophien sichtbar, so dass im Bereich der Unterschenkel die Tibiakante vorspringt, im Bereich der Hände die Spatia interossea tief eingesunken erscheinen. Manchmal kontrastiert die hochgradig atrophische Unterschenkelmuskulatur mit den noch kräftigen Oberschenkeln („Storchenbeine"). Bei Befall der oberen Extremitäten ist zumeist die ulnarisversorgte Handmuskulatur am stärksten betroffen, im Extremfall mit der Ausbildung einer typischen Krallenhand. Die Patienten klagen über nächtliche Wadenkrämpfe. Viele neigen beim Sitzen und Liegen zu unruhigen Beinen (**symptomatisches Restless-legs-Syndrom**, s. Kap. 18). Abgeschwächte bis fehlende Muskeleigenreflexe vervollständigen das polyneuropathische Syndrom und weisen auf die periphere Nervenschädigung hin. Auch hier ist in der Regel der am weitesten distal lokalisierte Achillessehnenreflex (ASR) zuerst betroffen.

Differentialdiagnostisch ist insbesondere an Wurzelschädigungen bei Bandscheibenprozessen bzw. Lumbalkanalstenose zu denken. Hierbei nehmen die Schmerzen jedoch zumeist beim Stehen und Gehen zu, während sie bei den PNP sich eher in Ruhe verstärken. Zudem weist das typische radikuläre Verteilungsmuster der neurologischen Ausfälle auf die Wurzelschädigung hin. Am häufigsten werden im klinischen Alltag durch eine PNP verursachte Beschwerden mit Durchblutungsstörungen im

Rahmen einer arteriellen Verschlusskrankheit verwechselt. Der Ruheschmerz der PNP bei erhaltenen Fußpulsen sowie die typischen neurologischen Befunde sollten eine Abgrenzung in den meisten Fällen jedoch zulassen. Bei multimorbiden Patienten in höherem Lebensalter findet man allerdings nicht zu selten eine Kombination aus degenerativer lumbaler Spinalkanalstenose, arterieller Verschlusskrankheit durch Makroangiopathie und diabetischer PNP mit entsprechender Überlappung der subjektiven Beschwerden und objektivierbaren Befunde. Gerade in diesen Fällen ist eine besonders sorgfältige Herausarbeitung der Hauptursache wichtig, um dem Patienten wenig Erfolg versprechende invasive Eingriffe zu ersparen.

28.2.3 Neurophysiologische und laborchemische Zusatzuntersuchungen

Das Syndrom einer PNP kann bereits nach klinisch-neurologischer Untersuchung festgestellt werden. Neurophysiologische Zusatzuntersuchungen geben ergänzende Auskünfte über den mehr axonalen oder demyelinisierenden Charakter der Nervenschädigung, den Verteilungstyp und einen subklinischen Befall peripherer Nerven. Der Nachweis eines Leitungsblocks oder verlängerter Nervenleitgeschwindigkeiten weist auf das Vorliegen einer demyelinisierenden PNP hin. Eine frühzeitige Reduktion der Amplitude der Summenaktionspotentiale sowie eine elektromyographisch nachweisbare neurogene Schädigung der Muskulatur zeichnen dagegen den axonalen Typ aus.

Die allermeisten PNPen bieten elektrophysiologisch Hinweise auf eine axonale Schädigung bzw. ein Mischbild von axonaler und demyelinisierender Form.

Nach der klinisch-neurologischen Feststellung einer PNP hat es sich als sinnvoll erwiesen, zunächst ein einfaches und später ein erweitertes **Laborprogramm** zu Ursachenabklärung durchzuführen (**s. Tab. 28.1**). Etwa die Hälfte der PNPen lässt sich mit diesen einfachen Methoden bereits ursächlich abklären.

28.2.4 Nerven- und Muskelbiopsie

Bei rascher Progredienz und deutlichen sensiblen oder motorischen Ausfällen wird eine Nervenbiopsie oder eine kombinierte Nerv-Muskel-Biopsie durchgeführt. Vor allem soll durch diese Untersuchung eine Vaskulitis als Ursache der PNP nachgewiesen werden, da sich hieraus erhebliche Konsequenzen für die Behandlung ergeben. Sollte eine Behandlung mit Kortikosteroiden oder Immunsuppressiva komorbiditätsbedingt nicht möglich sein, kann auf die Biopsie verzichtet werden. In Lokalanästhesie wird üblicherweise der N. suralis entnommen. Nach der Suralisbiopsie verbleibt ein bis zu handflächengroßes taubes Areal am Fußaußenrand, bei bis zu 30 % verbunden mit anhaltenden schmerzhaften Missempfindungen.

28.2.5 Grundlagen der Therapie

Bei einigen PNP kann eine kausal begründete Therapie durchgeführt werden. Dies gilt vor allem für **immunvermittelte Neuropathien**, bei welchen Kortikosteroide, Immunsuppressiva (Azathioprin, Cyclophosphamid, MTX), hochdosierte intravenöse Immunglobulingabe oder Plasmapherese zum Einsatz kommen. **Erregerbedingte Polyneuritiden (s. Tab. 28.2)** werden antibiotisch bzw. virostatisch behandelt. Eine gute Blutzuckereinstellung bei der **diabetischen Neuropathie** (ggf. Umstellung auf Insulin) kann als kausale Therapie angesehen werden. Weitere Behandlungsmöglichkeiten sind die Beseitigung von Vitaminmangel-

Tab. 28.1 Laboruntersuchungen zur PNP-Abklärung (Basisuntersuchungen sind fett gedruckt)

Nüchternblutzucker, HbA1c, Blutzuckertagesprofil, falls normal: oraler Glukosetoleranztest (oGTT)
BSG, CRP, CK (Vaskulitis, Myositis?)
Blutbild, Differentialblutbild (Eosinophilie? Makrozytäre Anämie? MCV-Erhöhung bei Alkohol?)
Leberenzyme, CDT (Alkohol?)
Harnstoff, **Kreatinin** (Urämie?)
Elektrophorese, **Immunelektrophorese** (Monoklonale Gammopathie?)
Vitaminspiegel: B1, B6, **B12**, Homozystein, Methylmalonsäure, Folsäure (Vitaminmangel?)
Schillingtest, Xylose-Test (Malabsorption?)
ACE (Sarkoidose?)
TSH, T3, T4 (Hypothyreose?)
Vaskulitissuche: **Rheumafaktor, ANA** (dsDNA), p-ANCA, c-ANCA" SS-A (Ro), SS-B (La), anti-RNP, anti-Myeloperoxidase (MPO), C3, C4, C3d, zirkulierende Immunkomplexe (CIC), Kryoglobuline
Infektionsserologie: **Borrelien**, TPHA, HIV, Hepatitis B und C
Liquordiagnostik (Zellzahl, Eiweißdiagnostik, Liquorzytologie)
Lipide (evtl. überlangkettige Fettsäuren bei V.a. Adrenomyeloneuropathie)
Porphyrine im Urin
Phytansäure i.S. (M. Refsum)
GM1-Antikörper (bei multifokaler motorischer Neuropathie)
Molekulargenetische Untersuchung (PMP 22 Gen bei Verdacht auf HMSN I oder tomakulöse Neuropathie)
„Kleine Tumorsuche" (Röntgen-Thorax, gynäkologische, urologische Untersuchung, Oberbauchsonographie, evtl. Gastro- und Rektoskopie, Tumormarker)
Nerv-Muskel-Biopsie (Vaskulitis?)

zuständen bei nachgewiesenem Defizit. Die unbegründete Gabe von „neurotropen" Vitaminen, obgleich häufig durchgeführt, ist allgemein nicht sinnvoll.

Die Behandlung **neuropathischer Schmerzen**, die mit Sensibilitätsausfällen und unangenehmen Missempfindungen verbundenen sind, ist eine unspezifische, aber für den Patienten häufig die wichtigste Maßnahme. Übliche nichtsteroidale Analgetika sind zumeist nur wenig wirksam. Bei paroxysmalen neuralgiformen Schmerzen sind **Antikonvulsiva** Mittel der ersten Wahl (Carbamazepin 200–1200 mg/Tag, Gabapentin 300–3 600 mg/Tag, Pregabalin 150–600 mg/Tag), bei Dauerschmerzen **trizyklische Antidepressiva** (Amitriptylin retard oder Doxepin 25–150 mg). Bei stärksten Schmerzen können auch **Opioide** in retardierter Form (z. B. Tramadol retard 2-mal 100–200 mg oder Morphine mit individueller Dosistitration) gegeben werden. Sensible Reizerscheinungen, insbesondere im Rahmen der diabetischen PNP, können auch mit **Thioctsäure-Infusionen** (600 mg pro Tag) behandelt werden; die orale Langzeitgabe ist seltener indiziert. Gegen Muskelkrämpfe (Wadenkrämpfe) wird Magnesium (Magnesium-Diasporal®) oder Theophyllin-Äthylendiamin (Limptar®) versucht. Auch Baclofen (Lioresal®) oder vorübergehend ein Benzodiazepin (Valium®) kann eingesetzt werden. Bewährt haben sich auch nichtmedikamentöse Maßnahmen, z. B. Wechselfußbäder vor dem Schlafengehen. Bei symptomatischem Restless-legs-Syndrom werden zunächst dopaminerge Medikamente (s. Kap.

18) verabreicht. Bei ausgeprägten Lähmungserscheinungen sollte frühzeitig und konsequent krankengymnastisch behandelt werden, um Muskel- und Gelenkkontrakturen zu vermeiden. Auf sorgfältige Fußpflege ist insbesondere bei der diabetischen PNP zu achten. Bei schweren Lähmungen, wie sie beispielsweise bei akuter Polyradikuloneuritis oder toxischen PNP vorkommen, ist auf eine ausreichende Thromboseprophylaxe zu achten.

28.3 Ursachen für Polyneuropathien im Alter – spezielle Erkrankungen

Zahlreiche Erkrankungen und äußere Einflüsse können zu einer PNP führen. Die mehr als 250 Ursachen lassen sich einteilen in:

- **Hereditäre**: durch Stoffwechsel- oder Strukturdefekte,
- **Entzündliche** (Polyneuritis, Vaskulitis): immunologisch oder erregerbedingt,
- **Metabolische**: Endokrine Störungen (v. a. Diabetes mellitus), Mangelerscheinungen (Avitaminosen), Organschäden (v. a. Niere),
- **Paraproteinämien** und **Paraneoplasien**,
- **Toxische**: Alkohol, Medikamente und gewerbliche bzw. Umweltgifte.

Die meisten hereditären Formen, wie die hereditäre motorische und sensible Neuropathie (HMSN, Charcot-Marie-Tooth, CMT) oder die familiäre Neuropathie mit Neigung zu Druckparesen (HNPP, tomakulöse Neuropathie) manifestieren sich überwiegend in den ersten Lebensjahrzehnten und werden an dieser Stelle lediglich erwähnt, da sie gelegentlich erst im Alter diagnostiziert werden, obwohl die Symptome seit der Jugend bereits vorhanden waren. Manchmal weist dann eine Fußdeformität (Hohlfußbildung) auf eine hereditäre Neuropathie hin. Alkoholbedingte PNP sind häufig und treten eher in mittleren Jahrgängen auf.

Etwa 20 % der PNP bleiben auch nach Einsatz aller genannten Methoden ätiologisch unklar. Bei Nachuntersuchung dieser Patienten nach einem halben bis einem Jahr kann ein weiteres Drittel geklärt werden. Am häufigsten wird dabei als Ursache Vaskulitis, Vitamin B12-Mangel und Paraproteinämie gefunden. Bei den noch verbleibenden ungeklärten Fällen handelt es sich um zumeist im 6. Lebensjahrzehnt festgestellte chronisch verlaufende axonale PNP mit überwiegend symmetrischen sensiblen und allenfalls geringfügigen motorischen Ausfällen. Sie zeigen im weiteren Verlauf zumeist fehlende oder nur geringe Progredienz. In letzter Zeit bezeichnet man diese Gruppe als „**chronische idiopathische axonale Polyneuropathie**" (Vrancken et al. 2002). Wahrscheinlich verbergen sich darin auch viele nicht erkannte hereditäre PNP.

Überwiegend bevorzugen PNP höhere Lebensalter (**s. Tab. 28.2**). Die durch physiologische Altersveränderungen peripherer Nerven (s. o.) eingeschränkte Funktionstüchtigkeit vermindert offenbar die Toleranz gegenüber schädigenden Einflüssen. Die Entwicklung einer PNP aufgrund metabolischer Störungen und Vitaminmangelzuständen benötigt zumeist Jahre bis Jahrzehnte. Toxische Einflüsse bewirken oft erst durch den Summationseffekt bei lange anhaltender Zufuhr eine Schädigung peripherer Nerven. Schließlich zeigt auch das Immunsystem des Menschen altersbedingte Veränderungen, die fehlgerichtete Reaktionen zur Folge haben können („Immunoseneszenz") und somit immunvermittelte Vaskulitiden und Neuritiden sich häufiger erst in höheren Lebensaltern manifestieren (Pletz et al. 2003). Auch die Paraproteinämie, die bei hochbetagten Menschen eine der Hauptursachen für PNP ist, gehört zu dieser Gruppe. Schließlich finden sich die meisten malignen Erkrankungen in höhe-

Tab. 28.2 Ursachen und Altersdurchschnitt von Polyneuropathien bei Diagnosestellung. 1253 Patienten der Erlanger Neurologischen Universitätsklinik 1984–1992

Diagnosen	Anzahl	mittl. Alter	SD
Hereditär (HNPP)	2	26,0	9,9
Hereditär (HMSN)	28	43,2	14,7
Alkohol	121	49,3	11,1
akutes GBS	91	49,7	17,4
CIDP	95	51,3	15,7
Borreliose	38	51,3	14,9
toxisch	4	53,5	7,8
Vaskulitis	66	56,3	13,3
multifaktoriell	158	56,7	14,8
unklar	294	59,3	15,3
Vitaminmangel	26	64,0	12,5
paraneoplastisch	30	64,4	12,2
Paraproteinämie	13	64,8	7,5
Diabetes	430	66,5	11,2
Amyloidose	1	70,0	

rem Lebensalter, so dass auch paraneoplastisch bedingte PNP dann häufiger auftreten.

28.3.1 Akute idiopathische Polyradikuloneuritis (Guillain-Barré-Syndrom)

Die akute idiopathische Polyradikuloneuritis wird zumeist als Guillain-Barré-Syndrom (GBS), seltener auch als akute inflammatorische demyelinisierende Polyneuropathie (AIDP) bezeichnet. Sie kann in jedem Lebensalter auftreten. Nach einem ersten Gipfel im jungen Erwachsenenalter steigt die Prävalenz im Senium wiederum an bis auf 8,6/100 000 im 8. Lebensjahrzehnt (Low et al. 2004). Es handelt sich um eine überwiegend motorische symmetrische PNP, die an den unteren Extremitäten beginnt, im weiteren Verlauf jedoch auch die oberen Extremitäten, den Rumpf mit Atemmuskulatur und häufig die Hirnnerven befällt.

Pathogenetisch ist das GBS eine Autoimmunerkrankung, welche in den meisten Fällen durch Infektionen getriggert wird. Unter den Erregern ist hierbei der engste Zusammenhang für Campylobacter jejuni, Zytomegalievirus, Epstein-Barr-Virus, Coxsakkie, HSV, HIV und Mykoplasmen bewiesen. Auch Operationen, Impfungen, Malignome und Knochenmarkstransplantation können in engem zeitlichen Zusammenhang mit der Erkrankung stehen.

Häufig berichten die Patienten zu Beginn über Schmerzen und Parästhesien im Rücken und distalen Extremitätenabschnitten. Innerhalb weniger Tage kommt es dann zu **aufsteigenden schlaffen Lähmungen**. Sensible Symptome sind nur gering ausgeprägt oder fehlen ganz. Die Schwere der motorischen Ausfälle reicht von leichten peroneal betonten distalen Paresen bis hin zu vollständiger Lähmung aller vier Extremitäten mit Beatmungspflichtigkeit. Von den Hirnnerven sind zumeist der N. facialis beidseits, der N. glossopharyngeus und der N. vagus betroffen. Auch das vegetative Nervensystem ist beteiligt mit der Folge gefährlicher Herzrhythmusstörungen. Der Höhepunkt der Erkrankung ist nach 2–4 Wochen erreicht. Nach einer kurzen Plateauphase kommt es dann innerhalb von Wochen bis Monaten wieder zur Rückbildung der Lähmungserscheinungen.

Als Hinweis auf die im Vordergrund stehende Demyelinisierung ist **elektrophysiologisch** schon nach wenigen Tagen eine Verlangsamung der Nervenleitgeschwindigkeit nachweisbarer. Bei fokalem Beginn kann auch ein proximaler Leitungsblock auf die Demyelinisierung hinweisen. Sind die motorischen Amplituden hochgradig erniedrigt und ist elektromyographisch Spontanaktivität im Muskel nachweisbar, so spricht dies für eine Mitbeteiligung der Axone und bedeutet eine schlechtere Prognose. Laborchemisch ist das Guillain-Barré-Syndrom durch ein hohes Gesamteiweiß im **Liquor** bei normaler Zellzahl charakteristisch („dissociation albumino-cytologique"). Die Diagnose des GBS wird nach klinischen, elektrophysiologischen und liquorchemischen Kriterien gestellt, wobei sich das typische Bild allerdings manchmal erst innerhalb der ersten beiden Wochen entwickelt. Eine Nervenbiopsie ist nicht erforderlich.

Das GBS ist eine monophasische Erkrankung. In etwa 70 % kommt es zu einer vollständigen Restitution. Allerdings sind 10–20 % der Patienten in der Plateauphase beatmungspflichtig. Durch rechtzeitigen Einsatz intensivmedizinischer Therapie konnte die Letalität auf 5–8 % gesenkt werden. Todesfälle sind heutzutage zumeist durch kardiale Komplikationen und Lungenembolie bedingt. Alter und vorbestehende Lungenerkrankung verschlechtern die Prognose.

Wegen der oftmals rasch einsetzenden Beatmungspflichtigkeit sollten Patienten mit akutem GBS stationär überwacht werden. Bei leichtgradigem GBS sind zwei, bei schwereren Verlaufsformen vier Plasmapheresen erforderlich. Von gleich guter Wirksamkeit wie die Plasmaseparation, jedoch mit weniger Nebenwirkungen verbunden und daher heute zumeist Mittel der ersten Wahl, ist die Therapie mit hochdosiertem **Immunglobulin** (0,4 g Gammaglobulin/kgKG/Tag i.v. über 5 Tage). Kortikoide sind bei GBS unwirksam! Frühzeitig und regelmäßig muss krankengymnastisch behandelt werden. Zur spezifischen Behandlung entzündlicher Polyneuropathien **s. Tab. 28.3.**

Die Kombination von Areflexie, Ophthalmoplegie (Augenmuskellähmungen) und zerebellärer Ataxie wird als **Miller-Fisher-Syndrom** bezeichnet. Die Prognose des Miller-Fisher-Syndroms ist zumeist günstig. Typisch sind IgG-Antikörper gegen das Gangliosid Gq1b.

28.3.2 Chronisch-inflammatorische demyelinisierende Polyneuropathie (CIDP)

Die CIDP wird auch als chronisches GBS bezeichnet. Es handelt sich jedoch um eine eigenständige Erkrankung. Die Ausfälle entwickeln sich über mehr als zwei Monate, gelegentlich auch über viele Jahre. Ein vorausgehender Infekt ist in der Regel nicht nachweisbar. Der Verlauf kann chronisch-progredient oder intermittierend sein. Die altersbezogene Prävalenz beträgt im 8. Lebensjahrzehnt 6,7/100 000.

Die Sensibilitätsstörungen sind im klinischen Bild zumeist deutlich ausgeprägt, Hirnnervenausfälle dagegen nur selten. Beatmungspflichtigkeit ist sehr selten. Die CIDP zeigt wie das akute GBS deutlich verlängerte Nervenleitgeschwindigkeiten und eine Liquoreiweißvermehrung bei normaler Zellzahl. Im Gegensatz zum GBS spricht die CIDP jedoch auf Kortikoide an. Auch Plasmapherese und Immunglobulintherapie

Tab. 28.3 Therapie ausgewählter entzündlicher und infektiöser Polyneuropathien (nach Engelhardt 1999)

Polyneuropathie	1. Wahl	2. Wahl
Akutes GBS	Humanes Immunglobulin 0,4 g/kg/Tag i.v. über 5 Tage	Plasmapherese (2-mal, bei schwerem Verlauf auch 4-mal)
CIDP	Prednisolon/Methylprednisolon 1,5 mg/kg/Tag für 1–2 Wochen, dann langsam (über Monate) reduzieren	Humanes Immunglobulin 0,4 g/kg/Tag i.v. über 5 Tage, bei Rezidiv alle 4–6 Wochen eintägige Gabe von 0,4 g/kg oder Plasmapherese
Isolierte Vaskulitis	Prednisolon/Methylprednisolon 1–1,5 mg/kg für 1–2 Wochen, dann langsam (über Monate) reduzieren	Azathioprin 100–200 mg/Tag oder MTX 7,5–15 mg/Woche in drei aufeinander folgenden oralen Dosen oder als Einmaldosis i.v.
Systemische Vaskulitis	Kortikoidstoß (500–1 000 mg Prednisolon/Methylprednisolon/Tag), dann 1,5 mg/Tag, langsam (über Monate) reduzieren. Kombination mit Cyclophosphamid 100–200 mg/Tag bzw. hochdosierte intravenöse Pulstherapie mit 500–1 000 mg/m² Körperoberfläche in 4-wöchigen Abständen) oder Azathioprin 100–200 mg/Tag	MTX 7,5–15 mg/Woche in drei aufeinander folgenden Einzeldosen oder Ciclosporin 5–10mg/kg/Tag oder humanes Immunglobulin 0,4 g/kg/Tag i.v. über 5 Tage
Neuroborreliose	Ceftriaxon 2g/Tag über 14 Tage	Penicillin G 4-mal 5 Mio. U/Tag i.v. Doxycyclin 200 mg/Tag über 14 Tage
Zoster	Aciclovir 5-mal 800 mg oral bzw. 3-mal 10 mg/kg i.v. oder Valaciclovir 3-mal 1 g oral	
CMV	Ganciclovir 2-mal 5 mg/kg i.v.	

CMV = Zytomegalievirus, CIDP = chronisch-inflammatorische demyelinisierende Polyneuropathie, GBS = Guillain-Barré-Syndrom, MTX = Methotrexat

sind wirksam. Nach Einleitung der Therapie mit 5-tägiger Gabe von 0,4 g humanem Immunglobulin/kgKG/Tag i.v. kann bei chronischen Formen auch in Abständen von vier oder mehr Wochen eine nur eintägige Gabe von Immunglobulinen in der genannten Dosierung durchgeführt werden, um den Zustand zu stabilisieren. Bei therapierefraktären Fällen wurden Azathioprin oder Methotrexat (als „Kortisonsparer“), Cyclophosphamid, Ciclosporin oder Interferone versuchsweise und ohne gesicherten Erfolg angewandt. Obwohl fast 90 % der Patienten anfänglich auf eine Therapie mit Kortikoiden, Plasmapherese oder intravenösem Immunglobulin ansprechen, erleiden mehr als die Hälfte Rückfälle und 5 % sterben.

28.3.3 PNP bei Paraproteinämie (monoklonale Gammopathie)

Im Serum nachweisbare monoklonale Immunglobuline vom IgA-, IgG- oder IgM-Typ treten bei etwa 1 % der über 50-Jährigen und bei 3 % der über 70-Jährigen auf. Sie kommen nicht nur in Verbindung mit malignen Prozessen (multiples Myelom, Plasmozytom, Makroglobulinämie Waldenström) oder bei Amyloidose vor, sondern häufiger noch als sog. benigne monoklonale Gammopathie. Diese wird besser als **monoklonale Gammopathie unbestimmter Signifikanz (MGUS)** bezeichnet, da etwa ein Viertel der Patienten nach mehrjähriger Beobachtung ein multiples Myelom entwickelt. Sowohl maligne als auch benigne Paraproteinämien sind in einem hohen Prozentsatz (zwischen 27 und 70 %) mit PNP verbunden. Bei 10 % der Patienten mit ätiologisch unklarer PNP ist eine monoklonale Gammopathie feststellbar. Da die Häufigkeit der Paraproteinämie mit dem Alter steil ansteigt, sind auch von der PNP überwiegend ältere Patienten betroffen.

PNP bei Paraproteinämie und insbesondere bei MGUS sind klinisch von einer CIDP zumeist nicht zu unterscheiden. Wesentliches Merkmal ist lediglich der Nachweis eines monoklonalen Proteins (überwiegend IgM Kappa) in der Immunelektrophorese. Es handelt sich um symmetrische sensomotorische PNP mit langsamer Progredienz. Häufig besteht auch eine Ataxie mit Haltetremor der oberen Extremitäten. Hirnnervenbefall tritt nicht auf. Stehen dissoziierte Empfindungsstörungen im Vordergrund, sollte an eine Amyloidose gedacht werden, die in bis zu 25 % der Fälle mit MGUS entsteht und mit 50 % Letalität innerhalb von 2 Jahren eine schlechte Prognose hat.

Bei der durch **MGUS** und **M. Waldenström** bedingten PNP findet sich überwiegend monoklonales IgM, gewöhnlich mit κ-Leichtketten. Etwa die Hälfte dieser Patienten hat stark erhöhte Anti-MAG IgM-Antikörper. Ob ein klinischer Unterschied zwischen Patienten mit IgM-Gammopathie ohne und mit Anti-MAG-Antikörpern besteht, ist nicht geklärt. Beide sprechen schlecht auf eine immunsuppressive Therapie an.

Bei **Plasmozytom** ist das monoklonale Protein überwiegend vom IgG oder IgA-λ-Typ. In der Manifestationsform eines multiplen Myeloms sind die neurologischen Ausfälle zumeist durch die Kompression des Rückenmarks und der Nervenwurzeln bedingt, nur selten durch eine PNP. Bei weniger als 3 % der Patienten mit Plasmozytom tritt allerdings ein osteosklerotisches Myelom mit PNP vom klinischen Typ der CIDP in über der Hälfte der Fälle auf. Elektrophysiologisch finden sich bei Paraproteinämie Leitungsblocks oder eine verlängerte Nervenleitgeschwindigkeit zusammen mit Zeichen der (sekundär) axonalen Degeneration. In der Biopsie ist charakteristisch das elektronenmikroskopische Bild aufgeweiteter Myelinlamellen. Nur selten finden sich lympho-plasmazelluläre Infiltrate in der Suralisbiopsie oder Zeichen einer epineuralen Vaskulitis (letztere vor allem bei Kryoglobulinämie).

Die **Therapie der Paraproteinämie** erfolgt bei zugrunde liegendem malignem Prozess operativ, strahlentherapeutisch oder chemotherapeutisch. Bei schwerer sensomotorischer PNP im Rahmen eines MGUS sollte immunsuppressiv behandelt werden. Basis ist eine Therapie mit Prednisolon (1 mg/kgKG/Tag über 4 Wochen) in Kombination mit Chlorambucil (Leukeran®) (2 mg pro Tag, nach 4 Wochen 1 mg, nach weiteren 4 Wochen 0,5 mg) alternativ auch als Leukeran®-Stoßtherapie (8 mg pro m^3 pro Tag) oder Azathioprin (Imurek® 2–3 mg/kgKG/Tag) oder Cyclophosphamid (Endoxan® 2 mg/kgKG/Tag). Die Plasmapherese zeigt bei IgM-MGUS weniger Wirkung als bei IgG- und IgA-MGUS. Hoch dosierte intravenöse Gammaglobuline können ebenfalls zum Einsatz kommen. Bei durch Paraproteinämie verursachten Polyneuropathien sind die therapeutischen Erfolge allerdings insgesamt unbefriedigend und somit nicht mit der CIDP, der sie klinisch ähnlich sind, vergleichbar.

28.3.4 Polyneuropathie bei primärer und hereditärer Amyloidose

Während bei den sekundären Amyloidosen (im Zusammenhang mit chronisch entzündlichen Prozessen oder bei Paraproteinämien) das Nervensystem durch die Ablagerung von Amyloid nur selten geschädigt wird, führen die sporadischen primären (ohne bekannte Grundkrankheit) und die hereditären Amyloidosen regelmäßig zu PNP. Bei der primären systemischen (AL) Amyloidose treten bei 15–20 % der Patienten ein Karpaltunnelsyndrom sowie symmetrisch-sensible oder symmetrisch-sensomotorische PNP auf. Mit einem medianen Alter von 65 Jahren bei Krankheitsbeginn ist die Amyloidose eine **typische Alterskrankheit.** Die Patienten klagen auffallend häufig über brennende Schmerzen und Parästhesien, da überwiegend die kleinkalibrigen Fasern betroffen sind. Die Sensibilitätsstörungen sind dementsprechend häufig dissoziiert, d. h. das Schmerz- und Temperaturempfinden ist höchstgradig beeinträchtigt bei normalem oder nur leicht vermindertem Berührungsempfinden. Meist sind auch schwere trophische Störungen nachweisbar (Ödeme, Ulzerationen, gestörte Schweißsekretion). Sonstige autonome Störungen (verminderte Pupillenreaktion, orthostatische Hypotonie, Blasen-, Sexualfunktionsstörung) sind in der Regel vorhanden. Diagnostisch wegweisend ist der Nachweis von Amyloid (Kongorot oder immunhistochemisch) in der Nerven-, Muskel-, Rektumbiopsie oder dem Bindegewebe des Lig. carpi transversum (Entnahme bei Operation des Karpaltunnels!). Im Serum oder Urin sind bei fast allen Patienten Paraproteine vom Typ IgG oder IgA und λ-Leichtketten nachweisbar.
Die Prognose ist bei Nieren- und Herzbefall mit einer medianen Überlebenszeit von 12 Monaten ungünstig. Bei Vorliegen einer PNP als einziger Manifestation sind allerdings Überlebenszeiten von mehreren Jahren durchaus möglich. Ein Therapieversuch mit Melphalan (0,15 mg/kgKG/Tag für 7 Tage), Prednisolon und Colchicin (0,6 mg 2-mal tgl.) wird empfohlen.

28.3.5 Ischämische und vaskulitische Neuropathien

Periphere Nerven sind relativ resistent gegenüber einer ischämischen Schädigung. Ischämische PNP bei akuten und chronischen thrombotischen oder arteriosklerotischen Verschlüssen der Extremitätenarterien sind zwar beschrieben („ischemic neuritis"), die Symptome einer peripheren Nervenschädigung treten hier jedoch zumeist ganz hinter dem Haut- und Muskelbefall zurück. Immunologisch bedingte Entzündungen der Gefäße und des Bindegewebes führen dagegen häufig zu einer Schädigung peripherer Nerven. Bei nekrotisierenden systemischen Vaskulitiden vom Typ der Panarteriitis nodosa oder des Churg-Strauss-Syndroms zeigen etwa 70 % der Betroffenen eine PNP. Eine Vaskulitis wird bei PNP-Patienten einer neurologischen Klinik in etwa 4 % der Fälle als Ursache gefunden.
Bei der neurologischen Untersuchung zeigen **vaskulitische Neuropathien** häufig ein asymmetrisches Ausfallsmuster (sog. Schwerpunkt-PNP oder Mononeuritis multiplex). Auch distal-symmetrische Manifestationsformen können allerdings durch eine Vaskulitis verursacht sein. Da laborchemisch bei weitem nicht alle Fälle Hinweise auf den zugrunde liegenden entzündlichen Prozess bieten, sollte die Diagnose einer vaskulitischen Neuropathie möglichst **bioptisch** gesichert werden. Am besten geeignet ist hierzu eine kombinierte Nerv-Muskel-Biopsie aus dem N. suralis und dem M. gastrocnemius oder M. peronaeus brevis. Ist durch andere Organbiopsien bereits eine systemische Vaskulitis nachgewiesen, ist eine Nervenbiopsie jedoch nicht mehr erforderlich.

Am häufigsten ist das periphere Nervensystem im Rahmen der primären systemischen Vaskulitiden (Panarteriitis nodosa, Churg-Strauss-Syndrom, Wegener-Granulomatose) betroffen (**s. Tab. 28.4**). Sie haben unbehandelt eine infauste Prognose. Die Therapie mit Kortikosteroiden und Immunsuppressiva ist daher lebensrettend. Neben der PNP bestehen oft Fieber, Gewichtsverlust, allgemeines Krankheitsgefühl und Zeichen der extraneuralen Organbeteiligung (Haut, Muskel, Lunge, Niere, Leber, Darm). Bei im Alter erstmals auftretendem Asthma bronchiale sollte unbedingt an ein **Churg-Strauss-Syndrom** gedacht werden! Nach anfänglichen Schmerzen und Missempfindungen im Bereich der Extremitäten treten im Verlauf von Tagen bis Wochen zumeist asymmetrisch verteilte Lähmungen und Sensibilitätsstörungen auf, wobei die motorischen Erscheinungen häufig im Vordergrund stehen.

Es gibt auch eine **primäre isolierte Vaskulitis des peripheren Nervensystems**, bei der Hinweise auf eine sonstige Organbeteiligung und pathologische Laborbefunde fehlen. Die Vaskulitis ist hier nur durch Nervenbiopsie nachzuweisen. Der Verlauf bei isolierter Vaskulitis des peripheren Nervensystems ist zumeist gutartig mit rascher Rückbildung nach Gabe von Kortikosteroiden. Eine aggressive immunsuppresive Behandlung wie bei den systemischen primären Vaskulitiden ist zumeist nicht erforderlich.

Sekundäre Vaskulitiden (bei SLE, MCTD, Sjögren-Syndrom, Kryoglobulinämie, Infektionen, Neoplasien, Medikamenten- und Fremdeiweißgabe) sind in internistischen Kollektiven sehr viel häufiger als primäre, führen jedoch in geringerem Prozentsatz zu PNP. Einige zeichnen sich besonders durch eine bevorzugte Mitbeteiligung des Zentralnervensystems (Kopfschmerzen, Psychosyndrome, Anfälle) oder der Muskulatur (interstitielle Myositis) aus. In einem Teil der Fälle kann es bei sekundären Vaskulitiden zu spontaner Rückbildung der Symptomatik kommen. Derartige Verlaufsformen sind zu erwarten, wenn das primär auslösende Antigen (Erregerbestandteile, Medikamente) mittlerweile eliminiert wurde.

Bei **isolierter Vaskulitis des peripheren Nervensystems** werden Glukokortikoide als **Monotherapie** (initial 60 mg für etwa 2 Wochen) gegeben. Bei schweren Ausfällen wird zunächst ein Kortikoidstoß von 500–1 000 mg für 3–5 Tage gegeben, danach schließt sich eine Kortikoidtherapie in der Dosis 1,5 mg/kgKG/Tag an. Die Reduktion der Kortikosteroide sollte nur sehr langsam (in mehrwöchigen oder monatlichen Abständen) und kleinen Schritten (10–20 mg) unter ständiger Kontrolle der klinischen Befunde und der Laborparameter erfolgen. Bei **primär systemischen Vaskulitiden** sollte eine **Kombinationstherapie** aus Prednisolon und Cyclophosphamid oder Azathioprin zur Anwendung kommen. Bevorzugt wird die Cyclophosphamid-Pulstherapie mit einem Induktionsschema mit 350 mg/m^2 Körperoberfläche an drei aufeinander folgenden Tagen und später 600 mg/m^2 Körperoberfläche in Abständen von 6–8 Wochen. Dieses empirische Protokoll ist nebenwirkungsärmer als die orale Dauergabe mit 2 mg/kg/Tag. Wegen der Toxizität von Cyclophosphamid wird versucht, nach einem möglichst kurzen Zeitraum von 3–12 Monaten dieses Immunsuppressivum durch Azathioprin oder MTX zu ersetzen. Weitere therapeutische Möglichkeiten sind die Gabe von MTX und in Einzelfällen von hochdosiertem intravenösem Immunglobulin. Bei Therapie mit Kortikosteroiden wird begleitend eine Osteoporoseprophlaxe (Kalzium und Vitamin D3) durchgeführt; bei Cyclophosphamid muss auf Blasenschutz geachtet werden (Uromitexan).

Tab. 28.4 Beteiligung des peripheren Nervensystems (PNS) bei verschiedenen Vaskulitiden (nach Engelhardt 1999)

Vaskulitis	PNS-Beteiligung (%)	klin. Besonderheiten, wichtige Organbeteiligungen
Isolierte Vaskulitis des PNS	100	gute Prognose
Churg-Strauss-Syndrom	66–75	Lunge, Muskel
Panarteriitis nodosa	50–75	Hirnnerven, Muskel
Wegener-Granulomatose	25–40	Hirnnerven, HNO
Lymphomatoide Granulomatose	15	Hirnnerven, Haut
Lupus erythematodes (SLE)	6–29	distal-symmetrisch, ZNS, Gelenke, Haut, Herz, Pleura, Niere
Sjögren-Syndrom	9–27	Trigeminusneuropathie, Augen, HNO
Rheumatoide Arthritis	1–50(?)	Karpaltunnelsyndrom, digitale Neuropathie
Hypersensitivitätsvaskulitis	10	Plexusneuritis, Haut
„mixed connective tissue disease" (MCTD)	10	Trigeminusneuropathie, Raynaud-Syndrom, Muskel
Kryoglobulinämie	7	Raynaud-Syndrom
Sklerodermie	1–28(?)	Trigeminusneuropathie, Muskel
Arteriitis temporalis	selten	Optikusbeteiligung, Muskel
Sarkoidose	selten	Fazialisparese, Muskel
Behçet-Syndrom	sehr selten	Schleimhaut (Aphthen)

28.3.6 Sarkoidose

Bei der Sarkoidose ist in etwa 5 % der Fälle das Nervensystem befallen, hiervon zur Hälfte auch das periphere Nervensystem. Am häufigsten sind periphere Fazialisparesen und andere Hirnnervenausfälle (Polyneuritis cranialis). Ursächlich hierfür ist überwiegend eine granulomatöse Infiltration der Meningen, die auch zu einer lymphozytären Pleozytose im Liquor führt. Daneben kommen asymmetrische PNPen, Radikuloneuropathien, akute motorische Polyneuritiden und distal symmetrische sensomotorische PNPen vor. Diagnostisch wegweisend kann eine Erhöhung des Angiotensin-Converting-Enzyms (ACE) in Serum und Liquor sein.

28.3.7 Rheumatoide Arthritis (RA)

Bei der RA treten in etwa 1–10 % der Fälle periphere Nervenschäden auf. Zum Teil handelt es sich um Kompressionssyndrome der Arm- oder Beinnerven (Karpaltunnelsyndrom, Interosseus-anterior-Syndrom, Loge-de-Guyon-Syndrom, Interosseus-posterior-Syndrom, Tarsaltunnelsyndrom und Peronaeusdruckparese), zum Teil jedoch auch um epineurale Vaskulitiden, die zum Befall von Einzelnerven (Mononeuritis multiplex) oder zu Schwerpunktpolyneuropathien bzw. symmetrischen Bildern führen können.

28.3.8 Serogenetische Polyneuritis

Vor allem nach Gabe von heterologen Antiseren (Tetanus, Diphtherie), selten auch nach abgetöteten Erregern, Toxoiden, Bluttransfusionen und Frischzellen können sich im Rahmen einer Serumkrankheit Polyneuropathien entwickeln. Zumeist handelt es sich um das klinische Bild einer „neuralgischen Schulteramyotrophie" mit heftigen Schmerzen und nach wenigen Tagen einsetzenden atrophischen Paresen der Schultermuskulatur. Selten sind nach Serumgabe aufsteigende symmetrische Lähmungen nach Art der idiopathischen Polyradikuloneuritis. Auch Ausfälle von Einzelnerven (N. peronaeus, Hirnnerven u. a.) kommen vor. Bei leichterem Verlauf ist die Therapie rein symptomatisch, bei starken Schmerzen können Kortikosteroide (60 mg/Tag, innerhalb von zwei Wochen ausschleichend beenden) günstig wirken, wenngleich sie den Krankheitsverlauf nicht beeinflussen.

28.3.9 Neuroborreliose

Radikuläre – oft nächtlich akzentuierte – Schmerzen, die gelegentlich an einen Bandscheibenvorfall erinnern, periphere Paresen (insbesondere des N. facialis, der häufig beidseits betroffen ist) und asymmetrische PNP an den Extremitäten kennzeichnen das Stadium II der Borreliose (lymphozytäre Meningopolyneuritis, Garin-Bujadoux-Bannwarth-Syndrom). Die Behandlung besteht in der Gabe von Cephalosporinen der dritten Generation (z. B. Ceftriaxon 1-mal 2 g pro Tag i.v.), alternativ mit Tetrazyklinen oder Penicillin G. Bei heftigen Schmerzen können auch kurzzeitig Kortikosteroide (30–60 mg Methylprednisolon für 3–7 Tage) gegeben werden. Im Stadium III (chronische Lyme-Borreliose) sind PNP seltener; sie können jedoch isoliert oder in Kombination mit der Acrodermatitis chronica atrophicans Herxheimer auftreten.

28.3.10 Zoster

Die Reaktivierung der Varicella-Zoster-Viren in den Spinalganglien bei verminderter Abwehr im Alter, bei Malignomen oder immunsuppressiver Therapie führt zu dem typischen Zoster segmentalis mit Ausbreitung der Effloreszenzen entlang den Dermatomen peripherer Nerven und Nervenwurzeln. Zumeist sind die thorakalen Dermatome und die Trigeminusäste betroffen. Als Ramsay-Hunt-Syndrom wird der Zosterbefall des N. facialis (häufig auch des VIII. und IX. Hirnnervs) mit Ohrenschmerzen, Ausstrahlung der Schmerzen auf die ipsilaterale Tonsille und Bläschen im äußeren Gehörgang bezeichnet. Lymphozelluläre Pleozytosen im Liquor sind häufig, auch ohne sonstige Hinweise auf eine Meningitis. Selten finden sich zentralnervöse Ausfälle (Enzephalitis, Myelitis, zerebrale Vaskulopathie; s. Kap. 12). Polyneuropathien nach Art des Guillain-Barré-Syndroms sind ebenfalls beschrieben. Typisch für den Zoster sind die zu Beginn – aber auch häufig noch lange nach Abklingen der Exantheme – auftretenden heftigen Schmerzen (sog. postherpetische Neuralgie). Bei über 60-Jährigen tritt sie in 60 % auf, bei jungen Patienten nur selten. Die Pathogenese ist unklar.

Intravenöse Gabe von Aciclovir ist nur bei Verdacht auf Zosterenzephalitis oder -myelitis notwendig. Die orale Gabe von Valaciclovir oder Aciclovir ist ausreichend bei unkompliziertem Zoster. Bei postherpetischer Neuralgie werden trizyklische Antidepressiva und Antikonvulsiva (Carbamazepin, Gabapentin, Pregabalin) verordnet. Einige wenige Patienten profitieren von topischer Applikation von Capsaicin-Salbe oder transkutaner elektrischer Nervenstimulation (TENS).

28.3.11 Diabetische Polyneuropathie

Diabetes mellitus ist in der westlichen Welt die häufigste Ursache einer PNP. Etwa 50 % aller Diabetiker entwickeln im Laufe ihrer Krankheit eine Schädigung peripherer Nerven. Sie tritt sowohl beim Typ 1- als auch beim Typ 2-Diabetes auf.

Die Pathogenese der diabetischen PNP ist trotz zahlreicher Ansätze bis heute nicht geklärt. Eine wichtige Rolle scheinen neben der Dauer und Höhe der Hyperglykämie auch die Makro- und Mikroangiopathie zu spielen.

Die diabetische PNP kann klinisch in verschiedenen Manifestationsformen auftreten. Etwa 80 % der Patienten zeigen eine chronische **distal-symmetrische sensomotorische Form** mit Beteiligung des vegetativen Nervensystems. Sie stellt das typische Bild dar, das man nach jahrzehntelangem Verlauf der Erkrankung bei fast allen alten Diabetikern findet. Subjektiv bestehen Reizerscheinungen (Kribbeln, Prickeln, Ameisenlaufen, Brennen, Pelzigkeitsgefühl, Taubheit, Gefühl der Schwellung oder des Eingespanntseins). Bei ausgeprägten Tiefensensibilitätsstörungen ist neben dem Vibrationsempfinden (Pallhypästhesie) auch das Lageempfinden gestört. Dies führt zu einer sensiblen Ataxie mit Stand- und Gangunsicherheit insbesondere bei Augenschluss („Pseudotabes diabetica"). Es gibt allerdings auch Fälle, in denen überwiegend die schmerzleitenden dünnkalibrigen Fasern betroffen sind („small fiber neuropathy"). Diese Patienten klagen häufig über Brennschmerzen („burning feet"). Die dissoziierten Empfindungsstörungen führen andererseits zu einer verminderten Schmerzwahrnehmung und sind die Ursache für die Entstehung neuropathischer schmerzloser Ulzera am Fuß. Gleichzeitig bestehen vegetative Störungen mit auffallend trockenen Füßen, Vasomotorenlähmung und Ödemen. Sie begünstigen Infektionen und führen schließlich zur Ausbildung des „diabetischen Fußes", der die häufigste Indikation für eine Fußamputation darstellt. Sehr viel seltener ist der **symmetrisch-paretische Manifestationstyp** mit überwiegenden motorischen Ausfällen.

Asymmetrische Manifestationstypen können Einzelnerven im Sinne einer **Mononeuropathia multiplex** betreffen oder eine Kombination von symmetrischem Manifestationstyp und zusätzlichem Einzelnervenbefall im Sinne einer **Schwerpunktneuropathie** darstellen. Mononeuropathien und Schwerpunktpolyneuropathien treten bevorzugt bei Typ 2-Diabetiker in höherem Lebensalter auf, häufig akut und mit Schmerzen verbunden. Bei unilateraler **Lumbosakralplexopathie (Bruns-Garland-Syndrom)** klagen die Patienten über heftigste Schmerzen vom Kreuz über die Hüfte zur Vorder- oder Innenseite des Oberschenkels ausstrahlend. Es folgen atrophische Paresen und Verlust des Adduktoren- und Patellarsehnenreflexes. Sensible Störungen sind zumeist nur gering („diabetische Amyotrophie"). Diese Verlaufsform wird häufig mit einem Bandscheibenvorfall und Wurzelirritation L4 verwechselt. Tritt eine diabetische Radikulopathie der Thorakalwurzeln auf, kann dies zu gürtelförmigen Schmerzen mit sensiblen Ausfällen im entsprechenden Dermatom an Brust oder Bauch führen. Bei Mitbeteiligung motorischer Fasern entstehen segmentale Bauchmuskelparesen, die als hervorquellende Muskelwülste imponieren. Die Symptomatik tritt bei Diabetikern mittleren bis höheren Alters auf. Schließlich kommen isolierte Hirnnervenausfälle als Mononeuropathie vor, wobei am häufigsten der N. oculomotorius und der N. abducens betroffen sind. Auch hier klagen die überwiegend alten Patienten anfänglich zumeist über lokale Schmerzen. Die Pupillenreaktion ist nicht betroffen. Bei allen asymmetrischen Manifestationstypen der diabetischen PNP ist im Gegensatz zu der weitaus häufigeren symmetrisch-sensiblen Form die Prognose günstig. Zumeist kommt es zu einer Rückbildung der Ausfälle innerhalb weniger Wochen.

Vegetative Fasern sind bei der diabetischen PNP häufig mitbetroffen (**autonome diabetische Neuropathie**). Periphere und viszerale autonome Störungen (s. Kap. 33) sind die Folge (**s. Tab. 28.5**). Der Wegfall des venösen Vasomotorenreflexes führt zu einer Ödementstehung am Fußrücken sowie fehlender Frequenzanpassung des Herzens und damit verbundener orthostatischer Hypotonie (pathologischer Schellong-Test, Kipptischtest). Mittels EKG können weitere Parameter für eine kardiovaskuläre autonome Funktionsprüfung gewonnen werden (30/15-Quotient, Exspiration/Inspirations-Quotient, Valsalva-Quotient). Die Patienten nehmen bei autonomer Denervierung pektanginöse Beschwerden häufig nicht wahr und erleiden im schlimmsten Fall schmerzlose Herzinfarkte. Da Frühzeichen einer Hypoglykämie (Schwitzen, Zittern, Tachykardie) bei autonomer Neuropathie ebenfalls fehlen, besteht erhöhte Gefahr eines hypoglykämischen Komas.

Tab. 28.5 Autonome Funktionsstörungen bei diabetischer Neuropathie

Periphere autonome Störungen:
Pupillenstörungen, Neurotrophische Störungen der Haut (Ödem, schmerzlose Ulzera) und des Skeletts (Osteoarthropathie),
Sudomotorenstörung (trockene Haut), Haar- und Nagelwachstumsstörung,
Störungen der Vasoregulation (Orthostase-Syndrom).
Viszerale autonome Störungen:
Kardiale Störungen (Ruhetachykardie, Herzfrequenzstarre, schmerzloser Herzinfarkt),
Gastrointestinale Störungen (Ösophagitis, Gastroparese, Obstipation, nächtliche Diarrhöen, Cholezystomegalie),
Blasenstörung (Blasenatonie mit Harnretention),
Potenzstörungen (Erektionsstörung, retrograde Ejakulation).

Entscheidend für die **Diagnose** der diabetischen PNP ist die Feststellung pathologisch erhöhter Serumglukosewerte im Tagesprofil oder im oralen Glukosetoleranztest (über 200 mg % nach 2 Std.). Ob darunter liegende Werte (pathologische Glukosetoleranz) zu einer PNP führen können, ist umstritten. Findet sich bei klinischem PNP-Syndrom ein manifester Diabetes mellitus kann dieser ohne weiteres als ursächlich für die PNP gelten, wenn noch weitere Folgeschäden des Diabetes an anderen Organen vorhanden sind, ansonsten ist eine Suche nach weiteren PNP-Ursachen notwendig.

Therapeutisch steht eine gute Blutzuckereinstellung an erster Stelle, wobei häufig die Umstellung auf Insulin hilfreich ist. Neuropathische Schmerzen im Rahmen der diabetischen PNP werden symptomatisch mit trizyklischen Antidepressiva (z. B. Amitriptylin, beginnend mit 10–25 mg retard abends, Steigerung um 25 mg in Wochenabständen bis ca. 100 mg) behandelt. Insbesondere bei paroxysmal auftretenden Schmerzen kommen Carbamazepin (langsam einschleichend), Gabapentin oder Pregabalin zur Anwendung. Bringt auch dies keinen Erfolg, kann Mexiletin eingesetzt werden. Die häufig empfohlene Schmerztherapie mit Capsaicin-Creme (0,075 %, 4-mal tgl. aufgetragen) wird von Patienten zumeist abgelehnt, da sie zu Reizerscheinungen und Brennschmerzen der Haut führt. Bei ausgeprägten sensiblen Reiz- und Ausfallserscheinungen kann eine Infusionsbehandlung mit Alpha-Liponsäure (600 mg/Tag) versucht werden, die bei einigen Patienten bereits nach wenigen Tagen zu einer Besserung führt. Stellt sich der Erfolg nach einer Woche nicht ein, wird die Infusionsbehandlung abgebrochen, ansonsten bis zu 3 Wochen verlängert. Dauerbehandlung allein mit oralen Dosen ist nicht sinnvoll und höchstens im Anschluss an eine erfolgreiche parenterale Therapie für einige Monate vertretbar. Wegen der Gefahr des diabetischen Fußes sollte besonderer Wert auf die tägliche intensive Fußinspektion und -pflege gelegt werden. Die bereits in frühen Stadien der Erkrankung auffallend trockenen Füße müssen regelmäßig eingefettet werden. Hier hat sich besonders ein harnstoffhaltiger Cremeschaum (Allpresan®) bewährt. Als angenehm werden auch physikalische Maßnahmen (abendliche Wechselbäder, Kaltwassergüsse, Bürstenmassagen, Stangerbäder) empfunden.

28.3.12 Polyneuropathie durch Vitaminmangel (s. Kap. 26)

Die klassische Erkrankung durch **B1-Mangel (Thiaminmangel)** ist **Beriberi**, die durch kohlenhydratreiche Ernährung mit thiaminarmem geschältem Reis zustande kommt. Im Rahmen der **Wernicke-Enzephalopathie**, der heute häufigsten Vitamin B1-Mangel-Erkrankung, findet sich in den meisten Fällen eine teils toxisch durch Alkohol teils durch den Vitamin B1-Mangel selbst bedingte PNP.

Vitamin B2-Mangel tritt ebenfalls zumeist im Zusammenhang mit Alkoholismus auf. Zusammen mit Niacinmangel führt er zu **Pellagra**, die zunächst bei einseitiger Aufnahme von Mais beschrieben wurde. Klinisch typisch sind Hautveränderungen (Mundwinkelrhagaden, Zungenschleimhautatrophie, seborrhoische Dermatitis, Nagelwachstumsstörungen, Anämie), zentralnervöse Ausfälle (zerebral, zerebellär und spinal) sowie PNP (selten bei reinem B2-Mangel).

Vitamin B6(Pyridoxin)-Mangel kommt ebenfalls vor allem bei Alkoholikern vor. Wegen der Bedeutung des Vitamins bei der Synthese von Neurotransmittern und Lipoproteinen treten vor allem zentralnervöse Ausfälle auf. Bei PNP wirkt der B6-Mangel offenbar additiv schädigend. Vitamin B6-Überschuss führt ebenfalls zu peripheren Nervenschädigungen. Eine übermäßige Zufuhr (über 300 mg/Tag) sollte daher vermieden werden.

Vitamin B12 (Cyanocobalamin) ist zusammen mit Folsäure das für die Entstehung von PNP durch Malabsorption wichtigste Vitamin. Der im Magenfundus sezernierte Intrinsic factor wird zur Vitamin B12-Resorption im terminalen Ileum benötigt. Daher führen sowohl der autoimmunologisch bedingte Intrinsic-factor-Mangel im Magen (Antikörper gegen Parietalzellen) als auch Störungen der Resorption im unteren Ileum zu Vitamin B12-Mangel und konsekutiver megaloblastärer Anämie, Psychosen („Perniciosa-Psychosen"), Rückenmarkserkrankung (funikulärer Myelose) oder PNP. Die neurologischen Ausfälle können auch unabhängig von der Anämie auftreten, so dass ein normales Blutbild einen Vitamin B12-Mangel nicht ausschließt. Charakteristisch für die PNP ist ein frühzeitiger Ausfall der Tiefensensibilität (Vibrationsempfinden, Lagesinn) mit entsprechender Ataxie bei Augenschluss. Die gestörte Resorption kann mit dem Schillingtest nachgewiesen werden. Als Suchmethode sollten im Serum neben Vitamin B12 auch Methylmalonsäure und Homozystein bestimmt werden, da ihre Erhöhung auch bei normalem Vitamin B12-Spiegel auf einen Mangel hinweist. „Normale" B12-Serumspiegel finden sich auch bei manifester Erkrankung nach kurzfristiger ex iuvantibus Gabe von „Aufbauspritzen" mit Vitamin B12 und verleiten daher zur ätiologischen Fehleinschätzung. Die **Therapie** besteht in parenteraler Gabe von Vitamin B12 (1 000 µg Cytobion®/Tag über 4 Wochen, dann 3 Monate lang einmal wöchentlich, anschließend lebenslang einmal monatlich).

Folsäure ist das am häufigsten defizitäre Vitamin, wobei außer Schwangeren vor allem alte Menschen betroffen sind. Alkoholismus und insbesondere Leberzirrhose verstärken den Mangel. Durch Therapie mit Methotrexat oder Phenytoin kann iatrogen ein Folsäuremangel verursacht werden. Neben zentralnervösen Bildern wurden als Folge vorwiegend sensible PNP beschrieben.

Tierexperimentell und auch beim Menschen ist die Entstehung einer sensomotorischen PNP bei **Vitamin E-Mangel** (Alpha-Tocopherol-Mangel) beschrieben. Zugleich können eine spinozerebelläre Degeneration und Augenschäden vorliegen. Ein ernährungsbedingter Mangel ist nicht bekannt.

28.3.13 Urämische Polyneuropathie

Bei etwa der Hälfte der Patienten mit chronischer Niereninsuffizienz lässt sich eine PNP nachweisen. Klinisch handelt es sich zunächst um symmetrisch sensible Formen, die im weiteren Verlauf auch symmetrische Paresen zeigen. Oft klagen die Patienten bereits vor Auftreten einer manifesten PNP über „restless legs" (s. Kap. 18) und nächtliche Wadenkrämpfe. Das Vibrationsempfinden ist frühzeitig abgeschwächt, Reizerscheinungen in Form von Druckschmerzhaftigkeit der langen Nervenstränge, Hyperästhesie und „burning feet" sind häufig. Hirnnervenausfälle (Anosmie, Ageusie, Pupillenstörungen und Fazialisparesen) kommen vor. Der Verlauf ist langsam progredient und kann durch frühzeitigen Beginn der Dialyse erheblich verzögert werden. Die Pathogenese ist nicht ganz geklärt. Fast immer kommt es zu einer weitgehenden Rückbildung der PNP nach Nierentransplantation.

28.3.14 Koma-Polyneuropathie („critical illness neuropathy")

Im Rahmen von Sepsis und Multiorganversagen kommt es bei bis zu 70 % zu einer sensomotorischen PNP. Bei hochgradigen Lähmungen und CK-Erhöhung ist allerdings eher eine „critical illness myopathy" anzunehmen. Wegen des Komas wird die Diagnose klinisch initial selten und erst bei problematischer Beatmungsentwöhnung oder wiedererlangtem Bewusstsein gestellt. Wird die Grundkrankheit überlebt, kommt es in den meisten Fällen zu einer langsamen Rückbildung der neurologischen Defizite. Elektroneuro- und myographisch zeigt sich eine axonale Schädigung (Differentialdiagnose zum GBS!). Ursache und Therapie der Erkrankung sind nicht bekannt.

28.3.15 Paraneoplastische Polyneuropathien

Im Rahmen neoplastischer Erkrankungen (s. Kap. 31) können periphere Nerven durch Kompression (v. a. N. ulnaris im Sulcus und N. peroneus am Fibulaköpfchen, insbesondere bei Kachexie) oder Infiltration geschädigt werden. Auch an Malnutrition (Vitamin B12-Mangel) und toxische Ursachen (u. a. Vincristin, Cisplatin, Taxol) ist zu denken. Seltener sind Neuropathien durch Fernwirkung (Remote-Effekt) der Tumoren. Nur diese bezeichnet man als paraneoplastische Polyneuropathien. Bei etwa 1 % der Krebspatienten ist eine klinisch manifeste PNP nachweisbar. Am häufigsten sind sie bei Mamma-, Bronchialkarzinom und Lymphomen beschrieben. Bei der **subakuten sensiblen PNP (Denny-Brown)** kommt es zu einer Ganglionitis der Spinalganglien mit Degeneration der hinteren Wurzeln, der Hinterstränge und sensibler Fasern peripherer Nerven. Klinisch treten von distal nach proximal fortschreitende sensible Reiz- und Ausfallssyndrome mit Parästhesien, Schmerzen und häufig ausgeprägten Tiefensensibilitätsstörungen auf. Im Zusammenhang mit kleinzelligem Bronchialkarzinom konnten in Serum und Liquor polyklonale komplementfixierende IgG-Antikörper nachgewiesen werden (Anti-Hu-Antikörpersyndrom). Gelegentlich geht die PNP der Manifestation des Neoplasmas bis zu ein Jahr voraus. Andere Formen von PNP, wie distal-symmetrische sensomotorische, demyelinisierende

PNP nach Art des GBS (vor allem bei Lymphomen), die subakute motorische PNP (sog. subakute Poliomyelitis) sowie asymmetrische PNP bei paraneoplastischer Vaskulitis, kommen ebenfalls im Zusammenhang mit Neoplasmen vor.

28.3.16 Alkoholische Neuropathie

Alkohol ist mit Abstand die häufigste toxische Ursache einer PNP. Mindestens 20 % der chronischen Alkoholiker sind betroffen. Es handelt sich als typisches Beispiel einer toxischen PNP um eine axonale Degeneration mit distalem Beginn und langsamen Aufsteigen („dying back"). Pathogenetisch spielt in erster Linie die direkt toxische Wirkung des Alkohols bzw. seiner Metaboliten (Acetaldehyd) eine Rolle. Unterstützt wird die schädigende Wirkung durch Mangelernährung, wie sie bei chronischem Alkoholismus fast immer vorhanden ist. Mangel an Vitamin B-Komplex allein kann die Entstehung der alkoholischen PNP allerdings nicht begründen. Zumeist besteht ein langjähriger Alkoholabusus von mehr als 60 g Äthanol pro Tag. Die klinischen Symptome treten entweder langsam über Monate oder Jahre, seltener rasch innerhalb von wenigen Wochen auf. Druckschmerzhaftigkeit der großen Nervenstämme (N. tibialis in der Kniekehle oder Wadendruckschmerz) ist ein häufiges Frühsymptom. Etwa ein Viertel der Patienten klagt über Parästhesien und ziehende Spontanschmerzen. Da die großkalibrigen myelinisierten Fasern zuerst betroffen werden, sind Vibrationsempfinden und Lagesinn zumeist früher gestört als die Oberflächensensibilität. Stehen die Tiefensensibilitätsstörungen ganz im Vordergrund resultiert eine sensible Ataxie („Pseudotabes alcoholica"). Muskeltatrophien, Reflexverlust und distal betonte Paresen finden sich erst in späteren Stadien. Vegetative Störungen mit Hyperhidrosis („Schweißfüße" als Differentialdiagnose zu Diabetes, der zumeist Hypohidrosis mit trockenen Füßen zeigt) und kühler marmorierter Haut sind häufig. Hirnnervenausfälle sind sehr selten. Bei Augenmuskelparesen sollte daher eher an eine zusätzliche Wernicke-Enzephalopathie gedacht werden. Bei Alkoholabstinenz ist die Rückbildungstendenz gut. Zusätzliche Mangelernährung sollte durch diätetische Maßnahmen und Gabe von Vitamin B-Komplex behoben werden.

28.3.17 Sonstige toxische Polyneuropathien

Zahlreiche exogene Substanzen können zu peripheren Nervenschäden führen. Am wichtigsten sind Medikamente (Vincristin, Cisplatin, Taxol, Isoniazid, Metronidazol, Nitrofurantoin, Amiodaron, Gold, Chloroquin, Dapson, Lithium) und gewerbliche bzw. Umweltgifte (Arsen, Blei, Quecksilber, Thallium, Lösungsmittel, DDT, Triorthokresylphosphat, Schwefelkohlenstoff, Acrylamid). Die Prävalenz toxischer, nicht durch Alkohol bedingter PNP in der Gesamtbevölkerung ist jedoch gering. Der Nachweis einer toxischen Ursache ist schwierig, da Serumspiegel zumeist stark schwankend und schlecht normiert, Haaranalysen nur in Einzelfällen (Arsen, Thallium) aussagekräftig und Auffälligkeiten des Gehirns in bildgebenden Verfahren (MRT, SPECT) unspezifisch sind.

Gemeinsam ist den meisten toxischen PNP das klinische Bild mit symmetrischem Manifestationstyp und überwiegend sensiblen Ausfällen. Bei einigen treten heftige Schmerzen auf (Arsen, Thallium, DDT, Triorthokresylphosphat). Nur wenige toxische PNP sind asymmetrisch oder primär bevorzugt motorisch (z. B. Goldpolyneuropathie, Bleilähmung der Finger- und Handstrecker). Bei zahlreichen Umwelt- oder gewerblichen Giften, vor allem bei Lösungsmitteln, sind das Zentralnervensystem (Myelopathie, Enzephalopathie) und andere Organe (Knochenmark, Leber, Niere, Haut) mitgeschädigt. Dies kann neben einer sorgfältigen Expositionsanamnese diagnostische Hinweise geben. Zu achten ist insbesondere auf Bleisaum des Zahnfleisches, Mees-Querstreifen der Nägel (Arsen und Thallium), Haarausfall (Thallium) und basophile Tüpfelung der Erythrozyten (Blei). Elektrophysiologisch und morphologisch handelt es sich bei den toxischen PNP überwiegend um axonale Typen, nur sehr selten finden sich primäre Markscheidenschädigungen (Perhexilin, Chloroquin). Daher ist die Nervenleitgeschwindigkeit zumeist normal oder nur leicht verzögert; elektromyographisch finden sich pathologische Spontanaktivität und neurogener Umbau der Aktionspotentiale. Die Behandlung aller toxischen Polyneuropathien besteht im Vermeiden der Exposition und einer raschen Elimination der Toxine. Nach Wegfall des verursachenden Agens kommt es bei toxischen PNP zur Rückbildung der neurologischen Ausfälle. Restsymptome können bei schwerer Denervierung zwar bleiben, eine weitere Progredienz trotz Wegfalls der toxischen Substanz spricht allerdings gegen ihre ursächliche Bedeutung. Die Elimination von Schwermetallen kann durch Komplexbildner (BAL, Penicillamin), bei Thallium auch durch Natriumjodidlösung, Schwefelwasserstoff und Berliner Blau-Lösung sowie forcierte Diurese gefördert werden. Die Isoniazid-PNP kann durch Gabe von Pyridoxin (60–120 mg/Tag) verhindert werden, wobei allerdings hohe Dosen von Pyridoxin selbst eine sensible PNP erzeugen.

Literatur

Dieterich M, Lorenzl S: Vitaminstoffwechselstörungen (2003) In: Brandt T, Dichgans J, Diener HC (Hrsg) Therapie und Verlauf neurologischer Erkrankungen, 4. Aufl. Kohlhammer, Stuttgart, S 328–342

Dyck PJ, Thomas PK, Griffin JW, Low PA, Poduslo JF (1993) Peripheral neuropathy, 3rd edn., W.B. Saunders, Philadelphia

Engelhardt A (1994) Vaskulitische Neuropathien: klinische und nervenbioptische Befunde. S. Roderer, Regensburg

Engelhardt A (2005) Mangelkrankheiten. In: Wallesch CW (Hrsg) Neurologie. Elsevier, München, S 963–973

Engelhardt A (2006) Polyneuropathien. In: Berlit P (Hrsg) Klinische Neurologie. 2. Aufl. Springer, Berlin Heidelberg New York, S 414–438

Flanigan KM, Lauria G, Griffin JW, Kuncl RW (1998) Age-related biology and diseases of muscle and nerve. In: Riggs JE (Hrsg) The neurology of aging. WB Saunders, Philadelphia, pp 659–669

Gleichmann M, Limmroth V (2003) Polyneuropathien. In: Brandt T, Dichgans J, Diener HC (Hrsg) Therapie und Verlauf neurologischer Erkrankungen, 4. Aufl. Kohlhammer, Stuttgart, S 1203–1217

Gold R, Grehl H, Haensch CA, Koeppen S, Stoll G (2002) Neuritis: Chronische immunvermittelte Polyneuritis, infektiöse Neuritis. In: AWMF online. Leitlinien der Deutschen Gesellschaft für Neurologie. http://www.awmf-leitlinien.de

Heuss D, Sommer C, Haupt WF, Neundörfer B (2002) Diagnostik bei Polyneuropathien. In: AWMF online. Leitlinien der Deutschen Gesellschaft für Neurologie. http://www.awmf-leitlinien.de

Levy Y, Uziel Y, Zandman GG (2003) Intravenous immunoglobulins in peripheral neuropathy associated with vasculitis. Ann Rheum Dis 62: 1221–1223

Low PA, Smith BE, Stevens JC, Suarez GA, Windebank AJ (2004) Diseases of Peripheral Nerves. In: Griggs RC, Joynt RJ (Hrsg) Baker and Joynt's Clinical Neurology on CD-ROM. Lippincott Williams & Wilkins, Philadelphia

Martina ISJ, van Koningsfeld R, Schmitz PIM, van der Meché FGA, van Doorn PA (1998) Measuring vibration threshold with a graduated tuning fork in normal aging and in patients with polyneuropathy. J Neurol Neurosur Ps 65:743–747

Mendell JR, Kissel JT, Cornblath DR (2001) Diagnosis and Management of Peripheral Nerve Disorders. Oxford University Press, Oxford

Mumenthaler M, Stöhr M, Müller-Vahl H (2003) Läsionen peripherer Nerven und radikuläre Syndrome. 8. Aufl. Thieme, Stuttgart New York

Neundörfer B (1987) Polyneuritiden und Polyneuropathien. VCH Weinheim

Pletz MW, Duda PW, Kappos L, Steck AJ (2003) Immune-mediated neuropathies: etiology and

pathogenic relationship to aging processes. J Neuroimmunol 137:1–11
Sommer C (2001) Pain in Peripheral Nerve Disease. Karger, Basel
Sommer C, Heuss D, Reinhold-Keller E, Engelhardt A, Schlotter-Weigel B (2005) Diagnostik und Therapie der vaskulitischen Neuropathien und Neuropathien bei Kollagenosen. In: AWMF online. Leitlinien der Deutschen Gesellschaft für Neurologie. http://www.awmf-leitlinien.de
Stöhr M (2003) Nervenkompressions- und Kompartment-Syndrome. In: Brandt T, Dichgans J, Diener HC (Hrsg) Therapie und Verlauf neurologischer Erkrankungen, 4. Aufl. Kohlhammer, Stuttgart, S 1232–1248
Vrancken AFJE, Franssen H, Wokke JHJ, Teunissen LL, Notermans NC (2002) Chronic idiopathic axonal polyneuropathy and successful aging of the peripheral nervous system in elderly people. Arch Neurol 59: 533–540

29 Myasthenie und verwandte Erkrankungen

Jörn P. Sieb

Einleitung

Die Myasthenia gravis ist eine neuromuskuläre Erkrankung mit einer belastungsabhängigen, asymmetrischen Muskelschwäche, die sich in Ruhe bessert (Köhler und Sieb 2003, Sieb et al. 2000). Sie ist eine Antikörper-vermittelte Störung der neuromuskulären Signalübertragung und die pathogenetisch am besten verstandene Autoimmunerkrankung. Die Immunantwort richtet sich meist gegen den nikotinergen Acetylcholinrezeptor (AChR) an der motorischen Endplatte. Bei einem Teil der Myastheniepatienten fehlen jedoch die Anti-AChR-Antikörper. Unter diesen Patienten mit einer sogenannten „seronegativen" Myasthenie konnte man bei 40–60 % die AChR-assoziierte Tyrosinkinase MuSK als Zielprotein der Immunantwort identifizieren (McConville et al. 2004).

29.1 Myasthenie

Die **„Altersmyasthenie"** weist einige maßgebliche klinische und immunologische Besonderheiten auf, die sie von der Myasthenie bei jungen Patienten unterscheidet. Diese werden in **Tab. 29.1** zusammengefasst und in diesem Kapitel erläutert. Uneinheitlich wird in der Literatur das Lebensalter zur Abgrenzung der Altersmyasthenie festgesetzt. Meist ist dies bereits das 40. oder, wie in **Tab. 29.1**, das 50. Lebensjahr. Bei der Altersmyasthenie handelt es sich also nicht unbedingt um eine neurogeriatrische Erkrankung im engeren Sinne.

29.1.1 Epidemiologie

Die Angaben zur Häufigkeit der Myasthenie schwanken. Vermutlich gibt es in Deutsch-

Tab. 29.1 Verlaufsformen der Myasthenie in Abhängigkeit von Erkrankungsalter und Thymuspathologie (nach Marx et al. 1997)

Thymuspathologie	Thymitis	Thymom/WDTC[1]	Atrophie
Manifestationsalter (Jahre)	<35	15–80	>50
Verhältnis Männer : Frauen	1 : 3	1 : 1	2 : 1
HLA-Assoziation	B8; DR3	(DR2)	B7; DR2
Autoantikörper gegen			
• Acetylcholinrezeptor	30–80 %[2]	>90 %	90 %
• Quergestreifte Muskulatur	10–20 %	>90 %	30–60 %
• Titin	<5 %	>90 %	30–40 %

[1] WDTC: well differentiated thymic carcinoma
[2] Die Häufigkeit des Nachweises hängt von der Verlaufsform ab.

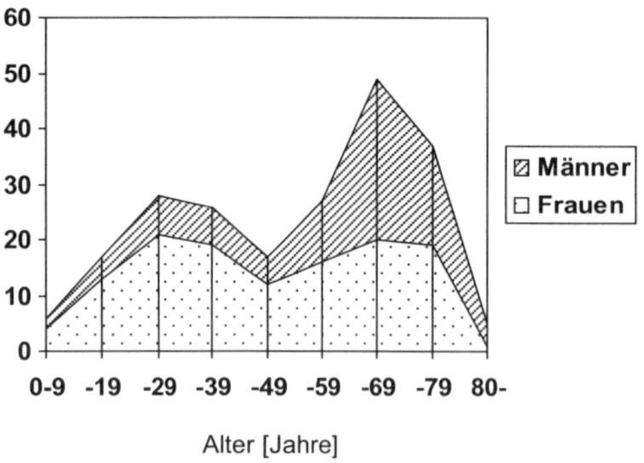

Abb. 29.1 Inzidenz der Myasthenie bezogen auf eine Mio. Einwohner. Die Daten entstammen einer epidemiologischen Untersuchung aus Dänemark (Christensen et al. 1993).

land 8 000–12 000 Myastheniekranke. Ursprünglich wurde die Myasthenie als Krankheit des jüngeren Erwachsenen angesehen. Neuere Untersuchungen zeigen jedoch, dass die Mehrzahl der Myastheniepatienten erst jenseits des 50. Lebensjahres erkrankt (Aarli 1997, Aarli 1999, Aarli et al. 2003). Die Häufigkeit der Myasthenie nimmt zu, wobei dies auf der zunehmenden Alterung der Bevölkerung beruht. Während im Senium mehrheitlich Männer erkranken, finden sich dagegen unter den jüngeren Myastheniekranken überwiegend Frauen. Für beide Geschlechter zeigt sich aber eine zweigipflige Altersverteilung, wie in **Abb. 29.1** dargestellt wird (Christensen et al. 1993).

29.1.2 Ätiologie

Die Myasthenie ist eine organspezifische, antikörpervermittelte und T-Zell-abhängige Autoimmunerkrankung. Bei der Mehrzahl der Myastheniepatienten ist die Immunantwort gegen den nikotinergen AChR-Ionenkanal gerichtet. Die Anti-AChR-Antikörper führen zu einer Komplementaktivierung an der motorischen Endplatte, deren Folge eine zunehmende Destruktion der Endplatte mit einer verminderten Dichte der AChR-Ionenkanäle ist. Klinisch zeigt sich eine belastungsabhängige Muskelschwäche. Die Ursache dieses Autoimmunprozesses ist unklar. Eine mögliche Erklärung ist das sogenannte antigene Mimikry: Eigene oder exogene Antigene, die Epitopen an AChR-Ionenkanälen ähneln, könnten autoreaktive T-Zellen aktivieren.
Hinter der klinischen Entität „Myasthenie" verbergen sich mehrere immunologisch unterschiedliche Erkrankungen. Neben der bereits erwähnten anti-MuSK-Antikörper-positiven Myasthenie ist u. a. die Altersmyasthenie von der Myasthenie bei jungen Erwachsenen abzutrennen. Auch weist die Myasthenie bei Thymompatienten Besonderheiten auf. Diese immunologische Heterogenität ist klinisch sehr bedeutsam. Beispielsweise ist der Versuch, durch eine Thymektomie den Langzeitverlauf bei Patienten mit Altersmyasthenie bei Thymusatrophie zu beeinflussen, nicht aussichtsreich.

29.1.3 Symptome und Diagnose

Leitsymptom der Erkrankung ist eine wechselnd ausgeprägte Schwäche der quergestreiften Muskulatur. Klinisch unterscheidet sich die Altersmyasthenie nicht von der Myasthenie bei jüngeren Patienten. **Folgende Symptome sind typisch**, jedoch keineswegs immer vorhanden:

- Doppelbilder und Ptose,
- Kau- und Schluckbeschwerden, näselnde Sprache,
- Schwäche proximaler Muskeln,
- Zunahme der Beschwerden im Tagesverlauf und/oder durch muskuläre Belastung.

Die **neurologische Untersuchung** zeigt:

- typischerweise eine rein motorische Störung,
- Ptose, Augenmuskelparesen und bulbäre Symptome,

- vorzeitige Ermüdbarkeit in Halteversuchen wie dem **Simpson-Test** (Provokation einer Ptose durch einen über eine Minute eingehaltenen Blick nach oben).

Die Diagnose einer Myasthenie kann immunologisch, elektrophysiologisch und pharmakologisch gesichert werden. Häufig wird die Sensitivität dieser diagnostischen Verfahren überschätzt. So fehlen bei einem erheblichen Teil der Myastheniepatienten Anti-Acetylcholinrezeptor(AChR)-Antikörper. Dies sind bei okulärer Myasthenie 50 % und bei generalisierter Myasthenie 20 % der Patienten, wobei alte Myastheniepatienten eher zu niedrigen Anti-AChR-Antikörpertitern tendieren (Compston et al. 1980). Entsprechend müssen die Verfahren der Myastheniediagnostik gegebenenfalls kombiniert und wiederholt durchgeführt werden, bis der klinische Verdacht einer Myasthenie bestätigt wird. Bei typischer Klinik kann gegebenenfalls auch ein Ex-juvantibus-Therapieversuch gerechtfertigt sein.

Bei einem Teil der Myastheniepatienten fehlen Antikörper gegen den AChR. Bei solchen so genannten „seronegativen" Fällen von generalisierter Myasthenie sollte nach Anti-MuSK-Antikörpern gesucht werden. Diese **anti-MuSK-Antikörper-positive Myasthenie** beginnt überwiegend nach dem 40. Lebensjahr, verläuft generalisiert und ist häufig mit schwer beeinträchtigenden oropharyngealen Schwächen verbunden (McConville et al. 2004).

Bei der Myasthenie können weitere Antikörper gebildet werden. Dies sind Antikörper gegen quergestreifte Muskulatur, gegen das myofibrilläre Protein Titin beziehungsweise gegen das Titinfragment MGT30. Anti-Titin-Antikörper finden sich bei zirka 50 % der Fälle von Altersmyasthenie und bei mehr als 90 % der Thymompatienten. Titin-Antikörper sind bei jüngeren Patienten selten und bei diesen ein Thymomhinweis. Im Alter deuten sie möglicherweise auf einen schwereren Krankheitsverlauf hin (Skeie et al. 1995).

Elektrophysiologisch kommen die niederfrequente Serienstimulation zur Dekrementbestimmung und das Einzelfaser-EMG zur Anwendung. Die Dekrementuntersuchung gehört zu den elektrophysiologischen Routineverfahren. Hinsichtlich der Durchführung wird auf die spezielle Literatur verwiesen (Köhler und Sieb 2003).

Die Durchführung der pharmakologischen Testung mit Edrophoniumchlorid wird nachfolgend aufgelistet. Vorsicht ist bei bradykarden Herzrhythmusstörungen und schweren obstruktiven Lungenerkrankungen geboten. Bei Testung von Risikopatienten sollte eine intensivmedizinische Versorgung ohne Verzug möglich sein.

Durchführung des Edrophonium-Test (früher Tensilon®-Test):

1. Der Test ist nur sinnvoll, sofern eindeutige Zielsymptome, wie eine Ptose, vorliegen. Günstig ist es, den Edrophonium-Effekt photografisch oder als Video zu dokumentieren.
2. Legen eines stabilen venösen Zugangs. Aufziehen von 1 ml Lösung (enthält 10 mg Edrophoniumchlorid, zu beziehen über eine internationale Apotheke) zusammen mit 9 ml physiologischer Kochsalzlösung. Der Patient sollte während des Tests auf einer Liege oder einem Bett sitzen.
3. Unbedingt in einer zweiten Spritze das Antidot Atropin (0,5 mg–1,0 mg) griffbereit legen, das bei ausgeprägten muskarinergen Nebenwirkungen (Bradykardie und hypotone Kreislaufreaktion) sofort zu verabreichen ist. Patienten mit bekannter Kollapsneigung sollten nach dem Test ½ Ampulle Atropin erhalten und noch einige Zeit beobachtet werden.

4. Gabe einer Testdosis von 2 mg Edrophonium (= 2 ml) und Beobachtung der Wirkung und Begleiterscheinungen über die nächsten 30–60 s. Bei einer objektivierbaren Besserung ist der Test positiv und kann beendet werden.
   Ansonsten werden nach 1 min bei guter Verträglichkeit weitere 3 mg und ggf. bei dann weiterhin unsicherer Wirkung auch noch die restlichen 5 mg Edrophonium nach 1–2 min gegeben, wobei sich ein Faszikulieren der Augenlider einstellt.
5. Die myasthenen Symptome sollten sich nach 5–30 min wieder einstellen.

29.1.4 Alterstypische Komorbidität

Bei mindestens 10 % der Myastheniekranken findet sich eine weitere Autoimmunerkrankung (Köhler und Sieb 2003). Dies ist insbesondere eine Thyreoiditis. Bei allen Myastheniepatienten muss deshalb die Schilddrüsenfunktion kontrolliert werden, zumal eine Hyperthyreose die Myastheniesymptome verstärken kann. Manchmal kann das klinische Bild eines M. Basedow an eine Myasthenie erinnern. Andere assoziierte Autoimmunerkrankungen sind u. a. rheumatoide Arthritis, Lupus erythematodes, aplastische Anämie, perniziöse Anämie, Thrombozytopenie, Sarkoidose/granulomatöse Myositis, Dermatomyositis, Polymyositis, M. Crohn, Colitis ulcerosa und Alopecia areata.

29.1.5 Differentialdiagnose

Bei typischer Symptomatik wird der erfahrene Neurologe kaum die Diagnose einer Myasthenie verpassen. Bei anderen Krankheitsbildern mit überlappender klinischer Symptomatik finden sich neurologisch zusätzliche Zeichen, die diagnostisch wegweisend sind. So wird der Neurologe beispielsweise einen Botulismus, Hirnstammprozesse oder eine endokrine Ophthalmopathie nicht als Myasthenie verkennen. Erfahrungsgemäß kann sich eine Altersmyasthenie rasch innerhalb weniger Stunden oder Tage entwickeln, so dass eine Verkennung als Insult keine Rarität ist. Bei immerhin zirka 15 % der Patienten beginnt die Myasthenie mit bulbären Symptomen. Hier kann anfänglich die Abgrenzung von einer Motoneuronerkrankung schwierig sein (**s. Tab. 29.2**).

29.1.6 Therapie

Eine Übersicht zur Myasthenietherapie ist in der **Tab. 29.3** gegeben. Eine **Thymektomie** wird jenseits des 60.–65. Lebensjahres allgemein nicht vorgenommen, es sei denn, es besteht radiologisch ein Thymomverdacht. Nur bei sehr alten Patienten oder einer schlechten Gesamtprognose wird man darauf verzichten, ein Thymom zu entfernen, zumal auch die Möglichkeit eines Thymuszellkarzinoms besteht.

Die Therapie der Altersmyasthenie wird häufig durch intermittierende Erkrankungen, wie eine Osteoporose, erschwert und das Risiko unerwünschter Begleitwirkungen ist hoch. **Acetylcholinesteraseinhibitoren,** wie Pyridostigmin (Kalymin®, Mestinon®), können schwerwiegende **Nebenwirkungen** hervorrufen. Dazu zählen Magenulzera und die Verschlechterung eines Asthma bronchiale. Weiterhin sollte bei alten Menschen eine Glukokortikoiddauertherapie zugunsten anderer Immunsuppressiva vermieden werden, da ansonsten u. a. osteoporotische Frakturen drohen.

Tab. 29.2 Vergleich zwischen Myasthenie und amyotropher Lateralsklerose (ALS)

Symptom/Befund	**Myasthenie**	**ALS**
Bevorzugt betroffen: Männer > 50 Lj.	+	+
Bulbäre Symptome (Dysarthrie, Dysphagie)	+	+
Schwäche der Nackenstrecker	+	+
Doppelbilder, Ptose	+	–
Mimische Schwäche	+	–
Schwerpunkt: Proximale Schwäche	+	–
Schwerpunkt: Distale Schwäche	–	+
Spastik (z. B. gesteigerte Muskeleigenreflexe)	–	+
Beeinträchtigte Kognition	–	–
Sensible Defizite	–	–
Pathologisches Lachen/Weinen	–	+
Pathologisches Dekrement	+	–/(+)*
Positiver Effekt von Acetylcholinesterase-Inhibitoren	+	–/(+)*

* Wird bei einzelnen Patienten beobachtet

Tab. 29.3 Stadienbezogene Therapie der Myasthenie

Stadien der Myasthenie	**Therapie**	**Hinweise**
Okuläre Myasthenie (Jede 2. Myasthenie beginnt mit Doppelbildern und Ptose unter Aussparung der inneren Augenmuskeln)	**Basistherapie:** Pyridostigmin 20–30 mg, 3–4-mal/Tag	Eine Ptose spricht meist besser an als Doppelbilder
	• ggf. Pyridostigmin bis 180 mg/Tag erhöhen	Keine ausreichende Wirkung: Pyridostigmin versuchsweise absetzen
	• ggf. Kombination mit einem Glukokortikoid: 20–25 mg Prednisolonäquivalent/Tag	Deutliche Besserung nach mehreren Wochen möglich
Generalisierte Myasthenie (Rein okuläre Myasthenie-Verläufe sind eher selten. In der Mehrzahl kommt es innerhalb von 2–3 Jahren zur Ausbreitung auf andere Muskelgruppen)	**Basistherapie:** • **Pyridostigmin** oral 30–60 mg alle 4–6 h, ggf. sukzessive steigern • 300–500 mg Pyridostigmin sind meist ausreichend (max. Tagesdosis: 600 mg)	<600 mg/Tag praktisch kein Risiko einer **cholinergen Krise** **Bitte beachten:** • Ein Einnahmeintervall <3 h sollte nicht unterschritten werden, • Einzeldosen >120 mg sind praktisch nicht notwendig (schlechte Verträglichkeit), • Der Pyridostigminbedarf kann tageweise schwanken (z. B. bei fiebrigen Infekten), • Unbedingt obere Dosisgrenze festlegen. Viele Patienten lernen, Pyridostigmin variabel einzunehmen.

Tab. 29.3: Fortsetzung S. 448

<table>
<tr><th>Stadien der Myasthenie</th><th>Therapie</th><th>Hinweise</th></tr>
<tr><td></td><td>Immunsuppression:
Meist beginnend mit einer Kombinationstherapie: Glukokortikoid + Azathioprin (individuell angepasst)</td><td>• Hohe Erfolgsquote
• Langfristige Abdosierung der Glukokortikoide, Ziel: Azathioprinmonotherapie (Reduktion der Nebenwirkungen)
• Glukokortikoid überbrückt die Zeit bis zum allmählichen Einsetzen der Azathioprinwirkung nach 6–9 Monaten</td></tr>
<tr><td></td><td>Glukokortikoide:
Unterschiedliche Eindodierungsschemata: Beginn mit 100 mg Prednisolonäquivalent/Tag oder schrittweise Eindosierung</td><td>• Initiale Verschlechterung möglich!
• Stat. Einleitung bei oropharyngealer Schwäche zwingend
• Nebenwirkung beachten (u. a. Magenulkus, Katarakt, Steroidmyopathie, Osteoporose)</td></tr>
<tr><td></td><td>Azathioprin:
Initial Testdosis (z. B. 50 mg über einige Tage, dann Erhaltungsdosis 1,5–2,0 (–3,0) mg/kgKG/Tag</td><td>• Initial Unverträglichkeit möglich durch angeborenen Thiopurinmethyltransferase-Mangel
• Allmählicher Wirkungseintritt nach 6–9 Mo., Maximum nach 12 Mo. nach Einsetzen der Azathioprinwirkung wird die Steroidmedikation sukzessive abdosiert. Keine Steroiddauertherapie, Ziel ist eine Azathioprinmonotherapie
• Regelmäßige Kontrollen von Blutbild und Leberwerten, ggf. Dosisreduktion oder Therapieende
• Bei gleichzeitiger Einnahme von Allopurinol Reduktion von Azathioprin auf 25 % der Standarddosis (ansonsten Knochenmarkdepression)</td></tr>
<tr><td></td><td>Alternative Immunsuppressiva:
Mycophenolat mofetil (CellCept®, z. B. 2-mal 1 g/Tag) oder Ciclosporin A</td><td>• Wenn Azathioprin nicht ausreichend verträglich/wirksam ist
• Vorteil Mycophenolat: rascherer Wirkungseintritt als bei Azathioprin
• Nachteile von Ciclosporin A: u. a. Nephrotoxizität, Spiegelbestimmungen zahlreiche Interaktionen (u. a. mit Johanniskraut)</td></tr>
<tr><td></td><td>Beendigung der Immunsuppression</td><td>• Studiengestützte Empfehlungen fehlen
• Häufigster Fehler: Zu rasches Absetzen der Immunsuppression
• Allgemein erst bei klinisch stabiler Situation über 2–3 Jahre, sehr langsame Abdosierung z. B. über 12–18 Monate
• Bei vielen Myastheniekranken lebenslange Immunsuppression erforderlich</td></tr>
<tr><td></td><td>Thymektomie</td><td>Bei geriatrischen Patienten nur bei Thymomverdacht. Individuelle Therapieentscheidung. Keine prospektiven Studien.</td></tr>
<tr><td>Myasthene Krise/ Cholinerge Krise</td><td>Stationäre Einweisung</td><td>Rechtzeitiges Erkennen der Verschlechterung:
• zunehmende Schluck-/Sprechstörung,
• schwächer werdende Atmung,
• Zuhilfenahme der Atemhilfsmuskulatur.
Regel: „Eher zu früh als zu spät"</td></tr>
</table>

29.1.7 Alterstypische medikamentöse Interaktionen

Ein breites Spektrum von Medikamenten kann eine Myasthenie verstärken. Dies sind u. a. manche Antibiotika, wie die Aminglykoside, die Gyrasehemmer und das Ketolid-Antibiotikum Telithromycin (Ketek®), Antiarrhythmika, Chloroquin sowie Magnesium-haltige Medikamente. Aktuell wurde über die Myasthenieverstärkung durch Gabapentin berichtet. Bei Myastheniepatienten sollte deshalb jegliche neue Medikation vorsichtig begonnen werden nach Abschätzung des jeweiligen Risiko-Nutzen-Verhältnisses. Unbedingt zu vermeiden ist lediglich die Gabe von d-Penicillamin und Interferonen. **Antiobiotisch** empfiehlt sich, falls therapeutisch sinnvoll, der Einsatz von Cephalosporinen.

Die bei geriatrischen Patienten häufige Polypharmazie bedingt ein besonderes Risiko der medikamentösen Myasthenieverstärkung. Auch ist es möglich, dass durch eine Medikation eine vorbestehende Myasthenie erst klinisch manifest wird. So treten nicht allzu selten myasthene Symptome erstmals unter der antibiotischen Therapie auf. Klagen über Doppelbilder, ein erschwertes Kauen und Schlucken oder eine allgemeine Muskelschwäche sollten immer Anlass sein, eine Myasthenie diagnostisch zu erwägen.

29.1.8 Auswirkungen auf die Straßenverkehrstauglichkeit

Muskuläre Schwächen, insbesondere auch der Augenmuskeln, können zu erheblichen Einschränkungen der Fahrtauglichkeit führen. Nach den aktuellen „Begutachtungsleitlinien zur Kraftfahrereignung" können Patienten mit myasthenen Syndromen die Anforderungen zum Führen von Kraftfahrzeugen der Gruppe 2 (Klassen C, D, E; früher Führerschein Klasse II) nicht gerecht werden. Zur Begründung wird eine möglicherweise anhaltende oder bei Belastung zunehmende Ermüdung mit auftretender Kraftlosigkeit geltend gemacht, die zu einer Gefährdung im Straßenverkehr führen kann. Demgegenüber ist das Führen von Kraftfahrzeugen der Gruppe 1 (Klassen A, B; früher Führerschein Klasse III) im Prinzip möglich. Eine Myasthenie führt also nicht per se zu einer Aufhebung der Fahrtauglichkeit, sondern nur dann, wenn „relevante Beeinträchtigungen motorischer Funktionen" vorliegen.

29.1.9 Reisemedizin

Grundsätzlich können alle **Tot- und Toxoidimpfstoffe** bei Myastheniepatienten eingesetzt werden, unabhängig vom Grad der Immunsuppression mit Ausnahme der Choleraimpfung, bei der es gelegentlich zur Aktivierung des Krankheitsprozesses kommen kann. Es muss jedoch beachtet werden, dass eine Immunsuppression zu einem reduzierten Impfschutz führen kann. In diesen Fällen sollte deshalb die Impfantwort zirka sechs Wochen nach der jeweiligen Impfung serologisch überprüft werden. Empfehlenswert, gerade bei immunsupprimierten Patienten, ist die Impfung gegen häufige respiratorische Infektionskrankheiten, z. B. Grippeschutzimpfung, Pneumokokken oder Haemophilus influenzae B. **Lebendimpfstoffe** sind bei immunsupprimierten Patienten kontraindiziert und auch bei Patienten ohne immunsuppressive Therapie nur mit großer Zurückhaltung anzuwenden. Mittel gegen Malaria und andere Protozoenerkrankungen, wie Chloroquin, können eine Myasthenie erheblich verstärken.

29.1.10 Prognose

Die Myastheniesterblichkeit ist in den vergangenen Jahrzehnten kontinuierlich zu-

Tab. 29.4 Klinisches Bild des Lambert-Eaton-Syndroms (nach Köhler und Sieb 2003)

Symptomgruppe	Einzelsymptom
Schwäche/verminderte Ausdauerleistung	Beine (bei 100 %)
	Arme (bei 80 %)
Hirnnervensymptome (bei 60 %)	Ptose
	Doppelbilder
Autonome Störungen (bei 80 %)	Mundtrockenheit
	Erektions- und Ejakulationsstörung
	Obstipation
	Verminderte Schweißsekretion
Paraneoplastisch bei 60 % (kleinzelliges Bronchialkarzinom)	

rückgegangen (von ca. 40 % vor 40 Jahren auf 2–4 %). Dies ist insbesondere auf die Einführung der immunsuppressiven Therapie und die immer bessere intensivmedizinische Betreuung von myasthenen Krisen zurückzuführen. Bei Thymompatienten wird die Prognose von der Tumorbiologie und -ausbreitung bestimmt. Ein hohes Lebensalter und eine bulbäre Schwäche sind prognostisch ungünstige Faktoren. Trotzdem kann mit einer individuell angepassten und konsequent durchgeführten Therapie für die allermeisten Patienten ein weitestgehend normales Leben erreicht werden.

29.1.11 Flankierende Maßnahmen

Allen Myastheniepatienten und deren Angehörigen sollte eine Mitgliedschaft in der Deutschen Myasthenie Gesellschaft empfohlen werden:
Deutsche Myasthenie Gesellschaft – DMG
Langemarckstraße 106
D-28199 Bremen
Tel.: 0421/59 20 60
Fax: 0421/50 82 26
E-Mail: dmg-info@t-online.de
www.dmg-online.de

29.2 Lambert-Eaton-Syndrom

29.2.1 Definition, klinisches Bild und Diagnostik

Charakteristisch für das Lambert-Eaton-Syndrom (LES) ist eine beinbetonte Gliedergürtelschwäche. Die Patienten klagen überwiegend über eine Schwäche bei Ausdauerleistungen mit einer reduzierten maximalen Gehstrecke. Zusätzlich bestehen bei vielen Erkrankten autonome Auffälligkeiten und okuläre Symptome (s. **Tab. 29.4**). Bei 60 % der Fälle tritt es paraneoplastisch im Rahmen eines kleinzelligen Bronchialkarzinoms auf (Köhler und Sieb 2003).

29.2.2 Diagnose

Fehl- und Nichtdiagnosen sind bei dieser seltenen Erkrankung die Regel. Grundsätzlich sollte bei jeder unklaren proximalen Beinschwäche an die Möglichkeit eines LES gedacht werden. Die diagnostische Sicherung erfolgt im **EMG-Labor.** In der motorischen Standardneurographie zeigen sich Antwortpotentiale von auffällig niedriger

Amplitude. Durch Willkürinnervation über 20 s oder durch eine hochfrequente Serienstimulation nimmt die Amplitude der motorischen Antwortpotentiale zu (= Inkrement). Ein LES ist bei einem **Inkrement** von mehr als 100 % gesichert. Bei niederfrequenter Serienstimulation mit einer Frequenz von 3 Hz findet sich bei einem Teil der LES-Patienten ein pathologisches Dekrement, was gelegentlich zur Fehldiagnose einer Myasthenie führt.
Das LES beruht auf Antikörpern gegen präsynaptische spannungsgesteuerte Kalziumkanäle vom P/Q-Typ. Folge ist eine präsynaptische Störung der Transmitterfreisetzung an cholinergen Synapsen des motorischen und autonomen Nervensystems. Die Antikörperbestimmung wird von kommerziellen Laboren angeboten. Insbesondere bei älteren Rauchern mit einem LES muss mit aller Intensität nach einem Bronchialkarzinom gesucht werden. Das LES kann mehrere Jahre einem Karzinom vorangehen.

29.2.3 Therapie

Beim paraneoplastischen LES ist die Tumortherapie vorrangig. Gegen die muskuläre Schwäche sind zwei Therapieansätze gerichtet. Neben einer Immunsuppression wird versucht, die gestörte neuromuskuläre Signalübertragung direkt zu beeinflussen, wobei Acetylcholinesterase-Inhibitoren typischerweise nicht ausreichend wirksam sind. Dagegen ist der therapeutische Effekt des **Kaliumkanalblockers 3,4-Diaminopyridin** (3,4-DAP) gut belegt. Diese international nicht als Arzneimittel zugelassene Substanz kann in Deutschland im Rahmen eines sogenannten „individuellen Heilversuchs" verordnet werden. Der Bezug ist beispielsweise von Fährhaus Pharma, Hamburg, möglich. Die Behandlung mit 3,4-DAP sollte vorsichtig mit einer auf mehrere Einzelgaben verteilte Tagesdosis von 10–20 mg begonnen werden. Dann kann langsam auf 60–80 mg 3,4-DAP täglich gesteigert werden. Zu den dosisabhängigen und reversiblen Nebenwirkungen gehören periorale Parästhesien, gastrointestinale Beschwerden mit Durchfällen und Krämpfen und in hohen Dosen epileptische Anfälle. **Immunsuppressiva**, d. h. vorwiegend Glukokortikoide und Azathioprin kommen vor allem bei Karzinom-negativen Lambert-Eaton-Patienten zur Anwendung. Bei Therapie-refraktären Verläufen werden auch i.v.-Immunglobuline und die Plasmapherese eingesetzt.

Literatur

Aarli JA (1997) Late onset myasthenia gravis. Europ J Neurol 4:203–209
Aarli JA (1999) Late-onset myasthenia gravis – A changing scene. Arch Neurol 56:25–27
Aarli JA, Romi F, Skeie GO, Gilhus NE (2003) Myasthenia gravis in individuals over 40. Ann N Y Acad Sci 998:424–431
Christensen PB, Jensen TS, Tsiropoulos I, Sørensen T, Kjær M, Højer-Pedersen E, Rasmussen MJK, Lehfeldt E, De Fine Olivarius B (1993) Incidence and prevalence of myasthenia gravis in western Denmark: 1975-1989. Neurology 43: 1779–1783
Compston DAS, Vincent A, Newsom-Davis J, Batechelor JR (1980) Clinical, pathological, HLA antigen and immunological evidence for disease heterogeneity in myasthenia gravis. Brain 103: 579–601
Köhler W, Sieb JP (2003) Myasthenia gravis. 2. Aufl. Uni-Med, Bremen
Marx A, Wilisch A, Schlutz A, Gattenlöhner S, Nenninger R, Müller-Hermelink HK (1997) Pathogenesis of myasthenia gravis. Virchows Arch 430:355–364
McConville J, Farrugia ME, Beeson D, Kishore U, Metcalfe R, Newsom-Davis J, Vincent A (2004) Detection and characterization of MuSK antibodies in seronegative myasthenia gravis. Ann Neurol 55:580–584
Sieb JP, Kraner S, Köhler W, Schalke B, Steinlein O (2000) Myasthenia gravis und myasthene Syndrome. Dtsch Ärztebl 97:A3496–A3500
Skeie GO, Mygland A, Aarli JA, Gilhus NE (1995) Titin antibodies in patients with late onset myasthenia gravis: clinical correlations. Autoimmunity 20:99–104

30 Muskelerkrankungen

Katharina Eger und Stephan Zierz

Einleitung

Es existiert die weit verbreitete Annahme, dass insbesondere hereditäre Myopathien ausschließlich Erkrankungen des Kindes- und jungen Erwachsenenalters seien. Bestimmte hereditäre Myopathien können aber auch im späteren Erwachsenenalter manifest werden, wie zum Beispiel die okulopharyngeale Muskeldystrophie. Die überwiegende Zahl der im späten Erwachsenenalter diagnostizierten Myopathien sind jedoch erworben, z. B. entzündliche Myopathien, medikamentös-toxische Myopathien oder die Altersmyasthenie.
Ein weiterer Aspekt ist, dass durch Fortschritte in der Therapie Patienten mit neuromuskulären Erkrankungen heute ein höheres Lebensalter erreichen können als noch bis vor wenigen Jahrzehnten. Hier spielen vor allem symptomatische Therapien eine bedeutende Rolle, wie zum Beispiel die (Heim-)Beatmung oder die Behandlung einer kardialen Mitbeteiligung im Rahmen der Myopathie.
Aus den genannten Gründen müssen neuromuskuläre Erkrankungen generell auch in der Medizin des höheren Lebensalters Beachtung finden. Es sollen im Folgenden jedoch nur die Myopathien dargestellt werden, die auch im höheren Lebensalter erstmals manifest werden können. Auf jene, die früher beginnen, den Patienten aber ins hohe Lebensalter begleiten können, wird hier nicht eingegangen. Es wird dazu auf entsprechende Literatur verwiesen (z. B. Zierz und Jerusalem 2003).

30.1 Polymyositis und Dermatomyositis

30.1.1 Definition und klinisches Bild

Die Polymyositis (PM) und Dermatomyositis (DM) sind sporadisch auftretende entzündliche Erkrankungen der Skelettmusku-

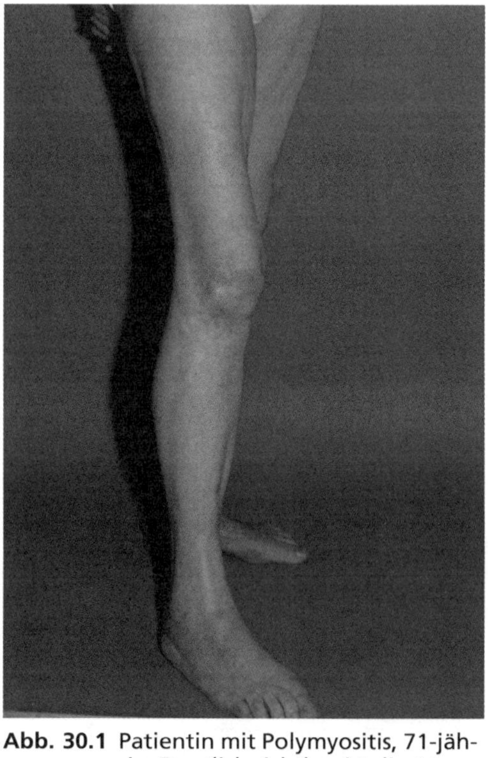

Abb. 30.1 Patientin mit Polymyositis, 71-jährig. Deutlich sichtbar ist die Atrophie der Oberschenkelmuskulatur

latur. Sie sind klinisch gekennzeichnet durch **proximal** betonte Paresen mit oder ohne Myalgien, im Verlauf durch proximal betonte Muskelatrophien (**s. Abb. 30.1**).

Es wird vermutet, dass die PM wahrscheinlich viel seltener auftritt als bisher angenommen; ein Großteil der Fälle ist jüngeren Erkenntnissen zufolge den sogenannten Overlap-Syndromen zuzuordnen (van der Meulen et al. 2003). Die exakte Diagnose erfordert immer eine Muskelbiopsie.

Die Symptomatik entwickelt sich in der Regel subakut über wenige Wochen bis Monate. Selten sind sehr langsam progrediente oder ganz akute Verläufe.

Die Häufigkeit wichtiger Symptome bei DM und PM findet sich in **Tab. 30.1**.

Tab. 30.1 Klinische Befunde bei Polymyositis und Dermatomyositis (nach Zierz und Jerusalem 2003)

Befund		**Häufigkeit (in %)**
Schwäche	proximal	78–98
	distal	33
	Halsmuskulatur	66
	Schluckstörung	54
	Gesichtsmuskulatur	11
	Augenmuskulatur	2
Myalgien		58
Muskelatrophie		52
Kontrakturen		32
Hautveränderungen	typisch	42
	atypisch	20

Die **dermatologische Symptomatik** bei der DM kann umfassen:

- ein heliotropfarbenes Erythem im Gesicht,
- Schwellung der Augenlider, der Wangen und der vorderen Hals-Brust-Region,
- Gottron-Zeichen (erythematöse und squamöse Papeln über den Fingergelenken),
- Keinig-Zeichen (kleine Blutungen, Teleangiektasien und fokale Hautatrophien am Nagelwall),
- weniger charakteristisch, aber möglich: Vitiligo, Photosensibilität, multifokale Hyperpigmentierungen, pseudoekzematöse Alterationen, Ulzerationen und Kalzinosen über Knochenvorsprüngen.

Die bei der DM typischerweise auftretenden Hautveränderungen sind nicht obligat für die Diagnose.

Weitere Organbeteiligungen: Häufiger bei der DM als bei der PM kann sich eine Mitbeteiligung des Herzens (bis hin zu dilatativer Kardiomyopathie), der Lunge (Schwäche der Zwerchfellmuskulatur und/oder der Atemmuskulatur, interstitielle Lungenerkrankung), der Niere (bis hin zu Nierenversagen), des Magen-Darm-Traktes (Dysphagie) oder der Gelenke (Arthritis) finden.

Assoziation mit Malignomen: Bei der DM finden sich vermutlich gehäuft Malignome (8–30 %); für die PM konnte ein solcher Zusammenhang nicht sicher nachgewiesen werden.

Die Muskelsymptome treten häufiger **vor** der Tumordiagnose (in bis zu 60 %) auf!

Die häufigsten Tumorlokalisationen sind: Ovar, Lunge, Pankreas, Magen, Kolon, Rektum, Non-Hodgkin-Lymphome (Hill et al. 2001). Insbesondere bei älteren Patienten sollte sich nach Diagnose einer DM eine umfassende Tumorsuche anschließen und im Falle eines fehlenden Tumornachweises im Verlauf wiederholt werden (mindestens einmal jährlich in den folgenden drei Jahren) (Müllges et al. 1993, Zierz und Jerusalem 2003).

Von **Overlap-Syndrom** wird gesprochen, wenn bei Patienten mit DM oder PM die Kriterien für die Diagnose einer zusätzlichen Erkrankung des Bindegewebes erfüllt sind. Es sind Overlap-Syndrome mit Sklerodermie, mit Sjögren-Syndrom, mit systemischem Lupus erythematodes, mit rheumatoider Arthritis, mit Mischkollagenose

Tab. 30.2 Beispiele für muskuläre Mitbeteiligung im Rahmen entzündlich-rheumatischer Erkrankungen (nach Zierz und Jerusalem 2003)

Rheumatische Grunderkrankung	Merkmal muskulärer Mitbeteiligung
Periarteriitis nodosa	• 30–50 % der Patienten beklagen Myalgien und allgemeine Adynamie • Paresen und Atrophien generalisiert, proximal betont oder distal betont möglich • Abgrenzung von primär neurogenen Paresen, ischämischen Muskelinfarkten und Myositis erforderlich
Systemischer Lupus erythematodes	• ca. 50 % der Patienten beklagt allgemeine muskuläre Schwäche, rasche Erschöpfbarkeit, Myalgien • Symptomatik proximal betont
Sklerodermie	• Symptomatik proximal betont • Selten Myalgien • Fokale Muskelschwäche bei Morphea möglich
Mixed connective tissue disease (Sharp-Syndrom)	• Myositis in bis zu über 70 % • Symptomatik proximal betont
Polymyalgia rheumatica	• Klinische Leitsymptome: bilaterale Steifigkeit und Schmerzen der Muskulatur und des periartikulären Gewebes, Morgenschmerz • Symptomatik proximal betont (Schultergürtel/Nacken und/oder Beckengürtel) • Mittl. Erkrankungsalter: 62 Jahre • Cave: Arteriitis temporalis mit Gefahr der Erblindung!
Wegener-Granulomatose	• Symptomatik proximal betont

(mixed connective tissue disease, MCTD) oder das Anti-Synthetase-Syndrom (Jo-1-Syndrom; bestehend aus Myositis, interstitieller Lungenerkrankung, Polyarthritis, Raynaud-Phänomen) bekannt (Zierz und Jerusalem 2003, Engel und Franzini-Armstrong 2004).
Von den Overlap-Syndromen abzugrenzen sind entzündlich-rheumatische Erkrankungen, bei denen es zu einer unspezifischen muskulären Mitbeteiligung kommt (**s. Tab. 30.2**).

30.1.2 Diagnostik

Wesentlich für die Diagnose einer PM sind neben der klinischen Symptomatik mit proximal betonten Paresen (Muskulatur des Beckengürtels/der Oberschenkelmuskulatur und/oder des Schultergürtels/der Oberarmmuskulatur) das **Labor** (Erhöhung der CK und des Myoglobins), das **Elektromyogramm**, das **Muskel-MRT** und die **Muskelbiopsie**. Bei der DM kommen in der Regel die genannten **Hautveränderungen** hinzu. In der Muskelbiopsie finden sich

- perivaskuläre und perifaszikuläre CD4-positive Infiltrate bei der DM und
- endomysiale CD8-positive Infiltrate bei der PM.

Myositis-assoziierte Antikörper können unter Umständen nachweisbar und auf das Vorliegen eines Overlap-Syndroms hinweisend sein (**s. Tab. 30.3**).
Eine unauffällige Muskelbiopsie schließt eine PM oder DM nicht aus, da die entzündlichen Veränderungen nur umschrieben vorhanden sein können. Die Biopsie bei Verdacht auf Myositis sollte daher aus MR-

tomographisch nachgewiesenen entzündlichen Herden in der Muskulatur erfolgen.

Tab. 30.3 Beispiele Myositis-assoziierter Antikörper (nach Pongratz 1999)

Auto-Antikörper	Syndrom
Jo-1-Ak (und Antikörper gegen andere tRNA-Synthetasen)	Jo-1-Syndrom: Myositis, interstitielle Lungenerkrankung, Polyarthritis, Raynaud-Phänomen (Anti-Synthetase-Syndrom)
Mi2-Ak	Dermatomyositis
SRP-Ak	akute oder subakute Polymyositis
PM-Scl-Ak	Overlap-Syndrom mit Sklerodermie, systemische Sklerose
U1-RNP-Ak	Mischkollagenose, systemischer Lupus erythematodes, systemische Sklerose

30.1.3 Therapie

Therapeutische Prinzipien sind die Immunsuppression (z. B. Glukokortikoide, Azathioprin, Methotrexat) oder Immunmodulation (z. B. intravenöse Immunglobuline bei der DM). Krankengymnastik sollte supportiv zur Anwendung kommen.

30.2 Einschlusskörpermyositis

Die Einschlusskörpermyositis (inclusion body myositis, IBM) tritt meist sporadisch überwiegend nach dem 50. Lebensjahr auf. Männer sind häufiger betroffen als Frauen. Es wird geschätzt, dass die IBM ca. 15–28 % aller adulten idiopathischen Myositiden ausmacht (Zierz und Jerusalem 2003). Die Ursache der IBM ist nicht bekannt.
Die IBM ist gekennzeichnet durch:

- langsame Progredienz,
- proximale und distale Paresen mit Atrophien,
- normale oder leicht erhöhte Serum-CK,
- histopathologische Charakteristika wie sog. „rimmed vacuoles" und intrazytoplasmatische und intranukleäre filamentäre Einschlüsse in der Elektronenmikroskopie,
- Dysphagie (bis zu 40 % der Patienten).

Die IBM ist anhand dieser Merkmale in der Regel klar von der PM oder DM abgrenzbar.
Kortikosteroide oder eine immunsuppressive Therapie mit Azathioprin bewirken **keine** Besserung der Symptomatik. Ein Therapieversuch mit intravenöser Gabe von Immunglobulinen (IVIG) ist jedoch nach Studienlage gerechtfertigt.

30.3 Exogen-toxische Myopathien

Das Risiko von arzneimittelinduzierten unerwünschten Ereignissen steigt mit höherem Lebensalter einerseits durch eine Monotherapie (z. B. bei eingeschränkter Nieren- oder Leberfunktion), andererseits durch die immer häufiger werdende Polypharmakotherapie. Somit steigt auch das Risiko von arzneimittelinduzierten unerwünschten Ereignissen, die in einem nicht zu unterschätzendem Maß auch die Skelettmuskulatur betreffen. Die zugrunde liegenden Mechanismen sind jedoch bislang nur teilweise bekannt.
Folgende **Schädigungsmechanismen** können an der Skelettmuskulatur wirken:

- direkte toxische Schädigung der Skelettmuskelzelle,
- indirekte Schädigung durch arzneimittelinduzierte endokrine, metabolische oder immunologische Mechanismen,

- Störung der Muskelfunktion durch arzneimittelinduzierte Effekte an der motorischen Endplatte (myasthenes Syndrom),
- lokale Schädigung durch intramuskuläre Injektion.

Exogen-toxische Myopathien bei älteren Patienten können aber auch nicht-arzneimittelinduziert auftreten, z. B. im Rahmen von Suchterkrankungen (z. B. Alkohol), oder durch verschiedene Chemikalien oder biologische Toxine.
Das klinische Bild der exogen-toxischen Myopathie kann sich sehr unterschiedlich präsentieren. **Mögliche klinische Präsentationen sind:**

- akute/subakute schmerzhafte proximale Myopathie (z. B. Clofibrat, Cimetidin, Ciclosporin, Salbutamol, Lithium, D-Penicillamin, Vincristin),
- akute Rhabdomyolyse (z. B. Amphetamine, Diazepam, Amphotericin B, Barbiturate, Clofibrat, Lovastatin, Simvastatin, serotonerge Substanzen z. B. SSRI),
- subakute/chronische schmerzlose proximale Myopathie (z. B. Kortison, Amiodaron),
- myotones Syndrom (z. B. Propranolol, Fenoterol, Furosemid, Acetazolamid),
- maligne Hyperthermie (z. B. Halothan, Suxamethonium, Ketamin, Enfluran) (Zierz und Jerusalem 2003).

Die histologischen Befunde in der **Muskelbiopsie** sind unspezifisch und zeigen in der Regel myopathische Veränderungen. Folgende Veränderungen in der Muskelbiopsie sind aber auch möglich:

- entzündliche (z. B. nach Einnahme von Penicillin, Phenytoin, Levodopa, Cimetidin),
- mitochondriale (z. B. nach Zidovudin, Germanium),
- nekrotische (z. B. nach Amiodaron, Lovastatin),
- vakuoläre (z. B. nach Diuretika, Chloroquin, Amphotericin B).

30.3.1 Lipidsenker und Myopathie

Aufgrund des verbreiteten Einsatzes verschiedener **Lipidsenker** gerade bei älteren Patienten stellt sich in zunehmender Häufigkeit die Frage nach einer **statin- oder fibratinduzierten Myopathie.** Das Risiko, unter der Therapie mit Fibraten eine Myopathie zu entwickeln, wird auf 6 Fälle jährlich pro 10 000 Patienten geschätzt, bei Statinen auf einen Fall jährlich pro 10 000 Patienten (Gaist et al. 2001).
Hinsichtlich der myotoxischen Wirkung bzw. Auslösung einer **Rhabdomyolyse bei der Verordnung von Statinen** sind folgende Aspekte zu beachten (nach Allison und Bedsole 2003):

- Risiko nimmt mit steigender Dosis zu.
- Risiko steigt bei Patienten mit Niereninsuffizienz, Lebererkrankungen oder Hypothyreoidismus.
- Risiko steigt bei Kombination mit Fibraten, speziell Gemfibrozil.
- Pravastatin und Fluvastatin haben möglicherweise eine deutlich geringere Toxizität in Kombination mit Gemfibrozil. Vermindertes Risiko bei Reduktion der Statindosis. Alternative: alternierende Gabe von Statin und Fibrat tageweise oder getrennte Einnahme innerhalb eines Tages (z. B. Fibrat am Morgen, Statin am Abend).
- Risiko steigt bei Kombination mit Medikamenten, die Cytochrom P450 3A4 Isoenzym (CYP3A4) inhibieren oder mit diesem interferieren (z. B. Ciclosporin, einige Makrolid-Antibiotika, Warfarin, Digoxin, Amiodaron, Kalziumkanalblocker, einige Proteaseinhibitoren). Wenn solche Präparate erforderlich sind, sollten die Statine Pravastatin oder Fluvastatin gewählt werden, da diese weniger in den CP3A4-Metabolismus eingebunden sind.

Entsprechend empfiehlt sich die gründliche Aufklärung der Patienten, damit Symptome wie Myalgie oder muskuläre Schwäche dem Verordner rasch mitgeteilt werden. Werden muskuläre Symptome unter Therapie mit Statinen oder Fibraten berichtet, ist es in der Regel schwierig, einen eindeutigen Zusammenhang mit der Medikamenteneinnahme herzustellen. Zu empfehlen ist in jedem Fall – je nach Ausmaß der Fettstoffwechselstörung – eine Therapiepause des Lipidsenkers oder ein Präparatewechsel. Bestehen die Symptome fort und/oder bleibt eine CK-Erhöhung nachweisbar, so ist zur weiteren Klärung die Muskelbiopsie in Erwägung zu ziehen zur Abgrenzung anderer, z. B. mitochondrialer Myopathien.

30.4 Rhabdomyolyse

30.4.1 Definition

Eine ausgedehnte akute Schädigung von Muskelfasern führt zu einem Anstieg von Serum-CK und Myoglobin sowie folglich zur Myoglobinurie. Obwohl nicht einheitlich definiert, spricht man bei einer akut auftretenden CK-Erhöhung von mindestens 5-fach über der Norm oder >1 000 IU/l von Rhabdomyolyse (Allison und Bedsole 2003).

30.4.2 Ursachen

Am häufigsten (bis zu 80 %) wird bei Erwachsenen die Rhabdomyolyse exogen-toxisch verursacht (s. Abschnitt 30.3) (Lindner und Zierz 2003). Allerdings gibt es eben durchaus auch hereditäre oder erworbene Myopathien, die sich erst im späteren Erwachsenenalter manifestieren und zu einer Rhabdomyolyse führen können. Dieser Aspekt sollte bei der Klärung der Ursache einer unklaren Hyper-CK-ämie insbesondere im höheren Erwachsenenalter immer bedacht werden. Die möglichen Ursachen einer Rhabdomyolyse sind in **Tab. 30.4** zusammengefasst.

30.4.3 Klinisches Bild

Die Symptomatik kann variieren von einer asymptomatischen Erhöhung der Muskelenzyme oder von generalisierten Myalgien mit Paresen bis hin zur schweren Rhabdomyolyse mit Koma und ausgeprägten metabolischen Veränderungen mit Auswirkungen auf das zentrale und periphere Nervensystem. Je nach Ausmaß der Schädigung können Komplikationen in Form von Hyperkaliämie und Herzrhythmusstörung, metabolischem Koma, respiratorischer Insuffizienz bei Atemmuskelbeteiligung, Kompartmentsyndromen und akutem Nierenversagen auftreten. Daher sind rasche Diagnosestellung und Therapieeinleitung von großer Bedeutung (Lindner und Zierz 2003).

30.4.4 Diagnose

Kennzeichnend sind die Hyper-CK-ämie (mind. 5-fache Erhöhung) und die Myoglobinurie. Die Rhabdomyolyse ist ein unspezifisches Syndrom. Je nach Ursache (**s. Tab. 30.4**) finden sich entsprechende Veränderungen im EMG, Muskel-MRT oder in der Muskelbiopsie.

30.4.5 Therapie

Komplikation der Rhabdomyolyse kann ein Nierenversagen („Crush-Niere“) sein. Die Therapie zielt daher nach Absetzen möglicherweise verursachender Noxen bzw. Medikamente auf Prophylaxe oder Therapie des akuten Nierenversagens (ausreichende Hydratation, forcierte Diurese, Mannitoltherapie, ggf. Nierenersatztherapie). Ansonsten besteht die Therapie in der Behandlung der Ursache der Rhabdomyolyse (**s. Tab. 30.4**).

Tab. 30.4 Mögliche Ursachen einer Rhabdomyolyse (nach Allison und Bedsole 2003, Lindner und Zierz 2003)

Ursache	Genauere Spezifikation
Exzessive Muskelaktivität	Sport, insbes. bei Untrainierten; Status epilepticus, Status asthmaticus
Ischämie der Muskulatur/ Muskelhypoxie	Kompression verschiedener Ursache, Kompartment-syndrom, arterieller Gefäßverschluss, disseminierte intravasale Gerinnung, Sichelzellerkrankung
Trauma oder direkte Schädigung des Muskels	Sturz, intramuskuläre Injektion; Erfrierung; Immobilisation
Medikamente, Toxine	siehe Abschnitt exogen-toxische Myopathien
Entzündliche Myopathien und autoimmun-vermittelte Myopathien	Polymyositis, Dermatomyositis, Vaskulitiden, paraneoplastische nekrotisierende Myopathie
Infektionen	• Viral: Influenza A und B, Herpes simplex u. a. • Bakteriell: Borrelien, Campylobacter, Legionella spec. u. a. • Andere: Aspergillus, Toxoplasma u. a.
Metabolische und endokrine Ursachen	Hypokaliämie, Hypophosphatämie, Hyponatriämie
Hereditäre Ursachen	• Defekte des Glukose- und Glykogenstoffwechsels (z. B. McArdle-Erkrankung) • Defekte des Fettsäurestoffwechsels (z. B. Carnitin-Palmityl-Transferase-Mangel) • Defekte der mitochondrialen Atmungskette (z. B. Punktmutation der tRNA) Andere (z. B. familiäre maligne Hyperthermie, myotone Dystrophie)
Temperatureinfluss	maligne Hyperthermie, malignes neuroleptisches Syndrom, „Hitzschlag"

30.5 Myopathien bei Schilddrüsenfunktionsstörungen

Sowohl bei der Hyperthyreose (bei ca. 67 % der Patienten) als auch bei der Hypothyreose (bei ca. 75 % der Patienten) können muskuläre Funktionsstörungen auftreten (Duyff et al. 2000) (s. Kap. 27).
Die Symptomatik ist überwiegend durch proximal betonte Paresen gekennzeichnet. Die Patienten beklagen z. B. Probleme beim Aufstehen aus der Hocke oder beim Treppensteigen, bei Arbeiten über Kopf oder beim Kämmen. Weitere mögliche Symptome sind Myalgien, Muskelatrophien oder Krampi. Die Muskeleigenreflexe sind bei hyperthyreoter Stoffwechsellage überwiegend lebhaft, bei Hypothyreose hingegen schwach bis nicht auslösbar.
Besondere Manifestationsformen der dysthyreoten Myopathien sind

bei der Hyperthyreose:

- thyreotoxische episodische Lähmung,
- endokrine Ophthalmopathie mit Beteiligung der äußeren Augenmuskeln.

bei der Hypothyreose:

- Myopathie mit Krampi, Myalgien (sog. Hoffmann-Syndrom),
- okuläre Myopathie,
- pseudomyotones Syndrom.

Tab. 30.5 Diagnostik bei Myopathie aufgrund von Hyper- und Hypothyreose

Befunde	Hyperthyreose	Hypothyreose
Kreatinkinase im Serum (CK)	überwiegend normal	überwiegend erhöht
Elektromyogramm	in ca. 90 % pathologisch	in ca. 90 % normal
Muskelbiopsie	unauffällig oder gering unspezifisch verändert	unauffällig oder gering unspezifisch verändert

Diagnostik

Die Diagnostik der Myopathien bei Schilddrüsenstörungen sind in **Tab. 30.5** dargestellt.
Autoimmunthyreopathien sind durch eine häufige Assoziation mit anderen Autoimmunerkrankungen (sog. Polyglanduläres Autoimmunsyndrom) gekennzeichnet, z. B. M. Addison, Typ-1-Diabetes mellitus, Myasthenia gravis. Außerdem können Symptome der Myasthenia gravis durch eine hyperthyreote Stoffwechsellage verstärkt oder aber auch durch die Therapie der Hyperthyreose vermindert werden (s. Kap. 29). Wichtig ist daher immer die Abgrenzung einer dysthyreoten Myopathie und der Myasthenia gravis.

30.6 Okulopharyngeale Muskeldystrophie

30.6.1 Definition

Die okulopharyngeale Muskeldystrophie (OPMD) ist eine hereditäre Myopathie des höheren Lebensalters. Das Manifestationsalter liegt typischerweise zwischen dem 40. und 70. Lebensjahr.
Leitsymptome sind eine progrediente beidseitige Ptose und eine Dysphagie. Eine zusätzliche leichte Schwäche der Gesichts- und Nackenmuskulatur sowie proximale Paresen im Schulter- und Beckengürtelbereich sind möglich. Der Verlauf ist überwiegend langsam progredient.

30.6.2 Ätiologie und Pathogenese

Der Erbgang ist typischerweise autosomal dominant mit nahezu vollständiger Penetranz ohne Geschlechtsbevorzugung. Ein autosomal-rezessiver Erbgang bzw. sporadisches Auftreten sind jedoch ebenfalls beschrieben. Das verantwortliche Gen befindet sich auf Chromosom 14 und kodiert für ein Protein (poly(A) binding protein nuclear 1, PABPN1) mit einer GCG-Triplet-Repeatsequenz; diese Sequenz ist bei Patienten mit OPMD verlängert auf 8–13 Triplets (Brais et al. 1998). Die Folge ist eine Akkumulation von Polyalanin-Makromolekülen im Zellkern der Muskelzellen, welche sich als intranukleäre filamentöse Einschlüsse in der Muskelbiopsie zeigen. Intranukleäre filamentöse Einschlüsse treten auch bei den anderen sogenannten **Repeat-Erkrankungen** auf (z. B. Spinozerebelläre Ataxie Typ 1 und Typ 3, Huntington-Erkrankung).
Es wird vermutet, dass eine dadurch verursachte „nukleäre Toxizität" Grund für den Untergang von Muskelzellen bei der OPMD ist.

30.6.3 Klinik

Erstsymptom ist meistens eine beidseitige Ptosis, selten die Dysphagie oder Paresen

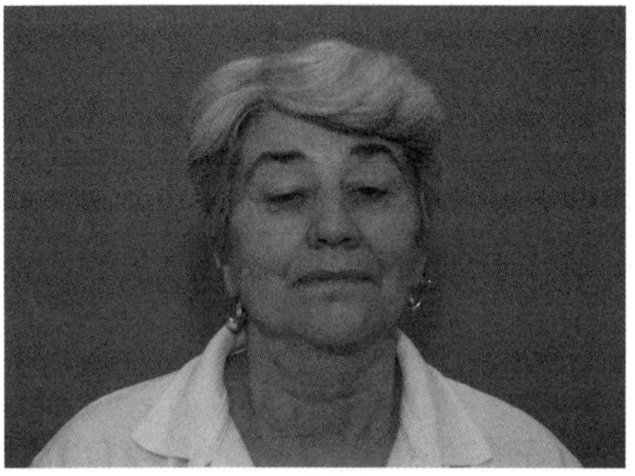

a)

Abb. 30.2 Okulopharyngeale Muskeldystrophie (OPMD), a) 63-jährige Patientin mit beidseitiger Ptosis und beginnenden Schluckstörungen; hier erkennbar auch die Atrophie der vorderen Halsmuskeln, b) Hochzeitsfoto der Patientin aus a); die Braut selbst noch ohne Symptome; ganz rechts der damals 66-jährige Vater der Patientin mit deutlicher Ptosis und zu diesem Zeitpunkt schon deutlichen Schluckstörungen.

b)

der Extremitätenmuskulatur. Die Augenmotilität ist meist nur in fortgeschrittenen Stadien eingeschränkt (**s. Abb. 30.2**).

Die sogenannte **Hutchinson-Trias** ist ein charakteristisches Erscheinungsbild bei der OPMD: Die Patienten versuchen, bei Überstrecken des Nackens (1.) und durch Anspannung der Stirnmuskeln (2.) die Ptosis (3.) zu kompensieren.

Das Fortschreiten der **Dysphagie** führt häufig zu Unterernährung. Aus einer Schwäche der Larynxmuskeln kann sich eine **Dysphonie** entwickeln. Häufig klagen Patienten über Wadenkrämpfe. Atrophien und Paresen können die Symptomatik der OPMD dominieren und in fortgeschrittenem Stadium auch andere Muskelgruppen betreffen, vor allem die faziale, humero-skapuläre oder auch die Beckengürtelmuskulatur. Das Ausmaß der Paresen ist abhängig vom Alter der Patienten. Eine kardiale Beteiligung ist bei der OPMD nicht zu erwarten (Bouchard et al. 1998, Müller et al. 2001, Zierz und Jerusalem 2003).

Der Verlauf ist in der Regel langsam progredient und die Lebenserwartung nicht verkürzt. Limitierend können jedoch die Komplikationen der Dysphagie durch Mangelernährung oder eine Aspirationspneumonie sein.

30.6.4 Diagnostik

Labor. Die Serum-Kreatinkinase (CK) ist normal oder leicht erhöht (bis 2- bis 3-Faches der Norm).
Elektrophysiologie. Das Elektromyogramm (EMG) kann vor allem im Anfangsstadium normal sein, zeigt aber im Verlauf meist myopathische Veränderungen. Mischbilder mit myopathischen und neurogenen Veränderungen sind ebenfalls beschrieben (Müller et al. 2001).
Muskelbiopsie. In der Muskelbiopsie finden sich dystrophische Veränderungen. Außerdem finden sich drei charakteristische Besonderheiten:

1. kleine angulierte Fasern, die eine starke Reaktion bei der Färbung für oxidative Enzyme zeigen,
2. „rimmed vacuoles“,
3. tubuläre Filamente bzw. intranukleäre tubulo-filamentöse Einschlüsse.

Ragged red fibers, elektronenmikroskopisch mitochondriale Veränderungen und mitochondriale DNA-Deletionen wurden bei der OPMD beschrieben. Möglicherweise handelt es sich hierbei jedoch nicht um einen Hinweis auf eine mitochondriale Krankheitsursache, sondern einerseits um ein bekanntes myopathologisches Phänomen des Alters, andererseits um sekundäre mitochondriale Veränderungen. Intranukleäre filamentöse Einschlüsse sind ebenfalls unspezifisch und treten u. a. auch bei anderen „Repeat-Erkrankungen“ auf.
Molekulargenetische Diagnostik. Der molekulargenetische Nachweis einer GCG-Repeat-Expansion im Gen der OPMD beweist den klinischen Verdacht. Eine Muskelbiopsie ist dann nicht erforderlich.

30.6.5 Differentialdiagnose

Die Symptome Ptosis oder Dysphagie sind nicht selten Leitsymptom bei Erstkontakt von älteren Patienten in der neurologischen Sprechstunde. In der Regel ist eine umfassende differentialdiagnostische Klärung erforderlich, insbesondere wenn sich die Verdachtsdiagnose der OPMD in der molekulargenetischen Untersuchung nicht bestätigen lässt. Als wesentliche **Differentialdiagnosen der Ptosis** sind die sogenannte „Senile Ptose“ und die Altersmyasthenie zu nennen. Weitere Differentialdiagnosen finden sich in **Tab. 30.6.**
Die **Dysphagie** ist bei geriatrischen Patienten ebenfalls häufiges Leitsymptom. Im ambulanten Bereich bestätigen mehr als 60 % der über 50-jährigen Patienten gelegentliche oder permanente Schluckbeschwerden unterschiedlicher Charakteristik (s. Kap. 24). Im stationären Bereich beklagen etwa 12 % der Patienten in Akutkrankenhäusern und 40–50 % in Altenheimen Schluckbeeinträchtigungen; es wird von einer höheren Dunkelziffer ausgegangen (Bloem et al. 1990, Walther 1998, Steele et al. 1997). Die **Differentialdiagnosen der Dysphagie** sind in **Tab. 30.7** aufgeführt.

30.6.6 Therapie

Die Therapie der Ptosis bei OPMD besteht in der Operation. Die Schluckstörung wird zunächst durch kontinuierliche logopädische Therapie behandelt, im Verlauf wird ggf. die Ernährung über Magensonde/PEG erforderlich.
Positive – zumindest vorübergehende – Effekte einer Myotomie des oberen Ösophagussphinkters oder auch dessen Bougierung sind beschrieben (Bouchard 1998). Eine Therapie zur Besserung der Paresen der Skelettmuskulatur gibt es nicht. Regelmäßige Krankengymnastik wird empfohlen.

Tab. 30.6 Differentialdiagnosen der Ptosis (Beispiele)

Art der Ptosis	Vorkommen bei
Levator-Dehiszenz	Altersbedingte Ptosis („senile" Ptosis)
Muskulär	OPMD, Myotone Dystrophie, Mitochondriopathie, u. a.
Neurogen	N. oculomotorius-Parese verschiedener Genese, Horner-Syndrom verschiedener Genese, Apraxie der Lidöffnung, „kortikale" Ptosis, Blepharospasmus, u. a.
Neuromuskuläre Überleitung	Myasthenia gravis, Lambert-Eaton-Syndrom (LES)
Mechanisch	Blepharochalasis, Fetteinlagerung im Lid, Lidtumoren, Entzündungen
Pseudoptosis	Dermatochalasis, Enophthalmus, Mikrophthalmus, Phthisis bulbi, u. a.

Tab. 30.7 Differentialdiagnosen der Dysphagie (Beispiele) (nach Walther 1998)

Art der Dysphagieursache		Erkrankungen
neurologische Ursachen	muskulär	Myasthenia gravis, OPMD, Einschlusskörpermyositis, Poly-/Dermatomyositis,
	neurogen	zerebrale Ischämie, Blutung, Tumor, Entzündung oder Trauma, extrapyramidale Erkrankungen (M. Parkinson, Steele-Richardson-Olszewski-Syndrom etc.); Bulbärparalyse/Amyotrophe Lateralsklerose, spinobulbäre Muskelatrophie Typ Kennedy, Rekurrensparese verschiedener Genese, Syringomyelobulbie
lokale Ursachen	entzündliche Veränderungen	wie Pharyngitis, Cheilitis, Larynxperichondritis, Ösophagitis, u. a.
	nicht entzündliche Veränderungen	wie Stenosen, ösophagotracheale Fistel, Xerostomie (cave: medikamentös bedingt möglich!), u. a.
	tumoröse Veränderungen	wie Larynx-, Phanrynx-Karzinom, Halszysten, extrakranielle Neurinome (N. IX, X), u. a.
	Fremdkörper	
internistisch u./o. dermatologisch		Perniziosa, Plummer-Vinson-Syndrom, M. Behcet
		Sicca-Syndrom, Sjögren-Syndrom
		Sklerodermie, Lichen ruber planus, Pemphigus, u. a.
vertebragen		Osteophyten, Luxation, Diskusprolaps („Diskphagie"), M. Forestier, u. a.
psychiatrisch		endogene Depression

30.7 Proximale myotone Myopathie

Die „Proximale Myotone Myopathie“ (PROMM) ist eine autosomal dominant vererbte Multisystemerkrankung, bei der es typischerweise zu **Myalgien, Muskelsteifigkeit** und/oder **proximal betonten Paresen** kommt. Daneben finden sich in der Mehrzahl der Patienten eine präsenile **Katarakt** und eine Erhöhung der Transaminasen. Eine **kardiale Beteiligung** in Form von Herzrhythmusstörungen oder einer Kardiomyopathie ist möglich. Endokrine Störungen, insbesondere ein Diabetes mellitus, können ebenfalls vorkommen.
Die proximale Schwäche kann durchaus erst im höheren Erwachsenenalter (4.–6. Lebensdekade oder selten auch später) manifest werden. Es kommt auch vor, dass Patienten wegen der anfangs oft relativ blanden und wenig spezifischen Symptomatik erst dann einen Arzt aufsuchen, wenn das Einsteigen in den Zug oder das Treppensteigen schwer fallen.
Ursache ist eine Tetranukleotidexpansion im Zinkfingerprotein-9-Gen auf Chromosom 3q21.
Die Abgrenzung zur myotonen Dystrophie Curschmann-Steinert ist häufig schwierig. Teilweise Ähnlichkeiten beider Erkrankungen haben auch zu den Bezeichnungen Myotone Dystrophie Typ 1 (DM1, entspricht Curschmann-Steinert) und Myotone Dystrophie Typ 2 (DM2, entspricht PROMM) geführt. Zur Diagnostik stehen inzwischen für beide Erkrankungen molekulargenetische Untersuchungen zur Verfügung.

30.8 Mitochondriopathien

Mitochondriopathien können sich als Multisystemerkrankung mit sehr unterschiedlichen Symptomen zeigen; besonders Muskulatur und Nervensystem sind häufig betroffen.
Ursache sind Störungen der mitochondrialen Atmungskette.
Aufgrund der meist multisystemischen Manifestation besteht eine große Variabilität der klinischen Symptomatik:

- Skelettmuskulatur: Extremitätenschwäche, Belastungsintoleranz,
- Herzmuskulatur: Kardiomyopathie, Reizleitungsstörungen,
- Glatte Muskulatur: Diarrhö, Erbrechen,
- Zentrales Nervensystem: Schlaganfall, Demenz, Epilepsie, Ataxie, Migräne,
- Innenohr: Innenohrschwerhörigkeit,
- Auge: Retinopathie, Optikusneuropathie, chronisch progressive externe Ophthalmoplegie (CPEO),
- Niere: Glomerulosklerose,
- Diabetes mellitus.

Charakteristisch für eine Mitochondriopathie ist die **chronisch progressive externe Ophthalmoplegie** (CPEO) mit Ptosis und Augenbewegungsstörungen. Sehr häufig ist bei Patienten mit CPEO auch eine Multisystembeteiligung (s. o.) nachzuweisen (CPEO plus).
Erkrankungsbeginn ist meist das Kindes- und frühe Erwachsenenalter; es gibt jedoch auch Fälle mit Erstmanifestation im höheren Lebensalter (Beyenburg et al. 1991, Deschauer et al. 2003). Ein typischer Phänotyp für eine Altersmanifestation lässt sich nicht definieren.
Die Diagnose setzt sich aus einer Vielzahl an Befunden zusammen, z. B. Belastungstest (s. u.), Muskelbiopsie (Nachweis von sogen. „Ragged-red-Fasern“ in der Gomori-Trichrom-Färbung), Biochemie, Molekulargenetik. Dabei muss deutlich darauf hingewiesen werden, dass der alleinige Nachweis von einigen Ragged-red-Fasern bei einem älteren Patienten nicht zur Diagnose einer mitochondrialen Myopathie berechtigt, da es auch im Rahmen des norma-

len Alterns zum Auftreten von Ragged-red-Fasern im Muskel kommen kann. Der Nachweis des zugrunde liegenden Gendefektes sollte angestrebt werden.

30.9 Sarkopenie

Sarkopenie wird die altersbedingte Abnahme der Muskelmasse bezeichnet (s. Kap. 2). Sie stellt nicht notwendigerweise eine eigene Muskelerkrankung dar, ist aber bei Patienten im höheren Lebensalter als wichtige Differentialdiagnose zu den o. g. Myopathien in Betracht zu ziehen. Die Sarkopenie ist schwierig zu objektivieren, denn es fehlt an entsprechenden einfachen klinischen, biochemischen und bildgebenden Verfahren. Es gibt bisher auch keine einheitlichen Diagnosekriterien für die Sarkopenie. Es wurde vorgeschlagen, ab einer Skelettmuskelmasse unter 2 Standardabweichungen im Vergleich mit gesunden jungen Erwachsenen von einer Sarkopenie zu sprechen (Baumgartner et al. 1998).
Die Sarkopenie ist ein multifaktorieller Prozess und Folge des physiologischen Alterungsprozesses. Sie tritt unabhängig von anderen Begleiterkrankungen auf, solche können den Prozess jedoch beschleunigen.
Folgen der Sarkopenie sind vor allem eine Abnahme der Muskelkraft, daraus resultierend Abnahme der Knochendichte, Zunahme des Sturz- und Frakturrisikos und Beeinflussung des Körperstoffwechsels (z. B. Rückgang des Grundumsatzes). Die Sarkopenie ist eine wesentliche Ursache von Behinderung im Alter (Wolfson et al. 1995, Evans 1997, Newman et al. 2003).

30.10 Muskelkrämpfe (Krampi)

Krampi sind unwillkürliche, schmerzlose oder schmerzhafte Kontraktionen einzelner Muskeln, die entweder spontan ohne erkennbaren Auslöser oder nach einer Willkürinnervation entstehen. Von den Krampi zu unterscheiden sind die gelegentlich als „krampfartig" geschilderten Myalgien ohne sichtbare Muskelkontraktion, die ebenfalls spontan oder belastungsabhängig im Rahmen zahlreicher Erkrankungen auftreten können.
Der **idiopathische** (oder banale) **Muskelkrampf** ist vermutlich Ausdruck einer neurogenen Übererregbarkeit, die durch verschiedene Bedingungen begünstigt werden kann, wie z. B. Schlafmangel, körperliche Aktivität, Konsum von Alkohol oder Kaffee, Störungen im Wasser- und Elektrolythaushalt. Gerade im höheren Lebensalter kann es zu einer Häufung nächtlicher Wadenkrämpfe kommen, ohne dass Ursachen offensichtlich werden.
Krampi können auch **Symptom einer peripheren Nervenschädigung** sein und z. B. im Rahmen einer Radikulopathie, Polyneuropathie, spinalen Muskelatrophie oder amyotrophen Lateralsklerose vorkommen.
Eine wichtige Differentialdiagnose ist das sogenannte **„benigne Krampus-Faszikulations-Myalgie-Syndrom"**. Die Ursache dieses gutartigen, möglicherweise heterogenen Syndroms ist nicht bekannt. Die drei Symptome Krampus, Faszikulationen, Myalgie müssen nicht in gleich starker Ausprägung vorhanden sein; eines der drei Symptome kann vorherrschend sein. Die CK kann leicht erhöht sein. EMG und Muskelbiopsie weisen oft unspezifische neurogene Veränderungen nach.
Möglicherweise gibt es auch eine blande Form der Neuromyotonie (Isaacs Syndrom), die sich als benignes Krampus-Faszikulations-Myalgie-Syndrom äußern kann

und bei der Antikörper gegen spannungsabhängige Kaliumkanäle nachweisbar sind.
Zentrale neurogene Ursachen von Muskelverkrampfungen sind dystone Muskelanspannungen z. B. beim Schreibkrampf, extrapyramidale „Krampi" wie z. B. Supinationskrämpfe des Fußes beim M. Parkinson oder das Stiff-man-Syndrom.
Krampi können auch Ausdruck einer Myopathie sein, z. B. myotone Myopathien, metabolische Myopathien (McArdle-Myopathie, mitochondriale Myopathien u. a.) und Rippling-Syndrom.
Insbesondere bei älteren Patienten sind **endokrine** Ursachen (z. B. Hyperthyreose), **metabolische** Ursachen (z. B. bei Niereninsuffizienz, Diuretikagabe, Exsikkose etc., Elektrolytstörungen), **exogen-toxische** Ursachen (s. o.) und **Medikamentennebenwirkungen** (insbesondere Dopaminergika) als mögliche Ursachen für Krampi in Betracht zu ziehen.

30.11 Diagnostik der Myopathien

Wesentlich für die Diagnose einer Myopathie ist die Anamneseerhebung und daraus resultierend eine Definition der Symptome (z. B. belastungsabhängige Schwäche – myasthene Symptomatik), die neurologische Untersuchung und daraus resultierend eine Definition des Syndroms (z. B. Gliedergürtelsyndrom) und folglich die gezielte Diagnostik.

30.11.1 Labordiagnostik

Die Bestimmung der **Serum-Kreatinkinase** (Serum-CK) stellt in der Myopathiediagnostik eine wichtige Laboruntersuchung dar. Sie ist sinnvoll im Rahmen des Myopathiescreenings, als Basisuntersuchung bei Verdacht auf eine Myopathie oder auch zur Beurteilung des Krankheitsverlaufes, insbesondere unter einer Therapie.
Die im Serum messbare Gesamtaktivität der CK setzt sich aus den Aktivitäten der Isoenzyme CK-MM, CK-MB, CK-BB und der Makro-CK zusammen. Physiologischerweise besteht die CK-Gesamtaktivität überwiegend aus der skelettmuskelspezifischen CK-MM. In der Regel ist daher die Bestimmung der (Gesamt-)CK ausreichend. Die Untersuchung der einzelnen CK-Isoenzyme ist meist nur dann erforderlich, wenn differentialdiagnostisch andere Organerkrankungen abgegrenzt werden müssen (**s. Tab. 30.8**).
Das im Serum messbare **Myoglobin** kann sowohl aus Skelettmuskulatur als auch aus Herzmuskel freigesetzt worden sein; eine Differenzierung ist nicht möglich. Im Urin nachweisbares Myoglobin stammt fast ausschließlich aus der Skelettmuskulatur. Die diagnostische Spezifität des Serummyoglobins entspricht der Gesamt-CK (Thomas 1995). Im Rahmen der Myopathiediagnostik ist die Bestimmung des Myoglobins in der Regel nicht erforderlich. Sie ist jedoch sinnvoll bei einer Rhabdomyolyse oder maligner Hyperthermie, da Myoglobin renal ausgeschieden wird und bei Erhöhung im Serum zur Niereninsuffizienz führen kann.
Die **Serumlaktatbestimmung** (Ruhelaktat) ist sinnvoll bei Verdacht auf eine mitochondriale Myopathie (MELAS-Syndrom). Sie kommt außerdem zur Anwendung beim Laktat-Ischämie-Test (s. u.).
Weitere Parameter, die bei Vorliegen einer Myopathie erhöht sein können, sind z. B. Pyruvat, ASAT, LDH, deren Bestimmung jedoch nicht von diagnostischer Bedeutung ist.
Während eine Erhöhung der CK (CK-MM) als deutlicher Hinweis auf eine Myopathie gewertet werden kann, gibt es aber auch eine Vielzahl primärer oder sekundärer Muskelerkrankungen (z. B. okulopharyngeale Muskeldystrophie, Mitochondriopa-

Tab. 30.8 Differentialdiagnostik der CK-Erhöhung

Erhöhung der CK durch	Beispiele
Skelettmuskelschädigung (CK-MM-Isoenzym erhöht)	hereditäre Myopathien/Muskeldystrophien, metabolische Myopathien etc. entzündliche Myopathien (Poly-/Dermatomyositis etc.) Rhabdomyolyse, maligne Hyperthermie, traumatische Schädigung des Skelettmuskels, z. B. Sturz/Stoß (Hämatom als Hinweis?), intramuskuläre Injektion, EMG-Untersuchung, toxisch (Medikamente, Drogen), stärkere körperliche Aktivität, Z. n. generalisiertem Krampfanfall
Herzmuskelschädigung (CK-MB-Isoenzym erhöht)	Herzinfarkt, Myokarditis u. a.
Erkrankungen des ZNS (CK-BB-Isoenzym erhöht)	CK-BB meist nur im Liquor nachweisbar; CK-BB im Serum nur kurzzeitig und nur bei Störung Blut-Hirn-Schranke nachweisbar (z. B. Schädel-Hirn-Trauma, OP)
Makro-CK Typ 1 oder Makro-CK Typ 2	Bei unklarer Hyper-CK-ämie ohne muskuläre Symptomatik CK-Isoenzymbestimmung sinnvoll, ggf. elektrophoretische Trennung zur Detektion einer Makro-CK

thien, exogen-toxische Myopathien), bei denen die CK normal oder allenfalls nur leicht erhöht ist. Andererseits können chronisch **neurogene** Muskelatrophien (z. B. amyotrophe Lateralsklerose) auch mit einer leicht erhöhten CK (CK-MM) einhergehen.

Eine normale CK schließt eine Myopathie nicht aus!

CK-Bestimmungen sind **vor** dem EMG oder der Muskelbiopsie durchzuführen, da diese Maßnahmen eine CK-Erhöhung zur Folge haben!

30.11.2 Metabolische Funktionstests

Ischämietest

Methode: Nach mindestens einstündiger absoluter körperlicher Ruhe wird eine venöse Blutprobe genommen (Ausgangswert). Nach Anlage einer Oberarmblutdruckmanschette mit deutlich suprasystolischem Druck drückt der Patient eine Minute lang mit maximaler Kraft einen Gummiball, ca. einmal pro Sekunde. Danach wird die Blutdruckmanschette gelöst und Blutproben nach 1, 3, 5 und 10 min entnommen. Bestimmt werden Laktat und Ammoniak. Zu beachten ist die Empfindlichkeit der Enzyme, es empfiehlt sich der gekühlte Transport der Proben oder das rasche Enteiweißen mit eiskalter Perchlorsäure (Zierz und Jerusalem 2003).

Beurteilung: Physiologisch ist die positive Korrelation zwischen Laktat- und Ammoniak-Anstieg. Pathologisch ist entweder der alleinig fehlende Anstieg des Laktats oder des Ammoniaks. Ein fehlender Ammoniakanstieg bei deutlichem Laktatanstieg findet sich typischerweise beim Myoadenylatdeaminase-(MAD-)mangel. Ein fehlender Laktatanstieg bei deutlichem Ammoniakanstieg weist auf einen Defekt der Glykogenolyse oder Glykolyse hin. Ein fehlender oder geringer Anstieg von Laktat **und** Ammoniak deutet auf eine unzureichende Arbeitsleistung hin (bewusst oder paresebedingt), so dass das Testergebnis nicht verwertet werden kann (Zierz und Jerusalem 2003).

Fahrradbelastungstest

Methode: Nach mindestens 30-minütiger absoluter körperlicher Ruhe Abnahme einer Blutprobe (Ausgangswert). Es folgt eine 15-minütige Belastung auf dem Fahrradergometer bei 30 Watt und im Abstand von je 5 min erneute Blutentnahmen, schließlich 15 min nach Ende der Belastung eine erneute Blutentnahme. Die Blutentnahmen sollen möglichst ungestaut erfolgen, da die Stauung zu falsch hohen Laktatwerten führen kann. Zu beachten ist die Empfindlichkeit der Enzyme, es empfiehlt sich der gekühlte Transport der Proben oder das rasche Enteiweißen mit eiskalter Perchlorsäure (Zierz und Jerusalem 2003).
Beurteilung: Physiologisch ist bei der geringen Belastung ein fehlender oder nur minimaler Anstieg von Laktat. Ein deutlicher Anstieg von Laktat kann hinweisend sein auf eine mitochondriale Myopathie bzw. Mitochondrienerkrankung (Zierz und Jerusalem 2003).

30.11.3 Muskelbiopsie

Durch Fortschritte in der molekulargenetischen Diagnostik kann heute in Einzelfällen die Muskelbiopsie verzichtbar sein, wenn sich ein typischer Phänotyp einer Myopathie präsentiert und der vermuteten Myopathie ein einheitlicher Mutationstyp zugrunde liegt (z. B. okulopharyngeale Muskeldystrophie). Nach wie vor ist die molekulargenetische Untersuchung für die Mehrzahl der Myopathien noch keine Routineuntersuchung.
Auswahl der Biopsiestelle: Für die Biopsie geeignet ist ein mittelschwer betroffener Muskel. In hochgradig paretischem und/oder atrophischem Muskel sind die diagnoserelevanten Veränderungen oft nicht eindeutig erkennbar. Bei fehlenden Paresen kann ein Muskel gewählt werden, in dem Myalgien (oder andere Beschwerden) schwerpunktmäßig auftreten. Bei Verdacht auf eine entzündliche Myopathie sollte vor Biopsie eine **MRT-Untersuchung der Muskulatur** (z. B. Oberarm oder Oberschenkel) durchgeführt werden, um dann bei Nachweis umschriebener entzündlicher Veränderungen gezielt zu biopsieren.
Eine Muskelbiopsie sollte nicht aus einem Muskel entnommen werden, in dem in den vorangegangenen Wochen ein Elektromyogramm durchgeführt wurde, da die EMG-Untersuchung entzündliche Veränderungen zur Folge haben kann.
Bei älteren Patienten ist bei der Auswahl des Biopsieortes auch zu beachten, dass distale Extremitätenmuskulatur akzidentelle Veränderungen aufweisen kann (z. B. durch Polyneuropathie, Vaskulopathie, chronische Radikulopathie), die mit der Ursache der Beschwerden nicht in Verbindung stehen müssen und das eigentliche strukturelle Bild überlagern können.
Eine Muskelbiopsie sollte **vor** Kortisongabe durchgeführt werden. Einerseits könnten sonst entzündliche Veränderungen des Muskels maskiert werden. Andererseits kann die Abgrenzung zur Steroidmyopathie schwierig werden; höheres Lebensalter und reduzierte motorische Aktivität sind prädisponierend für eine Steroidmyopathie. Besteht aus anderen Gründen eine Kortisonlangzeittherapie, sollte dennoch eine Biopsie vorgenommen werden, auch wenn die Interpretation des histologischen Befundes Probleme bereiten kann.
Technik der Biopsie: Die offene Muskelbiopsie ist in der Regel zu bevorzugen. Die Muskelbiopsie wird in Lokalanästhesie unter antiseptischen Kautelen durch einen mit der Technik vertrauten Arzt entnommen. Dies wird deswegen besonders hervorgehoben, da bei der Gewebeentnahme streng darauf zu achten ist, dass es dabei nicht zu Quetschungen oder Zerrungen durch die Pinzette oder andere Instrumente kommt. Artefakte und somit eingeschränkte histologische Beurteilbarkeit des Gewebes wären die Folge.

Nadelbiopsien liefern nur sehr kleine Gewebeproben und somit weniger befriedigende präparative Möglichkeiten. Die Indikation zur Nadelbiopsie ist daher für Verlaufsuntersuchungen oder Familienuntersuchungen gegeben, wenn ganz bestimmte Untersuchungen geplant sind, die mit sehr wenig Muskelgewebe ausreichend möglich sind.

Probenaufarbeitung, Spektrum der Untersuchungen: Eine Muskelbiopsie ist dem Patienten heute nicht mehr zumutbar, wenn das entnommene Gewebe lediglich in Formol fixiert und in Paraffin gebettet wird. Zum einen können sich wesentliche myopathologische Veränderungen in solchen Präparaten häufig dem Nachweis entziehen. Zum anderen umfasst die adäquate myopathologische Aufarbeitung einer Muskelbiopsie viele histologische, histochemische und immunhistologische Untersuchungen, die an Gefrierschnitten durchgeführt werden müssen. Eingefrorenes, nicht fixiertes Muskelgewebe dient zu biochemischen und molekulargenetischen Untersuchungen. Der Semidünnschnitt wird für die elektronenmikroskopische Untersuchung angefertigt (Zierz und Jerusalem 2003). Daher sollte die Aufbewahrung des Muskelbiopsats beim Transport mit dem meist auswärtigen Muskellabor abgesprochen sein.

Das Spektrum der Untersuchungen umfasst neben der Standardfärbung mit Hämatoxylin-Eosin (HE) und verschiedenen histochemischen Reaktionen auch immunhistochemische und biochemische Untersuchungen, ggf. genetische Untersuchungen aus Muskelgewebe (detaillierte Informationen zum Probenversand etc. unter http://www1.medizin.uni-halle.de/neuro/).

Literatur

Allison RC, Bedsole DL (2003) The other medical causes of rhabdomyolysis. Am J Med Sci 326:79–88

Baumgartner RN et al. (1998) Epidemiology of sarcopenia among the elderly in New Mexico. Am J Epidemiol 147:755–763

Beyenburg S, Wersebe O von, Zierz S (1991) Spätmanifestation einer mitochondrialen Myopathie. Nervenarzt 62:506–511

Bloem BR et al. (1990) Prevalence of subjective dysphagia in community residents aged over 87. BMJ 300:721–722

Bouchard JP et al. (1989) Nuclear inclusions in oculopharyngeal muscular dystrophy in Québec. Can J Neurol Sci 16:446–450

Bouchard JP et al. (1998) Oculopharyngeal muscular dystrophy. In: Emery AEH (ed). Neuromuscular disorders. Wiley, Chichester, pp 157–179

Brais B et al. (1998) Short GCG expansion in the PABP2 gene cause oculopharyngeal muscular dystrophy. Nat Genet 18:164–167

Deschauer M et al. (2003) Late-onset encephalopathy associated with a C11777A mutation of mitochondrial DANN. Neurology 22:1357–1359

Duyff RF, Bosch J van den, Lamann DM et al. (2000) Neuromuscular findings in thyroid dysfunction: a prospective clinical and electrodiagnostic study. J Neurol Neurosur Ps 68:750–755

Engel AG, Franzini-Armstrong C (Hrsg) (2004) Myology. 3. Aufl. McGraw-Hill, New York

Evans W (1997) Functional and metabolic consequences of sarcopenia. J Nutr 127:998S–1003S

Gaist D, Rodriguez LA, Huerta C et al. (2001) Lipid-lowering drugs and risk of myopathy: a population-based follow-up study. Epidemiology 12:565–69

Hill CL Zhang Y, Sigurgeirsson B et al. (2001) Frequency of specific cancer types in dermatomyositis and polymyositis: a population based study. Lancet 357:96–100

Lindner A, Zierz S (2003) Rhabdomyolyse und Myoglobinurie. Nervenarzt 74:505–515

Meulen MF van der, Bronner IM, Hoogendijk JE et al. (2003) Polymyositis. An overdiagnosed entity. Neurology 61:316–321

Müller T et al. (2001) GCG repeats and phenotype in oculopharyngeal muscular dystrophy. Muscle Nerve 24:120–122

Müllges W, Naumann M, Reichmann H (1993) Is chronic dermato- or polymyositis misdiagnosed as „weakness of old age"? Dtsch Med Wochenschr 118:1520–1524

Navarro A et al. (2001) Skeletal muscle and aging. Fron Biosci 6:26–44

Newman AB et al. (2003) Sarcopenia: Alternative definitions and associations with lower extremity function. J Am Geriatr Soc 51:1602–1609

Pongratz D (1999) Polymyositis, Dermatomyositis, Einschlußkörpermyositis. In: Hopf HC, Deuschl G, Diener HC, Reichmann H (Hrsg.): Neurologie in Praxis und Klinik. Band II, Thieme, Stuttgart New York

Steele CM et al. (1997) Mealtime difficulties in a home for the aged: not just dysphagia. Dysphagia 12:43–50

Thomas L (1995) Labor und Diagnose. 4. Aufl. Die Medizinische Verlagsgesellschaft, Marburg

Walther EK (1998) Schluckstörungen. HNO 46:712–728

Wolfson L et al. (1995) Strength is a major factor in balance, gait, and the occurrence of falls. J Gerontol A Biol Sci Med Sci 50:64–67

Zierz S, Jerusalem F (2003) Muskelerkrankungen. Thieme, Stuttgart New York

31 Paraneoplastische Syndrome

Hannah Pellkofer und Raymond Voltz

Einleitung

Unter einem paraneoplastischen Syndrom versteht man Symptome, die in Assoziation mit einem Tumor auftreten, jedoch nicht direkt durch lokales Wachstum, Metastasierung oder Nebenwirkung der onkologischen Therapie bedingt sind.

31.1 Epidemiologie

Paraneoplastische neurologische Erkrankungen sind selten und betreffen etwa 1 % der Tumorpatienten. In Abhängigkeit vom zugrunde liegenden Syndrom sind sie jedoch durchaus eine wesentliche Differentialdiagnose. Beim älteren Menschen sollte insbesondere bei folgenden Syndromen eine paraneoplastische Ätiologie erwogen werden: subakute Kleinhirndegeneration, limbische Enzephalitis, mnestische Defizite, Gangstörung, Polyneuropathie. Sehr selten sind paraneoplastische Formen der Parkinson-Erkrankung oder Motoneuronerkrankungen beschrieben. Das Profil assoziierter Tumore ändert sich mit dem Alter: Während beispielsweise die Häufigkeit von Hodentumoren deutlich zurück geht, kommt es im Alter insbesondere zu einer Häufung von Ovarial-, Mamma- und Bronchialkarzinomen. Altersgehäufte gastrointestinale Tumoren oder Prostatakarzinome sind eher selten mit paraneoplastischen Erkrankungen vergesellschaftet. Passt ein bereits diagnostizierter Tumor nicht zu dem neurologischen Syndrom, sollte die Möglichkeit eines Zweittumors in Betracht gezogen werden.

31.2 Ätiologie

Bei paraneoplastischen neurologischen Erkrankungen handelt es sich um **Autoimmunerkrankungen**, bei denen die neurologische Symptomatik durch Kreuzreaktion mit auf Tumorzellen ektop exprimierten neuronalen Antigenen ausgelöst wird. Hinweisend dafür sind die sogenannten **onkoneuronalen Antikörper**, die mit Nervengewebe und Tumor reagieren und hochtitrig in Serum und Liquor nachgewiesen werden können (s. u.). Bei einem Teil dieser Erkrankungen, die beispielsweise die neuromuskuläre Synapse oder den Muskel betreffen, sind diese Antikörper pathogenetisch bedeutsam. Dazu gehören die Myasthenia gravis (MG), das Lambert-Eaton-Syndrom (LES) und die Neuromyotonie. Alle diese Erkrankungen sind durch Reduktion der Antikörpertiter (Plasmapherese, Immunglobuline, Immunsuppression) wirksam behandelbar. Für die anderen paraneoplastischen Erkrankungen, insbesondere die des zentralen Nervensystems, ist eine primär pathogenetische Rolle dieser Antikörper unwahrscheinlich, diese Syndrome werden vermutlich durch T-Zellen vermittelt. Eine Reduktion der Antikörpertiter hat hier therapeutisch keinen wesentlichen Effekt.

31.3 Klinisches Bild

Die Manifestation der neurologischen Erkrankung geht der Diagnosestellung eines Tumors in der Regel voraus. Dabei verlaufen paraneoplastische neurologische Erkrankungen des ZNS charakteristischerweise akut oder subakut und stabilisieren sich häufig nach einigen Wochen oder Monaten. Da paraneoplastische Erkrankungen jede Ebene des Nervensystems betreffen können, sollten sie bei verschiedenen neurologischen Symptomen auch beim älteren Patienten differentialdiagnostisch in Erwägung gezogen werden.

31.3.1 Polyneuropathie

Eine häufige Manifestation paraneoplastischer Erkrankungen sind Polyneuropathien. Diese präsentieren sich meist sensibel oder sensomotorisch, selten rein motorisch. Bei nahezu einem Drittel der Patienten ist zudem eine autonome Beteiligung nachweisbar mit intestinaler Pseudoobstruktion und kardialer Beteiligung. Da hier wiederholt letale Asystolien beobachtet werden konnten, sollte bei **autonomer Polyneuropathie** die Indikation für eine Herzschrittmacherimplantation großzügig gestellt werden. Etwa 40 % der Patienten mit paraneoplastischer Neuropathie zeigen darüber hinaus als zusätzlichen Hinweis für eine mögliche paraneoplastische Ätiologie Zeichen einer Beteiligung des zentralen Nervensystems. Die **sensible Neuropathie** (Typ Denny-Brown) beginnt häufig mit einer schweren asymmetrischen schmerzhaften sensiblen Neuropathie, die im weiteren Verlauf meist rasch zu einem vollständigen Verlust der Propriozeption mit schwerster sensibler Ataxie, teilweise mit Pseudoathetose, führt. Häufig ist dabei die obere Extremität früher und schwerer betroffen. Meist liegt dieser Erkrankung ein kleinzelliges Bronchialkarzinom zugrunde, jedoch auch gynäkologische Tumoren, Sarkome und Lymphome. Anti-Hu, anti-CV2 (= anti-CRMP5) und anti-Amphiphysin sind hier die relevanten Antikörperreaktivitäten (Kuntzer et al. 2004).

31.3.2 Limbische Enzephalitis/ Hirnstammenzephalitis

Eine paraneoplastische limbische Enzephalitis manifestiert sich in der Regel subakut mit **progredienten neuropychologischen Defiziten** in Form kognitiver Störungen, insbesondere das Kurzzeitgedächtnis betreffend, akutem Verwirrtheitssyndrom, Persönlichkeitsveränderung, Halluzinationen und Depressionen, aber auch Hirnstammsymptomen und epileptischen Anfällen. Diagnostisch wegweisend ist dabei nach Ausschluss relevanter Differentialdiagnosen die Detektion des assoziierten Tumors (meist Lunge, Hoden oder Mamma). In der Regel ist zumindest ein Befund von Liquorpunktion, MRT oder EEG pathologisch (s. u.). Assoziierte anti-neuronale Antikörper sind anti-Ma/Ta, anti-Hu, anti-CV2 (= anti-CRMP5) und anti-Ri.

31.3.3 Demenzen

Eine dementielle Entwicklung im Alter kann selten Ausdruck einer paraneoplastischen Erkrankung sein und tritt meist im Rahmen einer paraneoplastischen limbischen Enzephalitis auf. Dabei ist insbesondere die rasche Progredienz der Symptomatik hinweisend für eine paraneoplastische Ätiologie. Differentialdiagnostisch ist an die Creutzfeld-Jacob-Krankheit zu denken. Häufig tritt die kognitive Störung kombiniert mit weiteren Symptomen auf, wie peripher sensibler Störungen, Hirnstammbeteiligung, intestinaler Pseudoobstruktion oder rasch progredienter Kleinhirnerkrankung.

31.3.4 Kleinhirndegeneration (PKD)

Die Erkrankung manifestiert sich **subakut** innerhalb von Tagen bis Wochen mit einer panzerebellären Dysfunktion und stabilisiert sich meist innerhalb einiger Wochen auf dem Niveau einer erheblichen Beeinträchtigung. Betroffene Patienten leiden insbesondere unter **Störungen des Kleinhirnwurms mit schwerster Stand- und Gangataxie,** jedoch auch Dysarthrie, Dysphagie, Okulomotorikstörungen und Schwindel. Bei Frauen über 50 ist eine sich subakut entwickelnde Kleinhirnsymptomatik in etwa 2/3 der Fälle paraneoplastischer Ätiologie und geht der Entdeckung des Tumors häufig Monate bis Jahre voraus. Gibt es keine offensichtliche andere Ursache für die Kleinhirnerkrankung, sollte wiederholt intensiv nach einem Tumor gefahndet werden (meist Lunge, Mamma, Ovar oder Zervix). Assoziierte Antikörper sind anti-Yo (assoziiert mit gynäkologischen Tumoren), anti-Hu, anti-Ma/Ta, anti-CV2 (= anti-CRMP5) und anti-Tr. Das Fehlen einer Atrophie im MRT und ein normaler Liquor sind in frühen Stadien die Regel und daher gut mit einer paraneoplastischen Genese vereinbar. Die Prognose der neurologischen Erkrankung ist im Fall der PKD relativ schlecht. Weder spontan noch unter immunsuppressiver oder onkologischer Therapie ist eine nennenswerte Besserung der Symptomatik zu erwarten.

31.3.5 Bewegungsstörungen

Opsoklonus-Myoklonus-Syndrom (OMS)

Neben der idiopathischen Form ist bei einem älteren Menschen eine paraneoplastische Erkrankung die relevanteste Differentialdiagnose eines OMS. Klinisch imponieren Sakkaden wechselnder Richtung gepaart mit einer panzerebellären Ataxie und multifokalen Myokloni. Meist lassen sich keine anti-neuronalen Antikörper als Hinweis für einen Tumor finden, am häufigsten ist eine Anti-Ri-Reaktivität nachweisbar, meist als Ausdruck eines Mamma-Karzinoms. Bei Patienten ohne anti-Ri liegt meist ein kleinzelliges Bronchialkarzinom zugrunde, aber auch Hodgkin-Lymphome und Thymuskarzinome sind beschrieben. Dieses Syndrom ist sehr gut durch Therapie des assoziierten Tumors und intravenöse Immunglobuline behandelbar. Symptomatisch kann der Myoklonus meist relativ effektiv mit Clonazepam, Lorazepam, Baclofen oder Gabapentin behandelt werden (Alarcon et al. 2005).

Stiff-person-Syndrom

Das Stiff-person-Syndrom ist charakterisiert durch eine progrediente, fluktuierende Steifigkeit insbesondere der axialen Muskulatur, mit superimponierenden, durch äußere Reize triggerbaren Muskelspasmen. Neben einer idiopathischen Form (assoziiert mit anti-GAD) gibt es diese Erkrankung auch als paraneoplastisches Phänomen meist assoziiert mit Bronchialkarzinomen und insbesondere bei älteren Patientinnen mit Mammakarzinom oder anderen gynäkologischen Tumoren. Eine Assoziation der paraneoplastischen Variante mit anti-Amphiphysin ist gegeben, jedoch gelingt ein Antikörpernachweis häufig nicht. Die paraneoplastische Form spricht im Gegensatz zu der idiopathischen Form schlecht auf Diazepam an. Gelegentlich ist eine Besserung unter Kortikosteroiden oder Plasmapherese beschrieben (Alarcon et al. 2005).

Andere extrapyramidale Syndrome: Chorea, Parkinsonismus, Dystonie

Charakteristisch für die paraneoplastische Chorea sind asymmetrisch auftretende oder fokale choreatische Bewegungen, zu denen im weiteren Verlauf Dystonien hinzukommen können. Assoziierter Tumor ist meist ein kleinzelliges Bronchialkarzinom, seltener Non-Hodgkin-Lymphome oder Nierenzellkarzinome. Serologisch ist bei diesen Patienten häufig anti-CRMP (collapsin response mediator protein) nachweisbar. Im kranialen MRT kann eine T2-Hyperintensität im Bereich von Putamen und Nucleus caudatus zur Darstellung kommen (Alarcon et al. 2005). Die paraneoplastische Ätiologie einer parkinsonoiden Symptomatik ist in Einzelfällen beschrieben, ist jedoch extrem selten. Häufiger kommt es jedoch im Rahmen einer limbischen Enzephalitis zu parkinsonähnlichen oder dystonen Symptomen, diese sind dann jedoch nur selten einziges klinisches Zeichen (Alarcon et al. 2005, Dalmau et al. 2004).

31.3.6 Motoneuronerkrankungen (MND)

Verschiedene Formen von MND können paraneoplastischer Ätiologie sein, auch die klassische Form der ALS. Patienten mit einer klassischen ALS profitieren meist nicht von der Behandlung des assoziierten Tumors beispielsweise von Mamma, Lunge, Blase, Leber, Niere oder CUP (cancer of unknown primary). Bei Erkrankungen des zweiten Motoneurons oder einer über eine klassische MND hinausgehenden neurologischen Symptomatik hatte die Behandlung des Tumors häufig einen positiven Effekt auf die Krankheitsprogression. Bei einer klinisch typischen ALS/MND ohne Hinweise für eine über die Motoneurone hinausgehenden neurologischen Schädigung ist es daher nicht angezeigt, nach einem Tumor zu suchen, sofern sich dafür klinisch oder anamnestisch kein Hinweis ergibt. Der Nachweis anti-neuronaler Ak bei MND gelingt selten und ist dann meist gegen Hu, in Einzelfällen gegen Yo gerichtet, und häufig mit einem Bronchialkarzinom assoziiert.
In etwa 2–5 % der Fälle ist eine MND/ALS mit einer lymphoproliferativen Erkrankung wie Hodgkin- und Non-Hodgkin-Lymphomen, multiplem Myelom, M. Waldenström oder chronisch lymphatischer Leukämie assoziiert. Eine Therapie der hämatologischen Erkrankung konnte nur bei einem kleinen Teil der Patienten eine Besserung oder Stabilisierung der neurologischen Symptome erreichen. Bei etwa 5–9 % aller MND-Patienten ist eine Assoziation mit einer monoklonalen Gammopathie unklarer Signifikanz (MGUS) beschrieben. Diese Erkrankung ist für sich genommen nicht behandlungsbedürftig und sollte auch bei ALS/MND-Patienten nicht therapiert werden, da ein Effekt auf die neurologische Erkrankung fraglich ist und die zu erwartenden Komplikationen den potentiellen Nutzen einer solchen Therapie übersteigen (Nobile-Orazio et al. 2001).

31.4 Diagnose

Paraneoplastische neurologische Erkrankungen müssen bei vielen Symptomen in die differentialdiagnostischen Überlegungen miteinbezogen werden. Bis auf den Nachweis onkoneuronaler Antikörper gibt es jedoch keine beweisende diagnostische Konstellation. Daher ist nicht zuletzt der Ausschluss relevanter Differentialdiagnosen (s. u.) entscheidend.

31.4.1 Antikörperdiagnostik

Als entscheidender diagnostischer Parameter dienen antineuronale Antikörper in Serum und Liquor, die bei etwa 50–60 % aller Patienten mit einem paraneoplastischen Syndrom detektiert werden können. Das Fehlen dieser Antikörper schließt daher ein paraneoplastisches Syndrom in keinem Fall aus. Aufgrund einer Spezifität von nahezu 100 % beweist jedoch ihr Nachweis die paraneoplastische Ätiologie einer neurologischen Symptomatik. Die Antikörper-Reaktivitäten sind somit ein wichtiger Indikator für einen oftmals noch okkulten Tumor und reduzieren meist aufgrund ihrer zum Teil hochspezifischen Assoziation mit bestimmten Tumortypen die Suche nach einem okkulten Neoplasma auf wenige Organe.

31.4.2 MRT

Das kraniale MRT ist ein wesentlicher diagnostischer Parameter, da damit relevante Differentialdiagnosen ausgeschlossen werden können. Zudem kann das MRT auch im Rahmen paraneoplastischer Erkrankungen pathologisch zur Darstellung kommen mit beispielsweise einer T2-Hyperintensität mit Kontrastmittelaufnahme im Temporallappen bei einer Ma-assoziierten Enzephalitis oder einer Kleinhirnatrophie im Spätstadium einer PKD. Ein normales MRT schließt jedoch eine paraneoplastische Erkrankung keineswegs aus.

31.4.3 Liquordiagnostik

Der Liquor erscheint bei paraneoplastischen Erkrankungen häufig chronisch entzündlich verändert mit leichter Pleozytose, Proteinerhöhung sowie teilweise oligoklonalen Banden.

31.4.4 Elektrophysiologie

Die elektrophysiologische Diagnostik ist insbesondere bei einer **Neuropathie** indiziert. Dabei ist die klassische sensible Neuropathie insbesondere mit axonalem Schaden assoziiert, jedoch sind auch demyelinisierende Störungen möglich. Das sensible Nervenaktionspotential ist deutlich amplitudenreduziert oder fehlt, bei normaler oder nur leicht verzögerter sensibler Nervenleitgeschwindigkeit, ein Befund, der zu der zugrunde liegenden Störung der Hinterwurzelganglien passt. Dabei konnte gezeigt werden, dass in den meisten Fällen auch bei klinisch rein sensibler Neuropathie elektrophysiologisch ebenso eine motorische Beteiligung in Form einer Reduktion der motorischen Nervenleitgeschwindigkeit, teilweise auch mit reduzierter Amplitude nachgewiesen werden konnte (Camdessanche et al. 2002, Kuntzer et al. 2004). Das EEG ist häufig bei der limbischen Enzephalitis **verlangsamt und** zeigt Slow-/sharp-wave Aktivität.

31.4.5 Tumorsuche/FDG-PET

Bei begründetem Verdacht auf eine paraneoplastische Erkrankung sollte intensiv nach einem Tumor gefahndet werden. Kann dieser mit konventionellen Screeningmethoden nicht rasch gefunden werden, ist das Ganzkörper FDG-PET (FDG = Fluor-Deoxyglukose) Methode der Wahl zur Detektion eines okkulten Neoplasmas. Bei hinreichendem Verdacht auf eine paraneoplastische Ätiologie sollte diese Untersuchung engmaschig wiederholt werden. Findet sich ein Tumor, der mit der nachzuweisenden Antikörperreaktivität bislang nicht assoziiert war, muss die Möglichkeit eines Zweittumors erwogen werden (Linke et al. 2004, Younes-Mhenni et al. 2004).

31.5 Neue Diagnosekriterien

Zur Diagnosestellung eines möglichen bzw. gesicherten paraneoplastischen neurologischen Syndroms (PNS) gelten die aktuellen internationalen Richtlinien (Graus et al. 2004):

Gesichertes PNS:

1. Ätiologisch anderweitig nicht erklärbare neurologische Symptomatik **und** Detektion spezifischer anti-neuronaler Antikörper.
2. Typisches paraneoplastisches neurologisches Syndrom innerhalb von fünf Jahren vor/nach Entdeckung eines Tumors **ohne** anti-neuronale Antikörper
3. Neurologisches Syndrom unklarer Ätiologie **und** Besserung unter rein onkologischer Therapie **ohne** anti-neuronale Antikörper.

Mögliches PNS:

1. Ätiologisch unklares neurologisches Syndrom **ohne** anti-neuronale Antikörper **und** Tumormanifestation innerhalb von zwei Jahren vor/nach Auftreten der neurologischen Symptome **und** fehlende neurologische Besserung unter isolierter Tumortherapie.
2. Typisches paraneoplastisches neurologisches Syndrom **ohne** anti-neuronale Antikörper **ohne** Tumornachweis, jedoch weniger als fünf Jahre Latenz seit Manifestation der neurologischen Symptomatik.

31.6 Differentialdiagnosen

Die **Tab. 31.1** gibt einen Überblick über die Differentialdiagnosen paraneoplastischer Syndrome.

31.7 Therapie

Die therapeutischen Optionen für die paraneoplastischen Erkrankungen des ZNS sind weit weniger gut als für die der neuromuskulären Endplatten. Sie bestehen im wesentlichen aus drei Säulen: effektive onkologische Therapie, symptomatische Therapie und gegebenenfalls Immunsuppression.

31.7.1 Tumortherapie

Der wichtigste Bestandteil bei der Therapie paraneoplastischer neurologischer Syndrome ist die rasche Detektion und suffiziente Behandlung des zugrunde liegenden Tumors. In einigen Fällen sind durch die onkologische Therapie die Symptome deutlich regredient. Jedoch bessert sich bei einer Vielzahl der Patienten die neurologische Symptomatik trotz suffizienter Tumorbehandlung und Immunsuppression nicht wesentlich. Dies liegt vermutlich an der bereits bei Diagnosestellung irreversiblen Schädigung der Neurone.

31.7.2 Immunsuppression

Eine Immuntherapie kann nur bei einigen wenigen paraneoplastischen Syndromen die Erkrankung günstig beeinflussen. Dazu gehören sensomotorische Neuropathie, Lambert-Eaton Myasthenie Syndrom, Myasthenia gravis, Myositis, Neuromyotonie oder Stiff-person-Syndrom. Die übrigen paraneoplastischen Syndrome profitieren meist nicht, in Einzelfällen ist jedoch insbesondere bei der paraneoplastischen limbischen Enzephalitis und der paraneoplastischen Neuropathie eine Besserung möglich. Prinzipiell sollte eine Therapie zum frühestmöglichen Zeitpunkt angestrebt werden, da dies die Erfolgsaus-

Tab. 31.1 Differentialdiagnosen paraneoplastischer Syndrome

Paraneoplastisches Syndrom	Differentialdiagnosen
Limbische Enzephalitis	infektiöse Enzephalitis (v. a. HSV), Hirntumor; Demenz
Rhombenzephalitis	infektiöse Enzephalitis, basale Meningitis; Miller-Fisher-Syndrom; Myasthenia gravis, Hirntumor
Opsoklonus-/Myoklonus-Syndrom	**Opsoklonus:** viral, medikamentös **Myoklonien:** physiologisch, hereditär, sporadisch, Epilepsie-Syndrome, Enzephalopathien, degenerative Erkrankungen, CJD
Myelitis	infektiös; parainfektiös; MS
Subakute Kleinhirndegeneration	genetisch; infektiös (Epstein-Barr-Virus),
Retinopathie	vaskulär; Neuritis N. optici
Sensible Neuropathie	Bandscheibenvorfall, Vitamin B12-Mangel, GBS, CIDP, Amyloidose, hereditär, Vaskulitis
Autonome Polyneuropathie	GBS, Vaskulitis, hereditär, Amyloidose, M. Fabry
Sensomotorische Polyneuropathie	GBS; CIDP; MGUS; Anti-MAG-Neuropathie; Medikamenten-induziert; Diabetes; Alkohol; Vaskulitis, toxisch, Amyloidose
Motoneuronerkrankungen	Multifokale motorische Neuropathie; ALS
Stiff-person-Syndrom	Myotonie
Lambert-Eaton Myasthenie Syndrom	Myasthenia gravis
Myasthenia gravis	Autoimmun; Medikamenten-induziert, LES
Polymyositis/Dermatomyositis	Myopathie, z. B. durch Steroide

ALS = Amyotrophe Lateralsklerose; CIDP = chronisch inflammatorisch demyelinisierende Polyneuropathie; GBS = Guillain-Barré-Syndrom; LES = Lambert-Eaton-Syndrom; MAG = Myelin assoziiertes Glykoprotein; MGUS = monoklonale Gammopathie unklarer Signifikanz; CJD = Creutzfeldt-Jakob-Erkrankung

sichten der Therapie erhöht, jedoch ist teilweise auch bei frühzeitiger Behandlung ein schweres neurologisches Defizit zu erwarten. Eine Tumorprogression unter Immuntherapie wurde entgegen der Befürchtungen bei der Mehrzahl der Patienten nicht beobachtet, jedoch fehlen ausreichende Daten, so dass eine Immuntherapie mit Vorsicht eingesetzt werden muss. Dies gilt insbesondere im Alter, da potentielle Nebenwirkungen dieser Therapie durchaus schwerwiegender als die Erkrankung ausfallen können.

Aufgrund des nur fraglichen Erfolgs und des Mangels an guten evidenzbasierten Daten erfolgt in der Regel ein Zyklus einer Steroidtherapie (5-mal 500–1000 mg Methylprednisolon i.v.). Bei ausbleibendem Erfolg nach einer Woche kann ein Zyklus mit i.v.-Immunglobulin (0,4 g/kg Körpergewicht/d über 5 Tage) angeschlossen werden. Bei weiterhin fehlender Stabilisierung nach weiteren 1–2 Wochen kann im Einzelfall eine Plasmapherese oder eine Behandlung mit Cyclophosphamid erwogen werden, wobei hier die Indikation insbesondere beim älteren Patienten sehr streng unter Beachtung von Allgemeinzustand und Komorbidität gestellt werden sollte.

31.7.3 Symptomatische Therapie

Die Tab. 31.2 gibt einen Überblick über die Therapieoptionen bei den verschiedenen paraneoplastischen Symptomen.

Tab. 31.2 Symptomatische Therapieoptionen

Symptom	Medikament
Opsoklonus	Clonazepam (3-mal 0,5–2 mg/Tag)
	Propranolol (3-mal 40–80 mg/Tag)
Myoklonus	Trihexyphenidyl (3-mal 1 mg bis 35 mg/Tag)
	Benzatropin (3-mal 1–3 mg/Tag)
	Valproinsäure (2-mal 300 bis 3-mal 1 200 mg/Tag)
Sensible Neuropathie	Carbamazepin (1-mal 200–800 mg/Tag)
	Amitriptylin (bis 75 mg/Tag)
Limbische Enzephalitis	Antiepileptika
	Antidepressiva
Stiff-person-Syndrom	Diazepam (20–100 mg/Tag)

31.8 Alterstypische medikamentöse Interaktionen

Die onkologische Therapie sollte angepasst an den Allgemeinzustand und die Komorbidität des Patienten durchgeführt werden. Bei der Immuntherapie sollte die Indikation für eine invasive Therapie wie die Plasmapherese oder eine immunsuppressive Therapie mit Cyclophosphamid sehr zurückhaltend gestellt werden. Bei hochdosierter Kortisontherapie ist auf eine Entgleisung der Blutzuckerwerte insbesondere bei Patienten mit Diabetes Rücksicht zu nehmen, zudem können Schlafstörungen und Psychosen induziert werden. Bei zusätzlichen Risikofaktoren sollte der erhöhten Thromboseneigung mit einem niedermolekularen Heparin entgegengewirkt werden.

31.9 Prognose

Aufgrund der offensichtlich effektiven Immunreaktion, die sowohl gegen den Tumor wie auch gegen neuronale Strukturen gerichtet ist, haben Tumorpatienten mit paraneoplastischem neurologischem Syndrom eine verlängerte Überlebenszeit im Vergleich zu Patienten ohne Autoantikörper. Insgesamt bleiben die assoziierten Tumore eher meist sogar mikroskopisch klein, wachsen weniger invasiv und metastasieren vergleichsweise selten. Trotz der zum Teil deutlich verbesserten Tumorprognose resultiert aus der gegen das Nervensystem gerichteten Immunreaktion ein beeinträchtigendes neurologisches Krankheitsbild, das die Lebenserwartung der betroffenen Patienten deutlich einschränkt. Durch die sehr eingeschränkte Therapierbarkeit ist die Prognose häufig schlecht.

Literatur

Alarcon F, Gimenez-Roldan S (2005) Systemic diseases that cause movement disorders. Parkinsonism Relat Disord 11(1):1–18

Bataller L, Rosenfeld MR, Graus F, Vilchez JJ, Cheung NK, Dalmau J (2003) Autoantigen diversity in the opsoclonus-myoclonus syndrome. Ann Neurol 53(3):347–353

Camdessanche JP, Antoine JC, Honnorat J, Vial C, Petiot P, Convers P, Michel D (2002) Paraneoplastic peripheral neuropathy associated with anti-Hu antibodies. A clinical and electrophysiological study of 20 patients. Brain 125(Pt 1):166–175

Dalmau J, Graus F, Villarejo A, Posner JB, Blumenthal D, Thiessen B, Saiz A, Meneses P, Rosenfeld

MR (2004) Clinical analysis of anti-Ma2-associated encephalitis. Brain 27(Pt 8):1831–1844

Graus F, Delattre JY, Antoine JC, Dalmau J, Giometto B, Grisold W, Honnorat J, Smitt PS, Vedeler Ch, Verschuuren JJ, Vincent A, Voltz R (2004) Recommended diagnostic criteria for paraneoplastic neurological syndromes. J Neurol Neurosur Ps 75(8):1135–1140

Kuntzer T, Antoine JC, Steck AJ (2004) Clinical features and pathophysiological basis of sensory neuronopathies (ganglionopathies). Muscle Nerve 30(3):255–268

Linke R, Schroeder M, Helmberger T, Voltz R (2004) Antibody-positive paraneoplastic neurologic syndromes: value of CT and PET for tumor diagnosis. Neurology 63(2):282–286

Nobile-Orazio E, Carpo M, Meucci N (2001) Are there immunologically treatable motor neuron diseases? Amyotroph Lateral Scler Other Motor Neuron Disord 2 (Suppl 1):S23-30. Review

Voltz R (2002) Paraneoplastic neurological syndromes: an update on diagnosis, pathogenesis, and therapy. Lancet Neurol 1(5):294–305

Younes-Mhenni S, Janier MF, Cinotti L, Antoine JC, Tronc F, Cottin V, Ternamian PJ, Trouillas P, Honnorat J (2004) FDG-PET improves tumour detection in patients with paraneoplastic neurological syndromes. Brain 127(Pt 10):2331–2338

32a Kardiogene Synkopen

Rudolf Sack

Einleitung

Die **Definition der Synkope** als transienter, plötzlich auftretender, meist kurzer Bewusstseinsverlust mit spontaner Erholung, wobei ursächlich eine zerebrale Hypoperfusion vorliegt, beinhaltet schon die differentialdiagnostischen Schwierigkeiten. Zum einen müssen Synkopen von anderen Zuständen mit transienten tatsächlichen bzw. vermeintlichen Bewusstseinsverlusten abgegrenzt werden (s. Kap. 11, 14 u. 35). Andererseits müssen synkopale Ereignisse fast immer retrospektiv ätiologisch aufgearbeitet werden, da eine direkte ärztliche Beobachtung mit entsprechenden Parametern wie z. B. Blutdruck, Puls oder EKG extrem selten vorhanden ist. Hinzu kommt, dass jede pathologisch bewertete Synkopendiagnostik nur mit einer gewissen Wahrscheinlichkeit Aussagen über die tatsächlich stattgehabte Synkope machen kann. Außerdem können bei Patienten mehrere Ursachen infrage kommen. So muss z. B. bei fortgeschrittener Herzinsuffizienz mit bedeutsamen Bradykardien auch an ventrikuläre Tachykardien als Synkopenursache gedacht werden. Bei der Darstellung von Vorgehensweisen und Methoden zur ätiologischen Abklärung von Synkopen als auch deren Therapieoptionen müssen diese prinzipiellen Schwierigkeiten berücksichtigt werden.

32.1 Definition und Epidemiologie

Unter kardiogenen Synkopen versteht man **Bewusstseinsstörungen**, die primär auf eine kardiale Ursache zurückzuführen sind. Hierbei kommen Arrhythmien und strukturelle kardiale bzw. kardiopulmonale Erkrankungen infrage. In der **Differenzierung der Synkopenursachen** zeigt **Tab. 32.1** die entsprechenden mittleren Häufigkeiten nach diagnostischer Abklärung (Kapoor 2000, Brignole et al. 2004). Beim älteren Patienten findet man eine Verschiebung zu arrhythmogen und orthostatisch bedingten Synkopen sowie zum Karotissinussyndrom. Dies hängt sowohl mit altersbedingten strukturellen Veränderungen wie Abschwächung autonomer Reflexe mit entsprechender chronotroper Inkompetenz, Zunahme des Sick-Sinus-Syndroms als auch mit häufig bestehendem Volumenmangel durch z. B. abgeschwächtes Durstgefühl oder diuretischer Therapie zusammen.
Zu beachten ist bei dieser Einteilung, dass z. B. bradykardie- oder asystoliebedingte Synkopen im Rahmen pathologischer **Baroreflexe** (vasovagal, hypersensitiver Karotissinus) den neurokardiogenen und nicht den eigentlichen kardiogenen Synkopen zuzuordnen sind.
Die **Inzidenz der Synkopen** ist nach der Framingham Heart Study (Soteriades et al. 2002) altersabhängig, geschlechtsneutral, nimmt ab dem 70. Lebensjahr deutlich zu und zeigt jenseits des 75. Lebensjahres eine jährliche Inzidenz um 6 % mit einer Rezi-

divhäufigkeit um 30 %. Der Anteil sog. ungeklärter Synkopen hängt entscheidend davon ab, wie aufwendig man die Diagnostik gestaltet. Eine aufwendige Diagnostik ist z. B. bei arrhythmogenen Synkopen mit meist hoher Rezidivrate und schlechter Prognose notwendig, insbesondere da effektive Therapien (u. a. antibradykarde Schrittmacher-Systeme, implantierbare Defibrillatoren, Ablationen) zur Verfügung stehen.

Tab. 32.1 Einteilung und mittlere Häufigkeiten von Synkopen

Art der Synkope	mittlere Häufigkeit (%)
neurogen-reflektorisch (neurokardiogen)	24
• vasovagal	
• Karotissinussyndrom	
• situationsbedingt (z. B. Miktion, Defäkation, Husten, Schmerz)	
orthostatisch	8
kardiogen	18
primäre Arrhythmien	
strukturelle kardiopulmonale Erkrankungen	
synkopenähnliche Ereignisse (neurologische **und** psychiatrische Ursachen)	12
ungeklärte Synkopen	34

32.2 Einteilung der kardiogenen Synkopen

Üblicherweise erfolgt eine Einteilung nach primären kardialen Arrhythmien und kardialen bzw. kardiopulmonalen strukturellen Erkrankungen (**s. Tab. 32.2**). Bei den **Arrhythmien** kann man zunächst zwischen bradykarden und tachykarden Herzrhythmusstörungen unterscheiden. Bradykardien oder passagere Asystolien findet man bei 3–10 % der Patienten mit Synkopen. Neben Reizbildungsstörungen im Sinusknoten oder Reizleitungsstörungen vom Sinusknoten auf die Vorhöfe (sinuatrialer Block) kommen ursächlich verschiedene Formen der AV-Blockierungen infrage. Die Bezeichnung kranker Sinusknoten bezieht sich auf eine häufig anzutreffende Kombination von Sinusbradykardien, Sinusstillständen, inadäquatem Frequenzanstieg unter Belastung und Neigung zu Vorhoftachykardien und -bradykardien bei Vorhofflimmerepisoden. Auch beim Umspringen von einer Tachyarrhythmie bei Vorhofflimmern in einen Sinusrhythmus kann es zu kritisch langen Pausen mit Synkope durch eine lange Sinusknotenerholungszeit kommen. Die verschiedenen supraventrikulären Tachykardien bzw. Tachyarrhythmien können v. a. beim plötzlichen Auftreten zu einer bedeutsamen Reduzierung der Herzauswurfleistung mit Synkopenfolge führen. Dies findet sich besonders bei Patienten mit schlechter systolischer linksventrikulärer Funktion, Volumenmangel oder auch diastolischer linksventrikulärer Funktionsstörung. Das erstmalige Auftreten von paroxysmalen, hochfrequenten Tachykardien im Rahmen eines WPW-Syndroms ist beim älteren Patienten selten.

Ventrikuläre Tachykardien (VT) sind unabhängig vom Alter des Patienten als prognostisch sehr bedeutsam einzuschätzen durch eine hohe Rezidivrate und die Gefahr des plötzlichen Herztodes durch Degeneration in Kammerflimmern. Hinzu kommt, dass bei Patienten mit VT häufig eine fortgeschrittene Herzerkrankung mit deutlich eingeschränkter linksventrikulärer Funktion und per se schon schlechter Prognose vorliegt.

Im Alter gewinnen **medikamenteninduzierte Herzrhythmusstörungen** mit Synkopen eine zunehmende Bedeutung. Hier spielt die Multimorbidität älterer Patienten mit entsprechender Ausdehnung medikamen-

Tab. 32.2 Ursache kardiogener Synkopen mit führenden Befunden und Therapieoptionen

Synkopenursache	Führende Befunde	Therapieoptionen
kardiale Arrhythmien		
Sinusknotensyndrom	Sinusbradykardie, sinuatrialer Block, Vorhofflimmern mit Tachykardie-/Bradykardie-syndrom	antibradykarder Herzschrittmacher
atrioventrikulärer Block	verschiedene Formen der AV-Blockierung (v. a. AV-Block II Typ 2 und AV-Block III), evtl. ventrikulärer Ersatzrhythmus	antibradykarder Herzschrittmacher
paroxysmale supraventrikuläre Tachykardien	AV-Knoten-Reentry-Tachykardien, paroxysmale Vorhoftachykardien, Vorhofflattern/-flimmern	med. Therapie (Ablation)
WPW-Syndrom	Reentry-Tachykardien mit schmalen oder seltener breiten Kammerkomplexen, Delta-Welle	Ablation des parafaszikulären Bündels
ventrikuläre Tachykardien	meist bei struktureller Herzerkrankung (KHK, Kardiomyopathie)	ICD (Ablation)
Herzschrittmacher-dysfunktion ICD-Dysfunktion	Sensing-/Pacingdefekte, Pacemaker-Tachykardien, Fehlfunktionen ICD	Umprogrammierung, Medikamentenumstellung, Systemrevision
medikamenteninduzierte Proarrhythmien	Digitalisüberdosierung, QT-Zeit verlängernde Medikamente mit ventr. Tachykardien (Torsades de Pointes), Kaliummangel z. B. durch **Diuretika** und **Laxantien**	Verzicht auf ursächliche Medikamente
Strukturelle kardiale bzw. kardiopulmonale Erkrankungen		
Herzklappenstenosen Aorten-/Mitralklappe	Belastungsdyspnoe, Systolikum bei AS, Diastolikum bei MS	operativer Herzklappenersatz
akuter Myokardinfarkt/Ischämie	Angina pectoris	revaskularisierende Maßnahmen
obstruktive Kardiomyopathie	Belastungsdyspnoe, Systolikum	Septumablation, Myektomie
atriales Myxom	Systolikum bei begleitender MI	operative Myxomentfernung
akute Aortendissektion	reißender Thoraxschmerz, Pulsdefizite, neurolog. Ausfälle	operative Sanierung, Stentgraft
Perikardtamponade	Einflussstauung, Dyspnoe	Perikarddrainage
Lungenembolie	akute Dyspnoe, Einflussstauung	Lysetherapie im Stadium III/IV

Abkürzungen: ICD = Implantierbarer Cardioverter Defibrillator; MS = Mitralklappenstenose; AS = Aortenklappenstenose ; MI = Mitralklappeninsuffizienz ; KHK = koronare Herzerkrankung; WPW = Wolff-Parkinson-White-Syndrom

töser Therapien sowie schlechterer Verträglichkeit und Fehleinnahmen eine Rolle. Neben bradykardisierenden Medikamenten wie Digitalis oder Beta-Blockern und Antiarrhythmika mit bekannter proarrhythmischer Potenz wie z. B. Chinidin oder Sotalol muss auch an Medikamente mit nichtkardialer Indikation als Ursache gravierender Herzrhythmusstörungen gedacht werden. Dies betrifft v. a. Medikamente, die zu einer bedeutsamen QT-Verlängerung führen können mit Entwicklung von ventrikulären Tachykardien (Torsade de pointes) wie Antidepressiva und Neuroleptika. Eine Zusammenstellung der in Frage kommenden Medikamente findet sich bei Haverkamp et al. (2002). Auch vom Phenytoin ist eine proarrhythmische Wirkung mit seltenen AV-Blockierungen und ventrikulären Tachykardien bei vorbestehender Herzschädigung bekannt. Bei den in **Tab. 32.2** aufgelisteten strukturellen Erkrankungen als Synkopenursache dominieren Obstruktionen. Als klassische Ursache für Synkopen im Alter ist hier die **Aortenklappenstenose** im Zusammenhang mit körperlicher Belastung bzw. Herzrhythmusstörungen zu nennen. So kann z. B. eine Sinustachykardie unter Belastung oder eine mäßige Tachyarrhythmie bei Vorhofflimmern, die üblicherweise toleriert wird, bei Patienten mit bedeutsamer Aortenklappenstenose zu einer Synkope führen. Ähnliches gilt für die **Mitralklappenstenose** und die **hypertrophische obstruktive Kardiomyopathie.** Bei der **Lungenembolie** kann die Verlegung einer Lungenarterie zu einem plötzlichen Abfall der Herzauswurfleistung meist kombiniert mit pathologischen Reflexen und konsekutiver Synkope führen. Letzteres gilt auch für das **Cor pulmonale** unter Körperbelastung.

Auch wenn das **Karotissinussyndrom** (KSS) nicht zu den kardiogenen Synkopen zählt, soll es hier erwähnt werden, da die Schrittmacherimplantation eine wesentliche Therapieoption darstellt. Beim KSS kommt es durch Reizung des Karotissinus z. B. durch Kopfdrehungen zu asystoliebedingten Synkopen. Die Häufigkeit des spontan ausgelösten KSS als Synkopenursache liegt bei ca. 1 % (Benditt 2003). Das durch Karotismassage induzierte KSS ist allerdings viel höher (bis 60 %), nimmt mit dem Alter deutlich zu und betrifft v. a. Männer.

32.3 Diagnostik

In **Tab. 32.3** ist die Basisdiagnostik zur Synkopenabklärung dargestellt.

Mittels der obligaten **Basisdiagnostik (s. Tab. 32.3)** gelingt es bei ca 45 % (Kapoor 2000) der Patienten mit einer gewissen Wahrscheinlichkeit eine ätiologische Zuordnung (**s. Tab. 32.1**) zu erreichen, die dann durch Zusatzuntersuchungen evtl. erhärtet werden muss. Der weitere diagnostische Aufwand hängt entscheidend von der prognostischen Bedeutung ab. Generell sind kardiogene Synkopen prognostisch ernster zu werten als Synkopen anderer Ursache. Dies gilt insbesondere bei Patienten mit bekannter bzw. nachgewiesener struktureller Herzerkrankung (**s. Tab. 32.2**). Als prognostisch besonders ungünstig sind ventrikuläre Tachyarrhythmien wegen der Gefahr des plötzlichen Herztodes einzustufen. Aus diesem Grunde ist bei Verdacht auf eine kardiogene Synkope eine erweiterte Diagnostik erforderlich, insbesondere wenn eine kardiale Grunderkrankung besteht.

Durch u. g. **erweiterte Diagnostik** kann der Anteil ungeklärter Synkopen deutlich auf 15–20 % (**vgl. Tab. 32.1**) reduziert werden (Krahn 1999, Garcia-Civera 2003). Die **transthorakale Echokardiographie** liefert wertvolle Informationen über strukturelle Herzerkrankungen insbesondere bei hochgradiger Aortenklappenstenose, dem Vorhofmyxom sowie der linksventrikulären Pumpfunktion als wichtiger prognostischer Marker auch unabhängig von Synkopen. Entsprechend ist die Echokardiographie bei kardiogenem Synkopenverdacht großzügig einzusetzen. Die **Ergometrie** weist auf koronare Ischämien als Trigger für relevante Herzrhythmusstörungen hin. Das **Langzeit-EKG** wird in seinen Möglichkeiten zur Synkopeabklärung v. a. bei seltenen Ereignissen meist überschätzt, kann aber im Einzelfall diagnostisch wertvoll sein, wenn eine

Tab. 32.3 Basisdiagnostik zur Synkopenabklärung

Art der Untersuchung	Fragestellung
gründliche Anamnese (einschließlich Fremdanamnese: Augenzeugen der Synkope)	Unter welchen Umständen? (Körperposition, Miktion, Defäkation, Belastung, langes Stehen, Schmerz, usw.)
	Beginn und Ende der Episode? (Aura, Übelkeit, Palpitationen, Schwitzen, Angina pektoris, Dyspnoe)
	Augenzeugen? (Hautfarbe, **Pulslosigkeit**, Dauer, Krämpfe)
	Vorerkrankungen, Medikamente
	Familienanamnese? (plötzlicher Herztod)
körperliche Untersuchung	Verletzung durch Sturz, Zungenbiss, Inkontinenz
	kardiovaskulär (Stauungszeichen, Auskultation Herztöne/-geräusche, Herzrhythmus, Blutdruck an beiden Armen (Subclavian-Steal-Syndrom))
	neurologische Ausfälle
Blutdruck im Liegen und Stehen	
Röntgen-Thorax	Herzgröße, Stauung, Lungenerkrankungen
EKG	Rhythmusanalyse, Herzfrequenz (< 40/min)
	Schenkelblock (bifaszikulär, alternierender Links- und Rechtsschenkelblock), AV-Block (2. und 3.Grades)

zeitliche Korrelation zwischen Synkope und Herzrhythmusstörung nachgewiesen wird. Entsprechend kann man eine Synkope ohne zeitliche Korrelation zu einer bedeutsamen Herzrhythmusstörung nicht als arrhythmogen werten. Die **Karotissinusmassage** sollte bei Verdacht auf ein KSS im Liegen und Stehen durchgeführt werden. Pausen größer als 3 s werden als pathologisch gewertet (kardioinhibitorischer Typ). Daneben kann es auch zu einem reinen Blutdruckabfall kommen (vasodepressorischer Typ) bzw. zu Kombinationen. Zu berücksichtigen ist hierbei, dass unabhängig von Synkopen die Karotissinusmassage v. a. beim älteren Patienten in hohem Prozentsatz zu pathologischen Ergebnissen führt. Als KSS ist nur ein pathologischer Test mit Symptomatik zu werten. Die **invasive elektrophysiologische Untersuchung** (EPU), bei der durch festgelegte Stimulationsprotokolle im Vorhof bzw. Ventrikel Leitungsstörungen bzw. Tachykardien ausgelöst werden, ist speziellen Situation vorbehalten, z. B. bei anamnestisch dringendem Verdacht auf arrhythmogene Synkope und reduzierter linksventrikulärer Funktion. Der **Eventrekorder** stellt im Einzelfall eine interessante Bereicherung in der Synkopendiagnostik dar; entweder als ständig getragenes kleines Aufnahmegerät mit thorakalen Klebeelektroden oder als subkutan implantierbares Gerät mit EKG-Aufzeichnungen über viele Monate. So konnte mit dem Eventrecorder bei 42 % von zuvor gründlich untersuchten Patienten mit ungeklärter Synkope doch eine rhythmogene Ursache gefunden werden, wobei Bradykardien eindeutig dominierten (Krahn et al. 1999).

Zusammenfassend kann durch intensive, teils aufwendige Diagnostik ein höherer Prozentsatz der Synkopenklärung erreicht werden. Hierbei sollte die Prognose und therapeutische Konsequenz beim älteren Patienten bedacht werden, zumal die Prognose im Wesentlichen durch die fortgeschrittene Herzerkrankung allein und nicht durch die Synkope bestimmt wird.

32.4 Therapieoptionen

Vor dem Einsatz invasiver und operativer Verfahren (s. **Tab. 32.2**) ist beim älteren Patienten gründlich zu eruieren, ob ein entsprechend **korrigierbarer Volumenmangel** oder eine medikamenteninduzierte Synkope mit der Konsequenz einer **Medikamentenumstellung** vorliegt.

Mit den **antibradykarden Herzschrittmachersystemen** steht ein effektives Therapieprinzip bei nachgewiesenen Bradykardien bzw. Asystolien als Synkopenursache zur Verfügung. Diese Systeme sind relativ leicht und mit geringen Komplikationsraten zu implantieren, so dass auch das hohe Alter per se keine Kontraindikation sein kann. Bei nachgewiesenen, aber nicht eindeutig pathologisch relevanten Bradykardien bzw. Asystolien als mögliche Ursache einer Synkope wird man beim älteren Patienten mit sturzbedingter Verletzungsgefahr die Indikation zur Schrittmacherimplantation eher großzügig stellen, v. a. wenn sich keine Hinweise auf andere Synkopenursachen ergeben. Beim KSS vom kardioinhibitorischen Typ stellt die Implantation eines antibradykarden Schrittmachersystems neben der Vermeidung auslösender Kopfbewegungen die Therapie der Wahl dar. Bei der Systemwahl (Einkammer-, Zweikammer-Schrittmacher, aktivitätsgetriggert) gelten die entsprechenden Richtlinien der Fachgesellschaften (Lemke 2005) unter Berücksichtigung altersbedingter Besonderheiten.

Findet man eine bedeutsame Aortenklappenstenose als wesentliche Ursache einer Synkope, muss ein **operativer Aortenklappenersatz** diskutiert werden, der bis ins hohe Alter mit meist vertretbarem Risiko durchgeführt werden kann. Dabei steht weniger die Verhinderung eines Synkopenrezidivs als eine Verbesserung der schlechten Prognose einer symptomatischen Aortenklappenstenose im Vordergrund.

Ähnliches gilt für ventrikuläre Tachykardien als Synkopenursache, die wegen der Gefahr des plötzlichen Herztodes als prognostisch schwerwiegend einzustufen sind. Hier kann durch einen **implantierbaren Cardioverter/Defibrillator** (ICD) eine Prognoseverbesserung erreicht werden, weniger eine Synkopenverhinderung. Die Entscheidung zur ICD-Implantation im fortgeschrittenem Alter kann nur individuell gefällt werden, was im Einzelfall sicherlich eine schwierige Entscheidung darstellt.

Die **Ablation** mittels Kathetertechnik zur Unterbrechung kreisender Erregungen als Ursache bedeutsamer supraventrikulärer Tachykardien stellt heute ein Routineverfahren mit hoher Erfolgsrate dar. Auch hier gilt es, beim älteren Patienten eine sorgfältige Abwägung von Nutzen und Risiko durchzuführen. Bei ventrikulären Tachykardien ist diese Methode zugunsten der ICD-Implantation eher in den Hintergrund getreten.

Literatur

Benditt DG (2003) The basic autonomic assessment. In: Benditt DG (Hrsg) The Evaluation and Treatment of Syncope. Futura,

Brignole M et al. (2004) Guidelines on Management (Diagnosis and Treatment) of Syncope – Update 2004. Executive Summary Eur Heart J 25:2054–2072

Garcia-Civera RG (2003) Selective Use of Diagnostic Tests in Patients with Syncope of Unknown Cause. J Am Coll Cardiol 41:787–790

Haverkamp W et al. (2002) Medikamentenbedingte QT-Verlängerung und Torsade de pointes. Dt Ärztebl 99: A 1972–1979

Kapoor WN (2000) Syncope. N Engl J Med 343: 1856–1862

Krahn AD et al. (1999) Use of an Extended Monitoring Strategy in Patients with Problematic Syncope Circulation 99: 406–410

Lemke B et al. (2005) Leitlinien zur Herzschrittmachertherapie. Zeitschrift für Kardiologie, 94:489–509

Seidl K (2000) Diagnostic Assesment of Recurrent Unexplained Syncope with a New Subcutaneously implantable Loop Recorder. Europace 2:256–262

Solano A et al. (2004) Incidence, diagnostic Yield and Safety of the Implantable Loop-Recorder to Detect the Mechanism of Syncope in Patients with and without Structural Heart Disease. Eur Heart J 25:1116–1119

Soteriades ES (2002) Incidence and Prognosis of Syncope. N Engl J Med 347:878–885

32b Neurogene Synkopen

Peter Berlit und Rolf R. Diehl

Einleitung

Leitsymptom der Synkope ist der vorübergehende Bewusstseinsverlust, dem typischerweise ein präsynkopales Syndrom mit Schwarzwerden vor den Augen, ungerichtetem Schwindel, In-die-Ferne-Rücken der Umwelt vorausgeht. Beginn und Ende einer Synkope sind plötzlich, die Dauer liegt zwischen 5 und 60 s (selten länger als 1 min); nach dem Ereignis kommt es zu einer prompten Reorientierung, wobei ältere Menschen nach einer Synkope häufiger noch etwas länger verhangen und müde sind. In bis zu 90 % ist mit **myoklonischen Entäußerungen** zu rechnen, was die Differentialdiagnose zum epileptischen Anfall erschwert.

32.5 Häufigkeit

Synkopen können in jedem Alter auftreten, ihre Frequenz nimmt jedoch im höheren Lebensalter zu. Nach den Daten der Framingham-Studie ist altersunabhängig bei 3 % aller Männer bzw. bei 3,5 % aller Frauen über einen Zeitraum von 25 Jahren mit mindestens 1 Synkope zu rechnen. Das Durchschnittsalter bei der Erstmanifestation liegt bei 50 (Frauen) bzw. 52 Jahren (Männer) – in 5 Jahren ist mit mindestens 1 Rezidiv bei 40 % aller Betroffenen zu rechnen.
Synkopen ohne fassbare Ursache sind im Alter von über 75 Jahren fünfmal so häufig wie bei jüngeren Betroffenen. Die **jährliche Inzidenz von Synkopen in Alters- und Pflegeheimen** liegt bei 6 %; Rezidive sind in 30 % zu erwarten. Kardial bedingte Synkopen treten jenseits des 60. Lebensjahres mit 34 % doppelt so häufig auf wie bei jüngeren Patienten (17 %). Während die 1-Jahres-Mortalität im Alter bei nachgewiesener kardialer Genese der Synkope zwischen 18 und 45 % beträgt, liegt sie bei nachweislich nicht-kardialer Synkope bei etwa 12 %. Wenn keine fassbare Ursache vorliegt, ist mit einer 1-Jahres-Mortalität von bis zu 6 % zu rechnen. Dies bedeutet, dass gerade bei älteren Patienten eine gewissenhafte Abklärung unabdingbar ist. Wie die Statistiken von Notambulanzen zeigen, sind Synkopen bei älteren Patienten für 5 % aller Vorstellungen und 3 % aller Krankenhausaufnahmen verantwortlich.

32.6 Differentialdiagnosen

Es sind im Wesentlichen **drei pathogenetische Mechanismen**, die zur Synkope führen:

- der Stopp der zerebralen Durchblutung – häufig bei Herzerkrankungen –,
- ein Abfall des Blutdrucks,
- oder eine Reduktion der zerebralen Sauerstoffversorgung (z. B. Hypoxie bei COPD).

Gerade bei älteren Patienten muss in der Differentialdiagnose zur Synkope aber auch an metabolische Ursachen wie die Hypoglykämie gedacht werden. Sturzattacken ohne Bewusstseinsverlust sind im höheren Lebensalter häufig, wobei neurologische Erkrankungen wichtigste Ursache sind (s. Kap. 35).

Nach Ausschluss einer kardialen Ursache ist an reflektorische Synkopen, die orthostatische Hypotension und an vagovasale Synkopen zu denken. Gezielt sollte in der **Anamnese** nach Ess- und Trinkgewohnheiten (Exsikkose!) gefragt werden, nach einem möglichen Zusammenhang mit febrilen Infekten, der Körperposition und möglichen **Auslösemechanismen** (Miktion, Schrecksituation, Schlucken bzw. Husten). Sehr häufig spielen **Medikamente** ursächlich mit eine Rolle. Anamnestisch muss stets nach Benzodiazepinen, Thymoleptika, Neuroleptika, Analgetika, Antihistaminika, Antihypertensiva, Diuretika, Kardiaka, Dopaminergika, Nitraten und Psychostimulantien gefragt werden. Prädisponierend kann auch die Sarkopenie mit fehlender Muskelpumpe der Beinvenen sein.

Die **orthostatische Hypotension** ist definiert durch einen Blutdruckabfall um systolisch mehr als 20 mmHg bzw. diastolisch mehr als 10 mmHg nach einer Standzeit von weniger als 3 min. Typischerweise kommt es zunächst zu einem präsynkopalen Syndrom mit Benommenheit, Müdigkeit, Sehstörung, Herzrasen, Zittern, Kopf- und Nackenschmerzen – schließlich resultiert die kurze Bewusstlosigkeit. Gerade beim älteren Menschen spielen die Hydratation, der Zustand nach Nahrungsaufnahme, die Tageszeit, die Umgebungstemperatur sowie eine posturale Dekonditionierung bzw. der Einfluss von Medikamenten oft die entscheidende Rolle. Ein gehäuftes Auftreten im höheren Lebensalter findet sich bei Erkrankten mit Parkinson-Syndrom, Polyneuropathie und Diabetes mellitus.

Auch bei älteren Patienten muss in der Differentialdiagnose zu Synkopen bzw. Präsynkopen an **Panikattacken** gedacht werden. Auch ohne das Vorliegen eines depressiven Syndromes kann es zu Episoden von intensiver Angst kommen, wobei diese durch einen abrupten Beginn mit einem Maximum innerhalb weniger Minuten gekennzeichnet sind. Meist dauern die Attacken nur kurz und gehen mit Beklemmungsgefühl, Nausea, Palpitationen und Herzklopfen, Hitzegefühl, Gefühlsstörungen und Benommenheit einher. Zu einer eigentlichen Bewusstlosigkeit kommt es nicht, auch wenn der Patient dieses Empfinden hat. Entscheidend ist das Erfragen von Auslösesituationen und Provokationsfaktoren.

32.7 Diagnostik

Zur Basisevaluation bei Synkopen zählen neben Anamnese, Fremdanamnese und klinischer Untersuchung der Schellong-Test und das Langzeit-EKG. Diese muss ggf. um die erweiterte kardiologische Diagnostik, den Karotissinus-Druckversuch sowie eine autonome Testung ergänzt werden.

32.8 Autonome Testung

32.8.1 Erfassung relevanter Kreislaufparameter

Häufig liegt synkopalen Ereignissen eine Fehlfunktion der kardiovaskulären autonomen Regulation zugrunde. Durch gezielte autonome Funktionstests können solche Pathomechanismen aufgedeckt werden. Als **Mindeststandard** sollte ein autonomes Labor die kontinuierliche Aufzeichnung von Blutdruck und Herzfrequenz ermöglichen, was mit handelsüblichen Geräten durch nicht-invasive Messung des **Blutdrucks** am Mittelfinger oder am Handgelenk erfolgen kann. Errechnet werden die kontinuierliche Herzrate, das Schlagvolumen, das Herzminutenvolumen (HMV) und der totale periphere Widerstand (mittlerer Blutdruck dividiert durch HMV). Damit können durch eine einzige Messapparatur fast alle relevanten systemischen Kreislaufparameter nicht-invasiv aufgezeichnet werden. Die Messung dieser Parameter reicht in der Regel für die klinisch-autonome Diagnostik aus.

Bei der kardiovaskulären autonomen Testung geht es entweder um die **Stimulation** bestimmter Kreislaufreflexe durch die Applikation eines standardisierten Störreizes und/oder um die **Provokation** eines klinischen Ereignisses (in der Regel einer Synkope oder Präsynkope). Zu den Stimulationstests gehört das Valsalva-Manöver, das forcierte Atmen und das aktive Hinstellen; der wichtigste Provokationstest ist der Kipptischtest.

32.8.2 Kardiovagale Stimulation

Manöver, die zu einer kurzzeitigen Deaktivierung der Barorezeptoren, also der Druckrezeptoren im Karotissinus und Aortenbogen, führen, lösen eine innerhalb weniger Sekunden auftretende vagal vermittelte Pulsbeschleunigung aus. Bei standardisierter Durchführung dieser Manöver kann die Herzratenreaktion als quantitativer Parameter der kardiovagalen Funktion herangezogen werden.

Beim **Valsalva-Manöver** (VM) presst der Proband unter visueller Rückmeldung einer Manometeruhr mit einem exspiratorischen Druck von 40 mmHg für 15 s gegen einen Widerstand. Dabei wird nach 5–10 s ein deutlicher systemischer Blutdruckabfall induziert, der zu einer zunehmenden Tachykardie führt. Das dabei erreichte Herzratenmaximum dividiert durch das anschließende Minimum wird als **Valsalva-Ratio** bezeichnet, ein dimensionsloser Wert, der meistens zwischen 1 und 2 liegt. Bei gesunden Probanden ist dieses Maß (wie übrigens alle kardiovagalen Maße) streng altersabhängig mit Werten nahe bei 2 (Jugendliche), zwischen 1,2 und 1,7 (20- bis 60-Jährige) und zunehmend kleineren Werten jenseits des 70. Lebensjahres (vgl. **Tabelle 32.4**, die altersabhängige pathologische Grenzwerte zeigt). Nach dem 70. Lebensjahr kann eine klinisch sinnvolle pathologische Grenze nicht mehr gezogen werden.

Beim **forcierten Atmen** atmet der Proband metronomisch getaktet mehrfach über jeweils 5 s ein und über 5 s aus. Dabei kommt es zu einer vagal vermittelten ausgeprägten Herzratenvariation (respiratorische Sinusarrhythmie). Über 6 Atemperioden werden jeweils die Herzratenmaxima und -minima gemittelt. Die Differenz der beiden Mittelwerte ergibt die **HRDB** (von „heart rate variation to deep breathing"), gemessen in „beats per minute" (bpm), als Maß für die karidovagale Aktivierung. Bei jüngeren Probanden liegt die HRDB über 15 bpm, bis zum 60. Lebensjahr über 10 bpm. In der 8. Dekade können Werte kleiner als 7 bpm als pathologisch angesehen werden. Im höheren Lebensalter lässt sich kein sinnvoller pathologischer Bereich mehr abgrenzen (**s. Tab. 32.4**).

Beim raschen **aktiven Hinstellen** kommt es auch bei Normalprobanden zu einem kurzzeitigen systemischen Blutdruckabfall mit Normalisierung zumeist innerhalb von einer halben Minute. Innerhalb von 10–15 s stellt sich eine vagal vermittelte Tachykardie als primäre Kreislaufreaktion ein. Danach fällt die Herzrate wieder relativ ab und bleibt etwa 10–15 bpm über dem Niveau im Liegen erhöht. Diese Reaktion wird quantifiziert, indem das Herzratenmaximum um die 15. Sekunde nach Hinstellen dividiert wird durch das Herzratenniveau, das sich nach etwa 30 s einstellt. Dieses Verhältnis wird auch **30:15-Ratio** genannt (ursprünglich wurde nämlich das

R-R-Intervall aus dem EKG anstatt der Herzrate herangezogen; die 30:15-Ratio aus dem R-R-Intervall ist aber identisch mit der 15:30-Ratio aus der Herzrate). Normwerte sind in **Tab. 32.4** aufgeführt. Auch bei diesem Test lassen sich bei älteren Patienten keine sinnvollen pathologischen Grenzwerte festlegen.

Eine pathologische kardiovagale Reaktion ist bei vielen autonomen Störungen (z. B. diabetische autonome Neuropathie, Pandyautonomie, Multisystematrophie) ein früh in Erscheinung tretendes Symptom. Allerdings beeinträchtigt das natürliche Altern zunehmend die kardiovagale Aktivierung, so dass die diagnostische Wertigkeit der oben beschriebenen Parameter jenseits des 70. Lebensjahres gering ist.

Tab. 32.4 Untere pathologische Grenzwerte für Valsava-Ratio, HRDB und 30:15-Ratio für 2,5 %-Perzentile einer Normstichprobe (nach Wieling und Karemaker 1999)

Alter	Valsalva-Ratio	HRDB® [bpm]	30:15-Ratio
55–60	<1,12	<10	<1,04
60–64	<1,08	<9	<1,03
65–69	<1,04	<8	<1,02
70–74	–	<7	–
75–80	–	<7	–

*heart rate variation to deep breathing

32.8.3 Sympathische Stimulation

Eine kardiovagale Fehlfunktion kann als Indikator für eine autonome Störung gelten, führt jedoch isoliert selten zu klinischen Beschwerden. Bei Störungen der Blutdruckregulation wie bei der orthostatischen Hypotension liegt in der Regel neben der kardiovagalen Dysfunktion auch eine verminderte sympathisch vermittelte periphere Vasokonstriktion vor. Bedeutsame und anhaltende Blutdruckabfälle (>20/10 mmHg, s. o.) nach dem Hinstellen oder auf einem Kipptisch lassen deshalb immer auf eine unzureichende kompensatorische Vasokonstriktion schließen. Der aktive Stehtest (Schellong-Test) mit einer Mindeststehdauer von 5 min (oder wenn möglich: der Kipptischtest, bei dem durch Fixierung des Patienten der Sturzgefahr vorgebeugt werden kann) ist deshalb das wichtigste Instrument zur Beurteilung der Gefäßsympathikusfunktion.

Bei einem Normalprobanden bleibt im Stehen der mittlere Blutdruck ungefähr konstant bei einem leichten systolischen Abfall und einem diastolischen Anstieg um 5–10 mmHg. Der totale periphere Widerstand (TPW), der im Wesentlichen die sympathisch vermittelte Vasokonstriktion reflektiert, steigt im Stehen um ca. 25 % an, und das Herzminutenvolumen (HMV) fällt um 20 % ab. Je nach Herzratenänderung fällt das Schlagvolumen um 30–40 % ab (**vgl. Tab. 32.5**).

Im Falle einer generalisierten sympathischen Dysfunktion kommt es im Stehen zu ausgeprägten Blutdruckabfällen (**s. Tab. 32.5**). Der TPW fällt dabei typischerweise sogar um 10–30 % ab. Das HMV fällt aufgrund der Widerstandsabnahme weniger stark als der mittlere Blutdruck ab. Die Herzrate bleibt unverändert oder kann, wenn die kardiovagale Funktion intakt ist, mehr oder weniger stark ansteigen, ohne dabei aber nennenswert zur Blutdruckstabilisierung beizutragen. Häufig muss bei diesem orthostatischen Kreislaufmuster (**„hypoadrenerge orthostatische Hypotension“**, HOH) aufgrund präsynkopaler Symptome das Stehmanöver vorzeitig unterbrochen werden. Die HOH gilt als die häufigste Ursache für autonom bedingte Kreislaufdysregulationen im Alter.

Das posturale Tachykardiesyndrom spielt bei älteren Patienten kaum eine Rolle (Diehl 2003).

Tab. 32.5 Normale und pathologische Reaktionsmuster im Stehtest bzw. Kipptischtest (nach Diehl 2003)

Kreislaufparameter	Normalbefund	HOH*
Mittlerer Blutdruck	100 %	<80 %
Herzrate	20 % ↑	<15 % ↑
Schlagvolumen	40 % ↓	30–40 % ↓
Herzminutenvolumen (HMV)	20 % ↓	>20 % ↓
Totaler peripherer Widerstand (TPH)	25 % ↑	10–20 % ↓

* **HOH** = hypoadrenerge orthostatische Hypotension

32.8.4 Provokationstests

Die sogenannten „neurally mediated syncopes", im Deutschen oft **vasovagale, neurokardiogene** oder **Reflexsynkopen** genannt, stellen eine große Klasse von Synkopenformen dar, die in allen Lebensabschnitten in Erscheinung treten können. Im Unterschied zu den eben besprochenen Regulationsstörungen kommt es bei den Reflexsynkopen zu einer **aktiven Sympathikushemmung und Vagusstimulation** mit Hypotension und Bradykardie. Dieser vasovagale Reflex kann unter Bedingungen ausgeprägten venösen Poolings aktiviert werden. Unter Alltagsbedingungen wird er allerdings nur bei wenigen Personen ausgelöst, bei denen dann eine reduzierte Schwelle für die vasovagale Reaktion angenommen werden muss. Vasovagale Synkopen können in diesen Fällen zu gefährlichen Stürzen führen und bedürfen dann einer Abklärung und ggf. einer Therapie.

Als häufigste vasovagale Synkopenauslöser im Alltag gelten das lange ruhige Stehen (insbesondere in warmer Umgebung) und die plötzliche Konfrontation mit Schmerz, Verletzung oder Blut. Die Anamnese ist nicht selten für die Diagnose ausreichend (z. B. bei Patienten, die immer beim langen Stehen in der Kirche umkippen). Oft wünscht sich der Arzt aber eine stärkere Evidenz für die Diagnose einer vasovagalen Synkope (insbesondere, wenn er älteren Patienten eine eingehendere kardiologische Synkopenabklärung ersparen möchte). Die Provokation einer vasovagalen Synkope unter kontrollierten Bedingungen und mit Messung von Blutdruck und Herzrate erhöht dann die Diagnosesicherheit.

Der schon erwähnte **Kipptischtest** wurde in den letzten Jahren zum Zwecke der Synkopenprovokation etabliert. Normale Probanden, die bislang synkopenfrei waren, können überwiegend mühelos 45 min auf einem Kipptisch stehen, und nur bei wenigen (ca. 6 %) kommt es dabei zur Synkope. Patienten mit neurologisch und kardiologisch sonst nicht erklärbaren Synkopen in der Vorgeschichte synkopieren in 50–60 % der Fälle während der 45-minütigen Untersuchung. Die vasovagale Reaktion kann dabei durchaus auf sich warten lassen und erst nach 30 oder 40 min auftreten. Dabei zeigt sich ein plötzlicher, über 1–3 min sich entwickelnder Blutdruckabfall auf oft nicht mehr messbare Werte. Eine reaktive Tachykardie bleibt dabei aus; zumeist stellt sich parallel zur Hypotension sogar eine mehr oder weniger ausgeprägte Bradykardie ein, die im Extremfall bis zur Asystolie für 5–60 s führen kann. Der Patient beklagt oft schon früh im Verlaufe der hypotensiven Entwicklung eine Benommenheit und soll dann wieder hingelegt werden. Das Vollbild einer Synkope kann dadurch verhindert werden; die typischen Blutdruck- und Pulsveränderungen ermöglichen aber auch dann eine klare Diagnosestellung. Im Liegen stellt sich meistens innerhalb von 1 Minute wieder eine klare Bewusstseinslage ein.

Während in diesem Sinne positive Kipptischbefunde hilfreich für die Stützung der Verdachtsdiagnose „vasovagale Synkope" sind, schließen negative Kipptischbefunde die vasovagale Genese stattgehabter Synkopen nicht aus (geringe Sensitivität des Kipptischtests).

32.9 Therapeutische Empfehlungen

Ältere Patienten mit nicht-kardiogenen Synkopen müssen über die typischen Mechanismen und Risikofaktoren aufgeklärt werden. Zur Vorbeugung der posturalen Hypotension sollte rasches Aufrichten, vor allem morgens, vermieden werden. Längeres Liegen tagsüber ist ebenso ungünstig wie schwere Mahlzeiten, Alkoholkonsum oder hohe Zimmertemperaturen. Auch ein zu heißes Duschen oder Baden muss vermieden werden. Dem Patienten können häufige kleine Mahlzeiten empfohlen werden. Gerade bei älteren Menschen ist die Zufuhr von ausreichend Flüssigkeit entscheidend. Beim Schlafen sollte eine Kopfhochlagerung erfolgen und eine regelmäßige sportliche Betätigung mit gezielter Gymnastik ist sinnvoll. Gegebenenfalls können Stützstrümpe oder eine Bauchbinde hilfreich sein. Bei der **orthostatisch induzierten vasovagalen Synkope** hat sich **Stehtraining** (täglich 30-minütiges gegen eine Wand gelehntes Stehen) als hochgradig effektive Therapie erwiesen.

Wenn eine **medikamentöse Behandlung** erforderlich ist, kommt bei allen Formen orthostatisch induzierter Dysregulationen eine Behandlung mit dem α-Agonisten Midodrin in Frage. Bei der hypoadrenergen orthostatischen Hypotension ist auch eine Therapie mit Fludrocortison wirksam. Sofern keine Kontraindikationen bestehen, kann bei der postprandialen Hypotensionsneigung Octreotid oder Koffein eingesetzt werden. Die lange Zeit geübte Praxis, vasovagale Synkopen mit β-Blockern zu behandeln, konnte durch neuere Therapiestudien nicht gestützt werden. Eine positive Therapiestudie liegt hingegen für das SSRI-Antidepressivum Paroxetin vor. Die SSRI-Therapie ist insbesondere bei der Kombination von vasovagalen Synkopen mit Panikattacken oder Depressionen zu erwägen.

Das Karotissinus-Syndrom wird bei eindeutig pathologischen Befunden im Druckversuch zur Bradycardie- bzw. Asystolieprophylaxe mittels Herzschrittmacherimplantation therapiert.

Literatur

Diehl RR (2003) Posturales Tachykardiesyndrom. Dt Ärztebl 100(43):A2794-A2801

Wieling W, Karemaker JM (1999) Measurement of heart rate and blood pressure to evaluate disturbances in neurocardiovascular control. In: Mathias CJ, Bannister R (eds) Autonomic Failure. Oxford University Press, New York

33 Autonomes Nervensystem und Alter

Wolfgang H. Jost

Einleitung

Das Autonome Nervensystem (ANS), mit seinen beiden Hauptkomponenten Sympathikus und Parasympathikus (**s. Abb. 33.1**), gewährleistet die Aufrechterhaltung der Homöostase. Hierzu gehören Blutdruck-, Blutzucker- und Temperaturregulation, aber auch alle weiteren vegetativen Funktionen. Mit zunehmendem Alter treten Funktionseinschränkungen des autonomen Nervensystems auf, die zu klinischen Symptomen führen oder die Therapie vorhandener Erkrankungen (z. B. Hypertonie, Diabetes etc.) beeinflussen können. Umgekehrt beeinflussen fast alle medikamentösen Therapien von Alterserkrankungen das autonome Nervensystem. Das Resultat ist meist eine erhebliche Beeinträchtigung der Lebensqualität.
Dabei bestehen oft Probleme, physiologische Alterungsprozesse von den Auswirkungen vorliegender Erkrankungen abzugrenzen.

33.1 Ätiologie

Als wesentlicher Grund für die zunehmenden Störungen des autonomen Nervensystems im Alter wird die physiologische Degeneration mit neuronalem Zellverlust diskutiert. Dies begründet aber nur einen geringen Teil der beobachteten Funktionsstörungen. Die Störung findet vielmehr auf mehreren Ebenen, unter anderem synaptisch (Remodelling, turnover, Dysplasie) statt (Schmidt 2004).
Daneben dürfte aber auch eine Vielzahl endogener und exogener Faktoren eine Rolle spielen, die aufgrund der Lebensjahre zwangsläufig zu Nervenschädigungen führen. Man darf davon ausgehen, dass mindestens drei Viertel aller Personen im Rentenalter eine chronische Erkrankung aufweisen, einige davon führen zu autonomen Neuropathien (z. B. Diabetes mellitus). Zusätzlich dürften auch die körperliche Aktivität und Mobilität sowie nutritive Faktoren einen wesentlichen Einfluss haben. Einen erheblichen schädigenden Einfluss hat eine vorliegende Adipositas (insbesondere bei Hyperinsulinämie).
Dabei weist das autonome Nervensystem in seiner Komplexität auch sehr unterschiedliche Verläufe auf. So ergeben sich insbesondere erhebliche Unterschiede bezüglich der sympathischen und parasympathischen Funktion. Weiterhin zeigen nicht alle Subsysteme eine nachlassende Funktion, so dass sogar Missverhältnisse innerhalb eines Regelsystems auftreten können (Appenzeller 1984). Stellenweise finden sich innerhalb des autonomen Nervensystems auch „verstärkte" Reaktionen mit Krankheitswert, wie z. B. die arterielle Hypertonie oder erhöhte Sensitivität des Karotissinus. Bekannt und wiederholt belegt wurde, dass die Sympathikusaktivität mit dem Alter ansteigt (Ziegler 1976).

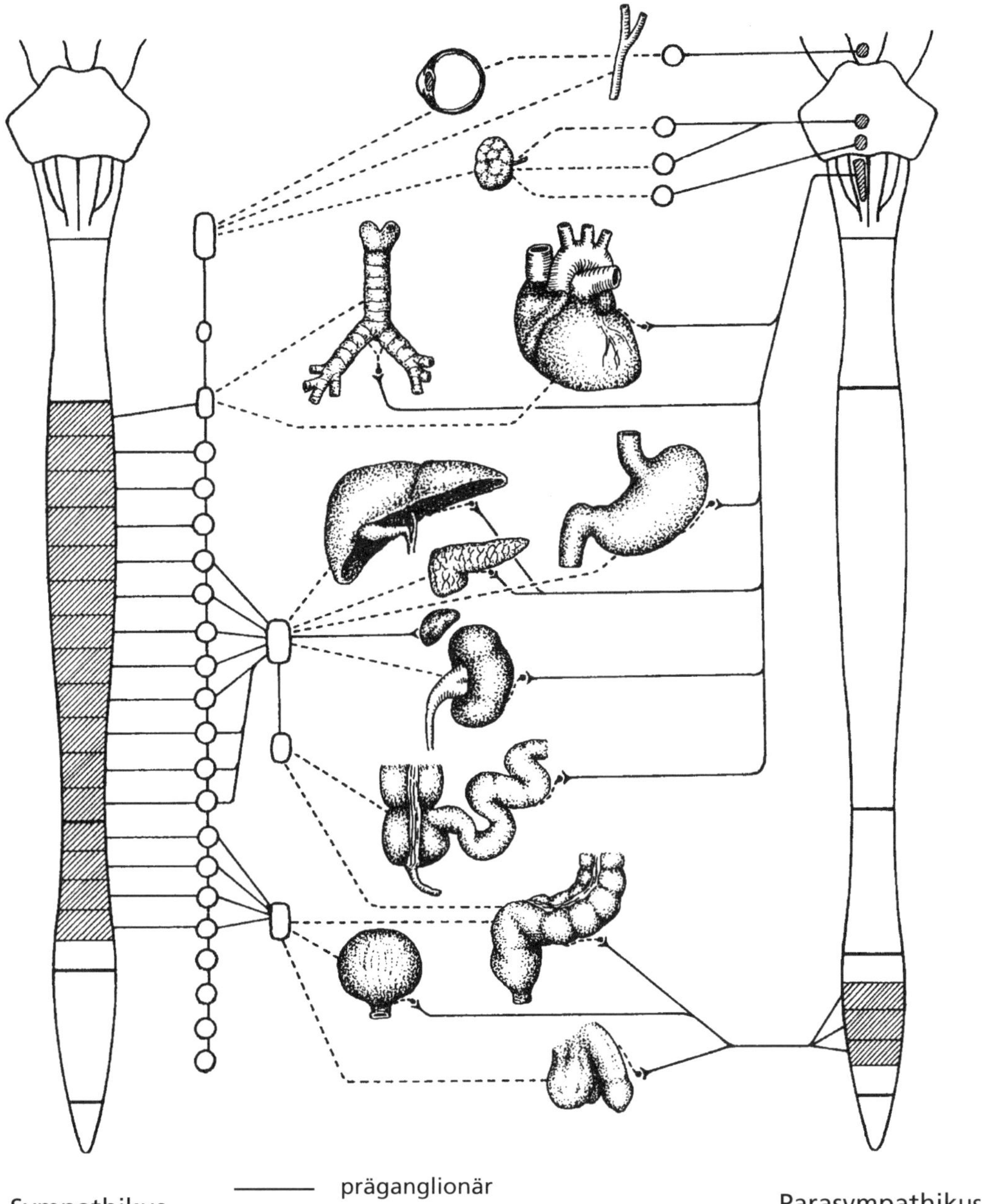

Abb. 33.1 Schematische Darstellung des autonomen Nervensystems

Tab. 33.1 Altersabhängige neurohumorale Veränderungen

- Erhöhte Sympathikusaktivität
- Beeinträchtigte Parasympathikusaktivität
- Reduzierter Baroreflex
- Erhöhte Plasmalevel der Katecholamine (insbesondere Noradrenalin)
- Verminderte Plasmareninaktivität
- Beeinträchtigtes Ansprechen der β-Adrenorezeptoren auf Sympathomimetika

33.2 Klinisches Bild

Autonome Funktionsstörungen im Alter können alle Systeme betreffen.
So treten Störungen der **Temperaturregulation** und **Sudomotorik**, der **gastrointestinalen, urogenitalen** und **kardiovaskulären Funktion**, des **Metabolismus** und der **Elektrolytregulation** auf. Eine Störung des **zirkadianen Rhythmus**, z. B. die Hormonausschüttung betreffend, wird häufig symptomatisch und kann wiederum auch andere Regelkreise und medikamentöse Maßnahmen negativ beeinflussen. Viele Funktionsstörungen, wie z. B. die gestörte Pupillomotorik, bleiben wegen der geringen klinischen Relevanz meist unerkannt.
Bei etlichen Symptomen, die im Alter vermehrt auftreten, ist die Rolle des autonomen Nervensystems noch nicht endgültig festgelegt. Hier ist z. B. der **Schmerz** zu nennen, der von bis zu drei Vierteln aller älteren Menschen geklagt wird. Ein Zusammenhang besteht sicherlich bei den Effekten des Schmerzes auf das ANS, z. B. durch Transmitterausschüttung, und beim CRPS (complex regional pain syndrome). Darüber hinausgehende Zusammenhänge sind noch nicht abschließend geklärt. Aber auch die Beeinflussung des **Schlafs** durch autonome Störungen ist bedeutsam (Avidan 2003).

Die wichtigste Erkrankung, die zu autonomen Störungen führt, ist der Diabetes mellitus, der an anderer Stelle (s. Kap. 27 und 28) dieses Buches ausführlich abgehandelt wird.

33.2.1 Herz-Kreislauf-System

Mit zunehmendem Alter finden sich bei den meisten Menschen Erkrankungen oder Symptome seitens des Herz-Kreislauf-Systems. Viele Patienten erhalten auch eine entsprechende Medikation. Eine genaue Abgrenzung primärer autonomer Störungen von Medikamenten(neben)wirkungen ist deshalb schwierig, Überlappungen und Interaktionen sind vielfältig. Viele kardiale Funktionsstörungen sind Folge einer Störung der neurohumoralen Regulation.
Typische klinische Zeichen und Symptome im Alter sind abnehmende Herzfrequenz, gestörter Barorezeptorreflex und erhöhte Arrhythmierate. Aber auch ein Herzversagen durch gestörte Inotropie oder Rhythmusstörungen kann Folge einer autonomen, neurohumoralen Funktionsstörung sein.
Die **häufigsten autonomen Funktionsstörungen** sind die postprandiale und noch häufiger die orthostatische Hypotonie (s. Kap. 32). Sehr häufig ist auch eine Hypertonie. Häufig verbirgt sich hinter der Verlegenheitsdiagnose einer essentiellen Hypertonie eine autonome Funktionsstörung. Aber auch bei symptomatischen Formen ist meist das autonome Nervensystem beteiligt. Die Vermutung, dass die erhöhten Noradrenalinspiegel ursächlich sind, konnte widerlegt werden.
Seltener, aber von erheblicher klinischer Relevanz, kann eine **Hypersensitivität des Karotissinus** sein. Dies wird häufig weder erkannt noch diagnostiziert, kann aber zu einem plötzlichen Herztod führen.
Eine periphere autonome Neuropathie kann auch dadurch bedrohlich werden,

dass die Afferenz gestört ist und beispielsweise kardiale Ischämien bis zum Infarkt nicht mehr wahrgenommen werden.
Ein weiteres häufiges Symptom ist die **Störung der Gefäßregulation**. Diese kann zur orthostatischen Hypotonie, zu Ödemen, Thrombosen und Ulzerationen führen.

33.2.2 Gastrointestinaltrakt

Funktionsstörungen des Gastrointestinaltrakts sind selten lebensbedrohlich, aber im höheren Lebensalter außerordentlich häufig und vielfältig. Sie können den gesamten Gastrointestinaltrakt (GIT) betreffen.
Für **Funktionsstörungen des Ösophagus** im Alter wurde früher der Begriff Presbyösophagus benutzt. Dieses Konzept wurde verlassen, da sich im Alter nur wenige uniforme Veränderungen, wie beispielsweise Störung des Sphinktertonus, des Schluckreflexes und der Peristaltik, zeigen. Häufig treten Dysphagien, inkomplette Ösophagusentleerungen, Ösophagitiden und GERD (gastroesophageal esophageal reflux disease) auf. Die relevanteste Folge einer Schluckstörung ist eine Aspirationspneumonie, welche eine häufige Todesursache darstellt.
Bei Funktionsstörungen des Ösophagus und bei ösophagealen Beschwerden müssen entsprechend altersbedingte Veränderungen berücksichtigt, darüber hinaus aber auch an eine andere Genese gedacht werden. So sind Störungen des oberen GIT häufig nur Symptome einer Schluckstörung als Folge von Hirnstammprozessen und neurodegenerativen Erkrankungen, können aber auch unabhängig davon sein, z. B. bei einer Degeneration intramuraler Nervenzellen.
Die **Magenmotilität** und auch die Magenentleerung (insbesondere für flüssige Nahrung) sind im Alter reduziert. Auch bei der Gastroparese lässt sich häufig eine Grundkrankheit finden, z. B. eine diabetische Neuropathie. Die verzögerte Magenentleerung führt zu Resorptionsstörungen von Nahrungsbestandteilen, z. B. Vitaminen, aber auch Medikamenten u. ä.
In der Vergangenheit wurde immer wieder postuliert, dass mit zunehmendem Alter die Magensäureproduktion abnehme. Dies hat sich in mehreren Studien nicht bestätigt. Vielmehr besteht ein Zusammenhang mit einer Atrophie der Magenmukosa und einer bestehenden Helicobacter pylori-Infektion. Es wird aber vermutet, dass der Schutzmechanismus der Mukosa im Alter abnimmt und dementsprechend die Patienten anfälliger sind gegenüber Noxen, z. B. Medikamenten (Majumdar 1997).
Auch die **Dünndarmmotilität** soll mit zunehmendem Alter reduziert sein, wobei dies einerseits schwer zu messen (Atemtest) und andererseits klinisch nur selten relevant ist. Meist ist auch hier eine Grundkrankheit anzuschuldigen (Diabetes, Schilddrüsenerkrankung etc.).
Die häufigsten gastrointestinalen Störungen im höheren Lebensalter betreffen den **Dickdarm**. Hier treten auch am ehesten morphologische Veränderungen auf (glatte Muskulatur, intramurale Ganglien, Hormone und Transmitter). Als häufige Erkrankungen sind die Divertikulose, das irritable Kolon und die Obstipation zu nennen.
Es wird unterschieden zwischen einer **Slow-transit-Obstipation**, bei der der Darminhalt zu langsam transportiert wird und einer **Outlet-Obstipation**, bei der der Darm nicht entleert werden kann.
Seltener ist eine **Diarrhö**, der zumeist ein Diabetes zugrunde liegt. Treten plötzliche, heftige Diarrhöen auf, ist auch an eine bakterielle Verflüssigung des proximalen Stuhls im Rahmen einer Obstipation zu denken (Dyschezie-Mechanismus).
Eine Stuhlinkontinenz ist meist Folge eines lokalen Prozesses, einer peripheren Neuropathie oder einer zentralnervösen Erkrankung (z. B. Demenz, Multisystematrophie, spinale Läsionen).

33.2.3 Urogenitaltrakt

Die **Blase** hat die Funktion, Urin zu speichern und zu entleeren. Diese vermeintlich einfache Funktion setzt eine differenzierte und komplexe autonome Innervation (mehrere Reflexbögen) voraus und ist sehr störanfällig. Symptome seitens des Urogenitaltrakts treten im höheren Lebensalter bei mehr als der Hälfte aller Menschen auf. Diese Störungen können eine **gestörte Detrusorfunktion** sein, sowohl Hyper- als auch Hypoaktivität, sowie eine **Funktionsstörung des Blasenhalses** mit daraus resultierendem Harnverhalt oder Inkontinenz. Daneben finden sich etliche **Mischformen** und Überlappungen.

Berücksichtigt werden müssen auch renale und hormonelle Funktionsstörungen, die die Blasenfunktion beeinflussen. Hierzu gehören u. a. Störungen der zirkadianen Produktion antidiuretischer Hormone und des Renin-Angiotensin-Aldosteron-Systems. So produziert der junge Mensch tagsüber deutlich mehr Urin als nachts (nachts weniger als ¼ des Urins), bei älteren Menschen ist das Verhältnis ausgeglichen, bei unverändertem Gesamtvolumen.

Bei der Harninkontinenz, von der beispielsweise mehr als die Hälfte aller Heimbewohner betroffen sind, können mehrere Formen unterschieden werden, wobei im höheren Lebensalter vor allem Belastungsinkontinenz und Dranginkontinenz im Vordergrund stehen. Frauen sind bei der erstgenannten Form deutlich häufiger betroffen.

Sexualfunktionsstörungen sind sehr häufig, so dass im hohen Lebensalter über 90 % aller Frauen und Männer betroffen sind. Dabei spielt die Veränderung des Hormonstatus eine wesentliche Rolle. Bezogen auf das autonome Nervensystem sind die Einschränkungen sowohl zentraler als auch peripherer Genese.

Meist wird den Sexualfunktionsstörungen der Frau zu wenig Beachtung geschenkt. Durch soziokulturelle Grundbedingungen und die therapeutischen Möglichkeiten werden Erektionsstörungen eher diagnostiziert und entsprechend auch therapiert. Erektionsstörungen zeigen eine deutliche Zunahme ab der fünften Lebensdekade. Ab dem 70. Lebensjahr sind weit über die Hälfte aller Männer betroffen. Auch die Refraktärperiode nimmt mit dem Lebensalter zu und kann bei alten Männern zwei Tage betragen.

Frauen sind durch die hormonellen Veränderungen im höheren Lebensalter (insbesondere Menopause) weit mehr betroffen als Männer. Folge können verminderte Libido, reduzierte Lubrifikation, reduzierte Erregbarkeit, schmerzhafte Penetrationen, Anorgasmie und daraus resultierender verminderter Geschlechtsverkehr sein. Folge des Hormonmangels sind auch Muskelatrophie, erhöhte Infektionsraten und Inkontinenz.

33.2.4 Thermoregulationsstörungen

Eine typische autonome Funktionsstörung des höheren Lebensalters betrifft die Thermoregulation. So werden höhere Temperaturen von älteren Personen häufig schlecht toleriert und viele weisen eine verminderte Schweißsekretion auf, beziehungsweise eine höhere Schwelle bis zur Auslösung des Schwitzens. Erschwert wird die gestörte Thermoregulation durch die mangelnde kardiovaskuläre Anpassung. Im Extremfall kann die Fehlregulation bis zum Hitzetod führen. Ältere Personen sind insbesondere gefährdet, wenn eine unzureichende Akklimatisation stattfindet (zum Beispiel Auslandsaufenthalt in südlichen Ländern).

Zwar treten häufiger Hypothermien bei älteren Patienten auf (Männer häufiger), dies dürfte aber vielfältige Ursachen haben, z. B. auch kognitiv durch inadäquate Kleidung. Auch ältere Personen können die

Körperkerntemperatur relativ stabil halten. Im Gegensatz zu jüngeren Menschen werden im Alter erst größere Temperaturunterschiede wahrgenommen (ab 2° C) und das Kältezittern ist weniger ausgeprägt.

33.3 Diagnose

Das Spektrum möglicher diagnostischer Maßnahmen ist weit und muss der jeweiligen Fragestellung angepasst werden. Eine Screening-Methode für das gesamte ANS gibt es leider nicht.

33.3.1 Herz-Kreislauf-System

Die einfachste und sicherste Methode zur Diagnostik einer orthostatischen Hypotonie (s. Kap. 32) ist der **Schellong-Test.** Nach 10-minütigem Liegen wird der Patient zum aktiven Aufstehen aufgefordert. Der Blutdruck sinkt dabei nicht mehr als 20 mmHg ab. Diese Untersuchung kann in jeder Praxis und Klinik, aber beispielsweise auch im Altersheim durchgeführt werden. Auch eine **Testbatterie** aus aktiver Orthostase, Ewing-Test oder 30/15-ratio (**Abb. 33.2**), Valsalva-Manöver, Handgriff-Test und Atemtest ist überall und jederzeit möglich (Jost 1993). Von vielen Herstellern gibt es mittlerweile Computergestützte Systeme, die jedoch u. a. aus Kostengründen autonomen Labors vorbehalten sind. Mit diesen Systemen gelingt es auch im Ruhe-EKG, diagnostische Aussagen zu gewinnen.

Der **Kipptisch-Test** (s. Kap. 32) ist keine Screening-Untersuchung, sondern vor allem der Abklärung von Synkopen vorbehalten.

Die **MIBG-Szintigraphie** (iodine-131-metaiodobenzylguanidine) liefert hilfreiche Informationen über die sympathische Innervation des Herzens, ist aber bei älteren Patienten wegen kardialer Vorerkrankungen häufig nicht durchführbar.

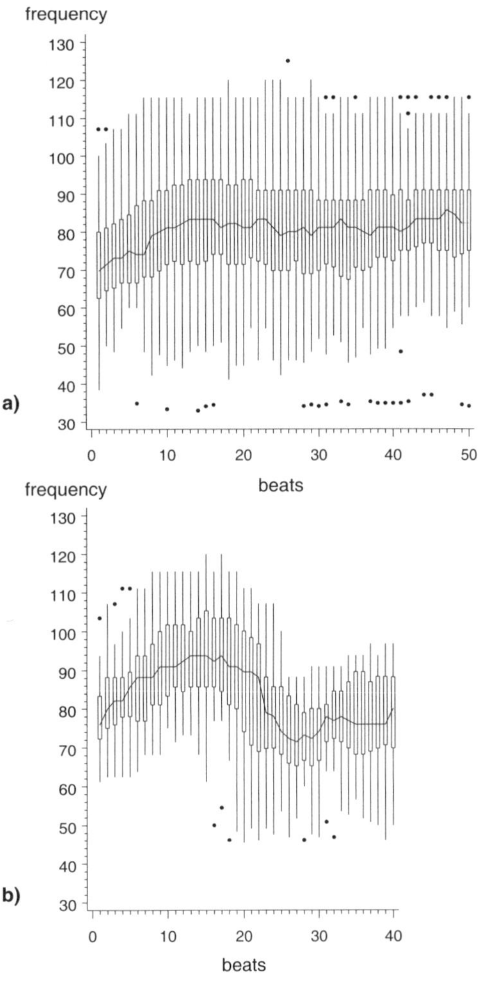

Abb. 33.2 a) Gestörte Frequenzanpassung (Frequenzstarre) bei Orthostase versus b) normalem Frequenzanstieg um den 15. und maximalem Abfall um den 30. Herzschlag nach aktiver Orthostase.

Bei älteren Patienten sollte die Blutdruckmessung stets mehrfach wiederholt werden, da die Schwankungen innerhalb des Tages groß sein können.

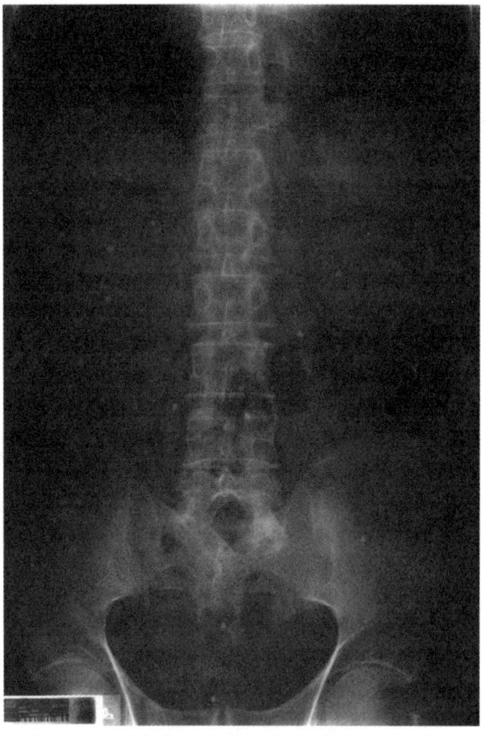

Abb. 33.3 Kolontransitzeit bei einer Patientin mit einer „Slow-transit-Obstipation". Darmpassagezeit länger als 6 Tage

33.3.2 Gastrointestinaltrakt

Die Untersuchungen des Gastrointestinaltrakts werden fast ausschließlich in der Gastroenterologie und/oder Proktologie durchgeführt. Am oberen GIT sind Ösophagusmanometrie, Breischluck, pH-Monitoring sowie der Atemtest zu nennen.

Ein erheblicher Teil älterer Patienten (30–80 %) weist hierbei auffällige oder pathologische Ergebnisse auf. Die Diagnose einer Schluckstörung sollte immer durch eine gastroenterologische Diagnostik erhärtet und verifiziert werden.

Am unteren Gastrointestinaltrakt ist die **Kolontransitzeit** als wichtigste Untersuchung zur Diagnostik und Differentialdiagnostik einer Obstipation zu nennen (**Abb. 33.3**).

Der Patient erhält über 6 Tage jeweils eine Kapsel mit 10 röntgendichten Markern, am 7. Tag zur gleichen Uhrzeit wird eine Röntgen-Abdomenübersicht angefertigt. Die Anzahl der ausgezählten Pellets geteilt durch zehn ergibt die Transitzeit in Tagen, mal 2,4 die Transitzeit in Stunden, d. h. bei 35 Pellets ergibt sich eine Transitzeit von 3½ Tagen (35:10) bzw. 84 Stunden (35-mal 2,4).

Liegt der Verdacht auf eine **Outlet-Obstipation** vor, muss neben der endoskopischen Untersuchung (Rekto- und/oder Proktoskopie) eine weiterführende Diagnostik erfolgen. Diese umfasst optional Manometrie, Defäkographie und Elektromyographie.

Bei einer **analen Inkontinenz** sollte ebenfalls eine gastroentero- bzw. proktologische Diagnostik erfolgen mit Endoskopie, Manometrie und Defäkographie. Neurologischerseits kommen elektrophysiologische Untersuchungen wie Neurographie und evozierte Potentiale des N. pudendus und vor allem die Elektromyographie des M. sphincter ani externus zum Einsatz.

33.3.3 Urogenitaltrakt

Die apparative Diagnostik (**s. Tab. 33.2**) einer Blasenentleerungsstörung liegt fast ausschließlich in der Hand des Urologen. Zwar kann durch eine gezielte Anamnese bereits eine Verdachtsdiagnose gestellt werden, zur Bestätigung wird jedoch meist eine umfangreiche urologische Diagnostik einschließlich einer Urodynamik benötigt.

Tab. 33.2 Diagnostik bei Blasenfunktionsstörungen

- Anamnese
- Körperliche Untersuchung
- Restharnbestimmung
- Laboruntersuchungen
- Uroflowmetrie
- Bildgebende Diagnostik, z. B. Mikionszysturethrogramm, MRT
- Endoskopie
- Urodynamik

Die Frage einer neurogenen Blasenstörung kann hiermit in vielen Fällen bereits beantwortet werden. Sollte eine neurophysiologische Untersuchung gewünscht sein, stehen vor allem Untersuchungen des somatischen Nervensystems, Elektromyogramm, Neurographie und evozierte Potentiale zur Verfügung. Autonome Funktionstests gibt es leider nur wenige, wie die sympathische Hautantwort, die in der Differentialdiagnostik einer neurogenen Blasenstörung wenig hilfreich sind.

33.4 Therapie

33.4.1 Herz-Kreislauf-System

Es gibt bedauerlicherweise keine Therapie, mit der man eine kardiale autonome Neuropathie heilen könnte. Man kann lediglich symptomatisch behandeln, d. h. z. B. antiarrhythmisch und antihypertensiv, und die Lebensqualität verbessern. Konservative Maßnahmen umfassen das Hochlagern des Kopfes, ausreichend Flüssigkeit, Wechselduschen und ausreichende Bewegung und das Tragen von Stützstrümpfen. Medikamentös werden Ephedrin (bis 4-mal 25 mg/Tag), Midodrin (bis 40 mg/Tag) und Mineralokortikoide (z. B. Fludrokortison 0,1–0,2 mg/Tag) eingesetzt. Der Einsatz von Erythropoetin ist ebenfalls möglich (s. Kap 32).

33.4.2 Gastrointestinaltrakt

In der Therapie von Motilitätsstörungen des oberen GIT spielen vor allem Prokinetika eine Rolle. Zu nennen sind Metoclopramid, Domperidon und Erythromycin als Motilinagonist (Chelimsky 2003). Bei einer Slow-transit-Obstipation werden Ballaststoffe, Quellmittel und Laxanzien eingesetzt, wobei die Magrocole Mittel der ersten Wahl sind. Bei einer Outlet-Obstipation kommen Klistiere und Laxanzien zum Einsatz, z. B. die CO_2-Laxanzien. Bei einer Diarrhö sind stuhleindickende Präparate sowie für Einzelfälle Clonidin zu nennen (Chelimsky 2003). Bei einer Stuhlinkontinenz können Physiotherapie, Biofeedback und Elektrostimulation eingesetzt werden. Häufig sind jedoch operative Maßnahmen, bis hin zur sakralen Nervstimulation erforderlich.

33.4.3 Urogenitaltrakt

Eine Therapie sollte erst nach urologischer Diagnostik eingeleitet werden. Therapie der Wahl bei einer Detrusorhyperaktivität ist die Verordnung vor allem anticholinerger Substanzen (Apostolidis 2003). Bei unzureichendem Effekt können auch Injektionen von Botulinumtoxin in den Detrusor erfolgen.
Die Therapie einer Stressinkontinenz ist konservativ, z. B. mittels Physiotherapie, medikamentös mit Duloxetin oder operativ. Zur Therapie der erektilen Dysfunktion haben sich die 5-Phosphodiesterasehemmer als Therapie der Wahl etabliert, sofern keine symptomatische Ursache vorliegt.

33.5 Alterstypische medikamentöse Interaktionen

Medikamentöse Interaktionen sind bereits ab der dritten Substanz nur begrenzt erfassbar. Wissenschaftliche Daten liegen kaum vor. Die meisten älteren Patienten nehmen mehrere Medikamente, daneben bestehen autonome Funktionsstörungen, woraus sich eine unüberschaubare multifunktionelle Beeinflussung ergibt. Erschwerend kommt hinzu, dass die meisten Therapiestudien bei

Personen mittleren Alters durchgeführt wurden, weshalb Daten für die Geriatrie (z. B. Pharmakokinetik) fehlen. So ist erstaunlich, wie gut die Polypragmasie in der Regel toleriert wird. Besonders hervorzuheben ist hier das kardiovaskuläre System, da kardiovaskuläre Störungen und deren Therapien häufig sind.

Ältere Patienten weisen eine erhöhte Sympathikusaktivität auf, gleichzeitig aber auch eine geringere Anpassungsfähigkeit an die normalen Belastungen. Dies hat z. B. erhebliche Auswirkungen auf die Therapie mit β-Blockern oder β-Mimetika (**s. Tab. 33.1**). Wird die altersbedingte Funktionseinschränkung sehr lange gut ausgeglichen, kann bereits die Gabe eines Medikaments zur Dekompensation führen. Da ältere Patienten einen verminderten kardialen Output und ein reduziertes intravasales Volumen haben, sollten Medikamente vermieden werden, die diesen Umstand noch verstärken.

Ein Paradebeispiel für alterstypische medikamentöse Interaktionen ist auch das Parkinson-Syndrom, bei dem mehrere Medikamente gegeben werden, die erhebliche Interaktionen aufweisen, andererseits aber auch eine Funktionsstörung des autonomen Nervensystems besteht (s. hierzu auch: www.parkinson-datenbank.de).

Schlussbemerkung

Autonome Funktionsstörungen sind ein diagnostisches und therapeutisches Problem. Die Abgrenzung von Primärerkrankungen und Beeinflussungen z. B. durch Medikamente gelingt schwer. Abgesehen von der mangelnden Prophylaxe, ist auch die symptomatische Therapie begrenzt und häufig mit unerwünschten Wirkungen belastet. Komplikationen autonomer Funktionsstörungen können lebensbedrohlich sein.

Literatur

Apostolidis AN, Fowler CJ (2003) Evaluation and treatment of autonomic disorders of the urogenital system. Semin Neurol 23:443–452

Appenzeller O, Dhital KK, Cowan T, Burnstock (1984) The nerves to blood vessels supplying blood to nerves: the innervation of vasa nervorum. Brain Res 304:383–386

Avidan AY (2003) Sleep in the geriatric patient population. Semin Neurol 23:52–63

Chelimsky G, Chelimsky TC (2003) Evaluation and treatment of autonomic disorders of the gastrointestinal tract. Semin Neurol 23:453–458

Freeman R (2003) Treatment of orthostatic hypotension. Semin Neurol 23:435–442

Jost WH, Kirchhöfer U, Bellon A, Schimrigk K (1993) Funktionsuntersuchungen des autonomen Nervensystems. Z Ges Inn Med 48:469–475

Kuchel GA, Hof PR (2004) Autonomic nervous system in old age. Karger, Basel (weiterführende Literatur)

Majumdar AP, Fligiel SE, Jaszewski R (1997) Gastric mucosal injury and repair: Effect of aging Histol Histopathol 12:491–501

Schmidt RE (2004) Age-related sympathetic autonomic neuropathology. Interdisciplin Top Gerontol 33:1–23

Ziegler MG, Lake CR, Kopin IJ (1976) Plasma noradrenaline increases with age Nature 261: 333–335

34 Traumatische Erkrankungen

Andreas M. Stark und H. Maximilian Mehdorn

Einleitung

Unter einem **Schädel-Hirn-Trauma (SHT)** versteht man eine durch äußere Gewalteinwirkung entstandene strukturelle Verletzung des Schädels. Es können Haut, Knochen, Hirnhäute und das Gehirn betroffen sein. Die Inzidenz des SHT wird mit ca. 300 pro 100 000 pro Jahr angegeben. Dabei wird allerdings keine Aussage über die Schwere der Erkrankung oder die Altersverteilung gemacht (Greenberg 1997, Moskopp und Wassmann 2005). Eine **Gewalteinwirkung auf die Wirbelsäule** kann die Wirbelkörper und -bögen, die Bandscheiben, Muskeln und Bänder sowie das Rückenmark schädigen. Spinale Traumen führen in der BRD zu etwa 55 000 stationären Behandlungsfällen pro Jahr (Schwertfeger et al. 2004).

34a Schädel-Hirn-Trauma

34.1 Pathophysiologie und Einteilung

Bei der Gewalteinwirkung auf den Schädel ist die primäre Schädigung (Kontusionsherd, Gefäßverletzung, diffuser axonaler Schaden) von der sekundären Schädigung (Hypoxie durch respiratorische Insuffizienz, arterielle Hypotonie) abzugrenzen. Da der primäre Hirnschaden bei Beginn der therapeutischen Maßnahmen bereits vorliegt, konzentriert sich die Behandlung vor allem auf die Prophylaxe der Sekundärschäden.

Die ursprüngliche Einteilung des SHT in Commotio, Contusio und Compressio cerebri wurde weitgehend verlassen. Zurzeit gibt es keine einheitliche, allgemein gültige Einteilung, die die morphologisch fassbaren Schäden erfassen würde. Weite Verbreitung zur klinischen Graduierung der Schwere eines SHT hat die Glasgow Coma Skala (GCS) gefunden. Mit ihrer Hilfe kann die Komatiefe anhand der Augenöffnung, der besten verbalen und der besten motorischen Antwort abgeschätzt werden (**s. Tab. 34.1**) (Teasdale und Jennett 1976). Die GCS kann vor allem als Maß für die Gefährdung des Patienten betrachtet werden, ihr prognostischer Nutzen wird als gering eingestuft. Die gebräuchlichste Gradeinteilung des SHT erfolgt am besten nach Stabilisierung des Patienten in der modifizierten Form (Moskopp und Wassmann 2005):

- Leichtes SHT: GCS 13–15,
- Mittelschweres SHT: GCS 9–12,
- Schweres SHT: GCS 3–8.

Weitere Parameter zur **Einteilung des SHT** sind für die Behandlung wichtig: Das offene SHT ist im Gegensatz zum geschlossenen durch die Verletzung der Dura mater gekennzeichnet, was mit einem erhöhten Risiko für die Entwicklung von Liquorfisteln und Infektionen einhergeht. Lokalisierte Hirnverletzungen (Kontusionen, Kontusionshämatome) können von diffusen Verlet-

Tab. 34.1 Glasgow Coma Scale (GCS)

Punkte	Augenöffnen	Beste verbale Reaktion	Beste motorische Reaktion
6			auf Aufforderung
5		orientiert	auf Schmerz gezielt
4	spontan	verwirrt	auf Schmerz ungezielt
3	auf Aufforderung	inadäquat	Beugesynergismen
2	auf Schmerzreize	unverständlich	Strecksynergismen
1	keine Reaktion	keine Reaktion	keine Reaktion

zungen (generalisiertes Hirnödem, multiple Scherverletzungen) abgegrenzt werden, was Aussagen über mögliche neurologische Defizite erlaubt. Eine Schädigung der intrakraniellen Strukturen wird nicht nur am Ort der Schädigung (Aufprall, Schlag) beobachtet, sondern auch an anderer Stelle (z. B. Contre-coup).

Raumfordernde intrakranielle Blutungen (epidurale und subdurale Hämatome, Kontusionsblutungen) können bei Überschreiten der geringen Compliance des intrakraniellen Raumes rasch zur Einklemmung von Hirnanteilen im Tentoriumschlitz (obere Einklemmung) oder im Foramen magnum (untere Einklemmung) führen. Sie sollten deshalb so schnell wie möglich operativ entfernt werden. Das Gehirn des älteren Menschen weist eine erhöhte Anfälligkeit gegenüber Schädigungen auf und besitzt zugleich eine verringerte Regenerationsfähigkeit (Gomez et al. 2000). Allerdings ist im Alter die Kompensationsfähigkeit gegenüber Raumforderungen aufgrund der Hirnatrophie erhöht. Deshalb werden bei älteren Menschen häufiger relativ große asymptomatische bzw. wenig symptomatische Blutungen gesehen als bei jüngeren.

Bei der **Indikationsstellung zur operativen Versorgung** traumatisierter Patienten mit SHT ist eine Vielzahl von Parametern zu beachten. Neben der vorliegenden Läsion (Hämatom, Kontusion, Ödem) werden insbesonders beim älteren Menschen auch vorbestehende Erkrankungen (Gefäßrisikofaktoren, pulmonale Erkrankungen, Alkoholabhängigkeit) und deren Auswirkung auf die Lebensführung (Hemiparese, Demenz) in die Entscheidungsfindung mit eingebunden (Greenberg 1997, Gomez 2000, Moskopp und Wassmann 2005). Bei der Notfallversorgung ist jedoch häufig nur ein Bruchteil der notwendigen Informationen verfügbar. Der behandelnde Arzt sollte sich hier nicht zu einem „therapeutischen Nihilismus“ verleiten lassen, vielmehr sollte „in dubio pro vita“ gelten.

34.2 Erstversorgung und Diagnostik bei SHT

34.2.1 Erstversorgung am Unfallort

Die Erstversorgung am Unfallort hat die Stabilisierung der Vitalparameter (ggf. mit Intubation) und die erste Einschätzung möglicher Verletzungsfolgen zum Ziel. Da bei bis zu 6 % der SHT-Patienten eine begleitende Wirbelsäulenverletzung besteht, sollte stets eine steife Halskrause angelegt werden.

34.2.2 Gezielte Diagnostik in der Klinik

Die Reihenfolge technischer Untersuchungen richtet sich nach den Ergebnissen der vollständigen neurologischen Untersuchung und nach den Begleitverletzungen. Bei stabilen Patienten mit schwerem SHT wird in größeren Zentren zunehmend ein Ganzkörper-Spiral-CT mit Darstellung des Neurokraniums, der gesamten Wirbelsäule, des Thorax, des Abdomens und des Beckens durchgeführt.

34.2.3 Kranielle Computertomographie (CCT)

Bei Bewusstseinstrübung und/oder einem, ggf. auch nur passageren, neurologischen Defizit ist die Durchführung einer CCT indiziert. Sie erlaubt neben der Beurteilung der intrakraniellen Weichteile (Hirnfenster) mit Nachweis oder Ausschluss einer intrakraniellen Raumforderung die Darstellung von Schädelfrakturen und Nahtsprengungen (Knochenfenster). Der Nachweis intraduraler Luft ist ein starkes Indiz für das Vorliegen eines offenen SHT, hier sollte gezielt nach knöchernen Defekten gesucht werden (ggf. Dünnschicht-CT der Schädelbasis, Provokationsversuch durch Kopftieflage (Moskopp und Wassmann 2005, Piek und Unterberg 1999). Unter den folgenden Gegebenheiten sollte nach 6–12 h eine Kontroll-CCT erfolgen: bei (1) nicht operationspflichtiger intrakranieller Blutung und/ oder Kontusion, (2) initialer Bewusstlosigkeit, (3) erheblichem Trauma. In jedem Fall sollte bei SHT eine Röntgenaufnahme der HWS in zwei Ebenen durchgeführt werden. Bei älteren Patienten ist es gerechtfertigt, mit der CCT auch eine CT der HWS mit sagittaler Rekonstruktion anzufertigen, falls nicht bereits ein Ganzkörper-Spiral-CT durchgeführt wurde.

34.2.4 Magnetresonanztomographie

Die kranielle Magnetresonanztomographie (MRT) kann bei der Frage einer Hirnstammschädigung nützlich sein, ist jedoch in ihrer prognostischen Aussage der wesentlich kostengünstigeren Elektrophysiologie (s. 34.2.5) nicht überlegen (Greenberg 1997). Sie ist bei der weiteren Abklärung einer Bewusstlosigkeit oder einer atypischen Blutung hilfreich und weist Scherverletzungen zuverlässiger nach als die CT. Mit ihr lassen sich darüber hinaus Gefäßmalformationen und Tumore recht zuverlässig nachweisen, die Ursache einer Blutung und einer dadurch verursachten Bewusstlosigkeit mit Sturzfolge sein können.

34.2.5 Evozierte Potentiale, Elektroenzephalogramm

Die klinische Bedeutung von evozierten Potentialen (Frühe akustische Potentiale, AEPs; Somato-sensibel-evozierte Potentiale, SSEPs) beim SHT liegt vor allem in der Erkennung und Verlaufsbeobachtung einer Hirnstammschädigung. Bei beidseitigem Erlöschen der SSEPs ist die Prognose eines bewusstlosen Patienten mit schwerem SHT als schlecht einzustufen (Piek und Unterberg 1999). Das Elektroenzephalogramm wird zur Verlaufsbeobachtung bei post-traumatischen epileptischen Anfällen eingesetzt.

34.2.6 Neuromonitoring

Bei bewusstlosen SHT-Patienten sollte neben dem Monitoring von Herz- und Kreislaufparametern die Anlage einer intrakraniellen Drucksonde erfolgen. Diese Maßnahme ist geeignet, intrakranielle Drucksteigerungen **vor** Entstehen einer Anisokorie, also vor einer Einklemmung des Hirnstamms im Tentoriumschlitz, anzuzeigen. Die Implantation der fiberoptischen oder pneumatischen Systeme ist vorzugsweise auf der betroffenen Seite durchzuführen. Dabei wird die intraparenchymale Messung zumeist der intraventrikulären Messung vorgezogen. Die epidurale Druckmessung kommt meist nur noch zur Abklärung eines posttraumatischen Hydrozephalus zur Anwendung. Die zusätzliche Anwendung von Sauerstoffpartialdruck-Messsonden (Licox®) hat beim SHT keinen gesicherten Stellenwert (Moskopp und Wassmann 2005).

34.3 Klinisches Bild und Therapie

Die z. T. noch im Gutachtenwesen gebräuchliche Einteilung in „Commotio", „Contusio", „Compressio" wurde verlassen (s. 34.1.2) und hat nur noch historischen Stellenwert. Die „Commotio cerebri" (Gehirnerschütterung) war als Bewusstlosigkeit oder Bewusstseinsbeeinträchtigung von weniger als einer Stunde ohne bleibendes neurologisches Defizit definiert.

34.3.1 Schädelfrakturen, Nahtsprengungen

Nichtdislozierte Frakturen des Schädeldaches stellen allein keine Operationsindikation dar. Sie können aber ein Hinweis auf intrakranielle Blutungen (v. a. Epiduralhämatome) und Sinusverletzungen sein. Bei der Verlagerung von Knochenanteilen in den intrakraniellen Raum, den **Impressionsfrakturenä**, besteht die Gefahr der Duraverletzung und der Kompression des Gehirns. Impressionsfrakturen mit einer Dislokation der Knochenanteile von mehr als Kalottendicke sollten operiert werden (Moskopp und Wassmann 2005). Bei Nachweis intraduraler Luft (= offenes Schädelhirntrauma) ist die Operation in jedem Fall dringlich vorzunehmen, zudem sollte eine Antibiotikatherapie zur Meningitisprophylaxe erfolgen. Bei komplexen Verletzungen kann eine Rekonstruktion der Schädelknochen mittels Miniplättchenosteosynthese und/oder Titannetzinterponat notwendig sein.
Eine **Schädelbasisfraktur** entsteht meist indirekt durch fortgeleitete Gewalteinwirkung auf das Schädeldach. Indirekte Zeichen einer Schädelbasisfraktur sind ein Monokel- bzw. Brillenhämatom, Hirnnervenausfälle sowie Blut- oder Liquoraustritt aus Nase, Mund und Ohren. Ein Blutaustritt aus dem Ohr ist ein starkes Indiz für eine Felsenbeinfraktur. Bei deren Nachweis sollte eine Inspektion von Gehörgang (Stufenbildung, Blutungsquelle) und des Trommelfelles (Intaktheit, Hämatotympanon) erfolgen. Liquorfisteln nach Felsenbeinfraktur bilden sich meist innerhalb von 2–4 Wochen spontan zurück.

34.3.2 Epiduralhämatom

Das Epiduralhämatom (EDH), eine Blutansammlung zwischen Dura mater und Schädelkalotte, entsteht in 85 % durch eine Zerreißung der A. meningea media und findet sich überwiegend temporal. Meist besteht eine begleitende Schädelfraktur. Die charakteristische bikonvexe Form resultiert aus der Begrenzung der Blutungsanteile durch die Anheftung der Dura an der Schädelinnenseite im Bereich der Schädelnähte **(s. Abb. 34.1)**. Das EDH wird mit zunehmendem Lebensalter aufgrund der verstärkten Adhärenz der Dura zum Schädelknochen seltener. Die Prognose ist bei frühzeitiger Entfernung der koagulierten Blutungsanteile über eine osteoplastische Trepanation gut. In 34 % bestehen jedoch zusätzlich Kontusionsblutungen und/oder Subduralhämatome, die die Prognose wesentlich verschlechtern. **Ein beschwerdefreies Intervall wird als charakteristisch be-**

schrieben, fehlt aber in den meisten Fällen. Kleinere EDH können konservativ behandelt werden. Differentialdiagnostisch muss vor allem bei unklarem Unfallmechanismus bildmorphologisch ein Meningeom erwogen werden (Greenberg 1997, Moskopp und Wassmann 2005).

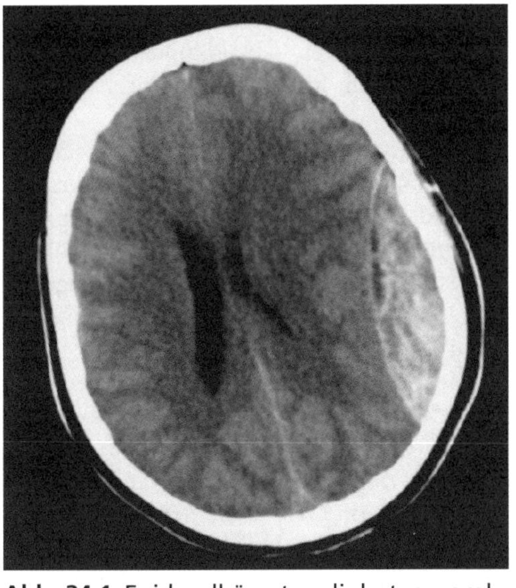

Abb. 34.1 Epiduralhämatom links temporal mit deutlicher Raumforderung, Kompression des linken Seitenventrikels und leichter Mittellinienverlagerung. Operative Behandlung indiziert

34.3.3 Akutes Subduralhämatom

Das akute Subduralhämatom (aSDH) entsteht durch Blutungen aus Brückenvenen oder eingerissenen Kortikalarterien (s. Abb. 34.2), es hat eine zum Hirn konkave Form und kann die gesamte Großhirnhemisphäre überspannen. Die klinische Symptomatik ist ebenso wie beim akuten Epiduralhämatom durch eine schnelle Verschlechterung der Bewusstseinslage gekennzeichnet, so dass es klinisch nicht sicher von diesem unterschieden werden kann. Die Behandlung symptomatischer oder großer Hämatome (>1 cm maximaler Durchmesser) besteht in der Hämatomausräumung über eine osteoplastische Trepanation. Bei raumfordernden Begleitverletzungen (Hirnkontusionen, Hirnödem) sollte die gleichzeitige dekompressive Hemikraniektomie erwogen werden. Kleinere, nicht raumfordernde und nicht symptomatische Subduralhämatome können konservativ behandelt werden. Die hohe Letatlität beim aSDH von 50–90 % ist vor allem auf die oft erheblichen Begleitverletzungen (Hirnkontusion, Hirnödem, diffuse axonale Verletzung) zurückzuführen. Eine extrem hohe Letalität (90–100 %) wird bei Patienten mit niedrigem GCS, einer verzögerten operativen Entlastung (>4 h), einer Einnahme von Antikoagulantien und einem Lebensalter von >70 Jahren beobachtet (Greenberg 1997).

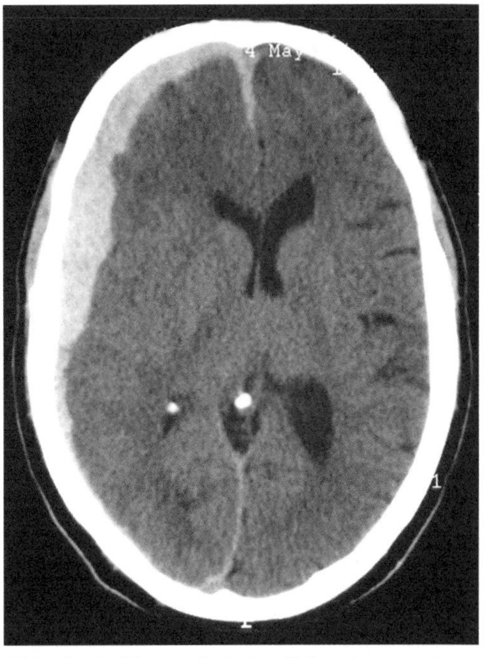

Abb. 34.2 Akutes Subduralhämatom nach Treppensturz. Raumforderung des hyperdensen Hämatoms mit Mittellinienverlagerung. Operative Therapie.

34.3.4 Chronisches Subduralhämatom

Das chronische Subduralhämatom (cSDH) ist eine **typische Erkrankung des älteren Menschen**, das vermutlich ebenfalls durch den Einriss von Brückenvenen oder aus kleinen kontusionierten Kortikalarterien entsteht. Es wird angenommen, dass aufgrund der Hirnatrophie bei höherem Lebensalter die Brückenvenen zunehmend unter Spannung geraten und damit vermehrt rupturgefährdet sind. In 50–75 % der Fälle ist anamnestisch ein Trauma zu erfahren, in 20 % findet sich das cSDH beidseits. In der CCT erscheint das cSDH als sichelförmige Raumforderung über der Großhirnhemisphäre. cSDH neigen zur Membranbildung und zur Größenzunahme durch Flüssigkeitseinlagerung. Das Alter der Blutung korreliert mit dem CT-Befund. Frischere Blutungen (innerhalb einer Woche) erscheinen hyperdens, mittelalte (2–3 Wochen alt) isodens und ältere Blutungen (= 4 Wochen alt) hypodens (Adhiyaman et al. 2002, Greenberg 1997). **Besonders in der isodensen Phase kann das cSDH im CT übersehen werden**, hier bietet sich bei Verdacht aufgrund der Mittellinienverlagerung oder verstrichener Hirnfurchen die Gabe von Kontrastmittel zur Darstellung der Membranen oder die Durchführung einer MRT an. Die MRT (T2-Wichtung) ist dem CT bezüglich dem Nachweis eines cSDH überlegen. **Häufige Symptome** sind eine Hemiparese, eine Sprachstörung und eine Gangunsicherheit. Frische Einblutungen in ein vorbestehendes cSDH sind gerade bei Einnahme von oralen Antikoagulantien oder Thrombozytenaggregationshemmern nicht selten und können zu einer plötzlichen Verschlechterung der neurologischen Symptomatik führen. **Symptomatische und/oder raumfordernde cSDH werden operativ behandelt.** Dabei ist die optimale Behandlung umstritten. **Die folgenden Techniken kommen zur Anwendung:**

1. Bei hypodenser homogener Struktur und dem Fehlen von Membranen kann, insbesondere bei multimorbiden oder hochbetagten und narkoseintoleranten Patienten, eine sog. Kraniostomie, also eine Bohrlochanlage ggf. mit dem Handbohrer und in Lokalanästhesie (auch am Patientenbett möglich), erfolgen. Die charakteristische motorölfarbene Hämatomflüssigkeit kann somit abgelassen und der durch das Hämatom entstandene Druck auf das Hirn entlastet werden.
2. Als nächst größerer und am ehesten als Standard bei der Erstoperation anzusehender Eingriff ist die Bohrlochtrepanation in Intubationsnarkose mit Spülung des subduralen Raumes und Einlage einer subduralen Drainage für bis zu 48 h zu nennen.
3. Die Rezidivrate bei cSDH liegt bei etwa 30 %. Bei Rezidiveingriffen oder ausgeprägter Membranbildung wird zumeist eine erweiterte Bohrlochtrepanation oder Trepanation über einen kleinen Knochendeckel durchgeführt. Nach Spülung kann dann der Situs inspiziert und Membranen ggf. inzidiert werden. Auch hierbei ist das Einlegen einer Drainage zweckmäßig. Als Variante der genannten Eingriffe können bei Membranbildung auch mehrere Bohrlöcher angelegt werden.

In jedem Fall ist postoperativ sowie nach 4–6 Wochen eine **Kontroll-CCT** durchzuführen. Aufgrund der Begleiterkrankungen der zumeist älteren Patienten wird die Rate operationsbedingter Komplikationen mit 3–28 % angegeben, die Rate internistischer Komplikationen mit 16 % (Moskopp und Wassmann 2005). Gerade bei älteren Patienten sei auf die Möglichkeit einer **duralen Metastasierung** solider systemischer Tumore hingewiesen. Die dadurch bedingte subdurale Flüssigkeitsansammlung ist bildmorphologisch von einem „echten" cSDH nicht zu unterscheiden. Deshalb sollte bei allen Patienten mit bekanntem malignen Leiden und subduraler Flüssigkeitsansammlung intraoperativ Material für die zytologische Untersuchung gewonnen werden. Kleinere, symptomlose Hämatome können beobachtet werden, dabei sollte eine ausreichende Flüssigkeitszufuhr sichergestellt werden. Bei Vergrößerung unter konservativer Behandlung ist die Operation erneut zu erwägen.

34.3.5 Traumatische Subarachnoidalblutung

Die traumatische SAB (trSAB) findet sich vorzugsweise über den Großhirnhemisphären. Im Gegensatz zur aneurysmatischen Subarachnoidalblutung fehlt der Blutnachweis in den basalen Zisternen, in der Inselzisterne und dem frontalen Interhemisphärenspalt (**Abb. 34.3**). Die trSAB bedarf keiner spezifischen medikamentösen Therapie. Bei dem Fehlen von Begleitverletzungen ist eine stationäre Überwachung für ein paar Tage zu empfehlen. Bei begründeten Zweifeln an der traumatischen Ursache der Blutung sollte jedoch eine digitale Subtraktionsangiographie (DSA) zum Ausschluss einer Gefäßfehlbildung erfolgen (Greenberg 1997). Die CT-Angiographie und die MR-Angiographie können die DSA zurzeit (noch) nicht ersetzen.

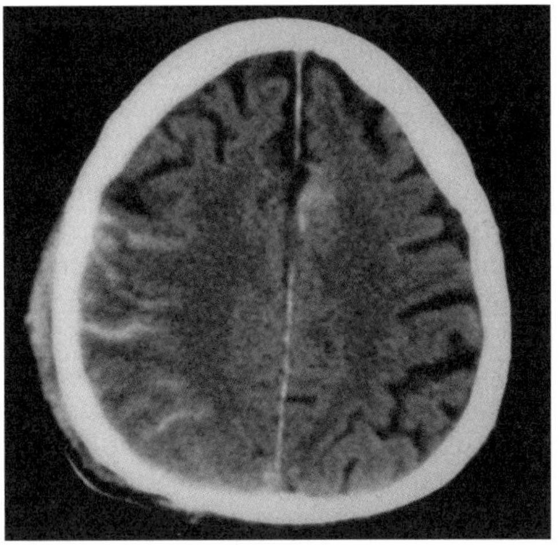

Abb. 34.3 Traumatische Subarachnoidalblutung (über rechter Hemisphäre und interhemisphäral) und extrakranielle Weichteilschwellung bei einem 75-jährigen Patienten. In den basalen Zisternen, in der Inselrinde und im frontalen Interhemisphärenspalt kein Blutnachweis. Konservative Behandlung.

34.3.6 Intrazerebrale Kontusionen und Einblutungen

Bei bis zu 60 % der Patienten mit schwerem SHT werden intrazerebrale Kontusionen ohne oder mit Einblutungen beobachtet. In der CCT sieht man inhomogene Areale wechselnder Dichte, die Blut, Ödem und Nekrosezonen entsprechen. Bei vorhandener Raumforderung muss eine operative Entlastung durch eine osteoplastische Trepanation erwogen werden. Die Blutstillung im geschädigten Hirn kann insbesondere bei älteren Patienten mit längerer Einnahme von Thrombozytenaggregationshemmern oder Antikoagulantien sehr problematisch sein. Kontusionen werden vor allem frontal und temporal beobachtet. Bei bifrontalen Läsionen können hochgradige Antriebstörungen resultieren. Insbesondere bei unklarem Schädigungsmechanismus sind differentialdiagnostisch Tumore, Gefäßmalformationen, Vaskulitiden, Sinusvenenthrombosen und spontane intrazerebrale Blutungen abzugrenzen (ggf. MRT, Angiographie) (Greenberg 1997, Piek und Unterberg 1999).

34.3.7 Fremdkörperverletzungen, Schussverletzungen

Schussverletzungen sind in Zentraleuropa selten, bei älteren Menschen überwiegen dabei Suizidversuche. Zusätzlich zum Gewebeschaden im Schusskanal entsteht eine Hirnschädigung durch die Druckwelle. Haut-, Knochen- und Duradefekte müssen operativ versorgt werden, das verbliebene Projektil sollte nur bei oberflächlicher Lage entfernt werden, eine Antibiotikatherapie ist indiziert. Ca. 50 % der Schussverletzungen mit Beteiligung des Neurokranium werden überlebt, häufig mit erheblichen Defektzuständen. Andere Fremdkörperverletzungen des Neurokranium kommen bei Erwachsenen z. B. bei Arbeiten mit Bolzenschussgeräten vor. Eingedrungene Fremdkörper sollten in keinem Fall präoperativ entfernt werden, da hierdurch verletzte Gefäße rupturieren können.

34.3.8 Diffuser axonaler Hirnschaden

Disseminiert auftretende Verletzungen der weißen Substanz, früher als „Scherverletzung" oder „inneres Hirntrauma" bezeichnet, werden als diffuse axonale Schädigung zusammengefasst („diffuse axonal injury", DAI). Dabei kommt es zum Untergang von Neuronen mit Ausbildung von Gliosezonen. Eine Raumforderung wird in der Regel nicht beobachtet, eine spezifische Therapie gibt es nicht. Die Darstellung ist mittels MRT deutlich verbessert (Piek und Unterberg 1999, Moskopp und Wassmann 2005).

34.3.9 Konservative Hirndrucktherapie, Neuroprotektion

Das Konzept zur Hirndrucksenkung setzt die Entfernung von raumfordernden Läsionen voraus und umfasst eine Reihe von Maßnahmen, deren Wirksamkeit häufig nicht zweifelsfrei erwiesen ist. Generell sollte zur Vermeidung von Sekundärschäden des ZNS eine Normoglykämie und Normtemperatur angestrebt werden. Es ist ein ausreichender zerebraler Perfusionsdruck (cerebral perfusion pressure, CPP) anzustreben. Dieser errechnet sich aus dem mittleren arteriellen Druck (MAP) minus dem intrakraniellen Druck (intracranial pressure, ICP). Der CPP sollte zur ausreichenden Perfusion des Hirns bei 60–70 mmHg liegen. Eine leichte Oberkörperhochlagerung kann bereits eine Entlastung des ICP durch Reduzierung des venösen Abflusswiderstandes erbringen. Eine milde Hyperventilation (Ziel-pCO2 = 35 mmHg) kann mittelfristig Entlastung bringen, während die Wirkung von osmotisch wirksamen Medikamenten wie Mannitol meist nur von kurzer Dauer ist und sich deshalb vor allem bei der Erstversorgung und unmittelbar präoperativ anbietet. Bei sedierten und intubierten Patienten sollte die Anlage einer Hirndruckmesssonde zur Steuerung der Hirndrucktherapie erfolgen (Greenberg 1997, Piek und Unterberg 1999). Antiödematöse Medikamente wie Kortison oder Dexamethason sind nicht mehr indiziert, da ihre Wirkung auch als Hochdosis nicht nachgewiesen werden konnte.

34.3.10 Dekompressive Hemikraniektomie

Bei progredienter Hirnschwellung trotz konservativer Maßnahmen ist die dekompressive Hemikraniektomie häufig die einzige verbliebene Möglichkeit, ein Einklemmen des Hirnstammes zu verhindern. Dabei wird über einen fragezeichenförmigen Hautschnitt von temporal über okzipital bis nach frontal ein ca. handtellergroßer Knochendeckel entnommen und eine Duraerweiterungsplastik durchgeführt. Die entnommenen Knochendeckelanteile können eingefroren oder in das subkutane Bauchfett implantiert werden, um eine spätere Reimplantation zu ermöglichen. Der

Eingriff kann ein- oder beidseits erfolgen. Kleinere Kraniektomien bergen die Gefahr der Einklemmung von Hirnanteilen am Trepanationsrand (Piek und Unterberg 1999). Eine starre Altersgrenze kann nicht angegeben werden. Die Indikation ist abhängig vom biologischen Zustand des Patienten und den Begleitumständen zu stellen.

34.3.11 Posttraumatischer Hydrozephalus

Die Entstehung eines posttraumatischen Hydrozephalus wird durch das Vorhandensein von Blutanteilen im Subarachnoidalraum, einer Fibrosierung nach Kraniotomie und/oder einer Meningitis erklärt. Dabei ist eine akute Verlaufsform (Entwicklung innerhalb von Stunden nach dem Trauma, selten) von einer subakuten (innerhalb von wenigen Wochen) und einer Normaldruckhydrozephalus-ähnlichen späten Entwicklung (häufiger) zu unterscheiden. Die Therapie besteht in der Anlage eines ventrikulo-peritonealen Shunts. Die Entwicklung eines posttraumatischen Hydrozephalus ist in jedem Fall von einer Atrophie-bedingten Ventrikelerweiterung ohne Erhöhung des Liquordruckes abzugrenzen.

34.3.12 Posttraumatische epileptische Anfälle

Die Häufigkeit posttraumatischer Krampfanfälle wird mit 2–15 % angegeben. Hauptrisikofaktor ist das Vorliegen einer intrazerebralen Blutung. Weitere Risikofaktoren sind eine posttraumatische Bewusstlosigkeit, eine Schädelfraktur und eine operative Behandlung. Es werden Frühanfälle (auftreten innerhalb der ersten Woche) von Spätanfällen (Auftreten innerhalb von 2 Wochen bis 36 Monaten) unterschieden. Diese Unterscheidung ist wichtig, weil das Risiko der Entwicklung einer Epilepsie bei Spätanfällen deutlich höher ist. Eine generelle prophylaktische antikonvulsive Therapie wird bei Patienten mit SHT nicht empfohlen (Schütze et al. 1999).

34b Spinales Trauma

34.4 Definition, Epidemiologie und Pathophysiologie

Eine Gewalteinwirkung auf die Wirbelsäule kann die Wirbelkörper und -bögen, die Bandscheiben, Muskeln und Bänder sowie das Rückenmark schädigen. Spinale Traumen führen in Deutschland zu etwa 55 000 stationären Behandlungsfällen pro Jahr (Schwertfeger et al. 2004). Bei Wirbelfrakturen kommt es in 25 % zu einer Schädigung des Rückenmarkes, die bis zum kompletten Querschnittsyndrom reichen kann. Rückenmarkverletzungen ohne Wirbelfraktur sind insgesamt selten, kommen jedoch aufgrund der degenerativen Vorschädigung (Spondylophyten, Bandscheibenvorfall) und einer dadurch bedingten spinalen Enge bei älteren Patienten häufiger vor.
Bei Wirbelsäulenverletzungen ist die Einschätzung der Stabilität von großer Bedeutung. Stabile Verletzungen können fast ausnahmslos konservativ behandelt und mobilisiert werden, während instabile Frakturen operiert werden sollten. Ziel der Operation ist dabei neben der Stabilisierung der Wirbelsäule die Dekompression nervaler Strukturen. Eine einheitliche Klassifikation spinaler Traumata gibt es nicht.

34.5 Erstversorgung am Unfallort

Bei dem Verdacht auf eine Wirbelsäulenverletzung sollte am Unfallort der Kopf in Neutral-Null-Position gehalten, eine harte Halskrawatte sowie eine Vakuummatratze angelegt werden. Die NASCIS-Studien (National Acute Spinal Cord Injury) haben ergeben, dass bei Rückenmarkverletzungen die Gabe von Methylprednisolon innerhalb von 3 h nach dem Trauma nach dem folgenden Schema sinnvoll ist: Bolusgabe von 30 mg/kgKG über 15 min, nach 45 min Pause dann 5,4 mg/kgKG/h über 23 h (Bracken et al. 2004).

34.6 Gezielte spinale Diagnostik

Die **neurologische Untersuchung** ist das wichtigste diagnostische Werkzeug bei der Beurteilung einer Wirbelsäulenverletzung. Sie erlaubt eine ungefähre Höhenlokalisation sowie eine erste Abschätzung der Gefährdung und der Prognose. Es ist dabei zu berücksichtigen, dass die klinisch festgestellte Höhenlokalisation dabei von der tatsächlich geschädigten Rückenmarkhöhe um mehrere Segmente nach distal abweichen kann. Eine akute Gefährdung des Patienten ergibt sich vor allem bei Läsionen des Halsmarks aufgrund einer Behinderung der Atmung durch Lähmung der Interkostalmuskulatur (Th1–6) und des Zwerchfells (C3–5) sowie durch den Wegfall vegetativer Efferenzen zum Herzmuskel mit der resultierenden Gefahr der Herzrhythmusstörungen.

34.6.1 Magnetresonanztomographie

Die spinale MRT ist das diagnostische Mittel der Wahl bei Verdacht auf eine Rückenmarkverletzung. Sie erlaubt neben der exakten Höhenlokalisation der Schädigung die zuverlässige Darstellung intraspinaler Hämatome und begleitender ligamentärer Verletzungen.

34.6.2 Computertomographie

Die CT erlaubt eine genaue Darstellung der knöchernen Strukturen sowie eine grobe Abschätzung intraspinaler Traumafolgen. Sie wird häufig als Erstdiagnostik eingesetzt, bei polytraumatisierten Patienten zunehmend als Spiral-CT mit Darstellung des Neurokranium sowie der HWS, BWS und LWS.

34.6.3 Röntgennativuntersuchungen

Zum Nachweis von Wirbelsäulenfrakturen insbesondere der HWS und LWS sind Röntgennativuntersuchungen nach wie vor gut geeignet. Sie sollten immer in mindestens zwei Ebenen durchgeführt werden; Spezialaufnahmen des Dens Axis ergänzen das Spektrum. Ergibt sich anhand der Aufnahmen ein Frakturnachweis, sollte eine CT erfolgen.

34.7 Klinisches Bild und Behandlung

34.7.1 Querschnittsyndrome

Bei **kompletter Querschnittschädigung** entsteht durch den Wegfall aller Efferenzen das **klinische Bild des spinalen Schocks:** Plegie kaudalwärts der Schädigung, Sensibilitätsverlust, Erlöschen der Muskeleigenreflexe, Blutdruckabfall infolge Vasomotorenlähmung (Schockgefahr!), Blasen-Darm-Lähmung (Harnverhalt, Obstipation), Störung der Hauttrophik (Dekubitalgeschwüre!) und Behinderung der Atmung bei einer Verletzung im HWS-Bereich. Mit dem Wiedererlangen spinaler Reflexe geht der spinale Schock innerhalb von Tagen bis Wochen in eine spastische Parese über. Nur 3 % der Patienten mit komplettem Querschnitt bei der ersten Untersuchung erholen sich innerhalb von 24 h. Bei ausbleibender Besserung innerhalb von 24 h besteht keine Aussicht auf Erholung.
Bei inkomplettem Querschnitt ist eine Besserung bei rascher Operation (ventrale Fusion, ggf. Korporektomie) möglich. Neben dem kompletten Querschnittsyndrom kommen inkomplette Läsionen vor, wie z. B. das Syndrom der spinalen Halbseitenlähmung (Brown-Sequard) sowie das vordere und hintere Rückenmarksyndrom. Ausgestanzte Defekte einzelner Qualitäten kommen praktisch nur bei Schuss- oder Stichverletzungen vor.

34.7.2 HWS-Frakturen

Frakturen des ersten Halswirbels (Atlasfrakturen), meist uni- oder bilaterale Bogenfrakturen, gehen selten mit einem neurologischen Defizit einher und können fast ausschließlich konservativ behandelt werden. Bei der Jefferson-Fraktur (vordere und hintere Bogenfraktur) kann es zu einem Auseinanderweichen der Massae laterales kommen. Bei einem Abstand von mehr als 7 mm gilt die Fraktur als instabil und sollte mit einem Halo®-Fixateur für 10–14 Wochen ruhig gestellt werden. Ansonsten ist eine externe zervikale Stütze (z. B. Plastazote®) für 6–8 Wochen ausreichend (Greenberg 1997, Moskopp und Wassmann 2005).
Auch **Frakturen des zweiten Halswirbels (Axisfrakturen)** gehen selten mit einem neurologischen Defizit einher, aufgrund von Instabilität müssen sie aber, insbesondere im Alter, häufig operativ versorgt werden. Bei der sogenannten **„Hangman-Fraktur“** kommt es zu einer beidseitigen Frakturierung der Pars interarticularis des Axis und damit zu einer Luxation des Axiskörpers gegen den HWK 3. Die Behandlung besteht je nach Dislokation in einer rigiden

Immobilisation mit einer Halo-Weste für 10–12 Wochen bzw. in einer dorsalen Verschraubung durch den Bruchspalt bzw. einer ventralen Plattenosteosynthese.
Die **Densfraktur** wird nach Anderson in drei Typen unterteilt: (I) Fraktur der Densspitze, (II) Fraktur der Densbasis, (III) Fraktur der Densbasis mit Einstrahlung in den Axiskörper. Typ I gilt weithin als stabil und kann mit einer Zervikalstütze für 1–2 Wochen versorgt werden. Typ II ist instabil, je nach dem Abstand der Fragmente kommt eine rigide Fixation für 12 Wochen oder eine ventrale Densverschraubung zum Einsatz. Bei Patienten über 60 Jahren wird hier in jedem Fall die operative Versorgung favorisiert. Typ III wiederum ist aufgrund der großen Kontaktflächen der Fragmente als stabil einzuordnen und wird konservativ durch Ruhigstellung für 10–12 Wochen behandelt.

34.7.3 BWS- und LWS-Frakturen

Bei älteren Menschen überwiegen unter den BWS- und LWS-Frakturen **Kompressionsbrüche bei Stürzen**, meist begünstigt durch eine **Osteoporose**. Auch spontane Frakturen bei alltäglichen Bewegungen kommen vor. Bei stabiler Hinterkante ohne Einengung des Spinalkanals ist die konservative Behandlung unter Mobilisation mit einem Stützmieder meist ausreichend. Ggf. kommt hier die **Kyphoplastie**, also die CT-kontrollierte Instillation von Knochenzement in den frakturierten Wirbelkörper als minimal-invasiver Eingriff in Frage. Unmittelbar nach dem Eingriff sollte die Belastungsstabilität wieder hergestellt und die Schmerzen deutlich rückläufig sein. Für die effektive Nutzung der Kyphoplastie ist eine strenge Indikationsstellung notwendig, eine kontrollierte prospektive Studie ist in Arbeit (Kasperk et al. 2003). Bei **Instabilität und Einengung des Spinalkanals** sollte eine operative Behandlung erwogen werden. Dabei ist die Laminektomie als Dekompression des Duraschlauches problematisch, da sie eine vorhandene Instabilität noch verstärkt. Häufig ist deshalb in diesen Fällen eine **Spondylodese mit Implantation eines Fixateur interne** nötig. Der Eingriff kann prinzipiell von vorne (LWS), hinten oder seitlich (BWS) erfolgen. Der frakturierte Wirbelkörper kann dabei aufgerichtet oder entfernt (Korporektomie) werden, Zwischenwirbelräume können mit Metallimplantaten, Knochen (Beckenkamminterponat) oder Granula aufgefüllt werden. Der Erfolg einer Implantation einer Spondylodese setzt eine ausreichende Stabilität der Knochenstruktur (problematisch bei: Osteoporose, M. Bechterew, Metastasen) und die spätere knöcherne Durchbauung (problematisch bei Übergewicht, Gefäßerkrankungen, Nikotinabusus) voraus.

34.7.4 Traumatische Bandscheibenzerreißungen

Traumatische Bandscheibenzerreißungen sind insgesamt selten, meist entstehen sie auf dem Boden einer vorbestehenden degenerativen Bandscheibenveränderung. Bei einer isolierten Bandscheibenzerreißung mit Sequesterbildung im Spinalkanal sollte die Entfernung des Vorfalles und der Bandscheibe erwogen werden. An der HWS geschieht dieses am besten von ventral mit nachfolgendem Einbringen eines Ersatzmaterials, z. B. eines Knochenzement-Interponates (ventrale Fusion), eines Titan-Cages oder kombinierter Verfahren mit Beckenkamminterponat und ventraler Plattenosteosynthese. Das Operationsergebnis hängt im Wesentlichen von der Rückenmarksschädigung ab.

34.8 Differentialdiagnose von spinalen Traumen im Alter

Die Beurteilung der Kausalität von Traumata, Tumoren, Gefäßprozessen und degenerativen Veränderungen ist beim älteren Menschen aufgrund der häufig vorhandenen Koinzidenz nicht selten schwierig. Tumoren, insbesondere Wirbelmetastasen, können bei Bagatelltraumen zu einer Wirbelsäulenfraktur führen. Gefäßverschlüsse können zu einem Querschnittsyndrom und damit zu einem Sturz führen. Degenerative Veränderungen können bei erlittenem Trauma eine Rückenmarkschädigung begünstigen. Diese Gegebenheiten sind im Einzelfall zu berücksichtigen.

Literatur

Adhiyaman V, Asghar M, Ganeshram KN, Bhowmick BK (2002) Chronic subdural haematoma in the elderly. Postgrad Med J 78:71–75

Bracken MB (2004) Steroids for acute spinal cord injury. In: The Cochrane Library, Issue 3, Wiley, Chinester

Gomez PA, Lobato RD, Boto GR, DelaLama A, Gonzales PJ, DelaCruz J (2000) Age and outcome after severe head injury. Acta Neurochir 142:373–381

Greenberg MS (1997) Handbook of Neurosurgery. Greenberg Graphics, Lakeland

Kasperk C, Hillmeier J, Nöldge G, Libicher M, Kauffmann GW, Nawroth PP, Meeder PJ (2003) Dt Arztebl 100:A1748–1752

Moskopp D, Wassmann H (2005) Neurochirurgie. Schattauer, Stuttgart, New York

Piek J, Unterberg A (1999) Grundlagen neurochirurgischer Intensivmedizin. Zuckschwerdt, München Bern Wien New York

Schütze M, Dauch WA, Güttinger M, Hämpel-Christiansen M, Firsching R (1999) Risikofaktoren für posttraumatische Anfälle und Epilepsie. Zentralbl Neurochir 60:163–167

Schwerdtfeger K, Steudel WI, Pitzen T, Mautes AEM (2004) Spinales Trauma. Intensivmed 41: 71–80

Teasdale G, Jennett B (1976) Assessment of coma after head injury. Acta Neurochir (Wien) 34: 45–55

35 Stürze im Alter

Thomas Stamm

Einleitung

In der ICD 10 wird der Sturz **definiert** als ein unbeabsichtigtes, unvorhersehbares Ereignis mit der Folge, dass die stürzende Person ohne äußere Gewalteinwirkung, Bewusstseinsverlust, plötzlich einsetzende Lähmung oder epileptischen Anfall zu Boden stürzt. Vom Sturz abzugrenzen ist die **Synkope,** die mit einer plötzlichen Bewusstseins- und Tonusveränderung einhergeht, ggf. begleitet von Schwindel und hypotoner Dysregulation. Von der Synkope ist abzugrenzen die **Präsynkope,** bei der es sich um einen Schwächeanfall mit Kraftlosigkeit und dem Gefühl einer bevorstehenden Bewusstlosigkeit handelt.

35.1 Epidemiologie

Das Erfassen der Sturzhäufigkeit älterer Menschen zu Hause ist schwierig, da Stürze häufig nicht berichtet werden oder sich der Ältere an den Sturzablauf nicht mehr erinnert. Epidemiologische Daten über Stürze und deren Folgen sind in Finnland einem umfassenden Klinikentlassungsregister sowie der offiziellen Todesstatistik von 1970–1995 zu entnehmen (Lunkmen et al. 1995). In dieser umfassenden Statistik wird der Sturz sowohl als Grund für eine Klinikbehandlung sowie als **Todesursache** aufgeführt. Entsprechend dieser Erhebung sind Stürze und ihre Folgen die häufigste nicht-natürliche Todesursache. Bei über 65-Jährigen sind sie die siebthäufigste Todesursache. Die Sturzhäufigkeit steigt mit dem Lebensalter ab dem siebten Jahrzehnt besonders deutlich bis auf das Dreifache für über 90-Jährige. Ca. 30 % der über 65-Jährigen und ca. 50 % der über 80-Jährigen zu Hause lebenden Personen stürzt einmal pro Jahr. Im Verhältnis zu den im eigenen Zuhause lebenden Älteren ist die Sturzrate bei Heimbewohnern 2- bis 3-fach erhöht.

Mit dem Alter und zunehmender Multimorbidität steigt das Sturzrisiko, Frauen sind häufiger betroffen als Männer. Überraschend führt die erhöhte Sturzrate von Krankenhauspatienten eher selten zu schwerwiegenden Verletzungen. Nur ca. 20–25 % aller Stürze bei älteren Menschen führen zu Kontakten mit Ärzten oder medizinischem Fachpersonal. Kommt es bei den Stürzen im Krankenhaus zu Verletzungen, dann erfolgt die Vorstellung in der jeweiligen BG-Ambulanz des Krankenhauses. Somit wird der Sturz im Krankenhaus mit seinen Folgen besonders sorgfältig im Rahmen des BG-Verfahrens erfasst.

35.2 Ätiologie der Stürze

In der Ätiologie der Stürze (s.**Tab. 35.1**) werden intrinsische, extrinsische und synkopale Sturzursachen unterschieden.

Tab. 35.1 Systematik der Sturzursachen

Kategorie des Sturzes	Ursache
1. Synkopal (max. 10 %)	plötzliche Bewusstseins- und Tonusveränderung
	Synkope: orthostatische oder hypotone Dysregulation
	drop attack
2. Lokomotorisch	wesentliche Sturzursachen/ Krafteinwirkungen
2.1 Extrinsisch (max. 10 %)	von außen oder Schwerpunkt verlagernde, postural
	außergewöhnliche Tätigkeiten
2.2 Intrinsisch (80 %)	wesentliche Ursachen liegen im Patienten selbst
	meist multifaktoriell

Die intrinsisch verursachten lokomotorischen Stürze entstehen bei alltagsüblichen Tätigkeiten ohne besondere äußere Ursachen aufgrund der mit dem Alter zunehmend verminderten muskulären Kraft der unteren Extremitäten sowie der verminderten Balance- und Gehfähigkeit. Bei den extrinsisch verursachten lokomotorischen Stürzen handelt es sich um Stürze, die durch von außen einwirkende Kräfte bzw. durch Schwerpunkt verlagernde außergewöhnliche Tätigkeiten bedingt sind.

Die zu klärende Frage der ätiologisch orientierten Sturzanalyse lautet:

Handelt es sich bei diesem Sturz um eine dauernd vorhandene Minderung von Balance oder Lokomotion im Alter, um ein anfallsartiges singuläres Ereignis, verursacht durch eine plötzlich manifestierende Organerkrankung wie Blutdruckabfall, Herzrhythmusstörung, oder um sturzbegünstigende extrinsische Umweltfaktoren, wie schlechte Beleuchtung, Teppichkante oder Bananenschale.

Zu den herausragenden **intrinsischen Ursachen für Stürze**, die durch die zunehmende Alterung und die veränderte Altersphysiologie bedingt sind, gehören eine Verminderung

1. des Visus,
2. der Leistung des Hör- und Vestibularorgans,
3. der Propriozeption,
4. der Reaktionszeit,
5. der Muskelkraft.

Der Sturz im Alter entsteht weit überwiegend aus der Addition intrinsischer Ursachen, die die im jüngeren Alter noch vorhandene Reservekapazität der Gleichgewichtsregulation aufbraucht und ehemals alltägliche Bewegungen, z. B. Hose entkleiden im Stehen, schon bei minimalen Störreizen an die Leistungsgrenze bringt.

35.3 Diagnose

Die Diagnostik des Sturzes schließt die Zuordnung des jeweiligen Sturzes in das bereits dargestellte ätiologische Raster ein. Nach diesem Schritt ist das Risiko für weitere Stürze abzuschätzen. Um dies zu können, müssen die individuellen Sturzrisiken identifiziert werden. Dies geschieht mit einem speziellen **Sturzassessment** (s. Kap. 7), eventuell in einer besonderen Mobilitätssprechstunde. Dieses Sturzassessment eignet sich zu Verlaufsuntersuchungen sowie zur Identifikation von Risikofaktoren und schließt folgende Tests ein:

1. Seh-Test (Sehtafel),
2. Hör-Test (Whisper-Test),
3. Einfacher und erschwerter Rhomberg,
4. Timed up and go-Test (Podsiadlo und Richardson 1991),
5. Mobilitätstest (Tinetti 1986),
6. Stops walking when talking,
7. BMI (Body-Mass-Index),
8. Uhrentest,
9. Medikamentenliste > als 4 Medikamente,
10. Handkraft.

35.4 Risikofaktoren für Stürze

Stürze im höheren Lebensalter sind durch mehrere Risikofaktoren bedingt. Das Risiko zu stürzen, wächst mit der Anzahl der Risikofaktoren. Es gilt, sämtliche Risikofaktoren zu identifizieren und zu gewichten. Das multidimensionale geriatrische Assessment bietet für diese Risikogewichtung eine strukturierte Hilfe.

Das Risiko zu stürzen ist bei über 70-Jährigen in eigenem Zuhause lebenden Personen erhöht durch:

1. kognitive Defizite,
2. Malnutrition,
3. Seh- und Hörstörungen,
4. verminderte Gehgeschwindigkeit und Balancefähigkeit,
5. Behinderung im Bereich der unteren Extremitäten (Knie- und Sprunggelenksarthrosen, Fußprobleme),
6. Multimedikation und insbesondere die Einnahme von sedierenden Medikamenten.

Schlafmittel führen bei den über 70-Jährigen in eigener Wohnung lebenden Personen zu einem 28-fach erhöhten Sturzrisiko. Das Risiko für den Sturz wird nicht nur durch eine einzige spezifische Substanz, sondern auch durch die Zahl der eingenommenen Medikamente erhöht.

Mit steigendem Alter nimmt der Anteil unkoordinierter Bewegungen zu bei gleichzeitiger Abnahme der Gleichgewichtsfähigkeit, weshalb die Sturzhäufigkeit steigt (Lunkmen et al. 1995). Für **sturzassoziierte Alterserkrankungen** wie Demenzen, Parkinson und Schlaganfall ist das Sturzrisiko besonders erhöht. Die Demenzkranken haben ein 20-fach erhöhtes Risiko zu stürzen. Bei Parkinson-Patienten steigt das Risiko zu stürzen mit der Krankheitsdauer im Vergleich zu gesunden Gleichaltrigen um das 10-fache. Die Demenzkranken zeichnen sich durch einen erhöhten Bewegungsdrang aus, beim Parkinson ist die Bewegungsabfolge eher eingeengt und verlangsamt. Demenzkranke und Parkinson-Patienten zeigen Aufmerksamkeitsstörungen, psychomotorische Verlangsamung, verlangsamte visuomotorische Reaktionen und Selbstüberschätzung. Patienten mit einem Schlaganfall können im akuten Schlaganfall stürzen und sich eine Schenkelhalsfraktur zuziehen. Sie können auch stürzen nach stattgehabtem Schlaganfall aufgrund der resultierenden Funktionsdefizite wie Hemi- oder Tetraparesen, Spastik, Neglect oder Gesichtsfeldausfällen.

35.5 Sturzfolgen

Vier bis sechs Prozent der Stürze im Alter führen zu **Frakturen**, von denen ein Viertel den Schenkelhals betreffen. Nach der Krankenhausstatistik wurden 1998 120 000 Patienten mit Hüftfrakturen erfasst mit eindeutig steigender Tendenz. Die Hälfte der Stürze erfolgen im Winterhalbjahr, ein Viertel der Stürze findet außerhalb des Wohnhauses statt und knapp 10 % der Stürze treten nachts zwischen 18.00 und 06.00 Uhr auf (**s. Tab. 35.2**).

Das Neuauftreten proximaler Schenkelhalsfrakturen ist bei über 85-Jährigen 10-mal so hoch wie bei 65- bis 74-Jährigen. Jeder zwanzigste bis dreißigste Alten- und Pflegeheimbewohner erleidet einmal pro Jahr eine proximale Schenkelhalsfraktur. Diese Frakturen führen bei 17,6 % der älteren Patienten zum Tod (**s. Tab. 35.2**). Die perioperative Mortalitätsrate bei Schenkelhalsfrakturen liegt innerhalb von 90 Tagen bei 11,5 %. Mehr als die Hälfte der Patienten erlangt nach der Operation der Schenkelhalsfraktur und der anschließenden Rehabilitation nur eine eingeschränkte Mobilität und ist vermehrt pflege- und hilfsbedürftig.

Etwa 20 % werden auf Dauer pflegebedürftig. Nur 15 % der betroffenen Älteren erreichen die vor der Fraktur bestehende allgemeine Leistungsfähigkeit.

Tab. 35.2 Ergebnisse einer Untersuchung zum funktionellen Zustand von Patienten mit Hüftfraktur, Ulm 1999

Sturzumstand	**Anteil der Patienten**
mit Synkopenanamnese	1,5 %
Sturz außer Haus	23,5 %
in Nasszelle/Toilette	5,6 %
auf der Treppe	2,3 %
Sturz aus dem Bett	5,9 %
Sturz aus dem Rollstuhl	0,9 %
nächtlicher Sturz (18.00–06.00 Uhr)	8,4 %
Oktober–März	49,0 %
Verlauf 6 Monate nach Hüftfraktur	
verstorben	17,6 %
Heim	27,9 %
zurück in Privathaushalt	13,0 %
mussten aus Privatwohnung in ein Heim umziehen	19,0 %
in der Selbstwahrnehmung erreichten 15 % die vor der Fraktur bestehende allgemeine Leistungsfähigkeit	

Häufig bleibt eine Einbuße in der Selbsthilfefähigkeit (s. Tab. 35.3), die sich im deutlich verminderten Barthel-Index niederschlägt.
Der vermehrte Pflege- und Hilfebedarf schlägt sich in einem erhöhten Hilfsmittelbedarf nach 6 Monaten nieder. Auf Hilfsmittel zum Gehen sind fast 2/3 der Patienten nach Abschluss der Rehabilitation angewiesen. Nach Schätzungen entstehen in Deutschland durch die unmittelbare medizinische Behandlung von Hüftfrakturen Kosten von mehr als 1 Milliarde Euro jährlich, wobei die pflegerischen Langzeitkosten nicht eingerechnet sind.

Tab. 35.3 Ergebnisse einer Untersuchung zum funktionellen Zustand von Patienten mit Hüftfraktur, Ulm 1999

Leistungsstand nach 6 Monaten	**Privathaushalt (in %)**	**Heim (in %)**	**Insgesamt (in %)**
unabhängig Gehen außer Haus	39,4	20,4	34,1
Gehen außer Haus/mit Begleitung	70,9	26,5	58,5
Gehen im Haus	87,4	48,9	76,6
selbständiges Ankleiden	65,4	26,	54,6
Hilfsmittelbedarf nach 6 Monaten			
nicht mehr gehfähig	21,6 %		
von den Gehfähigen:			
• kein Hilfsmittel	15,3 %		
• Gehstock oder Unterarmstütze	28,4 %		
• Rollator	34,6 %		

Eine weitere wesentliche Sturzfolge für Betroffene, die zu Hause stürzen, ist die Unfähigkeit, aus eigener Kraft aufzustehen. **Hilfloses Liegenbleiben** älterer, zu Hause allein lebender Menschen ist ein Hinweis auf einen schlechten Gesundheitszustand und eine hierdurch bedingte erhöhte Mortalität. Medizinische Folgen sind Exsikkose, Pneumonie, Dekubiti und Unterkühlung. Die Mortalität für diese Gruppe liegt daher im Vergleich zu Kontrollpersonen um das 5-fache höher. Von denjenigen, die länger als eine Stunde hilflos am Boden liegen, sind nach 6 Monaten 50 % verstorben. Die Mortalität in dieser Gruppe hilfloser Älterer ist um das 10-fache erhöht. Eine weitere bedeutsame Sturzfolge ist die Angst vor einem erneuten Sturz. Diese **Sturzangst** z. T. verbunden mit einer zusätzlich dysfunktionellen Gangstörung untergräbt das Selbstvertrauen, führt zum verstärkten Rückzug und zur Verminderung von sozialen Kontakten. Diese psychischen Folgen schränken die Mobilität ein und verschlechtern die Balance und die Sicherheit. Das Sturzrisiko verstärkt sich durch die Fallangst. Die Patienten gehen breitbasig, unsicher, im Hüftgelenk nach vorne gebeugt und halten sich vermehrt fest. Zusammengefasst wird diese gefährliche Entwicklung unter dem Begriff „Post-Fall-Syndrom", das ein deutlich erhöhtes Sturzrisiko mit sich bringt. Von dieser negativen Entwicklung sind besonders ältere allein lebende Frauen betroffen. Bei rezidivierenden häuslichen Stürzen insbesondere Alleinlebender sind **Hausnotrufsysteme** sowie **Falldetektoren** für diese Gruppe besonders hilfreich.

35.6 Rehabilitation

Dem Erhalt bzw. der Wiederherstellung der Leistungsfähigkeit des aktiven Bewegungsapparates sowie der kardiovaskulären Belastbarkeit wird von Geriatern, Rehabilitations- und Sportmedizinern für die Aufrechterhaltung der Selbständigkeit und Selbstversorgungsfähigkeit eine große Bedeutung beigemessen. **Vorrangige Ziele** der Rehabilitation sind die Verbesserung der Alltagsaktivitäten, die Stärkung von sozialen Kontakten und Selbstvertrauen, die Verminderung von Sturzangst und Stürzen.

Das **Krafttraining** für Ältere und chronisch Kranke im Rahmen der geriatrischen Rehabilitation dient der Stabilisation der Körpermasse, der Verbesserung des Verhältnisses von Muskulatur zu Körperfett. Trotz einer altersabhängig zunehmenden Sarkopenie lassen sich bei Älteren erhebliche positive Effekte durch ein Krafttraining erreichen. Die zunehmende Bedeutung und Notwendigkeit eines Krafttrainings bei Älteren als Sturzprophylaxe wird unter anderem auf der Basis einer gleichmäßigen Abnahme der isometrischen Muskelkraft von rund 1–1,5 % pro Jahr ab dem 60. Lebensjahr begründet. Der Erhalt der Kraftleistungsfähigkeit ist als wesentlicher Einflussfaktor für die selbständige Lebensführung und Lebensqualität zu werten. Für den Erhalt der motorischen Kompetenz und der Fitness ist nicht allein die muskuläre Leistungsfähigkeit sondern die regelmäßige muskuläre Beanspruchung und Nutzung der aeroben und anaeroben Energiebereitstellung während der körperlichen Belastung entscheidend. Als weiteres zentrales Ziel der Rehabilitation ist die situationsangepasste Stabilisierung der Gelenkposition zu formulieren. Aktuell erregen experimentelle Ergebnisse zur altersbedingten Sarkopenie Aufsehen, die auf positive Beeinflussung von katabolen Regulationsfaktoren durch körperliche Aktivität, hier als Training der Kraftausdauer, hinweisen. Diese Ergebnisse zeigen in Übereinstimmung zu epidemiologischen Befunden, dass regelmäßige Freizeitaktivität von Älteren auch die Entzündungsreaktion reduziert. Dies ist ein Prozess, der als signifikanter, unabhängiger Risikofaktor in der Entwicklung der Atherosklerose gesehen werden muss (Ford 2001).

Aktuelle Arbeiten weisen auf die Notwendigkeit von **Balance- und Widerstandstraining** und den Einsatz von **Lauf- und Gehbelastungen unter Gewichtstransfer** hin (Shaws et al. 2003, Tinetti 2003). Erste Untersuchungen zeigen, dass die Teilnahme an einem Training mit niederen Intensitäten im Kontrollgruppenvergleich die Zahl der Stürze reduziert (Tinetti 1994).

Die Ziele eines Krafttrainings für Ältere sind wie folgt zusammenzufassen:

1. Übergeordnete Aufgaben:

- Stabilisation des Körpergewichts während des Gewichtstransfers und der Fortbewegung,

- Erhalt der Muskelmasse,
- Verbesserung der Aktivitäten des täglichen Lebens,
- Vermeidung von Stürzen.

2. Spezielle Aufgaben:

- Erwerb bzw. Mobilisation einer Kraftleistungsfähigkeit zur Überwindung des Körpergewichts,
- Stabilisierung des Rumpfes,
- Optimierung neuromuskulärer Steuerungs- und Regulationsmechanismen mit dem Ziel der verbesserten Koordination peripherer Gelenke,
- zeitlich optimierter Krafteinsatz im Ablauf der kinematischen Kette der Extremitäten.

Im Alter ist von einer guten Trainierbarkeit der Kraft auszugehen (Brown 2000, Schulter 2002). Verglichen mit Jüngeren lässt sich bei älteren Menschen offensichtlich ein höherer Trainingsgewinn nachweisen (Conzelmann 1998). Es besteht für Ältere ein Zusammenhang zwischen dem trainingsinduzierten Kraftzuwachs und der funktionalen Kapazität z. B. der Gehgeschwindigkeit. Entscheidend ist die **Ausrichtung des Trainings auf situative Bedingungen des alltäglichen Lebens.** Ein gezieltes Krafttraining in einer Medizinischen Trainingstherapie unter ärztlicher Leitung sollte besonders die dynamische Kraft der unteren Extremitäten sowie die statische Kraft trainieren. Gezielte komplexere Übungen zur Verbesserung von Koordination und Balance haben sich als hilfreich erwiesen.
Der angepasste sichere Einsatz von verordneten Gehhilfsmitteln ist während des Klinikaufenthaltes im Übergang zur Tagesklinik wie auch in die Häuslichkeit des Betroffenen zu überprüfen und zu trainieren. Als **Gehhilfsmittel** kommen infrage Rollator, Vierpunktstock, Gehstock mit einem anatomischen Handgriff, höhenverstellbar und angepasst.

Innerhalb von drei Monaten nach Entlassung ist die Situation des Sturzpatienten im Rahmen eines Hausbesuches zu prüfen. Dieser Besuch kann durch eine geriatrisch qualifizierte Krankenschwester, Sozialarbeiter oder den Hausarzt erfolgen. Über diesen präventiven Hausbesuch ist ein Protokoll zu erstellen (Stamm 2005).
Drei Monate nach dem Klinikaufenthalt ist während eines Hausbesuches durch einen Arzt, ggf. geriatrisch qualifizierten Hausarzt, eine prüfende Durchsicht der verordneten Medikamente auf Notwendigkeit, evtl. medikamentös bedingte Steigerung der Sturzgefahr und Zuverlässigkeit der Einnahme vorzunehmen (Nick et al. 2001).
Ein hausärztlich durchgeführtes Abschlussassessment dokumentiert die Fähigkeiten, Defizite und Risiken dieses rehabilitierten Sturzpatienten in seiner Häuslichkeit. Aufgrund der Ergebnisse dieses Assessments ist das weitere Vorgehen, die mögliche Fortführung einer ambulanten Rehabilitation, die mögliche Platzierung des Betroffenen z. B. im „Betreuten Wohnen“, mit ihm und seiner Familie zu besprechen. Dieses Vorgehen schließt Ansätze einer integrativen geriatrischen Versorgung mit ein, die stationäre und teilstationäre Versorgung mit ambulanten Kooperationspartnern vernetzt.

35.7 Sturzprävention

Hüftgelenksfrakturen als Folge von Stürzen im Alter stellen eine wachsende Herausforderung und Bedrohung für den Betroffenen, seine Familie und unsere sozialen Sicherungssysteme dar.
Nach Daten des statistischen Bundesamtes steigen die Hüftfrakturen aufgrund der demographischen Alterung um jährlich 4 %, bedingt durch die Zunahme Hochaltriger und der hiermit wachsenden Multimorbidität. Eine Lösung für die bedrohliche Ent-

wicklung ist der Aufbau eines umfassenden Konzepts der interdisziplinären Sturzprävention. Dieses umfassende **Konzept der interdisziplinären Sturzprävention** schließt Elemente der regionalen Rehabilitation ein, z. B. den Ausbau von regionalen **Reha-Sportgruppen** für Sturzpatienten, die ein Training von Kraft und Balance anbieten. Diese Reha-Sportgruppen werden in enger Zusammenarbeit mit den regionalen Sportvereinen geführt. Im **Altenheim** können in **Gymnastikgruppen**, in denen die Kraft, Beweglichkeit und das Wiederaufstehen trainiert werden, auch andere Altenheimbewohner hiervon profitieren. Sowohl die Reha-Sportgruppen wie auch die Gymnastikgruppen im Altenheim und Altentagesstätten führen begleitend zur sportlichen Aktivität eine Schulung über den Einsatz von **Hüftprotektoren** durch. Die ärztliche Begleitung dieser Sportgruppen obliegt geriatrisch qualifizierten Hausärzten. Flankierend erfolgt eine Kontrolle des Visus sowie eine hausärztliche Durchsicht der eingenommenen Medikamente. Als weitere präventive Maßnahme ist die Gabe von Kalzium und Vitamin D anzusetzen, evtl. ergänzt durch Licht- und UV-Bestrahlung. Als zusätzlicher Baustein einer sinnvollen Sturzprävention ist die **Verbesserung der Sicherheit im Wohnumfeld** zu Hause und im Altenheim durch eine schattenfreie Ausleuchtung von Wohn- und Aufenthaltsräumen, das Anbringen von Haltegriffen und Handläufen sowie rutschfesten und schwellenfreien Bodenbelägen (u. a. Teppichkante) indiziert.

Schlussbemerkung

Durch konsequente Umsetzung von Maßnahmen der Sturzprävention und unter Einsatz der Hüftprotektoren könnte das Sturzrisiko um 40 % und die Häufigkeit der Hüftfrakturen um 30 % gesenkt werden. Eine so umgesetzte regionale Sturzprävention und verbesserte Selbstversorgungsfähigkeit unter Einbindung von geriatrisch qualifizierten Hausärzten und ambulanten Diensten rechnet sich für die Betroffenen und ihre Familien in der Erhaltung von Funktion und Lebensqualität wie auch für unsere sozialen Sicherungssysteme durch verminderte Ausgaben.

Literatur

ACSM Position Stand Paper(1998) Exercise and physical activity for older adults: Med. Sci Sports Exerc 30:992–1008

Brown M (2000) Strength training and aging. Top Geriatric Rehabil 15:1–5

Carter ND, Kannus P, Khan KM (2001) Exercise in the prevention of falls in older people. A systematic literature review examining the rationale and the evidence. Sports Med 31(6):427–438

Conzelmann A (1998) Entwicklung motorischer Fähigkeiten im Lebenslauf – aktuelle Themen. Dtsch Z Sportmed 49:310–315

Eric P, Heikkinen E (1985) Postural sway during standing and unexpected disturbance of balance in random samples of men of different ages. J Gerontol 40:287–295

Ford ES (2001) Does exercise reduce inflammation? Physical activity and C-reactive protein among U.S. adults. Epidemiology in frail elderly humans. FASEBJ 15:475–482

Lunkmen H, Roski R, Honkanen R, Kivele SL (1995) Incidences of injurious falls among elderly by place of living. J Am Geriatric Soc 43: 346–365

Podsiadlo D, Richardson S (1991) The Timed „up & Go" a test of basic functional mobility for frail elderly persons. J Am Geriatic Soc 39:142–148

Shaws FE, Bond J, Richardson DA, Dawson P et al. (2003) Multifactorial intervention after a fall in older people with cognitive impairment and dementia presenting to the accident and emergency department: randomised controlled trial. BMG 326:73

Schulter G(2002) Primäre und sekundäre Prävention: Körperliche Aktivität, Z Kardiol 91:30–39

Stamm T (2005) Geriatrische Qualifizierung für Hausärzte – Entwicklung, Erprobung und Evaluation eines interdisziplinären Fortbildungskonzeptes. Lit-Verlag, Münster

Tinetti ME (1986) Performance-orientated assessment of mobility problems in elderly patients, J Am Geriatric Soc 34:119–126

Tinetti ME (2003) Clinical practice. Preventing falls in elderly persons. N Engl J Med 348:42–49

Tinetti ME, Baker DI, McAvag EB et al. (1994) A multifactorial intervention to reduce the risk of falling among elderly people living in the community. N Engl J Med 331:821–827

36 Schlaf und Schlafstörungen

Peter Clarenbach

Einleitung

In einer Telefonaktion mit mehr als 25 000 Kontakten in ganz Europa gaben 12,5 % der Frauen und 9 % der Männer einen nicht-erholsamen Schlaf an. Überraschend war jedoch die signifikante Abnahme der Prävalenz mit dem Alter (Ohayon 2005). Weniger als 10 % der Älteren suchen wegen ihres gestörten Schlafes den Arzt auf. Bei gezielter Befragung jedoch geben die Patienten derselben Arztpraxen in 45 % Schlaflosigkeit an.

36.1 Schlaf im Alter

Dass die Schlafzeit von der Kindheit bis ins höhere Alter kontinuierlich abnimmt, beantwortet nicht die Frage, ob die Älteren weniger Schlaf brauchen als die Jüngeren: Zwar beanspruchen Ältere eine kürzere Nachtschlafzeit als Jüngere, haben jedoch eine längere 24 h-Gesamtschlafzeit. Eine Metaanalyse von 65 Studien (Ohayon et al. 2004) zeigt, wie sich vom Kind bis zum Hundertjährigen zwar alle Schlafparameter kontinuierlich verschlechtern, in der Population der über 60-Jährigen nach Ausschluss von Demenz, Schlafapnoe etc. aber nur die Schlafeffizienz signifikant geringer wird (**s. Tab. 36.1**). Allein die Verschlechterung der Schlafeffizienz kann Auslöser sein für die gehäuft beobachtete Tagesschläfrigkeit und die entsprechend zunehmende Gesamttagesschlafzeit.
Im Einzelnen werden bei gezielter Befragung die folgenden Störungen (**s. Tab. 36.2**) angegeben:
Die **Tagesschläfrigkeit** führt bei den Älteren, unabhängig von Depression oder De-

Tab. 36.1 Veränderungen der einzelnen Schlafparameter ($p < .0001$) nach Ohayon et al. 2004

	von 5 bis 102 Jahren	Alter über 60 Jahre nach Ausschluss von Demenz, Schlafapnoe etc.
Gesamtschlafzeit	fallend	gleichbleibend
Schlafeffizienz	fallend	fallend
Einschlaflatenz	ansteigend	gleichbleibend
REMS-Latenz	fallend	gleichbleibend
% Stadium 1	ansteigend	gleichbleibend
% Stadium 2	ansteigend	gleichbleibend
% Tiefschlaf	fallend	gleichbleibend
% Traumschlaf	fallend	gleichbleibend
Wach nach Einschlafen	ansteigend	gleichbleibend

menz, zu signifikanten Einbußen in ihrer Teilnahme am gesellschaftlichen Leben, ihrer allgemeinen Tüchtigkeit, der Vigilanz, dem Maß an Aktivität und der globalen Bewertung der Leistungsfähigkeit. Je ausgeprägter die Polymorbidität (mehr als 3 medizinische Diagnosen) und die entsprechende Medikation (mehr als 4 Medikamente), desto schwerer die Leistungseinbußen (Gooneratne et al. 2003).

Tab. 36.2 Schlafstörungen im Alter (nach Piani et al. 2004)

Personen über 65 Jahre	
ohne kognitive Einbußen	**mit kognitiven Einbußen**
Tagesschläfrigkeit	noch häufiger
Schlaflosigkeit	weniger Einschlafstörungen
nächtliches Erwachen	seltener
Schnarchen	seltener
motorische Unruhe	Enuresis
periodische Beinbewegungen im Schlaf	Stürze aus dem Bett

Demnach wäre die Klage des Älteren über einen gestörten Schlaf vor allem Ausdruck von **Grunderkrankungen**, die prinzipiell in jedem Alter vorkommen, aber in höherem Alter eine höhere Prävalenz aufweisen, nämlich akute und chronische internistische und neuropsychiatrische Erkrankungen, Veränderungen in der oropharyngealen Anatomie mit schlafbezogenen Atmungsstörungen bis hin zu Apnoe-Syndromen und einer Vorverlagerung des endogenen Rhythmus mit dem Ergebnis früher Müdigkeit und frühmorgendlichen Erwachens (Ancoli-Israel 2004).

36.2 Ursachen von Schlafstörungen und Tagesschläfrigkeit

36.2.1 Depression

Depressionen und Angststörungen sind oft von verzögertem Einschlafen und frühmorgendlichem Erwachen begleitet, was sich polysomnographisch (deutliche Schlaffragmentierung) objektivieren lässt.

36.2.2 Demenz

Die typischen Veränderungen des Schlafmusters bei Demenz sind in **Tab. 36.3** zusammengefasst.

Tab. 36.3 Veränderungen des Schlafmusters bei primär degenerativen Demenzen mittlerer Ausprägung

Eindeutig:	**Umstritten:**
Schlafeffizienz erniedrigt	Niedrigerer Anteil Stadien 3 und 4
Höherer Anteil Stadium 1	Abnahme der Spindelaktivität
Höhere Arousalfrequenz	Abnahme an REM-Schlaf
Höhere Frequenz an Wachphasen	Zunahme der REMS-Latenz
Sundowning	

Das „sundowning“ wird in der US-Literatur als „zeitweise spezifische Erregung in den Abend- oder Nachtstunden“ definiert. Die Prävalenz unter Alzheimer-Patienten liegt bei etwa 40 %. Einzelne Demenz-Patienten zeigen im Rahmen einer nächtlichen Durchschlafstörung eine Tagesschläfrigkeit. Cholinesterasehemmer scheinen zu keiner nennenswerten Veränderung des Schlafs zu führen. Der wichtigste Therapieansatz ist die Strukturierung des Tages, indem soziale Kontakte geschaffen und

Monotonie oder gar Schlafphasen vermieden werden. Körperliche und psychosoziale Aktivität ist der beste Prädiktor für einen intakten zirkadianen Schlafwachrhythmus bei Dementen.

36.2.3 Parkinson-Syndrom

Fast alle Parkinson-Patienten zeigen krankheitsassoziierte Schlafstörungen (**s. Tab. 36.4**). Ursächlich dafür sind:

- Störungen der Schlafwachregulation, nach H. Braak möglicherweise sogar als präklinisches Symptom der neurochemischen Veränderungen mit Reduktion von Gesamtschlafzeit und Schlafeffizienz sowie vermehrter Tagesschläfrigkeit,
- Zunahme motorischer Arousals durch periodische Beinbewegungen, Tremor, dystone Phänomene und verhinderte Lagewechsel durch Hypokinese und Rigor,
- erhöhte Prävalenz der REM-Schlaf-Verhaltensstörung, die zu erhöhter Tagesschläfrigkeit beitragen kann,
- medikamentös beeinträchtigte zirkadiane Rhythmen,
- iatrogene, d.h. dopaminerg oder anticholinerg bedingte Durchschlafstörungen mit verminderten REM-Anteilen.

Neben vermehrten periodischen Beinbewegungen und REM-Verhaltensstörung treten bei Multisystematrophien und bei progressiver supranukleärer Blicklähmung häufiger als beim M. Parkinson schlafabhängige Atemstörungen auf.
Diese Details eines gestörten Schlafs erklären das Gefühl des Nicht-Erholtseins und die erhöhte Tagesschläfrigkeit, die bei diesen Patienten mit und ohne Medikation häufig beobachtet wird. Die Beobachtung von **Einschlafattacken** nach Einnahme nicht-ergoliner Dopaminagonisten (Ropinirol, Pramipexol) wurde insofern relativiert, als sich eine entsprechend erhöhte Tagesschläfrigkeit bei Parkinson-Patienten auch ohne medikamentöse Therapie sowie auch unter L-Dopa und allen anderen derzeit verfügbaren Dopaminagonisten fand. Bei starker Tagesmüdigkeit ist eine Einschränkung der Fahrtauglichkeit zu beachten (s. Kap. 50).

Tab. 36.4 Schlafbeschwerden von Parkinsonpatienten, N = 215 (nach Lees et al. 1988)

Beschwerden	Prozentualer Anteil
Nykturie	79 %
Drehen im Bett erschwert	65 %
Schmerzhafte Krämpfe in den Beinen	55 %
Lebhafte Träume/Albträume	48 %
Dystonien	34 %
Rückenschmerzen	34 %
Beinbewegungen	33 %
Visuelle Halluzinationen	16 %

L-Dopa- und Dopaminagonisten können bei bis zu 80–90 % der Parkinson-Patienten die folgenden reversiblen Schlafstörungen induzieren:

- lebhafte Träume,
- nächtliches Sprechen,
- Pavor nocturnus,
- Schlafwandelepisoden,
- nächtliche Myoklonien,
- mehr optische als akustische Halluzinationen.

Bei Parkinson-Patienten mit Demenzen ist eine Störung des Schlaf-Wach-Wechsels noch wahrscheinlicher; es kommt zu häufigen nächtlichen Wachphasen, zu Tagesschläfrigkeit und vorübergehenden Verwirrtheiten, die sich am Abend und in der Nacht verschlimmern (sundowning).
Bei gut eingestellten Parkinson-Patienten ohne Zeichen einer L-Dopa-Überdosierung bieten sich folgende Möglichkeiten einer **Therapie der Schlaflosigkeit** an:

- Die letzte abendliche L-Dopa-Dosis wird kurz vor dem Schlafengehen eingenommen, am besten in retardierter Form.
- Zusätzlich wird zur Nacht Doxepin (beginnend mit 5 mg), Trimipramin (10 Tropfen) oder Amitriptylin (beginnend mit 12,5 mg) gegeben.
- Alternativ die Gabe von Benzodiazepinrezeptoragonisten.

Bei klinischen Zeichen einer L-Dopa-Überdosierung erfolgen Fraktionierung und Minderung der Tagesdosis.

36.2.4 Restless-Legs-Syndrom

Ein- und Durchschlafstörungen und sogar eine Tagesschläfrigkeit können auch Ausdruck eines RLS sein, dessen Prävalenz im Alter mit 9 %–20 % angegeben wird, also deutlich höher als bei Jüngeren; nach neueren Studien sind Frauen fast doppelt so häufig betroffen wie Männer (s. Kap. 18).

36.2.5 Herzinsuffizienz

Untersuchungen konnten bei einer Herzinsuffizienz NYHA Grad II–IV vermehrte Ein- und Durchschlafstörungen feststellen und 21 % der Herzinsuffizienten litten unter Tagesschläfrigkeit. Die Lebensqualität der Herzinsuffizienten mit Schlafstörungen war signifikant niedriger als die der nichtschlafgestörten bzw. der Kontrollen.

36.2.6 Blutdruck

Gesunde Ältere mit einer relevanten Tagesschläfrigkeit haben höhere Blutdruckwerte bei Tag und im Schlaf, eine höhere diastolische Streuung am Tag und Jahre später eine höhere Hypertonieprävalenz als Ältere ohne Tagesschläfrigkeit.

Eine Untersuchung an 65 älteren Hochdruckpatienten ergab, dass „non-dipper" einen signifikant schlechteren Schlaf und höhere Komorbidität hatten sowie mehr Benzodiazepine und andere Medikamente einnahmen als „dipper".

36.2.7 Alkohol

Gelegentlicher Alkoholgenuss wird zwar als „Einschlafhilfe" genutzt, induziert aber einen Schlaf mit gehäuften Arousals und Wachphasen bis hin zu frühem Erwachen im Rahmen eines spontanen Entzugs. Chronischer Alkoholismus geht mit einem erheblich fragmentierten Schlaf einher, der auch nach Entzug noch jahrelang anhalten kann. Umgekehrt entwickeln Schlaflose mit Angst und Dysphorie innerhalb von 12 Jahren ein mehr als zweifach höheres Risiko für eine Alkoholabhängigkeit als Nicht-Schlafgestörte.

36.2.8 COPD und Asthma

Patienten über 65 Jahren mit COPD oder Asthma geben mit 60,6 % ähnlich häufig eine oder mehr Schlafstörungen an wie gesunde Kontrollen (56,4 %); morgendliche Zerschlagenheit und frühmorgendliches Erwachen sind jedoch bei den respiratorisch beeinträchtigten Patienten signifikant häufiger.

36.2.9 Hypakusis und Tinnitus

Die Befragung von ca. 10 000 Schweden eines mittleren Alters von 73 Jahren ergab eine signifikante Korrelation zwischen Schwerhörigkeit und erhöhter Tagesschläfrigkeit, unabhängig von Gesundheitsstatus, Schlaf und Alter. In der Gruppe der Schwerhörigen gab es darüber hinaus mehr schlechten Schlaf, mehr nächtliches Erwachen und schlechteres Wiedereinschlafen. Auch zwischen Tinnitus und schlechtem Schlaf, nächtlichem Erwachen und Tagesschläfrigkeit ergaben sich signifikante Korrelationen, mit Tagesschläfrigkeit um so mehr, wenn auch ein gestörter Schlaf vorlag.

36.2.10 Nykturie

In vielen Explorationen schlafgestörter Älterer spielt die Nykturie eine entscheidende Rolle. Neben den bekannten Ursachen der Prostatahyperplasie und der Herzinsuffizienz zeigt die schlafmedizinische Literatur jedoch einen Zusammenhang zwischen einem klinisch relevanten obstruktiven Schlafapnoe-Syndrom (OSAS) und Nykturie mit vermehrter Freisetzung von atrialem natriuretischem Peptid (ANP) beim OSAS: Von 30 älteren Patienten mit Nykturie fand sich bei 20 ein klinisch relevantes OSAS, wobei die ANP-Konzentration in Blut und Urin mit dem Apnoe-Hypopnoe-Index korrelierte (Umlauf et al. 2004).

36.2.11 Albträume

Auch Albträume können den Schlaf stören; ca. 10 % der Älteren geben häufige bis sehr häufige Albträume an. Unter Patienten mit Albträumen ist der Anteil solcher mit Extrasystolen und krampfartigen Thoraxschmerzen ca. 5-mal höher als unter Patienten ohne Albträume.

36.2.12 Zahnprothesen

Wenig beachtet wird im Zusammenhang mit gestörtem Schlaf das Tragen von Zahnprothesen. In einer kleinen Studie mit insgesamt 58 älteren Menschen fand sich eine signifikante Korrelation zwischen dem Tragen von Zahnprothesen und einem Apnoe-Hypopnoe-Index von ≥ 15/h, selbst dann, wenn die Prothesen nachts entfernt wurden.

36.2.13 Schlafstörende Medikation

Eine aktigraphische Altenheimstudie mit 168 Patienten zeigt zwar, dass die regelmäßige Einnahme einer oder mehrerer psychoaktiver Substanzen weder die Gesamtschlafzeit noch den Anteil der Schlafzeit an der Bettzeit oder die Zahl der Wachphasen nach dem Einschlafen negativ beeinflusst, doch führt eine Vielzahl von Medikamenten zu Schlafstörungen oder verstärkt diese (s. Leitlinien zur Insomnie der Deutschen Gesellschaft für Neurologie: www.dgn.org).

36.3 Schlafbezogene Atmungsstörungen (SBAS)

Die Prävalenz der SBAS steigt mit dem Alter deutlich von ca. 2 % (beim 40-Jährigen) auf 24 % (beim unabhängig lebenden Älteren) bis 42 % (im Pflegeheim) an. Longitudinale Untersuchungen zeigen eine nur leichte Progression des Apnoe-Hypopnoe-Indexes (AHI) bis zum Alter von ca. 65 Jahren; nach dem 60. Lebensjahr treten sog. altersabhängige Apnoe-Syndrome auf, die mit dem Alter an Prävalenz und Schwere zunehmen.

Es werden Störungen bei verlegten Atemwegen von solchen bei offenen Atemwegen unterschieden:

Bei einer **kompletten Verlegung** der oberen Atemwege kommt es zur obstruktiven Apnoe:

- bei mehr als 5 solcher Apnoen von mindestens 10 s Dauer pro Stunde Schlaf liegt ein obstruktives Schlafapnoe-Syndrom (OSAS) vor.

Bei einer **partiellen Verlegung** der oberen Atemwege kommt es

- polysomnographisch zu Hypopnoen, definiert als intermittierende Minderungen von Atemzugsvolumen und/oder Atemfrequenz mit nachfolgendem Abfall der Sauerstoffsättigung um mindestens 3 % oder einem nachfolgenden arousal.

- klinisch zu obstruktivem Schnarchen, auch Upper Airways Resistance Syndrome (UARS) genannt.

Bei **offenen oberen Atemwegen** dagegen kommt es

- bei völlig fehlendem Atmungsantrieb zu zentralen Schlafapnoen,
- bei mindestens 5 zentralen Apnoen pro Stunde Schlaf liegt ein zentrales Schlafapnoe-Syndrom vor,
- bei Schwäche des Atmungsantriebs zu zentraler alveolärer Hypoventilation,
- bei Schwäche der Atmungspumpe zu peripherer alveolärer Hypoventilation, die definiert ist als eine anhaltende Minderbelüftung der Alveolen mit Pa CO_2 > 45 mmHg, gefolgt von langen nächtlichen Sauerstoff-Desaturationen.

Von allen schlafbezogenen Atmungsstörungen wird hier nur auf die obstruktive Schlafapnoe eingegangen.

36.3.1 Obstruktives Schlafapnoe-Syndrom

Beim Einschlafen bzw. im Schlaf kommt es bei diesen Patienten zu einem Kollaps der oberen Atemwege, so dass trotz – meist paradoxer – thorakaler und diaphragmaler Atemexkursionen weder an Mund noch Nase ein Luftfluss nachweisbar ist, was zu einem Sinken der kapillären Sauerstoffsättigung führt.
Folgen der schlafabhängigen Atemwegsobstruktion sind Tagesschläfrigkeit, Hypertonie und Cor pulmonale, Rhythmusstörungen, Nykturie, zerebrovaskuläre Ereignisse und kognitive Einbußen. Nach einer Follow-up-Studie sterben innerhalb von 8 Jahren 40 % der unbehandelten Patienten mit einem Apnoe-Hypopnoe-Index (AHI) von > 20, jedoch keiner mit einem AHI von < 20, doch scheint die mit zunehmendem AHI erhöhte Mortalität vor allem auf die unter 50-Jährigen zuzutreffen.
Als Differentialdiagnose des OSAS bei Hypersomnie gilt der **gastroösophageale Reflux**, der mit Dutzenden von nächtlichen Ereignissen den Schlaf fragmentiert. Diagnostiziert wird er durch pH-Metrie und behandelt mittels Hochlagerung des Oberkörpers und Protonenpumpenhemmergabe.
Die **Diagnostik** des obstruktiven Schlafapnoe-Syndroms folgt einem Stufenschema, das vom Bundesausschuss revidiert und Anfang 2005 im Deutschen Ärzteblatt publiziert wurde (**s. Tab. 36.5**).

Tab. 36.5 Stufendiagnostik bei schlafbezogenen Atmungsstörungen

Stufenschema nach den Richtlinien zur Bewertung medizinischer Untersuchungs- und Behandlungsmethoden (sog. BUB-Richtlinien) gemäß § 135 Abs. 1, V. Sozialgesetzbuch (Dt. Ärzteblatt 2005; 102: B 387–388)	
Stufe 1	„Anamnese und ggf. Fremdanamnese des Schlaf- Wach-Verhaltens sowie differenzierte anamnestische Abklärung einer möglichen Dyssomnie unter Einbeziehung standardisierter Fragebögen ....“
Stufe 2:	„Klinische Untersuchung insbesondere im Hinblick auf endokrinologische, Stoffwechsel- oder Herz-Kreislauf-Erkrankungen, Ventilationsstörungen sowie neurologische und psychiatrische Krankheiten.“
Stufe 3:	bei weiterem Verdacht auf schlafbezogene Atmungsstörungen: „ambulante kardiorespiratorische Polygraphie während einer mindestens 6-stündigen Schlafphase.“
Stufe 4:	Ambulante Polysomnographie „wenn trotz sorgfältiger klinisch-anamnestischer Abklärung einschließlich Durchführung geeigneter Testverfahren und der nach Stufe 3 durchgeführten Polygraphie keine Entscheidung möglich ist, ob eine Therapie mittels CPAP ...... notwendig ist.“

36.3.2 Therapie des OSAS

Allgemeine Maßnahmen

- Gewichtsreduktion,
- abendliche Alkohol- und Hypnotikakarenz,
- Nikotinkarenz,
- Vermeidung der Rückenlage.

Medikamente

Die Cochrane Library (Smith et al. 2004) kommt 2001 zu dem Schluss, dass die vorhandenen Daten den Einsatz von Medikamenten zur Therapie des OSAS, z. B. Theophyllin, nicht rechtfertigen und dass es trotz der Schwäche der Studien keine Rechtfertigung für weitere Studien gebe. Gegen die Tagesschläfrigkeit ist Modafinil wirksam und zugelassen.

Apparative Therapieformen

Protrusionsschienen (ESMARCH-Prothese oder Intraorale Schnarch-Therapie-Geräte) verschieben die Mandibula um 6–8 mm nach rostral und weiten dank dieser funktionellen Prognathie den Oropharynx; sie sind für einen obstruktiven Schnarcher und einen milden Apnoeiker mit einem Index unter 25/h eine mögliche Therapieform. Nach einer Metaanalyse über 20 Arbeiten und 271 Patienten wurde der AHI um durchschnittlich 56 % reduziert (Sanner et al. 1999). Von anderen „oral appliences" ist dagegen abzuraten.

Continous Positive Airways Pressure (CPAP)

Die Standardtherapie ist heute die nasale CPAP-Therapie, deren individueller Druck über alle Schlafstadien hin unter polysomnographischen Bedingungen eingestellt werden muss. Scheinbare Versager, also anhaltende Tagesschläfrigkeit trotz normalisierter Atmung, werden vor allem durch periodische Beinbewegungen mit Arousals verursacht. Die erhöhte Mortalität der OSAS-Patienten wird allein durch diese nasale CPAP-Therapie normalisiert. Eine Metaanalyse von 12 Studien kommt zu dem Schluss, dass nCPAP bei OSAS subjektive und objektive Maße der Tagesschläfrigkeit mehr als Plazebo verbessert.
Neben den CPAP-Beatmungsformen werden auch BiPAP-Geräte (Bilevel Positive Airways Pressure, bei inspiratorischem Druck über 12 mbar) oder APAP-Geräte (bei nur intermittierenden Apnoephasen) eingesetzt.

Operative Therapieformen

Die Uvulopalatopharyngoplastik (UPPP-Operation) oder die Tracheotomie spielen – zumal beim älteren Menschen – heute keine Rolle mehr.

36.4 Schlafstörende Medikation

Gerade bei den Älteren, die im Rahmen ihrer Multimorbidität auch häufig eine Vielzahl an Medikamenten einnehmen, müssen ggf. schlafstörende Medikamente (**s. Tab. 36.6**) abgesetzt oder durch andere ersetzt werden.

36.5 Allgemeine Therapie

Die Leitlinien der Deutschen Gesellschaft für Neurologie (DGN) zur Therapie der Insomnie (**s. Tab. 36.7**) sehen ohne besondere Nennung geriatrischer Patienten eine Behandlungsbedürftigkeit nur dann, wenn neben einer Störung des Nachtschlafs auch eine starke Beeinträchtigung der Tagesbefindlichkeit geklagt werde.

Tab. 36.6 Potentiell schlafstörende Medikamente (Leitlinien der Deutschen Gesellschaft für Neurologie zur Therapie der Insomnie)

Antibiotika (z. B. Gyrasehemmer)	Anticholinergika
Antidepressiva (u. a. MAO-Hemmer, SSRI, Trizyklika)	Antihistaminika
Appetitzügler	Benzodiazepine
Kortikosteroide	Hypnotika
Diuretika (wenn sie zu Nykturie führen)	Dopaminergika
Illegale Drogen: Cannabis, Cocain, Heroin, Ekstasy	Neuroleptika
Nikotin	Nootropika
Schildrüsenhormone	Stimulanzien
Zytostatika	
Antihypertensiva (u. a. ACE-Hemmer, Betablocker, Clonidin, Kalziumantagonisten)	

Tab. 36.7 Leitlinien der DGN zur Therapie der Insomnie

1. Therapie der Grunderkrankung	
2. Verhaltensmedizinische Strategien (Evidenzgrad I)	• Entspannungstechniken, z. B. Progressive Muskelentspannung nach Jacobson • Regeln der Schlafhygiene • Schlaf-Wach-Strukturierung • Stimuluskontrolle: Ziel ist es, nie mehr als ca. 10 min schlaflos im Bett zuzubringen. • Schlafrestriktion: Ziel ist es, durch einen milden Schlafentzug unter Inkaufnahme einer noch tolerablen Tagesschläfrigkeit einen gewissen Schlafdruck aufzubauen, der dem chronisch Schlaflosen eine natürliche Schlafhilfe bedeutet. • kognitive Techniken zur Reduktion nächtlicher Grübeleien.
3. Kurzfristiger, vorübergehender Einsatz (bis 4 Wochen) von schlafinduzierenden Substanzen je nach Grunderkrankung:	• Benzodiazepine (Evidenzgrad I) • Zopiclon, Zolpidem, Zaleplon • Antidepressiva (Evidenzgrad II) • Neuroleptika (unklarer Evidenzgrad)

36.6 Nicht-medikamentöse Therapie

36.6.1 Lichttherapie

Der Cochrane Review von 2004 kommt nach Auswertung von nur 3 randomisierten kontrollierten Studien, die den strengen Kriterien gerecht wurden, zu dem Ergebnis, dass Lichttherapie nicht in der Lage sei, Störungen von Schlaf, Verhalten, Stimmung und Kognition bei Demenz ausreichend zu bessern (Forbes et al. 2004). Eine Metaanalyse aus dem Jahr 2004, die sich auf Literatur aus den Jahren 1980–2003 bezieht, kommt zu demselben Schluss, auch wenn einzelne neuere nicht-kontrollierte Studien ein etwas positiveres Bild (3000–5000 Lux über 2 h) vor allem bei verwirrten Älteren zeichnen (Fetveit und Bjorvatn 2004).

36.6.2 TaiChi

Zu den nicht-medikamentösen Maßnahmen bei Insomnie zählt mehr und mehr auch TaiChi. Eine Untersuchung bei 118 Älteren zwischen 60 und 92 Jahren ergab nach 3-mal 60 min pro Woche über 24 Wochen im Vergleich zu einer unspezifischen Übung eine signifikante Verbesserung in fünf der PSQI subscale scores (Schlafqualität, Einschlaflatenz, Schlafdauer, Schlafeffizienz und Schlafstörung; P<.01), im PSQI global score (P=.001) und im ESS scores (P = .002) (Li et al. 2004).

36.6.3 Kognitive Verhaltenstherapie

Ein anderer Ansatz ist die kognitive Verhaltenstherapie, die nach einem Review – im Unterschied zu Lichttherapie und körperlichem Training – zumindest einen milden Effekt auf die Durchschlafstörung bei Älteren hat (Montgomery und Dennis 2004).

36.7 Medikamentöse Therapie

36.7.1 Melatonin

Es gibt derzeit noch keine ausreichende Evidenz für eine Empfehlung dieser Substanz, zumal sie in Deutschland auch nicht als Medikament zugelassen ist. In einer neueren Studie erwies sich Melatonin selbst in kleinen Dosen von 1 mg über 4 Wochen als effektiv im Hinblick auf eine gebesserte Schlaferholung und rascheres Wiedereinschlafen nach nächtlichem Erwachen.
Für die Insomnie der Älteren liegen zwei Studien der Evidenzklasse I zur Wirksamkeit von Melatonin vor, die weder bei Patienten mit M. Alzheimer (2,5 mg) noch bei gesunden Älteren (5 mg) einen signifikanten Effekt belegen.

36.7.2 Benzodiazepine (BZD) und Z-Substanzen (Zopiclon, Zolpidem, Zaleplon)

Ein Review (Petrovic et al. 2003) stellt die Nebenwirkungen wie Sturzanfälle mit Frakturen und reduzierte kognitive Funktionen in den Vordergrund und folgert, dass BZD für viele Patienten ungeeignet seien und ein Entzug empfehlenswert sei. Die Verordnung nicht über 4 Wochen ist ohnehin Konsens bei Neueinstellungen, stößt jedoch an Grenzen bei älteren Low-dose-Abhängigen, bei denen ein Entzug, zumindest unter ambulanten Bedingungen, mehr schadet als nützt.
Ein zweiter Review aus den USA, der sich auf 11 primär epidemiologische Studien bezieht, bemerkt, dass die Studien aus Krankenhäusern keinen Zusammenhang zwischen BZD und Hüftfrakturen belegen, wohl aber die anderen 7 Studien aus z. B. Pflegeheimen, die ein erhöhtes Frakturrisiko von 50–100 % berechnen, ohne Unterschied zwischen kurz- und langwirksamen BZD. Höhere Dosen und eine kurze BZD-Anamnese erhöhen das Risiko (Cumming und Le Couteur 2003).
Für den **Entzug von BZD** ist eine Kombination aus Ausschleichen und kognitiver Verhaltenstherapie dem Ausschleichen alleine signifikant überlegen: Von 35 kombiniert therapierten und 30 nur mit Ausschleichen therapierten BZD-Konsumenten (mittleres Alter 67,4 Jahre) zeigten einen rasch erfolgreichen Entzug 77 % vs. 38 %, und ein Anhalten über 12 Monate 70 % vs. 34 % (Baillargeon et al. 2003).
Die sog. **Z-Substanzen** (Zopiclon, Zolpidem und Zaleplon) haben zwar keine BZD-Struktur, binden aber agonistisch an den BZD-Rezeptor (BZRA), wenn auch an unterschiedliche Subtypen. In pharmakoki-

netischer (z. B. kurze Halbwertszeit, weniger Interaktionen) und pharmakodynamischer Hinsicht (z. B. Generierung eines normalen Tiefschlafanteiles) bieten sie Vorteile gegenüber den BZD (Hajak 1999). Zu Toleranz und Abhängigkeit liegen keine schlüssigen Studien vor, doch weisen indirekte Befunde wie eine geringere Rebound-Insomnie und weniger Missbrauchsmeldungen auf eine reduzierte Gefährdung, auch wenn bei einzelnen BZD-Abhängigen und psychiatrischen Patienten durchaus Abhängigkeiten beschrieben wurden.

Zolpidem erwies sich in einer neueren Studie bei psychisch gesunden Älteren über 70 Jahre mit Diabetes und Hypertonie als wirksam bei länger bestehenden und neueren Insomnien (Cotroneo et al. 2004).

Bei **de-novo-Patienten** sind die BZD und die Z-Substanzen unter Berücksichtigung einer korrekten Indikation (s. o.) zur Vermeidung einer Toleranzentwicklung für nicht länger als 4 Wochen zu verordnen; bei refraktären Formen ist eine längere Verordnung allenfalls als Intervalltherapie zu vertreten: z. B. Einnahme an 4 von 7 Tagen der Woche. Eine Metaanalyse von Studien zur **Intervalltherapie** mit Zolpidem ergibt in allen 4 Kriterien (Einschlaflatenz, Gesamtschlafzeit, Zahl der Wachphasen und subjektive Schlafqualität) eine signifikante Überlegenheit im Vergleich zu Plazebo, allerdings ohne Aussage über die Langzeitwirkung und Gewöhnung.

Zur Wirkung einer kontinuierlichen Einnahme der BZD und der Z-Substanzen bei der **chronischen Primären Insomnie** liegen zwei Metaanalysen vor, die den Enthusiasmus, mit der diese Substanzen noch immer eingesetzt werden, doch erheblich relativieren: Nowell et al. (1997) empfehlen nach Analyse von 22 Studien der Evidenzklasse I mit insgesamt 3494 Patienten, erst die nicht-medikamentösen Möglichkeiten auszuschöpfen, die Medikamente so kurz wie möglich zu verordnen, mangels Unterschied zwischen Zopiclon, Zolpidem und Zalepolon die billigste Substanz auszuwählen, nur bei Unverträglichkeit innerhalb der Z-Substanzen umzusteigen und bei fehlendem Effekt einer Z-Substanz nicht auf andere umzusteigen.

Tab. 36.8 Altersbezogene Dosierung von BZD und BZRA

Substanz	Allg. Dosisempfehlung	Dosis für Ältere
Lormetazepam	1,0 mg	0,5 mg
Flurazepam	30,0 mg	15,0 mg
Flunitrazepam	1,0 mg	0,5 mg
Temazepam	20,0 mg	10,0 mg
Oxazepam	10,0 mg	5,0 mg
Zopiclon	7,5 mg	3,75 mg
Zolpidem	10,0 mg	5,0 mg
Zaleplon	10,0 mg	5,0 mg

Holbrook et al. (2000) resümieren nach der Analyse von 45 randomisierten kontrollierten Studien mit insgesamt 2 672 Patienten: „In light of the strength of the placebo effect in patients with insomnia, physicians and patients, who believe, that benzodiazepines are highly effective, may wish to reconsider their treatment choice. None of the data extracted in this review support long-term use (i.e., longer than 2 weeks)".

BZD sollten beim älteren Menschen vor allem dann, wenn sie aktive Metaboliten haben, so niedrig wie möglich dosiert werden, z. B. auf ein Drittel oder die Hälfte der empfohlenen Erwachsenendosis. Bei dementen Patienten sollte nach den Therapieempfehlungen der Arzneimittelkommission der Deutschen Ärzteschaft von 2004 auf Benzodiazepine verzichtet werden, weil sie die kognitive Leistungsfähigkeit verschlechtern, das Risiko von Stürzen erhöhen und paradoxe Reaktionen induzieren können. So richtig das ist, so pragmatisch vernünftig ist andererseits ein Versuch mit Zolpidem, Zopiclon oder Zaleplon, da ihr Nebenwirkungsspektrum noch immer weit kleiner als das der trizyklischen Antidepressiva und Neuroleptika ist (s. **Tab. 36.8**).

36.7.3 Neuroleptika

Die modernen und atypischen **Neuroleptika** sind gerade bei den Älteren dank ihrer geringeren Nebenwirkungen eine sinnvolle Erweiterung des therapeutischen Repertoires, vor allem bei akuten Verwirrtheitszuständen, sind jedoch ebenso wenig wie Antidepressiva evidenz-basiert. Melperon (25 mg) und Pipamperon (anfangs 60 mg) haben wenig extrapyramidal-motorische Nebenwirkungen und keine anticholinerge Wirkung und eignen sich daher am ehesten. Zu Risperidon (anfangs 0,25 mg) liegen kontrollierte Studien zur Indikation „Verhaltensstörung" vor, die eine Überlegenheit gegenüber Plazebo bzw. Haloperidol belegen. Bei einem Teil dementer Patienten waren Aggressivität, Schlafstörungen und nächtliche motorische Unruhe (wandering) gebessert. Dosisempfehlungen für Neuroleptika bei Schlafstörungen im Alter finden sich in **Tab. 36.9**.

Tab. 36.9 Neuroleptikadosierung für ältere Patienten

Substanz	abendliche Einmaldosis für Ältere
Risperidon	0,25 mg
Quetiapin	25 mg
Olanzapin	2,5 mg
Clozapin	12,5 mg
Pipamperon	3–10 ml
Melperon	25 mg
Promethazin	20 mg

Die atypischen Neuroleptika, die gegen das sundowning empfohlen werden, sind zwar alle fast neutral im Hinblick auf extrapyramidale Nebenwirkungen, zeigen aber eine unterschiedlich ausgeprägte Sedierung (2,5–5 mg Olanzapin > 25–100 mg Quietiapin > 1–4 mg Risperidon), allein Olanzapin zeigt unerwünschte anticholinerge Effekte und Risperidon am wenigsten orthostatische Effekte.
Wichtig ist vor der Verordnung eines Neuroleptikums der Ausschluss einer Lewy-Körper-Demenz (s. Kap. 11).

36.7.4 Sedierende Antidepressiva

Zwar liegen sowohl für Trimipramin als auch für Doxepin doppelblinde Schlaflaborstudien vor, die bei Patienten mit primärer Insomnie eine signifikante Verbesserung der Schlafeffizienz nach 100 mg bzw. 25 mg belegen, doch sind tri- und tetrazyklische Antidepressiva (**s. Tab. 36.10**) beim Älteren wegen ihrer Kardiotoxizität und der anticholinergen Nebenwirkungen mit Verwirrtheit, Blasenentleerungsstörung und erhöhtem Augeninnendruck mit allergrößter Zurückhaltung einzusetzen. Wenn überhaupt, dann ist z. B. Doxepin initial nicht über 5 mg zu verordnen. Noch besser lässt sich tropfenweise Trimipramin dosieren. Unter den neueren Antidepressiva empfiehlt sich das sedierende Mirtazapin (15 mg abends).

Tab. 36.10 Antidepressivadosierung für ältere Patienten

Substanz	Abendlich Einmaldosis für Ältere
Doxepin	5 mg
Amitriptylin	10 mg
Trimipramin	5–10 mg
Mianserin	5–10 mg
Mirtazapin	15 mg

36.7.5 Sonstige Substanzen

Unter stationären Bedingungen kann bei ausgeprägter nächtlicher Verwirrtheit oder Tag/Nacht-Umkehr trotz seines hohen Abhängigkeitspotentials **Clomethiazol** verordnet werden: Es hat eine rasche hypnotische Wirkung und eine ebenso rasche Elimination (Dosierung 50–300 mg p.o.).
Koffein – als Adenosinantagonist eigentlich ein schlafstörendes Stimulans – wird immer wieder von erfahrenen Praktikern therapeutisch genutzt; allerdings zeigen nur ca. 2–3 % der Kaffeetrinker eine paradoxe schlafanstoßende Reaktion, die mit Gewöhnung einerseits und einem atmungsanaleptischen Effekt andererseits zusammenhängen kann, insgesamt jedoch ungeklärt ist (Dosierung 50–100 mg).
Antihistaminika (Diphenhydramin, Doxylamin, Promethazin) sind trotz beschriebenen Abhängigkeitspotentials z. T. frei käufliche Substanzen und haben nicht nur einen deutlich schwächeren hypnotischen Effekt als die BZD, sondern auch einen verzögerten Wirkungseintritt, eine eher lange Halbwertszeit und damit negative Auswirkungen auf Wachheit und Leistungsfähigkeit am Tage und deutliche anticholinerge und somit deliriogene Effekte. Daher ist bei geriatrischen Patienten von der Verordnung dieser Substanzgruppe abzuraten.
Auch das gerne eingesetzte **Chloralhydrat** sollte bei de novo Patienten heute nicht mehr verordnet werden. Die Nebenwirkungen stehen in keiner Relation zum vermeintlichen Vorteil gegenüber den o. g. Substanzen. Wenn über Jahre mit angemessenen Dosen ein ausreichender Schlaf erzielt wurde, lohnt sich das Absetzen dagegen nicht.
Bei **therapieresistenten Fällen** lohnt sich – zumindest unter initial stationären Bedingungen – ein Versuch mit einem „Cocktail" aus Trimipramin in geringer Dosis, z. B. 15 Tropfen, und Diazepam oder Clonazepam, z. B. 10 Tropfen, die innerhalb von 4 Wochen ausgeschlichen werden sollten. Diese Tropfenform erlaubt ein Titrieren der Dosis bzw. ein langsames Ausschleichen, vor allem des Benzodiazepins.

Schlussbemerkung

Insgesamt stellen die Schlafstörungen der Älteren eine diagnostische Herausforderung an Geriater, Neurologen und Psychiater sowie Internisten dar, die hier mehr als beim Jüngeren das Vorliegen von ursächlichen Grunderkrankungen klären müssen. Der Hinweis auf ein ohnehin naturgemäß reduziertes Bedürfnis nach Schlaf wird dem Patienten und dem Problem nicht ausreichend gerecht.

Literatur

Ancoli-Israel S (2004) Sleep disorders in older adults. A primary care guide to assessing 4 common sleep problems in geriatric patients. Geriatrics 59(1):37–40

Baillargeon L, Landreville P, Verreault R, Beauchemin JP, Gregoire JP, Morin CM (2003) Discontinuation of benzodiazepines among older insomniac adults treated with cognitive-behavioural therapy combined with gradual tapering: a randomized trial. CMAJ 169(10):1015–1020

Cotroneo A, Gareri P, Lacava R, Cabodi S (2004) Use of zolpidem in over 75-year-old patients with sleep disorders and comorbidities. Arch Gerontol Geriatr Suppl (9):93–96

Cumming RG, Le Couteur DG (2003) Benzodiazepines and risk of hip fractures in older people: a review of the evidence. CNS Drugs 17:825–837

Fetveit A, Bjorvatn B (2004) The effects of bright-light therapy on actigraphical measured sleep last for several weeks post-treatment. A study in a nursing home population. J Sleep Res 13(2): 153–158

Forbes D, Morgan DG, Bangma J, Peacock S, Pelletier N, Adamson J (2004) Light therapy for managing sleep, behaviour, and mood disturbances in dementia. Cochrane Database Syst Rev (2):CD003946

Gooneratne NS, Weaver TE, Cater JR, Pack FM, Arner HM, Greenberg AS, Pack AI (2003) Functional outcomes of excessive daytime sleepiness in older adults. J Am Geriatr Soc 51(5): 642–649

Hajak G (1999) A comparative assessment of the risks and benefits of zopiclone: a review of 15 years' clinical experience. Drug Saf 21(6):457–69

Holbrook AM, Crowther R, Lotter A, Cheng C, King D (2000) Meta-analysis of benzodiazepine use in the treatment of insomnia. CMAJ; 162:225–233

Lees AJ, Blackburn NA, Campbell VL (1988) The nighttime problems of Parkinson's disease. Clin Neuropharmacol 11:512–519

Li F, Fisher KJ, Harmer P, Irbe D, Tearse RG, Weimer C (2004) Tai chi and self-rated quality of sleep and daytime sleepiness in older adults: a randomized controlled trial. J Am Geriatr Soc 52:892–900

Montgomery P, Dennis J (2004) A systematic review of non-pharmacological therapies for sleep problems in later life. Sleep Med Rev 8(1):47–62

Ohayon MM, Carskadon MA, Guilleminault C, Vitiello MV (2004) Meta-analysis of quantitative sleep parameters from childhood to old age in healthy individuals: developing normative sleep values across the human lifespan. Sleep 27(7):1255–1273

Ohayon MM (2005) Prevalence and Correlates of Nonrestorative Sleep Complaints. Arch Intern Med 165:35–41

Petrovic M, Mariman A, Warie H, Afschrift M, Pevernagie D (2003) Is there a rationale for prescription of benzodiazepines in the elderly? Review of the literature. Acta Clin Belg 58:27–36

Piani A, Brotini S, Dolso P, Budai R, Gigli GL (2004) Sleep disturbances in elderly: a subjective evaluation over 65. Arch Gerontol Geriatr Suppl (9):325–331

Umlauf MG, Chasens ER, Greevy RA, Arnold J, Burgio KL, Pillion DJ (2004) Obstructive sleep apnea, nocturia and polyuria in older adults. Sleep 27(1):139–144

37 Depressive Störungen

Günter Niklewski

Einleitung

Die typische Altersdepression als eigenständige nosologische Einheit gibt es nicht. Während Kraepelin anfänglich noch dazu neigte, eine eigenständige Altersdepression anzunehmen, schlugen jedoch in der Folge alle Versuche fehl, eine eigenständige nosologische Kategorie zu definieren.

Hinsichtlich Diagnostik, Verlauf und Therapie sind bei der Depression im Alter einige Besonderheiten zu berücksichtigen nicht zuletzt wegen der vielfältigen Komorbidität. Klassifikatorisch unterscheiden sich Depressionen im Alter zunächst nicht von depressiven Störungen im jüngeren Erwachsenenalter. Im ICD-10 werden leichte (F 32.0), mittelgradige (F 32.1) und schwere depressive Episoden (F 32.2) unterschieden. Die Patienten leiden unter affektiven, somatischen, psychomotorischen und kognitiven Symptomen. Mit einer zusätzlichen Stelle kann fakultativ ein somatisches Syndrom diagnostiziert werden.

Für syndromale Formen der Depression bestehen im ICD-10 verschiedene Klassifikationsmöglichkeiten wie etwa die der Dysthymie (F 34.1) als chronisch depressiver Verstimmung und der Anpassungsstörung (F 43.2).

Zu berücksichtigen sind auch Depressionen bei zerebralen oder anderen körperlichen Grunderkrankungen und Depressionen als Nebenwirkungen einer Pharmakotherapie. Derartige Depressionen werden häufig im psychiatrischen Konsiliardienst gesehen. Sie werden üblicherweise als organische Depression (F 06.32) klassifiziert.

37.1 Epidemiologie und Verlauf

Während man lange annahm, dass depressive **Erkrankungen** im höheren Lebensalter häufiger sind, weisen neuere Ergebnisse eher auf niedrigere Prävalenzraten für die Major Depression zwischen 1 % und 7 % hin (Linden et al. 1998).

Im Gegensatz dazu finden sich in repräsentativen Bevölkerungsstichproben wesentlich mehr einzelne depressive **Symptome**, nämlich bei ca. 11 % bis über 30 % der Altenbevölkerung; besonders deutlich ist dies bei Altenheimbewohnern. Auch stellen sich nach medizinischen oder chirurgischen Krankenhausbehandlungen bei älteren Patienten, die bisher noch nie psychische Störungen aufwiesen, häufig depressive Syndrome von Krankheitswert ein (Gerson et al. 2004).

Die Häufigkeit solcher subsyndromaler Formen der Depression korreliert mit dem Alter der Betroffenen sowie mit Risikofaktoren wie Multimorbidität und Hilfsbedürftigkeit (Linden et al. 1998).

Auch bei älteren Patienten eines Allgemeinkrankenhauses ist die Prävalenz depressiver Störungen gesteigert; Allerdings wird nur ein Bruchteil dieser Patienten adäquat diagnostiziert (Niklewski et al. 2001). In etwa 50 % der Fälle sind im zeitlichen Zusam-

menhang mit der depressiven Episode belastende Lebensereignisse wie Verwitwung und Scheidung, schwere körperliche Erkrankungen und Einsamkeit als Auslösefaktoren nachzuweisen.
Auch bei Senioren zeigt sich, dass ein aktiver Lebensstil mit regelmäßiger körperlicher Aktivität protektiv wirken kann; unter Senioren, die einen inaktiven Lebensstil praktizierten, fand sich eine signifikant erhöhte Prävalenz depressiver Störungen.

37.2 Verlaufsformen

Eine Metaanalyse von seit 1950 publizierten Studien über insgesamt etwa 1 000 alte depressive Patienten zeigte, dass nur 25 % der über mehr als zwei Jahre beobachteten Patienten komplett und dauerhaft remittierten. Weitere 25 % blieben – trotz Antidepressiva und Elektrokrampftherapie – dauerhaft krank (Cole 1990). Eine Sonderrolle kommt dabei offensichtlich der spät erstmanifestierten Depression zu. Alexopoulos et al. (1997) schlugen den Terminus „vaskuläre Depression“ für diese spät erstmanifestierten Depressionen vor. Zerebrovaskuläre Erkrankungen setzen dabei frontostriatale Schädigungen, die überschwellig dann zu einer depressiven Störung führen.
Risikofaktoren für Rückfälle sind drei oder mehr frühere depressive Episoden, somatische Erkrankungen, belastende Lebensereignisse und eine nachweisbare Störung exekutiver Funktionen.
Die Mortalität ist bei Depressionen im Senium stärker erhöht, als durch eine somatische Komorbidität und kann durch erhöhte Suizidraten erklärt werden (Vinkers et al. 2004). Dies gilt besonders für Erkrankungen mit spätem Beginn, für das männliche Geschlecht und für Hochbetagte. Kardiovaskuläre Begleiterkrankungen sind bei diesen Patienten überrepräsentiert. Depressionen im Senium erhöhen für gleichzeitig bestehende körperliche Erkrankungen das Risiko eines schlechten Verlaufes dieser Erkrankungen und beeinflussen den Verlauf gleichzeitig bestehender körperlicher Erkrankungen negativ (Vaccarino et al. 2001).

37.3 Klinische Symptomatik und Diagnostik

Häufig wird die Meinung vertreten, dass bei depressiven Erkrankungen im Senium vermehrt Agitation, vegetativ somatische Symptome sowie Wahngedanken und nihilistische Wahnideen vorhanden seien. Auch wurden bei älteren Patienten vermehrt motorische Phänomene wie psychomotorische Verlangsamung berichtet. Diese Beobachtungen wurden jedoch vorwiegend an stationären Patienten gemacht und spiegeln wahrscheinlich in erster Linie den Ausprägungsgrad der Erkrankung und keine altersspezifischen Eigenschaften der Depression wider. Es gibt keine ausreichenden klinischen Anhaltspunkte dafür, dass im Senium eine grundsätzlich andere Art von Depression als im jüngeren Lebensalter auftritt, doch erscheint es sehr plausibel, dass eine Reihe altersassoziierter pathoplastischer Faktoren das klinische Erscheinungsbild beeinflussen kann.
Ein häufiges Problem ist das gleichzeitige Auftreten bzw. die Überlappung „somatischer“ Symptome einer Depression mit den Symptomen gleichzeitig vorhandener somatischer Erkrankungen. Alte Patienten neigen häufiger zur Bagatellisierung ihrer depressiven Gefühle und zur verstärkten Präsentation somatischer Beschwerden, besonders wenn gleichzeitig körperliche Erkrankungen vorhanden sind (Sheehan und Banerjee 1999). Daher ist es sehr wichtig, gezielt affektive Symptome wie Anhedonie (die Unfähigkeit, Freude zu empfinden),

das Gefühl der Gefühllosigkeit und depressive Denkinhalte (vermindertes Selbstwertgefühl, Schuld, Sinnlosigkeit, Suizidgedanken) zu erfragen.
Ein unklares Schmerzsyndrom bei alten Patienten kann Ausdruck einer zugrunde liegenden Depression sein. Anhaltende Schlafstörungen werden sehr häufig fälschlicherweise als Alterserscheinung gesehen; sie sind bei älteren Patienten jedoch sehr eng mit einer gleichzeitig bestehenden Depression assoziiert.
Jede vorsätzliche Selbstbeschädigung muss Anlass bieten, eine depressive Störung differentialdiagnostisch auszuschließen bzw. zu bestätigen. Eine nicht erkannte affektive Erkrankung stellt den größten Risikofaktor für einen Suizidversuch dar (Mortensen et al. 2000).
Kognitive Defizite sind häufige Begleiterscheinungen depressiver Erkrankungen nicht nur im Senium (wobei besonders die Informationsverarbeitungsgeschwindigkeit und das Arbeitsgedächtnis betroffen sind). Nicht alle älteren depressiven Patienten mit kognitiven Störung kehren nach Besserung der affektiven Symptomatik zum altersentsprechenden Leistungsvermögen zurück (Butters et al. 2000); eine mögliche Erklärung besteht darin, dass kognitive Störungen länger anhalten als die affektiven Symptome. Nicht selten entwickeln besonders diejenigen Patienten, die nicht zum prämorbiden Leistungsvermögen zurückkehren, später auch eine Demenz.

37.4 Anamnese und Untersuchung

Nur die vollständige psychopathologische Untersuchung erfasst die einzelnen depressiven Symptome in ihrem Ausprägungsgrad, für den die depressiven Kernsymptome besonders relevant sind. Besonderes Augenmerk ist auf wahnhaft ausgestaltete depressive Kognitionen und Suizidalität zu richten.
Kognitive Einbußen sollten zur Verlaufsbeurteilung genau festgehalten werden. Neben der allgemein klinischen Beurteilung kognitiver Funktionen ist ihre psychometrische Objektivierung empfehlenswert. Dabei können weitgehend dieselben Verfahren, eingesetzt werden, die auch bei der Frühdemenzdiagnostik Verwendung finden (s. Kap. 8 und 11). Eine umfassende internistische und neurologische Untersuchung ist unverzichtbar, weil eine Vielzahl somatischer Erkrankungen Ursache organisch bedingter Depressionen sein kann.
Es sollte immer eine Eigen- und nach Möglichkeit eine Fremdanamnese eingeholt werden. Die weitere Vorgeschichte einschließlich der Familienanamnese, einer möglichst eingehenden Medikamenten- und Suchtstoffanamnese müssen unbedingt gezielt erhoben werden. Frühere depressive Episoden, Behandlungsversuche und -erfolge sollten dem Behandler bekannt sein.
Bei der standardisierten Erfassung depressiver Symptome finden bei Alterspatienten häufig dieselben Untersuchungsverfahren Verwendung, die auch bei Patienten jüngerer Altersgruppen eingesetzt werden, wie die Hamilton-Depressionsskala oder die MADRS. Als Screening-Instrumente wurden Kurzformen der CES-D Skala vorgelegt, die hohe Sensitivität und Spezifität aufweisen.

37.5 Weiterführende Diagnostik

Das Hauptaugenmerk der **Labordiagnostik** im Rahmen einer Altersdepression liegt auf dem Ausschluss einer organischen Depression. Aus den in **Tab. 37.1** genannten Ursachen sind gezielte Laboruntersuchungen

Tab. 37.1 Ursachen „sekundärer (symptomatischer, organischer)" Depressionen

Ursachen	Beispiele
Hirnerkrankungen	Degenerative, vaskuläre, entzündliche, raumfordernde Hirnerkrankungen, Epilepsie
Infektiöse und entzündliche Erkrankungen	Influenza, Viruspneumonie, Brucellose, Mononukleose, postvirale Erschöpfungszustände, Polymyalgia rheumatica, Polyarthritis nordosa, Neuroborreliose
Kardiopulmonale Erkrankungen	Herzinsuffizienz, chronisch obstruktive Lungenerkrankungen, Z.n. Herzinfarkt
Endokrinologische und metabolische Erkrankungen	Hypo-, Hyperthyreose; Hypo-, Hyperparathyreoidismus; Cushing-Syndrom, Addison-Syndrom, Diabetes mellitus, Niereninsuffizienz, Leberinsuffizienz, Vitamin B12-Mangel, Mangelernährung, Fehlernährung, Pankreatitis
Bösartige Neubildungen	Pankreaskarzinom, Lungenkarzinom, Leukämie
Drogen und Medikamente	Alkohol, Analgetika, Antihypertensiva (β-Blocker, Reserpin), Benzodiazepine, Digitalis, L-Dopa, Neuroleptika, Kortikosteroide, Theophyllin, Thiaziddiuretika und andere

zur Differentialdiagnose dieser Erkrankungen abzuleiten.

Es gibt keine charakteristischen Befunde im Wach-**EEG** alter depressiver Patienten, sofern man von sekundären Depressionen absieht. Der differentialdiagnostische Nutzen besteht in der Abgrenzung gegenüber Erkrankungen, die mit EEG-Veränderungen einhergehen (z. B. Allgemeinveränderung bei Delir, Anfallsleiden). Wie das EEG werden **bildgebende Verfahren** wie CCT oder MRT in der Depressionsdiagnostik in erster Linie zum Ausschluss oder zur Bestätigung einer symptomatischen Depression im Rahmen einer organischen Hirnerkrankung (Tumor, vaskulärer oder entzündlicher Prozess, Begleitdepression im Rahmen einer neurologischen Systemerkrankung) eingesetzt.

37.6 Therapie

Auch im Alter stehen bei der Depressionsbehandlung Pharmakotherapie und Psychotherapie im Zentrum der therapeutischen Möglichkeiten. Für schwere und therapieresistente Verlaufsformen bietet die Elektrokrampftherapie eine zusätzliche Option.

37.6.1 Pharmakotherapie

Zur Frage der Wirksamkeit einer antidepressiven Therapie bei Patienten mit einer Altersdepression besteht Konsens. Die Auswahl des Antidepressivums gerade beim älteren Menschen richtet sich vorwiegend danach aus, welche unerwünschten Arzneimittelwirkungen auftreten und bis zu welchem Grad diese toleriert werden können (Hegerl 2000).

Pharmakokinetik und Pharmakodynamik können im Alter verändert sein (s. Kap. 3). Von klinischer Relevanz ist dabei vor allem die verzögerte Elimination von Antidepressiva, was zu erhöhten Plasmaspiegeln führen kann. Weiterhin besteht eine erhöhte Empfindlichkeit des alten Menschen für unerwünschte Arzneimittelwirkungen. Für alle Antidepressiva gilt, dass im Alter niedrigere Dosierungen ausreichend sein können und Plasmaspiegelkontrollen der Antidepressiva sinnvoll sind. Die pharmakologische Behandlung soll mit einer niedrigen Initialdosis begonnen und unter Kontrolle der unerwünschten Wirkungen gesteigert werden. Die Auswahl des Antidepressivums folgt denselben Kriterien wie bei jüngeren depressiven Patienten: Die Substanz sollte für den Patienten wirksam, sicher, gut tolerierbar und alltagstauglich sein. Wenn – bei angemessener Dosierung und Compliance – nach 4–6 Wochen keine Besserung eingetreten ist, wird ein längerfristiger Erfolg der gewählten Behandlungsstrategie immer weniger wahrscheinlich. Falls jedoch eine teilweise Remission zu beobachten ist, erscheint es sinnvoll, die Behandlung noch 2 Wochen fortzusetzen.

Viele ältere Patienten stehen unter einer Dauermedikation mit mehreren Medikamenten. Grundsätzlich ist bei der Pharmakotherapie der Altersdepression eine **Monotherapie** anzustreben. Bei der Indikationsstellung zu einer Kombination von Antidepressiva muss möglichen Medikamenteninteraktionen große Aufmerksamkeit geschenkt werden. Dabei kommt dem Cytochrom P 450-System wesentliche Bedeutung zu, das bei der Metabolisierung vieler Medikamente beteiligt ist. Interaktionen und unerwünschte Arzneimittelwirkungen können auftreten, wenn eine Substanz, die von einem der vier Isoenzyme verstoffwechselt wird, mit einer für dieses Isoenzym inibitorisch wirkenden Substanz kombiniert wird.

Tri- und tetrazyklische Antidepressiva (TZA)

Bei den langjährig bewährten TZA sind unerwünschte Wirkungen bei älteren Patienten gelegentlich besonders stark ausgeprägt und können ernsthafte Komplikationen wie Stürze mit Frakturen bei Orthosthase nach sich ziehen. Gehäuft werden Tremor, peripher und zentral bedingte anticholinergen Wirkungen wie Mundtrockenheit, Blasenentleerungsstörungen, kognitive Störungen und delirante Zustände berichtet. Die bekannten kardialen Nebenwirkungen dieser Substanzgruppe können sich im Alter als besonders gravierend erweisen. Grundsätzlich sollte eine langsam steigernde Aufdosierung erfolgen. Eine früh auftretende anticholinerge Wirkung der TZA bessert sich oft nach einigen Tagen. Bei den TZA lässt sich mit der Hälfte der normalen Erwachsenendosis bei alten Patienten oft schon eine gute Wirkung erzielen. Die Tagesdosis muss dem Einzelfall genau angepasst werden. Unter den TZA ist das sekundäre Amin Nortriptylin gegenüber den tertiären Aminen günstiger zu bewerten; es zeichnet sich durch geringe anticholinerge Wirkungen und eine nur selten auftretende orthostatische Hypotension aus. Für Nortriptylin kann ein annähernd zuverlässiger therapeutischer Serumspiegel von 50–150 ng/ml angegeben werden.

Selektive Serotoninwiederaufnahmehemmer (SSRI)

Die SSRI erweisen sich bei der Behandlung der Altersdepression als nebenwirkungsärmer, besonders hinsichtlich der oben genannten Nebenwirkungen der TZA. Für die SSRI konnte mittlerweile in einer ganzen Reihe randomisierter und plazebokontrollierter Studien die Wirksamkeit in der Depressionsbehandlung auch beim älteren Patienten nachgewiesen werden (Bondareff et al. 2000). SSRI sind bei der Altersdepression wegen der besseren Verträglichkeit aufgrund des Fehlens insbesondere zentral anticholinerger Effekte mittlerweile Arzneimittel der ersten Wahl geworden. Relevant für die Therapieentscheidung zugunsten dieser Substanzklasse ist auch der eher günstige Einfluss auf kognitive Funktionen. Der SSRI Sertralin konnte auch bei minoren Formen der Depression, wie sie etwa in

Altenheimen häufig anzutreffen sind, gute Wirkung zeigen (Rosen et al. 2000). Citalopram erwies sich auch bei depressiven Syndromen im Rahmen einer Demenz als gut wirksam

Monoaminooxidasehemmer (MAO-Hemmer)

Der reversible MAO-A-Hemmer Moclobemid zeigte bei sehr guter Verträglichkeit in mehreren Studien einen günstigen Effekt auf depressive Störungen bei geriatrischen Patienten. Eine negative Beeinflussung kognitiver Funktionen fand sich nicht. Die Therapie mit dem nichtreversiblen MAO-Inhibitor Tranylcypromin bleibt eine Option; allerdings ist gegenüber Moclobemid die Einhaltung einer tyraminarmen Diät erforderlich, was besonders unter ambulanten Bedingungen und bei etwaig gleichzeitig vorliegenden kognitiven Störungen älterer Patienten deutlich erschwert sein kann.

Neuere Antidepressiva

Der kombinierte Noradrenalin- und Serotoninwiederaufnahmehemmer **Venlafaxin** hat im Vergleich älterer und jüngerer Patienten ein vergleichbares Wirkprofil. Eine offene Studie an Patienten mit einer Altersdepression ließ eine gute Wirksamkeit dieser Substanz in der Akut- und Erhaltungstherapie erkennen (Khan et al. 1995).
Für **Mirtazapin**, einen 5-HT2- und 5-HT3-Inhibitor, der gleichzeitig die Freisetzung von Noradrenalin wie Serotonin stimuliert, ergab sich kein Hinweis auf eine eingeschränkte Wirksamkeit bei älteren Patienten. Mirtazapin wirkte sich auch günstig auf depressive Syndrome bei Demenzen vom Alzheimer-Typ aus.
Der selektive Noradrenalinwiederaufnahmehemmer **Reboxetin** hatte auch bei Patienten mit einer Depression im Senium gegenüber Imipramin bei geringeren unerwünschten Wirkungen eine vergleichbar gute Wirksamkeit (Katona et al. 1999).

Augmentationsbehandlungen

Etwa ein Drittel der Patienten spricht innerhalb von 4–6 Wochen nicht auf eine Antidepressivatherapie an. Nach der Dosiserhöhung und der möglichen Kombination mit einem Antidepressivum einer anderen Substanzklasse, sollte der Wechsel zu einem anderen Antidepressivum erfolgen. Bei der Umstellung auf eine andere Substanz mit unterschiedlichem Wirkprofil sollte ein rationaler Stufenplan eingehalten werden. Neben einer Umstellung auf eine andere Substanz mit unterschiedlichem Wirkungsprofil bieten sich verschiedene Kombinationsmöglichkeiten mit Lithium oder Mood-Stabilizern, wie Carbamazepin und Valproat, sowie Schilddrüsenhormonen an. Die höchste Evidenz besteht für eine Augmentation mit Lithiumsalzen oder Schilddrüsenhormon.

37.6.2 Andere somatische Therapieverfahren

Schlafentzug und Lichttherapie

Die antidepressive Wirkung des totalen oder des partiellen Schlafentzuges in der zweiten Nachthälfte ist lange bekannt. Die Responderraten werden in der Literatur mit 40–70 % angegeben. Die antidepressive Wirkung variiert intraindividuell sehr stark. Grundsätzlich hat ein höheres Lebensalter behandelter Patienten keinen negativen Einfluss auf die Responderrate. Auch wenn die Wirkung des therapeutischen Schlafentzuges nur kurz anhält, ist sie doch für die psychotherapeutische Führung des Patienten von nicht zu unterschätzender Bedeutung: der Patient kommt in die Lage, Veränderungsmöglichkeiten sei-

ner vermeintlich hoffnungslosen Situation zu erkennen.
Die Lichttherapie mit hellem, weißem Licht mit dem umfassenden Spektralbereich und mindestens 2500 Lux gilt als Therapie der Wahl bei der Behandlung saisonal abhängiger Depressionsformen. Darüber hinaus gibt es Hinweise, dass sich bei Heimbewohnern unter Lichttherapie depressive Symptome reduzieren lassen und dass bei dementen Patienten mit Störungen des Tag-Nacht-Rhythmus unter morgendlicher Lichttherapie sich der Anteil nächtlicher Schlafperioden erhöht.

Elektrokrampftherapie (EKT) und repetitive transkranielle Magnetstimulation

Zur EKT sollte man sich entschließen, wenn bei einer schweren depressiven Episode 2–3 Antidepressiva mit unterschiedlichem Wirkprinzip nach ausreichender Behandlungsdauer und unter Einschluss von Augmentationsstrategien ohne Erfolg geblieben waren, bzw. wenn eine akute vitale Gefährdung des Patienten vorliegt (Unfähigkeit zur Nahrungsaufnahme, hohe Suizidgefährdung). Die EKT wird von manchen Autoren als erfolgreichste (Responderraten bis zu 80 %) und sichere Behandlungsmethode für ältere Patienten angesehen, wobei die Responserate mit dem Alter ansteigt (Tew et al.1999). Unerwünschte Wirkungen sind nicht altersassoziiert. Wesentlich für eine Therapieentscheidung ist auch, dass diese Behandlung sehr rasch die Stimmung und alle Parameter der Lebensqualität bessert (McCall et al. 2004). Allerdings ist die Rückfallwahrscheinlichkeit nach EKT gegenüber einer alleinigen Pharmakotherapie nicht reduziert.
Die rTMS wird seit Mitte des letzten Jahrzehnts für die Behandlung von Depressionen eingesetzt. Nach den derzeit vorliegenden Studien scheinen eher junge Patienten ohne psychotische Symptome mit Angstsymptomen zu profitieren. Gleichwohl liegen bei Patienten mit vaskulärer Depression positive Ergebnisse vor, so dass diese Behandlung sicherlich als Option gelten kann (Fabre et al. 2004) Negative Prädiktoren für das Ansprechen dieser Behandlungsmethode sind frontale Atrophiezeichen und kognitive Störungen.

37.6.3 Psychotherapie

Höheres Lebensalter ist kein Ausschlusskriterium für eine Psychotherapie. Für die Behandlung der Altersdepression haben sich vor allem kognitiv-verhaltenstherapeutische und tiefenpsychologische beziehungsweise interpersonale Therapieansätze bewähren können. Kognitiv-verhaltenstherapeutische und interpersonale Therapieverfahren sind derzeit empirisch am besten abgesichert. Aber auch biographische Rekonstruktionen, psychoedukative und familientherapeutische Ansätze werden verfolgt. Auch zeitlich umschriebene psychotherapeutische Interventioen (Kurzzzeittherapie) können bei älteren depressiven Patienten wirksam sein. Der positive suizidpräventive Effekt von ausschließlich telephonischen Kurzinterventionen bei suizidgefährdeten Älteren unterstreicht dies.
Alte depressive Patienten, die mit kognitiver Therapie behandelt wurden, zeigten gegenüber einer unbehandelten Vergleichsgruppe einen deutlich günstigeren Verlauf. Zwischen unterschiedlichen Therapieformen, etwa der kognitiven Therapie und psychodynamischen Verfahren, war bei älteren depressiven Patienten kein Unterschied nachzuweisen.
Der Psychotherapeut muss vielfach bei älteren Patienten eine aktivere Rolle einnehmen als bei jüngeren depressiven Patienten. Er sollte in der Lage sei, auf spezifische emotionale Bedürfnisse des älteren Patienten einzugehen und ggf. mehr als bei jüngeren Patienten aus der therapeutischen

Neutralität herauszutreten, weil diese gerade von älteren Patienten auch als ablehnend erlebt werden kann. Auch bei der Alterdepression ist eine Kombination von Pharmako- und Psychotherapie der alleinigen Psychotherapie überlegen.
Die Angehörigen sind bereits bei der Anamneseerhebung von entscheidender Bedeutung. Ihre weiteren Beobachtungen und Interventionen sind für die Verlaufsbeurteilung und für die Compliance wichtig. Es lohnt sich auch, einfache Verhaltensregeln im Umgang mit den Patienten zu vermitteln. Umfangreichere familientherapeutische Interventionen werden notwendig, wenn eine Depression durch familiäre Konflikte mitverursacht ist oder unterhalten wird. Die Familie ist auch wesentlich bei der Einschätzung der verbliebenen Alltagskompetenzen; dies kann neben der Psychopathologie mitentscheidend für die Indikationsstellung zu einer stationären Behandlung sein. Gegebenenfalls ist die komplexe sozialpsychiatrische Betreuung von Patienten mit einer Depression im Senium in spezialisierten gerontopsychiatrischen Ambulanzen in Betracht zu ziehen.

Literatur

Alexopoulos GS, Meyers BS, Young RC, Campbell S, Silbersweig D, Charlson M(1997) „Vascular depression" hypothesis. Arch Gen Psychiat 54:915–22

Bondareff W, Alpert M, Friedhoff AJ, Richter EM, Clary CM, Batzar E (2000) Comparison of sertraline and nortriptyline in the treatment of depression in late life. Am J Psychiat 157:729–36

Butters MA, Becker NJ, Nebes RD et al. (2000) Changes in cognitive function following treatment for depression. Am J Psychiat 157:1949–54

Cole MG (1990) The prognosis of depression in the elderly. Can Med Assoc J 143:633–40

Fabre I, Galinowski A, Oppenheim C et al. (2004) Antidepressant efficacy and cognitive effects of repetitive transcranial magnetic stimulation in vascular depression: an open trial. Int J Geriatr Psychiat 19:833–842

Gerson S, Mistry R, Bastani R et al. (2004) Symptoms of depression and anxiety (MHI) following acute medical/surgical hospitalization and post-discharge diagnoses (DSM) in 839 geriatric US veterans. Int J Geriatr Psychiat 19:1155–67

Hegerl U, Möller HJ (2000) Pharmakotherapie der Altersdepression. Nervenarzt 71:1–8

Helmchen H, Baltes MM, Geiselmann B et al. (1999) Psychische Erkrankungen im Alter. In: Mayer KU, Baltes PB (Hrsg) Die Berliner Altersstudie. Akademie Verlag, Berlin

Katona C, Bercoff E, Chiu E, Tack P, Versiani M, Woelk H (1999) Reboxetine versus imipramine in the treatment of elderly patients with depressive disorders: a double-blind randomised trial. J Affect Disord 55:203–213

Khan A, Rudolph R, Baumel B, Ferguson J, Ryan P, Shrivastava R (1995) Venlafaxine in depressed geriatric outpatients: an open label clinical study. Psychopharmacol Bull 31:753–58

Krishnan KRR, Hays JC, Blazer DG (1997) MRI-defined vascular depression. Am J Psychiat 154:497–501

Linden M, Kurtz G, Baltes MM et al. (1998) Depression bei Hochbetagten. Nervenarzt 69:27–37

McCall, WV, Dunn A, Rosenquist PB (2004) Quality of life and function after electroconvulsive therapy. Brit J Psychiat 185:405–409

Mortensen PB, Agerbo E, Erikson T, Qin P, Westergaard-Nielsen N (2000) Psychiatric illness and risk factors in Denmark. Lancet 355:9–12

Niklewski G, Lehfeld H, Pelzl S, Simen S, Stein B, Herzog T (2001) Are elderly patients neglected by psychiatric consultation services? A comparison of psychiatric consultations by age group. Eur J Ger 3:122–30

Rosen J, Mulsant BH, Pollock BG (2000) Sertraline in the treatment of minor depression in nursing home residents: a pilot study. Int J Geriatr Psychiat 15:177–80

Sheehan B, Banerjee S (1999) Review : Somatisation in the elderly. Int J Geriatr Psychiat 14: 1044–49

Tew JD, Mulsanat BH, Haskett RF et al. (1999) Acute efficacy of ECT in the treatment of major depression in the old-old. Am J Psychiat 156: 1865–70

Vacarino V, Kasl SV, Abramson J, Krumholz KM (2001) Depressive symptoms and risk of functional decline and death in patients with heart failure. J Am Coll Cardiol 38:199–205

Vinkers DJ, Stek ML, Gussekloo J et al. (2004) Does depression in old age increase only cardiovascular mortality? The Leiden 85-plus study. Int J Geriatr Psychiat 19:852–857

38 Substanzmissbrauch und -abhängigkeit und Folgeprobleme

Dirk K. Wolter

Einleitung

Substanzabhängigkeit liegt vor, wenn innerhalb von 12 Monaten mindestens drei der folgenden Kriterien erfüllt sind:

1. Starker Wunsch nach erneutem Konsum („Craving", „Suchtdruck") bzw. erfolglose Absetzversuche,
2. verminderte Kontrolle über den Konsum (zu oft, zu viel, zu lange),
3. Entzugssymptome,
4. Toleranzentwicklung,
5. Vernachlässigung anderer Interessen,
6. hoher (Zeit-)Aufwand für Konsum bzw. Beschaffung der Substanz („Drug seeking behaviour"),
7. anhaltender Konsum trotz schädlicher Folgen.

Das Vorliegen von Entzugssymptomen ist das entscheidende Kriterium zur Unterscheidung zwischen psychischer und physischer Abhängigkeit.
Von **„Missbrauch"** („Abusus", engl. abuse) bzw. „schädlichem Gebrauch" (ICD-10) spricht man, wenn eine Substanz trotz negativer Folgen und des Wissens darum konsumiert wird; ICD-10 fokussiert hierbei ausschließlich auf negative gesundheitliche Folgen (körperlich, aber auch psychisch), während das amerikanische DSM-IV auch die soziale Dimension einbezieht.
Diesen Definitionen zufolge gibt es Abhängigkeit und Missbrauch nur bei Substanzen mit psychotroper Wirkung.
ICD-10 und DSM-IV führen nicht opioidhaltige Schmerzmittel ebenso wenig auf wie andere Psychopharmaka (z. B. Antidepressiva), wohl aber Nikotin. Der englische Begriff „misuse" bezeichnet demgegenüber den nicht bestimmungsgemäßen Gebrauch von nicht-psychotropen Pharmaka (z. B. Diuretika oder Laxanzien).

38.1 Epidemiologie

Sucht im Alter war bis vor einigen Jahren weder für die Wissenschaft noch für die Öffentlichkeit oder das Gesundheitssystem ein Thema. In der Tat kommen einige Abhängigkeitserkrankungen im Alter seltener vor. Mitunter kommt es bei Abhängigen im fortgeschrittenen Erwachsenenalter zu einem Rückgang des Konsums oder sogar zu weitgehender Abstinenz, häufig verbunden mit einem mehr oder weniger stark ausgeprägten Residualsyndrom (Antriebsmangel, affektive Einschränkung, sozialer Rückzug). Diese Entwicklung wurde früher als „maturing out" bezeichnet; man ging davon aus, dass es im Alter keine bedeutsame Zahl von Suchtkranken mehr gäbe, weil die Suchtprobleme entweder mit dem Alter durch „maturing out" verschwinden bzw. auf Grund der erhöhten Mortalität nur sehr wenige Suchtkranke das Senium erreichen würden. Diese Einschätzung ist heute nicht mehr gültig, zumal die Medikamentenabhängigkeiten eine deutliche Zunahme im Alter aufweisen.

38.1.1 Alkohol

Der Alkoholkonsum nimmt mit dem Lebensalter ab. Abstinenz ist unter Frauen und in den höchsten Altersklassen häufiger anzutreffen. Alkoholmissbrauch und -abhängigkeit sind im Senium seltener als im mittleren Erwachsenenalter, mit einer Jahresprävalenz von 3,1 % der Männer und 0,5 % der Frauen ab 65 Jahren in einer großen epidemiologischen Studie in den USA in den 1980er Jahren aber keineswegs unbedeutend. Neuere Studien geben höhere Prävalenzraten von ca. 10 % der Altenbevölkerung mit problematischem Trinkverhalten an. Veränderungen der Lebensstile und des Konsumverhaltens führen dazu, dass bereits die heutigen und wahrscheinlich in noch stärkerem Ausmaß künftige Seniorengenerationen mehr Alkohol konsumieren als frühere.

38.1.2 Benzodiazepine und verwandte Substanzen

In westlichen Industriestaaten nehmen 10–15 % der Gesamtbevölkerung gelegentlich und bis zu 2 % regelmäßig Benzodiazepine (BZD) ein, im Alter liegen die Zahlen erheblich höher, Frauen überwiegen. Heimbewohner erhalten häufiger und regelmäßiger Benzodiazepine. Hochdosisabhängigkeit ist im Alter sehr selten. Die Verordnungshäufigkeit ist rückläufig, bewegt sich aber nach wie vor auf hohem Niveau, und in Studien wird immer wieder ein hoher Anteil nicht sachgerechter Verordnungen festgestellt.
Das Abhängigkeitsrisiko von BZD ist geringer als bei Alkohol oder Barbituraten. 40–50 % der BZD-Dauerkonsumenten sind abhängig. Das Einnahmeverhalten erlaubt schon sehr früh Rückschlüsse auf die weitere Entwicklung:
Patienten, die täglich BZD einnehmen, konsumieren diese Medikamente zu 2/3 auch noch nach über 10 Jahren. Das Abhängigkeitsrisiko wächst mit zunehmender Verordnungsdauer, es ist extrem hoch bei vorbestehenden anderen Suchtmittelabhängigkeiten – hier ist die Verordnung von BZD kontraindiziert. Chronische körperliche Erkrankungen stellen einen wichtigen Prädiktor für die Entwicklung einer BZD-Dauereinnahme dar, die Mortalität ist unter Langzeitkonsumenten erhöht. BZD-Dauerkonsumenten haben in der Regel erfolglose Absetzversuche hinter sich und lehnen überwiegend einen (erneuten) Absetzversuch ab. Häufig wird vom Arzt schlicht „vergessen“ zu überprüfen, ob die Indikation weiterhin besteht. Von Dauerkonsumenten wird in mehreren Studien berichtet, dass sie von ihren (Haus-)Ärzten nicht auf die Gefahren hingewiesen wurden. Nicht selten beginnt die BZD-Einnahme aber auch während eines Krankenhausaufenthaltes. Häufig weist die Krankenakte keine Begründung für die BZD-Verordnung auf, im ambulanten Bereich ebenso wie in Kliniken.
Auch die modernen BZD-Analoga (Zaleplon, Zolpidem, Zopiclon) besitzen ein Abhängigkeitsrisiko, es ist jedoch offenbar geringer als das der BZD.

38.1.3 Analgetika

Im ambulanten Bereich sind Analgetika die meistverordneten Arzneimittel; Opioide werden mittlerweile häufiger verordnet als Nicht-Opioidanalgetika. Vielfach wird eine Unterversorgung von Schmerzpatienten mit wirksamen Analgetika beklagt; das Abhängigkeitsrisiko sei bei bestimmungsgemäßer Anwendung sehr gering, unzureichend behandelte Schmerzen führten zu einem Verlangen nach Analgetika, das als Suchtproblem fehlinterpretiert würde („Pseudoabhängigkeit“). Andererseits entsteht klinisch häufig der Eindruck, dass starkwirksame Analgetika häufig fehlindiziert verordnet werden und sich nachfolgend eine Abhän-

gigkeit entwickelt. Häufig ist der Missbrauch des nicht BtM-pflichtigen Tramadolol, es kommt aber z. B. auch Missbrauch von Paracetamol bis zu 10 g/d (!) vor. Während weitgehende Einigkeit darüber besteht, dass Tumorpatienten auch unter hochdosierter Opioidtherapie praktisch nicht abhängig werden, ist der Einsatz von Opioiden bei nicht-tumorbedingten Schmerzen umstritten.
Suchtprobleme findet man bei 12–34 % der Schmerzpatienten, Medikamentenabhängigkeit in 3–18 %, 17–30 % nehmen BZD ein. Analgetika missbrauchende Patienten weisen häufig eine belangvolle psychiatrische Komorbidität auf (Depression, Angst- und Persönlichkeitsstörungen). Ein erhöhtes Risiko für die Entwicklung einer Abhängigkeit weisen Patienten mit eigener Suchtvorgeschichte und positiver Familienanamnese auf.

38.1.4 Illegale Drogen

Die überlebenden Drogenkonsumenten aus den 1960er Jahren erreichen jetzt die Schwelle zum Senium. Einige sind weiterhin abhängig, ein Teil mit belangvollen Folgeproblemen (z. B. HIV-Infektion, soziale Desintegration). Wie bei der Alkoholabhängigkeit sind aber auch ein Rückgang des Konsums oder sogar weitgehende Abstinenz, häufig verbunden mit einem mehr oder weniger stark ausgeprägten Residualsyndrom (Antriebsmangel, affektive Einschränkung, sozialer Rückzug), möglich („maturing out").
Schließlich gibt es die Gruppe der substituierten Abhängigen; hier trifft man häufiger eine stabile gesundheitliche und soziale Situation an. In den USA und den Niederlanden existieren bereits spezialisierte Institutionen für diese Patienten; in Deutschland stehen wir hier erst am Anfang, verlässliche epidemiologische Daten liegen nicht vor.

38.2 Pharmakologie und klinisches Bild

38.2.1 Alkohol

Eine veränderte Verarbeitung von Alkohol (First-pass-Metabolisierung in der Magenschleimhaut reduziert, Körperwasseranteil reduziert) führt im Alter zu einer erhöhten Blutalkoholkonzentration (BAK) bei gleicher Trinkmenge.
Die Symptomatik des Alkoholrausches (Alkoholintoxikation) ist allgemein bekannt: initial kommt es meist zu einer Aktivierung und Euphorisierung, später bzw. bei höherer BAK treten Affektlabilität, kognitive und motorische Beeinträchtigungen (Ataxie) sowie Sedierung bis zum Koma auf. Oft besteht eine Amnesie. Bei tiefer Intoxikation ist der Übergang zum komplizierten Rausch fließend.
Die Existenz des pathologischen Rausches ist umstritten; das Syndrom ist in der forensischen Psychiatrie von Bedeutung: Schwere Verhaltensentgleisungen mit Amnesie bei geringer Alkoholmenge auf dem Boden einer zerebralen Vorschädigung.

38.2.2 Benzodiazepine

BZD-Wirkungen sind in **Tab. 38.1** dargestellt. Gegen die antikonvulsive und sedierende bzw. hypnotische Wirkung entwickelt sich rasch eine Toleranz, während die anxiolytische Wirkung wahrscheinlich länger anhält. Bei längerfristiger regelmäßiger Einnahme haben BZD keinen günstigen Effekt auf den Schlaf! Im Alter ist die Toleranzentwicklung geringer ausgeprägt, die Sensibilität der BZD-Rezeptoren erhöht.
Die **Eliminationshalbwertszeit** (HWZ) der meisten BZD und ihrer aktiven Metabolite ist sehr lang (20–100 h). Veränderungen der Enzymaktivitäten in der Leber führen im Alter zu einer Zunahme der HWZ bis

auf das 3- bis 5-fache. Vom Alter praktisch unabhängig sind nur die Phase-2-Reaktionen, namentlich die **Glukuronidierung**. Wenn man also bei älteren Patienten unerwünschte **Kumulationseffekte** sicher vermeiden will, kommen nur die Substanzen in Frage, die nicht zu aktiven Metaboliten verstoffwechselt und ausschließlich nach Glukuronidierung renal ausgeschieden werden:

- Lorazepam, Oxazepam, Temazepam und mit Einschränkung Lormetazepam; bei allen anderen Substanzen ist die Wirkungsdauer unkalkulierbar (**s. Abb. 38.1**).

Eine auf das Doppelte verlängerte HWZ führt einerseits dazu, dass bei identischer Dosis doppelt so hohe Plasmaspiegel erreicht werden. Andererseits wird aber auch die doppelte Zeit benötigt, bis sich unter Dauertherapie ein konstanter Plasmaspiegel („steady state") einstellt; dies gilt sowohl für den Anstieg bei Behandlungsbeginn als auch für das Absinken nach dem Absetzen (schleichende Intoxikation – protrahierter Entzug). Bei alten Menschen mit verlangsamtem Metabolismus kann dies im Fall langwirksamer BZD u. U. erst nach mehreren Wochen der Fall sein. **Schleichende Intoxikationen** und **protrahierte Entzugssyndrome** können zu pseudodementen, apathisch-adynamen und depressiven Zustandsbildern, letztere auch zu psychotischen Zustandsbildern führen, die aufgrund der zeitlichen Latenz leicht diagnostisch falsch eingeschätzt werden.

Das **Sturzrisiko** ist einerseits erhöht unter langsam metabolisierten BZD infolge der Kumulation; eine besonders große Gefährdung, übrigens auch für Verkehrsunfälle, besteht andererseits zu Beginn einer BZD-Medikation, d. h. bevor die Adaptationsprozesse wirksam werden. Die Sturzgefahr wird potenziert durch andere körperliche Handicaps wie Störungen der

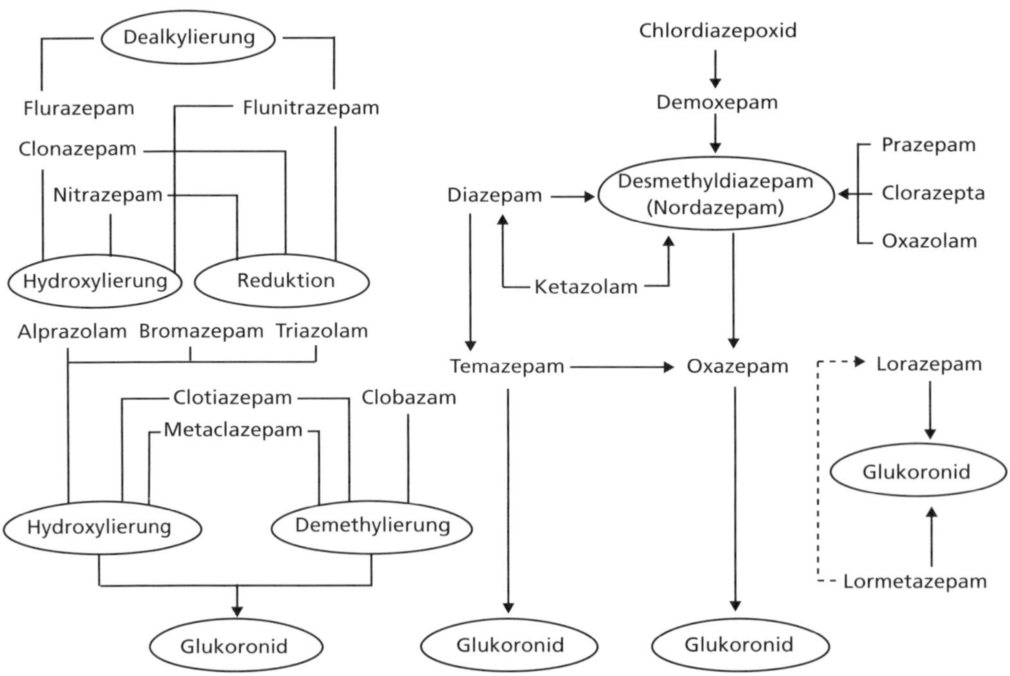

Abb. 38.1 Stoffwechselwege der Benzodiazepine (modifiziert nach Wolter-Henseler 2000)

Tiefensensibilität usw., und natürlich durch die Kombination mit anderen Pharmaka (s. Kap. 35).

38.2.3 Moderne Nicht-Benzodiazepinhypnotika

In Deutschland wurden vor einigen Jahren Zolpidem und Zopiclon, 1999 Zaleplon als Schlafmittel neu eingeführt. Es handelt sich chemisch gesehen zwar nicht um BZD; die klinisch-pharmakologischen Ähnlichkeiten überwiegen bei weitem die Unterschiede, die Substanzen sollten deshalb unter die BZD eingeordnet werden. Kennzeichen aller drei Substanzen sind sehr kurze HWZ von ca. 5 (Zopiclon) bzw. 2 (Zolpidem) und sogar nur 1 h (Zaleplon); bei ausgeprägter hepatischer Elimination mit Phase-1-Reaktionen ist wie bei den meisten BZD von verlängerten HWZ bei alten Menschen bzw. Leberfunktionsstörungen auszugehen.

38.2.4 Analgetika

Unter Opioiden, auch unter Tramadolol, kann es zu Benommenheit, kognitiven Einbußen und Delirien kommen. Zu den übrigen Wirkungen s. Kap. 23.

38.3 Komplikationen und Folgeerkrankungen

38.3.1 Alkohol

Alkoholmissbrauch und -abhängigkeit führen zu vielfältigen **internistischen Komplikationen**: Leberschädigung bis zur Leberzirrhose, Leberzellkarzinome treten gehäuft auf; akute und chronische Pankreatitiden; Schleimhautschäden im gesamten Verdauungstrakt mit erhöhtem Risiko für Malignome im Rachenbereich bei Spirituosen, Gastritiden; Kardiomyopathie, Hypertonie, Herzrhythmusstörungen; hämotologische und immunologische Störungen. Im Übergangsbereich zur Neurologie sind Muskelerkrankungen und das erhöhte Schlaganfallrisiko zu nennen. Neurologische Komplikationen: (Entzugs-) Krampfanfälle, Kleinhirnatrophie und zerebellare Ataxie, zentrale pontine Myelinolyse, Hinterstrangläsionen, Polyneuropathien, die Wernicke-Enzephalopathie sowie kognitive Beeinträchtigungen (s. u.).

38.3.2 Benzodiazepine

BZD sind im organmedizinischen bzw. akuttoxikologischen Sinn nebenwirkungsarme Medikamente mit sehr großer therapeutischer Breite. Komplikationen entstehen durch akute Überdosierungen, wobei aber auch Suizidversuche meist überlebt werden, sowie durch schleichende Intoxikation (s. o.) und Langzeitanwendung. Hervorzuheben sind die zu unrecht oft verharmlosten kognitiven Beeinträchtigungen (**s. Tab. 38.1**).

38.3.3 Analgetika

Die Nebenwirkungen und Folgeerkrankungen durch Analgetika sind im Kap. 23 über Schmerzbehandlung beschrieben.

38.4 Kognitive Beeinträchtigungen und Demenz

38.4.1 Alkohol

Der mitunter verwendete Begriff „Alkoholdemenz" ist (in ICD-10 und DSM-IV) nicht scharf definiert. Verschiedene ätiologische Mechanismen kommen in Betracht: neben direkten neurotoxischen Effekten des Alkohols können metabolische Dysfunktionen (z. B. hepatische Enzephalopathie) oder immunologisch bedingte Schädigungen, d. h. internistische Alkoholfolgekrankheiten, das Gehirn affizieren. Weiterhin ist an bei Alkoholikern häufig auftretende Schädel-Hirn-Traumata zu denken. Auch vaskuläre Schädigungen, für die Alkoholmissbrauch einen Risikofaktor darstellt, kommen in Betracht. Schließlich können Thiamin- oder andere nutritive Mangelzustände, sei es auf Grund von Ernährungsgewohnheiten oder von gastrointestinalen Alkoholfolgekrankheiten, eine Rolle spielen.

Die klassische Form der alkoholassoziierten kognitiv-mnestischen Störung stellt die chronische Form des **Wernicke-Korsakow-Syndroms** dar, bei der es sich allerdings um ein Thiaminmangelsyndrom und damit nur um eine mittelbare Alkoholfolgekrankheit handelt. Relativ neu ist die Erkenntnis, dass sich das chronische Stadium ohne klinisch apparente **akute Wernicke-Enzephalopathie** (s. Kap. 26) einstellen kann.

Das **chronische Korsakow-Syndrom** zeichnet sich durch eine (fast) reine oder zumindest dysproportional im Vordergrund stehende Neugedächtnisstörung aus. Hinzu tritt ein Komplex kognitiver, affektiver und motivationaler Defizite, der einem Frontalhirnsyndrom ähnelt. Charakteristisch sind Beeinträchtigungen von Arbeitsgedächtnis, exekutiven Funktionen und höheren Frontalhirnfunktionen wie Urteilsvermögen, Kreativität und Krankheitseinsicht. Die pathognomonische Konfabulationsneigung erklärt sich aus der Kombination von Amnesie und frontalen Defiziten. Ausmaß und Spektrum der kognitiven Störungen variieren stark, viele Patienten sind vom Schweregrad her als dement einzuordnen. Besserungen unter Abstinenzbedingungen sind in Einzelfällen beschrieben, dann aber nur geringfügig.

An eine rein auf die direkte neurotoxische Wirkung zurückzuführende **Alkoholenzephalopathie** („alcohol related dementia") ist bei kognitiven Beeinträchtigungen zu denken, die weniger ausgeprägt sind als bei degenerativen Demenzen, die kein typisches amnestisches Syndrom zeigen, aber dennoch zusätzlich oder führend unspezifisch frontal-subkortikale Symptome aufweisen. Die Alkoholanamnese muss schwerwiegend sein und in zeitlichem Zusammenhang mit dem Beginn der kognitiven Einbußen stehen. Die Besserung oder zumindest Stabilität unter Abstinenzbedingungen gilt als wesentliches diagnostisches Merkmal im Vergleich zu progredienten degenerativen Demenzen. Auch neuroradiologisch lässt sich im Längsschnitt häufig eine Rückbildung der Hirnatrophie parallel zur klinischen Besserung beobachten. Die pathophysiologische Erklärung liegt wahrscheinlich nicht, wie früher vermutet, in Verschiebungen im Flüssigkeitshaushalt, sondern in einer reversiblen Rarifizierung der Dendritenbäume.

Ausgeprägte kognitive Defizite bei Alkoholabhängigkeit weisen eine hohe Korrelation mit körperlichen Alkoholfolgekrankheiten auf, die ebenfalls ursächlich oder zumindest modifizierend von Bedeutung sind. Ein **fortgeschrittenes „Alzheimer-typisches" Demenz-Syndrom** ohne dysproportional im Vordergrund stehende Neugedächtnisstörungen kann nicht auf Alkohol (allein) zurückgeführt werden, hier liegen andere Ursachen vor, z. B. eine Demenz vom Alzheimer-Typ. In vielen Fällen wird man von einer **gemischten Ätiologie** ausgehen müssen (s. Kap. 11).

Zwischen Alkoholkonsum und (Alzheimer-) Demenzrisiko besteht offenbar ein U-förmiger Zusammenhang: das niedrigste Risiko weisen Menschen mit einem leichten bis mäßigen Alkoholkonsum, unabhängig von der Art des Alkohols, auf. Abstinenz ist statistisch mit einem erhöhten Risiko assoziiert, ein noch höheres ist mit starkem Alkoholkonsum verbunden, wobei dem Apolipoprotein E4 Status modifizierende Bedeutung zukommen könnte.

38.4.2 Benzodiazepine

Negative Effekte von BZD auf die geistige Leistungsfähigkeit werden mitunter bestritten. Tatsächlich muss aber heute als gesichert gelten, dass chronischer BZD-Gebrauch zu **mäßigen bis schweren kognitiven Leistungsbeeinträchtigungen** führt, wobei die verschiedenen Domänen in unterschiedlichem Ausmaß betroffen sind (Barker et al. 2004). Korrespondierend hierzu wird nach dem Absetzen der Benzodiazepinmedikation nicht nur von einer Besserung psychopathologisch-psychiatrischer Symptome berichtet, sondern auch von einer Verbesserung der kognitiven Leistungsfähigkeit (Curran et al. 2003).
Insbesondere ist die **Lernfähigkeit** beeinträchtigt; dies ist z. B. der Grund dafür, dass die Reizexpositions- bzw. Desensibilisierungsbehandlungen in der Verhaltenstherapie nicht unter einer BZD-Medikation durchgeführt werden – denn der Effekt (das Neu-Lernen) ist dann deutlich geringer. Dies gilt wahrscheinlich auch für das Erlernen von Adaptions- und Copingmechanismen, was im täglichen Leben ständig geschieht. Wenn diese eigentlich selbstverständlichen Prozesse beeinträchtigt werden, kann es zu den immer wieder unter BZD-Langzeiteinnahme beschriebenen Wesensänderungen kommen.
Ein Zusammenhang zwischen BZD-Einnahme und der Häufigkeit degenerativer Demenzerkrankungen besteht offenbar nicht.

38.5 Missbrauch und Abhängigkeit, Entzugssyndrome

38.5.1 Alkoholabhängigkeit

Bei alten Menschen mit Alkoholproblemen wird zwischen „Early-onset“- und „Late-onset“-Alkoholikern unterschieden. Zur erstgenannten Gruppe gehört, wer seit dem frühen Erwachsenenalter mehr oder wenig durchgängig Alkoholmissbrauch betrieben hat. **„Late-onset“-Alkoholiker** haben erst im Alter begonnen, in problematischem Umfang zu trinken, oft ausgelöst durch alterstypische Belastungssituationen. In dieser Gruppe sind Therapieerfolge deutlich häufiger als bei den „Early-onset“-Alkoholikern, die angesichts ihrer langjährigen Suchtkarriere meist belangvolle Persönlichkeitsveränderungen und soziale Desintegration aufweisen und kaum auf ein erfolgreich bewältigtes Leben zurückblicken können. **„Early-onset“-Alkoholiker** weisen häufiger eine positive Familienanamnese und mehr schwere Intoxikationen auf.
„Late-onset“-Alkoholismus kann auch auf den **Wegfall sozialer Kontrollinstanzen** bzw. äußerer Abstinenzmotivation (z. B. Berufstätigkeit) zurückzuführen sein; in diesen Fällen ist als Hintergrund eine bis dahin kompensierte psychische Störung zu diskutieren. Dasselbe gilt für die Fälle, in denen alte Menschen trotz offensichtlich **nachlassender Alkoholtoleranz** ihren Konsum nicht verringern und es hierdurch zu Komplikationen kommt. Je höher der Alkoholkonsum im mittleren Lebensabschnitt, umso größer das Risiko eines Alkoholproblems im Alter; Raucher sind stärker gefährdet sowie Personen, die Problemen aus dem Weg gehen, die unter Belastung vermehrt trinken und deren Umfeld den Alkoholkonsum unterstützt. Funktionierende soziale Netzwerke und Hilfe von Bezugspersonen haben einen protektiven Effekt.

Alkoholprobleme können mit anderen **psychischen Störungen** in Zusammenhang stehen (z. B. als **Selbstbehandlungsversuch** bei einer Depression oder als Symptom einer Manie). Schließlich sind die alt gewordenen chronisch-mehrfach geschädigten bzw. behinderten Alkoholiker zu erwähnen, bei denen i.d.R. ausgeprägte hirnorganische Veränderungen vorliegen.

38.5.2 Alkoholentzug

Das Alkoholentzugssyndrom ist durch vegetative Symptome (Puls- und Blutdruckerhöhung, Schwitzen usw.) gekennzeichnet, die psychischen Symptome ähneln den „minor symptoms“ im BZD-Entzug (s. u.). Das Entzugsdelir stellt einen Spezialfall des Delirs (s. Kap. 39) dar; charakteristisch sind neben den allgemeinen Symptomen optische Halluzinationen von (kleinen) bewegten Objekten und eine ausgeprägte Suggestibilität. Das Alkoholentzugsdelir wird nicht selten von einem Krampfanfall eingeleitet, und es kann eine Wernicke-Enzephalopathie kaschieren. Entzugskrampfanfälle können aber auch ohne Delir auftreten.

38.5.3 Benzodiazepinabhängigkeit

BZD werden häufig nicht in höherer Dosis eingenommen als vorgeschrieben, zwar über einen langen Zeitraum, jedoch mit ärztlicher Verordnung, und es kommt nicht zu einer Dosissteigerung (Niedrigdosis- oder „Low dose“-Abhängigkeit). Die Grenze zwischen der missbräuchlichen Einnahme zur Erzielung psychotroper Wirkungen und der Behandlung von Krankheitssymptomen im Sinne von Anxiolyse, Sedierung oder Schlafanbahnung ist unscharf. Auch das Kriterium der fortgesetzten Einnahme trotz des Wissens um die schädlichen Folgen scheint häufig nicht zuzutreffen. „Drug seeking behaviour“ wird nur selten beobachtet. Das Entzugssyndrom ist unscharf definiert. Nebenwirkungsarmut und weitgehend fehlende euphorisierende Wirkungen der BZD stellen eine weitere Besonderheit im Vergleich zu vielen anderen Suchtmitteln dar.

38.5.4 Benzodiazepinentzugssyndrom

Bereits nach kurzer Einnahmedauer (ca. vier Wochen) führt das plötzliche Absetzen der BZD-Medikation zu einer vegetativen Gegenregulation, die sich vor allem in Unruhe und Schlafstörungen äußert („rebound insomnia“). Zu diesen unspezifischen „minor symptoms“ gehören auch Angst, Konzentrationsschwäche, vegetative Symptome u. ä. Eindeutige Entzugssymptome („major symptoms“) sind neben Delirien und zerebralen Krampfanfällen insbesondere die als typisch für den BZD-Entzug geltenden vielfältigen Perzeptionsstörungen, aber auch endomorphe affektive und schizophreniforme Psychosen. Rebound-Phänomene klingen in Abhängigkeit von der Halbwertszeit des BZD innerhalb weniger Tage ab. Wenn die Patienten über den flüchtigen Charakter der Rebound-Symptome nicht aufgeklärt sind, werden sie hierdurch zur Fortsetzung der Tabletteneinnahme veranlasst. Eine Übersicht über die Symptome des BZD-Entzuges gibt **Tab. 38.1**.

Persönlichkeitsvariablen und andere psychiatrische Symptome bzw. psychiatrische Komorbidität besitzen eine große Bedeutung für die Intensität der Entzugssymptome und die Rückfallgefahr. Insbesondere bei der Entstehung der unspezifischen „minor symptoms“ spielen psychische Mechanismen eine Rolle (Erwartungsangst).

Obwohl Einnahmedauer und kumulative Dosis die entscheidenden Parameter für die Wahrscheinlichkeit einer Abhängigkeit darstellen, ist eine Abhängigkeit bereits nach

Tab. 38.1 Benzodiazepinwirkungen

Entzugssymptome	Erwünschte (therapeutische) Wirkungen	Effekte bei Überdosierung und Langzeitanwendung (schleichende Intoxikation)
Ängstlichkeit, Irritierbarkeit, Palpitationen, Unruhe, Depressivität	Angstlösung, affektive Entkoppelung	Gleichgültigkeit, affektive Verflachung, Interessenverarmung, „Wurstigkeit", Persönlichkeitsnivellierung, Realitätsflucht, Depressivität
Übererregbarkeit des ZNS durch Wegfall der GABAergen Hemmung:	Verstärkung GABAerger Hemmung im ZNS:	Ausgeprägte GABA-erge Hemmung im ZNS:
Krampfanfälle Nervosität, sensorische Überempfindlichkeit Schlaflosigkeit, Albträume	antikonvulsive Wirkung Beruhigung ("Tranquilizer,,) Sedierung, Schlafanbahnung	Benommenheit Antriebsverlust, Apathie, kognitive Beeinträchtigungen Tagesmüdigkeit, Hangover
Muskelkrämpfe, Myoklonien, Ataxie	zentrale Muskelrelaxation	Koordinationsstörungen, Ataxie, Muskelschwäche, Gangstörungen, Stürze, Atemdepression
Benommenheit, Konzentrationsstörungen, Konfusion, Delir	Amnesie (i.d. Anästhesie)	Fehlhandlungen während der Amnesie, Vergesslichkeit, Lernhemmung, kognitive Beeinträchtigungen

3 Monaten möglich! Hinfällige, körperlich kranke und ängstliche Patienten entwickeln eher ein schweres Entzugssyndrom, das bloße Lebensalter stellt hingegen keinen Risikofaktor dar.

38.5.5 Analgetikaabhängigkeit

Die moderne naturwissenschaftlich ausgerichtete Medizin reagiert auf (chronische) Schmerzen oft mit einer Eskalation von apparativer Diagnostik und Pharmakotherapie, die aber nicht immer zu einem befriedigenden Ergebnis führt: als „Koryphäen-Killer-Syndrom" sind chronische Schmerzen deshalb schon seit langem bekannt. Dementsprechend trifft man nach klinischer Erfahrung oft auf Patienten mit **Analgetikamissbrauch**. Dies gilt nicht nur für Opioide mit ihrem bekannten Suchtrisiko.

Das tradierte Dogma, dass **Nicht-Opioidanalgetika** keine zentralnervösen Wirkungen hätten (und es deshalb keine Suchtentwicklung geben könnte), muss revidiert werden: Einerseits lehrt die klinische Erfahrung, dass sowohl stimulierende als auch sedierende Effekte auftreten können, andererseits kann im Tierversuch ein erhöhtes Suchtrisiko nachgewiesen werden (Franklin 1998). Besonders problematisch sind Analgetikakombinationspräparate (in der Vergangenheit z. B. mit Barbituraten); heute gibt es nur noch wenige Kombinationspräparate mit Koffein bzw. Kodein auf dem Markt. Spezifische Entzugssyndrome unter Nicht-Opioidanalgetika sind nicht bekannt; eine Ausnahme stellt der Reboundkopfschmerz nach Absetzen von Ergotamin- oder Triptan-haltigen Präparaten dar.

Initial kommt es bei **Opioiden** zu Euphorie und Sedierung, rasch entwickelt sich eine körperliche Abhängigkeit mit ausgeprägter Toleranzentwicklung (10- bis 50-fache Dosis!). Bei chronischem Gebrauch entstehen Antriebsmangel und Apathie. Opioide verursachen keine direkten Organschäden, die gesundheitlichen Probleme sind sekundärer Natur (Infektionen bei der Injektion, Folgen des sozialen Abstiegs usw.). Es gibt sozial integrierte Opiatabhängige, auch früher schon als „Morphinisten" bekannt (verbreitet in medizinischen Berufen). Weitere bedeutsame Wirkungen sind Atemdepression, Obstipation, trockene Haut und Schleimhäute, Miosis, bei chronischem Gebrauch Schlafstörungen. Die Entzugssymptome sind den Substanzwirkungen entgegengesetzt: Unruhe, Depressivität, Hyperalgesie, Bauchkrämpfe, Schwitzen, Tränen-/Nasenfluss, Blutdrucksteigerung, Mydriasis.

38.6 Diagnostik bei Missbrauch

BZD- und Alkoholmissbrauch werden häufig übersehen oder fehldiagnostiziert, bei älteren Menschen deutlich häufiger als bei jüngeren. Ein wichtiger Grund dafür liegt in der fehlenden Spezifität der Symptome bzw. Folgeprobleme (**s. Tab. 38.2**), die häufig dem „Alter an sich" angelastet werden. Außerdem ist Sucht ist für die meisten alten Menschen ein peinliches Thema. Wichtig ist deshalb vor allem das „daran Denken".

Tab. 38.2 Mögliche Hinweise auf Substanzmissbrauch oder -abhängigkeit im Alter

- Sozialer Rückzug
- Verlust von Antrieb und Interesse
- Depressivität
- Schlafstörungen
- Nachlassen der geistigen Leistungskraft
- Vernachlässigung der (Körper-)Hygiene
- Gangunsicherheit/Stürze
- Verletzungen/Blutergüsse
- Häufige Inanspruchnahme von Notarzt/Notaufnahme
- Magen-Darm-Probleme/Durchfall
- Inkontinenz
- Mangelernährung/Gewichtsverlust
- Bluthochdruck
- Hyperurikämie
- Instabiler Diabetes mellitus

38.6.1 Alkohol

Screening-Fragebögen können die Diagnosestellung erleichtern, aber nicht allein herbeiführen. Im Vergleich mit umfangreichen Instrumenten erweist der kurze **CAGE-Fragebogen** als brauchbar.

Screening auf Alkoholmissbrauch oder -abhängigkeit (CAGE)

1. Haben Sie schon einmal das Gefühl gehabt, dass Sie ihren Alkoholkonsum verringern sollten? (Cut down)
2. Hat Sie schon einmal jemand durch Kritisieren Ihres Alkoholtrinkens ärgerlich gemacht? (Annoyed)
3. Haben Sie schon einmal wegen Ihres Alkoholtrinkens ein schlechtes Gewissen gehabt oder sich schuldig gefühlt? (Guilty)
4. Haben Sie schon einmal morgens als erstes Alkohol getrunken, um sich nervlich wieder ins Gleichgewicht zu bringen oder einen Kater loszuwerden? (Eye opener)

Für alte Menschen werden ergänzend die beiden folgenden Fragen empfohlen:

- Haben Sie das Gefühl, dass Ihr Alkoholkonsum zugenommen hat, nachdem eine nahestehende Person verstorben ist?
- Macht Alkohol Sie so müde, dass Sie öfter einmal in Ihrem Stuhl einschlafen?

Außerdem sollen die Konsumgewohnheiten und -mengen detailliert erfragt werden. **Labor**: Eine Erhöhung der Transaminasen, insbesondere der γ-GT, sowie ein hyperchrom-megalozytär verändertes rotes Blutbild sind häufige, aber nicht sehr spezifische Auffälligkeiten. Spezifischer ist die Erhöhung des **carbohydratdefizienten Transferrins** (CDT), der Stellenwert in der klinischen Routine, namentlich bei alten Patienten, ist noch nicht abschließend geklärt.

38.6.2 Benzodiazepine

Es wurden verschiedene **Screening-Fragebögen** zur Abschätzung der BZD-Abhängigkeit bzw. der Intensität des Entzugssyndroms entwickelt: Benzodiazepine Dependence Questionnaire (BDEPQ), Benzodiazepine Dependence Self-Report Questionnaire (BendepSRQ), Benzodiazepine Withdrawal Symptoms Questionnaire (BWSQ) (Couvée 2002); es liegen jedoch bisher keine deutschsprachigen Versionen vor. **Labor:** Es sind verschiedene Kits für den semiquantitativen Nachweis im Urin verfügbar; die Sensitivität für die einzelnen BZD-Substanzen ist sehr unterschiedlich. Für die Bestimmung der Plasmakonzentration gibt es in Deutschland keine zugelassenen Verfahren.

38.7 Entgiftung/Behandlung von Entzugssyndromen

38.7.1 Entzugsbehandlung Alkohol

Der Alkoholentzug dauert i.d.R. nur wenige Tage. **Medikamentöse Behandlung der vegetativen Symptome**: β-Blocker, Clonidin, Carbamazepin, Clomethiazol, BZD. **Medikamentöse Behandlung der psychiatrischen Symptome**: Halluzinationen – zusätzlich hochpotente Neuroleptika (Haloperidol, Risperidon); **Unruhe**: Clomethiazol, Benzodiazepine, ggf. Carbamazepin, an niederpotenten Neuroleptika ggf. Pipamperon, Melperon oder Prothipendyl. Keine Substanzen mit anticholinergen oder erheblichen vegetativen Nebenwirkungen wie z. B. Levomepromazin! Bei allen Substanzen sind die für alte Menschen häufiger zutreffenden UAW/Kontraindikationen zu beachten!

Die Anwendung von standardisierten Schemata, die sich an vegetativen Parametern orientieren, ist im Alter problematisch, da häufig ohnehin kardiovaskuläre Erkrankungen vorliegen. Wichtig ist die Allgemeinbehandlung (Flüssigkeitszufuhr, Elektrolyte, Glukosestoffwechsel usw.).

Zur Behandlung (bzw. bei gefährdeten Patienten zur Prophylaxe) von Entzugskrampfanfällen ist Valproat dem Carbamazepin wegen der besseren Verträglichkeit vorzuziehen.

Zur **Prophylaxe einer Wernicke-Enzephalopathie** sollte im Alkoholentzug stets Thiamin (bzw. wegen besserer Resorbierbarkeit Benfotiamin) oral gegeben werden.

38.7.2 Entzugsbehandlung Benzodiazepine

Auch bei älteren Menschen sollte nicht vorschnell auf die Entzugsbehandlung verzichtet werden. Einerseits müssen Krankheitssymptome und Lebensqualität und BZD bzw. nach erfolgreichem Entzug gegeneinander abgewogen werden, andererseits ist die (mutmaßlich) verbleibende Lebensspanne von Bedeutung. Wenn sich unter laufender BZD-Medikation die psychischen Symptome wieder verschlechtern, wenn also eine (späte) Toleranz eintritt, die BZD ihre Wirkung verlieren und andererseits noch mit einigen Jahren Lebenserwartung zu rechnen ist, sollte man eine Entzugsbehandlung erwägen **(s. Tab. 38.3)**.

Tab. 38.3 Indikation zum Benzodiazepinentzug im Alter

- Sind nachteilige Folgen des Entzuges zu erwarten?
- Entzugssyndrom nur bei 40–50 % der Dauerkonsumenten. Risiko steigt mit Einnahmedauer und kumulativer Dosis. Körperliche Gesamtverfassung?
- Hat der Patient überhaupt noch Nutzen vom Benzodiazepin?
- Verlust der schlafanstoßenden Wirkung nach wenigen Wochen. Fortsetzung der Einnahme nur zur Vermeidung von Rebound-Symptomen? Psychiatrische Symptome trotz Benzodiazepin?
- Schaden durch Benzodiazepine?
- Psychiatrische Symptome durch Benzodiazepine (Depression, kognitive Beeinträchtigung, Wesensänderung)? Andere Probleme durch Benzodiazepine (Sturzgefahr)?
- Verbleibende Lebensspanne?
- Trägt das Umfeld den Entzug mit?
- Verminderung der Dosis und Umstellung auf ein für alte Menschen geeignetes Benzodiazepin ist bereits ein Behandlungserfolg!

Der **Entzug** sollte stets semilogarithmisch-fraktioniert erfolgen. Er kann **mit dem vorher eingenommenen BZD** erfolgen, es kann aber auch auf ein **langwirksames Präparat in Tropfenform** umgestellt werden, was neben einem automatischen Ausschleichen aufgrund der langen HWZ auch feine Dosierungsänderungen ermöglicht. In Einzelfällen wird die Substitution nicht toleriert, und der Entzug gelingt nur mit der missbräuchlichen eingenommenen Substanz. Der fraktionierte Entzug sollte zwar einem Schema folgen, sich aber an der jeweiligen individuellen Problematik orientieren. In Einzelfällen erweist sich das Absetzen der letzten geringen Dosen als besonders schwierig. **Unterstützend** werden (sedierende) **Antidepressiva, Carbamazepin, Valproat** oder **Betablocker** eingesetzt, es gibt auch Versuche mit **Clonidin** und **Melatonin.** Je höher die Dosis, je länger die Einnahme und je älter der Patient, desto vorsichtiger und damit langsamer sollte der Entzug durchgeführt werden, der somit häufig mehrere Monate andauern kann. Nach dem endgültigen Absetzen vergehen oft noch etliche Wochen, bis eine leidliche geistig-seelische Stabilisierung erreicht ist.

Der Entzug erfolgt i.d.R. ambulant. Haben ältere Patienten kein ausreichendes stützendes soziales Netzwerk oder sind in der häuslichen Umgebung wiederholt gefährliche Situationen durch Intoxikationen, Krampfanfälle usw. aufgetreten, ist zumindest streckenweise ein stationärer Entzug unumgänglich. Auch ein teilstationärer Entzug in einer gerontopsychiatrischen Tagesklinik ist möglich.

38.7.3 Entzugsbehandlung Opioide

Der Entzug sollte auch hier fraktioniert erfolgen. Unterstützend können sedierende Antidepressiva und ggf. Clonidin gegeben werden.

38.7.4 Entzugsbehandlung anderer Analgetika

Ergotaminhaltige Präparate sollten fraktioniert (stationär) entzogen werden, ebenso codein- und koffeinhaltige sowie parallel konsumierte BZD. Bei den übrigen Analgetika (NSAID) empfiehlt sich abruptes Absetzen. Die symptomatische Behandlung der Entzugs-assoziierten Beschwerden erfolgt mit Physiotherapie sowie Acetylsalicylsäure, Metoclopramid und sedierenden Antidepressiva. Unerlässlich ist die (psychotherapeutische) Bearbeitung der individuellen Hintergründe für den Analgetikamissbrauch.

38.8 Therapie und Prognose nach der Entgiftung

Suchtkrankheiten sind chronische Krankheiten mit häufigen Rückfällen und oft deprimierenden Verläufen – man sollte also keine überzogenen Erwartungen hegen. Gleichwohl sind erfolgreiche Behandlungen möglich.
Bei Verdacht auf ein Suchtproblem werden heute sog. Früh- bzw. Minimalinterventionen propagiert, d. h. ein aufklärendes ärztliches Gespräch. Hiernach ist ein Teil der Betroffenen in der Lage, eigenständig den Konsum zu reduzieren oder sogar ganz zu beenden; bei BZD sind dies ca. 1/5 im Vergleich zu 2/3, die nach einer systematischen Entzugsbehandlung die Tabletteneinnahme beenden können (s. u.).
Bei Alkohol- und BZD-Missbrauch bzw. Abhängigkeit erweist sich Abstinenz oft als zumindest kurz- und mittelfristig nicht erreichbares Ziel. Unerreichbare Ziele aber erzeugen Frustration bei Patienten und Therapeuten. Realistische, erreichbare Ziele führen bei den Patienten zu einer Zunahme des Selbstvertrauens und der Überzeugung, dass sie in der Lage sind, Kontrolle über die Situation zu gewinnen und zu behalten.

38.8.1 Hierarchie der Therapieziele

In einer Hierarchie der Therapieziele – hier am Beispiel der Alkoholabhängigkeit – geht es zunächst um die **Sicherung des Überlebens.** Diese Aufgabe bildet gewissermaßen den Sockel einer Pyramide, erst auf dieser Basis können weitere Therapieziele aufbauen: Zunächst geht es um die Sicherung des „möglichst guten Überlebens", d. h. um die Verhinderung von schweren körperlichen Folgeschäden und sozialer Desintegration („harm reduction"). Es folgt das Ziel der **Reduzierung der Trinkmenge und der Trinkexzesse** und der **Verlängerung der alkoholfreien Perioden** (Konsumstabilisierung). Erst jetzt kommt über **Einsicht in die Grunderkrankung** – wozu die **konstruktive Bearbeitung von Rückfällen** gehört – die Akzeptanz des Ziels dauerhafter Abstinenz durch den Patienten. Die **dauerhafte Abstinenz** selbst bildet immer noch nicht die Spitze der Pyramide; sie ist nicht Ziel an sich, vielmehr steht am Ende das eigentliche Therapieziel der möglichst autonomen Lebensgestaltung und -bewältigung in Zufriedenheit.
Die untersten Stufen dieser Pyramide – die Sicherung des Überlebens bzw. die Sicherung des möglichst gesunden Überlebens – spielen im Alter eine geringere Rolle. Sie sind aber keinesfalls völlig bedeutungslos, denn auch bei alten Menschen kommen schwere Intoxikationszustände mit vitaler Gefährdung vor, und schleichende BZD-Intoxikationen bergen ebenfalls nicht unerhebliche gesundheitliche Risiken.

38.8.2 „Anticraving"-Medikamente

Bei Alkoholabhängigen werden mit mäßigem Erfolg die „Anticraving"-Medikamente Naltrexon und Acamprosat zur Rezidivprophylaxe eingesetzt. Vor allem in den ersten 6–12 Monaten nach einer stationären Entwöhnungsbehandlung wird das Rückfallrisiko vermindert. Für die Behandlung alter Menschen liegen keine gesicherten Daten vor.

38.8.3 Entwöhnungstherapie

Entwöhnungstherapie ist ein längerfristiger Prozess. Voraussetzung ist eine vertrauensvolle Arzt-Patient-Beziehung, die Umgebung (Angehörige) sollte immer einbezogen werden. Auf dieser Grundlage kann der Patient überhaupt erst die Motivation zur

weiteren Auseinandersetzung mit seinem Suchtproblem entwickeln („motivierende", d. h. nicht-konfrontierende Gesprächsführung). Die weiteren Therapieziele werden von Patient und Therapeut gemeinsam formuliert; es geht um Ziele, für die es sich aus Sicht des Patienten lohnt, den Suchtmittelkonsum weiter einzuschränken. Sie sollten individuell, konkret, umschrieben und lebensnah sein, der Patient muss einen Sinn darin erkennen können (z. B. den Enkelkindern Spielkamerad und Vorbild sein können). Alternsspezifische Problemkonstellationen besitzen dabei eine herausragende Bedeutung. Altersspezifische Behandlungsangebote (mit entsprechenden Modifikationen des psychotherapeutischen Vorgehens) sind einem altersgemischten Setting überlegen, die Behandlungsergebnisse bei älteren Suchtpatienten insgesamt tendenziell besser als bei jüngeren, bei „Late-onset"-Alkoholikern deutlich besser.
Seit die Suchtmedizin erkannt hat, dass mit dem rigorosen Abstinenzparadigma und den überkommenen Versorgungsstrukturen (stationäre Entgiftung und stationäre Entwöhnung in gemeindefernen Fachkliniken) nur ein kleiner Teil der Patienten erreicht wurde, hat ein Umdenken „von der Behandlungskette zum Behandlungsnetz" eingesetzt. Flexible und gemeindenahe Angebote sind dabei von großer Bedeutung; dies gilt insbesondere für alte Menschen mit häufig eingeschränkter Mobilität. Bisher verschließen sich die meisten Sucht-Facheinrichtungen noch alten Menschen gegenüber, so dass einige wenige Fachkliniken mit spezialisierten Programmen, die Gerontopsychiatrie und die Hausärzte die Behandlung übernehmen müssen.

38.8.4 Prognose bei Benzodiazepinmissbrauch

Die Hausärzte spielen eine zentrale Rolle bei der BZD-Verordnung. Die Patienten müssen immer wieder über Suchtgefährdung, Toleranzentwicklung und Rebound-Phänomene aufgeklärt und regelmäßig, z. B. halbjährlich, zu Dosisreduktions- oder Auslassversuchen ermuntert werden! Minimalziel bei älteren Patienten sollte es sein, eine Umstellung auf solche BZD vorzunehmen, bei denen keine schleichenden Intoxikationen zu befürchten sind, mit denen ansonsten bei zunehmendem Alter immer mehr zu rechnen ist. Auch eine Dosisreduktion ohne Verschlechterung der Befindlichkeit ist ein Erfolg.
Mehrere Studien haben gezeigt, dass ein erfolgreicher ambulanter BZD-Entzug nicht nur von Spezialeinrichtungen, sondern auch von Hausärzten durchgeführt werden kann. Die Abbrecherquote liegt umso höher, je abrupter der Entzug erfolgt. Voraussetzung für einen erfolgreichen Entzug sind eine gute Begleitung durch den Hausarzt und ein klares Programm für den Entzug; eine begleitende Psychotherapie ist ohne zusätzlichen Effekt. Zwei Drittel der Patienten können so die Einnahme zunächst beenden, doch im langfristigen Verlauf sind nur noch ca. 20 % dauerhaft BZD-frei; zusätzlich gelingt es aber einem recht großen Teil der Patienten, den Konsum belangvoll zu reduzieren bzw. zeitweise ganz einzustellen, so dass sich Punktprävalenzen für die Abstinenz in der Grössenordnung von gut 50 % ergeben. Viele benötigen eine antidepressive Medikation, wobei SSRI nicht effektiv sind (Couvée 2002). Bei diesen Ergebnissen ist zu berücksichtigen, dass es sich um eine positive Selektion von motivierten und meist jüngeren Patienten handelt. Die Ergebnisse bei alten Menschen sind mit 80 % erfolgreich entzogener Patienten nach 6 Monaten jedoch keinesfalls schlechter. Nach dem Entzug kommt es zu einer Besserung psychopathologisch-psychiatrischer Symptome und der kognitiven Leistungsfähigkeit (Curran et al. 2003).

Literatur

American Medical Association (Council on Scientific Affairs) (1996) Alcoholism in the Elderly. JAMA 275:797–801

Ancill RJ, Carlyle WW (1993) Benzodiazepine use and dependency in the elderly: striking a balance. In: Hallström C (ed) Benzodiazepine dependence. Oxford Univ. Press, Oxford, pp 238–251

Ashton H (2002) Benzodiazepines: How they work and how to withdraw. University of Newcastle. www.benzo.org.uk

Barker MJ, Greenwood KM, Jackson M, Crowe SF (2004) Cognitive effects of long-Term benzodiazepine use. A meta-analysis. CNS Drugs 18: 37–48

Buijssen, HPJ, op de Haar, MT (1997) Abhängigkeit und Sucht. In: Buijssen HPJ, Hirsch RD (Hrsg) Probleme im Alter. Beltz, Weinheim, S 216–260

Couvée JA (2002) Towards a treatment of chronic benzodiazepine users suffering from depression. Dissertation Universität Leiden

Curran HV, Collins R, Fletcher S, Kee SCY, Woods B, Iliffe S (2003) Older adults and withdrawal from benzodiazepine hypnotics in general practice: effects on cognitive function, sleep, mood and quality of life. Psychol Med 33: 1223–1237

Fishbain DA, Rosomoff HL, Rosomoff RS (1992) Drug abuse, dependence, and addiction in chronic pain patients. Clin J Pain 8:77–85

Förstl H (Hrsg) (2003) Lehrbuch der Gerontopsychiatrie und -psychotherapie, 2. Aufl. Thieme, Stuttgart New York

Franklin KBJ (1998) Analgesia and abuse potential: an accidental association or a common substrate? Pharmacology Biochemistry and Behavior 59:993–1002

Gastpar M, Mann K, Rommelspacher H (Hrsg.) (1999) Lehrbuch der Suchterkrankungen. Thieme, Stuttgart New York

Hajak G, Müller WE, Wittchen HU, Pittrow D, Kirch W (2003) Abuse and dependence potential for the non-benzodiazepine hypnotics zolpidem and zopiclone: a review of case reports and epidemiological data. Addiction 98:1371–1378

Havemann-Reinecke U, Weyerer S, Fleischmann H (Hrsg) (1998) Alkohol und Medikamente, Missbrauch und Abhängigkeit im Alter. Lambertus, Freiburg

Hohagen F, Rink K, Kappler C, Schramm E, Riemann D, Weyerer S, Berger, M (1993) Prevalence and treatment of insomnia in general practice. A longitudinal study. Eur Arch Psychiat Clin Neurosci 242(6):329–336

Jage J (2002) Suchtprobleme bei Schmerzpatienten. In: Gralow I, Husstedt IW, Bothe H-W, Evers S, Hürter A, Schilgen M (Hrsg) Schmerztherapie interdisziplinär. Schattauer, Stuttgart, S 432–437

Johnson I (2000) Alcohol problems in old age: a review of recent epidemiological research. Int J Geriatr Psych 15:575–581

Oslin D, Atkinson RM, Smith DM, Hendrie H (1998) Alcohol related dementia: proposed clinical criteria. Int J Geriatr Psych 13:203–212

Oslin DW, Cary MS (2003) Alcohol-Related Dementia. Validation of Diagnostic Criteria. Am J Geriat Psychiat 11:441–447

Poser W, Poser S (1996) Medikamente – Missbrauch und Abhängigkeit. Thieme, Stuttgart New York

Sattar SP, Petty F, Burke WJ (2003) Diagnosis and treatment of alcohol dependence in older alcoholics. Clin Geriatr Med 19(4):743–761

Schmidtke K (2002) Alkoholinduzierte kognitive Defizite. In: Beyreuther K, Einhäupl KM, Förstl H, Kurz A (Hrsg) Demenzen. Grundlagen und Klinik. Thieme, Stuttgart New York, S 354–364

Soeder M (1989) Abhängigkeit und Sucht. In: Platt D (Hrsg) Handbuch der Gerontologie, Bd. 5: Neurologie, Psychiatrie. Fischer, Stuttgart New York 337–355

Wolter-Henseler DK (2000) Missbrauch und Abhängigkeit von Benzodiazepinen. In: Poehlke T, Flenker I, Reker M, Reker T, Kremer G, Batra A (Hrsg) Suchtmedizinische Versorgung 3: Alkohol, Tabak, Medikamente. Springer, Berlin Heidelberg New York Tokio, S 313–329

Zandstra SM, Furer JW, van de Lisdonk EH, van't Hof M, Bor JHJ, van Weel C, Zitman FG (2002) Different study criteria affect the prevalence of benzodiazepine use. Soc Psyc Psyc Epid 37:139–144

39 Organische Psychosyndrome

Walter Hewer

Einleitung

Organische psychische Störungen werden nach ICD-10 definiert als „psychische Erkrankungen mit nachweisbarer Ätiologie in einer zerebralen Erkrankung, einer Hirnverletzung oder einer anderen Schädigung, die zu einer Hirnfunktionsstörung führt". Unterschieden wird zwischen **primären Funktionsstörungen**, die das Gehirn „direkt oder in besonderem Maße" betreffen, und **sekundären Funktionsstörungen**, bei denen es zu einer Mitbeteiligung des Gehirns als einem von mehreren Organsystemen kommt. Soweit die in **Tab. 39.1** genannten Syndrome durch Alkohol oder andere psychotrope Substanzen verursacht sind, werden diese in einem eigenen Abschnitt der ICD-10 kodiert (F10-F19).

Organische Psychosyndrome lassen sich, trotz vielgestaltiger klinischer Bilder, in zwei Gruppen aufgliedern. Zum einen sind dies durch **Störungen der kognitiven Funktionen** (Merkfähigkeit, Gedächtnis, Denkvermögen etc.) und z. T. auch des Sensoriums (Bewusstseinslage, Aufmerksamkeit) gekennzeichnete Syndrome (F00–F05). Zum anderen handelt es sich um **Störungen, bei denen psychotische und affektive Symptome** (Wahn, Halluzinationen, depressive Verstimmung etc.) **oder Auffälligkeiten bezüglich Persönlichkeit oder bestimmter Verhaltensmuster** im Vordergrund stehen (F06–F09). Eine Bewusstseinstrübung wird bei diesen Syndromen nicht beobachtet, und Einschränkungen der kognitiven Leistungsfähigkeit sind, zumindest stärkergradig, nicht vorhanden.

Die erste Gruppe umfasst die Syndrome Demenz, organisches amnestisches Syndrom und Delir. Während Demenz und amnestische Syndrome an anderer Stelle abgehandelt werden (s. Kap. 11, 26 und 38), steht das Delir im Mittelpunkt dieses Beitrags. Im Teil 2 des Kapitels folgen Ausführungen zu den unter F06-F09 klassifizierten Störungen.

39.1 Delir

39.1.1 Definition

Im „Diagnostischen und Statistischen Manual Psychischer Störungen" (DSM-IV), dem US-amerikanischen Klassifikationssystem psychischer Störungen, sind im klinischen Alltag gut anwendbare **diagnostische Kriterien** für das Delir niedergelegt:

a) eine Bewusstseinstrübung bzw. eine Störung der Aufmerksamkeit,
b) eine Einschränkung der kognitiven Leistungen,
c) eine rasche Entwicklung des Krankheitsbilds (über Stunden bis Tage) bei fluktuierendem Verlauf,
d) der Nachweis, dass es sich um eine Störung handelt, die durch pathophysiologische Auswirkungen einer körperlichen Erkrankung erklärt werden kann.

Tab. 39.1 Organische Psychosyndrome nach ICD-10 – Übersicht

Kognitive Störungen (F00-F05)	Andere Syndrome (F06-F09)
• Demenz (F00-F03) • Organisches amnestisches Syndrom (F04) • Delir (F05)	• Organische Halluzinose (F06.0) • Organische katatone Störung (F06.1) • Organische wahnhafte Störung (F06.2) • Organische affektive Störungen (F06.3) • Organische Angststörung (F06.4) • Organische dissoziative Störung (F06.5) • Organische emotional labile Störung (F06.6) • Leichte kognitive Störung (F06.7) • Organische Persönlichkeits- und Verhaltensstörungen (F07) • Andere organische Störungen (F06.8/9, F09)

Die ICD-10-Kriterien für die Diagnose eines Delirs umfassen zusätzlich Störungen der Psychomotorik (u. a. Hypo-/Hyperaktivität), der Affektivität und des Schlaf-Wach-Rhythmus (**s. Tab. 39.5**). Bezüglich der weiteren Differenzierung ist die Unterscheidung zwischen „nicht durch Alkohol oder psychotrope Substanzen bedingtem Delir" (F05) und dem „Entzugssyndrom mit Delir" bei Abhängigkeit von psychotropen Substanzen (F1x.4) zu beachten. Die erste Kategorie wird weiter unterteilt in „Delir ohne Demenz" (F05.0) und „Delir bei Demenz" (F05.1).

Es ist zu beachten, dass der Delirbegriff in der deutschen psychopathologischen Tradition viel **enger definiert** ist, d. h. hier wird mit „Delir" ein Zustandsbild beschrieben, das über die genannten Merkmale hinaus durch weitere Auffälligkeiten gekennzeichnet ist: u. a. lebhafte illusionäre Verkennungen, Halluzinationen (vor allem optischer Natur), ausgeprägte psychomotorische Unruhe mit Nestelmotorik, Suggestibilität, Zeichen einer Überaktivierung des sympathischen Nervensystems.

Die **weitergefassten** Definitionen von DSM-IV und ICD-10 zeigen eine weitreichende Überschneidung mit dem im deutschen Sprachraum verbreiteten Terminus „akuter Verwirrtheitszustand". Im klinischen Jargon wird „Delir" häufig synonym mit dem Begriff „Durchgangssyndrom" benutzt, auch wenn dies nicht der ursprünglichen Definition nach H. H. Wieck entspricht. Überschneidungen bestehen auch zwischen den mit „Delir" und in der Neurologie mit „Enzephalopathie" bezeichneten Zustandsbildern.

39.1.2 Epidemiologie

Ein Delir kann in jedem Lebensalter auftreten. Mit steigendem Lebensalter ist jedoch eine deutliche Zunahme des Delirrisikos zu verzeichnen. Epidemiologische Daten liegen fast ausschließlich aus klinischen Einrichtungen vor. Dies reflektiert die enge Assoziation des Delirs mit akuten und schweren, in der Regel stationär behandlungsbedürftigen körperlichen Erkrankungen. Zirka 10–30 % klinisch behandelter älterer Menschen sind zum Zeitpunkt der Klinikaufnahme bzw. im stationären Verlauf von einem deliranten Syndrom betroffen. Allerdings wird in der klinischen Routine ein hoher Anteil der Delire – in einigen Studien über 50 % – nicht erkannt.

39.1.3 Ätiologie – Pathophysiologie

Das Delir kann durch ein breites Spektrum körperlicher Erkrankungen hervorgerufen

Tab. 39.2 Grunderkrankungen bei deliranten Syndromen

A. Hirnerkrankungen	
• entzündliche Prozesse	• Zirkulationsstörungen
• Anfallsleiden	• Schädel-Hirn-Traumen
• raumfordernde Prozesse	
• degenerative Prozesse	
B. Allgemeinerkrankungen	
• kardiovaskuläre Erkrankungen	• Leber-, Niereninsuffizienz
• endokrine/metabolische Erkrankungen	• Infektionen
• Störungen des Wasser-/Elektrolythaushalts	• postoperativer Status
C. Toxische Delirien	
• Intoxikationen (z. B. mit Psychopharmaka)	
• unerwünschte Arzneimittelwirkungen	
D. Entzugsdelirien	
• Benzodiazepine und andere Sedativa	• Alkohol

werden. Es stellt ein ätiologisch unspezifisches Zustandsbild dar im Sinne einer gemeinsamen Endstrecke für eine Vielzahl unmittelbar oder mittelbar auf die Hirnfunktion einwirkender Noxen. Als Ursache kommen **zerebrale** und **extrazerebrale Erkrankungen** sowie **exogen-toxische Einwirkungen** und **Entzugssyndrome** in Betracht (**s. Tab. 39.2**).

Pathophysiologisch bedeutsame Faktoren sind u. a.: eine Reduktion des oxidativen zerebralen Metabolismus (z. B. durch systemische oder lokale Zirkulationsstörungen, Hypoxämie), Störungen des zerebralen Hydratationszustands, Neurotransmitterveränderungen (z. B. cholinerges Defizit, verstärkte dopaminerge Wirkungen, Störungen des noradrenergen, serotonergen, GABA-ergen Systems), sowie durch Zytokine vermittelte Prozesse. In morphologischer Hinsicht werden Läsionen verschiedener Hirnregionen, z. B. des präfrontalen Kortex, der rechten Hemisphäre, insbesondere der Parietalregion und subkortikaler Kerne (Thalamus, Caudatus) als mögliche Ursachen diskutiert.

Dass es zur **Manifestation eines Delirs** im Einzelfall kommt, kann als ein **Schwellenphänomen** verstanden werden. Bei fehlender oder geringer Vorschädigung des Gehirns bedarf es stärkerer Noxen, während bei zerebraler Vorschädigung bereits relativ leichte Erkrankungen (z. B. ein unkomplizierter Harnwegsinfekt) zur Manifestation führen können. Mit steigendem Lebensalter stellen dementielle Abbauprozesse die wichtigste prädisponierende Vorschädigung dar, häufig in Verbindung mit allgemeiner Multimorbidität und Polymedikation. Im Alter finden sich zahlreiche **Risikomerkmale für die Entwicklung eines Delirs (s. Tab. 39.3)**. Generell kommt es mit zunehmender allgemein körperlicher bzw. zerebraler Vorschädigung einerseits und steigendem Ausprägungsgrad akuter Noxen (z. B. Exsikkose, respiratorische Störungen) andererseits zu einer kumulativen Erhöhung des Delirrisikos.

Psychosoziale Faktoren, z. B. ein Umgebungswechsel, stellen keine hinreichende Ursache für ein Delir dar. Sie gewinnen Bedeutung bei vorbestehender kognitiver Einschränkung, die unter den genannten Umständen einer situativen Fehlverarbeitung mit resultierendem maladaptivem Verhalten Vorschub leisten kann – wie psychomotorischer Unruhe, Störungen des Schlaf-Wach-Rhythmus, Änderung des Trinkver-

Tab. 39.3 Risikofaktoren für die Delirmanifestation im Alter*

Prädisponierende Faktoren	
• Alter	• Männliches Geschlecht
• Sehbehinderung	• Demenz (proportional zum Schweregrad)
• Depression	• Funktionelles Defizit
• Immobilität	• Schenkelhalsfraktur
• Dehydratation	• Alkoholabhängigkeit
• Schlaganfall	• Metabolische Störungen
• Schweregrad körperlicher Erkrankung(en)	
Auslösende Faktoren	
• Schmerzmittel/Narkotika	• Schwere/akute Erkrankung
• Harnwegsinfektionen	• Hyponatriämie
• Hypoxämie	• Schock
• Anämie	• Schmerzzustände
• Fixierung	• Blasenkatheter
• Iatrogene Schädigung	• Orthopädische Op
• Herzoperation	• Extrakardiale Op
• Dauer eines Herz-Lungen-Bypass	• Intensivbehandlung
• Zahl medizinischer Eingriffe	

* nur unabhängige Assoziationen (Rolfson 2002, zit. n. Burns et al. 2004)

haltens etc. – also Auffälligkeiten, die ihrerseits das Auftreten eines akuten Verwirrtheitssyndroms begünstigen.

Medikamente gehören zu den wichtigen delirogenen Faktoren. Dies gilt nicht nur für ZNS-wirksame Substanzen, sondern auch für viele Pharmaka mit primär extrazerebraler Wirkung (**s. Tab. 39.4**). Die Pathomechanismen medikamentös ausgelöster Delirien sind nur teilweise bekannt. Eine wichtige Rolle spielen anticholinerge Mechanismen, und zwar vermutlich auch bei einer Reihe internistischer Medikamente, deren anticholinerge Wirkkomponente in Lehrbüchern üblicherweise nicht erwähnt wird (z. B. Nifedipin, Ranitidin, Theophyllin).

39.1.4 Klinisches Bild

Die Symptomatologie zeigt eine starke intra- und interindividuelle Variation (**s. Tab. 39.5**). Psychomotorische Störungen, mit ausgeprägter Unruhe (**Hyperaktivität**) am einen Ende und reduzierter Antriebslage (**Hypoaktivität**) am anderen Ende des Spektrums, können stark schwanken, und beide Prägnanztypen können sich in nicht vorhersehbarer Weise abwechseln. Generell ist ein Fluktuieren der Symptomatik in qualitativer und quantitativer Hinsicht charakteristisch. Luzide Intervalle sind möglich. Typisch ist auch das **„Sundowning-Phänomen"** mit Zunahme von Verwirrtheit und Unruhe in den Abendstunden.

Auch **affektive** und **paranoid-halluzinatorische Phänomene** können stark fluktuieren, und sind häufig nur flüchtig zu beobachten. Manchmal stehen sie im Vordergrund, bei der Mehrzahl der Patienten prägen sie jedoch das klinische Bild weniger als die kognitiven Defizite. Wahnhafte Symptome sind meist unsystematisiert, bei den Wahrnehmungsstörungen stehen illusionäre Verkennungen und optische Halluzinationen im Vordergrund.

Tab. 39.4 Medikamente als Ursache des deliranten Syndroms

• Antidepressiva (v. a.Trizyklika)	• Antipsychotika
• Lithium	• Benzodiazepine
• Antiparkinsonmittel	• Antiepileptika
• Analgetika (Opioide, NSAID)	• Kortikosteroide
• Anticholinergika	• Antihistaminika
• Antiarrhythmika	• Diuretika
• Alpha- und Betablocker	• Digitalis
• Antihypertensiva (mit zentraler Wirkung)	• Antibiotika
• Kalziumantagonisten	• Laxanzien
• Antiasthmatika	

Tab. 39.5 Symptomatologie des Delirs

Leitsymptome (Diagnosekriterien nach ICD-10):
Bewusstseinstrübung (verminderte Klarheit in der Wahrnehmung der Umgebung), Einschränkung der Aufmerksamkeit
globales kognitives Defizit (Störungen von Auffassung, Denkvermögen, Mnestik, Orientierung etc.)
Störungen der Psychomotorik („hypoaktives" versus „hyperaktives" Delir)
Störungen des Schlaf-Wach-Rhythmus
affektive Störungen: z. B. Depressivität, Ängstlichkeit, Reizbarkeit
akuter Beginn, fluktuierender Verlauf
Weitere Symptome:
Wahn, Halluzinationen
Vegetativum: z. B. Mydriasis, Tachykardie, Blutdruckanstieg, Hyperhidrosis, Tremor
Neurologisch: Myoklonien, Ataxie, Asterixis, Dysarthrie, aphasische, apraktische und agnostische Störungen
Allgemein: Inkontinenz, Sturzneigung, Malnutrition, Störungen des Flüssigkeitshaushalts

Neurologische Auffälligkeiten (s. **Tab. 39.5**) werden mit zunehmender Schwere deliranter Syndrome gehäuft beobachtet. **Vegetative Symptome** (s. **Tab. 39.5**) sind beim alten Menschen eher selten. Treten sie auf, ist ein Entzugssyndrom bei Substanzabhängigkeit (Alkohol, Benzodiazepine) zu erwägen. Auch hier sind die vegetativen Auffälligkeiten meist weniger prominent als beim jüngeren Menschen. Schließlich spielen **Allgemeinsymptome** (s. **Tab. 39.5**) mit steigendem Lebensalter eine zunehmende Rolle.

39.1.5 Diagnose

An erster Stelle steht die **Syndromdiagnostik** des Delirs und seine Abgrenzung von anderen Syndromen. Zunächst sind durch Anamnese- und Befunderhebung die Leit- und akzessorischen Symptome des Delirs zu erfassen (**s. Tab. 39.5**). Bei häufig fluktuierender Symptomatik ist das Vollbild des Syndroms im Querschnitt nicht unbedingt vorhanden. Deshalb müssen v. a. fremdanamnestische Informationen berücksichtigt werden. Psychometrische Verfahren, z. B. der Mini-Mental-(MMSE) oder der Syndrom-Kurz-Test (SKT), können ergänzend zum Einsatz kommen. Sie ermöglichen eine quantifizierte Aussage über die Schwere der kognitiven Leistungseinschränkung, ohne eine eindeutige syndromale Zuordnung der Defizite zu erlauben. Zunehmende Verbreitung als diagnostischer Algorithmus hat die einfach anzuwendende „Confusion Assessment Method“ (CAM) in den letzten Jahren erlangt. Im englischen Sprachraum wurden noch weitere Instrumente zur Diagnose des Delirs entwickelt, z. B. die „Delirium Rating Scale“ von Trzepacz.

Der zweite diagnostische Schritt besteht in der **Klärung der Ätiologie des Syndroms**. Auch hier stehen Anamnese und klinische Befunderhebung an erster Stelle, i.d.R. ergänzt durch ein Basislabor (**s. Tab. 39.6**). Unter Berücksichtigung der Klinik, der Vorerkrankungen und der vorbestehenden kognitiven Einschränkungen ist zu prüfen, ob eine erweiterte Diagnostik indiziert ist. Zusatzuntersuchungen kommen bei spezifischen Verdachtsmomenten zur Anwendung (z. B. Echokardiographie, Abnahme von Blutkulturen bei Verdacht auf subakute bakterielle Endokarditis). Prinzipiell muss die ätiologische Diagnostik wegen des Gefährdungspotentials durch die in Frage kommenden ursächlichen und auslösenden Faktoren (**s. Tab. 39.2 und 39.3**) unverzüglich eingeleitet werden, u. U. unter Zuhilfenahme einer sedierenden Medikation (z. B. Midazolam), wenn etwa eine zerebrale Bildgebung andernfalls nicht möglich wäre. Die Notwendigkeit einer sofortigen apparativen Abklärung besteht aber nicht in jedem Fall. So kann man sich z. B. bei einem Patienten mit fortgeschrittener Demenz, der in Folge typischer Auslöser (Medikamente, Exsikkose etc.) ein Delir entwickelt, nach Korrektur dieser Noxen vor Einleitung weiterer Diagnostik i.d.R. abwartend verhalten.

39.1.6 Alterstypische Komorbidität

Da zahlreiche zerebrale und extrazerebrale Erkrankungen ätiologische Faktoren für das Delir darstellen können, bestehen Assoziationen mit einem breiten Spektrum von Alterserkrankungen (**s. Tab. 39.2, 39.3**). Besonders hervorzuheben sind Demenzerkrankungen sowie multimorbide Zustände mit Vorliegen mehrerer Erkrankungen, die sich unmittelbar oder mittelbar auf die Hirnfunktion auswirken.

39.1.7 Differentialdiagnose

Bei der **Syndromdiagnostik** ist die Demenz die wichtigste Differentialdiagnose. Wichtige Kriterien, die für ein Delir und gegen eine Demenz sprechen, sind ein akuter Krankheitsbeginn, ein fluktuierender Verlauf mit einer Störung des Tag-Nacht-Rhythmus und eine Störung von Bewusstseinshelligkeit und Aufmerksamkeitsniveau. Vor allem bei Hochbetagten sind Mischbilder von Delir und Demenz viel häufiger als rein delirante Zustände. Oft sind Delir und Demenz im Querschnitt nicht sicher zu unterscheiden, und können erst im Krankheitsverlauf voneinander differenziert werden.

Wesentlicher Aspekt bei der Abgrenzung gegenüber affektiven Erkrankungen und Alterspsychosen ist, dass bei diesen Erkrankungen Bewusstseins- und Aufmerksamkeitsstörungen, sowie ein globales kognitives Defizit i.d.R. fehlen. Hypoaktive Delire können erhebliche differentialdiagnostische Probleme bereiten. Diese Patienten sind zurückgezogen, in sich gekehrt und imponieren bei kursorischer Untersuchung u. U. als „unauffällig“. Bei gezielter Exploration können die Leitsymptome des Delirs aber auch in solchen Fällen eindeutig erfasst werden.

Bei der **ätiologischen Differentialdiagnose** ist das ganze Spektrum potentiell ursächlicher Erkrankungen und Störungen (**s. Tab. 39.2 und 39.3**) in Betracht zu ziehen und im Rahmen der somatischen Diagnostik weiter abzuklären.

Tab. 39.6 Diagnostik des Delirs

1)	**Syndromdiagnose**
	psychiatrische Anamnese (inkl. Fremdanamnese)
	psychopathologischer Befund, Überprüfung der Diagnosekriterien n. ICD-10; evtl. Anwendung standardisierter Verfahren (z. B. MMSE, CAM)
2)	**Abklärung der Ätiologie des Delirs**
	internistisch-neurologische Untersuchung (unter besonderer Beachtung internistisch-neurologischer Notfälle)
	apparative Zusatzdiagnostik: Basisdiagnostik • Labor: BSG/CRP, Blutbild, Elektrolyte, Nieren-/Leberfunktionsparameter, TSH, Glukose, CK, Gesamteiweiß, Urinbefund • EKG
	apparative Zusatzdiagnostik: erweiterte Diagnostik • kranielle Bildgebung: cCT/MRT • EEG • Röntgen-Thorax • Zusatzlabordiagnostik: z. B. Medikamenten- und Vitaminspiegel, Liquor
Weitere Untersuchungen: bei spezieller Indikation	

39.1.8 Therapie

Evidenzbasierte Aussagen zur Therapie des Delirs sind bisher nur eingeschränkt möglich (Cochrane Review 2004). An erster Stelle steht die **kausale Therapie** ursächlicher bzw. auslösender Erkrankungen (z. B. Antibiotikatherapie bei Pneumonie, Ausgleich einer Exsikkose). Besonders bei multimorbiden Patienten sind **allgemeintherapeutische Maßnahmen** von erheblicher Bedeutung (Überwachung der Vitalparameter, Regulierung von Ernährung und Flüssigkeitszufuhr, Thrombembolie- und Infektionsprophylaxe, regelmäßige Lagerung und Mobilisation – und Beschränkung der verordneten Medikamente auf das absolut notwendige Maß!).
Von großer Bedeutung sind die **Prinzipien des therapeutischen Umgangs** mit dem Patienten (**s. Tab. 39.7**), da diese zu seiner Beruhigung beitragen und situativen Fehlverarbeitungen entgegenwirken. Eine engmaschige Beobachtung zielt insbesondere ab auf die Vermeidung von Eigengefährdungen durch Gangunsicherheit, Desorientierung, Weglaufgefahr etc. Wegen des Fluktuierens der Symptomatik ist die Beobachtung auch erforderlich, wenn der Patient „unauffällig" erscheint.
Bewegungseinschränkende Maßnahmen (Fixierung) sind nur bei anderweitig nicht zu behebenden Gefährdungen vertretbar. Es ist zu beachten, dass eine Fixierung nicht selten zu einer Zunahme von Unruhe und Erregung führt, und als Risikofaktor für die Entwicklung eines Delirs gilt (**s. Tab. 39.3**).
Die **Pharmakotherapie** des Delirs (**s. Tab. 39.8**) orientiert sich an dessen Ätiologie. Bei ursächlicher **Hirn- oder Allgemeinerkrankung** kommen Psychopharmaka unter symptomatischem Aspekt zum Einsatz, wenn kausal orientierte und nicht-medikamentöse Maßnahmen unzureichend wirken. Immer sollte man prüfen, ob die Medikation nach Erreichen ihrer Wirkung im Laufe einiger Tage wieder ausgeschlichen werden kann. Auf unerwünschte Arzneimittelwirkungen muss sorgfältig geachtet werden (z. B. Gangstörung bei Parkinsonoid, allg. Sturzgefahr, Auftreten einer Übersedierung). Haloperidol ist als hochpotentes Antipsychotikum mit relativ geringen vegetativen Nebenwirkungen die Substanz, für deren Wirksamkeit bisher die besten Evidenzen vorliegen. Eine Indikation besteht vor allem bei prominenter psychotischer Symptomatik. Wegen der extrapyramidalmotorischen Nebenwirkungen von Haloperidol sollte mit der niedrigstmöglichen Dosierung therapiert werden (**s. Tab. 39.8**). Zur

Dosiseinsparung kommt u. U. auch eine Kombination mit sedierend wirkenden Pharmaka in Betracht (s. u.). Als Alternative, insbesondere bei Alterspatienten mit erhöhtem Risiko für extrapyramidale Nebenwirkungen, haben atypische Antipsychotika (Risperidon, Quetiapin) in altersadaptierter Dosis in den letzten Jahren an Bedeutung gewonnen. Die atypischen Antipsychotika Olanzapin und Clozapin sollten wegen ihrer anticholinergen Wirkung nur ausnahmsweise angewandt werden. Es ist zu beachten, dass die genannten Atypika keine Zulassung für das Delir besitzen (Risperidon ist für psychotische Symptome und chronische Aggressivität bei Demenz zugelassen). Weiterhin sind kürzlich veröffentlichte Warnhinweise, z. B. der amerikanischen FDA, zu beachten, wonach die Anwendung atypischer, wahrscheinlich aber auch klassischer Antipsychotika bei Demenzkranken mit einem erhöhten Mortalitätsrisiko assoziiert ist. Im Hinblick darauf ist eine strenge Indikationsstellung bei der Verordnung dieser Substanzen angezeigt.

Tab. 39.7 Prinzipien des therapeutischen Umgangs mit deliranten Patienten

- engmaschige Überwachung
- Vorbeugung eigen- und fremdgefährdenden Verhaltens
- Gewährleistung einer überschaubaren Umgebung (Orientierungshilfen, Beleuchtungsverhältnisse etc.)
- Reorientierung, klare und eindeutige Kommunikation verbal/nonverbal
- Beheben sensorischer Beeinträchtigungen
- Regulierung des Schlaf-Wach-Rhythmus
- Vermeiden einer Reizüberflutung (z. B. durch Lärmeinwirkung), aber auch einer Reizdeprivation (z. B. durch Ermöglichen von Beschäftigung, Mobilität)
- möglichst hohe Konstanz der Bezugspersonen
- enger Kontakt zu den Angehörigen

Stehen Erregung und psychomotorische Unruhe im Vordergrund, kommen niederpotente Butyrophenone an Stelle von bzw. in Ergänzung zu Haloperidol in Frage. Der Einsatz niederpotenter Phenothiazine bzw. Thioxanthene (Levomepromazin, Chlorprothixen, Thioridazin etc.) sollte wegen ihrer vegetativen, insbesondere anticholinergen Effekte vermieden werden.

Eine **Alternative zu Antipsychotika** stellt, bei strikter Beachtung der Kontraindikationen, Clomethiazol dar (Kombination mit Benzodiazepinen kontraindiziert!). Eine Benzodiazepin-Monotherapie ist bei Delirien in Folge von Allgemein- und Hirnerkrankungen keine Behandlung der ersten Wahl. Werden Benzodiazepine angewandt, sollten Substanzen mit kürzerer Halbwertszeit möglichst niedrig dosiert bevorzugt werden (Lorazepam, Oxazepam). Diese kommen v. a. adjuvant zu hochpotenten bzw. atypischen Antipsychotika zur Dämpfung von Unruhezuständen bzw. Schlafanstoßung zum Einsatz, z. B. wenn bei deren höherdosierter Anwendung mit extrapyramidalen Nebenwirkungen zu rechnen wäre.

Bei **Entzugsdelirien** muss die Pharmakotherapie unverzüglich eingeleitet werden. Beim Alkoholdelir ist Clomethiazol Mittel erster Wahl. Bei Kontraindikationen gegen Clomethiazol werden Benzodiazepine eingesetzt und bei nicht ausreichender Wirkung bzw. Auftreten psychotischer Phänomene durch Haloperidol ergänzt. Beim Sedativa-Entzugsdelir (Benzodiazepine, Barbiturate) hat sich die Substitution mit einem Medikament der entsprechenden Substanzgruppe bewährt bis zum Abklingen der Symptome und anschließendem Ausschleichen. Bei dieser Indikation werden Substanzen mit längerer Halbwertszeit bevorzugt (z. B. Diazepam).

Bei **anticholinergem Delir** steht die Vermeidung der auslösenden Noxen an erster Stelle (Absetzen entsprechender Medikamente!). Bei massiver Symptomatik kommt Physostigmin i.v. unter Beachtung der Kontraindikationen und intensivmedizinischer

Tab. 39.8 Medikamentöse Behandlung des Delirs im Alter

Substanz	Zielsymptomatik/Indikationsgebiet	übliche initiale Tagesdosis	Anmerkungen
Hochpotente Antipsychotika: Haloperidol	• psychotische Symptomatik • psychomotorische Unruhe	0,5–5 mg	cave: M. Parkinson, andere extrapyramidale Störungen
Atypische Antipsychotika	• psychotische Symptomatik • psychomotorische Unruhe	Risperidon: 0,5–2 mg Quetiapin: 12,5–50 mg	cave: extrapyramidale Nebenwirkungen (v. a. bei Risperidon); Blutdrucksenkung
niederpotente Antipsychotika (Butyrophenontyp)	• psychomotorische Unruhe • Schlafstörungen	Melperon: 50–150 mg Pipamperon: 60–120 mg	vegetative und extrapyramidale Nebenwirkungen eher gering, aber zu beachten
Clomethiazol	• Alternative zu Antipsychotika • Alkoholentzugsdelir	2–6 Kapseln 10–30 ml Mixtur	cave: schwere bronchopulmonale Erkrankungen, respiratorische Insuffizienz, Schlafapnoe-Syndrom
Benzodiazepine	• Benzodiazepinentzugsdelir • Alkoholentzugsdelir • adjuvant zu hochpotenten/atypischen Antipsychotika	Lorazepam: 0,25–2 mg Oxazepam: 5–30 mg	cave: respiratorische Insuffizienz, Schlafapnoe-Syndrom, paradoxe Effekte

Überwachung in Betracht. Möglicherweise werden in Zukunft die in der Demenzbehandlung eingesetzten oral wirksamen Cholinergika auch zur Therapie des Delirs Bedeutung erlangen.

In der Regel ist beim Delir eine **stationäre Aufnahme** nicht zu vermeiden im Hinblick auf die erforderliche medizinische und pflegerische Betreuung und das bestehende Gefährdungspotential. Die Konfrontation des Patienten mit einer fremden Umgebung kann sich jedoch auch nachteilig auswirken. Deshalb kann unter bestimmten Voraussetzungen (z. B. Ausschluss einer gravierenden körperlichen Erkrankung, leichtere delirante Zustände) bei lückenloser häuslicher Betreuung von einer Aufnahme abgesehen werden.

39.1.9 Alterstypische medikamentöse Interaktionen und Komplikationen

Angesichts der Multimorbidität der meisten Patienten ist eine Vielzahl möglicher Medikamenteninteraktionen mit potentiell nachteiligem Einfluss auf die delirante Symptomatik zu beachten.

Mit steigendem Lebensalter ist von einer zunehmenden Vulnerabilität hinsichtlich der Vielzahl der in Frage kommenden ursächlichen und prädisponierenden Erkrankungen (**s. Tab. 39.2 und 39.3**) auszugehen. Generell stellt die Manifestation eines Delirs ein prognostisch ungünstiges Merkmal dar (s. u.). Besonders sehr alte Patienten haben ein erhöhtes Risiko bei der Psychopharmakotherapie.

39.1.10 Beratung

Delirante Patienten sind aufgrund ihrer kognitiven Einschränkungen, der begleitenden psychopathologischen Symptomatik und meist auch wegen ihres körperlichen Allgemeinzustands nicht in der Lage, am Straßenverkehr teilzunehmen. Nach Abklingen des Delirs ist ggf. die Fahrtauglichkeit zu überprüfen.
Nach durchgemachtem Delir kann ein Umgebungswechsel (Reise) ungünstige Auswirkungen auf die psychische Homöostase des Kranken haben.

39.1.11 Prognose

Die Prognose ist in hohem Maße abhängig von Art und Schwere der Grunderkrankung(en), Lebensalter des Patienten, und dem Grad (extra-)zerebraler Vorschädigungen. Einerseits kommt es bei einer großen Gruppe von Patienten zu einer kompletten Remission des Delirs, meist im Laufe einiger Tage bis mehrerer Wochen. Andererseits darf nicht übersehen werden, dass das Delir Ausdruck lebensbedrohlicher Erkrankungen sein kann, weshalb das Letalitätsrisiko der Patienten im Durchschnitt deutlich erhöht ist.
Bei einem Teil der Patienten bildet sich das Vollbild eines Delirs zwar zurück, sie sind aber, gemessen am prämorbiden Zustand, von einer längerfristigen oder bleibenden Funktionseinbuße betroffen. Möglich ist auch das Zurückbleiben einer Demenz als Restzustand. Vermutlich häufiger sind jene Situationen, in denen es in der Folge eines Delirs zur „Demaskierung“ eines vorbestehenden Demenzprozesses kommt. Die Manifestation eines Delirs ist mit weiteren prognostisch ungünstigen Merkmalen assoziiert, z. B. verlängerten Krankenhausaufenthalten, gehäuften Behandlungskomplikationen (z. B. Stürze) oder der Notwendigkeit einer Aufnahme in ein Pflegeheim. Deshalb sollten **präventive Ansätze** unbedingt weiter entwickelt werden. Erste Ergebnisse deuten darauf hin, dass durch frühzeitige Interventionen bezüglich bestimmter manifestationsfördernder Faktoren (z. B. Exsikkose, Fehlmedikation) eine Reduktion der Delirinzidenz erreicht werden kann.

39.1.12 Flankierende Maßnahmen

Delirante Patienten sind nicht einwilligungsfähig, so dass u. U. rechtliche Maßnahmen nach dem Betreuungsgesetz ergriffen werden müssen. In Anbetracht der unsicheren Prognose des Krankheitsbilds sollte die weitere Versorgung der Patienten nach Abklingen der akuten Symptomatik (z. B. Pflegeheimunterbringung) frühzeitig bedacht werden.

39.2 Andere organische Psychosyndrome

Diese Syndrome (**s. Tab. 39.1**) zeigen ein ähnliches oder gar identisches Erscheinungsbild wie diejenigen psychischen Störungen, die nach bisherigem Verständnis als körperlich nicht begründbar angesehen werden, d. h. es bestehen weitreichende Überlappungen mit der Symptomatologie z. B. schizophrener und affektiver Erkrankungen oder von Angst- und Persönlichkeitsstörungen. Der ätiologische Zusammenhang mit einer primären oder sekundären Hirnfunktionsstörung ist das entscheidende Kriterium für diese Psychosyndrome. Je nach Dynamik der Grunderkrankung kann es zu einer Aufeinanderfolge verschiedener Syndrome kommen. So kann sich z. B. nach einem Herz-Kreislauf-Stillstand aus einem Koma und nachfolgendem Delir heraus ein paranoid-halluzinatorisches Syndrom entwi-

Tab. 39.9 Ausgewählte Grunderkrankungen bei organisch depressiver Störung

Krankheitsgruppe	Beispiele
Primär zerebrale Erkrankungen	M. Parkinson, Epilepsie, vaskuläre Enzephalopathie, Multiple Sklerose
Endokrine Erkrankungen	Hyper-/Hypothyreose, Hyper-/Hypokortisolismus
Metabolische Störungen	Hypovitaminosen, Elektrolytstörungen, Leber-/Niereninsuffizienz
Kardiopulmonale Erkrankungen	Herzinsuffizienz, respiratorische Insuffizienz
Malignome	Pankreaskarzinom
Immunologische Systemerkrankungen	systemischer Lupus erythematodes, Arteriitis temporalis, Rheumatoide Arthritis
Infektionen	infektiöse Mononukleose, Hepatitis, Influenza, HIV-Infektion, Lues
Medikamente	Reserpin, Propranolol, Clonidin, Glukokortikoide, nichtsteroidale Antirheumatika, H 2-Antagonisten, Antipsychotika

ckeln, das dann in eine organisch affektive Störung einmündet.

Tab. 39.9 führt unter exemplarischem Aspekt ausgewählte Grunderkrankungen für die organische depressive Störung auf. In vergleichbarer Weise kann auch für die anderen Psychosyndrome ein breites Spektrum ätiologisch bedeutsamer Erkrankungen benannt werden. Unterschiedliche Grunderkrankungen können eine ähnliche oder identische psychopathologische Symptomatik bedingen, andererseits kann eine Grunderkrankung zu verschiedenen Psychosyndromen führen (Prinzip der Unspezifität nach Karl Bonhoeffer).

Die Diagnostik dieser Psychosyndrome umfasst einerseits die psychopathologische Syndromdiagnostik, andererseits die internistisch-neurologische Abklärung der in Frage kommenden Grunderkrankung(en). Der ätiologische Zusammenhang zwischen Psychosyndrom und Grunderkrankung wird anhand klinischer Kriterien bestimmt. Diese beinhalten nach ICD-10:

a) den Nachweis einer potentiell ursächlichen zerebralen oder systemischen Erkrankung,
b) eine Parallelität zwischen dem Verlauf der Grunderkrankung und dem Verlauf der durch sie verursachten psychischen Störung, und
c) den Ausschluss einer anderweitigen Genese der psychischen Störung.

Im Einzelfall kann es schwierig oder gar unmöglich sein, die organische Ätiologie eines Psychosyndroms eindeutig zu verifizieren und abzugrenzen beispielsweise gegenüber der zufälligen Koinzidenz einer primären psychischen Störung mit einer internistisch-neurologischen Erkrankung.

Therapeutisch stehen Maßnahmen zur Behandlung der Grunderkrankung an erster Stelle. Darüber hinaus kommen ggf. symptomorientierte Behandlungsprinzipien zur Anwendung. Diese beinhalten nicht pharmakologische Maßnahmen (s. Kap. „Delir“), und eine syndromal orientierte Pharmakotherapie (z. B. die Gabe von Antipsychotika bei organisch wahnhafter Störung). Dabei muss auf mögliche Interaktionen zwischen Medikation und organischer Grunderkrankung geachtet werden (z. B. Verstärkung einer vorbestehenden Gangstörung durch Antipsychotika oder Benzodiazepine).

Literatur

American Psychiatric Association (1999) Practice guidelines for the treatment of patients with delirium. Am J Psychiat 156 (5 Suppl):1–20

Benkert O, Hippius H (2005) Kompendium der psychiatrischen Pharmakotherapie. 5. Aufl. Springer, Berlin Heidelberg New York Tokio

Berlit P, Sawicki PT (Hrsg) (2004) Neurologie – Innere Medizin interdisziplinär. Thieme, Stuttgart New York

Burns A, Gallagley A, Byrne J (2004) Delirium. J Neurol Neurosurg Ps 75:362–367

Coffey CE, Cummings JL (Hrsg) (2000) Textbook of geriatric neuropsychiatry. 2nd ed., American Psychiatric Press, Washington DC

Cole MG (2004): Delirium in elderly patients. Am J Geriat Psychiat 12:7–21

Förstl H (Hrsg) (2003) Lehrbuch der Gerontopsychiatrie und -psychotherapie. 2. Aufl. Thieme, Stuttgart New York

Förstl H (Hrsg) (2002) Frontalhirn. Springer, Berlin Heidelberg New York Tokio

Gaebel W, Müller-Spahn (Hrsg) (2002) Diagnostik und Therapie psychischer Störungen. Kohlhammer, Stuttgart

Hewer W (2000) Akute Verwirrtheitszustände. In: Nikolaus T (Hrsg) Klinische Geriatrie. Springer, Berlin Heidelberg New York, S 328–337

Lindesay J, Rockwood K, Macdonald A (2002) Delirium in Old Age. Oxford University Press, Oxford

Lishman WA (1997) Organic Psychiatry: the Psychological Consequences of Cerebral Disorder. 3rd ed., Blackwell Science, Oxford

Reischies FM, Diefenbacher A, Reichwaldt W (2004) Delir. In: Arolt V, Diefenbacher A (Hrsg) Psychiatrie in der Klinischen Medizin. Steinkopff, Darmstadt, S 259–284

40 Rehabilitation im Alter

Karl-Heinz Mauritz

Einleitung

Rehabilitation wurde historisch hauptsächlich für zwei Personengruppen eingerichtet, für sogenannte Krüppel und für Kriegsverletzte. Bei beiden Gruppen handelt es sich um jüngere Personengruppen, die fast keine Begleiterkrankungen hatten bei grundsätzlich hoher Lebenserwartung. Institutionen und therapeutische Ansätze wurden fast ausschließlich für diese jüngeren Patienten geschaffen und auf deren Bedürfnisse abgestimmt. In Deutschland wurde die Rehabilitation durch die Rentenversicherer eingeführt und die Sicherung bzw. die Wiedererlangung der Erwerbstätigkeit stand bei dieser „Kurortmedizin" im Vordergrund. Erst in den letzten Jahrzehnten traten in den westlichen Gesellschaften auch ältere Patienten und Hochbetagte ins Blickfeld der Rehabilitation, bedingt durch die längeren Lebenserwartungen und durch die Zunahme chronischer Erkrankungen. Neben der gesetzlichen Vorgabe „Rehabilitation vor Rente" ist jetzt auch „Rehabilitation vor Pflege" ein gleichberechtigtes Ziel.

Therapiemethoden, Therapieziele, Indikationen und Erwartungen mussten erst auf diese ältere Patientengruppe umgestellt werden. Dies hatte zur Folge, dass multimorbide und schwer betroffene Patienten in die Rehabilitationskliniken aufgenommen wurden und deren Spektrum deutlich veränderten. Aufgrund der demographischen Gegebenheiten besteht kein Zweifel daran, dass die Bedeutung der Rehabilitation im Alter weiterhin zunehmen wird.

40.1 Altersspezifische Besonderheiten

Die Rehabilitation älterer Patienten und Hochbetagter weist einige Besonderheiten gegenüber der Rehabilitation von jüngeren Patienten auf:

1. Es handelt sich oft um multimorbide Patienten gegenüber den körperlich gesunden jüngeren Patienten.
2. Diese multimorbiden Patienten sind nur sehr eingeschränkt belastbar und die Therapieprogramme müssen „sanfter" gestaltet werden.
3. Bei jüngeren Patienten sind die möglichen Repetitionsraten höher, die Therapiezeiten länger, bei den älteren sind kürzere Einheiten und häufigere Pausen erforderlich.
4. Depressionen sind bei den älteren Menschen häufiger, unzureichende Motivation und soziale Isolierung behindern oft die Rehabilitationsbemühungen. Bei jüngeren Reha-Patienten erleichtern dagegen die spielerische Komponente in der Therapie und der Wettbewerb (peer competition) die Rehabilitationsbemühungen.
5. Bei jüngeren Patienten ist das Gehirn plastischer; daher sind die realistischen Erwartungen höher. Therapeuten, Angehörige und Patienten sind erfolgs-optimistischer eingestellt. Bei älteren Patienten sind dagegen die Erwartungen der Therapeuten und der Angehörigen oftmals zu niedrig angesetzt.

6. Verhaltensmodifikationen sind bei jüngeren Patienten noch leichter zu erzielen. Bei älteren Patienten wird man dagegen mehr auf deren Gewohnheiten und deren bisherige Lebensführung Rücksicht nehmen müssen. Immer wird man sich vergegenwärtigen müssen, dass der Patient eine Biographie vorzuweisen hat, die respektvoll zu achten ist.
7. Die Kosten-Nutzen-Relation der Behandlung ist aufgrund der kürzeren Restlebenszeit z. B. nach Schlaganfall auf kürzere Zeitspannen ausgelegt. Während sich bei jüngeren Patienten größere Ausgaben für die Rehabilitation noch in dem Sinne der Pflegekostenersparnis „rentieren", ist bei älteren Patienten der „break even point" zu berücksichtigen, der z. B. bei Schlaganfallpatienten bei einer Überlebenszeit zwischen 5 und 7 Jahren liegt. Erst bei längerer Überlebenzeit ergibt sich eine Pflegekostenreduktion durch die Ausgaben für die Rehabilitation. Unberührt ist davon der Aspekt der Lebensqualität als Rehabilitationsziel, da die Indikation zur Rehabilitation prinzipiell nicht-pekuniären Aspekten unterliegt.
8. Motivation und Anteilnahme der Verwandten ist bei jüngeren Patienten meist größer. Die Angehörigen setzen alle Hebel in Bewegung, um die optimale Rehabilitation zu gewährleisten.
9. Die Teilhabe am Leben ist bei älteren Patienten meistens geringer und Ansprüche an die Zukunft sind manchmal niedriger.
10. Die Entlassungsmodalitäten sind bei jüngeren Patienten meist klarer und leichter, weil sie in der Regel nach Hause zurückkehren. Bei älteren Patienten stehen existentielle Entscheidungen an, die das ganze bisherige Leben umstürzen.

Therapiemethoden, Ziele, Erwartungen und Prognosen müssen daher auf diese Personengruppe abgestimmt werden. Eine mitfühlende Patientenführung, die den Patienten nicht überfordert, ihn aber fördert, ist hier besonders wichtig.

40.2 Voraussetzungen

Die **gesetzliche Voraussetzung** für eine Rehabilitation älterer Patienten ist dann gegeben, wenn eine Behinderung oder Pflegebedürftigkeit droht – um ihr vorzubeugen – oder wenn die Behinderung/Pflegebedürftigkeit bereits besteht, um sie zu beseitigen, zu verbessern oder eine Verschlimmerung zu verhüten. Laut Sozialgesetzbuch (SGB) IX soll Rehabilitation die Selbstbestimmung und gleichberechtigte Teilnahme am Leben in der Gesellschaft fördern und Benachteiligungen vermeiden oder ihnen entgegenwirken. Im SGB wurde auch der Vorrang der Rehabilitation vor Rente und vor Pflege betont. Dies bedeutet, dass auch bei pflegebedürftigen Patienten Ansprüche auf Rehabilitationsmaßnahmen bestehen, wenn bestimmte Voraussetzungen vorhanden sind.
Bei Antragstellung ist die **Rehabilitationsfähigkeit** zu prüfen. Hierzu gehören die physische und psychische Belastbarkeit, die Motivation, Kooperationsfähigkeit, aktive Beweglichkeit, hinreichende Orientierung und der Grad der Selbständigkeit. Voraussetzung für eine Rehabilitationsbehandlung ist die realistische Aussicht, einen messbaren Behandlungserfolg zu erzielen. Die Abklärung dieses **Rehabilitationspotentials** schließt in der Regel ein geriatrisches Assessment und einen Rehabilitationsversuch mit ein. Dies ist deswegen angezeigt, weil der Begriff „**Rehabilitationsfähigkeit**" nur sehr unscharf definiert ist und eigentlich keinerlei Prognosen hinsichtlich eines Rehabilitationserfolges zulässt. Neurogeriatrische Rehabilitation ist immer dann indiziert, wie eine Fähigkeitsstörung gemindert oder deren Verschlimmerung verhindert werden können. Prüfkriterien zur Messung

des Defizits und seiner Verbesserung sind Scores und Skalen, die im Rahmen des Assessments benutzt werden. Die Verbesserungen können global erfasst werden, z. B. durch ADL-Skalen (Barthel Index), oder detaillierter, z. B. durch differenzierte motorische oder neuropsychologische Testinstrumente (s. Kap. 7 u. 41). Da also zur Abschätzung des Rehabilitationspotentials nur wenig harte Kriterien existieren, muss im Zweifel ein Rehabilitationsversuch unternommen werden.

Eine direkte Übernahme in Pflegeheime aus Akutkrankenhäusern ohne ein Assessment und ohne Rehabilitationsversuch widerspricht daher eigentlich dem gesetzlichen Auftrag. Keinesfalls darf eine vorliegende Pflegestufe des Patienten als Kontraindikation für eine rehabilitative Behandlung betrachtet werden. Solange eine realistische Besserung von bestimmten Defiziten erwartet werden kann, hat eine Rehabilitationsmaßnahme zu beginnen oder zumindest ein Behandlungsversuch zu erfolgen.

Damit überhaupt eine sinnvolle Rehabilitation geplant werden kann, müssen jedoch bestimmte **Mindestvoraussetzungen** gegeben sein:

- **Multimorbidität**: Ein gravierendes Problem stellt häufig die Multimorbidität der älteren Patienten dar. Einige Behandlungsansätze, die zur Erreichung eines gewissen Zieles, z. B. Mobilität, erforderlich sind, schließen sich gegenseitig aus. Wenn also zur Erlangung des Gehvermögens die Herz-Kreislauf-Situation nicht stabil genug ist, kann kein Treppensteigen geübt werden. Eine sorgfältige Abwägung der Ziele und der Reihenfolge der therapeutischen Maßnahmen ist daher unbedingt erforderlich. Minimale Form von körperlicher Belastbarkeit ist in vielen Fällen eine Voraussetzung, Rehabilitationserfolge zu erzielen. Reha-Maßnahmen bei älteren Personen müssen daher noch individueller geplant und durchgeführt werden als bei jüngeren Patienten. Sie müssen die Gesamtsituation und die Biographie des Patienten angemessen berücksichtigen.
- **Motivation**: Patienten, die für eine Rehabilitation in Frage kommen, müssen motiviert sein, an ihrer Gesundung mitzuarbeiten. Häufig erwarten Patienten in der Klinik vom Personal „gesund gepflegt" zu werden. Sie müssen manchmal erst davon überzeugt werden, dass es zur Erreichung des Ziels einer größeren Selbstständigkeit auch eine Eigenleistung erforderlich ist, die eingefordert werden muss. Wenn dies überhaupt nicht möglich ist, fehlt eine wichtige Voraussetzung für Behandlungsmaßnahmen.
- **Kognitive Möglichkeiten**: Aber nicht nur die körperliche Leistungsfähigkeit sondern auch die kognitiven und psychischen Voraussetzungen sind zu berücksichtigen. Bei dementiellen Erkrankungen ist die Diagnostik besonders wichtig, um Ausmaß und Verlauf der kognitiven Einschränkung zu dokumentieren. Besonders frühe Stadien einer dementiellen Erkrankung weisen heute viele Ansatzpunkte für therapeutische Interventionen auf. Ebenso wichtig ist die frühe Erfassung reversibler bzw. kausal behandelbarer Demenzen.

40.3 Allgemeine Ziele vs. spezifische Ziele

Rehabilitation im Alter strebt die Rückführung des Patienten zur größtmöglichen Selbstständigkeit in einem selbstbestimmten Alltag an, wenn nach einer Akuterkrankung oder aus einer progredienten Entwicklung heraus Behinderung oder Pflegebedürftigkeit droht oder eingetreten ist. Dies bedeutet die Befähigung zur Ausübung von für den Patienten relevanten und bedeutsamen Alltagshandlungen, Verbesserung der Lebensqualität, Aktivierung von Selbsthilfepotentialen des Patienten mittels rehabilitativer Maßnahmen (alltagsrelevante Anforderungen, soziale Umwelt), Verbesserung/Stabilisierung der allgemeinen Lebenssituation im Hinblick auf die Selbständigkeit des Patienten und Kompetenzvermittlung an Patienten und Angehörige. Solche Maßnahmen sind durchaus erfolgreich, angesichts der Tatsache, dass nur 5 % der Alten in einer Institution untergebracht werden müssen (Hing 1987).

Geriatrische Reha-Maßnahmen haben folgende Ziele:

- Rückkehr bzw. Verbleib in der eigenen häuslichen Umgebung,
- Hinauszögern bzw. Vermeiden von Pflegebedürftigkeit und nachfolgender längerer Abhängigkeit,
- Verbesserung von Selbständigkeit und Kompetenz und Vermeidung dauerhafter Handlungs- und Leistungseinschränkungen trotz chronischer Erkrankungen.
- Von Gesundheitsökonomen werden als Ziele auch die Verkürzung akutstationärer Aufenthalte und die Vermeidung von Fehlbelegungen genannt.

Die genaue Festlegung der globalen Zielsetzungen im Einzelfall soll in enger Abstimmung mit den Patienten und ggf. mit hinzuzuziehenden Angehörigen erfolgen. Ein Therapieplan wird aufgestellt. Realistische Ziele werden darin fixiert. Sie sind zeitnah zu überprüfen. Gegebenenfalls werden danach Ziele neu definiert, wenn z. B. auf Erreichung keine Aussicht mehr besteht oder wenn Ziele bereits vorzeitig erreicht wurden. Der Mitbestimmung von Patienten und Angehörigen wird ein hoher Stellenwert eingeräumt, da die Motivation von Patienten und Angehörigen, sich aktiv in die Rehabilitation einzubringen, davon abhängt.

Ziel der Rehabilitation ist allgemein die Förderung der Teilhabe am gesellschaftlichen Leben (§ 1 SGB IX). Dabei wird unter Rehabilitation die Reintegration in soziale Bezüge („Reinclusion“) (WHO 1980) verstanden. Reha-Konzepten liegt ein weitgehender sozialer und funktionaler Behinderungsbegriff zu Grunde, der von einer defizitorientierten Sichtweise hin zu einem positiven Konzept gesellschaftlicher Teilhabe weiterentwickelt wurde (ICF – Internationale Klassifikation der Funktionsfähigkeit, Behinderung und Gesundheit der WHO 2001). Rehabilitation zielt darauf ab, voraussichtlich nicht nur vorübergehende Einschränkungen der Teilhabe am gesellschaftlichen Leben zu vermeiden oder zu mindern.

In den Sozialgesetzbüchern V, IX sowie XI finden sich die gesetzlichen Regelungen für die medizinische Rehabilitation älterer Menschen.

Geriatrische Rehabilitation ist die therapeutische Arbeit im multiprofessionellen Team unter ärztlicher Leitung. Die Arbeit stützt sich auf anerkannte reha-medizinische Erkenntnisse. Eine umfassende Diagnostik (geriatrisches Assessment) geht rehabilitativen Maßnahmen voraus.

40.4 Spezifische Ziele

40.4.1 Motorisch

1. **Umdrehen im Bett:** Der bettlägerige Patient sollte so früh wie möglich zur aktiven Drehbewegung im Bett angehalten und angeleitet werden. Ebenso sollte der Patient möglichst rasch das sog. „Bridging“ (Brückenbildung) erlernen.
2. **Transfer:** Umsetzen vom Bett auf einen Stuhl oder vom Rollstuhl auf die Toilette und zurück. Dies ist neben der Fähigkeit zum selbstständigen Sitzen eine basale motorische Funktion, die die Unabhängigkeit des Patienten deutlich steigert.

3. **Aufstehen, Stehen:** Sicheres Aufstehen und Stehversuche sind wichtige Punkte in der Rehabilitation älterer Patienten, weil dadurch das Risiko von Sekundärkomplikationen wie Kontrakturen, Osteoporose, Dekubitalulzera und Thrombosen gemindert wird und die Voraussetzung für bessere Mobilität geschaffen wird.
4. **Gehen:** Ein sicherer Gang mit oder ohne Hilfsmittel ist oft die Voraussetzung für die Rückkehr nach Hause und für die selbstständige Versorgung.
5. **Treppensteigen:** Erlernen des Treppensteigens mit und ohne Hilfsmittel entscheidet oft darüber, ob der Patient seine Wohnung selbstständig verlassen kann oder ein „Gefangener" in seinen vier Wänden wird. In Rehabilitationsprogrammen wird dem Üben von Treppensteigen eine große Bedeutung zugemessen.
6. **Halten und Greifen:** Die Verrichtung alltäglicher Aufgaben erfordert Greifen, Halten und Manipulieren von Gegenständen. Kraft, Präzision und Schnelligkeit sind dabei je nach Aufgabe unterschiedlich gefordert.

40.4.2 Kognitive Fähigkeiten und aphasische Störungen

Bei Einschränkungen von kognitiven Fertigkeiten, Wahrnehmungsstörungen und Kommunikationsstörungen ist eine ausführliche neuropsychologische und logopädische Abklärung erforderlich. Die verschiedenen Formen von Aphasien, Alexien, Artikulationsstörungen, Apraxien und Agnosien sowie Neglectsyndromen haben unterschiedliche Verläufe, Prognosen und Therapiemöglichkeiten. Auch bei Gedächtnisstörungen, Problemen im Verstehen und logischen Denken stehen heute therapeutische Möglichkeiten zur Verfügung. Dies gilt ebenso bei Verhaltensauffälligkeiten, Aufmerksamkeitsstörungen und bei Beeinträchtigungen des Antriebs.

Allgemeine Aktivierung

Durch sensorische Deprivation wurde bei Krankenhauspatienten schon nach kurzer Zeit ein Abfall der intellektuellen Leistung gefunden. Dies ist besonders bei älteren Patienten der Fall. Nach der mehr passiven Phase im Akutkrankenhaus (hauptsächlich bettgebunden) muss daher in der Rehabilitationseinrichtung eine allgemeine Aktivierung erfolgen.
Bei Anosognosie und Anosodiaphorie (Fehleinschätzung der Bedeutung einer Erkrankung) z. B. bei rechtshemisphärischen Läsionen mit Neglect werden die Patienten systematisch mit ihrem Defizit konfrontiert (Awareness-Training). Dies hat bei älteren Patienten allerdings schonender zu erfolgen als bei jugendlichen Schädel-Hirn-Verletzten.

Schmerztherapie und -vorbeugung

Chronische Schmerzen stellen ein großes Problem in der Rehabilitation älterer Menschen dar. Fünfundvierzig bis 80 % der Patienten in Pflegeheimen leiden unter chronischen Schmerzen (Ferell et al. 1990), was wiederum verminderte Mobilität, soziale Isolierung, Depressionen, Schlafstörungen zur Folge hat. Die Schmerzursachen bei älteren Menschen sind durch Arthrosen, Arthritiden, Polyneuropathien, Neuralgien, periphere Durchblutungsstörungen zu erklären. Einzelheiten über schmerztherapeutische Ansätze im Alter finden sich in Kap. 23.

40.5 Methoden

Das Spektrum der Behandlungsmethoden in der neurologischen Rehabilitation hat sich in den letzten Jahren deutlich vergrößert. Grundsätzlich unterscheidet man verschiedene Ansatzpunkte und Mechanis-

men in der neurologischen Rehabilitation (s. Tab. 40.1), die einerseits Funktionswiederherstellung anstreben, aber auch Kompensationsstrategien vermitteln und die Umwelt adaptieren, wenn ein Wiedererlangen des vorherigen Zustandes nicht möglich erscheint.
In den letzten Jahren sind neue Therapieansätze hinzugekommen, die vor allem das aktive Wiedererlernen von Funktionen betonen. Bei vielen älteren Patienten werden allerdings die kompensatorischen Methoden und der Einsatz von Hilfsmitteln eine größere Rolle spielen als die Wiedererlernung von defizitären Funktionen.

Tab. 40.1 Mechanismen der Funktionswiederherstellung in der neurogeriatrischen Rehabilitation

- Ausnutzung der Plastizität des Nervensystems durch übende Verfahren (Krankengymnastik, Ergotherapie)
- Kompensation verlorener Funktionen durch Ersatz- oder Umwegstrategien
- Hilfsmittelversorgung (Orthesen oder Prothesen)
- Anpassung der Umwelt an den Patienten und Anpassung des Patienten und der Angehörigen an die Umwelt und die neue Situation (Coping)

Rehabilitation erfolgt im Team in enger Abstimmung der einzelnen Berufsgruppen. Ziele werden gemeinsam erarbeitet und die Fortschritte überwacht, so dass eine Modifikation der Behandlungspläne jederzeit erfolgen kann. Es hat sich gezeigt, dass ein kooperierendes interdisziplinäres Team in den Behandlungserfolgen wirksamer ist als zahlreiche Therapeuten, die nebeneinander herarbeiten.

Ärzte

Sie sind die konstanten Bezugspersonen für Patienten und Angehörige, die besonders für alte Patienten erforderlich sind, um Ängste abzubauen und ein Gefühl der Sicherheit zu vermitteln.
Medizinische Diagnostik und Therapie des Patienten (somatische, psychische und soziale Komponenten) spielen bei dieser multimorbiden Patientengruppe eine größere Rolle.
Sie leiten das geriatrische Assessment und die rehabilitative Beurteilung. Als Teamleiter geben sie die Rehabilitationsziele vor, Überwachen den Fortschritt, initiieren die Verordnung der Therapien. Sie beraten frühzeitig die Angehörigen und bereiten die Entlassung vor.

Medikamentöse Behandlung

Eines der wichtigsten Probleme in der medikamentösen Behandlung bei älteren Patienten ist die Polypragmasie. Erhebliche Nebenwirkungen treten bei 25 % der älteren Patienten auf (William und Hadler 1983). Es wird geschätzt, dass 20 % der Krankenhausaufnahmen bei Patienten über 65 Jahren dadurch bedingt sind. Der durchschnittliche Patient über 65 erhält etwa 10 verschreibungspflichtige Medikamente. Hinzu kommen noch frei verkäufliche Medikamente. Im Rahmen einer Rehabilitationsbehandlung sollte diese Medikamenteneinnahme „durchforstet" werden. Es ist bekannt, dass zahlreiche Stoffe zu einer mentalen Verschlechterung führen und die Rehabilitationsbemühungen beeinträchtigen können. Goldstein und Mitarbeiter fanden, dass zahlreiche Medikamente, darunter Neuroleptika, Benzodiazepine u. a., die plastischen Veränderungen im Gehirn beeinträchtigen und ein Wiedererlernen von Funktionen unmöglich machen (Goldstein 1993, Goldstein and the Sygen in Acute Stroke Study Investigators 1995).
Auf der anderen Seite ist bekannt, dass fast die Hälfte der Patienten ihre Medikamente nicht so einnimmt, wie sie verordnet sind (Morrow et al. 1988). Ein wichtiges Thera-

pieziel während der Rehabilitation ist somit, eine pragmatische Medikation zu veranlassen, zu überwachen und den Patienten darüber ausreichend zu instruieren.

Pflege

Die Pflegedienste schaffen die Grundlage für das Rehabilitationsmilieu.
Aktivierende Maßnahmen, Hilfestellung bei den ADLs, Vermittlung zwischen Patient und den verschiedenen therapeutischen Abteilungen und zum Sozialdienst, Kontakt zu den Angehörigen und deren Beratung, Überwachung der Medikamente und der Nahrungsaufnahme und vor allem der Flüssigkeitsaufnahme sind bei älteren Patienten besonders erforderlich und gehören zum Aufgabengebiet der Rehabilitationspflege. Weitere Problemfelder älterer Patienten sind häufig Obstipation, Schmerzen, Schlafstörungen und Depressionen.

Psychologen

Die Psychologen sind zuständig für die neuropsychologische Diagnostik (vorwiegend mit psychometrischen Testverfahren) im Bereich Intelligenz, Gedächtnis, Konzentration, Raumverarbeitung, Praxie, Problemlösungsfähigkeit, Planungsvermögen, die neuropsychologische Therapie (therapeuten- und computergestützt), psychotherapeutische Gespräche mit Patienten, Beratungsgespräche mit Angehörigen, Verhaltenstherapeutische Ansätze sowie Orientierungs- und Entspannungstraining.

Krankengymnastik

Die Mobilisation des Patienten und die Vermeidung von Sekundärkomplikationen wie Kontrakturen, Dekubitalulzera oder Pneumonien stehen in der Frühphase im Vordergrund. Danach kommt es darauf an, verbliebene Restfunktionen zu trainieren, verlorengegangene Bewegungsabläufe anzubahnen und zu schulen, Trickbewegungen zu vermitteln und eine allgemeine körperliche Ertüchtigung durch Gleichgewichtstraining, Krafttraining und Ausdauertraining zu erreichen. Tonusregulierung und funktionelles Training sowie schmerzlindernde Maßnahmen gehören ebenfalls zum Repertoire der Krankengymnastik. Meist wird auch Hilfsmittelberatung und -versorgung und Üben mit den technischen Hilfen von Krankengymnasten durchgeführt. Auch die Anleitung von Angehörigen ist wichtig. Im Rahmen einer evidenzbasierten Rehabilitation sollten bei der Krankengymnastik Verfahren Anwendung finden (s. Kap. 41), deren Wirksamkeit nachgewiesen ist (Platz 2003).

Ergotherapie

Ergotherapeuten sorgen für die funktionelle Verbesserung mittels konstruktiver Tätigkeiten. Training der Aktivitäten des täglichen Lebens, Hausbesuche und Beratung hinsichtlich der Wohnungsadaptation, Beratung von Angehörigen, Hilfmittelversorgung für den Haushaltsbereich gehören zu der Domäne der Ergotherapie. Häufig wird nach der Perfetti-Methode oder dem Affolter-Ansatz gearbeitet.

Sprachtherapie

Aphasien, Dysarthrien, Sprechapraxien, Alexien, Agraphien, Stimmstörungen und Dysphonien sind die häufigsten Kommunikationsstörungen in der neurologischen Rehabilitation. Die Einordnung und Beurteilung der Aphasien nach ihrem Schweregrad erfolgt im deutschen Sprachraum fast ausschließlich mittels des Aachener-Aphasie-Tests. Er ist standardisiert und validiert und besteht aus mehreren Untertests, die Informationen liefern über Art und Ausmaß der Störung in allen Modalitäten.

Kau- und Schluckstörungen

Deren Therapie ist in den letzten Jahren immer wichtiger geworden, weil durch die verbesserte medizinische Behandlung heute viele Patienten mit schweren neurologischen Defiziten überleben, bei denen eine Tracheotomie und eine perkutane endoskopische Gastrostomie (PEG) durchgeführt wurde. Etwa 2/3 der Patienten, die anfangs über eine PEG ernährt werden müssen, können nach funktioneller Schlucktherapie wieder voll oral ernährt werden (Prosiegel und Wagner-Sonntag 1997).

Massage- und Badeabteilung

Zur Linderung von chronischen Schmerzen stehen Massage, Mechanotherapie (Dehnen), Hydrotherapie, Elektrotherapie, Lymphdrainage und Physikalische Therapie mit thermischen Reizen zur Verfügung.

Sozialdienst

Zu den vielfältigen Aufgaben gehören: Patienten- und Angehörigenberatung, Unterstützung bei Verarbeitungsprozessen, Entlassungsvorbereitung, Beratung und Vermittlung häuslicher Hilfen, Heimberatung und Vermittlung, Beratung über Sozialhilfeleistungen, Zusammenarbeit mit anderen Einrichtungen des Gesundheits- und sozialen Versorgungssystems, Hausbesuche, Kostenregelungen.

Hilfsmittelversorgung

Ein breites kommerzielles Angebot an Hilfsmitteln hat dazu geführt, dass nur noch Experten sich in dieser Vielzahl zurechtfinden. Die meisten Hilfsmittel in der neurologischen Rehabilitation lassen sich in folgende Hauptgruppen einteilen, die in **Tab. 40.2** aufgeführt sind: Mobilitätshilfen, Manipulationshilfen, Kommunikationshilfen und Wohnungsadaptionen. „Braucht der Patient überhaupt ein Hilfsmittel, wird er es benutzen und welches ist das richtige?“ – das sind die wichtigsten Fragen vor einer Verordnung. Nur wenn ein Patient einen Nutzen daraus zieht, wird er es verwenden. Ebenso muss der Umgang für ihn erlernbar sein und er muss es auch von seiner optischen Erscheinung her akzeptieren. Die häufigsten Hilfsmittel, die in der geriatrischen Rehabilitation verordnet werden, sind Mobilitätshilfen: Rollstuhl, Rollator, Deltarad, Gehstock und Orthesen für die Fußhebung. Bei Gebrauchsunfähigkeit der Hand werden Einhänderhilfen, Anziehhilfen, Greifzangen und Griffverdickungen gegeben.

Ernährungsberatung

Schulung in Ernährungsfragen für Angehörige und Patienten, Beratung im Sinne von Prävention, Beratung bei Sonderkostformen, z. B. Schluckstörungen.

Familie

Da jede Therapie zeitlich immer beschränkt ist und am Ende das therapeutische Milieu von der Familie übernommen werden muss, ist die Familie als Teammitglied zu betrachten. Nur so gelingt es, aus den Kurzzeit-Rehabilitationserfolgen dauernde Erfolge zu machen.

Tab. 40.2 Hilfsmittel in der neurogeriatrischen Rehabilitation

Hilfsmittelkategorie	Einzelne Hilfsmittel
Mobilitätshilfen	Orthesen Gehhilfen Spezialschuhe Rollstühle, Tieflieger Prothesen FES-Systeme (Funktionelle Elektrostimulation)
Sitzhilfen	Spezialkissen Spezialstühle Sitzschalen Gurte
Transferhilfen	Rutschbrett, Lifter, Haltegriffe
Stehversorgung	Stehbarren Stehbrett
Spezialbetten	Pflegebetten (Dekubitusprophylaxe) Zubehör: Galgen, Strickleiter, Spezialmatratzen
Manipulationshilfen	Schreibhilfen Schlaufen, Griffverdickungen Greifzangen Spezialverschlüsse Ankleidehilfen
Kommunikationshilfen	Canon-Communicator Stirnstab, Laserpointer C-VIC Blattwender Spezialtelefone
Atmungshilfen	Atmungsgeräte für zu Hause und für den Rollstuhl Zwerchfellschrittmacher Absauggeräte und Zubehör
Wohnungsanpassung	Treppenraupe, Treppenlift Rampen, automatische Türen Toilettenerhöhung, Duschhocker Haltegriffe Umweltkontrollgeräte
Autoanpassung	Handbedienung (Gas, Bremse) Rollstuhllifter
Arbeitsplatzanpassung	

Seelsorge

Die Seelsorge ist zuständig für regelmäßige Besuche, Gesprächsführung (Verlustverarbeitung, Angebot geistlicher Begleitung), Mitbetreuung von Angehörigen, Gespräche mit Mitarbeitern, Gottesdienste, Begleitung Sterbender.

40.6 Indikationen

Neurogeriatrische Rehabilitation muss vor allem einer längeren Immobilisierung entgegenwirken, deren negative Auswirkungen in **Tab. 40.3** aufgelistet sind. Durch entsprechende Lagerung müssen Dekubital-

Tab. 40.3 Negative Auswirkungen einer längeren Immobilisierung

Organsystem	**Art der Auswirkung**
Stützapparat	Kontrakturen Osteoporose
Muskeln	Schwäche Atrophie
Kreislauf	orthostatische Hypotension Verminderung des Blutvolumens Verminderung der Herzleistung Thromboembolien kardiovaskuläre Regulationsstörung
Atmung	Verminderung des Atemzeitvolumens hypostatische Pneumonie Lungenembolie vermindertes Abhusten erhöhter mechanischer Atemwiderstand
Harnwege	Harnsteine Harnstau und Infekt erhöhter Restharn
Elektrolythaushalt	negative Kalziumbilanz negative Stickstoffbilanz negative Phosphat- und Schwefelbilanz Störung des Mg-, K-, Na-Haushalts
Hormonstörungen	verminderte Insulinbindungsstellen erhöhte Parathormonproduktion verminderte Androgen- und Spermabildung Wachstumshormonstörungen
Magen-Darm-Trakt	Obstipation, Appetitlosigkeit Gewichtsverlust
Haut	Dekubitalulzera Hautatrophie
Nervensystem	sensorische Deprivation depressive Verstimmung Abnahme intellektueller Leistung Koordinationsstörungen Gleichgewichtsstörungen

ulzera und Kontrakturen verhindert und eine Spastikentwicklung vermindert werden. Vielfältige Reize und Ablenkungen sollen eine fortschreitende Isolation und sensorische Deprivation vermeiden. Durch motorische Übungen wird dem Kraftverlust vorgebeugt oder eine weitere Schwäche verhindert.

Im Vordergrund des Diagnosespektrums der neurogeriatrischen Rehabilitation stehen Krankheiten, die besonders die Mobilität und Selbstständigkeit beeinträchtigen wie z. B. Schlaganfälle, Erkrankungen des Bewegungsapparates, Schädel-Hirn-Verletzungen, hypoxischer Hirnschaden, Parkinson-Syndrom, Querschnittlähmungen, Folgen eines engen Spinalkanals, Hirn- und Rückenmarktumoren, schwere Polyneuropathien und Muskelerkrankungen.

Die Indikation zur stationären Rehabilitationsbehandlung ergibt sich nicht aus der Erkrankungsdiagnose (z. B. zerebrale Ischämie mit Restitutio ad integrum), sondern beruht auf Symptomen oder Syndromen, die eine Funktionseinschränkung bedingen. Die häufigsten Syndrome und Symptome, die bei der Behandlung im Vordergrund stehen, sind Störungen des Stehens und Gehens, Halbseitenlähmungen mit Greifstörungen, Ataxien, Sprach- und Sprechstörungen, Schluckstörungen, kognitive Defizite, Wahrnehmungsstörungen mit insbesondere zerebralen Sehstörungen, Schwindel und Gleichgewichtsstörungen, Blasen- und Mastdarmentleerungsstörungen, Schlafstörungen, Restless-legs-Syndrom, Schmerzen und Depressionen.

Eine Rehabilitationsbehandlung ist aber auch aus anderen Gründen angezeigt. Die akutstationären Verweildauern verkürzen sich, stationäre Kapazitäten werden abgebaut. Daher sind Patienten bei ihrer Entlassung aus dem Akutkrankenhaus noch nicht in der Lage, nach Hause zurückzukehren. Diese Entwicklung wird anhalten, gerade auch weil neue Vergütungsformen im Krankenhausbereich Anreize setzen bzw. verstärken, den Patienten möglichst bald zu entlassen. Nach einer „Lebenskatastrophe" wie z. B. nach einem Schlaganfall oder einem schweren Verkehrsunfall braucht auch die Familie Zeit, sich an die neuen Lebensumstände anzupassen. Auch die Krankheitsverarbeitung des Patienten (Coping) erfolgt nicht innerhalb von 7 Tagen akutstationärer Behandlung. Diese schwierige Periode überbrückt die neurogeriatrische Rehabilitation und erlaubt die Adaptation auch der Umgebung (Wohnung). In dieser Zeit sollte neben der rehabilitativen Behandlung parallel die Organisation der Nachbetreuung erfolgen. Damit stellt die Rehabilitation ein wichtiges Bindeglied in der Kette der Behandlungen dar.

40.7 Prognose

Die Ergebnisse einer neurogeriatrischen Rehabilitation hängen von vielen Faktoren ab. Beginn, Größe und Ausmaß der Läsion, Verlauf der Erkrankung sind wichtige Einflussgrößen. Für **Schlaganfallpatienten** sind die **prognostischen Faktoren** am besten untersucht. Dabei stellte sich heraus, dass der initiale Barthel-Index einer der besten Prädiktoren ist. Je höher dieser Score bei Aufnahme ist, umso besser ist das langfristige Rehabilitationsergebnis (Granger et al. 1979). Eine Metaanalyse von 33 Studien zeigte weitere Faktoren, die für das zukünftige funktionelle Ergebnis von Bedeutung sind (Jongbloed 1986). Das Lebensalter war kein sicherer prognostischer Indikator. Reinsult und visuokonstruktive Störungen gelten als prognostisch ungünstig. Eine Verzögerung der Rehabilitation ergab ebenfalls schlechtere Ergebnisse (Anderson et al. 1974). Eine prospektive holländische Studie (Hermann 1980) ergab, dass 58 % der Patienten, die einen Schlaganfall erlitten, in ihren ADL-Fertigkeiten unabhängig wurden, wobei 82 % mit oder ohne Gehhilfen gehfähig wurden (Hermann 1980). Diese Ergebnisse stimmen mit epidemiologischen Untersuchungen aus Großbritannien, Schweden, Norwegen und den USA überein.

Hinsichtlich des **Effekts einer Rehabilitationsbehandlung** konnten Langhorne et al. 1993 in einer Metaanalyse von 10 randomisierten kontrollierten Studien zeigen, dass Schlaganfall-Rehabilitationseinheiten zu einem besseren Ergebnis führen. Eine andere kritische Metaanalyse ergab, dass neben dem frühen Beginn einer Rehabilitation auch die Intensität der Behandlung statistisch signifikant mit dem Ergebnis der Rehabilitation korreliert (Kwakkel et al. 1996). Auch das interdisziplinäre Setting der Behandlung im Team spielt eine wichtige Rolle. So konnte gezeigt werden, dass die enge Kommunikation und die gemeinsame Zielplanung durch Teambesprechungen einen wesentlichen Vorteil gegenüber der Therapie von gleichen Berufsgruppen hat, die nicht in enger Kommunikation standen. Auch bei anderen chronischen Erkrankungen sind ähnlich positive Ergebnisse hinsichtlich der Prognose veröffentlicht. Die Neurogeriatrie hat damit eindeutig ihre Erfolge dokumentiert.

40.8 Grenzen der Rehabilitation im Alter

In einer Zeit der beschränkten Mittel im Gesundheitssystem wird man nicht jeden Patienten mit maximalem Einsatz behandeln können, sondern die Mittel müssen so eingesetzt werden, dass sie die größte Wirkung bei den meisten Patienten erzielen. Wichtig ist daher die Vorgabe realistischer Reha-Ziele. Diese vorgegebenen Ziele müssen in einem überschaubaren Zeitraum mit den üblichen Möglichkeiten einer entsprechenden Reha-Einrichtung erreichbar sein. Außerdem müssen Möglichkeiten zur Nachsorge gegeben sein.

Patienten mit schweren Defiziten können oft nur in einer stationären Rehabilitationseinrichtung mit Frührehabilitationsabteilung behandelt werden. Nach der gesetzlichen Vorgabe „ambulant vor stationär" wird man dagegen leichter betroffene Patienten ambulant behandeln.

Von einzelnen Kostenträgern wurden Ausschlusskriterien für eine Rehabilitation formuliert, die aber im Laufe der Zeit aufgeweicht wurden und heute fast keine Bedeutung mehr haben.

Inkontinenz

Nach einer weit verbreiteten Meinung können Patienten mit Inkontinenz nicht von Rehabilitationsmaßnahmen profitieren. Dies trifft jedoch nur bedingt zu. Häufig sind Blaseninfekte, Stressinkontinenz und andere behandelbare Krankheiten die Ursache. Zuweilen sind es auch banale Faktoren, wie Gangschwierigkeiten, architektonische Barrieren, weite Wege zur Toilette etc., die zu einer funktionellen Inkontinenz führen. Da vielfältige Maßnahmen wie z. B. Beckenbodentraining oder auch Hilfsmittel die Inkontinenz bessern können, stellt sie heute sogar ein **Zielsymptom der Rehabilitation** dar.

Demenz

Ein weiteres Ausschlusskriterium ist oft eine Demenz, weil diese Patienten angeblich nicht von Rehabilitationsmaßnahmen profitieren können. Es stimmt zwar, dass ein dementieller Prozess die Therapiewirkung vermindert, aber dennoch können sehr positive Ergebnisse erzielt werden, wenn spezifische Ziele angestrebt werden. Auch kleine Verbesserungen in der Kognition und Aufmerksamkeit können für die Selbstständigkeit von großer Bedeutung sein. Mit guter Entlassungsplanung können daher Menschen mit leichter Demenz auch nach Hause entlassen werden, vorausgesetzt man hat ein Unterstützungssystem für den häuslichen Bereich organisiert.

Belastbarkeit

Verminderte Adaptationsfähigkeiten, eingeschränkte körperliche Reserven und Multimorbidität begrenzen die Potentiale der medizinischen Rehabilitation im Alter insbesondere bei pflegebedürftigen oder von Pflegebedürftigkeit bedrohten Menschen. Nicht selten liegen z. B. bei Schlaganfallpatienten 5–8 **Begleiterkrankungen** vor, die aber die Rehabilitätsfähigkeit nicht grundsätzlich ausschließen. In anderen Fällen kann eine einzige Nebenerkrankung, z. B. dekompensierte Herzinsuffizienz, die Rehabilitationsfähigkeit völlig aufheben. Auch bei kaum belastbaren Patienten ist es erforderlich, alle Möglichkeiten auszuschöpfen, um den funktionellen Zustand zu erhalten und Sekundär- und Tertiärkomplikationen zu vermeiden. Verschlechterungstendenzen müssen erfasst werden und der Patient muss ggf. wieder einer rehabilitativen Maßnahme zugeführt werden.

Andererseits werden rehabilitative Bemühungen durch soziale und räumliche Umwelteinflüsse behindert. Falsch verstandene Unterstützung pflegender Angehöriger oder das nicht ausreichend aktivierende Wirken ambulanter Pflegedienste können Desintegration fördern und damit rehabilitative Bemühungen unterwandern. Inadäquate räumliche Ausstattungen können zudem Unselbständigkeit bedingen.

Literatur

Anderson TP, Bourestom N, Greenberg FR, Hildyard VG (1974) Predictive factors in stroke rehabilitation. Arch Phys Med Rehabil 55:545–551

Ferell BA, Ferell BR, Osterweil D (1990) Pain in the nursing home. Am J Geriatr Soc 38:409–414

Goldstein LB (1993) Basic and clinical studies of pharmacologic effects on recovery from brain injury. J Neural Transp Plas 4:175–192

Goldstein LB and the Sygen in Acute Stroke Study Investigators (1995) Common drugs may influence motor recovery after stroke. Neurology 45:865–871

Granger C, Lewis L, Peters N (1979) Stroke rehabilitation: analysis of repeated Barthel index measures. Arch Phys Med Rehabil 60:14–17

Hermann B (1980) Tilburg epidemiologic study of stroke – TESS. Dutch Heart Foundation. Final report, Tilberg

Hing E (1987) Use of nursing homes by the elderly. United States Department of Health and Human services

Jongbloed L (1986) Prediction of function after stroke: a clinical review. Stroke 17:765–776

Kwakkel G, Wagenaar RC, Kollen BJ, Lankhorst GJ (1996) Predicting disability in stroke. A critical review of the literature. Age Aging 25:479–489

Langhorne P, Williams BO, Gilchrist W, Howie K (1993) Do stroke units save lives? Lancet 342: 395–398

Morrow D, Leirer V, Sheikh J (1988) Adherence and medication instruction. Am J Geriatr Soc 36:1147–1160

Platz Th (2003) Evidenzbasierte Armrehabilitation. Nervenarzt 74:841–849

Prosiegel M, Wagner-Sonntag E (1997) Neurogene Schluckstörungen. Akt Neurol 24:194–203

Williams ME, Hadler NM (1983) The illness as the focus of geriatric medicine. N Engl J Med 308:1357–1360

41 Motorische Therapie (Physiotherapie – Ergotherapie)

Volker Hömberg

Einleitung

Die Durchführung motorischer Therapiemaßnahmen bei neurologischen Patienten liegt in klassischer Weise in den Händen von Physiotherapeuten und Ergotherapeuten. Häufig treten noch Sporttherapeuten, Motopäden oder andere, mit motorischen Funktionsverbesserungen befasste Berufsgruppen hinzu.

Traditionell wird zwischen den klassischen Tätigkeitsfeldern der Physiotherapie und der Ergotherapie differenziert. Üblicherweise sind Physiotherapeuten mehr für die untere Extremität und Stand- und Gangfunktionen engagiert, während Ergotherapeuten mehr für Leistungen der oberen Extremität und Fähigkeitsverbesserungen im Alltagsbereich (ADL-Training) bis hin zu kognitiven Trainingsmaßnahmen eingesetzt werden.

Diese Differenzierung erscheint heute nicht mehr sinnvoll, da beide Berufsgruppen Hand in Hand an Patienten arbeiten müssen und sich daher die berufsgruppenspezifischen Tätigkeitsfelder mehr und mehr annähern. So ist es durchaus sinnvoll, dass ein Ergotherapeut im Rahmen des ADL-Trainings auch Transfers, Gleichgewichts-, Stand- und Gangfunktionen trainiert und ein Physiotherapeut sich auch mit der oberen Extremität befasst.

Im Grundsatz können aber für die Planung motorischer Therapien bei neurogeriatrischen Patienten beide Berufsgruppen in einem kollegialem „Pool" integriert werden.

Zur Verbesserung von Ausdauerfunktionen, besonders in Gruppenaktivität, gewinnen auch Sporttherapeuten eine immer größere Bedeutung, so dass sie heute Bestandteil eines motoriktherapeutischen Teams einer Rehabilitationseinrichtung sind.

41.1 Paradigmenwechsel in der motorischen Therapie

Der klassische Ansatz motorischer Therapieverfahren war, den Patienten zu „behandeln".

Dies hat den Patienten oft in eine zu passive Rolle hineingebracht, die dann zu einem, bei heute kurzen Verweildauern in der Rehabilitation, nicht immer zeitnahen Erfolg geführt hat.

Klassische physiotherapeutische Schulen (Konzepte nach Kabat, PNF, Bobath, Vojta, Brunstrom u. a.) gehen sehr von dem Paradigma des zu behandelnden Patienten aus. Diese Therapieverfahren reklamieren für sich, auf „neurophysiologischer Basis" zu behandeln.

Dabei werden neurophysiologische Konzepte aus der klassischen Reflexphysiologie herangezogen, die heute nicht mehr zeitgemäß erscheinen.

Kurz zusammengefasst kann man diese therapeutischen Ansätze mit einem „hands on"-Ansatz beschreiben, wobei der Thera-

peut durch Handanlegen an den Patienten versucht, bestimmte Wirkungen zu erzielen oder Bewegungen anzubahnen etc.
Eine **moderne**, an lerntheoretischem und neurobiologischem Wissen orientierte **motorische Therapie** benutzt hingegen einen „hands off"-Ansatz, der vom Be-handeln zum Handeln des Patienten überleitet. Die Grundidee ist dabei, dass der Patient nur dann neue motorische Muster wieder lernen kann, wenn er wirklich aktiv diese Muster ausführt. Dies heißt im Umkehrschluss nicht, dass die „behandelnde" motorische Therapie völlig überflüssig geworden ist. Es gibt sicherlich nach wie vor gerade bei schwerstbetroffenen Patienten Indikationen für eine behandelnde Therapie (s. u.).
Die den Patienten zum „Handeln" führende Therapie kann sich nach dem heutigen Wissensstand über Lern- und Regenerationsvorgänge im zentralen Nervensystem an den grundsätzlichen Regeln orientieren (**s. Tab. 41.1**).
Die Therapie soll eine klare **Aufgabenorientierung** haben, den Patienten zu aktivem alltagsrelevanten Verhalten animieren und somit den tatsächlichen vom Patienten angestrebten Verhaltens- und Bewegungsmustern entsprechen. Dies bedeutet, dass ein Patient, der Gehen lernen soll, dies nicht in abstrakten Ausgangsstellungen auf einer „Bobath"-Liege lernen kann, sondern nur, indem mit allmählich zurücknehmender Unterstützung der Patient wirklich das Gehen aktiv trainiert. Ähnliches gilt für Greiffunktionen, wo es nicht genügt, passiv Bewegungen anzubahnen, sondern der Patient in einen aktiven Prozess des Greifens involviert werden muss. Ein wesentliches Grundprinzip dabei ist, dass ein **„repetitives" Üben** zu organisieren ist und nur mit hohen Zahlen von Wiederholungen der gleichen stereotypen motorischen Leistung zu einem motorischen Funktionsgewinn führt.
Dabei ist eine gleitende Schwierigkeitsadaptation – **shaping** – anzustreben. Der Therapeut passt das Ausmaß der Aufgabenschwierigkeit geschickt an die zunehmende motorische Fähigkeit des Patienten an.
Wenn der Patient aktiv Aufgaben mit zunehmender Schwierigkeit durchführt, braucht er eine **informative Rückkopplung** darüber, was er geleistet hat (Feedback oder „knowledge of results"). Das Motivationsniveau des Patienten muss möglichst hoch gehalten werden. Dies wird nicht zuletzt dadurch erreicht, dass die Schwierigkeit der durchzuführenden Aufgabe stets so gewählt wird, dass der Patient die Aufgabe gerade bewältigen kann, ohne frustriert zu werden. Ein „Überlernen" ist zu meiden, da sonst Langeweile und damit auch eine Motivationsminderung eintritt. Relativ unerforscht ist noch die Frage, inwieweit in einem gruppentherapeutischen Setting auch eine Art Wettbewerb zwischen Patienten zur Motivationsförderung beitragen kann.
Die folgenden Therapieverfahren beruhen auf grundsätzlichen Regeln, die sich vorwiegend aus dem heutigen Wissenstand über motorisches Lernen in der Neurobiologie herauskristallisiert haben (**s. Tab. 41.1**).

Tab. 41.1 Allgemeine Regeln für lernorientierte Therapien

- Aufgaben-Orientierung
- aktive Durchführung
- Alltagsrelevanz
- Repetition
- Schwierigkeitsanpassung
- Ergebnis-Feedback
- Motivation
- Kompetition

Um diesem sicherlich zum Nutzen der Patienten eingetretenen Paradigmenwechsel in der motorischen Therapie gerecht zu werden, ist eine stringente Therapieplanung mit klarer **Definition der Therapieziele** erforderlich. Eine unzureichende Zielformulierung wäre: „der Patient soll allgemein motorisch besser werden". Vielmehr sind die Ziele klar zu definieren:

- die Gehstrecke soll ein bestimmtes Ausmaß erreichen,
- der Gang soll mit oder ohne Unterstützung möglich werden,
- der Gang soll mit dem einen oder anderen Hilfsmittel möglich werden,
- der Treppengang ist mit oder ohne Unterstützung angestrebt.

Für diese funktionsorientierte Therapieplanung steht konzeptionell inzwischen eine optimale Auswahl an therapeutischen Verfahren zur Verfügung, welche sich in den letzten 10 Jahren deutlich erweitert und zunehmend Eingang in den Praxisalltag gefunden hat.

41.2 Evidenzbasierte Therapieverfahren

Das Konzept der evidenzbasierten Medizin hat in den letzten Jahren auch Eingang in die neurologische Rehabilitation gefunden. Evidenzbasierte Medizin heißt, für einen Patienten nach bestem Wissen die optimale Therapie auszuwählen, sie aber abzustimmen auf die sehr individuellen Bedürfnisse des Patienten und sich nicht puristisch an ein einziges Verfahren zu klammern. Es geht vielmehr darum, aus einer Vielzahl möglicher therapeutischer Ansätze bei einem bestimmten Störungsmuster den Ansatz zu wählen, der mit hoher Wahrscheinlichkeit und in relativ kurzer Zeit zum Erfolg führt.
Für übend therapeutische Verfahren in der sensomotorischen neurogeriatrischen Rehabilitation gibt es bereits heute eine Vielzahl durchführbarer Therapien auf relativ hoher Evidenzstufe.
Üblicherweise wird heutzutage die Qualität der Evidenz einer therapeutischen Intervention in einer Graduierung von Ia–IV ausgedrückt (Hömberg 2005). Dies gilt auch für motorische Therapietechniken (**s. Tab. 41.2**), die im Sinne einer grundsätzlichen Vorgehensstrategie als offenes Konzept individuell angewendet und weiterentwickelt werden.

Tab. 41.2 Evidenzniveau motorischer Therapietechniken

- Laufbandtraining mit partieller Gewichtsentlastung Ib
- „Forced-use"-Therapie Ib
- „Repetitives" Training Ib
- „Funktionelle" Elektrostimulation Ib
- Rhythmisch-akustische Stimulation II
- Training durch Vorstellung (Imagination) II
- Robot-assistiertes Training der oberen Extremität Ib
- Krafttraining Ib
- Manipulation afferenten Eingangs II

41.2.1 Laufbandtraining mit partieller Gewichtsentlastung

Dieser Behandlungsansatz folgt der Idee, dass Patienten mit Gangstörungen nach zerebralen oder spinalen Läsionen auf einem Laufband, wenn die Gangbewegung aufgezwungen wird, wieder in ein normaleres Gangmuster finden können.
Der theoretische Hintergrund für dieses Therapieverfahren basiert auf dem Konzept sog. Zentraler Mustergeneratoren (CMG), wie sie tierexperimentell für die Steuerung von Gangmustern nachgewiesen werden können. Der wesentliche Unterschied zu konventionellem Gangtraining ist, dass beim Laufbandtraining die Gangaktivität nicht willkürlich, sondern aufgezwungen durch die biomechanischen Verhältnisse erfolgt.
Heute gilt Laufbandtraining mit teilweise reduzierter Körpergewichtsentlastung als

die effizienteste Form der Gangtherapie bei Schlaganfall und inkompletten Rückenmarksläsionen. Es gibt vielfältige Studien, die die Effizienz dieses Laufbandtrainings nachgewiesen haben (z. B. Hesse et al. 1998).
Unklar ist oft im Detail, wie häufig, mit welcher Dauer, mit welcher beginnenden Gewichtsentlastung im Einzelnen ein solches Training erfolgen soll. Hier kann aber der individuelle Therapeut durchaus „nach Gefühl" und nach den Bedürfnissen des Patienten handeln, ohne dass die Wirksamkeit des Konzeptes verändert wird. Wichtig ist, den Übergang von laufbandassistiertem Gangtraining zu „natürlichem" Gang zu finden, den Patienten vom Laufband „zu entwöhnen" und zu konventionellem Gangtraining mit allmählich reduzierten Hilfen (d. h. zunächst Rollator, dann Unterarmgehstütze, dann Gehstock) und schließlich den Übergang in Gangvarianten wie Treppensteigen zu finden.

41.2.2 Forced-use-Behandlung

Dieses therapeutische Konzept ist mit verschiedenen Schlagwörtern belegt worden (Forced-use-Training, contraint induced movement therapy, motorische Therapie durch „erzwungenen" Gebrauch etc.) und umfasst verschiedene Techniken der evidenzbasierten Armrehabilitation (Platz 2003).
Dieser sehr fruchtbare Therapieansatz nahm seinen Ausgangspunkt von tierexperimentellen Studien an Affen, die von E. Taub in den Vereinigten Staaten durchgeführt wurden. Taub konnte zeigen, dass hemiparetische Affen, die gezwungen waren, die hemiparetische Seite zu benutzen, indem die gesunde Seite immobilisiert wurde, eine raschere Erholung der betroffenen Seite zeigten. Nachdem aufgrund ethischer Bedenken tierexperimentelle Studien dieser Art in Amerika nicht mehr durchführbar waren, entschied sich Taub, rasch dieses Therapieprinzip auf den Menschen zu übertragen. Taub führte erste Untersuchungen an hemiparetischen Patienten durch, die er überzeugte, soweit möglich die betroffene Seite zu benutzen, indem die gesunde Seite für einige Stunden am Tag immobilisiert werde.
Schnell zeigte sich, dass dieses „Therapieprinzip" sehr effektiv war. Heute gibt es eine Vielzahl von Untersuchungen, die nachgewiesen haben, dass eine solche Forced-use-Behandlung rasch zu Verbesserungen der motorischen Kapazität der betroffenen Seite bei hemiparetischen Patienten führt (z. B. Miltner et al 1999).
Der ideale Patient für eine solche Forced-use-Behandlung ist ein Patient, der bei guter proximaler Armfunktion im Bereich von Schulter und Ellenbogengelenk eine beginnende Innervation im Bereich des Handgelenkes hat. Die willkürliche Extension des Handgelenks sollte mindestens ca. 10° gegen die Schwerkraft betragen.
Auch bei Patienten mit mehr proximal betonten Paresen kann durch entsprechende Wahl der motorischen Aufgaben dieser Therapieansatz eingesetzt werden.
Es ist nicht erforderlich, die gesunde Seite 7 oder 8 h am Tag zu immobilisieren. Wirksam ist bei diesem Therapieprinzip das Verständnis des Patienten für diese Methode und nicht die Zeit der Immobilisation. Auch außerhalb der eigentlichen formalen therapeutischen Behandlung des Patienten bleibt dieses grundsätzliche Therapieprinzip wirksam, wenn der Patient selbstständig die betroffene Seite so viel wie möglich einsetzt und darauf verzichtet, die nicht betroffene Seite ersatzweise zu nutzen. Deswegen wird eine „liberale" Durchführung einer solchen Forced-use-Behandlung heute für sinnvoll angesehen.
Neurowissenschaftliche Studien mit funktioneller Bildgebung zeigten, dass durch eine Forced-use-Behandlung die zerebrale Plastizität gefördert wird. Forced-use-Be-

handlung wird bald der Therapiestandard für mittelschwere motorische Störungen der oberen Extremität werden.
Mittlerweile wird Forced-use-Training auch für Gangfunktionen mit Laufbandtraining und andere gangtherapeutische Techniken eingesetzt.

41.2.3 Funktionelle elektrische Stimulation (FES)

Nach Läsionen des oberen motorischen Neurons bleibt grundsätzlich die Erregbarkeit der Muskulatur durch elektrische Reize gewahrt, da es nicht zu einer Denervierung der Muskulatur wie z. B. nach peripheren Nervenläsionen kommt.
Dies kann bei Patienten mit zentralen motorischen Störungen (z. B. nach Schlaganfall) dazu genutzt werden, die Muskulatur durch Oberflächenelektroden elektrisch zu stimulieren. Besonders bei hochgradigen Paresen kann FES zu einer raschen Wiederanbahnung willkürmotorischer Funktionen führen. Nach Anbahnung motorischer Funktionen durch die FES eignet sich die Forced-use-Behandlung zur weiteren Förderung motorischer Fähigkeiten.
Die neurobiologischen Mechanismen dieser Therapie sind nicht endgültig geklärt. Vorstellbar ist aber, dass durch die elektrische Stimulation afferente Informationen in das Zentralnervensystem gelangen, die sensomotorische Regelkreise reaktivieren.

41.2.4 Repetitives Training

Repetitives Training motorischer Funktionen ist auch kein umschriebenes Therapieverfahren, sondern eher eine grundsätzliche Therapieregel. Sowohl für simple Kraftproduktion nach Schlaganfällen wie auch für komplexere motorische Leistungen konnte in vielfältigen Studien gezeigt werden, dass durch immer wiederkehrende Durchführung einer solcher Aufgabe die motorischen Funktionen stetig besser werden (Bütefisch et al. 1995, Sterr et al. 2002). Auch in der Verfeinerung motorischer Abläufe bei gesunden Menschen spielt repetitives Training eine wesentliche Rolle, um die motorischen Abläufe glatter und effektiver zu gestalten. Dieses Prinzip ist auch für Patienten mit motorischen Störungen voll wirksam.
Patienten können daher auch außerhalb der therapeutischen Sitzungen in einer rehabilitativen Einrichtung oder zu Hause, wenn man sie entsprechend anleitet, durch repetitive Übungen mit definierter Aufgabenstellung weiter positiv auf ihren Rehabilitationsverlauf Einfluss nehmen.

41.2.5 Rhythmisch-akustische Stimulation

Der Einsatz zusätzlicher rhythmischer Schlüsselreize ist sehr sinnvoll, insbesondere für die Bahnung von periodisch rhythmisch motorischen Abläufen wie z. B. Gehen, aber auch beim Greifen in Form von Hin- und Hergreifen zwischen zwei Greifzielen (Thaut et al. 2004). Eine solche rhythmisch akustische Stimulation durch entsprechende akustische Reize, sei es durch ein Metronom oder durch eine Musikkassette oder einen MP3-Player appliziert, kann für viele Patienten (z. B. Morbus Parkinson, nach Schlaganfall) sehr hilfreich sein, um effiziente Bewegungsabläufe zu ermöglichen.

41.2.6 Mentales Training

Es ist aus sportphysiologischen Untersuchungen schon seit Jahrzehnten bekannt, dass durch mentale Vorstellung von Bewegung die Bewegungsabläufe auch ohne wirkliche Durchführung (dies gilt insbesondere für technische Sportarten wie Tennis,

Golf, Gewichtheben usw.) verbessert werden können. Mentales Training meint, dass der Patient die Bewegung nicht selber aktiv durchführt, sondern diese in der mentalen Vorstellung visualisiert. Ein solches mentales Training ist für Patienten mit zentralen motorischen Läsionen effektiv und rasch wirksam (Miltner et al. 2000, Yágüez et al. 1998).

41.2.7 Krafttraining

Training elementarer Kraftfähigkeit ist auch bei Patienten mit zentral motorischen Läsionen sinnvoll. Krafttraining wird häufig eingesetzt in jedem Sportstudio, aber auch nach peripheren Nervenverletzungen. Es ist aber ebenfalls wirksam bei zentralen Paresen, z. B. nach Schlaganfall oder Schädelhirntrauma. Dabei kann ein solches Krafttraining mit einfachen Möglichkeiten (z. B. Arbeiten gegen die Schwerkraft, Arbeiten gegen elastische Therabänder etc.) durchgeführt werden, ohne dass aufwendige Kraftapparaturen eingesetzt werden müssen. Isometrisches Krafttraining kann ebenfalls Bestandteil von Selbstübungsprogrammen der Patienten sein.

41.2.8 Roboter-assistiertes Training für die obere Extremität

Erhebliche Schwierigkeiten bereitet die Behandlung hochgradiger Paresen der oberen Extremität (Hesse 2004). Über passives Bewegen und FES hinaus stehen kaum erprobte Therapieverfahren zur Verfügung. Gerade in diese Lücke stößt die am Massachusetts Institute for Technology entwickelte Technik des Einsatzes von „Bewegungsrobotern" bei neurologischen Patienten. Der mit feiner Sensorik ausgestattete Roboter unterstützt gleitend die paretische Extremität des Patienten bei der Durchführung von Zielbewegungen: Wenn der Patient allmählich mehr und mehr Kraft entwickelt, lässt der Roboter in seiner Assistenz nach, bis der Patient rein willkürlich das Bewegungsziel erreichen kann. Der Vorteil solcher Roboter ist eine weit über die Möglichkeit eines menschlichen Therapeuten hinausgehende Feinjustierung der Führung und Kraftassistenz bei der Bewegungsdurchführung (Fasoli et al. 2002). Andere Vorteile liegen in der Feedbackfähigkeit und schnellen Schwierigkeitsadaptation, die ein solcher „Roboter" ermöglicht. Momentan sind diese Systeme noch sehr kostenaufwendig.

41.2.9 Manipulation sensorischer Eingänge

In Studien mit funktioneller Bildgebung wurde gezeigt, dass durch zusätzliche afferente Stimulationen z. B. mit Elektrostimulatoren die kortikale Repräsentation von motorischen und sensorischen Hand- und Fußarealen nach Schlaganfall deutlich ausgeweitet wird. Auch eine vom Patienten selber nicht wahrgenommene, unterschwellige Elektrostimulation, z. B. mit einem die gesamte Hand stimulierenden Metzgerhandschuh, erzielt solche Effekte (Golaschewski et al. 2004). Damit ist ein Weg geöffnet, zukünftig vor Beginn eines übenden Trainings das Ansprechverhalten der zerebralen Repräsentationsareale für eine solche Therapie systematisch zu stimulieren.
Auch die umgekehrte Vorgehensweise führt zu Erfolgen: So konnte gezeigt werden, dass durch selektive proximale passagere Ausschaltung der Motorik und Sensorik im Bereich des Plexus brachialis bei distal betonten Paresen sogar bei chronischen Patienten Jahre nach Schlaganfall eine deutliche Verbesserung der distalen Handfunktion eintritt (Muellbacher et al. 2002). Offenbar wird durch vorübergehendes Ausschalten eines „gesunden" Ext-

remitätenabschnitts dem Gehirn die Möglichkeit gegeben, sich vermehrt des „betroffenen" Abschnitts anzunehmen, und so eine (dauerhafte) plastische Reorganisation eingeleitet.

41.3 Indikation zur „Hands-on"-Therapie

Die meisten der „Hands-on"-Therapieverfahren sind nicht evidenzbasiert, aber unter bestimmten Bedingungen durchaus sinnvoll: Der schwer betroffene Patient mit noch völlig oder weitgehend fehlender Willkürmotorik, z. B. in der neurogeriatrischen Frührehabilitation, braucht die führende Hand des Therapeuten, um beispielsweise über passives Durchbewegen und therapeutische Lagerung Kontrakturen zu meiden oder den Tonus zu regulieren.
Nach zerebralen oder spinalen Läsionen des oberen motorischen Neurons kommt es allmählich zu einer spastischen Erhöhung des Muskeltonus. Es ist bis auf den heutigen Tag selbst unter Neurophysiologen umstritten, was „Spastik" wirklich meint, zumal es kein valides Tiermodell für die „Spastik" des Menschen gibt.
Allgemein wird **Spastik** als eine Kombination der Enthemmung tonischer und phasischer Dehnungsreflexe im ZNS verstanden. Dabei ist immer zu berücksichtigen, dass Spastik per se nicht etwas Negatives ist: Spastik kann sehr wohl zur Stabilisierung etwa von Standfunktionen bei einem hemiparetischen Patienten mit einem „spastischen" Bein vorteilhaft oder sogar notwendig sein. Andererseits kann die Spastik durch die Enthemmung von sog. Beugereflexsynergismen für einen Patienten sehr schmerzhaft sein, wenn es spontan oder bei geringer Stimulation zu heftigem Anziehen des Beines in der Nacht im Hüft-, Knie- und Sprunggelenk kommt. Zur Reduktion solch störender Elemente von Spastik sind „Hands on"-Prozeduren hilfreich. Dies beinhaltet die sanfte Streckung der Gelenke, Druck auf die Muskulatur, Applikation von Wärme oder Kälte und die wechselnde optimale Lagerung von Patienten mit Dekubitalrisiko. Dies sind sicherlich sinnvolle „Hands on"-Prozeduren gerade in Frührehabilitations- oder Akutstationen, so lange der Patient nicht über eine zumindest minimale Willkürmotorik verfügt. Sobald aber der Patient beginnt, Willkürmotorik zu entwickeln, sollten die oben beschriebenen lerntheoretisch fundierten und z. T. evidenzbasierten Verfahren zusätzlich eingesetzt werden.

41.4 Behinderungsorientierte Therapieplanung

41.4.1 Standtherapie

Die Verbesserung von Standfunktionen kann nur im Stand geübt werden. Vorbereitende Übungen können in der Rumpfstabilisierung im Sitzen bestehen (z. B. in Form von Hockergruppen etc.).
Auch hier gilt das Grundprinzip, möglichst repetitiv aufgabenorientiert und mit steigender Schwierigkeit zu arbeiten.
Ein wesentlicher Aspekt der Standtherapie ist auch die sog. Sturzprophylaxe insbesondere bei neurogeriatrischen Patienten. Auch hierbei ist es wichtig, dass der Patient adäquate Kompensations- und Ausweichstrategien zur Standstabilisierung (z. B. breitbeiniger Ausfallschritt, Rumpfwendungen, gangstabilisierende Hilfsmittel wie Gehstock, Rollator etc.) in stetiger Wiederholung in möglichst lebensnahen Situationen im Einzeltraining oder in Kleingruppen einübt.
Ebenfalls wirksam für die Verbesserung der Standkontrolle sind Biofeedbackverfahren,

wobei die Schwankungswege, aufgenommen durch ein Messplattformsystem oder drucksensitive Unterlagen, visuell über einen Bildschirm dem Patienten dargestellt werden. Patienten mit gestörter afferenter Kontrolle, z. B. durch Polyneuropathien oder zervikale Myelopathien, profitieren besonders von diesem Kompensationstraining der gestörten afferenten Kontrolle.

41.4.2 Gangtherapie

Auch hier gilt, dass Gang nur durch Gehen trainiert werden kann. Interessanterweise gibt es auch keinen Transfer eines effektiven Standtrainings in Gangverbesserung: Durch effektives Standtraining wird der Stand besser, aber nicht notwendigerweise auch das Gehen. Wie bereits oben ausgeführt, ist für viele erheblich ganggestörte Patienten heute Laufbandtraining mit partieller Gewichtsentlastung zum Standard der Ganganbahnungsbehandlung geworden.
Voraussetzung dafür sind eine ausreichende obere Rumpfstabilität, ein stabiler Bettkantensitz und selbstständiges Stehen. Das Laufbandtraining erfolgt dann mit langsam ansteigender Geschwindigkeit der Laufbandoberfläche und allmählich reduzierter Gewichtsentlastung. Zu Beginn des Gangtrainings sind zwei Therapeuten erforderlich, wobei der eine den Patienten in Beckenhöhe stabilisiert und bei hemiparetischen Gangstörungen der zweite Therapeut ein möglichst plantigrades Aufsetzen des Fußes auf der Laufbandoberfläche sicherstellt.
Im nächsten Schritt sollte das Gehen dann zunächst auf ebener Unterlage durch intensive Einzelphysiotherapie weiter geübt werden, wobei die Hilfestellung des Therapeuten Schritt für Schritt zurückgeführt werden sollte. Bei anhaltender Fußheberschwäche im Rahmen der Hemiparese ist individuell eine orthetische Versorgung z. B. durch eine **Valenser-Schiene** zu überlegen, um eine weitere Ökonomisierung des Gangbildes zu erreichen.
Im nächsten Schritt wird der Patient dann das Treppensteigen aufwärts und abwärts in Begleitung des Therapeuten üben.
Im Verlauf einer solchen stufenweisen Gangtherapie sind immer wieder Entscheidungen zu treffen, ob der Patient z. B. selbstständig gehen kann oder ein Hilfsmittel (Gehwagen, Rollator, Unterarmgehstütze, Gehstock) verordnet und antrainiert werden muss. Wenn absehbar ist, dass Gehen auch mit Hilfsmitteln nur auf kurzen Strecken, z. B. innerhalb der Wohnung, vorstellbar ist, ist die Verordnung eines angemessenen Rollstuhls für Aktivitäten im Außenraum erforderlich.
Die Benutzung sog. Vierpunktstöcke ist gerade bei älteren Patienten nicht anzuraten, da es häufig zu Stürzen kommt, die dann durch die mechanische Struktur des Stockes häufig zu Frakturen im Bereich des Oberschenkelhalses führen. In solchen Fällen ist die Benutzung eines Rollators vorzuziehen. Rollatoren können grundsätzlich auch von Patienten mit hochgradigen Paresen der oberen Extremität als sog. Einhandrollatoren benutzt werden und sind dann nicht kontraindiziert.

41.4.3 Paresen der oberen Extremität

Für Paresen der oberen Extremität kann ein gestuftes Therapiekonzept beschrieben werden, indem je nach Schweregrad der Parese eine oder mehrere der bereits oben erwähnten evidenzbasierten Therapieverfahren eingesetzt werden. Besonders der „plegische" Arm ohne distale Willküraktivität stellt die Therapie vor erhebliche Probleme (Hesse et al. 2004) und fordert ein gestuftes Vorgehen (**s. Tab. 41.3**).
Selbstverständlich bedürfen Patienten mit anhaltenden Paresen der oberen Extremität

Tab. 41.3 Stufentherapie Parese Hand

Schritt	Status	Therapie
1	plegische Hand	repetitives passives Bewegen
		Roboter-assistierte Therapie
		FES
		sensory manipulation (Plexusanaesthesie, unterschwellige elektrische Stimulation)
2	minimale Willküraktivität	FES
		Roboter-assistierte Therapie
		mentales Training
		repetitives Üben elementar möglicher Bewegungen
3	„grobe" Willkürbewegungen	Forced-use-Training
4	gebesserte Feinmotorik	Forced-use-Training
		alltagsorientiertes Feinmotorik- bzw. Schreibtraining

auch einer angemessenen Hilfsmittelversorgung (z. B. Hilfen für Anziehen, Hygiene oder Küchenaktivitäten). Wesentlich bei der Hilfsmittelversorgung ist, dass der Patient noch während des Rehabilitationsaufenthaltes lernt, mit dem Hilfsmittel umzugehen. Ein Hilfsmittel, das in seiner Benutzbarkeit nicht eingeübt worden ist, wird in der Regel später vom Patienten nach Verordnung nicht benutzt werden.

Für die Behandlung von Paresen der oberen Extremität ist eine stetige Abbildung der Therapieinhalte auf die Bedürfnisse des Patienten und die für ihn tatsächlich im Alltag wesentlichen Verrichtungen geboten. Jedes Training der oberen Extremität muss sich an einem alltagsfähigkeitsorientierten Ansatz ausrichten.

41.4.4 Sensible Störungen

Für das Sensibilitätstraining bei ZNS-Erkrankungen gibt es, anders als für das motorische Training, nicht im gleichen Umfang heute bereits evidenzbasierte Verfahren. Trotzdem gilt auch für diese Problematik, dass lerntheoretisch orientierten Ansätzen der Vorzug gegeben werden sollte. Zur Verbesserung der Handsensibilität sind Übungen, die in einen tatsächlichen Handlungskontext eingebunden sind (Gegenstände nach Größe oder Form aus einem Sandbett oder Rapssamenbett greifen) sinnvoller als rein passive Übungen durch Bestreichen etc. Auch hier gilt die Regel einer stetigen Schwierigkeitsadaptation der Aufgabe an die wachsende Fähigkeit des Patienten, um ein optimales Motivationsniveau zu erhalten. Ähnlich wie bei den motorischen Übungsmodulen soll der Patient beim Sensibilitätstraining auch außerhalb der formalen Therapiezeiten zum Selbst-Weiter-Üben angeleitet werden.

In der Regel haben motorische Therapieverfahren zur Förderung der oberen Extremität wie z. B. das Forced-use-Training natürlich immer auch eine sensible Komponente, so dass nie wirklich scharf zwischen motorischem und sensiblem Training getrennt werden kann.

41.4.5 Schmerzbehandlung

Neben der häufig erforderlichen pharmakologischen Behandlung von Schmerzsyndromen bei neurogeriatrischen Krankheitsbildern mit allgemeinen Analgetika, nichtsteroidalen Antiphlogistika, Thymoleptika oder, wenn erforderlich, auch synthetischen Morphinen muss auch die übende Therapie sich mit der Schmerzproblematik des Patienten durch geeignete Einwirkung beschäftigen. Das mit Abstand häufigste Schmerzsyndrom bei Schlaganfall ist die „schmerzhafte" Schulter. Hier ist sicherzustellen, dass noch während des stationären Aufenthaltes regelmäßige Packungen mit z. B. Diclophenac in Gelform 2–3-mal tgl. lokal durch das Pflegepersonal durchgeführt werden. Manchmal kann auch der Einsatz des sog. Tapings, d. h. entsprechende Klebebehandlung zur Vermeidung der Subluxation der Schulter, oder auch der Einsatz funktioneller elektrischer Stimulation im Bereich der Schultermuskulatur hilfreich sein. Sicherzustellen ist immer, dass eine Schmerzbehandlung der Physiotherapie vorangehen muss. Auch darf die Übungsbehandlung niemals die Schmerzgrenze des Patienten überschreiten, da dies nicht nur zu Motivationsverlust, sondern möglicherweise auch zu zusätzlichen Schäden, z. B. im Bereich der Schulterkapsel, führen kann. Eine Schmerztherapie ist immer integrierter Bestandteil des gesamten übenden Therapiekonzeptes der Physio- und Ergotherapie.
Viele Patienten mit zerebralen Läsionen haben über periphere schmerzgenerierende Mechanismen hinaus sog. zentrale Schmerzsymptome, die nach Läsionen im Bereich des zentralen Nervensystems zum Teil durch Umlernprozesse mit sog. maladaptiver Plastizität zurückzuführen sind.
In der Regel können diese Schmerzzustände nur durch eine geeignete pharmakologische und begleitend psychotherapeutische Behandlung angegangen werden. Neben einer kombiniert neuroleptisch-chemoleptischen Behandlung ist auch der Einsatz GABA-erger Antikonvulsiva, wie z. B. Gabapentin, hilfreich. Wichtig ist eine enge Zusammenarbeit zwischen Physio-Ergotherapeut und Arzt. Bei hartnäckigen Schmerzproblemen ist oft eine tägliche Rücksprache erforderlich, um ein gutes Therapieergebnis zu erzielen.

41.5 Therapiefrequenz nach Abschluss stationärer Rehabilitation

Nur sehr wenige Studien haben bisher systematisch untersucht, welche Frequenz und Intensität für sensomotorische Therapiemaßnahmen bei neurologischen Erkrankungen eigentlich sinnvoll ist (Kwakkel et al. 2002). Die oft gerade von Patienten und Angehörigen geäußerte Auffassung, soviel Therapie wie möglich zu bekommen, ist irrig, da ein Überangebot an Therapien zu Habituierungseffekten führt und der Wechsel zwischen Aktivierung und Ruhe in der Regel für das Therapieergebnis günstiger ist.
Ein anderes Problem ist die Struktur der Fortsetzung therapeutischer Maßnahmen nach Abschluss einer komplexen Rehabilitationsbehandlung. Oft wird reflexartig nach Abschluss einer stationären oder ambulanten Maßnahme empfohlen, krankengymnastische oder ergotherapeutische Übungsbehandlung in einer Frequenz von 2-mal wöchentlich über lange Zeit fortzusetzen. Dies muss kritisch gesehen werden. Es gibt sicherlich Patienten bei denen es zur Erhaltung des Status quo erforderlich ist, regelmäßig „Hands-on"-Physiotherapie fortzusetzen, z. B. bei Querschnittspatienten zur Kontrakturprophylaxe oder bei ausgeprägten hemiplegischen Defektzuständen.
Für die große Mehrheit der Patienten gilt aber, dass schon während der Rehabilitati-

onsmaßnahme der Patient und seine Angehörigen lernen müssen, wie sie mit einem dauerhaft anhaltenden Problem, z. B. einer verbleibenden Hemispastik nach Schlaganfall, selber weiter umgehen können. Rehabilitationsmaßnahmen verfehlen oft ihr Ziel, wenn Patienten nicht lernen, mit dauerhaften Behinderungsmerkmalen umzugehen, ähnlich dem Nichterlernen des Gebrauchs verordneter Hilfsmittel. Gerade bezüglich des Problems „Spastik“ als eine der häufigen Ursache für die dauerhafte Verordnung von ambulanten Heilmitteln kann die Einführung sog. Spastikgruppenkurse in Rehabilitationsmaßnahmen sehr hilfreich sein. Dabei erlernen die Patienten und ihre Angehörigen, welches die Vor- und Nachteile von Spastik sind und wie durch entsprechende Eigenmaßnahmen (aktive und passive Bewegungen zur Tonuskontrolle, Vermeiden von Spastik erhöhenden Gelenkstellungen etc.) langfristig mit dem Problem der verbleibenden Spastik umgegangen werden kann.

Schlussbemerkung

Für die Sprachtherapie ist bekannt, dass im Vergleich zu einer zeitlich gestreuten Verordnung einzelner logopädischer Maßnahmen in der Regel eine mehrwöchige Komplexbehandlung wirksamer ist. Es ist überwiegend wahrscheinlich, dass dies auch für sensomotorische Rehabilitationsleistungen zutrifft. Daher sind auch bei chronischen neurologischen Problemen (M. Parkinson, Multiple Sklerose, etc.) stationäre oder ambulante neurogeriatrische Komplexmaßnahmen mit zeitlicher Befristung und klarer Therapiezieldefinition einer ambulanten Heilmittelverordnung vorzuziehen.

Literatur

Bütefisch C, Hummelsheim H, Denzler P, Mauritz KH (1995) Repetitive training of isolated movements improves the outcome of motor rehabilitation of the centrally paretic hand. Journal of Neurol Sci. 130:59–68

Fasoli SE, Krebs HI, Stein J, Hughes R, McCarthy-Jacobson A, Frontera W, Hogan N (2002) Effects of robotic therapy on upper limb motor impairments in chronic stroke. Stroke 33:350–351

Golaszewski SM, Siedentopf CM, Koppelstaetter F et al. (2004) Modulatory effects on human sensorimotor cortex by wholehand afferent electrical stimulation. Neurology 62:2262–2269

Hesse S, Jahnke MT, Schaffrin A, Lucke D, Reiter F, Konrad M (1998) Immediate effects of therapeutic facilitation on the gait of hemiparetic patients as compared with walking with and without a cane. Electroencephalogr Clin Neurophysiol 109 (6):515–522

Hesse S, Werner C, Bardeleben A (2004) Derr schwer betroffene Arm ohne distale Willküraktivität – ein „Sorgenkind“ der Rehabilitation nach Schlaganfall ?! Neurol Rehabil 10 (3):123–129

Hömberg V (2005) Evidence based medicine in neurological rehabilitation – a critical review. Acta Neurochir (suppl) 93:3–14

Kwakkel G, Wagenaar RC (2002) Effect of duration of upper- and lower-extremity rehabilitation sessions and walking speed on recovery of interlimb coordination in hemiplegic gait. Physical Therapy Vol. 82(5):432–448

Miltner R, Netz J, Hömberg V (2000) Kognitive Therapie sensomotorischer Störungen. Krankengymnastik 52(6):954–964

Miltner WH, Bauder H, Sommer M, Dettmers C, Taub E (1999) Effects of constraint-induced movement therapy on patients with chronic motor deficits after stroke: a replication. Stroke 30(3):586–592

Muellbacher W, Richards C, Ziemann U, Wittenberg G, Weltz D, Boroojerdi B, Cohen L, Hallet M (2002) Improving hand function in chronic stroke. Arch Neurol 59:1278–1282

Platz T (2003) Evidenzbasierte Armrehabilitation. Nervenarzt 74: 841-849

Seitz RJ (2004) Hirninfarkt und Plastizität im höhren Lebensalter. NeuroGer 1:1–8

Sterr A, Freivogel S, Voss A (2002) Exploring a repetitive training regime for upper limb hemiparesis an in-patient setting: a report on three case studies. Brain Inj 16(12):1093–1107

Thaut MH, Nickel AK, Hömberg V (2004) Neurologische Musiktherapie. Musiktherap Umsch 25,1:35–4

Yágüez L, Nagel D, Hoffmann H, Canavan AGM, Wist E, Hömberg V (1998) A mental route to motor learning: Improving trajectorial kinematics through imagery training. Behav Brain Res 90:95–106

42 Kognitive Therapie

Volker Hömberg

Einleitung

Grundsätzliche Therapieansätze im Bereich der neurologischen Rehabilitation sind das Erlernen von Umwegstrategien, die Versorgung mit Hilfsmitteln und schließlich beim nicht mehr lernfähigen, z. B. dementen, Patienten die Anpassung der Umwelt an die verbleibenden Fähigkeiten des Patienten. Diese 3 Ansätze sind auch gültig für die gesamte kognitive Rehabilitation bei neurogeriatrischen Krankheitsbildern.

Kognitive Störungen (KS) sind zwar nicht minder häufig als motorische Störungen, aber meist nicht so augenscheinlich wie z. B. eine Halbseitenlähmung. KS bedingen häufig schwerwiegende Hinderungsgründe für die in der Rehabilitation beabsichtigte Verbesserung der Patienten an der Lebensteilnahme.

Es ist daher immer kritisch zu überprüfen, inwieweit nicht eine regelhafte oder auch in bestimmten Fällen ausführlichere kognitive Untersuchung des Patienten erforderlich ist. Dafür genügt in der Regel nicht die Durchführung eines einfachen Demenzscores wie der MMS, sondern es müssen etwas sorgfältigere **Evaluationsinstrumente** eingesetzt werden, die die unterschiedlichen kognitiven Domänen wie Aufmerksamkeit, Wahrnehmung, Gedächtnis, konzeptformierendes Denken und exekutive Funktionen berücksichtigen.

Bewährt hat sich ein auf verschiedene kognitive Domänen ausgerichtetes **Screeningsschema (s. Tab. 42.1)**.

In sehr viel größerem Umfang als bei sensomotorischer Therapie reicht es für kognitive Therapieansätze oft nicht, eine bestimmte Tätigkeit mit einem hohen Wiederholungsfaktor (Repetition) einzuüben; vielmehr muss der Patient systematisch Strategien erlernen, mit denen er die gestörte kognitive Funktion verbessern kann. Grundsätzlich können die folgenden **Therapiestrategien zur Verbesserung kognitiver Funktionen** eingesetzt werden:

1. Strategielernen (z. B. metakognitives Gedächtnistraining),
2. Computerassistierte Übungsbehandlung (z. B. zur Verbesserung von Aufmerksamkeitsleistung),
3. Stimulationstechniken (z. B. Einsatz von optokinetischem Nystagmus oder TENS zur Neglect-Behandlung),
4. Einsatz von Hilfsmitteln (z. B. Gedächtnistagebuch, elektronische Gedächtnishilfe durch Mobilfunksysteme).

42.1 Therapie von Gedächtnisstörungen

Unter Gedächtnisstörungen versteht man in der Regel Defizite des sog. deklarativen oder episodischen Gedächtnisses. Dabei hat der Patient die Fähigkeit verloren, gespeicherte Information abzurufen oder neue Daten über Fakten oder biografische Ereignisse zu speichern. Gerade im Bereich der Neurogeriatrie hat sich zur Therapie solcher Störungen ein im Gruppensetting durchgeführtes metakognitives Gedächtnistraining bewährt. Metakognitiv meint dabei, dass der Patient informiert wird, wie unsere Vorstellungen über die Organisation von Gedächtnis aussehen, welche gedächtnisverbessernden Strategien es gibt, welche dieser Strategien auf ihn individuell passen, d. h. von ihm durchgeführt werden können. Schließlich werden an verbalem und nicht-verbalem alltäglichen Material (z. B. Zeitungstexte, TV-Spots etc.) diese Gedächtnisstrategien eingeübt mit dem Ziel, die Behaltensleistung für Fakten zu verbessern.

42.2 Training von Aufmerksamkeitsleistungen

Störungen der selektiven oder geteilten Aufmerksamkeit gehören zu den häufigsten Folgen nach Hirnschädigung. Zum Eintrainieren von Aufmerksamkeitsleistungen kann computerassistiertes Training optimal eingesetzt werden. Dieses hat in der Regel den Vorteil, dass es zu einer leistungsabhängigen gleitenden Schwierigkeitsveränderung des vom Patienten zu bearbeitenden Materials kommt, so dass unter Vermeidung von Unterforderung und Überforderung ein stetig optimales Motivationsniveau aufrecht erhalten werden kann. Auf dem Markt sind heute vielfältige, zum Teil sehr ausgeklügelte Therapieprogramme (z. B. Rehacom etc.). Computerassistiertes Training wird effektiv auch zur Behandlung von Wahrnehmungsstörungen insbesondere bei Gesichtsfeldausfällen eingesetzt unter der Vorstellung, den Patienten kompensatorische Blickbewegungen in Richtung des eingeschränkten Gesichtsfeldes einüben zu lassen.

42.3 Stimulationstechniken zur Neglect-Behandlung

Unter Neglect versteht man eine Störung, bei der der Patient visuell oder auch in einer anderen Wahrnehmungsmodalität einen Teil des persönlichen und außerpersönlichen Raumes nicht aufmerksam wahrnimmt, obwohl in Richtung dieses Raumes keine umschriebene afferente Wahrnehmungsstörung, wie z. B. bei einem Gesichtsfeldausfall, besteht. Diese Neglectprobleme führen zu erheblichen Orientierungs- und Alltagsproblemen (z. B. Anstoßen auf der Seite des Neglects, Vernachlässigung der Körperregion auf der betroffenen Seite etc.). Über ein strategieorientiertes Neglecttraining hinaus konnte gezeigt werden, dass der Einsatz von kutanen Reizen (z. B. durch transkutane elektrische Nervenstimulation), Vibrationsreizen oder optokinetischen Reizen zu einer erheblichen Verbesserung des Neglects mit auch nach Beendigung der Stimulation anhaltenden Therapieerfolgen führt.

42.4 Einsatz von Hilfsmitteln

Bei schwersten Gedächtnisstörungen hat es sich bewährt, den Patienten mit elektronischen Gedächtnishilfen auszustatten. Dazu gehören z. B. sog. „Pager"-Systeme, bei denen der Patient über eine Mobilfunkverbindung an bestimmte Termine erinnert werden kann. Für Patient und Angehörige ist es möglich, diese Termine frei über eine auf jedem konventionellen Rechner anwendbare Software zu programmieren. So kann der Patient z. B. an die Einnahme von Medikamenten oder die Notwendigkeit der Blasenentleerung etc. erinnert werden, indem ein kurzes Textsignal auf einem Pager oder Handy auftaucht (z. B. Memophon der Firma Hasomed).

Tab. 42.1 Screeningschema für unterschiedliche kognitive Funktionen in der neuropsychologischen Testuntersuchung

Orientierung	
Mod. Fragebogen nach Cramon & Säring	
Aufmerksamkeit/Konzentration	
paper: kognitives Tempo	(TMT-A)
paper: ABAB	(SKT)
PC: tonische Alertness	(TAP) oT/mT
PC: phasische Alertness	(TAP)
PC: selektive Aufmerksamkeit – Bed.2	(TAP) Rz/F
PC: geteilte Aufmerksamkeit	(TAP) Rz/A
PC: akustische Vigilanz	(TAP) Rz/F/A
PC: optische Vigilanz	(TAP) Rz/F/A
PC: Visuelles Scanning	(TAP) Rz/A
PC: kompl. Reiz-Reaktion	(WDG) Rz/F
paper: d2	(Tempo/Sorgfalt/Konzentration)
paper: FEDA	(Alltagsfragebogen)
Lernen und Gedächtnis	
Gedächtnisspanne verbal	(WMS-R: ZN)
Gedächtnisspanne visuell	(WMS-R: Tapping)
Lernen verbal	(VLMT) (A/B)
Behalten verbal	(VLMT) (A/B)
Lernen visuell	(DCS) (A/B) RW/LI
PC: Arbeitsgedächtnis	(TAP) RZ/F/A
Alltagsnah	RBMT(A/B/C/D)
Rey Figur	(Memory)
visuell-räumliche Wahrnehmung/Visuokonstruktion	
Objektwahrnehmung	(VOSP Screening 1, 2, 3, 4)
Raumwahrnehmung	(VOSP 5, 6, 7, 8)
Visuokonstruktion	(Mosaiktest)
Visuo-perzeptiv	(LPS 11)
Räumlich-konstruktiv CFT	(Rey Figur-Copy)
räumliche Vorstellung	(LPS 7, 9)
PC: VS	
PC: GF (TAP)/ELEX/DIAS/Lesen	
Neglect-Test	(NET)
Anamnesebogen zerebrale Sehstörungen	
Exekutive Funktionen	
PC: Aufmerksamkeitsfocus wechselnd	(TAP) Zeit/F
Flexibilität	(TMT-B) Zeit
BADS	(Zoo)
Wortflüssigkeit nach Thurstone	
Kategorien bilden/wechseln	(mod. WCST)
Schlussfolgerndes Denken: LPS 3	
Organisationsaufgabe	(AOT)
Bilderordnen	(Hawie-R)

Tab. 42.1: Fortsetzung S. 598

Büro Test	
Selbst- und Fremdeinschätzungsskalen	
Emotionaler Status/Persönlichkeit	
Angst/**D**epression	(HADS-D)
BDI	
Giesen Test	
Zahlenverarbeitung	
Akalkulie-Screening/ZRT	

WMS: Wechsler Memory Scale, TAP: Computerisierter AufmerksamkeitsTest
LPS: Leistungs Prüf System, WCST: Wisconsin Card Sorting

42.5 Umweltadaptation

Bei schweren Lernstörungen insbesondere bei dementen Patienten ist es in der Regel mangels Lernfähigkeit nicht mehr möglich, Kompensationsstrategien zu vermitteln oder ein bestimmtes korrektives Verhalten einzuüben. In solchen Fällen ist die Umwelt an die Restfähigkeiten des Patienten zu adaptieren: 1. Einrichtung einfacher zeitlicher und räumlicher Strukturen mit hoher Wiederholung, z. B. stetig den immer gleichen Tagesablauf ermöglichen, 2. Konstanz der Bezugspersonenen und Räumlichkeiten, um die bestehende schwere Gedächtnisstörung zu kompensieren.

42.6 Evidenzbasis kognitiver Therapien

Wie bei motorischen Störungen stellt sich auch bei der Behandlung kognitiver Störungen die Frage, inweit überhaupt Verfahren und wenn ja, welche Verfahren, in ihrer Wirksamkeit durch methodisch einwandfreie Studien nachgewiesen sind (s. Kap. 41). Die Datenlage bei den kognitiven Therapien wird in 2 Reviews (Cicerone et al. 2000, Cappa et al. 2003) gut dargestellt und ist im Vergleich zu den motorischen Therapietechniken deutlich geringer.
Eine Literaturrecherche für die Jahre 1994–2003 mit den Schlüsselwörtern „Aufmerksamkeit, Konzentrationsfähigkeit, exekutive Funktionen, Gedächtnis und kognitive Rehabilitation“ ergab 780 in diesem Zeitraum erschienene Artikel zu diesen Themen. Lediglich 13 Beiträge basierten auf randomisierten und kontrollierten Studien. Dabei zeigte sich, dass z. B. computerassistiertes Aufmerksamkeitstraining zu nachweisbaren Erfolgen führt. Trotz dieser eher enttäuschenden Datenlage zeigt sich empirisch, dass kognitive Trainingsstrategien bei Patienten zu erheblichen Leistungsverbesserungen führen können.

Literatur

Cappa SF, Benke T, Clarke S, Rossi B, Stemmer B, van Heugten CM (2003) EFNS Guidelines on cognitive rehabilitation: report of an EFNS Task Force. European Journal of Neurology 10:11–23

Cicerone KD, Dahlber C, Kalmar K et al. (2000) Evidence-based cognitive rehabilitation: Recommendations for clinical practice. Archives of Physical Medicine and Rehabilitation 81:1596–1615

43 Sprachtherapie

Ruth Nobis-Bosch und Walter Huber

Einleitung

Ziele der Aphasietherapie sind die Verbesserung der sprachsystematischen Fähigkeiten und der Kommunikationsfähigkeit sowie die Minderung der Beeinträchtigungen in der aktiven Teilnahme am sozialen Leben. Bei progredienten Erkrankungen besteht das primäre Therapieziel darin, die Partizipation am gesellschaftlichen Leben möglichst lange zu erhalten. Ziele der Dysarthrietherapie sind die Verbesserung oder der Erhalt der Motorik der Sprechorgane und die Verbesserung der Verständlichkeit und Natürlichkeit des Sprechens. Kommunikation und Partizipation sind auch hier die übergeordneten Ziele.
Diese Therapieziele sind in den Leitlinien zur Therapie neurogener Störungen der Sprache und des Sprechens formuliert (Bauer et al. 2001) und gelten in gleicher Weise für die Rehabilitation von Patienten im höheren und höchsten Lebensalter.

43.1 Therapieplanung und Therapieziele

Das internationale Klassifikationssystem ICF (International Classification of Functioning, Disability and Health) der WHO beschreibt Krankheitsfolgen u. a. auf den Ebenen Körperfunktion, Aktivität und Partizipation. Sprach- und Sprechstörungen können sich auf allen Ebenen auswirken. Das ICF-Modell ist eine gute Basis zur Strukturierung eines Therapieplans, der individuell erstellt werden und explizit formulierte Therapieziele enthalten muss.

43.1.1 Partizipations-orientierte Behandlung

Sprach- und Sprechstörungen können die Teilnahme am gesellschaftlichen Leben behindern. Einschränkungen der Kommunikationsfähigkeit erschweren die Interaktion mit der Umwelt. Bestandteile einer partizipations-orientierten Behandlung sind:

- Beratung von Angehörigen, Pflegekräften und Ärzten zur Kommunikation mit Betroffenen,
- Gruppentherapie,
- Anleitung von Bezugspersonen als Co-Therapeuten,
- Vermittlung von Kontakten zu Selbsthilfegruppen.

Ältere Patienten stehen in der Regel nicht mehr im Berufsleben, so dass die Teilnahme am gesellschaftlichen Leben häufig auf den Bereich Familie und Freundeskreis beschränkt ist. Obgleich die eingeschränkte Teilhabe im Alter häufig negativ bewertet wird, bietet ein begrenzter Lebensbereich auch eine große Chance gelingende Kommunikation zu ermöglichen. Zum einen ist die kommunikative Teilhabe am Familienleben für den Betroffenen weniger stark von Leistungsdruck geprägt; zum anderen sind Familienmitglieder, Freunde und Bekannte leichter in die kommunikative Beratung einzubeziehen als Arbeitgeber und Kollegen. Bei sehr schweren Störungen der Sprache und des Sprechens, bei rasch progredienten Verläufen und bei fortbestehendem Verlust von Einsichts- und Motivationsfähigkeit stehen die partizipationsorientierten Therapieziele im Vordergrund der logopädischen Behandlung.

43.1.2 Aktivitäts-orientierte Behandlung

Sprach- und Sprechstörungen haben Einschränkungen in der Kommunikation und daher häufig auch in der Alltagsbewältigung zur Folge. In der aktivitäts-orientierten Therapie werden konkrete, individuell relevante Alltagsaktivitäten eingeübt. Zur Stabilisierung und zum Transfer in Alltagssituationen sind Rollenspiele und In-vivo-Training erforderlich. Beispiele für Alltagsaktivitäten sind:

- Notizen oder Einkaufszettel anfertigen,
- Geschichten oder Zeitungstexte vorlesen,
- Telefonate führen,
- Überweisungen ausfüllen,
- den eigenen Namen schreiben.

Veränderte soziale Faktoren (Umfeld, Rolle, Einzelhaushalt) können ein kommunikativ wenig forderndes Umfeld bedingen und zu eingeschränkten sprachlichen Aktivitäten führen. Hieraus resultiert nicht selten eine geringe Motivation zur Rehabilitation. Deshalb ist eine sehr genaue Exploration der kommunikativen Anforderungen und Bedürfnisse des älteren Patienten sowie deren prämorbide sprachliche Ausgangsleistung ggf. mit Einbezug der Angehörigen unerlässlich. Aktivitäts-orientierte Behandlungsziele müssen sehr konkret und individuell bedeutsam sein. Beispielsweise ist es nur dann sinnvoll, das Anfertigen von Einkaufszetteln zu erarbeiten, wenn der Betroffene seine Einkäufe auch selbst tätigt.

43.1.3 Funktions-orientierte Behandlung

Die aus einer Schädigung sprachrelevanter neuronaler Systeme resultierenden Störungen des Sprachsystems und der Sprechmotorik werden spezifisch und mit dem Ziel der Restitution in der funktions-orientierten Therapie bearbeitet. Mögliche allgemeine Therapieziele sind:

- Verbesserung der Sprachproduktion und des Sprachverstehens,
- Verbesserung von Tonus, Atmung, Phonation und Artikulation,
- Verbesserung des Lesens und Schreibens,
- Verbesserung des Umgangs mit Zahlen.

Bei generell erhaltener sprachlicher Lernfähigkeit, gut erhaltenen nicht-sprachlichen intellektuellen Leistungen und ausreichender Motivation profitieren ältere Patienten in gleichem Maße von störungsspezifischer Therapie wie Jüngere. Therapiefortschritte werden jedoch deutlich erschwert, wenn kognitive und mnestische Leistungseinbußen vorliegen, die über die physiologischen Veränderungen im Alter hinausgehen. Bei sehr schweren aphasischen, sprechapraktischen und dysarthrischen Störungen mit begleitenden Aufmerksamkeits- und Gedächtnisdefiziten lassen sich oft nur geringe Besserungen der Sprach- bzw. Sprechleistungen erreichen. Art und Ausmaß der neuropsychologischen Begleitsymptomatik (ausgeprägte Vigilanzminderung, schwere Aufmerksamkeits- und Gedächtnisdefizite) können eine Kontraindikation für funktions-orientierte Therapieziele sein. Dies gilt insbesondere bei Erkrankungen mit progredienten Sprachstörungen wie beispielsweise bei einer Demenz. In diesen Fällen stehen Therapieziele auf der Ebene der Partizipation im Vordergrund.

43.2 Therapiemethoden und therapeutisches Vorgehen

Hirninfarkte führen zu Störungen des Schluckens (Dysphagien), der Sprache (Aphasien), des Sprechens (Dysarthrien) und der Sprech- und Gesichtsmotorik (Sprechapraxien, bukkofaziale Apraxien, faziale Paresen). Diese Störungen liegen selten isoliert, sondern meist in Kombination vor.

Traditionelle logopädische Therapiekonzepte zu den o. g. Störungsbereichen orientieren sich oft zu wenig an den Alltagsbedürfnissen der Betroffenen und greifen daher bei geriatrischen Patienten zu kurz. Ein einheitliches, evidenzbasiertes Therapiekonzept für Patienten im höheren und höchsten Lebensalter liegt bisher nicht vor. Effektivitätsstudien berichten mehrheitlich über die Altersgruppe der 30- bis 70-Jährigen. Das **Konzept der alltagsorientierten Therapie** (AOT) (Götze und Höfer 1999) fokussiert die Kompensation der Störungen im Alltag (Ebene der Partizipation) und ergänzt hier die traditionelle Therapie. Dieser multiprofessionelle Ansatz (Logopädie, Ergotherapie, Physiotherapie, Pflege) ist interdisziplinär angelegt und richtungsweisend für die Therapie geriatrischer Patienten.

Die Übertragung traditioneller Therapieansätze auf die Arbeit mit geriatrischen Patienten ist häufig auch durch **Funktionseinbußen im Bereich des Sehens, Hörens und des Zahnstatus** erschwert. Ein bestmöglicher Ausgleich peripher bedingter Hör- und Sehstörungen durch **Sehhilfen bzw. Hörgeräteanpassung** muss erfolgen. Gelingt dies nicht, kann in der Therapie nur ein eingeschränktes Methodenspektrum genutzt werden (z. B. kein Bild- und Schriftmaterial bei stark eingeschränktem Visus; unzureichende Fremd- und Eigenwahrnehmung gesprochener Sprache bei Hörminderung). Hierdurch werden Fortschritte in der Therapie erheblich verlangsamt oder bleiben ganz aus. Schlecht sitzende **Zahnprothesen** sind ein weiteres Problem, das bei älteren Menschen das Erreichen von Therapiezielen behindert. Unphysiologische Kompensationsmechanismen (z. B. Tonuserhöhungen der perioralen Muskulatur, Vermeidung addentaler Zungenpositionen), Einschränkungen bei der Nahrungsaufnahme und in der Sprachverständlichkeit werden durch lose Zahnprothesen verursacht und verstärken die neurologisch bedingte Symptomatik. Unerlässliche Voraussetzung für eine effiziente Behandlung von Schluck-, Sprech- und Sprachstörungen ist ein funktionell guter Zahn- oder Zahnprothesenstatus.

Die Erkenntnisse der **Lernpsychologie** für die neuropsychologische Rehabilitation postulieren als Voraussetzung für die Aufrechterhaltung von **Therapiemotivation** und Therapieerfolg (Gauggel 1998):

- zeitlich verteiltes kurzes Üben,
- häufiges Wiederholen („drill and practice"),
- strukturierte Lernsituationen,
- subjektive Bedeutsamkeit der Lerninhalte.

Diese Lernprinzipien sind die Basis für die Arbeit in allen Störungsbereichen, die im Folgenden dargestellt wird.

43.3 Aphasien

Für den Bereich Aphasie liegen mehrere Metaanalysen randomisiert-kontrollierter Therapiestudien vor, die belegen, dass Aphasietherapie effektiv ist (u. a. Bhogal et al. 2003, Robey 1994). Bhogal et al. (2003) kommen zu dem Fazit, dass hochfrequente Therapien (9 h pro Woche im Zeitraum von 11 Wochen) nachweislich effektiver sind als niedrigfrequente Behandlungen (2 h pro Woche). Hieraus leitet sich das

Konzept einer Intervalltherapie ab, bei dem sich intensiv durchgeführte Therapien mit therapiefreien Intervallen abwechseln.
Das methodische Vorgehen in der Aphasietherapie orientiert sich am erhobenen Sprach- und Sprechbefund, an den individuellen Behandlungszielen und den Lernvoraussetzungen seitens des Patienten. Ein weiteres Kriterium bei der Methodenwahl ist der klinische Verlauf der Aphasie (s. **Tab. 43.1**).

Tab. 43.1 Verlaufsphasen von Aphasien nach Hirninfarkt (nach Bauer et al. 2001)

Verlaufphase	**Zeit nach hirnschädigendem Ereignis**
Akutphase	2–6 Wochen
Postakutphase	
• früh	1–4 Monate
• spät	5–12 Monate
Chronische Phase	>12 Monate

43.3.1 Akutphase

In der Akutphase fluktuieren die sprachlichen Leistungen der Patienten stark und sind häufig von weiteren Funktionsbeeinträchtigungen (z. B. Vigilanz, Aufmerksamkeit) überlagert. Eine Klassifizierung in eines der aphasischen Standardsyndrome kann nicht vorgenommen werden (Biniek 1993). Die Einteilung in einen flüssigen bzw. nicht-flüssigen Aphasietyp scheint jedoch möglich und bleibt in den meisten Fällen auch stabil (Biniek 1993, Huber et al. 2002).
In dieser instabilen Anfangsphase zielt die logopädische Therapie vor allem darauf ab, die temporär geschädigten Sprachfunktionen wieder herzustellen (Restitution). Die **sprachliche Aktivierung** über 10–20 min tgl. sollte einsetzen, sobald der Patient ausreichend belastbar ist. Als **Therapiemethoden** bieten sich stimulierende bzw. bahnende oder hemmende Verfahren an (s. **Tab. 43.2**).

Tab. 43.2 Methoden der sprachlichen Aktivierung (nach Springer 2006)

Vorbereitende Übungen bei Begleitstörungen
• Aufmerksamkeitslenkung
• Körperhaltung
• Kau- und Schluckmotorik, Mundmotorik
• auditive und visuelle Wahrnehmung
Stimulierung (auditiv/multimodal)
• automatisierte Sprache
• situationsbezogene Sprache
• emotionale Sprache
• Intonation und Rhythmus
Deblockierung (Bahnung)
• Koppelung von intakten mit blockierten Sprachfunktionen
• Objekt- und handlungsbezogenes Deblockieren
Hemmung
• Sprachautomatismen
• Jargon und Logorrhö
• Perseverationen
Kompensation
• Kommunikationstafeln und -bücher
• Technische Hilfsmittel
• Unterstützendes Gesprächsverhalten

Beim alten Patienten nehmen die vorbereitenden Übungen (Aufmerksamkeitslenkung, Körperhaltung, motorische Übungen) einen größeren Anteil in der Behandlung ein und müssen über längere Zeit beibehalten werden. Auch nach Abschluss der Akutphase bestehen häufig ausgeprägte kognitive und motorische Defizite (Aufmerksamkeit, Hemiparesen), die die Fortsetzung dieser Übungen erfordert. Eine effiziente Behandlung erfolgt optimalerweise in multiprofessioneller, interdisziplinärer Zusammenarbeit.

43.3.2 Postakutphase und chronische Phase

Art und Ausmaß der Sprachstörung bilden sich in der **Postakutphase** heraus. Inhaltlich geht die Aphasietherapie zu einem störungsspezifischen Vorgehen über. Nicht die allgemeine Reaktivierung beeinträchtigter Sprachfunktionen, sondern die **gezielte, störungsspezifische Anregung sprachlicher Lernprozesse** steht im Vordergrund der Behandlung. Hierdurch soll eine funktionelle Reorganisation des geschädigten Sprach- und Sprechsystems erreicht werden (Kompensation und Substitution).

Mit neurolinguistisch begründeten Übungsprogrammen wird Sprachwissen systematisch wieder aufgebaut oder sprachliches Fehlverhalten modifiziert. In den störungsspezifischen Übungen werden symptomrelevante linguistische Einheiten und Regularitäten (**s. Tab. 43.3**) bearbeitet. Das Vorgehen ist multimodal, d. h. Verstehen, Sprechen, Lesen und Schreiben werden systematisch kombiniert.

In der **chronischen Phase** der Aphasie (Konsolidierungsphase) steht die **Alltagsbewältigung** und die **Anpassung an die kommunikative Behinderung** im Mittelpunkt der Therapie. Parallel zum störungsspezifischen Üben kommen pragmatisch-kommunikative Methoden (z. B. PACE – promoting aphasics communicative effectiveness; sprachliche Rollenspiele) zum Einsatz. Diese haben zum Ziel, die Kommunikation mit allen wieder verfügbaren sprachlichen und nicht-sprachlichen Mitteln zu bewältigen. In dieser Phase soll die Therapie die Entwicklung psychosozialer Möglichkeiten von Patienten und Angehörigen und damit einhergehend eine Neudefinition von Lebensqualität unterstützen.

Tab. 43.3 Auswahl von linguistischen Einheiten und Regularitäten für störungsspezifisches Üben in der Aphasietherapie (nach Huber und Ziegler 2000)

Lautstrukturen (Phonologie)
- Phoneme und Phonemverbindungen
- Silben und Silbenverbindungen
- Prosodie (Wortbetonung, Satzintonation)

Wortschatz (Lexikon)
- semantische Felder und Relationen
- Wortklassen und Wortbildung, Artikel (Genus)
- phonologisch ähnliche Wörter, Reimwörter

Satzbau (Syntax) und Grammatik
- Verbvalenz/thematische Relationen
- Phrasenstrukturen
- Subjekt-Verb-Kongruenz (Numerus)
- Wortordnung und Kasus
- Tempus

Text- und Gesprächsstrukturen
- Kohärenz und Kohäsion
- Sprechakte
- Sprecherwechsel

Schriftsprache
- Phonem-Graphem-Zuordnung
- orthographische Regeln
- Sichtwortschatz

Patienten im höheren und höchsten Lebensalter sind sehr heterogen in ihrer Leistungsfähigkeit. Störungsspezifische Therapie setzt generell erhaltene sprachliche Lernfähigkeit, gut erhaltene nicht-sprachliche intellektuelle Leistungen und ausreichend Motivation voraus. Diese Voraussetzungen sind je nach Ausprägung der Aphasie und der Komorbidität auch bei älteren Patienten gegeben. Diese Patienten profitieren dann im gleichen Maße von störungsspezifischer Therapie wie jüngere Menschen. Es ist nicht angemessen, bei geriatrischen Patienten generell partizipationsorientierte Maßnahmen in den Vordergrund der Behandlung zu stellen.

43.3.3 Umgang und Kommunikation mit Aphasikern

Ein aktives Gesprächsverhalten und ein respektvoller Umgang mit Aphasikern erleichtern oft schon die Verständigung. Beratungsangebote an Angehörige und medizinisches Fachpersonal beinhalten Strategien für die erfolgreiche Kommunikation mit Aphasikern (s. **Tab. 43.4**).

Tab. 43.4 Unterstützendes Gesprächsverhalten in der Kommunikation mit Aphasikern

- Blickkontakt halten und das Ausdrucksverhalten beobachten
- ruhig und deutlich in kurzen, einfachen Sätzen sprechen
- mit normaler Lautstärke sprechen
- Telegrammstil und Kindersprache vermeiden, die Patienten immer als Erwachsene behandeln, auch bei sehr schweren Störungen
- dem Patienten viel Zeit beim Sprechen lassen, ruhig und geduldig zuhören
- vermitteln, was man verstanden hat, nicht fortgesetzt sagen „das habe ich jetzt nicht verstanden"
- sprachbegleitend mimisch-gestische Ausdrucksmittel einsetzen
- zeichnen und auf Fotos oder Gegenstände zeigen
- Fragen stellen, die nur mit „ja" oder „nein" zu beantworten sind

43.4 Dysarthrien

Für den Bereich der Dysarthrietherapie existiert kaum gesichertes empirisches Wissen. Ein Grund hierfür ist das Fehlen objektiver, standardisierter Diagnoseverfahren. Methodisch fundierte Effektivitätsstudien liegen einzig für die LSVT (**Lee-Silverman-Voice-Treatment**) (Ramig et al. 2001) vor, die bei der Behandlung der Dysarthrie bei M. Parkinson eingesetzt wird.

Therapieschwerpunkte in der Dysarthriebehandlung leiten sich aus den noch vorhandenen bzw. gestörten Fähigkeiten in den Funktionsbereichen Tonus, Atmung, Phonation, Artikulation und Prosodie ab. Die wichtigsten Übungsbereiche der Dysarthrietherapie (nach Springer 2006):

- Modifikation der Körperhaltung, des Muskeltonus und der Muskelkraft,
- Verbesserung der Gesichts- u. Mundmotorik,
- Verbesserung der Ruhe- und Sprechatmung,
- Verbesserung der Phonation und Resonanz (Stimmqualität, Lautstärke, Stimmlage),
- Verbesserung der Artikulation,
- Verbesserung der Prosodie (Sprechtempo, Redefluss, Rhythmus, Intonation),
- Kommunikatives Training.

Neben funktionsorientierten Maßnahmen ist die Vermittlung kommunikativ-pragmatischer Verhaltensweisen eine Möglichkeit der Kompensation dysarthrischer Störungen. Hierzu zählt die Kontrolle des sprachlichen und situativen Kontextes. Patient und Gesprächspartner werden z. B. folgende Verhaltensregeln vermittelt (Springer 2006):

- Vermeiden von lauten und dunklen Orten in der Kommunikation,
- Abstand zwischen Dialogpartnern im Gespräch reduzieren,
- Blickkontakt halten und das Mundbild beobachten,
- situative, mimische und gestische Ausdrucksmittel verstärkt interpretieren.

Weitere **kompensatorische Hilfen** sind eine optimale Sitz- und Kopfhaltung, eine Alphabet-Tafel zum Zeigen des Zielwortes oder ein Pacing-Bord (Tastbrett), mit dem sich das Sprechtempo wirksam reduzieren und rhythmisieren lässt. Darüber hinaus gibt es eine Fülle technischer Kommunikationshilfen (z. B. Mikrocomputer mit synthetischer

Sprachausgabe [TouchSpeak, über Phoenix Software GmbH, Adolf-Hombitzer-Str. 12, 53227 Bonn, www.touchspeak.de]), die dauerhaft oder vorübergehend eingesetzt werden können, wenn eine **Anarthrie oder Dysarthrie** besteht und die lautsprachliche Kommunikation ganz oder teilweise ausfällt.
Die effektive Behandlung von Dysarthrien erfordert konsequentes, kleinschrittiges Üben mit begleitendem intensivem Eigentraining. Patienten im höheren Lebensalter sind für dieses verhaltenstherapeutisch orientierte Üben häufiger schwer zu motivieren. Sie verweisen auf ihre eingeschränkten Kommunikationsmöglichkeiten oder fordern, dass die Gesprächspartner genauer zuhören sollen. Gut vermittelbar ist aber in der Regel die LSVT (**Lee-Silverman-Voice-Treatment**) (s. Kap. 43.6.2), die zur Behandlung der rigid-hypokinetischen Dysarthrie entwickelt wurde. Die Beschränkung auf die Stimmfunktion und das klar gegliederte, begrenzte Übungsprogramm erleichtern dem älteren Patienten das Erlernen der kompensatorischen Strategien zur Erhöhung der Verständlichkeit. Die Anwendung dieses Behandlungsansatzes bei anderen Dysarthrieformen erfordert eine ausführliche Diagnostik, um das Risiko induzierter hyperfunktioneller Stimmstörungen zu verringern. Die Beratung im Hinblick auf pragmatische Verhaltensweisen spielt bei geriatrischen Patienten eine zentrale Rolle. Etwaige Zahnprothesen sollten gut angepasst sein und tatsächlich zum Sprechen auch getragen werden.

43.5 Sprechapraxie

Ursache der Sprechapraxie ist eine Programmierungsstörung der Sprechmotorik. Sie äußert sich in zeitlich und räumlich abweichenden Sprechbewegungen. Die Betroffenen zeigen artikulatorisches Suchverhalten. Reine Formen von Sprechapraxie sind sehr selten. Sie treten meist assoziiert mit Aphasien auf. In der Therapie müssen daher sprechmotorisch und aphasisch bedingte Lautfehler unterschieden und jeweils spezifisch behandelt werden. Bei der Behandlung von Sprechapraxien werden **ganzheitlich-stimulierende** und **segmentale Verfahren** unterschieden. Eine verbreitete ganzheitlich-stimulierende Methode ist die **Melodische Intonationstherapie** (MIT). Intakte prosodische Fähigkeiten der rechten Hirnhälfte (Singen, Sprechrhythmus, Sprechmelodie) werden hierbei zur Bahnung physiologischer Sprechbewegungsmuster genutzt. Segmentale Verfahren arbeiten an isolierten Laut- und Lautverbindungen. Unterstützend werden auditive und visuelle Hilfen (Vorsprechen, Mundbilder) eingesetzt. Dynamische Darstellungen von Artikulationsbewegungen können mittels computergestützter Programme (z. B. SpeechTrainer) angeboten werden. Für das Amerikanische ist die Wirksamkeit des PROMPT™-Systems gut belegt (Feed et al. 1997), das auch in Deutschland zunehmend Anwendung findet. Bei dieser Methode werden neben auditiven und visuellen Hilfen zusätzlich taktil-kinästhetische Hinweisreize gegeben. Im Gesichts- und Halsbereich werden direkte Manipulationen durchgeführt, um einzelne und koartikulatorische Sprechbewegungen zu faszilitieren.
Patienten, die ausgedehnte Infarkte mit schweren Aphasien und Sprechapraxien erleiden, sind besonders in der Frühphase der Erkrankung nicht zu einer aktiven Mitarbeit in der Lage. Segmentale Therapieverfahren sind nicht indiziert und können oftmals auch im weiteren Therapieverlauf nicht eingesetzt werden. Der PROMPT-Ansatz in Kombination mit MIT und Elementen der F.O.T.T. (Facio-Orale Trakt Therapie, s. Kap. 24) bietet bei schwer betroffenen Patienten eine gute Möglichkeit, Sprache und Sprechen wieder anzubahnen.

Generell erfordert die effektive Behandlung von Sprechapraxien ebenso wie die Dysarthriebehandlung ein intensives kleinschrittiges Üben mit begleitendem Eigentraining. Sprechapraxien sind nach klinischer Erfahrung besonders therapieresistent. Bei älteren Patienten kann selten ausreichend Motivation und Einsichtsfähigkeit für eine spezifische Sprechapraxiebehandlung geschaffen werden. Eine Besserung der Defizite über die Spontanerholung hinaus wird dann kaum eintreten. Die Vermittlung kommunikativ-pragmatischer Verhaltensweisen (**s. Tab. 43.5**) ist dann zentraler Bestandteil der logopädischen Therapie.

43.6 Therapie bei chronisch progredienten Erkrankungen

43.6.1 Sprachtherapie bei Demenz

Sprachstörungen treten bei semantischer Demenz und bei der primär progressiven Aphasie in den ersten Erkrankungsjahren als herausragendes Symptom auf. Betroffene und Angehörige äußern fast immer den Wunsch nach logopädischer Therapie. Spezifische sprachtherapeutische Konzepte für die verschiedenen Demenzformen müssen zukünftig noch erarbeitet und evaluiert werden. Direkt übende, störungsspezifische Verfahren wie bei den klassischen Aphasien bedeuten eine Konzentration auf bestehende Defizite und erscheinen aufgrund der Progredienz der Erkrankung nicht sinnvoll. Erstrebenswerte und erreichbare Therapieziele beziehen sich auf den Bereich der Partizipation und das psychische Wohlbefinden der Betroffenen. Ein Kommunikationstraining, das sich direkt an die Betroffenen, aber auch an ihre Kommunikationspartner richtet, wurde von Romero und Wenz (2003) entwickelt und evaluiert. Dabei können Angehörige lernen, von trainierenden Ansätzen im Alltag Abstand zu nehmen, Defizite durch eigenes Kommunikationsverhalten so weit wie möglich zu kompensieren und dem Kranken ein Gefühl von Kompetenz zu vermitteln (Romero 2002).

43.6.2 Therapie der Dysarthrie bei M. Parkinson

Bei der Parkinson-Erkrankung entwickeln 75–80 % der Betroffenen im Krankheitsverlauf eine Dysarthrie. Das charakteristische Syndrom ist die rigid-hypokinetische Dysarthrie. Zur Behandlung liegt mit der LSVT (Lee-Silverman-Voice-Treatment) eine Methode vor, deren Effektivität durch mehrere kontrollierte Studien gut belegt ist (Ramig et al. 2001). Schwerpunkt der Therapie ist ein intensives Stimmtraining mit dem Ziel, die Verständlichkeit zu verbessern. Dies wird über eine konstante Lautstärkeanhebung erreicht. Im Gegensatz zur traditionellen Dysarthrietherapie beschränkt sich die LSVT auf die Arbeit im Funktionsbereich Phonation und wird als Intensivtherapie mit 16 Behandlungseinheiten à 50–60 min innerhalb von 4 Wochen durchgeführt.

Literatur

Bauer A, Langen-Müller U de, Glindemann R, Schlenck C, Schlenck KJ, Huber W (2001) Qualitätskriterien und Standards für die Therapie von Patienten mit erworbenen neurogenen Störungen der Sprache (Aphasie) und des Sprechens (Dysarthrie): Leitlinien 2001. Sprache-Stimme-Gehör 25 (4):148–161

Bhogal SK, Teasell R, Speechley M (2003) Intensity of aphasia therapy, impact on recovery. Stroke 34 (4):987–993

Biniek R (1993) Akute Aphasien. Thieme, Stuttgart

Feed DB, Marshall RC, Frazier KE (1997) Long-term effectiveness of PROMPT treatment in a severly apractic-aphasic speaker. Aphasiology 11:365–372

Gauggel S, Konrad K, Wietasch AK (1998) Neuropsychologische Rehabilitation. Ein Kompetenz- und Kompensationsprogramm. Beltz, Weinheim

Götze R, Höfer B (1999) AOT – Alltags-orientierte Therapie bei Patienten mit erworbenen Hirnschädigungen. Thieme, Stuttgart New York

Huber W, Ziegler W (2000) Störungen von Sprache und Sprechen. In: Sturm W, Herrmann M, Wallesch CW (Hrsg.) Lehrbuch der Klinischen Neuropsychologie. Frankfurt, Swets & Zeitlinger, S 462–511

Huber W, Poeck K, Weniger D (2002) Aphasie. In: Hartje W, Poeck K (Hrsg) Klinische Neuropsychologie. Thieme, Stuttgart New York, S 93–173

Ramig L, Sapir S, Fox C, Countryman S (2001) Changes in vocal loudness following intensive voice treatment (LSVT) in individuals with Parkinson's Disease: a comparison with untreated patients and normal age-matched controls. Movement Disorders 16:79–83

Robey R (1998) A meta-analysis of clinical outcomes in the treatment of aphasia. Journal of Language and Hearing Research 41:172–187

Romero B (2002) Kommunikation in der Therapie und in der Betreuung von Demenzkranken. Aphasie und verwandte Gebiete 3:7–20

Romero B, Wenz M (2003) Wirksame Behandlungsprogramme für Demenzkranke und betreuende Angehörige. Neurologische Rehabilitation 9:23–27

Springer L (2006) Aphasie – Standards der Therapie. In: Huber W, Poeck K, Springer L, Klinik und Rehabilitation der Aphasie. Thieme, Stuttgart (im Druck)

44 Stationär-ambulante Schnittstellen und Nachsorge

Thomas Stamm

Einleitung

Geriatrische Patienten, charakterisiert durch hohes Alter, eingeschränkte Mobilität, drohende bzw. eingetretene Pflegebedürftigkeit, neurologisch-psychiatrische Komorbidität sowie erhöhten komplementären Versorgungsbedarf, nehmen im Krankenhaus kontinuierlich zu. Während der Anteil der über 65-Jährigen in der Bevölkerung bei ca. 17 % liegt, stellt diese Altersgruppe 35 % der Krankenhauspatienten. Begründet wird diese Entwicklung durch die zunehmende demographische Alterung (s. Kap. 1), die sich verändernden Familienstrukturen mit einer deutlichen Zunahme der Einpersonenhaushalte im höheren Lebensalter sowie die ausgeprägte Gefährdung der selbstständigen Lebensführung Älterer durch das Nebeneinander von abnehmender Selbstversorgungsfähigkeit, begleitender Instabilität und vermehrtem Auftreten von Schlaganfällen, Stürzen, Frakturen und Infektionen. Für ältere Patienten im Krankenhaus kommt belastend hinzu, dass die **stationären Verweildauern** für über 75-Jährige in den vergangenen 5 Jahren um durchschnittlich 5 Tage verkürzt wurden – im Vergleich zu nur 2,5 Tagen bei den 26- bis 35-Jährigen. Ein weiterer Rückgang der stationären Verweildauern für Ältere ist zu befürchten.

In dieser gefährdenden Situation sind geriatrische Patienten im Krankenhaus vermehrt bedroht, ohne vorherige sorgfältige Überprüfung in eine längerfristige stationäre Versorgung in Alten- und Pflegeheime weitergeleitet zu werden, obwohl die Notwendigkeit dieser institutionellen Versorgung bei sachgerechter und sorgfältiger Überprüfung im multiprofessionellen Team noch nicht gegeben ist. Um die Häufigkeit geriatrischer Krankenhausbehandlungen durch den Zuwachs der Patienten, deren Pflegetage und damit auch stationären Behandlungskosten zu begrenzen, bedarf es eines abgestuften Versorgungsangebots für Ältere im Rahmen eines regionalen geriatrischen Versorgungsnetzes. Das tragende Gerüst für dieses Versorgungsnetz ist die regionale Kooperation der geriatrischen Klinik und Tagesklinik mit geriatrisch qualifizierten Hausärzten, ambulanten Pflegediensten und Therapeuten. Grundlage dieser regionalen Kooperation ist eine Vereinbarung, die ein miteinander abgesprochenes Entlassungs- und Verlegungsmanagement mit flankierenden sozialen Maßnahmen verknüpft.

44.1 Hausärzte und ambulante Geriatrie

Die ambulante geriatrische Versorgung Älterer und Hochbetagter wird zu etwa 95 % durch den Hausarzt gesichert. Er übernimmt die wichtige Aufgabe der längerfristigen und kontinuierlichen Diagnostik, Begleitung, Behandlung und Prävention körperlicher und seelischer Erkrankungen für seine älteren Patienten zu Hause und im Altenheim. Bei Bedarf wird er unterstützt durch Fachärzte; insbesondere durch Augen-, HNO-Ärzte, Urologen, Neurologen und Psychiater.

Er trägt für diese chronisch kranken, multimorbiden, von Pflegebedürftigkeit bedrohten Patienten die ärztliche Gesamtverantwortung, wobei er mit Angehörigen, ambulanten Pflegediensten, Therapeuten und Fachärzten kooperiert. Er koordiniert die medizinischen, pflegerischen und therapeutischen Leistungen über Verordnung und Hausbesuche. Er erwirbt vertiefte Kenntnis über das persönliche Lebensumfeld und die individuelle Biographie dieser älteren Patienten. Es übernehmen 59 000 Hausärzte je nach Schwerpunkt ihrer Praxis mehr oder weniger diese für die Gesellschaft bedeutsame und unverzichtbare Aufgabe. Hausärzte sind für 2,03 Mio. Pflegebedürftige zuständig, von denen zwei Drittel, 1,44 Mio., zu Hause gepflegt werden. Eine Million erhalten ausschließlich Pflegegeld, d. h. sie werden allein durch Angehörige und Laienpfleger zu Hause betreut. Weitere 435 000 leben in Privathaushalten, wobei die Pflege zum Teil oder vollständig durch ambulante Pflegedienste geleistet wird. 660 000 werden im Altenheim gepflegt. Die Familie ist damit bis jetzt der größte und leistungsfähigste Pflegedienst in Deutschland.

Zirka 1 Mio. Demenzkranke gehören zum überwiegenden Teil in diese Gruppe der Pflegebedürftigen. Durch die annähernde Verdoppelung der Demenz-, Schlaganfall- und Sturzkranken sowie der Diabetiker bis 2020 bekommt diese Entwicklung für die ambulante Versorgung eine erhebliche Dynamik, die im Schwerpunkt die Hausärzte, daneben auch Neurologen und Psychiater, treffen wird. In regelmäßiger hausärztlicher Behandlung stehen 93 % der über 70-Jährigen, die weit überwiegend zu Hause oder im Altenheim erfolgt. 96 % der betreuenden Ärzte sind Allgemeinmediziner bzw. hausärztlich tätige Internisten. Die **Arzt-Patienten-Kontakte** – überwiegend Hausbesuche – nehmen mit dem Alter der Betreuten kontinuierlich von 2 Kontakten im jüngeren Alter bis auf 6 Kontakte pro Quartal zu. Für seine Behandlung und Betreuung geriatrischer Patienten über 80 erhält der Hausarzt mit ca. 2 600 Punkten doppelt so viel EBM-Punkte wie bei unter 60-Jährigen. Auf der Grundlage einer langjährigen, auf gegenseitigem Vertrauen begründeten Arzt-Patienten-Beziehung ist der Hausarzt in besonderem Maße geeignet, die für seinen Patienten notwendigen flankierenden sozialen Maßnahmen bei Krankenhausentlassung in Rücksprache mit der Klinik und ambulanten Pflegediensten zu koordinieren. Hierfür ist ein Besuch des Hausarztes bei seinem Patienten in der Klinik oder Tagesklinik hilfreich, damit er sich vor Ort im Gespräch mit dem stationären/teilstationären Behandlungsteam einen Eindruck verschafft vom poststationären Behandlungs- und Schulungsbedarf seines Patienten. Dieser Besuch des Hausarztes ist von der entlassenden Klinik zu finanzieren, da sie von einer sicheren Überleitung des Patienten in seine Häuslichkeit bzw. die stationäre Altenpflege profitiert, u. a. durch die Vermeidung wiederkehrender Einweisungen.

44.2 Geriatrische Klinik und Tagesklinik

Im Vergleich zu anderen europäischen Ländern wie Großbritannien, der Schweiz und den Niederlanden begann der Aufbau geriatrischer Kliniken in der Bundesrepublik spät – Mitte der 1960iger Jahre – mit Eröffnung der Geriatrischen Fachklinik Gesundbrunnen in Hofgeismar. Die klinische Geriatrie wurde ab Mitte der 1980iger Jahre zunehmend gefördert, wobei folgende Entwicklungen von Bedeutung sind:

1. Die Entscheidung des Gesetzgebers, den Grundsatz „Rehabilitation vor Pflege“ 1989 im Gesundheitsreformgesetz gesetzlich zu normieren,

2. die Einführung der fakultativen Weiterbildung „Klinische Geriatrie“ durch den Deutschen Ärztetag 1992,
3. die Bereitschaft der Länder und Krankenkassen, stationäre, teilstationäre und ambulante geriatrische Versorgungsstrukturen aufzubauen.

Obwohl in den Geriatrieplänen der Länder dem Aufbau ambulanter Versorgungsstrukturen eine hohe Wertigkeit zugemessen wurde, erfolgte verstärkt der Aufbau tagesklinischer und stationärer Strukturen. Die ambulante Geriatrie sowie die ambulante geriatrische Rehabilitation wurden nur in einzelnen Modellversuchen gefördert. Ein qualitätsgesichertes Fortbildungskonzept für Hausärzte im Rahmen der Ambulanten Geriatrie wurde erst spät – 1999 – in Zusammenarbeit mit dem Hausärzteverband und der Deutschen Gesellschaft für Geriatrie abgestimmt.
Die Entwicklung geriatrischer Kliniken vollzog sich dynamisch. 2000 wurden 318 geriatrische Kliniken mit 16 100 Betten und 136 Tageskliniken mit 2 100 Plätzen gezählt mit einem Krankenhausversorgungsauftrag nach §§ 108, 109 SGB V. Es findet sich ein Nebeneinander von geriatrisch-stationärer und tagesklinischer sowie rehabilitativ-geriatrisch und rehabilitativ-tagesklinischer Versorgung nach § 111 SGB V.
Die geriatrische Klinik und Tagesklinik hat 60–100 Betten, die geriatrische Rehabilitationsklinik 80–120 Betten. Die **mittlere Verweildauer** in der Akutgeriatrie betrug 2001 23,2 Tage und in der rehabilitativen Geriatrie 27,3 Tage, wobei diese Verweildauern seit Einführung der DRGs bei zunehmendem Kostendruck weiter sinken.
Mit der Einführung dieser regionalen stationären und teilstationären geriatrischen Versorgungsstrukturen wird das **multiprofessionelle geriatrische Team** Bestandteil dieser regionalen Versorgung. In Baden-Württemberg kann es im geriatrischen Konsil ambulant tätig werden, ansonsten in der prästationären und stationären Diagnostik, wenn die Geriatrische Klinik in den Krankenhausplan aufgenommen ist. Für dieses Team gelten folgende **Anhaltszahlen:**

- Ärzte: 1:8 bis 1:10
- Pflegekräfte: 1:1,6
- Krankengymnasten: 1:10 bis 1:15
- Ergotherapeuten: 1:15 bis 1:25
- Masseure: 1:40
- Logopäden: 1:40 bis 1:80
- Sozialarbeiter: 1:40 bis 1:80
- Psychologen: 1:80 bis 1:100

Dieses multiprofessionelle Team übernimmt die spezifisch geriatrische Diagnostik mit Erstellen des geriatrischen Basis-Assessments bei Aufnahme und Entlassung, eines daraufhin abgestimmten Therapieplanes, der Durchführung der stationären Frührehabilitation sowie der tagesklinischen geriatrischen Rehabilitation und der Planung der Entlassung aus stationärer und/oder tagesklinischer geriatrischer Behandlung. Eine Pflegeüberleitung in die eigene Häuslichkeit, begleitet von professioneller ambulanter Pflege, oder in die häusliche Pflege durch Angehörige mit begleitender Vorbereitung derselben durch Pflegekurse ist notwendig. Bei Indikation und Zustimmung der Angehörigen und des Betroffenen erfolgt die Verlegung in die stationäre Heimpflege, in den letzten Jahren seit Einführung der DRGs in steigendem Maße.

44.3 Entlassungsmanagement

In der DRG-finanzierten Krankenhausbehandlung kommt einer gut vorbereiteten Entlassung eine qualitätssichernde und den Patienten stabilisierende Bedeutung zu. Vor dem DRG-Zeitalter war die Entlassung, de-

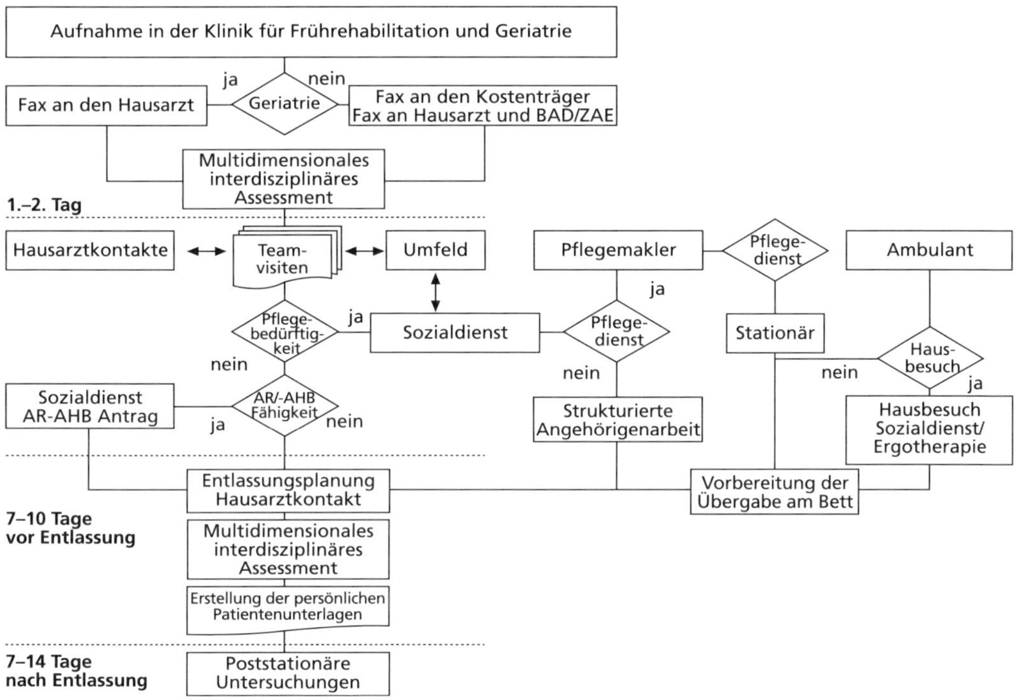

Abb. 44.1 Kooperative Entlassung

ren Vorbereitung, Terminierung und Ausführung eine Aufgabe, die nach Rücksprache mit dem Assistenzarzt durch den Sozialarbeiter im Kontakt mit Angehörigen – häufig am Freitag – erfolgte.

Bei ungenügender Absprache mit dem Hausarzt des Patienten bestand die große Gefahr von Versorgungslücken am Wochenende, so dass für den Patienten eine „Drehtüreinweisung“ als Notfall zurück in die Klinik drohte. Eine gut vorbereitete und abgesprochene Entlassung vermittelt dem Patienten und seinen Angehörigen ein Gefühl von Sicherheit und Sorgfalt, die geplante Entlassung fördert den guten Ruf des Krankenhauses, stärkt die Patientenbindung, verbessert die Ergebnisqualität und vermindert belastende „Drehtüreinweisungen“. Die Planung des für die Beteiligten richtigen Zeitpunktes der Entlassung und die Vorbereitung auf diesen Tag sollte bereits am Tag der stationären Aufnahme beginnen. Zum frühest möglichen Zeitpunkt sind Versorgungs- und Schulungsbedarf, die vorhandenen Fähigkeiten und Kompetenzen des Patienten zu erfassen. Hierbei ist das Erstellen des geriatrischen Assessments zu Beginn der stationären Aufnahme, im Verlauf sowie bei Bedarf auch vor der Entlassung indiziert. Ein Algorithmus der geriatrischen Entlassungsplanung stellt diesen Ablauf übersichtlich dar.

Ärzte unterschätzen den Bedarf des Patienten und seiner Angehörigen an Schulung und Training von notwendigen Fähigkeiten, um den betroffenen Angehörigen zu Hause stabil zu halten und die Pflegenden nicht zu überfordern. Hierbei geht es um Pflege und entlastende Lagerungen, Vorbereitung und Verabreichung von Mahlzeiten, die Körperpflege, den Toilettengang und die Förderung der Mobilität un-

Tab. 44.1 Kurse für pflegende Angehörige

	Thema	Zeit-anteil	Wann	Referent
I	Unterstützung und entlastende Hilfen für pflegende Angehörige	1 UE	1. Abend	Verbände
II	Hilfen nach SGB V, SGB XI, BSHG, Betreuungsrecht, Vollmachten etc.	1 UE	1. Abend	Verbände
III	Die psychische Situation des chronisch Kranken und des pflegenden Angehörigen	2 UE	1. Abend	Verbände
IV	Der Pflegebedürftige und seine Umgebung, Wohnraumanpassung	1 UE	2. Abend	Verbände
V	Wahrnehmung und Beobachtung des pflegebedürftigen Menschen	2 UE	2. Abend	Verbände
VI	Pflege vom chronisch Kranken (Grundpflege)	2 UE	2. Abend	Verbände
VII	Pflege vom chronisch Kranken	2 UE	3. Abend	Verbände
VIII	Optimale Medikamenteneinnahme und Compliance	1 UE	3. Abend	Verbände
IX	Ausgewählte Pflegehandlungen incl. aktivierende Pflege nach Bobath	3 UE	4. Abend	Krankenhaus
X	Umgang mit Pflegehilfsmitteln	1 UE	4. Abend	Krankenhaus
XI	Prophylaxe von Folgeerkrankungen und Komplikationen	2 UE	5. Abend	Krankenhaus
XII	Prävention	2 UE	5. Abend	Krankenhaus
XIII	Besondere Pflegesituationen Krankenhausseelsorge, Sterbebegleitung	4 UE	6. Abend	Krankenhaus

ter Einsatz von Hilfsmitteln. Vermittelt werden diese wichtigen Fähigkeiten in **Pflegekursen für Laien**, die von den Krankenkassen für Angehörige von Pflegebedürftigen in einem Zeitumfang von 10–12 Terminen à 2 h (20–24 h) mit 1–2 Gruppentreffen pro Woche angeboten werden. Diese Kurse sind für den teilnehmenden Angehörigen kostenfrei. Ein Beispiel für die Inhalte dieser Pflegekurse in Schleswig-Holstein ist **Tab. 44.1** zu entnehmen. Die Pflegekurse in der Klinik für Frührehabilitation und Geriatrie werden in gemeinsamer Organisation mit den regionalen Sozialverbänden der Diakonie, DRK und Arbeiterwohlfahrt durchgeführt, wodurch die regionale Zusammenarbeit zwischen diesen Sozialverbänden und dem Klinikum gefördert wird.

Das praktische Training der Angehörigen findet zum Teil auf der geriatrischen Station statt, schließt, wenn möglich, die Pflege am betroffenen Angehörigen unter Anleitung von stationären Pflegemitarbeitern ein. Bei gutem Gelingen dieser praktischen Kooperation zwischen pflegenden Angehörigen, Pflegemitarbeitern der Station und Mitarbeitern der Sozialverbände können Grundlagen für ein stationär-ambulantes Pflegenetzwerk gelegt werden.

Diese Pflegekurse sind eingebettet in ein Angebot flankierender Maßnahmen mit dem Ziel der Stabilisierung häuslicher Pflege. Hierzu gehören bei Bedarf mehrere Be-

ratungstermine in der Pflegeberatungsstelle des Kreises.
AOK und BEK bieten über die Pflegekurse hinaus weitergehendes Training und psychologische Stabilisierung von Betroffenen und Angehörigen über 3–5 ambulante Pflegeeinsätze als praktische Unterstützung am Patienten zu Hause an.
Der Angehörige wird durch Fachpflege im Rahmen der realen häuslichen Umgebung eingewiesen. So kann Überforderung von pflegenden Angehörigen und damit möglichen Pflegekatastrophen vorgebeugt werden. Aus diesen Pflegekursen können sich mit Unterstützung der Klinik Angehörigengruppen entwickeln, die dem Erfahrungsaustausch, der Entlastung und Entwicklung regionaler Pflegenetzwerke dienen. Eingebunden werden regionale Angebote von Tages- und Nachtpflege, die zusätzlich zur Entlastung von pflegenden Angehörigen genutzt werden. Diese Tages- und Nachtpflege kann in Anspruch genommen werden, wenn die Pflege zu Hause nicht im notwendigen Umfang sichergestellt ist. Sie schließt die Beförderung von der Wohnung zur Einrichtung und zurück ein. Die Pflegekasse übernimmt je nach Pflegestufe die monatlichen Kosten von 383–1 073 Euro. Daneben besteht die Möglichkeit der Gewährung von stationärer Kurzzeitpflege für 28 Tage pro Jahr für höchstens 1 431 Euro, bei Krisensituationen in der Häuslichkeit bzw. bei notwendigem Urlaub der Pflegeperson.
Entlastend und Sicherheit-gebend wirkt für zu Hause lebende, durch Krankheit und Pflegebedürftigkeit bedrohte Alleinstehende auch der Haus-Notruf, der von Sozialverbänden, z. B. DRK, angeboten wird.

44.4 Pflege – eine sozialpsychologische Betrachtung

Voraussetzung für die Übernahme der häuslichen Pflege ist die **Pflegebereitschaft** des Pflegenden. Sie umfasst die Gesamtheit der persönlichen, sozialen und traditionsbedingten Motive zur Übernahme der Pflege.
Die **Pflegefähigkeit** umfasst die nicht nur vom Alter abhängigen und von geschlechtsspezifischer Sozialisation geprägten, sondern auch individuell unterschiedlich vorhandenen Kompetenzen, Möglichkeiten, praktischen Fähigkeiten und kognitiven Bewältigungsmuster zur alltäglichen Organisation und Durchführung häuslicher Pflege. Die **Pflegefähigkeit** schließt mit ein den Gesundheitszustand, die körperliche und seelische Verfassung, die Fähigkeit zur Mobilisierung und Inanspruchnahme von persönlichen Ressourcen für die Übernahme der **Angehörigenpflege (s. Abb. 44.2)**.
Die Gruppe der 41- bis 60-jährigen Frauen ist mit 41 % die größte Gruppe der Pflegenden, gefolgt von den über 60-Jährigen, die mit 26 % die zweitgrößte Gruppe der Pflegenden im Alter stellen. Beide Frauengruppen haben nach 1945 mit großer Wahrscheinlichkeit eigene Kinder bekommen und großgezogen, möglicherweise sogar bei der Betreuung von Enkelkindern mitgeholfen. Sie haben die Bereitschaft zur Unterstützung, des Gebens und Nehmens zwischen den Generationen in vielfacher Weise bewiesen.
Als Pflegeperson gilt jeder, der einen pflegebedürftigen Menschen nicht erwerbsmäßig mindestens 14 h in der Woche in seiner häuslichen Umgebung pflegt. Ist diese Pflegeperson nicht oder nur bis zu 3 h in der Woche erwerbstätig, wird sie entsprechend der Pflegeeinstufung des Pflegebedürftigen und dem sich daraus ergebenden Umfang der Pflege in der gesetzlichen Rentenversicherung versichert. Die Beiträge zur gesetz-

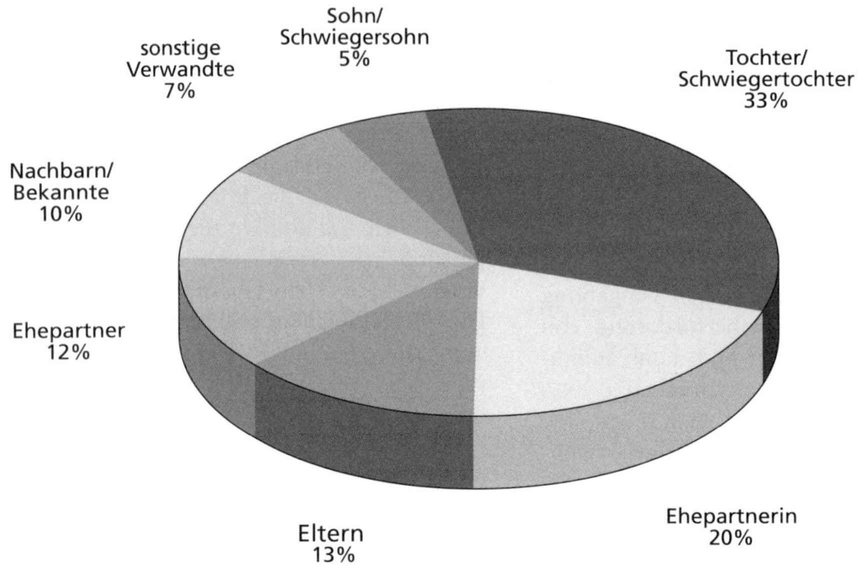

Quelle: Deutsches Institut für Wirtschaftsforschung 19.03.2001

Abb. 44.2 Wer pflegt in der Familie?

lichen Rentenversicherung übernimmt die Pflegeversicherung.

Angehörige von Pflegebedürftigen sind durch diese Pflege zu Hause besonders belastet, dies gilt insbesondere für konfliktreiche Beziehungen zwischen pflegender Tochter/Schwiegertochter und Pflegebedürftigen. Die **Prävalenz von Depressionen** ist **bei Pflegenden** dreimal höher als in der Normalpopulation. Es besteht eine erhöhte Prävalenz für Schlaflosigkeit, chronische Schmerzen, Herz-Kreislauf-Erkrankungen, die einhergehen mit erhöhter Einnahme von Analgetika und Tranquilizern. In der Pflege besonders belastend sind Demenz- und Schlaganfallpatienten mit ausgeprägter Behinderung und Persönlichkeitsveränderung. Eine Überforderung des Pflegenden ist kausal für eine unzureichende Pflege, deren Folge die Heimeinweisung ist.

Die Häufigkeit **stationärer Heimversorgung** nimmt bei über 80-Jährigen deutlich zu. Die Begründung für diese aufwendigste Versorgungsform im Alter ist das Ausmaß der Pflegebedürftigkeit und Behinderung der Betroffenen, manifeste psychiatrische Erkrankungen wie Demenz und Depression, Schlaganfall sowie Fehl- und Mangelernährung, konsumierende Erkrankungen, Harn- und Stuhlinkontinenz, rezidivierende Stürze und Frakturen. Von den über 80- bis 84-Jährigen sind 38 %, bei den über 90-Jährigen mehr als 60 % pflegebedürftig; Frauen werden im Alter stärker pflegebedürftig als Männer. Die Tatsache, dass Frauen häufig allein zurückbleiben und ihren Ehemann bzw. Lebenspartner um 7–8 Jahre überleben, ist ein weiterer Grund für deren Umzug ins Altenheim.

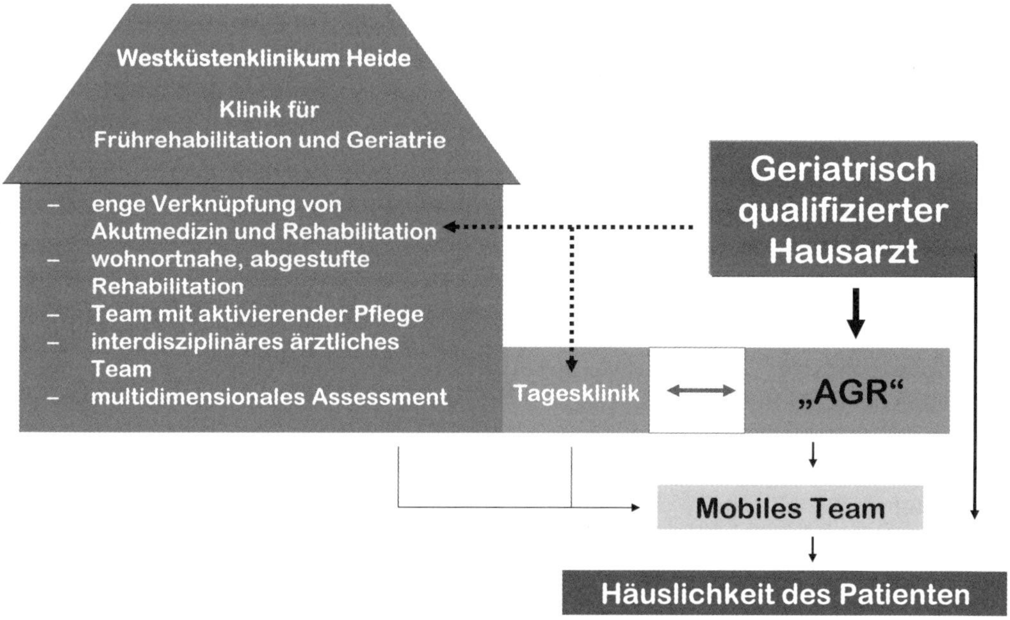

Abb. 44.3 Integrierte geriatrische Versorgung

Die ambulante Pflege ist weiblich. Sie wird in der Häuslichkeit im Wesentlichen – zu 33 % – getragen von Tochter und Schwiegertochter, zu 20 % durch Ehepartner.

44.5 Geriatrische Integrationsversorgung

Das regionale Zusammenführen der an der Versorgung Älterer und Hochbetagter beteiligten Klinikgeriater, Therapeuten, Pflegekräfte und Sozialarbeiter mit geriatrisch qualifizierten Hausärzten, ambulant tätigen Therapeuten und Pflegekräften mit dem Ziel der inhaltlichen Absprache und Vernetzung ambulanter und stationärer Angebote ist die Grundlage einer regionalen geriatrischen Integrationsversorgung (**s. Abb. 44.3**). Während in der geriatrischen Klinik und Tagesklinik neben der spezifischen geriatrischen Diagnostik und Therapie auch begleitende Frührehabilitation stattfindet, ist eine ambulante Nachsorge für ältere Menschen nach Krankenhausaufenthalt bisher nicht ausreichend gewährleistet. Der Erfolg und die gewachsene Akzeptanz klinisch geriatrischer Arbeit bei Patienten, Angehörigen und niedergelassenen Ärzten, ihr weitgehend flächendeckendes Angebot sowie die vorhandenen Kooperationen mit niedergelassenen Haus- und Fachärzten in geriatrischen Qualitätszirkeln macht die geriatrische Klinik und Tagesklinik zum Ausgangspunkt für diese mit der Klinik vernetzte ambulante Behandlung. Sie schließt die nachgehende, in die Häuslichkeit zielende rehabilitative Versorgung älterer Patienten ein. Sie ermöglicht in Kooperation mit geriatrisch qualifizierten Haus- und Fachärzten den Erfolg der stationären und tagesklinischen Geriatrie zu festigen und die Wiedereingliederung in die häusliche Umgebung trotz bestehender Funktionsdefizite zu sichern. Für diese Form der integrativen Versorgung geriatrischer Patienten nach Klinikentlassung sprechen folgende Argumente:

- Wohnortnähe,
- Einbinden der Angehörigen,
- Verbesserung der Chancen für den Erhalt bzw. die Wiedergewinnung einer selbstständigen Lebensführung,
- Verminderung von „Drehtüreinweisungen",
- Aufbau einer lückenlosen Behandlungs- und Rehabilitationskette.

Diese ambulante geriatrische Versorgung ist indiziert für zwei Gruppen älterer Patienten:

- Patienten, die aus stationärer bzw. teilstationärer Behandlung kommend im Übergang in die Häuslichkeit/stationäre Altenversorgung noch einen erhöhten Bedarf an Nachsorge und Rehabilitation haben,
- Patienten in ambulanter Behandlung, noch in Selbstständigkeit oder in der Familie lebend, mit bereits nachweisbaren Funktionsstörungen bei Multimorbidität, die in ihrer selbstständigen Lebensführung gefährdet sind.

Die selbstständige Lebensführung älterer Patienten wird durch verschiedene typische Auslöser bedroht wie z. B.:

- ausgeprägte Seh-, Hör- und Kommunikationsstörungen,
- beginnende kognitive Defizite,
- chronische Schmerzen,
- Inkontinenz,
- Depression,
- Mangel- und Fehlernährung,
- Polypharmazie,
- sich entwickelnde Immobilität.

In dieser für den Patienten im Übergang von der Klinik in die Häuslichkeit bedrohlichen Situation sollte er neben den bereits erfolgten flankierenden sozialen Maßnahmen in Abhängigkeit von bestehenden oder drohenden Schädigungen und Fertigkeitsstörungen neben der ärztlichen und pflegerischen Leistung zwei therapeutische Behandlungen von jeweils 30 min Dauer erhalten. Die Gesamtdauer dieser ambulanten geriatrischen Versorgung sollte 20 Behandlungstage bei 2–5 Behandlungstagen pro Woche betragen und dem Bedarf des Patienten individuell angepasst werden. Die letztendliche Verantwortung übernimmt der geriatrisch qualifizierte Hausarzt in Kooperation mit der geriatrischen Klinik.

Literatur

Hartmannbund, AWO: Ambulante Geriatrische Rehabilitation: Dokumentation der Fachtagung am 12. Mai 1995 in Ulm

Kienitz, D (2002) Fit für das Alter der Patienten, Nordlicht 6, S 21–22

Ministerium für Arbeit, Soziales, Jugend und Gesundheit des Landes Schleswig-Holstein (1995) Schmidt & Klaunig, Kiel

Nikolaus T, Pientka L (1999) Funktionelle Diagnostik. Assessment bei älteren Menschen. Quelle & Meyer Verlag, Wiebelsheim

Seminarreihe Ambulante Geriatrie/Ambulante Geriatrische Rehabilitation (2003) Ärzteblatt Schleswig-Holstein 12, S 50

Stamm T, Runge M, Bernhart W, Kolb G (1999) Ambulante Geriatrische Rehabilitation, Lehr- und Seminarprogramm für Hausärzte. MMV, München

Stamm T, Andreßen C, Heusinger von Waldegg, G (2002) Demographische Herausforderung. Ärzteblatt Schleswig-Holstein 5, S 71–75

Stamm T, Rittgerodt K, Gehrke A (1995) Ambulante geriatrische Rehabilitation: Konzepte, Chancen und Forderungen an die beteiligten Ärzte. ZaeF 89: 847–857

Stamm T, Zimmer B, Rapp G, Gehrke A (1995) Wohnortnahe geriatrische Rehabilitation: Grundsätze und Anforderungen. Geriatrie Praxis 5:28–32

Stamm T, Hager K (1998) Sanfter Übergang oder Sturz ins Leere. Krankenhausumschau spezial, 15:11–13

Stamm T, Döhner H (2005) Geriatrische Qualifizierung für Hausärzte. Entwicklung, Erprobung und Evaluation eines interdisziplinären Fortbildungskonzeptes. Gerontologie 9, LIT Verlag, Münster

45 Selbstbestimmung im Alter, Vorsorgestrategien, Betreuung

Frank Erbguth

Einleitung

Obwohl die Prinzipien und Regularien der Selbstbestimmung und ihrer Instrumentarien im Falle der Entscheidungsunfähigkeit unabhängig vom Lebensalter gelten, besitzen sie doch bei Betagten eine größere Bedeutung, weil hier zum einen eine realistischere Gefahr schwerer Erkrankung besteht und zum anderen die Betroffenen häufiger angesichts geringerer Heilungs- und Genesungschancen bei schwerer Erkrankung und Multimorbidität im hohen Alter fürchten, in von ihnen nicht gewünschtem Umfang behandelt zu werden und ohne eigene Widerspruchsmöglichkeit zu einem Überleben „um jeden Preis" gezwungen zu werden.

45.1 Patientenselbstbestimmung und „Informed consent"

Traditionell war ärztliches Handeln zwar insofern „patientenorientiert", als es stets dem Wohle des Patienten verpflichtet war („salus aegroti suprema lex"). Was allerdings zum Wohle des Patienten diagnostisch und therapeutisch geschah, lag – begründet durch den Kompetenzvorsprung – vorwiegend in der Entscheidung des Arztes. Dieses als „paternalistisch" gekennzeichnete Paradigma der Arztrolle ist in den letzten Jahrzehnten dem Primat der „Selbstbestimmung des Patienten" gewichen („voluntas aegroti suprema lex") und wird mit dem Begriff der „Patientenautonomie" gekennzeichnet. Dieser Akzentverschiebung der ethischen Diskussion entsprechen auch die juristischen Normen durch Gesetze und Rechtsprechung. Das bestehende Kompetenzgefälle zwischen Arzt und Patient wird ausgeglichen durch die Verpflichtung des Arztes, den Patienten umfassend aufzuklären und zu informieren und ihn dadurch im Sinne des „informed consent" entscheidungsfähig zu machen. Vor diesem Hintergrund ist bedeutsam, dass eine ärztliche Maßnahme am Patienten rechtssystematisch prinzipiell den Tatbestand der „Körperverletzung" erfüllt und nur unter drei Grunderfordernissen gerechtfertigt ist, nämlich der

- Indikation der Maßnahme,
- Zustimmung des Patienten (erklärt oder mutmaßlich),
- Durchführung nach den fachlichen Regeln und mit der notwendigen Sorgfalt („lege artis").

Ist der Patient nicht entscheidungs- oder äußerungsfähig (z. B. durch Bewusstseinstrübung oder Sprachstörung), so wird im Notfall seine Zustimmung unter Annahme seines mutmaßlichen Überlebenswillens als gegeben vorausgesetzt („Geschäftsführung ohne Auftrag" durch den Arzt). Liegt kein Notfall vor, treten ersatzweise andere Personen oder Instrumentarien in Kraft, die im Folgenden näher charakterisiert werden.
So hat der Patient nach geltendem Recht drei Möglichkeiten, Behandlungswünsche für den Fall der Entscheidungsunfähigkeit festzulegen:

1. die Patientenverfügung als Behandlungsanweisung,
2. die Vorsorgevollmacht, die die Möglichkeit bietet, eine Vertrauensperson mit der rechtswirksamen Wahrnehmung seiner unterschiedlichen Interessen (einschließlich Gesundheitsfragen) zu beauftragen, und
3. die Betreuungsverfügung als Festlegung einer mit der Betreuung zu beauftragenden Person mit eventuellen inhaltlichen Anweisungen.

Ein häufiger Irrtum ist, dass „automatisch" nahe Angehörige für den Betroffenen entscheiden könnten; selbst Ehegatten oder Kinder dürfen allerdings keine rechtsverbindlichen Erklärungen abgeben oder Entscheidungen treffen (Ausnahme sind die sorgeberechtigten Eltern bei minderjährigen Kindern). Die Rechtssystematik der Selbst- und Fremdbestimmung im Falle nicht möglicher Entscheidungsfähigkeit ist in **Abb. 45.1** zusammengefasst.

45.2 Patientenverfügung

Mit ihr wird für den Fall der eigenen Entscheidungsunfähigkeit schriftlich der Wille hinsichtlich der Art und Weise einer ärztlichen Behandlung niedergelegt, womit das Selbstbestimmungsrecht gewahrt werden soll. Patientenverfügungen besitzen bislang keine explizite gesetzliche Grundlage, sind jedoch in ihrer Bedeutung durch höchstrichterliche Urteile gewürdigt worden. Ein hoher Verbindlichkeitsgrad von therapiebegrenzenden Patientenverfügungen wurde von Ärzten kritisiert mit dem Hinweis auf eine im aktuellen Zustand unter Umständen abweichende Entscheidung des Betroffenen. Allerdings ist der Bundesgerichtshof 2003 diesen Einwänden gegen die Beachtung einer Patientenverfügung entgegengetreten, in dem er die Verbindlichkeit der Patientenverfügung gestärkt hat. Demnach darf eine Verfügung nicht unterlaufen werden *„unter spekulativer Berufung darauf, [...] dass der Patient vielleicht in der konkreten Situation doch etwas anderes gewollt hätte."*

Damit wird dem Patienten zugunsten seiner antizipierten Selbstbestimmung ein Irrtumsrisiko auferlegt. Auch nach den Grundsätzen der Bundesärztekammer zur ärztlichen Sterbebegleitung von 2004 ist *„die in einer Patientenverfügung zum Ausdruck gebrachte Ablehnung einer Behandlung für den Arzt bindend, sofern die konkrete Situation derjenigen entspricht, die der Patient in der Verfügung beschrieben hat, und keine Anhaltspunkte für eine nachträgliche Willensänderung erkennbar sind*". Die Missachtung des in einer Patientenverfügung ausgedrückten Patientenwillens kann als Körperverletzung Rechtsfolgen haben. Demnach besteht eine gewisse Beweislastumkehr im Vergleich zur früheren zurückhaltenden Akzeptanz durch die Ärzte: heute müsste bei Nichtbeachtung vom Arzt begründet dargelegt werden, welche Gründe ihn bewogen haben, eine Patientenverfügung nicht zu beachten. Eine Patientenverfügung ist um so hilfreicher für Ärzte und Angehörige, je zeitnaher und konkret krankheitsbezogener sie formuliert wird und sollte nicht nur allgemein gehaltene Formulierungen enthalten, wie z. B. den Wunsch „in Würde zu sterben" oder „wenn ein erträgliches Leben nicht mehr möglich" erscheint.

Deshalb ist es empfehlenswert, eine einmal niedergelegte Patientenverfügung in bestimmten – vom Gesetz nicht vorgeschriebenen – Zeitabständen und bei schwerer Erkrankung zu überprüfen und zu aktualisieren. Eine Patientenverfügung kann jederzeit geändert oder widerrufen werden. Die Beratung durch einen Arzt bei der Abfassung sorgt in der Regel für später besser nachvollziehbarere Formulierungen und erleichtert die Akzeptanz.

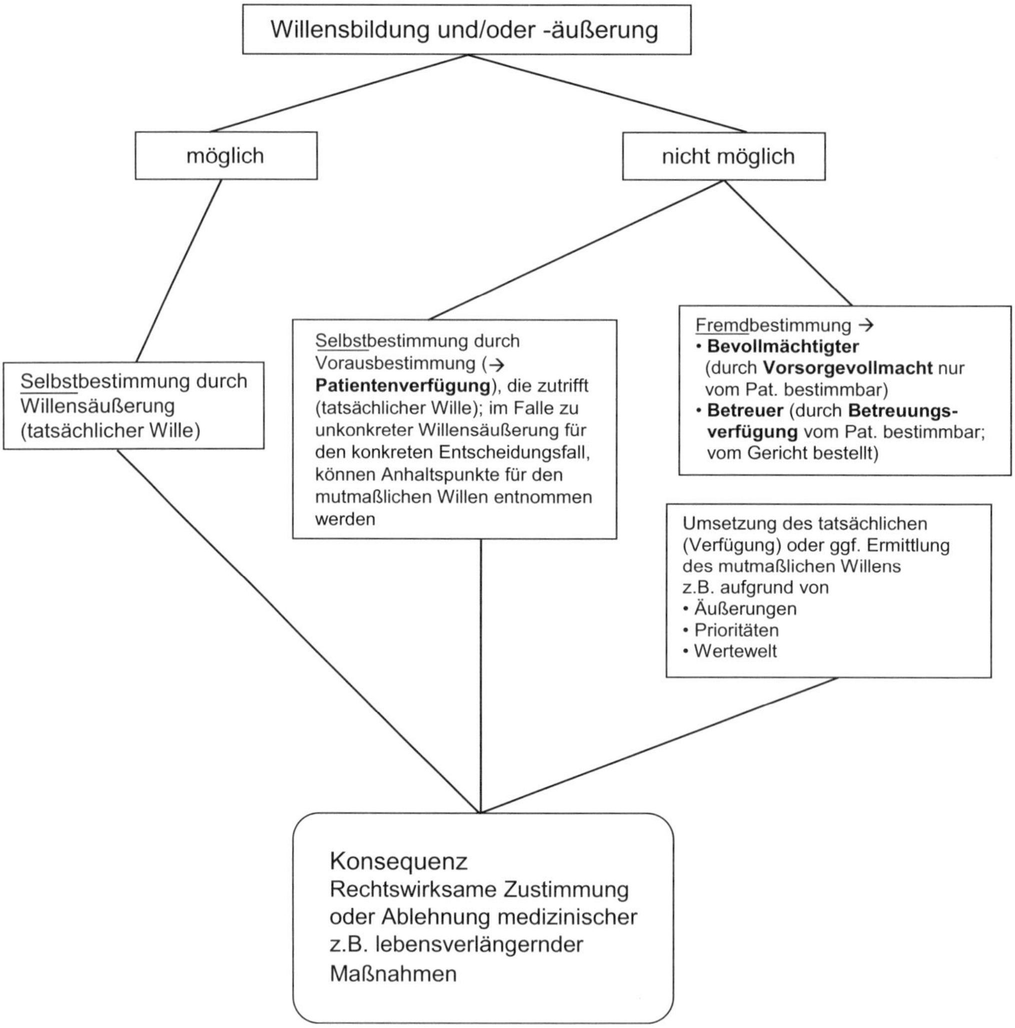

Abb. 45.1 Rechtssystematik der Geltendmachung des eigenen Willens

45.3 Vorsorgevollmacht

Eine ausgestellte Generalvollmacht etwa „zur Vertretung in allen Angelegenheiten" deckt den Bereich der Gesundheitsvorsorge nicht ab. Die Vorsorgevollmacht hat ihre Rechtsgrundlage in § 1896 Abs. 2 BGB. In § 1904 Abs. 2 BGB wird der mögliche Geltungsbereich einer Vorsorgevollmacht ausdrücklich auf den Bereich der Gesundheitsfürsorge ausgedehnt. Wenn eine Vorsorgevollmacht erstellt ist, braucht in der Regel kein Betreuer bestellt werden. Daher muss sich der Arzt vor der Anregung einer Betreuung kundig machen, ob eine Vollmacht besteht. Hat er dies fahrlässigerweise unterlassen, können ihm die Verfahrenskosten einer unnötigen Einrichtung einer Betreuung aufgebürdet werden. Nach § 1904

Abs. 2 BGB bedarf der Bevollmächtigte (wie der Betreuer) der vormundschaftsgerichtlichen Genehmigung bei Einwilligung in Maßnahmen, bei denen die begründete Gefahr besteht, dass der Patient aufgrund der Maßnahme stirbt oder einen schweren und länger dauernden gesundheitlichen Schaden erleidet. Für verschiedene Aufgabengebiete (z. B. Gesundheitsfürsorge und Vermögensangelegenheiten) können jeweils unterschiedliche Bevollmächtigte eingesetzt werden; allerdings benötigt dann jeder eine eigene Vollmachtsurkunde. Grundsätzlich kann eine Vollmacht auch an mehrere Bevollmächtigte so erteilt werden, das die Vertretung gemeinsam erfolgen muss (z. B. mehrer Kinder). Handlungsfähig ist ein Bevollmächtigter nur dann, wenn er die Vollmacht im Original vorweisen kann. Grundsätzlich kann bei nachhaltigem begründeten Verdacht auf einen Vollmachtsmissbrauch (z. B. bei eklatanten nicht-nachvollziehbaren Entscheidungen im Erkrankungsfall) gemäß § 1896 Abs. 3 BGB ein Kontrollbetreuer – z. B. auf Anregung des Arztes – ernannt werden, dem als Aufgabe die Beaufsichtigung des Bevollmächtigten obliegt. Bevollmächtigte sind ebenfalls wie Betreuer gehalten, dem geäußerten (und möglichst mittels Patientenverfügung dokumentierten) Willen oder dem mutmaßlichen Willen Geltung zu verschaffen. Grundsätzlich sind also die Anweisungen eines Bevollmächtigten zu befolgen, wenn sie nicht anderen (vorweggenommenen) Äußerungen des Patienten entgegenstehen.

45.4 Einrichtung einer Betreuung – Betreuungsverfügung

Volljährige Personen erhalten einen Betreuer, wenn sie aufgrund einer psychischen Krankheit oder einer körperlichen, geistigen oder seelischen Behinderung ihre Angelegenheiten ganz oder teilweise nicht besorgen können (§ 1896 BGB). Durch eine Betreuung wird für die jeweils notwendigen Aufgabenkreise ein gesetzlicher Vertreter („Betreuer“) durch das Vormundschaftsgericht bestellt. Dies kann ein Angehöriger, eine befreundete oder bekannte Person, ein ehrenamtlicher oder Vereins- oder Berufsbetreuer oder eine Betreuungsbehörde sein. Der Betreute hat grundsätzlich Anhörungsrecht; für den Fall der mangelnden Entscheidungs- oder Äußerungsfähigkeit kann er im Rahmen einer „Betreuungsverfügung“ (§ 1901a BGB) vorsorglich Wünsche hinsichtlich der zu bestellenden Person aber auch hinsichtlich der Art und Weise der Durchführung der Betreuung festlegen. Auch kann bestimmt werden, wer keinesfalls als Betreuer in Betracht gezogen werden soll. Diese Wünsche sind für das Gericht grundsätzlich verbindlich. Die Entscheidungen des Betreuers im ihm zugesprochenen Aufgabenkreis sind rechtswirksam und somit auch für den Arzt bindend. Allerdings muss der Betreuer nach § 1904 Abs. 2 und 1906 BGB bei Einwilligungen in Unterbringungen oder Maßnahmen, bei denen die begründete Gefahr besteht, dass der Patient aufgrund der Maßnahme stirbt oder einen schweren und länger dauernden gesundheitlichen Schaden erleidet, eine vormundschaftsgerichtliche Genehmigung einholen.

Nachdem jahrelang rechtlich strittig war, ob auch die Ablehnung einer lebensverlängernden Maßnahme durch den Betreuer der entsprechenden Genehmigung durch das Vormundschaftsgericht bedürfe, hat mittlerweile der Bundesgerichtshof 2003 die Genehmigungspflicht für den Fall bejaht, dass ein Betreuer eine ärztlicherseits „angebotene“ Therapie verweigert (s. Kapitel 46). Praktisch ist damit das Gericht nur dann bei der Beendigung lebenserhaltender Maßnahmen anzurufen, wenn es zu Konfliktfällen zwischen Arzt und Betreuer kommt.

45.5 Kombination der Vorsorgeinstrumente

Da alle Vorsorgeinstrumente für sich genommen gewisse Begrenzungen aufweisen, ist es sinnvoll, sie zu kombinieren. So ist es günstig, wenn einer Patientenverfügung durch einen Vorsorgebevollmächtigten Durchsetzungskraft und „Rechtsmacht" verliehen werden kann. Ebenso kann der Bevollmächtigte unter Bezug auf den mutmaßlichen Willen des Betroffenen vage Formulierungen in Patientenverfügungen persönlich rechtswirksam präzisieren. Gleiches gilt für eine Betreuungsverfügung. Alle drei Instrumente können kombiniert werden, wenngleich bei Vorliegen einer Bevollmächtigung eigentlich eine Betreuung überflüssig ist.

45.6 Formvorschriften für Vollmachten und Verfügungen

Nach der gegenwärtigen Rechtslage ist aus Gründen der Klarheit und Beweiskraft eine schriftliche Abfassung von Vollmachten und Verfügungen notwendig, die nicht zwingend handschriftlich erfolgen muss. Allerdings lässt sich späteren Zweifeln an der Geschäftsfähigkeit oder Testierfähigkeit des Vollmacht- oder Verfügungsausstellers durch eine handschriftliche Abfassung eher begegnen. Auch Vordruckmuster können verwendet werden. Es kursieren allerdings im Moment mehr als 200 unterschiedliche Vorschläge verschiedener Institutionen für geeignete „Patientenverfügungen". Empfehlenswert sind die entsprechenden Formvorschläge des „Bayerischen Staatsministeriums der Justiz". In jedem Fall müssen Ort, Datum und vollständige eigenhändige Unterschrift enthalten sein. Eine notarielle Beurkundung ist generell nicht notwendig, sondern ausschließlich dann, wenn die Vollmacht neben Regelungen im Krankheitsfall auch zum Erwerb oder zur Veräußerung von Grundstücken oder zur Darlehensaufnahme berechtigen soll. Unter Umständen können allerdings durch eine notarielle Beurkundung spätere Zweifel an der Wirksamkeit der Vollmacht leichter vermieden werden.

45.7 Vorsorgeinstrumente in der gesellschaftspolitischen Diskussion

Wie auch in Kap. 46 detailliert erläutert wird, ist insbesondere die Gültigkeit und Wirksamkeit der Vorsorgeinstrumente – insbesondere der Patientenverfügung – im Falle von Begrenzungen und Abbrüchen von lebenserhaltenden Maßnahme Gegenstand kontroverser Diskussionen. Auch unterscheiden sich die geäußerten Vorschläge unterschiedlicher Kommissionen (Enquete-Kommission „Ethik und Recht der modernen Medizin des Deutschen Bundestages" 2004 versus Arbeitsgruppe „Patientenautonomie am Lebensende" 2004); ein Gesetzentwurf zur Änderung des Betreuungsrechts wurde nach seiner Vorlage wieder zurückgezogen. Kernpunkte der Kritik sind folgende Überlegungen und Fragen:

- Würde sich ein Patient angesichts einer konkreten Erkrankung vielleicht doch anders entscheiden als im Voraus bei Abfassung seiner Patientenverfügung (s. o.)?
- Soll eine Patientenverfügung mit dem Verzicht auf lebenserhaltende Maßnahmen (z. B. künstliche Ernährung) nur für einen mehr oder weniger absehbaren Sterbeprozess gelten oder auch für „stabile" Phasen schwerster Erkrankungen (z. B. Wachkoma)?

- Während ein Patient sonst jeden medizinischen Eingriff rechtwirksam nur nach ausführlicher ärztlicher Aufklärung ablehnen oder in ihn einwilligen kann, ist im Falle sehr weitreichender medizinischer Entscheidungen im Rahmen einer Patientenverfügung bislang keine ärztliche Mithilfe oder Aufklärung verpflichtend.
- Trotz der garantierten Freiwilligkeit, eine Patientenverfügung mit therapiebegrenzendem Inhalt zu erstellen, ist es denkbar, dass gerade im Bereich der Altersmedizin ein gesamtgesellschaftliches Klima entsteht, das Menschen veranlasst, durch eine Patientenverfügung nicht aus inneren Gründen heraus, sondern sozusagen im Sinne der „social correctness" auf eine aufwändige Behandlung im Alter zu verzichten, um Angehörigen und „der Gesellschaft" sozial und ökonomisch „nicht zur Last zu fallen". Auffällig ist immerhin, dass fast ausschließlich begrenzende Patientenverfügungen verfasst werden, während positive Wünsche über in Anspruch zu nehmende Therapien kaum niedergelegt werden.
- Ist die Patientenverfügung angesichts der häufigen Depression im Alter zum Zeitpunkt der Abfassung krankheitsbedingt negativistisch beeinflusst?

Literatur

Arbeitsgruppe „Patientenautonomie am Lebensende" (2004) Patientenautonomie am Lebensende. Ethische, rechtliche und medizinische Aspekte zur Bewertung von Patientenverfügungen. Bericht vom 10. Juni 2004, http://ww.bmj.bund.de

Bayerisches Staatsministerium der Justiz (Hrsg) (2004) Vorsorge für Unfall, Krankheit und Alter. Verlag C.H. Beck, München. Im Internet: www2.justiz.bayern.de/daten/pdf/vorsorge.pdf

Borasio GD, Putz W, Eisenmenger W (2003) Neuer Beschluss des Bundesgerichtshofs: Verbindlichkeit von Patientenverfügungen gestärkt. Dt Ärztebl 100:A2062

Bundesärztekammer (2004) Grundsätze der Bundesärztekammer zur ärztlichen Sterbebegleitung. Dt Ärztebl 101:A1298–1299

Bundesgerichtshof (2003) Urteil AZ: XII ZB 2/03 vom 17.03.2003. NJW: 1588–1594

Bundesministerium der Justiz (Hrsg.) (2003) Betreuungsrecht – mit ausführlichen Informationen zur Vorsorgevollmacht. Im Internet als Download (pdf): www.bmj.bund.de

Deutscher Bundestag (2004) Enquetekommission Ethik und Recht der modernen Medizin. Drucksache 15/3700 (13.09.2004)

Ziegler A, Bavastro P, Holfelder HH, Dörner K (2002) Patientenverfügungen. Kein Sterben in Würde. Dt Ärztebl 99:A917–919

46 Therapie nach Maß: Zwischen „zuviel" oder „zuwenig" Medizin im Alter

Frank Erbguth

Einleitung

Grundsätzlich gelten in der Neurogeriatrie die gleichen Ethik- und Rechtsprinzipien wie in der Medizin des jüngeren Lebensalters. Allerdings akzentuieren sich im Alter angesichts von häufigerer Multimorbidität und verkürzter Lebenserwartung und der andererseits enormen medikamentösen und apparativen Möglichkeiten der Lebensverlängerung Fragen der Angemessenheit und der Erwünschtheit solcher diagnostischer und therapeutischer Maßnahmen und Unsicherheiten über die damit verbundenen ethischen und rechtlichen Prinzipien und Konsequenzen. Das „numerische" Alter wird häufig zum Anlass genommen, den Sinn und Umfang diagnostischer und therapeutischer Maßnahmen in Frage zu stellen. Die dabei zum Ausdruck kommenden Begrenzungsüberlegungen beruhen oft auf einer Mischung klischeebehafteter intuitiver „Nutzlosigkeitsüberlegungen" („futility") in Kombination mit ökonomischen Argumenten zur „Ressourcenschonung". In Umfragen zeigte sich, dass etwa 60 % der Institutionen im Gesundheitswesen und der Ärzte der Meinung sind, dass bereits „Rationierung" im Gesundheitswesen stattfinde, wobei Alter eines der negativ gewichteten Allokationskriterien darstellt. Wenn diese „Beschränkung aus Altergründen" in eine Diskriminierung mündet, wird sie im angloamerikanischen Sprachraum als **„ageism" – „Agismus"** bezeichnet. Obwohl leider zu wenig empirische Untersuchungen über den Nutzen bestimmter Diagnostik und Therapien im Alter vorliegen, lassen die auf verschiedenen Teilgebieten neurologischer Erkrankungen vorliegenden Ergebnisse erkennen, dass entgegen skeptischen Klischees beispielsweise präventive Strategien im Alter oft sogar eine höhere Effektivität – gemessen etwa an der „number-needed-to-treat" – aufweisen, als bei jüngeren Patienten. Da Präventionsstrategien im Alter bei einer höheren natürlichen Ereignisrate wirksam werden, wirken sich gleiche „relative" Risikoreduktionen im Ausmaß der absoluten Risikoreduktion und damit der „number-needed-to treat" stärker aus. Umgekehrt kann aber auch nicht übersehen werden, dass die im Alter erhöhte Multimorbidität diagnostische, therapeutische und rehabilitative Möglichkeiten einschränkt und es von daher gerechtfertigt sein kann, „weniger" Medizin zum Einsatz zu bringen. Die Frage des „Zuviel" oder „Zuwenig" in der Altermedizin akzentuiert sich am Lebensende beispielsweise an der Indikation zur intensivmedizinischen Behandlung oder bei Therapiebegrenzungen und -abbrüchen.

„Altersmedizin nach Maß" steht letztlich zwischen den zwei Anforderungen:

- Keine medizinischen Maßnahmen ausschließlich aus Altersgründen vorzuenthalten,
- Älteren Patienten keine Medizin „um jeden Preis" aufzuzwingen.

46.1 Schaden, Nutzen und Sinnlosigkeit ärztlicher Therapien

Lag es unter dem Paradigma des „**Ärztlichen Paternalismus**" noch vorwiegend in der Entscheidung des Arztes, was zum Wohle des Patienten zu geschehen habe, so ist die Frage des eigenen Wohls für einen selbstbestimmten Patienten im medizinischen Kontext eine letztendlich nur von ihm selbst zu beantwortende Frage. Damit ist der ärztliche Grundsatz „nicht zu schaden" – nil nocere – nicht mehr (nur) „objektiv" von außen an ärztliches Handeln als Maßstab heranzutragen: was der eine ältere Patient noch als zu seinem Nutzen geschehend empfindet, bedeutet für den anderen bereits Zufügung von Schaden und Leid. Da auch seitens der Medizin oft zu Beginn einer therapeutischen Herausforderung im Alter nicht sicher ausgesagt werden kann, wie erfolgversprechend oder sinnlos im Hinblick auf ein definiertes Therapieziel eine bestimmte Strategie sein wird, ist es wichtig, zusammen mit dem Patienten Stufen oder Phasen des Prozesses zu definieren, in denen eine Neubewertung der eingeschlagenen Strategie vorgenommen werden muss. Die logische Konsequenz ist, dass erfolglose Strategien dann auch beendet werden können. Abbrüche von Therapien werden aber von Ärzten als problematisch empfunden und es wird häufig fehlinterpretiert, dass die Rücknahme einmal bereits eingeschlagener Therapiemaßnahmen rechtlich nicht erlaubt und fälschlicherweise als verbotene aktive Sterbehilfe zu werten sei.

46.2 Die Relativität der Begriffe: Wohl und Würde

Ähnlich plural wie die Bewertung dessen, was das „Wohl" des Patienten sei, ist auch die Beurteilung seiner „Würde". „Würde" wird für den medizinischen Umgang mit alten Patienten stets reklamiert, es ist aber offen, was sie im Einzelfall bedeuten soll. Das Vorhandensein oder Nicht-Vorhandensein von Würde kann nur bedingt von außen attribuiert werden (abgesehen vom objektiven Rahmen der allgemeinen Statuten der Menschenwürde), sondern ist vom Betroffenen selbst zu bewerten. So ist es nicht per se „unwürdig", eine 90-jährige Patientin zu beatmen, sondern abhängig von den konkreten Gründen und Umständen (Atemnot, Reversibilität der Ursache, prämorbider Zustand usw.) der Intensivstationsbehandlung. Es gibt Hinweise, dass zwar die Sterblichkeit älterer Patienten auf einer neurologischen Intensivstation höher ist, aber dennoch auch noch 2 Jahre nach der Entlassung eine gute Lebensqualität resultieren kann (Neundörfer et al. 1996). Ähnliches gilt für andere Themen der Altersmedizin wie etwa Demenz, Lähmungen, Behinderungen. Auch ist interpretationsbedürftig, was mit der häufig vorgetragenen Forderung nach einem „Sterben in Würde" gemeint ist. Es wird unter Verweis auf „natürliches und friedliches" Sterben die Annahme geäußert, dass würdiges Sterben nur in Abwesenheit von invasiver Medizin entstehen könne, was angesichts quälender „natürlicher" Sterbeverläufe in manchen Fällen als zynischer Fehlschluss erscheinen muss.

46.3 Ethische und rechtliche Prinzipien ärztlichen Handelns

Wenn aus medizinischer Sicht Unsicherheit über die **moralische Angemessenheit** einer Therapie im Alter besteht, wird häufig auf mehr oder weniger reflektierte Handlungsprämissen zurückgegriffen wie beispielsweise „im Zweifelsfall" eine „Maximaltherapie" zum Einsatz zu bringen oder „Patienten über 80 Jahre nie auf eine Intensivstation" zu verlegen. Mit solchen Haltungen wird auf eine Prinzipien- oder Pflichtethik (= deontologische Ethik als Variante der „normativen Ethik") zurückgegriffen, die grundsätzlich und in allen Fällen nach festen Prinzipien handelt. Anders als die deontologische Ethik fragt die teleologische Ethik (neben der „utilitaristischen Ethik" und „Verantwortungsethik" eine Form der konsequentialistischen Ethik) nach Handlungszielen und -folgen.
Seitens der **Rechtssystematik** bedarf ärztliches Handeln (siehe Kap. 45)

1. der medizinischen Indikation,
2. der Einwilligung des aufgeklärten Patienten oder entsprechender Vertreter und
3. der Durchführung nach den fachlichen Regeln und mit der notwendigen Sorgfalt („lege artis"). Damit erfüllt selbst ein grundsätzlich medizinisch indizierter und nach äußeren Maßstäben als sinnvoll zu beurteilender Eingriff den Tatbestand der „Körperverletzung", wenn der entscheidungsfähige Patient nicht in ihn einwilligt.

46.4 Therapiebegrenzung und Sterbehilfe am Lebensende

Der Arzt ist (siehe „Grundsätze der Bundesärztekammer" 2004) nicht unter allen Umständen zur Lebenserhaltung verpflichtet und kann das kurative Therapieziel zum palliativen ärztlichen Handeln hin ändern (Voltz 2004). Unter diesem Aspekt sind gerade auch bei Multimorbidität im Alter oft benutzte Formulierungen wie „austherapiert", „Therapieabbruch", „Therapia minima" und „Man kann nichts mehr tun!" abzulehnen. Das Recht kennt den Begriff der „Sterbehilfe" nicht. Im Zusammenhang mit diesem Begriff wird in Deutschland meist gesprochen von (1) aktiver (2) indirekter oder indirekt aktiver (3) passiver Sterbehilfe und (4) Beihilfe zum Suizid. Dabei ist diese Terminologie der „Sterbehilfe" teilweise missverständlich und könnte durch konkrete Benennung des Gemeinten an Klarheit gewinnen. Geredet werden könnte dann von (1) gezielter Tötung (2) Palliativtherapie (z. B. Schmerzlinderung) unter Inkaufnahme einer ungewollten Lebens- und Sterbeverkürzung und (3) Unterlassung oder Beendigung kurativer Therapien (Gesang 2001). **Verboten sind** nach § 216 StGB eindeutig **aktive Sterbehilfe** oder **Tötung auf Verlangen**, also Tötungen durch Gabe von Medikamenten o. ä. Die **Beihilfe zum Suizid** ist in Deutschland nicht „per se" strafbar (da dies auch der Suizid bzw. der -versuch nicht ist), sie ist jedoch standesrechtlich verboten und sanktioniert.
Die meisten praktischen Diskussionen werfen die in Deutschland erlaubte **indirekte Sterbehilfe** und die **passive Sterbehilfe** auf. Obwohl es bei der indirekten Sterbehilfe (z. B. Opiate zur Schmerzlinderung mit möglicher atemdepressiver Nebenwirkung) weitgehend akzeptiert ist, dass die Leidensminderung Vorrang vor bloßer Lebensverlängerung hat, besteht ein Graubereich der

Abgrenzung zur aktiven Sterbehilfe, da es Dosisbereiche bestimmter zur Leidenslinderung eingesetzter Medikamente geben kann, bei denen die Unterscheidung zwischen indirekter und aktiver Sterbehilfe allein von der Intention des Therapierenden abhängt (Inkaufnahme vs. Herbeiführen des Todes), die von außen nur schwer überprüfbar ist. Während bei der **„passiven Sterbehilfe"** ethisch und juristisch weitgehend Einigkeit darüber herrscht, dass es im unumkehrbaren Sterbeprozess keine Verpflichtung zum Lebenserhalt unter allen Umständen gibt und auch kein Unterschied zwischen dem Nicht-Beginnen und dem Beenden einer Behandlung gesehen wird (siehe unten), wird die Frage des möglichen Therapieabbruchs in Fällen, in denen der Sterbeprozess noch nicht begonnen hat und der Patient selbst nicht entscheidungsfähig ist, seit den Urteilen des Bundesgerichtshofs 1994 („Kemptener Fall") und 2003 kontrovers diskutiert. Nach den „Grundsätzen der Bundesärztekammer zur Sterbebegleitung" dürfen Maßnahmen zur Verlängerung des Lebens in Übereinstimmung mit dem Willen des Patienten unterlassen oder abgebrochen werden; Patientenverfügungen werden ebenso wie Vorsorgevollmachten und Betreuungsverfügungen (s. Kapitel 45) als wesentliche Hilfe für das Handeln des Arztes gesehen und deren Verbindlichkeit betont, wenn sie sich auf die konkrete Situation beziehen und keine Anhaltspunkte für eine Willensänderung vorliegen.

46.5 Grundsätze zur ärztlichen Sterbebegleitung

Neben den bereits erwähnten Inhalten weist die Bundesärztekammer auf die Unterscheidung zwischen Basisbetreuung und medizinischer Behandlung hin. Zur unverzichtbaren Basisbetreuung zählen u. a. menschenwürdige Unterbringung, Zuwendung, Körperpflege, Linderung von Schmerzen, Atemnot und Übelkeit sowie das Stillen von Hunger und Durst. Letztere sind nicht an das Verabreichen einer Magensonde (PEG) gebunden und deren Nicht-Anlage ist damit nicht per se moralisch gleichzusetzen mit „Verhungern- und Verdurstenlassen". Außerdem wird das Recht des Patienten auf eine wahrheitsgemäße Aufklärung betont. Im Abschnitt über die „Ermittlung des Patientenwillens" stellt die Bundesärztekammer klar, dass der Wille des Patienten Vorrang vor dem aus ärztlicher Sicht Nützlichen hat. Bei der Ermittlung des Patientenwillens ist eine klare Entscheidungshierarchie zu befolgen: Ist der Patient einwilligungsfähig, so hat der Arzt den aktuell geäußerten Willen des angemessen aufgeklärten Patienten zu beachten, bei einwilligungsunfähigen Patienten ist neben einer Patientenverfügung (s. Kapitel 45) die Erklärung des gesetzlichen Vertreters maßgeblich. Liegen weder vom Patienten noch von einem gesetzlichen Vertreter Erklärungen vor oder können diese nicht rechtzeitig beschafft werden, so hat der Arzt so zu handeln, wie es dem mutmaßlichen Willen des Patienten in der konkreten Situation entspricht. Einen Rückgriff auf „allgemeine Wertvorstellungen", wie vom Bundesgerichtshof vorgeschlagen, lehnt die Bundesärztekammer ab. Neben den Grundsätzen der Bundesärztekammer gibt es im internationalen Schrifttum auch neurologische Stellungnahmen zu den genannten Problemen (American Academy of Neurology 1998).

46.6 Therapieabbruch – Tun oder Geschehenlassen

Oft wird befürchtet, dass der Abbruch einer invasiven Maßnahme (z. B. einer Beatmung oder Dialyse) oder einer künstlichen Ernährung in einer ausweglosen Situation bzw. wenn sie dem (mutmaßlichen) Willen eines Patienten nicht (mehr) entspricht, „aktive Sterbehilfe“ darstelle (Borasio 2004). Von vielen Ärzten wird das „Nicht-Beginnen“ einer Maßnahme für moralisch akzeptabler gehalten als das „Beenden“ der gleichen Maßnahme – weil das „Nicht-Beginnen“ eher „passiv“ erscheint. Der Abbruch einer Maßnahme stellt in den meisten Fällen jedoch handlungstheoretisch ein „passiv werden“ dar, welches in einer ausweglosen Situation oder auf Wunsch des Patienten nicht anders zu bewerten ist als „passiv bleiben“. In der Medizinethik wird vom „Unterlassen durch Tun“ bzw. „Geschehenlassen durch Handeln“ gesprochen (Birnbacher 1995, Gesang 2001, Spittler 2000). Die Rechtsprechung hat bisher die prinzipiell gleiche Sichtweise und hat in Urteilen ausgeführt, dass es sich bei Therapieabbrüchen im genannten Kontext nicht um Tötung (z. B. auf Verlangen) handele, sondern um „Beistand im Sterben“.

Gerade für die Altersmedizin hat dies wichtige Implikationen: wer einen moralischen und rechtlichen Unterschied zwischen Nicht-Beginnen („legitim“) und Abbrechen („verboten“) sieht, wird manche Therapie in einer noch unentschiedenen Lage gar nicht erst anfangen, weil er glaubt, bei einer Wendung zum Schlechten dürfe er das einmal Begonnene dann nicht mehr beenden. Dies führt eventuell zum unangemessenen Therapieverzicht nur aufgrund des numerischen Alters. Ebenso ist absehbar, dass das Weiterführen einer invasiven Behandlung gegen den erklärten und kritisch geprüften Willen eines Patienten als rechtswidrige Körperverletzung Anlass zu Klagen sein dürfte.

46.7 Therapiebegrenzung bei Vollmachten und Verfügungen

Wie bereits in Kap. 45 erläutert wurde, besitzen nach dem BGH-Urteil von 2003 Patientenverfügungen zumindest dann hohen Verbindlichkeitsgrad, wenn sie ausreichend konkret auf das Geschehene zu beziehen sind (Bundesgerichtshof 2003, Borasio 2003). Damit wird dem Patienten zugunsten seiner Selbstbestimmung durch Antizipation im Rahmen einer Verfügung ein Irrtumsrisiko zugestanden, welches er im Falle des Verzichts auf lebensverlängernde Maßnahmen allerdings in den meisten Fällen nicht überleben wird. Ferner kann durch die Benennung eines Bevollmächtigten oder ersatzweise eines durch das Gericht zu berufenden Betreuers für den Fall eigener Entscheidungsunfähigkeit die Durchsetzbarkeit der eigenen Verfügung unterstützt werden oder bei verbleibenden Unklarheiten diese Personen unter Bezug auf den mutmaßlichen Willen zur Fremdvertretung berechtigen. Bis zum o. g. Beschluss des BGH vom 17.03.2003 war es juristisch umstritten, ob eine Betreuerentscheidung zum Abbruch lebenserhaltender Maßnahmen in Analogie zur gerichtlichen Zustimmungspflicht bei lebensgefährlichen Eingriffen gemäß § 1904 BGB vom Vormundschaftsgericht bestätigt werden müsse. Der BGH hat in dieser Frage entschieden, dass ein Betreuer seine Einwilligung in eine „ärztlicherseits angebotene lebenserhaltende oder -verlängernde Behandlung“ nur mit Zustimmung des Vormundschaftsgerichts wirksam verweigern dürfe. Allerdings sieht der BGH keinen Einwilligungsbedarf, wenn „ärztlicherseits eine solche Behandlung oder Weiterbehandlung nicht angeboten werde – sei es, dass sie von vorneherein medizinisch nicht indiziert, nicht mehr sinnvoll oder aus sonstigen Gründen nicht möglich sei.“

Damit ist das Vormundschaftsgericht nur in Konfliktfällen anzurufen, in denen die medizinische Einschätzung hinsichtlich der Beendigung einer lebenserhaltenden Maßnahme und der vom Betreuer vorgetragene Wille differieren.

46.8 Entscheidungshilfen in schwierigen Situationen

Als formalisierte Hilfe bei ethisch und juristisch schwierigen Entscheidungen über Fragen der Angemessenheit konkreter Maßnahmen im Alter kann eine utilitaristische „Zerlegung“ und Analyse des komplexen Gesamtproblems in Teilfragen wie beispielsweise (1) Stand der medizinischen Fakten (2) Sonstige Situation des Patienten (3) Situation der Therapeuten (4) Situation der Angehörigen oder Betreuer (5) Einordnung und Analyse der ethischen Prinzipien (6) Einordnung der konkreten juristischen Konstellation hilfreich sein. Unterstützung kann in komplexen Problemfällen auch durch die Zuziehung eines in einigen Krankenhäusern bereits verfügbaren „Ethik-Konsils“ oder einer „Mobilen Ethik-Beratung“ erfolgen (Schneiderman 2003).

Literatur

American Academy of Neurology: Ethics and humanities subcommittee (1998) Position statement: assisted suicide, euthanasia, and the neurologist. Neurology 50:596–598

Birnbacher D (1995) Handeln und Unterlassen. Reclam, Stuttgart

Borasio GD, Putz W, Eisenmenger W (2003) Neuer Beschluss des Bundesgerichtshofs: Verbindlichkeit von Patientenverfügungen gestärkt. Dt Ärztebl 100:A2062

Borasio GD, Weltermann B, Voltz R, Reichmann H, Zierz S (2004) Einstellungen zur Patientenbetreuung in der letzten Lebensphase. Eine Umfrage bei neurologischen Chefärzten. Nervenarzt 75:1187–1193

Bundesärztekammer (2004) Grundsätze der Bundesärztekammer zur ärztlichen Sterbebegleitung. Dt Ärztebl 101:A1298–1299

Bundesgerichtshof (2003) Urteil AZ: XII ZB 2/03 vom 17.03.2003. NJW: 1588–1594

Gesang B (2001) Aktive und passive Sterbehilfe – zur Rehabilitation einer stark kritisierten deskriptiven Unterscheidung. Ethik Med 13:161–175

Neundörfer B, Hilz MJ, Wimbauer M (1996) Follow-up and prognosis of patients of a neurologic intensive care unit with special reference to age. Fortschr Neurol Psychiat 64:285–291

Schneiderman LJ, Gilmer T, Teetzel HD et al. (2003) Effects of ethics consultations on nonbeneficial life-sustaining treatments in the ICU setting. JAMA 290:1166–1172

Spittler JF (2000) Unaufhaltsame Atemmuskelschwäche und Beendigung maschineller Beatmung: Tun oder Unterlassen? Ethik Med 12: 236–246

Voltz R et al. (2004) Palliative care in neurology. Oxford University Press, New York

47 Hirntodbestimmung

Marco Michels

Einleitung

Der **Hirntod wird definiert** als Zustand der irreversibel erloschenen Gesamtfunktion des Großhirns, des Kleinhirns und des Hirnstamms. Dabei wird durch kontrollierte Beatmung die Herz- und Kreislauffunktion noch künstlich aufrechterhalten. Mit der Feststellung des Hirntodes ist naturwissenschaftlich-medizinisch der Tod des Menschen nachgewiesen.

47.1 Besonderheiten im Alter

Die Hirntoddiagnostik und die daraus folgenden Konsequenzen sind für alte und junge Patienten identisch, wobei im Alter die Frage der Organverwendbarkeit in den Hintergrund tritt. Beim Angehörigengespräch muss auf das meist auch fortgeschrittene Alter des Lebenspartners Rücksicht genommen werden. Dabei sollte auf eine ruhige Gesprächsatmosphäre abseits vom Krankenbett geachtet werden. Potentiell irritierende Phänomene wie vegetative Symptome (z. B. profuses Schwitzen) oder motorische Reaktionen (z. B. Beugesynergismen oder „Lazarus-Phänomen") des Hirntoten müssen erklärt werden.

47.2 Voraussetzungen

Die Hirntoddiagnostik kann auf jeder Intensivstation außer beim primären Hirnstammschaden ohne ergänzende apparative Diagnostik erfolgen, erfordert aber unbedingt folgende Voraussetzungen:

- Das Vorliegen einer akuten schweren Hirnschädigung wird ätiologisch unterschieden bezüglich einer
  - **Primären Hirnschädigung** (ausgedehnter Hirninfarkt, intrazerebrale Blutung, subarachnoidale Blutung, Schädel-Hirn-Trauma, Enzephalitis, Hirntumor, akutes Hirnödem oder Verschlusshydrozephalus). Hierbei ist zwischen infra- und supratentoriellen Läsionen zu unterscheiden.
  - **Sekundären Hirnschädigung** (Hypoxie, Intoxikation, Hypoglykämie).
- Der Ausschluss von Funktionsstörungen oder Krankheiten, die einen Hirntod vortäuschen können (z. B. Intoxikationen, Sedierung, Relaxation, neuromuskuläre Blockaden, Hypothermie, Guillian-Barré-Syndrom, Elektrolytstörungen, schwere metabolische oder respiratorische Azidosen oder Alkalosen, Kreislaufschock, Bewusstlosigkeit, fehlende Spontanatmung oder primär fehlende Hirnstammreflexe), ist zwingend notwendig.
- Das Intervall zwischen der ersten und zweiten protokollierten Untersuchung ist zwingend einzuhalten. Es beträgt bei primärer Hirnschädigung 12 und bei der sekundären 72 h. Die Irreversibilität des Hirnfunktionsausfalls ist erst dann nach-

gewiesen, wenn zwischen der Erst- und der Folgeuntersuchung die entsprechende Beobachtungszeit eingehalten und identische Befunde erhoben wurden. Alternativ kann nach der Erstuntersuchung eine apparative Diagnostik mittels EEG, SSEP, AEP oder Nachweis eines zerebralen Zirkulationsstillstandes erfolgen (s. u.), die dann eine weitere Beobachtungszeit bei entsprechendem Befund erübrigt (**s. Abb. 47.1**).

- Die Untersuchung zur Hirntoddiagnostik muss von zwei approbierten Ärzten mit Intensiverfahrung durchgeführt werden. Für den Fall einer Organentnahme dürfen sie weder zum Transplantationsteam gehören noch der Weisung eines zu einem solchen Team gehörenden Arztes unterstehen. Die Dokumentation der Ergebnisse der Untersuchung erfolgt immer mit Zeitangabe und Unterschrift. Den Angehörigen sollte eine Einsichtnahme gewährt werden.

47.3 Obligate klinische Befundung

Koma: Das Fehlen jeglicher Reaktion auf Schmerzreize inkl. Fluchtreaktionen liegt vor, ebenso keine Spontanbewegungen, keine Mimik oder Grimassieren und keine Lautäußerungen.

Pupillenreaktion: Direkte und indirekte Lichtreaktion fehlen bei starkem Lichteinfall in die 4–9 mm weite Pupille. Eine Opiatgabe (Miosis), vorbestehende anatomische Veränderungen, Verletzungen an Kornea oder Bulbus sowie lokal wirksame Medikamente sind auszuschliessen.

Okulozephaler Reflex: Der okulozephale Reflex muss erloschen sein. Es fehlen die gegenläufigen Bulbusbewegungen bei rascher Seitdrehung des Kopfes aus der Mittelposition. Ebenso fehlen die aufwärts gerichteten Bulbusbewegungen bei schneller Nackenbeugung. Diese Manöver verbieten sich bei Instabilität oder Fraktur der Halswirbelsäule.

Kornealreflex: Der Kornealreflex muss erloschen sein. Dieser ist über einen trigeminalfazialen Reflex geschaltet. Bei Berührung der lateralen Kornea erfolgt ein reflektorisches Blinzeln. Bei Orbita-, Gesichtschädel-, Schädelbasis- oder Felsenbeinfrakturen kann der Reflexbogen unterbrochen sein, wodurch eine Bewertung als Hirntodkriterium dann nicht zulässig ist.

Trigeminus-Schmerzreaktion: Starker Reiz auf die Nervenaustrittspunkte oder die Nasenschleimhaut führt zu keiner motorischen oder vegetativen Reaktion.

Würge-, Rachen-, Husten- oder Trachealreflex: Die Berührung des Rachens erzeugt einen Würgereflex, der beim Hirntod erloschen ist. Beim intubierten Patienten ist ein Auslösen oft erschwert, so dass statt dessen auf einen Husten- bzw. Trachealreflex z. B. durch Absaugen mittels Katheter zurückgegriffen werden kann.

Apnoe-Test: Der obligatorische Apnoe-Test wird immer als **letzte** Untersuchung durchgeführt, wenn alle anderen Untersuchungen einen für den Hirntod sprechenden Befund ergeben. Ein Ausfall des Atemzentrums liegt dann vor, wenn bei einem CO_2 Partialdruck von mehr als 60 mmHg keine Eigenatmung einsetzt. Nach ausreichender vorheriger Oxygenierung ohne Hypokapnie (100 % Sauerstoff; Tidalvolumen und Atemfrequenz möglichst niedrig) kann die Hyperkapnie nach Diskonnektion (passive Oxygenierung durch Sauerstoffinsufflation in den Tubus möglich) oder Hypoventilation vom Respirator erreicht werden.

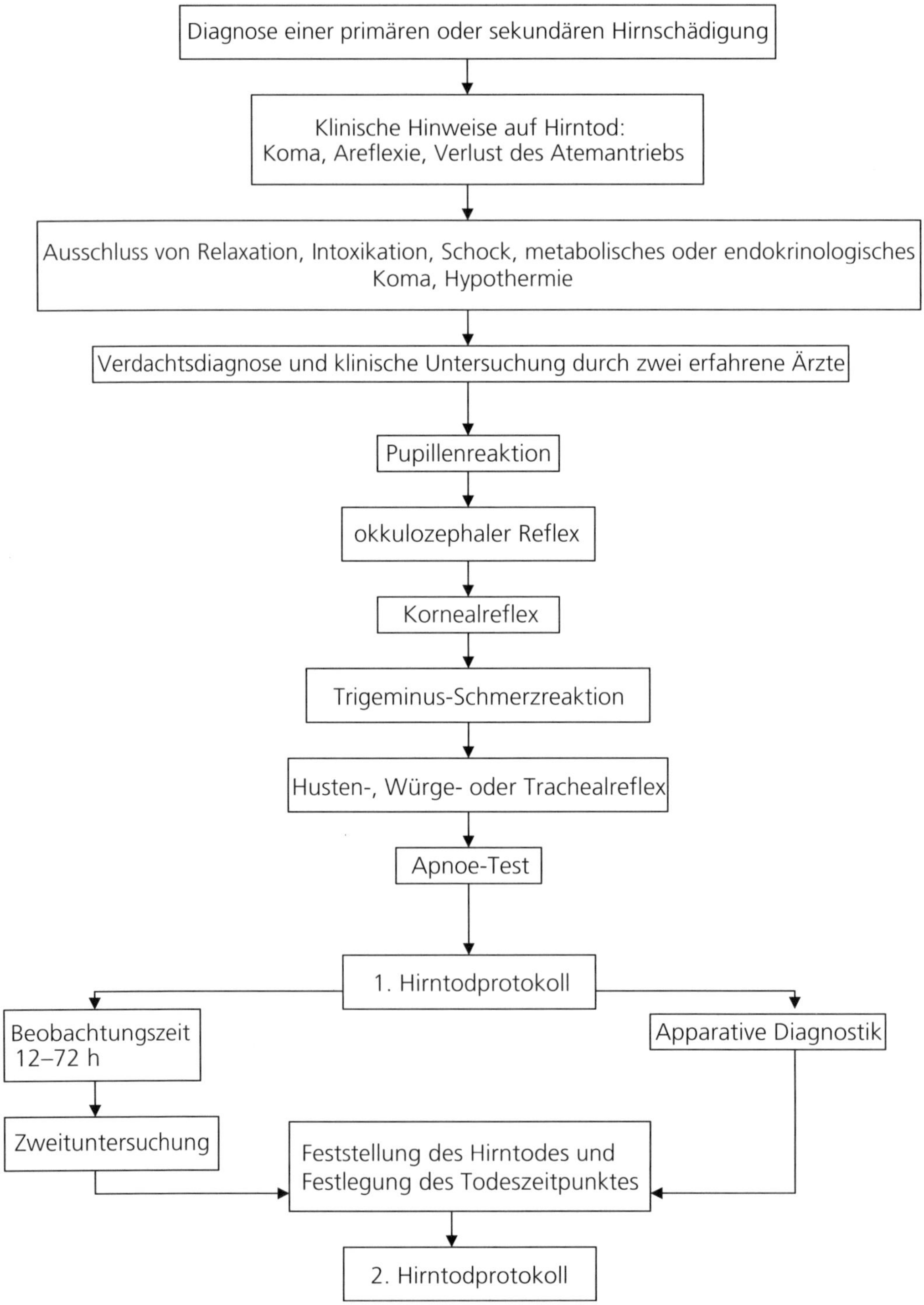

Abb. 47.1 Ablauf der Hirntodbestimmung

47.4 Fakultative klinische Untersuchungen

Vestibulookulärer Reflex: Nach Inspektion des äußeren Gehörganges und des Trommelfells werden 50 ml Eiswasser eingespült, die zu einer langsamen, tonischen Bulbusbewegung zum Reizort führen. Diese Reaktion kann bis zu einer Minute nach Reiz erfolgen. Die Untersuchung der Gegenseite darf frühestens nach 5 Minuten erfolgen. Zerumenobliterationen oder Fremdkörper können falsch negative Ergebnisse verursachen, ebenso verschiedene Medikamente (Aminoglykoside, Antiepileptika, Sedativa, trizyklische Antidepressiva, Anticholinergika, Chemotherapeutika).

Bulbovagaler Reflex: Ein starker Druck auf den Bulbus oculi führt in der Regel zu einer Verminderung der Herzfrequenz. Diese Reaktion ist beim Hirntod nicht zu beobachten.

Atropin-Test: Ein ausbleibender Herzfrequenzanstieg (< 10 % des Ausgangswertes) nach intravenöser Injektion von 2 mg Atropin (cave: Katecholamine im zuführenden Infusionschenkel führen zu „falsch positivem" Test) spricht für einen Ausfall kaudaler Hirnstammfunktionen (nicht verwertbar bei autonomer Neuropathie oder bei transplantierten Herzen). Cave: Die fehlende pharmakogene Tachykardie belegt nicht den Hirntod, da die Reagibilität auf Atropin bereits vor dem Ausfall aller Hirnfunktionen verloren gehen kann. Ein Frequenzanstieg hingegen schließt den Hirntod aus.

47.5 Apparative Diagnostik

In den **Empfehlungen der Bundesärztekammer** gilt die Durchführung **einer** der nachfolgenden Untersuchungen bei eindeutiger Beurteilbarkeit zusätzlich zur einmaligen Körperuntersuchung als ausreichend. Für alle apparativen Maßnahmen sind **definierte Geräteeinstellungen** von der Bundesärztekammer festgelegt worden (Wissenschaftlicher Beirat 1998).

EEG: Falls eine mindestens 30-minütige standardisierte EEG-Ableitung eine nicht mehr vorhandenen hirnelektrische Aktivität (Nulllinien) ergibt, kann die Irreversibilität des Hirnfunktionsausfalls festgestellt werden.

Evozierte Potentiale: Bei evozierten Potentialen besteht keine Abhängigkeit von Sedierung, Metabolismus oder Anästhesie, daher ist deren Ableitung bei den vorgenannten Einschränkungen dem EEG überlegen.

Bei der Ableitung der akustisch evozierten Potentiale (AEP) werden die Wellen I und II außerhalb und die Wellen III–V innerhalb der Hirnstamms generiert. Daher sind beim Erlöschen der Hirnstammfunktionen die Wellen III–V nicht ableitbar, I hingegen doch. Die Ausprägung von II variiert. Falls überhaupt keine Potentiale erhältlich sind, kann der Befund nur verwertet werden, wenn zuvor eine Ableitung mit noch nachweisbarem Peak I exsistierte und eine Felsenbeinquerfraktur ausgeschlossen wurde. Auch eine Meningitis kann ein falsch negatives Ergebnis bedingen.

Bei den somatosensibel evozierten Potentialen (SSEP) wird beidseits der N. medianus untersucht. Beim Hirntod sind die kortikalen Potentiale bei der Fz-Referenz und die N13-Potentiale über HWK 2 nicht erhältlich. Nach N11/P11 bei extrakranieller Referenz ist kein weiteres Potential mehr ableitbar.

Zerebraler Zirkulationsstillstand: Dopplersonographisch kann ein zerebraler Zirkulationsstillstand bei einem Mitteldruck von >80 mmHg nachgewiesen werden. Hierzu muss durch einen mit der Untersuchungsmethode erfahrenen Untersucher bei mindestens zweimaliger Untersuchung im Abstand von wenigstens 30 min jeweils einer der folgenden Befunde erhoben werden:

- Biphasische Strömung mit gleich ausgeprägter antero- und retrograder Komponente oder kleine frühsystolische Spitzen, die kleiner als 50 cm/s sind und fehlende systolische und diastolische Strömung in den Aa. cerebri mediae sowie den intrakraniellen Anteilen der Aa. carotides internae. Ferner sind die extrakraniellen Aa. carotides internae und Aa. vertebrales zu untersuchen.
- Bei fehlendem transkraniellen Signal kann der Befund nur als sicher verwertet werden, wenn zuvor von demselben Untersucher ein eindeutiges Signal erhältlich war und an den extrakraniellen Hirnarterien ebenfalls ein zerebraler Kreislaufstillstand nachweisbar ist.
- Alternativ ist die Durchführung einer zerebralen Perfusionsszintigraphie akzeptiert. Die Angiographie gilt bei fehlenden therapeutischen Konsequenzen als nicht mehr indiziert.

47.6 Dokumentation

Die Dokumentation des Hirntods ist in einem von der Bundesärztekammer festgelegten Protokollformular mit Zeitangabe der einzelnen Untersuchungen und der Untersucher niederzulegen (Protokoll Download z. B. über: www.bkk24.de/organspende/protokoll.pdf oder www.dso.de/pdf/protokoll.pdf).
Als Todeszeitpunkt gilt der Abschluss der Untersuchungen des zweiten Untersuchers.

Literatur

Wissenschaftlicher Beirat der Bundesärztekammer (1998) Richtlinien zur Feststellung des Hirntodes. Dritte Fortschreibung 1997 mit Ergänzungen gemäß Transplantationsgesetz (TPG). Dtsch. Ärzteblatt 95:A 1861–1868

48 Freiheits- und bewegungseinschränkende Maßnahmen

Andreas Schöpf

Einleitung

In der Geriatrie ist die Anwendung von bewegungs- und freiheitseinschränkenden Maßnahmen weit verbreitet. In mehreren Untersuchungen ergaben sich in geriatrischen (gerontopsychiatrischen) Abteilungen in Deutschland Häufigkeitsangaben für Fixierungen, wenn auch teilweise nur kurzzeitig, von 20–30 % der Patienten (Hirsch et al. 1992). Untersuchungen in den europäischen Nachbarländern, aber auch in Großbritannien und in den USA, zeigen ähnliche Häufigkeitsangaben (Evans und Strumpf 1989).

48.1 Gesetzliche Grundlagen in Deutschland

Bewegungseinschränkende Maßnahmen sind **Freiheitsentziehung** und stellen einen schwerwiegenden **Eingriff in die persönlichen Grundrechte** dar (Recht auf persönliche Freiheit und Menschenwürde: Artikel 2 Grundgesetz). Geregelt werden diese Maßnahmen im Wesentlichen nach Landesrecht (z. B. für Nordrhein-Westfalen das PsychKG NRW). In diesen Gesetzen sind auch die so genannten unterbringungsähnlichen Maßnahmen (z. B. Fixierungsmaßnahmen) geregelt. Weiter finden sich bei bestehenden Betreuungsverhältnissen Regelungen nach § 1906 BGB (Betreuungsrecht).

Bedeutsam, gerade in Akutsituationen, ist auch der § 34 StGb, der einen „rechtfertigenden Notstand" beschreibt.

Eine andauernde oder regelmäßig wiederholte Fixierung ist auch bei medizinischer Notwendigkeit gerichtlich genehmigungspflichtig. Der **Zeitrahmen** „andauernd oder regelmäßig wiederholend" ist rechtlich nicht mit Angabe einer Stunden-, Tage- oder Wiederholungsfrequenzgrenze definiert. Dies obliegt dem jeweils zuständigem Richter des Betreuungsgerichts. Als **Anhaltszahl** mag gelten:

- Bei andauernder Fixierung: absehbares Fortdauern der Fixierung am 2. Tag der Maßnahme. Bei wiederholter Fixierung über Stunden: absehbares Fortdauern der Maßnahme über den 3. Behandlungstag hinaus.
- Bei situationsgebundener sporadischer Fixierung: bei weiterer Notwendigkeit nach Abklingen der akuten Krankheitsphase.

Der Bundesgerichtshof hat in seiner jüngsten Rechtsprechung (III ZR 399/04 vom 28.04.2005) betont, dass von der institutionellen Obhutspflicht nicht eine 100 %ige Sicherheit durch Fixierung oder Dauerüberwachung von verwirrten oder sturzgefährdeten Menschen verlangt werden kann, da andernfalls die Würde der Patienten eingeschränkt werde.

48.2 Gründe für die Maßnahme

Die Anordnung einer freiheitsentziehenden Maßnahme (im weiteren **Fixierung** genannt) wird in der Geriatrie im Gegensatz zur Psychiatrie häufiger aus „fürsorglichen" Gründen im Sinne der Schadensvorbeugung durchgeführt aufgrund von: hoher Sturzgefährdung bei Gangunsicherheit, psychomotorischer Unruhe im Rahmen einer Agitiertheit, meist ungezielte Umtriebigkeit mit Weglaufgefahr oder Störungen des Tag-/Nachtrhythmus (Hirsch 1997). Ebenfalls wird die Fixierung zur Sicherung einer Therapie mit erforderlichen parenteralen oder enteralen Zugängen (u. a. Infusion, ZVK, nasogastrale Sonde, Blasenkatheter) eingesetzt. Weniger häufig als in der „Psychiatrie" erfolgt eine Fixierung bei offener Fremdaggressivität oder bei akuter Suizidalität.
In Pflegeheimen wird ebenfalls aus Gründen der Schadensprävention fixiert.

48.3 Betroffene Patienten

Betroffen von Fixierungsmaßnahmen in der Geriatrie sind besonders Patienten mit kognitiven, kommunikativen, aber auch funktionellen Defiziten. Dies sind in erster Linie Patienten mit akutem oder chronischem hirnorganischem Psychsyndrom respektive **Delir** und **Demenz** unterschiedlicher Genese, aber auch Patienten mit **Schlaganfallfolgestörungen** durch Beeinträchtigung der höheren Hirnleistungen (Wojnar 1995).

48.4 Auswirkungen einer Fixierungsmaßnahme

Untersuchungen über die Auswirkungen/Erfolg der Fixierungsmaßnahmen, gerade unter dem Aspekt der Vermeidung von Sturzfolgen, stützen nicht den eigentlich beabsichtigten Schutz der Patienten.
Untersuchungen in Pflegeheimen zeigten, dass fixierte Patienten im Vergleich zu nicht-fixierten Patienten ein mindestens gleich hohes Verletzungsrisiko aufwiesen und die Verletzungen bei fixierten Patienten schwerwiegender waren (Tinetti et al. 1992).
Gerade der beabsichtigte „fürsorgliche" Gedanke der Gefahrenabwehr kann durch fixierungsbedingte Komplikationen, die wiederum abhängig von der Art und Dauer der freiheitsentziehenden Maßnahme sind, konterkariert werden.
Fixierte Patienten haben ein erhöhtes Risiko für:

- Nosokomiale Infektionen (z. B. Pneumonie),
- Hautverletzungen (Abschürfungen oder Ablederungen) durch motorische Unruhe oder Befreiungsversuche,
- Dekubitalbildung,
- Exsikkose,
- Arthrogene Immobilisationsfolgen.

Daneben sind auch die **psychischen Folgen** einer Fixierung nicht zu vernachlässigen (Robbins et al. 1987). Gerade Patienten mit hirnorganischem Psychsyndrom, die vorrangig von den Fixierungsmaßnahmen betroffen sind, haben in der Regel keine ausreichende Einsichtsfähigkeit in die durchgeführten Maßnahmen. Entsprechend reagieren sie dann mit Angst, Unruhe und/oder Aggressivität. Ebenso können diese Patienten mit Apathie und Verlust der noch vorhandenen psychischen Ressourcen im Sinne des „sich Ergebens" (Aufgebens) oder einer paranoiden Verarbeitung reagieren.

Fixierungsmaßnahmen gerade bei hirnorganisch veränderten Patienten müssen eine klare Indikation und Zielsetzung haben. Der Anordner muss sich der möglichen Risiken und der Auswirkungen auf die Arzt-Patienten-Beziehung in jedem Einzelfalle bewusst sein. Zuvor sind alle möglichen Alternativen auszuschöpfen. Diese sind z. B. Time-out-Zonen, eine intensive Zuwendung („Verbazetam") und Ausleben des Bewegungsdrangs entsprechend den räumlichen Einrichtungen. Diese alternativen Maßnahmen scheitern jedoch häufig an den vorgegebenen Strukturen (Personalmangel, bauliche Maßnahmen, aber auch Akzeptanz und Wissen des Personals).

48.5 Todesfall in der Fixierung

Todesfälle während der Fixierung haben zwei Ursachen:

- Natürlicher Tod: Grunderkrankung oder Komplikation (z. B. Herzinfarkt).
- Tod durch fehlerhafte Fixierung: Strangulation, Kopftiefhang außerhalb des Krankenbetts, diskonnektierter Tubus unter Beatmung bei erhaltenem Bewusstsein oder Schock durch Verbluten bei selbstentferntem oder geöffnetem Gefäßzugang.

In einem solchen Fall ist die Polizei bzw. Staatsanwaltschaft zu benachrichtigen, da eine ungeklärte Todesursache vorliegt und die Todesumstände vor Ort – auch zur eigenen rechtlichen Absicherung – dokumentiert werden sollten.
Das **Bundesinstitut für Arzneimittel und Medizinprodukte** (BfArM 2005) hat beginnend 1999 über 5 Jahre 30 Todesfälle, bei denen der Verdacht auf einen Zusammenhang mit der Fixierung bestand, ausgewertet. Die Umstände waren entweder Strangulationen durch einen nach thorakal disslozierten Bauchgurt oder ein Verlassen des Krankenbetts in der alleinigen Bauchgurtfixierung mit hängender, knieender, halbsitzender oder Kopftieflageposition bei Auffindung.
Das BfArM und die für Medizinprodukte zuständigen Obersten Landesbehörden haben daher **haftungsrechtlich relevante Informationen zum Umgang mit Fixiersystemen** veröffentlicht:

- Bauchgurte dürfen nur mit dauerhaft und fest angebrachten, seitlichen Rückhaltvorrichtungen verwendet werden, um ein Verrutschen in den Thoraxbereich zu meiden.
- Die Bauchgurtfixierung darf nur in Verbindung mit durchgehenden und hochgestellten Seitengittern erfolgen.
- Fixiersysteme dürfen nur durch Personal angewendet werden, das im Umgang mit dem Produkt und den o. g. Punkten geschult worden ist.
- Da auf der Intensivstation Bettgitter nicht immer angebracht werden können, kann dort auf Anordnung eines Arztes auf andere Fixiersysteme ausgewichen oder auf Bettgitter verzichtet werden (KGNW 2003).

Ebenso sind die Bettgitter gemäß DIN hinsichtlich der Abstände:

- von Matratze/unterer Querholm mit max. 120 mm,
- den horizontalen Längsholmen von max. 120 mm,
- den vertikalen Querholmen von unter 60 mm oder über 235 mm festgelegt. In Schadensfällen haftet der Einrichtungsbetreiber. Die Frage der ärztlichen Mithaftung ist im Zweifel äußerst schwierig.

48.6 Hilfsmittel, Richtlinien und Dokumentation bei Fixierung

Die Einschränkung der Bewegungsfreiheit eines Patienten kann sowohl durch äußere mechanische Vorrichtungen (z. B. Bettgitter, Steckbretter, spezielle Kleidung) oder durch professionelle Fixiermaterialien (Gurte für Extremitäten und/oder Bauchgurt) erfolgen. Daneben oder in Kombination besteht die Möglichkeit einer sogenannten „inneren Fixierung" durch Medikamente (in erster Linie schwach oder stark potente Neuroleptika, Benzodiazepine).
Allgemein gültige und anerkannte Fixierungsrichtlinien bestehen darüber hinaus (s. o.) nicht. Diese werden in Form von Richtlinien und Dienstvorschriften von den einzelnen Einrichtungsträgern vorgegeben, oftmals sind diese jedoch nur vage formuliert. In den Richtlinien sollte die rechtliche Grundlage mit dem Aspekt der Zulässigkeit einer freiheitsentziehenden Maßnahme, die Anordnungsebene, die Durchführungsebene sowie die Dauer und Art der Fixierung und deren Dokumentation geregelt sein. Hauptaugenmerk bei diesen Richtlinien sollte auf den Patienten und sein Empfinden gerichtet sein. Aber auch das Fühlen und Handeln des anordnenden und ausführenden Personals ist zu berücksichtigen, der Anordnende und der Ausführende von Fixierung sind bei eindeutiger Richtlinienbefolgung rechtlich abgesichert. Daher muss Transparenz und Nachvollziehbarkeit oberste Priorität haben.
In den Richtlinien zur Durchführung von freiheitsentziehenden Maßnahmen sollten einerseits **Strukturkriterien** beschrieben sein:

- Die rechtlichen Grundlagen sind den Anordnenden und Durchführenden bekannt und zugänglich.
- Der Umgang mit den Fixiersystemen ist bekannt und erprobt.
- Die Durchführung der freiheitsentziehenden Maßnahmen findet unter Wahrung der Intimsphäre und der Würde des Patienten statt.

Gleiches gilt für **Prozesskriterien:**

- Der anordnende Arzt hat den Patienten untersucht und ordnet die Fixierung an.
- Aus der Anordnung geht die Art der Fixierung hervor, ebenso der Zeitpunkt, ab dem eine Fixierung durchgeführt wird.
- In der Fixierung erfolgt eine regelmäßige Überwachung und Kontrolle des Patienten (Festlegung der Intervalle), dieses sowohl durch das Pflegepersonal, als auch durch den versorgenden Arzt.
- Alle Maßnahmen werden einheitlich und nachvollziehbar dokumentiert.

Schlussbemerkung

Insgesamt sollte jedem an einer freiheitsentziehenden Maßnahme Beteiligten klar sein, dass dieses ein therapeutisch, rechtlich und ethisch schwerwiegender Eingriff in die Würde, Freiheit und Intimsphäre des Patienten darstellt. Gerade der anordnende Arzt muss sich über die Tragweite und möglichen Konsequenzen einer Fixierung in all ihren Facetten bewusst sein und alle alternativen Maßnahmen ausgeschöpft haben. Die Notwendigkeit der Dauer freiheitsentziehender Maßnahmen muss ständig überprüft und so kurz wie möglich gehalten werden.
Zukünftig sind Krankenhaus- und Pflegeheimstationen konzeptionell – baulich und organisatorisch – auf die wachsende Zahl von Patienten mit Sturzgefahr und ungerichtetem Bewegungsdrang bei Orientierungsstörung mit Weglaufgefahr abzustimmen, um unnötige Fixierungen zu meiden.

Literatur

BfArM (2005) Bundesinstitut für Arzneimittel und Medizinprodukte. www.bfarm.de

Evans L, Strumpf N (1989) Tying Down the Elderly. A Review of the Literature on Physical Restraint. J Am Geriatr Soc 37:65–74

Hirsch RD (1997) Bewegungseinschränkende Maßnahmen in der Gerontopsychiatrie. Geriatr Prax:24–28

Hirsch RD, Wörthmüller M, Schneider HK (1992) Fixierungen: „Zu viel, zu häufig und im Grunde genommen vermeidbar". Z Gerontopsych Psychiat 5:127–135

KGNW (2003) Krankenhaus Gesellschaft Nordrhein-Westfalen. Durchführung des Medizinproduktegesetzes: Bauchgurte zur Fixierung von Patienten. Rundschreiben Nr. 406/2003

Robbins LJ, Boyko E, Lane J (1987) Binding the elderly: A prospective study on the use of mechanical restraints in an acute care hospital. J Am Geriatr Soc 35:290–296

Tinetti ME, Liu WL, Ginter SF (1992) Mechanical Restraint Use and Fall-related Injuries among Residents of Skilled Nursing Facilities. Ann Intern Med 116:369–374

Wojnar J (1995) Freiheitsentziehende Maßnahmen und Demenz. BtPrax 4:12–15

49 Pflegeversicherung und Schwerbehinderung

Thomas Vömel

Einleitung

Die Krankenversicherung deckt lediglich Risiken von akuten oder chronifizierten Krankheiten ab, so dass Zustände, die sich nicht über Krankheit definieren, aber Gebrechlichkeit und/oder Hilfsbedürftigkeit nach sich ziehen, in das Leistungsspektrum der gesetzlichen Pflegeversicherung (PV) fallen.

Die PV wurde 1995 als 5. Säule der Sozialversicherung in Deutschland eingeführt. Dieses Gesetz zur sozialen Absicherung des Risikos der Pflegebedürftigkeit, Pflegeversicherungsgesetz – Pflege VG, trat am 01.04.1995 in Kraft. Das Pflegeversicherungsgesetz ist im Rahmen der Reform der sogenannten Reichsversicherungsordnung in das Sozialgesetzbuch übernommen worden und dort als XI. Buch – Soziale Pflegeversicherung (SGB XI) zu finden.

49.1 Inhalt des Sozialgesetzes XI. Buch

Das Sozialgesetzbuch XI setzt sich mit den Regelungen zu Leistungen und Mitgliedschaft in der gesetzlichen beziehungsweise privaten PV auseinander und definiert die Qualitätssicherung im ambulanten und stationären Bereich, so dass es zu weitgehenden Kontrollmöglichkeiten des Medizinischen Dienstes der Krankenkasse (MdK) gegenüber den vollstationären Pflegeeinrichtungen und ambulanten Pflegediensten gekommen ist. Insbesondere die stationären Pflegeeinrichtungen unterliegen somit einer doppelten Kontrolle parallel durch die Heimaufsicht der kommunalen Aufsichtsbehörden. Die Begutachtung zur Pflegeeinstufung und Qualitätssicherung in Pflegeeinrichtungen hat durch den MdK immer persönlich zu erfolgen, außer wenn ein Pflegebedürftiger vor der geplanten persönlichen Begutachtung verstirbt.

49.2 Grundlagen

Die PV selbst gliedert sich in eine gesetzliche und eine private PV. Die Krankenversicherung, bei der ein Patient versichert ist, ist gleichzeitig die zuständige PV. Somit sind auch freiwillig Versicherte in der PV pflichtversichert.

Weitere Besonderheiten in der PV sind, dass als Versicherungsleistungen bestimmte Maximalbeträge für die so genannten Pflegestufen festgelegt sind. Somit besteht kein umfassender Versicherungsschutz, der alle Risiken der Pflegebedürftigkeit abdeckt. Wahlweise ist eine Sach- oder Dienstleistungserstattung möglich. Somit wird von der PV direkt die Dienstleistung einer stationären oder ambulanten Pflege oder einer Pflegeperson abgegolten. Gleiches gilt für die Kosten von Sach- und Hilfsmitteln wie z. B. Pflegebetten, Hilfsmittel und Verbrauchsmaterial für die Pflege. Darüber hinaus kann der von Angehörigen er-

Tab. 49.1 Pflegestufen und täglicher Mindestbedarf an Hilfe

Pflegebedarf	Verrichtungen des täglichen Lebens	Hauswirtschaftliche Hilfe	Durchschnittlicher gesamter Hilfsbedarf
Stufe 1: erheblich	45 min bei mind. 2 Tageszeiten	45 min im Tagesdurchschnitt	90 min täglich
Stufe 2: schwer	120 min bei mind. 3 Tageszeiten	60 min im Tagesdurchschnitt	3 h täglich
Stufe 3: schwerst	240 min bei „Rund um die Uhr" Bedarf	60 min im Tagesdurchschnitt	5 h täglich

brachte Pflegeaufwand auch finanziell mittels Geldleistung durch die PV vergütet werden.
Auch ist in der PV der Vorrang von häuslicher vor stationärer beziehungsweise institutionalisierter Pflege festgelegt. Der Grundsatz „Rehabilitation (Therapie) vor Pflege“ gilt ebenso.

49.3 Leistungen der Pflegeversicherung

Grundlage für Leistungen aus der PV ist die Pflegebedürftigkeit. Diese Pflegebedürftigkeit ist unabhängig von ihrer Entstehung oder ihrer Ursache zu sehen. **Pflegebedürftigkeit ist die Abhängigkeit für die gewöhnlichen und regelmäßig wiederkehrenden Verrichtungen im Ablauf des täglichen Lebens, wobei eine Mindestdauer von 6 Monaten vorliegen muss. Ebenso muss Pflegebedürftigkeit in erheblichem oder höherem Maße zur Hilfsbedürftigkeit führen.**
Insgesamt werden 4 Bereiche von der PV abgedeckt. Dies sind:

1. Körperpflege,
2. Ernährung,
3. Mobilität (selbstständiges Aufstehen und Zubettgehen, An- und Auskleiden, Gehen, Stehen, Treppensteigen sowie das Verlassen und Wiederaufsuchen der Wohnung),
4. Hauswirtschaftliche Versorgung.

Somit bleiben selbstverständlich die medizinischen und rehabilitativen Maßnahmen nach wie vor in der Krankenversicherung verankert. Der allgemeine Lebensunterhalt ist ebenfalls nicht über die PV abzudecken.
Wichtige Bedürfnisse des Lebens wie die Unterstützung im sozialen Bereich, die Bewältigung von Krisen, die Vereinsamung alter Menschen, der Umgang mit Sterben und Tod, beispielsweise auch der Tod und Verlust von Lebenspartnern, sind nicht durch die PV abgedeckt. Ebenso die gesamte psychosoziale Betreuung und auch Beaufsichtigung von Menschen mit Demenzerkrankungen findet außer bei den „Ergänzenden Leistungen“ kein eindeutiges Korrelat in der PV.
Die Pflegebedürftigkeit wird in 3 Stufen (**s. Tab. 49.1**) eingeteilt, die zu Pflegeleistungen aus der PV berechtigen. Über die Definitionen der Stufen I–III lässt sich ersehen, dass geringe oder mittlere Pflegebedürftigkeit zu keinem Leistungsanspruch führt. Verknüpft sind die Stufen der Pflegebedürftigkeit mit einer Hilfsbedürftigkeit, die Hilfe für bestimmte Mindestzeiten pro Tag bewirken. Der Hilfsbedarf gliedert sich in „anerkannte Verrichtungen des täglichen Lebens“ (Körperpflege, Ernährung und Mobilität) und in die hauswirtschaftliche Versorgung (Einkaufen, Kochen, Reinigen, usw.). Für die Pflegestufen sind Mindestzeiten festgelegt (**s. Tab. 49.1**).

Die Mindestzeiten gelten sowohl für ambulante als auch für vollstationäre Pflege. Wichtig ist, dass die Höchstbeträge für die Inanspruchnahme von Sachleistungen nicht unbedingt ausgeschöpft werden brauchen und dann die nicht verbrauchten Anteile als Geldleistungen in Anspruch genommen werden können.

Für die **Stufe III** wurde ein zusätzlicher Bereich für häusliche und vollstationäre Pflege geschaffen, der besondere **Härtefälle** einbezieht und zusätzliche finanzielle Leistungen beinhaltet.

Die Leistung für die **Kurzzeitpflege** wird 1-mal jährlich gewährt und bietet für pflegende Angehörige eine Gelegenheit zur Erholung bzw. Wahrnehmung eines geplanten Krankenhausaufenthalts. Auch die **Verhinderungspflege** (Pflegevertretung) wird 1-mal jährlich finanziert und kann zusätzlich zur Kurzzeitpflege bei Abwesenheit durch Urlaub, Krankheit o. ä. in Anspruch genommen werden. Die **„Ergänzende Leistung"** ist auf Demenzkranke zugeschnitten und kann ungedeckte Pflegekosten bezuschussen.

Im Rahmen der häuslichen Pflege kann parallel sowohl das **Sachleistungs-** als auch das **Geldleistungsprinzip** in Anspruch genommen werden. Das so genannte Pflegegeld (Geldleistungsprinzip) ist zirka 50–60 % niedriger als die Sachleistung.

Die **Sachleistungen für Pflegehilfsmittel** (z. B. Inkontinenzartikel) betragen max. 30 € monatlich. Dazu kommen die oben erwähnten **technischen Hilfsmittel**, die zu 100 % im Sinne einer leihweisen Zurverfügungstellung erstattet werden. Dies gilt z. B. für Badewannenlifter, Wechseldruckmatratze oder Pflegebetten.

Für die **Verbesserung des Wohnumfeldes** selbst können ebenfalls Maßnahmen bis 2.500 € bewilligt werden. Dazu zählen bauliche Veränderungen wie beispielsweise die Erweiterung von Badezimmer- und/oder Toilettentüren, Treppenlifter usw.

Die **Geldleistungen** für pflegende Angehörige sind steuerfrei, ebenso Sach- beziehungsweise Erstattungsleistungen, die für Pflegehilfsmittel erbracht werden. Da der tägliche Pflegeaufwand für Angehörige oder andere Pflegepersonen erhebliche Zeit in Anspruch nimmt, bedeutet dies unter Umständen eine Einschränkung oder Aufgabe der beruflichen Tätigkeit. Dann übernimmt PV die Beiträge zur gesetzlichen Renten- und Unfallversicherung für Pflegepersonen.

Die in **Tab. 49.2** aufgelisteten Beträge stellen für die jeweilige Pflegestufe **Höchstbeträge** dar. Der tatsächlich erbrachte Pflegeaufwand wird nicht berücksichtigt. Somit sind die Kosten der insbesondere vollstationären Pflege um ein Erhebliches höher als die von der PV gezahlten Maximalbeträge. So können die monatlichen Kosten der vollstationärer Pflege in der Stufe III 3 000 € überschreiten und fast doppelt so hoch liegen, wie die Zahlungen aus der PV betragen. Der Differenzbetrag, der sich pro Jahr auf über 18 000 Euro ansammeln kann, muss dann von dem Pflegebedürftigen selbst, den Kindern bzw. nahen Anverwandten oder dem Sozialhilfeträger erbracht werden. Der Sozialhilfeträger tritt dabei nachrangig ein.

Die **Krankenversicherung** finanziert parallel Krankenpflegeleistungen (z. B. Injektionen, Verbände usw.).

Leistungen aus der PV werden primär über einen Antrag des Betroffenen oder seines gesetzlichen Vertreters bei der PV angestoßen. Ab Antragstellung werden dann Leistungen aus der PV bezahlt, wenn mindestens einer Pflegestufe I stattgegeben wird. **Die Feststellung einer Pflegebedürftigkeit erfolgt über den MdK im Auftrag der PV.**

Der ärztliche Dienst des MdK ist in medizinischen Belangen nicht weisungsgebunden. Aber nach wie vor finden die Beauftragung und auch die Finanzierung des MDK durch die PV statt. Auch die umfangreichen Begutachtungsrichtlinien und formalisierten Gutachten des MDKs sind in Zusammenar-

Tab. 49.2 Leistungen der Pflegeversicherung

Max. Pflegekostenanteil der Pflegeversicherung	**Stufe I Erheblich** €	**Stufe II Schwer** €	**Stufe III Schwerst** €	**Härtefall** €
Häusliche Pflege (Pflege durch amb. Pflegedienste)	384	921	1432	1518
Pflegegeld (Pflege durch Angehörige)	205	410	665	
Verhinderungspflege (Pflegevertretung)				
• durch Angehörige	205	410	665	
• ambulant, stationär, teilstat. (max. 4 Wochen/Jahr)	1432	1432	1432	
Kurzzeitpflege (1 x jährlich)	1432	1432	1432	
Teilstationäre Pflege (Tages-, Nachtpflege)	384	921	1432	
Ergänzende Leistungen (1-mal jährlich)	460	460	460	
Vollstationäre Pflege	1023	1279	1432	1608
Pflege in Einrichtungen der Behindertenhilfe – 10 % des Entgeltes der vollstationären Pflege – (max. 256/monatl.)				

beit mit der PV entstanden. Der MdK berät mit Hilfe der erwähnten Gutachten die PV, die auf der Basis der Gutachten eine Einstufung vornimmt und dann Leistungen gewährt. Auch bei Verschlechterung der Pflegebedürftigkeit, mit dem Ziel der Höhergruppierung in eine andere Pflegestufe, ist grundsätzlich ein neuer Antrag zu stellen. Die PV hat die Möglichkeit, über eine erneute Begutachtung die Pflegestufe zu verändern. Dies gilt auch bei Fortschreiten von schweren chronischen Erkrankungen mit evtl. Rückstufung in eine niedrigere Pflegestufe (beispielsweise kann eine komplette Bettlägerigkeit mit Versorgung durch Ernährungssonde oder Blasenkatheter zur Rückstufung in eine minderschwere Pflegestufe führen, da der Pflegeaufwand für Mobilisierung, Inkontinenz und Nahrung reichen dann entfällt).

49.4 Probleme der Pflegeversicherung

Ganz besonders problematisch ist die **Bemessung der Pflegebedürftigkeit bei Demenzerkrankungen**. In den frühen Stadien ist eine Übernahme von Pflegetätigkeiten durch Hilfspersonen nicht erforderlich, da die Demenzerkrankten noch in der Lage sind, im Rahmen von Anleitungen und Hilfestellungen viele Körperpflegetätigkeiten selbst zu übernehmen. Es ist dann eine permanente und auch zeitintensive **Anleitung** und **Kontrolle** von und zu Pflegetätigkeiten des Alltags erforderlich. Da aber im Rahmen der PV die „**Übernahme**" von Pflegetätigkeiten durch Pflegepersonen gefordert ist, gibt es bei der reinen Beaufsichtigung immer wieder Schwierigkeiten hinsichtlich der Gewährung von Leistungen durch die PV. Die Kategorie II des § 14 SGB XI, Ernährung und mundgerechtes Zubereiten oder die Aufnahme der Nahrung, führt bei den dementiell Erkrankten immer wieder zu Schwierigkeiten bei Gewährung der sogenannten Minutenwerte, da Demenzerkrankte sehr häufig bei Überwachung ihrer Tätigkeit sehr wohl in der Lage sind, selbst komplizierte Koch- und Zubereitungsarbeiten durchzuführen. Ohne die ständige Anwesenheit einer Aufsichtsperson würden allerdings diese Arbeiten nicht mehr stattfinden. Der Bereich der Mobilität ist sehr häufig in keiner Weise eingeschränkt, es besteht sogar die Problematik, dass Patienten Weglauftendenzen zeigen und motorisch unruhig sind. Die ständige Überwachung dieser lokomotorisch überaktiven Demenzerkrankten bedingt einen hohen Personalaufwand, der in den Regeln der PV nicht unbedingt Beachtung findet.

Die ärztliche Strategie in der Behandlung chronischer Erkrankungen (Demenz, Schlaganfallfolgen, Parkinson etc.) ist auf eine Erhaltung und wenn möglich auch einen Zugewinn an Selbstständigkeit ausgerichtet. Dieses kann dem Bestreben von Versicherten und Angehörigen, eine möglichst hohe Leistung aus der PV zu erwirken, entgegenstehen und die Realisierung von Therapie und Rehabilitation behindern. Aus diesem Grunde sind in den Gutachten des Medizinischen Dienstes verpflichtend Aussagen eingefügt, die zur Notwendigkeit einer Rehabilitation und einer gezielten Therapie Stellung nehmen.

Auch die **Mindestzeit von 6 Monaten**, die eine Pflegebedürftigkeit (voraussichtlich) bestehen muss, soll bewirken, dass notwendige und sinnvolle therapeutische und rehabilitative Maßnahmen bei pflegebedürftigen Patienten zu Lasten der Krankenversicherung durchgeführt werden.

49.5 Behinderung im Sinne des Schwerbehinderungsgesetzes

Im Rahmen des Schwerbehinderungsgesetzes sollen den Betroffenen **Nachteilausgleiche** gewährt werden, die durch Gesundheitsstörungen zustande gekommen sind und den Menschen im täglichen bzw. öffentlichen Leben benachteiligen. Über Versorgungsämter findet ein Gewährungs- und Begutachtungsprozess statt, der zu einer **Feststellung des Grads der Behinderung** (GdB) führt. Dieser Schwerbehindertengrad führt im Zusammenhang mit den **Schwerbehindertenmerkmalen** zu den Nachteilausgleichen, die den Behinderten im persönlichen und öffentlichen Leben zu „gleichen" Lebens- und Teilnahmechancen verhelfen soll. Die Merkmale sind beispielsweise:

- Blindheit,
- Hilflosigkeit,
- erhebliche Beeinträchtigung der Bewegungsfähigkeit,
- Gehbehinderung,
- Gehörlosigkeit sowie
- Kriegsbeschädigung, wenn die Minderung der Erwerbsfähigkeit (MdE) durch die Kriegsbeschädigung mindestens 50 % beträgt.

Die Schwerbehinderung im Zusammenhang mit den Merkmalen führt zu sogenannten Merkzeichen **(s. Tab. 49.3)** im Schwerbehindertenausweis. Die Begutachtung richtet sich nach den Anhaltspunkten für die ärztliche Gutachtertätigkeit im sozialen Entschädigungsrecht und nach dem Schwerbehindertengesetz (BMGS 2004). Bei ärztlichen Stellungnahmen ist weniger die Diagnose als solche, sondern mehr das behindernde Funktionsdefizit relevant. Bei mehreren Erkrankungen können die Einzelbehinderungen nicht einfach zu einer Gesamt-GdB addiert werden. Vielmehr müssen die Überschneidungen der Einzel-GdBs in ihren behindernden Auswirkungen berücksichtigt werden.

Tab. 49.3 Merkzeichen und ihre Auswirkungen bei Schwerbehinderung

Merkzeichen	
RF	Befreiung von den Rundfunkgebühren
1.KL	Gesundheitliche Voraussetzung für die Benutzung der 1. Klasse bei Bahnfahrten
B	Notwendigkeit ständiger Begleitung
G	Bewegungsfähigkeit im Straßenverkehr erheblich eingeschränkt, „gehbehindert"
aG	Außergewöhnlich gehbehindert
H	Hilflosigkeit, (Merkzeichen begründet nicht automatisch einen Anspruch auf Pflegegeld nach dem Pflegeversicherungsgesetz)
Bl	Blind
VB	MdE von wenigstens 50 % und Ansprüche nach dem Bundesversorgungsgesetz (Opfer von Gewalttaten, Wehr-, Zivildienst- und Impfgeschädigte)
EB	Opfer der nationalsozialistischen Verfolgung mit MdE von mind. 50 % und mit Ansprüchen nach dem Bundesentschädigungsgesetz

Auch für Menschen im hohen Lebensalter, die nicht mehr im Berufsleben stehen, können o. g. Merkzeichen bzw. auch der sogenannte Schwerbehindertenausweis durchaus von Vorteil sein, da beispielsweise dieser Ausweis, wenn er den sogenannten orangefarbenen Flächenaufdruck (Freifahrtausweis) besitzt, zur kostenfreien Nutzung im öffentlichen Nah- und Fernverkehr berechtigt. Die Merkzeichen B, G, aG, H, Bl können bei entsprechender Ausprägung des GdB zu diesen Eintragungen führen. Das Merkzeichen RF kommt dann zum Tragen, wenn der Betroffene nicht mehr in der Lage ist, an öffentlichen Veranstaltungen teilzunehmen, d. h. so behindert ist, dass er die landesrechtlich festgelegten gesundheitlichen Voraussetzungen für die Befreiung hat. Dieses Merkzeichen führt u. U. auch zur Gebührenermäßigung im Telefonbereich.

Literatur

BMGS 2004: Anhaltspunkte für die ärztliche Gutachtertätigkeit im sozialen Entschädigungsrecht und nach dem Schwerbehindertengesetz, 2004, Bundesministerium für Gesundheit und Soziale Sicherung
Download im Internet: www.bmgs.bund.de/download/broschueren/K710.pdf

Bundesministerium für Gesundheit und Soziale Sicherung. Pflegeversicherungsgesetz-Textausgabe. Bestellung über: Tel. 0180-515151-0 oder E-mail: dvg@dsb.net
Download im Internet: www.bmgs.bund.de/download/broschueren/A501.pdf

Schwarz G (2004) Leitpfaden zur Pflegeversicherung. 6. Aufl., ISBN 1432-7090, 4,50€. Bestellung über: Deutsche Alzheimer Gesellschaft, Friedrichstr. 236, D-10969 Berlin. Tel 030-2593795-0, E-mail: info@deutsche-alzheimer.de

50 Fahreignung im Straßenverkehr

Gudrun Kienitz und Thomas Stamm

Einleitung

Auch wenn der in den Medien vorgestellte älteste Autofahrer in Deutschland mit 101 Jahren eine Ausnahme darstellt, so ist festzustellen, dass die Zahl der älteren und hochbetagten Autofahrer stetig ansteigt. Mobilität im Straßenverkehr ermöglicht oder vereinfacht eine aktive Lebensgestaltung und bedingt somit Lebensqualität. So geben die meisten älteren Autofahrer an, das Auto hauptsächlich „zum Einkaufen" (66 %) oder für „Besuche" (53 %) zu benutzen. Dies ist nur eingeschränkt mit öffentlichen Verkehrsmitteln zu bewältigen. Klinisch tätige Ärzte und Psychologen werden angesichts dieser Entwicklung zunehmend mit der Frage konfrontiert, ob ältere Autofahrer ihr Kraftfahrzeug noch sicher führen können.

Die Teilnahme am Straßenverkehr ist in jedem Alter mit altersspezifischen Risiken verbunden. Jüngere Autofahrer unterschätzen häufig Gefahrensituationen, weil sie die Geschwindigkeit nicht der Situation anpassen, während ältere eher Vorfahrten missachten und Fehler beim Abbiegen machen. Im höheren Lebensalter kommt es zu psychophysiologischen Veränderungen, die die Leistungsfähigkeit beim Autofahren herabsetzen können. Schwierigkeiten ergeben sich vor allem aus der Tatsache, dass schleichende Veränderungen der eigenen Leistungsfähigkeit objektiv kaum wahrgenommen werden. Einzelne Krankheiten können die Fahreignung einschränken und ggf. sogar aufheben. Auch die mit dem Alter zunehmende, kombinierte Einnahme verschiedener Medikamente, die sich u. U. in ihren Wirkungen aufheben oder verstärken, kann die Fahreignung schwerwiegend beeinflussen. Dies gilt besonders für psychotrope Medikamente. In den meisten Fällen stellen sich ältere Autofahrer jedoch auf ihre altersbedingten Seh- und Bewegungseinbußen sowie auf kognitive und psychomotorische Leistungseinschränkungen ein. Sie fahren bei Dunkelheit seltener, meiden „Stoßzeiten", machen Pausen auf längeren Strecken, fahren langsamer und vorsichtiger. Unsicherheiten bestehen hingegen bei der Frage nach dem richtigen Zeitpunkt, das Autofahren aufzugeben. In vielen Fällen obliegt es dem behandelnden Hausarzt, seine Patienten über mögliche Einschränkungen beim Autofahren aufzuklären – auch im Hinblick auf Krankheiten und Medikamentenwirkungen.

50.1 Rechtliche Grundlagen

Für die gesetzlichen Bestimmungen und für die Beurteilung der Fahreignung sind die Fahrerlaubnis-Verordnung (FeV), die Bundesgesetzblätter der Jahrgänge 1998 und 2002 sowie die Begutachtungs-Leitlinien zur Kraftfahrereignung maßgeblich. Grundsätzlich gilt, dass die Fahrerlaubnis für Fahrzeuge der Gruppe 1 (Krafträder, Kraftwagen und landwirtschaftliche Maschinen) zeitlich unbefristet erteilt wird. Fahrerlaubnisinhaber der Fahrzeugklassen der Gruppe

2 (Lkw-, Bus- oder Taxifahrer) müssen ihre Fahrerlaubnis routinemäßig überprüfen lassen, ohne dass bereits konkrete Hinweise für Einschränkungen vorliegen.

Jeder Verkehrsteilnehmer ist jedoch verpflichtet, selbst Vorsorge zu treffen, um andere nicht zu gefährden (FeV, § 2). Wer trotz verkehrsrelevanter Erkrankung und in Kenntnis seiner Einschränkungen dennoch Auto fährt, macht sich strafbar und riskiert sogar den Verlust seines Versicherungsschutzes (Allgemeine Bedingungen für die Kraftfahrtversicherung, AKB, § 19).

Zu einer **amtlich angeordneten Überprüfung der Fahreignung** kommt es nur, wenn der Fahrerlaubnisbehörde Tatsachen bekannt werden, die Zweifel an der Fahreignung aufkommen lassen, beispielsweise die Kenntnis über eine verkehrsrelevante Erkrankung (z. B. Demenz) oder über ein gravierendes Fehlverhalten am Steuer (z. B. fahrlässige Gefährdung anderer Verkehrsteilnehmer). Die Behörde kann in diesen Fällen anordnen, dass ein Fahrerlaubnisinhaber ein Gutachten erstellen lässt, das die behördlichen Zweifel ausräumt. Derartige Gutachten werden in der Regel von Fachärzten mit entsprechender Qualifikation oder von Begutachtungsstellen für Fahreignung („Medizinisch-psychologische Untersuchung" MPU) erstellt. Abhängig vom Untersuchungsergebnis entscheidet dann die Behörde, ob die Fahrerlaubnis entzogen wird oder weiterhin bestehen bleibt bzw. neu erteilt wird, sofern sie zuvor entzogen wurde.

Vorausgesetzt ältere Autofahrer werden nicht verkehrsauffällig, kommt es in der Regel nicht zur Überprüfung, da es keine gesetzlich vorgeschriebene Meldepflicht für eignungseinschränkende Erkrankungen gibt. Viele Ärzte und Psychologen sind sogar unsicher, ob die grundsätzliche Schweigepflicht nicht sogar eine Meldung an die Behörde verbietet (Strafgesetzbuch, StGB § 203). Aber trotz seiner grundsätzlichen Schweigepflicht ist jeder Arzt berechtigt, die Fahrerlaubnisbehörde zu informieren, wenn sein Patient am Straßenverkehr teilnimmt, obwohl er wegen seiner Erkrankung nicht geeignet ist. Wichtig ist in diesem Fall, dass der Arzt seinen Patienten zuvor seine Bedenken mitgeteilt und diese möglichst auch in der Krankenakte notiert hat (StGB § 34). Wesentliche Präzedenzfälle wurden am Bundesgerichtshof verhandelt (Fries et al. 2002). Bei der Weiterleitung der Diagnose an öffentliche Stellen sollte man von „Vermutungen" sprechen. Eine Überprüfung der Eignung sollte „empfohlen" werden. Der Arzt muss die Behörde aber nicht über die Uneinsichtigkeit seines Patienten aufklären. Er kann es tun, wenn er die drohende Gefahr gegenüber das Schweigegebot abgewogen und als schwerer befunden hat (Rieger 1995).

Da das Älterwerden mit Einschränkungen der Seh- und Hörfähigkeit, verringerter Beweglichkeit und Belastbarkeit sowie mit Einbußen der kognitiven Fähigkeiten einhergeht, ist eine freiwillige, informelle Prüfung der Fahreignung nicht nur im Interesse der eigenen Sicherheit, sondern auch für die Sicherheit aller anderen Verkehrsteilnehmer erforderlich (s. Fallbeispiel 50.1).

Fallbeispiel 50.1:
Informelle Begutachtung

Ausgangssituation: Bei Herrn B., geb. 06.06.1937, kam es im Dezember 2004 zu einem linkstemporalen Hirninfarkt und dezent ausgeprägter beinbetonter Hemiparese rechts. Auch bestand ein Diabetes mellitus. Herr B. wollte weiterhin Auto fahren, da er in ländlicher Umgebung wohnte und seine Ehefrau keinen Führerschein besaß.

Diagnostik: Während seines stationären Aufenthaltes wurden Herrn B. die medizinischen Bedenken an seiner Fahreignung mitgeteilt. Zwar wurde das Risiko für ein Rezidiv gering eingeschätzt und

zukünftig keine Stoffwechselentgleisungen erwartet, jedoch verwies eine neuropsychologische Testung auf Beeinträchtigungen der selektiven Aufmerksamkeit des Patienten. Herr B. schätzte seine Leistungsfähigkeit realistisch ein.
Therapie: Neben einer krankengymnastischen Behandlung erhielt Herr B. Ergotherapie und ein neuropsychologisches Training.
Ergebnis: Bei der Abschlussuntersuchung zeigte sich eine leichte Gangunsicherheit; das Gleichgewicht war ungestört. Die selektive Aufmerksamkeit war noch leicht reduziert. Eine 45-minütige praktische Fahrprobe unter Aufsicht eines Fahrlehrers ergab eine eingeschränkte Fahreignung.
Empfehlung: Herrn B. wurde empfohlen, seine Fahrzeiten auf 30 min zu begrenzen. Vor jeder Fahrt sollte er zudem seinen Blutzuckerwert kontrollieren.

Für den älteren Verkehrsteilnehmer ist eine Abklärung seiner Fahreignung aus folgenden Gründen vorteilhaft:

- Der Untersuchte erhält aufgrund einer fachlich qualifizierten Beurteilung Informationen über sein aktuelles Leistungsvermögen.
- Zudem kann er durch Informationen über Kompensationsmöglichkeiten oder technische Fahrhilfen seine Mobilität erhalten.
- Er kommt, beispielsweise nach einer schweren Erkrankung, seiner Sorgfaltspflicht nach und vermeidet so den möglichen Vorwurf des fahrlässigen Handelns, falls er in einen Unfall verwickelt wird.

Indem Ärzte und Psychologen ihre Patienten über mögliche Einschränkungen ihrer Fahreignung bei Erkrankung und über Einflüsse von Medikamenten informieren, schützen sie ihre Patienten vor möglichen rechtlichen Konsequenzen und unangenehmen, amtlichen Überprüfungen durch Fahrerlaubnisbehörden.

50.2 Unfallrisiken und Verkehrsauffälligkeit

Die Fragen, ob Senioren im Straßenverkehr besonders gefährdet bzw. gefährlich sind oder ob sie verkehrsrechtlich besonders auffällig werden, sind differenziert zu beantworteten:
Von den insgesamt 6,8 Mio verkehrsauffällig gewordenen Kraftfahrern, die im Verkehrszentralregister in Flensburg registriert sind (Stand: 31.12.1999) entfielen 644 000 auf die Gruppe „60 Jahre und älter". Dies entspricht einem Anteil von 9,5 %. Ältere Kraftfahrer sind, bezogen auf ihren Anteil an sämtlichen Pkw-Haltern, demzufolge mit 21,1 % deutlich unterrepräsentiert. Die Analyse der Unfallursachen lässt jedoch eine spezifische Problemlage der älteren Fahrer erkennen: Vor allem Vorfahrtsmissachtungen und Fehler beim Abbiegen verursachen im zunehmenden Alter einen hohen Prozentsatz an Unfällen. Schwierigkeiten bereiten den Senioren neben komplexen Kreuzungen und Straßeneinmündungen vor allem solche Situationen, in denen Regelungen (z. B. Verkehrsschilder, Ampeln) nicht deutlich oder erst spät erkannt werden können. Vor allem über 75-jährige Fahrer beachten wichtige Signale relativ spät oder überhaupt nicht.

50.3 Beurteilungskriterien

Bei der klinischen Untersuchung und Beurteilung der Fahreignung durch Ärzte und Psychologen sollen die gleichen Grundsätze zugrunde gelegt werden, die auch für eine behördlich angeordnete medizinisch-psychologische Untersuchung gelten (Hartje 2004). In diesen Fällen sind die Gutachter an die **Begutachtungs-Leitlinien zur Kraftfahrereignung** des Gemeinsamen Beirates für Verkehrsmedizin beim Bundesministerium für Verkehr, Bau- und Wohnungswesen und beim Bundesministerium für Gesundheit gebunden (Begutachtungs-Leitlinien zur Kraftfahrereignung 2000).

Nach den Begutachtungs-Leitlinien sind die Voraussetzungen für das sichere Führen von Kraftfahrzeugen dann gegeben, wenn aufgrund des individuellen körperlich-geistigen (psychischen) Zustandes beim Führen eines Kraftfahrzeuges keine Verkehrsgefährdung zu erwarten ist. Ergibt die Untersuchung, dass ein Kraftfahrer die Voraussetzungen zum Führen eines Kraftfahrzeugs nur noch eingeschränkt oder bedingt erfüllt, können die Gutachter Auflagen oder Beschränkungen empfehlen, die Gefahren im Straßenverkehr abwenden sollen und dem Autofahrer seine Mobilität ermöglichen bzw. erhalten. **Auflagen** schreiben dem Kraftfahrer z. B. vor, sich in regelmäßigen, zeitlichen Abständen ärztlich nachuntersuchen zu lassen, auf Nachtfahrten zu verzichten oder sich nur in einem bestimmten Radius vom Wohnort zu bewegen.

Beschränkungen betreffen technische Veränderungen am Kraftfahrzeug: Der Einsatz einer behindertengerechten Zusatzausstattung bei Bewegungsbehinderungen, die Installation eines Multifunktionsschalter am Lenkrad bei Einhandbedienung oder der Wechsel von Schalt- auf Automatikgetriebe.

Im klinischen Alltag und in der Arbeit mit geriatrischen Patienten sind in der Regel nur Autofahrer anzutreffen, die ein Fahrzeug der Gruppe 1 führen. Generell gelten für Inhaber von Fahrerlaubnisklassen der Gruppe 2, beispielsweise Berufskraftfahrer, Bus- oder Taxifahrer, weitaus höhere Anforderungen an die Leistungsfähigkeit. Die unten dargestellten Mindestvoraussetzungen bei Erkrankungen betreffen daher nur die Fahrerlaubnisklassen der Gruppe 1.

50.3.1 Anforderungen an die psychische Leistungsfähigkeit

Im Bereich der verkehrsrelevanten **kognitiven Fähigkeiten** sind folgende Aspekte wichtig: Mit zunehmendem Alter werden bedeutsame Informationen langsamer verarbeitet und die Belastbarkeit in schwierigen Situationen sowie das Reaktionsvermögen nehmen ab. Auch die Fähigkeit, sich über eine längere Zeit zu konzentrieren, wird zunehmend schlechter. Besonders schwerwiegend sind altersbedingte Verschlechterungen der räumlichen Wahrnehmung und Funktionseinbußen bei der Verarbeitung von mehreren Reizen zur gleichen Zeit (Chaloupka 1994). Probleme ergeben sich aus den Abweichungen von einer objektiven Fremdbeurteilung zur subjektiven Eigenwahrnehmung der psychophysischen Leistungsfähigkeit im Alter. Das Selbstbild der älteren Autofahrer ist nicht selten unkritisch, da sie schleichende Veränderungen der eigenen Leistungsfähigkeit kaum wahrnehmen. Ein hoher Anteil der über 70-Jährigen denkt zwar über die Abgabe des Führerscheins nach, empfindet es aber als zu harten Einschnitt im Leben.

Kriterien zur Beurteilung der kognitiven Leistungsfähigkeit von Kraftfahrern beruhen in erster Linie auf verkehrspsychologische Erkenntnisse bzw. Erfahrungen. Nach den Begutachtungs-Leitlinien betreffen die **Anforderungen an die psychische Leistungsfähigkeit** vor allem das schnelle und sichere Wahrnehmen optischer Informationen, optische Zielorientierung im Verkehrsraum, Konzentration auf die Fahraufgabe, Fähigkeit zur Aufmerksamkeitsverteilung, Belastbarkeit unter Stress, Schnelligkeit und Sicherheit in den Reaktionen (Hartje 2004). Diese Funktionen können mit objektiven Testverfahren überprüft werden. Bedenken an der psychischen Leistungsfähigkeit können entsprechend den Leitlinien als ausgeräumt gelten, wenn sich eine der folgenden Feststellungen treffen lässt:

- Der untere Normwert, Prozentrang (PR) = 16, wird in allen eingesetzten Testverfahren erreicht oder überschritten.
- Bei Grenzwertunterschreitungen kann durch Ergebnisse weiterer Verfahren nachgewiesen werden, dass ausreichendes Kompensationspotential vorhanden ist und damit Verkehrsrisiken gemindert werden können (beispielsweise ausgeprägtes Risikobewusstsein oder sicherheitsbetonte Grundhaltung).
- Auch wenn sich jemand bereits in der Fahrpraxis bewährt hat, in den Leistungstests aber insgesamt unterdurchschnittliche Ergebnisse erzielt wurden, kann durch eine praktische Fahrprobe nachgewiesen werden, dass sich die Minderleistungen nicht auf das Fahrverhalten auswirken.

Üblicherweise wird zur **verkehrspsychologischen Diagnostik** eine Testbatterie nach FeV, Anlage 5 (Schuhfried), eingesetzt. Sie beinhaltet den Wiener Reaktionstest, das Cognitrone, den Linienverfolgungstest, den Wiener Determinationstest und den tachistoskopischen Verkehrsauffassungstest. Bei der Beurteilung älterer Autofahrer muss die Aussagekraft dieser Computertests allerdings in Frage gestellt werden. Zwar wird von den Autoren der Testverfahren betont, dass das Alter der Probanden keinen relevanten Einfluss auf das Ergebnis habe (wobei für die Beurteilung altersunabhängige Testwerte zugrunde gelegt werden müssen); der vermutete Einfluss von „Testangst" oder „Unerfahrenheit im Umgang mit dem Computer" konnte indessen bislang nicht hinreichend ausgeschlossen werden.

50.3.2 Anforderungen an das Seh- und Hörvermögen

Eine große Bedeutung für die Fahreignung kommt dem Nachlassen der Sehfähigkeit zu. Schätzungen zufolge werden 80–90 % der verkehrsrelevanten Informationen über das Auge wahrgenommen. Fünf Dimensionen charakterisieren das visuelle Leistungsvermögen von Kraftfahrern:

- Fahrzeuggeschwindigkeit,
- unerwartete Fahrzeuge,
- Ablesen der Armaturen,
- Sehprobleme im Zusammenhang mit der Windschutzscheibe,
- Erkennen von Verkehrsschildern.

Jede dieser einzelnen Sehleistungen weist einen **alterskorrelierten Leistungsabfall** auf. Der Abbau der Sehleistungen tritt für unterschiedliche Parameter zu verschiedenen Zeitpunkten ein. Ab ca. 45 Jahren kommt es bereits zu einer Verschlechterung des Dämmerungssehens. Mit zunehmendem Alter verschlechtert sich zudem das Erkennen bewegter Objekte sowie die Adaptions- und Akkommodationsfähigkeit des Auges. Einer Studie zufolge finden sich in einer Stichprobe Autofahrer ab dem 75. Lebensjahr signifikante Zusammenhänge zwischen verschiedenen Parametern der Sehleistung und der Unfallhäufigkeit. In der Regel verlaufen Abbauprozesse des Sehens unmerklich und werden den betroffenen Autofahrern oft erst nach bereits eingetretenen Unfällen bewusst (Schlag 2003).
Für die **Beurteilung des Sehvermögens** muss sich jeder Führerscheinbewerber einem Sehtest bei einer anerkannten Sehteststelle (z. B. Optiker, Augenarzt) unterziehen. Der Sehtest ist dann bestanden, wenn die zent-

rale Tagessehschärfe mindestens 0,7 auf beiden Augen beträgt. Eine grundsätzliche, regelmäßige Überprüfung der Sehfähigkeit sieht der Gesetzgeber hingegen auch für ältere Autofahrer nicht vor. Dauerhafte Minderungen der Sehschärfe (<0,7) können vor allem durch chronische Erkrankungen wie z. B. Katarakt oder Glaukom bedingt sein. Aber auch Erkrankungen wie Diabetes, Nierenerkrankungen, Bluthochdruck oder neurologische Krankheiten können die Sehfähigkeit beeinträchtigen. Die FeV formuliert in ihrer Anlage 6 die Mindestanforderungen an das Sehvermögen (**s. Tab. 50.1**).

Selbst hochgradige **Schwerhörigkeit** (Hörverlust von 60 % und mehr) und Gehörlosigkeit gelten nicht als Mängel, die eine Fahreignung generell in Frage stellen. Zur Orientierung im Straßenverkehr spielt das Gehör als Sinnesmodalität in seiner Bedeutung eine untergeordnete Rolle, da verkehrsrelevante Informationen über das Auge wahrgenommen werden und die Verkehrsregelung ohne akustische Zeichen erfolgt. In den Begutachtungs-Leitlinien zur Kraftfahrereignung werden daher keine besonderen Anforderungen an das Hörvermögen gestellt, sofern Höreinbußen isoliert auftreten und keine bedeutsamen kognitiven Leistungseinschränkungen vorliegen. Einige Untersuchungen (z. B. Berliner Altersstudie 1996), die den Einfluss von Seh- und Höreinbußen im Alter herausgearbeitet haben, weisen in ihren Ergebnissen darauf hin, dass die Kombination aus Seh- und Höreinbußen hoch mit dem Alter und der allgemeinen Intelligenz korrelieren. Statistisch bedeutsame Zusammenhänge zwischen dem Ausmaß der Hörverschlechterung und den Variablen „Wahrnehmungsgeschwindigkeit“ und „Problemlösefähigkeit“ zeigen, dass eine Beziehung zwischen Sensorik, allgemeiner Intelligenz und Fahreignung nicht nur modalitätsspezifisch betrachtet werden darf.

50.3.3 Störungen des Gleichgewichts

Eine besondere Gefahr für den Straßenverkehr entsteht bei Störungen des Gleichgewichts (s. Kap. 16). Sie können, unabhängig von Schwindelsymptomen, zu Störungen der Orientierung über die eigene Körperhaltung oder zu Beeinträchtigungen der Richtungskontrolle für Fremd- und Eigenbewegungen führen. Derartige Orientierungsstörungen treten im Zusammenhang mit bestimmten Erkrankungen plötzlich und für den Erkrankten unvorhergesehen auf (z. B. M. Menière, paroxysmaler Lagerungsschwindel, vertebrobasiläre Ischämie). Im Hinblick auf spezielle Gleichgewichtsuntersuchungen wie die Testung der vestibulospinalen Bahnen (Romberg, Unterberger und Blindgang) oder Prüfung des Spontan- und Provokationsnystagmus liegen keine Grenzwerte vor, die eine Beurteilung der Fahreignung erleichtern. In den Begutachtungs-Leitlinien wird nur darauf verwiesen, dass eine Bewertung des Einzelfalls erfolgen müsse, abhängig von der Erscheinungsform der Gleichgewichtsstörung und der Art der Verkehrsteilnahme (z. B. Fahren eines Mofas bei Nacht).

50.3.4 Bewegungsstörungen

Patienten mit Erkrankungen, die mit funktionsrelevanten **Paresen** oder **Ataxien** einhergehen, sind nicht in vollem Umfang geeignet, am Straßenverkehr teilzunehmen. Unter Umständen kann eine Fahreignung bedingt erhalten bleiben, wenn Beschränkungen auf bestimmte Fahrzeugarten oder Auflagen empfohlen werden, evtl. mit besonderen technischen Vorrichtungen (s. o.). Auf Vorschlag des Verbandes der Technischen Überwachungsvereine sind dabei spezielle Anforderungen an die Anpassung am Fahrzeug oder an orthopädische Hilfsmittel zu stellen. Ferner sind nach **Amputationen**

Tab. 50.1 Mindestanforderungen an das Sehvermögen bei Bewerbern und Inhabern der Klassen A, B, M, L und T

Sehschärfe

- Binokular: 0,5/0,2
- Monokular: 0,6 (schlechteres Auge < 0,2). Als Einäugig gilt auch, wer auf einem Auge eine Sehschärfe von unter 0,2 besitzt. Fehlsichtigkeiten müssen – soweit möglich – korrigiert werden.

Es gibt keine Begrenzung für Brillenglasstärken.

Gesichtsfeld

Horizontal: 120°; Zentral: 30° sollten stets ohne Ausfall sein (Empfehlung der Deutschen ophthalmologischen Gesellschaft). Ausnahmen:

- Homonyme Hemianopsie: Zentral 20°; ohne Ausfall bis 30°. Der horizontale Median muss 10° ober- und unterhalb frei sein.
- Bitemporale Hemianopsie: Nur mit 120° horizontalem Durchmesser.

Stellung und Beweglichkeit

- Einäugigkeit: Normale Beweglichkeit, kein Augenzittern.
- Beidäugigkeit: Augenzittern und Schielen sind bei gerader Kopfhaltung erlaubt. Bei Augenzittern darf die Erkennungszeit eines Reizes nicht mehr als 1 s betragen.

Optische Medien

Hornhaut: Bei Narben oder Verletzungen sind in Ausnahmefällen operative Eingriffe erforderlich. Das Tragen von Kontaktlinsen stellt eine Zwischenlösung dar.

Iris: Verklebungen können zur Hypomotilität der Pupille führen. Keine speziellen Anforderungen an die Hell- und Dunkeladaption. Trotz möglicher Probleme bei Nachtfahrten: Selten Verweigerung der Fahrerlaubnis.

Linse: Das Katarakt bedingt eine Verringerung der Sehschärfe und steigert die Empfindlichkeit gegen Blendung durch Sonne oder Scheinwerfer des Gegenverkehrs. Auflagen: Nachtfahrverbot.

Augenhintergrund: Keine Anforderungen.

Stereosehen: Keine Anforderungen.

Farbensehen: Keine Anforderungen.

Die FeV erwähnt das **Dämmerungssehvermögen** und die **Blendungsempfindlichkeit** nicht. Die Begutachtungs-Leitlinien weisen darauf hin, dass Betroffene über Gefahren, die durch geminderte Dämmerungssehschärfe und erhöhte Blendungsempfindlichkeit entstehen können, hinzuweisen sind.

fachärztlich-orthopädische oder chirurgische Gutachten erforderlich, die Aussagen über Prothesenverträglichkeit, Stumpfverhältnisse oder Belastbarkeit der betroffenen Gliedmaßen bzw. der Prothesen enthalten. Obwohl der Gesetzgeber kein spezielles Fahrtraining vorschreibt, erscheint ein Fahrtraining mit einem Fahrlehrer und einem behindertengerechten Fahrzeug sinnvoll.

Parkinson-Syndrome (s. Kap. 18) können in leichteren Fällen und bei erfolgreicher Therapie die Beherrschung eines Kraftfahrzeugs durchaus zulassen. Das gilt insbesondere dann, wenn sich die Entwicklung des degenerativen Krankheitsgeschehens in einem erkennbaren Umfang vorausberechnen lässt. Schwierigkeiten ergeben sich in der Abschätzung der Belastbarkeit, denn bei Überschreiten der Grenzen kann es in Überforderungssituationen zum Zusammenbruch der motorischen Funktionen kommen. Patienten sind häufig verstärkt ermüdbar und sie leiden an krankheitsbedingten Fluktuationen der Beweglichkeit und Wachheit. Die spezifische Medikation für den an Parkinson erkrankten Patienten beeinflusst möglicherweise auch die Aufmerksamkeit und das Reaktionsvermögen. Aus diesem Grund darf für die Beurteilung der Fahreignung nicht nur der Ausprägungsgrad der extrapyramidal-motorischen Symptome zugrunde gelegt werden. In jedem Fall sind zusätzlich neurologische Gutachten erforderlich. Da es im Zusammenhang mit Parkinson-assoziierter Demenz auch zu kognitiven Beeinträchtigungen kommen kann, sind gegebenenfalls auch neuropsychologische Zusatzgutachten – möglichst in Verbindung mit einer Fahrprobe – erforderlich. Aufgrund der Progredienz der Erkrankung müssen sich die Patienten regelmäßigen Nachuntersuchungen nach 1, 2 und 4 Jahren unterziehen.

50.3.5 Kreislaufabhängige Störungen der Hirntätigkeit

Mit kreislaufabhängigen Störungen der Hirntätigkeit ist eine erhöhte Gefährdung des Kraftfahrzeugfahrers im Straßenverkehr verbunden. Selbst wenn die Leistungsfähigkeit noch nicht beeinträchtigt sein sollte, besteht die Gefahr eines hirnorganischen Zwischenfalls (z. B. Hirnischämie/-blutung). Kreislaufbedingte Störungen der Hirntätigkeit sind häufig bedingt durch Herzrhythmusstörungen, hypo- oder hypertone Blutdruckdysregulationen. Für die Beurteilung der Fahreignung ist daher die Feststellung des Grundleidens erforderlich. Zudem müssen klinische Befunde vorliegen, die den weiteren Krankheitsverlauf prognostisch günstig beurteilen. Bei einem deutlichen **Rezidivrisiko** besteht keine Fahreignung und bei einer Krankheitsprogression sollten sich Patienten nach 1, 2, oder 4 Jahren einer Nachuntersuchung unterziehen.

Patienten, die an den **Folgen eines Schlaganfalls** leiden, können bei relevanter Beeinträchtigung sensorischer, motorischer und kognitiver Leistungen nicht am Straßenverkehr teilnehmen. Frühestens nach Abschluss einer erfolgreich verlaufenen Rehabilitationsmaßnahme ist der betroffene Patient wieder in der Lage, ein Kraftfahrzeug zu führen. Bei Bewegungseinbußen, z. B. Lähmungen, sensorischen Beeinträchtigungen, z. B. Gesichtsfeldeinschränkungen, oder kognitiven Defiziten, z. B. Aufmerksamkeits- oder Orientierungsstörungen, sind medizinisch-neuropsychologische Zusatzuntersuchungen erforderlich.

50.3.6 Schädelhirnverletzungen und Substanzschäden

Bei einem Schädel-Hirn-Trauma mit Hirnsubstanzschäden ist nicht mit einer vollständigen Restitution zu rechnen. Unabhängig davon, ob sich Patienten subjektiv beschwerdefrei fühlen, kann sich hinter vermeintlicher Symptomlosigkeit eine Kritikschwäche oder Anosognosie verbergen. Vor dem Wiedererlangen der Fahreignung ist eine „Karenzzeit“ von drei Monaten anzuraten, weil sich im Krankheitsverlauf weitere Komplikationen einstellen können, z. B. subdurales Hämatom, epileptische Anfälle oder Persönlichkeitsveränderungen. Nur eine intensive fachärztliche Untersuchung stellt unter Berücksichtigung des Krankheitsverlaufs und nach Feststellung völliger Symptomfreiheit eine Rechtfertigung dafür dar, dass die Drei-Monats-Frist nicht abgewartet wird. Bei **Rezidivgefahr nach Operationen von Hirntumoren** müssen zwingend Nachuntersuchungen nach 1, 2 und 4 Jahren erfolgen.

50.3.7 Anfallsleiden (s. Kap. 14)

50.3.8 Hirnorganische Psychosyndrome

Abhängig von der zugrunde liegenden Störung oder Krankheit führen hirnorganische Psychosyndrome zu Beeinträchtigungen der affektiven und kognitiven Leistung. Bei den organischen Persönlichkeitsveränderungen stehen Mangel an Einsicht und Kritikvermögen, Reizbarkeit, Selbstüberschätzung und emotionale Labilität im Vordergrund.
Die **Begutachtungs-Leitlinien** nennen unter den akuten organisch-psychischen Störungen explizit das **Delir,** das **amnestische Syndrom** (Korsakow-Syndrom), den **Dämmerzustand** sowie die **organische Psychose** mit manischer, depressiver oder paranoider Symptomatik. Die Erkrankungen und die daraus resultierenden Beeinträchtigungen sind in der Regel so gravierend, dass die Anforderungen an die Verkehrssicherheit nicht erfüllt werden.
Nach Abklingen der akuten Phase bei prognostisch günstiger Grunderkrankung, z. B. akuter Schädigung des Gehirns oder Entzündung, und Fehlen von Restsymptomen oder Dauerschäden kann die Fahreignung wieder erlangt werden. Zeitabhängige Perspektiven werden jedoch in den Begutachtungs-Leitlinien nicht erwähnt.

50.3.9 Demenz

Die Frage, ob bei einer dementiellen Erkrankung die Voraussetzung zum Führen von Kraftfahrzeugen vorliegt, muss von der Art und Schwere der Demenz abhängig gemacht werden (s. Kap. 11). Bei einer leichten Demenz kann die Fahrtüchtigkeit noch vorhanden sein, schwerergradige Störungen schließen die Fahreignung grundsätzlich aus. Die Risiken für den Straßenverkehr ergeben sich aus **eingeschränkten Aufmerksamkeitsleistungen** (Daueraufmerksamkeit, geteilte und fokussierte Aufmerksamkeit) oder erheblichen **Reaktionsleistungseinbußen,** so dass es zu Situationsverkennung und Fehlreaktionen kommen kann. Verbinden sich mit derartigen Defiziten noch Persönlichkeitsveränderungen, Mangel an Einsicht oder Kritik, entsteht eine gefährliche Kombination aus Leistungsschwäche und Überschätzung des eigenen Leistungsvermögens. Die Diagnose einer Demenz rechtfertigt für sich allein gesehen noch nicht die Entziehung der Fahrerlaubnis. Ein Bericht der „Quality Standards Subcomitee of the American Academy of Neurology" kam zu dem Ergebnis, dass das **Risiko für Verkehrsunfälle** bei Patienten mit einer leichten Alzheimer-Demenz (Clinical Dementia Rating, CDR, ≤ 0,5) nur leicht erhöht ist und innerhalb einer Toleranzgrenze anzusiedeln ist, die auch für jugendliche Autofahrer bei Fahren mit einer Blutalkoholkonzentration unter 0,8 Promille gilt. Autofahrer mit einer schweren Alzheimer-Demenz (GDR =1) weisen dagegen ein erhebliches Risiko auf.
Ergebnisse einer Studie, die in der verkehrsmedizinischen Abteilung des Instituts für Rechtsmedizin in Zürich durchgeführt wurde (Seeger 2005), weisen darauf hin, dass sich der Mini-Mental-Status (MMST) und der Uhrentest als Screening-Instrumente zur orientierenden Beurteilung von Patienten mit dementiellen Erkrankungen durchaus bewährt haben. Sofern die Testergebnisse eindeutig richtungsweisend sind (MMST unter 23 Punkte) und erhebliche klinische Auffälligkeiten vorliegen, wird die Fahreignung von vornherein abgelehnt. Bei leicht- bis mittelgradig auffälligen Ergebnissen (MMST >23 Punkte) sind weitere Abklärungen wie z. B. praktische Fahrproben und leistungspsychologische Zusatzuntersuchungen erforderlich.
Bei der Leistungsdiagnostik ist zu berücksichtigen, dass die Übergänge der Schweregrade fließend sind und fast alle dementiel-

len Erkrankungen als neurodegenerative Erkrankungen progredient verlaufen und eine Verschlechterung der Testleistungen zu erwarten ist. Der Gesetzgeber schreibt keine **Nachuntersuchungen** vor; dennoch sollten sie auch bei positiver Einschätzung in regelmäßigen Abständen abhängig von der Progredienz wiederholt werden. Anders ist die Situation bei einmaligen Schädigungen wie z. B. Schädel-Hirn-Trauma nach Unfall oder beherrschbarer bzw. remittierender Grunderkrankung. In diesen Fällen kann auf weitere Nachuntersuchungen verzichtet werden, sofern keine weiteren Erkrankungen auftreten, die die Fahreignung in Frage stellen.

50.3.10 Diabetes mellitus

Diabetiker, die keine besonderen Auffälligkeiten zeigen, sind in der Regel in der Lage, am Straßenverkehr teilzunehmen. Die Fahrtüchtigkeit kann jedoch eingeschränkt oder ausgeschlossen werden, wenn durch eine unzureichende Behandlung, durch eine Nebenwirkung der Behandlung oder durch Komplikationen wie rezidivierende, auch leichtere Hypoglykämien, deren Beginn der Patient selbst nicht wahrnimmt, verkehrsgefährdende Gesundheitsstörungen entstehen. Es gibt Patienten, bei denen sich **Bewusstseinsveränderungen** plötzlich einstellen oder die Frühwarnzeichen bei leichteren Hypoglykämien nicht rechtzeitig wahrnehmen. Die mit der hyperglykämischen Stoffwechselentgleisung einhergehende, stark ansteigende **Erschöpfbarkeit** und **psychischer Verlangsamung** machen Patienten extrem fahrunsicher.

Bei der Beurteilung der Fahreignung sollten **Begleiterkrankungen** des Diabetes mit berücksichtigt werden. Hierzu zählen u. a. Sehstörungen (Retinopathia diabetica), Hypertonie und periphere Neuropathie. Patienten, die nach einer Stoffwechselentgleisung medikamentös neu eingestellt werden, dürfen so lange kein Fahrzeug führen, bis die Einstellphase erfolgreich abgeschlossen ist.

Patienten, die zu **schweren Stoffwechselentgleisungen mit Hypo- bzw. Hyperglykämien** neigen, dürfen ebenfalls kein Fahrzeug führen.

50.3.11 Medikamente und ihre Nebenwirkungen

Eine Reihe von Erkrankungen wie Anfallsleiden, Diabetes mellitus oder Morbus Parkinson können unbehandelt die Fahreignung einschränken oder sogar aufheben; erst durch den Einsatz von Arzneimitteln wird in diesen Fällen die Fahrtüchtigkeit wieder hergestellt.

Andererseits werden Krankheiten oder Symptome – z. B. Schmerzen oder Schlafstörungen – zuweilen mit Medikamenten behandelt, die das zentrale Nervensystem beeinflussen. Von Bedeutung sind in diesem Zusammenhang Schmerzmittel, Schlaf- und Beruhigungsmittel, Antikonvulsiva, Neuroleptika, Antidepressiva und Antiallergika. Vor allem in der **Initialphase einer derartigen Arzneimittelbehandlung** ist eine besonders sorgfältige Überwachung notwendig. Im weiteren Behandlungsverlauf sollten **unerwünschte Nebenwirkungen einer Dauermedikation** wie z. B. Verlangsamung, Müdigkeit oder Aufmerksamkeitsstörungen bei ärztlichen Behandlungskontrollen berücksichtigt werden. Die gleichzeitige Einnahme verschiedener Medikamente aus unterschiedlichen Substanzgruppen kann durch Additionseffekte oder antagonistische Wirkungen zu einem erhöhten Verkehrsrisiko führen. Besonders beeinträchtigend für die Fahreignung wirkt sich die gemeinsame Einnahme von zentralwirksamen Analgetika wie z. B. Schmerzpflaster und Psychopharmaka, z. B. Antidepressiva, aus.

Für die Beurteilung der Fahreignung unter den genannten Aspekten ist die persönliche Einstellung des Patienten von großer Bedeutung. Dazu zählen Compliance, ausgeprägtes Risikobewusstsein und sicherheitsbetonte Grundhaltung. So kann ein insulinpflichtiger Diabetiker durch regelmäßige Blutzuckerkontrollen das individuelle Risiko einer Stoffwechselentgleisung minimieren; ebenso kann ein Epileptiker durch kontinuierliche Medikamenteneinnahme Anfälle vermeiden.

Schlussbemerkung

Die zunehmende Bedeutung der Mobilität für Senioren erfordert ein erhöhtes Augenmerk auf die individuelle Leistungsfähigkeit bei der Teilnahme im Straßenverkehr. Die meisten akkreditierten Begutachtungsstellen gehen bei der Überprüfung der Fahreignung in der Regel nach Begutachtungskriterien vor, die den meisten älteren Probanden nicht gerecht werden, da weder Kompensationsmöglichkeiten hierbei Beachtung finden, noch Fahrproben ins Auge gefasst werden. Ziel aller Maßnahmen sollte jedoch sein, die älteren Verkehrsteilnehmer zu unterstützen, so lange wie möglich Auto zu fahren. Angesichts dieser Probleme erscheint es angezeigt, Begutachtungsstellen in geriatrischen Kliniken oder ähnlichen Einrichtungen zu etablieren, da dort multiprofessionelle Teams die individuelle Fahreignung einschätzen können. Wünschenswert wäre außerdem die Einbindung von Hausärzten, um im Zweifelsfall frühzeitig Kompensationsmöglichkeiten einzuleiten.

Literatur

Begutachtungsleitlinien zur Kraftfahrereignung (2000) Berichte der Bundesanstalt für Straßenwesen (bast), Heft M 115

Begutachtungsleitlinien zur Kraftfahrereignung. Kommentar. Kirschbaum, Bonn

Bundesanstalt für Straßenwesen (2001) Ältere Menschen im künftigen Sicherheitssystem Straße/Fahrzeug/Mensch. Schriftenreihe der Bundesanstalt für Straßenwesen, Heft M 134

Bundesminister für Verkehr (1996) Krankheit und Kraftverkehr. Begutachtungs-Leitlinien des Gemeinsamen Beirats für Verkehrsmedizin. Schriftenreihe des Bundesministeriums für Verkehr, Heft 73

Chaloupka C (1994) Was hat es mit der Veränderung der Leistungsfähigkeit älterer Verkehrsteilnehmer wirklich auf sich? In: Tränkle U (Hrsg) Autofahren im Alter. Deutscher Psychologen Verlag, Bonn

Dettmers C, Weiller C (Hrsg) (2004) Fahreignung bei neurologischen Erkrankungen. Hippocampus, Honnef

Fries W, Wilkes F, Lössl H (Hrsg) (2002) Fahreignung bei Krankheit oder Verletzung. Zuckschwerdt, München

Hartje W (2004) Zum Thema „Fahreignung in der klinischen Neuropsychologie“. Z Neuropsychol 15 (3):153–155

Kaiser HJ, Oswald WD (Hrsg) (1999) Altern und Autofahren. Huber, Bern

Kroll G et al. (2003) Die praktische Fahrprobe im mittleren und höheren Lebensalter. Z Neuropsychol 14(2): 81–187

Rieger HJ (1995) Schweigepflicht bei Ungeeignetheit eines Patienten zum Führen eines Kraftfahrzeugs. Dtsch Med Wochenschr 120(1995):195

Schale A (2004) Therapie der Fahreignung in der klinischen Neuropsychologie. Z Neuropsychol 15 (3):169–188

Schlag A (2003) Entwicklung und Probleme der Mobilität im Alter. Tagungsband 11. ADAC-Symposium „Mobilität und Medizin“. ADAC e.V., München

Seeger R (2005) Die Kombination von Uhrentest und Mini-Mental-Status als Screening-Instrument bei der Fahreignungsbeurteilung von älteren Motorfahrzeuglenkern. Institut für Rechtsmedizin der Universität, Zürich

StVR. Straßenverkehrsrecht. StVG, StVO, StVZO, Fahrerlaubnis-VO, Verwarnungs- und Bußgeldkatalog, Verkehrszeichen. 43. Auflage. Stand: 15. März 2004. Beck-Texte im dtv, München

Internetadressen und Links

www.bff-nord.de – Begutachtungsstelle für Fahreignung in der Klinik für Frührehabilitation und Geriatrie. Link zum Klinikum Bremen-Mitte, Institut für Rechts- und Verkehrsmedizin

www.destatis.de –Statistisches Bundesamt (2003). Fachserie 8, Reihe 7 sowie Entwicklungsbericht der Bevölkerung Deutschlands bis 2050

www.fahrschule-online.de –Links zur Bundesvereinigung der Fahrlehrerverbände, zu Behindertenfahrschulen in Deutschland und Verkehrsübungsplätzen

www.kba.de – Jahrespresseberichte sowie Statistische Mitteilungen des Kraftfahrt-Bundesamtes (2002)

51 Parkerleichterungen

Tilman Kaupper

Einleitung

Bei multimorbiden älteren Patienten besteht krankheitsbedingt oft eine erhebliche Einschränkung der Mobilität im Straßenverkehr. Aus diesem Grund hat der Gesetzgeber Vorschriften erlassen, die den Betroffenen die Teilhabe am öffentlichen Leben durch Gebrauch der „Behinderten-Parkplätze" erleichtern soll. Hierfür ist das Merkzeichen „außergewöhnliche Gehbehinderung" (aG) oder „Blindheit" (Bl) erforderlich.

51.1 Gesetzliche Grundlagen

Das Straßenverkehrsgesetz (StVG) und die Allgemeine Verwaltungsvorschrift zur Straßenverkehrsordnung (VwV-StVO) besagen, dass nach § 6 StVG Schwerbehinderten mit einer außergewöhnlichen Gehbehinderung und Blinden Parkerleichterungen gewährt werden können. Im Einzelnen wird hierzu ausgeführt:

1. „Als Schwerbehinderte mit aG sind solche Personen anzusehen, die sich wegen der Schwere ihres Leidens dauernd nur mit fremder Hilfe oder nur mit großer Anstrengung außerhalb ihres Kraftfahrzeuges bewegen können. Hierzu zählen: Querschnittsgelähmte, Doppeloberschenkelamputierte, Doppelunterschenkelamputierte, Hüftexartikulierte und einseitig Oberschenkelamputierte, die dauernd außerstande sind, ein Kunstbein zu tragen oder nur eine Beckenkorbprothese tragen können oder zugleich unterschenkel- oder armamputiert sind sowie andere Schwerbehinderte, die nach versorgungsärztlicher Feststellung, auch aufgrund von Erkrankungen, dem vorstehend angeführten Personenkreis gleichzustellen sind.
2. Schwerbehinderten mit aG, die keine Fahrerlaubnis besitzen, und Blinden, die auf die Benutzung eines Kraftfahrzeuges angewiesen sind und die sich nur mit fremder Hilfe bewegen können, kann ebenfalls eine Ausnahmegenehmigung erteilt werden.
3. Ohnhänder (Ohnarmer) und kleinwüchsige Menschen mit einer Körpergröße von max. 1,39 m erhalten ebenfalls Parkerleichterungen."

51.2 Medizinische Voraussetzungen für den Nachteilsausgleich aG

Die Bedingungen sind in den sog. Anhaltspunkten für die ärztliche Gutachtertätigkeit im sozialen Entschädigungsrecht und nach dem Schwerbehindertengesetz (AHP 2004, Ziffer 31) geregelt (s. Kap. 49):
„Nach der Rechtssprechung darf die Annahme einer aG nur auf eine **Einschränkung der Gehfähigkeit** und nicht auf Bewegungsbehinderungen anderer Art bezogen

werden. Bei der Frage der Gleichstellung von Behinderten mit Schäden an den unteren Gliedmaßen ist zu beachten, dass das Gehvermögen auf das Schwerste eingeschränkt sein muss und deshalb als **Vergleichsmaßstab** am ehesten das Gehvermögen eines Doppeloberschenkelamputierten heranzuziehen ist. Dies gilt auch, wenn Gehbehinderte einen Rollstuhl benutzen: Es genügt nicht, dass ein solcher verordnet wurde; der Betroffene muss vielmehr ständig auf den Rollstuhl angewiesen sein, weil er sich sonst nur mit fremder Hilfe oder nur mit großer Anstrengung fortbewegen kann.

Neurogeriatrische Funktionsstörungen, die zu einer aG führen, sind beispielsweise neben der o. g. Querschnittslähmung schwergradige Spastik, Ataxie, Paresen (muskulär, peripher oder zentral), Schmerzen (Lumbalkanalstenose, etc.) oder eine posturale Instabilität (sensibel, extrapyramidal), die jeweils eine permanente Sturzgefahr auf kurzen Wegstrecken trotz Gehhilfe oder eine dauerhaft hohe Gehanstrengung mit einer hochgradig eingeschränkten Gehstrecke (s. u.) bedingen.

Als **Erkrankungen der inneren Organe,** die eine solche Gleichstellung rechtfertigen, sind beispielsweise Herzschäden mit schweren Dekompensationserscheinungen oder Ruheinsuffizienz sowie Krankheiten der Atmungsorgane mit Einschränkung der Lungenfunktion schweren Grades anzusehen.

Ebenfalls können sich im Rahmen der **Multimorbidität** internistische, neurologische und orthopädische Erkrankungen ungünstig zu einer aG addieren, die allein genommen keine schwergradige Einschränkung bedingen, aber in der Summe eine hinreichend schwere Funktionseinschränkung hervorrufen.

Die **Beantragung** der Gewährung der Merkzeichen erfolgt bei dem zuständigen Versorgungsamt (s. Kap. 49); die Parkerlaubnis wird durch die entsprechende kommunale Behörde ausgestellt.

51.3 Ausnahmeregelungen für Parkerleichterungen

Wenn ein Patient die Anerkennung des Merkzeichens aG nur knapp verfehlt hat, gleichwohl auf Parkerleichterungen angewiesen ist, so gibt es unter bestimmten Voraussetzungen Ausnahmeregelungen, die in den einzelnen Bundesländern unterschiedlich gehandhabt werden. Deshalb empfiehlt es sich, bei der zuständigen Behörde der Stadt oder des Kreises die Ausnahmeregelungen zu erfragen.

Folgenden schwerbehinderten Menschen, die nicht außergewöhnlich gehbehindert sind, werden **Parkerleichterungen** gewährt:

- Schwerbehinderte Personen, bei denen ein Grad der Behinderung (GdB) von wenigstens 80 allein infolge Funktionsstörungen der unteren Gliedmaßen und/oder der Lendenwirbelsäule und die Merkzeichen „G“ und „B“ festgestellt sind (Sachsen-Anhalt, Sachsen, Berlin, Thüringen, Baden-Württemberg, Bayern, Hessen, Mecklenburg-Vorpommern, Brandenburg).
- Schwerbehinderte Personen, bei denen ein GdB von wenigstens 70 allein infolge der Funktionsstörungen der unteren Gliedmaßen und/oder der Lendenwirbelsäule und gleichzeitig GdB von wenigstens 50 infolge Funktionsstörungen des Herzens oder der Lunge und das Merkzeichen „G“ festgestellt sind (Sachsen-Anhalt, Sachsen, Thüringen, Hessen, Mecklenburg-Vorpommern). In einigen Bundesländern muss zudem das Merkzeichen „B“ vorliegen (Berlin, Baden-Württemberg, Bayern, Brandenburg).
- Schwerbehinderte mit einem Merkzeichen „G“, sofern die Voraussetzungen für die Zuerkennung des Merkzeichens „aG“ nur knapp verfehlt wurden: GdB von mindestens 70 und maximaler Akti-

onsradius ca. 100 m (Rheinland-Pfalz, Schleswig-Holstein, Nordrhein-Westfalen).

- Gehbehinderte und in ihrer Mobilität beeinträchtigte Personen mit noch nicht abgeschlossenen Feststellungsverfahren der Versorgungsbehörden, sofern sie sich nur in einem maximalen Aktionsradius von ca. 100 m (Schleswig-Holstein) bzw. von ca. 50 m (Mecklenburg-Vorpommern) bewegen können.
- Personen, die vor oder nach schweren Operationen stehen oder die sich in oder nach medizinischen Behandlungen befinden und eine vorübergehende, weniger als sechs Monate dauernde außergewöhnliche Gehbehinderung haben (Sachsen-Anhalt, Sachsen).
- Personen, die aufgrund eines Unfalls, einer Operation oder einer Krankheit vorübergehend, aber dennoch für einen längeren Zeitraum in ihrer Mobilität erheblich eingeschränkt sind bei maximalem Aktionsradius von 100 m (Schleswig-Holstein) bzw. maximalem Aktionsradius von ca. 50 m (Mecklenburg-Vorpommern).
- Personen, die aufgrund ihrer Behinderung zum Einsteigen und Aussteigen auf das vollständige Öffnen der Türen und somit auf Parkmöglichkeiten von besonderer Breite angewiesen sind (Sachsen-Anhalt).

51.4 Praktische Tipps

Häufig kennen Patienten den Begriff „Parkerleichterung", ohne über die erforderlichen Behinderungen für dessen Gewährung informiert zu sein. Die Kenntnis der obigen Vorschriften ermöglichlicht eine qualifizierte Patientenberatung über die Voraussetzungen zur Gewährung des Nachteilsausgleichs aG bzw. deren Ausnahmeregeln. Nur bei wenigen Patienten handelt es sich um Grenzfälle.

Liegen diese Voraussetzungen nicht vor, empfiehlt sich eine Aufklärung darüber mit Berufung auf die gesetzlichen Vorgaben, ggf. unter Vorlage des AHP-Textes, um einen späteren, unnötigen Schriftwechsel mit dem Versorgungsamt zu vermeiden. Sind die Voraussetzungen für aG oder die Ausnahmeregeln gegeben, sollte dies dem Patienten in der sozialmedizinischen Beratung mitgeteilt werden. Der Betroffene kann bei einem ablehnendem Bescheid des Versorgungsamts fristgebunden Widerspruch einlegen. Das Versorgungsamt fordert dann ein ärztliches Attest an.

Der ärztliche Befundbericht für das Versorgungsamt sollte vornehmlich **Funktionsbehinderungen** und nicht Röntgen-Befunde oder Angaben wie „Osteochondrose, Spondylarthrose, oder zerebrovaskuläre Insuffizienz" beinhalten: „Schwerste spastisch ataktische Gangstörung mit permanenter Sturzgefährdung bei chronisch progredienter Multipler Sklerose mit Blasen- und Mastdarminkontinenz" oder „ausgeprägte Stand- und Gangataxie im Rahmen einer fortgeschrittenen SAE bei arterieller Hypertonie, insulinpflichtigem Diabetes mellitus sowie fortgeschrittene Demenz".

Literatur

AHP (2004) Anhaltspunkte für die ärztliche Gutachtertätigkeit im sozialen Entschädigungsrecht und nach dem Schwerbehindertenrecht, Hrsg: Bundesministerium für Gesundheit und soziale Sicherung. Postfach 500, 53108 Bonn. Stand: April 2004. Kosten 13 € plus Versand. Bestellungen unter: Bestellnummer: K 710, Tel. 0180-5151510 (0,12 €/Min.) oder per Fax: 0180-5151511 (0,12 €/Min.), oder schriftlich an den Herausgeber. Email: info@bmgs.bund.de, Internet: www.bmgs.bund.de

Informationen

Die Firma „betapharm Arzneimittel GmbH" unterhält einen Informationsservice für Sozialfragen und hat auch eine „beta-Liste" herausgegeben, ein **Lexikon für Sozialfragen**. Redaktion: beta Institut für sozialmedizinische Forschung und Entwicklung, gemeinnützige GmbH, Kobelweg 95, 86156 Augsburg, Tel.: 0821-45054-0, Fax: 0821-45054-100, E-Mail: info@beta-institut.de, Internet: www.beta-institut.de.
Die Firma betapharm bittet ausdrücklich, die Telefonnummer und Adresse nicht an Patienten weiterzugeben (Kontaktadresse ausschließlich für behandelnde Ärzte).

Die meisten **Gemeinden und Kreise** unterhalten eine Homepage mit Informationen über die örtlich geltenden Ausnahmeregeln für Parkerleichterungen.

Internetadressen

www.anhaltspunkte.de (ausführliche Informationen über die AHP, deren Kommentare, aktuelle Sozialgerichtsurteile und weitere Aspekte sozialrechtlicher Fragestellungen. Hrsg.: Karen Schillings, Spessartstr. 15, 41239 Mönchengladbach)
www.behindertenbeauftragter.de
www.behinderten-ratgeber.com

52 Impfungen

Helga Idel

Einleitung

Die Ständige Impfkommission am Robert-Koch-Institut (STIKO) gibt jährlich überarbeitete Impfempfehlungen für Deutschland heraus (Epidemiol Bull 30/2004).
Impfungen für das Alter werden unterschieden in:

- Impfungen mit Grundimmunisierung in der frühen Kindheit und regelmäßige Auffrischimpfungen, um einen tragfähigen Schutz zu erhalten: Standardimpfungen wie die Schutzimpfungen gegen Tetanus und Diphtherie.
- Impfungen, speziell für alle Personen über 60 Jahre: Impfungen gegen Influenza und Pneumokokkeninfektionen. Diese Impfungen werden auch für jüngere Personen mit bestimmten Grundleiden mit erhöhtem Risiko bei der Erkrankung empfohlen.
- Impfungen, die auch für ältere Menschen bei bestimmten Indikationen gelten: u. a. die Hepatitis B-Impfung, wenn z. B. in der Familie eine Hepatitis B auftritt; die Pertussis-Schutzimpfung, wenn z. B. ein Enkelkind in der Familie erwartet wird (zum Schutz des Neugeborenen), oder die Impfung gegen Tollwut nach Biss von einem möglicherweise Tollwut-infizierten Tier.

52.1 Tetanus-Diphtherie-Schutzimpfung

Weltweit stellt der Tetanus mit schätzungsweise 1/2 bis 1 Mio Fälle noch ein großes Problem dar. In Deutschland rechnet man mit ca. 8–10 Fällen pro Jahr (die tatsächliche Zahl ist unbekannt, da seit 2001 keine Meldepflicht nach Infektionsschutzgesetz mehr besteht). Wir wissen aber aus früheren Jahren, dass die Tetanusfälle überwiegend ältere Menschen betreffen, da Kinder und Jugendliche noch gut durchgeimpft sind, die Auffrischimpfungen aber bei älteren Menschen meist vernachlässigt werden. Die Sporen von Clostridium tetani kommen ubiquitär vor; wenn sie bei Verletzungen in anaerobes Milieu eindringen, entwickeln sie sich zu vegetativen Keimen und bilden Tetanustoxine, von denen das Tetanospasmin die wichtigste Komponente darstellt. Tetanusgefahr ist gegeben bei unsauberen Wunden z. B. durch Holzsplitterverletzung, aber auch bei schlecht heilenden Wunden bei Grundkrankheiten mit Durchblutungsstörungen. Hierzu gehört u. a. der „diabetische Fuß“. Nur der gegen Tetanus Geimpfte ist geschützt, eine „stille Feiung“ gegen Tetanus gibt es nicht.
Auch für die Diphtherieimpfung gilt, dass Auffrischimpfungen bei älteren Menschen oft vernachlässigt werden: Die Diphtherieepidemie in der GUS mit ihrem Gipfel in der Mitte der 1990iger Jahre mit über 50 000 Fällen hat gezeigt, dass überwiegend ältere Menschen erkrankt sind, da offensichtlich

Tab. 52.1 Tetanusimpfschema im Verletzungsfall

Vorgeschichte der Tetanusimmunisierung Anzahl der Impfungen	Saubere geringfügige Wunden		Alle anderen Wunden[1]	
	Td[2]	TIG[3]	Td[2]	TIG[3]
Unbekannt	ja	nein	ja	ja
0–1	ja	nein	ja	ja
2	ja	nein	ja	nein[4]
3 und mehr	nein[5]	nein	nein[6]	nein

[1] Tiefe und/oder verschmutzte (mit Staub, Erde, Speichel, Stuhl kontaminierte) Wunden, Verletzungen mit Gewebszertrümmerung und reduzierter Sauerstoffversorgung oder Eindringen von Fremdkörpern (z. B. Quetsch-, Riss-, Biss,- Stich-, Schusswunden), schwere Verbrennungen und Erfrierungen, Gewebsnekrosen, septische Aborte
[2] Personen über 6 Jahre Td (d. h. Tetanus-Diphtherie-Impfstoff mit verringertem Diphtherietoxoidgehalt)
[3] TIG= Tetanusimmunglobulin, im Allgemeinen werden 250 IE verabreicht, die Dosis kann auf 500 IE erhöht werden
[4] Ja, wenn die Verletzung länger als 24 h zurückliegt
[5] Ja (1 Dosis), wenn seit der letzten Impfung mehr als 10 Jahre vergangen sind
[6] Ja (1 Dosis), wenn seit der letzten Impfung mehr als 5 Jahre vergangen sind

hier der Impfschutz nicht mehr vorhanden war.
Jeder Mensch sollte zur Grundimmunisierung 3 Tetanus-Diphtherie-Impfungen erhalten und danach alle 10 Jahre eine Auffrischimpfung.
Die Tetanusimpfung sollte immer in Kombination mit der Diphtherieimpfung durchgeführt werden. Hierzu stehen Kombinationsimpfstoffe zur Verfügung (für Erwachsene: Td-Impfstoffe). Die Grundimmunisierung erfolgt zum Zeitpunkt 0, nach 4–8 Wochen und dann nach 6–12 Monaten. Für diese Impfintervalle gilt die Regel: die Mindestabstände zwischen den Impfungen sind einzuhalten; Maximalabstände gibt es nicht, d. h. jede Impfung zählt. Auch für die Auffrischimpfung gilt: wenn mehr als 10 Jahre seit der letzten Impfung vergangen sind, reicht 1 Impfung zur Auffrischung.
Am häufigsten ist wahrscheinlich die Frage nach einer Tetanusimpfung im Verletzungsfall:
Hier gilt das von der STIKO empfohlene Impfschema (s. **Tab. 52.1**) im Verletzungsfall (Epidemiol Bulletin 30/2004).

52.2 Poliomyelitisschutzimpfung

Diese Impfung sollte beim Erwachsenen nur dann noch routinemäßig aufgefrischt werden, wenn keine 4 Impfungen dokumentiert sind, da Europa seit 2002 von der WHO als „poliomyelitisfrei" zertifiziert wurde. Aus diesem Grunde werden auch keine Schluckimpfungen mehr durchgeführt, sondern es wird seit 1998 ein inaktivierter Impfstoff injiziert (die Schluckimpfung war sehr effektiv, hatte jedoch eine sehr seltene aber schwere Komplikation – die vakzineassoziierte Poliomyelitis). Derzeit stellen nur noch Reisen nach Afrika oder Asien eine individuelle Indikation für die Poliomyelitisauffrischimpfung des Erwachsenen dar, falls die letzte Impfung länger als 10 Jahre zurückliegt.

52.3 Influenzaschutzimpfung

Die Grippe ist eine schwere Allgemeinerkrankung und führt im Alter wegen der Komplikationen – meist sekundäre bakteriell bedingte Pneumonien – häufig zum Tode. Daher empfiehlt die STIKO eine Grippeschutzimpfung u. a. für alle Personen über 60 Jahre (Epidemiol Bull 30/2004). Besonders gefährdet sind Personen mit Grundkrankheiten des Herzens und der Atemwege (dies trifft auch für jüngere Personen zu). Für die Impfung wird ein Totimpfstoff verwendet, der nur die für die Immunantwort wesentlichen Grippevirus-Antigene enthält (sog. Spaltimpfstoff). Wegen der häufig auftretenden Antigenvariationen wird die Impfung jährlich mit den aktuellen Impfstoffen durchgeführt (1 Impfdosis). Obwohl der günstigste Zeitpunkt zur Impfung der Oktober/November ist, kann auch später noch geimpft werden. Der Impferfolg ist bei einer grassierenden Grippewelle allerdings fraglich, da erst etwa 2 Wochen nach der Impfung mit der vollen Schutzwirkung gerechnet werden kann, die für mehr als 6 Monate anhält (Heckler 2003). Für Patienten über 65 Jahre stehen adjuvierte Impfstoffe mit verstärkter immunogener Wirkung zur Verfügung.

52.4 Pneumokokkenschutzimpfung

Es wird geschätzt, dass 30–50 % der ambulant erworbenen Pneumonien durch Pneumokokken *(Streptococcus pneumoniae)* hervorgerufen werden (Zielen et al. 2003). Nach Schätzungen sterben in Deutschland jährlich mindestens 4 000 bis 8 000 Menschen – vor allem alte und chronisch kranke Menschen – an invasiven Pneumokokken-Infektionen. Auch hat die Pneumokokken-Meningoenzephalitis bei älteren Patienten mit etwa 50 % Sterblichkeit eine besonders schlechte Prognose (s. Kapitel 12). Damit sind die Pneumokokken-Erkrankungen neben der Influenza die häufigste durch Impfung vermeidbare Todesursache in Deutschland (Epidemiol Bulletin 12/2000).

Ein Polysaccharid-Impfstoff mit den 23 klinisch relevanten Pneumokokken-Kapselpolysacchariden steht für Impflinge über 2 Jahre zur Verfügung und wird von der STIKO u. a. für alle Personen über 60 Jahre empfohlen (Epidemiol Bull 30/2004). Die Impfung erfolgt einmalig; die Serokonversion liegt bei sehr alten Menschen und solchen mit eingeschränkter Immunfunktion bei 50–70 %. Eine Wiederimpfung wird in der Regel nach 6 Jahren empfohlen (Epidemiol Bulletin 12/2000).

Literatur

Heckler R (2003) Influenza. In: Schmitt H-J, Hülße C, Raue W (Hrsg) Schutzimpfungen Infomed Med. Verlagsgesellschaft, Berlin, S 168

Robert Koch-Institut (2000) Epidemiologisches Bulletin 12/2000: Zur Impfung gegen Pneumokokken-Infektionen

Robert Koch-Institut (2004) Epidemiologisches Bulletin 30/2004: Empfehlungen der Ständigen Impfkommission (STIKO) am RKI

Zielen St, Reichenbach J, Schmitt H-J (2003). In: Schmitt H-J, Hülße C, Raue W (Hrsg) Schutzimpfungen, Infomed Med. Verlagsgesellschaft, Berlin, S 177

Internet-Adresse der STIKO über das Robert Koch-Institut: www.rki.de

53 Todesbescheinigung

Dieter Justinsky und Kurt Trübner

Einführung

Das Leichenwesen fällt in den Zuständigkeitsbereich der Länder. Ein bundeseinheitlicher Totenschein fehlt. Deshalb sollen im Folgenden nur die Gesichtspunkte herausgestellt werden, die der die Todesbescheinigung ausstellende Arzt – unabhängig von der jeweiligen landesbezogenen Besonderheit – unbedingt beachten sollte.
Hinzuweisen ist noch auf den in einigen Bundesländern geschaffenen „vorläufigen Leichenschein". Notärzte im Rettungsdienst sind nicht zur Durchführung einer Leichenschau verpflichtet. Sie können sich auf die Feststellung des Todes beschränken. Die Todesbescheinigung ist dann von einem anderen Arzt auszufüllen.

53.1 Hauptaufgaben des leichenschauenden Arztes

53.1.1 Untersuchung der Leiche

Eine korrekte Leichenschau beinhaltet die vollständige Untersuchung des entkleideten Leichnams unter Einbeziehung der Körperöffnungen.

53.1.2 Feststellung des Todes

Sichere Todeszeichen, von denen mindestens eines vorhanden sein muss, sind Totenflecken und Totenstarre.

Die **Totenflecken** entstehen durch die Senkungsblutfülle in den körperabhängigen Partien und imponieren zunächst als kleine rötliche Flecken, die sich schließlich zu blauvioletten Flecken verfärben. Sie bilden sich bereits ca. 15–30 min nach Todeseintritt, konfluieren etwa nach 2–4 h und sind bis zu ca. 24 h noch verlagerbar. Während dieses Zeitraumes blassen die Totenflecken auf Fingerdruck ab, wobei mit zunehmender Liegezeit ein immer stärkerer Druck erforderlich ist.
Die **Totenstarre** bildet sich etwa 3 h nach dem Tod. Sie entsteht sukzessive und kann sich u. U., nachdem sie gebrochen worden ist, auch wieder ausbilden. Die stark temperaturabhängige Lösung der Totenstarre ist Folge einer Proteolyse.

53.1.3 Benennung der Todesursache

Todesursache meint alle diejenigen Krankheiten, Leiden und Verletzungen, die entweder den Tod zur Folge hatten oder zum Tode beitrugen. Endzustände wie Atemstillstand oder Herzkreislaufversagen fallen nicht darunter, werden aber nicht selten als unmittelbare Todesursache in der Todesbescheinigung angegeben.
Eine verlässliche Benennung der Todesursache ist regelmäßig erst nach durchgeführter Obduktion, evtl. verbunden mit histologischen oder toxikologischen Untersuchungen, möglich.
Nicht selten zeigt sich bei einer Sektion, dass die von dem den Tod bescheinigenden

Arzt angenommene Todesursache nicht vorlag und ein gänzlich anderer Umstand todesursächlich war. Bei den Angaben zur Todesursache sollten daher zurückhaltende, die Vorläufigkeit der Annahme deutlich machende Formulierungen gewählt werden (z. B.: „Verdacht auf ...").

53.1.4 Angabe der Todesart

Hat der Arzt den Tod festgestellt, so ist die Frage der **Todesart** zu beantworten, d. h. ob ein natürlicher Tod oder ein nicht-natürlicher Tod anzunehmen ist, wobei die Todesbescheinigungen der Länder meistens auch noch die Rubrik „ungeklärt, ob natürlicher/unnatürlicher Tod" enthalten.

Ein **natürlicher Tod** ist ein Tod aus krankhafter innerer Ursache ohne äußere Einwirkungen oder Unterlassungen.

Nicht natürlich ist der Tod, der durch Unfall, Selbstmord oder eine durch aktives Tun oder vorwerfbares Unterlassen begangene Straftat herbeigeführt worden ist. Der Arzt muss sich in diesem Zusammenhang fragen, ob der Tod auch eingetreten wäre, wenn es zu dem fraglichen Geschehen zu diesem Zeitpunkt nicht gekommen wäre. Die Ursache des Todeseintritts darf nicht hinweggedacht werden können, ohne dass damit zugleich die Folge – der Tod – entfällt (sog. Conditio-sine-qua-non-Formel).

Die „Grauzone" zwischen den beiden Termini „natürlicher Tod/nicht-natürlicher Tod" ist in vielen Todesbescheinigungen als „ungeklärt, ob natürlicher/nicht-natürlicher Tod" benannt. Hier konnte der Arzt keine Befunde an der Leiche erheben und auch ansonsten keine Erkenntnisse zur möglichen Todesursache gewinnen.

Die auf den ersten Blick einleuchtende **Definition des natürlichen Todes** bedarf näherer Erläuterung. Verstirbt beispielsweise ein älterer Patient, der nach einem Sturz mit Oberschenkelhalsbruch in die Klinik eingeliefert worden ist, dort nach längerem Krankenlager (Immobilisation) an einer Lungenthrombembolie, so sind die behandelnden Ärzte insbesondere bei Vorliegen schwerer Vorerkrankungen (Herzinsuffizienz, Diabetes, o. ä.) oftmals geneigt, einen natürlichen Tod zu attestieren. Diese Beurteilung ist fehlerhaft. Es ist nämlich nach der Conditio-sine-qua-non-Formel zu verfahren, d. h. der Arzt muss das Geschehen (Sturz mit Verletzungsfolge → Immobilisation → Lungenthrombembolie) hinwegdenken. Nur wenn er dann noch zu dem sicheren Schluss gelangen kann, der Patient wäre auch ohne die erlittene Verletzung aufgrund vorbestehender Erkrankungen **zeitgleich** verstorben, darf er einen **natürlichen Tod** bescheinigen. Hat er diese Gewissheit nicht, muss er sich anders entscheiden.

Der zeitliche Abstand zwischen dem Ereignis und dem Todeseintritt (z. B. Tod nach jahrelangem Wachkoma eines Verkehrsunfallopfers) ist in diesem Zusammenhang unerheblich.

Mit der Beantwortung der Frage nach der Todesart stellt der Arzt die Weichen für den weiteren Umgang mit dem Leichnam. Attestiert er einen natürlichen Tod, wird dies nach Beurkundung des Todesfalles durch das Standesamt zur Bestattung des Leichnams führen.

Bei einer beabsichtigten Erdbestattung erfolgt keine weitere Inspektion der Leiche. Nur bei einer Feuerbestattung erfolgt in vielen Bundesländern eine zweite Leichenschau durch einen Amtsarzt oder einen mit dieser Aufgabe betrauten Arzt (z. B. Arzt eines rechtsmedizinischen Instituts).

Es ist daher leicht einsehbar, welche schwerwiegenden Folgen es haben kann, wenn sich ein Arzt auf die Feststellung des Todes, etwa aufgrund erkennbarer Leichenflecken, beschränkt und von der gründlichen Untersuchung des Leichnams absieht. Die Leiche wird beerdigt. Eine nähere Untersuchung der Todesumstände erfolgt nicht. Die Polizeibehörden werden nämlich nur dann im Rahmen eines sog. Todesermittlungsverfahrens tätig, wenn Anhaltspunkte dafür ersichtlich sind, dass jemand eines nicht natürlichen Todes verstorben ist oder aber der Leichnam eines Unbekannten aufgefunden wird (§ 159 Strafprozessordnung). Hierbei reichen schon entferntere Verdachtsmomente aus, die aus kriminalistischer Sicht die Möglichkeit einer Straftat eröffnen, etwa bei Feststellung des ungeklärten Todes durch den Arzt. In einem derartigen Fall versucht die Polizei durch Nachfragen bei den Angehörigen oder dem Hausarzt und andere Maßnahmen die Todesumstände zu klären. Alsdann entscheidet die für den Sterbeort zuständige Staatsanwaltschaft, ob eine Obduktion der Leiche erforderlich ist oder aber der Leichnam zur Bestattung freigegeben werden kann.

Rechtsmediziner beklagen, dass oftmals zu schnell und zu voreilig auf der Todesbescheinigung der natürliche Tod angekreuzt wird. Insbesondere der hinzugerufene Hausarzt kann hierzu geneigt sein, will er doch das Vertrauen und die Sympathie der Angehörigen, oft selbst seine Patienten, nicht verlieren. Falsch verstandene Rücksichtnahme auf die Gefühle der Hinterbliebenen kann jedoch fatale Folgen zeitigen. „Gefälligkeitsatteste" sind hier fehl am Platz. Dies gilt auch für den hinzugerufenen Notarzt.

Dieser kennt regelmäßig die Krankengeschichte des Verstorbenen nicht. Verlässt er sich ausschließlich auf Angaben der Angehörigen, kann er leicht in die Irre geleitet werden. Zu warnen ist der Arzt auch davor, dem Drängen von Polizeibeamten – unter Hinweis auf die schweren Vorerkrankungen – kritiklos nachzukommen, wobei allerdings anzumerken ist, dass es sich hierbei um Einzelfälle handeln dürfte.

Vier Beispielsfälle sollen das Gesagte verdeutlichen.

1. Fall: Der Notarzt wurde zu einem Toten gerufen. Trotz der ihm von der Ehefrau und deren Sohn mitgeteilten – und zu Lebzeiten auch tatsächlich bestehenden – schwersten Vorerkrankungen (Pflegefall) kreuzte der Notarzt, weil er den Toten nicht kannte und den Hausarzt nicht erreichen konnte, die Rubrik „nicht aufgeklärte Todesart" an. Lediglich einige auf den ersten Blick an sich unwesentliche Auffälligkeiten bei der polizeilichen Aufnahme des Leichenfundes führten zur Anordnung einer Obduktion durch den Staatsanwalt. Als Todesursache wurde ein Ersticken erkannt. Die weiteren Ermittlungen ergaben, dass der Mann vom Sohn mit Zustimmung der Ehefrau mit einem Kissen erstickt worden war.

2. Fall: Der Arzt attestierte bei einer tot in der Badewanne liegenden Frau einen nicht aufgeklärten Tod. Die Obduktion der Leiche und die polizeilichen Ermittlungen ergaben, dass der Ehemann der Frau heimlich ein Schlafmittel verabreicht und die schlafende Frau sodann in die mit Wasser gefüllte Badewanne verbracht hatte, wo sie ertrank.

Bei Badewannentodesfällen ist besondere Vorsicht geboten. Der Arzt sollte keinesfalls vorschnell einen natürlichen Tod bescheinigen. Der Arzt muss stets neben einem natürlichen Tod einen Suizid, einen Unglücksfall oder eine vorsätzliche/fahrlässige Tötung in Erwägung ziehen. Insbesondere darf er einen möglichen Stromtod (Strommarken z. T. nicht vorhanden oder nur für den geübten Rechtsmediziner erkennbar!) oder eine etwaige Kohlenmonoxidvergiftung (Gasboiler!) nicht außer Betracht lassen. Auch hat er an eine spurenarme bzw. spurenlose vorsätzliche Tötung (Giftbeibringung, Hochziehen der Beine o. ä.) zu denken.

3. Fall: Ein Arzt im Notdienst führte bei einer älteren Verstorbenen, die von ihrem Sohn und ihrer Schwiegertochter betreut wurde, in deren Beisein eine oberflächliche Leichenschau durch, wobei er

auf die Entkleidung völlig verzichtete. Als Todesursache gab er einen „Herzstillstand bei psychoorganischem Hirnsyndrom“ an und attestierte einen natürlichen Tod. Da eine Kremation vorgesehen war, wurde eine zweite Leichenschau durchgeführt, bei der massive Hämatome am Rumpf und im Gesicht diagnostiziert wurden. Die notwendig gewordene Obduktion ergab Trittverletzungen am Rumpf mit Rippenfrakturen und einen Hämatopneumothorax als Todesursache. Gegen die Angehörigen wurde ein Ermittlungsverfahren wegen Totschlages geführt. Nach der in NRW geltenden Regelung müsste der Arzt in diesem Fall mit der Einleitung eines gegen ihn gerichteten Ordnungswidrigkeitenverfahren rechnen.
4. Fall: Der Arzt bescheinigte bei einem Verstorbenen einen natürlichen Tod. Einige Zeit später verstarb in der Ehewohnung auch die Witwe. In diesem Fall wurde eine Obduktion durchgeführt. Diese erbrachte als Todesursache eine Kohlenmonoxidvergiftung. Die daraufhin in der Wohnung durchgeführten Ermittlungen ergaben, dass ein schadhafter Kamin, an den ein Kohleofen angeschlossen war, zu tödlichen CO-Emissionen geführt hatte. Daraufhin wurde die Leiche des Ehemannes exhumiert und anschließend obduziert. Auch hier zeigte sich eine tödliche CO-Vergiftung. Der im Falle des verstorbenen Ehemannes einen natürlichen Tod attestierende Arzt sah sich dem strafrechtlichen Vorwurf der fahrlässigen Tötung der später verstorbenen Ehefrau ausgesetzt, weil ihm vorgeworfen wurde, die im Falle einer Kohlenmonoxidvergiftung typischen hellroten, im Gegensatz zu den sonst üblichen blauvioletten, Totenflecken übersehen zu haben. Anderenfalls wäre rechtzeitig nach der Fehlerquelle geforscht worden, und der Tod der Frau hätte verhindert werden können.

53.1.5 Bestimmung der Todeszeit

Es muss zwischen dem **Todeszeitpunkt** und dem Zeitpunkt des Auffindens des Leichnams unterschieden werden. Die Todeszeitbestimmung kann insbesondere bei erbrechtlichen Fragestellungen (z. B. beim gleichzeitigen Auffinden zweier verwandter/verheirateter Erblasser) und vor allem bei Tötungsdelikten eine entscheidende Rolle spielen.
Ist ein Tötungsdelikt nicht ausgeschlossen, wird sinnvollerweise der Rechtsmediziner eine Todeszeitbestimmung durchführen. Auch dieser kann unter Anwendung standardisierter Verfahren die Todeszeit oftmals nur im Stundenbereich angeben. Der in der Bestimmung der Todeszeit wenig geübte leichenschauende Arzt sollte daher auch hinsichtlich der Angaben zur Todeszeit Vorsicht walten lassen. Die Mitteilung einer ganz bestimmten Todeszeit – etwa 3.12 Uhr – ist regelmäßig verfehlt, wenn nicht der Arzt zum Zeitpunkt des Versterbens zugegen war. Die Benennung des Zeitpunktes der Feststellung des Todes muss daher oftmals genügen.

53.2 Iatrogener Tod

Hierunter versteht man das **Versterben im Rahmen einer Diagnose oder einer Therapie**. Besonders in den Fällen, in denen der Patient während oder nach einer (auch ambulanten) Operation verstirbt, sollte regelmäßig nicht die Spalte „natürlicher Tod“ angekreuzt werden. Dies liegt im eigenen Interesse des behandelnden Arztes, der zugleich Aussteller der Todesbescheinigung sein kann. Attestiert er etwa einen natürlichen Tod, weil er das lebensbedrohliche Grundleiden des Toten, das er für todesursächlich hielt, kannte, oder aber weil sich aus seiner zutreffenden Sicht das mit der Operation verbundene Lebensrisiko realisiert hatte, so setzt er sich möglicherweise, etwa weil die Angehörigen des Verstorbenen eine sachgerechte ärztliche Behandlung in Zweifel ziehen, dem Vorwurf der Vertuschung aus. Vermeidet er das Ankreuzen „natürlicher Tod", kann im Rahmen des dann durchgeführten Todesermittlungsverfahrens, ggf. nach durchgeführter Obduktion, dem Arzt eine Behandlung lege artis bescheinigt werden, so dass er nicht befürchten muss, mit strafrechtlichen Vorwürfen oder zivilrechtlichen Schadensersatzklagen konfrontiert zu werden.

53.3 Tod älterer Menschen

In unserer Gesellschaft steigt aufgrund verbesserter Lebensbedingungen und Fortschritten in der Medizin der Anteil älterer Menschen. Oft leiden diese neben den typischen altersbedingten körperlichen Krankheiten an neurologischen und psychiatrischen Erkrankungen. Sie sind teilweise gar nicht oder nur sehr eingeschränkt zur Führung eines weitgehend selbständigen Lebens in der Lage und bedürfen der Hilfe Dritter.

Es liegt auf der Hand, dass der Arzt, der den Tod eines alten Menschen zu bescheinigen hat, besondere Sorgfalt aufwenden muss. Nur dann kann er erkennen, ob der Annahme eines natürlichen Todes Auffälligkeiten entgegenstehen. Er hat zu bedenken, dass Überforderung, Nachlässigkeit oder auch böser Wille der mit der Pflege befassten Personen den Todeseintritt beschleunigt oder gar erst herbeigeführt haben kann.

Hinweisend auf einen nicht natürlichen Tod kann sein:

- Pflegeschäden (Exsikkose, Ulzera),
- auffälliger Gewichtsverlust,
- Todesfall nach Fixierung einer agitierten Person,
- Häufung von Todesfällen im Krankenhaus/Pflege-, Altenheim (sog. Mitleidstötung),
- Fehler bei der Versorgung und Aufsicht (z. B. Versterben beim Füttern mit normaler statt pürierter Kost, Verbrühung in der Badewanne oder Sturz infolge mangelhafter Hilfe).

Schlussbemerkung

Nur die Beachtung der in diesem Beitrag gegebenen Hinweise und Anregungen würdigt den Verstorbenen in seinem allgemeinen Achtungsanspruch, der ihm kraft seiner Menschenwürde zukommt und auch nach seinem Tode noch zu berücksichtigen ist. Zudem wird der Arzt nur so dem öffentlichen Interesse an der Aufdeckung und Verfolgung etwaiger Straftaten, die zum Tode eines Menschen geführt haben können, gerecht. Aus beiden Überlegungen folgt das Erfordernis einer umfassenden Aufklärung der Todesumstände. Der Arzt sollte sich in Zweifelsfällen nicht scheuen, mit einem Rechtsmediziner, einem mit der Bearbeitung von Todesermittlungsverfahren befassten Polizeibeamten oder einem Staatsanwalt Rücksprache zu nehmen.

Literatur

Brinkmann B, Madea B (2004) Handbuch gerichtliche Medizin, Band 1. Springer, Berlin Heidelberg New York Tokio

Madea B (1999) Die ärztliche Leichenschau. Springer, Berlin Heidelberg New York Tokio

Stichwortverzeichnis

A

B

C

D

E

F

G

H

L

M

N

O

P

S

T

U